Holzbau im Bestand

Wolfgang Rug

Holzbau im Bestand

Ausgewählte historische Bemessungs- und Konstruktionsnormen von 1917 bis 2007

1. Auflage 2016

Herausgeber:
DIN Deutsches Institut für Normung e. V.

Beuth Verlag GmbH · Berlin · Wien · Zürich

Herausgeber: DIN Deutsches Institut für Normung e. V.

Berlin · Wien · Zürich
Am DIN-Platz
Burggrafenstraße 6
10787 Berlin

Telefon: +49 30 2601-0
Telefax: +49 30 2601-1260
Internet: www.beuth.de
E-Mail: kundenservice@beuth.de

Titelbild: Autor
Satz: B & B Fachübersetzergesellschaft mbH, Berlin
Druck: COLONEL, Kraków
Gedruckt auf säurefreiem, alterungsbeständigem Papier nach DIN EN ISO 9706

ISBN 978-3-410-26601-1
ISBN (E-Book) 978-3-410-26602-0

Autorenporträt

Prof. Dr.-Ing. Wolfgang Rug

Studium Bauingenieurwesen an der Hochschule für Architektur und Bauwesen Weimar (heute: Bauhaus Universität), Wissenschaftlicher Mitarbeiter der Bauakademie der DDR Berlin, Aufbau und Leitung des Forschungsgebiets Holzbau an der Bauakademie der DDR,

1986 Promotion an der Bauakademie der DDR, seit 1990 freiberuflich tätig als Beratender Ingenieur, 1990–1994 regionaler Fachberater der ARGE Holz e.V. Düsseldorf für Berlin; Brandenburg; Sachsen-Anhalt und Mecklenburg-Vorpommern, Prüfingenieur für Standsicherheit, von der IHK Ostbrandenburg öffentlich bestellter und vereidigter Sachverständiger für Holz- und Holzleimbau, seit 1999 Lehrauftrag für Holzbau und seit 2000 Professur für Holzbau an der Hochschule für Nachhaltige Entwicklung Eberswalde. Mitarbeit in Normungsausschüssen. Mitautor verschiedener Fachbücher und zahlreicher Fachbeiträge zur Geschichte des Holzbaus, den Normungsgrundlagen, zur Sanierung und Instandsetzung und zur Anwendung und Entwicklung im Holzbau (s. www.holzbau-statik.de).

Vorwort

Beim Bauen im Bestand muss sich der am Bau beteiligte Architekt, Bauingenieur oder Zimmerer mit der Bewertung der Standsicherheit und Tragsicherheit der vorgefundenen Altbausubstanz auseinandersetzen. Nach den Hinweisen der ARGEBAU (s. [32]) darf der Baupraktiker alle nicht von Änderungen betroffenen Bauteile (also die im Einbauzustand verbleibenden Bauteile) aus Gründen des Bestandsschutzes nach früheren Bemessungs- und Konstruktionsnormen statisch-konstruktiv bewerten und hinsichtlich ihrer Standsicherheit beurteilen. Und nur die neu einzubauenden Bauteile (nur die unmittelbar von der Änderung berührten Teile) sind nach den aktuell geltenden bautechnischen Normen zu bemessen und zu konstruieren.

Eine Zusammenstellung von historischen Bemessungs- und Konstruktionsnormen vereinfacht die Arbeit des Baufachmannes, da die früheren Regeln weniger aufwändig waren.

Allerdings wird er bei seiner Arbeit dabei behindert, da die vorherigen Konstruktions- und Bemessungsnormen (beim Beuth Verlag oder in einschlägigen Bibliotheken) oft nicht kurzfristig und auch nicht kostengünstig beschafft werden können.

Eine Zusammenstellung der zwischen 1917 und 2007 im Holzbau geltenden Bemessungs- und Konstruktionsnormen soll die Arbeit der am Altbau beteiligten Fachkollegen wesentlich erleichtern und so im Sinne einer substanzschonenden Erhaltung der Altbausubstanz grundlegend qualifizieren.

Die Zusammenstellung endet mit einem Ausblick auf die kommenden Berechnungs- und Konstruktionsgrundlagen nach der Methode der Grenzzustände, die als Normen in diesem Werk nicht enthalten sind, denn diese Regelwerke dürften dem Baupraktiker bekannt sein.

Wünsche des Lesers nach Vervollkommnung und Ergänzung des Buches sind dem Autor stets willkommen. Auch willkommen sind kritische Stellungnahmen, tragen sie doch zur Verbesserung des Inhalts bei.

Ich danke dem Verlag, dass er die vollständigen Erläuterungen und Kommentierungen zur DIN 1052:1968, DIN 1052:1988/1996 und zur DIN 68800-3:1990 dem Leser zusätzlich in der Mediathek unter www.beuth-mediathek.de zur Verfügung stellt. Für die Unterstützung bei der textlichen Bearbeitung danke ich meiner Mitarbeiterin Frau Doreen Buchholz. Wesentlich zum Gelingen dieses Buches hat Frau Sabine Wolf beigetragen, hat sie doch das Buch als Lektorin mit Anregungen und kritischen Hinweisen begleitet.

Die fast einhundertjährige Entwicklung der Holzbaunormung widerspiegelt die nachfolgenden Zitate von bekannten Holzbauforschern, die schlaglichtartig bestimmte Entwicklungsetappen dokumentieren.

„Das Holz ist der älteste unserer Baustoffe, in seinen wichtigen Eigenschaften aber den meisten Bauleuten noch nicht genügend bekannt.“

Gustav Lang (1850–1915) in: Das Holz als Baustoff, Kreidel Verlag, Wiesbaden 1915

„Neben den auf Jahrhunderte alter handwerkmäßiger Erfahrung beruhender Zimmermannsbauten haben sich im Laufe des letzten Jahrzehnts die ingenieurmäßig berechneten und durchgebildeten Holzkonstruktionen mehr und mehr durchgesetzt.“

Hugo Seitz in: Grundlagen des Ingenieurholzbaus, Springer Verlag 1925

„Die neben alltäglichen Arbeiten sich zeitweise zu besonderen Leistungen aufschwingende Zimmermannskunst hat ihre Holztragwerke des Hoch- und Brückenbaues in erster Linie nach überlieferten handwerklichen Regeln errichtet, besondere Bauwerke wurden von großen Meistern nach eifrigem Planen, teilweise unter Benutzung von Modellen, entworfen. Dabei hat man statische Berechnungen nur in geringem Umfange herangezogen, zumal über die eigentlichen Festigkeitseigenschaften der einzelnen Holzarten und über die Tragfähigkeit der Verbindungen meist keine zahlenmäßigen Werte vorlagen.“

Karl Möhler (1912–1993) in: Deutsche Zimmermeister (1960), H. 3

„Der Holzbau hat in diesem Jahrhundert von der traditionellen Zimmermannsbauweise bis hin zum gegenwärtigen Ingenieurholzbau einen erheblichen Wandel erfahren. Er hat sich dabei zu einer Disziplin des konstruktiven Ingenieurbaus entwickelt, die sich – wie Stahl- und Massivbau – der Regeln der Tragwerkslehre und der Baustatik ebenso wie der modernen numerischen Methoden bedient.“

Jürgen Ehlbeck in: Prüfingenieur (1995), H. 6

„Mit dem Holz wuchsen der Baumeister und der Ingenieur.“

Robert von Halasz (1905–2004) in: Holzbau Taschenbuch, Band 1, Verlag Ernst und Sohn, Berlin 1996

Inhaltsverzeichnis

Zusatzinhalte der Beuth-Mediathek 

In der Beuth-Mediathek findet der Leser folgende Dokumente unter www.beuth-mediathek.de:

Erläuterungen zu DIN 1052, Blatt 1 und 2 – Holzbauwerke – Ausgabe 1969, Hrsg. Arge Holz und BDZ, Bruderverlag Karlsruhe 1971

Beuth-Kommentare, Holzbauwerke, Eine ausführliche Erläuterung zu DIN 1052, Teil 1 bis Teil 3 mit Änderungen A1, Ausgabe 1996, Beuth Verlag Berlin, Bauverlag Wiesbaden, 2. Auflage 1997

Beuth-Kommentare, Holzschutz, Vorbeugender Chemischer Holzschutz, Eine ausführliche Erläuterung zu DIN 68800, Teil 3, Ausgabe 1990, Beuth Verlag Berlin, 1. Auflage 1992

1 Einleitung – Normung im Holzbau von 1917–2007

Seit der Mensch baut, strebt er für gleichartige, immer wieder verwendete Bauteile, Maße und auch Baustoffe eine Vereinheitlichung an. Durch Aufstellung von Normen lassen sich erhebliche wirtschaftliche Vorteile erschließen. Zum Zwecke der systematischen Normung wurde in Deutschland am 18. Mai 1917 der „Normalienausschuß für den allgemeinen Maschinenbau“ (NADI) gegründet. An der Gründung waren die wichtigsten Reichsbehörden, wie Heeresverwaltungsamt, Reichsmarineamt, Eisenbahnzentralamt, Reichspostzentralamt, Physikalisch-Technische Reichsanstalt, Normaleichungskommission sowie die technischen Verbände und Firmen des Maschinenbaus, der Elektrotechnik, der Feinmechanik und des Schiffbaus beteiligt. Zunächst ging es um die Normung im Maschinenbau, woran insbesondere das Militär nach den Erfahrungen des Ersten Weltkrieges ein starkes Interesse hatte. Ein beteiligter Fachkollege schlägt das Kennzeichen DINorm (Deutsche Industrie-Norm) vor, aus dem später das Zeichen DIN hervorgeht.

Die Erweiterung des Aufgabengebietes auch auf andere Industriezweige und ab den 1920er-Jahren auch auf Belange der Hauswirtschaft und des Gesundheitswesens führte dann am 06. November 1917 zur Umwandlung des Normalienausschusses in den Deutschen Normenausschuss (DNA) und am 22. Dezember 1917 zum Deutschen Institut für Normung e.V.

Vertreter der Bauwirtschaft und aus der Bauforschung gründeten am 16. Mai 1918 einen Fachnormenausschuss Bau innerhalb des Deutschen Normenausschusses. Seine Aufgabe war die Normung im Bauwesen.

Die ersten Normungsaufgaben konzentrierten sich aber nicht auf Regelwerke für den Stahl- oder Stahlbetonbau, sondern entsprechend der wirtschaftlichen Notlage nach dem Ersten Weltkrieg auf materialsparende Konstruktionen und Ersatzbauweisen für die energieintensiven Baustoffe Beton, Ziegel und Stahl.

So verwundert es nicht, dass die erste DIN-Norm eine Holzbaunorm war. Es war die DIN 104 „Holzbalken für Kleinhäuser“ mit materialsparenden Querschnitten und Tragfähigkeitstabellen. Im April 1919 wurde sie verbindlich eingeführt und galt bis 1967.

Die nach dieser Norm folgenden DIN-Normen für den Holzbau widmeten sich der Normung von Holzfenstern, Türen und Treppen. 1926 wurde in der Reichsverdingungsordnung für Bauleistungen auch für Zimmerer- und Tischlerarbeiten die technischen Vorschriften vereinheitlicht (heute als DIN 18334 und 18355 gültig). In der folgenden Zeit bis heute wurden zahlreiche die Holzverwendung betreffende Normen bearbeitet, seien es nun Vereinheitlichungen zu den Begriffen, zur Güte und Beschaffenheit der Holzwerkstoffe, zur Behandlung, dem Schutz oder zur Prüfung von Holzwerkstoffen.

Ein wichtiges Normungsvorhaben für die Entwicklung des Holzhausbaues in Deutschland war die Herausgabe einer Norm DIN 1990 „Gütevorschriften für Holzhäuser". Die im Jahre 1928 baupolizeilich eingeführte Norm wurde sowohl von den Kreditanstalten, den Feuerversicherern, den Wohnungsgesellschaften, aber auch von den für die Baupolizei zuständigen Reichs- und Landesbehörden begrüßt. Denn sie regelte die Mindestanforderung an den Wärme-, Schall- und Brandschutz sowie die Qualität der Ausführung mit dem Ziel der Garantie einer Mindestlebensdauer von 80 Jahren. In Punkt 5 der Norm heißt es dazu:

> „Für die Standsicherheit eines Holzhauses sind die baupolizeilichen Vorschriften maßgebend. Im übrigen muß ein Holzhaus als Dauerwohnung so ausgeführt sein, daß bei ordnungsgemäßer Bauunterhaltung eine Mindestlebensdauer, d. h. die Bewohnbarkeit im Sinne der Baupolizeilichen Bestimmungen, von 80 Jahren gewährleistet wird" [1].

Es war ein wesentliches Anliegen, die trotz beachtlicher Fortschritte im Holzhausbau immer noch vorhandenen Benachteiligungen in der Kreditierung und im Ansehen in Bezug auf die Dauerhaftigkeit durch einen vereinheitlichten Standard zu beseitigen. Der Deutsche Normenausschuss e.V. hat in eingehenden Beratungen und in Zusammenarbeit mit den in Frage kommenden Reichs- und Staatsbehörden, maßgebenden Fachleuten und den Vertretern der deutschen Holzbauindustrie die beiliegenden „Gütevorschriften für Holzhäuser" bearbeitet und sie unter der Bezeichnung „DIN 1990" veröffentlicht.

> „Der Normenausschuss wurde zur Ausarbeitung dieser Vorschriften durch die Tatsache veranlasst, dass sich der öffentliche Kreditmarkt der Beleihung von Holzhäusern gegenüber, vermutlich wegen ihrer nicht einheitlichen und oftmals mangelhaften Ausführung, bisher ablehnend verhalten hat, obwohl in den Bestimmungen verschiedener Länder über die Verwendung der Hauszinshypotheken die Möglichkeit dazu gegeben war, sofern es sich um die Errichtung von Dauerwohnbauten handelt" [1].

Nach 1933 wurde der empfehlende Charakter der DIN-Normen unter dem Zwang der Einsparung kriegswichtiger Baustoffe als verbindlich erklärt und ihre Einhaltung staatlich kontrolliert. So auch zum Beispiel die Holzmessanweisung (HOMA) von 1936, welche die Sortierung von Rundholz auf eine einheitliche Grundlage stellte, oder die einheitlichen Gütebestimmungen für Nadelschnittholz, die als wesentlicher Fortschritt für die Erschließung einer Holzeinsparung angesehen wurden.

> „Die neuen Normenvorschriften DIN 4074 dienen in der Hauptsache dazu, unsere eigenen Holzbestände, soweit sie Bauholz betreffen, nach ihrer Beschaffenheit, Güte und Eigenschaft zur Anwendung zu bringen. Dies bezieht sich besonders auf die Tragfähigkeit des Holzes, wobei der Gedanke leitend war, dass alle Holzbauwerke bei größtmöglicher Holzeinsparung die notwendige Standfestigkeit in allen Teilen aufweisen“ [2].

Die von Otto Graf (1881–1956) in der DIN 4074 entwickelten Güteklassen wurden im Jahre 1939 verbindlich eingeführt.

Durch die Gründung der Deutschen Gesellschaft für Holzforschung am 25.11.1942, hervorgegangen aus dem Fachausschuss für Holzfragen beim VDI und dem Deutschen Forstverein, erfolgten die Normungsaufgaben im Holzbereich zunehmend durch die Gesellschaft für Holzforschung.

Nach dem Zweiten Weltkrieg und in den Jahren des wirtschaftlichen Wiederaufbaus nahm die Bedeutung der Normung noch zu. Schon 1946 genehmigte der Alliierte Kontrollrat dem Normenausschuss Bau die Wiederaufnahme seiner Arbeit, der sich fortan mit der Normung in den Bereichen Berechnung, Brand-, Schall- und Wärmeschutz beschäftigte. Mit Unterstützung der Deutschen Gesellschaft für Holzforschung wurde 1949 zusätzlich der Normenausschuss Holz gegründet, der sich vorwiegend mit Fragen der Normung von Maßen, Güteanforderungen, Prüfung von Holzwerkstoffen, Holzschutz, Klebeverbindungen, Keilzinkenverbindungen, Toleranzen und der Normung für Zimmerer- und Holzbauarbeiten im Rahmen der Vergabe- und Vertragsordnung für Bauleistungen (VOB) beschäftigte.

Die Normungsarbeit in der DDR wurde von Anfang an in die Wirtschaftspolitik einbezogen.

> „Im Gegensatz zur BRD wurde in der DDR die Normungsarbeit in das System staatlich gelenkter Wirtschaftsplanung und -leitung eingeordnet. Dementsprechend erfolgte 1954 die Verordnung über die Einführung staatlicher Standards und die Gründung des Amtes für Standardisierung (ab 1973 Amt für Standardisierung, Messwesen und Warenprüfung)“ [3].

Bis 1961 arbeiteten die Fachkollegen der DDR aktiv in den Gremien des Normenausschusses Bau beim Deutschen Institut für Normung mit. Nach dem Mauerbau am 13. August 1961 wurde die Arbeit jedoch nicht fortgesetzt und die DIN-Normen durch sogenannte TGL-Normen (Technische Normen, Gütevorschriften und Lieferbedingungen) ersetzt. Im Gegensatz zu den DIN-Normen hatten TGL-Standards Gesetzescharakter und mussten eingehalten werden.

„Die Verbindlichkeitserklärung erfolgte für drei Geltungsbereiche: DDR-, Fachbereichs- und Werkstandard, sowie in drei Verbindlichkeitsstufen: verbindlich, zur Anwendung empfohlen und Informationsstandard" [3].

2 Berechnungs- und Konstruktionsnormen für den Holzbau von 1920–1950

Die Initiative der Deutschen Reichsbahngesellschaft zur Herausgabe einer eigenen Reichsbahnvorschrift für Holzkonstruktionen hatte zunächst das Ziel, die sehr unterschiedlichen Vorschriften in den einzelnen Reichsbahndirektionen zu vereinheitlichen. Außerdem verwendete die Reichsbahn wieder häufiger Holzkonstruktionen, waren sie doch gegenüber den säurehaltigen Dämpfen der Dampflokomotiven sehr viel widerstandsfähiger als Stahlkonstruktionen.

> „Man kann nicht gut an der Lebens- und Wettbewerbsfähigkeit der neuen Technik (gemeint ist die Holzbautechnik – Anmerkung des Verf.) zweifeln, wenn man bedenkt, daß z. B. unsere Eisenbahnverwaltungen, die im allgemeinen recht vorsichtig und kritisch bei der Auswahl ihrer Konstruktionsmittel vorzugehen pflegen, den neuzeitlichen Holzbau in immer größerem Umfang für Bahnsteigdächer, Lokomotiv- und Bahnhofshallen zur Anwendung bringen" [4].

Allerdings führte die Anwendung der neuen Holzbauweisen auch zu Bauschäden.

> „Es kann nicht schaden, wenn anläßlich der Besprechung der neuen Vorschriften einmal zusammenfassend auf schlechte Erfahrungen und auf häufig beobachtete Mängel der Ingenieurholzbauten hingewiesen wird, um so mehr als die Fachzeitschriften hierüber selten berichten" [5].

Auf der Grundlage der Arbeit des vom Reichsverkehrsminister 1921 gegründeten Fachausschusses für Holzfragen konnte die Hauptverwaltung der Deutschen Reichsbahngesellschaft die neuen „Vorläufigen Bestimmungen für Holztragwerke" per Erlass am 12. Dezember 1926 in ihrem Verantwortungsbereich einführen.

> „In der Baupraxis hat sich das Fehlen behördlicher Bestimmungen für die Ausführung von Holztragwerken mehr und mehr fühlbar gemacht. Wie im Eisen-, Beton- und Eisenbetonbau so sind auch im Holzbau bei der weit getriebenen Ausnutzung der Holzfestigkeit Bestimmungen notwendig, in denen die wissenschaftlichen Erkenntnisse verarbeitet, die praktischen Bauerfahrungen gesammelt und gesichert sind und die als allgemein anerkannte Regeln der Baukunst im Sinne der Gesetzgebung angesprochen werden dürfen. Zeiten wirtschaftlicher Depression fördern einerseits das Streben nach erhöhter Wirtschaftlichkeit, haben aber andererseits un-

vermeidliche Auswüchse im Wettbewerbswesen zur Folge. Behördliche Vorschriften wirken der zu weitgehenden Ausnutzung eines Baustoffs entgegen und ermöglichen, daß der Wettbewerb der verschiedenen Bauweisen auf einheitlicher Grundlage geführt wird. Erhalten solche Vorschriften eine glückliche, den besonderen Verhältnissen und Aufgaben angepaßte Fassung, so werden sie gleichzeitig zur Hebung der Güte der Bauausführungen, zur Ausschaltung nicht sachgemäßer Konstruktionen und zur Weiterentwicklung in gesunden Bahnen beitragen" [5].

Zur Fundierung der Vorschrift hatte die Deutsche Reichsbahn bei Otto Graf (1881–1956) in Stuttgart umfangreiche Versuche zu den Festigkeiten der Hölzer und zu den wesentlichen Einflussfaktoren bzw. zum Tragverhalten einiger Verbindungen in Auftrag gegeben. Das für den Nachweis des Knickens eingeführte ω-Verfahren wurde ohne Änderungen in die DIN 1052, Ausgabe 1933 übernommen und von Karl Möhler (1912–1993) in der Fassung der DIN im Jahre 1969 modifiziert, indem die Traglastspannungen eingeführt wurden.

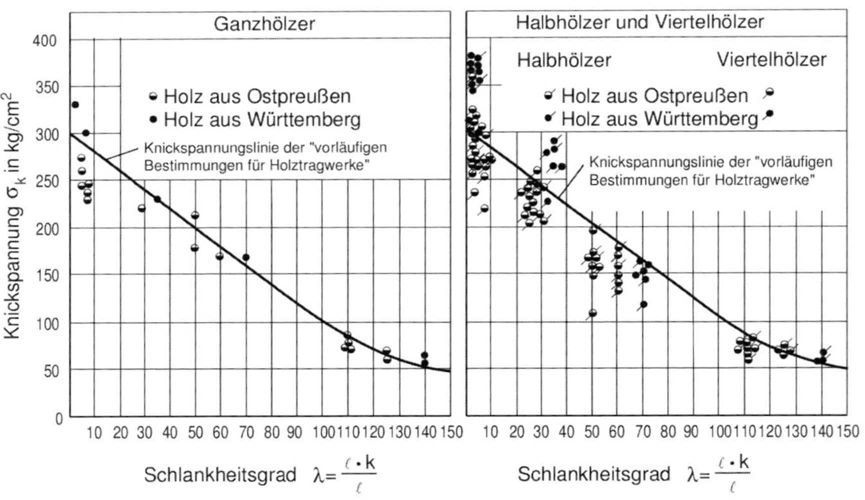

Abbildung 1: Knickfestigkeiten von lufttrockenem Bauholz für verschiedene Schlankheitsgrade bei geometrisch-zentrischer Belastung nach im Jahre 1929 publizierten Untersuchungen im Auftrag der Deutschen Reichsbahn (s. auch [35])

Von der Holzbaufachwelt wurde die Reichsbahnvorschrift allgemein begrüßt und einer kritischen Wertung unterzogen. Bezogen auf die zulässigen Spannungen brachte sie einige wichtige Fortschritte.

„Die Tabelle der zulässigen Spannungen zeigt zum Teil wesentliche Abänderungen gegenüber den Angaben der bekannten Hochbaubelastungsvorschriften. So ist beispielsweise bei Nadelholz die zulässige Druckbeanspruchung in Faserrichtung auf 80 kg/cm² und die Zugfestigkeit in gleicher Richtung auf 100 kg/cm² erhöht worden. Die zulässige Biegungsfestigkeit wurde beim Nadelholz auf 90 kg/cm² erniedrigt, was auf Grund der bisherigen Versuche keinesfalls notwendig erscheint; ... Neu sind die Druckfestigkeitswerte rechtwinklig zur Faserrichtung ... Bei Eiche und Buche kann beim Stempeldruck sogar noch mit 50 kg/cm² gerechnet werden“ [6].

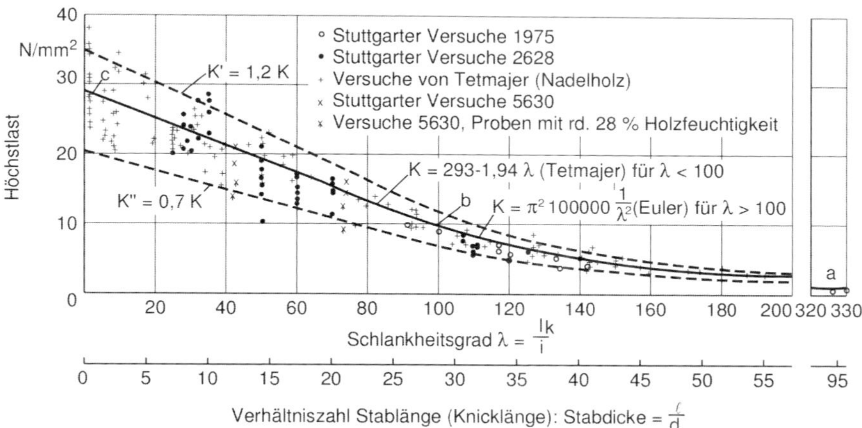

Abbildung 2: Knickfestigkeit von Vollholzstützen in Abhängigkeit vom Schlankheitsgrad (nach Untersuchungen von Otto Graf an Stützen mit quadratischem Querschnitt der Güteklasse I und Güteklasse II im halbtrockenen Zustand [13])

Für den praktischen Ingenieur war damit auch außerhalb der Deutschen Reichsbahn eine Orientierung für den Entwurf von Holzkonstruktionen geschaffen. Dies galt ebenso für den Arbeitsausschuss für Einheitliche Baupolizeibestimmungen innerhalb des Normenausschusses der Deutschen Industrie, der immerhin noch sieben Jahre nach Erscheinen der Reichsbahnvorschrift brauchte, bis er eine Norm für die Berechnung und Konstruktion von Holzkonstruktionen (DIN 1052) baupolizeilich einführen konnte. Wilhelm Stoy (1887–1958) wies daraufhin, dass „... aus diesen Bestimmungen (gemeint ist die Reichsbahnvorschrift – Anmerkung des Verf.), die 1941 außer Kraft gesetzt worden sind, DIN 1052 hervorgegangen ist ...“ [7].

Zuvor war im Jahre 1930 die erste Norm für Holzbrücken – die DIN 1074 „Berechnungs- und Entwurfsgrundlagen für hölzerne Brücken“ – erschienen. 1927 hatte der Arbeitsausschuss für Straßenbrücken einen Sonderausschuss zur Bearbeitung einer Holzbrückennorm eingesetzt, der sich in Ermangelung einer allgemeinen Berechnungsnorm für Holzkonstruktionen an der Reichsbahnvorschrift orientierte und neuere Forschungen bei der Ausarbeitung berücksichtigte. Da noch keine allgemeine Berechnungsnorm existierte, enthielt die Norm dann auch allgemeine Vorschriften für Festigkeitsberechnungen mit zulässigen Spannungen und Bemessungsregeln, die im Wesentlichen den Bestimmungen der Reichsbahnvorschrift entsprachen und den neuesten Erkenntnissen Rechnung trugen. Damit empfahl sich die Norm auch für die Berechnung von Ingenieurholzkonstruktionen.

> „Da das Normblatt die neuesten Erfahrungen und Versuche berücksichtigte, so wäre zu wünschen, daß es auch für die Berechnung und Ausbildung hölzerner Lehrgerüste für Ingenieurhochbauten aus Beton oder Eisenbeton und allgemein für die Berechnung von schwierigen Holzbauwerken vorgeschrieben würde, da die bisher hierfür geltenden Vorschriften nicht immer ausreichend sein dürften“ [8].

Nach Erscheinen der 2. Ausgabe DIN 1052 im Jahre 1938 nahm man die allgemeinen Regeln für die Berechnung aus der Brückenbau-Norm und beschränkte sich ausschließlich auf spezifische Regelungen zu Holzbrücken. Gleichzeitig wurde der Geltungsbereich der DIN 1052 auf Holzbauteile bei Brücken erweitert, soweit in der Holzbrücken-Norm DIN 1074 keine besonderen Festlegungen getroffen wurden.

Mit Wirkung vom 1. September 1933 setzte der Preußische Finanzminister dann die schon lange erwartete DIN 1052 „Bestimmungen über die Ausführung von Bauwerken aus Holz im Hochbau“ für Preußen förmlich in Kraft. Damit wurde sie als Richtlinie für die Baupolizei amtlich eingeführt. Das galt auch für die am 22.12.1939 erlassene DIN 4074 „Gütebedingungen für Bauholz“, die durch den Reichsarbeitsminister per Erlass als Richtlinie für die Baupolizei eingeführt wurde.

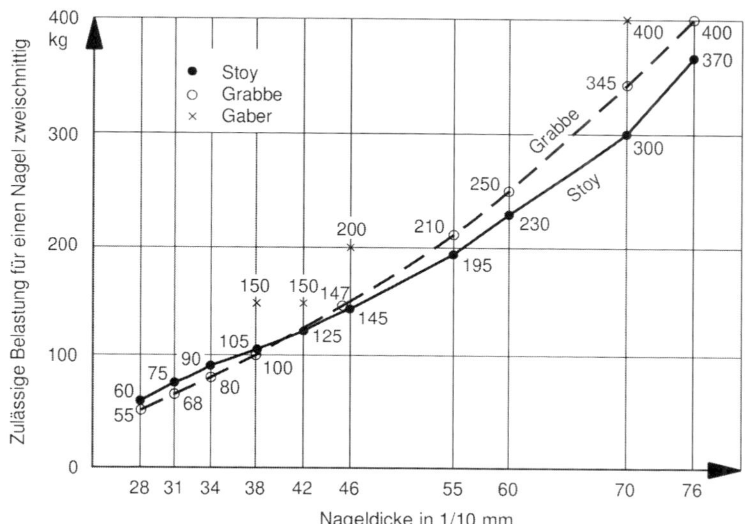

Abbildung 3: Vergleichende Untersuchungen zur Tragfähigkeit von Nagelverbindungen nach Wilhelm Stoy (1887–1958), der in seinen Forschungen von 1928–1935 darauf hin wirkte, dass die erste Fassung der DIN 1052 auch Regeln zur Tragfähigkeit von Nägeln enthielt [40]

Der DIN 4074 waren umfangreiche Untersuchungen über den Einfluss der aus dem Wachstum der Bäume resultierenden Fehlstellungen des Holzes, wie zum Beispiel des Faserverlaufes und der Ästigkeit auf die Festigkeitseigenschaften der Hölzer vorausgegangen. Aber auch der Einfluss der Feuchte und der Rohdichte wurde untersucht.

> „Für die Einstufung von Bauholz in die einzelnen Güteklassen sind also im wesentlichen die Merkmale maßgebend, die auch bisher der erfahrene Zimmermann bei der Auswahl des Holzes angewendet hat" [9].

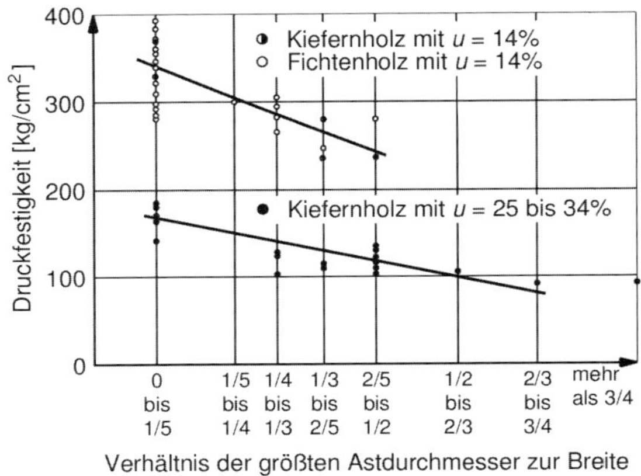

Abbildung 4: Druckfestigkeit von Fichten- und Kiefernholz in Abhängigkeit von der Astgröße und von der Holzfeuchte [13]

Die mit der DIN 4074 erlassenen „Gütebedingungen für Bauholz" gestatteten nun eine Abstufung der zulässigen Spannungen nach Güteklassen. Durch die Festlegung von Sortierkriterien für eine Sortierung des Bauholzes nach Güteklassen war eine Anhebung der zulässigen Spannungen möglich. Nach den Güteeigenschaften wurden drei Güteklassen unterschieden:

- Güteklasse I – Bauholz mit besonders hoher Tragfähigkeit,
- Güteklasse II – Bauholz mit gewöhnlicher Tragfähigkeit,
- Güteklasse III – Bauholz mit geringer Tragfähigkeit.

Über sechzig Jahre erhielt sich diese Praxis, bis 1996 die Einführung der maschinellen Sortierung des Holzes eine weitere Differenzierung der zulässigen Spannungen erlaubte.

Bis 1947 erschienen in relativ kurzen Zeiträumen allein vier neue Ausgaben der DIN 1052, in die neue wissenschaftliche Erkenntnisse eingearbeitet wurden (1938 die zweite, 1940 die dritte und 1947 die vierte Ausgabe). Danach sollte es fast 20 Jahre dauern, bis eine neue Fassung herauskam. Dies ist ohne Zweifel auch ein Beleg für die neue Qualität der Holzbauforschung zwischen 1925 und 1945.

Die zweite Fassung der DIN 1052, in der Fassung aus dem Jahre 1938, die mit Bezug auf die erlassene Gütesortierung überarbeitet werden musste, mündete dann in die im Jahre 1940 vom Reichsarbeitsminister verfügte dritte Fassung. Sie regelte die nach Güteklassen abgestuften höheren zulässigen Spannungen.

> „Die Abstufung der zulässigen Spannungen nach den drei Güteklassen bezweckt eine möglichst weitgehende Ausnutzung des anfallenden Schnittholzes für tragende Holzbauteile. Zu dem gleichen Zweck sind die Sicherheiten bei der Festsetzung der zulässigen Spannungen sehr knapp gewählt worden, wobei die Festigkeit des z. Zt. überwiegend verwendeten halbtrockenen Bauholzes (höchstens 30 v.H. Feuchtigkeit nach DIN 4074) zugrunde gelegt wurde“ [10].

Bemerkenswert war, dass für die Verwendung der Güteklasse I strenge Regeln in der DIN 1052:1940 zur Kontrolle und zum Nachweis einer fachmännischen Sortierung festgelegt waren.

> „Bei Bauwerken mit Holzbauteilen, in denen die Spannungen der Güteklasse I ausgenutzt werden, ist der Name der für die Ausführung und die Aufstellung verantwortlichen Person der Baupolizei vor Beginn der Arbeiten auf der Baustelle schriftlich anzuzeigen. Jeder Wechsel in der Person des Ausführenden und des Aufstellenden ist der Baupolizei sofort mitzuteilen“ [10].

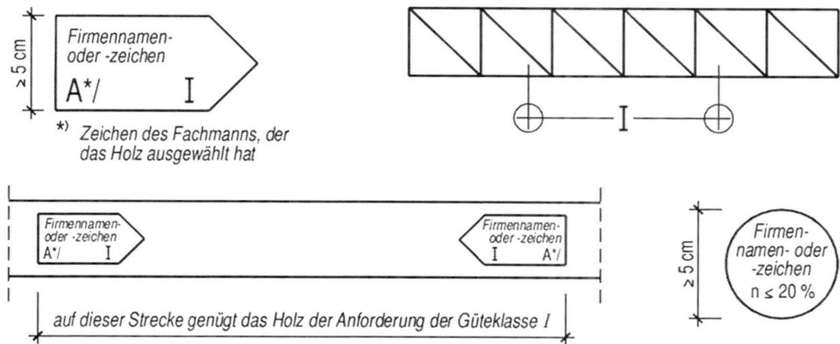

Abbildung 5: Festlegung zur Kennzeichnung des Holzes bei Verwendung von Güteklasse I nach DIN 4074, nach § 6a (2) und § 6b (2) in DIN 1052:1940 (s. [10] und [33])

Die kriegsbedingte Verknappung aller verfügbaren Baustoffe führte in den 40er-Jahren des 20. Jahrhunderts im 2. Weltkrieg zur Festsetzung von relativ hohen zulässigen Spannungen, um eine möglichst große Holzersparnis zu erreichen. Man war sich dabei durchaus bewusst, dass dies eine höhere Überwachung durch die Baupolizei als bisher üblich bei den mehr als 30.000 Holzbaubetrieben erforderte und die zuständigen Behörden wurden wie folgt angewiesen:

> „Die Baupolizei und die Baugenehmigungsbehörde ersuche ich, hierüber besonders streng zu wachen, um Mißerfolge und Unfälle zu vermeiden. Über die Nichtbeachtung dieser Vorschriften bitte ich unabhängig von der Durchführung der sich daraus ergebenden baupolizeilichen Maßnahmen zu berichten. Bei Verstößen gegen die Bauvorschriften oder die anerkannten Regeln der Baukunst ersuche ich, gegen unzuverlässige Unternehmer mit aller Schärfe vorzugehen (Reichsgewerbeordnung § 35, Abs. 5, und § 53 a)“ [10].

Die Kennzeichnung der Güteklasse I hatte nach den in der DIN 1052 festgelegten Vorgaben mittels Brennstempel am Bauteil zu erfolgen. Ein derartiges Vorgehen war jedoch in der Praxis nicht flächendeckend kontrollierbar, und es wurde deshalb mit der Fassung der DIN 1052 des Jahres 1969 aufgegeben.

Die Normfassung der DIN 1052 des Jahres 1940, erlassen durch den Reichsarbeitsminister am 10.12.1940, enthielt auch neue Erkenntnisse zu den Dübel- und Leimverbindungen. Dabei wurde nicht die ganze Norm geändert, sondern die Änderungen wurden als Ergänzungen zur bestehenden Norm bekannt gemacht. Für die Anwendung der Leimverbindungen wurde nun ein Eignungsnachweis nach den in der Norm ausführlich angegebenen Anforderungen verlangt. Diese Prüfung oblag noch den einzelnen Baubehörden. Es wurde aber mit der Herausgabe der Norm angekündigt, dass zusammen mit der Holzbauindustrie und dem Bund Deutscher Zimmermeister ein Verzeichnis der Firmen erarbeitet werde, die ihre Eignung behördlicherseits nachgewiesen hätten.

Ein solches Verzeichnis wurde dann 1943 vom Reichsarbeitsminister veröffentlicht.

Mit Datum vom 31. Dezember 1943 verkündete der Reichsarbeitsminister im Reichsarbeitsblatt Teil I, Nr. 3, 1944 Änderungen zur DIN 1052:1940 [33], die außer den vorherigen Erkenntnissen durch Änderungen in der Normung für Drahtstifte (DIN 1151) und infolge der inzwischen abgeschlossenen Versuche mit Dübelverbindungen (Dübel besonderer Bauart) notwendig wurden. Wesentliche Änderungen betrafen die Kennzeichnung von Holz, welches verklebt werden sollte, hinsichtlich der Einhaltung einer Holzfeuchte von $\omega \leq 20\,\%$, die Angaben aller Firmen, die inzwischen die Voraussetzungen für das Leimen von tragenden Holzbauteilen erfüllt haben und in einer Anlage 3 zur Bekanntgabe gelistet wurden (getrennt in eine Genehmigung A und Genehmigung B), die Festlegung, dass alle Dübelverbindungen einer allgemeinen baupolizeilichen

Zulassung durch den Reichsarbeitsminister bedürfen bzw. die Tragfähigkeit neuer Dübelverbindungen durch vereinheitlichte Versuche bei amtlich anerkannten Materialprüfanstalten durchzuführen ist (für die bisher anerkannten Dübelverbindungen wurde eine Zusammenstellung der zulässigen Tragfähigkeit in Tafel 1 der vom Reichsarbeitsminister erlassenen Änderungen veröffentlicht).

Die vierte Fassung der DIN 1052 wurde dann nach dem 2. Weltkrieg im Jahre 1947 bauaufsichtlich eingeführt.

Ein wichtiger Fortschritt der 1947 erschienenen Fassung der DIN 1052 war, dass sie nun nicht nur die Berechnung der Dübelverbindungen regelte, sondern auch alle durch baupolizeiliche Zulassung bestätigte Ring- und Scheibendübel der einzelnen Holzbaufirmen mit ihren zulässigen Tragfähigkeiten und konstruktiven Anforderungen enthielt. Eine Liste aller Firmen, die die Voraussetzungen für das Leimen tragender Bauteile erfüllt hatten, enthielt die Norm nicht. Alle weiteren als Ergänzungen und Änderungen 1943 erlassenen Regelungen waren nun in dieser Normfassung enthalten.

Tabelle 1: Berechnungs- und Konstruktionsnormen für den Holzbau von 1920–1950

Norm/ Vorschrift	Ausgabe-datum	Titel	Seiten-zahl
DIN 104 Blatt 1	1920-03	Holzbalken für Kleinhäuser; Ausführungsarten der Decken	1
DINORM 104 Blatt 1	1920-03	Holzbalken für Kleinhäuser; Ausführungsarten der Decken	1
DINORM 104 Blatt 2	1920-03	Holzbalken für Kleinhäuser; Querschnitte	1
DINORM 104 Blatt 3	1920-03	Holzbalken für Kleinhäuser; Kurventafel zur Ermittlung der zulässigen Querschnitte	1
Beiblatt zu DINORM 104 Blatt 1 bis 3	1920-03	Holzbalken für Kleinhäuser	2
Deutsche Reichs-bahn-Gesellschaft	1926-12	Vorläufige Bestimmungen für Holz-tragwerke (BH)	18
Deutsche Reichs-bahn-Gesellschaft	1926-12	Vorläufige Bestimmungen für Holz-tragwerke (BH); Dritte berichtigte Ausgabe 1931	18
DIN 1990	1928-04	Gütevorschriften für Holzhäuser	2
DIN 1074	1930-08	Berechnungs- und Entwurfsgrund-lagen für hölzerne Brücken	17
DIN 1052	1933-07	Bestimmungen für die Ausführung von Bauwerken aus Holz im Hochbau	12
DIN 1052	1938-05	Bestimmungen für die Ausführung von Bauwerken aus Holz im Hochbau	13
DIN 4074	1939-03	Bauholz; Gütebedingungen	3
DIN 1052	1940-12	Holzbauwerke; Berechnung und Ausführung	20
DIN 1074	1941-08	Holzbrücken; Berechnung und Ausführung	4
DIN 1052	1947-10	Holzbauwerke; Berechnung und Ausführung	16

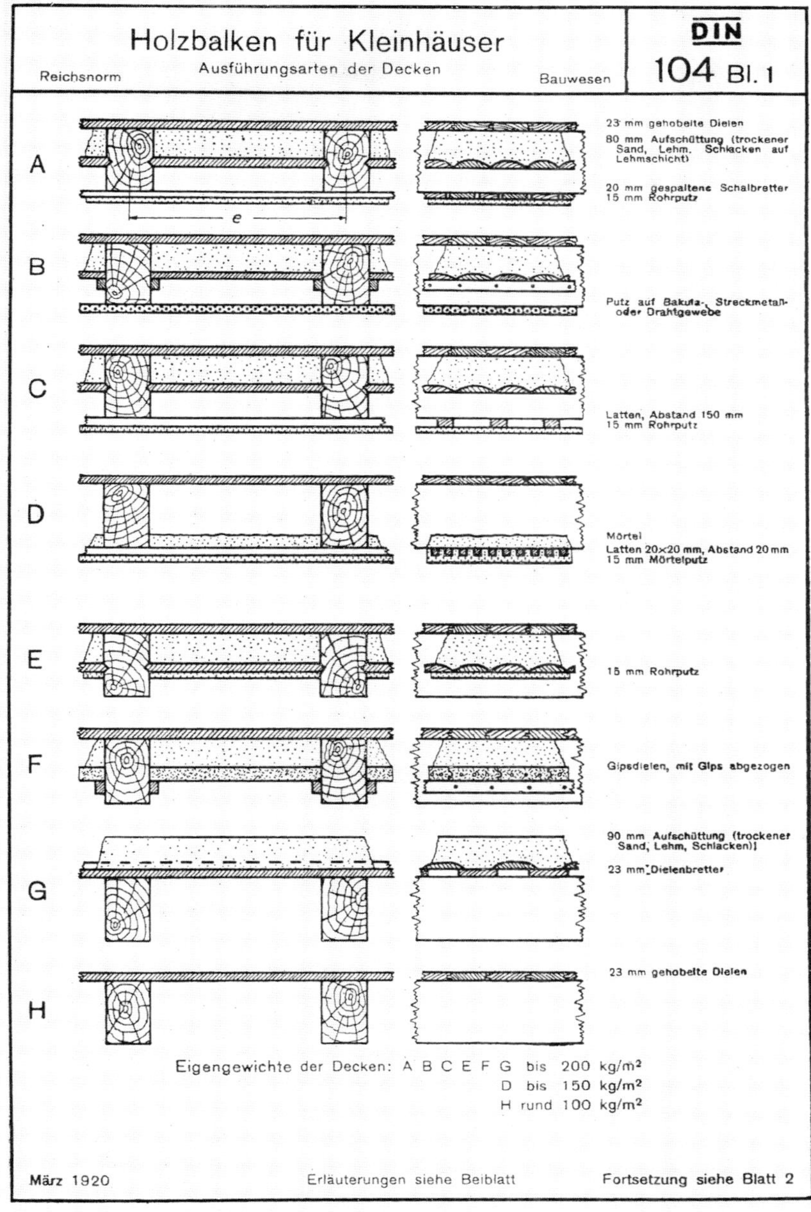
Holzbalken für Kleinhäuser
Reichsnorm
Ausführungsarten der Decken
Bauwesen
DIN
104 Bl. 1
A
B
C
D
E
F
G
H
e
23 mm gehobelte Dielen
80 mm Aufschüttung (trockener Sand, Lehm, Schlacken auf Lehmschicht)
20 mm gespaltene Schalbretter
15 mm Rohrputz
Putz auf Bakula-, Streckmetall- oder Drahtgewebe
Latten, Abstand 150 mm
15 mm Rohrputz
Mörtel
Latten 20×20 mm, Abstand 20 mm
15 mm Mörtelputz
15 mm Rohrputz
Gipsdielen, mit Gips abgezogen
90 mm Aufschüttung (trockener Sand, Lehm, Schlacken)
23 mm Dielenbretter
23 mm gehobelte Dielen
Eigengewichte der Decken: A B C E F G bis 200 kg/m²
D bis 150 kg/m²
H rund 100 kg/m²
März 1920
Erläuterungen siehe Beiblatt
Fortsetzung siehe Blatt 2

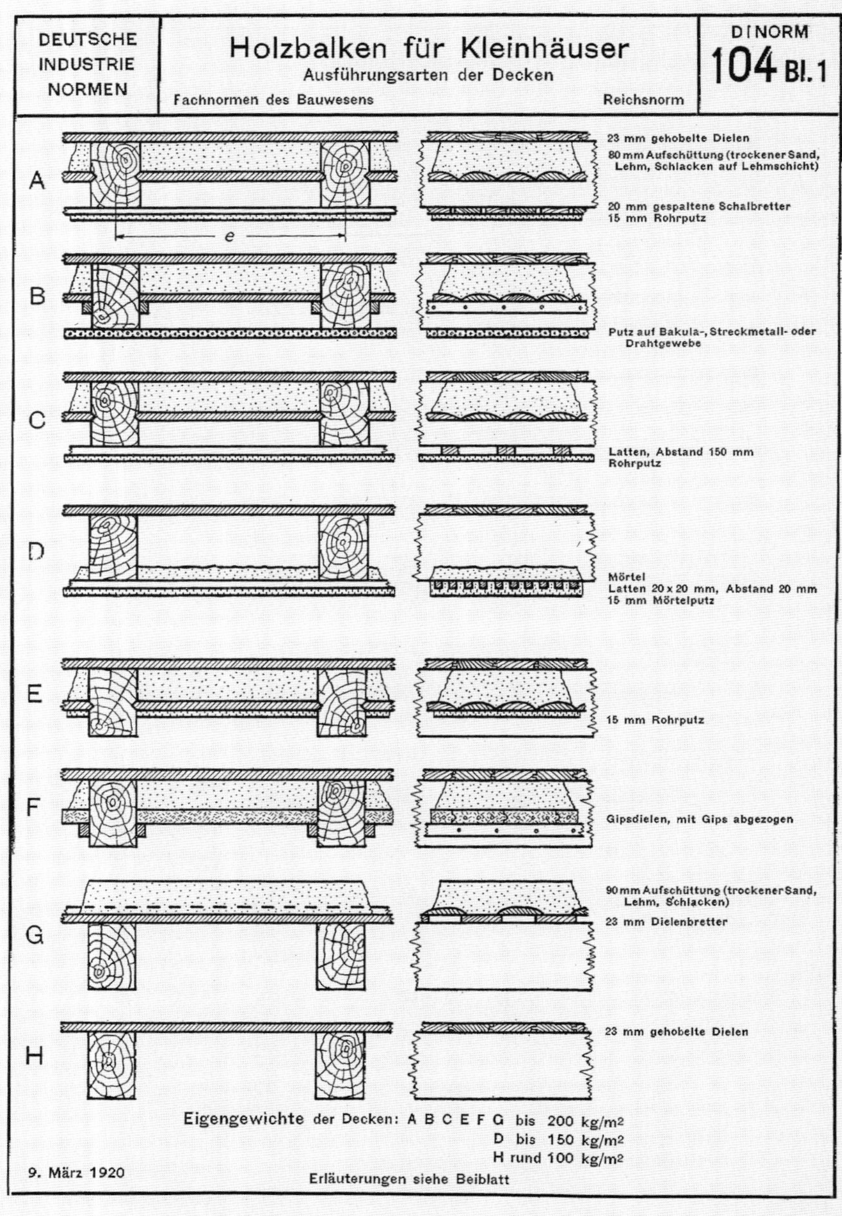
DEUTSCHE INDUSTRIE NORMEN

Holzbalken für Kleinhäuser

Ausführungsarten der Decken

Fachnormen des Bauwesens

Reichsnorm

DINORM 104 Bl. 1

Eigengewichte der Decken: A B C E F G bis 200 kg/m²
D bis 150 kg/m²
H rund 100 kg/m²

9. März 1920

Erläuterungen siehe Beiblatt

DEUTSCHE INDUSTRIE NORMEN	Holzbalken für Kleinhäuser Querschnitte Fachnormen des Bauwesens — Reichsnorm	DI NORM 104 Bl. 2

Gesamtbelastung (Eigengewicht + Nutzlast) 250 kg/m²

Maße in cm

Balken-Querschnitt		Balkenabstände e						
		70	75	80	85	90	95	100
Breite/Höhe	Fläche in m²	Freilänge l der Balken						
10/14	0,014	350	345	336	329	324	316	308
12/14	0,0168	—	—	—	350	344	337	332
10/16	0,016	400	393	384	377	370	362	353
13/16	0,0208	—	—	—	—	400	396	389
10/18	0,018	450	442	433	424	416	407	396
13/18	0,0234	—	—	—	—	450	446	438
16/18	0,0288	—	—	—	—	—	—	450
10/20	0,02	500	491	481	472	463	452	440
12/20	0,024	—	—	—	500	491	483	475
14/20	0,028	—	—	—	—	—	500	499

Gesamtbelastung (Eigengewicht + Nutzlast) 300 kg/m²

Maße in cm

Balken-Querschnitt		Balkenabstände e						
		70	75	80	85	90	95	100
Breite/Höhe	Fläche in m²	Freilänge l der Balken						
10/14	0,014	331	324	315	305	297	289	281
12/14	0,0168	350	344	336	329	323	316	308
10/16	0,016	378	370	360	349	339	330	322
13/16	0,0208	—	400	394	387	380	373	366
10/18	0,018	426	416	404	392	381	372	363
13/18	0,0234	—	450	444	436	428	420	412
16/18	0,0288	—	—	—	—	—	450	443
10/20	0,02	473	463	450	436	424	412	402
12/20	0,024	500	491	481	472	463	451	440
14/20	0,028	—	—	500	496	487	478	470

Gesamtbelastung (Eigengewicht + Nutzlast) 350 kg/m²

Maße in cm

Balken-Querschnitt		Balkenabstände e						
		70	75	80	85	90	95	100
Breite/Höhe	Fläche in m²	Freilänge l der Balken						
10/14	0,014	311	301	291	282	275	267	261
12/14	0,0168	335	327	319	310	301	293	286
10/16	0,016	356	344	333	323	314	306	298
13/16	0,0208	392	383	375	368	358	348	340
10/18	0,018	400	387	375	364	353	344	335
13/18	0,0234	441	431	422	414	403	392	382
16/18	0,0288	—	—	450	443	435	427	420
10/20	0,02	445	430	416	404	392	382	372
12/20	0,024	478	467	456	442	430	418	408
14/20	0,028	500	492	481	472	463	452	440

Die Werte sind errechnet nach den Formeln: $l\,(l + 2a) = \frac{8\,W\,\sigma}{q\,e}$ und $l = \sqrt[3]{\frac{384\,f\,E\,J}{5 \cdot 1{,}157\,l\,e\,q}}$,

wobei bedeutet: σ die zulässige Beanspruchung, angenommen mit 100 kg/cm², l die Freilänge in cm, $a = 0{,}05\,l$ die Auflagerlänge in cm, W das Widerstandsmoment des Balkens in cm³, q die Gesamtbelastung in kg/cm², e den Balkenabstand in cm, $f = \frac{1}{230}\,l$ die Durchbiegung des Balkens in cm (für die Berechnung ist der durchlaufende Balken auf 3 und mehr Stützen als auf den Stützen unterbrochen angenommen), E = 110 000 kg/cm² das Elastizitätsmaß für Biegung und J das Trägheitsmoment in cm⁴.

9. März 1920 — Erläuterungen siehe Beiblatt

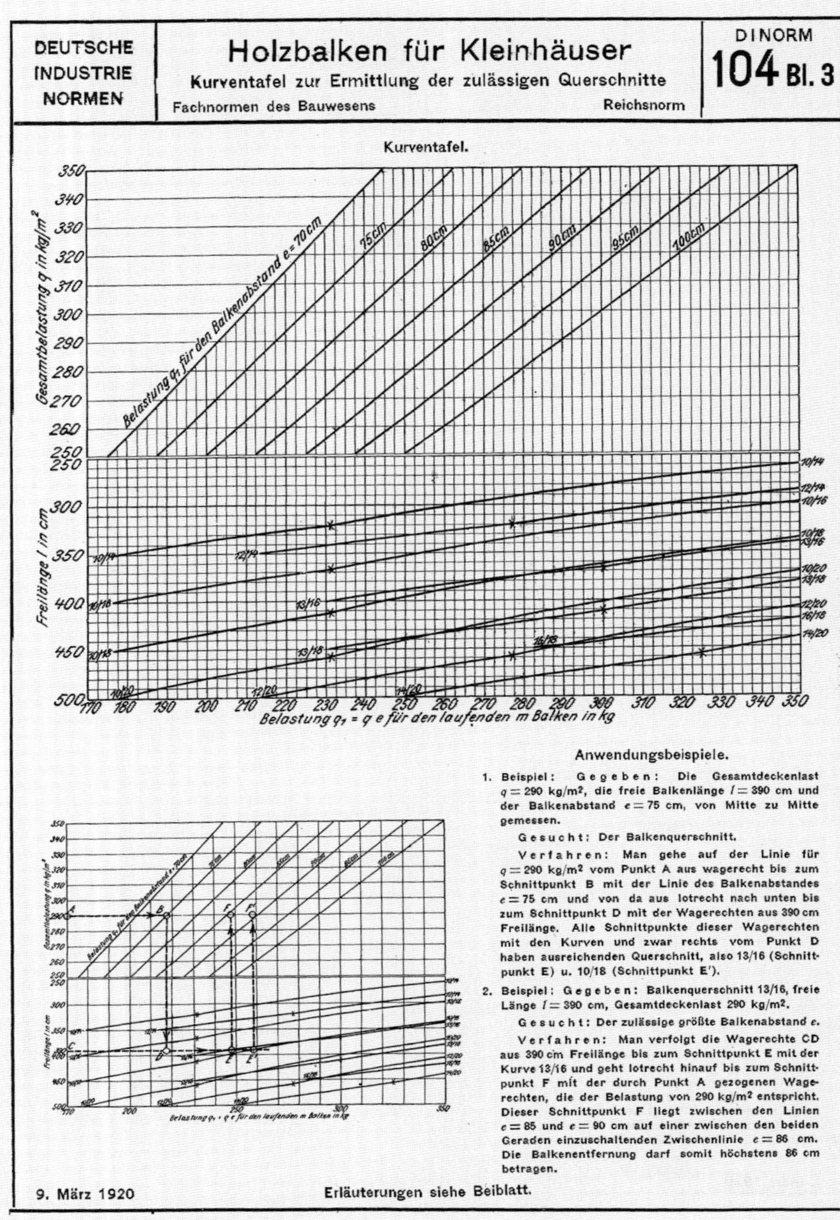

DEUTSCHE INDUSTRIE NORMEN	**Holzbalken für Kleinhäuser** Kurventafel zur Ermittlung der zulässigen Querschnitte Fachnormen des Bauwesens — Reichsnorm	DINORM 104 Bl. 3

Kurventafel.

Anwendungsbeispiele.

1. Beispiel: Gegeben: Die Gesamtdeckenlast $q = 290$ kg/m², die freie Balkenlänge $l = 390$ cm und der Balkenabstand $e = 75$ cm, von Mitte zu Mitte gemessen.

   Gesucht: Der Balkenquerschnitt.

   Verfahren: Man gehe auf der Linie für $q = 290$ kg/m² vom Punkt A aus wagerecht bis zum Schnittpunkt B mit der Linie des Balkenabstandes $e = 75$ cm und von da aus lotrecht nach unten bis zum Schnittpunkt D mit der Wagerechten aus 390 cm Freilänge. Alle Schnittpunkte dieser Wagerechten mit den Kurven und zwar rechts vom Punkt D haben ausreichenden Querschnitt, also 13/16 (Schnittpunkt E) u. 10/18 (Schnittpunkt E').

2. Beispiel: Gegeben: Balkenquerschnitt 13/16, freie Länge $l = 390$ cm, Gesamtdeckenlast 290 kg/m².

   Gesucht: Der zulässige größte Balkenabstand e.

   Verfahren: Man verfolgt die Wagerechte CD aus 390 cm Freilänge bis zum Schnittpunkt E mit der Kurve 13/16 und geht lotrecht hinauf bis zum Schnittpunkt F mit der durch Punkt A gezogenen Wagerechten, die der Belastung von 290 kg/m² entspricht. Dieser Schnittpunkt F liegt zwischen den Linien $e = 85$ und $e = 90$ cm auf einer zwischen den beiden Geraden einzuschaltenden Zwischenlinie $e = 86$ cm. Die Balkenentfernung darf somit höchstens 86 cm betragen.

9. März 1920 — Erläuterungen siehe Beiblatt.

DEUTSCHE INDUSTRIE NORMEN	Holzbalken für Kleinhäuser Fachnormen des Bauwesens — Reichsnorm	BEIBLATT ZU DINORM **104** Bl. 1÷3

Die Größe der zu verwendenden Querschnitte ist von der Ausbildung der Decken und den sich hieraus ergebenden Eigengewichten abhängig. Die üblichsten Ausführungsarten und deren Eigengewichte sind in Blatt 1 zusammengefaßt. Das Gewicht der Decke H ist meistens geringer als 100 kg/m². Einen geringeren Wert in die Berechnung einzusetzen, ist jedoch nicht ratsam, um eine genügende Sicherheit für unvorhergesehene Beanspruchungen bei ungünstiger Lastverteilung und plötzlichen Stößen zu behalten.

Die Zwischendecke soll etwa eindringende Feuchtigkeit vom unteren Deckenputz fernhalten, den Schall dämpfen, das Durchlassen von Dünsten verhindern und einen Wärmeschutz bieten. Dies wird durch eine Aufschüttung aus trockenem, am besten geglühtem Sand, Lehm oder Schlacke erreicht. Auch andere schlechte Wärmeleiter können geeignet sein; organische Stoffe, z. B. Torfmull, sind aber mit größter Vorsicht zu verwenden. Die in vielgeschossigen Miethäusern übliche Aufschüttung von 120 ÷ 140 mm Höhe würde die Kleinhausdecke zu sehr belasten. Eine Einschränkung auf 60 mm kommt bei Trennung verschiedener Wohnungen nicht in Frage, da die Schalldurchlässigkeit dann zu groß wäre. Ganz fortbleiben darf die Zwischendecke nur im Einfamilienhause, wenn die Schalldurchlässigkeit nicht stört und die nach oben entweichende Wärme in den oberen Räumen ausgenutzt wird. Die gewählte Stärke von 80 mm ist für die Aufschüttung bei Kleinhausdecken als Regel anzusehen.

Ob man die Balken sichtbar lassen oder unten verschalen soll, entscheidet die ortsübliche Baugewohnheit. Die sichtbaren Balken sind bisher durch baupolizeiliche Bestimmungen für Wohnhäuser in ihrer Anwendung beschränkt gewesen, da vielfach ein feuersicherer Unterputz gefordert wurde. Bei den jetzt zugelassenen Bauerleichterungen dürfen die Balken wieder sichtbar verlegt werden. Hierbei wird an lichter Raumhöhe gewonnen, so daß die Stockwerkhöhen vermindert und dadurch die Bauten nicht unerheblich verbilligt werden können. Die Ausführung sichtbarer Balkendecken würde ziemlich teuer werden, wenn man nur völlig fehlerfreies und gehobeltes Holz verwenden wollte. In vielen, besonders ländlichen, Verhältnissen kann man sich aber mit rauhem, gekalktem Deckenholz begnügen.

Die Decke G (Stülpdecke mit Lehmschlag) wird über Ställen und auf der Kehlbalkenlage ausgebauter Giebelstuben häufig ausgeführt.

Querschnitte. In Blatt 2 sind für die am häufigsten in Kleinhäusern vorkommenden Gesamtbelastungen der Decken von 250, 300 und 350 kg/m² die Werte für die zulässigen Freilängen der genormten Balkenquerschnitte in Zahlentafeln zusammengestellt. Für die zwischenliegenden Belastungen gibt die Kurventafel in Blatt 3 die erforderlichen Balkenquerschnitte an. Die Auswahl der Holzquerschnitte ist so erfolgt, daß den Sägemüllern eine genügende Freiheit für den Einschnitt verbleibt, die Verbraucher sich den Beanspruchungen gut anpassen können und die Händler nur eine beschränkte Anzahl genormter Balken auf Lager zu halten brauchen. Bohlenartige Querschnitte sind nicht aufgenommen. In statischer Beziehung sind eng verlegte Bohlen nicht günstiger als die entsprechend weiter voneinanderliegenden Balken mit breiteren Querschnitten. Bohlen sind aber teuerer als Balken und ihre Verlegung erfordert höhere Löhne.

Bei der Berechnung ist nicht nur die Biegungsfestigkeit, sondern auch die Durchbiegung der Balken berücksichtigt. Um das Holz möglichst sparsam zu verwenden, sind die erleichterten Bedingungen für den Kleinhausbau beachtet. Die Nutzlasten sind mit dem baupolizeilich zugelassenen Mindestwerte von 150 kg/m² eingesetzt und der größte Wert für die Durchbiegung ist höher angenommen, als bisher oft gefordert wurde, da man voraussetzen kann, daß in den kleinen Räumen des Kleinhauses nicht so erhebliche Erschütterungen der Decken wie im Großhause vorkommen. Auch die in Rechnung gesetzten Werte der Nutzlast werden gar nicht oder nur ausnahmsweise im Kleinhause erreicht.

Die der Berechnung zugrundegelegte Formel für die Durchbiegung ist folgendermaßen entwickelt:

$$f = \frac{5\,P\,l'^3}{384\,J\,.\,E};\ P = q\,.\,e\,.\,l,$$

l' bedeutet die Stützlänge und ist gleich

$$l + \frac{2\,a}{2} = 1{,}05\,l.$$

P wird also als gleichmäßig über die ganze Stützlänge verteilte Last angenommen.

$$J = \frac{b\,.\,h^3}{12} = \frac{W\,.\,h}{2};\quad W = \frac{b\,.\,h^2}{6} = \frac{l\,(l + 2\,a)\,q\,.\,e}{8\,.\,\sigma}$$

$$J = \frac{1{,}10\,.\,l^2\,.\,q\,.\,e\,.\,h}{2\,.\,8\,.\,\sigma}$$

$$f = \frac{5\,.\,q\,.\,e\,.\,l\,(1{,}05\,l)^3\,.\,2\,.\,8\,.\,\sigma}{E\,.\,384\,.\,1{,}10\,.\,l^2\,.\,q\,.\,e\,.\,h} = \frac{\sigma\,.\,l^2}{4{,}563\,.\,E\,.\,h}$$

Für $f = \frac{1{,}05\,l}{n}$ wird $l = \frac{n\,.\,\sigma\,.\,l^2}{1{,}05\,.\,4\,563\,E\,.\,h}$ oder

$$l = \frac{4{,}791\,.\,E\,.\,h}{n\,.\,\sigma}.$$

Bei $E = 110\,000$ kg/cm², $\sigma = 100$ kg/cm² und $n = 230$ wird $l = 22{,}91\,h$.

Dieses Maß kann unbedenklich auf das 25fache der Balkenhöhe gesteigert werden, sofern die als zulässig angenommene Durchbiegung 1 : 230 nicht überschritten wird. Auf dieser Grundlage sind sowohl die zulässigen Freilängen in der Zahlentafel wie die Kurven der Kurventafel ermittelt. Die Kurven der Biegungsspannungen im unteren Teile der Kurventafel sind sinngemäß nur bis zu dem Punkte durchgeführt, über den hinaus eine größere Durchbiegung der freien Länge als 1: 230 eintreten würde. Diese Punkte sind in der Tafel mit einem × gekennzeichnet. Um die Kurven hier jedoch nicht abbrechen zu lassen, sind sie unter strenger Einhaltung der zulässigen Durchbiegung von 1: 230 der freien Länge bis zu dem Punkte fortgeführt, an dem $^1/_{25}$ der Balkenlänge gleich der Balkenhöhe wird.

Begründung des graphischen Ermittlungsverfahrens. Für die Belastung q in kg/m² (gleichmäßig verteilt über die freie Länge des Balkens), für die freie Balkenlänge l, die Auflagerlänge a, sowie die Balkenentfernung e in Metern ist das größte Biegungsmoment

$$M = \frac{q\,.\,e\,.\,l}{8}\,(l + 2\,a) \text{ und für } a = 0{,}05\,l$$

$$M = 1{,}10\,\frac{q\,.\,e\,.\,l^2}{8}.$$

9. März 1920

Wird als zulässige Biegungsbeanspruchung des Holzes $\sigma = 100$ kg/cm² angenommen, so ergibt sich für einen Balken mit dem Widerstandsmoment W (in cm³) das Biegungsmoment zu

$$M = \sigma . W = 1{,}10 \frac{q . e . l^2}{8} \text{ mkg}$$

und hieraus

$$l^2 = \frac{k}{e},$$

wobei

$$k = \frac{800\, W}{1{,}10\, q}$$

ist. Für eine Belastung, z. B. $q = 250$ kg/m², ist somit der Beiwert k für jeden einzelnen Balkenquerschnitt, also für ein bestimmtes Widerstandsmoment W, ein Festwert. Da im oberen Teile des Kurvenblattes als lotrechte Abstände die Werte l und als wagerechte Abstände die Werte e aufgetragen sind, entspricht jedem Balkenquerschnitte eine Kurve, die für $q =$ 250 kg/m² und für die verschiedenen Widerstandsmomente W jeweils berechnet und eingetragen worden ist.

Um dieses für 250 kg/m² berechnete Kurvenblatt auch für andere Belastungen, z. B. für 290 kg/m², benutzen zu können, muß noch eine Umrechnung vorgenommen werden. Diese kann zunächst auf rechnerischem Wege erfolgen, indem man anstatt der Balkenentfernung e' einen Hilfswert e einführt und ihn so bestimmt, daß die Balkenbelastung für die Längeneinheit die gleiche bleibt, also

$$q . e = q' . e'$$

ist. Ist z. B. die Belastung $q' = 290$ kg/m² und der Balkenabstand $e' = 75$ cm gegeben, so erhält man für die Ausgangsbelastung $q = 250$ kg/m² den Hilfswert des Balkenabstandes

$$e = \frac{q' . e'}{q} = \frac{290 . 75}{250} = 87 \text{ cm}.$$

Zur Vermeidung dieser Rechenarbeit und zur Vervollständigung des Überblickes ist diese Umrechnung im oberen Teile des Kurvenblattes zeichnerisch durchgeführt. Verfolgt man für die Belastung $q' =$ 290 kg/m² die Wagerechte durch den Punkt A bis zum Schnittpunkte B mit der Linie des Balkenabstandes $e' = 75$ cm, so ergibt die Lotrechte durch B auf der durch den Wert 250 laufenden wagerechten Achse ebenfalls den gesuchten verminderten Balkenabstand $e = 87$ cm.

Zur leichteren Handhabung der Kurventafel sind in dem unteren Teile des Blattes 3 zwei weitere Anwendungsbeispiele gegeben.

DEUTSCHE REICHSBAHN-GESELLSCHAFT

Vorläufige Bestimmungen

für

Holztragwerke

(B H)

Amtliche Ausgabe.

Eingeführt durch Verfügung der Hauptverwaltung vom 12. Dezember 1926 82 D 16600.

BERLIN 1926
VERLAG VON WILHELM ERNST & SOHN

Inhalt.

Vorbemerkung: Die Vorschriften gelten für Brücken, Hochbauten, Lehrgerüste für Brücken aus Holz, Stein, Eisenbeton und Eisen und für wichtige Baugerüste.

A. Allgemeine Bedingungen für Lieferung, Abnahme und Aufstellung von Holztragwerken

I. Beschaffenheit des Holzes

Bauholzarten

1. Für freitragende Holzbauten werden als Bauhölzer verwendet: die Kiefer (Föhre), Fichte (Rottanne), Tanne (Weißtanne), Lärche und zur Herstellung besonders stark beanspruchter Bauglieder die Eiche und die Buche.

Stammholz

2. Das Nutzholz muß möglichst dicht und fest, gerade gewachsen, äußerlich gesund und im allgemeinen fehlerfrei sein.

Die Abnahme kann verweigert werden bei Verstockung[1]), bei Rot- und Weißfäule im Stamm und an den Astansätzen, bei roten oder hellgefärbten Streifungen als Vorboten der Rot- und Weißfäule, bei Krebs-, Maser- und Mistelbeulen[2]), bei Stockfäule und Wipfeldürre[3]) (Überständigkeit), ferner bei Dreh- und Zwieselwuchs[4]), Doppelkernigkeit[5]), bei Ringrissen[6]) (Kernschäligkeit[7])) und bei Kernrissen. Von der Verwendung auszuschließen ist außerdem Holz, das eisklüftig[8]), wurmstichig und blitzrissig ist, starke Verletzungen durch Wildschaden oder Beschädigungen durch Raupenfraß und Spechtlöcher aufweist.

Nach dem Fällen müssen die Stämme rechtzeitig entrindet, aus dem Wald abgefahren und geschnitten werden. Bei Winterfällung muß das Holz spätestens bis Ende März entrindet sein. Bei Sommerfällung ist das Entrinden und Abfahren des Holzes sofort vorzunehmen.

Schnittholz

3. Das Schnittholz muß gesund und möglichst astfrei sein und darf keine durchgehenden Risse aufweisen. Gesunder Splint ist wie Kernholz zu bewerten. Hölzer mit nur kleinen und festverwachsenen (zarten) Ästen

[1]) Verstockung (Ersticken, Anlaufen) ist eine Zersetzung des Holzes in geringem Grade, die eintritt, wenn frisch gefälltes Holz bei feuchter Witterung in der Rinde liegenbleibt, wodurch das Splintholz zunächst streifenartig, später in der ganzen Masse eigentümlich gefärbt wird. Bei Nadelhölzern z B wird der Splint grünlich blau und bei der Eiche braun.

Die Verwendung von leicht angeblautem Holz ist für Bauteile in lufttrockenerUmgebung zulässig, jedoch nicht für zu tränkende Bauglieder.

[2]) Krebs-, Maser- und Mistelbeulen (s. Abb. 1) sind Auswüchse, die von Verletzungen, Insektenfraß, Schmarotzerpflanzen oder kleinen Knospenwucherungen herrühren.

[3]) Wipfeldürre ist eine Krankheit des Holzes, bei der der Baum vom Zopfende aus abstirbt.

[4]) Zwieselwuchs nennt man die Gabelung des Stammes in zwei zusammengewachsene Äste, wobei häufig wundfaule Stellen einwachsen.

[5]) Doppelkernigkeit entsteht meist durch das frühe Zusammenwachsen zweier Bäume oder auch bei Zwieselwuchs.

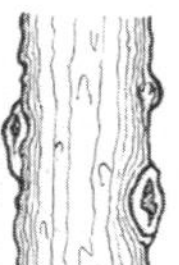

Abb. 1.

[6]) Ringrisse (Ringklüfte, Schälrisse) laufen den Jahrringen entlang und entstehen vielfach durch die Einwirkungen von heftigen Stürmen oder von starkem Frost.

[7]) Kernschäligkeit tritt ohne erkennbare Risse auf und ist dadurch gekennzeichnet, daß bei geringer Schlagwirkung ein Teil des Kernes einem Jahrring folgend abspringt.

[8]) Eisklüfte sind von außen nach innen verlaufende Holzspaltungen infolge starken Frostes.

sind benutzbar; Hölzer mit faulen, losen oder ausgefallenen Ästen dagegen sind zu verwerfen.

Die zur Ausführung von Fachwerkträgern, Stützen und sonstigen wichtigen Baugliedern erforderlichen Hölzer sind im Herz aufzuspalten (Halbhölzer, Kreuzhölzer). Schwache einteilige Glieder können auch aus Vollholz gebildet werden.

Bei zusammengesetzten Baugliedern ist die Herzseite nach außen zu legen.

Hölzer, deren Fasern mehr als 1:20 gegen die Längsachse geneigt verlaufen, sind von der Verwendung ausgeschlossen.

Lagerung des Schnittholzes

4. Das geschnittene Holz muß bis zu seiner Verwendung luftig gelagert und derart abgedeckt werden, daß es vor Nässe und einseitiger Sonnenbestrahlung geschützt ist.

Schnittklassen

5. Das Bauholz wird in 5 Schnittklassen geliefert:

a) scharfkantiges Holz ohne jede Waldkante;

b) scharfkantiges Holz, bei dem kleine Waldkanten bis zu 5% der größeren Querschnittsseite auf ganz kurze Längen vorkommen dürfen;

c) vollkantiges Holz, bei dem Waldkanten, und zwar bis 15% der größeren Querschnittsseite vorkommen dürfen. Bei Balken 20/24 bezw 12/24 sind demnach Waldkanten bis zu 3,6 cm zugelassen (Abb. 2);

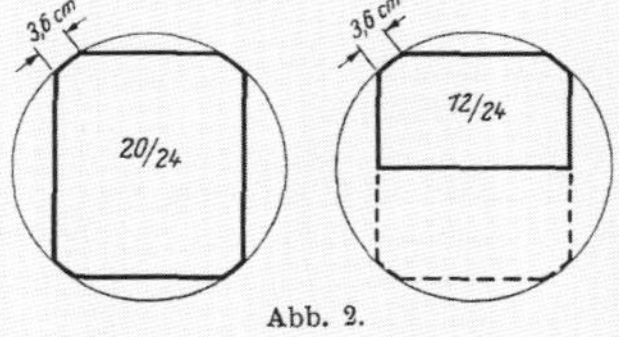

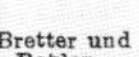

Abb. 2.

d) Holz mit üblichen Waldkanten, die bis 25% der größeren Querschnittsseite betragen dürfen;

e) baumkantiges Holz, das auf die ganze Länge Waldkanten besitzen darf, doch auf jeder Seite auf die ganze Länge in mindestens 5 cm Breite von der Säge gestreift sein muß.

Im allgemeinen ist für nicht zimmermannsmäßig herzustellende und nicht vorübergehenden Zwecken dienende Ingenieurholzbauten scharfkantiges Holz Sorte b zu verwenden.

Bretter und Bohlen

6. Je nach ihrer Beschaffenheit werden die Bretter eingeteilt in:

a) reine und halbreine Ware. Die Bretter dieser Gattung müssen astrein sein oder dürfen nur eine mäßige Anzahl kleiner festverwachsener Äste aufweisen. Sie müssen gesund, scharfkantig, rißfrei und blank sein;

b) gute Ware, auch erste Klasse genannt. Die hierhergehörigen Bretter dürfen eine nicht zu große Anzahl mäßig großer fest verwachsener Äste haben. Sie müssen gesund, scharfkantig und im allgemeinen blank sein. Herzrisse, die nicht bis zur Oberfläche durchgehen, sowie Endrisse (*a* in Abb. 3), deren Länge höchstens der Breite des Brettes (*b* in Abb. 3) entspricht, sind zulässig;

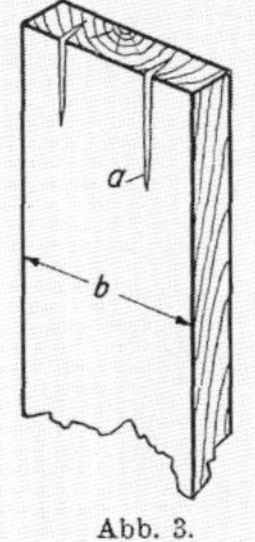

Abb. 3.

c) Ausschuß, auch zweite Klasse genannt. Ausschußbretter dürfen eine größere Zahl grober, auch etwas ausfallender Äste haben und hier und da an der Rückseite Waldkante bis zur halben Dicke des Brettes zeigen; auch sind hartes, rotstreifiges Holz, sowie an einzelnen Stellen durchgehende, nicht zu große Herzrisse und Hobelfehler zulässig;

d) X-Bretter, auch Feuerbord oder Brennbord genannt, sind die nach Aussortierung vorbenannter Sorten übrigbleibenden, also stark waldkantigen, rotfleckigen und grobästigen Bretter. Auch kleinere Faulstellen sind zulässig, doch muß das Brett der ganzen Länge und Breite nach zusammenhalten. Stark gefaulte und brüchige Stücke sind ausgeschlossen.

Sorte a kommt im allgemeinen nur für Tischlerarbeiten in Frage. Sorte b ist für die tragenden Teile der Holzbauten zu verwenden. Sorte c kommt im allgemeinen für die tragenden Teile untergeordneter Bauten und für Schalungen in Frage. Sorte d ist im allgemeinen nur für die Schalungen untergeordneter Bauten zu verwenden.

7. Das Holz soll bei seiner Verarbeitung tunlichst lufttrocken sein. Der Feuchtigkeitsgehalt lufttrockenen Holzes beträgt 15 bis 18% des Trockengewichts. Frisch geschlagenes Holz darf ohne künstliche Trocknung zu Dauerbauten nicht verwendet werden. Künstliche Trocknung darf nur langsam vor sich gehen; bei weichen Hölzern ist dabei höchstens eine Temperatur von 50 bis 60° und bei Harthölzern eine solche von höchstens 40° zulässig. *Natürliche und künstliche Trocknung*

II. Holzbedarf und -prüfung

1. Für jedes Holztragwerk ist auf Grund der genehmigten Zeichnungen und Berechnungen ein Verzeichnis der erforderlichen Hölzer (Holzliste) mit Angabe der Holzart (Kiefer, Fichte usw), der Länge, des Querschnitts, der Sorte (Schnittklasse a, b usw) und der Zweckbestimmung anzufertigen und mit der zugehörigen Massenberechnung vorzulegen. Hölzer, die gehobelt werden sollen, sind besonders zu bezeichnen. *Holzlisten*

2. Die Hölzer sind genau nach der Holzliste zu liefern; Abweichungen in den Abmessungen nach unten sind nicht zulässig. Beim Nachtrocknen dürfen die Hölzer nicht unter die im Entwurf vorgeschriebenen Maße (s. S. 13) schwinden. Beim Sägen von frischem Holz sind 5% für jede Querschnittsseite oder 10% zur größeren Querschnittsseite allein zuzuschlagen. *Abmessungen*

3. Die Bauhölzer müssen winkelrecht und so sauber geschnitten sein, daß sie im allgemeinen nicht gehobelt zu werden brauchen. Wird das Behobeln einer oder mehrerer Seiten vorgeschrieben, so muß nach dem Hobeln der entwurfsmäßige Querschnitt vorhanden sein, der auch der Abrechnung zugrunde gelegt wird. *Gehobelte Hölzer*

4. Die Deutsche Reichsbahn-Gesellschaft behält sich vor, an Hand der Holzliste sämtliche Stücke zu besichtigen und schon hierbei solche mit äußerlich erkennbaren Fehlern zurückzuweisen. Zu diesem Zweck sind die Hölzer so zu lagern, daß alle Stücke der Besichtigung zugänglich sind. *Außenbesichtigung*

5. Das Schnittholz wird, falls es getränkt wird, auf der Tränkanstalt vor dem Tränken, sonst in der Werkstatt oder auf der Baustelle geprüft. *Holzprüfung*

Das für die Verwendung zugelassene Holz ist vom Abnahmebeamten — tunlichst mit einem Prüfstempel — zu bezeichnen. Für die bei der Prüfung ausgeschlossenen Hölzer ist bedingungsgemäßer Ersatz zu leisten.

Wenn der Holzbauunternehmer vor Genehmigung der rechnerischen und zeichnerischen Unterlagen Holz beschafft oder mit der Bearbeitung

8

des Holzes beginnt, so wird ihm für die infolge von Änderungen der Pläne nicht verwendbaren Teile keinerlei Schadenersatz geleistet.

Lieferung

6. Bei der Berechnung des Körperinhalts sind für die Querschnittsabmessungen die Maße der geprüften Holzliste einzusetzen. Werden die Hölzer dicker als vorgeschrieben geliefert, so wird hierfür eine besondere Vergütung nicht geleistet.

III. Versand, Prüfung und Aufstellung der Bauglieder

Versand der Bauglieder

1. Holzbauteile sind vom Unternehmer mit größter Vorsicht und Sorgfalt zu verladen, zu befördern, abzuladen und zu lagern. Jede Beschädigung ist sofort zu melden. Beschädigte Bauglieder sind vom Unternehmer auf seine Kosten zu ersetzen.

Prüfung während der Herstellung

2. Der Unternehmer hat dem Abnahmebeamten die mit dem Prüfungsvermerk versehenen Werkzeichnungen vorzulegen.

Die Deutsche Reichsbahn-Gesellschaft hat das Recht, sich von der Vertragsmäßigkeit der Arbeit durch fortwährende oder gelegentliche Prüfung zu überzeugen. Der Unternehmer hat das Recht, sich bei allen Prüfungen und Abnahmen selbst zu beteiligen oder vertreten zu lassen.

Auch wenn die Deutsche Reichsbahn-Gesellschaft durch ihre Abnahmebeamten Prüfungen vornimmt, bleibt es Sache des Unternehmers, während der Herstellung dauernd selbst feststellen zu lassen, ob die gelieferten Bauglieder in allen Teilen mit den zur Ausführung genehmigten Werkzeichnungen übereinstimmen und insbesondere ob die Ausführung der Knotenpunkte, Stoßdeckungen und die Zahl der Dübel und Schrauben überall dem Entwurf entsprechen.

Wenn bei der Prüfung der fertigen Bauteile in der Werkstatt oder während der Aufstellung am Bauplatze Mängel in der Ausführung einzelner Stücke wahrgenommen werden, so ist der Unternehmer verpflichtet, die mangelhaften Stücke auf eigene Kosten durch vorschriftsmäßige zu ersetzen oder die erforderlichen Nacharbeiten ungesäumt vorzunehmen, widrigenfalls es auf seine Kosten veranlaßt werden kann.

Auflagerung der Holztragwerke

3. Die Mauerwerkskörper für das Holztragwerk werden dem Unternehmer in richtiger Lage zu einem vertraglich festgesetzten Zeitpunkt überwiesen. Für ihre richtige Lage sowie für die Richtigkeit der Zeichnungen bezüglich der Lage und Abmessungen bestehender Bauteile, mit denen das Bauwerk in Berührung kommt, haftet die Deutsche Reichsbahn-Gesellschaft. Der Unternehmer hat sich jedoch vor Beginn der Aufstellungsarbeiten durch eigenes Messen von der Richtigkeit der Angaben zu überzeugen, bei vorgefundenen Abweichungen zu berichten und den Bescheid abzuwarten.

Wenn die Aufstellungsarbeiten dadurch verzögert werden, daß der Unternehmer das zur Aufnahme des Holztragwerks bestimmte Mauerwerk infolge unrichtiger Lage oder aus anderen Gründen später erhält, als der Vertrag festsetzt, so ist ihm auf schriftlichen Antrag die Fertigstellungsfrist für den Holzbau entsprechend zu verlängern und der nachweisbare Schaden zu vergüten. Dabei werden etwa veränderte Verhältnisse (Witterung, Länge des Arbeitstages usw) berücksichtigt, keinesfalls wird aber entgangener Gewinn angerechnet.

Aufstellung der Tragwerke

4. Die Art der Aufstellung bleibt, soweit sie nicht bei der Ausschreibung oder im Verdingungsanschlag besonders vorgeschrieben ist, im allgemeinen dem Unternehmer überlassen. Für etwaige Hilfsgerüste, die nicht nach feststehenden Handwerksregeln hergestellt werden können, sind der Deutschen Reichsbahn-Gesellschaft Zeichnungen und Festigkeitsberechnungen zur Einsicht einzureichen. Der Maßstab dieser Zeichnungen

muß alle für die Tragfähigkeit wesentlichen Teile sicher erkennen lassen. Für die Festigkeitsberechnungen gelten sinngemäß die Bestimmungen des Abschnitts B dieser Vorschrift. Im übrigen sind für die Aufstellung der Hilfsgerüste die Bestimmungen des § 6 (Gerüste) der „Vorläufigen Fertigungsvorschriften für Eisenbauwerke"[1]) sinngemäß maßgebend.

Die Deutsche Reichsbahn-Gesellschaft übernimmt in keinem Falle die Verantwortung für die Haltbarkeit der vom Unternehmer vertragsmäßig herzustellenden Gerüste, auch wenn sie die Entwürfe und Berechnungen geprüft hat. Der Unternehmer ist vielmehr für die Güte der Baustoffe, für die Festigkeit der Verbindungen und für ausreichende Sicherheitsmaßnahmen beim Aufbau, bei der Benutzung und beim Abtragen der Gerüste allein verantwortlich.

Glaubt der Unternehmer für eine von der Deutschen Reichsbahn-Gesellschaft an den Gerüstzeichnungen vorgenommene Änderung die Verantwortung nicht übernehmen zu können, so ist er verpflichtet, sofort begründeten Einspruch zu erheben.

Von dem bevorstehenden Beginn des Gerüstbaues ist die Bauleitung rechtzeitig zu benachrichtigen.

Abnahme

5. Der Unternehmer hat den voraussichtlichen Vollendungstag vorher anzuzeigen. Die Deutsche Reichsbahn-Gesellschaft nimmt eine Abnahmeprüfung vor, zu der der Unternehmer zugezogen wird, und untersucht, ob alle Teile vertragsgemäß ausgeführt sind. Über den Befund stellt sie dem Unternehmer eine schriftliche Bescheinigung aus. Auf Verlangen eines der beiden Vertragschließenden wird eine Verhandlung aufgenommen und von beiden unterschrieben.

Für die Beseitigung der vorgefundenen Mängel ist eine angemessene Frist zu vereinbaren. Die Abnahme soll nicht hinausgeschoben werden, wenn es sich nur um Fehler handelt, die den Betrieb des Bauwerks nicht behindern. Sie gilt dann unter dem Vorbehalt, daß der Unternehmer die Mängel innerhalb der vereinbarten Frist beseitigt.

Belastungsversuch

6. Die Holztragwerke können auf Kosten der Deutschen Reichsbahn-Gesellschaft entsprechend den Annahmen der Festigkeitsberechnung zur Probe belastet werden. Die erforderlichen Arbeitsstunden werden dem Unternehmer nach dem vertragsmäßigen Tagelohnsatz vergütet. Die Belastungsversuche, bei denen die elastischen und bleibenden Formänderungen ermittelt werden, sind sofort nach Fertigstellung des Bauwerks vorzunehmen. Die Einzelheiten werden mit dem Unternehmer, der zu den Versuchen rechtzeitig einzuladen ist, vereinbart. Nach einer Vorbelastung mit etwa $^1/_3$ der rechnungsmäßigen Last und nach Entfernung dieser Probelast ist der eigentliche Belastungsversuch mit den der Berechnung zugrunde liegenden Höchstlasten vorzunehmen. Die Lasten sind so aufzubringen, daß unzulässige Spannungen vermieden werden und die Durchbiegungen genau gemessen werden können. Die Versuchslast muß bei jedem Belastungsfall mindestens $^1/_2$ Stunde wirken, bevor die größte Durchbiegung gemessen wird.

Bleibt nach Entfernung der ersten vollen Probelast nur eine geringe Formänderung des Bauwerks, aber keine Verbiegung an Stäben, Trennung an Verbindungsstellen u dgl, so läßt dies nicht auf mangelhafte Ausführung schließen, doch dürfen bei wiederholten Belastungen keine weiteren bleibenden Formänderungen hinzutreten. Die bleibende Durchbiegung des Tragwerks ist 24 Stunden nach Beseitigung der Versuchslasten nochmals festzustellen. Während der Versuche ist das Tragwerk genau zu beobachten, insbesondere sind auftretende Risse und sonstige Veränderungen

[1]) Genehmigt durch Verfügung der Hauptverwaltung der Deutschen Reichsbahn-Gesellschaft vom 26. April 1926 — 82 D 5281 —.

am Holz und an den Verbindungsmitteln aufzunehmen. Die Ergebnisse der Belastungsversuche sind in einer Niederschrift zusammenzustellen.

Die beim Belastungsversuch festgestellte elastische Durchbiegung soll nicht mehr als das 1,5fache der entsprechenden errechneten Durchbiegung (s. S. 17) betragen.

Alle Mängel des Bauwerks, die sich beim Belastungsversuch herausstellen und auf Fehlern in der Ausführung, den Baustoffen oder in der vom Unternehmer gelieferten Festigkeitsberechnung beruhen, hat der Unternehmer innerhalb einer angemessenen, beiderseits zu vereinbarenden Frist auf seine Kosten zu beseitigen. Kommt er dieser Verpflichtung nicht rechtzeitig nach, so werden die erforderlichen Änderungen auf seine Kosten ausgeführt.

Nachziehen der Schrauben

7. Sämtliche Schrauben und etwaige Keile des Tragwerks sind dreimal fest nachzuziehen, und zwar erstmals nach einem halben Jahre, dann nach einem Jahre und weiter nach zwei Jahren, je von der Abnahme des Bauwerks an gerechnet. Der Unternehmer ist verpflichtet, diese Arbeiten ohne besondere Vergütung auszuführen.

Die Verbindungen der Lehrgerüste sind kurz vor der Belastung und weiter während der Bauausführung nachzusehen.

Schutz der Holztragwerke

8. Tragende Bauglieder müssen gegen Fäulnis und Witterungseinflüsse geschützt werden. Holz, das in trockener Umgebung ist und bleibt, bedarf keines besonderen Schutzes. Holz, das ständig unter gasfreiem Wasser, also luftabgeschlossen ist, wird steinhart und ist von unbegrenzter Haltbarkeit. In Brackwasser und in Sumpfgase enthaltendem Wasser geht Holz bald zugrunde. Holz, das abwechselnd der Nässe und Trockenheit ausgesetzt ist, unterliegt den Angriffen der Fäulnispilze am meisten.

Wo eine Überdachung nicht vorgesehen oder eine Schutzverkleidung nicht möglich ist, genügt im allgemeinen ein Schutzanstrich mit Karbolineum oder mit wetterfesten Farben.

Sämtliche Holzteile, die mit Mauerwerk in Berührung kommen oder von diesem umschlossen werden, wie Mauerlatten, Binderenden usw, sind stets mit Karbolineum zu streichen und nur trocken unter Belassung einer Luftschicht zu ummauern.

Feuerschutz

9. Zum Schutze der Holztragwerke gegen Feuer wird eine Tränkung des Bauholzes mit Salzlösungen oder Hobeln des Holzes empfohlen. Gehobeltes Holz fängt weniger leicht Feuer als solches mit rauher Oberfläche, hat aber den Nachteil, daß ein Schutzanstrich weniger haftet. Weiterhin kommen Verkleidungen mit Tektondielen oder ein Anstrich mit Feuerschutzfarben in Frage.

Gewährzeit

10. Für alle Schäden und Mängel des Holztragwerks infolge schlechter Baustoffe oder fehlerhafter Ausführung bleibt der Unternehmer bis zum Ablauf einer zweijährigen Gewährzeit nach Abnahme (s. Abs. 7) haftbar.

Er hat die Schäden auf Anforderung sofort zu beseitigen, widrigenfalls sie von der Deutschen Reichsbahn-Gesellschaft oder von anderen auf seine Kosten beseitigt werden.

Kurz vor dem Ende dieser Gewährzeit ist die Schlußuntersuchung vorzunehmen. Ergeben sich hierbei keine Beanstandungen, so wird die für den Vertrag etwa hinterlegte und haftbar erklärte Sicherheit freigegeben.

IV. Zeichnungen und Berechnungen

Verdingungsunterlagen

1. Bei der Zuschlagserteilung erhält der Unternehmer die dem Vertrag zugrunde zu legenden Zeichnungen, Massenberechnungen und Festigkeitsberechnungen, soweit sie die Deutsche Reichsbahn-Gesellschaft angefertigt

hat. Gehen sie ihm erst später zu, so wird die Lieferfrist entsprechend verlängert, wenn er es spätestens sieben Tage danach beantragt.

Sind diese Zeichnungen als Werkzeichnungen ausgeführt, so hat der Unternehmer keine weiteren Sonderzeichnungen zu liefern.

2. Werkzeichnungen sind im Maßstab 1:20 oder 1:10 herzustellen; für Übersichtszeichnungen genügen kleinere Maßstäbe. Wichtige Einzelheiten verlangen oft Maßstäbe von 1:5 bis 1:1. Werkzeichnungen

Aus den Werkzeichnungen müssen alle wesentlichen Maße, Längen und Querschnitte der einzelnen Stäbe, Abmessungen und Abstände der Dübel und Schrauben und die Holzarten hervorgehen. Werden Werkzeichnungen zurückgegeben, weil sie unvollständig oder mangelhaft sind, so hat der Unternehmer keinen Anspruch auf Fristverlängerung. Die Zeichnungen und die Ausführung des Bauwerks sollen, soweit in den Ausschreibungsunterlagen nicht etwas anderes gesagt ist, mit den Beschlüssen des Normenausschusses der Deutschen Industrie übereinstimmen.

Der Unternehmer ist verpflichtet, die Vertragszeichnungen zu prüfen, gefundene Fehler anzuzeigen und Unklarheiten nach Verständigung mit der Deutschen Reichsbahn-Gesellschaft zu beseitigen. Er haftet allein für die Mängel, die infolge Unklarheit oder Unvollkommenheit der Zeichnungen entstehen, die Deutsche Reichsbahn-Gesellschaft nur soweit, wie die von ihr aufgestellten Festigkeitsberechnungen die Ursache sind.

Hält der Unternehmer Änderungen für wünschenswert, so hat er sie rechtzeitig schriftlich zu beantragen. Über die angeregten Änderungen entscheidet die Deutsche Reichsbahn-Gesellschaft endgültig.

Werden von ihr Änderungen nach Abschluß des Vertrages angeordnet, so sind die etwa dafür zu bewilligende Entschädigung und Fristverlängerung womöglich vorher schriftlich zu vereinbaren.

Sind die für die Verdingung von der Deutschen Reichsbahn-Gesellschaft gefertigten Zeichnungen nur allgemein gehalten oder unvollständig, so ist der Unternehmer verpflichtet, nach diesen die für die Ausführung erforderlichen Werkzeichnungen anfertigen zu lassen und mit seiner Unterschrift in zwei Ausfertigungen — wenn vertraglich keine andere Zahl festgesetzt ist — so zeitig zur Genehmigung einzureichen, daß die Arbeit nicht aufgehalten wird. Eine durchgesehene Ausfertigung, die der Ausführung und der Abnahme zugrunde gelegt wird, erhält der Unternehmer, falls nicht in den besonderen Bedingungen eine andere Frist festgesetzt ist, spätestens drei Wochen nach der Einsendung zurück. Hält die Verwaltung den festgesetzten Zeitraum nicht inne, so soll dem Unternehmer auf schriftlichen, innerhalb sieben Tagen zu stellenden Antrag die Frist für die Fertigstellung des Bauwerks angemessen verlängert und dabei der Eintritt ungünstiger Jahreszeit oder anderer Hemmungen berücksichtigt werden.

3. Der Unternehmer ist, falls er nach der Ausschreibung Festigkeitsberechnungen zu liefern hat, für ihre Richtigkeit verantwortlich. Er hat sie, wenn keine andere Zahl vertraglich vorgesehen ist, gleichfalls in zwei Ausfertigungen einzureichen. Festigkeitsberechnungen

Die alleinige Haftung des Unternehmers für die Richtigkeit der Werkzeichnungen und der von ihm selbst aufgestellten Festigkeitsberechnungen bleibt auch nach der Prüfung durch die Deutsche Reichsbahn-Gesellschaft bestehen. Tunlichst vor Beginn der Werkstattarbeiten hat er die Berechnungen und Mutterpausen nach den Prüfungsbemerkungen zu berichtigen und nach Empfang des Genehmigungsvermerks drei Abzüge der beurkundeten Zeichnungen, Festigkeits- und Massenberechnungen und außerdem die Mutterpausen oder lichtpausfähige Abzüge der Zeichnungen einzureichen.

Nach Fertigstellung des Bauwerks ist mit der Vertragsabrechnung eine in das Format 21/29,7 gefaltete Ausfertigung der Umdrucke aller Werkzeichnungen auf Pausleinwand oder auf Leinwand aufgezogener Weißpausen für die Urkundenbücher zu liefern. Die Übereinstimmung mit der Ausführung haben der Unternehmer und der Abnahmebeamte des fertigen Bauwerks zu bescheinigen.

B. Technische Vorschriften für das Entwerfen und Berechnen von Holztragwerken

I. Allgemeines

Vorbemerkung

Für die äußere Form und für den Inhalt der Festigkeitsberechnungen und Zeichnungen sowie für deren Prüfung gelten sinngemäß die Vorschriften des Abschnitts B der Berechnungsgrundlagen für eiserne Eisenbahnbrücken (BE) vom 25. Februar 1925[1]).

Querschnittsabmessungen

Für die Querschnittsabmessungen der Glieder von Holztragwerken werden die Abmessungen der Tafel 1 empfohlen.

Tafel 1

Profil	Maße in cm												
	6	8	10	12	14	16	18	20	22	24	26	28	30
6	6/6	6/8	6/10	6/12									
7	7/7	7/8	7/10	7/12	7/14								
8		8/8	8/10	8/12	8/14	8/16							
9		9/9	9/10	9/12	9/14	9/16	9/18						
10			10/10	10/12	10/14	10/16	10/18	10/20					
12				12/12	12/14	12/16	12/18	12/20	12/22	12/24			
14					14/14	14/16	14/18	14/20	14/22	14/24	14/26	14/28	
16						16/16	16/18	16/20	16/22	16/24	16/26	16/28	16/30
18							18/18	18/20	18/22	18/24	18/26	18/28	18/30
20								20/20	20/22	20/24	20/26	20/28	20/30
22									22/22				
24										24/24			
26											26/26		
28												28/28	
30													30/30

Für Bretter, Bohlen und Latten werden empfohlen:
Dicken von 1,5 — 2,0 — 2,3 — 2,5 — 3,0 — 3,5 — 4,0 — 4,5 — 5,0 — 6,0 — 7,0 — 8,0 — 9,0 — 10,0 — 12,0 und 15,0 cm und
Längen von 3,5 — 4,0 — 4,5 — 5,0 — 5,5 — 6,0 — 7,0 und 8,0 m.

II. Belastungsannahmen

1. Soweit nachstehend keine besonderen Vorschriften über Belastungsannahmen gegeben sind, gelten die jeweiligen amtlichen Bestimmungen.

[1]) Verlag von Wilhelm Ernst & Sohn, Berlin W 8, Wilhelmstr. 90.

2. Das Schwindmaß kann für die einheimischen Bauhölzer bei den im Bauwerk im allgemeinen in Betracht kommenden Feuchtigkeitsgraden des Holzes angenommen werden Schwindmaße

parallel zur Faser mit 0,1 %,
senkrecht „ „ „ 5 %.

3. Das mittlere Raumeinheitsgewicht der Hölzer geht aus der folgenden Tafel 2 hervor. Eigengewichte

Tafel 2

Raumeinheitsgewichte für Bauholz in kg/m³

1	2	3
Holzart	lufttrocken	naß
Kiefer (Föhre)	650	700
Fichte (Rottanne)	550	600
Tanne (Weißtanne)	550	600
Lärche	600	650
Buche	750	800
Eiche	850	900

In den angegebenen Einheitsgewichten sind die Zuschläge für kleine Eisenteile (Nägel, Verbindungsschrauben, Dübel) enthalten.

Die Gewichte eiserner Zugglieder, Knotenbleche, Laschen, Schuhe, Lager sind besonders in Rechnung zu stellen.

4. Bei Brücken, Stegen und Kranbahnen sind die von der Verkehrslast herrührenden Momente, Querkräfte und Stabkräfte mit einer aus der Tafel 3 zu entnehmenden Stoßzahl φ zu multiplizieren. Stoßzahl

Tafel 3

Stoßzahl φ

Bauglied und Belastungsart	Straßen- und Bahnbrücken	Fußgängerstege Kranbahnen
Schwellen[1]), Fahrbahnträger und unmittelbar belastete Hauptträger	1,5	1,2
mittelbar belastete Hauptträger	1,2	—

Bei Baugerüsten, Schutzbrücken, Förderbrücken, Lehrgerüsten usw ist die Stoßzahl nach der Art der auftretenden Lasten und Stöße (z B Schütten von Beton aus größerer Höhe) anzunehmen.

5. Die unter III genannten zulässigen Spannungen gelten bei gleichzeitiger ungünstigster Wirkung der ständigen Last, der Verkehrslast (gegebenenfalls unter Berücksichtigung der Stoßzahl φ nach Ziffer 4),

[1]) Querschwellen von Eisenbahnbrücken sind nach den Berechnungsgrundlagen für eiserne Eisenbahnbrücken (BE) zu berechnen.

der Schneelast und des Winddrucks. Bremswirkung oder Schrägzug von Kranen, Riemenzug u dgl sind der Verkehrslast zuzurechnen.

Standsicherheit

6. Die Standsicherheit muß während des Baues und im fertigen Zustand mindestens 1,5fach sein.

III. Zulässige Spannungen

1. Für Holzbauwerke aus lufttrockenem, fehlerfreiem Bauholz mit geringer Astbildung, bei denen sich die Kraftwirkungen zuverlässig rechnerisch erfassen lassen und die Übertragung der Kräfte durch einwandfreie Verbindungen und Verbindungsmittel sichergestellt ist, gelten folgende zulässige Spannungen:

Tafel 4

Zulässige Spannungen σ_{zul} in kg/cm²

	Art der Beanspruchung	Holzart: Eiche und Buche	Holzart: Nadelholz	Bemerkungen
a)	Druck in der Faserrichtung	100	80	
b)	Biegung	110	90	
c)	Zug in der Faserrichtung	120	100	Nur für scharfkantig geschnittenes Holz mit nur kleinen festverwachsenen Ästen.
d)	Druck rechtwinklig zur Faserrichtung auf ganzer Breite (Schwellendruck)	35	15	Überstand der Schwelle über die Druckfläche in der Faserrichtung mindestens gleich dem 1½-fachen der Schwellenhöhe.
e)	Druck rechtwinklig zur Faserrichtung auf einem Bruchteil der Breite (Stempeldruck)	50	25	Überstand der Schwelle beiderseits des Stempels in der Breitenrichtung mindestens 2 cm, in der Längsrichtung mindestens gleich dem 1½-fachen der Schwellenhöhe.
f)	Abscherung in der Faserrichtung	20	12	

Das Elastizitätsmaß bei Beanspruchung in der Faserrichtung kann für Laub- und Nadelholz zu 100 000 kg/cm² angenommen werden.

Spannungserhöhung

2. Bei Hilfsgerüsten und Schuppen untergeordneter Bedeutung können die angegebenen Spannungswerte um 20 % erhöht werden.

Spannungsermäßigung

3. Bei Holztragwerken, die der Feuchtigkeit und Nässe ausgesetzt und nicht durch Tränkung oder Schutzanstrich gegen Fäulnis geschützt sind, bei Holz, das bei Wasserbauten dauernd durchnäßt ist, und bei frisch gefälltem Holz für Gerüste dürfen die zulässigen Spannungen höchstens ²/₃ der in Tafel 4 aufgeführten Werte erreichen.

Wird gebrauchtes Holz verwendet, so ist die zulässige Spannung entsprechend dem Zustand des Holzes zu vermindern.

Schräger Kraftangriff

4. Zugspannungen rechtwinklig und schräg zur Faser sind zu vermeiden. Rechtwinklig und schräg zur Faser wirkende Zugkräfte sind durch besondere Vorkehrungen aufzunehmen.

Druckspannungen schräg zur Faser dürfen bei einem Winkel von etwa 30° zwischen Faser- und Kraftrichtung das 0,6fache und bei einem

Winkel von etwa 60° das 0,3fache der zulässigen Druckspannung in der Faserrichtung erreichen. Zwischenwerte sind geradlinig einzuschalten.

IV. Querschnittsermittlung

1. Für tragende Fachwerkstäbe sind Querschnitte unter 60 cm² und unter 6 cm kleinster Abmessung zu vermeiden. Bei mehrteiligen Stäben dürfen Einzelquerschnitte unter 36 cm² nicht verwendet werden. Mindestmaße

2. Bei Ermittlung der Spannungen in Zugstäben sind alle Verschwächungen im gefährlichen Querschnitt durch Dübel, Bandeisen, Bolzen, Schrauben, Platten, Einkämmungen usw zu berücksichtigen. Zugstäbe

3. Querschnittsverschwächungen sind bei Druckstäben nur dann zu berücksichtigen, wenn die verschwächte Stelle nicht satt ausgefüllt ist, oder wenn der ausfüllende Baustoff (wie z B bei senkrecht zur Faser verlaufenden Holzeinlagen) leichter zusammendrückbar ist als das Holz des Stabes. Druckstäbe

4. Bei gedrückten Stäben muß mit Rücksicht auf die Art der Anschlüsse die Einspannung an den Stabenden stets unberücksichtigt bleiben. Bei Abstützung von Zwischenpunkten gedrückter Bauglieder gegen festliegende andere Punkte darf die Knicklänge entsprechend verringert werden.

5. Bei mittigem Kraftangriff ist die errechnete Stabkraft S mit der dem Schlankheitsgrade $\lambda = \frac{s_K}{i}$ $\left(i = \sqrt{\frac{J}{F}}\right.$, $J =$ kleinstes Trägheitsmoment und $F =$ Querschnitt des unverschwächten Stabes) entsprechenden Knickzahl ω (Tafel 5) zu multiplizieren. Der Stab kann dann wie ein dem Knicken nicht ausgesetzter Druckstab behandelt werden. Mittiger Kraftangriff

Der Wert $\omega \cdot$ Schwerpunktsspannung ist dem Wert σ_{zul} gegenüberzustellen. Es muß also $\frac{\omega \cdot S}{F} \leq \sigma_{zul}$ sein, wobei für σ_{zul} die Werte der Tafel 4 unter a) anzunehmen sind.

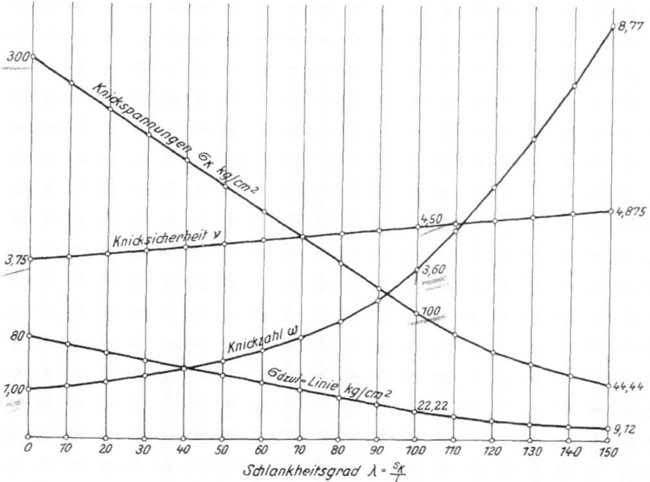

Abb. 4. Linien der Knickspannung σ_K, der zulässigen Druckspannung $\sigma_{d\,zul}$, der Knicksicherheit ν und der Knickzahl ω für Nadelholz.

Tafel 5

Knickspannungen σ_K und Knickzahlen ω

Nadelholz				Eichen- und Buchenholz			
1	2	3	4	1	2	3	4
Schlankheitsgrad $\lambda = \frac{s_K}{i}$	Knickspannung σ_K $\lambda \leq 100$; $\sigma_K = 300 - 2\lambda$ $\lambda \geq 100$; $\sigma_K = \frac{1\,000\,000}{\lambda^2}$	Knickzahl $\omega = \frac{\sigma_{zul}}{\sigma_{d\,zul}}$	$\frac{\Delta\omega}{\Delta\lambda}$	Schlankheitsgrad $\lambda = \frac{s_K}{i}$	Knickspannung σ_K $\lambda \leq 100$, $\sigma_K = 375 - 2{,}75\lambda$ $\lambda \geq 100$; $\sigma_K = \frac{1\,000\,000}{\lambda^2}$	Knickzahl $\omega = \frac{\sigma_{zul}}{\sigma_{d\,zul}}$	$\frac{\Delta\omega}{\Delta\lambda}$
0	300	1,00		0	375	1,00	
10	280	1,09	0,009	10	347	1,10	0,010
20	260	1,20	0,011	20	320	1,22	0,012
30	240	1,33	0,013	30	292	1,36	0,014
40	220	1,47	0,014	40	265	1,53	0,017
50	200	1,65	0,018	50	237	1,74	0,021
60	180	1,87	0,022	60	210	2,00	0,026
70	160	2,14	0,027	70	182	2,35	0,035
80	140	2,49	0,035	80	155	2,81	0,046
90	120	2,95	0,046	90	127	3,48	0,067
100	100	3,60	0,065	100	100	4,50	0,102
110	83	4,43	0,083	110	83	5,54	0,104
120	69	5,36	0,093	120	69	6,70	0,116
130	59	6,39	0,103	130	59	7,99	0,129
140	51	7,53	0,114	140	51	9,41	0,142
150	44	8,77	0,124	150	44	10,97	0,156

Außermittiger Kraftangriff

6. Bei Stäben, die erheblich außermittig durch eine Kraft $S = S_g + \varphi \cdot S_p + \ldots$ oder die neben einer mittigen Kraft S von einem Biegungsmoment $M = M_g + \varphi \cdot M_p + \ldots$ beansprucht werden, darf die aus der Gleichung

$$\sigma = \frac{\omega \cdot S}{F} + \frac{M}{W_n} \text{ bei Druckstäben}$$

$$\text{und } \sigma = \frac{S}{F_n} + \frac{M}{W_n} \text{ bei Zugstäben}$$

errechnete (gedachte) Randspannung den entsprechenden Wert σ_{zul} (s. Tafel 4) nicht überschreiten.

Hierbei ist ohne Rücksicht auf die Richtung der Ausbiegung stets der größte Wert von ω einzusetzen.

Gebrauchsformeln für Stäbe aus Nadelholz

7. Im unelastischen Bereich ($\lambda \leq 100$) und bei mittigem Kraftangriff ist für die häufigst vorkommenden Stäbe mit rechteckigem Querschnitt näherungsweise

$$\sigma_{d\,zul} = 80 - 2\,\varrho$$

worin $\varrho = \frac{s_K}{b}$ das Verhältnis der freien Knicklänge s_K zur Breite b der kleinen Querschnittsseite bedeutet [1]). Für ein bekannt vorausgesetztes Seitenverhältnis $\frac{b}{a}$ (Abb. 5) läßt sich der erforderliche Querschnitt berechnen aus

$$b = \frac{s_K}{80} + \sqrt{\left(\frac{s_K}{80}\right)^2 + \frac{S}{80} \cdot \frac{b}{a}},$$

[1]) Für den rechteckigen Querschnitt ist mit den Bezeichnungen der Abbildung 5

$$\varrho = \frac{s_K}{b} = \frac{s_K}{i\sqrt{12}} = \frac{\lambda}{\sqrt{12}}$$

worin die Knicklänge s_K in cm und die größte Druckkraft S des Stabes in kg einzuführen ist, um b in cm zu erhalten. Für den quadratischen Querschnitt ergibt sich

$$b = \frac{s_K}{80} + \sqrt{\left(\frac{s_K}{80}\right)^2 + \frac{S}{80}}.$$

Sind die Querschnitte nach Gebrauchsformeln ermittelt, so ist stets noch eine Nachprüfung nach dem ω-Verfahren anzustellen.

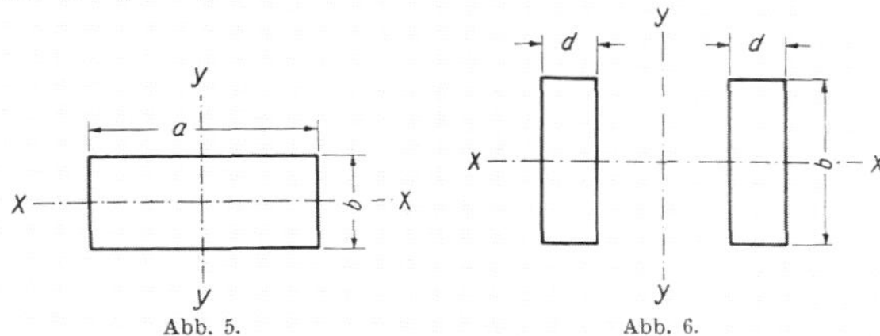

Abb. 5. Abb. 6.

8. Bei mehrteiligen Druckstäben ist das Trägheitsmoment in bezug auf die stofffreie Achse $y-y$ (Abb. 6) um mindestens 10% größer zu wählen als es der Schlankheitsgrad des Gesamtstabes beim Ausknicken in der Richtung der Stoffachse $x-x$ erfordert. Mehrteilige Druckstäbe

Für das Ausknicken in Richtung der stofffreien Achse $y-y$ werden mehrteilige Stäbe wie Vollstäbe berechnet, wobei für a die Gesamtbreite der Einzelstäbe ($a = 2\,d$, $a = 3\,d$ ....) und das Verhältnis $\varrho = \frac{s_K}{b}$ gesetzt wird. Für das Ausknicken in Richtung der Stoffachse $x-x$ ist auch die Tragfähigkeit des Einzelstabes nachzuweisen.

9. Bei auf Biegung beanspruchten Bauteilen sind Verschwächungen der äußeren Fasern im gefährlichen Querschnitt tunlichst zu vermeiden. Lassen sich Verschwächungen nicht vermeiden, so sind sie bei der Berechnung zu berücksichtigen. Auf Biegung beanspruchte Bauglieder

10. Die rechnerisch ohne Berücksichtigung der Nachgiebigkeit der Verbindungen nachgewiesene Durchbiegung der Fachwerkträger soll im allgemeinen 1/700 der Stützweite nicht überschreiten. Durchbiegung

V. Verbindungsmittel

1. Die verschiedenen Verbindungsmittel (Schraubenbolzen, Flacheisen, Runddübel, Keile usw) dürfen, soweit nachstehend keine besonderen Vorschriften gegeben sind, auf Grund von Versuchsergebnissen staatlicher Versuchsanstalten berechnet werden. Allgemeines

2. Leim muß gegen den Einfluß von Feuchtigkeit und Dämpfen widerstandsfähig sein. Die Festigkeit der Leimfuge muß mindestens gleich der Schubfestigkeit des Holzes sein. Leim

3. Gewöhnliche Verbindungen aus schwachen Schraubenbolzen (ohne Dübel u dgl) sind für hochbeanspruchte Bauteile im allgemeinen ungeeignet. Werden Bolzen ohne Dübel u dgl verwendet, so sind sie auf Lochleibungsdruck und auf Biegung zu berechnen, wobei die Druckverteilung nach Abb. 7b und demnach die Momente Bolzenverbindungen

$$M_1 = \frac{P \cdot a}{8} \quad \text{und}$$

$$M_2 = \frac{2\,P \cdot b}{27}$$

18

anzunehmen sind. Die gleichmäßig auf die Lochleibung bezogene Pressung darf betragen

bei Mittelhölzern 100 kg/cm²
bei Seitenhölzern 50 kg/cm².

Für Beanspruchung rechtwinklig zur Faserrichtung sind diese Werte auf $^1/_3$ zu ermäßigen.

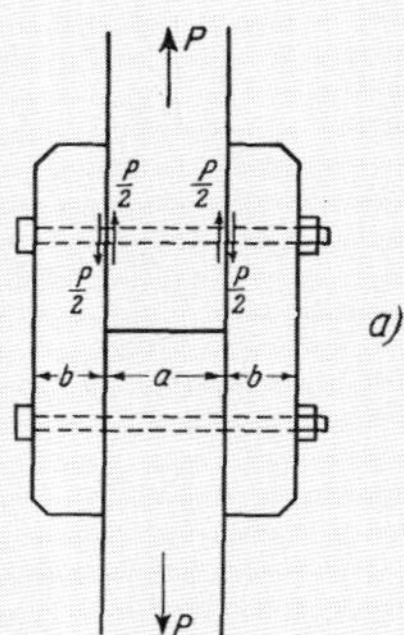

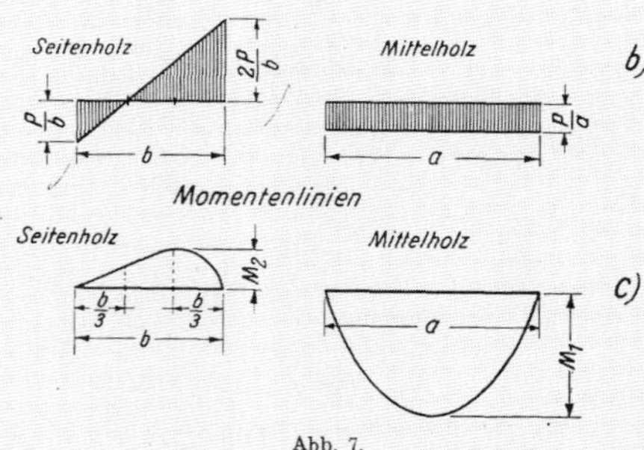

Abb. 7.

Flacheisen-einlagen

4. Für Verbindungen mit gebogenen oder geknickten Flacheisen, die mindestens 6 mm dick sein müssen, ist, falls keine ausreichenden Versuchsergebnisse staatlicher Prüfungsanstalten ein Abweichen von dieser Regel gestatten, bei Annahme gleichmäßiger Verteilung auf die Druckübertragungsfläche mit einer zulässigen Spannung von 40 kg/cm² in der Faserrichtung und 15 kg/cm² rechtwinklig zur Faser zu rechnen.

Dübel und Keile

5. Bei Dübeln und Keilen dürfen die unter Berücksichtigung des auftretenden Kippmomentes errechneten Spannungen die Werte der Tafel 4 unter a), d) und e) nicht überschreiten. Die Wirkung der Dübel und Keile muß hierbei durch eine ausreichende Zahl von Schraubenbolzen gewährleistet sein.

Bei verdübelten oder verzahnten Balken ist das Widerstandsmoment zu rechnen bei 2 Lagen: $W = 0{,}8 \frac{b \cdot h^2}{6}$

bei 3 „ : $W = 0{,}6 \frac{b \cdot h^2}{6}$.

Mehr als 3 Lagen sind unzulässig.

6. Bei Übertragung von Kräften durch Verbindungsmittel schräg zur Faser gelten hinsichtlich der zulässigen Spannungen sinngemäß die Bestimmungen unter III. 4.

7. Werden vom Unternehmer neue, eigenartige Verbindungsmittel und Konstruktionen für die Ausführung eines Tragwerks vorgeschlagen, so hat er mit dem Angebot Versuchsergebnisse einer staatlichen Prüfungsanstalt vorzulegen. Die Deutsche Reichsbahn-Gesellschaft ist berechtigt, weitere Versuche in dem ihr notwendig erscheinenden Umfange auf ihre Kosten vornehmen zu lassen, wozu der Unternehmer die Baustoffe kostenlos zu liefern hat. Eigenartige Verbindungsmittel

VI. Einzelheiten der Ausführung

1. Die Stäbe von Holztragwerken sind tunlichst mittig anzuschließen. Wo dies nicht möglich ist, müssen die durch den außermittigen Anschluß entstehenden Zusatzkräfte berücksichtigt werden. Nach Möglichkeit ist kein Stab mit weniger als mit zwei Schraubenbolzen anzuschließen. Stabanschlüsse

2. Dübel und Bolzen sind symmetrisch zur Stabachse und im Stabquerschnitt nach Möglichkeit gegeneinander versetzt anzuordnen, damit bei Luftrissen nicht gleichzeitig alle Befestigungsmittel gelockert werden und an Tragfähigkeit einbüßen. Dübel und Bolzen

Dünnere Schraubenbolzen als mit 13 mm Durchmesser dürfen nicht verwendet werden. Zwischen Holz und Schraubenkopf ist eine quadratische oder runde eiserne Unterlagsscheibe einzulegen, die bei Heftschrauben mindestens 4 mm und bei tragenden Schrauben mindestens 6 mm dick sein muß. Die Seitenlänge bezw der Durchmesser der Scheiben soll mindestens gleich dem 3,5fachen Bolzendurchmesser sein, falls nicht größere Abmessungen auf Grund der Berechnung nötig werden.

Bolzenköpfe und Schraubenmuttern dürfen im allgemeinen nicht versenkt werden. Wo dies nicht zu umgehen ist, ist die entstehende Verschwächung des Querschnitts zu berücksichtigen.

3. Bei wichtigen Baugliedern und Verbindungen ist das Nageln verboten, ebenso die Verwendung von Verbindungsmitteln, die ohne Bohr-, Nut- und Fräswerkzeuge eingebaut werden und Zerstörungen der Holzfasern beim Einschlagen zur Folge haben, falls nicht durch umfangreiche Versuche einer staatlichen Materialprüfungsanstalt die Brauchbarkeit der Verbindung nachgewiesen ist. Das Einschlagen von Klammern zur vorübergehenden Verbindung ist ebenfalls verboten. Nägel und Greifplatten

4. Zugstöße und im allgemeinen auch Druckstöße sind durch Laschen voll zu decken. Auf jeden Fall sind Druckstöße aber durch Laschen oder eingelassene Dollen in ihrer seitlichen Lage zu sichern. Es bleibt freigestellt, zwischen den Holzhirnflächen Eisen-, Blei- oder Zinkblecheinlagen vorzusehen. Stoßausbildung

5. Für die Lager ist im allgemeinen Eisen oder mit Teeröl getränktes Hartholz zu verwenden. Die Lager dürfen nicht vermauert werden; alle Holzteile müssen dauernd der Außenbesichtigung zugänglich sein. Lager

Die Holzlager der Träger und Stützen auf Mauerwerk sind mit einer Asphalt- oder Bleiunterlage zu versehen und durch Anker gegen Verschieben zu sichern.

Eisenteile

6. Für die Eisenteile kommt im allgemeinen Handelseisen in Frage. Die Zug- und Biegungsspannung darf 1200 kg/cm² nicht überschreiten. Alle Eisenteile müssen vor der Verwendung gründlich von anhaftendem Rost befreit und mit heißem Leinölfirnis hauchartig gestrichen werden.

Sichtbar bleibende Eisenteile sind am fertigen Bauwerk mit zweimaligem Bleimennige- oder Ölfarbenanstrich zu versehen.

Werkstattarbeiten

7. Alle Teile eines zusammengesetzten Tragwerks, Stützen, Binder, Pfetten usw sind auf einem überdachten Reißboden auf unverschieblichen Unterlagen planmäßig derart zusammenzufügen, daß kein Teil Spannungen erleidet. Alle Verbindungsteile müssen gelöst werden können, ohne daß die verbundenen Stücke federn.

Die Flächen von Überblattungen, Versatzungen, Stoßverbindungen und Gelenkpunkten und die Nuten für die Verbindungsmittel sind genau passend herzurichten. Künstliche, hochkantige Verbiegungen von Hölzern, sowie das Ausschneiden gekrümmter Stäbe aus geraden Stäben größeren Querschnitts sind ohne besonderen Nachweis über die Zulässigkeit solcher Verfahren nicht statthaft. Hölzer, die bei der Aufstellung nicht genau in die Verbindungen passen oder sich nachteilig windschief verzogen haben, sind auszuwechseln.

Die planmäßig vorgesehenen Überhöhungen müssen bereits auf der Zulage aufgerissen werden.

Die Löcher für die Bolzenverbindungen der Knotenpunkte und der Stöße dürfen erst nach vollständiger Zusammenstellung der Tragwerke gebohrt werden. Alle Bohrungen für Tragbolzen und Vertiefungen für sonstige Verbindungsmittel sind genau passend maschinell herzustellen. Die Schraubenlöcher sind unter Verwendung von Bohrmaschinen tunlichst mit Führung zu bohren, sodaß Abweichungen von der vorgesehenen Richtung auch bei mehreren Holzlagen aufeinander vermieden werden.

Zugstangen können sowohl in Eisen wie in Holz ausgeführt werden. Die Gewinde von eisernen Stangen sind an deren Enden aus dem Vollen zu schneiden; die Verwendung von Anschweißenden ist nur zulässig, wenn der Nachweis für die Vollwertigkeit der Schweißstelle erbracht werden kann. Der Anschluß der Zugstangen ist zentrisch und möglichst gelenkartig zu gestalten; andernfalls ist den auftretenden Nebenspannungen gebührend Rechnung zu tragen.

Schalungen

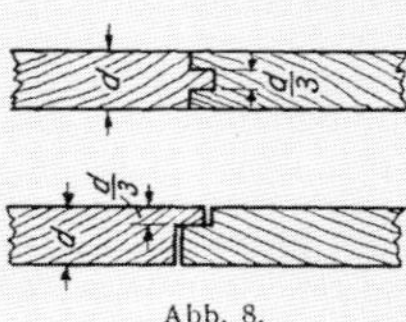

Abb. 8.

8. Holzriemen für Schalungen brauchen nicht gleichmäßig breit zu sein. Die Schalbretter sind mit Nut und Feder oder mit Falz zu verbinden, wobei die Dicke von Nut und oberem Spund je ein Drittel der Dicke des Brettes betragen muß (Abb. 8). Ein- oder zweiseitiges Behobeln der Schalbretter muß besonders verlangt werden. Vorkommende Waldkanten sind nach unten zu verlegen. Zur Befestigung der Schalungen dürfen Nägel verwendet werden, deren Länge mindestens gleich der doppelten Dicke der Bretter sein muß. Sofern nicht etwas anderes vorgeschrieben wird, genügen für Schalungen Bretter der zweiten Klasse (vgl S. 6, Ausschuß).

Buchdruckerei Gebrüder Ernst, Berlin SW 68.

DEUTSCHE REICHSBAHN-GESELLSCHAFT

Vorläufige Bestimmungen

für

Holztragwerke

(BH)

Amtliche Ausgabe

Eingeführt durch Verfügung der Hauptverwaltung vom 12. Dezember 1926 82 D 16600.

Dritte berichtigte Auflage

BERLIN 1931
VERLAG VON WILHELM ERNST & SOHN

Inhalt

Vorbemerkung: Die Vorschriften gelten für Brücken, Hochbauten, Lehrgerüste für Brücken aus Holz, Stein, Eisenbeton und Eisen und für wichtige Baugerüste.

A. Allgemeine Bedingungen für Lieferung, Abnahme und Aufstellung von Holztragwerken

I. Beschaffenheit des Holzes

1. Für freitragende Holzbauten werden als Bauhölzer verwendet: die Kiefer (Föhre), Fichte (Rottanne), Tanne (Weißtanne), Lärche und zur Herstellung besonders stark beanspruchter Bauglieder die Eiche und die Buche. Bauholzarten

2. Das Nutzholz muß möglichst dicht und fest, gerade gewachsen, äußerlich gesund und im allgemeinen fehlerfrei sein. Stammholz

Die Abnahme kann verweigert werden bei Verstockung[1]), bei Rot- und Weißfäule im Stamm und an den Astansätzen, bei roten oder hellgefärbten Streifungen als Vorboten der Rot- und Weißfäule, bei Krebs-, Maser- und Mistelbeulen[2]), bei Stockfäule und Wipfeldürre[3]) (Überständigkeit), ferner bei Dreh- und Zwieselwuchs[4]), Doppelkernigkeit[5]), bei Ringrissen[6]) (Kernschäligkeit[7])) und bei Kernrissen. Von der Verwendung auszuschließen ist außerdem Holz, das eisklüftig[8]), wurmstichig und blitzrissig ist, starke Verletzungen durch Wildschaden oder Beschädigungen durch Raupenfraß und Spechtlöcher aufweist.

Nach dem Fällen müssen die Stämme rechtzeitig entrindet, aus dem Wald abgefahren und geschnitten werden. Bei Winterfällung muß das Holz spätestens bis Ende März entrindet sein. Bei Sommerfällung ist das Entrinden und Abfahren des Holzes sofort vorzunehmen.

3. Das Schnittholz muß gesund und möglichst astfrei sein und darf keine durchgehenden Risse aufweisen. Gesunder Splint ist wie Kernholz zu bewerten. Hölzer mit nur kleinen und festverwachsenen (zarten) Ästen Schnittholz

---

[1]) Verstockung (Ersticken, Anlaufen) ist eine Zersetzung des Holzes in geringem Grade, die eintritt, wenn frisch gefälltes Holz bei feuchter Witterung in der Rinde liegenbleibt, wodurch das Splintholz zunächst streifenartig, später in der ganzen Masse eigentümlich gefärbt wird. Bei Nadelhölzern z B wird der Splint grünlich blau und bei der Eiche braun.

Die Verwendung von leicht angeblautem Holz ist für Bauteile in lufttrockenerUmgebung zulässig, jedoch nicht für zu tränkende Bauglieder.

[2]) Krebs-, Maser- und Mistelbeulen (s. Abb. 1) sind Auswüchse, die von Verletzungen, Insektenfraß, Schmarotzerpflanzen oder kleinen Knospenwucherungen herrühren.

[3]) Wipfeldürre ist eine Krankheit des Holzes, bei der der Baum vom Zopfende aus abstirbt.

[4]) Zwieselwuchs nennt man die Gabelung des Stammes in zwei zusammengewachsene Äste, wobei häufig wundfaule Stellen einwachsen.

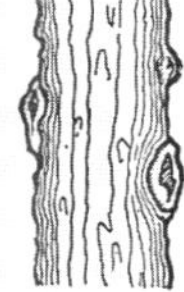

Abb. 1.

[5]) Doppelkernigkeit entsteht meist durch das frühe Zusammenwachsen zweier Bäume oder auch bei Zwieselwuchs.

[6]) Ringrisse (Ringklüfte, Schälrisse) laufen den Jahrringen entlang und entstehen vielfach durch die Einwirkungen von heftigen Stürmen oder von starkem Frost.

[7]) Kernschäligkeit tritt ohne erkennbare Risse auf und ist dadurch gekennzeichnet, daß bei geringer Schlagwirkung ein Teil des Kernes einem Jahrring folgend abspringt.

[8]) Eisklüfte sind von außen nach innen verlaufende Holzspaltungen infolge starken Frostes.

sind benutzbar; Hölzer mit faulen, losen oder ausgefallenen Ästen dagegen sind zu verwerfen.

Die zur Ausführung von Fachwerkträgern, Stützen und sonstigen wichtigen Baugliedern erforderlichen Hölzer sind im Herz aufzuspalten (Halbhölzer, Kreuzhölzer). Schwache einteilige Glieder können auch aus Vollholz gebildet werden.

Bei zusammengesetzten Baugliedern ist die Herzseite nach außen zu legen.

Hölzer, deren Fasern mehr als 1:20 gegen die Längsachse geneigt verlaufen, sind von der Verwendung ausgeschlossen.

Lagerung des Schnittholzes

4. Das geschnittene Holz muß bis zu seiner Verwendung luftig gelagert und derart abgedeckt werden, daß es vor Nässe und einseitiger Sonnenbestrahlung geschützt ist.

Schnittklassen

5. Das Bauholz wird in 5 Schnittklassen geliefert:

a) scharfkantiges Holz ohne jede Waldkante;

b) scharfkantiges Holz, bei dem kleine Waldkanten bis zu 5% der größeren Querschnittsseite auf ganz kurze Längen vorkommen dürfen;

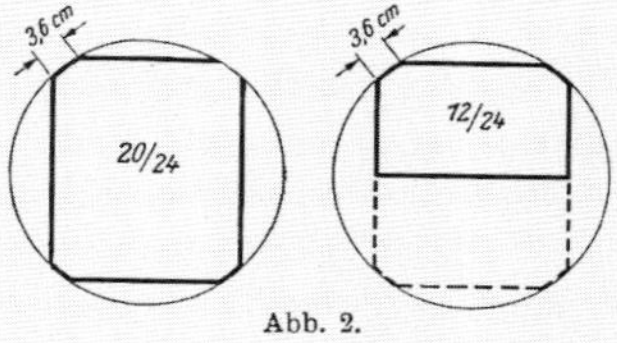

Abb. 2.

c) vollkantiges Holz, bei dem Waldkanten, und zwar bis 15% der größeren Querschnittsseite vorkommen dürfen. Bei Balken 20/24 bezw 12/24 sind demnach Waldkanten bis zu 3,6 cm zugelassen (Abb. 2);

d) Holz mit üblichen Waldkanten, die bis 25% der größeren Querschnittsseite betragen dürfen;

e) baumkantiges Holz, das auf die ganze Länge Waldkanten besitzen darf, doch auf jeder Seite auf die ganze Länge in mindestens 5 cm Breite von der Säge gestreift sein muß.

Im allgemeinen ist für nicht zimmermannsmäßig herzustellende und nicht vorübergehenden Zwecken dienende Ingenieurholzbauten scharfkantiges Holz Sorte b zu verwenden.

Bretter und Bohlen

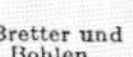

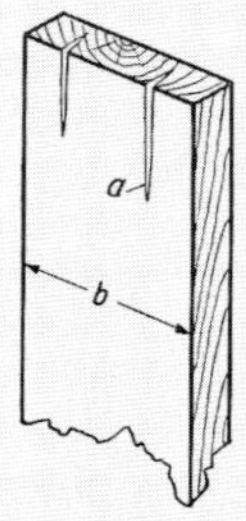

Abb. 3.

6. Je nach ihrer Beschaffenheit werden die Bretter eingeteilt in:

a) reine und halbreine Ware. Die Bretter dieser Gattung müssen astrein sein oder dürfen nur eine mäßige Anzahl kleiner festverwachsener Äste aufweisen. Sie müssen gesund, scharfkantig, rißfrei und blank sein;

b) gute Ware, auch erste Klasse genannt. Die hierhergehörigen Bretter dürfen eine nicht zu große Anzahl mäßig großer fest verwachsener Äste haben. Sie müssen gesund, scharfkantig und im allgemeinen blank sein. Herzrisse, die nicht bis zur Oberfläche durchgehen, sowie Endrisse (*a* in Abb. 3), deren Länge höchstens der Breite des Brettes (*b* in Abb. 3) entspricht, sind zulässig;

c) Ausschuß, auch zweite Klasse genannt. Ausschußbretter dürfen eine größere Zahl grober, auch etwas ausfallender Äste haben und hier und da an der Rückseite Waldkante bis zur halben Dicke des Brettes zeigen; auch sind hartes, rotstreifiges Holz, sowie an einzelnen Stellen durchgehende, nicht zu große Herzrisse und Hobelfehler zulässig;

d) X-Bretter, auch Feuerbord oder Brennbord genannt, sind die nach Aussortierung vorbenannter Sorten übrigbleibenden, also stark waldkantigen, rotfleckigen und grobästigen Bretter. Auch kleinere Faulstellen sind zulässig, doch muß das Brett der ganzen Länge und Breite nach zusammenhalten. Stark gefaulte und brüchige Stücke sind ausgeschlossen.

Sorte a kommt im allgemeinen nur für Tischlerarbeiten in Frage. Sorte b ist für die tragenden Teile der Holzbauten zu verwenden. Sorte c kommt im allgemeinen für die tragenden Teile untergeordneter Bauten und für Schalungen in Frage. Sorte d ist im allgemeinen nur für die Schalungen untergeordneter Bauten zu verwenden.

Natürliche und künstliche Trocknung

7. Das Holz soll bei seiner Verarbeitung tunlichst lufttrocken sein. Der Feuchtigkeitsgehalt lufttrockenen Holzes beträgt 15 bis 18% des Trockengewichts. Frisch geschlagenes Holz darf ohne künstliche Trocknung zu Dauerbauten nicht verwendet werden. Künstliche Trocknung darf nur langsam vor sich gehen; bei weichen Hölzern ist dabei höchstens eine Temperatur von 50 bis 60° und bei Harthölzern eine solche von höchstens 40° zulässig.

II. Holzbedarf und -prüfung

Holzlisten

1. Für jedes Holztragwerk ist auf Grund der genehmigten Zeichnungen und Berechnungen ein Verzeichnis der erforderlichen Hölzer (Holzliste) mit Angabe der Holzart (Kiefer, Fichte usw), der Länge, des Querschnitts, der Sorte (Schnittklasse a, b usw) und der Zweckbestimmung anzufertigen und mit der zugehörigen Massenberechnung vorzulegen. Hölzer, die gehobelt werden sollen, sind besonders zu bezeichnen.

Abmessungen

2. Die Hölzer sind genau nach der Holzliste zu liefern; Abweichungen in den Abmessungen nach unten sind nicht zulässig. Beim Nachtrocknen dürfen die Hölzer nicht unter die im Entwurf vorgeschriebenen Maße (s. S. 13) schwinden. Beim Sägen von frischem Holz sind 5% für jede Querschnittsseite oder 10% zur größeren Querschnittsseite allein zuzuschlagen.

Gehobelte Hölzer

3. Die Bauhölzer müssen winkelrecht und so sauber geschnitten sein, daß sie im allgemeinen nicht gehobelt zu werden brauchen. Wird das Behobeln einer oder mehrerer Seiten vorgeschrieben, so muß nach dem Hobeln der entwurfsmäßige Querschnitt vorhanden sein, der auch der Abrechnung zugrunde gelegt wird.

Außenbesichtigung

4. Die Deutsche Reichsbahn-Gesellschaft behält sich vor, an Hand der Holzliste sämtliche Stücke zu besichtigen und schon hierbei solche mit äußerlich erkennbaren Fehlern zurückzuweisen. Zu diesem Zweck sind die Hölzer so zu lagern, daß alle Stücke der Besichtigung zugänglich sind.

Holzprüfung

5. Das Schnittholz wird, falls es getränkt wird, auf der Tränkanstalt vor dem Tränken, sonst in der Werkstatt oder auf der Baustelle geprüft.

Das für die Verwendung zugelassene Holz ist vom Abnahmebeamten — tunlichst mit einem Prüfstempel — zu bezeichnen. Für die bei der Prüfung ausgeschlossenen Hölzer ist bedingungsgemäßer Ersatz zu leisten.

Wenn der Holzbauunternehmer vor Genehmigung der rechnerischen und zeichnerischen Unterlagen Holz beschafft oder mit der Bearbeitung

3

des Holzes beginnt, so wird ihm für die infolge von Anderungen der Pläne nicht verwendbaren Teile keinerlei Schadenersatz geleistet.

Lieferung

6. Bei der Berechnung des Körperinhalts sind für die Querschnittsabmessungen die Maße der geprüften Holzliste einzusetzen. Werden die Hölzer dicker als vorgeschrieben geliefert, so wird hierfür eine besondere Vergütung nicht geleistet.

III. Versand, Prüfung und Aufstellung der Bauglieder

Versand der Bauglieder

1. Holzbauteile sind vom Unternehmer mit größter Vorsicht und Sorgfalt zu verladen, zu befördern, abzuladen und zu lagern. Jede Beschädigung ist sofort zu melden. Beschädigte Bauglieder sind vom Unternehmer auf seine Kosten zu ersetzen.

Prüfung während der Herstellung

2. Der Unternehmer hat dem Abnahmebeamten die mit dem Prüfungsvermerk versehenen Werkzeichnungen vorzulegen.

Die Deutsche Reichsbahn-Gesellschaft hat das Recht, sich von der Vertragsmäßigkeit der Arbeit durch fortwährende oder gelegentliche Prüfung zu überzeugen. Der Unternehmer hat das Recht, sich bei allen Prüfungen und Abnahmen selbst zu beteiligen oder vertreten zu lassen.

Auch wenn die Deutsche Reichsbahn-Gesellschaft durch ihre Abnahmebeamten Prüfungen vornimmt, bleibt es Sache des Unternehmers, während der Herstellung dauernd selbst feststellen zu lassen, ob die gelieferten Bauglieder in allen Teilen mit den zur Ausführung genehmigten Werkzeichnungen übereinstimmen und insbesondere ob die Ausführung der Knotenpunkte, Stoßdeckungen und die Zahl der Dübel und Schrauben überall dem Entwurf entsprechen.

Wenn bei der Prüfung der fertigen Bauteile in der Werkstatt oder während der Aufstellung am Bauplatze Mängel in der Ausführung einzelner Stücke wahrgenommen werden, so ist der Unternehmer verpflichtet, die mangelhaften Stücke auf eigene Kosten durch vorschriftsmäßige zu ersetzen oder die erforderlichen Nacharbeiten ungesäumt vorzunehmen, widrigenfalls es auf seine Kosten veranlaßt werden kann.

Auflagerung der Holztragwerke

3. Die Mauerwerkskörper für das Holztragwerk werden dem Unternehmer in richtiger Lage zu einem vertraglich festgesetzten Zeitpunkt überwiesen. Für ihre richtige Lage sowie für die Richtigkeit der Zeichnungen bezüglich der Lage und Abmessungen bestehender Bauteile, mit denen das Bauwerk in Berührung kommt, haftet die Deutsche Reichsbahn-Gesellschaft. Der Unternehmer hat sich jedoch vor Beginn der Aufstellungsarbeiten durch eigenes Messen von der Richtigkeit der Angaben zu überzeugen, bei vorgefundenen Abweichungen zu berichten und den Bescheid abzuwarten.

Wenn die Aufstellungsarbeiten dadurch verzögert werden, daß der Unternehmer das zur Aufnahme des Holztragwerks bestimmte Mauerwerk infolge unrichtiger Lage oder aus anderen Gründen später erhält, als der Vertrag festsetzt, so ist ihm auf schriftlichen Antrag die Fertigstellungsfrist für den Holzbau entsprechend zu verlängern und der nachweisbare Schaden zu vergüten. Dabei werden etwa veränderte Verhältnisse (Witterung, Länge des Arbeitstages usw) berücksichtigt, keinesfalls wird aber entgangener Gewinn angerechnet.

Aufstellung der Tragwerke

4. Die Art der Aufstellung bleibt, soweit sie nicht bei der Ausschreibung oder im Verdingungsanschlag besonders vorgeschrieben ist, im allgemeinen dem Unternehmer überlassen. Für etwaige Hilfsgerüste, die nicht nach feststehenden Handwerksregeln hergestellt werden können, sind der Deutschen Reichsbahn-Gesellschaft Zeichnungen und Festigkeitsberechnungen zur Einsicht einzureichen. Der Maßstab dieser Zeichnungen

muß alle für die Tragfähigkeit wesentlichen Teile sicher erkennen lassen. Für die Festigkeitsberechnungen gelten sinngemäß die Bestimmungen des Abschnitts B dieser Vorschrift. Im übrigen sind für die Aufstellung der Hilfsgerüste die Bestimmungen des § 6 (Gerüste) der „Vorläufigen Fertigungsvorschriften für Eisenbauwerke"[1]) sinngemäß maßgebend.

Die Deutsche Reichsbahn-Gesellschaft übernimmt in keinem Falle die Verantwortung für die Haltbarkeit der vom Unternehmer vertragsmäßig herzustellenden Gerüste, auch wenn sie die Entwürfe und Berechnungen geprüft hat. Der Unternehmer ist vielmehr für die Güte der Baustoffe, für die Festigkeit der Verbindungen und für ausreichende Sicherheitsmaßnahmen beim Aufbau, bei der Benutzung und beim Abtragen der Gerüste allein verantwortlich.

Glaubt der Unternehmer für eine von der Deutschen Reichsbahn-Gesellschaft an den Gerüstzeichnungen vorgenommene Änderung die Verantwortung nicht übernehmen zu können, so ist er verpflichtet, sofort begründeten Einspruch zu erheben.

Von dem bevorstehenden Beginn des Gerüstbaues ist die Bauleitung rechtzeitig zu benachrichtigen.

5. Der Unternehmer hat den voraussichtlichen Vollendungstag vorher anzuzeigen. Die Deutsche Reichsbahn-Gesellschaft nimmt eine Abnahmeprüfung vor, zu der der Unternehmer zugezogen wird, und untersucht, ob alle Teile vertragsgemäß ausgeführt sind. Über den Befund stellt sie dem Unternehmer eine schriftliche Bescheinigung aus. Auf Verlangen eines der beiden Vertragschließenden wird eine Verhandlung aufgenommen und von beiden unterschrieben. Abnahme

Für die Beseitigung der vorgefundenen Mängel ist eine angemessene Frist zu vereinbaren. Die Abnahme soll nicht hinausgeschoben werden, wenn es sich nur um Fehler handelt, die den Betrieb des Bauwerks nicht behindern. Sie gilt dann unter dem Vorbehalt, daß der Unternehmer die Mängel innerhalb der vereinbarten Frist beseitigt.

6. Die Holztragwerke können auf Kosten der Deutschen Reichsbahn-Gesellschaft entsprechend den Annahmen der Festigkeitsberechnung zur Probe belastet werden. Die erforderlichen Arbeitsstunden werden dem Unternehmer nach dem vertragsmäßigen Tagelohnsatz vergütet. Die Belastungsversuche, bei denen die elastischen und bleibenden Formänderungen ermittelt werden, sind sofort nach Fertigstellung des Bauwerks vorzunehmen. Die Einzelheiten werden mit dem Unternehmer, der zu den Versuchen rechtzeitig einzuladen ist, vereinbart. Nach einer Vorbelastung mit etwa $^1/_3$ der rechnungsmäßigen Last und nach Entfernung dieser Probelast ist der eigentliche Belastungsversuch mit den der Berechnung zugrunde liegenden Höchstlasten vorzunehmen. Die Lasten sind so aufzubringen, daß unzulässige Spannungen vermieden werden und die Durchbiegungen genau gemessen werden können. Die Versuchslast muß bei jedem Belastungsfall mindestens $^1/_2$ Stunde wirken, bevor die größte Durchbiegung gemessen wird. Belastungsversuch

Bleibt nach Entfernung der ersten vollen Probelast nur eine geringe Formänderung des Bauwerks, aber keine Verbiegung an Stäben, Trennung an Verbindungsstellen u dgl, so läßt dies nicht auf mangelhafte Ausführung schließen, doch dürfen bei wiederholten Belastungen keine weiteren bleibenden Formänderungen hinzutreten. Die bleibende Durchbiegung des Tragwerks ist 24 Stunden nach Beseitigung der Versuchslasten nochmals festzustellen. Während der Versuche ist das Tragwerk genau zu beobachten, insbesondere sind auftretende Risse und sonstige Veränderungen

[1]) Genehmigt durch Verfügung der Hauptverwaltung der Deutschen Reichsbahn-Gesellschaft vom 26. April 1926 — 82 D 5281 —.

am Holz und an den Verbindungsmitteln aufzunehmen. Die Ergebnisse der Belastungsversuche sind in einer Niederschrift zusammenzustellen.

Die beim Belastungsversuch festgestellte elastische Durchbiegung soll nicht mehr als das 1,5 fache der entsprechenden errechneten Durchbiegung (s. S. 17) betragen.

Alle Mängel des Bauwerks, die sich beim Belastungsversuch herausstellen und auf Fehlern in der Ausführung, den Baustoffen oder in der vom Unternehmer gelieferten Festigkeitsberechnung beruhen, hat der Unternehmer innerhalb einer angemessenen, beiderseits zu vereinbarenden Frist auf seine Kosten zu beseitigen. Kommt er dieser Verpflichtung nicht rechtzeitig nach, so werden die erforderlichen Änderungen auf seine Kosten ausgeführt.

Nachziehen der Schrauben

7. Sämtliche Schrauben und etwaige Keile des Tragwerks sind dreimal fest nachzuziehen, und zwar im allgemeinen erstmals nach einem halben Jahre, dann nach einem Jahre und weiter nach zwei Jahren, je von der Abnahme des Bauwerks an gerechnet. In besonderen Fällen, z. B. wenn das Bauwerk infolge örtlicher Verhältnisse oder infolge der Witterung unmittelbar nach der Fertigstellung starker und rascher Austrocknung ausgesetzt ist, sind die Schrauben und Keile erstmalig schon nach einem Vierteljahr nachzuziehen. Der Unternehmer ist verpflichtet, diese Arbeiten ohne besondere Vergütung auszuführen.

Die Verbindungen der Lehrgerüste sind kurz vor der Belastung und weiter während der Bauausführung nachzusehen.

Schutz der Holztragwerke

8. Tragende Bauglieder müssen gegen Fäulnis und Witterungseinflüsse geschützt werden. Holz, das in lufttrockener Umgebung ist und bleibt, bedarf keines besonderen Schutzes. Holz, das ständig unter gasfreiem Wasser, also luftabgeschlossen ist, wird steinhart und ist von unbegrenzter Haltbarkeit. In Brackwasser und in Sumpfgase enthaltendem Wasser geht Holz bald zugrunde. Holz, das abwechselnd der Nässe und Trockenheit ausgesetzt ist, unterliegt den Angriffen der Fäulnispilze am meisten.

Wo eine Überdachung nicht vorgesehen oder eine Schutzverkleidung nicht möglich ist, genügt im allgemeinen ein Schutzanstrich mit Karbolineum oder mit wetterfesten Farben.

Sämtliche Holzteile, die mit Mauerwerk in Berührung kommen oder von diesem umschlossen werden, wie Mauerlatten, Binderenden usw, sind stets mit Karbolineum zu streichen und nur trocken unter Belassung einer Luftschicht zu ummauern.

Feuerschutz

9. Zum Schutze der Holztragwerke gegen Feuer wird eine Tränkung des Bauholzes mit Salzlösungen oder Hobeln des Holzes empfohlen. Gehobeltes Holz fängt weniger leicht Feuer als solches mit rauher Oberfläche, hat aber den Nachteil, daß ein Schutzanstrich weniger haftet. Weiterhin kommen Verkleidungen mit Tektondielen oder ein Anstrich mit Feuerschutzfarben in Frage.

Gewährzeit

10. Für alle Schäden und Mängel des Holztragwerks infolge schlechter Baustoffe oder fehlerhafter Ausführung bleibt der Unternehmer bis zum Ablauf einer zweijährigen Gewährzeit nach Abnahme (s. Abs. 7) haftbar.

Er hat die Schäden auf Anforderung sofort zu beseitigen, widrigenfalls sie von der Deutschen Reichsbahn-Gesellschaft oder von anderen auf seine Kosten beseitigt werden.

Kurz vor dem Ende dieser Gewährzeit ist die Schlußuntersuchung vorzunehmen. Ergeben sich hierbei keine Beanstandungen, so wird die für den Vertrag etwa hinterlegte und haftbar erklärte Sicherheit freigegeben.

IV. Zeichnungen und Berechnungen

Verdingungsunterlagen

1. Bei der Zuschlagserteilung erhält der Unternehmer die dem Vertrag zugrunde zu legenden Zeichnungen, Massenberechnungen und Festigkeitsberechnungen, soweit sie die Deutsche Reichsbahn-Gesellschaft angefertigt

hat. Gehen sie ihm erst später zu, so wird die Lieferfrist entsprechend verlängert, wenn er es spätestens sieben Tage danach beantragt.

Sind diese Zeichnungen als Werkzeichnungen ausgeführt, so hat der Unternehmer keine weiteren Sonderzeichnungen zu liefern.

2. Werkzeichnungen sind im Maßstab 1:20 oder 1:10 herzustellen; für Übersichtszeichnungen genügen kleinere Maßstäbe. Wichtige Einzelheiten verlangen oft Maßstäbe von 1:5 bis 1:1. Werkzeichnungen

Aus den Werkzeichnungen müssen alle wesentlichen Maße, Längen und Querschnitte der einzelnen Stäbe, Abmessungen und Abstände der Dübel und Schrauben und die Holzarten hervorgehen. Werden Werkzeichnungen zurückgegeben, weil sie unvollständig oder mangelhaft sind, so hat der Unternehmer keinen Anspruch auf Fristverlängerung. Die Zeichnungen und die Ausführung des Bauwerks sollen, soweit in den Ausschreibungsunterlagen nicht etwas anderes gesagt ist, mit den Beschlüssen des Normenausschusses der Deutschen Industrie übereinstimmen.

Der Unternehmer ist verpflichtet, die Vertragszeichnungen zu prüfen, gefundene Fehler anzuzeigen und Unklarheiten nach Verständigung mit der Deutschen Reichsbahn-Gesellschaft zu beseitigen. Er haftet allein für die Mängel, die infolge Unklarheit oder Unvollkommenheit der Zeichnungen entstehen, die Deutsche Reichsbahn-Gesellschaft nur soweit, wie die von ihr aufgestellten Festigkeitsberechnungen die Ursache sind.

Hält der Unternehmer Änderungen für wünschenswert, so hat er sie rechtzeitig schriftlich zu beantragen. Über die angeregten Änderungen entscheidet die Deutsche Reichsbahn-Gesellschaft endgültig.

Werden von ihr Änderungen nach Abschluß des Vertrages angeordnet, so sind die etwa dafür zu bewilligende Entschädigung und Fristverlängerung womöglich vorher schriftlich zu vereinbaren.

Sind die für die Verdingung von der Deutschen Reichsbahn-Gesellschaft gefertigten Zeichnungen nur allgemein gehalten oder unvollständig, so ist der Unternehmer verpflichtet, nach diesen die für die Ausführung erforderlichen Werkzeichnungen anfertigen zu lassen und mit seiner Unterschrift in zwei Ausfertigungen — wenn vertraglich keine andere Zahl festgesetzt ist — so zeitig zur Genehmigung einzureichen, daß die Arbeit nicht aufgehalten wird. Eine durchgesehene Ausfertigung, die der Ausführung und der Abnahme zugrunde gelegt wird, erhält der Unternehmer, falls nicht in den besonderen Bedingungen eine andere Frist festgesetzt ist, spätestens drei Wochen nach der Einsendung zurück. Hält die Verwaltung den festgesetzten Zeitraum nicht inne, so soll dem Unternehmer auf schriftlichen, innerhalb sieben Tagen zu stellenden Antrag die Frist für die Fertigstellung des Bauwerks angemessen verlängert und dabei der Eintritt ungünstiger Jahreszeit oder anderer Hemmungen berücksichtigt werden.

3. Der Unternehmer ist, falls er nach der Ausschreibung Festigkeitsberechnungen zu liefern hat, für ihre Richtigkeit verantwortlich. Er hat sie, wenn keine andere Zahl vertraglich vorgesehen ist, gleichfalls in zwei Ausfertigungen einzureichen. Festigkeitsberechnungen

Die alleinige Haftung des Unternehmers für die Richtigkeit der Werkzeichnungen und der von ihm selbst aufgestellten Festigkeitsberechnungen bleibt auch nach der Prüfung durch die Deutsche Reichsbahn-Gesellschaft bestehen. Tunlichst vor Beginn der Werkstattarbeiten hat er die Berechnungen und Mutterpausen nach den Prüfungsbemerkungen zu berichtigen und nach Empfang des Genehmigungsvermerks drei Abzüge der beurkundeten Zeichnungen, Festigkeits- und Massenberechnungen und außerdem die Mutterpausen oder lichtpausfähige Abzüge der Zeichnungen einzureichen.

Nach Fertigstellung des Bauwerks ist mit der Vertragsabrechnung eine in das Format 21/29,7 gefaltete Ausfertigung der Umdrucke aller Werkzeichnungen auf Pausleinwand oder auf Leinwand aufgezogener Weißpausen für die Urkundenbücher zu liefern. Die Übereinstimmung mit der Ausführung haben der Unternehmer und der Abnahmebeamte des fertigen Bauwerks zu bescheinigen.

B. Technische Vorschriften für das Entwerfen und Berechnen von Holztragwerken

I. Allgemeines

Vorbemerkung

Für die äußere Form und für den Inhalt der Festigkeitsberechnungen und Zeichnungen sowie für deren Prüfung gelten sinngemäß die Vorschriften des Abschnitts B der Berechnungsgrundlagen für eiserne Eisenbahnbrücken (BE) vom 25. Februar 1925[1]).

Querschnittsabmessungen

Für die Querschnittsabmessungen der Glieder von Holztragwerken werden die Abmessungen der Tafel 1 empfohlen.

Tafel 1

Profil	Maße in cm												
	6	8	10	12	14	16	18	20	22	24	26	28	30
6	6/6	6/8	6/10	6/12									
7	7/7	7/8	7/10	7/12	7/14								
8		8/8	8/10	8/12	8/14	8/16							
9		9/9	9/10	9/12	9/14	9/16	9/18						
10			10/10	10/12	10/14	10/16	10/18	10/20					
12				12/12	12/14	12/16	12/18	12/20	12/22	12/24			
14					14/14	14/16	14/18	14/20	14/22	14/24	14/26	14/28	
16						16/16	16/18	16/20	16/22	16/24	16/26	16/28	16/30
18							18/18	18/20	18/22	18/24	18/26	18/28	18/30
20								20/20	20/22	20/24	20/26	20/28	20/30
22									22/22				
24										24/24			
26											26/26		
28												28/28	
30													30/30

Für Bretter, Bohlen und Latten werden empfohlen:
Dicken von 1,5 — 2,0 — 2,3 — 2,5 — 3,0 — 3,5 — 4,0 — 4,5 — 5,0 — 6,0 — 7,0 — 8,0 — 9,0 — 10,0 — 12,0 und 15,0 cm und
Längen von 3,5 — 4,0 — 4,5 — 5,0 — 5,5 — 6,0 — 7,0 und 8,0 m.

II. Belastungsannahmen

1. Soweit nachstehend keine besonderen Vorschriften über Belastungsannahmen gegeben sind, gelten die jeweiligen amtlichen Bestimmungen.

[1]) Verlag von Wilhelm Ernst & Sohn, Berlin W 8, Wilhelmstr. 90.

2. Das Schwindmaß kann für die einheimischen Bauhölzer bei den im Bauwerk im allgemeinen in Betracht kommenden Feuchtigkeitsgraden des Holzes angenommen werden Schwindmaße

parallel zur Faser mit 0,1 %,
senkrecht „ „ „ 5 %.

3. Das mittlere Raumeinheitsgewicht der Hölzer geht aus der folgenden Tafel 2 hervor. Eigengewichte

Tafel 2

Mittlere Raumeinheitsgewichte für Bauholz in kg/m³

Holzart		lufttrocken	naß
Weichhölzer	Fichte und Tanne	550	700
	Kiefer und Lärche . . .	600	750
Harthölzer	Eiche und Buche	800	1000

In den angegebenen Einheitsgewichten sind die Zuschläge für kleine Eisenteile (Nägel, Verbindungsschrauben, Dübel) enthalten.

Die Gewichte eiserner Zugglieder, Knotenbleche, Laschen, Schuhe, Lager sind besonders in Rechnung zu stellen.

4. Bei Brücken, Stegen und Kranbahnen sind die von der Verkehrslast herrührenden Momente, Querkräfte und Stabkräfte mit einer aus der Tafel 3 zu entnehmenden Stoßzahl φ zu multiplizieren. Stoßzahl

Tafel 3

Stoßzahl φ

Bauglied und Belastungsart	Straßen- und Bahnbrücken	Fußgängerstege Kranbahnen
Schwellen[1]), Fahrbahnträger und unmittelbar belastete Hauptträger	1,5	1,2
mittelbar belastete Hauptträger	1,2	—

Bei Baugerüsten, Schutzbrücken, Förderbrücken, Lehrgerüsten usw ist die Stoßzahl nach der Art der auftretenden Lasten und Stöße (z B Schütten von Beton aus größerer Höhe) anzunehmen.

5. Die unter III genannten zulässigen Spannungen gelten bei gleichzeitiger ungünstigster Wirkung der ständigen Last, der Verkehrslast (gegebenenfalls unter Berücksichtigung der Stoßzahl φ nach Ziffer 4), der Schneelast und des Winddrucks. Bremswirkung oder Schrägzug von Kranen, Riemenzug u dgl sind der Verkehrslast zuzurechnen.

6. Die Standsicherheit muß während des Baues und im fertigen Zustand mindestens 1,5fach sein. Standsicherheit

III. Zulässige Spannungen

1. Für Holzbauwerke aus lufttrockenem, fehlerfreiem Bauholz mit geringer Astbildung, bei denen sich die Kraftwirkungen zuverlässig rechnerisch erfassen lassen und die Übertragung der Kräfte durch einwandfreie Verbindungen und Verbindungsmittel sichergestellt ist, gelten folgende zulässige Spannungen:

[1]) Querschwellen von Eisenbahnbrücken sind nach den Berechnungsgrundlagen für eiserne Eisenbahnbrücken (BE) zu berechnen.

14

Tafel 4

Zulässige Spannungen σ_{zul} in kg/cm²			
Art der Beanspruchung	Holzart: Eiche und Buche	Holzart: Nadelholz	Bemerkungen
a) Druck in der Faserrichtung			
1. allgemein	100	80	—
2. Hirnholz auf Hirnholz in Stößen, die nicht voll gedeckt sind . .	80	60	—
b) Biegung	110	100	—
c) Zug in der Faserrichtung			
1. für ausgelesenes, scharfkantig geschnittenes Holz mit ganz kleinen festverwachsenen Ästen	110	100	—
2. für gutes vollkantiges Bauholz	100	80	—
d) 1. Druck rechtwinklig zur Faserrichtung	35	15	Der Überstand der Schwellen über die Druckfläche in der Faserrichtung muß beiderseits mindestens gleich dem $1^1/_2$ fachen der Schwellenhöhe sein (Abb. 3a). Andernfalls sind die unter d) 1 u. d) 2 angegebenen Spannungen um $^1/_5$ zu ermäßigen.
2. Druck rechtwinklig zur Faserrichtung bei Bauteilen, bei denen geringfügige Eindrückungen unbedenklich sind, oder als Lochleibungsdruck von Verbindungsmitteln, die nur einen Bruchteil des Holzquerschnittes nach Höhe und Breite beanspruchen . . .	40	25*)	
e) Abscheren in der Faserrichtung	20	12	—

*) Bei Lehrgerüsten massiver Brücken sind höchstens 20 kg/cm² zugelassen.

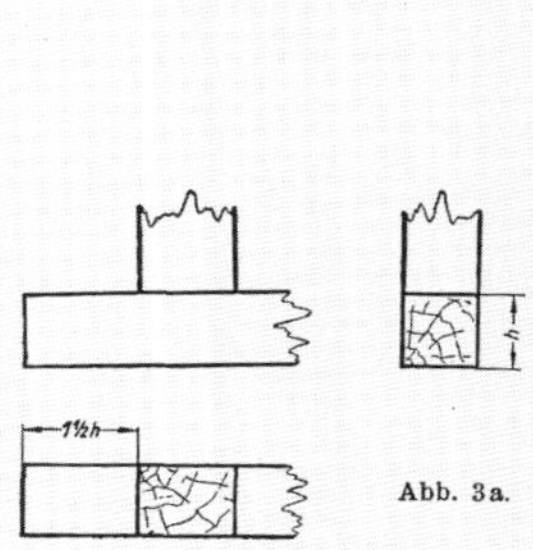

Abb. 3a.

Das Elastizitätsmaß bei Beanspruchung in der Faserrichtung kann für Laub- und Nadelholz zu 100 000 kg/cm² angenommen werden.

Spannungserhöhung

2. Bei Hilfsgerüsten und Schuppen untergeordneter Bedeutung können die angegebenen Spannungswerte um 20 % erhöht werden.

Spannungsermäßigung

3. Bei Holztragwerken, die der Feuchtigkeit und Nässe ausgesetzt und nicht durch Tränkung oder Schutzanstrich gegen Fäulnis geschützt sind, bei Holz, das bei Wasserbauten dauernd durchnäßt ist, und bei frisch gefälltem Holz für Gerüste dürfen die zulässigen Spannungen höchstens $^2/_3$ der in Tafel 4 aufgeführten Werte erreichen.

Wird gebrauchtes Holz verwendet, so ist die zulässige Spannung entsprechend dem Zustand des Holzes zu vermindern.

Schräger Kraftangriff

4. Zugspannungen rechtwinklig und schräg zur Faser sind zu vermeiden. Rechtwinklig und schräg zur Faser wirkende Zugkräfte sind durch besondere Vorkehrungen aufzunehmen.

Tafel 4a

Zulässige Druckspannungen in kg/cm² bei schrägem Kraftangriff

Winkel zwischen Faser- und Kraftrichtung in Grad	Unter den Voraussetzungen der Tafel 4, Abs. d) 1		Unter den Voraussetzungen der Tafel 4, Abs. d) 2	
	Eiche und Buche	Nadelholz	Eiche und Buche	Nadelholz
0	100	80	100	80
10	90	70	92	72
20	80	60	84	64
30	70	50	75	55
40	60	40	67	47
50	50	30	59	39
60	40	20	50	30
70	39	19	47	29
80	37	17	44	27
90	35	15	40	25

Druckspannungen schräg zur Faser dürfen die in vorstehender Tafel 4a eingetragenen Werte nicht überschreiten. Zwischenwerte sind geradlinig einzuschalten.

IV. Querschnittsermittlung

1. Für tragende Fachwerkstäbe sind Querschnitte unter 60 cm² und unter 6 cm kleinster Abmessung zu vermeiden. Bei mehrteiligen Stäben dürfen Einzelquerschnitte unter 36 cm² nicht verwendet werden. Mindestmaße

2. Bei Ermittlung der Spannungen in Zugstäben sind alle Verschwächungen im gefährlichen Querschnitt durch Dübel, Bandeisen, Bolzen, Schrauben, Platten, Einkämmungen usw zu berücksichtigen. Zugstäbe

3. Querschnittsverschwächungen sind bei Druckstäben nur dann zu berücksichtigen, wenn die verschwächte Stelle nicht satt ausgefüllt ist, oder wenn der ausfüllende Baustoff (wie z B bei senkrecht zur Faser verlaufenden Holzeinlagen) leichter zusammendrückbar ist als das Holz des Stabes. Druckstäbe

4. Bei gedrückten Stäben muß mit Rücksicht auf die Art der Anschlüsse die Einspannung an den Stabenden stets unberücksichtigt bleiben. Bei Abstützung von Zwischenpunkten gedrückter Bauglieder gegen festliegende andere Punkte darf die Knicklänge entsprechend verringert werden.

5. Bei mittigem Kraftangriff ist die errechnete Stabkraft S mit dem Schlankheitsgrade $\lambda = \frac{s_K}{i}$ $(i = \sqrt{\frac{J}{F}}$, $J =$ kleinstes Trägheitsmoment und $F =$ Querschnitt des unverschwächten Stabes) entsprechenden Knickzahl ω (Tafel 5) zu multiplizieren. Der Stab kann dann wie ein dem Knicken nicht ausgesetzter Druckstab behandelt werden. Mittiger Kraftangriff

Der Wert $\omega \cdot$ Schwerpunktsspannung ist dem Wert σ_{zul} gegenüberzustellen. Es muß also $\frac{\omega \cdot S}{F} \leq \sigma_{zul}$ sein, wobei für σ_{zul} die Werte der Tafel 4 unter a) anzunehmen sind.

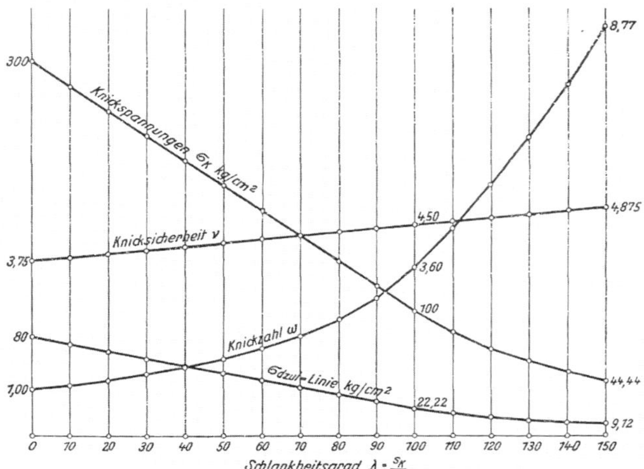

Abb. 4. Linien der Knickspannung σ_K, der zulässigen Druckspannung $\sigma_{d\,zul}$, der Knicksicherheit ν und der Knickzahl ω für Nadelholz.

16

Tafel 5

Knickspannungen σ_K und Knickzahlen ω							
Nadelholz				Eichen- und Buchenholz			
1	2	3	4	1	2	3	4
Schlankheitsgrad $\lambda = \frac{s_K}{i}$	Knickspannung σ_K $\lambda \leqq 100$; $\sigma_K = 300 - 2\lambda$ $\lambda \geqq 100$; $\sigma_K = \frac{1\,000\,000}{\lambda^2}$	Knickzahl $\omega = \frac{\sigma_{zul}}{\sigma_{d\,zul}}$	$\frac{\Delta\omega}{\Delta\lambda}$	Schlankheitsgrad $\lambda = \frac{s_K}{i}$	Knickspannung σ_K $\lambda \leqq 100$, $\sigma_K = 375 - 2{,}75\lambda$ $\lambda \geqq 100$; $\sigma_K = \frac{1\,000\,000}{\lambda^2}$	Knickzahl $\omega = \frac{\sigma_{zul}}{\sigma_{d\,zul}}$	$\frac{\Delta\omega}{\Delta\lambda}$
0	300	1,00		0	375	1,00	
10	280	1,09	0,009	10	347	1,10	0,010
20	260	1,20	0,011	20	320	1,22	0,012
30	240	1,33	0,013	30	292	1.36	0,014
40	220	1,47	0,014	40	265	1,53	0,017
50	200	1,65	0,018	50	237	1,74	0,021
60	180	1,87	0,022	60	210	2,00	0,026
70	160	2,14	0,027	70	182	2,35	0,035
80	140	2,49	0,035	80	155	2,81	0,046
90	120	2,95	0,046	90	127	3,48	0,067
100	100	3,60	0,065	100	100	4,50	0,102
110	83	4,43	0,083	110	83	5,54	0,104
120	69	5,36	0,093	120	69	6,70	0,116
130	59	6,39	0,103	130	59	7,99	0,129
140	51	7,53	0,114	140	51	9,41	0,142
150	44	8,77	0,124	150	44	10,97	0,156

Außermittiger Kraftangriff

6. Bei Stäben, die erheblich außermittig durch eine Kraft $S = S_g + \varphi \cdot S_p + \ldots\ldots$ oder die neben einer mittigen Kraft S von einem Biegungsmoment $M = M_g + \varphi \cdot M_p + \ldots\ldots$ beansprucht werden, darf die aus der Gleichung

$$\sigma = \frac{\omega \cdot S}{F} + \frac{M}{W_n} \text{ bei Druckstäben}$$

$$\text{und } \sigma = \frac{S}{F_n} + \frac{M}{W_n} \text{ bei Zugstäben}$$

errechnete (gedachte) Randspannung den entsprechenden Wert σ_{zul} (s. Tafel 4) nicht überschreiten.

Hierbei ist ohne Rücksicht auf die Richtung der Ausbiegung stets der größte Wert von ω einzusetzen.

Gebrauchsformeln für Stäbe aus Nadelholz

7. Im unelastischen Bereich ($\lambda \leqq 100$) und bei mittigem Kraftangriff ist für die häufigst vorkommenden Stäbe mit rechteckigem Querschnitt näherungsweise

$$\sigma_{d\,zul} = 80 - 2\,\varrho$$

worin $\varrho = \frac{s_K}{b}$ das Verhältnis der freien Knicklänge s_K zur Breite b der kleinen Querschnittsseite bedeutet [1]). Für ein bekannt vorausgesetztes Seitenverhältnis $\frac{b}{a}$ (Abb. 5) läßt sich der erforderliche Querschnitt berechnen aus

$$b = \frac{s_K}{80} + \sqrt{\left(\frac{s_K}{80}\right)^2 + \frac{S}{80} \cdot \frac{b}{a}},$$

[1]) Für den rechteckigen Querschnitt ist mit den Bezeichnungen der Abbildung 5

$$\varrho = \frac{s_K}{b} = \frac{s_K}{i\sqrt{12}} = \frac{\lambda}{\sqrt{12}}$$

worin die Knicklänge s_K in cm und die größte Druckkraft S des Stabes in kg einzuführen ist, um b in cm zu erhalten. Für den quadratischen Querschnitt ergibt sich

$$b = \frac{s_K}{80} + \sqrt{\left(\frac{s_K}{80}\right)^2 + \frac{S}{80}}.$$

Sind die Querschnitte nach Gebrauchsformeln ermittelt, so ist stets noch eine Nachprüfung nach dem ω-Verfahren anzustellen.

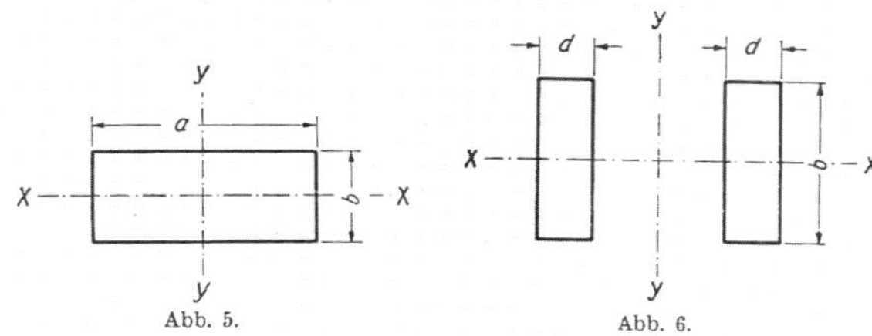

Abb. 5. Abb. 6.

8. Bei mehrteiligen Druckstäben ist das Trägheitsmoment in bezug auf die stofffreie Achse $y - y$ (Abb. 6) um mindestens 10% größer zu wählen als es der Schlankheitsgrad des Gesamtstabes beim Ausknicken in der Richtung der Stoffachse $x - x$ erfordert. Mehrteilige Druckstäbe

Für das Ausknicken in Richtung der stofffreien Achse $y - y$ werden mehrteilige Stäbe wie Vollstäbe berechnet, wobei für a die Gesamtbreite der Einzelstäbe ($a = 2\,d$, $a = 3\,d$ ....) und das Verhältnis $\varrho = \frac{s_K}{b}$ gesetzt wird. Für das Ausknicken in Richtung der Stoffachse $x - x$ ist auch die Tragfähigkeit des Einzelstabes nachzuweisen.

9. Bei auf Biegung beanspruchten Bauteilen sind Verschwächungen der äußeren Fasern im gefährlichen Querschnitt tunlichst zu vermeiden. Lassen sich Verschwächungen nicht vermeiden, so sind sie bei der Berechnung zu berücksichtigen. Auf Biegung beanspruchte Bauglieder

10. Die rechnerisch ohne Berücksichtigung der Nachgiebigkeit der Verbindungen nachgewiesene Durchbiegung der Fachwerkträger soll im allgemeinen 1/700 der Stützweite nicht überschreiten. Durchbiegung

V. Verbindungsmittel

1. Die verschiedenen Verbindungsmittel (Schraubenbolzen, Flacheisen, Runddübel, Keile usw) dürfen, soweit nachstehend keine besonderen Vorschriften gegeben sind, auf Grund von Versuchsergebnissen staatlicher Versuchsanstalten berechnet werden. Allgemeines

2. Leim muß gegen den Einfluß von Feuchtigkeit und Dämpfen widerstandsfähig sein. Die Festigkeit der Leimfuge muß mindestens gleich der Schubfestigkeit des Holzes sein. Leim

3. Gewöhnliche Verbindungen aus schwachen Schraubenbolzen (ohne Dübel u dgl) sind für hochbeanspruchte Bauteile im allgemeinen ungeeignet. Werden Bolzen ohne Dübel u dgl verwendet, so sind sie auf Lochleibungsdruck und auf Biegung zu berechnen, wobei die Druckverteilung nach Abb. 7b und demnach die Momente Bolzenverbindungen

$$M_1 = \frac{P \cdot a}{8} \quad \text{und}$$

$$M_2 = \frac{2\,P \cdot b}{27}$$

anzunehmen sind. Die gleichmäßig auf die Lochleibung bezogene Pressung darf betragen

bei Mittelhölzern 100 kg/cm²
bei Seitenhölzern 50 kg/cm².

Für Beanspruchung rechtwinklig zur Faserrichtung sind diese Werte auf $^1/_3$ zu ermäßigen.

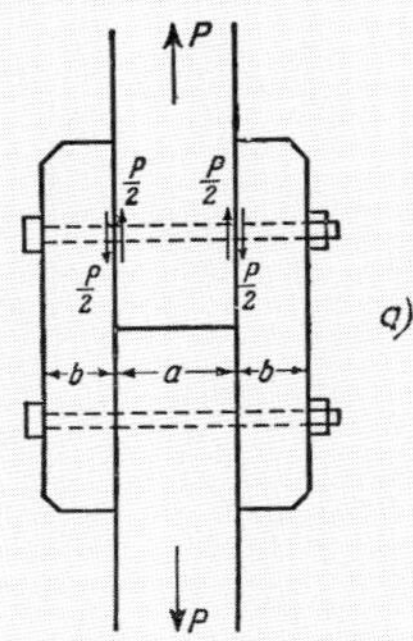

Druckverteilung in der Lochleibung

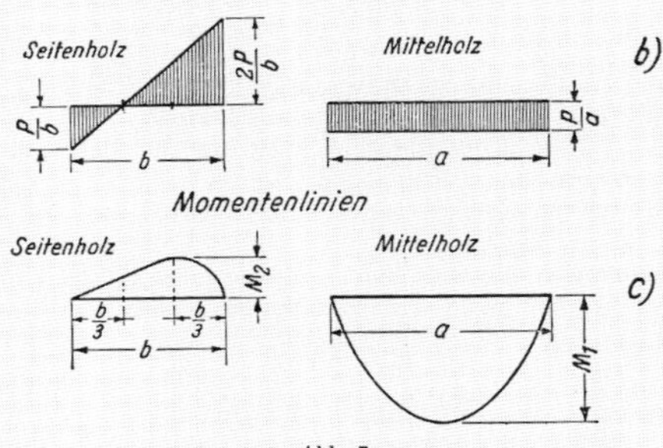

Abb. 7.

Flacheiseneinlagen

4. Für Verbindungen mit gebogenen oder geknickten Flacheisen, die mindestens 6 mm dick sein müssen, ist, falls keine ausreichenden Versuchsergebnisse staatlicher Prüfungsanstalten ein Abweichen von dieser Regel gestatten, bei Annahme gleichmäßiger Verteilung auf die Druckübertragungsfläche mit einer zulässigen Spannung von 40 kg/cm² in der Faserrichtung und 15 kg/cm² rechtwinklig zur Faser zu rechnen.

Dübel und Keile

5. Bei Dübeln und Keilen dürfen die unter Berücksichtigung des auftretenden Kippmomentes errechneten Spannungen die Werte der Tafel 4 unter a), d) und e) nicht überschreiten. Die Wirkung der Dübel und Keile muß hierbei durch eine ausreichende Zahl von Schraubenbolzen gewährleistet sein.

Bei verdübelten oder verzahnten Balken ist das Widerstandsmoment zu rechnen

$$\text{bei 2 Lagen:} \quad W = 0{,}8 \frac{b \cdot h^2}{6}$$

$$\text{bei 3} \quad „ \quad : \quad W = 0{,}6 \frac{b \cdot h^2}{6}.$$

Mehr als 3 Lagen sind unzulässig.

6. Bei Übertragung von Kräften durch Verbindungsmittel schräg zur Faser gelten hinsichtlich der zulässigen Spannungen sinngemäß die Bestimmungen unter III. 4.

7. Werden vom Unternehmer neue, eigenartige Verbindungsmittel und Konstruktionen für die Ausführung eines Tragwerks vorgeschlagen, so hat er mit dem Angebot Versuchsergebnisse einer staatlichen Prüfungsanstalt vorzulegen. Die Deutsche Reichsbahn-Gesellschaft ist berechtigt, weitere Versuche in dem ihr notwendig erscheinenden Umfange auf ihre Kosten vornehmen zu lassen, wozu der Unternehmer die Baustoffe kostenlos zu liefern hat. Eigenartige Verbindungsmittel

VI. Einzelheiten der Ausführung

1. Die Stäbe von Holztragwerken sind tunlichst mittig anzuschließen. Wo dies nicht möglich ist, müssen die durch den außermittigen Anschluß entstehenden Zusatzkräfte berücksichtigt werden. Nach Möglichkeit ist kein Stab mit weniger als mit zwei Schraubenbolzen anzuschließen. Stabanschlüsse

2. Dübel und Bolzen sind symmetrisch zur Stabachse und im Stabquerschnitt nach Möglichkeit gegeneinander versetzt anzuordnen, damit bei Luftrissen nicht gleichzeitig alle Befestigungsmittel gelockert werden und an Tragfähigkeit einbüßen. Dübel und Bolzen

Dünnere Schraubenbolzen als mit 13 mm Durchmesser dürfen nicht verwendet werden. Zwischen Holz und Schraubenkopf ist eine quadratische oder runde eiserne Unterlagsscheibe einzulegen, die bei Heftschrauben mindestens 4 mm und bei tragenden Schrauben mindestens 6 mm dick sein muß. Die Seitenlänge bezw der Durchmesser der Scheiben soll mindestens gleich dem 3,5fachen Bolzendurchmesser sein, falls nicht größere Abmessungen auf Grund der Berechnung nötig werden.

Bolzenköpfe und Schraubenmuttern dürfen im allgemeinen nicht versenkt werden. Wo dies nicht zu umgehen ist, ist die entstehende Verschwächung des Querschnitts zu berücksichtigen.

3. Bei wichtigen Baugliedern und Verbindungen ist das Nageln verboten, ebenso die Verwendung von Verbindungsmitteln, die ohne Bohr-, Nut- und Fräswerkzeuge eingebaut werden und Zerstörungen der Holzfasern beim Einschlagen zur Folge haben, falls nicht durch umfangreiche Versuche einer staatlichen Materialprüfungsanstalt die Brauchbarkeit der Verbindung nachgewiesen ist. Das Einschlagen von Klammern zur vorübergehenden Verbindung ist ebenfalls verboten. Nägel und Greifplatten

4. Zugstöße und im allgemeinen auch Druckstöße sind durch Laschen voll zu decken. Auf jeden Fall sind Druckstöße aber durch Laschen oder eingelassene Dollen in ihrer seitlichen Lage zu sichern. Es bleibt freigestellt, zwischen den Holzhirnflächen Eisen-, Blei- oder Zinkblecheinlagen vorzusehen. Stoßausbildung

5. Für die Lager ist im allgemeinen Eisen oder mit Teeröl getränktes Hartholz zu verwenden. Die Lager dürfen nicht vermauert werden; alle Holzteile müssen dauernd der Außenbesichtigung zugänglich sein. Lager

Die Holzlager der Träger und Stützen auf Mauerwerk sind mit einer Asphalt- oder Bleiunterlage zu versehen und durch Anker gegen Verschieben zu sichern.

Eisenteile

6. Für die Eisenteile kommt im allgemeinen Handelseisen in Frage. Die Zug- und Biegungsspannung darf 1200 kg/cm² nicht überschreiten. Alle Eisenteile müssen vor der Verwendung gründlich von anhaftendem Rost befreit und mit heißem Leinölfirnis hauchartig gestrichen werden.

Sichtbar bleibende Eisenteile sind am fertigen Bauwerk mit zweimaligem Bleimennige- oder Ölfarbenanstrich zu versehen.

Werkstattarbeiten

7. Alle Teile eines zusammengesetzten Tragwerks, Stützen, Binder, Pfetten usw sind auf einem überdachten Reißboden auf unverschieblichen Unterlagen planmäßig derart zusammenzufügen, daß kein Teil Spannungen erleidet. Alle Verbindungsteile müssen gelöst werden können, ohne daß die verbundenen Stücke federn.

Die Flächen von Überblattungen, Versatzungen, Stoßverbindungen und Gelenkpunkten und die Nuten für die Verbindungsmittel sind genau passend herzurichten. Künstliche, hochkantige Verbiegungen von Hölzern, sowie das Ausschneiden gekrümmter Stäbe aus geraden Stäben größeren Querschnitts sind ohne besonderen Nachweis über die Zulässigkeit solcher Verfahren nicht statthaft. Hölzer, die bei der Aufstellung nicht genau in die Verbindungen passen oder sich nachteilig windschief verzogen haben, sind auszuwechseln.

Die planmäßig vorgesehenen Überhöhungen müssen bereits auf der Zulage aufgerissen werden.

Die Löcher für die Bolzenverbindungen der Knotenpunkte und der Stöße dürfen erst nach vollständiger Zusammenstellung der Tragwerke gebohrt werden. Alle Bohrungen für Tragbolzen und Vertiefungen für sonstige Verbindungsmittel sind genau passend maschinell herzustellen. Die Schraubenlöcher sind unter Verwendung von Bohrmaschinen tunlichst mit Führung zu bohren, sodaß Abweichungen von der vorgesehenen Richtung auch bei mehreren Holzlagen aufeinander vermieden werden.

Zugstangen können sowohl in Eisen wie in Holz ausgeführt werden. Die Gewinde von eisernen Stangen sind an deren Enden aus dem Vollen zu schneiden; die Verwendung von Anschweißenden ist nur zulässig, wenn der Nachweis für die Vollwertigkeit der Schweißstelle erbracht werden kann. Der Anschluß der Zugstangen ist zentrisch und möglichst gelenkartig zu gestalten; andernfalls ist den auftretenden Nebenspannungen gebührend Rechnung zu tragen.

Schalungen

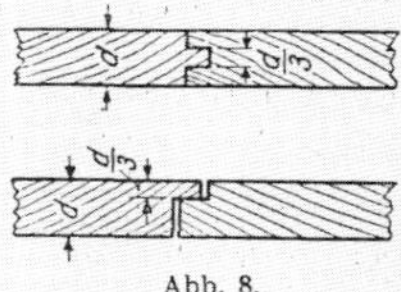

Abb. 8.

8. Holzriemen für Schalungen brauchen nicht gleichmäßig breit zu sein. Die Schalbretter sind mit Nut und Feder oder mit Falz zu verbinden, wobei die Dicke von Nut und oberem Spund je ein Drittel der Dicke des Brettes betragen muß (Abb. 8). Ein- oder zweiseitiges Behobeln der Schalbretter muß besonders verlangt werden. Vorkommende Waldkanten sind nach unten zu verlegen. Zur Befestigung der Schalungen dürfen Nägel verwendet werden, deren Länge mindestens gleich der doppelten Dicke der Bretter sein muß. Sofern nicht etwas anderes vorgeschrieben wird, genügen für Schalungen Bretter der zweiten Klasse (vgl S. 6, Ausschuß).

Buchdruckerei Gebrüder Ernst, Berlin SW 68.

Gütevorschriften für Holzhäuser

DIN 1990

Die **Gütevorschriften für Holzhäuser** gelten nur für Fachwerkbauten (ortsfesten), Platten- oder Tafelbauten (Hohlbauweisen) und Blockhausbauten.

Die Güte eines Holzhauses wird durch Prüfung folgender Eigenschaften festgestellt:

1. Schutz gegen Grundfeuchtigkeit
2. Schutz gegen Feuer
3. Wärmehaltung
4. Schalldämpfung
5. Standsicherheit und Lebensdauer
6. Werkstoff
7. Ausführung

1. Schutz gegen Grundfeuchtigkeit

Holzhäuser, die als Dauerwohnungen benutzt werden, müssen auf einem massiven Sockel aus Beton, Ziegel-, Bruchsteinmauerwerk usw. erstellt werden. Unterkellerungen sind in derselben Art wie bei Massivbauten auszuführen. Der Schutz der Mauern gegen Grundfeuchtigkeit ist in der bei Wohnhausbauten aus Mauerziegeln oder Beton üblichen Weise auszubilden. Um die aufsteigende Grundfeuchtigkeit vom Holzwerk abzuhalten, wird zwischen dem massiven Sockel und allen Holzteilen eine dauernd wirksame Schutzschicht von unten angeordnet. Die Schutzschicht muß so ausgeführt sein, daß in ihrer Höhe kein Regenwasser stehen bleiben kann.

Die Bauweise des Holzhauses muß gegen Eindringen von Feuchtigkeit und gegen Winddurchgang Gewähr bieten.

2. Schutz gegen Feuer

Bei der Anlage von Feuerstellen, Schornsteinen und Öfen sind die baupolizeilichen Vorschriften zu beachten, die jeweils für Massivbauten gelten. Für die Bedachung ist, wenn nicht besondere örtliche Verhältnisse eine andere Ausführung empfehlen, eine harte Bedachung vorzusehen. Hohlräume in den Wänden sind waagerecht zu unterteilen. Zwischendecken sind mit unverbrennbaren Baustoffen oder sonst zugelassenen Füllstoffen auszufüllen. Die Innenwandflächen sind glatt zu hobeln, wenn sie nicht mit feuerhemmendem Anstrich, dessen feuerhemmende Wirkung durch einwandfreie Prüfung nachgewiesen ist, oder mit feuerhemmender Verkleidung versehen werden.

3. Wärmehaltung

Die Außenwände eines Holzhauses sollen denselben Wärmeschutz bieten, wie eine eineinhalb Stein starke, beiderseitig verputzte Ziegelvollwand. Die Erfüllung dieser Forderung ist nachzuweisen.

4. Schalldämpfung

Die Schallübertragung in einem Holzhause darf seine Wohnlichkeit nicht beeinträchtigen. Bei Mehrfamilienhäusern sind die Wohnungen durch schalldämpfende Wände zu trennen.

5. Standsicherheit und Lebensdauer

Für die Standsicherheit eines Holzhauses sind die baupolizeilichen Vorschriften maßgebend. Im übrigen muß ein Holzhaus als Dauerwohnung so ausgeführt sein, daß bei ordnungsmäßiger Bauunterhaltung eine Mindestlebensdauer, d. h. die Bewohnbarkeit im Sinne der baupolizeilichen Vorschriften, von 80 Jahren gewährleistet wird.

6. Werkstoff

Soweit die nachstehenden Sonderbestimmungen nichts anderes, besonders keine ergänzenden Vorschriften enthalten, gelten auch für Holzhäuser die vom Reichsverdingungsausschuß aufgestellten „Technischen Vorschriften für Bauleistungen" (DIN 1962 bis 1985).

Die Sonderbestimmungen für Holzhäuser lauten wie folgt:

Beschaffenheit des Holzes

Schwellen: Nadelholz, Eiche, lufttrocken.

Für Außen- und Innenschwellen darf nur Kreuz- oder Halbholz verwendet werden, das an den sichtbaren Kanten scharfkantig sein muß.

Fußbodenlager: Nadelholz, lufttrocken.

Für Fußbodenlagerhölzer kann einstieliges, scharfkantiges Holz mit einer Baumkante von 15% des größten Seitenmaßes verwendet werden.

Wandverbandhölzer: Nadelholz, Eiche.

Für Fachwerkbauten (ortsfest) mit beiderseitiger Verkleidung ist lufttrockenes Halbholz oder scharfkantiges Holz mit einer Baumkante bis höchstens 15% des größten Seitenmaßes zu verwenden.

Bei Platten- oder Tafelbauten (Hohlwandbauweisen) muß das innere Rahmenwerk aus volldurchgetrocknetem Nadelholz hergestellt sein. Die einzelnen Rahmen müssen eine Unterteilung durch Sprossen erhalten, die keinen größeren Abstand als 50 cm voneinander haben.

Für Blockhauswände darf nur volldurchgetrocknetes Nadelholz verwendet werden. Die Bohlen müssen aus Halbhölzern bestehen; festverwachsene gesunde Äste sind zulässig.

Balkenlage und Dachverband: Nadelholz, lufttrocken.

Für Balkenlage und Dachverband darf nur scharfkantiges Holz mit einer Baumkante von höchstens 15% des größten Seitenmaßes verwendet werden.

April 1928 b

— 2 —

Lattung: Nadelholz, lufttrocken.

Die Latten sollen im allgemeinen scharfkantig und ohne größere Äste sein. Wird Baumkante ausnahmsweise zugelassen, so soll sie — schräg gemessen — nicht breiter als die halbe Lattendicke sein. Dachlatten müssen mindestens drei scharfe Kanten haben.

Windfedern, Unterschläge und sonstige äußere Verbretterungen: Nadelholz, volldurchgetrocknet.

Für Windfedern usw. darf nur bestes Nadelholz verwendet werden; sie dürfen im Fertigzustand nicht unter 24 mm dick sein, festverwachsene Äste sind zulässig.

Außenbekleidung: Nadelholz, volldurchgetrocknet.

Die einzelnen Jalousiebretter müssen aus 22 mm dicken Brettern gefertigt sein, dürfen im Fertigzustand nicht weniger als 20 mm messen und eine Breite von 15 cm nicht überschreiten. Bei einer Verschalung aus 30 mm dicken Brettern (Fertigzustand 28 mm) ist eine größere Breite zulässig.

Innenbekleidung: Nadelholz, volldurchgetrocknet.

Die Innenbekleidung kann aus Plattenbelag oder Sperrholz hergestellt werden. Wenn die übliche Schalung aus Nadelholz (volldurchgetrocknet) verwendet wird, gilt als Mindestmaß für die Dicke im Fertigzustand 14 mm, als größte Breite 13 cm.

Fußböden: Nadelholz, volldurchgetrocknet.

Der Fußboden — außer in Dachböden und untergeordneten Räumen — muß aus mindestens 24 mm dicken, gehobelten und gespundeten Brettern gefertigt sein. Fertigzustand der Bretter mindestens 22 mm dick.

Decken: Nadelholz, volldurchgetrocknet.

Hierfür gilt dasselbe wie für die Innenbekleidung.

Fehlboden: Nadelholz, lufttrocken.

Der Fehlboden ist aus borkenfreien, besäumten Schwarten auszuführen.

Treppen: Wangen- und Setzstufen: Nadelholz oder Eiche.

Trittstufen: Nadelholz, Eiche oder Buche, volldurchgetrocknet.

Fenster und Türen: Feinjähriges Kiefernholz, volldurchgetrocknet.

Für Fensterflügel: astreines Holz. Für Rahmen, Futter und Bekleidungen, sowie für Außentüren sind kleinere festverwachsene Äste zulässig. Bei Innentüren ist Nadelholz handelsüblicher Güte zu verwenden. Innentüren können auch aus Sperrholz bestehen. Einflügelbreite und 3 Scheiben hohe Fenster sind mindestens 32 mm dick, die übrigens mindestens 36 mm dick auszuführen. Innentüren: Rahmen mindestens 36 mm, Füllungen mindestens 12 mm dick. Außentüren: Rahmen mindestens 42 mm, Füllungen mindestens 20 mm dick. Bei Sperrholzfüllungen genügt eine Dicke von 8 mm. Die Anwendung der Normen für Fenster (DIN 1240 bis DIN 1248), für Türen (DIN 1139 bis DIN 1141) und Treppen (DIN 287 bis DIN 294) wird empfohlen.

7. Ausführung

Für die Ausführung eines Holzhauses gelten die anerkannten Regeln des Tischler- und Zimmerhandwerks, die auch in den „Technischen Vorschriften für Bauleistungen" enthalten sind. An den Ecken müssen die einzelnen Rahmen verzapft, verleimt und außerdem zuverlässig gesichert sein. Verbindungen durch Stichnägel sind an lebenswichtigen Stellen unzulässig.

Die Tafelstöße beim Tafel- oder Plattenbau (Hohlwandbauweisen) müssen luft- und wasserdicht hergestellt werden (mehrfache Filzeinlage, Schloßschrauben, Hackenverschlüsse, Deckleisten usw.).

Beim Blockhausbau ist noch besonders das Setzen des Hauses zu berücksichtigen, damit zwischen Wand und Tür bzw. der Fensterlaibung keine Undichtigkeit entsteht. Ebenso ist das Setzen dort zu berücksichtigen, wo die Holzwand mit Schornsteinen und Einbaugegenständen in Verbindung kommt.

Für die Schlosser-, Glaser-, Klempner-, Dachdecker-, Maler-, Installations- und sonstigen Ausbauarbeiten gelten die Technischen Vorschriften für Bauleistungen (DIN 1962 bis DIN 1985).

Berechnungs- und Entwurfsgrundlagen für hölzerne Brücken

DIN 1074

Ausgabe 1930

Inhalt

August 1930

I. Vorbemerkungen

Die Normen gelten für hölzerne Brücken und Stege unter Straßen, Fußwegen, Straßen- und Kleinbahnen [1]), Industrie- [1]) und Feldbahnen. Sie gelten auch für Bauten zu vorübergehenden Zwecken, für hölzerne Lehrgerüste und Schalungsunterstützungen und für Bauzustände, die vom endgültigen Zustand abweichen.

Für Brücken unter Eisenbahngleisen [2]) und für ihre Lehrgerüste und Schalungsunterstützungen sind die „Vorläufigen Bestimmungen für Holztragwerke (BH)“ [3]) der Deutschen Reichsbahn-Gesellschaft maßgebend.

Für sehr große oder den üblichen Bauweisen nicht entsprechende hölzerne Brücken können besondere, von diesen Normen abweichende Bestimmungen getroffen werden.

II. Belastungsannahmen [4])

§ 1. Allgemeine Belastungsannahmen

Belastungsannahmen für Straßenbrücken siehe DIN 1072.

Belastungsannahmen für Brücken unter Straßen- und Kleinbahnen siehe die Vorschriften der Länderbehörden für die Berechnung der Brücken der Kleinbahnen und Privatanschlußbahnen [5]).

§ 1a. Eigengewichte der Bauhölzer

Tafel 1			
Mittlere Raumeinheitsgewichte für Bauholz in kg/m³			
Holzart		lufttrocken	naß
Weichhölzer	Fichte und Tanne	550	700
	Kiefer und Lärche	600	750
Harthölzer	Eiche und Buche	800	1000

In den angegebenen Einheitsgewichten sind die Zuschläge für kleine Eisenteile (Nägel, Verbindungsschrauben, Dübel), für Hartholzteile und für Anstrich oder Tränkung enthalten.

Die Gewichte eiserner Zugglieder, Knotenbleche, Laschen, Schuhe, Lager sind besonders zu berücksichtigen.

§ 1b. Schneelast

Bei überdachten Brücken ist mit einer Schneelast $p_s = 75 \cos \alpha$ in kg/m² Dachgrundfläche zu rechnen, wobei α den Neigungswinkel der Dachfläche bedeutet.

---

[1]) Das sind Bahnen, deren Gleise nicht von Lokomotiven der Eisenbahnen des allgemeinen Verkehrs befahren werden.

[2]) Das sind Gleise, die von Lokomotiven der Eisenbahnen des allgemeinen Verkehrs befahren werden.

[3]) Von den hier und in der Folge angeführten Bestimmungen und Normblättern betreffen:

BH	Vorläufige Bestimmungen für Holztragwerke, Deutsche Reichsbahn-Gesellschaft,
BE	Vorschriften für Eisenbauwerke, Berechnungsgrundlagen für eiserne Eisenbahnbrücken, Deutsche Reichsbahn-Gesellschaft,
DIN 1048	Bestimmungen für Druckversuche an Würfeln bei Ausführung von Bauwerken aus Beton und Eisenbeton,
DIN 1071	Straßenbrücken, Abmessungen (mit Beiblatt),
DIN 1072	Straßenbrücken, Belastungsannahmen (mit Beiblatt),
DIN 1073	Berechnungsgrundlagen für eiserne Straßenbrücken,
DIN 1075	Berechnungsgrundlagen für massive Brücken,
DIN 1350	Zeichen in der Statik, Festigkeitslehre, Werkstoffprüfung, für Form- und Stabeisen, Bleche,
DIN DVM 2105	Prüfverfahren für natürliche Gesteine — Druckfestigkeit.

Die Normblätter sind zu beziehen durch den Beuth-Verlag, Berlin S 14, die BE und BH durch den Verlag von Wilhelm Ernst & Sohn, Berlin W 8.

[4]) Der Inhalt der §§ 1a, 1b und 1c ist tunlichst bald in DIN 1072 aufzunehmen.

[5]) z. B. die Vorschriften des Preußischen Ministeriums für Handel und Gewerbe für die Berechnung der Brücken der Kleinbahnen und Privatanschlußbahnen vom 24. August 1926 J.-Nr. VI 6. 15. 2739 (Ministerialblatt der Handels- und Gewerbeverwaltung 1926 S. 226).

Unter besonders ungünstigen klimatischen Verhältnissen ist dieser Wert auf $p_s = 70\left(1+\frac{h}{500}\right)\cos\alpha$ zu erhöhen (h bezeichnet die Höhe über dem Meer in m).

Bei Dachneigungen mit einem Winkel von $\alpha > 45°$ kann die Schneelast unberücksichtigt bleiben.

§ 1c. Winddruck

Bei überdachten Brücken ist ein senkrecht zur Dachfläche wirkender Winddruck $w \cdot \sin^2\alpha$ zu berücksichtigen, wobei α der Neigungswinkel der Dachfläche ist, und für den waagerechten Winddruck w die in DIN 1072 II A angegebenen Werte einzusetzen sind. Der Dachaufbau ist gegen Abheben zu sichern, wobei eine senkrecht von unten nach oben wirkende Windkraft von 60 kg je m² Dachgrundfläche zugrunde zu legen ist.

Außerdem sind als vom Wind voll getroffene Flächen anzunehmen:

bei größtenteils geschlossenen (verkleideten) Brücken die ganze Ansichtsfläche der Brücke unterhalb der Dachtraufe,

bei teilweise geschlossenen Brücken die verkleidete Fläche eines Hauptträgers und die in der Ansicht noch sichtbaren Teile des Tragwerkes beider Hauptträger, soweit diese Flächen unterhalb der Dachtraufen liegen.

III. Allgemeine Vorschriften für Festigkeitsberechnungen und Zeichnungen

§ 2. Allgemeine Bezeichnungen

Für die Bezeichnungen in den Festigkeitsberechnungen und Zeichnungen gilt DIN 1350.

§ 3. Allgemeine Bezeichnungen für die Darstellung von Ansichten Querschnitten und Grundrissen hölzerner Überbauten

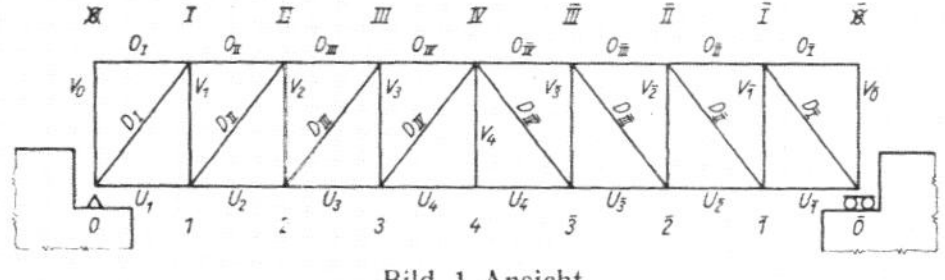

Bild 1 Ansicht

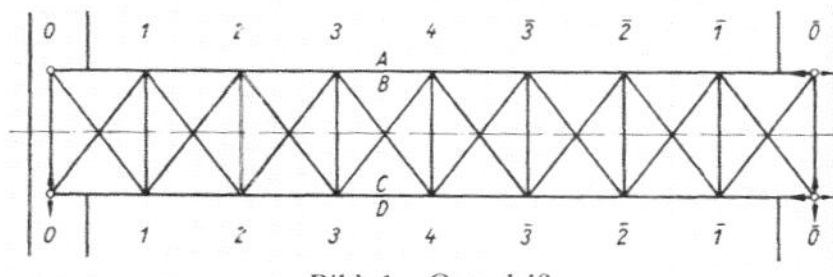

Bild 1a Grundriß

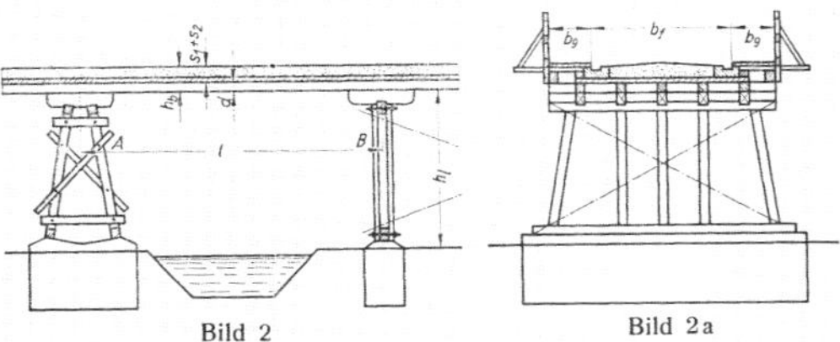

Bild 2 Bild 2a

— 4 —

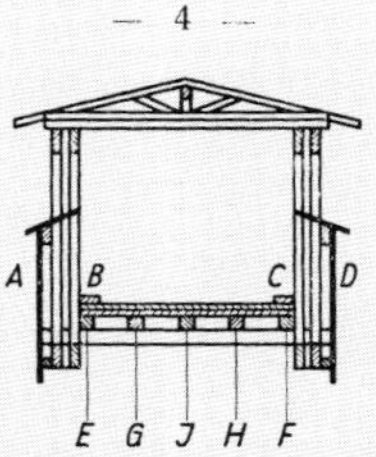

Bild 3 Bezeichnung der Tragwände im Querschnitt

Die Hauptträgerstäbe können auch nach den sie begrenzenden Knotenpunkten bezeichnet werden, z. B.

D_{II-1}, U_{0-1} oder II—1, 0—1 usw.

Darstellung der Lager

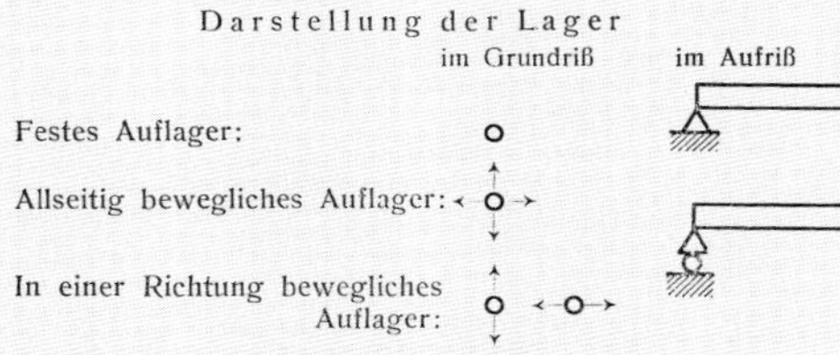

Die Pfeile geben die Bewegungsrichtung an.

§ 4. Elastizitätsmaß

Das Elastizitätsmaß bei Beanspruchungen in der Faserrichtung kann angenommen werden für

Laub- und Nadelholz	zu	100 000 kg/cm^2
handelsübliches Eisen, Flußstahl, Stahlguss und geschmiedeten Stahl . . .	"	2 100 000 "
und für Gußeisen	"	1 000 000 "

§ 5. Inhalt der Berechnung

Die Festigkeitsberechnung soll ausreichende Angaben enthalten über:

a) die der Berechnung zugrunde gelegten Lasten und die Klassenbezeichnung nach DIN 1071 und 1072;
b) die im Entwurf vorgesehenen Baustoffe;
c) die Eigengewichte aller wesentlichen Teile;
d) die der Berechnung zugrunde gelegten Stoßzahlen;
e) die Querschnittsformen und Querschnittswerte aller wesentlichen Bauglieder;
f) die zulässigen und die größten rechnerischen Spannungen der einzelnen Bauglieder und Verbindungen. Die Festigkeitsberechnung muß sich auch auf die Stöße und Knotenpunkte erstrecken;
g) die Größe der rechnerischen Durchbiegungen unter der ständigen Last und den maßgebenden Verkehrslasten und über die Größe der Überhöhungen für das Aufstellen der Bauwerke.

§ 6. Einzelheiten der Berechnung

1. Überschuß an Querschnitt

Anzustreben ist, daß alle Einzelteile eines Überbaues denselben Sicherheitsgrad erhalten und daß etwa aus baulichen Gründen notwendige Überschüsse an Querschnitt auch auf die Anschlüsse ausgedehnt werden, um z. B. bei späterer Erhöhung der Verkehrslasten ohne weiteres nutzbar zu sein.

2. Lastverteilende Wirkung der Fahrbahn

Bei der Berechnung der Fahrbahn, auch der Fahrbahnlängs- und Zwischenquerträger kann angenommen werden, daß sich der Druck eines Rades auf eine größere Fläche gleichmäßig verteilt.

Diese kann bei einfachem Bohlenbelag ohne Schotterbett gleich der Aufstandsfläche (Felgenbreite × 10 cm), bei Schotterbett nach Bild 4 und 4 a angenommen werden.

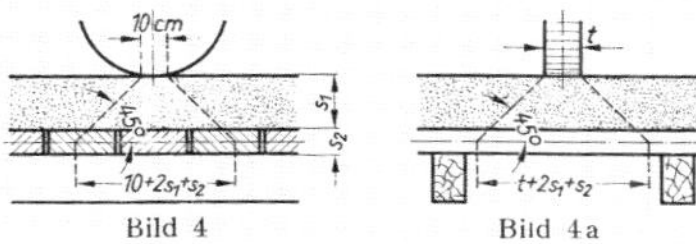

Bild 4 Bild 4 a

Verlaufen bei doppeltem Bohlenbelag Fahr- und Tragbohlen quer zur Fahrtrichtung, so muß die Radlast von einer Tragbohle aufgenommen werden können, wobei die Radlast in der Faserrichtung auf eine Breite $b = t + 2\,s_1 + s_2$ (Bild 5 und 5 a) verteilt werden kann.

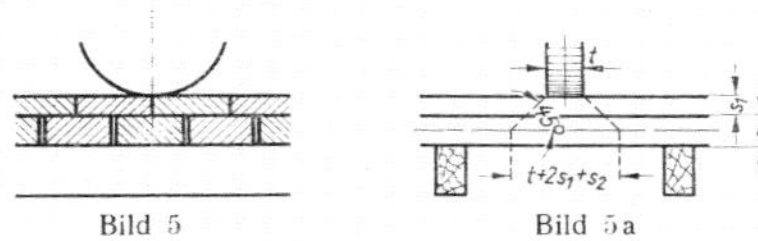

Bild 5 Bild 5 a

Liegen die Fahrbohlen quer, die Tragbohlen längs zur Fahrtrichtung, so darf die Radlast nach Bild 6 und 6 a verteilt werden.

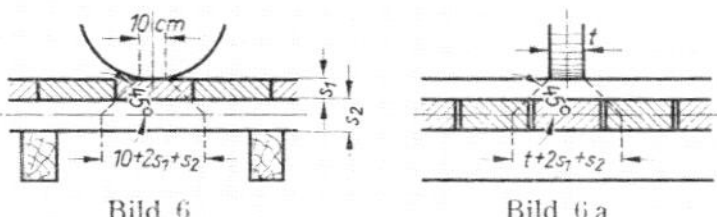

Bild 6 Bild 6 a

3. Berechnung der Tragbohlen, Fahrbahnlängs- und -querträger

Bei Fahr- und Gehbahnen aus einfachem Belag ohne Schotterbett sind die Bohlen mit Rücksicht auf die Abnutzung mindestens 2 cm dicker auszuführen als die Berechnung erfordert. Bei doppeltem Belag ist der obere nicht als tragender Teil zu rechnen (Fahr- oder Deckbohlen). Der untere Belag kann voll in Rechnung gestellt werden.

Durchlaufende Bohlen und Balken sind als frei drehbar gelagerte Träger auf zwei Stützen zu rechnen.

Als Stützweite der Tragbohlen gilt der lichte Abstand ihrer Unterstützungen zuzüglich 10 cm, höchstens aber der Achsabstand der Unterstützungen.

Als Stützweite der Längsträger ist der Achsabstand der Querträger anzunehmen.

Die Querträger sind als frei drehbar gelagerte Träger auf zwei Stützen zu berechnen, wobei als Stützweite die Achsentfernung der Hauptträger anzunehmen ist und die Längsträger als gelenkig auf den Querträgern gelagert zu betrachten sind.

Bilden Fahrbahnträger oder vollwandige Hauptträger die Gurtungen von Windverbänden, so kann ihre Beanspruchung durch Windkräfte in der Regel vernachlässigt werden.

— 6 —

4. Ungünstigste Laststellungen

Bei Trägern, deren Momente und Querkräfte usw. nicht unmittelbar aus Tafeln entnommen werden können, sind die ungünstigsten Laststellungen mit Einflußlinien oder ähnlichen Verfahren zu bestimmen. Entlastend wirkende Verkehrslasten, auch alle günstig wirkenden Achslasten von Fahrzeugen sind wegzulassen (vgl. DIN 1072 I B 3).

5. Nachweis der Stabkräfte und Spannungen

Die Stabkräfte, Auflagerkräfte, Momente und Querkräfte sind getrennt für ständige Last, für Verkehrslast (gegebenenfalls unter Berücksichtigung von Seitenstößen und Fliehkräften), für Winddruck und bei überdachten Brücken für Schneelast nachzuweisen.

Bremskräfte sind im allgemeinen nur bei der Berechnung hoher Stützpfeiler und Joche zu berücksichtigen.

Spannungen, die durch beabsichtigte Krümmungen, durch erheblich außermittige Anschlüsse und durch unmittelbare Belastung von Stäben entstehen, sind besonders zu ermitteln und den eingangs genannten Spannungen zuzuzählen.

In der Festigkeitsberechnung ist im allgemeinen nicht anzugeben, welche Querschnitte und Abmessungen erforderlich sind; vielmehr sind die größten rechnerischen Spannungen der einzelnen Bauteile und Verbindungen den zulässigen Spannungen gegenüberzustellen.

6. Angaben der Quellen von Formeln

Für außergewöhnliche Formeln ist die Quelle anzugeben, wenn sie allgemein zugänglich ist. Sonst sind die Formeln soweit zu entwickeln, daß ihre Richtigkeit nachgeprüft werden kann. Jede Festigkeitsberechnung muß ein in sich abgeschlossenes Ganzes bilden. Daher sollen aus anderen Festigkeitsberechnungen nur dann Werte ohne Entwicklung übernommen werden, wenn die neue Berechnung nur eine frühere, in den Brückenakten des Bauwerks befindliche Berechnung ergänzt.

§ 7. Genauigkeitsgrad

Für die Ausrechnung wird im allgemeinen keine größere Genauigkeit verlangt, als sie der Gebrauch eines guten Rechenschiebers oder ein sorgfältig durchgeführtes zeichnerisches Verfahren bietet. Daher dürfen die Werte der Biegungsmomente, Querkräfte, Stabkräfte usw. in der (von vorn gezählten) dritten Stelle abgerundet werden. Man rundet zweckmäßig erst dann ab, wenn alle einzelnen Einflüsse zusammengezählt sind.

§ 8. Stoßzahl

Bei Brücken sind die von der Verkehrslast hervorgerufenen Momente, Querkräfte und Stabkräfte der Fahrbahntafel, der Fahrbahn- und Hauptträger, und der Stützen und Lager mit einer in Tafel 2 angegebenen Stoßzahl φ zu vervielfachen. Menschenbelastung auf Fuß- und Radfahrwegen, die nicht von Fahrzeugen benutzt werden können, und auf Fußgängerbrücken ist ohne Stoßzahl in Rechnung zu stellen, dagegen ist das Menschengedränge auf der Fahrbahn von Straßenbrücken auch als Ersatzlast für rollende Lasten zu betrachten und daher mit der Stoßzahl einzusetzen.

Tafel 2 Stoßzahl φ

Bauglied und Belastungsart	Stoßzahl φ
Fahrbahntafeln, Fahrbahnträger und unmittelbar belastete Hauptträger	1,4
mittelbar (durch Querträger) belastete Hauptträger, Lager und Stützen	1,2

Bei der Berechnung des Erddruckes auf die Widerlager ist die Verkehrslast ohne Stoßzahl einzuführen.

IV. Zulässige Spannungen und Bemessungsregeln

§ 9. Zulässige Spannungen für Bauholz

1. Rechtwinkliger und paralleler Kraftangriff

In Holzbauwerken aus fehlerfreiem, baureifem Bauholz (lufttrocken, mit einem Wassergehalt unter 18% des Trockengewichts) mit geringer Astbildung, bei denen sich die Kraftwirkungen zuverlässig rechnerisch erfassen lassen und die Kräfte durch einwandfreie Verbindungen und Verbindungsmittel sicher übertragen werden, sind folgende Spannungen zulässig (wegen Spannungsermäßigung s. Ziff. 2):

Tafel 3

Zulässige Spannungen σ_{zul} in kg/cm²

Art der Beanspruchung	Holzart: Eiche und Buche	Holzart: Nadelholz	Bemerkungen
a) Druck in der Faserrichtung 1. allgemein	100	80	—
2. Hirnholz auf Hirnholz in Stößen, die nicht voll gedeckt sind	80	60	—
b) Biegung	110	100	—
c) Zug in der Faserrichtung 1. für ausgelesenes, scharfkantig geschnittenes Holz mit ganz kleinen festverwachsenen Ästen	110	100	—
2. Für gutes vollkantiges Bauholz .	100	80	—
d) 1. Druck rechtwinklig zur Faserrichtung .	35	15	Der Überstand der Schwellen über die Druckfläche in der Faserrichtung muß beiderseits mindestens gleich dem 1½fachen der Schwellenhöhe sein (Bild 7). Andernfalls sind die unter d) 1 und d) 2 angegebenen Spannungen um ⅕ zu ermäßigen.
2. Druck rechtwinklig zur Faserrichtung bei Bauteilen, bei denen geringfügige Eindrückungen unbedenklich sind, oder als Lochleibungsdruck von Verbindungsmitteln, die nur einen Bruchteil des Holzquerschnittes nach Höhe und Breite beanspruchen	40	25*)	*) Bei Lehrgerüsten massiver Brücken sind höchstens 20 kg/cm² zugelassen.
e) Abscheren in der Faserrichtung	20	12	—

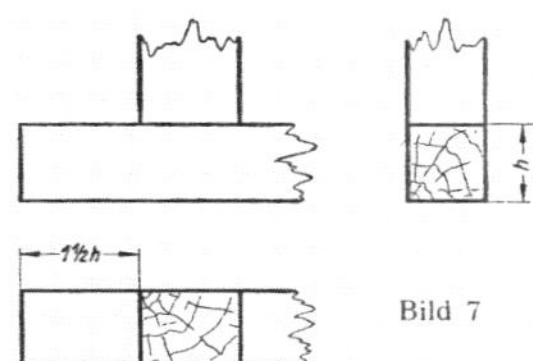

Bild 7

— 8 —

2. Spannungsermäßigung

Die Spannungen dürfen höchstens 2/3 der in Tafel 3 aufgeführten Werte erreichen:

bei Bauteilen, die der Feuchtigkeit und Nässe ausgesetzt und nicht durch Tränkung oder Schutzanstrich oder andere Maßnahmen gegen Fäulnis geschützt sind;

bei Holz, das bei Wasserbauten (Stützjoche) dauernd durchnäßt ist;

bei Gerüsten, wenn in Ausnahmefällen frisch gefälltes Holz verwendet werden sollte.

Wird gebrauchtes Holz wieder verwendet, so ist die zulässige Spannung entsprechend dem Zustand des Holzes zu vermindern.

3. Schräger Kraftangriff

Zugspannungen rechtwinklig und schräg zur Faser sind zu vermeiden. Rechtwinklig und schräg zur Faser wirkende Zugkräfte sind durch besondere Vorkehrungen aufzunehmen.

Druckspannungen schräg zur Faser dürfen die in Tafel 4 eingetragenen Werte nicht überschreiten. Zwischenwerte sind geradlinig einzuschalten.

Tafel 4

Zulässige Druckspannungen in kg/cm² bei schrägem Kraftangriff

Winkel zwischen Faser- und Kraftrichtung in °	Unter den Voraussetzungen der Tafel 3, Abs. d) 1.		Unter den Voraussetzungen der Tafel 3, Abs. d) 2.	
	Eiche und Buche	Nadelholz	Eiche und Buche	Nadelholz
0	100	80	100	80
10	90	70	92	72
20	80	60	84	64
30	70	50	75	55
40	60	40	67	47
50	50	30	59	39
60	40	20	50	30
70	39	19	47	29
80	37	17	44	27
90	35	15	40	25

§ 10. Zulässige Spannungen für Eisenteile

Für Eisenteile aus Stabeisen (Handelsqualität oder Flußstahl St. 37) darf die Zug- und Biegungsspannung 1200 kg/cm² nicht überschreiten.

Eiserne Zugstangen, Anker und Bolzen dürfen im Gewinde-Kernquerschnitt nur mit 1000 kg/cm² beansprucht werden.

Im übrigen gelten die Bestimmungen von DIN 1073.

§ 11. Querschnittsermittlung

1. Mindestquerschnitte

Für tragende Fachwerkstäbe sind Querschnitte unter 60 cm² und 6 cm kleinster Abmessung zu vermeiden. Bei mehrteiligen Stäben muß jeder Einzelstab mindestens einen Querschnitt von 36 cm² haben.

2. Querschnittsverschwächungen

Bei Ermittlung der Spannungen in Zugstäben sind im gefährlichen Querschnitt und in dessen Nähe alle Verschwächungen durch Dübel, Bandeisen, Bolzen, Schrauben, Platten, Einkämmungen usw. zu berücksichtigen.

Querschnittsverschwächungen sind bei **Druckstäben** nur dann zu berücksichtigen, wenn die verschwächte Stelle nicht satt ausgefüllt ist oder der ausfüllende Baustoff sich leichter zusammendrücken läßt als das Holz des Stabes (wenn z. B. die Fasern von Holzeinlagen rechtwinklig zu denen des Druckstabes verlaufen).

3. Bemessung von Druckstäben

a) Freie Knicklänge

Bei Fachwerkstäben ist als freie Knicklänge in der Regel die Länge der Netzlinie einzuführen.

Bei Stützen, die an beiden Enden festgehalten sind, ist die Länge maßgebend. Ihre Enden sind stets als gelenkig geführt anzunehmen. Bei Stützen, die einerseits eingespannt und andererseits frei sind, ist die Knicklänge gleich der doppelten Stablänge anzunehmen.

Bei Abstützung von Zwischenpunkten gedrückter Bauglieder gegen festliegende andere Punkte darf die freie Knicklänge entsprechend verringert werden.

b) Mittiger Kraftangriff

α) Einteilige Stäbe (Vollholz)

Bei mittigem Kraftangriff ist die errechnete Stabkraft S mit der dem Schlankheitsgrad $\lambda = \frac{s_K}{i}$ entsprechenden Knickzahl ω (Tafel 5) zu vervielfachen ($i = \sqrt{\frac{J}{F}}$, J = kleinstes Trägheitsmoment und F = Querschnitt des unverschwächten Stabes). Der Stab kann dann wie ein dem Knicken nicht ausgesetzter Druckstab behandelt werden.

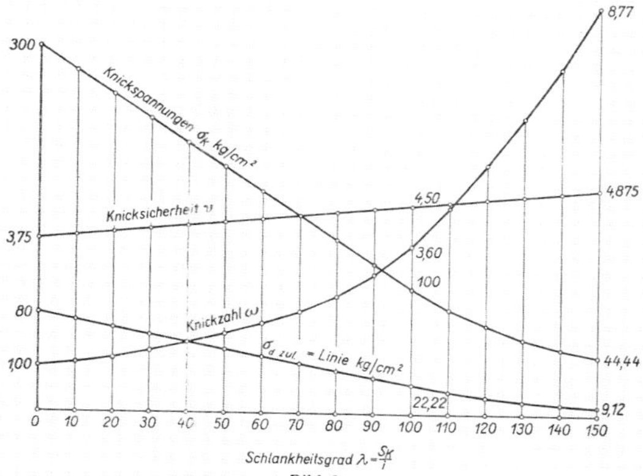

Bild 8

Linien der Knickspannung σ_K, der zulässigen Druckspannung $\sigma_{d\,zul}$, der Knicksicherheit ν und der Knickzahl ω für Nadelholz

Der Wert $\omega \cdot$Schwerpunktsspannung ist dem Wert σ_{zul} gegenüberzustellen. Es muß also

$$\frac{\omega \cdot S}{F} \leq \sigma_{zul}$$

sein, wobei für σ_{zul} die Werte der Tafel 3 Abs. a1) anzunehmen sind.

Tafel 5

Knickspannungen σ_K und Knickzahlen ω

Nadelholz

1	2	3	4
Schlankheitsgrad $\lambda = \frac{s_K}{i}$	Knickspannung σ_K $\lambda \leq 100$; $\sigma_K = 300 - 2\lambda$ $\lambda \geq 100$; $\sigma_K = \frac{1\,000\,000}{\lambda^2}$	Knickzahl $\omega = \frac{\sigma_{zul}}{\sigma_{d\,zul}}$	$\frac{\Delta\omega}{\Delta\lambda}$
0	300	1,00	0,009
10	280	1,09	0,011
20	260	1,20	0,013
30	240	1,33	0,014
40	220	1,47	0,018
50	200	1,65	0,022
60	180	1,87	0,027
70	160	2,14	0,035
80	140	2,49	0,046
90	120	2,95	0,065
100	100	3,60	0,083
110	83	4,43	0,093
120	69	5,36	0,103
130	59	6,39	0,114
140	51	7,53	0,125
150	44	8,78	

Eichen- und Buchenholz

1	2	3	4
Schlankheitsgrad $\lambda = \frac{s_K}{i}$	Knickspannung σ_K $\lambda \leq 100$; $\sigma_K = 375 - 2{,}75\lambda$ $\lambda \geq 100$; $\sigma_K = \frac{1\,000\,000}{\lambda^2}$	Knickzahl $\omega = \frac{\sigma_{zul}}{\sigma_{d\,zul}}$	$\frac{\Delta\omega}{\Delta\lambda}$
0	375	1,00	0,010
10	347	1,10	0,012
20	320	1,22	0,013
30	292	1,36	0,017
40	265	1,53	0,021
50	237	1,74	0,026
60	210	2.00	0,035
70	182	2,35	0,046
80	155	2,81	0,067
90	127	3,48	0,102
100	100	4,50	0,104
110	83	5,54	0,116
120	69	6,70	0,129
130	59	7,99	0,142
140	51	9,41	0,156
150	44	10,97	

β) Mehrteilige Stäbe

Für das Ausknicken um die Stoffachse (x—x Achse, Bild 9) können mehrteilige Stäbe wie Vollstäbe berechnet werden, wobei als Breite des Gesamtstabes die Summe der Breiten der Einzelstäbe Σ d gesetzt wird.

Für das Ausknicken um die stofffreie Achse (y—y Achse, Bild 9 und 9 a) kann im allgemeinen nicht mit einem vollkommenen Zusammenwirken der Einzelquerschnitte gerechnet werden. In diesen Fällen ist die errechnete Stabkraft S mit der dem Schlankheitsgrad für die betreffende Achse entsprechenden Knickzahl ω' der Tafel 5a zu vervielfachen. Die zugehörigen Linienzüge der σ'_K, $\sigma'_{d\,zul}$, ν und ω' sind im Bild 9b dargestellt.

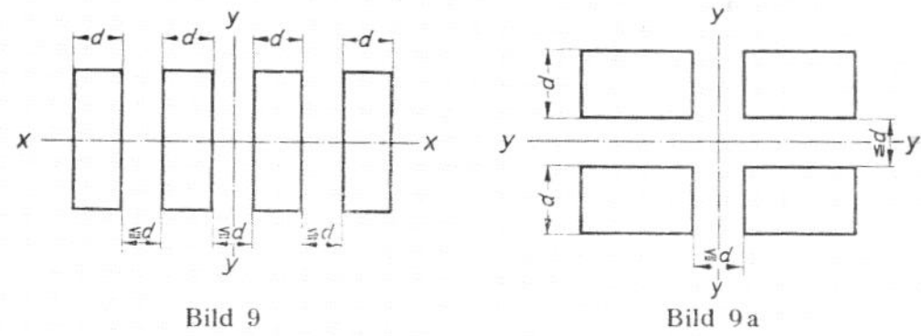

Bild 9 Bild 9a

Tafel 5a			
Knickspannung σ'_K und Knickzahlen ω' für die stofffreie Achse (y—y Achse) mehrteiliger Stäbe			
Nadelholz [6]			
1	2	3	4
Schlankheitsgrad $\lambda = \frac{s_K}{i}$	Knickspannung σ'_K (Versuchswerte)	Knickzahl $\omega' = \frac{\sigma_{zul}}{\sigma_{d\,zul}}$	$\frac{\Delta\,\omega'}{\Delta\,\lambda}$
0	258	1,16	
			0,013
10	238	1,29	
			0,014
20	218	1,43	
			0,018
30	198	1,61	
			0,021
40	178	1,82	
			0,027
50	158	2,09	
			0,034
60	138	2,43	
			0,047
70	118	2,90	
			0,065
80	98	3,55	
			0,099
90	78	4,54	
			0,146
100	60	6,00	
			0,147
110	49	7,47	
			0,147
120	42	8,94	
			0,153
130	36	10,47	
			0,149
140	32	11,96	
			0,149
150	29	13,45	

Als freie Knicklänge der Einzelstäbe ist der Abstand der inneren Verbindungsschrauben anzunehmen. Für die Einzelstäbe mehrgliedriger Querschnitte ist der Spannungsnachweis entbehrlich, wenn der Schlankheitsgrad des Einzelstabes $\lambda \leqq 40$ oder die Knicklänge $s_K < 12\,d$ ist.

Mehrteilige verleimte Stäbe dürfen mit den Knickzahlen der Tafel 5 berechnet werden, wenn sie vollständig gegen Feuchtigkeit geschützt und die Bindungen höchstens 12 d voneinander entfernt sind.

[6]) Für Hartholz liegen noch keine Versuche vor.

— 12 —

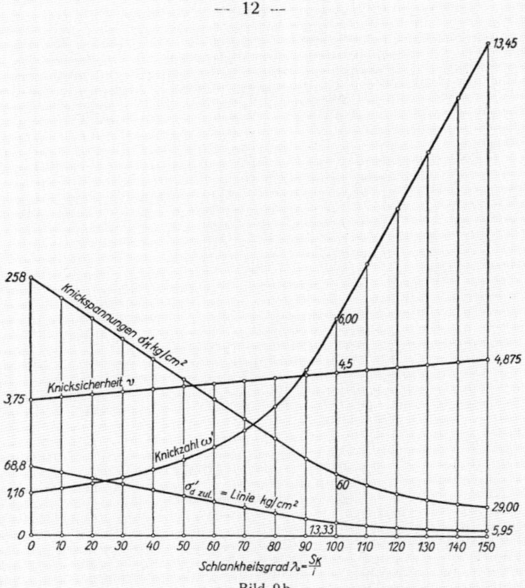

Bild 9b

Linien der Knickspannung σ'_K, der zulässigen Druckspannung $\sigma'_{d\,zul}$, der Knicksicherheit ν und der Knickzahl ω' für die stofffreie Achse y—y mehrteiliger Stäbe aus Nadelholz

c) Außermittiger Kraftangriff

Bei Stäben, die erheblich außermittig durch eine Kraft $S = S_g + \varphi \cdot S_p + \ldots\ldots$ oder die neben einer mittigen Kraft S von einem Biegungsmoment $M = M_g + \varphi \cdot M_p + \ldots\ldots\ldots$ beansprucht werden, darf die aus der Gleichung

$$\sigma = \frac{\omega \cdot S}{F} + \frac{8}{10} \cdot \frac{M}{W_n} \text{ bei Nadelholz}$$

und

$$\sigma = \frac{\omega \cdot S}{F} + \frac{10}{11} \cdot \frac{M}{W_n} \text{ bei Eichen- und Buchenholz}$$

errechnete (gedachte) Randspannung den entsprechenden in Tafel 3 Abs. a) 1 genannten Wert σ_{zul} nicht überschreiten. Hierbei ist ohne Rücksicht auf die Richtung der Ausbiegung stets der größte Wert von ω einzusetzen. Die Momente M und das Widerstandsmoment W_n sind dabei auf die Achse des unverschwächten Querschnittes zu beziehen.

4. Oben offene Brücken und Abstützung von Druckstäben gegen seitliches Ausweichen

Druckgurtungen, die nicht durch einen Windverband verbunden sind, müssen auf Sicherheit gegen seitliches Ausweichen untersucht werden. Dabei ist eine Seitenkraft von 1/100 der größten Stabkraft der beiden benachbarten Gurtstäbe (ohne Knickzahl) rechtwinklig zur Trägerebene nach außen oder innen anzunehmen. Hiermit sind Pfosten, Querträger usw. zu berechnen (Bild 10).

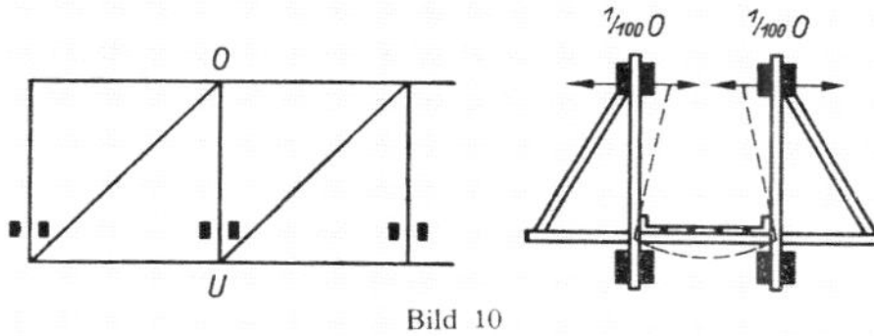

Bild 10

Sinngemäß ist zu verfahren, wenn ein gedrücktes Wandglied durch einen Halbrahmen in einem Zwischenpunkt gegen seitliches Ausweichen gestützt ist (Bild 10 a).

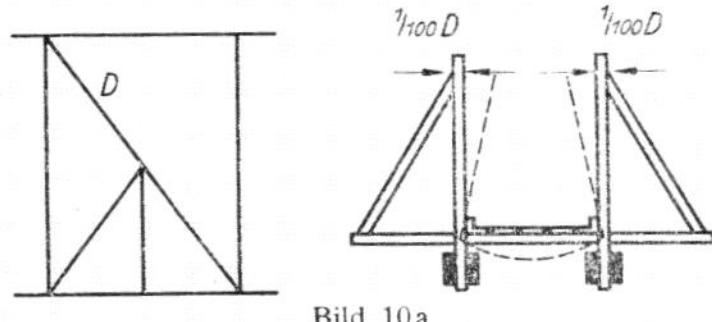

Bild 10 a

5. Auf Biegung beanspruchte Bauglieder

Bei auf Biegung beanspruchten Baugliedern sind Verschwächungen der äußeren Fasern im gefährlichen Querschnitt möglichst zu vermeiden. Lassen sie sich nicht umgehen, so sind sie bei der Bemessung zu berücksichtigen.

§ 12. Verbindungsmittel

1. Allgemeines

Die verschiedenen Verbindungsmittel (Schraubenbolzen, Flacheisen, Runddübel, Keile usw.) dürfen auf Grund von Versuchsergebnissen staatlicher Versuchsanstalten, die die Wirkungsweise der Verbindungen einwandfrei klären, berechnet werden.

Die zulässige Beanspruchung der Verbindung ergibt sich hierbei aus der mittleren Versuchsbruchlast unter Annahme einer 3 fachen Sicherheit. Gleichzeitig dürfen sich die verbundenen Teile unter der Gebrauchslast um höchstens 2 mm gegeneinander verschieben.

Liegen noch keine Versuche vor, so ist die Verbindung nach den Bestimmungen § 12 Ziff. 5 zu untersuchen.

Bei wichtigen Baugliedern und Verbindungen ist das Nageln verboten, ebenso die Verwendung von Verbindungsmitteln, die ohne Bohr-, Nut- und Fräswerkzeuge eingebaut werden und die Holzfasern beim Eintreiben zerstören. Das Einschlagen von Klammern zur vorübergehenden Verbindung ist ebenfalls verboten.

2. Leimverbindungen

Leimverbindungen dürfen nur bei Bauteilen verwendet werden, die vollständig gegen Feuchtigkeit geschützt sind. Es darf nur lufttrockenes Holz verleimt werden. Der Leim muß gegen den Einfluß von Feuchtigkeit und Dämpfen widerstandsfähig sein. Die Festigkeit der Leimfugen muß mindestens gleich der Schubfestigkeit des Holzes sein.

3. Bolzenverbindungen

Gewöhnliche Verbindungen aus schwachen Schraubenbolzen (ohne Dübel u. dgl.) sind für hochbeanspruchte Bauteile im allgemeinen ungeeignet. Werden Bolzen ohne Dübel u. dgl. ver-

— 14 —

wendet, so müssen sie mindestens $^5/_8$" dick sein. Sie sind auf Lochleibungsdruck und auf Biegung zu berechnen, wobei die Druckverteilung und die Momente nach Bild 11 anzunehmen sind.

$$M_1 = \frac{P \cdot a}{8} \text{ und}$$

$$M_2 = \frac{2 P \cdot b}{27}$$

Die gleichmäßig auf die Holzbreite bezogene Pressung der Lochleibung darf betragen

bei Mittelhölzern . . . . 100 kg/cm²
bei Seitenhölzern . . . . 50 kg/cm²

Bei Beanspruchung rechtwinklig zur Faserrichtung sind diese Werte auf $^1/_3$ zu ermäßigen.

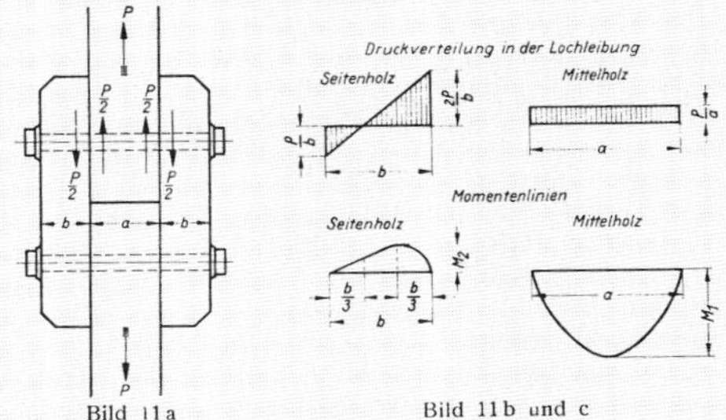

Bild 11a Bild 11b und c

4. Dübel aus Flacheisen

Dübel aus geraden Flacheisen sind unzulässig.

Für Dübelverbindungen mit gebogenen oder geknickten Flacheisen, die mindestens 6 mm dick sein müssen, ist bei Nadelholz — gleichmäßige Verteilung der Kraft auf die Druckübertragungsfläche vorausgesetzt — mit einer zulässigen Spannung von 40 kg/cm² in der Faserrichtung und 15 kg/cm² rechtwinklig zur Faser zu rechnen, wenn nicht durch ausreichende Versuchsergebnisse staatlicher Prüfungsanstalten die Zulässigkeit höherer Spannungen nachgewiesen ist.

5. Dübel und Keile

Bei Dübeln und Keilen dürfen die unter Berücksichtigung des auftretenden Kippmoments errechneten Randspannungen die Werte der Tafel 3 Abs. a 1), d) und e) nicht überschreiten. Die Wirkung der Dübel und Keile muß hierbei durch eine ausreichende Zahl von Schraubenbolzen gewährleistet sein.

Hölzerne Dübel, Bolzen und Keile sind aus gut gelagertem Hartholz herzustellen. Hölzerne und eiserne Dübel ebenso andere Verbindungsmittel sollen nur in maschinell hergestellten Vertiefungen verwendet werden und genau passen.

6. Abstand der Verbindungsmittel

Der Abstand der Verbindungsmittel untereinander und vom Stabende in der Kraftrichtung ist so zu bemessen, daß die zulässigen Scherspannungen nicht überschritten werden.

Bei Zuggliedern muß der Abstand des äußersten Verbindungsmittels vom Stabende in der Kraftrichtung mindestens 15 cm betragen.

7. Schräge Kraftübertragung durch Verbindungsmittel

Bei Übertragung von Kräften durch Verbindungsmittel schräg zur Faser gelten, soweit keine Versuche vorliegen, sinngemäß die Bestimmungen unter § 9 Ziff. 3.

8. Verdübelte und verzahnte Balken

Bei verdübelten und verzahnten Balken ist — sorgfältige Ausführung vorausgesetzt — das Widerstandsmoment anzunehmen

$$\text{bei 2 Lagen zu } W = 0{,}8 \cdot \frac{b\,h^2}{6},$$

$$\text{bei 3 Lagen zu } W = 0{,}6 \cdot \frac{b\,h^2}{6}.$$

Verschwächungen durch Verbindungsmittel brauchen dabei nicht berücksichtigt zu werden. Mehr als 3 Lagen sind unzulässig.

§ 13. Zulässige Spannungen der Lagerteile

Für die Berechnung der eisernen Lagerteile gilt DIN 1073, Abschnitt C, VI.

Für hölzerne Lagerteile sind die Angaben der Tafel 3 maßgebend.

§ 14. Zulässige Spannungen von Auflagersteinen und massiven Pfeilern und Widerlagern

Bei Berechnung der Pressungen in den Lagerfugen und unter den Auflagersteinen und der Spannungen in den Auflagersteinen ist die Stoßzahl (s. Tafel 2) einzuführen. Die Pressung der übrigen Fugen und die Bodenpressungen der Widerlager werden ohne Berücksichtigung der Stoßzahl ermittelt.

Bei Berücksichtigung aller Kräfte werden die in Tafel 6 angegebenen Spannungen zugelassen.

Tafel 6

1	Pressung der Zementmörtel- (1 : 1) oder Bleifugen, der Auflagersteine und wenn solche fehlen, des Betons in der Lagerfuge	50 kg/cm²
2	Pressung zwischen Auflagersteinen und Mauerwerk a) aus Beton oder Quadern oder Klinkern in Zementmörtel (1 : 3) . . . . . . b) aus lagerhaften Bruchsteinen in Zementmörtel (1 : 3)	 25 kg/cm² 15 kg/cm²
3	Spannungen der Auflagersteine aus Granit oder einem ähnlich festen Gestein auf Schub oder Biegung	15 kg/cm²

Die Pressung unter Ziffer 1 kann bei Holzlagern nur ausgenutzt werden, wenn die Hirnfläche der Lagerhölzer auf der steinernen Unterstützung aufsitzt.

Für die Berechnung der übrigen Teile massiver Pfeiler und Widerlager ist DIN 1075 maßgebend.

Die Würfelfestigkeit der Auflagersteine aus Granit oder einem ähnlich festen Gestein soll mindestens 800 kg/cm², die Würfelfestigkeit W_{b28} des Betons unmittelbar unter den Auflagern mindestens 300 kg/cm² und die des Betons unmittelbar unter den Auflagersteinen nach 28tägiger Erhärtung mindestens 200 kg/cm² betragen. Für die Druckversuche an natürlichen Gesteinen ist DIN DVM 2105, bei Beton DIN 1048 maßgebend.

Beim Fehlen von Auflagersteinen empfiehlt es sich, den Beton unmittelbar unter den Lagern mit Schienen oder Rundeisen zu bewehren. Bei Verwendung von hochwertigem Zement kann die zulässige Pressung des Betons der nachzuweisenden größeren Würfelfestigkeit entsprechend höher als in Tafel 6 angenommen werden.

— 16 —

V. Einzelheiten der Ausführung

§ 15. Stoßdeckung

Stöße sind möglichst dort hinzulegen, wo Querschnittsüberschüsse vorhanden sind.

Beim Stoß von Zugstäben müssen die den Stoß deckenden Holzteile symmetrisch zur Stabachse angeordnet, voll angeschlossen sein und mindestens den gleichen Querschnitt wie die gestoßenen Teile aufweisen.

Bei der Stoßdeckung von Teilen, die auf Biegung beansprucht werden, muß das Widerstandsmoment der den Stoß deckenden Holzteile mindestens gleich dem Widerstandsmoment der gestoßenen Teile sein. Zugleich muß die einwandfreie Übertragung der Querkräfte gewährleistet sein.

Druckstöße sind durch Laschen oder eingelassene Dollen in ihrer gegenseitigen Lage zu sichern.

Wechselstäbe sind nach der 1,2 fachen größten Zug- oder Druckkraft anzuschließen.

§ 16. Anschlüsse

Fachwerkstäbe sind möglichst mittig anzuschließen, andernfalls sind die zusätzlichen Spannungen nachzuweisen. Die unter Berücksichtigung der Exzentrizität ermittelten Spannungen dürfen die Werte der Tafel 3 nicht überschreiten. Möglichst soll jeder Stab oder Stabteil mit mindestens zwei Schraubenbolzen angeschlossen werden. Dasselbe gilt auch für die Zwischenstücke von mehrteiligen Stäben.

Dübel und Bolzen sind symmetrisch zur Stabachse und im Stabquerschnitt möglichst gegeneinander versetzt anzuordnen, damit sich bei Luftrissen nicht gleichzeitig alle Befestigungsmittel lockern und an Tragfähigkeit einbüßen.

Wichtige Gelenkpunkte sind in Eisen oder gut gelagertem Hartholz herzustellen.

§ 17. Eisenteile

Heftschrauben müssen mindestens 1/2″ Durchmesser haben. Zwischen Holz und Schraubenkopf oder der Mutter ist eine quadratische oder runde eiserne Unterlegscheibe anzuordnen, die bei Heftschrauben mindestens 4 mm und bei tragenden Schrauben mindestens 6 mm dick sein muß. Die Seitenlänge oder der Durchmesser der Scheiben soll mindestens gleich dem 3,5 fachen Bolzendurchmesser sein, wenn nicht größere Abmessungen nach der Berechnung nötig werden.

Laschen und Knotenbleche müssen mindestens 6 mm dick sein, auch wenn nach der Rechnung kleinere Abmessungen zulässig wären.

§ 18. Werkstattausführung

Alle Teile eines zusammengesetzten Tragwerkes sind auf einem überdachten Reißboden auf unverschieblichen Unterlagen planmäßig derart zusammenzufügen, daß kein Teil Spannungen erleidet. Alle Verbindungsteile müssen gelöst werden können, ohne daß die verbundenen Stücke federn.

Die Flächen von Überblattungen, Versatzungen, Stoßverbindungen und Gelenkpunkten sind genau passend herzurichten. Es ist unstatthaft, Hölzer künstlich hochkantig zu verbiegen (Überhöhungen ausgenommen) oder gekrümmte Stäbe aus geraden Stücken größeren Querschnitts herauszuschneiden, wenn nicht die Zulässigkeit des Verfahrens besonders nachgewiesen wird. Hölzer, die beim Aufstellen nicht genau in die Verbindungen passen oder sich nachteilig windschief verzogen haben, sind auszuwechseln.

Die Löcher für die Bolzenverbindungen der Stöße und Knotenpunkte dürfen erst nach vollständiger Zusammenstellung der Tragwerke gebohrt werden. Alle Bohrungen für Tragbolzen und Vertiefungen ebenso die Nuten und Fräsungen für die Verbindungsmittel sind genau passend maschinell herzustellen. Die Bolzenlöcher sind mit Bohrmaschinen möglichst mit Führung zu bohren, so daß Abweichungen von der vorgesehenen Richtung auch bei mehreren Holzlagen übereinander vermieden werden.

§ 19. Lager

Für die Lager ist im allgemeinen Eisen oder Hartholz, das mit Teeröl satt zu tränken ist, zu verwenden. Zwischen Holzlager und Auflagerstein sind Asphaltfilz- oder Bleiplatten einzulegen. Die Lager selbst sind durch Anker gegen Verschieben zu sichern.

Die Lager dürfen nicht vermauert werden. Alle Holzteile müssen dauernd von außen zugänglich sein.

Bei Ummantelung von Lagerteilen ist zum Schutz gegen Ersticken für ausreichenden Luftzutritt zum Holz zu sorgen.

VI. Durchbiegung und Überhöhung der Hauptträger

Die von der Verkehrslast herrührende, ohne Berücksichtigung der Nachgiebigkeit der Verbindungen rechnerisch nachgewiesene Durchbiegung der Fachwerkträger soll im allgemeinen $^{1}/_{700}$ der Stützweite nicht überschreiten.

Bei der Berechnung der Durchbiegung ist die Verkehrslast ohne Stoßwirkung anzunehmen und der unverschwächte Querschnitt in Rechnung zu stellen. Zusatzkräfte (vgl. DIN 1072) brauchen nicht berücksichtigt zu werden.

Die bei der Probebelastung tatsächlich festgestellte Durchbiegung ist der rechnerischen, der Probelast entsprechenden, gegenüberzustellen.

Bei vollwandigen Trägern genügt es im allgemeinen, die rechnerische, der maßgebenden Verkehrslast und der Probelast entsprechende Durchbiegung unter Annahme einer stellvertretenden, gleichmäßig verteilten Last durch Formeln zu ermitteln. Für Vollwandträger auf zwei Stützen mit gleichbleibendem Querschnitt kann die größte Durchbiegung in der Mitte zu

$$\max f = \frac{5 \max M\, l^2}{48\, E\, J}$$

angenommen werden.

Darin ist max M das größte Biegungsmoment aus der für die Berechnung der Durchbiegung maßgebenden Belastung und J das Trägheitsmoment in Trägermitte.

Die Durchbiegung von Fachwerkträgern ist auf Grund der eintretenden Stablängenänderungen rechnerisch oder mit Hilfe von Verschiebungsplänen zu ermitteln.

Brücken von Stützweiten über 10 m sind in der Regel derart zu überhöhen, daß sie unter der ständigen Last und der halben Verkehrslast ohne Stoßzahl die der Festigkeitsberechnung zugrunde gelegte Form annehmen. Hierbei ist die Nachgiebigkeit in den Verbindungsstellen zu berücksichtigen.

Bei Trägern auf 2 Stützen genügt es, die Durchbiegungen unter der ständigen Last und den maßgebenden Verkehrslasten und die Überhöhung für das Aufstellen der Bauwerke nur für die Trägermitte zu ermitteln; die anderen Punkte können als auf einer Parabel liegend angenommen werden.

Diese Überhöhung ist den Trägern beim Abbinden auf dem Reißboden zu geben und danach das Stabnetz aufzutragen.

DK 624.9.011 Juli 1933

Bestimmungen für die Ausführung von Bauwerken aus Holz im Hochbau

DIN 1052

~~Noch nicht endgültig.~~ 18/5.33.

Inhalt

Seite

Belastungsannahmen siehe DIN 1055

Juli 1933 Ausschuß für einheitliche technische Baupolizeibestimmungen

I. Vorbemerkungen

§ 1. Geltungsbereich

1 Die Bestimmungen gelten für sämtliche Bauteile aus Holz im Hochbau. Sie gelten auch für Bauten zu vorübergehenden Zwecken, für fliegende Bauten, Baugerüste, Absteifungen, Lehrgerüste und für Schalungsstützen.

2 Für hölzerne Brücken und Stege unter Straßen, Fußwegen, Straßen- und Kleinbahnen [1]), Industrie-[1]) und Feldbahnen und für ihre Lehrgerüste sind die „Berechnungs- und Entwurfsgrundlagen für hölzerne Brücken" — DIN 1074 — zugrunde zu legen.

3 Für Brücken unter Eisenbahngleisen [2]) und für ihre Lehrgerüste und Schalungsstützen sind die „Vorläufigen Bestimmungen für Holztragwerke (BH)" der Deutschen Reichsbahn-Gesellschaft maßgebend.

4 Für Maste in Starkstromleitungen, auch wenn sie auf massivem Sockel aufgestellt sind, gelten die „Vorschriften für den Bau von Starkstrom-Freileitungen V. S. F.", die „Bahnkreuzungsvorschriften für fremde Starkstromanlagen B. V. K.", die „Allgemeinen Vorschriften für die Ausführung und den Betrieb neuer elektrischer Starkstromanlagen (ausschließlich der elektrischen Bahnen) bei Kreuzungen und Näherungen von Telegraphen- und Fernsprechleitungen" und „Ausführungsbestimmungen des Reichspostministers" dazu, sowie die „Vorschriften für die Kreuzung von Reichswasserstraßen durch fremde Starkstromanlagen W. K. V.".

II. Allgemeine Vorschriften für Festigkeitsberechnungen und Zeichnungen

§ 2. Allgemeine Bezeichnungen

5 Für die Bezeichnungen in den Festigkeitsberechnungen und Zeichnungen gilt DIN 1350.

§ 3. Inhalt der Berechnung

6 Die Festigkeitsberechnung soll ausreichend angeben:

a) die zugrunde gelegten Lasten nach DIN 1055;

b) die im Entwurf vorgesehenen Baustoffe;

c) die Eigengewichte aller wesentlichen Teile;

d) die zugrunde gelegten Stoßzahlen nach DIN 1055;

e) die Querschnittsformen und Querschnittswerte aller wesentlichen Bauglieder;

f) die zulässigen und größten ermittelten Spannungen der einzelnen Bauglieder und Verbindungen; sie muß sich auch auf die Stöße und Knotenpunkte erstrecken;

g) in wichtigen Fällen die Größe der Durchbiegung und Überhöhung für das Aufstellen der Bauwerke;

h) in besonderen Fällen den Standsicherheitsnachweis gegen Abheben und Umkippen.

7 Für Bauteile, deren Maße aus der Erfahrung mit Sicherheit beurteilt werden können, ist kein Festigkeitsnachweis erforderlich [3]).

---

[1]) Das sind Bahnen, deren Gleise nicht von Lokomotiven der Eisenbahnen des allgemeinen Verkehrs befahren werden.

[2]) Das sind Gleise, die von Lokomotiven der Eisenbahnen des allgemeinen Verkehrs befahren werden.

[3]) Die Maße von Holzbalken für Kleinhäuser können aus DIN 104 Blatt 1 bis 3 entnommen werden.

§ 4. Einzelheiten der Berechnung

1. Stützweiten

Als Stützweite gilt die Entfernung der Auflagermitten, wenn 8
die Balken unmittelbar auf Mauerwerk lagern, die um mindestens
$^1/_{20}$ vergrößerte Lichtweite.

Als Stützweite von Bohlenbelag gilt der lichte Abstand der 9
Stützen zuzüglich 10 cm, höchstens aber ihr Achsabstand.

2. Nachweis der Spannungen

Besonders zu berücksichtigen sind die Spannungen, die durch 10
erheblich außermittige Anschlüsse und durch unmittelbare Belastung von Stäben entstehen.

3. Außergewöhnliche Formeln

Für außergewöhnliche Formeln ist die Quelle anzugeben, wenn 11
sie allgemein zugänglich ist. Sonst sind die Formeln so weit zu
entwickeln, daß ihre Richtigkeit geprüft werden kann.

III. Zulässige Spannungen und Bemessungsregeln

§ 5. Zulässige Spannungen für Bauholz

1. Kraftangriff rechtwinklig und gleich gerichtet zur Faser

In Holzbauwerken aus fehlerfreiem, baureifem und lufttrocke- 12
nem Bauholz mit geringer Astbildung, bei denen sich die Kraftwirkungen zuverlässig rechnerisch erfassen lassen und die Kräfte
durch einwandfreie Verbindungen und Verbindungsmittel sicher
übertragen werden, sind folgende Spannungen zulässig (wegen
Spannungsermäßigung siehe Abschnitt 3, wegen Spannungserhöhung siehe Abschnitt 4):

Tafel 1

Zulässige Spannungen σ_{zul} in kg/cm²

Art der Beanspruchung	Holzart: Nadelholz	Holzart: Eiche und Buche	Bemerkungen
a) Druck in der Faserrichtung	80	100	—
b) Biegung	100*)	110	—
c) Zug in der Faserrichtung	90	105	—
d) 1. Druck rechtwinklig zur Faserrichtung	20	40	Der Überstand der Schwellen über die Druckfläche in der Faserrichtung muß beiderseits mindestens gleich dem $1^1/_2$-fachen der Schwellenhöhe sein (Bild 1). Andernfalls sind die unter d) 1. und d) 2. angegebenen Spannungen um $^1/_5$ zu ermäßigen.
2. Druck rechtwinklig zur Faserrichtung bei Bauteilen, bei denen geringfügige Eindrückungen unbedenklich sind, oder als Lochleibungsdruck von Verbindungsmitteln, die nur einen Bruchteil des Holzquerschnittes nach Höhe und Breite beanspruchen . .	30	50	
e) Abscheren in der Faserrichtung	12	20	—

*) für übliches Bauholz im Wohnungsbau 90 kg/cm²

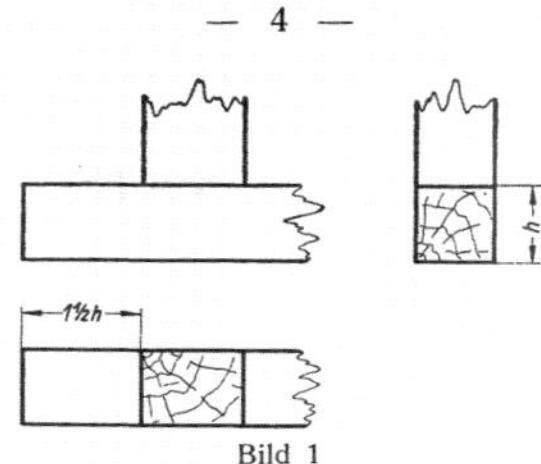

Bild 1

2. Elastizitätsmodul, Elastizitätsmaß für Zug und Druck

13 Der Elastizitätsmodul bei Beanspruchungen in der Faserrichtung kann für Nadelholz zu 100 000 kg/cm², für Eiche und Buche zu 125 000 kg/cm² angenommen werden.

3. Spannungsermäßigung

14 Die Spannungen dürfen höchstens ²/₃ der in Tafel 1 aufgeführten Werte erreichen:

a) bei Bauteilen, die der Feuchtigkeit und Nässe ausgesetzt und nicht durch Tränkung, Schutzanstrich oder andere Maßnahmen gegen Fäulnis geschützt sind;

b) bei Gerüsten, wenn in Ausnahmefällen frisch gefälltes Holz verwendet werden sollte.

15 Wird gebrauchtes Holz wieder verwendet, so ist die zulässige Spannung seinem Zustande anzupassen.

4. Spannungserhöhung

16 Die Spannungen der Tafel 1 dürfen um ¹/₆ erhöht werden:

a) bei Bauten untergeordneter Bedeutung;

b) bei Dach- und Hallenbauten, wenn sorgfältige Auswahl des Holzes und eine den strengsten Anforderungen genügende Berechnung, Durchbildung und Ausführung des Bauwerkes gesichert ist. Hierzu ist der Nachweis zu erbringen, daß der entwerfende Fachmann und der ausführende Unternehmer wiederholt einwandfreie Bauwerke gleicher Art entworfen und ausgeführt haben.

5. Schräger Kraftangriff

17 Rechtwinklig und schräg zur Faser wirkende Zugkräfte sind durch besondere Vorkehrungen aufzunehmen.

18 Druckspannungen schräg zur Faser dürfen die in Tafel 2 eingetragenen Werte nicht überschreiten. Zwischenwerte sind geradlinig einzuschalten.

§ 6. Zulässige Spannungen für Stahlteile

19 Für Stahlteile (Flußstahl-Handelsgüte St 00.12 oder Flußstahl St 37.12 nach DIN 1612) darf die Zug- und Biegungsspannung höchstens 1200 kg/cm² betragen. Stählerne Zugstangen, Anker und Bolzen dürfen im Gewinde-Kernquerschnitt nur mit 1000 kg/cm² beansprucht werden.

20 Im übrigen gelten die Bestimmungen von DIN 1051.

§ 7. Querschnittsermittlung

1. Mindestquerschnitte

21 Für tragende, einteilige Fachwerkstäbe sind volle Querschnitte unter 60 cm² und 6 cm kleinsten Maßes zu vermeiden. Bei mehrteiligen Stäben muß jeder Einzelstab einen Querschnitt von mindestens 36 cm² haben.

— 5 —

Tafel 2

Zulässige Druckspannungen in kg/cm² bei schrägem Kraftangriff

Winkel zwischen Faser- und Kraft-richtung	Unter den Voraussetzungen der Tafel 1, Abs. d) 1.		Unter den Voraussetzungen der Tafel 1, Abs. d) 2.	
	Nadelholz	Eiche und Buche	Nadelholz	Eiche und Buche
0°	80	100	80	100
10°	73	93	74	94
20°	67	87	69	89
30°	60	80	63	83
40°	53	73	58	78
50°	47	67	52	72
60°	40	60	47	67
70°	33	53	41	61
80°	27	47	36	56
90°	20	40	30	50

2. Querschnittsverschwächungen

Bei Ermittlung der Spannungen in Zugstäben sind im 22
gefährlichen Querschnitt und in dessen Nähe alle Verschwächungen durch Dübel, Bandeisen, Bolzen, Schrauben, Platten, Einkämmungen usw. zu berücksichtigen.

Querschnittsverschwächungen sind bei Druckstäben nur 23
dann zu berücksichtigen, wenn die verschwächte Stelle nicht satt ausgefüllt ist oder der ausfüllende Baustoff sich leichter zusammendrücken läßt als das Holz des Stabes (wenn z. B. die Fasern von Holzeinlagen rechtwinklig zu denen des Druckstabes verlaufen).

3. Bemessung von Druckstäben

a) Freie Knicklänge

Bei Fachwerkstäben ist als freie Knicklänge s_K in der Regel 24
die Länge der Netzlinie einzuführen.

Bei Stützen, die an beiden Enden festgehalten werden, ist die 25
Länge maßgebend. Ihre Enden sind stets als gelenkig geführt anzunehmen.

Bei Abstützung von Zwischenpunkten gedrückter Bauglieder 26
gegen festliegende andere Punkte darf die freie Knicklänge entsprechend verringert werden.

b) Mittiger Kraftangriff

α) Einteilige Stäbe (Vollholz)

Bei mittigem Kraftangriff ist die errechnete Stabkraft S mit 27
der dem Schlankheitsgrad $\lambda = \frac{s_K}{i}$ entsprechenden Knickzahl ω (Tafel 3) zu vervielfachen ($i = \sqrt{\frac{J}{F}}$, J = kleinstes Trägheitsmoment und F = Querschnitt des unverschwächten Stabes). Der Stab kann dann wie ein dem Knicken nicht ausgesetzter Druckstab behandelt werden.

Druckstäbe mit einem größeren Schlankheitsgrad als $\lambda = 150$ 28
sind im allgemeinen nicht zu verwenden.

Wenn das Holz für fliegende Gerüste und Bauten geradfaserig 29
und astfrei ist, dürfen Druckstäbe mit einem Schlankheitsgrad bis zu $\lambda = 200$ verwendet werden, doch sind für Stäbe mit einem Schlankheitsgrad $\lambda > 150$ die Spannungserhöhungen nach § 5 Abschnitt 4 unzulässig.

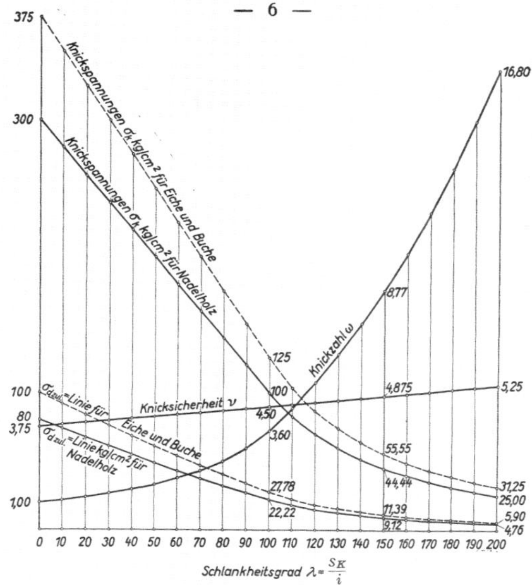

Bild 2

Linien der Knickspannung σ_K, der zulässigen Druckspannung $\sigma_{d\,zul}$, der Knicksicherheit ν und der Knickzahl ω

Tafel 3

Knickspannungen σ_K und Knickzahlen ω

1	2		3	4
Schlankheitsgrad $\lambda = \frac{S_K}{i}$	Knickspannung σ_K		Knickzahl $\omega = \frac{\sigma_{zul}}{\sigma_{d\,zul}}$	$\frac{\Delta\omega}{\Delta\lambda}$
	Nadelholz $\lambda \leq 100$; $\sigma_K = 300 - 2\lambda$ $\lambda \geq 100$; $\sigma_K = \frac{1\,000\,000}{\lambda^2}$	Eiche und Buche $\lambda \leq 100$; $\sigma_K = 375 - 2{,}5\,\lambda$ $\lambda \geq 100$; $\sigma_K = \frac{1\,250\,000}{\lambda^2}$		
0	300	375	1,00	0,009
10	280	350	1,09	0,011
20	260	325	1,20	0,013
30	240	300	1,33	0,014
40	220	275	1,47	0,018
50	200	250	1,65	0,022
60	180	225	1,87	0,027
70	160	200	2,14	0,035
80	140	175	2,49	0,046
90	120	150	2,95	0,065
100	100	125	3,60	0,083
110	83	103	4,43	0,093
120	69	87	5,36	0,103
130	59	74	6,39	0,114
140	51	64	7,53	0,125
150	44	56	8,78	0,136
160	39	49	10,14	0,148
170	35	43	11,62	0,160
180	31	39	13,22	0,173
190	28	35	14,95	0,185
200	25	31	16,80	

— 7 —

Der Wert $\omega\cdot$Schwerpunktsspannung darf höchstens den Wert σ_{zul} erreichen. Es muß also 30

$$\frac{\omega \cdot S}{F} \leqq \sigma_{zul}$$

sein, wobei für σ_{zul} die Werte der Tafel 1 Abs. a) anzunehmen sind.

β) Mehrteilige Stäbe

Für das Ausknicken um die Stoffachse (x—x Achse, Bild 3 a und 3 b) können mehrteilige Stäbe wie Vollstäbe berechnet werden, wobei als Breite des Gesamtstabes die Summe der Breiten der Einzelstäbe $\Sigma\, d$ gilt. 31

Für das Ausknicken um die stofffreie Achse (y—y Achse, Bild 3 a, 3 b und 3 c) kann im allgemeinen nicht mit einem vollkommenen Zusammenwirken der Einzelquerschnitte gerechnet werden. 32

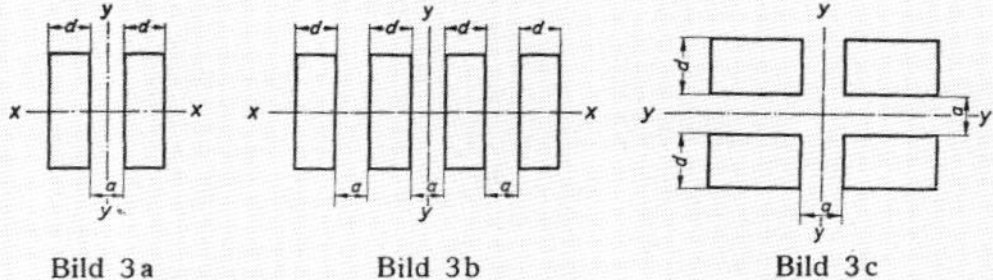

Bild 3 a Bild 3 b Bild 3 c

Bezeichnet J_1 das Trägheitsmoment des mehrteiligen Druckstabes und J_0 das des Vollstabes, der durch Zusammenschieben der Einzelquerschnitte entstehen würde, so ist zur Ermittlung der Knickzahl ω als wirksames Trägheitsmoment J_w des mehrteiligen Druckstabes 33

$$J_w = J_0 + \frac{J_1 - J_0}{4}$$

anzunehmen.

Bei mehrteiligen Stäben mit hochwertigen Bindungen (starke Verbolzung mit besonders wirksamen Zwischenstücken, federnd gespannten Rahmenaussteifungen, durchgehenden Längsbindungen usw.) kann ein höheres wirksames Trägheitsmoment bis zu 34

$$J_w = J_0 + \frac{(J_1 - J_0)}{2}$$

durch Versuche ermittelt werden. Hierbei muß das Verhältnis der Versuchsknickkraft zur zulässigen Druckkraft mindestens die für die verschiedenen Schlankheiten nach Bild 2 geforderten Sicherheiten ergeben.

Als freie Knicklänge der Einzelstäbe ist der Abstand der inneren Verbindungsschrauben anzunehmen. Für die Einzelstäbe mehrgliedriger Querschnitte ist der Spannungsnachweis entbehrlich, wenn der Schlankheitsgrad des Einzelstabes $\lambda \leqq 40$ oder die Knicklänge $s_K \leqq 12\, d$ ist. 35

Die Bindehölzer müssen bei Gurtbreiten $\leqq$ 14 cm einreihig, bei Gurtbreiten $>$ 14 cm zweireihig mit mindestens je 2 Bolzen hintereinander (Bild 4 a, 4 b und 4 c) angeschlossen werden. 36

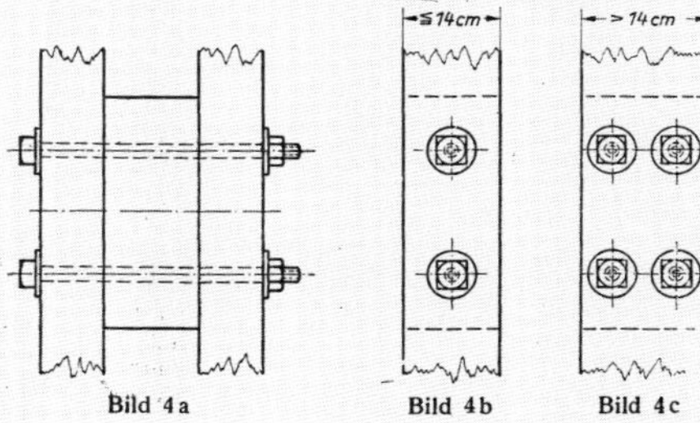

Bild 4 a **Bild 4 b** **Bild 4 c**

37 Mehrteilige Stäbe mit verleimten Bindungen dürfen ohne Verminderung des Trägheitsmomentes berechnet werden, wenn sie vollständig gegen Feuchtigkeit geschützt und die Bindungen höchstens 12 *d* voneinander entfernt sind.

c) Außermittiger Kraftangriff

38 Bei Stäben, die erheblich außermittig durch eine Kraft oder die neben einer mittigen Kraft *S* von einem Biegungsmoment *M* beansprucht werden, darf die aus der Gleichung

$$\sigma = \frac{\omega \cdot S}{F} + \frac{8}{10} \cdot \frac{M}{W_n} \text{ bei Nadelholz}$$

und

$$\sigma = \frac{\omega \cdot S}{F} + \frac{10}{11} \cdot \frac{M}{W_n} \text{ bei Eichen- und Buchenholz}$$

errechnete (gedachte) Randspannung höchstens den entsprechenden in Tafel 1 Abs. a) genannten Wert σ_{zul} erreichen. Hierbei ist ohne Rücksicht auf die Richtung der Ausbiegung stets der größte Wert von ω einzusetzen. Die Momente *M* und Widerstandsmoment/ W_n sind dabei auf die Achse des unverschwächten Querschnittes zu beziehen.

4. Abstützung von Druckstäben gegen seitliches Ausweichen

39 Druckgurtungen, die nicht durch einen Windverband verbunden sind, müssen auf Sicherheit gegen seitliches Ausweichen untersucht werden. Verzichtet man auf eine eingehende Rechnung, so ist als Überschlagsrechnung eine Seitenkraft von $^1/_{100}$ der größten Stabkraft der beiden benachbarten Gurtstäbe (ohne Knickzahl) rechtwinklig zur Trägerebene nach außen oder innen anzunehmen. Hiermit sind die abstützenden Teile zu berechnen.

40 Sinngemäß ist zu verfahren, wenn ein gedrücktes Wandglied durch einen Halbrahmen in einem Zwischenpunkt gegen seitliches Ausweichen gestützt ist.

5. Auf Biegung beanspruchte Bauglieder

41 Bei Baugliedern, die auf Biegung beansprucht werden, sind Verschwächungen der äußeren Fasern im gefährlichen Querschnitt und in dessen Nähe möglichst zu vermeiden. Lassen sie sich nicht umgehen, so sind sie bei der Bemessung zu berücksichtigen.

§ 8. Verbindungsmittel

1. Allgemeines

42 Die verschiedenen Verbindungsmittel (Rund- und Ringdübel, Schraubenbolzen, Nägel u. dgl.) dürfen auf Grund von Versuchen anerkannter [4]) Prüfungsanstalten berechnet werden, wenn diese Versuche die Wirkungsweise der Verbindung einwandfrei geklärt haben. Die Versuchsergebnisse dürfen nur dann auf die Bauausführung übernommen werden, wenn Anordnung und Ausführung der im Bauwerk vorgesehenen Verbindungen, besonders hinsichtlich Bolzenzahl, Bolzendicke und Maße der Unterlegscheiben den Versuchen genau entsprechen. Die zulässige Last (Gebrauchslast) ist aus der mittleren Versuchsbruchlast mit dreifacher Sicherheit zu errechnen; die verbundenen Teile dürfen sich unter der zulässigen Last gegeneinander höchstens um 1,5 mm verschieben.

43 Liegen für eine Verbindung keine ausreichenden Versuche vor, so ist die zulässige Last nach § 8 Abschnitt 2 bis 4 und 6 bis 8 zu berechnen.

2. Dübelverbindungen

44 Unter die Bestimmungen für Dübelverbindungen fallen alle überwiegend auf Druck und Abscheren beanspruchten Verbindungsmittel, wie rechteckige Dübel und Keile, Scheiben-, Teller-, Ring-, Krallendübel, Krallenplatten usw.

---

[4]) Welche Prüfungsanstalten anerkannt sind, bestimmt die zuständige Landesregierung.

Dübelverbindungen sind durch nachspannbare Schrauben- 45
bolzen zusammenzuhalten und ausreichend zu sichern.

Die für das Einsetzen der Dübel vorher auszuführenden Ver- 46
tiefungen müssen genau passen und sollen, besonders bei Rund-
und Ringdübeln, maschinell hergestellt sein.

Für Dübel, bei denen der Abstand a der Stirnflächen min- 47
destens das 5fache der Einschnittiefe t beträgt (vgl. Bild 5), ist
der zulässige Leibungsdruck gleich gerichtet zur Faser, wenn
gleichmäßige Verteilung angenommen wird, mit 80 kg/cm² anzunehmen.

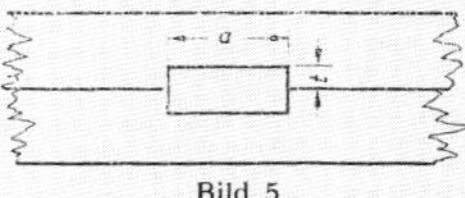

Bild 5

Ringdübel dürfen auf Stirnflächen gegen Vorholz und Holz- 48
kern bei Annahme gleichmäßiger Verteilung mit 50 kg/cm² gleich
gerichtet zur Faser belastet werden. Dabei ist vorausgesetzt, daß
die Scherspannungen sowohl im Kern wie im Vorholz innerhalb
der zulässigen Grenzen liegen.

Für Dübelverbindungen, bei denen das Verhältnis a zu t 49
kleiner als 5 ist, beträgt der zulässige Leibungsdruck bei gleichmäßiger Verteilung die Hälfte der vorgenannten Werte, wenn nicht
die Spannungen senkrecht und gleich gerichtet zur Faser unter
Berücksichtigung des auftretenden Kippmomentes genau nachgewiesen werden (vgl. Bild 6); in diesem Falle dürfen die Werte
der Tafel 1 Abs. a) und d) 2. nicht überschritten werden.

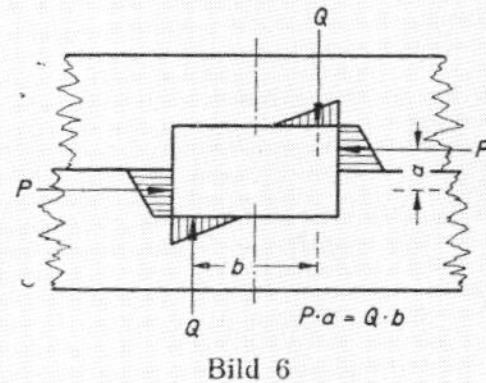

Bild 6

Die Wand der Rund- und Rechteckdübel aus Gußeisen oder 50
Stahl muß mindestens 5 mm dick sein.

Bei Dübeln, die ohne Benutzung von Bohr-, Nut- und Fräs- 51
werkzeugen in das Holz eingetrieben werden (Einpreßdübel), ist
der durch die Zähne beanspruchte Teil des Querschnittes bei der
Berechnung der Querschnittsverschwächung zu berücksichtigen.
Dünnwandige Einpreßdübel aus Stahl (unter 5 mm Dicke) müssen
ausreichend gegen Rostgefahr gesichert werden. In Bauwerken,
die besonders schädigenden Einflüssen von Dämpfen, Gasen usw.
ausgesetzt sind, darf die statische Wirkung dünnwandiger Einpreßdübel nur dann berücksichtigt werden, wenn es sich um Bauten
zu vorübergehenden Zwecken handelt.

3. Bolzenverbindungen

Unter die Bestimmungen für Bolzenverbindungen fallen alle 52
senkrecht zur Scherfläche durchgehenden, überwiegend auf Biegung
beanspruchten Verbindungsmittel, wie Schraubenbolzen, Rohrbolzen usw.

Die vorzubereitenden Bolzenlöcher müssen genau passen und 53
sollen für mehrschnittige Verbindungen maschinell hergestellt
werden.

54 Werden Schraubenbolzen ohne Dübel u. dgl. verwendet, so müssen die Bolzen mindestens $^3/_8$″, bei Holzdicken von 8 cm an aufwärts mindestens $^1/_2$″ Durchmesser haben.

55 Bei Bolzen mit hohem Schlankheitsgrad λ (Schlankheitsgrad des Bolzens λ = Holzdicke / Bolzendurchmesser) kann nicht mit einer gleichmäßigen Verteilung des Leibungsdruckes in Schaftrichtung gerechnet werden; wird gleichmäßige Verteilung angenommen, so dürfen die Werte der Tafel 4 nicht überschritten werden. Für Mittelhölzer mit Laschen aus Stahl kann der Leibungsdruck nach Tafel 4 um $^1/_4$ erhöht werden.

Tafel 4

Zulässiger Lochleibungsdruck gleich gerichtet zur Faser in kg/cm² bei Bolzenverbindungen

Schlankheitsverhältnis $\lambda = \frac{\text{Holzdicke}}{\text{Bolzendurchmesser}}$	zweischnittig		einschnittig
	Mittelholz	Seitenholz	
4	80	50	40
5	75	43	40
6	60	36	35
7	51	30	30
8	45	25	25
9	40	21	21
10	36	19	19
11	33	17	17
12	30	16	16
13	28	15	15
14	26	14	14
15	24	13	13

56 Zwischenwerte sind geradlinig einzuschalten.

4. Nagelverbindungen

57 Bei Holzverbindungen mit Drahtstiften (nach DIN 1151, 1152, 1154), die überwiegend auf Biegung beansprucht werden, ist die Dicke der Drahtstifte zwischen 1 : 6 und 1 : 8 der Holzdicke zu wählen. Bei Holzdicken unter 40 mm darf der Leibungsdruck im Mittelholz unter Annahme gleichmäßiger Verteilung innerhalb dieses Bereiches 80 kg/cm², sonst höchstens 50 kg/cm² betragen. Für Seitenhölzer gilt die Hälfte dieser Werte.

58 Bei Bauwerken, die der Rostgefahr besonders ausgesetzt sind, dürfen die Kräfte von Nagelverbindungen nach vorstehenden Spannungen nur dann angenommen werden, wenn es sich um Bauten zu vorübergehenden Zwecken oder untergeordneter Bedeutung handelt.

5. Flächenfeste Verbindungen (Leimverbindungen)

59 Flächenfeste Verbindungen mit Leimfugen (Kaltleim, Kasein-Bindemittel u. dgl.) dürfen nur bei Bauteilen verwendet werden, die gegen Feuchtigkeitseinflüsse geschützt sind. Für flächenfeste Verbindungen ist immer lufttrockenes Holz zu verwenden. Die Bindemittel müssen gegen Feuchtigkeit und Dämpfe widerstandsfähig sein. Die Festigkeit der Verbundfugen darf nicht geringer als die des Holzes sein.

6. Anordnung der Verbindungsmittel

60 Für den Abstand der Verbindungsmittel untereinander und vom Stabende ist die zulässige Scherspannung maßgebend.

7. Kraftübertragung senkrecht und schräg zur Faser

61 Bei Kraftwirkungen senkrecht zur Faser betragen die zulässigen Leibungsdrücke die Hälfte der Werte gleich gerichtet zur Faser. Bei schrägem Kraftangriff sind Zwischenwerte geradlinig einzuschalten.

8. *Spannungsermäßigung und -erhöhung*

In den Fällen des § 5 Abschnitt 3 ist der Lochleibungsdruck 62
der Verbindungsmittel um $^1/_4$ zu ermäßigen. Erhöhung des Lochleibungsdruckes der Verbindungsmittel um $^1/_6$ ist nur im Falle des § 5 Abschnitt 4 a) zulässig.

§ 9. Zulässige Spannungen von Auflagersteinen und massiven Pfeilern

Zulässige Spannungen von Auflagersteinen und massiven 63
Pfeilern siehe DIN 1053.

IV. Einzelheiten der Herstellung und Aufstellung

§ 10. Stoßdeckung

Stöße sind möglichst dorthin zu legen, wo Querschnittsüber- 64
schüsse vorhanden sind.

Beim Stoß von *Zugstäben* müssen die den Stoß deckenden 65
Holzteile symmetrisch zur Stabachse angeordnet und voll angeschlossen sein.

Bei der *Stoßdeckung* von Teilen, die auf *Biegung* 66
beansprucht werden, muß das Widerstandsmoment der den Stoß deckenden Holzteile mindestens gleich dem Widerstandsmoment der gestoßenen Teile sein. Zugleich muß die einwandfreie Übertragung der Querkräfte gewährleistet sein.

Druckstöße sind durch Laschen oder andere Ver- 67
bindungsmittel in ihrer gegenseitigen Lage zu sichern.

Wechselstäbe sind nach der 1,3 fachen größten Zug- oder 68
Druckkraft anzuschließen.

§ 11. Anschlüsse

Fachwerkstäbe sind möglichst mittig anzuschließen, andern- 69
falls sind die zusätzlichen Spannungen nachzuweisen. Die unter Berücksichtigung der Ausmittigkeit gefundenen Spannungen dürfen die Werte der Tafel 1 erreichen. Bei Bolzenverbindungen im Sinne von § 8 soll jeder Stab oder Stabteil möglichst mit mindestens 2 Schraubenbolzen angeschlossen werden. Dasselbe gilt auch für die Zwischenstücke mehrteiliger Stäbe.

Bei Versatzungen darf die Reibung nicht in Rechnung gesetzt 70
werden.

Dübel und Bolzen sind möglichst symmetrisch zur Stabachse 71
und im Stabquerschnitt gegeneinander versetzt anzuordnen, damit sich bei Luftrissen nicht gleichzeitig alle Befestigungsmittel lockern und an Tragfähigkeit einbüßen.

Wichtige *Gelenkpunkte* sind aus Stahl, gleichwertigen 72
Metallen oder gut gelagertem Hartholz herzustellen.

§ 12. Stahlteile

Heftschrauben müssen mindestens $^3/_8$″ Durchmesser haben. 73
Zwischen Holz und Schraubenkopf und zwischen Holz und Mutter ist eine quadratische oder runde Unterlegscheibe aus Stahl anzuordnen, die bei Heftschrauben mindestens 4 mm und bei tragenden Schrauben mindestens 5 mm dick sein muß. Seitenlänge oder Durchmesser der Scheiben sollen rund gleich dem 3,5 fachen Bolzendurchmesser (siehe DIN 440) sein, wenn nicht größere Maße nach der Berechnung nötig werden.

Laschen und Knotenbleche müssen mindestens 5 mm dick sein. 74

§ 13. Vorbereitung, Zusammensetzung und Aufstellung

Alle Teile eines zusammengesetzten gegliederten Tragwerkes 75
sind auf unverschieblichen Unterlagen planmäßig derart zusammenzufügen, daß kein Teil unbeabsichtigte Spannungen erleidet.

Die Flächen von Überblattungen, Versatzungen, Stoßverbin- 76
dungen und Gelenkpunkten sind genau passend herzurichten. Es ist unstatthaft, Hölzer künstlich hochkantig zu verbiegen (Überhöhungen ausgenommen) oder gekrümmte Stäbe aus geraden

Stücken größeren Querschnitts herauszuschneiden, wenn nicht die Zulässigkeit des Verfahrens besonders nachgewiesen wird. Hölzer, die beim Aufstellen nicht genau in die Verbindungen passen oder sich nachträglich windschief verzogen haben, sind auszuwechseln.

77 Die Löcher für die Bolzenverbindungen der Stöße und Knotenpunkte sollen erst nach vollständiger Zusammenstellung der Tragwerke gebohrt werden.

§ 14. Lager

78 Lager und Stützenfüße freitragender Binder dürfen nicht vermauert werden, müssen dauernd zugänglich sein und ausreichenden Luftzutritt erhalten.

V. Durchbiegung und Überhöhung der Tragwerke

§ 15. Durchbiegung

79 Die von der Nutzlast herrührende, ohne Berücksichtigung der Nachgiebigkeit der Verbindungen rechnerisch nachgewiesene Durchbiegung der Fachwerkträger soll im allgemeinen höchstens $^1/_{700}$ der Stützweite betragen.

80 Die rechnerische Durchbiegung von Deckenbalken unter der ständigen Last und Nutzlast darf im allgemeinen höchstens $^1/_{300}$, bei Kleinwohnhäusern $^1/_{230}$ betragen [5]).

81 Bei Kragträgern soll die Durchbiegung höchstens $^1/_{150}$ der Kraglänge sein.

82 Bei der Berechnung der Durchbiegung ist der unverschwächte Querschnitt anzusetzen. Zusatzkräfte brauchen nicht berücksichtigt zu werden.

§ 16. Überhöhung

83 Dachtragwerke sind in der Regel zu überhöhen; dabei ist auch die Nachgiebigkeit in den Verbindungsstellen zu berücksichtigen.

84 Diese Überhöhung ist den Trägern beim Abbinden auf dem Reißboden zu geben und danach das Stabnetz aufzutragen.

[5]) vgl. DIN 104 Blatt 1 bis 3 und Beiblatt

DK 624 : 351.77 : 694 — 2. Ausg. Mai 1938

Bestimmungen für die Ausführung von Bauwerken aus Holz im Hochbau

DIN 1052

Ausgabe 1938

Eingeführt als Richtlinien für die Baupolizei durch Erlaß des Reichs- und Preußischen Arbeitsministers vom . . . . .

Inhalt

Belastungsannahmen siehe DIN 1055

Ausschuß für einheitliche technische Baupolizeibestimmungen (ETB)

I. Vorbemerkungen

§ 1. Geltungsbereich

Die Bestimmungen gelten für sämtliche Bauteile aus Holz im Hochbau. 1
Sie gelten auch für Bauten zu vorübergehenden Zwecken, für fliegende Bauten, Baugerüste, Absteifungen, Lehrgerüste und für Schalungsstützen.

Für hölzerne Brücken und Stege unter Straßen, Fußwegen, Straßen- und 2
Kleinbahnen [1]), Industrie- [1]) und Feldbahnen und für ihre Lehrgerüste sind die „Berechnungs- und Entwurfsgrundlagen für hölzerne Brücken" — DIN 1074 — zugrunde zu legen.

Für Maste in Starkstromleitungen, auch wenn sie auf massivem Sockel 3
aufgestellt sind, gelten die „Vorschriften für den Bau von Starkstrom-Freileitungen V.S.F.", die „Bahnkreuzungsvorschriften für fremde Starkstromanlagen B.V.K.", die „Allgemeinen Vorschriften für die Ausführung und den Betrieb neuer elektrischer Starkstromanlagen (ausschließlich der elektrischen Bahnen) bei Kreuzungen und Näherungen von Telegraphen- und Fernsprechleitungen" und „Ausführungsbestimmungen des Reichspostministers" dazu, sowie die „Vorschriften für die Kreuzung von Reichswasserstraßen durch fremde Starkstromanlagen W.K.V.".

II. Allgemeine Vorschriften für Festigkeitsberechnungen und Zeichnungen

§ 2. Allgemeine Bezeichnungen

Für die Bezeichnungen in den Festigkeitsberechnungen und Zeich- 4
nungen gilt DIN 1350.

§ 3. Inhalt der Berechnung

Die Festigkeitsberechnung soll ausreichend angeben: 5

a) die zugrunde gelegten Lasten nach DIN 1055;
b) die im Entwurf vorgesehenen Baustoffe;
c) die Eigengewichte aller wesentlichen Teile;
d) die zugrunde gelegten Stoßzahlen nach DIN 1055;
e) die Querschnittsformen und Querschnittswerte aller wesentlichen Bauglieder;
f) die zulässigen und größten ermittelten Spannungen der einzelnen Bauglieder und Verbindungen, sie muß sich auch auf die Stöße und Knotenpunkte erstrecken;
g) in wichtigen Fällen die Größe der Durchbiegung und Überhöhung für das Aufstellen der Bauwerke;
h) in besonderen Fällen den Standsicherheitsnachweis gegen Abheben und Umkippen.

Für Bauteile, deren Maße aus der Erfahrung mit Sicherheit beurteilt 6
werden können, ist kein Festigkeitsnachweis erforderlich [2]).

§ 4. Einzelheiten der Berechnung

1. Stützweiten

Als Stützweite gilt die Entfernung der Auflagermitten, wenn die Balken 7
unmittelbar auf Mauerwerk lagern, die um mindestens $^1/_{20}$ vergrößerte Lichtweite.

Als Stützweite von Bohlenbelag gilt der lichte Abstand der Stützen zu- 8
züglich 10 cm, höchstens aber ihr Achsabstand.

2. Nachweis der Spannungen

Besonders zu berücksichtigen sind die Spannungen, die durch erheblich 9
außermittige Anschlüsse und durch unmittelbare Belastung von Stäben entstehen.

3. Außergewöhnliche Formeln

Für außergewöhnliche Formeln ist die Quelle anzugeben, wenn sie 10
allgemein zugänglich ist. Sonst sind die Formeln so weit zu entwickeln, daß ihre Richtigkeit geprüft werden kann.

[1]) Das sind Bahnen, deren Gleise nicht von Lokomotiven der Eisenbahnen des allgemeinen Verkehrs befahren werden.

[2]) Die Maße von Holzbalken für Decken können aus DIN 104 entnommen werden.

— 4 —

III. Zulässige Spannungen und Bemessungsregeln

§ 5. Zulässige Spannungen für Bauholz

1. Kraftangriff rechtwinklig und gleichgerichtet zur Faser

In Holzbauwerken aus gewöhnlichem, gutem, baureifem Bauholz mit geringer Astbildung, bei denen sich die Kraftwirkungen zuverlässig rechnerisch erfassen lassen und die Kräfte durch einwandfreie Verbindungen und Verbindungsmittel sicher übertragen werden, sind folgende Spannungen zulässig (wegen Spannungsermäßigung siehe Abschnitt 3, wegen Spannungserhöhung Abschnitt 4 und wegen zulässiger Spannungen für Verbindungsmittel § 8):

Tafel 1

Zulässige Spannungen σ_{zul} und τ_{zul} in kg/cm²

Art der Beanspruchung	Holzart		Bemerkungen
	Nadelholz	Eiche und Buche	
a) Druck in der Faserrichtung	80	100	—
b) Biegung	100*)	110	—
c) Zug in der Faserrichtung	90	105	—
d) 1. Druck rechtwinklig zur Faserrichtung	20	40	Der Überstand der Schwellen über die Druckfläche in der Faserrichtung muß beiderseits mindestens gleich dem 1 1/2 fachen der Schwellenhöhe sein (Bild 1). Andernfalls sind die unter d) 1. und d) 2. angegebenen Spannungen um 1/5 zu ermäßigen.
2. Druck rechtwinklig zur Faserrichtung bei Bauteilen, bei denen geringfügige Eindrückungen unbedenklich sind, oder als Lochleibungsdruck von Verbindungsmitteln, die nur einen Bruchteil des Holzquerschnittes nach Höhe und Breite beanspruchen	30	50	
e) Abscheren in der Faserrichtung	12	20	—

*) Im Wohnungsbau 90 kg/cm²

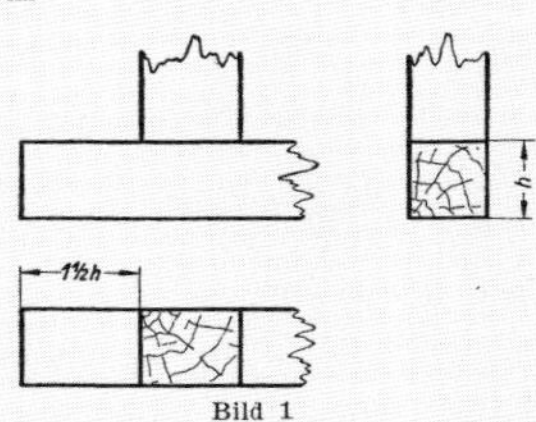

Bild 1

2. Elastizitätsmodul, Elastizitätsmaß für Zug und Druck

Der Elastizitätsmodul bei Beanspruchungen in der Faserrichtung kann für Nadelholz zu 100 000 kg/cm², für Eiche und Buche zu 125 000 kg/cm² angenommen werden.

3. Spannungsermäßigung

Die Spannungen dürfen höchstens 2/3 der in Tafel 1 aufgeführten Werte erreichen:

a) bei Bauteilen, die der Feuchtigkeit und Nässe ausgesetzt und nicht durch Tränkung, Schutzanstrich oder andere Maßnahmen gegen Fäulnis geschützt sind;

b) bei Gerüsten, wenn in Ausnahmefällen frisch gefälltes Holz verwendet werden sollte.

Wird gebrauchtes Holz wieder verwendet, so ist die zulässige Spannung seinem Zustande anzupassen.

4. Spannungserhöhung

Bei Dach- und Hallenbauten dürfen die Spannungen der Tafel 1 um 1/6 15
erhöht werden, wenn das Holz für diese Bauten durch einen geeigneten Fachmann des Unternehmers sorgfältig ausgewählt wird und eine den strengsten Anforderungen genügende Berechnung, Durchbildung und Ausführung des Bauwerks gesichert ist. Der entwerfende Fachmann und der ausführende Unternehmer müssen die für diese Arbeiten notwendigen besonderen Kenntnisse und Erfahrungen haben. Der Name des verantwortlichen Bauleiters und seiner für die Baustelle bestimmten örtlichen Vertreter sind der Baupolizei vor Beginn der Bauarbeiten schriftlich anzugeben. Jeder Wechsel ist sofort mitzuteilen. Die Baupolizei kann außerdem die Angabe des Namens des für die Auswahl des Holzes verantwortlichen Fachmannes verlangen.

5. Schräger Kraftangriff

Rechtwinklig und schräg zur Faser wirkende Zugkräfte sind durch 16
besondere Vorkehrungen aufzunehmen.

D r u c k s p a n n u n g e n s c h r ä g z u r F a s e r dürfen die in Tafel 2 17
eingetragenen Werte nicht überschreiten. Zwischenwerte sind geradlinig einzuschalten.

Tafel 2				
Zulässige Druckspannungen in kg/cm² bei schrägem Kraftangriff				
Winkel zwischen Faser- und Kraftrichtung	Unter den Voraussetzungen der Tafel 1, Abs. d) 1.		Unter den Voraussetzungen der Tafel 1, Abs. d) 2.	
	Nadelholz	Eiche und Buche	Nadelholz	Eiche und Buche
0°	80	100	80	100
10°	73	93	74	94
20°	67	87	69	89
30°	60	80	63	83
40°	53	73	58	78
50°	47	67	52	72
60°	40	60	47	67
70°	33	53	41	61
80°	27	47	36	56
90°	20	40	30	50

§ 6. Zulässige Spannungen für Stahlteile

Für Stahlteile darf die Zug- und Biegespannung höchstens 1200 kg/cm² 18
betragen. Stählerne Zugstangen, Anker und Schraubenbolzen dürfen im Gewinde-Kernquerschnitt nur mit 1000 kg/cm² beansprucht werden.

Im übrigen gilt die Bestimmung von DIN 1050 — Berechnungsgrund- 19
lagen für Stahl im Hochbau.

§ 7. Querschnittsermittlung

1. Mindestquerschnitte

Für tragende, einteilige Fachwerkstäbe sind volle Querschnitte unter 20
60 cm² und 6 cm kleinsten Maßen zu vermeiden. Bei mehrteiligen Stäben muß jeder Einzelstab einen Querschnitt von mindestens 36 cm² haben.

2. Querschnittsverschwächungen

Bei Ermittlung der Spannungen in Z u g s t ä b e n sind im gefährlichen 21
Querschnitt und in dessen Nähe alle Verschwächungen durch Dübel, Bandeisen, Bolzen, Schrauben, Platten, Einkämmungen usw. zu berücksichtigen.

Querschnittsverschwächungen sind bei D r u c k s t ä b e n nur dann zu 22
berücksichtigen, wenn die verschwächte Stelle nicht satt ausgefüllt ist oder der ausfüllende Baustoff sich leichter zusammendrücken läßt als das Holz des Stabes (wenn z. B. die Fasern von Holzeinlagen rechtwinklig zu denen des Druckstabes verlaufen).

Die Berücksichtigung der Querschnittsverschwächung ist besonders 23
wichtig, wenn dabei wesentliche außermittige Kraftwirkungen entstehen.

— 6 —

3. Bemessung von Druckstäben

a) Freie Knicklänge

24 Die in Absatz b angegebene Berechnung setzt voraus, daß die Enden der in Rechnung gestellten freien Knicklänge durch Verbände, Scheiben oder nach Ziffer 4 gegen seitliches Ausweichen gesichert sind. In diesen Fällen ist gelenkige Führung beider Stabenden anzunehmen (2. Eulerfall). Ist die Voraussetzung des 1. Satzes nicht erfüllt, so sind entsprechend größere Knicklängen in Rechnung zu stellen.

25 Bei Fachwerkstäben ist als freie Knicklänge s_K die Länge der Netzlinie einzusetzen. Für das Ausknicken aus der Trägerebene ist dies aber nur zulässig, wenn die Knotenpunkte, die der Stab verbindet, entsprechend Absatz 1, Satz 1 gehalten sind. Unter derselben Voraussetzung ist bei Stützen und Steifen als Knicklänge ihre Länge einzusetzen.

26 Bei Stäben, die an einem Ende eingespannt und am anderen Ende frei beweglich sind, ist als freie Knicklänge die doppelte Stablänge zu wählen.

27 Bei Abstützung von Zwischenpunkten gedrückter Bauglieder gegen festliegende andere Punkte darf die freie Knicklänge für das Ausknicken in der Richtung, in der diese Abstützung wirksam ist, entsprechend verringert werden.

b) Mittiger Kraftangriff

α) Einteilige Stäbe (Vollholz)

28 Bei mittigem Kraftangriff ist die ermittelte Stabkraft S mit der dem Schlankheitsgrad $\lambda = \frac{s_K}{i}$ entsprechenden Knickzahl ω (Tafel 3) zu vervielfachen ($i = \sqrt{\frac{J}{F}}$, J = kleinstes Trägheitsmoment und F = Querschnitt des unverschwächten Stabes). Der Stab kann dann wie ein dem Knicken nicht ausgesetzter Druckstab behandelt werden.

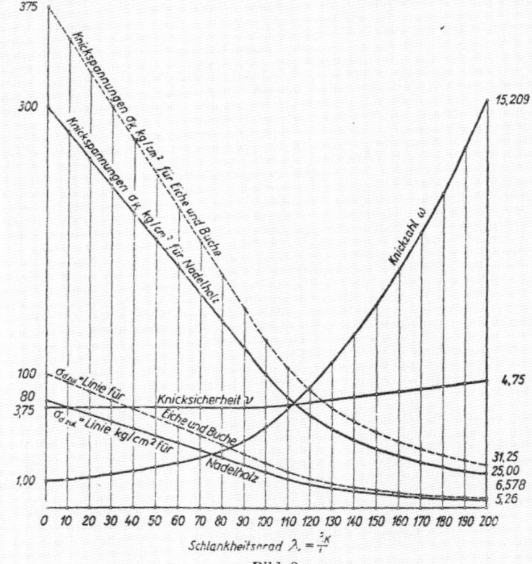

Bild 2

Linien der Knickspannung σ_K, der zulässigen Druckspannung $\sigma_{d\,zul}$, der Knicksicherheit ν und der Knickzahl ω

29 Druckstäbe mit einem größeren Schlankheitsgrad als $\lambda = 150$ sind nicht zu verwenden.

30 Der Wert der ω · Schwerpunktsspannung darf höchstens den Wert σ_{zul} erreichen. Es muß also

$$\frac{\omega \cdot S}{F} \leqq \sigma_{zul}$$

sein, wobei für σ_{zul} die Werte der Tafel 1 Abs. a) anzunehmen sind.

Tafel 3

Knickspannungen σ_K und Knickzahlen ω

1	2	3		4	5
		Knickspannung σ_K			
Schlankheitsgrad $\lambda = \frac{s_K}{i}$	Knicksicherheit ν	Nadelholz $\lambda \leqq 100$; $\sigma_K = 300 - 2\,\lambda$ $\lambda \geqq 100$; $\sigma_K = \frac{1\,000\,000}{\lambda^2}$	Eiche und Buche $\lambda \leqq 100$; $\sigma_K = 375 - 2{,}5\,\lambda$ $\lambda \geqq 100$; $\sigma_K = \frac{1\,250\,000}{\lambda^2}$	Knickzahl $\omega = \frac{\sigma_{zul}}{\sigma_{d\,zul}}$	$\frac{\Delta\omega}{\Delta\lambda}$
0	3,75	300	375	1,00	0,007
10	3,75	280	350	1,07	0,008
20	3,75	260	325	1,15	0,010
30	3,75	240	300	1,25	0,011
40	3,75	220	275	1,36	0,014
50	3,75	200	250	1,50	0,017
60	3,75	180	225	1,67	0,020
70	3,75	160	200	1,87	0,027
80	3,75	140	175	2,14	0,034
90	3,75	120	150	2,50	0,050
100	3,75	100	125	3,00	0,073
110	3,85	83	103	3,73	0,082
120	3,95	69	87	4,55	0,093
130	4,05	59	74	5,48	0,103
140	4,15	51	64	6,51	0,114
150	4,25	44	56	7,65	0,126
160	4,35	39	49	8,91	0,138
170	4,45	35	43	10,29	0,151
180	4,55	31	39	11,80	0,163
190	4,65	28	35	13,43	0,178
200	4,75	25	31	15,21	

Tafel 4

Knickzahlen ω

λ	0	1	2	3	4	5	6	7	8	9	λ
0	1,00	1,01	1,01	1,02	1,03	1,03	1,04	1,05	1,06	1,06	0
10	1,07	1,08	1,09	1,09	1,10	1,11	1,12	1,13	1,14	1,15	10
20	1,15	1,16	1,17	1,18	1,19	1,20	1,21	1,22	1,23	1,24	20
30	1,25	1,26	1,27	1,28	1,29	1,30	1,32	1,33	1,34	1,35	30
40	1,36	1,38	1,39	1,40	1,42	1,43	1,44	1,46	1,47	1,49	40
50	1,50	1,52	1,53	1,55	1,56	1,58	1,60	1,61	1,63	1,65	50
60	1,67	1,69	1,70	1,72	1,74	1,76	1,79	1,81	1,83	1,85	60
70	1,87	1,90	1,92	1,95	1,97	2,00	2,03	2,05	2,08	2,11	70
80	2,14	2,17	2,21	2,24	2,27	2,31	2,34	2,38	2,42	2,46	80
90	2,50	2,54	2,58	2,63	2,68	2,73	2,78	2,83	2,88	2,94	90
100	3,00	3,07	3,14	3,21	3,28	3,35	3,43	3,50	3,57	3,65	100
110	3,73	3,81	3,89	3,97	4,05	4,13	4,21	4,29	4,38	4,46	110
120	4,55	4,64	4,73	4,82	4,91	5,00	5,09	5,19	5,28	5,38	120
130	5,48	5,57	5,67	5,77	5,88	5,98	6,08	6,19	6,29	6,40	130
140	6,51	6,62	6,73	6,84	6,95	7,07	7,18	7,30	7,41	7,53	140
150*	7,65	7,77	7,90	8,02	8,14	8,27	8,39	8,52	8,65	8,78	150
160	8,91	9,04	9,18	9,31	9,45	9,58	9,72	9,86	10,00	10,15	160
170	10,29	10,43	10,58	10,73	10,88	11,03	11,18	11,33	11,48	11,64	170
180	11,80	11,95	12,11	12,27	12,44	12,60	12,76	12,93	13,09	13,26	180
190	13,43	13,61	13,78	13,95	14,12	14,30	14,48	14,66	14,84	15,03	190
200	15,21	—	—	—	—	—	—	—	—	—	200

* Die Knickzahlen ω für $\lambda > 150$ sind für die Berechnung der Druckstäbe für fliegende Bauten.

— 8 —

β) Mehrteilige Stäbe

31 Für das Ausknicken in der Richtung y—y (Bild 3 a und 3 b) kann ein mehrteiliger Stab wie ein einteiliger Stab berechnet werden, dessen Breite gleich der Summen der Breite der Einzelstäbe Σd ist.

32 Für das Ausknicken in der Richtung x—x (Bild 3 a, 3 b und 3 c) kann im allgemeinen nicht mit einem vollkommenen Zusammenwirken der Einzelquerschnitte gerechnet werden.

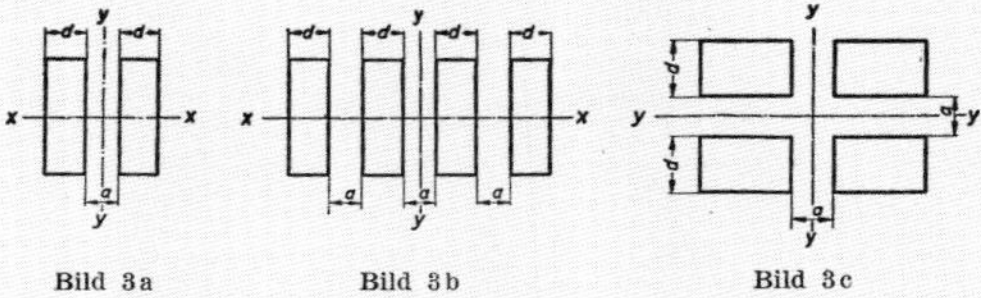

Bild 3a Bild 3b Bild 3c

33 Bezeichnet J_1 das Trägheitsmoment des mehrteiligen Druckstabes und J_0 das des Vollstabes, der durch Zusammenschieben der Einzelquerschnitte entstehen würde, so ist zur Ermittlung der Knickzahl ω als wirksames Trägheitsmoment J_w des mehrteiligen Druckstabes

$$J_w = J_0 + \frac{J_1 - J_0}{4}$$

anzunehmen.

34 Spreizungen $a > 2\,d$ dürfen hierbei nicht in Rechnung gestellt werden. Das kleinste Trägheitsmoment des Einzelstabes J_e in cm^4 muß hierbei mindestens sein

$$J_e = \frac{15\,S \cdot s_K^2}{n}$$

Hierin ist: S die größte Druckkraft des Gesamtstabes in t,
s_K die Knicklänge des Gesamtstabes in m,
n die Zahl der Einzelstäbe.

35 Als freie Knicklänge der Einzelstäbe ist der Abstand der inneren Verbindungsschrauben anzunehmen. Für die Einzelstäbe mehrgliedriger Querschnitte ist der Spannungsnachweis entbehrlich, wenn der Schlankheitsgrad des Einzelstabes $\lambda_1 \leqq 40$ oder die Knicklänge $s_{K_1} \leqq 12\,d$ ist.

36 Die Einzelstäbe sind an den Enden und mindestens in den Drittelpunkten durch Bindehölzer zu verbinden oder fachwerkartig zu vergittern. Die Bindehölzer und ihr Anschluß müssen Bild 4 a bis d entsprechen. Sie müssen bei Gurtbreiten $\leqq 18$ cm einreihig, bei Gurtbreiten > 18 cm zweireihig mit mindestens zwei Bolzen in jeder Reihe angeschlossen werden (Bild 4 a bis c).

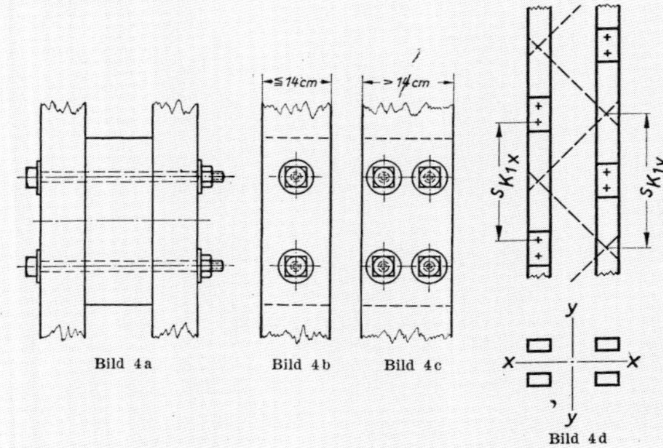

Bild 4a Bild 4b Bild 4c Bild 4d

— 9 —

c) Außermittiger Kraftangriff

Bei Stäben, die erheblich außermittig durch eine Kraft oder die neben einer mittigen Kraft S von einem Biegemoment M beansprucht werden, darf die aus der Gleichung 37

$$\sigma = \frac{\omega \cdot S}{F} + \frac{8}{10} \cdot \frac{M}{W_n} \text{ bei Nadelholz}$$

und

$$\sigma = \frac{\omega \cdot S}{F} + \frac{10}{11} \cdot \frac{M}{W_n} \text{ bei Eichen- und Buchenholz}$$

errechnete (gedachte) Randspannung höchstens den entsprechenden in Tafel 1 Abs. a) genannten Wert σ_{zul} erreichen. Hierbei ist ohne Rücksicht auf die Richtung der Ausbiegung stets der größte Wert von ω einzusetzen. Die Momente M und Widerstandsmomente W_n sind dabei auf die Achse des unverschwächten Querschnittes zu beziehen.

4. Abstützung von Druckstäben gegen seitliches Ausweichen

Druckgurtungen, die nicht durch einen Windverband verbunden sind, müssen auf Sicherheit gegen seitliches Ausweichen untersucht werden. Verzichtet man auf eine eingehende Rechnung, so ist als Überschlagsrechnung eine Seitenkraft von $^1/_{100}$ der größten Stabkraft der beiden benachbarten Gurtstäbe (ohne Knickzahl) rechtwinklig zur Trägerebene nach außen oder innen anzunehmen. Hiermit sind die abstützenden Teile zu berechnen. 38

Sinngemäß ist zu verfahren, wenn ein gedrücktes Wandglied durch einen Halbrahmen in einem Zwischenpunkt gegen seitliches Ausweichen gestützt ist. 39

5. Zugstäbe mit Druckbeanspruchungen in Ausnahmefällen

Zugstäbe, die bei der vorgeschriebenen Größe und Verteilung der Belastung nur geringe Zugkräfte erhalten, bei etwas anderer Verteilung und Größe der Belastung, wie sie besonders bei der Windbelastung möglich ist, aber auf Druck beansprucht werden, sind auch für eine angemessene Druckkraft zu bemessen. 40

6. Auf Biegung beanspruchte Bauglieder

Bei Baugliedern, die auf Biegung beansprucht werden, sind Verschwächungen der äußeren Fasern im gefährlichen Querschnitt und in dessen Nähe möglichst zu vermeiden. 41

Bei verdübelten und verzahnten Balken ist — sorgfältige Ausführung vorausgesetzt — das Widerstandsmoment anzunehmen, 42

bei 2 Lagen zu $W = 0{,}85 \cdot \frac{b \cdot h^2}{6}$

bei 3 Lagen zu $W = 0{,}70 \cdot \frac{b \cdot h^2}{6}$

Verschwächungen durch Verbindungsmittel brauchen dabei nicht berücksichtigt zu werden. Mehr als drei Lagen sind unzulässig. Die Dübelverbindungen dieser Balken sind rechnerisch nachzuweisen (vgl. § 8). Auch an den Enden der Balken sind Schraubenbolzen anzuordnen.

Bei Pfetten und Balken mit Kopfbändern ist als Stützweite der Wert 43

$$\frac{l + l_0}{2}$$

in Rechnung zu stellen, soweit nicht eine genaue Berechnung durchgeführt wird (Bild 5). Hierfür ist der Bauteil dann als frei drehbar ge-

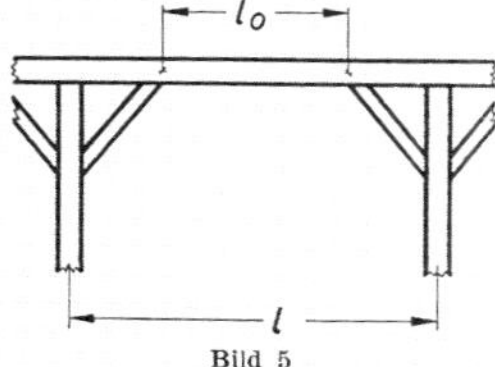

Bild 5

lagerter Balken auf zwei Stützen zu berechnen; in jedem Fall muß nachgewiesen werden, daß das Kopfband und seine Anschlüsse für die auf sie entfallende Last ausreichen.

§ 8. Verbindungsmittel

1. Allgemeines

44 Die verschiedenen Verbindungsmittel (Rund- und Ringdübel, Schraubenbolzen, Nägel u. dgl.) dürfen auf Grund von Versuchen anerkannter [3]) Prüfungsanstalten berechnet werden, wenn diese Versuche die Wirkungsweise der Verbindung einwandfrei geklärt haben. Die Versuchsergebnisse dürfen nur dann auf die Bauausführung übernommen werden, wenn Anordnung und Ausführung der im Bauwerk vorgesehenen Verbindungen, besonders hinsichtlich Bolzenzahl, Bolzendicke und Maße der Unterlegscheiben den Versuchen genau entsprechen. Die zulässige Last (Gebrauchslast) ist aus der mittleren Versuchsbruchlast mit dreifacher Sicherheit zu errechnen, die verbundenen Teile dürfen sich unter der zulässigen Last gegeneinander höchstens um 1,5 mm verschieben.

45 Liegen für eine Verbindung keine ausreichenden Versuche vor, so ist die zulässige Last nach § 8 Abschnitt 2 bis 4 zu berechnen.

46 Die unter § 8, Abschnitt 2 und 3 angeführten Spannungen dürfen nur angenommen werden, wenn das Zusammenwirken der Verbindungen durch Nachspannen stets gewährleistet ist (vgl. § 5, Ziffer 1).

2. Dübelverbindungen

47 Unter die Bestimmungen für Dübelverbindungen fallen alle überwiegend auf Druck und Abscheren beanspruchten Verbindungsmittel, wie rechteckige Dübel und Keile, Scheiben-, Teller-, Ring- und Krallendübel, Krallenplatten usw.

48 Dübelverbindungen sind durch nachspannbare Schraubenbolzen zusammenzuhalten.

49 Die für das Einsetzen der Dübel vorher auszuführenden Vertiefungen müssen genau passen und sollen, besonders bei Rund- und Ringdübeln, maschinell hergestellt sein.

50 Für Dübel, bei denen der Abstand a der Stirnflächen mindestens das 5fache der Einschnittiefe t beträgt (vgl. Bild 6), ist der zulässige Leibungsdruck gleichgerichtet zur Faser, wenn gleichmäßige Verteilung angenommen wird, mit 80 kg/cm² anzunehmen.

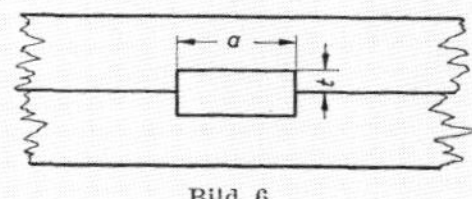

Bild 6

51 Ringdübel dürfen auf Stirnflächen gegen Vorholz und Holzkern bei Annahme gleichmäßiger Verteilung mit 50 kg/cm² gleichgerichtet zur Faser belastet werden. Dabei ist nachzuweisen, daß die Scherspannungen sowohl im Kern wie im Vorholz innerhalb der zulässigen Grenzen liegen.

52 Für Dübelverbindungen, bei denen das Verhältnis a zu t kleiner als 5 ist, beträgt der zulässige Leibungsdruck bei gleichmäßiger Verteilung die Hälfte der vorgenannten Werte, wenn nicht die Spannungen senkrecht und gleichgerichtet zur Faser unter Berücksichtigung des auftretenden Kippmomentes genau nachgewiesen werden (vgl. Bild 7); in diesem Falle dürfen die Werte der Tafel 1 Abs. a) und d) 2 nicht überschritten werden.

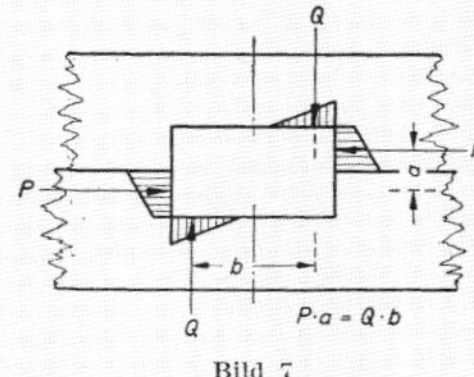

Bild 7

53 Die Wand der Rund- und Rechteckdübel aus Gußeisen oder Stahl muß mindestens 5 mm dick sein.

54 Bei Dübeln, die ohne Benutzung von Bohr-, Nut- und Fräswerkzeugen in das Holz eingetrieben werden (Einpreßdübel), ist der durch die Zähne beanspruchte Teil des Querschnittes bei der Berechnung der Querschnitts-

[3]) Welche Prüfungsanstalten anerkannt sind, bestimmt die zuständige Landesregierung.

verschwächung zu berücksichtigen. Dünnwandige Einpreßdübel aus Stahl (unter 5 mm Dicke) müssen ausreichend gegen Rostgefahr gesichert werden. In Bauwerken, die besonders schädigenden Einflüssen von Dämpfen, Gasen usw. ausgesetzt sind, darf die statische Wirkung dünnwandiger Einpreßdübel nur dann berücksichtigt werden, wenn es sich um Bauten zu vorübergehenden Zwecken handelt.

3. Bolzenverbindungen

Unter die Bestimmungen für Bolzenverbindungen fallen alle senkrecht zur Scherfläche **durchgehenden, überwiegend** auf Biegung beanspruchten Verbindungsmittel, wie Schraubenbolzen, Rohrbolzen usw. 55

Die vorzubereitenden Bolzenlöcher müssen genau passen und sollen für mehrschnittige Verbindungen maschinell hergestellt werden. 56

Werden Schraubenbolzen ohne Dübel u. dgl. verwendet, so müssen die Bolzen mindestens 3/8″, bei Holzdicken von 8 cm an aufwärts mindestens 1/2″ Durchmesser haben. 57

Für den Abstand der Dübel und Balken untereinander und vom Stabende ist die zulässige Scherspannung maßgebend. 58

Bei Kraftwirkungen senkrecht zur Faser betragen die zulässigen Leibungsdrücke die Hälfte der Werte gleichgerichtet zur Faser. Bei schrägem Kraftangriff sind Zwischenwerte geradlinig einzuschalten. 59

In den Fällen des § 5 Abschnitt 3 ist der Lochleibungsdruck der Dübel und Balken um 1/4 zu ermäßigen. Erhöhung des Lochleibungsdruckes der Dübel und Balken um 1/6 ist auf im Falle des § 5 Abschnitt 4 zulässig. 60

Die Tragfähigkeit der Bolzen ist nach Tafel 5 zu ermitteln. 61

Tafel 5

Zulässige Belastung der Bolzenverbindungen bei Druck gleichgerichtet zur Faser

	Zulässige Belastung		Bemerkungen
	allgemein	höchstens	
1	2	3	4
einschnittig $a_1 < a_2$	$\frac{1}{2}\, \sigma_{zul}\, a_1\, d$	$\frac{5}{2}\, \sigma_{d\,zul}\, d^2$	Der kleinste Wert aus den Formeln Spalte 2 und 3 ist maßgebend. Es bedeuten: d = Bolzendurchmesser σ_{zul} = zulässige Druckspannung in Richtung der Kraftwirkung $\sigma_{d\,zul}$ = zulässige Druckspannung in der Faserrichtung a_1 = Dicke des dünnsten Einzelholzes (Seitenholz) a_3 = Dicke des Einzelholzes (Mittelholz)
zweischnittig	Mittelholz $\sigma_{zul}\, a_3\, d$ Seitenholz $\frac{5}{8}\, \sigma_{zul}\, a_1\, d$	 $4{,}5\, \sigma_{d\,zul}\, d^2$ $2{,}5\, \sigma_{d\,zul}\, d^2$	

Bei Einhaltung der in der Tafel 5 angegebenen Werte erübrigt sich eine Berechnung des Bolzens auf Biegung. 62

Für Mittelhölzer mit Laschen aus Stahl kann die Tragfähigkeit der Bolzen um 1/4 höher angenommen werden als sich nach Tafel 5 ergibt. 63

4. Nagelverbindungen

Für Nagelverbindungen im Holzbau sind runde Drahtstifte mit Senkkopf nach DIN 1151 oder kantige Drahtstifte nach DIN 1154 Form A zu verwenden. 64

Für die Tragfähigkeit der Drahtstifte gelten ohne Rücksicht auf den Faserverlauf des Holzes die in Tafel 6 und 7 angegebenen Werte. 65

Die Nageldicke ist nach dem dünnsten Holz zu bestimmen. Im allgemeinen ist der fettgedruckte Wert zu wählen. Bei nassem oder weitringigem Holz sind möglichst die dicken, bei trockenem oder engringigem die dünnen Nägel zu verwenden. 66

Sind bei Stoßlaschen von gezogenen Hölzern mehr als 10 Nägel hintereinander **angeordnet**, so müssen die zulässigen Belastungen der **Tafel** 6 und 7 um 10 %, bei mehr als 20 hintereinander angeordneten Nägeln um 20 % ermäßigt werden. 67

— 12 —

Tafel 6

Zulässige Belastung von ein- und zweischnittig beanspruchten Nägeln in kg in jeder Faserrichtung je Nagel

Holzdicke in mm	Nägel Durchmesser d in 1/10 mm Länge in mm	Zulässige Belastung je Nagel in kg	
		einschnittig	zweischnittig
20	28/60	30	60
	31/65	37,5	75
	34/75	45	90
24	31/80	37,5	75
	34/75	45	90
	38/90	52,5	105
26	34/90	45	90
	38/90	52,5	105
	42/100	62,5	125
30	38/90	52,5	105
	42/100	62,5	125
	46/115	72,5	145
35	42/115	62,5	125
	46/115	72,5	145
40	42/100	62,5	—
	46/130	72,5	145
	55/145	97,5	195
45	46/145	72,5	145
	55/145	97,5	195
50	46/130	72,5	—
	55/160	97,5	195
	60/160	115	230
55	55/145	97,5	—
	60/180	115	230
60	55/145	97,5	—
	60/180	115	230
	70/210	155	310
70	60/180	115	—
	70/210	155	310
	76/240	185	370
80	70/210	155	—
	76/240	185	370
	88/260	210	420

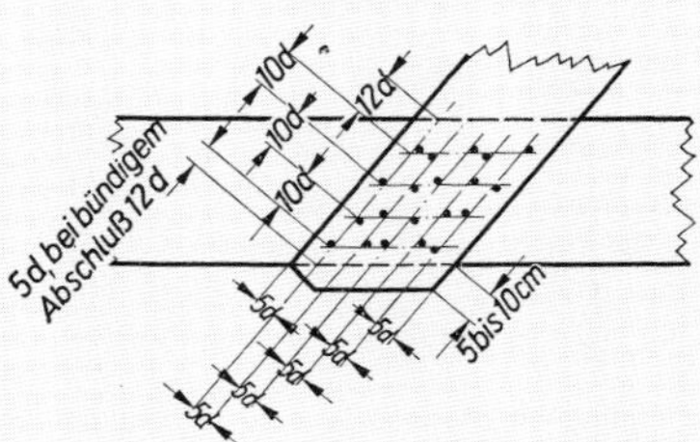

Bild 8. Nagelbild

Als geringste Nagelabstände gelten, wenn die Nägel versetzt angeordnet werden (siehe Bild 8)

in der Kraftrichtung:

12 *d* vom belasteten Rande,
10 *d* untereinander,
5 *d* vom unbelasteten Rande,

senkrecht zur Kraftrichtung:

5 *d* vom Rande,
5 *d* nebeneinander.

Tafel 7

Zulässige Belastung von ein- und zweischnittig beanspruchten Nägeln in kg in jeder Faserrichtung

Nägel Durchmesser in 1/10 mm	Verwendbar für Holzdicke in mm	Mindest-Nagellänge in mm	Zulässige Belastung je Nagel in kg	
			einschnittig	zweischnittig
28	20	60	30	60
31	**20**	**65**	37,5	75
	24	80		
34	20	75	45	90
	24	**75**		
	26	90		
38	24	90	52,5	105
	26	**90**		
	30	90		
42	26	100	62,5	125
	30	**100**		
	35	115		
	40	100	nur einschnittig	
46	30	115	72,5	145
	35	**115**		
	40	**130**		
	45	145		
	50	130	nur einschnittig	
55	40	145	97,5	195
	45	**145**		
	50	**160**		
	55	145	nur einschnittig	
	60	145	nur einschnittig	
60	50	160	115	230
	55	**180**		
	60	**180**		
	70	180	nur einschnittig	
70	60	210	155	310
	70	**210**		
	80	210	nur einschnittig	
76	70	240	185	370
	80	**240**		
88	80	260	210	420

Bei Bauwerken, die der Rostgefahr besonders ausgesetzt sind, dürfen die Kräfte von Nagelverbindungen nach vorstehenden Tafeln nur dann angenommen werden, wenn die Drahtstifte durch einen Überzug aus Zink, Blei oder Kadmium u. dgl. entsprechend der Art der Rostgefahr geschützt werden oder wenn es sich um Bauten zu vorübergehenden Zwecken oder von untergeordneter Bedeutung handelt. 69

5. Flächenfeste Verbindungen (Leimverbindungen)

Flächenfeste Verbindungen mit Leimfugen (Kaltleim, Kasein-Bindemittel u. dgl.) dürfen nur bei Bauteilen verwendet werden, die gegen Feuchtigkeitseinflüsse geschützt sind. Für flächenfeste Verbindungen ist immer lufttrockenes Holz zu verwenden. Die Bindemittel müssen gegen Feuchtigkeit und Dämpfe widerstandsfähig sein. Die Festigkeit der Verbundfugen darf nicht geringer als die des Holzes sein. 70

§ 9. Zulässige Spannungen von Auflagersteinen und massiven Pfeilern

Zulässige Spannungen von Auflagersteinen und massiven Pfeilern siehe DIN 1053. 71

IV. Einzelheiten der Herstellung und Aufstellung

§ 10. Allgemein

Für die Herstellung von Bauteilen und Bauwerken aus Holz sind für die Güteanforderungen und auch möglichst für die Abmessungen die Normen 72

DIN 4070 Holzabmessungen, Kantholz, Balken, Dachlatten, Nadelholz,

DIN 4071 Holzabmessungen, Bretter und Bohlen, Nadelholz und Laubholz,
DIN 4074 Bauholz, Balken und Kantholz, Gütevorschriften (in Vorbereitung),
zugrunde zu legen.

§ 11. Stoßdeckung

73 Stöße sind möglichst dorthin zu legen, wo Querschnittsüberschüsse vorhanden sind.

74 Beim Stoß von Zugstäben müssen die den Stoß deckenden Holzteile symmetrisch zur Stabachse angeordnet und voll angeschlossen sein.

75 Bei der Stoßdeckung von Teilen, die auf Biegung beansprucht werden, muß das Widerstandsmoment der den Stoß deckenden Holzteile mindestens gleich dem Widerstandsmoment der gestoßenen Teile sein. Zugleich muß die einwandfreie Übertragung der Querkräfte gewährleistet sein.

76 Druckstöße sind durch Laschen oder andere Verbindungsmittel in ihrer gegenseitigen Lage zu sichern.

77 Wechselstäbe sind nach der 1,3 fachen größten Zug- oder Druckkraft anzuschließen (vgl. auch § 7 Ziff. 5).

§ 12. Anschlüsse

78 Fachwerkstäbe sind möglichst mittig anzuschließen, andernfalls sind die zusätzlichen Spannungen nachzuweisen. Die unter Berücksichtigung der Ausmittigkeit gefundenen Spannungen dürfen die Werte der Tafel 1 erreichen. Bei Bolzenverbindungen im Sinne von § 8 soll jeder Stab oder Stabteil möglichst mit mindestens zwei Schraubenbolzen angeschlossen werden. Dasselbe gilt auch für die Zwischenstücke mehrteiliger Stäbe.

79 Bei Versatzungen darf die Reibung nicht in Rechnung gesetzt werden.

80 Dübel oder Bolzen sind möglichst symmetrisch zur Stabachse und im Stabquerschnitt gegeneinander versetzt anzuordnen, damit sich bei Luftrissen nicht gleichzeitig alle Befestigungsmittel lockern und an Tragfähigkeit einbüßen.

81 Druckstäbe, die bei der vorgeschriebenen Größe und Verteilung der Belastung geringe Druckkräfte erhalten, aber bei etwas anderer Verteilung und Größe der Belastung, wie sie besonders bei der Windbelastung möglich ist, auf Zug beansprucht werden können, sind auch für eine angemessene Zugkraft anzuschließen.

82 Wichtige Gelenkpunkte sind aus Stahl, gleichwertigen Metallen oder gut gelagertem Hartholz herzustellen.

§ 13. Stahlteile

83 Heftschrauben müssen mindestens $^3/_8$" Durchmesser haben. Zwischen Holz und Schraubenkopf und zwischen Holz und Mutter ist eine quadratische oder runde Unterlegscheibe aus Stahl anzuordnen, die bei Heftschrauben mindestens 4 mm und bei tragenden Schrauben mindestens 5 mm dick sein muß. Seitenlänge oder Durchmesser der Scheiben sollen etwa gleich dem 3,5 fachen Bolzendurchmesser (siehe DIN 440) sein, wenn nicht größere Maße nach der Berechnung nötig werden.

84 Laschen und Knotenbleche müssen mindestens 5 mm dick sein.

§ 14. Vorbereitung, Zusammensetzung und Aufstellung

85 Alle Teile eines zusammengesetzten gegliederten Tragwerkes sind auf unverschieblichen Unterlagen planmäßig derart zusammenzufügen, daß kein Teil unbeabsichtigte Spannungen erleidet.

86 Die Flächen von Überblattungen, Versatzungen, Stoßverbindungen und Gelenkpunkten sind genau passend herzurichten. Es ist unstatthaft, Hölzer künstlich hochkantig zu verbiegen (Überhöhungen ausgenommen) oder gekrümmte Stäbe aus geraden Stücken größeren Querschnitts herauszuschneiden, wenn nicht die Zulässigkeit des Verfahrens besonders nachgewiesen wird. Hölzer, die beim Aufstellen nicht genau in die Verbindungen passen oder sich nachträglich windschief verzogen haben, sind auszuwechseln.

87 Die Löcher für die Bolzenverbindungen der Stöße und Knotenpunkte sollen erst nach vollständiger Zusammenstellung der Tragwerke gebohrt werden.

§ 15. Lager

88 Lager und Stützenfüße freitragender Binder dürfen nicht vermauert werden, müssen dauernd zugänglich sein und ausreichenden Luftzutritt erhalten.

V. Durchbiegung und Überhöhung der Tragwerke

§ 16. Durchbiegung

Die von der Verkehrslast herrührende, ohne Berücksichtigung der Nach- 89
giebigkeit der Verbindungen rechnerisch nachgewiesene Durchbiegung der
Fachwerkträger soll im allgemeinen höchstens $^1/_{700}$ der Stützweite betragen.

Bei Decken unter Wohnräumen darf die rechnerische Durchbiegung von 90
Deckenbalken unter der ständigen Last und Verkehrslast im allgemeinen
höchstens $^1/_{300}$ betragen [5]).

Bei Kragträgern soll die Durchbiegung höchstens $^1/_{150}$ der Kraglänge sein. 91

Bei der Berechnung der Durchbiegung ist der unverschwächte Quer- 92
schnitt anzusetzen. Zusatzkräfte brauchen nicht berücksichtigt zu werden.

§ 17. Überhöhung

Dachbinder, Fachwerkträger und verzahnte oder verdübelte Balken sind 93
in der Regel zu überhöhen; dabei ist auch die Nachgiebigkeit in den Verbindungsstellen zu berücksichtigen.

Diese Überhöhung ist den Trägern beim Abbinden auf dem Reißboden 94
zu geben und danach das Stabnetz aufzutragen.

---

5) Vgl. DIN 104 und Beiblatt.

DK 691.11 März 1939

Bauholz Gütebedingungen	DIN 4074

§ 1 Allgemeines

Die folgenden Gütebedingungen gelten für Bauholz, d. h. für Holz, für dessen Querschnittsbemessung die Tragfähigkeit maßgebend ist.

§ 2 Feuchtigkeit des Holzes

Unterschieden werden:

1. frisches Bauholz — ohne Begrenzung der Feuchtigkeit,
2. halbtrockenes Bauholz — höchstens 30 % Feuchtigkeit [1]) [2]), bezogen auf das Darrgewicht,
3. trockenes Bauholz — höchstens 20 % Feuchtigkeit [1]), bezogen auf das Darrgewicht.

§ 3 Abmessungen und Maßabweichungen

1. Für Kantholz und Balken gelten im allgemeinen die Abmessungen nach DIN 4070 „Holzabmessungen, Kantholz, Balken, Dachlatten, Nadelholz".
2. Abweichungen hiervon sind für Ingenieurbauwerke zulässig, wenn sie statisch oder wirtschaftlich begründet sind.
3. Die in DIN 4070 aufgeführten oder sonst vereinbarten Querschnittsmaße sind Mindestmaße für halbtrockenes Holz (§ 2, 2) der Güteklasse I.
4. Die zulässigen Abweichungen nach unten für die Güteklassen II und III sind aus der Tafel 2 zu entnehmen.

§ 4 Einteilung nach den Schnittklassen

1. Bei vierseitig parallel geschnittenem Bauholz werden drei Schnittklassen unterschieden:
   A. Scharfkantiges Bauholz,
   B. Fehlkantiges Bauholz,
   C. Sägegestreiftes Bauholz.
2. Die zulässige Breite der Fehlkante für die einzelnen Schnittklassen ist aus Tafel 1 zu entnehmen.

Tafel 1

Zulässige Lage und Breite der Fehlkante		
Schnittklasse	Zahl der Fehlkanten in jedem Querschnitt	Größte zulässige Breite als Bruchteil der größten Querschnittsabmessung (schräg gemessen) [4])
A. Scharfkantiges Bauholz	2	1/8
B. Fehlkantiges Bauholz	4	1/3 wobei aber in jedem Querschnitt mindestens 1/3 jeder Querschnittsseite von Baumkante frei sein muß
C. Sägegestreiftes Bauholz	Dieses Bauholz muß an allen vier Seiten durchlaufend von der Säge gestreift sein.	

3. Bei zweiseitig geschnittenem Bauholz sind die Dicke des Holzes und die Breite der parallelen Schnittflächen in der Mitte der Länge oder am Zopfende zu vereinbaren.

---

[1]) Die Feuchtigkeit wird im allgemeinen an etwa 2 cm dicken Scheiben, die zweckmäßig zwischen zwei Balkenlängen herausgeschnitten werden, ermittelt. Geprüft wird unmittelbar nach der Entnahme. Zuerst wird die Probe gewogen (Gewicht ungetrocknet G_u), danach bei 100° bis 103° in einem gut gelüfteten Trockenschrank bis zum Erreichen gleichbleibenden Gewichts getrocknet und wieder gewogen (Gewicht gedarrt G_d). Der Unterschied der Wägeergebnisse vor und nach dem Trocknen, bezogen auf das Gewicht der völlig trockenen Probe, gibt den Feuchtigkeitsgehalt in Prozent an:

$$u = \frac{G_u - G_d}{G_d} \cdot 100\ (\%).$$

Im einzelnen siehe DIN 52183 (früher DIN DVM 2183) – Prüfung von Holz. Bestimmung des Feuchtigkeitsgehaltes.

[2]) Bei Hölzern mit Querschnitten über 200 cm^2 darf der mittlere Feuchtigkeitsgehalt höchstens 35 % betragen.

Fortsetzung Seite 2 und 3

Deutscher Normenausschuß (DNA)

§ 5 Einteilung nach den Güteklassen

1. Nach den Güteeigenschaften werden drei Güteklassen unterschieden:

Güteklasse I Bauholz mit besonders hoher Tragfähigkeit,
Güteklasse II Bauholz mit gewöhnlicher Tragfähigkeit,
Güteklasse III Bauholz mit geringer Tragfähigkeit.

Die Anforderungen an die Hölzer der drei Güteklassen sind aus Tafel 2 zu entnehmen.

Die zulässigen Spannungen für die Hölzer der drei Güteklassen sind in
DIN 1052 Bestimmungen für die Ausführung von Bauwerken aus Holz im Hochbau und
DIN 1074 Berechnungs- und Entwurfsgrundlagen für hölzerne Brücken
festgelegt.

2. Die Hölzer brauchen der vorgesehenen Güteklasse jeweils nur auf dem Teil der Länge zu entsprechen, an dem die entsprechenden Spannungen auftreten, zuzüglich eines beiderseitigen Sicherheitszuschlags vom 1½fachen des größten Querschnittsmaßes [3] [4]).

Bei aus einzelnen Teilen verleimten Verbundkörpern sind die Güteanforderungen im allgemeinen auf den Verbundkörper, nicht auf die einzelnen Teile, zu beziehen. Jedoch müssen die in der Zugzone außen liegenden Teile für sich betrachtet ebenfalls der vorgesehenen Güteklasse entsprechen.

Tafel 2

Bedingungen der Güteklassen I bis III			
1	2	3	4
Benennung der Güteklassen	Güteklasse I Bauholz mit besonders hoher Tragfähigkeit	Güteklasse II Bauholz mit gewöhnlicher Tragfähigkeit	Güteklasse III [5]) Bauholz mit geringer Tragfähigkeit
1. Allgemeine Beschaffenheit	unzulässig: Rotfäule Weißfäule braune Streifen Ringschäle [6]) Blitzrisse Frostrisse Wurmfraß Käferfraß Bohrlöcher und, wenn das Holz getränkt werden soll, Bläue und harte rote Streifen	unzulässig: braune Streifen Bohrlöcher Ringschäle	
	zulässig: Bei Verwendung im Trockenen Bläue und harte rote Streifen	zulässig: Blitzrisse, Frostrisse } in mäßiger Ausdehnung in der Breite nicht größer als die zulässigen Äste: Rotfäule, Weißfäule } nur bei trockenem Holz und bei Verwendung im Trockenen Bläue und harte rote Streifen, Wurm- und Käferfraß an der Oberfläche } bei Verwendung im Trockenen	
			Vereinzelte Bohrgänge von Käfern und Holzwespen
2. Schnittklasse	Scharfkantig, aber nur für den Teil, für den Güteklasse I in DIN 1052 oder DIN 1074 verlangt wird	Im allgemeinen mindestens fehlkantig, bei Holz für gegliederte Bauteile im Bereich der Anschlußmittel scharfkantig. Weiteres vgl. DIN 1052 und DIN 1074	
3. Maßhaltigkeit	Aus ungenauem Einschnitt herrührende Abweichungen von den vereinbarten Querschnittsmaßen nach unten sind im halbtrockenen Zustand		
	unzulässig	zulässig bis zu 3 %	bis zu 5 %
		bei 10 % der Menge	
4. Feuchtigkeit	Das Holz darf halbtrocken eingebaut werden, aber so, daß es bald auf den trockenen Zustand für dauernd zurückgehen kann. Im übrigen vgl. DIN 1052 und DIN 1074		

[3]) Das Bauholz der Güteklasse I ist genau auszusuchen. An sichtbar bleibender Stelle ist es deutlich einheitlich zu kennzeichnen, wobei anzugeben ist, wer das Holz ausgesucht hat und welcher Teil als zum ausgesuchten Holz gehörig betrachtet wird.

[4]) Weiteres wird in DIN 1052 und 1074 bestimmt.

[5]) Für Zugglieder nicht zulässig

[6]) Auch Ringrisse, Rindklüfte, Schälrisse genannt; sie laufen den Jahrringen entlang.

Tafel 2 (Fortsetzung)

Bedingungen der Güteklassen I bis III			
1	2	3	4
Benennung der Güteklassen	Güteklasse I Bauholz mit besonders hoher Tragfähigkeit	Güteklasse II Bauholz mit gewöhnlicher Tragfähigkeit	Güteklasse III [5]) Bauholz mit geringer Tragfähigkeit
5. Mindestwichte (Mindestraumgewicht) des Bauholzes	Mindestwichte (Mindestraumgewicht) bei 20 % Feuchtigkeit in kg/dm³ Probekörper: astfrei / mit Ästen Fichte und Tanne: 0,38 / 0,40 Kiefer und Lärche: 0,42 / 0,45	—	—
6. Jahrringbreite [7])	Ringbreiten über 4 mm höchstens bei der Hälfte des Querschnitts zulässig	—	—
7. Äste [8]): a) Durchmesser des einzelnen Astes im Verhältnis zur Breite der Querschnittsseite, an der er sitzt [9]),	bis 1/5 der Breite, aber nicht über 5 cm	bis 1/3 der Breite, aber nicht über 7 cm	bis 1/2 der Breite
b) Summe der Astdurchmesser auf 15 cm Länge auf jeder Fläche	bis 2/5 der Breite	bis 2/3 der Breite	bis 3/4 der Breite
8. Faserverlauf [7])	Größte Neigung der Faser zu den Längskanten		
a) gemessen nach den Schwindrissen [10]) oder,	1 : 10	1 : 5	1 : 3
b) wenn Schwindrisse fehlen, gemessen nach den angeschnittenen Jahrringen [11])	1 : 15	1 : 8	1 : 5
9. Krümmung	Zulässige Pfeilhöhe, bezogen auf		
a) 2 m Meßlänge an der Stelle der größten Krümmung in mm	5	8	15
b) die Gesamtlänge l, aber nur bei Hölzern für Druckglieder	1/400	1/250	—

[7]) Bestimmung der Wuchseigenschaften siehe DIN 52180 (früher DIN DVM 2180)

[8]) Bestimmung der Wuchseigenschaften siehe DIN 52180 Maßgebend ist stets der kleinste sichtbare Durchmesser d der Äste.

[9]) Bei Stäben, die auf Biegung oder Druck beansprucht werden und die rechteckigen Querschnitt ($h : b \geqq 2$) haben, dürfen für die Größe der Eckäste die Werte der nächstniederen Güteklasse angenommen werden.

[10]) Vgl. DIN 52180 (früher DIN DVM 2180). Zur Feststellung des Drehwuchses ist der Faserverlauf stets nach den Schwindrissen zu messen.

[11]) Am Stockende kann auf die Messung nach b) verzichtet werden, wenn es sich um einen regelmäßig gewachsenen Stockansatz handelt, da der Faserverlauf am Stockende aus den angeschnittenen Jahrringen meist nicht unmittelbar gemessen werden kann.

DK 624 : 351.77 3. Ausg. Dez. 1940 ×

Holzbauwerke

Berechnung und Ausführung

1052

Eingeführt als Richtlinie für die Baupolizei durch Erlaß des Reichsarbeitsministers vom 10. Dezember 1940 — IV 2 Nr. 9605/55/40

Ausgabe 1940

Inhalt

Seite 2 DIN 1052

Der Reichsarbeitsminister
IV 2 Nr. 9605/55/40

Berlin SW 11, den 10. Dezember 1940
Saarlandstraße 96

Betrifft: DIN 1052 — Holzbauwerke, Berechnung und Ausführung

Von dem Ausschuß für einheitliche technische Baupolizeibestimmungen — ETB-Ausschuß — beim Deutschen Normenausschuß sind die mit Erlaß vom 21. Mai 1938 — IV 2 Nr. 9605/3 — Reichsarbeitsblatt I 38 S. 241 und Zentralbl. d. Bauverwaltung 38 S. 662 ff. — als Richtlinien für die Baupolizei eingeführten Bestimmungen für die Ausführung von Bauwerken aus Holz als 3. Ausgabe von DIN 1052 neu bearbeitet worden. Diese neuen Bestimmungen werden hiermit unter Aufhebung meines vorgenannten Erlasses vom 21. Mai 1938 als Richtlinien für die Baupolizei im ganzen Reichsgebiet eingeführt.

In den neuen Vorschriften sind die zulässigen Holzspannungen nach den drei in DIN 4074 — Bauholz, Gütebedingungen — festgelegten Güteklassen abgestuft. DIN 4074 ist bereits mit meinem Erlaß vom 22. 12. 39 — IV/2 Nr. 9605/25/39 — eingeführt.

Die Absätze 4 bis 6 dieses Erlasses, die die Anwendung des Normblattes DIN 4074 auf die nunmehr aufgehobene 2. Auflage des Normblattes DIN 1052 regeln, werden hiermit aufgehoben.

Die Abstufung der zulässigen Spannungen nach den drei Güteklassen bezweckt eine möglichst weitgehende Ausnutzung des anfallenden Schnittholzes für tragende Holzbauteile. Zu dem gleichen Zweck sind die Sicherheiten bei der Festsetzung der zulässigen Spannungen sehr knapp gewählt worden, wobei die Festigkeit des zur Zeit überwiegend verwendeten halbtrockenen Bauholzes (höchstens 30 % Feuchtigkeit nach DIN 4074) zugrunde gelegt wurde.

Sobald nach Vermehrung der Anlagen zur künstlichen Trocknung von Bauholz damit gerechnet werden kann, daß trockenes Bauholz nach DIN 4074 in ausreichender Menge zur Verfügung steht, wird geprüft werden, in welcher Weise die höhere Festigkeit dieses Holzes durch Erhöhung der zulässigen Spannungen ausgenutzt werden kann.

Bei Bauwerken mit Holzbauteilen, in denen die Spannungen der Güteklasse I ausgenutzt werden, ist der Name der für die Ausführung und die Aufstellung verantwortlichen Personen der Baupolizei vor Beginn der Arbeiten auf der Baustelle schriftlich anzuzeigen. Jeder Wechsel in der Person des Ausführenden und des Aufstellenden ist der Baupolizei sofort mitzuteilen.

Für die Kennzeichnung der zur Güteklasse I gehörenden Holzteile gemäß § 6a) Absatz 2 und § 6b) Absatz 2 ist ein Brennstempel nach Bild 1 (siehe Anlage) zu verwenden. Der zur Güteklasse I gehörende Teil eines Holzes ist nach Bild 2 zu kennzeichnen. In den Zeichnungen sind die aus Holz der Güteklasse I auszuführenden Teile entsprechend Bild 3 kenntlichzumachen. Bei Bauteilen aus Holz der Güteklasse III ist auf den Zeichnungen entsprechend zu verfahren. Holz der Güteklasse II bedarf keiner Kennzeichnung.

Zu § 16 a) 2 und 3 verweise ich wegen der Festsetzung zulässiger Dübelbelastungen auf meinen Erlaß vom 3. 3. 1939 — IV 2 Nr. 9605/1/39 —, ferner auf meinen Erlaß vom 9. 9. 1940 — IV 2 Nr. 9605/45/40, mit dem die Frist für das Verbot der Anerkennung älterer Versuchswerte auf den 1. Oktober 1941 verschoben worden ist.

Zu § 16d) 1 wird zur Zeit ein Verzeichnis derjenigen Firmen vorbereitet, die die dort festgesetzten Voraussetzungen für das Leimen tragen'er Bauteile erfüllen. Bis dahin haben die Baugenehmigungsbehörden in jedem Einzelfalle genau zu prüfen, ob die Voraussetzungen dieses Paragraphen erfüllt sind. In Zweifelsfällen ersuche ich, eine Stellungnahme des Instituts für Materialprüfungen des Bauwesens an der Technischen Hochschule Stuttgart in Stuttgart-O, Cannstatter Str. 212, herbeizuführen, das sich bisher, in erster Linie mit der Frage der Bauholzverleimung befaßt hat, und das von mir beauftragt ist, gemeinsam mit dem Reichsinnungsverband des Zimmerhandwerks in Berlin SW 61, Belle-Alliance-Str. 34, und der Fachabteilung Holzhaus-, Hallen- und Barackenbau der Fachuntergruppe Holzbauindustrie in Berlin SW 11, Saarlandstr. 101, IV, das obengenannte Verzeichnis vorzubereiten und mir zur Genehmigung und Bekanntgabe vorzulegen.

Firmen, die die Voraussetzung des § 16d) 1 zu erfüllen glauben, können bis zum 1.3. 1941 Anträge auf Aufnahme in das Verzeichnis an die beiden genannten Verbände richten. Die Kosten der Prüfung dieser Anträge durch das Institut für Materialprüfungen des Bauwesens an der Technischen Hochschule in Stuttgart, die vor allem in einer Besichtigung der Werkseinrichtungen bestehen wird, sind vom Antragsteller zu tragen. Nach Fertigstellung des Verzeichnisses ist bei nicht darin aufgenommenen Firmen zunächst anzunehmen, daß sie die erforderliche Eignung nicht besitzen. Die Auswahl des Holzes nach DIN 1052 § 6 erfordert eine besondere Sorgfalt und Erfahrung, besonders bei der Ausnutzung der für Holz der Güteklasse I zugelassenen hohen Spannungen. Das gleiche gilt bei der Anwendung von Leimverbindungen. Die Bestimmungen ermöglichen dabei eine sehr weitgehende Ausnutzung des Holzes. Es muß daher erwartet werden, daß alle Beteiligten sich der Gefahren bewußt werden, die in Abweichungen von den Vorschriften liegen, und daß sie die Voraussetzungen der neuen Bestimmungen hinsichtlich der Güte der Ausführung und Berechnung in allen Teilen voll erfüllen.

Die Baupolizei und die Baugenehmigungsbehörden ersuche ich, hierüber besonders streng zu wachen, um Mißerfolge und Unfälle zu vermeiden. Über die Nichtbeachtung dieser Vorschriften bitte ich unabhängig von der Durchführung der sich daraus ergebenden polizeilichen Maßnahmen zu berichten. Bei Verstößen gegen die Bauvorschriften oder die anerkannten Regeln der Baukunst ersuche ich, gegen unzuverlässige Unternehmer mit aller Schärfe vorzugehen (Reichsgewerbeordnung § 35 Abs. 5 und § 53a).

Abdrucke des Normblattes können vom Beuth-Vertrieb GmbH, Berlin SW 68, Dresdener Str. 97, bezogen werden.

Dieser Erlaß wird im Reichsarbeitsblatt veröffentlicht.

Im Auftrag
gez. Durst

Anlage zum Erlaß

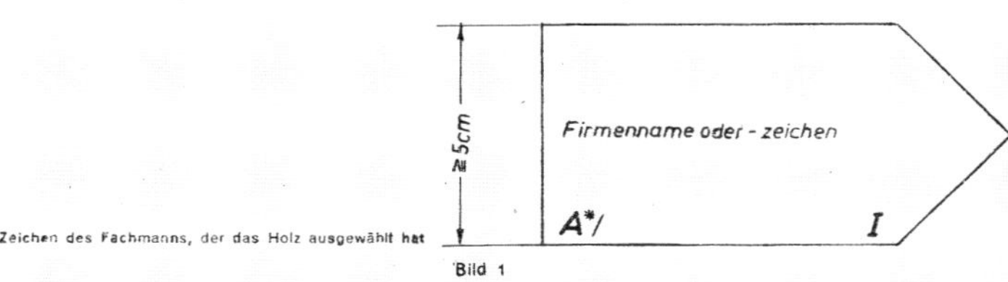

Bild 1

Auf dieser Strecke genugt das Holz der Anforderung der Güteklasse I

Bild 2

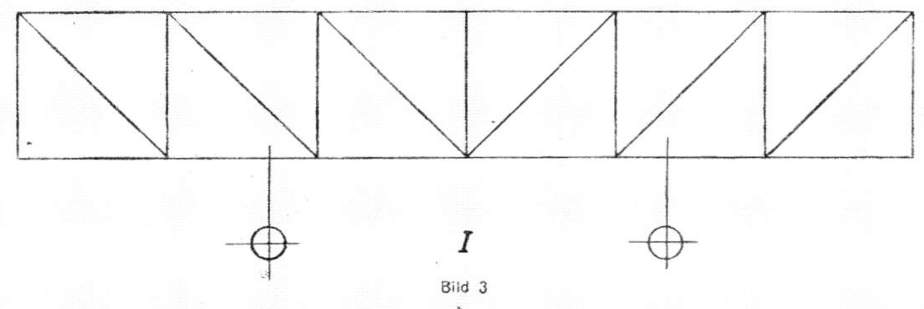

Bild 3

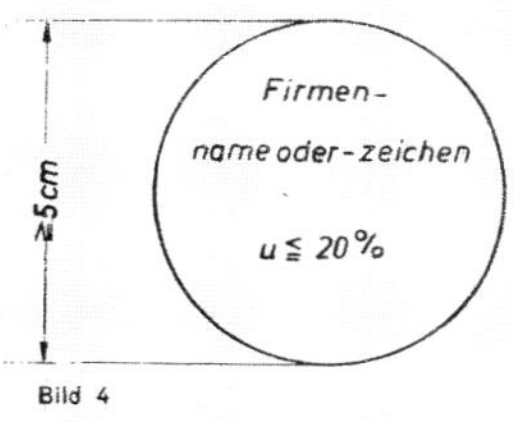

Bild 4

Seite 4 DIN 1052

I. Vorbemerkungen

§ 1. Geltungsbereich

1 a) Die Bestimmungen gelten für sämtliche Bauteile aus Holz, soweit unter b und c nichts anderes bestimmt ist, sie gelten auch für fliegende Bauten (DIN 4112 „Berechnungsgrundlagen für fliegende Bauten"), Bau- und Lehrgerüste, Absteifungen und Schalungsunterstützungen.

2 b) Für hölzerne Brücken und Stege unter Straßen, Fußwegen, Eisenbahnen, Straßen- und Kleinbahnen, Industrie- und Feldbahnen gilt außerdem DIN 1074 „Berechnungs- und Entwurfsgrundlagen für hölzerne Brücken"

3 c) Für Maste in Starkstromleitungen, auch wenn sie auf massivem Sockel aufgestellt sind, gelten VDE 0210 „Vorschriften für den Bau von Starkstromfreileitungen" und die „Verwaltungs-Vorschriften der Reichsbahn, Reichspost und Reichswasserstraßenverwaltung für Kreuzungen mit fremden Starkstromanlagen nebst Richtlinien des Reichswirtschaftsministeriums über Kreuzung der Reichsautobahnen mit Elektrizitätsversorgungsanlagen".

II. Allgemeine Vorschriften für die Festigkeitsberechnungen und Zeichnungen

§ 2. Allgemeine Bezeichnungen

4 Für die Bezeichnungen in den Festigkeitsberechnungen und Zeichnungen gilt DIN 1350 und Beiblatt.

§ 3. Inhalt der Berechnung

5 Die Festigkeitsberechnung soll ausreichend angeben:

a) die zugrunde gelegten Lasten nach DIN 1055 „Lastannahmen im Hochbau";
b) etwaige Schwingbeiwerte (Stoßzahlen) nach DIN 1055;
c) die im Entwurf vorgesehenen Baustoffe, bei Holz nach DIN 4074 „Bauholz, Gütebedingungen";
d) die Eigengewichte aller wesentlichen Teile;
e) die Querschnittsformen und Querschnittswerte aller wesentlichen Bauglieder;
f) die zulässigen und die größten rechnerisch ermittelten Spannungen der Bauglieder, Verbindungen, Anschlüsse und Stöße;
g) in wichtigen Fällen die Größe der Durchbiegung und der erforderlichen Überhöhung;
h) wenn nötig auch den Nachweis der Standsicherheit gegen Abheben und Umkippen.

6 Für untergeordnete Bauteile, deren Maße mit Sicherheit beurteilt werden können, ist kein Festigkeitsnachweis erforderlich [1]).

§ 4. Einzelheiten der Berechnung

a) Nachweis der Spannungen

7 1. In der Festigkeitsberechnung sind im allgemeinen nicht die erforderlichen Querschnitte anzugeben, sondern es sind die größten rechnerischen Spannungen der Bauteile und Verbindungen, Anschlüsse und Stöße den zulässigen Spannungen gegenüberzustellen.

1) Die Maße von Holzbalken für Decken können aus DIN 104 „Holzbalken für Wohnhäuser" entnommen werden.

2. Besonders zu berücksichtigen sind die Spannungen, die durch erheblich ausmittige Anschlüsse und durch Biegebeanspruchungen von Fachwerkstäben entstehen. 8
3. Der Einfluß der Temperaturänderungen darf bei der Festigkeitsberechnung vernachlässigt werden. 9

b) Außergewöhnliche Formeln und Berechnungsumfang

Für außergewöhnliche Formeln ist die Quelle anzugeben, wenn sie allgemein zugänglich ist. Sonst sind die Formeln so weit zu entwickeln, daß ihre Richtigkeit geprüft werden kann. 10

Jede Festigkeitsberechnung muß ein in sich abgeschlossenes Ganzes bilden. Daher dürfen aus anderen Festigkeitsberechnungen nur dann Werte ohne Entwicklung übernommen werden, wenn die neue Berechnung eine frühere Berechnung ergänzt. 11

§ 5. Elastizitätsmodul

Bei der Berechnung elastischer Formänderungen sind für den Elastizitätsmodul die in Tafel 1 angegebenen Werte zugrunde zu legen. 12

Tafel 1

	1	2	3
		Elastizitätsmodul	
Zeile	Holzart	in der Faserrichtung $E_{\parallel}$ in kg/cm²	senkrecht zur Faserrichtung $E_{\perp}$ in kg/cm²
1	Nadelholz	100 000	3000
2	Eiche und Buche	125 000	6000

III. Zulässige Spannungen und Spannungsermäßigung

§ 6. Zulässige Spannungen für Bauholz

a) In Bauwerken aus Bauholz nach DIN 4074 „Bauholz, Gütebedingungen", bei denen sich die Kraftwirkungen zuverlässig rechnerisch erfassen lassen und die Kräfte durch einwandfreie Verbindungen und Verbindungsmittel sicher übertragen werden, sind die Spannungen nach Tafel 2 zulässig (wegen Spannungsermäßigung siehe § 7 und wegen zulässiger Spannungen für Verbindungsmittel § 16). 13

Die zulässige Spannung richtet sich nach der Güteklasse des Holzes. Das Bauholz ist nach DIN 4074 auszuwählen und zu beurteilen. Die Hölzer brauchen der vorgesehenen Güteklasse jeweils nur auf dem Teil ihrer Länge zu entsprechen, an dem die entsprechenden Spannungen auftreten, zuzüglich eines beiderseitigen Sicherheitszuschlages gleich dem 1½fachen größten Querschnittsmaß. 14

Bei Bauteilen, die aus einzelnen Teilen zusammengeleimt werden, sind für die Einstufung in die Güteklasse nach DIN 4074 im allgemeinen die Eigenschaften des ganzen Verbundkörpers, nicht die der einzelnen Teile maßgebend. Jedoch müssen bei Balken die in der Zugzone außen liegenden Teile, für sich betrachtet, ebenfalls der vorgesehenen Güteklasse entsprechen. Bei zusammengesetzten Zuggliedern müssen alle Einzelteile der vorgesehenen Güteklasse entsprechen 15

b) Die für Holz der Güteklasse I zulässigen Spannungen nach Tafel 2 Spalte 6 und 7 dürfen im allgemeinen nur bei hochbeanspruchten Baugliedern weitgespannter Tragwerke angewendet werden. Ferner müssen folgende Bedingungen erfüllt sein: 16

Berechnung, Durchbildung und Ausführung des Bauwerkes müssen den strengsten Anforderungen genügen. Der entwerfende Fachmann und der ausführende Unternehmer müssen die für diese Arbeiten notwendigen besonderen Kenntnisse und Erfahrungen haben. In den Entwurfszeichnungen sind die Teile genau zu kennzeichnen, für die in der Festigkeitsberechnung Holz der Güteklasse I vorgesehen ist. Das Holz der Güteklasse I muß durch einen geeigneten Fachmann des Unternehmers sorgfältig ausgesucht und an sichtbar bleibender Stelle deutlich so gekennzeichnet werden, daß ersichtlich bleibt, welcher Teil zur Güteklasse I gehört und wer das Holz ausgesucht hat. 17

Seite 6 DIN 1052

Tafel 2

1		2	3	4	5	6	7	8
Zulässige Spannungen σ_{zul} und τ_{zul} in kg/cm²								
Zeile	Art der Beanspruchung	Güteklasse III		Güteklasse II		Güteklasse I		Bemerkungen
		Nadelholz	Eiche und Buche	Nadelholz	Eiche und Buche	Nadelholz	Eiche und Buche	
1	Biegung $\sigma_{b\,zul}$	70	75	**100** 2)	**110**	130 2)	140	—
2	Biegung bei durchlaufenden Trägern ohne Gelenke $\sigma_{b\,zul}$	75	80	**110** 3)	**120**	140 3)	155	—
3	Zug in der Faserrichtung $\sigma_{z\,zul}$	0	0	**85**	**100**	105	110	—
4	Druck in der Faserrichtung $\sigma_{d\,zul\,\parallel}$	60	70	**85** 3)	**100**	110 3)	120	—
5	Druck rechtwinklig zur Faserrichtung $\sigma_{d\,zul\,\perp}$	20	30	**20**	**30**	20	30	Der Überstand der Schwellen über die Druckfläche muß in der Faserrichtung beiderseits mindestens gleich dem 1½fachen der Schwellenhöhe h sein (Bild 1). Andernfalls sind die in Zeile 5 u. 6 angegebenen Spannungen um 1/5 zu ermäßigen.
6	Druck rechtwinklig zur Faserrichtung bei Bauteilen, bei denen geringfügige Eindrückungen unbedenklich sind, $\sigma_{d\,zul\,\perp}$	25	40	**25**	**40**	25	40	
7	Abscheren in der Faserrichtung und Leimfuge τ_{zul}	9	10	**9**	**10**	9	12	Bei Brücken sind für Nadelholz geringere Werte festgelegt (vgl. DIN 1074).

2) Für Lärchenholz sind um 10 kg/cm² höhere Werte zulässig.
3) Für Lärchenholz sind um 5 kg/cm² höhere Werte zulässig.

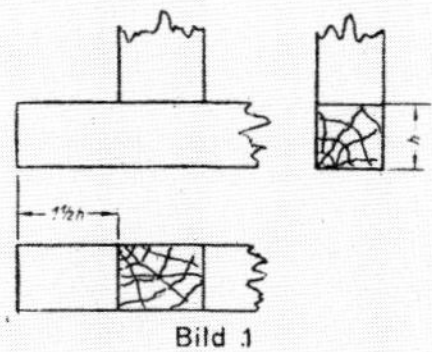

Bild 1

§ 7. Spannungsermäßigung

18 Die Spannungen der Tafel 2 sind zu ermäßigen:

a) auf 2/3

1. bei Gerüsten, wenn frischgefälltes Holz verwendet wird,
2. bei Bauteilen, die dauernd im Wasser stehen, z. B. Stützjochen,
3. bei Bauteilen, die der Feuchtigkeit und Nässe ungeschützt ausgesetzt sind, mit Ausnahme von fliegenden Bauten,

b) auf $^6/_6$
bei Bauteilen, die der Feuchtigkeit und Nässe ausgesetzt, aber nach der Bearbeitung und vor dem Zusammenbau mit einem geprüften Mittel geschützt sind[2]).

§ 8. **Schräger Kraftangriff**

a) Rechtwinklig oder schräg zur Faser wirkende Zugkräfte, die zum Aufreißen des Holzes führen können, sind durch besondere Vorkehrungen aufzunehmen (z. B. Bolzen, vgl. Bild 2). 19

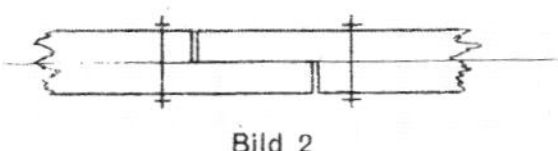

Bild 2

b) Die zulässigen Druckspannungen schräg zur Faser sind nach der Formel 20

$$\sigma_{d\,zul\,\sphericalangle} = \sigma_{d\,zul\,\parallel} - (\sigma_{d\,zul\,\parallel} - \sigma_{d\,zul\,\perp}) \sin\alpha$$

zu berechnen (s. a. Bild 3).

Für Güteklasse II sind die Werte $\sigma_{d\,zul\,\sphericalangle}$ in Tafel 3 angegeben.

Tafel 3

	1	2		3	4	5	6
Zulässige Druckspannungen in kg/cm² bei schrägem Kraftangriff für Holz der Güteklasse II $\sigma_{d\,zul\,\sphericalangle} = \sigma_{d\,zul\,\parallel} - (\sigma_{d\,zul\,\parallel} - \sigma_{d\,zul\,\perp}) \sin\alpha$							
Zeile	Winkel α oder β zwischen Anschlußkraft und Faserrichtung	Nadelholz				Eiche und Buche	
		—		bei Bauteilen, bei denen geringfügige Eindrückungen unbedenklich sind		—	bei Bauteilen, bei denen geringfügige Eindrückungen unbedenklich sind
		allgemein	Lärche	allgemein	Lärche		
1	0°	85	90	85	90	100	100
2	10°	74	78	75	79	88	90
3	20°	63	66	64	68	76	79
4	30°	52	55	55	57	65	70
5	40°	43	45	46	48	55	61
6	50°	35	36	39	40	46	54
7	60°	29	29	33	34	39	48
8	70°	24	24	29	29	34	44
9	80°	21	21	26	26	31	41
10	90°	20	20	25	25	30	40

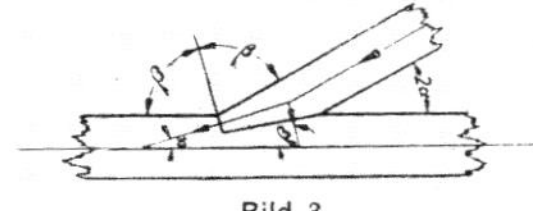

Bild 3

§ 9. **Zulässige Spannungen für Stahlteile**

Für Stahlteile dürfen die Zug- und Biegespannungen höchstens 1200 kg/cm² betragen. Stählerne Zugstangen, Anker und Schraubenbolzen dürfen im Gewinde-Kernquerschnitt nur mit 1000 kg/cm² beansprucht werden. Im übrigen gilt DIN 1050 „Berechnungsgrundlagen für Stahl im Hochbau". 21

IV. Bemessungsregeln

§ 10. Mindestquerschnitte

22 Für tragende, einteilige Fachwerkstäbe sind Querschnitte unter 60 cm² und 6 cm kleinsten Maßes unzulässig. Bei mehrteiligen Stäben gelten diese Werte für den Einzelstab.

23 Bei genagelten und bei geleimten Stäben sind kleinere Querschnitte zulässig.

§ 11. Querschnittsschwächungen

24 a) Waldkanten, die nicht größer sind als in DIN 4074 festgesetzt, brauchen bei der Querschnittsermittlung nicht abgezogen zu werden.

25 b) In Zugstäben und bei Baugliedern, die auf Biegung beansprucht werden, sind bei Ermittlung der Spannungen im gefährlichen Querschnitt und in dessen Nähe alle Schwächungen durch Dübel, Bandstahl, Bolzen, Schrauben, Platten, Einkämmungen usw. zu berücksichtigen (vgl. auch § 4a 2). Bei Ringdübeln ist als Schwächung die Fläche $b \cdot t$ abzuziehen (Bild 4).

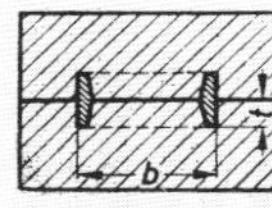

Bild 4

26 c) Bei Druckstäben brauchen solche Querschnittsschwächungen nur dann berücksichtigt zu werden, wenn die geschwächte Stelle nicht satt ausgefüllt ist oder der ausfüllende Baustoff sich leichter zusammendrücken läßt als das Holz des Stabes (wenn z. B. die Fasern von Holzeinlagen rechtwinklig zu denen des Druckstabes verlaufen).

27 Die Berücksichtigung der Querschnittsschwächung ist besonders wichtig, wenn durch sie wesentliche ausmittige Kraftwirkungen entstehen.

§ 12. Druckstäbe

a) Freie Knicklänge

28 1. Die im folgenden Absatz c angegebene Berechnung setzt voraus, daß der Druckstab an den Enden der in Rechnung gestellten freien Knicklänge durch Verbände, Scheiben oder nach § 13 gegen seitliches Ausweichen gesichert ist. In diesen Fällen ist gelenkige Führung beider Stabenden anzunehmen (2. Eulerfall). Ist die Voraussetzung des 1. Satzes nicht erfüllt, so sind entsprechend größere Knicklängen in Rechnung zu stellen (z. B. bei überwiegend auf Druck beanspruchten Stielen von Zweigelenkrahmen; vgl. auch Ziffer 3).

29 2. Bei Fachwerkstäben ist als freie Knicklänge s_K die Länge der Netzlinie einzusetzen. Für das Ausknicken aus der Trägerebene ist dies aber nur zulässig, wenn die Knotenpunkte, die der Stab verbindet, entsprechend Ziffer 1 Satz 1 gehalten sind. Unter derselben Voraussetzung ist bei Stützen und Steifen als Knicklänge ihre Länge einzusetzen.

30 3. Bei Stützen, die an einem Ende eingespannt und am anderen Ende frei beweglich sind, ist die Knicklänge gleich der doppelten Stablänge zu wählen

31 4. Bei Abstützung von Zwischenpunkten gedrückter Bauglieder gegen festliegende andere Punkte darf die Knicklänge für das Ausknicken in der Richtung, in der die Abstützung wirksam ist, entsprechend verringert werden.

b) Schlankheitsgrad

32 Druckstäbe mit einem größeren Schlankheitsgrad als $\lambda = 150$ sind unzulässig[3]).

[3]) Bei fliegenden Bauten sind auch höhere Schlankheitsgrade zulässig. Vgl. Berechnungsgrundlagen für fliegende Bauten — DIN 4112.

c) Mittiger Kraftangriff

1. Einteilige Stäbe (Vollholz)

Bei mittigem Kraftangriff ist die ermittelte Stabkraft S mit der dem Schlankheitsgrad $\lambda = \frac{s_K}{\min i}$ entsprechenden Knickzahl ω (Tafel 4) zu vervielfachen. Der Stab kann dann wie ein dem Knicken nicht ausgesetzter Druckstab behandelt werden. Die mit ω vervielfachte Schwerpunktsspannung darf höchstens den Wert $\sigma_{d\,zul\,II}$ erreichen. Es muß also 33

$$\sigma = \frac{\omega \cdot S}{F} \leqq \sigma_{d\,zul\,II}$$

sein. Hierbei sind für $\sigma_{d\,zul\,II}$ die Werte der Tafel 2 Zeile 4 anzunehmen.

Es bedeutet

S die größte Druckkraft des Stabes,

F den ungeschwächten Stabquerschnitt

$\min J$ das kleinste Trägheitsmoment des ungeschwächten Stabquerschnittes,

$\min i = \sqrt{\frac{\min J}{F}}$ den kleinsten Trägheitshalbmesser des ungeschwächten Stabquerschnittes.

Tafel 4

Knickzahlen ω											
λ	0	1	2	3	4	5	6	7	8	9	λ
0	1,00	1,01	1,01	1,02	1,03	1,03	1,04	1,05	1,06	1,06	0
10	1,07	1,08	1,09	1,09	1,10	1,11	1,12	1,13	1,14	1,15	10
20	1,15	1,16	1,17	,18	1,19	1,20	1,21	1,22	1,23	1,24	20
30	1,25	1,26	1,27	1,28	1,29	1,30	1,32	1,33	1,34	1,35	30
40	1,36	1,38	1,39	1,40	1,42	1,43	1,44	1,46	1,47	1,49	40
50	1,50	1,52	1,53	1,55	1,56	1,58	1,60	1,61	1,63	1,65	50
60	1,67	1,69	1,70	1,72	1,74	1,76	1,79	1,81	1,83	1,85	60
70	1,87	1,90	1,92	1,95	1,97	2,00	2,03	2,05	2,08	2,11	70
80	2,14	2,17	2,21	2,24	2,27	2,31	2,34	2,38	2,42	2,46	80
90	2,50	2,54	2,58	2,63	2,68	2,73	2,78	2,83	2,88	2,94	90
100	3,00	3,07	3,14	3,21	3,28	3,35	3,43	3,50	3,57	3,65	100
110	3,73	3,81	3,89	3,97	4,05	4,13	4,21	4,29	4,38	4,46	110
120	4,55	4,64	4,73	4,82	4,91	5,00	5,09	5,19	5,28	5,38	120
130	5,48	5,57	5,67	5,77	5,88	5,98	6,08	6,19	6,29	6,40	130
140	6,51	6,62	6,73	6,84	6,95	7,07	7,18	7,30	7,41	7,53	140
150*)	7,65	7,77	7,90	8,02	8,14	8,27	8,39	8,52	8,65	8,78	150
160	8,91	9,04	9,18	9,31	9,45	9,58	9,72	9,86	10,00	10,15	160
170	10,29	10,43	10,58	10,73	10,88	11,03	11,18	11,33	11,48	11,64	170
180	11,80	11,95	12,11	12,27	12,44	12,60	12,76	12,93	13,09	13,26	180
190	13,43	13,61	13,78	13,95	14,12	14,30	14,48	14,66	14,84	15,03	190
200	15,20	15,38	15,57	15,76	15,95	16,14	16,33	16,52	16,71	16,91	200
210	17,11	17,31	17,51	17,71	17,92	18,12	18,33	18,53	18,74	18,95	210
220	19,17	19,38	19,60	19,81	20,03	20,25	20,47	20,69	20,92	21,14	220
230	21,37	21,60	21,83	22,06	22,30	22,53	22,77	23,01	23,25	23,49	230
240	23,73	23,98	24,22	24,47	24,72	24,97	25,22	25,48	25,73	25,99	240
250	26,25	—	—	—	—	—	—	—	—	—	250

*) Die Knickzahlen ω für λ 150 sind für die Berechnung der Druckstäbe für fliegende Bauten angegeben.

2. Mehrteilige Stäbe

Für das Ausknicken senkrecht zur Achse x—x (Bild 5a und 5b) kann ein mehrteiliger Stab wie ein einteiliger Stab berechnet werden, dessen Breite gleich der Summe der Breiten der Einzelstäbe ist. 34

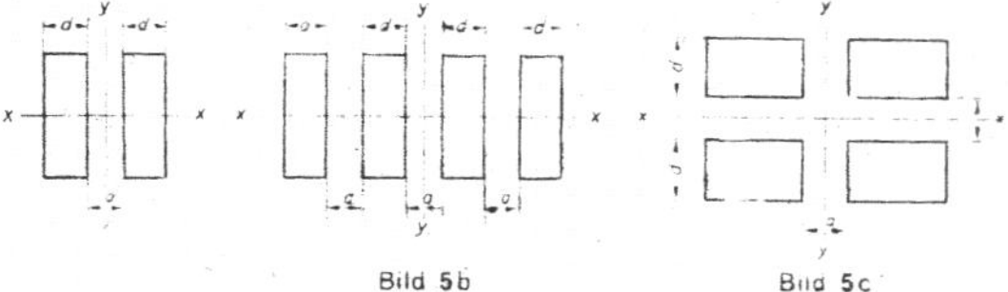

Bild 5b Bild 5c

35 Für das Ausknicken senkrecht zur Achse $y-y$ bei Druckstäben nach Bild 5a, 5b und 5c und senkrecht zur Achse $x-x$ bei Druckstäben nach Bild 5c kann nicht mit einem vollkommenen Zusammenwirken der Einzelquerschnitte gerechnet werden.

36 Bezeichnet J das Trägheitsmoment des mehrteiligen Druckstabes und J_0 das des Vollstabes, der durch Zusammenschieben der Einzelquerschnitte entstehen wurde, so ist zur Ermittlung der Knickzahl ω als wirksames Trägheitsmoment J_w des mehrteiligen Druckstabes anzunehmen:

$$J_w = J_0 + \frac{J - J_0}{4} = 3/4\,J_0 + 1/4\,J$$

Spreizungen $a > 2d$ dürfen hierbei nicht in Rechnung gestellt werden. Das kleinste Trägheitsmoment des Einzelstabes J_1 in cm^4 muß mindestens sein

$$J_1 = \frac{10\,S \cdot s_K^2}{n}$$

Hierbei ist:

S die größte Druckkraft des Gesamtstabes in t,
s_K die Knicklänge des Gesamtstabes in m,
n die Zahl der Einzelstäbe.

37 Die Einzelstäbe sind an den Enden und mindestens in den Drittelpunkten durch Bindehölzer zu verbinden oder auf der ganzen Länge fachwerkartig zu vergittern. Die Bindehölzer und ihre Anschlüsse müssen Bild 6a bis d entsprechen. Sie müssen bei Gurtbreiten $\leq$ 18 cm einreihig, bei Gurtbreiten $>$ 18 cm zweireihig mit mindestens zwei Bolzen in jeder Reihe angeschlossen werden (Bild 6b und c). Bei genagelter Ausführung kann an Stelle der in Bild 6a bis d angegebenen Bolzen eine entsprechende Zahl von Nägeln angeordnet werden.

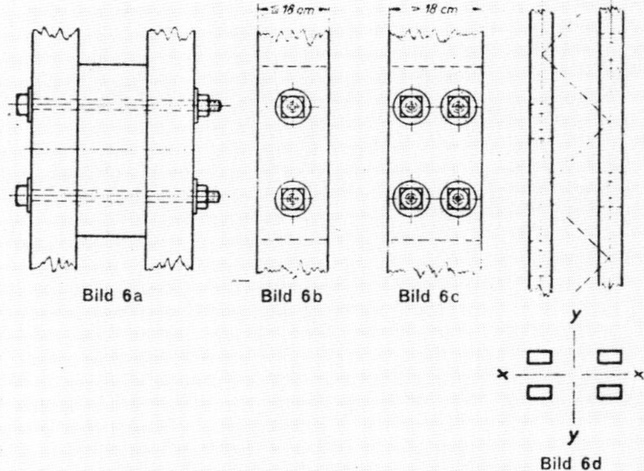

Bild 6a Bild 6b Bild 6c Bild 6d

d) Ausmittiger Kraftangriff

38 Bei Stäben, die erheblich ausmittig durch eine Druckkraft oder die neben einer mittigen Druckkraft S von einem Biegemoment M beansprucht werden, muß die errechnete (gedachte) Randspannung

$$\sigma_\omega = \frac{\omega \cdot S}{F} + 0{,}85\,\frac{M}{W_n} \leq \sigma_{d\,zul}$$

sein. Hierbei sind für $\sigma_{d\,zul}$ die Werte in Tafel 2 Zeile 4 einzusetzen. Hierbei ist ohne Rücksicht auf die Richtung der Ausbiegung stets der größte Wert von ω einzusetzen. Das Moment M und das Widerstandsmoment W_n sind dabei auf die Achse des ungeschwächten Querschnittes zu beziehen.

§ 13. Abstützung von Druckstäben gegen seitliches Ausweichen

Druckgurte, die nicht durch einen Windverband verbunden sind, müssen gegen seitliches Ausweichen gesichert werden. Verzichtet man auf eine eingehende Rechnung, so ist für die Überschlagsrechnung eine Seitenkraft von mindestens 1/100 der größten Stabkraft der beiden benachbarten Gurtstäbe (ohne Knickzahl) rechtwinklig zur Trägerebene nach außen und nach innen wirkend anzunehmen. Hiermit sind die abstützenden Teile zu berechnen. (Bild 7a und b.) 39

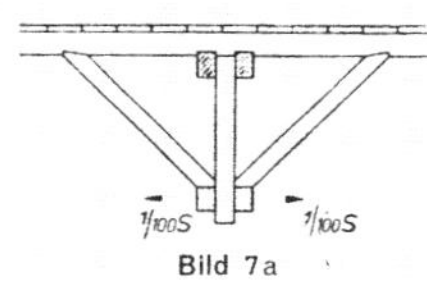

Bild 7a

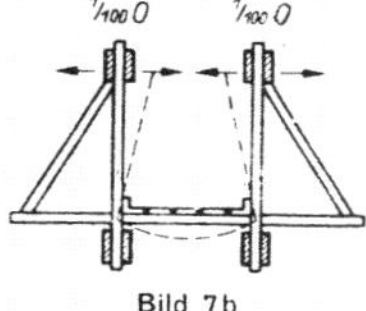

Bild 7b

Sinngemäß ist zu verfahren, wenn ein gedrücktes Wandglied durch einen Halbrahmen in einem Zwischenpunkt gegen seitliches Ausweichen gestützt ist. 40

§ 14. Zugstäbe mit Druckbeanspruchungen in Ausnahmefällen

Zugstäbe, die bei der vorgeschriebenen Größe und Verteilung der Belastung nur geringe Zugkräfte erhalten, bei etwas anderer Verteilung und Größe der Belastung, wie sie besonders bei der Windbelastung möglich ist, aber auf Druck beansprucht werden, sind auch für eine angemessene Druckkraft zu bemessen (vgl. auch § 19, 5). 41

§ 15. Auf Biegung beanspruchte Bauglieder

a) Allgemein

Bei Baugliedern, die auf Biegung beansprucht werden, sind Schwächungen der äußeren Fasern im gefährlichen Querschnitt und in dessen Nähe möglichst zu vermeiden. 42

Bei zusammengesetzten Vollwandträgern darf die Schwerpunktspannung σ_z (Bild 8) in den Einzelteilen der Zuggurte vollwandiger, auf Biegung beanspruchter Holztragwerke höchstens gleich der in Tafel 2 Zeile 3 festgelegten zulässigen Zugspannung sein. Dieser Wert ist maßgebend, wenn die Höhe h_1 des betreffenden Gurtteiles bei Holz der Güteklasse I kleiner als $0{,}2\,h$, bei Holz der Güteklasse II kleiner als $0{,}15\,h$ ist. Bei vollwandigen Trägern, deren Stege aus gekreuzten Brettern bestehen, sind für die zulässigen Spannungen in den Zuggurten stets die Werte der Tafel 2 Zeile 3 und in den Druckgurten die Werte der Tafel 2 Zeile 4 maßgebend (vgl. c 2). 43

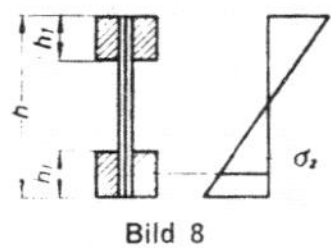

Bild 8

b) Stützweiten

1. Bei Balken, die an beiden Enden frei aufliegen, gilt als Stützweite die Entfernung der Auflagermitten. Liegen sie unmittelbar auf Mauerwerk auf, so ist als Stützweite die um mindestens 1/20 vergrößerte Lichtweite anzunehmen. 44

2. Bei durchlaufenden Balken gilt als Stützweite der Achsabstand der Unterstützungen. 45

3. Durchlaufende Bohlen sind als frei drehbar gelagerte Träger auf 2 Stützen zu berechnen. Dabei gilt als Stützweite der lichte Abstand der Unter- 46

Seite 12 DIN 1052

stützungen zuzüglich 10 cm, höchstens aber der Achsabstand der Unterstützungen.

47 4. Für Pfetten und Balken mit Kopfbändern oder Sattelhölzern gilt § 15c) 3.

c) Sonderausführungen

1. Verdübelte Balken

48 Bei verdübelten Balken ist — sorgfältige Ausführung vorausgesetzt — das Widerstandsmoment anzunehmen

bei 2 Lagen zu $W = 0{,}85 \cdot \frac{b \cdot h^2}{6}$,

bei 3 Lagen zu $W = 0{,}70 \cdot \frac{b \cdot h^2}{6}$

(Bei Brücken gelten kleinere Werte, vgl. DIN 1074).

49 Die Schwächungen durch die Dübel- und Bolzenlöcher sind hierbei bereits berücksichtigt. Mehr als 3 Lagen dürfen nicht in Rechnung gestellt werden. Die Dübelverbindungen dieser Balken sind rechnerisch nachzuweisen (vgl. § 16a). Das Kippmoment der Dübel ist durch Schraubenbolzen aufzunehmen.

2. Genagelte Vollwandbinder

50 Bei genagelten Vollwandbindern dürfen die Stege bei der Ermittlung des Trägheitsmomentes und des Widerstandsmomentes nicht berücksichtigt werden. Die Aufnahme der Querkräfte durch die Stegteile und ihre Anschlüsse muß nachgewiesen werden. Bestehen die Stege aus einzelnen Brettern, so sind mindestens 2 Bretterlagen anzuordnen, die sich kreuzen.

51 Bestehen die Gurtungen aus mehreren Teilen (vgl. Bild 9), so sind die Querschnitte der Einzelteile mit folgenden Beiwerten η in Rechnung zu stellen:

Teil 1 $\eta = 1{,}0$
Teil 2 $\eta = 0{,}80$
Teil 3 $\eta = 0{,}60$
Teil 4 $\eta = 0{,}40$
etwaige weitere Teile $\eta = 0{,}20$

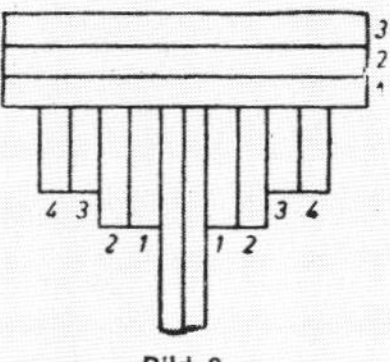

Bild 9

3. Kopfbandbalken

52 Bei Pfetten und Balken mit Kopfbändern ist als Stützweite der Wert

$$\frac{l + l_0}{2}$$

in Rechnung zu stellen (Bild 10). Für diese Stützweite ist der Bauteil als ein frei drehbar gelagerter Balken auf zwei Stützen zu berechnen. Bei Balken mit erheblichen Verkehrslasten kann auch eine genauere Berechnung in Frage

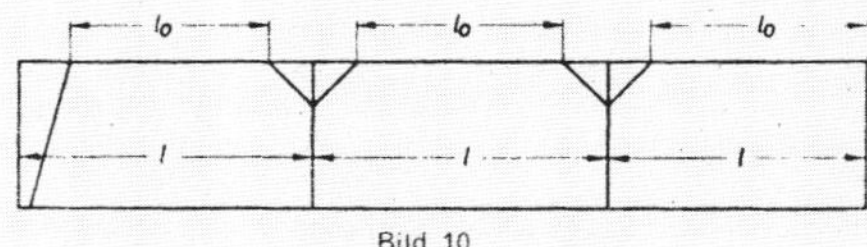

Bild 10

kommen, z. B. als Rahmenwerk. Hierbei ist auch der Einfluß einseitiger Belastung auf die Stützen, Balken und Pfetten zu verfolgen.

An den Stößen der Balken ist die Aufnahme der waagerechten Kräfte durch bauliche Vorkehrungen zu sichern. 53

In jedem Fall muß nachgewiesen werden, daß das Kopfband und seine Anschlüsse für die auf sie entfallende Last ausreichen. 54

Bei Pfetten und Balken mit Sattelhölzern ohne Kopfbänder ist stets mit der Stützweite l (Bild 10) zu rechnen. 55

d) Durchbiegung

1. Die von der ruhenden Verkehrslast einschl. der Wind- und Schneelast herrührende, ohne Berücksichtigung der Nachgiebigkeit der Verbindungen rechnerisch ermittelte Durchbiegung darf bei Fachwerkträgern im allgemeinen höchstens 1/700 der Stützweite, bei vollwandigen, genagelten, gedübelten oder geleimten Trägern höchstens 1/400 sein. 56
2. Bei Decken unter Wohn-, Büro- und Diensträumen darf die rechnerische Durchbiegung von Deckenbalken unter der ständigen Last und der Verkehrslast im allgemeinen höchstens 1/300 betragen [4]). Bei Pfetten, Sparren u. dgl. darf sie höchstens 1/200 der Stützweite, bei Kragträgern höchstens 1/150 der Kraglänge sein. 57
3. Bei der Berechnung der Durchbiegung ist der ungeschwächte Querschnitt einzusetzen. 58

§ 16. Verbindungsmittel

a) Dübelverbindungen

1. Unter die Bestimmungen für Dübelverbindungen fallen alle überwiegend auf Druck und Abscheren beanspruchten Verbindungsmittel, wie rechteckige Dübel und Keile, Scheiben-, Teller-, Ring- und Krallendübel, Krallenplatten, Stabdübel usw. 59
2. Die zulässige Belastung der Dübelverbindungen ist auf Grund der nachstehenden Festlegungen rechnerisch zu ermitteln, soweit nicht auf Grund von Versuchen andere Werte durch allgemeine baupolizeiliche Zulassungen des Reichsarbeitsministers festgelegt sind [5]). Diese Werte dürfen nur dann angewendet werden, wenn die Ausführung besonders hinsichtlich des Einbaus, der Vorholzlängen, Bolzendicken, Bolzenzahl und Maße der Unterlegscheiben der Zulassung genau entspricht. 60
3. Die Versuche dürfen nur von anerkannten Prüfanstalten [6]) durchgeführt werden. Die Versuche müssen die Wirkung der Verbindung einwandfrei klären. Sie sind bis zum Bruch durchzuführen. Die zulässige Belastung ist aus der mittleren Versuchsbruchlast mit 3facher Sicherheit zu errechnen. Die verbundenen Teile dürfen sich unter der zulässigen Last höchstens um 1,5 mm gegeneinander verschieben. 61

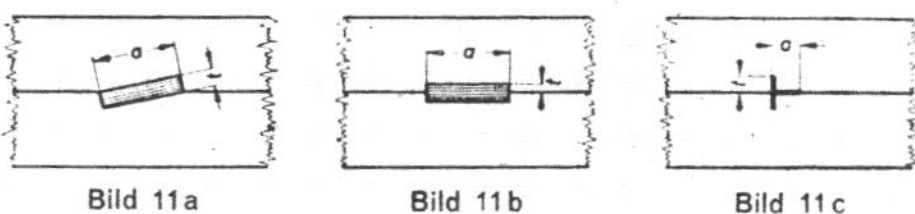

Bild 11a Bild 11b Bild 11c

4. Für Volldübel und geschlossene Ringdübel, bei denen das Maß a mindestens das 5fache der Einschnittiefe t beträgt (vgl. Bild 11a und b), ist der zulässige, gleichmäßig verteilte Leibungsdruck gleichgerichtet zur Faser bei Holz 62

der Güteklasse III 70 kg/cm²,
der Güteklasse II 85 kg/cm²,
der Güteklasse I 100 kg/cm².

Bei geschlossenen Ringdübeln darf bei der Berechnung der Tragfähigkeit nur der Kern oder nur das Vorholz berücksichtigt werden. 63

Seite 14 DIN 1052

64 5. Bei offenen Ringdübeln aus Stahl, deren Durchmesser mindestens das 5fache der Einschnittiefe t und deren Dicke 1/25 des Durchmessers beträgt, dürfen bei der Berechnung der Tragfähigkeit Kern und Vorholz als tragend angenommen werden. Hierbei ist bei Annahme gleichmäßiger Verteilung der zulässige Leibungsdruck gleichgerichtet zur Faser bei Holz

der Güteklasse III 40 kg/cm²,
der Güteklasse II 50 kg/cm²,
der Güteklasse I 60 kg/cm².

65 Die zulässige Scherspannung darf hierbei höchstens 7 kg/cm² betragen.

66 Die zulässige Last ist gesondert aus dem zulässigen Leibungsdruck und aus der zulässigen Scherspannung zu ermitteln. Der kleinere Wert ist maßgebend.

67 6. Für Dübelverbindungen, bei denen das Verhältnis a zu t kleiner als 5 ist (Bild 11c), beträgt der zulässige Leibungsdruck bei Annahme gleichmäßiger Verteilung die Hälfte der vorgenannten Werte. Werden die Spannungen senkrecht und gleichgerichtet zur Faser unter Berücksichtigung des auftretenden Kippmomentes genau nachgewiesen (vgl. Bild 12), so dürfen die Werte der Tafel 2 Zeile 4 und 6 nicht überschritten werden.

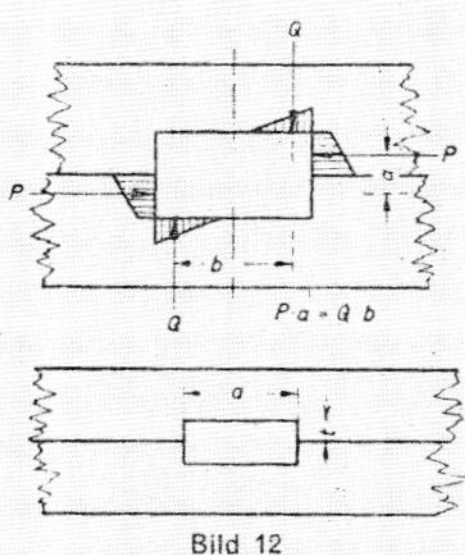

Bild 12

68 7. Für Kraftangriff schräg oder senkrecht zur Faser gelten die in Tafel 5 angegebenen %-Sätze der in Ziffer 4 bis 6 angeführten Leibungsdrücke.

Tafel 5

	1	2
	Zulässiger Leibungsdruck für Voll- und Ringdübel bei schrägem oder senkrechtem Kraftangriff in %	
Zeile	Winkel zwischen Anschlußkraft und Faserrichtung	%
1	0°	100
2	30°	90
3	45°	75
4	60°	60
5	90°	50

69 8. In den Fällen des § 7 sind die in Ziffer 4 bis 6 angegebenen zulässigen Spannungswerte auf 2/3 bzw. 5/6 zu ermäßigen.

70 9. Zu Volldübeln darf nur trockenes Hartholz oder geeignetes Metall verwendet werden. Holzdübel sind so einzulegen, daß ihre Fasern und die der Balken gleichgerichtet sind (vgl. Bild 11a und 11b).

71 10. Die Wandungen der Dübel aus Gußeisen oder Stahl müssen mindestens 4 mm dick sein. Dünnere Einpreßdübel aus Stahl sind ausreichend

gegen Rostgefahr zu schützen. In Bauwerken, die besonders schädigenden Einflüssen von Dämpfen, Gasen usw. ausgesetzt sind, darf die statische Wirkung dünnwandiger Einpreßdübel nicht berücksichtigt werden.

11. Bei Dübeln, die ohne Benutzung von Bohr-, Nut- und Fräswerkzeugen in das Holz eingetrieben werden (Einpreßdübel), ist der durch die Zähne beanspruchte Teil des Querschnittes bei der Berechnung der Querschnittsschwächung zu berücksichtigen. 72

12. Alle Dübelverbindungen müssen durch nachspannbare Schraubenbolzen (vgl. § 21) zusammengehalten werden. 73

b) Bolzenverbindungen

1. Unter die Bestimmungen für Bolzenverbindungen fallen alle senkrecht zur Scherfläche durchgehenden, überwiegend auf Biegung beanspruchten Verbindungsmittel, wie Schraubenbolzen, Rohrbolzen usw. 74

2. Die Bolzenlöcher müssen gut passend ohne Spiel und für mehrschnittige Verbindungen möglichst mit Maschinen gebohrt werden. 75

3. Bolzen müssen mindestens 10 mm (3/8"), bei Holzdicken von mehr als 8 cm mindestens 12 mm (1/2") Durchmesser haben. 76

4. Die Abstände der Bolzen untereinander und vom Stabende müssen in der Faserrichtung mindestens das 7fache des Bolzendurchmessers und nicht weniger als 10 cm betragen. 77

5. Die zulässige Last der Bolzenverbindung ist für Kraftangriff in der Faserrichtung, unabhängig von der Güteklasse des Holzes, aus Tafel 6 zu entnehmen. Dabei erübrigt sich der Nachweis der Biegespannung des Bolzens. 78

6. Für Kraftangriff senkrecht zur Faser beträgt die zulässige Last der Bolzenverbindung 3/4 der Werte der Tafel 6. Bei schrägem Kraftangriff sind Zwischenwerte geradlinig einzuschalten. 79

7. Treten an die Stelle der Seitenhölzer Stahllaschen, so kann die zulässige Last der Bolzenverbindung für die Mittelhölzer um 1/4 erhöht werden. 80

8. In den Fällen des § 7 sind die Werte der Tafel 6 auf 2/3 bzw. 5/6 zu ermäßigen. 81

Tafel 6

	1	2	3
Zulässige Last der Bolzenverbindungen für Kraftangriff in Faserrichtung			
Zeile		Nadelholz (einschl. Lärche)	Eiche und Buche
1	zweischnittig	Mittelholz: $85 \cdot a_3 \cdot d$, jedoch höchstens $380\ d^2$	Mittelholz: $100 \cdot a_3 \cdot d$, jedoch höchstens $450\ d^2$
2		Seitenholz: $55 \cdot a_1 \cdot d$, jedoch höchstens $260\ d^2$	Seitenholz: $65 \cdot a_1 \cdot d$, jedoch höchstens $300\ d^2$
3	einschnittig $a_1 < a_2$	$40 \cdot a_1 \cdot d$, jedoch höchstens $170\ d^2$	$50 \cdot a_1 \cdot d$, jedoch höchstens $200\ d^2$

c) Nagelverbindungen[7])

1. Für Nagelverbindungen im Holzbau sind runde Drahtstifte mit Senkkopf nach DIN 1151 „Drahtstifte, rund, Flachkopf, Senkkopf" zu verwenden. 82

2. Für die Tragfähigkeit der Drahtstifte gelten ohne Rücksicht auf den Faserverlauf des Holzes die in Tafel 7 und 8 angegebenen Werte. 83

3. Die Nageldicke ist nach dem dünnsten Holz zu bestimmen. Im allgemeinen sind die fettgedruckten Werte zu wählen. Bei nassem oder weitringigem Holz sind möglichst die dicken, bei trockenem oder engringigem die 84

[7]) Vgl. Merkheft des Fachausschusses für Holzfragen, Regeln und Erläuterungen für die Verwendung von Nägeln bei Nagelverbindungen im Holzbau nach DIN 1052. VDI-Verlag, Berlin.

Seite 16 DIN 1052

dünnen Nägel zu verwenden. Als Nagelverbindungen im Sinne dieser Bestimmungen gelten nur solche Verbindungen, bei denen für jeden einschnittigen Anschluß mindestens 4 Nägel verwendet werden (vgl. Bild 13).

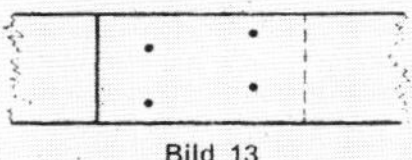

Bild 13

85 4. Sind bei Stoßlaschen von Zuggliedern mehr als 10 Nägel hintereinander angeordnet, so müssen die zulässigen Belastungen der Tafeln 5 und 6 um 10 %, bei mehr als 20 Nägeln um 20 % ermäßigt werden.

86 5. Bei Anschlüssen von Brettern, Bohlen u. dgl. an Rundholzflächen sind die zulässigen Belastungen der Tafeln 7 und 8 um 1/3 zu ermäßigen. Nagelverbindungen von zwei Rundholzflächen sind bei belasteten Bauteilen unzulässig.

Tafel 7

	1	2	3	4
	Zulässige Belastung von ein- und zweischnittig beanspruchten Nägeln in kg in jeder Faserrichtung je Nagel			
Zeile	Holzdicke in mm	Nägel Durchmesser d in 1/10 mm Länge in mm	Zulässige Belastung je Nagel in kg einschnittig	zweischnittig
1	20	28/60	30	60
		31/65	37,5	75
		34/80	45	90
2	24	31/80	37,5	75
		34/80	45	90
		38/90	52,5	105
3	26	34/90	45	90
		38/90	52,5	105
		42/100	62,5	125
4	30	38/90	52,5	105
		42/100	62,5	125
		46/110	72,5	145
5	35	42/120	62,5	125
		46/110	72,5	145
6	40	42/100	62,5	—
		46/130	72,5	145
		55/140	97,5	195
7	45	**55/140**	97,5	195
8	50	46/130	72,5	—
		55/160	97,5	195
9	55	55/140	97,5	—
		60/180	115	230
10	60	55/140	97,5	—
		60/180	115	230
		70/210	155	310
11	70	60/180	115	—
		70/210	155	310
		76/230	185	370
12	80	70/210	155	—
		76/230	185	370
		88/260	210	420

87 6. Bei Bauwerken, bei denen die Nägel der Rostgefahr besonders ausgesetzt sind, darf die Belastung von Nagelverbindungen nur dann die Werte der Tafeln 7 und 8 erreichen, wenn die Drahtstifte durch einen Überzug aus Zink, Blei oder Kadmium u. dgl. entsprechend der Art der Rostgefahr geschützt werden oder wenn es sich um Bauten zu vorübergehenden Zwecken handelt.

Tafel 8

	1	2	3	4	5
Zulässige Belastung von ein- und zweischnittig beanspruchten Nägeln in kg in jeder Faserrichtung					
Zeile	Nägel Durchmesser in 1/10 mm	Verwendbar für Holzdicke in mm	Mindest-Nagel-länge in mm	Zulässige Belastung je Nagel in kg einschnittig	zweischnittig
1	28	20	60	30	60
2	31	**20** 24	**65** 80	37,5	75
3	34	20 **24** 26	80 **80** 90	45	90
4	38	24 **26** 30	90 **90** 90	52,5	105
5	42	26 **30** 35 40	100 **100** 120 100	62,5 nur einschnittig	125
6	46	30 **35** **40** 50	110 **110** **130** 130	72,5 nur einschnittig	145
7	55	40 **45** **50** 55 60	140 **140** **160** 140 140	97,5 nur einschnittig nur einschnittig	195
8	60	**55** **60** 70	**180** **180** 180	115 nur einschnittig	230
9	70	60 **70** 80	210 **210** 210	155 nur einschnittig	310
10	76	70 **80**	230 **230**	185	370
11	88	80	260	210	420

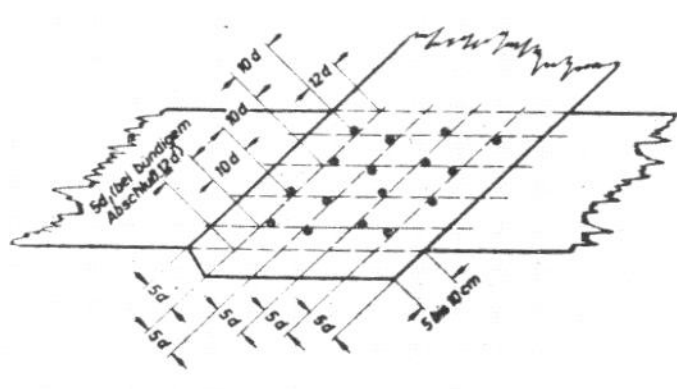

Bild 14

7. Als geringste Nagelabstände gelten, wenn die Nägel versetzt angeordnet 88
werden (siehe Bild 14),

in der Kraftrichtung:

12 d vom belasteten Rande,
10 d untereinander,
5 d vom unbelasteten Rande,

senkrecht zur Kraftrichtung:

5 d vom Rande,
5 d nebeneinander.

89 8. Bei gekrümmten genagelten Bauteilen muß der Biegehalbmesser mindestens 400 d sein. Hierbei ist d die Dicke des dicksten Einzelteils.

d) Leimverbindungen

90 1. Mit dem Entwurf und der Ausführung geleimter Bauteile dürfen nur solche Unternehmer betraut werden, die über geeignete Fachleute, erfahrene Handwerker und zweckmäßige Werkeinrichtungen verfügen. Hierzu zählen Vorrichtungen zur Erzeugung eines ausreichend großen, auch genügend lang wirkenden Preßdrucks, Maschinen zur Bearbeitung der Leimflächen, zuverlässige Meßgeräte zur Ermittlung der Holzfeuchtigkeit, ferner eine Anlage zur künstlichen Holztrocknung und überdachte, heizbare Arbeitsräume.

91 Die Leimarbeiten dürfen nur von geübten Handwerkern ausgeführt werden. Sämtliche Leimarbeiten müssen fortlaufend von hierzu beauftragten Fachleuten überwacht werden, die auf dem Gebiet der Statik, des Holzbaues und der Leimtechnik gründliche Kenntnisse und Erfahrungen besitzen; sie sind für die ausgeführten Leimarbeiten verantwortlich.

92 2. Kasein-Leim darf nur bei Bauteilen verwendet werden, die gegen die Einflüsse der Feuchtigkeit geschützt sind. Zu bevorzugen sind wasserfeste Kunstharzleime. Die zugehörigen Gebrauchsvorschriften müssen genau eingehalten werden. Auf die sachgemäße Vorbereitung der Leimflächen und größte Sauberkeit der Leimflächen ist besonderer Wert zu legen. Die Unebenheiten der Abbundflächen dürfen höchstens 2 mm hoch oder tief sein.

93 Wird Karbamidharzleim (Kauritleim) verwendet, so ist ihm besonders bei sägerauhen Abbundflächen ein Leimfestigungspulver beizumengen. Wird ausnahmsweise Karbamidharzleim ohne Leimfestigungspulver verwendet, so ist genaueste Passung der Leimflächen, wie sie nur durch Hobeln erreicht werden kann, erforderlich.

94 Zur Überwachung der Eigenschaften des verwendeten Leims sind fortlaufend Probeleimungen auszuführen, besonders vor Verarbeitung jeder neuen Sendung von Leim, Härter usw.

95 3. Für Leimverbindungen dürfen nur Hölzer mit weniger als 20% Feuchtigkeit verwendet werden. Der Feuchtigkeitsgehalt ist in jedem Fall durch zuverlässige Meßgeräte, z. B. durch elektrische Feuchtigkeitsmesser, zu ermitteln. Die zu verleimenden Flächen müssen vollständig trocken sein.

96 4. Der Preßdruck soll satt sein und gleichmäßig wirken. Er wird zweckmäßig durch Spindelpressen, hydraulische Pressen oder ähnliches erzeugt; Schraubzwingen genügen in der Regel nicht. Die Preßdauer ist den Gebrauchsanweisungen für den Leim zu entnehmen. Die Lufttemperatur beim Pressen darf nicht unter 15° liegen, da sonst erheblich längere Preßzeiten erforderlich sind und die Gefahr von Fehlleimungen besteht.

97 5. Die Leimverbindungen sind so zu gestalten, daß die Leimfuge nicht durch wesentliche quer zu ihr wirkende Zugkräfte beansprucht wird.

98 6. Bei gekrümmten, aus mehreren Teilen zusammengeleimten Bauteilen muß der Biegehalbmesser mindestens 300 d sein. Hierbei ist d die Dicke des dicksten Einzelteils.

99 7. Wenn zu verleimten Tragwerken Sperrhölzer verwendet werden, müssen diese mit Kunstharzen verleimt sein. Blockverleimte Sperrplatten dürfen nur geringe Beanspruchungen erhalten; im allgemeinen sind an ihrer Stelle kunstharzverleimte Furnierplatten zu verwenden, deren Einzelfurniere höchstens 2,5 mm dick sind. Für die Zulassung zur Herstellung solcher Sperrplatten für tragende Bauteile gelten sinngemäß die Bestimmungen der Ziffer 1.

100 8. Werden Leimfugen den Witterungseinflüssen ausgesetzt, so müssen sie vor dem Aufbau mit wasserdichten Anstrichen geschützt werden.

e) Zusammenwirken verschiedener Verbindungsmittel

101 Ein Zusammenwirken verschiedener Verbindungsmittel kann nur erwartet werden, wenn ihre Nachgiebigkeit etwa gleich groß ist. Hierbei ist das Verbindungsmittel, auf das rechnerisch der kleinere Teil der anzuschließenden Kraft entfällt, für die 1,5fache anteilige Kraft zu bemessen. Bei Bolzen- oder Leimverbindungen darf ein Zusammenwirken mit anderen Verbindungsmitteln nicht in Rechnung gestellt werden.

§ 17. Zulässige Spannungen von Auflagersteinen, Pfeilern, Widerlagern und Mauern

Für die zulässigen Spannungen von Auflagersteinen, Pfeilern, Widerlagern und Mauern gilt DIN 1053 — Berechnungsgrundlagen für Bauteile aus künstlichen und natürlichen Steinen. 102

V. Bauliche Durchbildung

§ 18. Stoßdeckung

1. Stöße sind möglichst dorthin zu legen, wo Querschnittsüberschüsse vorhanden sind. Geleimte Stöße sind zweckmäßig mit Schäftung (Neigung 1:5 bis 1:10) auszubilden. 103
2. Beim Stoß von Zugstäben müssen die den Stoß deckenden Holzteile symmetrisch zur Stabachse angeordnet und voll angeschlossen sein. Hierbei sind die Laschen bei Annahme gleichmäßig verteilter Spannungen für die 1,5 fache Zugkraft zu bemessen. 104
3. An den Stößen von Druckstäben genügt es, die verbundenen Teile durch Laschen oder andere Verbindungsmittel in ihrer gegenseitigen Lage zu sichern. Dies ist aber nur zulässig in unmittelbarer Nähe von Knotenpunkten, die gegen seitliche Verschiebungen gesichert sind. In anderen Fällen ist das Trägheitsmoment des Druckstabes durch die Stoßdeckung zu ersetzen. 105
4. Stoßdeckungen in Wechselstäben sind für die 1,3fache größte Zug- und Druckkraft zu bemessen, soweit diese Kräfte nicht aus der Wind- und Schneebelastung allein herrühren (vgl. auch § 14). 106
5. Bei der Stoßdeckung von Teilen, die auf Biegung beansprucht werden, muß das Widerstandsmoment der den Stoß deckenden Holzteile mindestens gleich dem Widerstandsmoment der gestoßenen Teile sein. Zugleich muß die einwandfreie Übertragung der Querkräfte gewährleistet sein. Bei Druckgurten von Vollwandträgern genügt also eine Stoßdeckung nach Absatz 3 Satz 1 nicht. 107

§ 19. Anschlüsse

1. Fachwerkstäbe sind möglichst mittig anzuschließen, andernfalls sind die zusätzlichen Spannungen nachzuweisen. Die unter Berücksichtigung der Ausmittigkeit gefundenen Spannungen dürfen die Werte der Tafel 2 Zeile 1 oder 2 erreichen. Bei Bolzenverbindungen im Sinne von § 16b) soll jeder Stab oder Stabteil möglichst mit mindestens zwei Schraubenbolzen angeschlossen werden. 108
2. Bei Versatzungen darf die Reibung nicht in Rechnung gesetzt werden. Beim Versatz darf der Einschnitt bei einem Anschlußwinkel bis zu 50° höchstens 1/4 der Höhe des eingeschnittenen Holzes und über 60° höchstens 1/6 der Höhe des eingeschnittenen Holzes sein. Zwischen den Winkeln von 50° bis 60° ist geradlinig einzuschalten. 109
3. Dübel oder Bolzen sind möglichst symmetrisch zur Stabachse und im Stabquerschnitt gegeneinander versetzt anzuordnen, damit sich bei Luftrissen nicht gleichzeitig alle Befestigungsmittel lockern und an Tragfähigkeit einbüßen. 110

   Offene Ringdübel aus Stahl sind so einzubauen, daß der Schlitz senkrecht zur Kraftrichtung liegt. Gerade Dübel aus T-Stahl dürfen nur für Kraftanschlüsse gleichgerichtet zur Faser verwendet und müssen senkrecht zur Stabachse eingebaut werden. Gerade Dübel aus Flachstahl dürfen für Kraftübertragungen nicht verwendet werden. 111
4. Klammern dürfen bei Dauerbauten nur für untergeordnete Zwecke verwendet werden. 112
5. Druckstäbe, die bei der vorgeschriebenen Größe und Verteilung der Belastung geringe Druckkräfte erhalten, aber bei etwas anderer Verteilung und Größe der Belastung, wie sie besonders bei der Windbelastung möglich ist, auf Zug beansprucht werden können, sind auch für eine angemessene Zugkraft anzuschließen (vgl. § 14). 113
6. Anschlüsse von Wechselstäben sind für die 1,3fache größte Zug- und Druckkraft zu bemessen, soweit sie nicht aus Wind und Schnee allein herrühren. 114

Seite 20 DIN 1052

§ 20. **Stahlteile**

115 Heftschrauben müssen mindestens 10 mm (3/8") Durchmesser haben. Zwischen Holz und Schraubenkopf und zwischen Holz und Mutter ist eine quadratische oder runde Unterlegscheibe aus Stahl anzuordnen, die bei Heftschrauben mindestens 4 mm und bei tragenden Schrauben mindestens 5 mm dick sein muß. Seitenlänge oder Durchmesser der Scheiben müssen etwa gleich dem 3,5fachen Bolzendurchmesser sein (siehe DIN 440 „Rohe Scheiben für Holzverbindungen"), wenn nicht größere Maße nach der Berechnung nötig werden.

116 Laschen und Knotenbleche müssen mindestens 5 mm dick sein.

VI. Aufstellung

§ 21. Vorbereitung und Zusammensetzung

117 Alle Teile eines Tragwerkes sind auf unverschieblichen Unterlagen planmäßig derart zusammenzufügen, daß kein Teil unbeabsichtigte Spannungen erleidet.

118 Die Flächen von Überblattungen, Versatzungen, Stoßverbindungen und Gelenkpunkten sind passend herzurichten. Hölzer dürfen nicht künstlich hochkantig gebogen werden (Überhöhungen ausgenommen), wenn nicht die Zulässigkeit des Verfahrens besonders nachgewiesen wird. Gekrümmte Stäbe dürfen also im allgemeinen nur aus geraden Stücken größeren Querschnitts herausgeschnitten werden. Hölzer, die beim Aufstellen nicht genau in die Verbindungen passen oder sich nachträglich windschief verzogen haben, sind auszuwechseln.

119 Die Löcher für die Bolzenverbindungen der Stöße und Knotenpunkte dürfen erst nach vollständigem Zusammenfügen der Tragwerke auf dem Reißboden gebohrt werden.

120 Die Dübel sind erst nach Herstellung der Überhöhung anzuzeichnen und herzustellen.

121 Schraubenbolzen sind nachzuziehen, soweit das Schwinden des Holzes dies erforderlich macht. Sie müssen daher bis zur Beendigung des Schwindens zugänglich bleiben.

§ 22. Lager

122 Für Lager weitgespannter Tragwerke ist im allgemeinen Gußeisen, Stahl oder Hartholz zu verwenden. Holzlager sind mit Teeröl satt zu tränken und durch geeignete Zwischenlagen gegen aufsteigende Feuchtigkeit zu schützen. Die Lager sind gegen Verschieben zu sichern.

123 Alle Holzteile müssen dauernd zugänglich sein und zum Schutz gegen Ersticken ausreichenden Luftzutritt haben.

§ 23. Überhöhung

124 Dachbinder, Fachwerkträger und verdübelte Balken sind in der Regel zu überhöhen; dabei sind auch die Nachgiebigkeit in den Verbindungsmitteln und das Schwinden zu berücksichtigen.

125 Diese Überhöhung ist den Trägern beim Abbinden auf dem Reißboden zu geben und dementsprechend das Stabnetz aufzutragen.

DK 624.2.011.1 2. Ausg. Aug. 1941

Holzbrücken

Berechnung und Ausführung

DIN 1074

Inhalt

I Vorbemerkungen

Diese Bestimmungen gelten für hölzerne Brücken und Stege unter Straßen und Fußwegen und für Brücken unter Eisenbahngleisen[1]), Straßen- und Kleinbahnen[2]), Industrie-[2]) und Feldbahnen. Sie gelten auch für Brücken zu vorübergehenden Zwecken und für Bauzustände, die vom endgültigen Zustand abweichen, z. B. beim Aufstellen.

Soweit im folgenden nichts anderes bestimmt ist, gilt für hölzerne Brücken und Stege DIN 1052: Holzbauwerke, Berechnung und Ausführung[3]).

Für sehr große oder den üblichen Bauweisen nicht entsprechende hölzerne Brücken können besondere, von diesen Normen abweichende Bestimmungen getroffen werden.

II § 1 Belastungsannahmen

Über Belastungsannahmen für Straßenbrücken siehe DIN 1072, für Feldwegebrücken bis 12 m Stützweite DIN 1183, für Brücken unter Eisenbahngleisen die Berechnungsgrundlagen für stählerne Eisenbahnbrücken (BE), für Brücken unter Straßen- und Kleinbahnen die Vorschriften der Länderbehörden für die Berechnung der Brücken der Kleinbahnen und Privatanschlußbahnen[4]).

III Festigkeitsberechnungen und Zeichnungen

§ 2 Allgemeine Bezeichnungen

Für die Bezeichnungen in den Festigkeitsberechnungen und Zeichnungen gelten DIN 1350 und DIN 1350 Beiblatt.

§ 3 Bezeichnungen für die Darstellung von Ansichten und Grundrissen

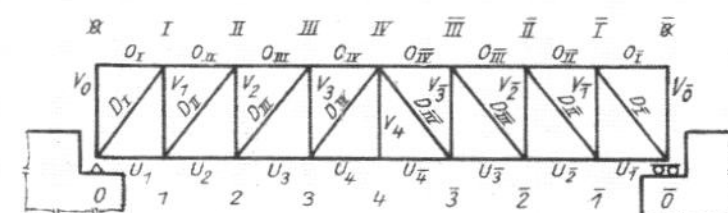

Bild 1 Ansicht

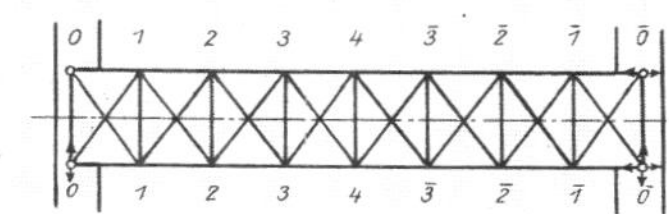

Bild 1a Grundriß

Die Hauptträgerstäbe können auch nach den sie begrenzenden Knotenpunkten bezeichnet werden z. B.

$D_{II\text{-}1}$, $U_{0\text{-}1}$ oder II—1, 0—1 usw.

Fortsetzung Seite 2 bis 4

1) Das sind Gleise, die von Lokomotiven der Eisenbahnen des allgemeinen Verkehrs befahren werden.

2) Das sind Bahnen, deren Gleise nicht von Lokomotiven der Eisenbahnen des allgemeinen Verkehrs befahren werden.

3) Von den hier angeführten Bestimmungen und Normblättern betreffen:
DIN 1052 Holzbauwerke, Berechnung und Ausführung;
BE Berechnungsgrundlagen für stählerne Eisenbahnbrücken, Deutsche Reichsbahn;
DIN 1072 Straßenbrücken, Belastungsannahmen (mit Beiblatt);
DIN 1073 Berechnungsgrundlagen für stählerne Straßenbrücken;
DIN 1075 Berechnungsgrundlagen für massive Brücken;
DIN 1183 Feldwegebrücken bis 12 m Stützweite, Belastungsannahmen;
DIN 1350 Zeichen für Festigkeitsberechnungen, Formelzeichen — Mathematische Zeichen — Maßeinheiten — Zeichen für Formstahl, Stabstahl und Bleche;
DIN 1350 Beiblatt, Zeichen für Festigkeitsberechnungen, Besondere Zeichen für Bauingenieurwesen;
DIN 4074 Bauholz, Gütebedingungen.
Die Normblätter sind zu beziehen durch den Beuth-Vertrieb GmbH, Berlin W 15, die BE durch das Reichsbahn-Zentralamt

4) Z. B. die Vorschriften des Preuß. Min. f. Handel und Gewerbe für die Berechnung der Brücken der Kleinbahnen und Privatanschlußbahnen v. 24. 8. 1926 J.-Nr. VI 6. 15. 2739 (Min. Bl. d. Handels- und Gewerbeverw. 1926 S. 226).

Deutscher Normenausschuß

Seite 2 DIN 1074

Darstellung der Lager

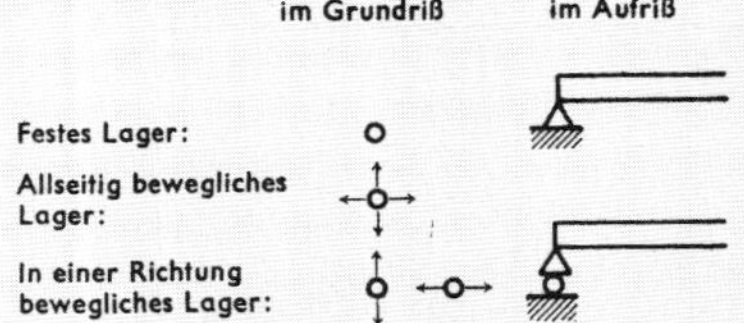

Die Pfeile geben die Richtung der Beweglichkeit an.

§ 4 Inhalt der Berechnung

Die Festigkeitsberechnung muß ausreichende Angaben enthalten über:

a) die im Entwurf vorgesehenen Baustoffe, bei Holz nach DIN 4074;

b) die Eigengewichte aller wesentlichen Teile;

c) die der Berechnung zugrunde gelegten Lasten nach den in § 1 genannten Vorschriften;

d) die Schwingbeiwerte (Stoßzahlen);

e) die Querschnittsformen und Querschnittswerte aller wesentlichen Bauglieder;

f) die zulässigen und die größten rechnerischen Spannungen der einzelnen Bauglieder, Verbindungen, Anschlüsse und Stöße;

g) die rechnerische Durchbiegung unter der ständigen Last und den maßgebenden Verkehrslasten und die erforderliche Überhöhung;

h) wenn nötig, den Nachweis der Sicherheit gegen Abheben und Umkippen (vgl. DIN 1072 bzw. BE).

§ 5 Einzelheiten der Berechnung

1 Überschuß an Querschnitt

Anzustreben ist, daß alle Einzelteile eines Tragteiles den gleichen Sicherheitsgrad erhalten, und daß etwa aus baulichen Gründen notwendige Überschüsse an Querschnitt auch auf die Anschlüsse und Stoßdeckungen ausgedehnt werden, um z. B. bei späterer Erhöhung der Verkehrslasten nutzbar zu sein.

2 Lastverteilende Wirkung der Fahrbahn

Bei der Berechnung des Fahrbahnbelages und der Fahrbahnlängs- und Zwischenquerträger darf angenommen werden, daß sich der Druck eines Rades auf eine größere Fläche gleichmäßig verteilt. Diese kann bei einfachem Bohlenbelag ohne Schotterbett gleich der Aufstandfläche (Felgenbreite × 10 cm), bei einfachem Bohlenbelag mit Schotterbett nach Bild 2 und 2a angenommen werden.

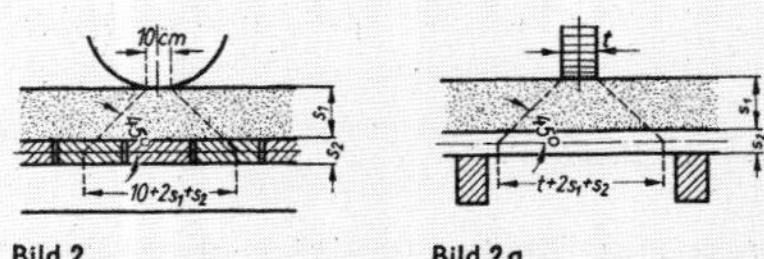

Bild 2 Bild 2a

Verlaufen bei doppeltem Bohlenbelag Fahr- und Tragbohlen quer zur Fahrtrichtung, so muß die Radlast von **einer** Tragbohle aufgenommen werden können (Bild 3). Hierbei darf die Radlast in der Faserrichtung auf eine Breite $b = t + 2\,s_1 + s_2$ (Bild 3a) verteilt werden

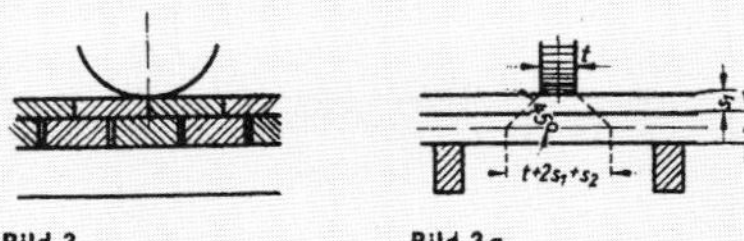

Bild 3 Bild 3a

Liegen die Fahrbohlen quer, die Tragbohlen längs zur Fahrtrichtung, so darf die Radlast nach Bild 4 und 4a verteilt werden.

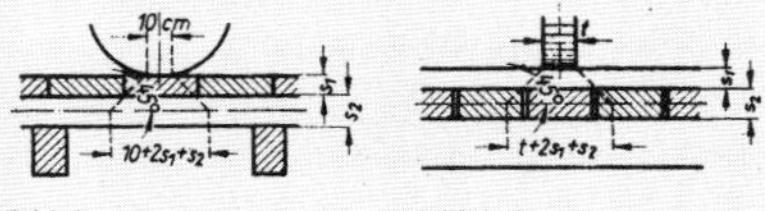

Bild 4 Bild 4a

3 Berechnung der Tragbohlen, Fahrbahnlängs- und -querträger

Bei Fahr- und Gehbahnen aus einfachem Belag ohne Schotterbett sind die Bohlen mit Rücksicht auf die Abnutzung mindestens 2 cm dicker auszuführen, als die Berechnung es erfordert. Bei doppeltem Belag ist der obere nicht als tragend anzusehen (Fahr- oder Deckbohlen). Der untere Belag darf voll in Rechnung gestellt werden.

Durchlaufende Bohlen und Balken sind als frei drehbar gelagerte Träger auf zwei Stützen zu berechnen.

Als Stützweite der Tragbohlen gilt der lichte Abstand ihrer Unterstützungen zuzüglich 10 cm, höchstens aber der Achsabstand der Unterstützungen.

Fahrbahnlängsträger sind als gelenkig auf den Querträgern gelagert anzunehmen. Als Stützweite gilt der Achsabstand der Querträger.

Querträger sind als frei drehbar gelagerte Träger auf zwei Stützen zu berechnen. Als Stützweite gilt der Achsabstand der Hauptträger.

Bilden Fahrbahnträger oder vollwandige Hauptträger gleichzeitig die Gurte eines Windverbandes, so dürfen ihre Spannungen als Gurte dieses Verbandes im allgemeinen vernachlässigt werden.

4 Nachweis der Stabkräfte und Spannungen

Die Stabkräfte, Auflagerkräfte, Momente und Querkräfte sind getrennt für ständige Last, für Verkehrslast (gegebenenfalls unter Berücksichtigung von Seitenstößen und Fliehkräften), für Windlast und bei überdachten Brücken für Schneelast nachzuweisen.

In der Festigkeitsberechnung sind im allgemeinen nicht die erforderlichen Querschnitte anzugeben, sondern es sind die größten rechnerischen Spannungen der einzelnen Bauteile, Verbindungen, Anschlüsse und Stöße den zulässigen Spannungen gegenüberzustellen.

§ 6 Schwingbeiwerte (Stoßzahlen)

Die von der Verkehrslast hervorgerufenen Momente, Querkräfte und Stabkräfte der Fahrbahntafel, der Fahrbahn- und Hauptträger, der Stützen und Lager sind mit dem in Tafel 1 hierfür angegebenen Schwingbeiwert φ zu vervielfachen. Menschenlast auf Geh- und Radfahrbahnen, die nicht von Fahrzeugen benutzt werden können, und auf Fußgängerbrücken ist ohne Schwingbeiwert in Rechnung zu stellen, dagegen ist Menschenlast auf der Fahrbahn von Straßenbrücken auch als Ersatzlast für rollende Lasten zu betrachten und daher mit dem Schwingbeiwert einzusetzen.

Tafel 1	
Bauglied und Belastungsart	Schwingbeiwert φ
Fahrbahntafeln, Fahrbahnträger und unmittelbar belastete Hauptträger	1,4
Mittelbar (durch Querträger) belastete Hauptträger, Lager und Stützen	1,2

Querschwellen von Eisenbahnbrücken sind nach den Berechnungsgrundlagen für stählerne Eisenbahnbrücken (BE) zu berechnen.

Bei Berechnung der Pressungen in den Lagerfugen und unter den Auflagersteinen und der Spannungen in den Auflagersteinen ist der Schwingbeiwert (siehe Tafel 1) einzuführen. Die Pressungen der übrigen Fugen und die Bodenpressungen unter den Widerlagern und Pfeilern werden ohne Schwingbeiwert ermittelt.

Bei der Berechnung des Erddrucks auf die Widerlager ist die Verkehrslast ohne Schwingbeiwert einzuführen.

IV Zulässige Spannungen und Bemessungsregeln

§ 7 Zulässige Spannungen für Bauholz

Die in DIN 1052 Tafel 2 festgelegten zulässigen Spannungen gelten auch für Holzbrücken, aber nur unter folgenden Voraussetzungen:

Das Holz muß der Güteklasse II oder I entsprechen, es muß beim Einbau mindestens halbtrocken sein (vgl. DIN 4074 Tafel 2 Ziffer 4) und so eingebaut werden, daß es weitertrocknen kann.

Alle Bauteile, für die die Spannungen der Tafel 2 DIN 1052 zugrunde gelegt werden, müssen gegen Feuchtigkeit und Nässe wirksam (durch Überdachung, Seitenverschalung, wasserdichte Abdeckung oder dgl.) geschützt werden. Andernfalls ist DIN 1052 § 7 zu beachten.

Etwaigen schädlichen Einflüssen des Schwindens und Quellens des Holzes, besonders in der Querrichtung muß durch besondere Behandlung des Holzes vor der Verwendung, durch geeignete bauliche Ausbildung und durch sorgfältige Unterhaltung nach Möglichkeit vorgebeugt werden. Andernfalls sind die Spannungen entsprechend zu ermäßigen (vgl. DIN 1072 § 4).

§ 8 Zulässige Spannungen für Stahlteile

Für Stahlteile dürfen die Zug- und Biegespannungen höchstens 1200 kg/cm² betragen. Zugstangen, Anker und Schraubenbolzen dürfen im Gewindekernquerschnitt nur mit 1000 kg/cm² beansprucht werden. Im übrigen gelten DIN 1073 oder die BE.

§ 9 Verdübelte Balken

Bei verdübelten Balken ist abweichend von DIN 1052 § 15 das Widerstandsmoment anzunehmen

$$\text{bei 2 Balkenlagen zu } W = 0{,}8\,\frac{b \cdot h^2}{6},$$

$$\text{bei 3 Balkenlagen zu } W = 0{,}6\,\frac{b \cdot h^2}{6}.$$

§ 10 Nagelverbindungen

Nagelverbindungen sind nur zulässig, wenn wirksam verhindert wird, daß Feuchtigkeit zwischen die durch Nägel verbundenen Hölzer eindringt.

§ 11 Leimverbindungen[5]

Leimverbindungen sind nur zulässig, wenn vollkommen wasserfester Kunstharzleim mit den erforderlichen Verfestigungsmitteln verwendet wird.

§ 12 Lager, Pfeiler und Widerlager

Für die Berechnung der eisernen und stählernen Lagerteile gelten DIN 1073 oder die BE, für die Bemessung von Auflagersteinen und von massiven Pfeilern und Widerlagern DIN 1075 oder die BE.

V Durchbiegung und Überhöhung der Hauptträger, Probebelastung

§ 13 Durchbiegung

Die von der Verkehrslast herrührende — ohne Berücksichtigung der Nachgiebigkeit der Verbindungen und des Schwindens des Holzes längs und quer zur Faser — rechnerisch ermittelte Durchbiegung der Hauptträger darf höchstens folgende Werte erreichen:

bei Brücken unter Eisenbahngleisen[1]) ...... $l/700$
bei allen anderen Brücken und Stegen mit vollwandigen genagelten, verdübelten oder geleimten
Trägern .... $l/400$
Hänge- oder Sprengwerken .... $l/500$
Fachwerkträgern .... $l/700$

Bei der Berechnung der Durchbiegung ist die Verkehrslast ohne Schwingbeiwert anzunehmen und der unverschwächte Querschnitt der Tragteile in Rechnung zu stellen. Zusatzkräfte (vgl. DIN 1072 bzw. BE) brauchen nicht berücksichtigt zu werden.

Bei vollwandigen Trägern genügt es im allgemeinen, die rechnerische Durchbiegung unter Annahme einer stellvertretenden, gleichmäßig verteilten Last zu ermitteln. Für Vollwandträger auf zwei Stützen mit gleichbleibendem Querschnitt kann die größte Durchbiegung in der Mitte zu

$$\max f = \frac{5 \max M\, l^2}{48\, E\, J}$$

angenommen werden.

Darin ist max M das größte Biegemoment aus der für die Berechnung der Durchbiegung maßgebenden Belastung und J das wirksame Trägheitsmoment. Dieses ist bei verdübelten Trägern anzunehmen

$$\text{bei 2 Balkenlagen zu } J = 0{,}6\,\frac{b \cdot h^3}{12}$$

$$\text{bei 3 Balkenlagen zu } J = 0\ 3\,\frac{b \cdot h^3}{12}$$

Bei genagelten Balken ist das Trägheitsmoment ohne Berücksichtigung des Steges zu ermitteln.

Bei Fachwerkträgern ist die Durchbiegung aus den Stablängenänderungen zu ermitteln.

§ 14 Überhöhung

Die Hauptträger von Brücken mit Stützweiten über 10 m sind derart zu überhöhen, daß sie unter der ständigen Last und der halben Verkehrslast (ohne Schwingbeiwert) die der Festigkeitsberechnung zugrunde gelegte Form annehmen. Hierbei ist auch die Nachgiebigkeit der Verbindungen und das Schwinden des Holzes quer zur Faser zu berücksichtigen.

[5]) S. auch Abs. 9, 10 und 11 des Einführungserlasses zu DIN 1052 vom 10. Dezember 1940, IV 2 Nr. 9605/55/40.

Seite 4 DIN 1074

Bei Trägern auf 2 Stützen genügt es, die Durchbiegung unter der ständigen Last und den Verkehrslasten und die Überhöhung für das Aufstellen der Bauwerke nur für die Trägermitte zu ermitteln; die anderen Punkte können als auf einer Parabel liegend angenommen werden.

Die Überhöhung ist den Trägern bereits beim Abbinden auf dem Reißboden zu geben.

§ 15 Probebelastung

Wird bei größeren Brücken oder bei Brücken besonderer Bauart eine Probebelastung durchgeführt, so ist wie folgt zu verfahren:

Es ist eine Vorbelastung und eine Hauptbelastung vorzunehmen. Beide sind mit der gleichen, und zwar möglichst mit der rechnungsmäßigen Höchstlast sofort nach dem Fertigstellen des Bauwerks durchzuführen. Bei der Vorbelastung und bei der Hauptbelastung sind die bleibenden und die federnden Formänderungen festzustellen.

Die Lasten sind so aufzubringen, daß sie in sich beweglich sind, unzulässige Spannungen vermieden werden und die Durchbiegungen genau gemessen werden können. Die Versuchslast muß bei jedem Belastungsfall $^1/_2$ Stunde wirken, bevor die größte Durchbiegung gemessen wird.

Die bleibende Durchbiegung des Tragwerkes ist $^1/_2$ Stunde nach der Entlastung und beim Hauptversuch 3 Stunden später nochmals festzustellen. Beim Hauptversuch dürfen nur unwesentliche bleibende Formänderungen hinzutreten.

Die beim Hauptversuch gemessene federnde Durchbiegung darf nicht größer als das 1,3 fache der errechneten Durchbiegung sein.

Bei der Probebelastung dürfen keine Verbiegungen an Stäben, Trennungen an Verbindungsstellen u. dgl. auftreten. Etwa auftretende Risse und sonstige Veränderungen an den Holztragteilen und an den Verbindungsmitteln sind zu beobachten.

DK 624.9.011.1 : 351.78 4. Ausg. Okt. 1947

Holzbauwerke

Berechnung und Ausführung

DIN 1052

Eingeführt als Richtlinie für die Baupolizei durch Erlaß vom 31. Dezember 1943 (RABl. 1944 S. I 24)

Inhalt

Fortsetzung Seite 2 bis 16

Arbeitsgruppe Einheitliche Technische Baubestimmungen (ETB)
des Fachnormenausschusses Bauwesen im Deutschen Normenausschuß (DNA)

Seite 2 DIN 1052

Einführungserlaß vom 31. 12. 1943 (Auszug)*)

A. Allgemeines

(1) Die Bestimmungen für die Berechnung und Ausführung von Holzbauwerken — DIN 1052 — 3. Ausgabe Dezember 1940 gelten einschließlich der im Teil B dieses Erlasses eingeführten Änderungen als Richtlinien für die Baupolizei im ganzen Reich.

(2) Bei Bauwerken mit Holzbauteilen, in denen die Spannungen der Güteklasse I ausgenutzt werden (DIN 1052), § 6 b), sind die Namen der für die Ausführung und die Aufstellung verantwortlichen Personen der Baupolizei vor Beginn der Arbeiten auf der Baustelle schriftlich anzuzeigen. Jeder Wechsel dieser Personen ist der Baupolizei sofort mitzuteilen.

(3) Für die Kennzeichnung der zur Güteklasse I gehörenden Holzteile gemäß § 6 a, Abs. 2, und § 6 b, Abs. 2, ist ein Brennstempel nach Anlage 1, Bild 1, zu verwenden. Einstweilen darf auch eine andere Stempelart, z. B. Gummistempel, derselben Form verwendet werden. Der zur Güteklasse I gehörende Teil ist auf dem Holz nach Anlage 1, Bild 2, zu kennzeichnen. In den Zeichnungen sind die aus Holz der Güteklasse I auszuführenden Teile entsprechend Bild 3 kenntlich zu machen. Bei Bauteilen aus Holz der Güteklasse III ist auf den Zeichnungen entsprechend zu verfahren. Holz der Güteklasse II bedarf keiner Kennzeichnung.

(4) Holz, das geleimt werden soll, ist zum Zeichen, daß seine Feuchtigkeit höchstens 20 vH. beträgt, bei der Auswahl mit einem Stempel nach Anlage 1, Bild 4, zu kennzeichnen.

(5) Der Wortlaut der bisher auf Grund der Neufassung des § 16a — DIN 1052 — (vgl. Teil B, Ziffer 9) erteilten Zulassungen für Dübelverbindungen ist in der Anlage 2 zu diesem Erlaß abgedruckt**). Die Durchmesser der Unterlegscheiben sind darin eine Stufe größer gewählt als in DIN 440 (vgl. DIN 1052, § 20), weil sich bei den Versuchen gezeigt hat, daß sich kleinere Unterlegscheiben zu stark ins Holz einpressen. Weitere Zulassungen werden ebenfalls öffentlich bekanntgegeben werden.

*) Wortlaut RABl. 1944, S. I 24, Zentralbl. d. Bauverwaltung 1944, S. 69.
**) Siehe Anlage 2, Seite 3.
***) Siehe RABl. 1944 S. I 24, 262, 280.

(6) Die Firmen, bei denen festgestellt ist, daß sie die Voraussetzungen des § 16 d 1, DIN 1052, für das Leimen von tragenden Holzbauteilen erfüllen, sind in der Anlage 3***) angegeben. Hierbei sind zwei Gruppen unterschieden, und zwar Firmen, die alle geleimten Holzteile, und solche, die nur einfache ausführen dürfen.

Bei Firmen, die nicht in das Verzeichnis aufgenommen sind, ist zunächst anzunehmen, daß sie die erforderliche Eignung nicht besitzen. In Zweifelsfällen ist die Stellungnahme einer auf diesem Gebiet erfahrenen Materialprüfungsanstalt herbeizuführen.

(7) Firmen, die die Voraussetzungen des § 16 d 1 ebenfalls zu erfüllen glauben, können Aufnahme in das Verzeichnis beantragen. Die Kosten der Prüfung dieser Anträge durch die Materialprüfungsanstalt, die vor allem in einer Besichtigung der Werkseinrichtungen bestehen wird, sind vom Antragsteller zu tragen.

(8) Die Abstufungen der zulässigen Spannungen nach den drei Güteklassen in DIN 1052 bezweckt eine möglichst weitgehende Ausnutzung des Schnittholzes für tragende Holzbauteile. Zu dem gleichen Zweck sind die Sicherheiten bei der Festsetzung der zulässigen Spannungen sehr knapp gewählt worden. Die Bestimmungen ermöglichen daher eine sehr weitgehende Ausnutzung des Holzes.

(9) Die Auswahl des Holzes nach DIN 1052, § 6, erfordert dementsprechend besondere Sorgfalt und Erfahrung, besonders bei der Ausnutzung der für Holz der Güteklasse I zugelassenen hohen Spannungen. Es muß daher erwartet werden, daß alle Beteiligten sich der Gefahren bewußt sind, die in Abweichungen von den Vorschriften liegen, und daß sie die Voraussetzungen der neuen Bestimmungen hinsichtlich der Güte der Ausführung und Berechnung in allen Teilen voll erfüllen.

(10) Die Baupolizei und die Baugenehmigungsbehörden haben über die Einhaltung der Vorschriften besonders streng zu wachen, um Mißerfolge und Unfälle zu vermeiden.

B. Änderungen und Ergänzungen des Normblatts DIN 1052, 3. Ausgabe Dezember 1940

Die in diesem Abschnitt des Erlasses verfügten Änderungen sind im Wortlaut des Normblatts DIN 1052 berücksichtigt und daher hier weggelassen.

Anlage 1 zum Erlaß

≧ 5cm

Firmenname oder-zeichen

A*/ I

*) Zeichen des Fachmanns, der das Holz ausgewählt hat.

Bild 1

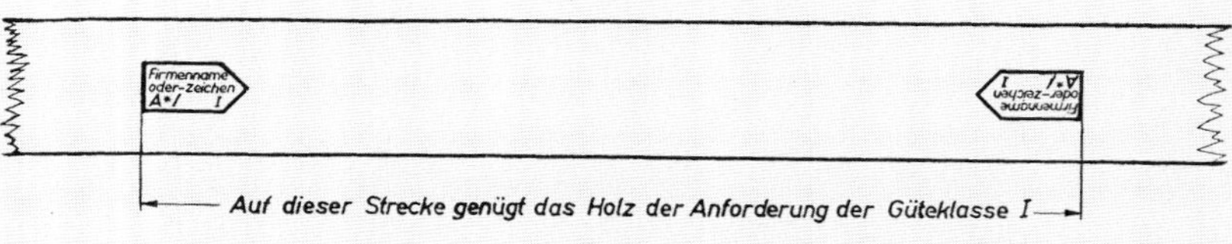

Bild 2

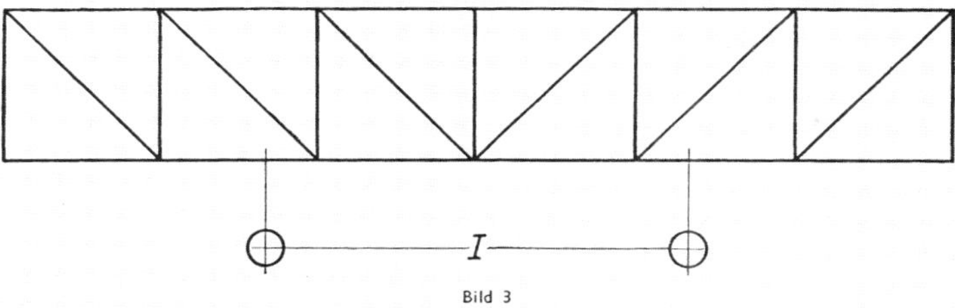

Bild 3

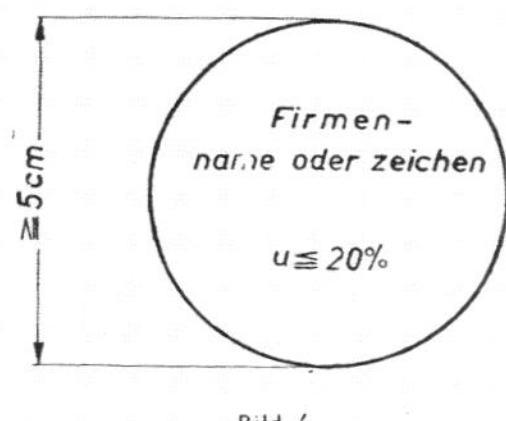

Bild 4

Anlage 2 zum Erlaß

Zulassungen für Dübelverbindungen

Nach den Bestimmungen über die allgemeine baupolizeiliche Zulassung neuer Baustoffe und Bauarten vom 31. Dezember 1937 (RArbBl. Nr. 2/38 S. I 11)*) werden die Dübelverbindungen der nachstehend genannten Firmen auf Grund der vorgelegten Prüfungsnachweise unter den nachstehenden Bedingungen als ausreichend brauchbar und zuverlässig zur Verwendung als Verbindungsmittel im Holzbau anerkannt.

Die Zulassungen gelten bis zum 31. Dezember 1948.

Bedingungen

(1) Für die Bemessung und Ausführung von Verbindungen mit Dübeln der unten dargestellten Art gelten, soweit nachstehend nichts anderes gesagt ist, die Bestimmungen für Holzbauwerke — Berechnung und Ausführung — (DIN 1052) in der durch Runderlaß vom 31. Dezember 1942 — IV a 8 Nr. 9605/97/43 — geänderten und ergänzten Fassung, besonders die Vorschriften des § 16 a dieser Bestimmungen.

(2) Für die zulässige Belastung der Dübelverbindungen gleichlaufend, schräg und rechtwinklig zur Faser gelten die Werte der nachstehenden Tafel 1.

Die Tafelwerte dürfen nur angewendet werden, wenn die Ausführung besonders hinsichtlich des Einbaues, der Bolzendicke und -zahl, der Maße der Unterlegscheiben und hinsichtlich der Dübelabstände und Vorholzlängen den Zulassungsbedingungen entspricht.

(3) Für Verbindungen mit mehreren Dübelreihen (Bild 2 und 3) gelten für die Abstände der Dübel in der Faserrichtung, die Abstände benachbarter Dübelreihen und der äußeren Dübelreihe von der Holzkante die Festsetzungen in Tafel 2.

*) Abgedruckt in Teil F I 3, von Gottsch-Hasenjäger: Technische Baubestimmungen für das Deutsche Reich

Seite 4 DIN 1052

Tafel 1

vgl. Bilder Seite 5

Zeile	Abmessungen der Dübel: Außendurchmesser D in mm	Höhe h in mm	Dicke d in mm	Anzahl der Zähne	Bolzendurchmesser in	Unterlegscheiben Durchmesser und Dicke in mm	Mindestabmessungen der Hölzer in cm bei einer Dübelreihe, Neigung der Kraftrichtung zur Faser: 0–30°	> 30–90°	Mindestdübelabstand und -vorholzlänge e in cm bei einer Dübelreihe	Zulässige Belastung eines Dübels in kg, Neigung der Kraftrichtung zur Faser 0–30°, Zahl der in der Kraftrichtung hintereinanderliegenden Dübel: 1 und 2	0–30°: 3 und 4	0–30°: 5 und 6	> 30 bis 60°: 1 und mehr	> 60 bis 90°: 1 und mehr	Bemerkungen
	1	2	3	4	5	6	7	8	9	10	11	12	13	14	15
	A Ringkeildübel System Appel der Firma Otto Appel, Holzbau in Berlin Bild A 1a und A 1b														
1	65	30	5	—	1/2	58/6	10/6	11/6	14	1 160	1 050	900	1 000	900	Für Rippendübel nach Bild A 1b sind bei 90° Neigung der Kraftrichtung zur Faser für einen Dübel folgende Belastungen zulässig: Dübeldurchmesser D in mm – Zulässige Belastung in kg 95 – 1 700 128 – 2 800 160 – 3 400 1) mit 1 Klemmbolzen 1/2" ø am Laschenende; 2) mit 2 Klemmbolzen 1/2" ø am Laschenende – nach DIN 1052 § 16a Ziffer 6 (Bild 12)
2	80	30	6	—	1/2	58/6	11/6	13/6	18	1 400	1 250	1 100	1 250	1 100	
3	95	30	6	—	1/2	58/6	12/6	15/6	22	1 700	1 550	1 350	1 450	1 250	
4	126	30	6	—	1/2	58/6	16/6	20/6	25	2 000	1 800	1 600	1 700	1 400	
5	128	45	8	—	1/2	58/6	16/6	20/6	30	2 800	2 500	2 250	2 350	1 900	
6	1) 160	45	10	—	5/8	68/6	20/10	24/10	34	3 400	3 050	2 700	2 750	2 150	
7	2) 190	45	10	—	5/8	68/6	23/10	28/10	43	4 800	4 300	3 850	3 850	2 900	
	B Beier-Ringdübel der Firma Dipl.-Ing. Beier u. Co., Hallen- und Brückenbau GmbH. in Eger Bild B 1														
8	108	20	4	—	5/8	68/6	15/8	18/8	22	1 700	1 550	1 350	1 500	1 350	1) mit 1 Klemmbolzen 1/2" ø am Laschenende; 2) mit 2 Klemmbolzen 1/2" ø am Laschenende – nach DIN 1052 § 16a Ziffer 6 (Bild 12)
9	130	26	5	—	5/8	68/6	17/8	20/10	24	2 200	2 000	1 750	1 900	1 550	
10	1) 153	29	6,5	—	5/8	68/6	19/8	23/10	30	3 000	2 700	2 400	2 550	2 150	
11	2) 173	32	6,5	—	5/8	68/6	21/10	25/10	36	4 000	3 600	3 200	3 350	2 700	
12	2) 196	36	8	—	3/4	80/8	24/10	29/10	38	4 600	4 100	3 700	3 700	2 950	
12	2) 216	40	8	—	3/4	80/8	26/10	31/10	40	5 200	4 700	4 150	4 150	3 100	
	C. Teller- und Stufendübel der Firma Christoph u. Unmack A. G. in Niesky O. L. Bild C 1														
14	60	20	4,5	—	1/2	58/6	9/6	11/6	16	1 250	1 100	1 000	1 100	1 000	Für die zulässige Belastung von Stufendübeln mit zwei verschiedenen Durchmessern ist der nach Durchmesser und Neigung der Kraftrichtung zur Faser sich ergebende kleinste Wert aus Spalte 10 bis 14 maßgebend. 1) mit 1 Klemmbolzen 1/2" ø am Laschenende; 2) mit 2 Klemmbolzen 1/2" ø am Laschenende – nach DIN 1052 § 16a Ziffer 6 (Bild 12)
15	80	25	5	—	1/2	58/6	11/6	13/6	21	1 600	1 450	1 300	1 400	1 250	
16	100	30	5	—	1/2	58/6	13/6	16/6	24	2 000	1 800	1 600	1 750	1 500	
17	120	35	5	—	1/2	58/6	16/6	19/6	27	2 300	2 050	1 850	2 000	1 650	
18	1) 140	40	5,5	—	1/2	58/6	18/6	22/6	33	3 100	2 800	2 450	2 600	2 100	
19	1) 160	45	6	—	5/8	68/6	20/10	24/10	37	3 600	3 250	2 850	3 000	2 350	
20	2) 180	50	6	—	5/8	68/6	22/10	25/10	45	4 800	4 300	3 850	3 900	3 000	
21	2) 200	55	7	—	5/8	68/6	24/10	29/10	48	5 400	4 850	4 300	4 300	3 250	
	D. Hartholzrunddübel der Firma Karl Kübler A. G. in Stuttgart-N. Bild D 1														
22	86	32	—	—	1/2	58/6	9/6	10/6	13	1 100	1 000	900	900	900	
23	100	40	—	—	1/2	58/6	13/6	16/6	20	1 800	1 600	1 450	1 550	1 350	
	E. Ringdübel System Tuchscherer der Firma Bauunternehmung Carl Tuchscherer, Inhaber Ingenieur Wilhelm Schiep in Breslau. Bild E 1														
24	90	20	5	—	1/2	58/6	12/6	14/6	13	1 200	1 100	950	1 050	950	1) mit 1 Klemmbolzen 1/2" ø am Laschenende; 2) mit 2 Klemmbolzen 1/2" ø am Laschenende – nach DIN 1052 § 16a Ziffer 6 (Bild 12)
26	110	26	5	—	1/2	58/6	14/6	17/6	17	1 600	1 450	1 300	1 400	1 250	
26	130	29	5	—	5/8	68/6	17/6	20/6	20	2 000	1 800	1 600	1 700	1 450	
27	1) 153	32	6.5	—	5/8	68/6	19/6	23/6	25	2 800	2 500	2 250	2 350	1 950	
28	2) 173	36	6.5	—	5/8	68/6	21/8	25/8	30	3 800	3 400	3 050	3 150	2 500	
29	1) 196	39	8	—	3/4	80/8	24/8	29/8	31	4 300	3 850	3 450	3 500	2 700	
30	2) 216	42	8	—	3/4	80/8	26/8	31/8	33	4 800	4 300	3 850	3 850	2 900	
	F. Krallendübel der Firma Siemens-Bauunion GmbH. in Berlin-Siemensstadt. Bild F 1														
31	55	30	3,5	16	1/2	58/6	8/6	9/6	12	1) 1 000 2) 1 200	1) 900 2) 1 100	1) 800 2) 950	1) 950 2) 1 150	1) 900 2) 1 100	1) bei Anordnung von Holzlaschen. 2) bei Anordnung von Stahllaschen.
32	80	37	5,0	20	1/2	58/6	11/6	12/6	1) 15 2) 14	1) 1 500 2) 1 900	1) 1 350 2) 1 700	1) 1 200 2) 1 500	1) 1 350 2) 1 750	1) 1 200 2) 1 600	
	G. Geka-Holzverbinder der Firma Karl Georg in Groß-Umstadt (Hessen). Bild G 1														
33	0	27	3	8	1/2	58/6	8/6	10/6	12	800	700	650	750	700	
34	65	27	3	12	5/8	68/6	9/6	11/6	14	1 150	1 000	900	1 100	1 000	
35	80	27	3	18	3/4	80/8	11/6	13/6	17	1 700	1 500	1 350	1 600	1 450	
26	95	27	3	24	7/8	92/8	12/6	14/6	20	2 100	1 900	1 700	1 950	1 750	
37	115	27	3	32	1	105/8	14/6	17/6	23	2 700	2 400	2 150	2 450	2 150	
	H. Alligator-Zahnringdübel der Firmen: Adolf W. Neugebauer in Hamburg und Kromag Akt.-Ges. für Werkzeug- und Metallindustrie in Hirtenberg (Niederdonau). Bild H 1														
38	55	19	1,45	11	1/2	58/6	8/6	10/6	12	600	550	500	550	550	
39	70	19	1,45	15	5/8	68/6	10/6	12/6	14	800	700	650	750	700	
40	95	24	1,5	17	3/4	80/8	12/6	14/6	17	1 200	1 100	950	1 100	1 000	
41	115	24	1.5	20	7/8	92/8	15/8	18/8	20	1 600	1 450	1 300	1 450	1 300	
42	125	29	1,65	18	1	105/8	16/8	19/8	23	1 800	1 600	1 450	1 550	1 450	
	I. Krallenplatte der Firma Maschinenfabrik Wilhelm Pfrommer in Karlsruhe. Bild I 1														
43	90/90	25	2	18	5/8	68/6	12/6	14/6	14	o 1 250	1 100	1 000	1 150	1 050	
	K. Bulldog-Holzverbinder der Firma Heinrich Wilhelmi in Bremen. Bild K 1a und K 1b														
44	50	10	1.3	12	1/2	58/6	8/6	10/6	12	500	450	400	450	450	1) mit 1 Klemmbolzen 1/2" ø am Laschenende – nach DIN 1052 § 16a Ziffer 6 (Bild 12). 2) Quadratische Verbinder nach Bild K 1b
45	62	17	1.3	12	1/2	58/6	9/6	11/6	12	700	650	550	650	600	
46	75	19	1.3	12	5/8	68/6	10/6	12/6	14	900	800	700	850	800	
47	95	25	1.3	12	5/8	68/6	12/6	14/6	14	1 200	1 100	950	1 100	1 050	
48	117	30	1.5	12 bzw. 18	3/4	80/8	15/8	18/8	17	1 600	1 450	1 300	1 500	1 400	
49	140	31	1.5	16	7/8	92/8	17/8	20/10	20	2 200	2 000	1 750	2 000	1 850	
50	1) 165	33	1.8	24	1	105/8	19/8	23/10	23	3 000	2 700	2 400	2 700	2 400	
51	2) 100/100	15	1.4	28	3/4	80/8	13/6	16/6	17	1 700	1 500	1 350	1 550	1 450	
52	2) 130/130	18	1.5	28	7/8	92/8	16/6	19/8	20	2 300	2 050	1 850	2 100	1 900	

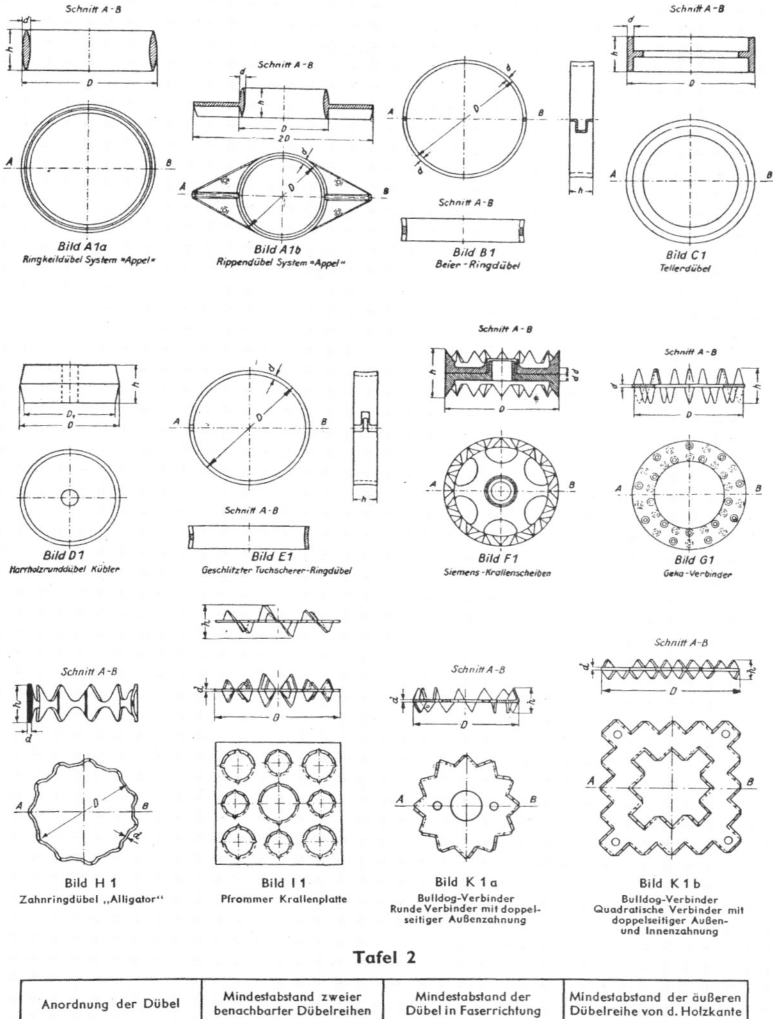

Bild A1a Ringkeildübel System »Appel«

Bild A1b Rippendübel System »Appel«

Bild B1 Beier-Ringdübel

Bild C1 Tellerdübel

Bild D1 Hartholzrunddübel Kübler

Bild E1 Geschlitzter Tuchscherer-Ringdübel

Bild F1 Siemens-Krallenscheiben

Bild G1 Geka-Verbinder

Bild H 1 Zahnringdübel „Alligator“

Bild I 1 Pfrommer Krallenplatte

Bild K 1 a Bulldog-Verbinder Runde Verbinder mit doppelseitiger Außenzahnung

Bild K 1 b Bulldog-Verbinder Quadratische Verbinder mit doppelseitiger Außen- und Innenzahnung

Tafel 2

Anordnung der Dübel	Mindestabstand zweier benachbarter Dübelreihen	Mindestabstand der Dübel in Faserrichtung	Mindestabstand der äußeren Dübelreihe von d. Holzkante
1	2	3	4
nicht versetzt (Bild 2)	$a \geqq D + t$	e	$c \geqq b/2$
	$a_1 \geqq D + t$	$e_1 \geqq e$	
versetzt (Bild 3)	$a_1 \geqq D$	$e_1 \geqq 1{,}1\ e$	
	$a_1 \geqq 0{,}75\ D$	$e_1 \geqq 1{,}5\ e$	
	$a_1 \geqq \frac{D + t}{2}$	$e_1 \geqq 1{,}8\ e$	

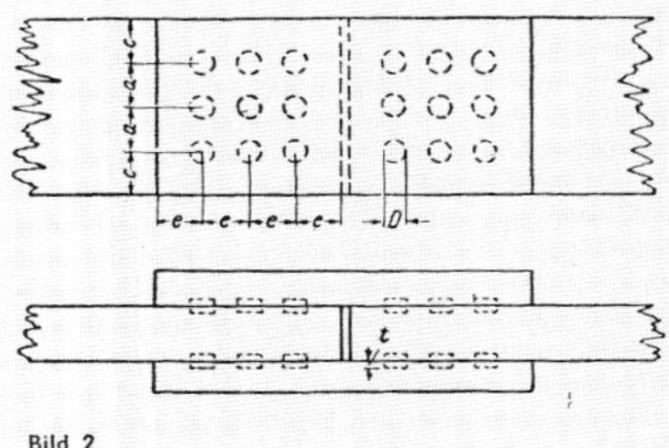

Bild 2

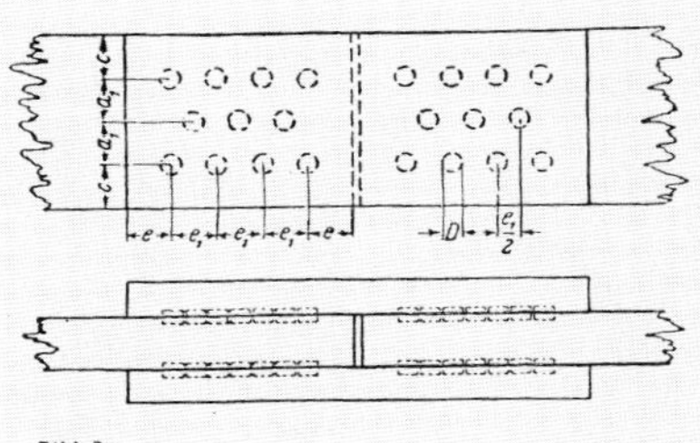

Bild 3

Werden die Dübel in benachbarten Reihen gegeneinander versetzt (Bild 3), so ist der Mindestdübelabstand in Faserrichtung e_1 (Tafel 2, Spalte 3) vom Abstand der benachbarten Dübelreihen a_1 (Tafel 2, Spalte 2) abhängig.

In Tafel 2 bedeuten ferner

D = größter Dübeldurchmesser,
t = Einschnittiefe der Dübel,
b = Mindestbreite des Holzes (vgl. Tafel 1)
e = Mindestdübelabstand in Faserrichtung und Mindestvorholzlänge (vgl. Tafel 1)

} bei einer Dübelreihe

Allgemeine Bestimmungen

(Vgl. auch die Bestimmungen über die allgemeine baupolizeiliche Zulassung neuer Baustoffe und Bauarten vom 31. Dezember 1937)

(1) Die allgemeine baupolizeiliche Zulassung befreit die örtlichen Baugenehmigungsbehörden von der Verpflichtung der grundsätzlichen, bereits von der Zulassungsstelle durchgeführten Prüfung des Baustoffes oder der Bauart. Sie entbindet jedoch nicht von der Verpflichtung, die Erfüllung der Zulassungsbedingungen und Voraussetzungen zu überwachen und die verwendeten Baustoffe auf ihre Eignung zu prüfen.

(2) Die allgemeine baupolizeiliche Zulassung entbindet nicht von der Verpflichtung zur Einholung der baupolizeilichen Genehmigung für jedes einzelne Vorhaben.

(3) Die Zulassung ist an den Inhaber gebunden. Sie läßt alle Rechte Dritter gegen den Inhaber der Zulassung aus der Verwendung des Baustoffes oder der Bauart unberührt.

(4) Die Veräußerung der Rechte aus der Zulassung oder deren Überlassung für bestimmte Bezirke an Dritte bedarf einer Genehmigung. Die Genehmigung ist gebührenpflichtig.

(5) Die allgemeine baupolizeiliche Zulassung kann jederzeit und mit sofortiger Wirkung widerrufen, ergänzt oder geändert werden, besonders wenn die Bedingungen der Zulassung nicht erfüllt werden, die zugelassenen Baustoffe oder Bauarten sich nicht bewähren oder, wenn dies im öffentlichen Interesse erforderlich ist.

(6) Die Zulassungsurkunde ist jederzeit auf Verlangen vorzulegen.

(7) Falls die Baustoffe oder Bauteile, auf die sich die vorliegende Zulassung bezieht, vom Inhaber der Zulassung im Einzelfall nicht selbst eingebaut werden, so hat der Inhaber der Zulassung die Verbraucher der Baustoffe oder Bauteile bei jeder Lieferung auf die Bedingungen der Zulassung schriftlich hinzuweisen und einen Abdruck der Zulassung beizufügen.

(8) Eine Vervielfältigung oder Veröffentlichung dieser Zulassungsurkunde für baupolizeiliche, Werbungs- oder andere Zwecke darf nur im ganzen mit Zeichnungen — nicht auszugsweise — erfolgen.

Berlin, den 31. Dezember 1943.

I. Vorbemerkungen

§ 1. Geltungsbereich

a) Die Bestimmungen gelten für sämtliche Bauteile aus Holz, soweit unter b und c nichts anderes bestimmt ist, sie gelten auch für fliegende Bauten (DIN 4112 „Berechnungsgrundlagen für fliegende Bauten"), Bau- und Lehrgerüste, Absteifungen und Schalungsunterstützungen.

b) Für hölzerne Brücken und Stege unter Straßen, Fußwege, Eisenbahnen, Straßen- und Kleinbahnen, Industrie- und Feldbahnen gilt außerdem DIN 1074 „Holzbrücken, Berechnung und Ausführung".

c) Für Maste in Starkstromleitungen, auch wenn sie auf massivem Sockel aufgestellt sind, gelten VDE 0210 „Vorschriften für den Bau von Starkstromfreileitungen" und die „Verwaltungs-Vorschriften der Reichsbahn, Reichspost und Reichswasserstraßenverwaltung für Kreuzungen mit fremden Starkstromanlagen nebst Richtlinien des Reichswirtschaftsministeriums über Kreuzung der Reichsautobahnen mit Elektrizitätsversorgungsanlagen".

II. Allgemeine Vorschriften für die Festigkeitsberechnungen und Zeichnungen

§ 2. Allgemeine Bezeichnungen

Für die Bezeichnungen in den Festigkeitsberechnungen und Zeichnungen gilt DIN 1350 und Beiblatt.

§ 3. Inhalt der Berechnung

Die Festigkeitsberechnung soll ausreichend angeben:

a) die zugrunde gelegten Lasten nach DIN 1055 „Lastannahmen für Bauten";

b) etwaige Schwingbeiwerte (Stoßzahlen) nach DIN 1055;

c) die im Entwurf vorgesehenen Baustoffe, bei Holz nach DIN 4074 „Bauholz, Gütebedingungen";

d) die Eigengewichte aller wesentlichen Teile;

e) die Querschnittsformen und Querschnittswerte aller wesentlichen Bauglieder;

f) die zulässigen und die größten rechnerisch ermittelten Spannungen der Bauglieder, Verbindungen, Anschlüsse und Stöße;

g) in wichtigen Fällen die Größe der Durchbiegung und der erforderlichen Überhöhung;

h) wenn nötig auch den Nachweis der Standsicherheit gegen Abheben und Umkippen.

Für untergeordnete Bauteile, deren Maße mit Sicherheit beurteilt werden können, ist kein Festigkeitsnachweis erforderlich[1]).

§ 4. Einzelheiten der Berechnung

a) Nachweis der Spannungen

1. In der Festigkeitsberechnung sind im allgemeinen nicht die erforderlichen Querschnitte anzugeben, sondern es sind die größten rechnerischen Spannungen der Bauteile und Verbindungen, Anschlüsse und Stöße den zulässigen Spannungen gegenüberzustellen.
2. Besonders zu berücksichtigen sind die Spannungen, die durch erheblich ausmittige Anschlüsse und durch Biegebeanspruchungen von Fachwerkstäben entstehen.
3. Der Einfluß der Temperaturänderungen darf bei der Festigkeitsberechnung vernachlässigt werden.

b) Außergewöhnliche Formeln und Berechnungsumfang

Für außergewöhnliche Formeln ist die Quelle anzugeben, wenn sie allgemein zugänglich ist. Sonst sind die Formeln so weit zu entwickeln, daß ihre Richtigkeit geprüft werden kann.

Jede Festigkeitsberechnung muß ein in sich abgeschlossenes Ganzes bilden. Daher dürfen aus anderen Festigkeitsberechnungen nur dann Werte ohne Entwicklung übernommen werden, wenn die neue Berechnung eine frühere Berechnung ergänzt.

§ 5. Elastizitätsmodul

Bei der Berechnung elastischer Formänderungen sind für den Elastizitätsmodul die in Tafel 1 angegebenen Werte zugrunde zu legen.

[1]) Die Maße von Holzbalken für Decken können aus DIN 104 „Holzbalken für Wohnhäuser" entnommen werden.

Tafel 1

	1	2	3
	Elastizitätsmodul		
Zeile	Holzart	in der Faserrichtung $E_{\parallel}$ in kg/cm²	senkrecht zur Faserrichtung $E_{\perp}$ in kg/cm²
1	Nadelholz	100 000	3000
2	Eiche u. Buche	125 000	6000

III. Zulässige Spannungen und Spannungsermäßigung

§ 6. Zulässige Spannungen für Bauholz

a) In Bauwerken aus Bauholz nach DIN 4074 „Bauholz, Gütebedingungen", bei denen sich die Kraftwirkungen zuverlässig rechnerisch erfassen lassen und die Kräfte durch einwandfreie Verbindungen und Verbindungsmittel sicher übertragen werden, sind die Spannungen nach Tafel 2 zulässig (wegen Spannungsermäßigung siehe § 7 und wegen zulässiger Spannungen für Verbindungsmittel § 16).

Die zulässige Spannung richtet sich nach der Güteklasse des Holzes. Das Bauholz ist nach DIN 4074 auszuwählen und zu beurteilen. Die Hölzer brauchen der vorgesehenen Güteklasse jeweils nur auf dem Teil ihrer Länge zu entsprechen, an dem die entsprechenden Spannungen auftreten, zuzüglich eines beiderseitigen Sicherheitszuschlages gleich dem 1½fachen größten Querschnittsmaß.

Bei Bauteilen, die aus einzelnen Teilen zusammengeleimt werden, sind für die Einstufung in die Güteklasse nach DIN 4074 im allgemeinen die Eigenschaften des ganzen Verbundkörpers, nicht die der einzelnen Teile maßgebend. Jedoch müssen bei Balken die in der Zugzone außen liegenden Teile, für sich betrachtet, ebenfalls der vorgesehenen Güteklasse entsprechen. Bei zusammengesetzten Zuggliedern müssen alle Einzelteile der vorgesehenen Güteklasse entsprechen.

b) Die für Holz der Güteklasse I zulässigen Spannungen nach Tafel 2 Spalte 6 und 7 dürfen im allgemeinen nur bei hochbeanspruchten Baugliedern weitgespannter Tragwerke angewendet werden. Ferner müssen folgende Bedingungen erfüllt sein:

Berechnung, Durchbildung und Ausführung des Bauwerkes müssen den strengsten Anforderungen genügen. Der entwerfende Fachmann und der ausführende Unternehmer müssen die für diese Arbeiten notwendigen besonderen Kenntnisse und Erfahrungen haben. In den Entwurfszeichnungen sind die Teile genau zu kennzeichnen, für die in der Festigkeitsberechnung Holz der Güteklasse I vorgesehen ist. Das Holz der Güteklasse I muß durch einen geeigneten Fachmann des Unternehmers sorgfältig ausgesucht und an sichtbar bleibender Stelle deutlich so gekennzeichnet werden, daß ersichtlich bleibt, welcher Teil zur Güteklasse I gehört und wer das Holz ausgesucht hat.

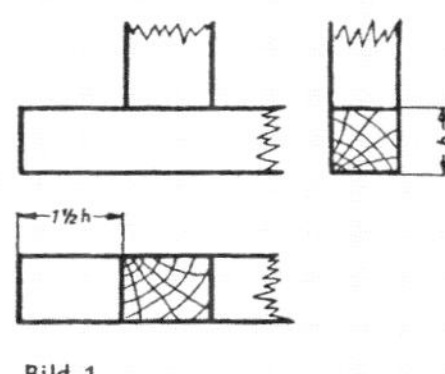

Bild 1

§ 7. Spannungsermäßigung

Die Spannungen der Tafel 2 sind zu ermäßigen:

a) auf ²/₃

1. bei Gerüsten, wenn frischgefälltes Holz verwendet wird,
2. bei Bauteilen, die dauernd im Wasser stehen, z. B. Stützjochen,
3. bei Bauteilen, die der Feuchtigkeit und Nässe ungeschützt ausgesetzt sind, mit Ausnahme von fliegenden Bauten

Seite 8 DIN 1052

Tafel 2								
	1	2	3	4	5	6	7	8
	Zulässige Spannungen σ_{zul} und τ_{zul} in kg/cm²							
Zeile	Art der Beanspruchung	Güteklasse III Nadelholz	Güteklasse III Eiche und Buche	Güteklasse II Nadelholz	Güteklasse II Eiche und Buche	Güteklasse I Nadelholz	Güteklasse I Eiche und Buche	Bemerkungen
1	Biegung $\sigma_{b\,zul}$	70	75	**100²)**	**110**	130²)	140	—
2	Biegung bei durchlaufenden Trägern ohne Gelenke $\sigma_{b\,zul}$	75	80	**110³)**	**120**	140³)	155	—
3	Zug in der Faserrichtung $\sigma_{z\,zul}$	0	0	**85**	**100**	105	110	—
4	Druck in der Faserrichtung $\sigma_{d\,zul\,\parallel}$	60	70	**85³)**	**100**	110³)	120	—
5	Druck rechtwinklig zur Faserrichtung $\sigma_{d\,zul\,\perp}$	20	30	**20**	**30**	20	30	Der Überstand der Schwellen über die Druckfläche muß in der Faserrichtung beiderseits mindestens gleich dem 1½-fachen der Schwellenhöhe *h* sein (Bild 1). Andernfalls sind die in Zeile 5 u. 6 angegebenen Spannungen um ¹/₅ zu ermäßigen.
6	Druck rechtwinklig zur Faserrichtung bei Bauteilen, bei denen geringfügige Eindrückungen unbedenklich sind, $\sigma_{d\,zul\,\perp}$	25	40	**25**	**40**	25	40	
7	Abscheren in der Faserrichtung und Leimfuge τ_{zul}	9	10	**9**	**10**	9	12	

²) Für Lärchenholz sind um 10 kg/cm² höhere Werte zulässig.

³) Für Lärchenholz sind um 5 kg/cm² höhere Werte zulässig.

b) auf ⁵/₆
bei Bauteilen, die der Feuchtigkeit und Nässe ausgesetzt, aber nach der Bearbeitung und vor dem Zusammenbau mit einem geprüften Mittel geschützt sind[4]).

§ 8. Schräger Kraftangriff

a) Rechtwinklig oder schräg zur Faser wirkende Zugkräfte, die zum Aufreißen des Holzes führen können, sind durch besondere Vorkehrungen aufzunehmen (z. B. Bolzen, vgl. Bild 2).

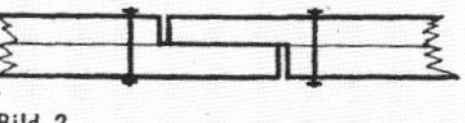

Bild 2

b) Die zulässigen Druckspannungen schräg zur Faser sind nach der Formel

$$\sigma_{d\,zul\,\measuredangle} = \sigma_{d\,zul\,\parallel} - (\sigma_{d\,zul\,\parallel} - \sigma_{d\,zul\,\perp}) \sin\alpha$$

zu berechnen (s. a. Bild 3).
Für Güteklasse II sind die Werte $\sigma_{d\,zul\,\measuredangle}$ in Tafel 3 angegeben.

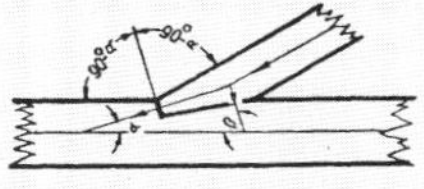

Bild 3

§ 9. Zulässige Spannungen für Stahlteile

Für Stahlteile dürfen die Zug- und Biegespannungen höchstens 1200 kg/cm² betragen. Stählerne Zugstangen, Anker und Schraubenbolzen dürfen im Gewinde-Kernquerschnitt nur mit 1000 kg/cm² beansprucht werden. Im übrigen gilt DIN 1050 „Berechnungsgrundlagen für Stahl im Hochbau"

⁴) Erläuterungen zum Merkblatt über baulichen Holzschutz. Holzforschungsverlag, Stuttgart.

IV. Bemessungsregeln

§ 10. Mindestquerschnitte

Für tragende, einteilige Fachwerkstäbe sind Querschnitte unter 60 cm² und 6 cm kleinsten Maßes unzulässig. Bei mehrteiligen Stäben gelten diese Werte für den Einzelstab.
Bei genagelten und bei geleimten Stäben sind kleinere Querschnitte zulässig.

§ 11. Querschnittsschwächungen

a) Waldkanten, die nicht größer sind als in DIN 4074 festgesetzt, brauchen bei der Querschnittsermittlung nicht abgezogen zu werden.

b) In Zugstäben und bei Baugliedern, die auf Biegung beansprucht werden, sind bei Ermittlung der Spannungen im gefährlichen Querschnitt und in dessen Nähe alle Schwächungen durch Dübel, Bandstahl, Bolzen, Schrauben, Platten, Einkämmungen usw. zu berücksichtigen (vgl. auch § 4 a 2). Bei Ringdübeln ist als Schwächung die Fläche b·t abzuziehen (Bild 4). Bei Einpreßdübeln (§ 16 a) ist der von ihnen durchschnittene Teil des Querschnitts als Querschnittsschwächung abzuziehen.

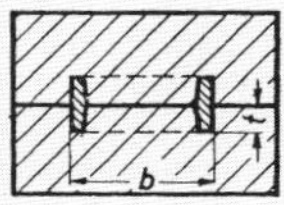

Bild 4

c) Bei Druckstäben brauchen solche Querschnittsschwächungen nur dann berücksichtigt zu werden, wenn die geschwächte Stelle nicht satt ausgefüllt ist oder der ausfüllende Baustoff sich leichter zusammendrücken läßt als das Holz des Stabes (wenn z. B. die Fasern von Holzeinlagen rechtwinklig zu denen des Druckstabes verlaufen).

Tafel 3

	1	2		3	4	5	6
Zulässige Druckspannungen in kg/cm² bei schrägem Kraftangriff für Holz der Güteklasse II $\sigma_{d\,zul\,\measuredangle} = \sigma_{d\,zul\,\parallel} - (\sigma_{d\,zul\,\parallel} - \sigma_{d\,zul\,\perp}) \sin\alpha$							
Zeile	Winkel α oder β zwischen Anschlußkraft und Faserrichtung	Nadelholz — allgemein	Lärche	bei Bauteilen, bei denen geringfügige Eindrückungen unbedenklich sind allgemein	Lärche	Eiche und Buche —	bei Bauteilen, bei denen geringfügige Eindrückungen unbedenklich sind
1	0°	85	90	85	90	100	100
2	10°	74	78	75	79	88	90
3	20°	63	66	64	68	76	79
4	30°	52	55	55	57	65	70
5	40°	43	45	46	48	55	61
6	50°	35	36	39	40	46	54
7	60°	29	29	33	34	39	48
8	70°	24	24	29	29	34	44
9	80°	21	21	26	26	31	41
10	90°	20	20	25	25	30	40

Die Berücksichtigung der Querschnittsschwächung ist besonders wichtig, wenn durch sie wesentliche ausmittige Kraftwirkungen entstehen.

§ 12. Druckstäbe

a) Freie Knicklänge

1. Die im folgenden Absatz c angegebene Berechnung setzt voraus, daß der Druckstab an den Enden der in Rechnung gestellten freien Knicklänge durch Verbände, Scheiben oder nach § 13 gegen seitliches Ausweichen gesichert ist. In diesen Fällen ist gelenkige Führung beider Stabenden anzunehmen (2. Eulerfall). Ist die Voraussetzung des 1. Satzes nicht erfüllt, so sind entsprechend größere Knicklängen in Rechnung zu stellen (z. B. bei überwiegend auf Druck beanspruchten Stielen von Zweigelenkrahmen; vgl. auch Ziffer 3).
2. Bei Fachwerkstäben ist als freie Knicklänge s_K die Länge der Netzlinie einzusetzen. Für das Ausknicken aus der Trägerebene ist dies aber nur zulässig, wenn die Knotenpunkte, die der Stab verbindet, entsprechend Ziffer 1 Satz 1 gehalten sind. Unter derselben Voraussetzung ist bei Stützen und Steifen als Knicklänge ihre Länge einzusetzen.
3. Bei Stützen, die an einem Ende eingespannt und am anderen Ende frei beweglich sind, ist die Knicklänge gleich der doppelten Stablänge zu wählen.
4. Bei Abstützung von Zwischenpunkten gedrückter Bauglieder gegen festliegende andere Punkte darf die Knicklänge für das Ausknicken in der Richtung, in der die Abstützung wirksam ist, entsprechend verringert werden.

b) Schlankheitsgrad

Druckstäbe mit einem größeren Schlankheitsgrad als $\lambda = 150$ sind unzulässig[5]).

dem Schlankheitsgrad $\lambda = \frac{s_K}{\min i}$ entsprechenden Knickzahl ω (Tafel 4) zu vervielfachen. Der Stab kann dann wie ein dem Knicken nicht ausgesetzter Druckstab behandelt werden. Die mit ω vervielfachte Schwerpunktsspannung darf höchstens den Wert $\sigma_{d\,zul}$ II erreichen. Es muß also

$$\sigma = \frac{\omega \cdot S}{F} \leqq \sigma_{d\,zul\,\parallel}$$

sein. Hierbei sind für $\sigma_{d\,zul}$ II die Werte der Tafel 2 Zeile 4 anzunehmen.

Es bedeutet

S die größte Druckkraft des Stabes,

F den ungeschwächten Stabquerschnitt,

$\min J$ das kleinste Trägheitsmoment des ungeschwächten Stabquerschnittes

$\min i = \sqrt{\frac{\min J}{F}}$ den kleinsten Trägheitshalbmesser des ungeschwächten Stabquerschnittes.

2. Mehrteilige Stäbe

Für das Ausknicken senkrecht zur Achse $x—x$ (Bild 5 a und 5 b) kann ein mehrteiliger Stab wie ein einteiliger Stab berechnet werden, dessen Breite gleich der Summe der Breiten der Einzelstäbe ist.

Für das Ausknicken senkrecht zur Achse $y—y$ bei Druckstäben nach Bild 5 a, 5 b und 5 c und senkrecht zur Achse $x—x$ bei Druckstäben nach Bild 5 c kann nicht mit einem vollkommenen Zusammenwirken der Einzelquerschnitte gerechnet werden.

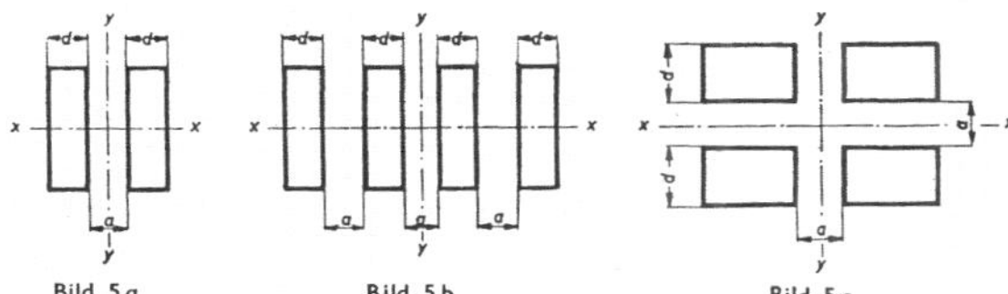

Bild 5 a Bild 5 b Bild 5 c

c) Mittiger Kraftangriff

1. Einteilige Stäbe (Vollholz)

Bei mittigem Kraftangriff ist die ermittelte Stabkraft S mit der

Bezeichnet J das Trägheitsmoment des mehrteiligen Druckstabes und J_0 das des Vollstabes, der durch Zusammenschieben der Einzelquerschnitte entstehen würde, so ist zur Ermittlung der Knickzahl ω als wirksames Trägheitsmoment J_w des mehrteiligen Druckstabes anzunehmen:

$$J_w = J_0 + \frac{J - J_0}{4} = \tfrac{3}{4} J_0 + \tfrac{1}{4} J$$

[5]) Bei fliegenden Bauten sind auch höhere Schlankheitsgrade zulässig. Vgl. Berechnungsgrundlagen für fliegende Bauten — DIN 4112.

Seite 10 DIN 1052

Tafel 4

Knickzahlen ω

λ	0	1	2	3	4	5	6	7	8	9	λ
0	1,00	1,01	1,01	1,02	1,03	1,03	1,04	1,05	1,06	1,06	0
10	1,07	1,08	1,09	1,09	1,10	1,11	1,12	1,13	1,14	1,15	10
20	1,15	1,16	1,17	1,18	1,19	1,20	1,21	1,22	1,23	1,24	20
30	1,25	1,26	1,27	1,28	1,29	1,30	1,32	1,33	1,34	1,35	30
40	1,36	1,38	1,39	1,40	1,42	1,43	1,44	1,46	1,47	1,49	40
50	1,50	1,52	1,53	1,55	1,56	1,58	1,60	1,61	1,63	1,65	50
60	1,67	1,69	1,70	1,72	1,74	1,76	1,79	1,81	1,83	1,85	60
70	1,87	1,90	1,92	1,95	1,97	2,00	2,03	2,05	2,08	2,11	70
80	2,14	2,17	2,21	2,24	2,27	2,31	2,34	2,38	2,42	2,46	80
90	2,50	2,54	2,58	2,63	2,68	2,73	2,78	2,83	2,88	2,94	90
100	3,00	3,07	3,14	3,21	3,28	3,35	3,43	3,50	3,57	3,65	100
110	3,73	3,81	3,89	3,97	4,05	4,13	4,21	4,29	4,38	4,46	110
120	4,55	4,64	4,73	4,82	4,91	5,00	5,09	5,19	5,28	5,38	120
130	5,48	5,57	5,67	5,77	5,88	5,98	6,08	6,19	6,29	6,40	130
140	6,51	6,62	6,73	6,84	6,95	7,07	7,18	7,30	7,41	7,53	140
150*)	7,65	7,77	7,90	8,02	8,14	8,27	8,39	8,52	8,65	8,78	150
160	8,91	9,04	9,18	9,31	9,45	9,58	9,72	9,86	10,00	10,15	160
170	10,29	10,43	10,58	10,73	10,88	11,03	11,18	11,33	11,48	11,64	170
180	11,80	11,95	12,11	12,27	12,44	12,60	12,76	12,93	13,09	13,26	180
190	13,43	13,61	13,78	13,95	14,12	14,30	14,48	14,66	14,84	15,03	190
200	15,20	15,38	15,57	15,76	15,95	16,14	16,33	16,52	16,71	16,91	200
210	17,11	17,31	17,51	17,71	17,92	18,12	18,33	18,53	18,74	18,95	210
220	19,17	19,38	19,60	19,81	20,03	20,25	20,47	20,69	20,92	21,14	220
230	21,37	21,60	21,83	22,06	22,30	22,53	22,77	23,01	23,25	23,49	230
240	23,73	23,98	24,22	24,47	24,72	24,97	25,22	25,48	25,73	25,99	240
250	26,25	—	—	—	—	—	—	—	—	—	250

*) Die Knickzahlen ω für $\lambda > 150$ sind für die Berechnung der Druckstäbe für fliegende Bauten angegeben.

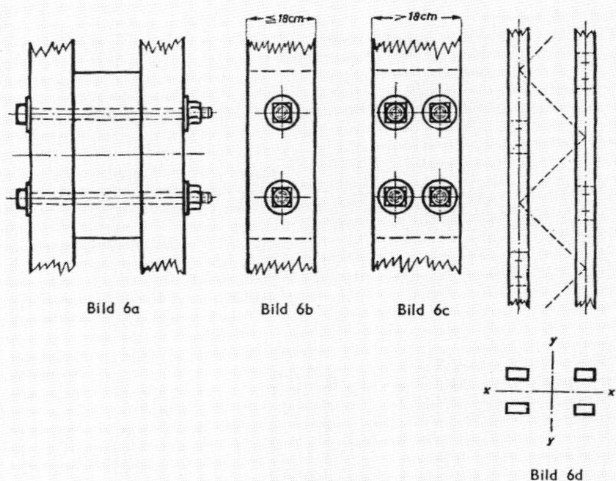

Bild 6a Bild 6b Bild 6c

Bild 6d

Spreizungen $a > 2d$ dürfen hierbei nicht in Rechnung gestellt werden. Das kleinste Trägheitsmoment des Einzelstabes J_1 in cm⁴ muß mindestens sein

$$J_1 = \frac{10\, S \cdot s_K^{\,2}}{n}$$

Hierbei ist:

S die größte Druckkraft des Gesamtstabes in t,
s_K die Knicklänge des Gesamtstabes in m,
n die Zahl der Einzelstäbe.

Die Einzelstäbe sind an den Enden und mindestens in den Drittelpunkten durch Bindehölzer zu verbinden oder auf der ganzen Länge fachwerkartig zu vergittern. Die Bindehölzer und ihre Anschlüsse müssen Bild 6a bis d entsprechen. Sie müssen bei Gurtbreiten $\leqq$ 18 cm einreihig, bei Gurtbreiten $>$ 18 cm zweireihig mit mindestens zwei Bolzen in jeder Reihe angeschlossen werden (Bild 6b und c). Bei genagelter Ausführung kann an Stelle der in Bild 6a bis d angegebenen Bolzen eine entsprechende Zahl von Nägeln angeordnet werden.

d) Ausmittiger Kraftangriff

Bei Stäben, die erheblich ausmittig durch eine Druckkraft oder die neben einer mittigen Druckkraft S von einem Biegemoment M beansprucht werden, muß die errechnete (gedachte) Randspannung

$$\sigma_\omega = \frac{\omega \cdot S}{F} + 0{,}85 \frac{M}{W_n} \leq \sigma_{d\,zul}$$

sein. Hierbei sind für $\sigma_{d\,zul}$ die Werte in Tafel 2 Zeile 4 einzusetzen. Hierbei ist ohne Rücksicht auf die Richtung der Ausbiegung stets der größte Wert von ω einzusetzen. Das Moment M und das Widerstandsmoment W_n sind dabei auf die Achse des ungeschwächten Querschnittes zu beziehen.

§ 13. Abstützung von Druckstäben gegen seitliches Ausweichen

Druckgurte, die nicht durch einen Windverband verbunden sind, müssen gegen seitliches Ausweichen gesichert werden. Verzichtet man auf eine eingehende Rechnung, so ist für die Überschlagsrechnung eine Seitenkraft von mindestens $^1/_{100}$ der größten Stabkraft der beiden benachbarten Gurtstäbe (ohne Knickzahl) rechtwinklig zur Trägerebene nach außen und nach innen wirkend anzunehmen. Hiermit sind die abstützenden Teile zu berechnen. (Bild 7a und b).

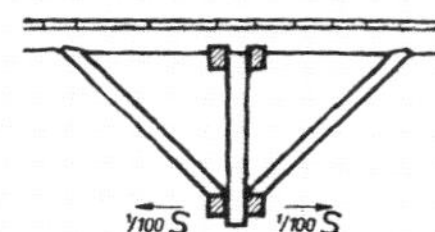

Bild 7a

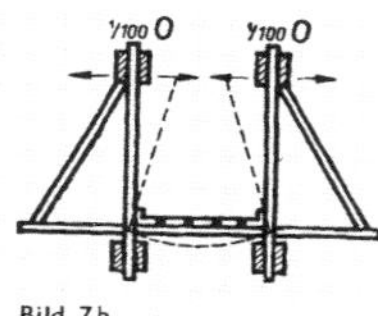

Bild 7b

Sinngemäß ist zu verfahren, wenn ein gedrücktes Wandglied durch einen Halbrahmen in einem Zwischenpunkt gegen seitliches Ausweichen gestützt ist.

§ 14. Zugstäbe mit Druckbeanspruchungen in Ausnahmefällen

Zugstäbe, die bei der vorgeschriebenen Größe und Verteilung der Belastung nur geringe Zugkräfte erhalten, bei etwas anderer Verteilung und Größe der Belastung, wie sie besonders bei der Windbelastung möglich ist, aber auf Druck beansprucht werden, sind auch für eine angemessene Druckkraft zu bemessen (vgl. auch § 19, 5).

§ 15. Auf Biegung beanspruchte Bauglieder

a) Allgemein

Bei Baugliedern, die auf Biegung beansprucht werden, sind Schwächungen der äußeren Fasern im gefährlichen Querschnitt und in dessen Nähe möglichst zu vermeiden.

Bei zusammengesetzten Vollwandträgern darf die Schwerpunktspannung σ_z (Bild 8) in den Einzelteilen der Zuggurte vollwandiger, auf Biegung beanspruchter Holztragwerke höchstens gleich der in Tafel 2 Zeile 3 festgelegten zulässigen Zugspannung sein. Dieser Wert ist maßgebend, wenn die Höhe h_1 des betreffenden Gurtteiles bei Holz der Güteklasse I kleiner als $0{,}2\,h$, bei Holz der Güteklasse II kleiner als $0{,}15\,h$ ist. Bei vollwandigen Trägern, deren Stege aus gekreuzten Brettern bestehen, sind für die zulässigen Spannungen in den Zuggurten stets die Werte der Tafel 2 Zeile 3 und in den Druckgurten die Werte der Tafel 2 Zeile 4 maßgebend (vgl. c 2).

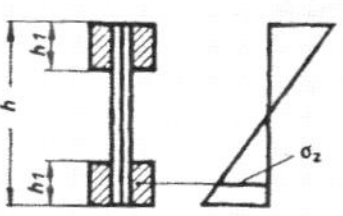

Bild 8

b) Stützweiten

1. Bei Balken, die an beiden Enden frei aufliegen, gilt als Stützweite die Entfernung der Auflagermitten. Liegen sie unmittelbar auf Mauerwerk auf, so ist als Stützweite die um mindestens $^1/_{20}$ vergrößerte Lichtweite anzunehmen.
2. Bei durchlaufenden Balken gilt als Stützweite der Achsabstand der Unterstützungen.
3. Durchlaufende Bohlen sind als frei drehbar gelagerte Träger auf 2 Stützen zu berechnen. Dabei gilt als Stützweite der lichte Abstand der Unterstützungen zuzüglich 10 cm, höchstens aber der Achsabstand der Unterstützungen.
4. Für Pfetten und Balken mit Kopfbändern oder Sattelhölzern gilt § 15c) 3.

c) Sonderausführungen

1. Verdübelte Balken

Bei verdübelten Balken ist — sorgfältige Ausführung vorausgesetzt — das Widerstandsmoment anzunehmen

bei 2 Lagen zu $W = 0{,}85 \cdot \frac{b \cdot h^2}{6}$,

bei 3 Lagen zu $W = 0{,}70 \cdot \frac{b \cdot h^2}{6}$

(Bei Brücken gelten kleinere Werte, vgl. DIN 1074).
Die Schwächungen durch die Dübel- und Bolzenlöcher sind hierbei bereits berücksichtigt. Mehr als 3 Lagen dürfen nicht in Rechnung gestellt werden. Die Dübelverbindungen dieser Balken sind rechnerisch nachzuweisen (vgl. § 16a). Das Kippmoment der Dübel ist durch Schraubenbolzen aufzunehmen. Die Dübel sind unter Berücksichtigung des vollen rechnerischen Trägheitsmomentes $J = \frac{b\,h^3}{12}$ zu bemessen.

2. Genagelte Vollwandbinder

Bei genagelten Vollwandbindern dürfen die Stege bei der Ermittlung des Trägheitsmomentes und des Widerstandsmomentes nicht berücksichtigt werden. Die Aufnahme der Querkräfte durch die Stegteile und ihre Anschlüsse muß nachgewiesen werden. Bestehen die Stege aus einzelnen Brettern, so sind mindestens 2 Bretterlagen anzuordnen, die sich kreuzen.
Bestehen die Gurtungen aus mehreren Teilen (vgl. Bild 9), so sind die Querschnitte der Einzelteile mit folgenden Beiwerten η in Rechnung zu stellen:

Teil 1	$\eta = 1{,}0$
Teil 2	$\eta = 0{,}80$
Teil 3	$\eta = 0{,}60$
Teil 4	$\eta = 0{,}40$
etwaige weitere Teile	$\eta = 0{,}20$

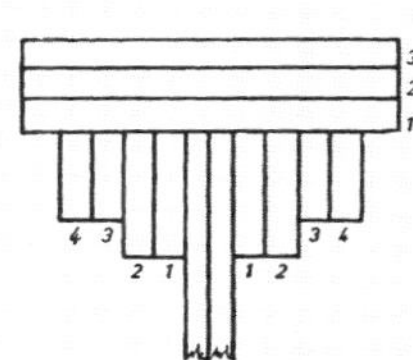

Bild 9

3. Kopfbandbalken

Bei Pfetten und Balken mit Kopfbändern ist als Stützweite der Wert $\frac{l + l_0}{2}$ in Rechnung zu stellen (Bild 10). Für diese Stützweite ist der

Seite 12 DIN 1052

Bauteil als ein frei drehbar gelagerter Balken auf zwei Stützen zu berechnen. Bei Balken mit erheblichen Verkehrslasten kann auch eine genauere Berechnung in Frage kommen, z. B. als Rahmenwerk. Hierbei ist auch der Einfluß einseitiger Belastung auf die Stützen, Balken und Pfetten zu verfolgen.
An den Stößen der Balken ist die Aufnahme der waagerechten Kräfte durch bauliche Vorkehrungen zu sichern.
In jedem Fall muß nachgewiesen werden, daß das Kopfband und seine Anschlüsse für die auf sie entfallende Last ausreichen.
Bei Pfetten und Balken mit Sattelhölzern ohne Kopfbänder ist stets mit der Stützweite l (Bild 10) zu rechnen.

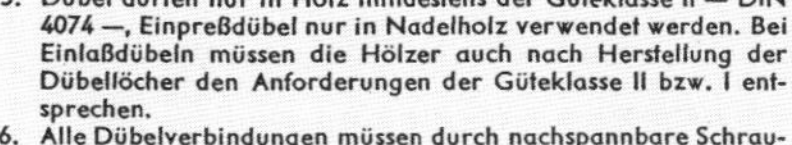

5. Dübel dürfen nur in Holz mindestens der Güteklasse II — DIN 4074 —, Einpreßdübel nur in Nadelholz verwendet werden. Bei Einlaßdübeln müssen die Hölzer auch nach Herstellung der Dübellöcher den Anforderungen der Güteklasse II bzw. I entsprechen.

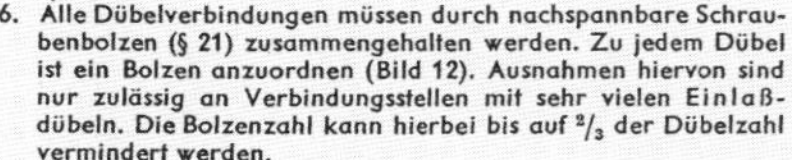

6. Alle Dübelverbindungen müssen durch nachspannbare Schraubenbolzen (§ 21) zusammengehalten werden. Zu jedem Dübel ist ein Bolzen anzuordnen (Bild 12). Ausnahmen hiervon sind nur zulässig an Verbindungsstellen mit sehr vielen Einlaßdübeln. Die Bolzenzahl kann hierbei bis auf $^2/_3$ der Dübelzahl vermindert werden.

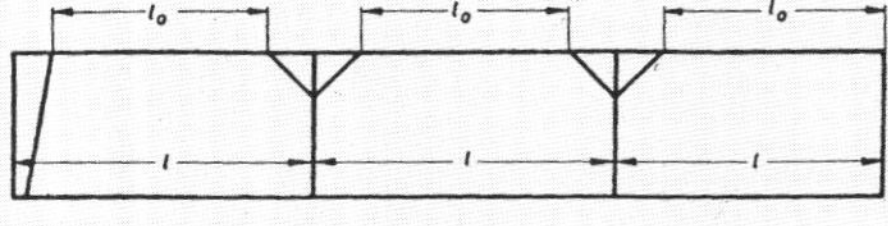

Bild 10

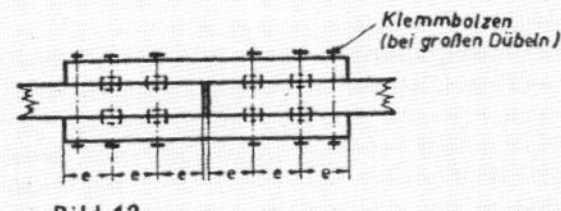

Bild 12

d) Durchbiegung:

1. Die von der ruhenden Verkehrslast einschl. der Wind- und Schneelast herrührende, ohne Berücksichtigung der Nachgiebigkeit der Verbindungen rechnerisch ermittelte Durchbiegung darf bei Fachwerkträgern im allgemeinen höchstens $^1/_{700}$ der Stützweite, bei vollwandigen, genagelten, gedübelten oder geleimten Trägern höchstens $^1/_{400}$ sein.
2. Bei Decken unter Wohn-, Büro- und Diensträumen und unter Fabrik- und Werkstättenräumen darf die rechnerische Durchbiegung von Deckenbalken unter der ständigen Last und der Verkehrslast im allgemeinen höchstens $^1/_{300}$ betragen[6]). Bei Pfetten, Sparren, Balken von Stalldecken, Scheunen u. dgl. darf sie höchstens $^1/_{200}$ der Stützweite, bei Kragträgern höchstens $^1/_{150}$ der Kraglänge sein.
3. Bei der Berechnung der Durchbiegung ist der ungeschwächte Querschnitt einzusetzen. Bei verdübelten Balken (§ 15e 1) ist das Trägheitsmoment anzunehmen, bei zwei Balkenlagen zu $J = 0{,}6\,\frac{b\,h^3}{12}$, bei drei Balkenlagen zu $J = 0{,}3\,\frac{b\,h^3}{12}$

§ 16. Verbindungsmittel

a) Dübelverbindungen

1. Unter die Bestimmungen für Dübelverbindungen fallen alle überwiegend auf Druck und Abscheren beanspruchten Verbindungsmittel, wie rechteckige Dübel und Keile, Scheiben-, Teller-, Ring- und Krallendübel, Krallenplatten, Stabdübel usw. Man unterscheidet Einlaßdübel, die in vorbereitete passende Vertiefungen des Holzes eingelegt, und Einpreßdübel, die ohne Benutzung von Bohr-, Nut- oder Fräswerkzeugen in das Holz eingetrieben werden, ferner Verbindungen zwischen beiden Dübelarten.
2. Alle Dübelverbindungen bedürfen einer allgemeinen baupolizeilichen Zulassung gemäß Verordnung vom 8. November 1937 (Reichsgesetzbl. I S. 1177 ZdB. 1937 S. 1167) mit Ausnahme der rechteckigen Einlaßdübel nach Bild 11.
3. Es dürfen nur Dübel aus trocknem Hartholz, aus Eisen oder Stahl oder aus geeignetem anderen Metall verwendet werden.
4. Die Wandungen von Einlaßdübeln aus Gußeisen, Stahl oder anderem Metall müssen mindestens 4 mm dick sein.
Einpreßdübel aus Stahl, deren Zähne oder Wandungen dünner als 4 mm sind, sind ausreichend gegen Rost zu schützen. In Bauwerken, die besonders schädigenden Einflüssen von Dämpfen, Gasen usw. ausgesetzt sind, darf die statische Wirkung von Einpreßdübeln, deren Zähne oder Wandungen dünner als 4 mm sind, nicht berücksichtigt werden.

Bei Verbindungen mit großen Dübeln sind an den Enden der Außenhölzer oder -laschen Klemmbolzen anzuordnen (Bild 12). Anzahl und Dicke dieser Klemmbolzen werden durch die Zulassung (Ziffer 2) festgelegt.

Die Bolzen sind so anzuziehen, daß die Unterlegscheiben etwas in das Holz eingedrückt werden; jedoch dürfen hierbei keine unzulässigen Pressungen rechtwinklig zur Faser oder unzulässige Biegespannungen im Holz entstehen. Die Unterlegscheiben dürfen deshalb nicht mehr als 1 mm in das Holz eingedrückt werden.

7. Einpreßdübel sind so einzubauen, daß die Hölzer nicht beschädigt oder überbeansprucht werden. Im allgemeinen sind daher besondere Vorrichtungen (Pressen, Schraubenspindeln o. dgl.) zum Eintreiben der Einpreßdübel zu verwenden.

Rechteckige Holzdübel sind so einzulegen, daß ihre Fasern und die der zu verbindenden Hölzer gleichgerichtet sind (Bild 11a und b).

8. Die zulässige Belastung der Dübel nach Bild 11 ist rechnerisch zu ermitteln (vgl. auch § 15c 1). Der zulässige, gleichmäßig verteilte Leibungsdruck gleichgerichtet zur Faser ist

a) bei einem Verhältnis der Dübelbreite D zur Einschnittiefe $t \geqq 5$ (Bild 11a und b) 85 kg/cm²,

b) bei einem Verhältnis D zu $t < 5$ (Bild 11c) 40 kg/cm².
In rechteckigen Holzdübeln ist die Scherspannung nachzuweisen.

9. Die zulässige Belastung anderer Dübelverbindungen und die dabei erforderlichen Mindestabmessungen werden in der Zulassung (Ziffer 2) festgelegt.
Als Unterlage für die Zulassung sind Versuche in hierfür anerkannten Prüfanstalten nach einheitlichem Arbeitsplan durchzuführen. Die Versuche müssen die Wirkung der Verbindung einwandfrei klären. Sie sind bis zum Bruch durchzuführen. Die zulässige Belastung ist aus der mittleren Bruchlast beim Zugversuch mit 2,75facher Sicherheit zu errechnen. Die verbundenen Teile dürfen sich unter der zulässigen Belastung höchstens um 1,5 mm gegeneinander verschieben.
10. Die Werte für die zulässige Dübelbelastung nach Ziffer 8 und den Zulassungen gelten für Holz der Güteklasse I und II.
11. In den Fällen des § 7 ist die zulässige Belastung aller Dübel auf $^2/_3$ bzw. $^5/_6$ zu ermäßigen.

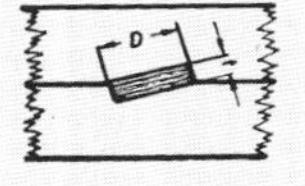

Bild 11a

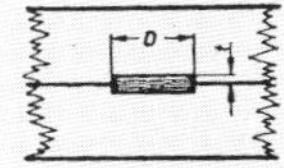

Bild 11b

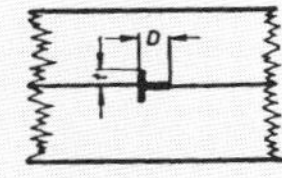

Bild 11c

b) Bolzenverbindungen

1. Unter die Bestimmungen für Bolzenverbindungen fallen alle senkrecht zur Scherfläche durchgehenden, überwiegend auf Biegung beanspruchten Verbindungsmittel, wie Schraubenbolzen, Rohrbolzen usw.

6) Vgl. DIN 104 und Beiblatt

Tafel 5

	1	2	3
	Zulässige Last der Bolzenverbindungen für Kraftangriff in Faserrichtung		
Zeile		Nadelholz (einschl. Lärche)	Eiche und Buche
1 2	zweischnittig	Mittelholz: $85 \cdot a_3 \cdot d$, jedoch höchstens 380 d^2 Seitenholz: $55 \cdot a_1 \cdot d$, jedoch höchstens 260 d^2	Mittelholz: $100 \cdot a_3 \cdot d$, jedoch höchstens 450 d^2 Seitenholz: $65 \cdot a_1 \cdot d$, jedoch höchstens 300 d^2
3	einschnittig $a_1 < a_3$	$40 \cdot a_1 \cdot d$, jedoch höchstens 170 d^2	$50 \cdot a_1 \cdot d$, jedoch höchstens 200 d^2

2. Die Bolzenlöcher müssen gut passend ohne Spiel und für mehrschnittige Verbindungen möglichst mit Maschinen gebohrt werden.
3. Bolzen müssen mindestens 10 mm ($^3/_8$"), bei Holzdicken von mehr als 8 cm mindestens 12 mm (½") Durchmesser haben.
4. Die Abstände der Bolzen untereinander und vom Stabende müssen in der Faserrichtung mindestens das 7fache des Bolzendurchmessers und nicht weniger als 10 cm betragen.
5. Die zulässige Last der Bolzenverbindung ist für Kraftangriff in der Faserrichtung, unabhängig von der Güteklasse des Holzes, aus Tafel 5 zu entnehmen. Dabei erübrigt sich der Nachweis der Biegespannung des Bolzens.
6. Für Kraftangriff senkrecht zur Faser beträgt die zulässige Last der Bolzenverbindung ¾ der Werte der Tafel 5. Bei schrägem Kraftangriff sind Zwischenwerte geradlinig einzuschalten.
7. Treten an die Stelle der Seitenhölzer Stahllaschen, so kann die zulässige Last der Bolzenverbindung für die Mittelhölzer um ¼ erhöht werden.
8. In den Fällen des § 7 sind die Werte der Tafel 5 auf $^2/_3$ bzw. $^5/_6$ zu ermäßigen.

c) Nagelverbindungen

1. Für Nagelverbindungen im Holzbau sind runde Drahtstifte mit Senkkopf nach DIN 1151 „Drahtstifte, rund, Flachkopf, Senkkopf" zu verwenden.
2. Für die Tragfähigkeit der Drahtstifte gelten ohne Rücksicht auf den Faserverlauf des Holzes die in Tafel 7 und 8 angegebenen Werte.
3. Die Nageldicke ist nach dem dünnsten Holz zu bestimmen. Im allgemeinen sind die fettgedruckten Werte zu wählen. Bei nassem oder weitringigem Holz sind möglichst die dicken, bei trockenem oder engringigem die dünnen Nägel zu verwenden. Als Nagelverbindungen im Sinne dieser Bestimmungen gelten nur solche Verbindungen, bei denen für jeden einschnittigen Anschluß mindestens 4 Nägel verwendet werden (vgl. Bild 13).

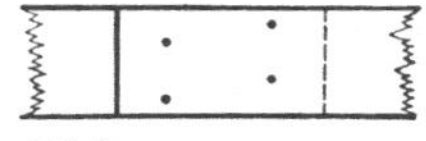

Bild 13

4. Sind bei Stoßlaschen von Zuggliedern mehr als 10 Nägel hintereinander angeordnet, so müssen die zulässigen Belastungen der Tafeln 6 und 7 um 10%, bei mehr als 20 Nägeln um 20% ermäßigt werden.
5. Bei Anschlüssen von Brettern, Bohlen u. dgl. an Rundholzflächen sind die zulässigen Belastungen der Tafeln 7 und 8 um $^1/_3$ zu ermäßigen. Nagelverbindungen von zwei Rundholzflächen sind bei belasteten Bauteilen unzulässig.

Tafel 6

	1	2	3	4
	Zulässige Belastung von ein- und zweischnittig beanspruchten Nägeln in kg in jeder Faserrichtung je Nagel			
Zeile	Holzdicke in mm	Nägel Durchmesser d in $^1/_{10}$ mm Länge in mm	Zulässige Belastung je Nagel in kg einschnittig	zweischnittig
1	20	28/65 **31/70** 34/90	30 37,5 45	60 75 90
2	22	28/65 **31/70** 34/90	30 37,5 45	60 75 90
3	24	31/70 **34/90** 38/100	37,5 45 52,5	75 90 105
4	26	34/90 **38/100** 42/110	45 52,5 62,5	90 105 125
5	28	34/90 **38/100** 42/110	45 52,5 62,5	90 105 125
6	30	38/100 **42/110** 46/130	52,5 62,5 72,5	105 125 145
7	35	38/100 **42/110** 46/130	52,5 62,5 72,5	105 125 145
8	40	42/110 **46/130** 55/140	62,5 72,5 95	— 145 190
9	45	46/130 **55/140**	72,5 95	145 190
10	50	46/130 **55/140** **55/160**	72,5 95 95	— — 190
11	55	55/140 **55/160** 60/180	95 95 110	— 190 220
12	60	55/140 **60/180** 70/210	95 110 145	— 220 290
13	70	60/180 **70/210** 75/230	110 145 160	— 290 320
14	80	70/210 **75/230** 80/260	145 160 175	— 320 350

6. Bei Bauwerken, bei denen die Nägel der Rostgefahr besonders ausgesetzt sind, darf die Belastung von Nagelverbindungen nur dann die Werte der Tafeln 6 und 7 erreichen, wenn die Drahtstifte durch einen Überzug aus Zink, Blei oder Kadmium u. dgl. entsprechend der Art der Rostgefahr geschützt werden oder wenn es sich um Bauten zu vorübergehenden Zwecken handelt.

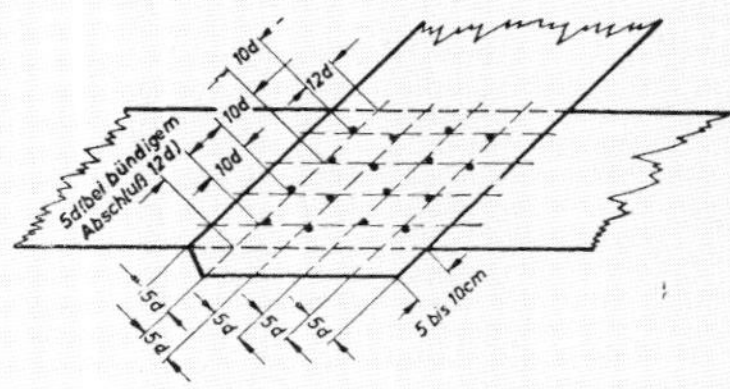

Bild 14

Tafel 8			
	1	2	3
	Zulässige Belastung von Schalungsnägeln auf Zug in kg		
Zeile	Nageldurchmesser in $^1/_{10}$ mm Länge in mm	Verwendbar für Brettdicke in mm	Zulässige Belastung je Nagel in kg
1	31/70	20 22	15
2	34/90	22 24	20

Tafel 7					
	1	2	3	4	5
	Zulässige Belastung von ein- und zweischnittig beanspruchten Nägeln in kg in jeder Faserrichtung				
Zeile	Nägel Durchmesser	Verwendbar für Holzdicke	Mindest-Nagellänge	Zulässige Belastung je Nagel in kg	
	in $^1/_{10}$ mm	in mm	in mm	einschnittig	zweischnittig
1	28	20 22	65 65	30	60
2	31	20 **22** 24	70 **70** 70	37,5	75
3	34	20 **22** **24** 26 28	90 **90** **90** 90 90	45	90
4	38	24 **26** **28** 30 35	100 **100** **100** 100 100	52,5	105
5	42	26 28 **30** **35** 40	110 110 **110** **110** 110	62,5	125 nur einschn.
6	46	30 35 **40** 45 50	130 130 **130** 130 130	72,5	145 nur einschn.
7	55	40 **45** **50** **50** 55 **55** 60	140 **140** **140** **160** 140 **160** 140	95	190 nur einschn. 190 nur einschn. 180 nur einschn.
8	60	55 **60** 70	180 **180** 180	110	220 nur einschn.
9	70	60 **70** 80	210 **210** 210	145	290 nur einschn.
10	75	70 **80**	230 **230**	160	320
11	80	80	260	175	350

7. Als geringste Nagelabstände gelten, wenn die Nägel versetzt angeordnet werden (siehe Bild 14),

in der Kraftrichtung:

12 *d* vom belasteten Rande,
10 *d* untereinander,
5 *d* vom unbelasteten Rande,

senkrecht zur Kraftrichtung:

5 *d* vom Rande,
5 *d* nebeneinander.

8. Bei gekrümmten genagelten Bauteilen muß der Biegehalbmesser mindestens 400 *d* sein. Hierbei ist *d* die Dicke des dicksten Einzelteils.

9. Zulässige Beanspruchung von Nägeln gegen Herausziehen. Beim Nachweis der Sicherheit von Bauteilen gegen Abheben durch die Sogkraft des Windes nach DIN 1055 Blatt 4 § 4, Ziff. 6 dürfen Nägel zur Befestigung von Schalungen nach Tafel 8 und Nägel zur Befestigung von Sparren, Pfetten und ähnlichen Bauteilen nach Tafel 9 auf Zug beansprucht werden. Die Haftlänge der Nägel wird bei der Benutzung der Tafel 9 nach Bild 15 a und b einschl. der Nagelspitze bestimmt und auf volle Zentimeter abgerundet. Schalbretter sind stets mit wenigstens 2 Nägeln an jedem Sparren oder Stiel zu befestigen. In Hirnholz eingeschlagene Nägel dürfen nicht auf Zug beansprucht werden.

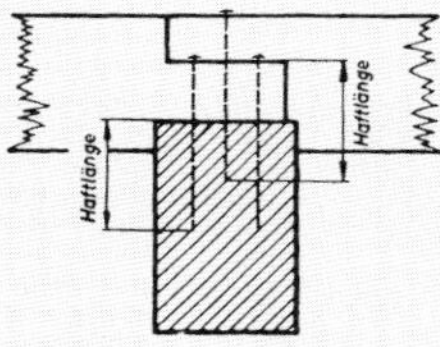

Bild 15a

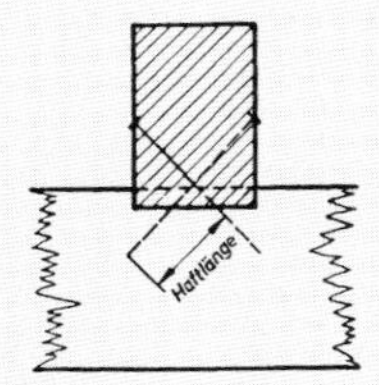

Bild 15b

Tafel 9		
	1	2
Zulässige Belastung von Sparren- und Pfettennägeln auf Zug in kg/cm		
Zeile	Nageldurchmesser in $^1/_{10}$ mm	Zulässige Belastung in kg/cm der tragenden Haftlänge einschl. Spitze (Bild a und b)
1	46	6
2	55	7
3	60	8
4	70	9
5	76	10
6	88	11

d) Leimverbindungen

1. Mit dem Entwurf und der Ausführung geleimter Bauteile dürfen nur solche Unternehmer betraut werden, die über geeignete Fachleute, erfahrene Handwerker und zweckmäßige Werkeinrichtungen verfügen. Hierzu zählen Vorrichtungen zur Erzeugung eines ausreichend großen, auch genügend lang wirkenden Preßdrucks, Maschinen zur Bearbeitung der Leimflächen, zuverlässige Meßgeräte zur Ermittlung der Holzfeuchtigkeit, ferner eine Anlage zur künstlichen Holztrocknung und überdachte, heizbare Arbeitsräume.
Die Leimarbeiten dürfen nur von geübten Handwerkern ausgeführt werden.
Sämtliche Leimarbeiten müssen fortlaufend von hierzu beauftragten Fachleuten überwacht werden, die auf dem Gebiet der Statik, des Holzbaues und der Leimtechnik gründliche Kenntnisse und Erfahrungen besitzen; sie sind für die ausgeführten Leimarbeiten verantwortlich.

2. Kasein-Leim darf nur bei Bauteilen verwendet werden, die gegen die Einflüsse der Feuchtigkeit geschützt sind. Zu bevorzugen sind wasserfeste Kunstharzleime. Die zugehörigen Gebrauchsvorschriften müssen genau eingehalten werden. Auf die sachgemäße Vorbereitung der Leimflächen und größte Sauberkeit der Leimflächen ist besonderer Wert zu legen. Die Unebenheiten der Abbundflächen dürfen höchstens 2 mm hoch oder tief sein.

   Wird Karbamidharzleim (Kauritleim) verwendet, so ist ihm besonders bei sägerauhen Abbundflächen ein Leimfestigungspulver beizumengen. Wird ausnahmsweise Karbamidharzleim ohne Leimfestigungspulver verwendet, so ist genaueste Passung der Leimflächen, wie sie nur durch Hobeln erreicht werden kann, erforderlich.

   Zur Überwachung der Eigenschaften des verwendeten Leims sind fortlaufend Probeleimungen auszuführen, besonders vor Verarbeitung jeder neuen Sendung von Leim, Härter usw.

3. Für Leimverbindungen dürfen nur Hölzer mit weniger als 20% Feuchtigkeit verwendet werden. Der Feuchtigkeitsgehalt ist in jedem Fall durch zuverlässige Meßgeräte, z. B. durch elektrische Feuchtigkeitsmesser, zu ermitteln. Die zu verleimenden Flächen müssen vollständig trocken sein.

4. Der Preßdruck soll satt sein und gleichmäßig wirken. Er wird zweckmäßig durch Spindelpressen, hydraulische Pressen oder ähnliches erzeugt; Schraubzwingen genügen in der Regel nicht. Die Preßdauer ist den Gebrauchsanweisungen für den Leim zu entnehmen. Die Lufttemperatur beim Pressen darf nicht unter 15° liegen, da sonst erheblich längere Preßzeiten erforderlich sind und die Gefahr von Fehlleimungen besteht.

5. Die Leimverbindungen sind so zu gestalten, daß die Leimfuge nicht durch wesentliche quer zu ihr wirkende Zugkräfte beansprucht wird.

6. Bei gekrümmten, aus mehreren Teilen zusammengeleimten Bauteilen muß der Biegehalbmesser mindestens 300 d sein. Hierbei ist d die Dicke des dicksten Einzelteils.

7. Wenn zu verleimten Tragwerken Sperrhölzer verwendet werden, müssen diese mit Kunstharzen verleimt sein. Blockverleimte Sperrplatten dürfen nur geringe Beanspruchungen erhalten; im allgemeinen sind an ihrer Stelle kunstharzverleimte Furnierplatten zu verwenden, deren Einzelfurniere höchstens 2,5 mm dick sind. Für die Zulassung zur Herstellung solcher Sperrplatten für tragende Bauteile gelten sinngemäß die Bestimmungen der Ziffer 1.

8. Werden Leimfugen den Witterungseinflüssen ausgesetzt, so müssen sie vor dem Aufbau mit wasserdichten Anstrichen geschützt werden.

e) Zusammenwirken verschiedener Verbindungsmittel

Ein Zusammenwirken verschiedener Verbindungsmittel kann nur erwartet werden, wenn ihre Nachgiebigkeit etwa gleich groß ist. Hierbei ist das Verbindungsmittel, auf das rechnerisch der kleinere Teil der anzuschließenden Kraft entfällt, für die 1,5fache anteilige Kraft zu bemessen. Bei Bolzen- oder Leimverbindungen darf ein Zusammenwirken mit anderen Verbindungsmitteln nicht in Rechnung gestellt werden.

§ 17. Zulässige Spannungen von Auflagersteinen, Pfeilern, Widerlagern und Mauern

Für die zulässigen Spannungen von Auflagersteinen, Pfeilern, Widerlagern und Mauern gilt DIN 1053 — Berechnungsgrundlagen für Bauteile aus künstlichen und natürlichen Steinen.

V. Bauliche Durchbildung

§ 18. Stoßdeckung

1. Stöße sind möglichst dorthin zu legen, wo Querschnittsüberschüsse vorhanden sind. Geleimte Stöße sind zweckmäßig mit Schäftung (Neigung 1 : 5 bis 1 : 10) auszubilden.

2. Beim Stoß von Zugstäben müssen die den Stoß deckenden Holzteile symmetrisch zur Stabachse angeordnet und voll angeschlossen sein. Hierbei sind Holzlaschen bei Annahme gleichmäßig verteilter Spannungen für die 1,5fache Zugkraft zu bemessen.

3. An den Stößen von Druckstäben genügt es, die verbundenen Teile durch Laschen oder andere Verbindungsmittel in ihrer gegenseitigen Lage zu sichern. Dies ist aber nur zulässig in unmittelbarer Nähe von Knotenpunkten, die gegen seitliche Verschiebungen gesichert sind. In anderen Fällen ist das Trägheitsmoment des Druckstabes durch die Stoßdeckung zu ersetzen.

4. Stoßdeckungen in Wechselstäben sind für die 1,3fache größte Zug- und Druckkraft zu bemessen, soweit diese Kräfte nicht aus der Wind- und Schneebelastung allein herrühren (vgl. auch § 14).

5. Bei der Stoßdeckung von Teilen, die auf Biegung beansprucht werden, muß das Widerstandsmoment der den Stoß deckenden Holzteile mindestens gleich dem Widerstandsmoment der gestoßenen Teile sein. Zugleich muß die einwandfreie Übertragung der Querkräfte gewährleistet sein. Bei Druckgurten von Vollwandträgern genügt also eine Stoßdeckung nach Absatz 3 Satz 1 nicht.

§ 19. Anschlüsse

1. Fachwerkstäbe sind möglichst mittig anzuschließen, andernfalls sind die zusätzlichen Spannungen nachzuweisen. Die unter Berücksichtigung der Ausmittigkeit gefundenen Spannungen dürfen die Werte der Tafel 2 Zeile 1 oder 2 erreichen. Bei Bolzenverbindungen im Sinne von § 16b) soll jeder Stab oder Stabteil möglichst mit mindestens zwei Schraubenbolzen angeschlossen werden.

2. Bei Versatzungen darf die Reibung nicht in Rechnung gesetzt werden. Beim Versatz darf der Einschnitt bei einem Anschlußwinkel bis zu 50° höchstens $^1/_4$ der Höhe des eingeschnittenen Holzes und über 60° höchstens $^1/_6$ der Höhe des eingeschnittenen Holzes sein. Zwischen den Winkeln von 50° bis 60° ist geradlinig einzuschalten.

3. Dübel oder Bolzen sind möglichst symmetrisch zur Stabachse und im Stabquerschnitt gegeneinander versetzt anzuordnen, damit sich bei Lufttrissen nicht gleichzeitig alle Befestigungsmittel lockern und an Tragfähigkeit einbüßen.

   Offene Ringdübel aus Stahl sind so einzubauen, daß der Schlitz senkrecht zur Kraftrichtung liegt. Gerade Dübel aus T-Stahl dürfen nur für Kraftanschlüsse gleichgerichtet zur Faser verwendet und müssen senkrecht zur Stabachse eingebaut werden. Gerade Dübel aus Flachstahl dürfen für Kraftübertragungen nicht verwendet werden.

4. Klammern dürfen bei Dauerbauten nur für untergeordnete Zwecke verwendet werden.

Seite 16 DIN 1052

5. Druckstäbe, die bei der vorgeschriebenen Größe und Verteilung der Belastung geringe Druckkräfte erhalten, aber bei etwas anderer Verteilung und Größe der Belastung, wie sie besonders bei der Windbelastung möglich ist, auf Zug beansprucht werden können, sind auch für eine angemessene Zugkraft anzuschließen (vgl. § 14).
6. Anschlüsse von Wechselstäben sind für die 1,3fache größte Zug- und Druckkraft zu bemessen, soweit sie nicht aus Wind und Schnee allein herrühren.

§ 20. Stahlteile

Heftschrauben müssen mindestens 10 mm (3/8") Durchmesser haben. Zwischen Holz und Schraubenkopf und zwischen Holz und Mutter ist eine quadratische oder runde Unterlegscheibe aus Stahl anzuordnen, die bei Heftschrauben mindestens 4 mm und bei tragenden Schrauben mindestens 5 mm dick sein muß. Seitenlänge oder Durchmesser der Scheiben müssen etwa gleich dem 3,5fachen Bolzendurchmesser sein (siehe DIN 440 „Rohe Scheiben für Holzverbindungen"), wenn nicht größere Maße nach der Berechnung nötig werden.
Laschen und Knotenbleche müssen mindestens 5 mm dick sein.

VI. Aufstellung

§ 21. Vorbereitung und Zusammensetzung

Alle Teile eines Tragwerkes sind auf unverschieblichen Unterlagen planmäßig derart zusammenzufügen, daß kein Teil unbeabsichtigte Spannungen erleidet.
Die Flächen von Überblattungen, Versatzungen, Stoßverbindungen und Gelenkpunkten sind passend herzurichten. Hölzer dürfen nicht künstlich hochkantig gebogen werden (Überhöhungen ausgenommen), wenn nicht die Zulässigkeit des Verfahrens besonders nachgewiesen wird. Gekrümmte Stäbe dürfen also im allgemeinen nur aus geraden Stücken größeren Querschnitts herausgeschnitten werden. Hölzer, die beim Aufstellen nicht genau in die Verbindungen passen oder sich nachträglich windschief verzogen haben, sind auszuwechseln.
Die Löcher für die Bolzenverbindungen der Stöße und Knotenpunkte dürfen erst nach vollständigem Zusammenfügen der Tragwerke auf dem Reißboden gebohrt werden.
Die Dübel sind erst nach Herstellung der Überhöhung anzuzeichnen und herzustellen.
Schraubenbolzen sind nachzuziehen, soweit das Schwinden des Holzes dies erforderlich macht. Sie müssen daher bis zur Beendigung des Schwindens zugänglich bleiben.

§ 22. Lager

Für Lager weitgespannter Tragwerke ist im allgemeinen Gußeisen, Stahl oder Hartholz zu verwenden. Holzlager sind mit Teeröl satt zu tränken und durch geeignete Zwischenlagen gegen aufsteigende Feuchtigkeit zu schützen. Die Lager sind gegen Verschieben zu sichern.
Alle Holzteile müssen dauernd zugänglich sein und zum Schutz gegen Ersticken ausreichenden Luftzutritt haben.

§ 23. Überhöhung

Dachbinder, Fachwerkträger und verdübelte Balken sind in der Regel zu überhöhen; dabei sind auch die Nachgiebigkeit in den Verbindungsmitteln und das Schwinden zu berücksichtigen.
Diese Überhöhung ist den Trägern beim Abbinden auf dem Reißboden zu geben und dementsprechend das Stabnetz aufzutragen.

3 Berechnungs- und Konstruktionsnormen für den Holzbau von 1951–2008

Die im Jahre 1920 herausgegebene DIN 104 „Holzbalken für Kleinhäuser" mit dem Blatt 1 „Ausführungsarten der Decken" und Blatt 2 „Querschnitte" und Blatt 3 „Kurventafel zur Ermittlung der zulässigen Querschnitte" wurden im Jahre 1952/54 durch eine vollständig überarbeitete Fassung der DIN 104 mit Blatt 1 für Balken auf zwei Stützen und Blatt 2 für Durchlaufbalken ersetzt. Eine detaillierte Auflistung der Ausführungsarten der Decken war nicht mehr enthalten. Dafür war die Grundlage für die statische Bestimmung des erforderlichen Balkenquerschnitts detaillierter geregelt und erlaubte eine schnelle Ermittlung. Außerdem nahm die Norm Bezug auf die aktuelle Sortiernorm DIN 4074, die Holzbaunorm DIN 1052 und die Lastannahmennorm DIN 1055.

Im Jahre 1960 publizierte Karl Möhler (1912–1993) erste Vorschläge zu einer Neufassung der noch aus den 40er-Jahren des 20. Jahrhunderts stammenden Holzbauvorschriften (DIN 1052).

Während die deutschen Holzbaunormen bis 1947 beispielgebend auch für andere Länder Europas waren, trat nun durch die lange Zeit, in der die Vorschriften nicht novelliert worden waren, ein Rückstand zu anderen Ländern ein. Außerdem hatte die Holzbauforschung in der Nachkriegszeit zahlreiche neue Erkenntnisse hervorgebracht, die die Wettbewerbsfähigkeit des Holzbaus förderten. Der Entwurf der neuen Ausgabe der DIN 1052 erschien dann 1965; bauaufsichtlich eingeführt wurde sie – grundlegend überarbeitet – im Jahre 1969. Zu den Schwerpunkten der Holzbauforschung im Zusammenhang mit der Überarbeitung der Norm bemerkt Möhler in [11]:

> „Die Holzforschung hat sich in den letzten 25 Jahren daher nicht nur mit den noch ungenügend in den Vorschriften behandelten Fragen der Holzgüte und der zulässigen Spannungen, der Verbindungsmittel und zusammengesetzten Bauglieder beschäftigt, sondern auch versucht, die Grundlagen für neuartige Konstruktionsmöglichkeiten zu schaffen. So wurden in dieser Zeit auf dem Gebiet des Baustoffes Holz und der holzhaltigen Werkstoffe, der Verbindungsmittel und der Konstruktionen selbst eine Vielzahl von Ergebnissen erarbeitet, die zur Nutzbarmachung in der Holzbauindustrie so rasch wie möglich in maßgebenden Holzbauvorschriften niedergelegt werden ... Die Ergebnisse der Forschung auf dem Gebiet des Holzbaues, die in einschlägigen Fachzeitschriften und in besonderem Maße in den ‚Berichten aus der Bauforschung' veröffentlicht werden, können bei dem bei uns üblichen bauaufsichtlichen Verfahren eine allgemeinere Verwertung beim Bauen

nur dann finden, wenn sie in ‚Baubestimmungen' in zweckmäßiger Weise niedergelegt sind. Es besteht daher ein allgemeines Interesse, diese ‚Vorschriften' jeweils so bald wie möglich, dem neuesten Stand der Forschung anzugleichen. Nur dadurch können in der Regel die eine ausreichende Trag- und Verformungssicherheit aufweisenden wirtschaftlichsten Bauweisen im Holzbau allgemein nutzbar gemacht werden."

Die in 25 Jahren durchgeführte Nachkriegsforschung führte zu wesentlichen neuen Erkenntnissen.

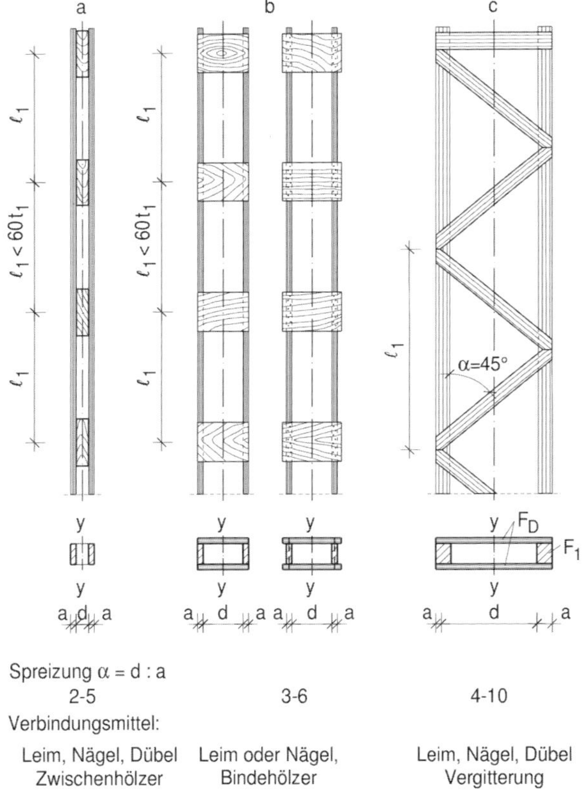

Abbildung 6: Bauarten mehrteiliger Druckstäbe mit Spreizung (Zwischenhölzer, Bindehölzer, Vergitterung) für die nach umfangreichen Untersuchungen von Karl Möhler (1912–1993) zwischen 1945 und 1958 neuen Regeln zur Berechnung, die in DIN 1052:1968 aufgenommene wurden [41].
Die Regeln sind heute auch in DIN EN 1995-1-1:2010, Anhang C, enthalten.

1958 wurden die Gütebestimmungen für Bauholz in DIN 4074-1 auf Bretter und Bohlen erweitert. Das war ein schon lang erwarteter Schritt, da materialsparende Fachwerkkonstruktionen häufig aus Brettern hergestellt wurden. Mit der Herausgabe der DIN 4074-2 wurden die Gütebedingungen für Baurundholz analog den Güteklassen in DIN 4074-1 festgelegt.

Für Rundholz konnte aufgrund verschiedener Forschungsarbeiten die zulässigen Biege- und Druckspannungen um 20 % erhöht werden.

Wesentliche neue Fragen waren durch die auf den Markt drängenden Holzwerkstoffe und deren Einsatz vorwiegend im Holzhausbau und als tragendes Element im Holzbau zu klären. Das erforderte umfangreiche Untersuchungen über die Festigkeitseigenschaften von Furnier-, Span- und Faserplatten und mündete in die 1963 bauaufsichtlich erlassene Holzhausrichtlinie, aus der 1988 dann der Teil 3 der neu bearbeiteten DIN 1052 „Holzbauwerke, Holzhäuser in Tafelbauart, Berechnung und Ausführung“ hervorging.

1967 erschien dann noch eine Vorläufige Richtlinie für Dachschalungen aus Holzspan- und Bau-Furnierplatten, die deren Anwendung regelte.

Geradezu revolutionär für die industrielle Entwicklung der Brettschichtholzbauweise war die Entwicklung der Keilzinkenverbindung durch Egner (1906–1987), die 1960 als DIN 68140 genormt wurde. Damit war es möglich, die Brettlagen an beliebiger Stelle kraftschlüssig druck- und zugfest mittels Klebstoff zu verbinden.

Neu waren auch die Berechnungsgrundlagen für nachgiebig zusammengesetzte biege- oder druckbeanspruchte Bauteile, das auch heute noch im Anhang B und Anhang C in DIN EN 1995-1-1:2010 enthaltene „Möhler-Verfahren“. Weiterhin fanden neue Erkenntnisse zur Tragfähigkeit von Nägeln bei Laubholz auf Abscheren und zum Tragverhalten von Nägeln bei Beanspruchung auf Herausziehen ihren Niederschlag in der 1969 veröffentlichten und vollständig überarbeiteten DIN 1052.

Die ausschließliche Nutzung neuester Erkenntnisse über die Regelung in bauaufsichtlich eingeführten Normen änderte sich mit der Gründung des Instituts für Bautechnik in Berlin im Jahre 1968. Die gemeinsam vom Bund und den Bundesländern gegründete Behörde übernahm alle länderübergreifend zu regelnden bauaufsichtlichen Fragen. Nunmehr war es möglich, auch außerhalb der Regeln einer Norm die Brauchbarkeit einer neuen Bautechnik nachzuweisen, indem man eine allgemeine bauaufsichtliche Zulassung des Instituts für Bautechnik vorlegte.

Die ab Mitte der 60er-Jahre des 20. Jahrhunderts einsetzende Entwicklung moderner Herstellungstechnologien für Brettschichtholz und neue Holzwerkstoffe beförderte die Entwicklung des Ingenieurholzbaues zu einer leistungsfähigen Bautechnik.

Wesentlichen Anteil dabei hatte die Modernisierung der Produktion von Brettschichtholz. Karl Möhler charakterisierte diese Entwicklung in den 70er-Jahren des 20. Jahrhunderts wie folgt:

> „Für die tragenden Konstruktionsteile größerer Spannweite wird heute im Holzleimbau praktisch ausschließlich Brettschichtholz verwendet. Dies besteht aus aufeinander geleimten künstlich getrockneten Brettern gleicher Breite von meist 20 bis 30 mm Dicke. Für ein Brettschichtbauteil werden die Brettlamellen durch Keilzinkenstöße zu praktisch beliebiger Länge gebracht, die Breitseiten beidseitig mit Leim versehen und in der Verleimvorrichtung unter genügend hohem Preßdruck und ausreichender Preßdauer zu rechteckigen Querschnitten verleimt. Brettschichtteile wurden schon bis 50 cm Breite, 3 m Höhe und Längen über 30 m in einem Arbeitsgang hergestellt" [42].

Mit dieser Entwicklung waren durch die Holzbauforschung die unterschiedlichsten Herausforderungen und Aufgaben zu lösen, um zutreffende Bemessungsaufgaben und konstruktive Regeln der Baupraxis zur Verfügung zu stellen.

Es sollte noch einmal 20 Jahre dauern, bis 1988 eine weitere vollständig überarbeitete Fassung der DIN 1052 mit neuen Forschungs- und Entwicklungsergebnissen aus der Holzbauforschung und -entwicklung erschien. Neu aufgenommen wurden außereuropäische Holzarten, Festigkeitseigenschaften von Flachpressplatten, Bestimmungen über Holztafeln, Beplankungen und Dachschalungen einschließlich ihrer aussteifenden Wirkung. Die Kriechverformung bei biegebeanspruchten Baugliedern wurde nach neuen Regeln genauer berechnet. Möglich waren jetzt eine Erhöhung der zulässigen Spannungen im Grenzlastfall HZ, bei Stoß- und Erdbebenlasten sowie Montagezustände. Bisher nicht enthaltene Regelungen für den Nachweis von Torsion und Querkraft, die statischen Nachweise bei Ausklinkungen, Trägerdurchbrüchen und gekrümmten Trägern und Satteldachträgern und Spannungskombinationen am schrägen Rand waren jetzt in der Norm enthalten. Neu geregelt wurden die Stabilitätsnachweise für biegebeanspruchte Träger mit Rechteckquerschnitt und zur Berechnung der Aussteifungskonstruktion von derartigen Trägern. Den Verbindungsmitteln wurde ein gesonderter Teil 2 der DIN 1052 gewidmet.

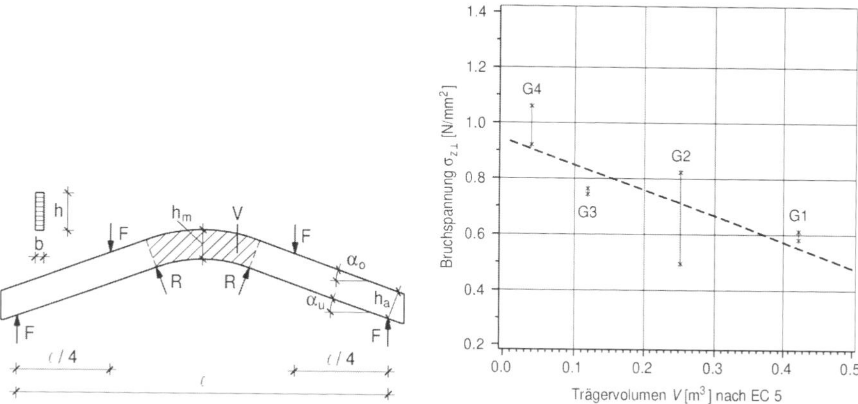

a) links: Trägerformen und Lastanordnung – gekrümmter Träger konstanter Höhe mit $\alpha_o = \alpha_u$, $h_m = h_a$;
rechts: Bruchspannung der gekrümmten Träger konstanter Höhe, aufgetragen über deren Volumen

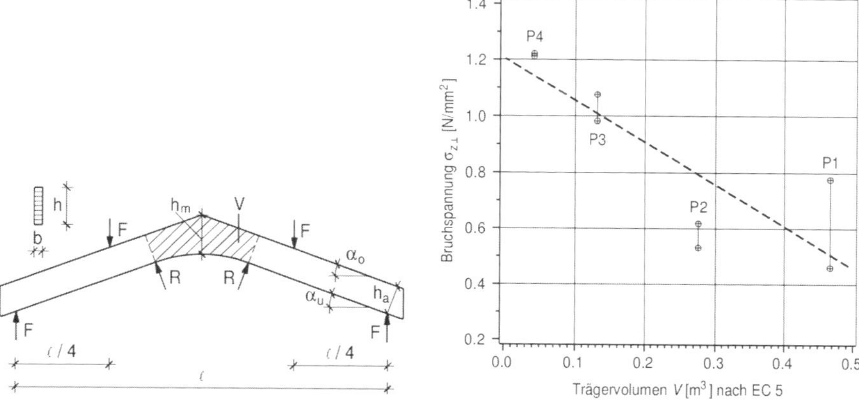

b) links: Trägerformen und Lastanordnung – gekrümmter Satteldachträger mit $\alpha_o = \alpha_u$, $h_m > h_a$;
rechts: Bruchspannung der gekrümmten Satteldachträger mit parallelem Außenbereich, aufgetragen über deren Volumen

Abbildung 7: Experimentelle Untersuchungen zum Einfluss der Trägerform bei Brettschichtholzträgern auf die Querzug-Bruchfestigkeit in Abhängigkeit vom querzugbeanspruchten Trägervolumen (aus [43])

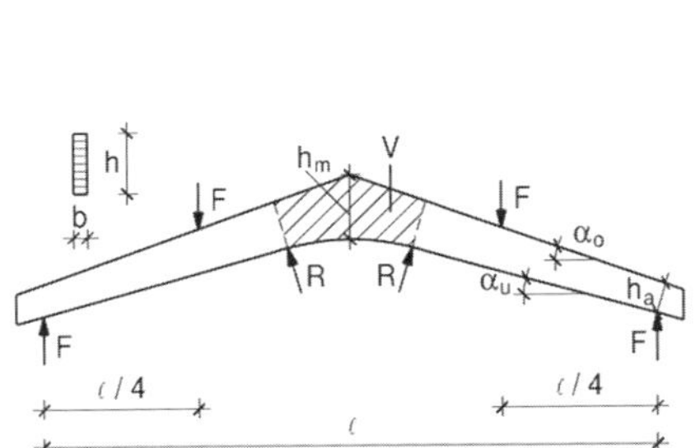

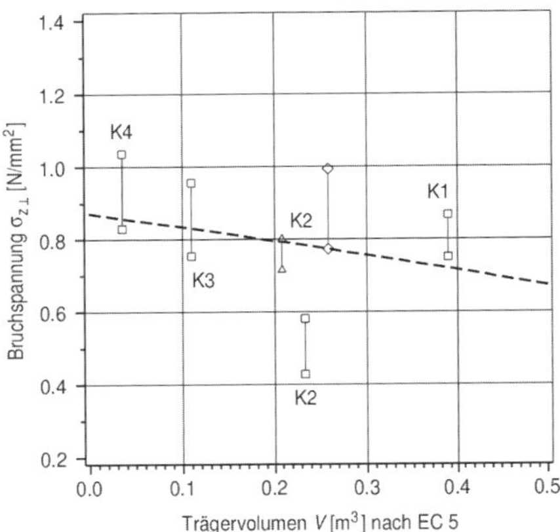

c) links: Trägerformen und Lastanordnung – gekrümmter konischer Satteldachträger mit $\alpha_o > \alpha_u$, $h_m > h_a$;
rechts: Bruchspannung der gekrümmten Satteldachträger mit konischem Außenbereich, aufgetragen über deren Volumen

Abbildung 7 (fortgesetzt): Experimentelle Untersuchungen zum Einfluss der Trägerform bei Brettschichtholzträgern auf die Querzug-Bruchfestigkeit in Abhängigkeit vom querzugbeanspruchten Trägervolumen (aus [43])

Im Jahr 1996 erschien ein Änderungsblatt A1 zur DIN 1052, das die Geburtsstunde der Einführung der maschinellen Festigkeitssortierung von Bauholz in Deutschland markiert. Lange Zeit war in Deutschland auf die qualitative Veränderung der Festigkeitssortierung hingearbeitet worden. Da es ungewiss war, wann der inzwischen vorliegende Entwurf des Eurocode 5 in der Fassung von Juni 1994 in Deutschland eingeführt wird, entschloss man sich zur bauaufsichtlichen Bekanntmachung einer Änderung der Norm bzw. Ergänzung (DIN 1052-1/A1, DIN 1052-2/A1 und DIN 1052-3/A1) zur seit 1988 geltenden DIN 1052.

Im September 1989 erschien eine Neufassung der Sortiernorm DIN 4074-1, die die Sortierung von Nadelholz nach der Tragfähigkeit einführte. Danach wurde das Nadelholz nicht mehr nach Güteklassen, sondern nach Sortierklassen mit visuellen und maschinellen Methoden sortiert. Die neuen Normteile DIN 4074-3 und DIN 4074-4 regelten die Anforderungen an die Sortiermaschinen für die maschinelle Sortierung.

Außerdem wurde die zulässige Zugfestigkeit für Nadelholz S10 und S13 herabgesetzt. Die Angaben der zulässigen Spannungen wurden jetzt getrennt für Vollholz und Brettschichtholz angegeben.

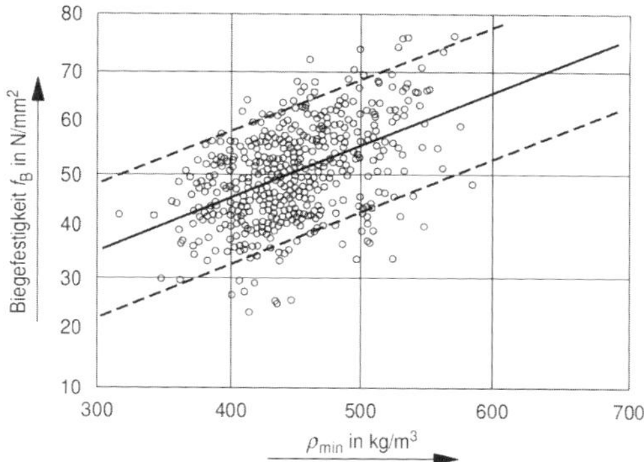

Abbildung 8: Biegefestigkeit von Keilzinkenverbindungen in Abhängigkeit von der kleineren Rohdichte ρ_{min} der beiden Stoßhälften; 845 Proben (aus [43])

Mit der Änderung zur Norm traten auch neue Regelungen für die Keilzinkenfestigkeit von Brettlagen für die Herstellung von Brettschichtholz in Kraft. Neuere Forschungen hatten ergeben, dass die Tragfähigkeit von Brettschichtholz entscheidend von der Festigkeit und Zuverlässigkeit der Keilzinkenverbindungen abhängt.

1995 war auch ein wichtiges Jahr für die Zimmerer, die zusammen mit dem Sägewerksverband ein neues Produkt auf den Markt brachten – das Konstruktionsvollholz.

Fünfzig Jahre nachdem die 1941 erschienene DIN 1074 „Berechnungsgrundlagen für hölzerne Brücken" bauaufsichtlich eingeführt wurde, erschien im Jahre 1991 eine neu bearbeitete DIN 1074. Dieser Norm-Entwurf galt sowohl für Geh- und Radwegbrücken als auch für Straßenbrücken. Dabei wurde der Grundsatz beibehalten, dass die Norm nur von DIN 1052, DIN 1072, DIN 1075 abweichende Regelungen, also nur das für Holzbrücken unbedingt Notwendige, regelte, was zu einer bemerkenswert „kurzen Norm" führte.

Im Jahre 2006 erschien dann eine weitere Fassung der DIN 1074, die aufgrund der Anpassung an den Stand der Technik vollständig überarbeitet wurde. Diese Brückenbaunorm galt nur zusammen mit der im Entwurf 2004 erschienenen E DIN 1052:2004.

Beide Normen sind nicht in diesem Buch enthalten.

Die Bemessung nach E DIN 1052:2004 beruhte im Gegensatz zur Bemessung nach DIN 1052:1988 bzw. DIN 1052-1/A1:1996 auf einem veränderten Sicherheitskonzept. Grundlage bildete die Methode der Grenzzustände, d.h., man ermittelt unter Verwendung probabilistischer Methoden Extremwerte der Beanspruchung und der Beanspruchungsfähigkeit und vergleicht diese. E DIN 1052:2004 war ein wichtiger Schritt in Richtung einer angestrebten europäischen Normung (Eurocode 5). Sie wurde mit Wirkung vom 01.01.2009 bauaufsichtlich in Deutschland eingeführt. Ihre Erarbeitung und bauaufsichtliche Einführung wurden notwendig, da der in den 90er-Jahren des 20. Jahrhunderts angestrebte Zeitplan für die Einführung der Eurocodes in den einzelnen europäischen Ländern nicht eingehalten werden konnte. Bis zu Beginn des 21. Jahrhunderts lag noch kein endgültiger in eine Europäische Norm überführter Holzbaustandard vor.

Tabelle 2: Berechnungs- und Konstruktionsnormen für den Holzbau von 1951–2008

Norm/ Vorschrift	Ausgabe-datum	Titel	Seiten-zahl
DIN 104 Blatt 1	1952-01	Holzbalkendecken; Balken auf zwei Stützen; Berechnung	6
DIN 104 Blatt 2	1954-03	Holzbalkendecken; Durchlaufbalken auf 3 Stützen	2
DIN 4074 Blatt 1	1958-12	Bauholz für Holzbauteile; Gütebedingungen für Bauschnittholz (Nadelholz)	5
DIN 4074 Blatt 2	1958-12	Bauholz für Holzbauteile; Gütebedingungen für Baurundholz (Nadelholz)	3
DIN 68140	1960-06	Holzverbindungen; Keilzinkenverbindungen als Längsverbindung	3
DIN 1052 Blatt 1	1969-10	Holzbauwerke; Berechnung und Ausführung	26
DIN 1052 Blatt 2	1969-10	Holzbauwerke; Bestimmung für Dübelverbindungen besonderer Bauart	7
DIN 1052-1	1988-04	Holzbauwerke; Berechnung und Ausführung	34
DIN 1052-2	1988-04	Holzbauwerke; Mechanische Verbindungen	27
DIN 1052-3	1988-04	Holzbauwerke; Holzhäuser in Tafelbauart; Berechnung und Ausführung	6
DIN 4074-1	1989-09	Sortierung von Nadelholz nach der Tragfähigkeit; Nadelschnittholz	7
DIN 1074	1991-05	Holzbrücken	6
DIN 1052-1/A1	1996-10	Holzbauwerke; Teil 1: Berechnung und Ausführung; Änderung 1	5
DIN 1052-2/A1	1996-10	Holzbauwerke; Teil 2: Mechanische Verbindungen; Änderung 1	2

Norm/ Vorschrift	Ausgabe-datum	Titel	Seiten-zahl
DIN 1052-3/A1	1996-10	Holzbauwerke; Teil 3: Holzhäuser in Tafelbauart; Berechnung und Ausführung; Änderung 1	1
DIN 4074-1	2003-06	Sortierung von Holz nach der Tragfähigkeit; Teil 1: Nadelschnittholz	22
DIN 4074-5	2003-06	Sortierung von Holz nach der Tragfähigkeit; Teil 5: Laubschnittholz	20

DK 69.025.26 : 694.5.001.24 : 624.072.22 Januar 1952

Holzbalkendecken
Balken auf zwei Stützen
Berechnung

DIN 104 Blatt 1

Wooden beam floors, beams supported at two points, calculation

1. Vorbemerkung

Der Berechnung liegen die Normen DIN 1052 — Holzbauwerke, Berechnung und Ausführung —, DIN 4074 — Bauholz für Holzbauteile, Gütebedingungen — und DIN 1055 — Lastannahmen für Bauten — zugrunde.

2. Berechnungsannahmen

2.1. Nach DIN 1052 (Ausgabe August 1965), Abschnitt 4.6.2.1 gilt bei Balken, die an beiden Enden unmittelbar auf Mauerwerk oder Beton aufliegen, als Stützweite die um mindestens $^1/_{20}$ vergrößerte Lichtweite.

2.2. Als Belastung gilt eine gleichmäßig über die ganze Stützweite verteilte Last, wobei die ständige Last nach DIN 1055 Blatt 1 — Lastannahmen für Bauten, Lagerstoffe, Baustoffe und Bauteile —, Blatt 2 — Bodenwerte — und die Verkehrslast nach Blatt 3 — Verkehrslasten — festzustellen sind.

2.3. Die Tabelle 3 und die Kurven gelten nur für Bauholz der Güteklasse II nach DIN 4074.

2.4. Für dieses Bauholz ist nach DIN 1052 Tabelle 1 der Elastizitätsmodul für Nadelholz in der Faserrichtung

$E = 100\,000$ kg/cm²,

nach Tabelle 2 die zulässige Biegespannung für Nadelholz

$\sigma_{b\,zul} = 100$ kg/cm² und

nach Abschnitt 4.6.4.2 die zulässige Durchbiegung höchstens $^1/_{300}$ der Stützweite, also

$f = l/300$.

2.5. Zur Berechnung dienen die Formeln

$$\sigma_{b\,zul} = \frac{q_1 \cdot l^2 \cdot 100}{8 \cdot W} \text{ in kg/cm}^2 \qquad (1)$$

$$\text{und } f_{zul} = \frac{5}{384} \cdot \frac{q_1 \cdot l^4 \cdot 2 \cdot 100 \cdot 100}{E \cdot W \cdot h} \text{ in m} \qquad (2)$$

In den Formeln und Tabellen bedeuten

σ_b = zulässige Biegespannung in kg/cm²

und mit q = Gesamtbelastung in kg/m²

e = Balkenabstand in m

$q_1 = q \cdot e$ = Belastung je m Balkenlänge in kg/m

l = Stützweite in m

w = lichte Weite in m

$W = \frac{b \cdot h^2}{6}$ = Widerstandsmoment in cm³

f = Durchbiegung des Balkens in der Mitte in m

E = Elastizitätsmodul in der Faserrichtung in kg/cm²

h = Balkenhöhe in cm

b = Balkenbreite in cm

F = Fläche des Balkenquerschnittes in cm²

$J = \frac{h}{2} \cdot W$ = Trägheitsmoment des Balkens in cm⁴

2.6. Durch Einsetzen der zulässigen Spannung und der zulässigen Durchbiegung in Gl. (1) und (2) ergibt sich aus diesen die „Grenzstützweite", d. h. die Stützweite, bei der für den gewählten Balkenquerschnitt für die errechnete Belastung gleichzeitig die zulässige Spannung und die zulässige Durchbiegung erreicht werden.

Wird für k l e i n e r e Stützweiten bei gleicher Belastung der gleiche Querschnitt gewählt, so brauchen die Spannungen und die Durchbiegung nicht nachgewiesen zu werden. Soll der gleiche Querschnitt für g r ö ß e r e Stützweiten verwendet werden, so braucht nur die Durchbiegung nachgewiesen zu werden, da diese dann für die Bemessung allein maßgebend ist.

2.7. Für die einzelnen Querschnitte ergeben sich bei Holz der Güteklasse II die „Grenzstützweiten" l zu

$l = 0{,}16\,h$,

also für Querschnitte mit

$h = 16$ cm zu $l = 2{,}56$ m
$h = 18$ cm zu $l = 2{,}88$ m
$h = 20$ cm zu $l = 3{,}20$ m
$h = 22$ cm zu $l = 3{,}52$ m
$h = 24$ cm zu $l = 3{,}84$ m
$h = 26$ cm zu $l = 4{,}16$ m

2.8. Bei der Ausführung von Balkendecken kommen, besonders im Wohnungsbau, oft Auswechslungen vor.

2.8.1. Umschließt die Auswechslung einen vorspringenden Teil des Mauerwerkes (z. B. Schornsteinvorlagen o. ä.), und wird der Wechselbalken durch einen Stichbalken (mit dem Regelabstand „e") belastet, so ist die Last q_1 des Randbalkens in einem vom Abstand des Wechselbalkens vom Auflager abhängigen Verhältnis nach Tabelle 1 zu erhöhen und der Querschnitt, wie üblich, nach Tabelle 3 oder der graphischen Darstellung zu bemessen.

Tabelle 1. **Lastzuschläge für die Bemessung von Randbalken bei Auswechslungen**

Abstand des Wechselbalkens vom Auflager	Zuschläge zu q_1 in %
$\leqq 0{,}1\,l$	15
$\leqq 0{,}2\,l$	25
$\leqq 0{,}3$ bis $0{,}5\,l$	30

Bei 2 oder mehreren Stichbalken ist dieser Zuschlag zu verdoppeln bzw. zu vervielfachen.

Fortsetzung Seite 2 bis 6

Fachnormenausschuß Bauwesen im Deutschen Normenausschuß (DNA)
Fachnormenausschuß Holz im DNA

Seite 2 DIN 104 Blatt 1

2.8.2. Umschließt die Auswechslung ein Treppenloch o. ä., so wird der Wechselbalken außerdem von den Wangenträgern o. ä. belastet. Für diesen Fall ist ein besonderer rechnerischer Nachweis erforderlich. Nur wenn die Treppenlast je m² Grundfläche nicht größer als die Deckenlast q_1 ist und der Wechselbalken und die Randbalken keine zusätzliche Belastung durch Trennwände zu tragen haben, kann der Randbalken mit den Zuschlägen der Tabelle 2 wie nach Abschnitt 2.8.1 bemessen werden.

Tabelle 2. **Lastzuschläge für die Bemessung von Randbalken bei Auswechslungen an Treppen**

Abstand des Wechselbalkens vom Auflager	Zuschläge zu q_1 in %
$\leq 0{,}1\ l$	15
$\leq 0{,}2\ l$	30
$\leq 0{,}3\ l$	40
$\leq 0{,}4$ bis $0{,}5\ l$	50

3. Bestimmung eines Balkenquerschnitts aus Tabelle 3 (Seite 4 und 5)

3.1. Aus der vorgesehenen Deckenausführung wird nach DIN 1055 Blatt 1 und Blatt 2 das Eigengewicht und aus Blatt 3 die Verkehrslast je m² der Decke festgestellt. Beide zusammen ergeben das Deckengewicht q je m².

3.8. Zahlenbeispiel

3.8.1. Aufgabe:

Ein Raum mit der lichten Weite w von 4,80 m und der lichten Breite von 4,75 m soll mit einer Holzbalkendecke aus Balkenlage mit Einschubdecke überdeckt werden (Bild 1).

3.8.2. Lösung:

3.8.2.1. Zur Feststellung des Deckengewichts muß zuerst der Querschnitt des Balkens geschätzt werden. Der notwendige Querschnitt des Balkens wird nach einer alten Zimmermannsregel festgestellt. Bei einem Balkenabstand von 80 bis 90 cm und einem Querschnittsverhältnis von etwa 5 : 7 soll danach die Höhe des Balkens in cm gleich der halben lichten Weite in dm sein, hier im Beispiel also $h = 0{,}5 \cdot 48{,}0 = 24$ cm, oder der Querschnitt etwa 18/24 cm.

3.8.2.2. Mit diesem Querschnitt ergibt sich ein Balkenabstand bei

4,75 m lichter Breite des Raumes,
0,03 m Balkenabstand von der Wand und
0,18 m Balkenbreite

von

$$e = (4{,}75 - 2 \cdot 0{,}03 - 0{,}18) : 5 = 0{,}90\ \mathrm{m}$$

3.8.2.3. Nach Abschnitt 3.4 ist die Stützweite $l = 1{,}05$ der lichten Weite w, also $l = 1{,}05 \cdot 4{,}80 = 5{,}04$ m.

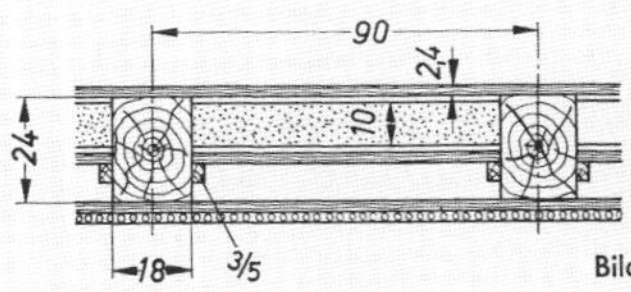

Bild 1

3.2. Für die Feststellung des Eigengewichts genügt es, aus der Erfahrung heraus den Querschnitt und das Gewicht des verwendeten Balkens zu schätzen.

3.3. Aus den Maßen des zu überdeckenden Raumes wird der zukünftige Balkenabstand e und die Stützweite l des Balkens festgestellt.

3.4. Die Stützweite l ist die um $^1/_{20}$ vergrößerte lichte Weite w des Raumes.

3.5. Aus Deckengewicht je m² und Balkenabstand wird die Belastung $q_1 = q \cdot e$ je m Balkenlänge berechnet. Soll eine Auswechslung bemessen werden, so muß der gefundene Wert noch um die Werte nach Tabelle 1 oder 2 erhöht werden.

3.6. In der Tabelle 3 wird in der Spalte „Belastung q_1 je m Balkenlänge" der nach Abschnitt 3.5 errechnete Wert aufgesucht und in der Waagerechten unter dem Tabellenteil „Stützweite" die Stützweite festgestellt, die der nach Abschnitt 2.1 errechneten entspricht, also gleich oder wenig größer ist.

3.7. Senkrecht über der gefundenen Stützweite ist am Kopf der Tabelle in der ersten Zeile der erforderliche Querschnitt des Balkens abzulesen und mit dem geschätzten Querschnitt nach Abschnitt 3.2 zu vergleichen. Vergrößert sich wegen schlechter Schätzung des Balkenquerschnitts in Abschnitt 3.2 das Deckengewicht q um mehr als 3 %, so ist die Rechnung zu wiederholen.

3.8.2.4. Das Eigengewicht der im Beispiel gewählten Holzbalkendecke mit Einschub und Lehm- oder Sandschüttung (Bild 1) ist:

Bretterfußboden 2,4 cm dick		14 kg/m²
Balken 18/24 cm bei 0,9 m Abstand von Mitte bis Mitte $0{,}18 \cdot 0{,}24 \cdot 600 \cdot \frac{1{,}0}{0{,}9} =$		29 kg/m²
Einschub mit Lehm oder Sandschüttung		
Latten 3/5 cm	2 kg/m²	
Schwarten	13 kg/m²	
Lehmverstrich	10 kg/m²	
Auffüllung (Lehm oder Sand 10 cm dick)	160 kg/m²	
	185 kg/m²,	
also $0{,}72 \cdot 185 \cdot \frac{1{,}0}{0{,}9}$		148 kg/m²
Schalung 2 cm dick		10 kg/m²
Rohrputz		20 kg/m²
		221 kg/m²
Verkehrslast nach DIN 1055 Blatt 3 Abschnitt 6.121		200 kg/m²
Gesamtgewicht	$q =$	421 kg/m²

3.8.2.5. Nach Abschnitt 3.5 beträgt die Belastung je m Balkenlänge $q_1 = q \cdot e = 421 \cdot 0{,}90 = 379\ \mathrm{kg/m}$

3.8.2.6. In der Tabelle 3 wird in der Spalte „Belastung q_1 je m Balkenlänge" der nächsthöhere Wert von 379 kg/m aufgesucht. Es ist die Zahl 380 kg/m.

3.8.2.7. In der waagerechten Zeile dazu wird nun unter dem Teil „Stützweite l in m" zur Stützweite von 5,04 m (siehe Abschnitt 3.8.2.3) die nächstliegende Stützweite 5,19 oder 5,17 m gefunden.

3.8.2.8. Die beiden senkrecht über diesen beiden Stützweiten in der ersten Zeile stehenden Querschnitte 18/24 und 14/26 sind für die Deckenkonstruktion ausreichend.

3.8.2.9. Wirtschaftlich gesehen muß noch der Vergleich angestellt werden, welcher Querschnitt günstiger ist. Der Querschnitt 18/24 hat 432 cm² und der Querschnitt 14/26 nur 364 cm², er verspricht also eine Holzersparnis von über 15 %.

4. Bestimmung eines Balkenquerschnitts aus der graphischen Darstellung (Seite 6)

4.1. Die Belastung je m² Deckenfläche, Balkenabstand und Stützweite werden in der gleichen Weise wie in Abschnitt 3 festgestellt.

4.2. Unter A der graphischen Darstellung wird das errechnete Eigengewicht + Verkehrslast q der Decke in kg/m² aufgesucht.

4.3. Senkrecht darunter aus dem Schnittpunkt mit der Schrägen, die den festgestellten Balkenabstand bezeichnet, ist in der Waagerechten unter B das Deckengewicht je m Balkenlänge in kg/m abzulesen.

4.4. Dieselbe Waagerechte schneidet bis in das Feld BC verlängert die für verschiedene Balkenquerschnitte eingezeichneten Kurven. Die Kurve, die zuerst hinter der Senkrechten für die festgestellte Stützweite geschnitten wird, bezeichnet den zu wählenden Balkenquerschnitt.

4.5. Für das Beispiel im Abschnitt 3.8 ist der erforderliche Balkenquerschnitt wie folgt aus der graphischen Darstellung zu entnehmen.

Der Schnittpunkt der Senkrechten für den Wert $q = 421$ kg/m² mit der Schrägen für den Balkenabstand $e = 0{,}90$ m im Feld AB zeigt bei B den Wert $q_1 = 379$ kg/m. Die Waagerechte von diesem Schnittpunkt aus schneidet im Feld BC die für verschiedene Balkenquerschnitte eingezeichneten Kurven. Die erste hinter der Senkrechten für die Stützweite $l = 5{,}04$ m geschnittene Kurve bezeichnet den zu wählenden Balkenquerschnitt. In diesem Falle 14/26 cm und gleich dahinter 18/24 cm.

× *Januar 1967:*

Englische Titelübersetzung aufgenommen. Normblattitel in den Abschnitten 1 und 2.2 berichtigt. In Abschnitt 2.1 und 2.4 Abschnittsnummern berichtigt. In Abschnitt 3.8.1 „nach DIN 1055 Blatt 2 nach Beispiel a)1" gestrichen. In Tabelle 3 Druckfehler bei 8/18 W = 472 in 432, bei 12/18 J = 5852 in 5832, bei 12/22 J = 10 848 in 10 648, bei 14/22 J = 11 423 in 12 423, bei 12/26 F = 317 in 312 und bei 16/26 W = 1603 in 1803 berichtigt. Redaktionelle Änderungen.

Seite 4 DIN 104 Blatt 1

Tabelle 3. **Stützweiten l für Einfeldbalken (freiaufliegend)**

□ b/h	8/16	10/16	12/16	14/16	8/18	10/18	12/18	14/18	16/18	8/20	10/20	12/20	14/20	16/20	18/20	10/22
F [cm²]	128	160	192	224	144	180	216	252	288	160	200	240	280	320	360	220
G [kg/m]	8	10	12	13	9	11	13	15	17	10	12	14	17	19	22	13
W [cm³]	341	427	512	597	432	540	648	756	864	533	667	800	933	1067	1200	807
J [cm⁴]	2731	3413	4096	4779	3888	4860	5832	6801	7776	5335	6667	8000	9333	10667	12000	8873
Belastung q_1 je m Balkenlänge	Stützweite l in m = 1,05 lichte Weite w in m												w; l=1,05 w			
180	3,44	3,65	3,88	4,08	3,81	4,10	4,36	4,59	4,80	4,24	4,56	4,85	5,10	5,33	5,55	5,02
190	3,38	3,59	3,81	4,01	3,74	4,03	4,28	4,51	4,71	4,16	4,48	4,76	5,01	5,23	5,45	4,93
200	3,32	3,53	3,74	3,94	3,68	3,96	4,21	4,43	4,63	4,09	4,40	4,68	4,93	5,15	5,36	4,84
210	3,27	3,47	3,69	3,88	3,62	3,90	4,14	4,36	4,56	4,03	4,33	4,60	4,85	5,07	5,27	4,76
220	3,21	3,42	3,63	3,82	3,56	3,84	4,08	4,29	4,49	3,97	4,27	4,53	4,77	4,98	5,19	4,69
230	3,16	3,37	3,57	3,76	3,51	3,78	4,02	4,23	4,42	3,91	4,20	4,47	4,70	4,92	5,11	4,62
240	3,12	3,32	3,52	3,71	3,46	3,73	3,96	4,17	4,34	3,85	4,14	4,40	4,63	4,85	5,04	4,56
250	3,07	3,28	3,47	3,66	3,41	3,68	3,91	4,12	4,30	3,80	4,09	4,34	4,57	4,78	4,97	4,50
260	3,03	3,23	3,43	3,61	3,37	3,63	3,86	4,06	4,25	3,75	4,03	4,29	4,51	4,72	4,91	4,44
270	2,99	3,19	3,39	3,56	3,33	3,58	3,81	4,01	4,19	3,70	3,98	4,23	4,46	4,66	4,85	4,38
280	2,95	3,15	3,34	3,52	3,29	3,54	3,76	3,96	4,14	3,66	3,94	4,18	4,40	4,60	4,79	4,33
290	2,92	3,12	3,31	3,48	3,25	3,50	3,72	3,92	4,09	3,62	3,89	4,13	4,35	4,55	4,73	4,28
300	2,89	3,08	3,27	3,44	3,21	3,46	3,68	3,87	4,05	3,58	3,85	4,09	4,30	4,50	4,68	4,23
310	2,85	3,05	3,23	3,40	3,18	3,42	3,64	3,83	4,00	3,54	3,80	4,04	4,26	4,45	4,63	4,18
320	2,82	3,02	3,20	3,37	3,14	3,39	3,60	3,78	3,96	3,50	3,76	4,00	4,21	4,40	4,58	4,14
330	2,79	2,98	3,18	3,33	3,11	3,35	3,56	3,75	3,92	3,46	3,73	3,96	4,17	4,36	4,53	4,10
340	2,76	2,96	3,14	3,30	3,08	3,32	3,53	3,71	3,89	3,43	3,69	3,92	4,13	4,32	4,49	4,06
350		2,93	3,11	3,27	3,05	3,29	3,49	3,68	3,85	3,40	3,65	3,88	4,09	4,27	4,44	4,01
360		2,90	3,08	3,24	3,02	3,26	3,46	3,64	3,81	3,37	3,62	3,85	4,05	4,23	4,40	3,98
370		2,87	3,05	3,21	3,00	3,23	3,43	3,61	3,78	3,33	3,59	3,81	4,01	4,20	4,36	3,94
380		2,85	3,02	3,19	2,97	3,20	3,40	3,58	3,74	3,31	3,56	3,78	3,98	4,16	4,32	3,91
390		2,82	2,99	3,15	2,94	3,17	3,37	3,55	3,71	3,28	3,52	3,74	3,94	4,12	4,29	3,88
400		2,80	2,96	3,13	2,92	3,15	3,34	3,52	3,68	3,25	3,50	3,72	3,91	4,09	4,25	3,85
410				3,10	2,90	3,12	3,32	3,49	3,65	3,22	3,47	3,68	3,88	4,05	4,22	3,81
420				3,07	2,87	3,09	3,29	3,46	3,62	3,20	3,44	3,65	3,85	4,02	4,18	3,78
430				3,05	2,85	3,07	3,26	3,44	3,59	3,16	3,41	3,63	3,82	3,99	4,15	3,75
440				3,02	2,83	3,05	3,24	3,41	3,56	3,12	3,38	3,60	3,79	3,96	4,12	3,72
450				3,00	2,81	3,02	3,21	3,38	3,54	3,09	3,36	3,57	3,76	3,93	4,09	3,70
460				2,98	2,74	3,00	3,19	3,36	3,51	3,05	3,34	3,54	3,73	3,90	4,06	3,67
470				2,96	2,71	2,98	3,17	3,33	3,49	3,02	3,31	3,52	3,70	3,87	4,03	3,64
480				2,94	2,68	2,96	3,15	3,31	3,46	2,99	3,29	3,50	3,68	3,85	4,00	3,62
490				2,92			3,12	3,29	3,44	2,96	3,27	3,47	3,65	3,82	3,97	3,59
500							3,10	3,27	3,41	2,93	3,24	3,45	3,63	3,79	3,95	3,57
510							3,08	3,25	3,39	2,90	3,22	3,42	3,61	3,77	3,92	3,55
520							3,06	3,22	3,37	2,87	3,20	3,40	3,58	3,75	3,90	3,52
530							3,04	3,20	3,35	2,85	3,16	3,37	3,56	3,72	3,87	3,49
540							3,02	3,18	3,33	2,82	3,13	3,36	3,54	3,70	3,85	3,46
550							3,00	3,16	3,32	2,79	3,11	3,34	3,52	3,68	3,82	3,43
560							2,98	3,15	3,29	2,77	3,09	3,32	3,49	3,65	3,80	3,40
570							2,96	3,13	3,27	2,74	3,05	3,30	3,47	3,63	3,78	3,37
580							2,94	3,11	3,25	2,72	3,04	3,28	3,45	3,61	3,76	3,34
590							2,92	3,09	3,23	2,70	3,00	3,26	3,43	3,59	3,74	3,31
600							2,90	3,07	3,21	2,67	2,98	3,24	3,41	3,57	3,71	3,28

12/22	14/22	16/22	18/22	10/24	12/24	14/24	16/24	18/24	20/24	12/26	14/26	16/26	18/26	20/26	□ b/h
264	308	352	396	240	288	336	384	432	480	312	364	416	468	520	F [cm²]
16	18	21	24	14	17	20	23	26	29	19	22	25	28	31	G [kg/m]
968	1129	1291	1452	960	1152	1344	1536	1728	1920	1352	1577	1803	2028	2253	W [cm³]
10648	12423	14197	15972	11519	13825	16128	18432	20736	23040	17576	20505	23435	26364	29293	J [cm⁴]
															Belastung q_1 je m Balkenlänge
5,33	5,61	5,87	6,10	5,47	5,81	6,12	6,40	6,66	6,89	6,30	6,63	6,93	7,21	7,47	180
5,24	5,51	5,76	5,99	5,37	5,71	6,01	6,29	6,54	6,77	6,19	6,51	6,79	7,08	7,34	190
5,15	5,42	5,67	5,89	5,28	5,61	5,91	6,18	6,43	6,66	6,08	6,40	6,70	6,96	7,21	200
5,06	5,33	5,57	5,80	5,20	5,52	5,81	6,08	6,34	6,55	5,98	6,30	6,59	6,85	7,11	210
4,99	5,25	5,49	5,69	5,12	5,44	5,73	5,99	6,23	6,45	5,89	6,20	6,48	6,74	6,99	220
4,91	5,17	5,41	5,62	5,04	5,36	5,64	5,90	6,13	6,35	5,80	6,11	6,39	6,64	6,88	230
4,84	5,10	5,33	5,54	4,97	5,28	5,56	5,82	6,05	6,26	5,72	6,03	6,30	6,55	6,79	240
4,78	5,02	5,28	5,47	4,90	5,21	5,49	5,74	5,97	6,18	5,65	5,94	6,21	6,46	6,69	250
4,72	4,96	5,19	5,40	4,84	5,14	5,42	5,66	5,89	6,10	5,57	5,87	6,13	6,38	6,61	260
4,66	4,90	5,13	5,33	4,78	5,08	5,35	5,59	5,81	6,02	5,50	5,79	6,06	6,30	6,52	270
4,60	4,84	5,06	5,27	4,72	5,02	5,28	5,52	5,75	5,95	5,44	5,72	5,98	6,22	6,45	280
4,55	4,78	5,01	5,21	4,67	4,96	5,22	5,46	5,68	5,88	5,37	5,66	5,91	6,15	6,37	290
4,50	4,73	4,95	5,15	4,62	4,90	5,16	5,40	5,61	5,82	5,31	5,59	5,85	6,08	6,30	300
4,45	4,68	4,89	5,09	4,57	4,85	5,11	5,34	5,55	5,75	5,25	5,53	5,78	6,01	6,23	310
4,40	4,63	4,84	5,04	4,52	4,80	5,05	5,28	5,49	5,69	5,20	5,47	5,72	5,95	6,16	320
4,36	4,59	4,79	4,99	4,47	4,75	5,00	5,23	5,44	5,63	5,15	5,42	5,67	5,89	6,10	330
4,31	4,54	4,75	4,94	4,43	4,70	4,95	5,18	5,39	5,58	5,10	5,37	5,61	5,83	6,04	340
4,27	4,50	4,70	4,89	4,38	4,66	4,90	5,13	5,33	5,52	5,05	5,31	5,55	5,77	5,98	350
4,23	4,45	4,66	4,84	4,34	4,62	4,86	5,08	5,28	5,47	5,00	5,26	5,50	5,72	5,93	360
4,19	4,41	4,61	4,80	4,30	4,57	4,81	5,03	5,24	5,42	4,95	5,22	5,45	5,67	5,87	370
4,16	4,37	4,57	4,76	4,27	4,53	4,77	4,99	5,19	5,38	4,91	5,17	5,41	5,62	5,82	380
4,12	4,34	4,54	4,72	4,23	4,49	4,73	4,95	5,14	5,33	4,87	5,13	5,36	5,57	5,77	390
4,09	4,30	4,50	4,68	4,20	4,46	4,69	4,91	5,10	5,29	4,83	5,09	5,32	5,53	5,73	400
4,05	4,27	4,46	4,64	4,16	4,42	4,65	4,87	5,06	5,24	4,79	5,04	5,27	5,48	5,68	410
4,02	4,23	4,42	4,60	4,13	4,38	4,62	4,83	5,02	5,20	4,75	5,00	5,23	5,44	5,63	420
3,99	4,20	4,39	4,57	4,09	4,35	4,58	4,79	4,98	5,16	4,71	4,96	5,19	5,39	5,59	430
3,96	4,17	4,36	4,53	4,06	4,32	4,54	4,75	4,94	5,12	4,68	4,93	5,15	5,35	5,54	440
3,93	4,13	4,32	4,50	4,03	4,29	4,51	4,72	4,90	5,08	4,64	4,89	5,11	5,31	5,50	450
3,90	4,10	4,29	4,46	4,00	4,25	4,48	4,68	4,87	5,04	4,61	4,85	5,07	5,27	5,46	460
3,87	4,08	4,26	4,43	3,97	4,22	4,45	4,65	4,83	5,01	4,57	4,82	5,04	5,24	5,42	470
3,84	4,05	4,23	4,40	3,95	4,19	4,42	4,62	4,80	4,97	4,54	4,78	5,00	5,20	5,39	480
3,82	4,02	4,20	4,37	3,92	4,17	4,38	4,59	4,77	4,94	4,51	4,75	4,97	5,16	5,35	490
3,79	3,99	4,17	4,34	3,89	4,14	4,35	4,55	4,74	4,90	4,48	4,72	4,93	5,13	5,31	500
3,77	3,97	4,15	4,31	3,87	4,11	4,33	4,52	4,70	4,87	4,45	4,69	4,90	5,09	5,28	510
3,74	3,94	4,12	4,28	3,84	4,08	4,30	4,50	4,67	4,84	4,42	4,66	4,87	5,06	5,24	520
3,72	3,92	4,10	4,26	3,81	4,06	4,27	4,47	4,64	4,81	4,39	4,63	4,84	5,03	5,21	530
3,70	3,89	4,07	4,23	3,77	4,03	4,24	4,44	4,62	4,78	4,37	4,60	4,81	4,99	5,18	540
3,67	3,87	4,04	4,20	3,74	4,01	4,22	4,41	4,59	4,75	4,34	4,57	4,78	4,97	5,15	550
3,65	3,84	4,02	4,18	3,70	3,98	4,19	4,38	4,56	4,72	4,31	4,54	4,75	4,94	5,12	560
3,63	3,82	4,00	4,16	3,67	3,96	4,17	4,36	4,53	4,70	4,29	4,52	4,72	4,91	5,09	570
3,61	3,80	3,97	4,13	3,64	3,94	4,15	4,33	4,51	4,67	4,27	4,49	4,70	4,88	5,06	580
3,59	3,78	3,95	4,11	3,61	3,92	4,12	4,31	4,48	4,64	4,24	4,47	4,67	4,85	5,03	590
3,57	3,76	3,93	4,08	3,58	3,89	4,10	4,28	4,46	4,62	4,22	4,44	4,64	4,83	5,00	600

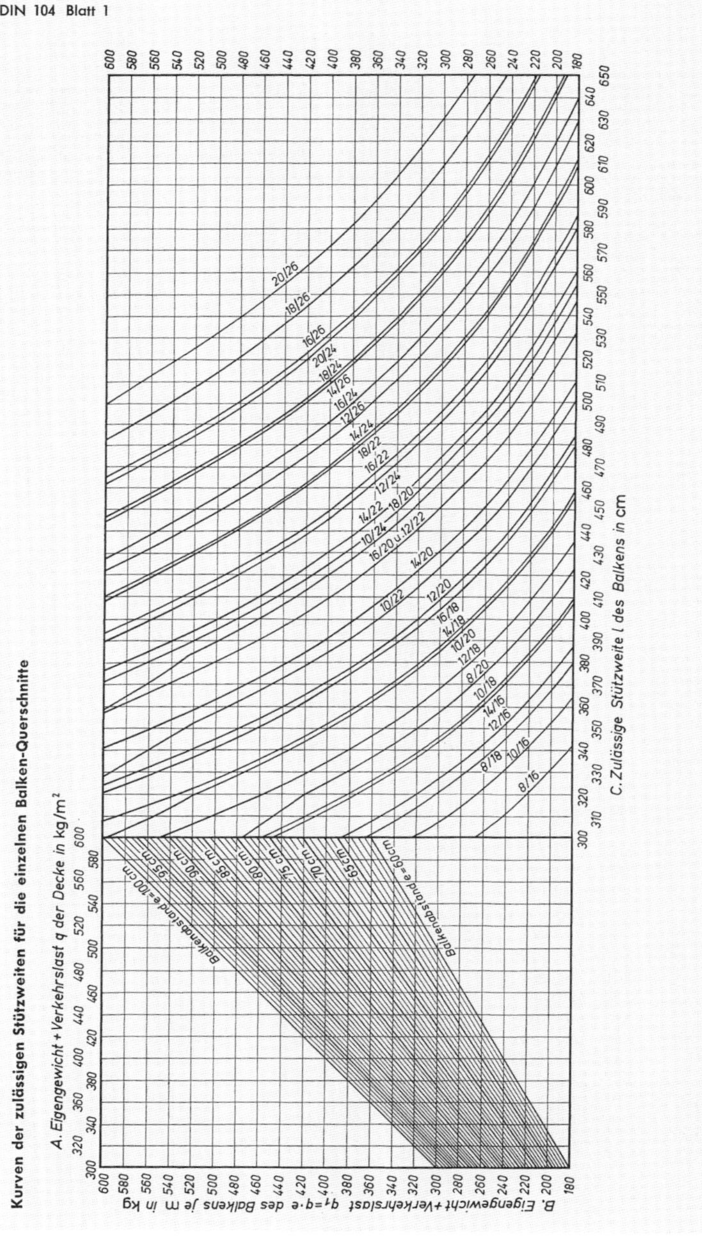
Seite 6 DIN 104 Blatt 1
Kurven der zulässigen Stützweiten für die einzelnen Balken-Querschnitte
A. Eigengewicht + Verkehrslast q der Decke in kg/m²
B. Eigengewicht + Verkehrslast $q_1 = q \cdot e$ des Balkens je m in kg
C. Zulässige Stützweite l des Balkens in cm
Balkenabstand e = 100 cm
95 cm
90 cm
85 cm
80 cm
75 cm
70 cm
65 cm
Balkenabstand e = 60 cm
20/26
18/26
16/26
20/24
18/24
14/26
16/24
12/26
14/24
18/22
16/22
12/24
18/20
14/22
10/24
16/20 u. 12/22
14/20
10/22
12/20
16/18
14/18
10/20
12/18
8/20
10/18
14/16
12/16
10/16
8/18
8/16

DK 691.11:624.072.23 März 1954

Holzbalkendecken

Durchlaufbalken auf 3 Stützen

DIN 104 Blatt 2

1 Vorbemerkung

Diese Norm ermöglicht es, Durchlaufbalken auf 3 Stützen unter Benutzung der Tafel 3 der für Balken auf 2 Stützen bestimmten Norm DIN 104 Blatt 1 oder der dort angegebenen Kurven einfach und rasch zu bemessen.

2 Berechnungsannahmen

Als Stützweiten l_1 und l_2 von Durchlaufbalken auf 3 Stützen, die auf Mauerwerk aufliegen, gelten nach DIN 1052 § 15 b die um $\frac{1}{40}$ vergrößerten lichten Weiten zuzüglich der halben Auflagerbreite an der Innenstütze (Bild 1).

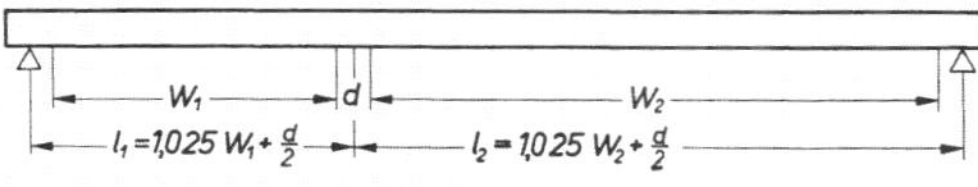

Bild 1

Die zulässige Biegespannung für Nadelholz der Güteklasse II beträgt nach DIN 1052 Tafel 2 für Durchlaufträger $\sigma_{b\ zul} = 110\ kg/cm^2$. Dieser Wert ist der Ermittlung der n-Werte in Tafel 1 (vgl. Abschn. 3) zugrunde gelegt worden. Tafel 1 darf nur angewandt werden, wenn die ständige Last g und die Gesamtlast $q = g + p$ (p = Verkehrslast) in beiden Feldern gleich sind, oder, falls dies nicht der Fall ist, für beide Felder der größere Wert in Rechnung gestellt wird. Das Lastverhältnis $q : p$ hat keinen Einfluß auf die Bemessung.

Die Grenzstützweite „l" (vgl. DIN 104 Blatt 1 Abschn. 2.6) kann für Durchlaufträger auf 3 Stützen angenommen werden zu:

$$l = 0{,}16\, n \cdot h\ ^{1)} \qquad (1)$$

In Gleichung (1) ist die Balkenhöhe „h" in cm einzusetzen und „n" aus Tafel 1 (vgl. Abschn. 3) zu nehmen, daraus ergibt sich dann die Grenzstützweite „l" in Metern; sie braucht jedoch im Einzelfalle nicht nachgewiesen zu werden, wenn nach Abschnitt 3 bemessen wird.

3 Bestimmung des Balkenquerschnitts eines Durchlaufbalkens auf 3 Stützen

Abgesehen von der Ermittlung der Stützweiten l_1 und l_2, die nach Abschn. 2 Abs. 1 dieser Norm zu bestimmen sind, ist nach DIN 104 Blatt 1 Abschn. 3.1 bis 3.5 zu verfahren.

Darauf wird das Verhältnis der kleineren Feldstützweite l_1 des Durchlaufträgers zur größeren Stützweite l_2 bestimmt und aus Tafel 1 der dazu gehörige Beiwert „n" ermittelt. Die größere Stützweite l_2 wird sodann durch „n" geteilt und für diese verminderte Stützweite $l'_2 = \frac{l_2}{n}$ und die größte Belastung q'_2 (wegen feldweise verschiedener Belastung vgl. Abschn. 2) wird der erforderliche Querschnitt des Durchlaufbalkens wie für einen Balken auf 2 Stützen nach DIN 104 Blatt 1 Abschn. 3.6 und 3.7 aus Tafel 3 oder nach Abschnitt 4.1 und 4.2 der gleichen Norm aus den Kurven der zulässigen Stützweiten entnommen.

Tafel 1, Beiwerte n

$l_1 : l_2$	$n =$
0,4 0,5	1,15
0,6 0,7	1,10
0,8 0,9	1,05
1	1,0

Für das Endauflager des kürzeren Feldes l_1 ist außerdem die Größe der etwa auftretenden abhebenden (nach oben gerichteten) Auflagerkraft zu ermitteln und nachzuweisen, daß sie durch Auflast oder Verankerung aufgenommen

[1]) Für die Ermittlung der Grenzstützweiten von Durchlaufträgern gelten die Formeln (1) und (2) aus DIN 104 Blatt 1 Abschn. 2.5 nicht. Die Gleichung (1) ist eine Näherungsgleichung, deren Ergebnisse auf der sicheren Seite liegen. Die Gleichung kann im Rahmen dieser Norm nicht abgeleitet werden.

Fortsetzung Seite 2

Fachnormenausschuß Bauwesen im Deutschen Normenausschuß
Fachnormenausschuß Holz im DNA

Seite 2 DIN 104 Blatt 2

wird. Falls kein genauerer Nachweis erbracht wird, darf die Größe der abhebenden Auflagerkraft ermittelt werden zu

$$A = a \cdot q' \cdot l_2 \qquad (2)$$

Darin ist „a" ein Beiwert, der von den Verhältnissen $l_1 : l_2$ und $g' : q'$ abhängt und aus Tafel 2 zu entnehmen ist.

„q'" ist die größte Belastung je m Balkenlänge (vgl. Abschnitt 2, 2. Abs.) aus dem Gesamtgewicht der Decke [2]), und „g'" die größte entsprechende Belastung aus der ständigen Last. „l_1" ist die kleinere und „l_2" die größere Stützweite.

Tafel 2, Beiwerte a

$l_1 : l_2$	v = g' : q'					
	0,2	0,3	0,4	0,5	0,6	1
0,4	0,19	0,17	0,15	0,13	0,11	0,04
0,5	0,12	0,10	0,08	0,05	0,03	—
0,6	0,08	0,05	0,02	—	—	—
0,7	0,04	0,01	—	—	—	—
0,8	0,02	—	—	—	—	—

4 Zahlenbeispiel

Aufgabe: Ähnlich wie in DIN 104 Blatt 1 Abschn. 3.8 soll auch hier ein Raum mit einer lichten Weite von 4,80 m, an den, durch eine 0,25 m dicke Mauer getrennt, ein Raum mit einer lichten Weite von 2,40 m anstößt, mit einer Holzbalkendecke aus Balkenlage mit Einschubdecken nach DIN 1055 Blatt 2 Beispiel a) 1 überdeckt werden (vgl. Bild 2).

Der Balkenabstand wird ebenfalls mit 0,90 m angenommen, die Stützweiten sind:

$l_1 = 1{,}025 \cdot 2{,}40 + 0{,}25/2 = 2{,}59$ m und
$l_2 = 1{,}025 \cdot 4{,}80 + 0{,}25/2 = 5{,}05$ m.

Die Belastung je Balkenlänge beträgt:
für $g = 221$ kg/m², bzw. $p = 200$ kg/m²
aus ständiger Last $g' = 221 \cdot 0{,}90 = 199$ kg/m
aus ständiger Last + Verkehrslast : $q' = (221 + 200) \cdot 0{,}9 =$ 379 kg/m

Das Verhältnis der Stützweite ist
$l_1 : l_2 = 2{,}59 : 5{,}05 = 0{,}513 \sim 0{,}5$

Aus Tafel 1 wird dazu n = 1,15 gefunden. Damit ergibt sich die verminderte größere Stützweite zu

$$l'_2 = l_2 : n = 5{,}05 : 1{,}15 = 4{,}39 \text{ m}$$

Für diese verminderte Stützweite von 4,39 m und die Belastung $q' = 379$ kg/m ~ 380 kg/m wird der Durchlaufbalken wie ein Balken auf 2 Stützen mit Hilfe der Tafel 3 der Norm DIN 104 Blatt 1 wie es dort in Abschn. 3.826 bis 3.829 beschrieben ist, bemessen. In diesem Falle ist der erforderliche Querschnitt 16/22 cm oder 12/24 cm. Hiervon ist der Querschnitt 12/24 cm wirtschaftlich günstiger, da er eine Holzersparnis von rd. 18% ergibt.

Bei Verwendung der Kurven der zulässigen Stützweiten nach DIN 104 Blatt 1 findet man ebenfalls für die verminderte Feldstützenweite $l'_2 = 4{,}39$ m und eine Belastung je Balkenlänge $q' = 379$ 380 kg/m² die der nächstgrößeren Stützweite entsprechenden Querschnitte 16/22 und 12/24 cm.

Die Größe der abhebenden Auflagerkraft ergibt sich mit $v = \frac{g'}{q'} = \frac{199}{379} = 0{,}525$ und mit $l_1 : l_2 = 0{,}5$ sowie dem dazugehörigen Wert $a = 0{,}05$ (aus Tafel 2) gemäß Abschn. 3 Gl. (2) zu $A = 0{,}05 \cdot 379 \cdot 5{,}05 = 96$ kg

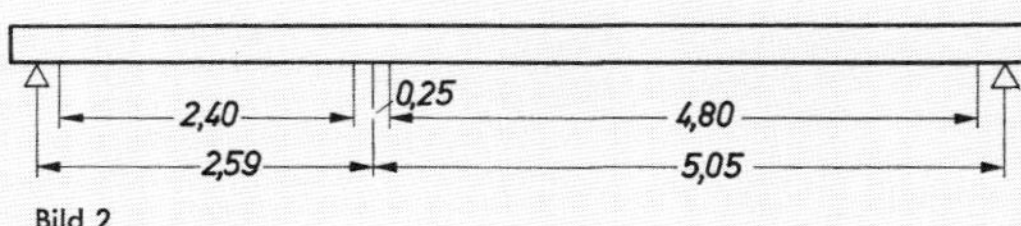

Bild 2

[2]) In DIN 104 Blatt 1 Ausgabe Januar 1952 ist der gleiche Wert mit q_1 bezeichnet.

DK 674-4 : 691.11 Dezember 1958

Bauholz für Holzbauteile

Gütebedingungen für Bauschnittholz (Nadelholz)

DIN 4074 Blatt 1

Mit Blatt 2 Ersatz für DIN 4074

1. Geltungsbereich

Diese Gütebedingungen gelten für die Auslese und den Einbau der Bauschnitthölzer (Nadelholz außer Weymouthskiefer), deren Querschnitte nach der Tragfähigkeit bemessen werden [1]), vgl. DIN 1052 „Holzbauwerke, Berechnung und Ausführung" und DIN 1074 „Holzbrücken, Berechnung und Ausführung". Für andere Bauschnitthölzer sind die Gütebedingungen in DIN 68 365 „Bauholz für Zimmerarbeiten, Gütebedingungen" maßgebend.

2. Feuchtigkeitsgehalt

2.1 Bauholz gilt als

2.11 trocken, wenn es einen mittleren Feuchtigkeitsgehalt von höchstens 20% hat,

2.12 halbtrocken, wenn es einen mittleren Feuchtigkeitsgehalt von höchstens 30%, bei Querschnitten über 200 cm² von höchstens 35% hat,

2.13 frisch, ohne Begrenzung des Feuchtigkeitsgehaltes.

2.2 Die Feuchtigkeitsprozentsätze beziehen sich auf das Darrgewicht der Hölzer.

2.3 Maßgebend ist im allgemeinen das Ergebnis der Messung mit einem amtlich geprüften bzw. für die Messung an Bauhölzern zugelassenen Feuchtigkeitsmeßgerät. In Zweifels- oder Schiedsfällen muß jedoch der Feuchtigkeitsgehalt nach der Darrmethode gemäß DIN 52 183 „Prüfung von Holz, Bestimmung des Feuchtigkeitsgehalts" ermittelt werden.

3. Abmessungen

3.1 Für Kanthölzer, Balken und Latten gelten die Abmessungen nach DIN 4070 „Nadelholz, Querschnittsmaße und statische Werte für Schnittholz", für Bretter und Bohlen diejenigen nach DIN 4071 „Nadelholz, Bretter und Bohlen; Dicken".

3.2 Hiervon abweichende Querschnittsmaße sollen nur in konstruktiv oder wirtschaftlich begründeten Fällen gewählt werden.

3.3 Zulässige Abweichungen der Sollmaße nach unten sind aus Tabelle 2 zu entnehmen.

4. Einteilung nach Schnittklassen

4.1 Bei vierseitig und parallel geschnittenem Bauschnittholz werden vier Schnittklassen unterschieden:

S Scharfkantiges Bauschnittholz [2]),
A Vollkantiges Bauschnittholz,
B Fehlkantiges Bauschnittholz,
C Sägegestreiftes Bauschnittholz.

4.2 Die zulässige Breite der Baumkante für die einzelnen Schnittklassen ist aus Tabelle 1 zu entnehmen.
Die Baumkanten der Hölzer müssen von Rinde und Bast befreit sein.

4.3 Bei zweiseitig geschnittenem Bauschnittholz sind die Dicke des Holzes und die Mindestbreite der parallelen Schnittflächen in der Mitte der Länge oder am Zopfende nach den jeweiligen Erfordernissen festzulegen.

Tabelle 1. Zulässige Breite der Baumkante

Schnittklasse		Größte zulässige Breite der Baumkante als Bruchteil der größten Querschnittsabmessung (schräg gemessen)
S [2])	scharfkantig	Baumkanten nicht zulässig
A	vollkantig	$^1/_8$, wobei in jedem Querschnitt mindestens $^2/_3$ jeder Querschnittsseite von Baumkante frei sein muß
B	fehlkantig	$^1/_3$, wobei in jedem Querschnitt mindestens $^1/_3$ jeder Querschnittsseite von Baumkante frei sein muß
C	sägegestreift	Muß an allen vier Seiten durchlaufend von der Säge gestreift sein

5. Einteilung nach Güteklassen

5.1 Nach den Güteeigenschaften werden drei Güteklassen unterschieden:

Güteklasse I Bauschnittholz mit besonders hoher Tragfähigkeit
Güteklasse II Bauschnittholz mit gewöhnlicher Tragfähigkeit
Güteklasse III Bauschnittholz mit geringer Tragfähigkeit.

Die Anforderungen an die Hölzer der drei Güteklassen sind aus Tabelle 2 zu entnehmen [3]).

---

1) „Bauholz für Holzbauteile; Gütebedingungen für Baurundholz (Nadelholz)" siehe DIN 4074 Blatt 2

2) Sonderschnittklasse

3) Die zulässigen Spannungen für die Hölzer der drei Güteklassen sind in DIN 1052 „Holzbauwerke, Berechnung und Ausführung" und DIN 1074 „Holzbrücken, Berechnung und Ausführung" festgelegt.

Fortsetzung Seite 2 bis 5

Arbeitsgruppe Einheitliche Technische Baubestimmungen (ETB)
des Fachnormenausschusses Bauwesen im Deutschen Normenausschuß (DNA)
Fachnormenausschuß Holz im DNA

Seite 2 DIN 4074 Blatt 1

Bauschnittholz der Güteklasse I ist an sichtbar bleibender Stelle deutlich und einheitlich zu kennzeichnen. Hierbei muß durch das Kennzeichen erkennbar sein, wer das Holz ausgesucht hat und welcher Teil zum ausgesuchten Holz gehört (vgl. DIN 1052, Einführungserlaß vom 31. 12. 1943).

5.2 Die Hölzer brauchen die Bedingungen der vorgesehenen Güteklasse jeweils nur auf dem Teil der Länge zu erfüllen, an dem die entsprechenden Spannungen — gemäß Spannungsberechnung [3]) — auftreten. Außerdem ist ein beiderseitiger Sicherheitszuschlag vom 1½fachen des größten Querschnittsmaßes zu berücksichtigen.

Knickstäbe der Güteklasse I brauchen die entsprechenden Gütebedingungen für Schlankheitsgrade $\lambda \leqq 100$ nur auf den mittleren ¾ der Knicklänge, für $\lambda \geqq 100$ nur auf der mittleren Hälfte der Knicklänge zu erfüllen. Außerhalb dieser Bereiche genügen die Bedingungen der Güteklasse II.

Bei verleimten Holzbauteilen, die aus Einzelteilen kleinerer Querschnitte bestehen, brauchen die Güteanforderungen im allgemeinen nur auf den Verbundkörper, nicht auf die einzelnen Teile, bezogen zu werden. Jedoch müssen die in der Zugzone außen liegenden Teile für sich betrachtet (Bretter, Bohlen) ebenfalls der vorgesehenen Güteklasse entsprechen.

Tabelle 2

Bedingungen der Güteklassen I bis III				
1	2	3	4	5
Einteilung der Güteklassen	**Güteklasse I** Bauschnittholz mit besonders hoher Tragfähigkeit	**Güteklasse II** Bauschnittholz mit gewöhnlicher Tragfähigkeit	**Güteklasse III** [4]) Bauschnittholz mit geringer Tragfähigkeit	Bemessungsbeispiele
1. Allgemeine Beschaffenheit a) Hölzer ohne Schutzbehandlung (Verwendung nur unter Dach bzw. an Stellen, wo die Hölzer im Sinne von Abschnitt 2.11 trocken bleiben) [5])	**zulässig:** Bläue **unzulässig:** Blitzrisse, Frostrisse, Insektenfraß (Bohrlöcher), Mistelbefall, Ringschäle, Rotfäule, braune und rote Streifen, Weißfäule	**zulässig:** Bläue, nagelfeste braune und rote Streifen [6]) **unzulässig:** Blitzrisse, Frostrisse, Insektenfraß (Bohrlöcher), Mistelbefall, Ringschäle, Rotfäule, Weißfäule		
b) Hölzer mit Holzschutz gemäß DIN 68 800 (Verwendung auch im Freien, sowie in Räumen mit hoher Luftfeuchtigkeit) [5])	**zulässig:** Bläue, nagelfeste braune und rote Streifen [6]) **unzulässig:** Blitzrisse, Frostrisse, Insektenbefall (Bohrlöcher), Mistelbefall, Ringschäle, Rotfäule, Weißfäule	**zulässig:** Bläue, Insektenfraß an der Oberfläche, nagelfeste braune und rote Streifen [6]) **unzulässig:** Blitzrisse, Frostrisse, Mistelbefall, Ringschäle, Rotfäule, Weißfäule	**zulässig:** Bläue, Blitzrisse [7]), Frostrisse [7]), Insektenfraß (Bohrlöcher), Mistelbefall, Ringschäle, nagelfeste braune und rote Streifen [6]) **unzulässig:** lebende Larven und Eier von Insekten im Holz, Rotfäule, Weißfäule	

3) Siehe Seite 1

4) Für Zugglieder nicht zulässig

5) Siehe hierzu DIN 52 175 „Holzschutz; Grundlagen, Begriffe" sowie DIN 68 800 „Holzschutz im Hochbau"

6) In der Breite nicht größer als die für die betreffende Güteklasse zulässigen Einzeläste

7) Die Querschnittsminderung durch nicht mehr nagelfeste Teile darf nicht größer sein als diejenige durch die für diese Güteklasse zugelassenen Äste.

Tabelle 2 (Fortsetzung)

Bedingungen der Güteklassen I bis III				
1	2	3	4	5
Einteilung der Güteklassen	**Güteklasse I** Bauschnittholz mit besonders hoher Tragfähigkeit	**Güteklasse II** Bauschnittholz mit gewöhnlicher Tragfähigkeit	**Güteklasse III** [4]) Bauschnittholz mit geringer Tragfähigkeit	Bemessungsbeispiele
2. Schnittklasse (Mindestforderungen	Schnittklasse A	Schnittklasse B	Schnittklasse C	
3. Maßhaltigkeit	Abweichungen von den vorgesehenen Querschnittsmaßen nach unten sind im halbtrockenen Zustand bis zu 1,5% zulässig. Größere Einzelabweichungen sind unzulässig	zulässig bis zu 3% bei 10% der Menge		
4. Feuchtigkeitsgehalt	Das Holz darf beim Einbau halbtrocken sein, aber nur dort, wo es bald auf den trockenen Zustand für dauernd zurückgehen kann. Für Sonderfälle (z. B. geleimte Bauteile, Wasserbauhölzer u. a.) gelten die Festlegungen in DIN 1052 und DIN 1074.			
5. Mindestwichte (Mindestraumgewicht)	Mindestwichte (Mindestraumgewicht) bei 20% Feuchtigkeitsgehalt in kg/dm³ Probekörper: astfrei / mit Ästen Fichte und Tanne: 0,38 / 0,40 Kiefer und Lärche: 0,42 / 0,45	–	–	
6. Jahrringbreite [8])	Ringbreiten über 4 mm sind höchstens bei der Hälfte des Querschnitts zulässig	–	–	
7. Äste **7.1** Einzeläste **7.11** Kantholz und Balken Durchmesser [9]) des einzelnen Astes im Verhältnis zur Breite der Querschnittsseite, an der der Ast sitzt [10])	bis 1/5, aber nicht über 50 mm	bis 1/3, aber nicht über 70 mm	bis 1/2	d_1, d_2, h, b Verhältniszahlen: $\frac{d_1}{b}$ bzw. $\frac{d_2}{h}$

4) Siehe Seite 2

8) Bestimmung der Jahrringbreite nach DIN 52 181 „Prüfung von Holz; Bestimmung der Wuchseigenschaften".

9) Ermittlung der Durchmesser nach DIN 52 181. Maßgebend ist hier stets der kleinste sichtbare Durchmesser der Äste.

10) Beim Abbund ist zu beachten, daß für Äste im Bereich von Verschwächungen die Breite, abzüglich der Verschwächungen, maßgebend ist.

Seite 4 DIN 4074 Blatt 1

Tabelle 2 (Fortsetzung)

Bedingungen der Güteklassen I bis III				
1	2	3	4	5
Einteilung der Güteklassen	**Güteklasse I** Bauschnittholz mit besonders hoher Tragfähigkeit	**Güteklasse II** Bauschnittholz mit gewöhnlicher Tragfähigkeit	**Güteklasse III** 4) Bauschnittholz mit geringer Tragfähigkeit	Bemessungsbeispiele
7.12 Bretter, Bohlen, Latten Summe der senkrecht zur Brettlängsachse ermittelten Maße des einzelnen Astes an allen Schnittflächen, an denen der Ast auftritt, im Verhältnis zum doppelten Maß der Brettbreite 10) 11)	bis 1/5	bis 1/3	bis 1/2	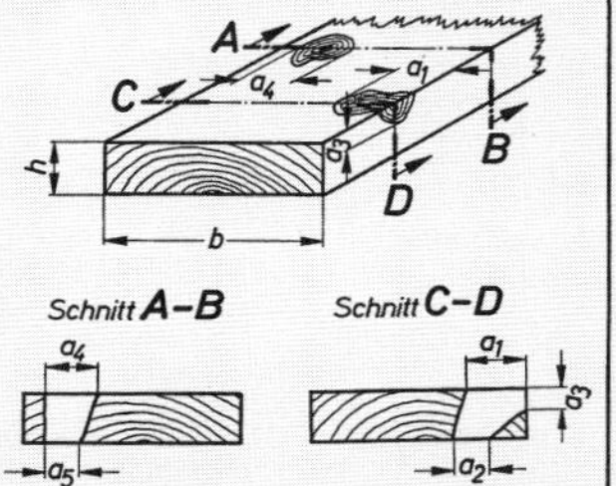 Schnitt A–B; Schnitt C–D Verhältniszahl: $\frac{a_4 + a_5}{2b}$ Verhältniszahl: $\frac{a_1 + a_2 + a_3}{2b}$
7.2 Astansammlung **7.21** Kantholz und Balken Summe der Astdurchmesser 9) auf 150 mm Länge auf jeder Fläche im Verhältnis zu ihrer Breite 10) 12)	bis 2/5	bis 2/3	bis 3/4	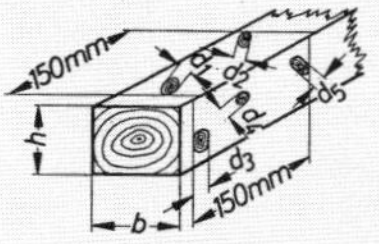 Verhältniszahlen: $\frac{d_1 + d_2}{b}$ bzw. $\frac{d_3 + d_4 + d_5}{h}$
7.22 Bretter, Bohlen, Latten Summe der senkrecht zur Brettlängsachse ermittelten Maße der auf 150 mm Länge vorhandenen Äste an allen Schnittflächen, an denen Äste auftreten, im Verhältnis zum doppelten Maß der Brettbreite 10) 11) 12)	bis 1/3	bis 1/2	bis 2/3	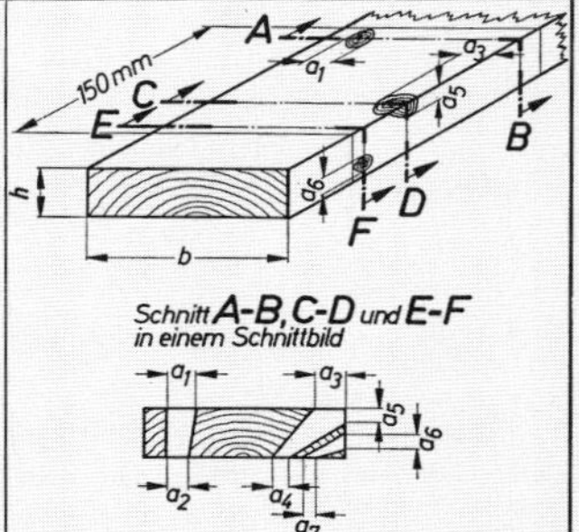 Schnitt A-B, C-D und E-F in einem Schnittbild Verhältniszahl: $\frac{a_1 + a_2 + a_3 + a_4 + a_5 + a_6 + a_7}{2b}$

4) Siehe Seite 2

9) 10) Siehe Seite 3

11) Bei Ästen, die von einer Schmalseite zur anderen Schmalseite durchlaufen, ohne an einer Breitseite in Erscheinung zu treten, wird auf das doppelte Maß der Brettdicke bezogen.

12) Jeweils an der ungünstigsten Stelle gemessen.

Bedingungen der Güteklassen I bis III				
1	2	3	4	5
Einteilung der Güteklassen	**Güteklasse I** Bauschnittholz mit besonders hoher Tragfähigkeit	**Güteklasse II** Bauschnittholz mit gewöhnlicher Tragfähigkeit	**Güteklasse III** 4) Bauschnittholz mit geringer Tragfähigkeit	Bemessungsbeispiele
8. Drehwuchs (gemessen nach den Schwindrissen) 12) 13)	Abweichung *a* der Fasern auf 1 m Länge: 100 mm	200 mm	330 mm	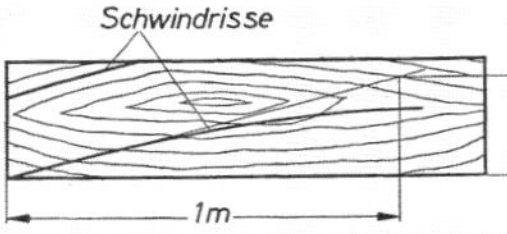 Schwindrisse; *a*; 1m
9. Faserabweichung beim Fehlen von Schwindrissen (gemessen nach den angeschnittenen Jahrringen) 12) 13) 14)	Abweichung *a* der Jahrringe auf 1 m Länge: 70 mm	120 mm	200 mm	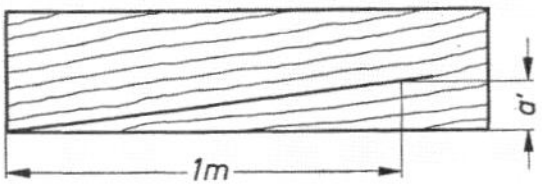 *a*; 1m
10. Krümmung Zulässige Pfeilhöhe a) auf 2 m Meßlänge an der Stelle der größten Krümmung	5 mm	8 mm	15 mm	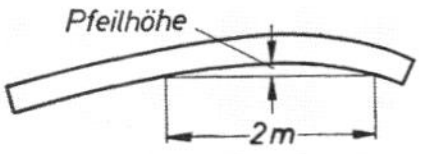 Pfeilhöhe; 2m
b) bezogen auf die Gesamtlänge *l*, aber nur bei Hölzern für Druckglieder	1/400	1/250	–	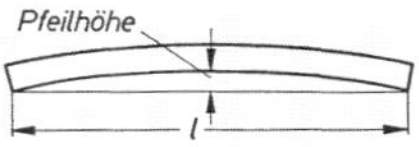 Pfeilhöhe; *l*

4) Siehe Seite 2

12) Siehe Seite 4

13) Drehwuchs ist nach den Schwindrissen oder mit Hilfe eines geeigneten Ritzgerätes zu messen. Siehe DIN 52 181.

14) Am Stockende kann auf die Messung nach 9. verzichtet werden, wenn es sich um einen regelmäßig gewachsenen Stockansatz handelt, da der Faserverlauf am Stockende aus den angeschnittenen Jahrringen meist nicht unmittelbar gemessen werden kann.

DK 674-4 : 691.11 | Dezember 1958

Bauholz für Holzbauteile

Gütebedingungen für Baurundholz (Nadelholz)

DIN 4074 Blatt 2

Mit Blatt 1 Ersatz für DIN 4074

1. Geltungsbereich

Diese Gütebedingungen gelten für die Auslese und den Einbau der Baurundhölzer (Nadelholz außer Weymouthkiefer), deren Querschnitte nach der Tragfähigkeit bemessen werden [1]), vgl. DIN 1052 „Holzbauwerke; Berechnung und Ausführung" und DIN 1074 „Holzbrücken; Berechnung und Ausführung". Für andere Baurundhölzer sind die Gütebedingungen in DIN 68 365 „Bauholz für Zimmerarbeiten; Gütebedingungen" maßgebend.

Im eingebauten Zustand müssen Baurundhölzer von Rinde und Bast befreit sein.

2. Feuchtigkeitsgehalt

2.1 Bauholz gilt als

2.11 trocken, wenn es einen mittleren Feuchtigkeitsgehalt von höchstens 20% hat,

2.12 halbtrocken, wenn es einen mittleren Feuchtigkeitsgehalt von höchstens 30%, bei Querschnitten über 200 cm² von höchstens 35% hat,

2.13 frisch, ohne Begrenzung des Feuchtigkeitsgehaltes.

2.2 Die Feuchtigkeitsprozentsätze beziehen sich auf das Darrgewicht der Hölzer.

2.3 Maßgebend ist im allgemeinen das Ergebnis der Messung mit einem amtlich geprüften bzw. für die Messung an Bauhölzern zugelassenen Feuchtigkeitsmeßgerät. In Zweifels- oder Schiedsfällen muß jedoch der Feuchtigkeitsgehalt nach der Darrmethode gemäß DIN 52 183 „Prüfung von Holz, Bestimmung des Feuchtigkeitsgehaltes" ermittelt werden.

1) „Bauholz für Holzbauteile; Gütebedingungen für Bauschnittholz (Nadelholz)" siehe DIN 4074 Blatt 1.

3. Einteilung nach Güteklassen

3.1 Nach den Gütееigenschaften werden drei Güteklassen unterschieden:

Güteklasse I	Baurundholz mit besonders hoher Tragfähigkeit
Güteklasse II	Baurundholz mit gewöhnlicher Tragfähigkeit
Güteklasse III	Baurundholz mit geringer Tragfähigkeit.

Die Anforderungen an die Hölzer der drei Güteklassen sind aus der Tabelle Seite 2 und 3 zu entnehmen [2]).

Baurundholz der Güteklasse I ist an sichtbar bleibender Stelle deutlich und einheitlich zu kennzeichnen. Hierbei muß durch das Kennzeichen erkennbar sein, wer das Holz ausgesucht hat und welcher Teil zum ausgesuchten Holz gehört (vgl. DIN 1052, Einführungserlaß vom 31. 12. 1943).

3.2 Die Hölzer brauchen die Bedingungen der vorgesehenen Güteklasse jeweils nur auf dem Teil der Länge zu erfüllen, an dem die entsprechenden Spannungen — gemäß Spannungsberechnung [2]) — auftreten. Außerdem ist ein beiderseitiger Sicherheitszuschlag vom 1½fachen des größten Querschnittsmaßes zu berücksichtigen.

Knickstäbe der Güteklasse I brauchen die entsprechenden Gütebedingungen für Schlankheitsgrade $\lambda \leq 100$ nur auf den mittleren ¾ der Knicklänge, für $\lambda \geq 100$ nur auf der mittleren Hälfte der Knicklänge zu erfüllen. Außerhalb dieser Bereiche genügen die Bedingungen der Güteklasse II.

2) Die zulässigen Spannungen für die Hölzer der drei Güteklassen sind in DIN 1052 „Holzbauwerke, Berechnung und Ausführung" und DIN 1074 „Holzbrücken, Berechnung und Ausführung" festgelegt.

Fortsetzung Seite 2 und 3

Arbeitsgruppe Einheitliche Technische Baubestimmungen (ETB)
des Fachnormenausschusses Bauwesen im Deutschen Normenausschuß (DNA)
Fachnormenausschuß Holz im DNA

Bedingungen der Güteklassen I bis III				
1	2	3	4	5
Einteilung der Güteklassen	**Güteklasse** I [3]) Baurundholz mit besonders hoher Tragfähigkeit	**Güteklasse** II [3]) Baurundholz mit gewöhnlicher Tragfähigkeit	**Güteklasse** III [3]) Baurundholz mit geringer Tragfähigkeit	Bemessungsbeispiele
1. Allgemeine Beschaffenheit a) Hölzer ohne Schutzbehandlung (Verwendung nur unter Dach bzw. an Stellen, wo die Hölzer im Sinne von Abschnitt 2.11 trocken bleiben) [4])	**zulässig:** Bläue, **unzulässig:** Blitzrisse, Frostrisse, Insektenfraß (Bohrlöcher), Mistelbefall, Ringschäle, Rotfäule, braune und rote Streifen, Weißfäule	**zulässig:** Bläue, nagelfeste braune und rote Streifen [5]) **unzulässig:** Blitzrisse, Frostrisse, Insektenfraß (Bohrlöcher), Mistelbefall, Ringschäle, Rotfäule, Weißfäule		
b) Hölzer mit Holzschutz gemäß DIN 68 800 (Verwendung auch im Freien sowie in Räumen mit hoher Luftfeuchtigkeit) [4])	**zulässig:** Bläue, nagelfeste braune und rote Streifen [5]) **unzulässig:** Blitzrisse, Frostrisse, Insektenbefall Mistelbefall, Ringschäle, Rotfäule, Weißfäule	**zulässig:** Bläue, Insektenfraß an der Oberfläche, nagelfeste braune und rote Streifen [5]) **unzulässig:** Blitzrisse, Frostrisse, Mistelbefall, Ringschäle, Rotfäule, Weißfäule	**zulässig:** Bläue, Blitzrisse [6]), Frostrisse [6]), Insektenfraß (Bohrlöcher), Mistelbefall, Ringschäle, nagelfeste braune und rote Streifen [5]) **unzulässig:** lebende Larven und Eier von Insekten im Holz, Rotfäule, Weißfäule	
2. Feuchtigkeitsgehalt	Das Holz darf beim Einbau halbtrocken sein, aber nur dort, wo es bald auf den trockenen Zustand für dauernd zurückgehen kann. Für Sonderfälle (Wasserbauhölzer u. a.) gelten die Festlegungen in DIN 1052 und DIN 1074.			
3. Mindestwichte (Mindestraumgewicht)	Mindestwichte (Mindestraumgewicht) bei 20% Feuchtigkeitsgehalt in kg/dm³ Probekörper: astfrei / mit Ästen Fichte und Tanne: 0,38 / 0,40 Kiefer und Lärche: 0,42 / 0,45	–	–	
4. Jahrringbreite [7])	Ringbreiten über 4 mm sind höchstens bei der Hälfte des Querschnitts zulässig	–	–	

[3]) Die für Zug- und Biegestäbe geltenden zulässigen Beanspruchungen werden in DIN 1052 nachgetragen.
[4]) Siehe hierzu DIN 52 175 „Holzschutz; Grundlagen, Begriffe" sowie DIN 68 800 „Holzschutz im Hochbau".
[5]) In der Breite nicht größer als die für die betreffende Güteklasse zulässigen Einzeläste.
[6]) Die Querschnittsminderung durch nicht mehr nagelfeste Teile darf nicht größer sein als diejenige durch die für diese Güteklasse zugelassenen Äste.
[7]) Bestimmung der Wuchseigenschaften nach DIN 52 181 „Prüfung von Holz, Bestimmung der Wuchseigenschaften".

Bedingungen der Güteklassen I bis III				
1	2	3	4	5
Einteilung der Güteklassen	**Güteklasse I** 3) Baurundholz mit besonders hoher Tragfähigkeit	**Güteklasse II** 3) Baurundholz mit gewöhnlicher Tragfähigkeit	**Güteklasse III** 3) Baurundholz mit geringer Tragfähigkeit	Bemessungsbeispiele
5. Äste **5.1** Einzeläste Durchmesser des einzelnen Astes im Verhältnis zum Durchmesser des Rundholzes	bis 1/6	bis 1/4	bis 2/5	Verhältniszahl: $\frac{a}{d}$
5.2 Astansammlung Summe der Astdurchmesser auf einer Fläche von 150 mm Länge und der Breite entsprechend einem Viertel des Umfanges im Verhältnis zum Durchmesser des Rundholzes 8)	bis 1/3	bis 1/2	bis 3/5	Verhältniszahl: $\frac{a_1 + a_2 + a_3}{d}$
6. Krümmung Zulässige Pfeilhöhe a) auf 2 m Meßlänge an der Stelle der größten Krümmung	10 mm	15 mm	20 mm	Pfeilhöhe, 2 m
b) bezogen auf die Gesamtlänge *l* bei Hölzern für Biegeglieder	1/200	1/100	–	Pfeilhöhe, *l*
Druckglieder	1/300	1/200	–	

3) Siehe Seite 2

8) Jeweils an der ungünstigsten Stelle gemessen.

DK 674.028.11 : 694.2 Juni 1960

Holzverbindungen

Keilzinkenverbindungen als Längsverbindung

DIN 68 140

Maße in mm

1. Begriff

Die Keilzinkenverbindung ist eine Längsverbindung zweier Hölzer, deren Enden mit keilartigen Zinken gleicher Teilung und gleichen Profils ineinandergreifen und miteinander verleimt (verklebt) sind (vgl. Bilder 1 und 2).

Form A

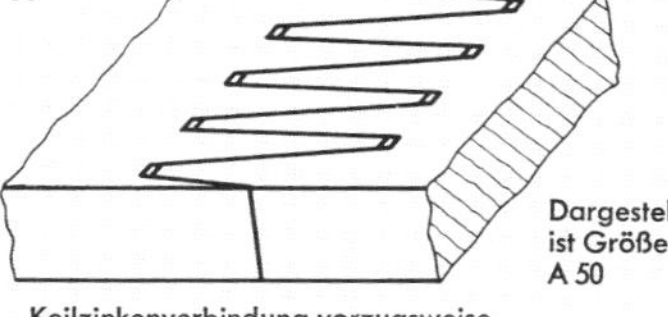

Bild 1. Keilzinkenverbindung vorzugsweise für Beanspruchungsgruppe I

Form B

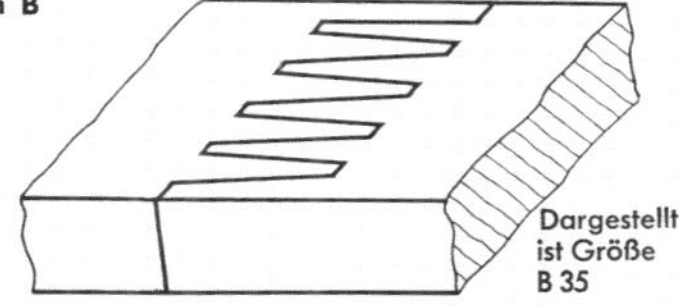

Bild 2. Keilzinkenverbindung mit breiten Randzinken nur für die Beanspruchungsgruppen II und III

2. Zinkenprofile

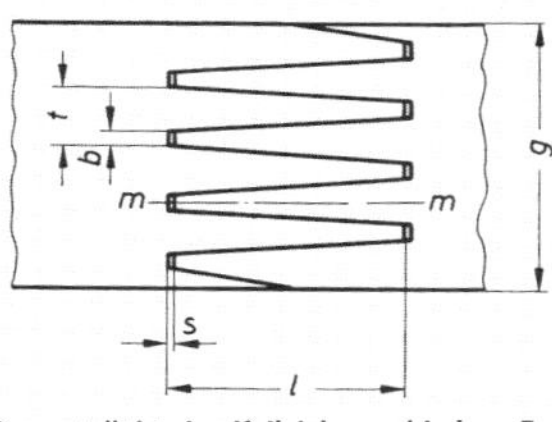

l = Zinkenlänge
t = Abstand der Zinken voneinander (Zinkenteilung)
b = Breite des Zinkengrundes
g = Gesamtbreite der Keilzinkenverbindung
s = Zinkenspiel
$m - m$ = Keilzinken-Mittelebene

Bild 3 Dargestellt ist eine Keilzinkenverbindung Form A

Bezeichnung einer Keilzinkenverbindung Form A von Zinkenlänge l = 50 mm:

Keilzinkenverbindung A 50 DIN 68 140

Beanspruchungs-gruppe und Form	Zinkenlänge l	Zinkenteilung t	Breite des Zinkengrundes [1] b	Anwendung
I Form A	60 50 40	15 12 9	2,7 2 1	Bauteile, die nach DIN 1052 [2] zu berechnen sind oder hohen mechanischen Beanspruchungen ausgesetzt werden.
II Form B oder Form A	35 30 25	12 11 10	2,7 2,7 2	Fenster, Türen, Fußböden, Sitzmöbel und dgl.
III Form B oder Form A	20 15	8 7	2 2	Leisten und dgl.

[1]) Bei den Keilzinken Form B kann für die Randzinken die Breite b bis zu 5 mm betragen (vgl. Bild 2). Sie darf jedoch 10% der Breite g der Zinkenverbindung nicht überschreiten.

[2]) Die z. Z. in Bearbeitung befindliche Neufassung der Norm DIN 1052 wird Werte für die zulässigen Beanspruchungen der Keilzinkenverbindungen enthalten. Bis dahin muß der Verschwächungsgrad $v = \frac{b}{t}$ bei der Querschnittsberechnung berücksichtigt werden.

Fortsetzung Seite 2
Erläuterungen Seite 3

Fachnormenausschuß Holz im Deutschen Normenausschuß (DNA)

Seite 2 DIN 68 140

3. Ausführung der Verbindung

3.1 Feuchtigkeitsgehalt der Hölzer

Der Feuchtigkeitsgehalt der zu verbindenden Hölzer muß gleich sein; er soll demjenigen gleichkommen, den die Verbindungen im Durchschnitt der jährlichen Schwankungen am Verwendungsort aufweisen werden. Bei Bauhölzern im Sinne von DIN 1052 soll der Feuchtigkeitsgehalt (von Sonderfällen der Anwendung abgesehen) (12 ± 3) % betragen.

3.2 Anordnung der Keilzinken

Bei Verbindungen der Beanspruchungsgruppe I müssen die Enden der Keilzinken mindestens 15 cm vom nächstliegenden Ast entfernt sein.

3.3 Herstellung der Keilzinken

Bei der Herstellung der Keilzinkenverbindung ist auf einwandfreies Passen zu achten. Das ist nur mit Spezialwerkzeugen (Fräsern oder Sägen) und Spezialmaschinen zu erreichen.

3.4 Verleimung der Keilzinken

Die gezinkten Stücke müssen, um Fehlpassungen infolge Zu- oder Abnahme des Feuchtigkeitsgehaltes des Holzes zu vermeiden, sobald wie möglich geleimt werden; im Regelfall sollen am gleichen Tag die Zinken bearbeitet und die gezinkten Stücke verleimt werden.

3.41 Art der Leime

Zum Verleimen der Keilzinken können alle Leime mit fugenfüllenden Eigenschaften verwendet werden. Bei der Auswahl der Leime sind die Klimabedingungen zu beachten, denen die Verbindungen später ausgesetzt sind.

3.42 Leimauftrag

Bei säurehärtenden Leimen darf nur im Untermischverfahren gearbeitet werden. Bei Verbindungen der Beanspruchungsgruppe I ist zweiseitiger Leimauftrag erforderlich.

3.43 Pressen

3.431 Längspressen

Bei den Keilzinkenverbindungen mit Profilen der Beanspruchungsgruppen I bis III reicht kurzfristiges Längspressen aus.

Wenn der Längspreßdruck nicht aufrechterhalten bleibt bis der Leim genügend abgebunden hat, muß er bei

Nadelholz mindestens 30 kp/cm² Holzquerschnitt
Laubholz mindestens 40 kp/cm² Holzquerschnitt

betragen.

3.432 Querpressen

Querpressen ist bei Keilzinkenverbindungen mit Profilen der Gruppe I erforderlich, bis der Leim an den Randzinken genügend abgebunden hat.

Erläuterungen

Dem unterschiedlichen Verwendungszweck entsprechend ist eine Einteilung der Profile in drei Beanspruchungsgruppen vorgesehen (Abschnitt 2). Bei Profilen der Gruppe I, die für hochbeanspruchte Holzbauteile vorgesehen sind, muß die Breite des Zinkengrundes an allen Zinken gleich groß sein (Form A) und der Schwächungsgrad möglichst klein gehalten werden. Bei weniger hoch beanspruchten Zinkenverbindungen (Gruppen II, III), kann hingegen die Breite des Zinkengrundes der beiden außenliegenden Zinken größer gewählt werden (Form B), so daß bei hinreichendem Längspreßdruck beim Verleimen ein zusätzlicher Querpreßdruck nicht unbedingt erforderlich ist.

Um Zinkenprofile, die bereits im Gebrauch sind, im Hinblick auf ihre Zugehörigkeit zur Beanspruchungsgruppe I beurteilen zu können, ist nachstehend ein Verfahren zur Berechnung bzw. Nachprüfung dieser Profile angegeben. Erfüllen die Profile die angegebenen Bedingungen, so können sie nach wie vor verwendet werden, auch wenn sie den in Blatt 1, Abschnitt 2, angegebenen Maßen nicht genau entsprechen.

Die Gleichgewichtsbedingung zwischen den in der Keilzinkenverbindung wirkenden Scher- und Zugkräften lautet:

$$\tau_{zul} \cdot F_\tau = \sigma_{z\,zul} \cdot F_\sigma$$

Je Längeneinheit in Richtung der Zinkenhöhe ist:

$$F_\tau = 2\,(l - s) = 2l\,(1 - e)$$

$$\text{und } F_\sigma = t - b = t\,(1 - v)$$

In den angegebenen Formeln bedeutet:

s = Zinkenspiel bei der verleimten Zinkenverbindung zwischen Zinkenspitze und Zinkengrund der Gegenzinken

$e = \frac{s}{l}$ = relatives Zinkenspiel

$v = \frac{b}{t}$ = Verschwächungsgrad

Da die Neigung der Zinkenflanken im allgemeinen kleiner oder gleich 1:10 ist, kann mit hinreichender Genauigkeit die Zinkenlänge mit der Länge der Zinkenflanken gleichgesetzt werden. Mit den angegebenen Formeln ergibt sich die günstigste Zinkenlänge (l) zu

$$l = t\,\frac{(1 - v)\,\sigma_{z\,zul}}{(1 - e)\,2\tau_{zul}}$$

Für Nadelholz der Güteklasse II nach DIN 4074 ist in DIN 1052 festgelegt:

$$\sigma_{z\,zul} = 85 \text{ kp/cm}^2$$

$$\tau_{zul} = 9 \text{ kp/cm}^2$$

Das relative Zinkenspiel (e) kann im Mittel mit höchstens 5% angesetzt werden. Bei Zinkenverbindungen für Beanspruchungsgruppe I muß ein kleines Zinkenspiel verbleiben, damit volle Tragfähigkeit an den Zinkenflanken gewährleistet ist.

Bei Zinkenverbindungen für die Beanspruchungsgruppen II und III ist darauf zu achten, daß das Zinkenspiel möglichst = 0 wird, um glatte, einwandfreie Sichtflächen zu bekommen.

Mit $e = 0{,}05$ ergibt sich für die Zinkenlänge (l):

$$l = 5\,(1 - v) \cdot t$$

Im nachstehenden Diagramm ist der Zusammenhang zwischen Zinkenlänge (l), Zinkenteilung (t), Breite des Zinkengrundes (b) und Verschwächungsgrad (v) nach der obigen Formel graphisch wiedergegeben. Es sind in Beanspruchungsgruppe I nur Profile zulässig, die dadurch gekennzeichnet sind, daß sich die Schnittpunkte zwischen den zugehörigen Kurven der Zinkenlänge (l), Zinkenteilung (t) und Breite des Zinkengrundes (b) oberhalb der mit Schraffur versehenen Linie bei $v = 0{,}2$ befinden. Die Profile nach DIN 68 140, Beanspruchungsgruppe I, sind durch Kreise im Diagramm hervorgehoben.

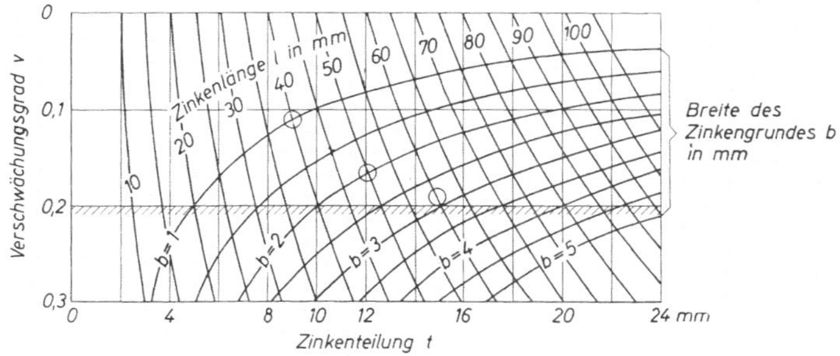

DK 624.011.1 : 694.011.1 : 674 Oktober 1969

Holzbauwerke

Berechnung und Ausführung

DIN 1052 Blatt 1

Timber structures, design and construction

Mit DIN 1052 Blatt 2 Ersatz für DIN 1052

Als Lasten (Lastfälle, Lastannahmen) werden in dieser Norm von außen wirkende Kräfte, unter Belastungen Kraftgrößen verstanden.

Inhalt

Fortsetzung Seite 2 bis 26

Fachnormenausschuß Bauwesen im Deutschen Normenausschuß (DNA)
Arbeitsgruppe Einheitliche Technische Baubestimmungen (ETB)

1. Geltungsbereich

1.1. Geltungsbereich der Norm

Diese Norm gilt für sämtliche tragende Bauteile aus Holz und Furnierplatten, soweit in Abschnitt 1.2 und 1.3 nichts anderes bestimmt ist; sie gilt auch für fliegende Bauten (siehe DIN 4112), Bau- und Lehrgerüste, Absteifungen und Schalungsunterstützungen (siehe DIN 4420).

1.2. Hinweis auf weitere Normen und Vorschriften

1.2.1. Neben dieser Norm gelten auch folgende Normen:

DIN 96	Halbrundholzschrauben mit Längsschlitz
DIN 97	Senkholzschrauben mit Längsschlitz
DIN 104 Blatt 1	Holzbalkendecken, Balken auf zwei Stützen; Berechnung
DIN 104 Blatt 2	Holzbalkendecken, Durchlaufbalken auf drei Stützen
DIN 436	Vierkantscheiben für Holzverbindungen
DIN 440	(Rohe) Scheiben für Holzverbindungen
DIN 570	Vierkant-Holzschrauben
DIN 571	Sechskant-Holzschrauben
DIN 1050	Stahl im Hochbau; Berechnung und bauliche Durchbildung
DIN 1052 Blatt 2	Holzbauwerke; Bestimmungen für Dübelverbindungen besonderer Bauart
DIN 1055 Blatt 1 bis Blatt 6	Lastannahmen für Bauten
DIN 1080	Zeichen für statische Berechnungen im Bauingenieurwesen
DIN 1151	Drahtnägel; rund; Flachkopf, Senkkopf
DIN 4074 Blatt 1	Bauholz für Holzbauteile; Gütebedingungen für Bauschnittholz (Nadelholz)
DIN 4074 Blatt 2	Bauholz für Holzbauteile; Gütebedingungen für Baurundholz (Nadelholz)
DIN 4110 Blatt 8	Prüfung für die Zulassung von Baustoffen, Bauteilen und Bauarten im Bauwesen; Bestimmungen für die Prüfung von mechanischen Verbindungsmitteln für tragende Bauteile aus Holz und Holzwerkstoffen (z. Z. noch Entwurf)
DIN 4112	Fliegende Bauten; Richtlinien für Bemessung und Ausführung
DIN 4115	Stahlleichtbau und Stahlrohrbau im Hochbau; Richtlinien für die Zulassung, Ausführung, Bemessung
DIN 4420	Gerüstordnung
DIN 7961	Bauklammern
DIN 17 100	Allgemeine Baustähle; Gütevorschriften
DIN 52 183	Prüfung von Holz; Bestimmung des Feuchtigkeitsgehaltes
DIN 68 140	Holzverbindungen; Keilzinkenverbindungen als Längsverbindung
DIN 68 141	Prüfung von Leimen und Leimverbindungen für tragende Holzbauteile (z. Z. noch Entwurf)
DIN 68 705 Blatt 1	Sperrholz; Begriffe, allgemeine Anforderungen, Prüfung
DIN 68 705 Blatt 3	–; Bau-Furnierplatten, Gütebedingungen
DIN 68 800	Holzschutz im Hochbau

1.2.2. Für Berechnung und Ausführung von Holzhäusern in Tafelbauart gelten außerdem besondere Richtlinien.[1])

Für Dachschalungen aus Holzspanplatten oder Bau-Furnierplatten gelten die „Vorläufigen Richtlinien für Bemessung und Ausführung — Fassung Mai 1967"[2]).

1.2.3. Für hölzerne Brücken und Stege unter Straßen, Fußwegen, Eisenbahnen, Straßen- und Kleinbahnen, Industrie- und Feldbahnen gilt außerdem DIN 1074.

1.2.4. Für Holzmaste in Starkstrom-Freileitungen gelten VDE 0210, Vorschriften für den Bau von Starkstrom-Freileitungen, die „Richtlinien für Kreuzungen von Starkstrom-Leitungen eines Unternehmens der öffentlichen Elektrizitätsversorgung (EVU) mit DB-Gelände oder DB-Starkstrom-Leitungen (Stromkreuzungs-Richtlinien)", die Postkreuzungs-Vorschriften für fremde Starkstromanlagen (PKV) sowie die „Wasserstraßen-Kreuzungsvorschriften für fremde Starkstromanlagen (WKV)" und die „Richtlinien über Kreuzung der Reichsautobahnen mit Elektrizitätsversorgungsanlagen". Außerdem gelten die Normen DIN 48 350, DIN 48 351 Blatt 1 und Blatt 2 und DIN 48 351 Beiblatt 1.

1.3. Abweichungen von der Norm

Von dieser Norm abweichende Berechnungs- und Ausführungsarten sind von der Anwendung nicht ausgeschlossen, wenn aufgrund durchgeführter Versuche und Prüfungen eine Genehmigung durch die zuständige oberste Bauaufsichtsbehörde vorliegt (z. B. Dreieckstrebenträger, Wellstegträger, Kämpfstegträger, Fachwerkträger mit geleimten Knotenplatten u. a.).

2. Standsicherheitsnachweis und Zeichnungen

2.1. Zeichen

Für die statischen Berechnungen und die Zeichnungen gelten die Zeichen nach DIN 1080.

2.2. Statische Berechnung

2.2.1. Die statische Berechnung soll übersichtlich und leicht prüfbar angeben:

a) die zugrunde gelegten Lasten nach DIN 1055
b) etwaige Schwingbeiwerte (Stoßzahlen)
c) die vorgesehenen Baustoffe, bei Holz nach DIN 4074
d) die Eigengewichte aller wesentlichen Teile
e) die Querschnittsformen und Querschnittswerte aller tragenden Bauteile
f) die zulässigen und die größten rechnerisch ermittelten Beanspruchungen der Bauteile, Verbindungen, Anschlüsse und Stöße
g) in wichtigen Fällen die Durchbiegung und die erforderliche Überhöhung
h) den Nachweis der Standsicherheit des Gesamtbauwerkes
i) für außergewöhnliche Formeln die Quelle, wenn diese allgemein zugänglich ist. Sonst sind die Ableitungen soweit zu entwickeln, daß ihre Richtigkeit geprüft werden kann.

Jede Berechnung muß ein in sich geschlossenes Ganzes bilden. Aus anderen Berechnungen dürfen ohne Herleitung nur dann Werte übernommen werden, wenn die neue Berechnung eine schon vorhandene ergänzt.

2.2.2. Der Einfluß von Temperaturänderungen kann bei Holz und Holzwerkstoffen in reinen Holzkonstruktionen vernachlässigt werden.

2.2.3. Für Bauteile, die aus Erfahrung beurteilt oder deren Maße aus anderen Vorschriften entnommen werden können, ist kein Standsicherheitsnachweis erforderlich.

2.3. Zeichnungen

2.3.1. Der statischen Berechnung sind in der Regel zeichnerische Unterlagen beizufügen, aus denen die Maße und

[1]) abgedruckt in „Bauen mit Holz", Heft 10/11, 1963, Bruder-Verlag, Karlsruhe

[2]) abgedruckt in den Bekanntmachungen des Bayer. Staatsministeriums des Innern vom 7. 6. 1967 Nr. IV B 5 — 9141 — 10

Querschnittsabmessungen der tragenden Bauteile, ferner die Ausbildung der Anschlüsse, Stöße und Verbände, die Anordnung der Verbindungsmittel, die erforderlichen Überhöhungen und sonstige wichtige Einzelheiten hervorgehen.

2.3.2. Die Anordnung von Verbindungsmitteln in verschiedenen Ebenen, bei Nägeln ihre Kopfseite, muß aus den Zeichnungen ersichtlich sein. Die aus Holz der Güteklasse I oder III sowie aus Holzwerkstoffen oder anderen Baustoffen auszuführenden Teile sind kenntlich zu machen. Holz der Güteklasse II bedarf keiner Kennzeichnung.

3. Materialkennwerte

3.1. Elastizitäts- und Schubmoduln

3.1.1. Bei der Berechnung elastischer Formänderungen sind für den Elastizitäts- und Schubmodul bei Bauholz die in Tabelle 1 angegebenen Werte zugrunde zu legen.

Tabelle 1. **Elastizitäts- und Schubmoduln für Bauholz (trocken nach DIN 4074)**

Holzart	Elastizitätsmodul E		Schubmodul
	parallel der Faserrichtung	rechtwinklig zur Faserrichtung	
	$E\parallel$ kp/cm²	$E\perp$ kp/cm²	G kp/cm²
Nadelhölzer (europäische)	100 000	3 000	5 000
Eiche und Buche	125 000	6 000	10 000
Brettschichtholz (aus europäischen Nadelhölzern) gemäß Abschnitt 11.5.5	110 000	3 000	5 000

Anmerkung: Die Werte für andere Holzarten und die Elastizitätsmoduln bei Winkeln zwischen 0 und 90° zur Faserrichtung sind gegebenenfalls gesondert nachzuweisen.

3.1.2. Bei Furnierplatten nach DIN 68 705 Blatt 3, sind die Elastizitätsmoduln parallel der Faserrichtung der Deckfurniere mit $E\parallel = 70\,000$ kp/cm² und rechtwinklig dazu mit $E\perp = 30\,000$ kp/cm² anzunehmen, wenn nicht durch amtliche Prüfzeugnisse höhere Werte nachgewiesen werden. Für den Schubmodul kann mit $G = 5\,000$ kp/cm² gerechnet werden. Diese Werte gelten für die Gesamtplattendicke.

3.1.3. Bei Vollholz oder Furnierplatten in Bauteilen, die der Witterung allseitig ausgesetzt sind oder bei denen mit einer dauernden Durchfeuchtung zu rechnen ist, sind die E- und G-Werte auf $^5/_6$ zu ermäßigen.

3.2. Feuchtigkeitsgehalt und Schwindmaße

3.2.1. Als Normalwert des Feuchtigkeitsgehaltes gilt der von der mittleren relativen Luftfeuchte abhängige und nach einer gewissen Zeitdauer sich einstellende Feuchtigkeitsgehalt des Holzes im fertigen Bauwerk. Für die Holzfeuchtigkeit in %, bezogen auf das Darrgewicht des Holzes, gelten folgende Normalwerte:

bei allseitig geschlossenen Bauwerken
mit Heizung (9 ± 3) %
ohne Heizung (12 ± 3) %
bei überdeckten, offenen Bauwerken (15 ± 3) %

Bei Konstruktionen, die der Witterung allseitig ausgesetzt sind, muß in der Regel mit 18 % und mehr gerechnet werden.

3.2.2. Ist der Feuchtigkeitsgehalt des Holzes bei der Errichtung **nicht** geleimter Bauteile höher als die in Abschnitt 3.2.1 genannten Normalwerte, so darf dieses Holz nur für solche Bauwerke verwendet werden, bei denen es nachtrocknen kann und die gegenüber den hierbei auftretenden Schwindverformungen nicht empfindlich sind. Für zu leimende Bauteile siehe Abschnitt 11.5.3.

3.2.3. Als mittlere Schwind- oder Quellmaße sind für eine Änderung der Holzfeuchtigkeit um 1 % des Darrgewichtes, unterhalb 30 % Holzfeuchtigkeit, die in Tabelle 2 angegebenen Werte zu berücksichtigen.

Tabelle 2. **Mittlere Schwind- oder Quellmaße**

Holzart	Schwind- oder Quellmaß	
	tangential zum Jahrring α_t %	radial zum Jahrring α_r %
Nadelhölzer (europäische)	0,24	0,12
Eiche und Buche	0,40	0,20

3.2.4. Schwinden oder Quellen in Faserrichtung braucht nur in Sonderfällen berücksichtigt zu werden (Schwind- und Quellmaß α_l im Durchschnitt 0,01 %).

3.2.5. Bei Verarbeitung zu trockenen Holzes (Feuchtigkeitsgehalt wesentlich kleiner als die untere Grenze des zugehörigen Normalwertes) müssen gegebenenfalls Quellmaße nach Tabelle 2 berücksichtigt werden.

3.2.6. Bei behinderter Quellung oder Schwindung dürfen die Werte in Tabelle 2 mit dem halben Betrag berücksichtigt werden.

4. Allgemeine Bemessungsregeln

4.1. Lastannahmen

Die Lastannahmen für die Festigkeits- und Standsicherheitsnachweise richten sich nach den entsprechenden bauaufsichtlich eingeführten Normen. Fehlen ausreichende Angaben, sind sie im Einvernehmen mit der zuständigen obersten Bauaufsichtsbehörde festzulegen.

4.1.1. Einteilung der Lasten

Die auf ein Tragwerk wirkenden Lasten werden eingeteilt in Hauptlasten und Zusatzlasten.

Hauptlasten sind:

ständige Lasten,

Verkehrslasten (einschließlich Schnee-, aber ohne Windlasten),

freie Massenkräfte von Maschinen.

Zusatzlasten sind:

Windlasten,

Bremskräfte,

waagerechte Seitenkräfte (z. B. von Kranen).

4.1.2. Lastfälle

Für die Berechnung und den Festigkeitsnachweis werden folgende Lastfälle unterschieden:

Lastfall H Summe der Hauptlasten

Lastfall HZ Summe der Haupt- und Zusatzlasten.

Wird ein Bauteil, abgesehen von seinem Eigengewicht, nur durch Zusatzlasten beansprucht, so gilt die größte davon als Hauptlast.

4.1.3. Maßgebender Lastfall

Für die Bemessung und den Nachweis der Spannungen und der Verbindungsmittel ist jeweils der Lastfall maßgebend, der die größten Querschnitte und die meisten Verbindungsmittel ergibt.

4.2. Mindestquerschnitte

4.2.1. Tragende einteilige Einzelquerschnitte von Vollholzbauteilen müssen eine Mindestdicke von 4 cm und mindestens 40 cm² Querschnittsfläche haben (mit Ausnahme von Dachlatten), soweit nicht wegen der Verbindungsmittel größere Mindestabmessungen erforderlich sind.

4.2.2. Bei genagelten, geschraubten und geleimten Bauteilen muß der Einzelquerschnitt mindestens 2,4 cm dick sein und mindestens 14 cm² Querschnittsfläche besitzen.

Für Brettschichtholz vgl. jedoch Abschnitt 11.5.5.

4.2.3. Tragende Furnierplatten müssen mindestens 10 mm dick sein und aus mindestens 5 Furnierlagen bestehen.

4.3. Querschnittsschwächungen

4.3.1. Baumkanten, die nicht größer sind als in DIN 4074 festgelegt, brauchen nicht berücksichtigt zu werden.

4.3.2. In Zugstäben und in der Zugzone von auf Biegung beanspruchten Bauteilen sind beim Spannungsnachweis alle Querschnittsschwächungen (Bohrungen, Einschnitte und dgl.) zu berücksichtigen. In Faserrichtung des Holzes hintereinander liegende Schwächungen brauchen nur einmal in Rechnung gestellt zu werden. Versetzt zur Faserrichtung angeordnete Querschnittsschwächungen sind ebenfalls nur einmal abzuziehen, wenn ihr Lichtabstand in Faserrichtung mehr als 15 cm beträgt. Bei Keilzinkungen nach DIN 68 140 braucht die Schwächung durch den Zinkengrund nur einmal berücksichtigt zu werden. Bei Bolzen ist der Durchmesser des Bohrloches ($d_b + 1$) in mm maßgebend. Bei Dübeln sind außerdem entsprechende Fehlflächen abzuziehen (siehe Bild 1). Für Dübelverbindungen besonderer Bauart sind die Fehlflächen aus DIN 1052 Blatt 2, Tabelle 1 zu entnehmen.

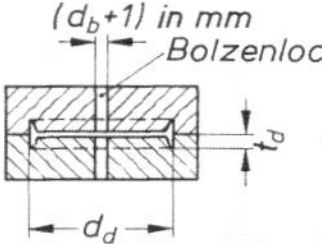

Bild 1. Querschnittsschwächung bei Ringdübelverbindungen

4.3.3. Bei Nagelverbindungen sind bei Nägeln ≧ 4,2 mm Durchmesser, bei vorgebohrten Nagellöchern bei sämtlichen Durchmessern, die im gleichen Querschnitt liegenden Lochflächen abzuziehen. Siehe auch Abschnitt 9.1.9.

4.3.4. Bei Druckstäben und in der Druckzone von auf Biegung beanspruchten Bauteilen brauchen Querschnittsschwächungen für den reinen Spannungsnachweis nur dann berücksichtigt zu werden, wenn die geschwächte Stelle nicht satt ausgefüllt ist oder der ausfüllende Baustoff einen geringeren Elastizitätsmodul als der geschwächte Baustoff aufweist (z. B. wenn die Faserrichtung von Holzeinlagen rechtwinklig zu der des Druckstabes verläuft).

4.3.5. Wenn durch Querschnittsschwächungen wesentliche ausmittige Kraftwirkungen entstehen, sind sie statisch besonders in Rechnung zu stellen.

4.4. Wechselstäbe

4.4.1. Die Querschnitte von Wechselstäben, deren wechselnde Beanspruchung nicht allein aus Wind- und Schneelasten herrührt, sind für

$$\max N' = \left(1 + 0{,}3\,\frac{\min N}{\max N}\right) \cdot \max N \qquad (1\,a)$$

und

$$\min N' = \left(1 + 0{,}3\,\frac{\min N}{\max N}\right) \cdot \min N \qquad (1\,b)$$

zu bemessen, wobei für $\min N$ bzw. $\max N$ jeweils die absoluten Beträge der kleinsten bzw. größten Kraft einzusetzen sind. Wenn die wechselnde Beanspruchung nur aus Wind- und Schneelasten herrührt, darf bei der Bemessung auf eine Erhöhung der errechneten Stabkräfte verzichtet werden.

4.4.2. Stoßdeckungen und Anschlüsse von Wechselstäben sind sinngemäß zu bemessen.

4.5. Ausmittige Anschlüsse

Spannungen, die durch ausmittige Anschlüsse entstehen, sind besonders zu berücksichtigen.

Bei Fachwerkstäben, die möglichst mittig anzuschließen sind, müssen die zusätzlichen Spannungen infolge der Ausmittigkeit nachgewiesen werden. Wenn sich bei Nagelverbindungen die Schwerlinien der an einem Knotenpunkt anzuschließenden Füllstäbe noch innerhalb der Ansichtsfläche des durchgehenden Gurtes schneiden ($e < h_g/2$; siehe Bild 2), ist dieser zusätzliche Nachweis in der Regel nicht erforderlich.

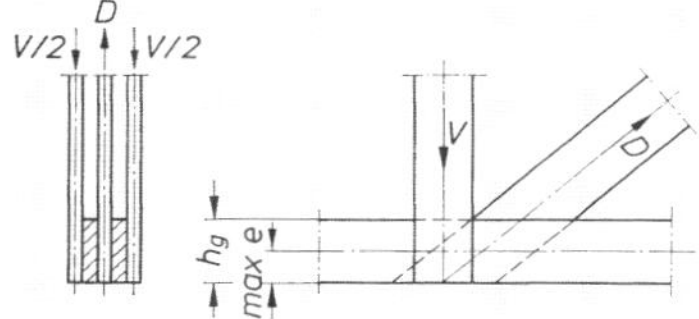

Bild 2. Ausmittiger Stabanschluß mit $e = h_g/2$

5. Bemessungsregeln für biegebeanspruchte Bauglieder

5.1. Stützweiten

5.1.1. Als Stützweite l ist der Abstand der Auflagermitten in Rechnung zu stellen. Bei Lagerung unmittelbar auf Mauerwerk oder Beton ist als Stützweite die um mindestens 1/20 vergrößerte lichte Weite anzunehmen.

5.1.2. Durchlaufende Bretter oder Bohlen sind in der Regel als frei drehbar gelagerte Träger auf zwei Stützen zu berechnen. Dabei gilt als Stützweite der lichte Abstand der Unterstützungen zuzüglich 10 cm, höchstens aber der Achsabstand der Unterstützungen.

5.1.3. Für Pfetten und Balken mit Kopfbändern oder Sattelhölzern gilt Abschnitt 5.7.

5.2. Auflagerkräfte

Die Auflagerkräfte von Durchlaufträgern (auch Pfetten) dürfen im allgemeinen wie für Einzelträger auf zwei Stützen berechnet werden. Ausgenommen davon sind Träger auf drei Stützen und solche Träger, bei denen das Verhältnis der Spannweiten zweier benachbarter Felder kleiner als 2/3 bzw. größer als 1,5 ist.

5.3. Rand- und Schwerpunktspannungen

5.3.1. Bei zusammengesetzten Biegeträgern dürfen die Biegerandspannungen in den Einzelteilen die zulässigen Werte für Biegung nach Tabelle 6, Zeile 1, nicht überschreiten, die Schwerpunktspannung in den gezogenen Gurtteilen darf aber nicht über die Werte in Zeile 2 hinausgehen.

5.3.2. Bei parallelgurtigen Fachwerkträgern darf die Gurthöhe bei nachgiebigen Anschlüssen höchstens 1/7 der Trägerhöhe betragen, wenn von einer genaueren Spannungsberechnung abgesehen wird.

DIN 1052 Blatt 1 Seite 5

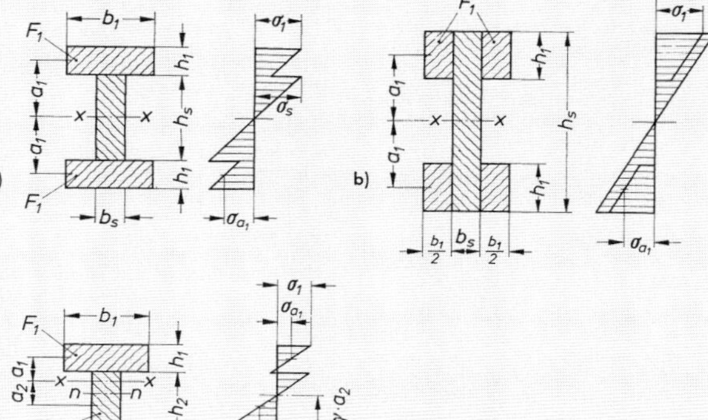

Bild 3. Spannungsverteilung bei verschiedenen Querschnittstypen nachgiebig verbundener Biegeträger

5.4. Verdübelte Balken und genagelte Träger mit durchgehenden Stegen

5.4.1. Die Spannungen verdübelter Balken und genagelter Träger mit durchgehenden Stegen müssen wegen der Nachgiebigkeit der Verbindungsmittel nach den Formeln

$$\sigma_s = \pm \frac{M}{I_w}\cdot\frac{h_s}{2}\cdot\frac{I_s}{I_{sn}} \quad (2)$$

$$\sigma_1 = \pm \frac{M}{I_w}\left(\gamma\cdot a_1\cdot\frac{F_1}{F_{1n}} \pm \frac{h_1}{2}\cdot\frac{I_1}{I_{1n}}\right) \quad (3)$$

$$\sigma_{a_1} = + \frac{M}{I_w}\cdot\gamma\cdot a_1\cdot\frac{F_1}{F_{1n}} \quad (4)$$

berechnet werden.

Hierin bedeuten (siehe Bild 3a und b sowie Tabelle 3, Querschnittstyp 1 bis 3):

- M Biegemoment in kp/cm
- σ_s Randspannungen in kp/cm² in den von der maßgebenden Schwerachse geschnittenen Querschnittsteilen (Stege)
- σ_1 Randspannungen in kp/cm² in den angeschlossenen Gurtteilen
- σ_{a_1} Schwerpunktspannungen in kp/cm² in den gezogenen Gurtteilen
- h_s Höhe in cm der von der maßgebenden Schwerachse geschnittenen Querschnittsteile (Steghöhe)
- a_1 Abstand in cm der ungeschwächten Gurtquerschnittsflächen von der maßgebenden Schwerachse
- h_1 Gurtdicke bzw. Gurthöhe in cm
- γ Abminderungswert zur Berechnung von I_w nach Gl. (6)
- I_s I_{sn} Trägheitsmomente in cm⁴ der ungeschwächten bzw. geschwächten von der maßgebenden Schwerachse geschnittenen Querschnittsteile (Stege)
- I_1 I_{1n} Trägheitsmomente in cm⁴ der ungeschwächten bzw. geschwächten angeschlossenen Gurtteile, bezogen auf die der maßgebenden Schwerachse parallel laufenden Achsen
- I_w wirksames Trägheitsmoment in cm⁴ des ungeschwächten Querschnittes nach Gl. (5)
- F_1 F_{1n} Querschnittsflächen in cm² der ungeschwächten bzw. geschwächten angeschlossenen Gurtteile

Trägheitsmomente geschwächter Querschnittsteile dürfen auf die Schwerachsen der ungeschwächten Querschnittsteile bezogen werden.

Für den Querschnittstyp 4 (siehe Tabelle 3 und Bild 3c) ist $h_s = 0$ und $I_s = 0$. In diesem Fall sind für den Spannungsnachweis nur die Gl. (3 und 4) nacheinander für die einzelnen Querschnittsflächen anzuwenden.

Unter Beachtung von Abschnitt 5.3 dürfen die Randspannungen σ_s und σ_1 die zulässigen Werte für Biegung nach Tabelle 6, Zeile 1, und die Schwerpunktspannungen σ_{a_1} die zulässigen Werte für Zug nach Tabelle 6, Zeile 2, nicht überschreiten. Außerdem ist Abschnitt 9.4 zu beachten.

Das wirksame Trägheitsmoment I_w des ungeschwächten Querschnittes ist mit

$$I_w = \sum_{i=1}^{n} I_i + \gamma\cdot\sum_{i=1}^{n}\left(F_i\cdot a_i^2\right) \quad (5)$$

mit

$$\gamma = \frac{1}{1+k} \quad (6)$$

der Berechnung zugrunde zu legen.

Bei Querschnitten nach Typ 1 bis 3 (Tabelle 3), die zur maßgebenden Schwerachse symmetrisch sind, ist

$$k = \frac{\pi^2\cdot E\cdot F_1\cdot e'}{l^2\cdot C} \quad (7)$$

Tabelle 3. **Querschnittstypen und Verschiebungsmoduln C in kp/cm**

Für Biegung bzw. Knickung maßgebende Schwerachse	Verbindungsmittel	Typ 1	Typ 2	Typ 3	Typ 4
		F_1, x–x, y–y	F_1 (für Achse x–x), F_1 (für Achse y–y)	F_1 (für Achse x–x), F_1 (für Achse y–y)	F_1, F_2, x–x, y–y
$x-x$	Nagel, einschnittig	600	600	900	600
	Nagel, zweischnittig	1400	–	1800	–
$y-y$	Nagel, einschnittig	–	900	600	–
	Nagel, zweischnittig	–	1800	1400	–
$x-x$ und $y-y$	Dübel		15 000	für zul. Belastung [1])	bis 1600 kp
			22 500	für zul. Belastung [1])	über 1600 bis 3000 kp
			30 000	für zul. Belastung [1])	über 3000 kp

[1]) als zul. Belastung sind die Werte für den Lastfall H maßgebend

und bei Querschnitten nach Typ 4 (Tabelle 3) ist

$$k = \frac{\pi^2 \cdot E \cdot F_1 \cdot F_2 \cdot e'}{l^2 \cdot (F_1 + F_2) \cdot C} \qquad (8)$$

Es bedeuten:

- $\sum_{i=1}^{n} I_i$ Summe der Trägheitsmomente in cm⁴ sämtlicher Einzelquerschnitte, bezogen auf ihre der maßgebenden Schwerachse parallel laufenden Achsen
- F_i Querschnittsflächen der einzelnen Querschnittsteile in cm²
- e' mittlerer Abstand in cm der in eine Reihe geschobenen Verbindungsmittel (siehe Bild 4)
- E Elastizitätsmodul des Holzes in kp/cm²
- l maßgebende Stützweite in cm
- C Verschiebungsmodul des Verbindungsmittels in kp/cm nach Tabelle 3

Bei der Berechnung der k-Werte nach Gl. (7) bzw. (8) sind für den Elastizitätsmodul und den Verschiebungsmodul Ermäßigungen nach Abschnitt 3.1.3 nicht zu berücksichtigen. Für Holzschrauben nach DIN 96, DIN 97 sowie DIN 570 und DIN 571 können als Verschiebungsmoduln die Werte für Nägel nach Tabelle 3 angenommen werden.

5.4.2. Bei Durchlaufträgern muß bei der Ermittlung von k mit 4/5 der Stützweite l des betreffenden Feldes gerechnet werden, wobei für den Spannungsnachweis über den Zwischenstützen jeweils der kleinere Wert der beiden anschließenden Felder einzuführen ist.

Bei Kragträgern ist mit $l = 2 \cdot l_K$ zu rechnen; mit l_K als Kraglänge.

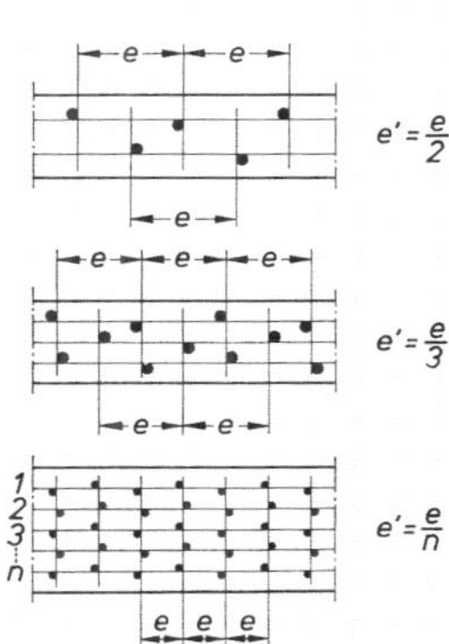

Bild 4. Maßgebender Abstand e' bei mehrreihiger Anordnung der Verbindungsmittel

5.4.3. Die Verbindungsmittel sind unter Berücksichtigung des wirksamen Trägheitsmomentes I_w nach Gl. (5) in der Regel für die größte Querkraft $\max Q$ zu berechnen. Der größte Schubfluß $\max t_w$ in einer Fuge berechnet sich zu

$$\max t_w = \frac{\max Q \cdot \gamma \cdot S_1}{I_w} \text{ in kp/cm} \qquad (9)$$

und der erforderliche Abstand e der Verbindungsmittel zu

$$\operatorname{erf} e = \frac{n \cdot \operatorname{zul} N}{\max t_w} \tag{10}$$

Die Verbindungsmittel werden in der Regel unabhängig vom Verlauf der Querkraftlinie gleichmäßig über die Trägerlänge angeordnet.

Die Schubspannungen in neutralen Fasern sind für $\max Q$ ebenfalls unter Berücksichtigung des wirksamen Trägheitsmomentes nachzuweisen. Bei Querschnitten nach Typ 1, 2 und 3 der Tabelle 3 mit der maßgebenden Schwerachse $x - x$ (z. B. Bild 3a und b) ergibt sich die größte Schubspannung in der Schwerachse $x - x$ des Gesamtquerschnittes zu

$$\max \tau = \frac{\max Q}{b_s \cdot I_w} \left(\gamma \cdot S_1 + S_s\right) \tag{11}$$

Ist bei Querschnitten nach Typ 2 und 3 (Tabelle 3) die Schwerachse $y - y$ maßgebend, so ist sinngemäß zu verfahren.

Bei zweiteiligen Querschnitten nach Typ 4 der Tabelle 3 mit der maßgebenden Schwerachse $x - x$ (z. B. Bild 3c) ergibt sich die größte Schubspannung in der neutralen Faser $n - n$ des Querschnittsteiles 2 $(b_2 \leqq b_1)$ zu

$$\max \tau = \frac{\max Q}{b_2 \cdot I_w} \cdot S_2 \tag{12}$$

In den Gl. (9 bis 12) bedeuten:

S_1 statisches Moment in cm³ des anzuschließenden Teiles, bezogen auf die Schwerachse des Gesamtquerschnittes $(S_1 = a_1 \cdot F_1)$

n Anzahl der Reihen nebeneinander liegender Verbindungsmittel

$\operatorname{zul} N$ zulässige Belastung in kp des verwendeten Verbindungsmittels

b_s Stegdicke in cm

S_s statisches Moment in cm³ des halben Stegteiles, bezogen auf die Schwerachse $x - x$ des Gesamtquerschnittes $(S_s = b_s \cdot h_s^2/8)$

S_2 statisches Moment in cm³ des unterhalb der neutralen Faser $n - n$ liegenden Bereiches des Querschnittsteiles 2 (vgl. Bild 3c), bezogen auf die neutrale Faser $n - n$

$$S_2 = \left(\frac{h_2}{2} + \gamma \cdot a_2\right)^2 \cdot \frac{b_2}{2}$$

b_2 h_2 Dicke bzw. Höhe in cm des Querschnittsteiles 2

a_2 Schwerpunktabstand in cm des Querschnittsteiles 2 von der Schwerachse $x - x$ des Gesamtquerschnittes

5.4.4. Für den Durchbiegungsnachweis nach Abschnitt 10 ist das wirksame Trägheitsmoment I_w nach Gl. (5) maßgebend.

5.5. Vollwandträger mit Bretterstegen

5.5.1. Bei verbretterten I-Trägern, Hohlträgern oder I-Hohlträgern mit vernagelten, gekreuzten Brettlagen ist der Steg bei der Bestimmung des wirksamen Trägheitsmomentes nicht zu berücksichtigen. Die Stegbretter und deren Anschlüsse an den Gurten müssen für die Aufnahme der Querkräfte bemessen werden. Der Spannungsnachweis in den Gurten ist unter Berücksichtigung der Nachgiebigkeit der Verbindungsmittel zu führen, wobei e' mit dem über die gesamte Trägerlänge gemittelten Abstand der Verbindungsmittel anzunehmen ist. Die Knicksicherheit der auf Druck beanspruchten Stegbretter muß ebenfalls nachgewiesen werden, soweit diese nicht mit den Zugbrettern ausreichend verbunden sind. Die Aufnahme der beim Hohlquerschnitt mit kreuzweiser Verbretterung aus den Brettkräften entstehenden Drillmomente ist nachzuweisen.

5.5.2. Wird der I-Träger mit kreuzweiser Verbretterung in zwei getrennten Hälften (einschnittig) hergestellt, so muß die Aufnahme der zwischen den beiden Trägerhälften auftretenden Kopplungskräfte nachgewiesen werden.

5.5.3. Für die Aufnahme von zusätzlichen Längskräften (z. B. bei Rahmen) dürfen verbretterte Stege von Vollwandträgern nicht in Rechnung gestellt werden.

5.5.4. Bestehen die Gurtungen aus mehreren Teilen (siehe Bild 5), so sind, falls kein genauerer Nachweis geführt wird, die Querschnitte der Einzelteile mit folgenden Beiwerten ζ in Rechnung zu stellen:

Teil 1: $\zeta = 1{,}0$

Teil 2: $\zeta = 0{,}8$

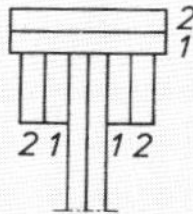

Bild 5. Zusammengesetzter Gurtquerschnitt eines genagelten Vollwandträgers

Mehr als zwei aufeinander liegende Einzelteile sind nicht zu verwenden; bei Gurtungen aus zusammengeleimten Einzelteilen (Brettschichtholz) ist die Anzahl der Einzelteile nicht beschränkt und eine Abminderung innerhalb der Gurtteile nicht vorzunehmen.

5.6. Vollwandträger mit Plattenstegen

Träger, deren Stege aus plattenförmigen Teilen (z. B. aus Furnierplatten oder Blechen) bestehen, müssen unter Berücksichtigung des verschiedenen Elastizitätsmoduls der Steg- und Gurtwerkstoffe berechnet werden. Das Einhalten der zulässigen Spannungen des Stegwerkstoffes ist zu berücksichtigen. Bei nachgiebigem Anschluß der Gurte an den Steg muß der Träger nach Abschnitt 5.4 berechnet werden.

5.7. Kopfbandbalken

5.7.1. Soweit Pfetten und Balken mit Kopfbändern in allen Feldern eine vorwiegend gleichmäßig verteilte Belastung oder gleiche, in kleineren Abständen stehende Einzellasten (Sparren) aufzunehmen haben und die Stützenabstände l (siehe Bild 6) nicht um mehr als 1/5 voneinander abweichen, darf die größte Feldweite $(l_1, l_2$ oder $l_3)$ in Rechnung gestellt werden. Für diese Feldweite ist der Bauteil als ein frei drehbar gelagerter Balken auf zwei Stützen zu berechnen. Bei Bauteilen mit feldweise auftretenden Verkehrslasten sowie bei ungleichen Stützenabständen l, die um mehr als 1/5 voneinander abweichen, ist eine genauere Berechnung durchzuführen, die sich auch auf die Stützen erstrecken muß, und die Ausführung entsprechend zu gestalten.

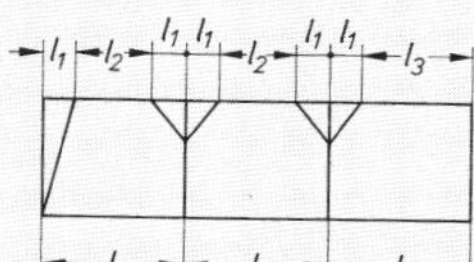

Bild 6. Feldweiten bei Kopfbandbalken

5.7.2. An den Stößen der Balken ist die Aufnahme der waagerechten Kräfte durch bauliche Vorkehrungen zu sichern.

5.7.3. Es muß nachgewiesen werden, daß das Kopfband und seine Anschlüsse für die auf sie entfallende Kraft ausreichen.

5.7.4. Bei Pfetten und Balken mit Sattelhölzern ohne Kopfbänder ist als Stützweite stets der Achsabstand der Unterstützungen in Rechnung zu stellen.

5.8. Stöße

Bei der Stoßdeckung von Teilen, die auf Biegung beansprucht werden, muß das Widerstandsmoment der den Stoß deckenden Teile mindestens gleich dem erforderlichen Widerstandsmoment an der Stoßstelle sein. Außerdem muß die einwandfreie Übertragung der Querkräfte gewährleistet sein. Bei Druckgurten von Vollwandträgern ist das erforderliche Trägheitsmoment durch die Stoßdeckungsteile zu ersetzen. Die Verbindungsmittel dürfen hierbei bei Anordnung von Paßstößen für die halbe Druckkraft bemessen werden.

6. Bemessungsregeln für Zugstäbe

6.1. Mittiger Zug

Bei auf Zug beanspruchten Bauteilen ist nachzuweisen, daß die unter Berücksichtigung der Querschnittsschwächungen nach Abschnitt 4.3 ermittelte Zugspannung die im Abschnitt 9 festgelegten zulässigen Spannungen nicht überschreitet.

6.2. Ausmittiger Zug (Zug und Biegung)

Für Zugstäbe, die planmäßig ausmittig oder zusätzlich quer zur Stabachse beansprucht werden, ist nachzuweisen, daß die größten im Stab auftretenden Spannungen den Wert zul σ nicht überschreiten (siehe Abschnitt 7.4, gewöhnliche Spannungsuntersuchung bei ausmittigem Druck).

6.3. Stöße und Anschlüsse

6.3.1. Beim Stoß von Zugstäben sind die Stoßdeckungsteile symmetrisch zur Stabachse anzuordnen. Einseitig beanspruchte Holzlaschen sind für die 1,5fache anteilige Zugkraft zu bemessen.

6.3.2. Bei Anschlüssen von Zugstäben gilt sinngemäß das in Abschnitt 6.3.1 festgelegte Berechnungsverfahren.

7. Bemessungsregeln für Druckstäbe

7.1. Knicklängen

7.1.1. Ist der Druckstab an den Enden durch abstützende Bauteile (wie Verbände, Scheiben oder dgl.) gegen seitliches Ausweichen gesichert, so ist gelenkige Führung beider Stabenden anzunehmen (zweiter Euler-Fall). Bei Abstützung von Zwischenpunkten gedrückter Bauglieder gegen festliegende andere Punkte darf als Knicklänge für das Ausknicken in der Richtung, in der die Abstützung wirksam ist, der Abstand der Abstützung in Rechnung gestellt werden. Sind diese Voraussetzungen nicht erfüllt, so sind entsprechend größere Knicklängen in Rechnung zu stellen. Für Vollwandkonstruktionen siehe auch Abschnitt 8.2.

7.1.2. Für das Knicken i n der Binderebene darf bei Füllstäben von Fachwerken mit $s_k = 0{,}8 \cdot s$ gerechnet werden; mit s als Länge der Netzlinie. Ist ein Füllstab jedoch nur mittels Versatz oder durch Dübel mit einem Bolzen oder nur durch Bolzen angeschlossen, so gilt für ihn $s_k = s$.

Für das Knicken a u s der Binderebene ist als Knicklänge bei Gurtstäben der Abstand der Queraussteifungen und bei Füllstäben stets die Länge der Netzlinie einzusetzen.

Hierzu siehe auch Abschnitt 8.5.

7.1.3. Die Knicklänge der Sparren von Kehlbalkenbindern darf für das Knicken i n der Systemebene näherungsweise, wenn kein genauerer Nachweis geführt wird, bei verschieblichem Kehlbalken zu $s_k = 0{,}8 \cdot s$ angenommen werden, wenn die Länge s_u des unteren Sparrenabschnittes kleiner als $0{,}7 \cdot s$ ist; mit s als gesamte Sparrenlänge. Anderenfalls ist mit $s_k = s$ zu rechnen. Bei unverschieblichem Kehlbalken darf die Knicklänge mit $s_k = s_u$ bzw. s_o angenommen werden. Dabei ist der Nachweis mit der jeweils größten Längskraft im unteren bzw. oberen Sparrenabschnitt zu führen.

Für das Knicken a u s der Systemebene ist der Abstand der Queraussteifungen maßgebend.

Hierzu siehe auch Abschnitt 8.5.

7.1.4. Bei Stützen von Rahmen mit Fachwerkriegeln nach Bild 7 ist näherungsweise, wenn kein genauerer Nachweis geführt wird, für Knicken i n der Rahmenebene die Knicklänge mit

$$s_k = 2 \cdot h_u + 0{,}7 \cdot h_o \tag{13}$$

einzusetzen. Dabei ist der Nachweis so zu führen, als ob die größere der beiden Stabkräfte N_o und N_u über die gesamte Länge $h = h_o + h_u$ auftreten würde.

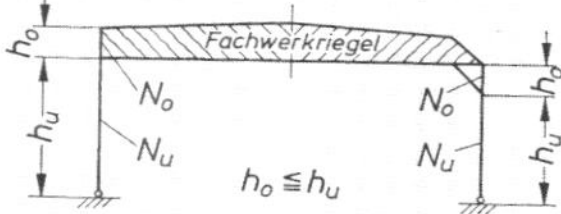

Bild 7. Zweigelenkrahmen mit Fachwerkriegel

7.1.5. Für Drei- und Zweigelenkbogen nach Bild 8 mit einem Pfeilverhältnis f/l zwischen 0,15 und 0,5 und wenig veränderlichem Querschnitt kann, wenn kein genauerer Nachweis geführt wird, für das Ausknicken i n der Bogenebene die Knicklänge mit

$$s_k = 1{,}25 \cdot s \tag{14}$$

eingesetzt werden; mit s als halbe Bogenlänge. Hierbei ist für den Knicknachweis die Längskraft im Viertelspunkt anzunehmen. Der Berechnung der Biegespannung ist der an der Stelle des Maximalmomentes vorhandene Querschnitt zugrunde zu legen.

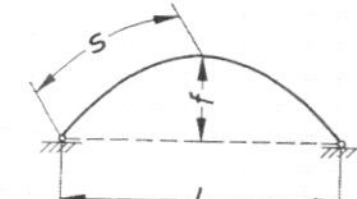

Bild 8. Bogensystem

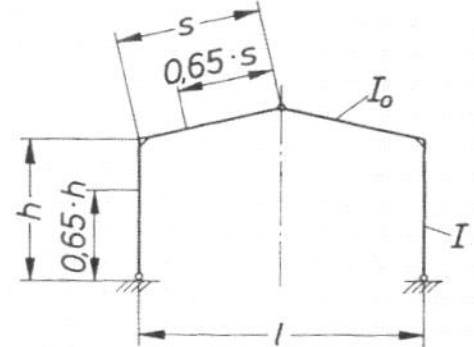

Bild 9. Rahmensystem

7.1.6. Bei symmetrischen Zwei- und Dreigelenkrahmen nach Bild 9 kann für das Knicken i n der Binderebene, wenn kein genauerer Nachweis geführt wird, die Knicklänge mit

$$s_k = h \cdot \sqrt{4 + 1{,}6\,c} \tag{15}$$

Tabelle 4. **Knickzahlen** ω

λ	0	1	2	3	4	5	6	7	8	9
0	1,00	1,00	1,01	1,01	1,02	1,02	1,02	1,03	1,03	1,04
10	1,04	1,04	1,05	1,05	1,06	1,06	1,06	1,07	1,07	1,08
20	1,08	1,09	1,09	1,10	1,11	1,11	1,12	1,13	1,13	1,14
30	1,15	1,16	1,17	1,18	1,19	1,20	1,21	1,22	1,24	1,25
40	1,26	1,27	1,29	1,30	1,32	1,33	1,35	1,36	1,38	1,40
50	1,42	1,44	1,46	1,48	1,50	1,52	1,54	1,56	1,58	1,60
60	1,62	1,64	1,67	1,69	1,72	1,74	1,77	1,80	1,82	1,85
70	1,88	1,91	1,94	1,97	2,00	2,03	2,06	2,10	2,13	2,16
80	2,20	2,23	2,27	2,31	2,35	2,38	2,42	2,46	2,50	2,54
90	2,58	2,62	2,66	2,70	2,74	2,78	2,82	2,87	2,91	2,95
100	3,00	3,06	3,12	3,18	3,24	3,31	3,37	3,44	3,50	3,57
110	3,63	3,70	3,76	3,83	3,90	3,97	4,04	4,11	4,18	4,25
120	4,32	4,39	4,46	4,54	4,61	4,68	4,76	4,84	4,92	4,99
130	5,07	5,15	5,23	5,31	5,39	5,47	5,55	5,63	5,71	5,80
140	5,88	5,96	6,05	6,13	6,22	6,31	6,39	6,48	6,57	6,66
150	6,75	6,84	6,93	7,02	7,11	7,21	7,30	7,39	7,49	7,58
160	7,68	7,78	7,87	7,97	8,07	8,17	8,27	8,37	8,47	8,57
170	8,67	8,77	8,88	8,98	9,08	9,19	9,29	9,40	9,51	9,61
180	9,72	9,83	9,94	10,05	10,16	10,27	10,38	10,49	10,60	10,72
190	10,83	10,94	11,06	11,17	11,29	11,41	11,52	11,64	11,76	11,88
200	12,00	12,12	12,24	12,36	12,48	12,61	12,73	12,85	12,98	13,10
210	13,23	13,36	13,48	13,61	13,74	13,87	14,00	14,13	14,26	14,39
220	14,52	14,65	14,79	14,92	15,05	15,19	15,32	15,46	15,60	15,73
230	15,87	16,01	16,15	16,29	16,43	16,57	16,71	16,85	16,99	17,14
240	17,28	17,42	17,57	17,71	17,86	18,01	18,15	18,30	18,45	18,60
250	18,75	—	—	—	—	—	—	—	—	—

angenommen werden. Dabei ist

$$c = \frac{I \cdot 2\,s}{I_o \cdot h} \qquad (16)$$

Hierin bedeuten:

I Trägheitsmoment des Stieles in cm⁴

I_o Trägheitsmoment des Riegels in cm⁴

h Stielhöhe in cm

s Riegellänge in cm

Sind die Trägheitsmomente veränderlich, so kann mit den in $0{,}65 \cdot h$ bzw. $0{,}65 \cdot s$ vorhandenen Trägheitsmomenten gerechnet werden, aus denen auch der Trägheitshalbmesser i mit der dort vorhandenen Querschnittsfläche zu ermitteln ist.

Beim Knicknachweis nach Gl. (26) sind jeweils die im betrachteten Rahmenteil auftretenden Werte $\max N$ und $\max M$ einzusetzen. Die Knickzahl ω ist der Tabelle 4 für $\lambda = s_k/i$ zu entnehmen, wobei für s_k und i die nach dem Vorstehenden zu ermittelnden Werte einzusetzen sind.

7.1.7. Für das Knicken von Fachwerkrahmen und Vollwandkonstruktionen mit I-Querschnitt a u s der Rahmenebene ist für die gedrückten Gurte der Stiele als Knicklänge der Abstand zwischen dem Fußpunkt und der Unterkante der Dachhaut anzunehmen, wenn der innere Rahmeneckpunkt seitlich nicht gehalten ist. Dabei ist zusätzlich eine Seitenkraft von 1/100 der größten, im inneren Rahmeneckpunkt einlaufenden Stab- bzw. Gurtkraft an dieser Stelle zu berücksichtigen.

Für gedrückte Gurte der Riegel von Fachwerkrahmen gilt sinngemäß Abschnitt 7.1.2.

Bei Riegeln von Vollwandkonstruktionen mit I-Querschnitt oder hohem Rechteckquerschnitt muß eine ausreichende Knicksicherheit der gedrückten Gurtteile nach Abschnitt 8.2 nachgewiesen werden.

7.2. Schlankheitsgrad

Einteilige Druckstäbe mit einem größeren Schlankheitsgrad als $\lambda = 150$ sind unzulässig. Bei zusammengesetzten nicht geleimten Druckstäben darf der wirksame Schlankheitsgrad λ_w bis zu 175 ansteigen. Bei Verbandstäben sowie bei Zugstäben, die nur aus Zusatzlasten geringfügige Druckkräfte erhalten, dürfen Schlankheitsgrade bis 200 zugelassen werden. Bei fliegenden Bauten (siehe DIN 4112) sind zum Teil größere Schlankheitsgrade zulässig.

7.3. Mittiger Druck

7.3.1. Als gerade, mittig gedrückte Stäbe gelten nur die, die nach dem Bauentwurf planmäßig als solche angegeben sind. Für derartige Stäbe ist der Knicknachweis nach den folgenden Abschnitten und, soweit Querschnittsschwächungen nach Abschnitt 4.3.4 vorhanden sind, der gewöhnliche Spannungsnachweis zu führen.

7.3.2. Knicknachweis für einteilige Stäbe

Bei einteiligen Stäben muß

$$\sigma_\omega = \frac{\omega \cdot N}{F} \leqq \mathrm{zul}\ \sigma_D \| \qquad (17)$$

sein. Hierbei sind für $\mathrm{zul}\ \sigma_D \|$ die Werte der Tabelle 6, Zeile 3, bzw. Tabelle 8, Zeile 4, unter Berücksichtigung der Abschnitte 9.1.6, 9.1.12 und 9.4 einzusetzen.

Hierin bedeuten:

N die größte im Stab auftretende Druckkraft in kp

F der ungeschwächte Stabquerschnitt in cm²

ω die vom Schlankheitsgrad λ abhängige Knickzahl nach Tabelle 4

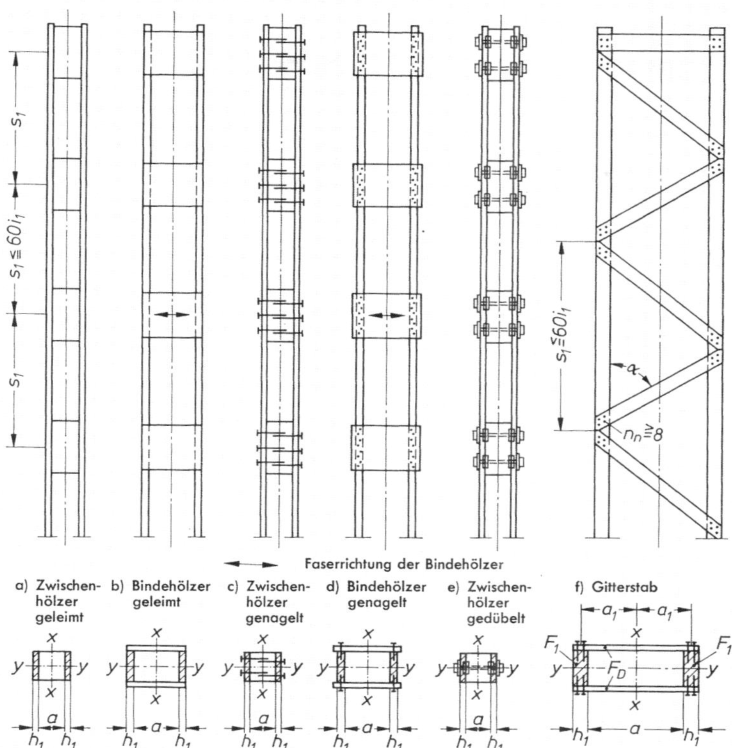

Bild 10. Bauarten von Rahmen- und Gitterstäben

λ der maßgebende Schlankheitsgrad des Stabes, d.h. der größere der beiden Verhältniswerte $\lambda_x = s_{kx} / i_x$ und $\lambda_y = s_{ky} / i_y$, wobei s_{kx} und s_{ky} die Knicklängen (siehe Abschnitt 7.1) des Stabes für das Ausknicken rechtwinklig zu den Schwerachsen sowie i_x und i_y die zugeordneten Trägheitshalbmesser sind.

7.3.3. Knicknachweis für mehrteilige Stäbe

Bei mehrteiligen Stäben muß zwischen nicht gespreizten (Querschnittstypen nach Tabelle 3) und gespreizten (Querschnitte nach Bild 10) zusammengesetzten Stäben unterschieden werden (Spreizung = lichter Abstand a/ Einzelstabdicke h_1). Bei Querschnitten nach Typ 1 und 4 (Tabelle 3) und bei gespreizten Stäben ist für das Ausknicken rechtwinklig zur Schwerachse $y - y$ der mehrteilige Stab wie ein einteiliger zu berechnen, dessen Trägheitsmoment I_y gleich der Summe der Trägheitsmomente der Einzelstäbe ist:

$$I_y = \sum_{i=1}^{n} I_{iy} \tag{18}$$

Hierin ist I_{iy} das Trägheitsmoment des Einzelstabes, bezogen auf die Schwerachse $y - y$ der Querschnittsfläche.

Für das Ausknicken rechtwinklig zur Schwerachse $x - x$ und bei den Querschnittstypen 2 und 3 (Tabelle 3) auch rechtwinklig zur Schwerachse $y - y$ kann nicht in jedem Fall mit einem vollkommenen Zusammenwirken der Einzelquerschnitte (starre Verbindung), sondern muß mit einem wirksamen Trägheitsmoment $I_w < I_{starr}$ gerechnet werden.

7.3.3.1. Zusammengesetzte, nicht gespreizte Stäbe mit kontinuierlicher Verbindung (Querschnittsformen nach Tabelle 3)

Als Verbindungsmittel kommen Leim, Nägel oder Dübel in Frage. Bei geleimten Stäben kann

$$I_w = I_{starr} \tag{19}$$

gesetzt werden. Bei nachgiebigen Verbindungsmitteln ist I_w entsprechend wie bei zusammengesetzten Biegeträgern nach den Gl. (5 bis 8), Abschnitt 5.4.1, zu bestimmen, wobei anstelle der Stützweite l die maßgebende Knicklänge s_k (siehe Abschnitt 7.1) einzuführen ist (C-Werte nach Tabelle 3). Mit Hilfe von I_w wird der wirksame Schlankheitsgrad λ_w berechnet.

Die Verbindungsmittel sind in der Regel für eine über die ganze Stablänge als wirksam angenommene Querkraft von

$$Q_i = \frac{\omega_w \cdot \text{vorh}N}{60} \qquad (20)$$

zu bemessen. Für $\lambda_w < 60$ kann dieser Wert mit dem Faktor $\lambda_w/60$, jedoch höchstens mit 0,5 abgemindert werden.

Hierin bedeuten:

ω_w die dem wirksamen Schlankheitsgrad λ_w zugehörige Knickzahl nach Tabelle 4

vorh N die größte vorhandene Druckkraft des Stabes in kp.

Die Berechnung des Schubflusses t_w und des erforderlichen Abstandes e der Verbindungsmittel erfolgt nach den Gl. (9 und 10), Abschnitt 5.4.3.

7.3.3.2. Mehrteilige gespreizte Stäbe (Rahmen- und Gitterstäbe) nach Bild 10

Für das Ausknicken rechtwinklig zur Schwerachse $x - x$ ist bei Rahmenstäben nach Bild 10a bis e der wirksame Schlankheitsgrad

$$\lambda_w = \sqrt{\lambda_x^2 + c \cdot \frac{m}{2} \cdot \lambda_1^2} \qquad (21)$$

zu berechnen.

Es bedeuten:

$\lambda_x = s_{kx}/i_x$ der volle rechnerische Schlankheitsgrad des Gesamtquerschnittes mit dem Trägheitsmoment I_x bezogen auf die Schwerachse $x - x$ sowie der Knicklänge s_{kx}

$\lambda_1 = s_1/i_1$ der Schlankheitsgrad des Einzelstabes für die der Schwerachse $x - x$ parallele Schwerachse

c Faktor je nach Ausbildung der Querverbindungen gemäß Tabelle 5

m Anzahl der Einzelstäbe.

Als freie Knicklänge s_1 des Einzelstabes ist der Mittenabstand der Querverbindungen zugrunde zu legen. λ_1 darf nicht größer als 60, s_1 höchstens $1/3\, s_{kx}$ sein.

Für Achsabstände der Querverbindungen $s_1 < 30 \cdot i_1$ ist beim Knicknachweis $\lambda_1 = 30$ in Gl. (21) einzusetzen.

Tabelle 5. **Faktor c für Rahmenstäbe nach Bild 10a bis e**

Art der Querverbindung	Verbindungsmittel	Faktor c
Zwischenhölzer	Leim	1,0
	Dübel	2,5
	Nägel	3,0
Bindehölzer	Leim	3,0
	Nägel	4,5

Werden Zwischenhölzer nur mit Bolzen angeschlossen, so darf mit $c = 3{,}0$ gerechnet werden, wenn es sich um Bauteile für fliegende Bauten nach DIN 4112 oder für Gerüste handelt. Dabei muß ein Nachziehen der Schrauben möglich sein. In allen anderen Fällen sind verbolzte mehrteilige Druckstäbe als aus nicht zusammenwirkenden Einzelstäben bestehend zu berechnen.

Bei Gitterstäben nach Bild 10f mit genagelten Streben, die bei großen Spreizungen den Bindehölzern vorzuziehen sind, ist für die Ermittlung des wirksamen Schlankheitsgrades λ_w nach Gl. (21) statt $c \cdot \lambda_1^2$ die Hilfsgröße

$$\frac{4\,\pi^2 \cdot E \cdot F_1}{a_1 \cdot n_n \cdot C \cdot \sin 2\alpha} \qquad (22)$$

einzuführen.

Hierin bedeuten:

F_1 der Vollquerschnitt eines Einzelstabes in cm²

C = 600 kp/cm (Verschiebungsmodul des einschnittigen Nagels)

α der Strebenneigungswinkel

n_n die Gesamtzahl der Nägel, mit denen die Gesamtstrebenkraft angeschlossen ist.

Außerdem müssen λ_1 und λ_y ermittelt werden. Der größte Wert der drei Schlankheitsgrade ist für die Bemessung von Gitterstäben maßgebend.

7.3.3.3. Bauliche Ausbildung und Berechnung der Querverbindungen

Alle Zwischen- und Bindehölzer, die Ausfachungen sowie ihre Anschlüsse sind für die in Abschnitt 7.3.3.1, Gl. (20), angegebene Querkraft Q_i zu bemessen.

Bei Rahmenstäben mit Zwischenhölzern nach Bild 10a, 10c, 10e, die in der Regel bei Spreizungen $\frac{a}{h_1} \leqq 3$ in Frage kommen, und bei Rahmenstäben mit Bindehölzern (Bild 10b, 10d) bei Spreizungen > 3 bis höchstens 6 entfällt auf eine solche Querverbindung eine Schubkraft T, deren Wert, wenn kein genauerer Nachweis geführt wird, angenommen werden kann:

beim zweiteiligen Stab ($m = 2$) mit $T = \frac{Q_i \cdot s_1}{2 a_1}$ (23a)

beim dreiteiligen Stab ($m = 3$) mit $T = \frac{0{,}5 \cdot Q_i \cdot s_1}{2 a_1}$ (23b)

beim vierteiligen Stab ($m = 4$) mit $T' = \frac{0{,}4 \cdot Q_i \cdot s_1}{2 a_1}$ (23c)

$T'' = \frac{0{,}3 \cdot Q_i \cdot s_1}{2 a_1}$ (23d)

Der in Bild 11 eingezeichnete Verlauf der von den Schubkräften in den Querverbindungen erzeugten Biegemomente und die Lage der Momentennullpunkte ergeben sich rechnerisch aus der angenommenen Querkraftaufteilung.

Die Felderzahl der Rahmenstäbe muß $\geqq 3$ sein, so daß die Querverbindungen zumindest in den Drittelpunkten der Stablängen anzuordnen sind. Rahmen- und Gitterstäbe müssen außerdem an den Enden Querverbindungen erhalten, wenn sie nicht durch mindestens 2 hintereinanderliegende Dübel oder 4 in einer Nagelreihe hintereinanderliegende Nägel angeschlossen sind.

Jede einzelne Querverbindung ist mindestens durch 2 Dübel oder 4 Nägel an jeden Einzelstab anzuschließen. Bei geleimten Zwischenhölzern soll die Länge eines Zwischenholzes mindestens doppelt so groß sein wie der lichte Abstand der Einzelstäbe. Die Aufnahme des Biegemomentes aus der Schubkraft T braucht bei Zwischenhölzern nicht nachgewiesen zu werden, solange die Spreizung $\frac{a}{h_1} \leqq 2$ ist.

Bei Gitterstäben nach Bild 10f ist die unter Q_i auftretende Gesamtstrebenkraft D nach der Formel

$$D = \frac{Q_i}{\sin\alpha} \qquad (24)$$

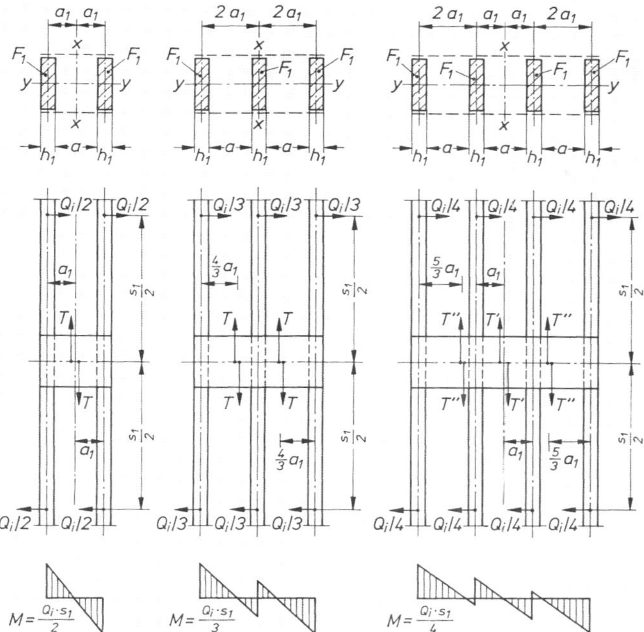

Bild 11. Annahmen über die Angriffspunkte der Quer- und Schubkräfte bei mehrteiligen Rahmenstäben

zu berechnen. Jeder Einzelstab eines Querverbandes ist mit mindestens 4 einschnittigen Nägeln anzuschließen (siehe auch Abschnitt 11.3.1).

7.4. Ausmittiger Druck (Druck und Biegung)

Stäbe, deren Druckkraft ausmittig an einem planmäßig bekannten Hebel angreift oder deren Achse schon im lastfreien Zustand eine Krümmung von planmäßig festgelegtem Wert hat, oder Stäbe, die außer durch eine Druckkraft noch zusätzlich quer zur Stabachse beansprucht werden, gelten als planmäßig ausmittig gedrückte Stäbe.

Für derartige Stäbe ist zuerst die gewöhnliche Spannungsuntersuchung auf Druck und Biegung durchzuführen und nachzuweisen, daß die größten im Stab auftretenden Spannungen ohne Berücksichtigung des Einflusses der Ausbiegung den Wert $\text{zul}\,\sigma$ nicht überschreiten.

$$\sigma = \frac{N}{F_n} + \frac{\text{zul}\,\sigma_{D,Z}\parallel}{\text{zul}\,\sigma_B} \cdot \frac{M}{W_n} \leqq \text{zul}\,\sigma_{D,Z}\parallel \qquad (25)$$

Hierbei sind für $\text{zul}\,\sigma_D\parallel$, $\text{zul}\,\sigma_Z\parallel$ bzw. $\text{zul}\,\sigma_B$ die maßgebenden Werte der Tabelle 6 bzw. 8 unter Berücksichtigung der Abschnitte 9.1, 9.2 und 9.4 einzusetzen. Dabei ist zu beachten, daß in besonderen Fällen die Spannungen am gezogenen Rand ausschlaggebend sein können. Das Biegemoment M kann auf die Achse des ungeschwächten Querschnittes bezogen werden. Anschließend ist der Knicknachweis nach der Formel

$$\sigma_\omega = \frac{\omega \cdot N}{F} + \frac{\text{zul}\,\sigma_D\parallel}{\text{zul}\,\sigma_B} \cdot \frac{M}{W} \leqq \text{zul}\,\sigma_D\parallel \qquad (26)$$

zu führen. Dabei ist für ω stets der größte Wert ohne Rücksicht auf die Richtung der Ausbiegung einzusetzen.

Bei zusammengesetzten nachgiebig verbundenen Stäben ist der Betrag der Biegespannung nach Abschnitt 5.4 unter Berücksichtigung des wirksamen Trägheitsmomentes I_w zu berechnen. Rahmen- und Gitterstäbe nach Bild 10 sollen in der Regel nur zentrisch belastet werden. Rechtwinklig zur stofffreien Achse dürfen derartige Stäbe nur aus Wind- oder sonstigen Zusatzlasten, deren Wirkung nachzuweisen ist, beansprucht werden.

7.5. Stöße und Anschlüsse

7.5.1. An Stößen von Druckstäben, die einwandfrei als Kontaktstöße, gegebenenfalls unter Anwendung von Einlagen aus Blechen oder Furnierplatten, hergestellt werden können, genügt es, die verbundenen Teile durch Laschen in ihrer gegenseitigen Lage zu sichern. Dies ist aber nur zulässig in unmittelbarer Nähe von Knotenpunkten, die gegen seitliche Verschiebungen gesichert sind.

In allen anderen Fällen sind die Trägheitsmomente des Druckstabes in beiden Richtungen voll durch die Stoßdeckung zu ersetzen. Werden hierbei Paßstöße verwendet, so dürfen die Verbindungsmittel für die halbe Druckkraft bemessen werden.

7.5.2. Bei Versätzen darf die Reibung nicht in Rechnung gestellt werden und die Einschnittiefe t_v bei einem Anschlußwinkel bis zu 50° höchstens 1/4 und über 60° höchstens 1/6 der Höhe des eingeschnittenen Holzes betragen. Zwischen den Winkeln von 50 bis 60° ist geradlinig einzuschalten. Bei zweiseitigem Versatzeinschnitt (Bild 12) darf jeder Einschnitt unabhängig vom Anschlußwinkel höchstens 1/6 der Höhe des eingeschnittenen Holzes betragen.

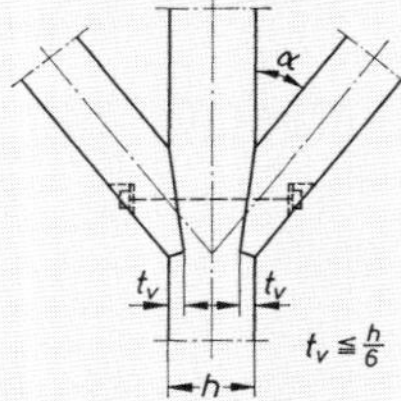

Bild 12. Zweiseitiger Versatzeinschnitt

8. Abstützungen und Verbände

8.1. Einzelabstützungen zur Unterteilung der Knicklänge

Teile, welche ein Druckglied zur Unterteilung der Knicklänge in Zwischenpunkten nach Abschnitt 7.1.1 abstützen, sind in der Regel für eine Stützeinzellast in kp von

$$K = N/50 \tag{27}$$

zu bemessen. Hierin bedeutet N die größte Stabkraft in kp (ohne Knickzahl) der an die Abstützung angrenzenden Druckstäbe.

Wird ein Teil für die Abstützung mehrerer Druckglieder herangezogen (Bild 13), so müssen die entsprechenden Stützkräfte in den einzelnen Bereichen aufgenommen werden können.

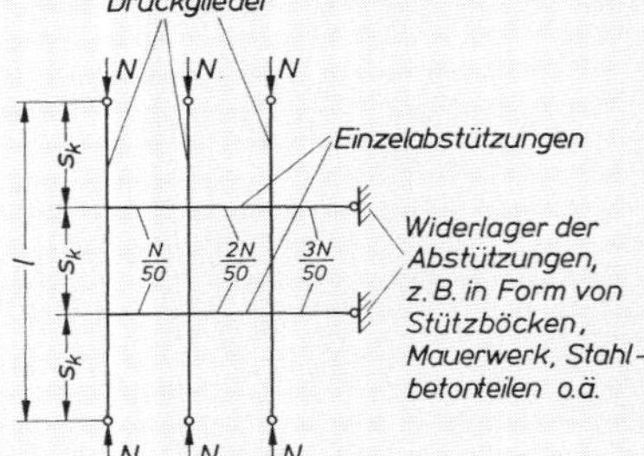

Bild 13. Einzelabstützung von Druckgliedern

8.2. Seitliches Ausweichen von Druckgurten

Druckgurte von Fachwerk- und Vollwandträgern müssen gegen seitliches Ausweichen gesichert sein.

Bei Fachwerkträgern ist der Nachweis für den gedrückten Gurt nach Abschnitt 7.3 unter Berücksichtigung des Abschnittes 7.1.2 zu führen.

Ist der Druckgurt eines Vollwandträgers mit I- oder Kasten-Querschnitt in einzelnen Punkten, deren Abstand a beträgt, seitlich unverschieblich festgehalten und der auf die maßgebende Schwerachse des Trägers bezogene Trägheitshalbmesser i des Gurtquerschnittes gleich oder größer als $a/40$, so kann ein weiterer Nachweis entfallen.

Ist $i < a/40$, so darf die Schwerpunktspannung des betrachteten Querschnittsteiles den Wert $1{,}26 \cdot \text{zul}\,\sigma_D \| / \omega$ nicht überschreiten. Dabei ist ω die dem Schlankheitsgrad $\lambda = a/i$ zugehörige Knickzahl nach Tabelle 4 und $\text{zul}\,\sigma_D \|$ die zulässige Druckspannung nach Tabelle 6. Das wirksame Trägheitsmoment des gedrückten Querschnittsteiles ist wie bei kontinuierlich verbundenen Druckstäben nach Abschnitt 7.3.3.1 zu ermitteln.

Bei Rechteckquerschnitten mit einem Seitenverhältnis Höhe zu Breite größer als 4 aber ≤ 10 ist in gleicher Weise zu verfahren, wenn ein genauerer Kippnachweis nicht geführt wird. Dieser ist bei einem Seitenverhältnis > 10 stets zu führen.

8.3. Bemessung der Aussteifungsverbände

Wenn Einzelabstützungen gegen feste Punkte oder durch Stäbe, Halbrahmen und dgl. nicht möglich sind, müssen parallel zu den Druckgurten verlaufende Aussteifungsträger oder -verbände angeordnet werden, wobei einzelne Druckglieder in der Regel gleichzeitig die Gurte einer Aussteifungskonstruktion bilden, durch die mehrere Druckglieder gestützt werden. Zur Bemessung der Aussteifungskonstruktion ist, wenn auf eine eingehende Rechnung verzichtet wird, eine gleichmäßig verteilte Seitenlast in kp/m von

$$q_s = \frac{m \cdot N_{\text{Gurt}}}{30 \cdot l} \tag{28}$$

rechtwinklig zur Trägerebene nach beiden Richtungen wirkend anzunehmen. Dabei bedeutet m die Anzahl der auszusteifenden Druckgurte, N_{Gurt} die mittlere Gurtkraft in kp für den ungünstigsten Lastfall und l die Gesamtlänge in m des auf Druck beanspruchten Bereiches des abzustützenden Bauteiles.

Bei Dachbindern mit Stützweiten unter 12,50 m genügen in der Regel etwa vorhandene Windverbände (vgl. hierzu Abschnitt 8.4.1).

8.4. Windverbände

8.4.1. Dienen Windverbände gleichzeitig zur Aussteifung von gedrückten Gurten, dann ist nachzuweisen, daß die sich nach Gl. (28) ergebende Seitenlast kleiner oder gleich der halben Windlast ist. Anderenfalls dürfen die Windverbände nur zur Aufnahme einer der halben Windlast entsprechenden Seitenlast herangezogen werden. Die restliche Seitenlast ist dann durch besondere Aussteifungsverbände aufzunehmen, oder die Windverbände sind entsprechend zu bemessen.

8.4.2. Bei Gebäudelängen über 12 m sind mindestens zwei Wind- oder Aussteifungsverbände anzuordnen, jedoch soll der Mittenabstand der Verbände in der Regel 25 m nicht überschreiten, wenn kein genauerer Nachweis erfolgt. Die der Bemessung der Verbände zugrunde liegende Belastung ist in ihrer Wirkung bis in den tragfähigen Baugrund zu verfolgen.

8.5. Abstützung durch Dachlatten und Schalung

Dachlatten dürfen für die seitliche Stützung gedrückter Gurte nicht als ausreichend angesehen werden, mit Ausnahme der seitlichen Stützung der Sparren von Sparren- und Kehlbalkendächern bis zu 15 m Spannweite, wenn die Sparren an einen Verband angeschlossen sind.

Bei Dachbindern, bei denen die ständige Last weniger als 50 % der Gesamtlast ausmacht, dürfen rechtwinklig zu den auszusteifenden Gurten verlaufende Dachschalungen aus Einzelbrettern zur seitlichen Abstützung herangezogen werden, wenn außerdem die Vernagelung des Einzelbrettes (Breite ≥ 12 cm) durch mindestens 2 Nägel mit jedem Gurt, auch an jedem Brettstoß, einwandfrei ausgeführt werden kann (siehe Abschnitt 11.3.13), der Binderabstand 1,25 m und

Tabelle 6. **Zulässige Spannungen für Bauholz im Lastfall H**

Zeile	Art der Beanspruchung		Zulässige Spannungen in kp/cm² für					
			Nadelhölzer (europäische) Güteklasse			Brettschichtholz (aus europäischen Nadelhölzern verleimt) nach Abschnitt 11.5.5 Güteklasse		Eiche und Buche
			III	II	I	II	I	mittlere Güte
1	Biegung	zul σ_B	70	100	130	110	140	110
2	Zug	zul $\sigma_Z \parallel$	0	85	105	85	105	100
3	Druck	zul $\sigma_D \parallel$	60	85	110	85	110	100
4	Druck	zul $\sigma_{D\perp}$	20 25[1])	20 25[1])	20 25[1])	20 25[1])	20 25[1])	30 40[1])
5	Abscheren	zul $\tau \parallel$	9	9	9	9	9	10
6	Schub aus Querkraft	zul $\tau \parallel$	9	9	9	12	12	10

[1]) Bei Anwendung dieser Werte ist mit größeren Eindrückungen zu rechnen, die erforderlichenfalls konstruktiv zu berücksichtigen sind. Bei Anschlüssen mit verschiedenen Verbindungsmitteln dürfen diese Werte nicht angewendet werden.

die Binderspannweite 12,50 m nicht überschreiten und die Länge der Dachfläche mindestens 0,8 der Binderspannweite beträgt. Dabei sind die Brettstöße um mindestens 2 Binderabstände gegeneinander zu versetzen, und die Stoßbreite darf nicht mehr als 1,0 m betragen. Für die Aufnahme von Windlasten dürfen Dachschalungen nicht in Rechnung gestellt werden.

9. Zulässige Spannungen

9.1. Bauholz

9.1.1. In Bauwerken aus Bauholz nach DIN 4074 sind im Lastfall H die Spannungen nach Tabelle 6 zulässig (wegen Spannungserhöhungen bzw. -ermäßigungen siehe Abschnitt 9.1.5 bis 9.1.12 und wegen zulässiger Beanspruchungen der Verbindungsmittel siehe Abschnitt 11).

9.1.2. Die zulässige Spannung richtet sich nach der Güteklasse des Holzes und dem Lastfall gemäß Abschnitt 4.1.2. Nadelholz ist nach DIN 4074 auszuwählen und zu beurteilen. Für Zugglieder darf Holz der Güteklasse III nicht verwendet werden.

9.1.3. Bei aus einzelnen Teilen zusammengesetzten Verbundkörpern sind für die Einstufung in eine der Güteklassen nach DIN 4074 im allgemeinen die Eigenschaften des ganzen Bauteiles, nicht die der einzelnen Teile maßgebend. Jedoch müssen bei auf Biegung beanspruchten Bauteilen die in der Zugzone außenliegende Teile, für sich betrachtet, ebenfalls der vorgesehenen Güteklasse entsprechen. Bei zusammengesetzten Zuggliedern müsse alle Einzelteile der vorgesehenen Güteklasse entsprechen.

9.1.4. Bei Sparren, Pfetten und Deckenbalken aus Kanthölzern oder Bohlen dürfen die zulässigen Spannungen der Güteklasse I nach Tabelle 6 nicht angewendet werden, bei anderen Bauteilen nur dann, wenn die Anforderungen hinsichtlich Kennzeichnung, Auswahl usw. nach DIN 4074 erfüllt sind und Berechnung, Durchführung und Ausbildung den strengsten Anforderungen genügen.

9.1.5. Bei Durchlaufträgern ohne Gelenke darf die Biegespannung über den Innenstützen die zulässigen Werte nach Tabelle 6, Zeile 1, um 10 % überschreiten. Dies gilt nicht bei Sparren von verschieblichen Kehlbalkendächern.

9.1.6. Bei Rundhölzern dürfen in den Bereichen ohne Schwächung der Randzone die zulässigen Biege- und Druckspannungen in Tabelle 6, Zeile 1 und 3, um 20 % erhöht werden.

9.1.7. Bei durchlaufenden oder auskragenden Biegebalken dürfen die zulässigen Schubspannungen aus Querkraft nach Tabelle 6, Zeile 6, in Bereichen, die mindestens 1,50 m vom Stirnende entfernt liegen, auf zul $\tau \parallel = 12$ kp/cm² erhöht werden.

9.1.8. Der Überstand von Schwellen über die Druckfläche bei Druck rechtwinklig zur Faserrichtung muß in der Faserrichtung beiderseits mindestens 10 cm betragen. Andernfalls sind die in Tabelle 6, Zeile 4, angegebenen zulässigen Spannungen um 20 % zu ermäßigen. Am Endauflager geleimter Biegeträger darf stets mit zul $\sigma_{D\perp} = 20$ kp/cm² gerechnet werden.

9.1.9. Bei genagelten Zugstößen oder -anschlüssen sind die nach Tabelle 6, Zeile 2, zulässigen Zugspannungen in denjenigen Stoß- und Anschlußteilen um 20 % abzumindern, die nicht nach Abschnitt 6.3.1 bzw. 6.3.2 für die 1,5fache anteilige Zugkraft zu bemessen sind.

9.1.10. Rechtwinklig oder schräg zur Faserrichtung wirkende Zugspannungen, die zum Aufreißen des Holzes führen können, sind zu vermeiden oder durch besondere Vorkehrungen aufzunehmen (z. B. Bolzen, siehe Bild 14).

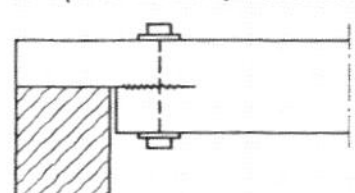

Bild 14. Sicherung eines Balkenauflagers gegen Aufreißen

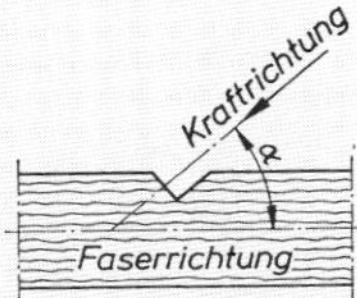

Bild 15. Kraftrichtung schräg zur Faserrichtung

9.1.11. Die zulässigen Druckspannungen bei Kraftrichtung schräg zur Faserrichtung (vgl. Bild 15) sind nach der Formel

$$\text{zul}\,\sigma_{D\measuredangle} = \text{zul}\,\sigma_{D\parallel} - (\text{zul}\,\sigma_{D\parallel} - \text{zul}\,\sigma_{D\perp}) \cdot \sin\alpha \quad (29)$$

zu berechnen. Dabei ist α der Winkel zwischen der Kraft- und der Faserrichtung (siehe Tabelle 7).

Tabelle 7. **Zulässige Druckspannungen $\text{zul}\,\sigma_{D\measuredangle}$ bei Kraftangriff schräg zur Faserrichtung für Nadelhölzer (europäische) der Güteklasse II sowie für Eiche und Buche im Lastfall H**

Winkel α (siehe Bild 15)	Zulässige Druckspannungen für Nadelhölzer (europäische) kp/cm²		Eiche und Buche kp/cm²	
0°	85	–	100	–
10°	74	–	88	–
20°	63	–	76	–
30°	52	55[1]	65	70[1]
40°	43	46[1]	55	61[1]
50°	35	39[1]	46	54[1]
60°	29	33[1]	39	48[1]
70°	24	29[1]	34	44[1]
80°	21	26[1]	31	41[1]
90°	20	25[1]	30	40[1]

[1]) Nur bei Bauteilen zulässig, bei denen geringfügige Eindrückungen unbedenklich sind. Bei Anschlüssen mit verschiedenen Verbindungsmitteln dürfen diese Werte nicht angewendet werden.

9.1.12. Im Lastfall HZ (siehe Abschnitt 4.1.2) können die zulässigen Spannungen um 15 % erhöht werden.

9.2. Furnierplatten

9.2.1. Für tragende Bauteile dürfen ohne weitere Eignungsnachweise Furnierplatten nach DIN 68 705 Blatt 3, verwendet werden.

9.2.2. Für Furnierplatten nach Abschnitt 9.2.1 sind die Spannungen nach Tabelle 8 zulässig. Im Lastfall HZ (siehe Abschnitt 4.1.2) können die zulässigen Spannungen um 15 % erhöht werden.

9.2.3. Die zulässigen Spannungen für Zug und Druck in Plattenebene unter $30° \leqq \alpha \leqq 60°$ betragen 20 kp/cm². Dabei ist α der Winkel zwischen der Kraft- und der Faserrichtung der Deckfurniere. Für $0° \leqq \alpha \leqq 30°$ darf zwischen $80\,\text{kp/cm}^2 \geqq \text{zul}\,\sigma_{Z,D} \geqq 20\,\text{kp/cm}^2$ und für $60° \leqq \alpha \leqq 90°$ zwischen $20\,\text{kp/cm}^2 \leqq \text{zul}\,\sigma_{Z,D} \leqq 40\,\text{kp/cm}^2$ geradlinig interpoliert werden.

Tabelle 8. **Zulässige Spannungen im Lastfall H für Furnierplatten nach DIN 68 705 Blatt 3, bezogen auf den Vollquerschnitt**

Zeile	Art der Beanspruchung	Zulässige Spannungen parallel der Faserrichtung der Deckfurniere kp/cm²	Zulässige Spannungen rechtwinklig zur Faserrichtung der Deckfurniere kp/cm²
1	Biegung rechtwinklig zur Plattenebene $\text{zul}\,\sigma_B$	130	50
2	Biegung in Plattenebene $\text{zul}\,\sigma_B$	90	60
3	Zug in Plattenebene $\text{zul}\,\sigma_Z$	80	40
4	Druck in Plattenebene $\text{zul}\,\sigma_D$	80	40
5	Druck rechtwinklig zur Plattenebene $\text{zul}\,\sigma_D$	30	
6	Abscheren in Plattenebene $\text{zul}\,\tau$	9	
7	Abscheren rechtwinklig zur Plattenebene $\text{zul}\,\tau$	18	

9.2.4. Für andere Furnierplatten ist die Eignung für tragende Bauteile durch Versuche in Anlehnung an die einschlägigen Normen nachzuweisen.

9.3. Stahlteile

9.3.1. Für Stahlteile, deren Werkstoffgüte nach DIN 17 100 eindeutig nachgewiesen ist, oder die nicht zu den unter 9.3.3 genannten Sonderfällen zählen, gelten die zulässigen Spannungen nach DIN 1050.

9.3.2. Für Stahlteile, deren Werkstoffgüte nach DIN 17 100 nicht eindeutig nachgewiesen ist, dürfen die Zug- und Biegespannungen im Lastfall H und HZ höchstens 1100 kp/cm² betragen.

9.3.3. Im Gewinde-Kernquerschnitt dürfen stählerne Zugstangen, Ankerschrauben, Ankerbolzen und Spannschlösser sowie Paßschrauben und rohe Schrauben usw. nur mit höchstens 1000 kp/cm² beansprucht werden, soweit sie nicht aus Werkstoffen nach den entsprechenden DIN-Normen bestehen.

9.4. Berücksichtigung der Feuchtigkeitseinwirkungen

Die Werte für die Spannungen in Tabelle 6, 7 und 8 sind zu ermäßigen auf 5/6:

bei Bauteilen, die der Feuchtigkeit und Nässe ausgesetzt, aber nach der Bearbeitung und vor dem Zusammenbau nach DIN 68 800 mit einem geprüften Mittel geschützt sind, nicht aber bei Gerüsten;

auf 2/3:

a) bei Bauteilen, die der Feuchtigkeit und Nässe ungeschützt ausgesetzt sind, nicht aber bei Gerüsten,

Tabelle 9. **Zulässige Durchbiegungen**

Belastung	Ausführung mit Überhöhung nach Abschnitt 10.8			Ausführung ohne Überhöhung		
	Vollwandträger	Fachwerkträger [1])		Vollwandträger	Fachwerkträger [1])	
		Näherungsberechnung	genauere Berechnung		Näherungsberechnung	genauere Berechnung
Nutzlast	$l/300$	$l/600$	$l/300$	—	—	—
Gesamtlast	$l/200$	$l/400$	$l/200$	$l/300$	$l/600$	$l/300$

[1]) einschließlich einsinnig verbretterter Vollwandträger.

b) bei Bauteilen und Gerüsten, die dauernd im Wasser stehen, auch wenn sie geschützt sind,

c) bei Gerüsten aus Hölzern, die im Zeitpunkt der Belastung noch nicht halbtrocken sind (siehe DIN 4074).

Soweit fliegende Bauten einen Schutzanstrich besitzen, der in Abständen von höchstens zwei Jahren zu erneuern ist, brauchen keine Spannungsermäßigungen berücksichtigt zu werden.

10. Zulässige Durchbiegungen

10.1. Bei der Berechnung der Durchbiegung ist der ungeschwächte Querschnitt einzusetzen. Bei zusammengesetzten Trägern ist das wirksame Trägheitsmoment I_w nach Gl. (5) maßgebend.

10.2. Bei Trägern mit Vollholz- oder Plattenstegen ist der Durchsenkungsanteil aus der Schubverformung zu berücksichtigen. Bei Vollwandträgern genügt es dabei im allgemeinen, wenn kein genauerer Nachweis geführt wird, die rechnerische Durchsenkung aus der Schubverformung näherungsweise unter Annahme einer stellvertretenden, gleichmäßig verteilten Last zu ermitteln. Für Vollwandträger auf zwei Stützen mit gleichbleibendem Querschnitt kann diese Durchsenkung in Balkenmitte zu

$$\max f_\tau = \frac{q \cdot l^2}{8 \cdot G \cdot F_{\text{Steg}}} \qquad (30)$$

angenommen werden; mit G in kp/cm² als Schubmodul des Stegmaterials.

Bei Durchlaufträgern kann der Anteil $\max f_\tau$ in gleicher Weise berechnet werden, wobei für l die gesamte Feldweite des betrachteten Feldes einzusetzen ist.

10.3. Für die rechnerisch zulässigen Durchbiegungen von Vollwandträgern (genagelt, gedübelt oder geleimt) und von Fachwerkträgern gelten die in Tabelle 9 angegebenen Werte. Dabei gilt als Nutzlast die Verkehrslast ohne Schwing- und Stoßbeiwerte einschließlich der Wind- und Schneelast. Bei der Durchbiegungsermittlung von Fachwerkträgern ist zu unterscheiden zwischen einer Näherungsberechnung, bei der nur die elastische Verformung der Gurtstäbe berücksichtigt wird, und einer genaueren Berechnung, bei der die elastische Verformung sämtlicher Stäbe und die Nachgiebigkeit aller Verbindungen zu berücksichtigen ist. Dies gilt auch für einsinnig verbretterte Vollwandträger.

10.4. Bei Kragträgern mit Überhöhung (vgl. Abschnitt 10.8) darf die rechnerische Durchbiegung der Kragenden 1/150 der Kraglänge unter der Nutzlast, ohne Überhöhung unter der Gesamtlast nicht überschreiten.

10.5. Bei Decken unter/über Wohn-, Büro- und Diensträumen sowie unter Fabrik- und Werkstatträumen darf die rechnerische Durchbiegung unter der ständigen Last und der ruhenden Verkehrslast im allgemeinen höchstens $l/300$ betragen.

10.6. Bei Pfetten, Sparren, Balken von Stalldecken, Scheunen und dgl. sowie im landwirtschaftlichen Bauwesen auch bei Vollwand- und Fachwerkträgern ohne Überhöhung darf die rechnerische Durchbiegung 1/200 der Stützweite betragen. Bei der Näherungsberechnung von Fachwerkträgern muß der Wert $l/400$ eingehalten werden.

10.7. Wenn Bauart und Nutzung eines Bauwerkes es erfordern, können auch geringere als in Abschnitt 10.3 bis 10.6 angegebene zulässige Durchbiegungen maßgebend werden.

10.8. Bei Fachwerkträgern und zusammengesetzten Vollwandträgern ist in der Regel das Gesamtsystem parabelförmig zu überhöhen. Die Überhöhung soll bei geleimten Konstruktionen mindestens der rechnerischen Durchbiegung aus ständiger Last und ruhender Verkehrslast entsprechen, während alle übrigen Konstruktionen in der Regel im Hinblick auf die nachgiebigen Verbindungsmittel mindestens um $l/300$, bei der Verwendung halbtrockenen oder frischen Holzes mit Rücksicht auf das Schwinden mindestens um $l/200$ überhöht werden sollen. Bei Kragträgern und Rahmen ist sinngemäß zu verfahren.

11. Holzverbindungen

Bei allen Holzverbindungen sind die zulässigen Belastungen in den Fällen nach Abschnitt 9.4 auf 5/6 bzw. 2/3 zu ermäßigen. Im Lastfall HZ (siehe Abschnitt 4.1.2) können die zulässigen Belastungen um 15 % erhöht werden.

11.1. Dübelverbindungen

11.1.1. Unter die Festlegungen für Dübelverbindungen fallen alle überwiegend auf Druck und Abscheren beanspruchten Verbindungsmittel, wie rechteckige Dübel, Scheiben-, Teller-, Ring- und Krallendübel, Krallenplatten usw. Man unterscheidet Einlaßdübel, die in vorbereitete passende Vertiefungen des Holzes eingelegt, und Einpreßdübel, die ohne Benutzung von Bohr-, Nut- oder Fräswerkzeugen in das Holz eingepreßt werden, ferner Dübel, die teils eingelassen, teils eingepreßt werden (Einlaß-/Einpreßdübel).

11.1.2. Gerade, aufrechtstehende Dübel aus Flachstahl dürfen zur Kraftübertragung nicht verwendet werden.

11.1.3. Dübel aus Metall müssen ausreichend korrosionsbeständig sein.

11.1.4. Dübel dürfen nur in Holz mindestens der Güteklasse II nach DIN 4074, Einpreßdübel nur in Nadelholz verwendet werden. Die Grundplatten von Einpreßdübeln müssen, wenn sie mehr als 2 mm dick sind, eingelassen werden.

DIN 1052 Blatt 1 Seite 17

11.1.5. Alle Dübelverbindungen müssen durch in der Regel nachspannbare Schraubenbolzen zusammengehalten werden, wobei alle Dübel durch Bolzen gesichert sein müssen (siehe Bild 16). Bei Verbindungen mit Dübeldurchmessern bzw. -seitenlängen ≧ 120 mm sind an den Enden der Außenhölzer oder -laschen Klemmbolzen anzuordnen (siehe Bild 16). Die Bolzen sind so anzuziehen, daß die Scheiben geringfügig, jedoch höchstens 1 mm in das Holz eingedrückt werden.

11.1.6. Einpreßdübel sind so einzubauen, daß die Hölzer außerhalb der eigentlichen Dübelfläche nicht beschädigt oder überbeansprucht werden. Im allgemeinen sind daher besondere Vorrichtungen (Pressen, Schraubenspindeln oder dgl.) zum Einpressen der Einpreßdübel zu verwenden. Rechteckige Holzdübel sind so einzulegen, daß ihre Fasern und die der zu verbindenden Hölzer gleichgerichtet sind (siehe Bild 17).

11.1.7. Rechteckige Dübel nach Bild 17 dürfen nur aus trockenem Hartholz oder aus Metall hergestellt werden. Ihre zulässige Belastung ist rechnerisch zu ermitteln.

Es dürfen in einem Anschluß höchstens 4 hintereinanderliegende Rechteck- oder Flachstahldübel in Rechnung gestellt werden (das gilt nicht für Rechteckdübel in verdübelten Balken). Die zulässige, als gleichmäßig verteilt angenommene Leibungsspannung gleichgerichtet zur Faser im Lastfall H ist der Tabelle 10 zu entnehmen.

Tabelle 10. **Zulässige Leibungsspannung in kp/cm² gleichgerichtet zur Faser im Lastfall H**

Zeile	Verhältnis der Dübellänge l_d zur Einschnittiefe t_d	Anzahl der in Kraftrichtung hintereinanderliegenden Dübel	
		1 und 2 und in verdübelten Balken	3 und 4
1	$l_d/t_d \geqq 5$	85	75
2	$l_d/t_d < 5$	40	35

Es ist nachzuweisen, daß die Scherspannung in den Holzdübeln sowie in den zu verbindenden Hölzern die nach Tabelle 6, Zeile 5, zulässigen Werte nicht überschreitet.

Flachstahldübel, die auf durchgehende Stahlbleche oder -profile geschweißt (nur durch Flankenkehlnähte zulässig, nicht durch Stirnkehlnähte) oder aus dem vollen Material herausgearbeitet sind (z. B. bei Stützenverankerungen) können mit den zulässigen Leibungsspannungen nach Tabelle 10, Zeile 1, berechnet werden, auch wenn das Verhältnis $l_d/t_d < 5$ ist, wenn durch genügende Stahlblechdicke und eine ausreichende Sicherung durch Bolzen ein Kippen der Dübel verhindert wird. Dabei sind bei einer Stahlblechbreite ≦ 18 cm die Bolzen einreihig und bei einer Stahlblechbreite > 18 cm zweireihig anzuordnen.

11.1.8. Für Dübelverbindungen besonderer Bauart sind die im Lastfall H zulässigen Belastungen, gleichlaufend, schräg und rechtwinklig zur Faserrichtung, und die Voraussetzungen für ihre Anwendung in DIN 1052 Blatt 2, Tabelle 1, angegeben.

11.1.9. Als Grundlage für die zulässige Belastung von Dübeln, die nicht in DIN 1052 Blatt 2 enthalten sind, müssen Versuche in hierfür anerkannten Prüfanstalten nach DIN 4110 Blatt 8 (z. Z. noch Entwurf) durchgeführt werden, welche die Wirkung der Verbindung einwandfrei klären. Sie sind bis zum Bruch durchzuführen. Die zulässige Belastung ist aus der mittleren Bruchlast beim Zugversuch mit 2,75facher Sicherheit zu errechnen. Die verbundenen Teile dürfen sich außerdem unter der zulässigen Belastung nicht mehr als 1,5 mm gegeneinander verschieben.

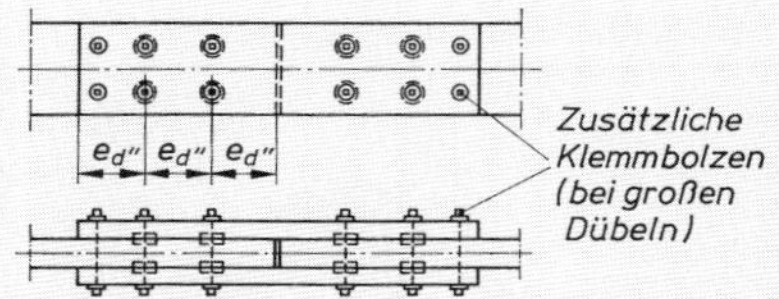

Bild 16. Anordnung der Bolzen bei Dübelverbindungen

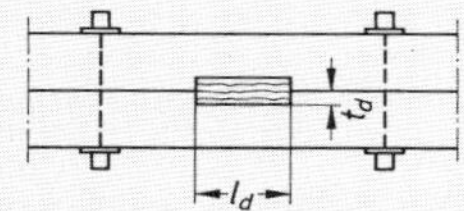

Bild 17. Anordnung eines rechteckigen Holzdübels

11.1.10. Die Werte für die zulässige Dübelbelastung nach Abschnitt 11.1.7 und 11.1.8 gelten für Holz der Güteklasse I und II nach DIN 4074.

11.2. Bolzenverbindungen

11.2.1. Unter die Festlegungen für Bolzenverbindungen fallen alle rechtwinklig zur Scherfläche durchgehenden, überwiegend auf Biegung beanspruchten zylindrischen Verbindungsmittel aus Metall, welche im Holz vorwiegend nur Lochleibungsbeanspruchungen hervorrufen. Dabei ist zu unterscheiden zwischen Schraubenbolzen, Rohrbolzen und Bolzen ähnlicher Bauart, welche mit Kopf und Mutter versehen sind, in genügend große Löcher eingezogen und nach dem Einbau angezogen werden, und runden Stabdübeln (Stahlstifte), welche als glatte oder mit Rillen versehene zylindrische Stäbe in vorgebohrte Löcher mit kleinerem Durchmesser eingetrieben werden und deren Länge der Gesamtdicke der zu verbindenden Hölzer entspricht.

11.2.2. Schraubenbolzen dürfen in Dauerbauten, bei denen es auf Steifigkeit und Formbeständigkeit ankommt, zur Kraftübertragung nicht verwendet werden, wenn nicht durch besondere Maßnahmen das Eintreten eines Schlupfes verhindert wird oder die zu verbindenden Hölzer beim Einbau bereits trocken sind (z. B. Leimbauteile). Bei fliegenden Bauten (siehe DIN 4112), bei untergeordneten Bauten und bei Gerüsten ist die Verwendung tragender Bolzenverbindungen zulässig. Stabdübelverbindungen sind bei allen Bauten und Bauteilen anwendbar. Die Stabdübel müssen aus Stahl mindestens der Stahlgüte St 37 bestehen.

11.2.3. Die Bolzenlöcher müssen, auch bei mehrschnittigen Verbindungen, gut passend gebohrt werden, so daß ein Spiel von 1 mm nicht überschritten wird. Die Löcher für die Stabdübel sind um 0,2 mm bis 0,5 mm kleiner als der Stiftdurchmesser zu bohren.

11.2.4. Bei Heftbolzen sind Scheiben nach DIN 436 oder DIN 440 auf der Kopf- und Mutterseite anzuordnen. Bei Dübelverbindungen sowie bei tragenden Bolzenverbindungen müssen Scheiben mit Maßen nach Tabelle 11 gewählt werden, falls keine Stahllaschen verwendet werden.

Tabelle 11. **Maße der Scheiben für Dübelverbindungen und tragende Bolzenverbindungen**

Bolzendurchmesser	M 12	M 16	M 20	M 22	M 24
Dicke der Scheibe mm	6	6	8	8	8
Außendurchmesser bei runder Scheibe mm	58	68	80	92	105
Seitenlänge bei quadratischer Scheibe mm	50	60	70	80	95

11.2.5. Der Durchmesser muß bei Bolzen mindestens $d_b = 12$ mm, bei Stabdübeln mindestens $d_{st} = 8$ mm betragen.

11.2.6. Tragende Bolzenverbindungen müssen aus mindesten 2 Bolzen, tragende Stabdübelverbindungen aus mindestens 4 Stiften bestehen. Die Verbindungsmittel sind möglichst symmetrisch zu den Achsen der Anschlußteile und bei Stiftverbindungen im Querschnitt gegeneinander versetzt anzuordnen.

11.2.7. Die Mindestabstände der Bolzen und Stabdübel müssen in der Kraft- und Faserrichtung betragen:

Tabelle 12.

	bei Bolzen	bei Stabdübeln
untereinander	$7 \cdot d_b$, mindestens aber 10 cm	$5 \cdot d_{st}$
vom beanspruchten Rand		$6 \cdot d_{st}$

Im übrigen sind die Mindestabstände nach Bild 18 einzuhalten.

11.2.8. Bolzen- und Stabdübelverbindungen können ein-, zwei- oder mehrschnittig ausgebildet werden. Die zulässige Belastung eines Bolzens oder Stabdübels beträgt bei Lastfall H für Kraftangriff in Faserrichtung unabhängig von der Güteklasse des Holzes:

$$\text{zul } N_{b,st} = \text{zul } \sigma_l \cdot a \cdot d_{b,st}$$

$$\text{jedoch höchstens } = A \cdot d_{b,st}^2 \text{ in kp} \qquad (31)$$

Hierin bedeuten:

zul σ_l zulässige mittlere Lochleibungsspannung des Holzes in kp/cm² nach Tabelle 13

a kleinste Holzdicke in cm

$d_{b,st}$ Durchmesser des Bolzens bzw. des Stabdübels in cm

A Festwert in kp/cm² nach Tabelle 13

Bei Berechnung nach Gl. (31) und Tabelle 13 erübrigt sich der Nachweis der Biegespannungen in Bolzen oder Stabdübeln.

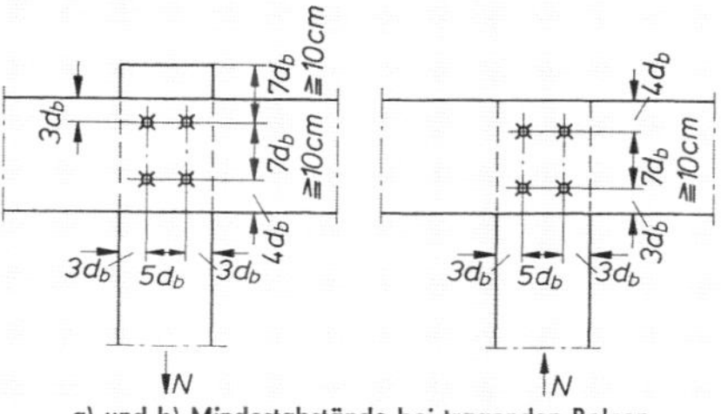

a) und b) Mindestabstände bei tragenden Bolzen

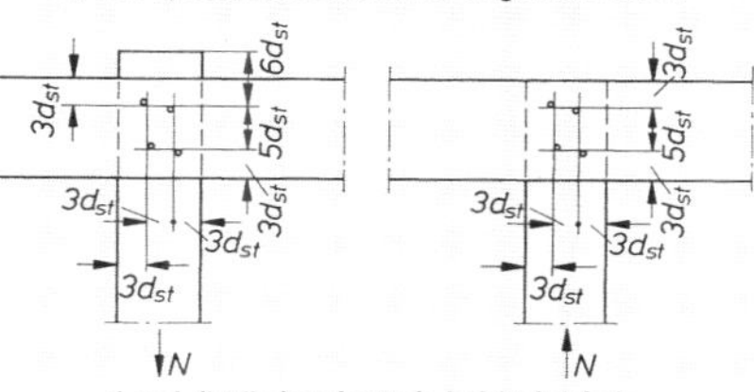

c) und d) Mindestabstände bei Stabdübeln

Bild 18. Mindestabstände bei tragenden Bolzen und Stabdübeln

Tabelle 13. **Werte für zul σ_l und A in kp/cm² zur Berechnung der zulässigen Belastung in kp von Bolzen- und Stabdübel-Verbindungen nach Gl. (31)**

	Holzart	Bolzen		Stabdübel	
		zul σ_l	A	zul σ_l	A
einschnittig	NH	40	170	40	230
	EI, BU	50	200	50	270
zweischnittig		Mittelholz			
	NH	85	380	85	510
	EI, BU	100	450	100	600
		Seitenholz			
	NH	55	260	55	330
	EI, BU	65	300	65	390

NH Nadelhölzer (europäische); EI, BU Eiche, Buche

Bei mehrschnittigen Bolzen- oder Stabdübelverbindungen ist die zulässige Gesamtbelastung aus der Summe der zulässigen Belastungen aller in einer Richtung beanspruchten Hölzer zu bestimmen.

11.2.9. Für Kraftangriff rechtwinklig zur Faserrichtung beträgt die zulässige Belastung der Bolzen- oder Stabdübelverbindung 3/4 der Werte nach Gl. (31). Bei schrägem Kraftangriff sind Zwischenwerte geradlinig einzuschalten.

11.2.10. Bei Bolzenverbindungen von Vollholz mit Metallteilen darf die zulässige Belastung nach Gl. (31) um 25 % erhöht werden. Die zulässige Lochleibungsspannung der Metallteile und der Bolzen darf nicht überschritten werden.

11.2.11. Bei Bolzenverbindungen von Vollholz mit Furnierplatten ist die zulässige Belastung auch unter Berücksichtigung der zulässigen Lochleibungsspannung der Furnierplatten aus Gl. (31) zu bestimmen. Der kleinere Wert von zul N_b ist maßgebend. Für die zulässige Lochleibungsspannung der Furnierplatten können die Werte für die zulässigen Druckspannungen nach Tabelle 8, Zeile 4, bzw. Abschnitt 9.2.3, angenommen werden, soweit die zulässigen Belastungen nicht durch besondere Versuche nach DIN 4110 Blatt 8 (z. Z. noch Entwurf), nachgewiesen werden.

11.3. Nagelverbindungen

11.3.1. Die Festlegungen über Nagelverbindungen im Holzbau gelten für die Anwendung runder Drahtnägel mit Senkkopf nach DIN 1151, soweit in jeder für den Kraftanschluß herangezogenen Fuge mindestens vier durch gleichgerichtete Kräfte beanspruchte Nagelscherflächen vorhanden sind. Für Nägel mit anderer Schaftausbildung und aus anderem Werkstoff (Sondernägel) sind die zulässigen Belastungen aufgrund von Versuchen nach DIN 4110 Blatt 8 (z. Z. noch Entwurf), festzulegen.

11.3.2. Die zulässige Nagelbelastung im Lastfall H bei Beanspruchung rechtwinklig zur Schaftrichtung errechnet sich bei Nadelholz für eine Scherfläche ohne Rücksicht auf den Faserverlauf des Holzes nach folgender Zahlenwertgleichung zu

$$N_1 = \frac{500 \cdot d_n^2}{1 + d_n} \text{ in kp;} \qquad (32)$$

mit d_n als Nageldurchmesser in cm.

Nagelverbindungen in Hirnholz dürfen nicht als tragend in Rechnung gestellt werden.

11.3.3. Die Mindestholzdicke a muß unter Berücksichtigung der in Abschnitt 4.2.2 festgelegten Mindestdicke von 2,4 cm mit Rücksicht auf die Spaltgefahr des Holzes bei Nägeln, die ohne Vorbohrung eingeschlagen werden,

$$a = d_n \cdot (3 + 8 \cdot d_n) \text{ in cm} \qquad (33)$$

betragen. Bei genagelten Vollwandbindern mit Stegen aus zwei gekreuzten Brettlagen darf mit Rücksicht auf deren Sperrwirkung bei zweischnittiger Nagelung die aus der Gl. (33) errechnete Mindestholzdicke a bis auf 2/3 ihres Wertes verringert werden, wenn die Einzelbretter nicht breiter als 14 cm sind ($a_1 = 2/3 \cdot a$, siehe Bild 19).

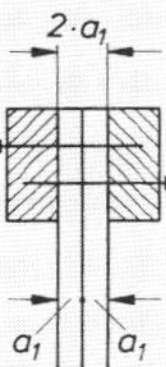

Bild 19. Zweischnittige Gurtnagelung bei Vollwandträgern

11.3.4. Ein- und mehrschnittige Nagelverbindungen dürfen mit $m \cdot N_1$ berechnet werden, mit m als Anzahl der Schnitte, wobei eine Scherfläche noch als voll wirksam angesehen werden darf, wenn die Nagelspitze mindestens eine Einschlagtiefe von $s = 12 \cdot d_n$ bei einschnittigen bzw. $s = 8 \cdot d_n$ bei mehrschnittigen Verbindungen aufweist (siehe Bild 20). Bei Einschlagtiefen s zwischen $6 \cdot d_n$ und $12 \cdot d_n$ bzw. $4 \cdot d_n$ und $8 \cdot d_n$ und Nagelung der mehrschnittigen Nagelverbindungen von beiden Seiten ist für die der Nagelspitze nächst liegende Scherfläche die zulässige Nagelbelastung N_1 im Verhältnis der tatsächlichen Einschlagtiefe s_w zur Solltiefe $s = 12 \cdot d_n$ bzw. $s = 8 \cdot d_n$ zu mindern. Ist $s_w < 6 \cdot d_n$ bzw. $4 \cdot d_n$, so darf die der Nagelspitze nächst liegende Scherfläche nicht mehr in Rechnung gestellt werden.

11.3.5. Bei vorgebohrten Nagellöchern (Bohrlochdurchmesser $\approx 0{,}85 \cdot d_n$, Bohrlochtiefe mindestens gleich der erforderlichen Einschlagtiefe s nach Abschnitt 11.3.4) dürfen um 25 % größere Nagelbelastungen zugelassen werden und die Holzdicken dürfen bei Nageldurchmessern $\geqq$ 4,2 mm bis auf das 6fache des Nageldurchmessers abnehmen. Bei noch geringeren Holzdicken sind die zulässigen Belastungen im Verhältnis $a/(6 \cdot d_n)$ zu mindern.

11.3.6. Bei Nagelverbindungen von Eichen- oder Buchenholz, die stets vorgebohrt werden müssen, darf mit $1{,}5 \cdot N_1$ (N_1 nach Gl. 32) je Nagelscherfläche gerechnet werden, wenn die Holzdicke mindestens $6 \cdot d_n$ beträgt. Bei geringeren Holzdicken sind die zulässigen Belastungen im Verhältnis $a/(6 \cdot d_n)$ zu mindern.

11.3.7. Die zulässigen Nagelbelastungen sowie die zugehörigen Mindestholzdicken und Mindesteinschlagtiefen können aus Tabelle 14 entnommen werden.

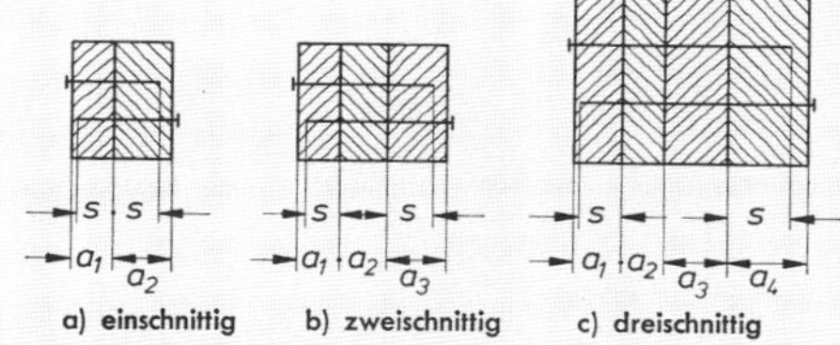

Bild 20. Holzdicken und Einschlagtiefen bei Nagelverbindungen

Tabelle 14. **Holzdicken, Einschlagtiefen und zulässige Nagelbelastungen je Nagel und Scherfläche im Lastfall H**

bei Nägeln Größe $d_n \times l_n$ [1])	Holzdicke a mindestens bei Nagellöchern		Einschlagtiefe s [2]) mindestens		zulässige Nagelbelastung N_1 [3]) für eine Scherfläche		
					bei Nadelholz		bei Eiche und Buche stets vorgebohrt
	nicht vorgebohrt	vorgebohrt	einschnittig	mehrschnittig	nicht vorgebohrt	vorgebohrt	
	mm	mm	mm	mm	kp	kp	kp
22 × 45 22 × 50	24 20[4])	24 20[4])	27	18	20	25	30
25 × 55 25 × 60	24 20[4])	24 20[4])	30	20	25	31	37,5
28 × 65	24 20[4])	24 20[4])	34	23	30	37,5	45
31 × 65 31 × 70 31 × 80	24 20[4])	24 20[4])	38	25	37,5	46	56
34 × 90	24 22[4])	24 22[4])	41	27	43	54	65
38 × 100	24	24	46	30	52,5	65	78
42 × 110	26	26	51	34	62,5	77,5	93
46 × 130	30	28	56	37	72,5	90,5	109
55 × 140 55 × 160	40	35	66	44	97,5	122	146
60 × 180	50	35	72	48	112	140	168
70 × 210	60	45	84	56	145	180	217
75 × 230	70	45	90	60	160	200	240
80 × 260	75	50	96	64	178	222	267
90 × 310	90	55	108	72	213	266	320

[1]) Die Tabelle enthält nur die in DIN 1151 angegebenen Nageldurchmesser d_n in 1/10 mm und Nagellängen l_n in mm. Bei abweichenden Nagellängen ist Abschnitt 11.3.4 zu beachten.
[2]) Siehe auch Abschnitt 11.3.4.
[3]) Siehe auch Abschnitt 11.3.4, 11.3.5 und 11.3.6.
[4]) Werte gelten für die Mindestholzdicke bei Schalungen.

11.3.8. Bei Stahlblech-Holz-Nagelverbindungen nach Bild 21 muß die Blechdicke mindestens 2,0 mm betragen. Die Nagellöcher sind in der Regel gleichzeitig in Holz- und Blechteilen mit einem Bohrlochdurchmesser gleich dem Nageldurchmesser auf die erforderliche Nagellänge vorzubohren. Bei nur außenliegenden Blechen ist ein Vorbohren des Holzes nicht erforderlich. Für die zulässigen Belastungen gelten bei vorgebohrten Nagellöchern die Werte nach Abschnitt 11.3.5, auch bei nicht vorgebohrten, einschnittigen Verbindungen mit außenliegenden Blechen. Im übrigen gilt Abschnitt 11.3.4. Bei Blechdicken unter 5 mm ist Korrosionsschutz I nach DIN 4115 stets erforderlich. Bei druckbeanspruchten Blechen ist auf eine ausreichende Beulsicherheit zu achten. Das Einhalten der zulässigen Spannungen für die Bleche nach Abschnitt 9.3 ist unter Berücksichtigung der Nagellöcher nachzuweisen.

11.3.9. Bei der Verbindung von Furnierplatten mit Vollholz sind Nagelbelastungen nach Abschnitt 11.3.2 bzw. 11.3.5 zulässig, wenn die Furnierplatten den Anforderungen nach DIN 68 705 Blatt 3, entsprechen. Abweichend von den Fest-

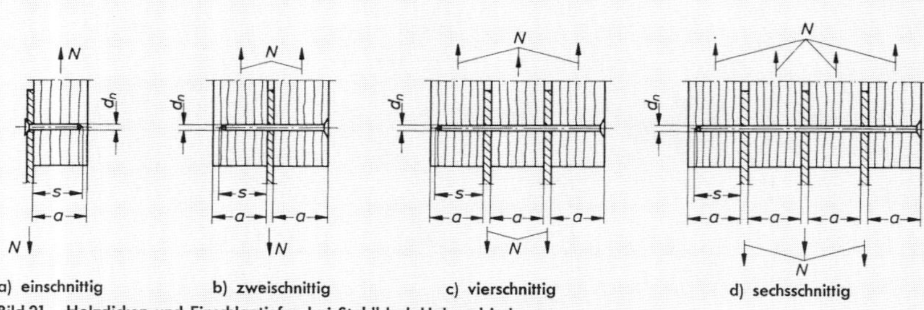

a) einschnittig b) zweischnittig c) vierschnittig d) sechsschnittig

Bild 21. Holzdicken und Einschlagtiefen bei Stahlblech-Holzverbindungen

legungen in Abschnitt 11.3.3 brauchen die Furnierplatten nur eine Mindestdicke von

$$a = 0{,}5 \cdot d_n \cdot (3 + 8 \cdot d_n) \text{ in cm} \quad (34)$$

besitzen, soweit nicht Abschnitt 4.2.3 maßgebend ist. Für die Einschlagtiefe der Nägel in das Vollholz gilt Abschnitt 11.3.4. Die zulässige Belastung von Nägeln bei Verbindungen von anderen Holzwerkstoffen miteinander oder mit Vollholz sowie von nicht in Tabelle 14 aufgeführten Holzarten ist gegebenenfalls durch Versuche nach DIN 4110 Blatt 8 (z. Z. noch Entwurf), zu bestimmen.

11.3.10. Sind beim Stoß oder Anschluß von Zuggliedern mehr als 10 Nägel hintereinander angeordnet, so müssen die zulässigen Nagelbelastungen um 10 %, bei mehr als 20 Nägeln um 20 % ermäßigt werden.

Tabelle 15. **Nagelabstände**

		Nagelabstände parallel der Kraftrichtung mindestens	
		nicht vorgebohrt	vorgebohrt
untereinander	∥ der Faserrichtung	$10 \cdot d_n$ $12 \cdot d_n$ [1]	$5 \cdot d_n$
	⊥ zur Faserrichtung	$5 \cdot d_n$	$5 \cdot d_n$
vom beanspruchten Rand	∥ der Faserrichtung	$15 \cdot d_n$	$10 \cdot d_n$
	⊥ zur Faserrichtung	$7 \cdot d_n$ $10 \cdot d_n$ [1]	$5 \cdot d_n$
vom unbeanspruchten Rand	∥ der Faserrichtung	$7 \cdot d_n$ $10 \cdot d_n$ [1]	$5 \cdot d_n$
	⊥ zur Faserrichtung	$5 \cdot d_n$	$3 \cdot d_n$

[1]) bei $d_n > 4{,}2$ mm

11.3.11. Bei Anschlüssen von Brettern, Bohlen und dgl. an Rundholz sind die zulässigen Nagelbelastungen auf 2/3 zu ermäßigen. Nagelverbindungen von zwei Rundhölzern sind bei tragenden Bauteilen unzulässig.

11.3.12. Wenn die Nägel in Bauteilen der Korrosionsgefahr besonders ausgesetzt sind, darf die Belastung der Nagelverbindung nur dann die zulässigen Werte erreichen, wenn die Nägel durch einen Überzug aus Zink, Blei, Kadmium oder dgl. entsprechend der Art der Korrosionsgefahr geschützt werden, oder wenn es sich um Bauten zu vorübergehenden Zwecken handelt.

11.3.13. Als kleinste Nagelabstände im dünnsten Holz gelten bei versetzt angeordneten Nägeln die Abstände nach Tabelle 15 unter Beachtung von Bild 22a und b.

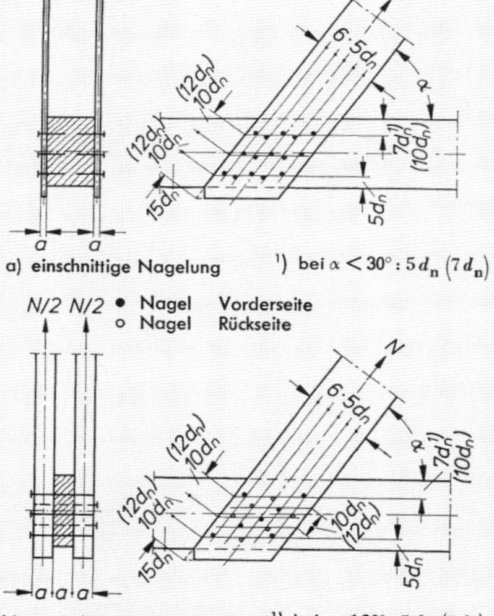

Bild 22. Mindestnagelabstände nicht vorgebohrter Nagelungen

11.3.14. Rechtwinklig zur Kraftrichtung muß der Nagelabstand sowohl untereinander als auch vom Rand mindestens $5 \cdot d_n$ bei nicht vorgebohrten und $3 \cdot d_n$ bei vorgebohrten Nagellöchern betragen, soweit nicht Bild 22b maßgebend wird.

11.3.15. Bei sich übergreifenden Nägeln (siehe Bild 23), die von zwei verschiedenen Seiten in ein Holz von der Dicke a_m eingeschlagen werden, darf wie nach Bild 23a genagelt werden, solange die Nagelspitze des einen Nagels um mindestens $8 \cdot d_n$ von der Scherfläche des anderen Nagels entfernt bleibt. Ist die Einschlagtiefe s größer als die Holzdicke

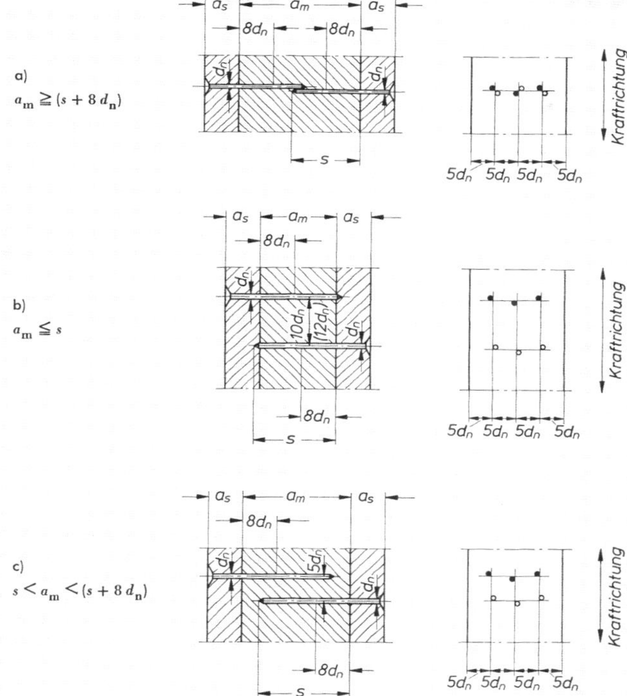

Bild 23. Abstände bei übergreifenden Nägeln

a_m (siehe Bild 23b), so sind die Mindestabstände in Faserrichtung von $10 \cdot d_n$ $(12 \cdot d_n)$ einzuhalten. In allen anderen Fällen $(a_m < (s + 8 \cdot d_n)$, aber größer als $s)$ müssen die Nägel um $5 \cdot d_n$ in Faserrichtung versetzt werden (siehe Bild 23c).

11.3.16. Bei Stahlblechen und Furnierplatten darf der Randabstand der Nägel auf $2{,}5 \cdot d_n$ und der Abstand der Nägel untereinander auf $5 \cdot d_n$ verringert werden, soweit nicht mit Rücksicht auf das Vollholz die Abschnitte 11.3.13 bis 11.3.15 maßgebend werden.

11.3.17. Bei tragenden Nägeln und bei Heftnägeln soll der größte Abstand in Faserrichtung $40 \cdot d_n$ und rechtwinklig zur Faserrichtung $20 \cdot d_n$ nicht überschreiten.

11.3.18. Bei biegesteifen Stößen oder bei der Stoßdeckung von Koppelträgern gelten die Werte der Tabelle 15, wobei diese Werte ungeachtet der Kraftrichtung nur auf die Faserrichtung des Holzes zu beziehen und alle Ränder als beansprucht zu betrachten sind.

11.3.19. Bei gekrümmten, genagelten Bauteilen muß der Biegehalbmesser mindestens $300 \cdot a$ sein. Hierbei ist a die Dicke des dicksten Einzelteiles.

11.3.20. Beim Nachweis der Sicherheit von Bauteilen gegen Abheben durch die Sogkraft des Windes nach DIN 1055, Blatt 4, dürfen Nägel zur Befestigung von Schalungen nach Tabelle 16 und Nägel zur Befestigung von Sparren, Pfetten und ähnlichen Bauteilen nach Tabelle 17 auf Herausziehen beansprucht werden. Die Haftlänge der Nägel wird nach Bild 24a und b einschließlich der Nagelspitze bestimmt und auf volle Zentimeter gerundet.

Schalbretter sind mit wenigstens zwei Nägeln an jedem Sparren, Binder oder Stiel zu befestigen. In Hirnholz eingeschlagene Nägel dürfen auf Herausziehen nicht in Rechnung gestellt werden.

Werden die Nägel in frisches Holz eingeschlagen, so sind die zulässigen Belastungen auf Herausziehen nach Tabelle 16 und 17 auch dann auf 2/3 zu ermäßigen, wenn das Holz nachtrocknen kann.

Tabelle 16. **Zulässige Belastung von Schalungsnägeln auf Herausziehen**

Nagelgröße	verwendbar für Brettdicke mm	zulässige Belastung je Nagel kp
31 × 70	20 und 22	15
34 × 90	22 und 24	20

DIN 1052 Blatt 1 Seite 23

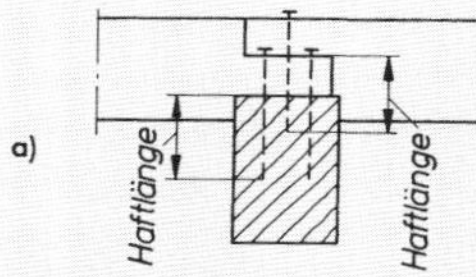

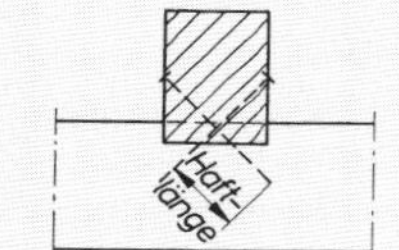

Bild 24. Haftlängen der Nägel bei Beanspruchung auf Herausziehen

Tabelle 17. **Zulässige Belastung von Sparren- und Pfettennägeln auf Herausziehen**

Nageldurchmesser d_n 1/10 mm	Zul. Belastung der tragenden Haftlänge einschl. der Spitze (Bild 24a und b) kp/cm
46	6
55	7
60	8
70	9
75	10
80	11

11.4. Holzschraubenverbindungen

Die Festlegungen über Holzschraubenverbindungen gelten für die Anwendung von Holzschrauben nach DIN 96 und DIN 97 mit mindestens 4 mm Schaftdurchmesser d_s sowie nach DIN 570 und DIN 571. Tragende Holzschraubenverbindungen müssen aus mindestens 4 Holzschrauben bei $d_s < 10$ mm und aus mindestens 2 Holzschrauben bei $d_s \geqq 10$ mm **bestehen.**

Holzschrauben in Hirnholz dürfen nicht als tragend in Rechnung gestellt werden.

11.4.1. Holzschraubenverbindungen sind in der Regel einschnittig ausgebildet. Die zulässige Belastung wird im Lastfall H für Vollholz nach Tabelle 6 und Furnierplatten nach Tabelle 8 bei Beanspruchung rechtwinklig zur Schaftrichtung für Kraftangriff in Faserrichtung des Holzes errechnet nach der Zahlenwertgleichung

$$\text{zul } N = 40 \cdot a_1 \cdot d_s \text{ jedoch höchstens} = 170 \cdot d_s^2 \text{ in kp} \qquad (35)$$

Hierin bedeuten:

a_1 die Holz- bzw. Furnierplattendicke in cm des anzuschließenden Teiles

d_s der Schraubenschaftdurchmesser in cm

Bei Aufschrauben von Metallteilen auf Holz errechnet sich die zulässige Belastung im Lastfall H bei $s \geqq 8 \cdot d_s$ aus der Zahlenwertgleichung zul $N = 1{,}25 \cdot 170 \cdot d_s^2$ in kp.

Für Holzschrauben mit $d_s < 10$ mm gilt die zulässige Belastung auch für Kraftangriff rechtwinklig oder schräg zur Faserrichtung des Holzes, während bei $d_s \geqq 10$ mm die zulässige Belastung nach Maßgabe des Abschnittes 11.2.9 zu mindern ist.

Die Einschraubtiefe s (siehe Bild 25) muß mindestens $8 \cdot d_s$ betragen. Anderenfalls ist die zulässige Belastung im Verhältnis der tatsächlichen Einschraubtiefe zur Solltiefe $8 \cdot d_s$ zu mindern. Einschraubtiefen unter $4 \cdot d_s$ dürfen jedoch nicht mehr in Rechnung gestellt werden.

Das Holz ist auf die Tiefe des glatten Schaftes mit d_s und auf die Länge des Gewindeteiles mit $0{,}7 \cdot d_s$ vorzubohren.

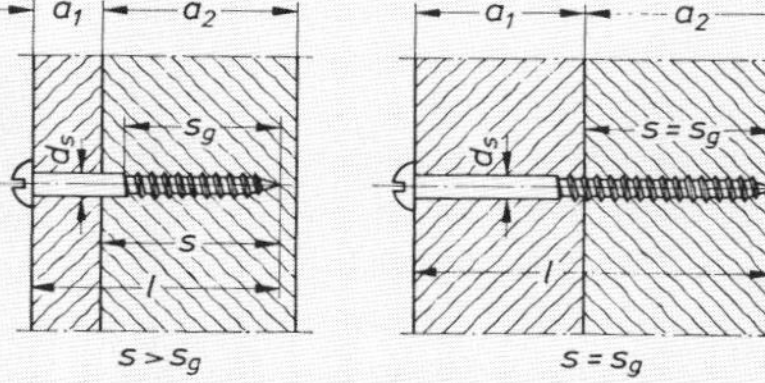

Bild 25. Holzdicken und Einschraubtiefen bei Holzschrauben

11.4.2. Als Mindestabstände der Holzschrauben müssen wie bei Nägeln mit vorgebohrten Nagellöchern die Werte nach Tabelle 15 und Abschnitt 11.3.14 eingehalten werden. Außerdem gelten die Abschnitte 11.3.10 und 11.3.17 sinngemäß.

11.4.3. Die zulässige Belastung einer nach Abschnitt 11.4.1 eingedrehten Holzschraube auf Herausziehen darf für trockenes Holz unabhängig vom Feuchtigkeitsgehalt des Holzes beim Einschrauben gemäß folgender Zahlenwertgleichung angenommen werden zu

$$\text{zul } N_Z = 30 \cdot s_g \cdot d_s \text{ in kp} \qquad (36)$$

Hierin bedeutet s_g die Einschraubtiefe in cm des Gewindeteiles im Holz von der Dicke a_2 (siehe Bild 25). Einschraubtiefen s_g kleiner als $4 \cdot d_s$ und größer als $7 \cdot d_s$ dürfen dabei nicht in Rechnung gestellt werden.

11.5. Leimverbindungen

11.5.1. Nachweis der Befähigung zum Leimen

Betriebe, die geleimte, tragende Holzbauteile herstellen, müssen den Nachweis erbringen, daß eine von der zuständigen obersten Bauaufsichtsbehörde dazu anerkannte Stelle ihre Werkeinrichtung und ihr Fachpersonal überprüft und als geeignet befunden hat.

11.5.2. Holzgüte

Die Güteanforderungen nach DIN 4074 brauchen bei verleimten Holzbauteilen, die aus Einzelteilen kleinerer Querschnitte bestehen, im allgemeinen nur auf den Verbundkörper, nicht auf die einzelnen Teile bezogen zu werden. Die in der Zugzone liegenden Teile (Bretter) müssen jedoch für sich betrachtet ebenfalls der vorgesehenen Güteklasse entsprechen. Bei auf Biegung beanspruchten Brettschichtträgern mit Rechteckquerschnitt gilt dies für alle Bretter im Bereich der äußeren 15 % der Trägerhöhe und mindestens für die beiden äußeren Bretter in der Zugzone.

11.5.3. Holzfeuchtigkeitsgehalt im Zeitpunkt der Verleimung

Für Leimverbindungen dürfen nur Hölzer mit weniger als 15 % Feuchtigkeitsgehalt verwendet werden. Grundsätzlich müssen jedoch die Bauteile mit dem Feuchtigkeitsgehalt verleimt werden, der im Regelfall dem im eingebauten Zustand zu erwartenden mittleren Wert (Normalwert) entspricht. In der Mehrzahl der Anwendungen wird es sich hiernach um den Bereich des Holzfeuchtigkeitsgehaltes von (12 ±3) %

handeln (siehe Abschnitt 3.2.1). Es empfiehlt sich, die Verleimung bei einem Feuchtigkeitsgehalt durchzuführen, der im unteren Bereich des zu erwartenden Normalwertes liegt.

Die Ermittlung des Feuchtigkeitsgehaltes ist durch ein für die Bauholzleimung zugelassenes elektrisches Meßgerät vorzunehmen, dessen Zuverlässigkeit durch Darrproben (nach DIN 52 183) in gewissen Abständen zu überprüfen ist.

11.5.4. Beschaffenheit der Leimflächen; Paßgenauigkeit

Zum Erzielen möglichst guter Passung der Leimflächen müssen diese gehobelt, gefräst oder mit einwandfrei arbeitenden Kreissägen bearbeitet sein. An den Leimflächen anstehende Harztaschen sind auszukratzen. Schwere Laubhölzer sind nach dem Hobeln mit grobem Schleifpapier oder mit dem Zahnhobel zu bearbeiten.

Vor dem Aufbringen des Leimes sind die Leimflächen einwandfrei von anhaftenden Sägespänen, Staub und dgl. zu reinigen.

11.5.5. Gestaltung und Aufbau der Bauteile aus Brettschichtholz

Bauteile aus nur zwei Teilhölzern sollen so aufgebaut werden, daß die von der Markröhre am weitesten entfernten Brettseiten („linke" Seiten) die Leimflächen bilden. Bei Brettschichtholz (mehr als zwei Teilhölzer) ist jeweils eine „linke" mit einer „rechten" Seite zu verleimen; an den Außenseiten sollen jedoch nur „rechte" Seiten liegen. Die Dicke der zu Brettschichtholz verwendeten Einzelbretter ist nach unten nicht begrenzt, darf jedoch in der Regel 30 mm nicht überschreiten. Sie kann auf 40 mm erhöht werden, wenn Trocknung und Holzauswahl besonders sorgfältig erfolgen und die Bauteile keinen extremen klimatischen Wechselbeanspruchungen ausgesetzt sind. Bei Bauteilen mit mehr als 20 cm Breite müssen die Bretter auf beiden Seiten mit je zwei in Brettlängsrichtung durchlaufenden Entlastungsnuten versehen werden. Der gegenseitige Abstand der Nuten beträgt etwa 2/5 der Brettbreite. Die Nuten auf der Unterseite des Brettes sind um den halben Abstand gegenüber den Nuten auf der Oberseite zu versetzen. Die Nuttiefe (Schnittiefe von Säge oder Fräser) beträgt 1/5 bis 1/6 der Brettdicke, die Nutbreite höchstens 3,5 mm. Bei Verwendung von nicht genuteten Brettern muß bei Bauteilen mit mehr als 20 cm Breite jede Brettlage aus mindestens zwei Teilen bestehen. Dabei müssen die Längsfugen übereinander liegender Lagen mindestens um die doppelte Brettdicke gegeneinander versetzt sein.

Überwiegend auf Biegung beanspruchte Träger und Binder aus verleimtem Brettschichtholz dürfen in der Zugzone Anschnitte mit folgenden größten Neigungen aufweisen:

Tabelle 18.

	a/l
Güteklasse II	1/10
Güteklasse I	1/14

Dabei bedeutet a die Brettdicke und l die Länge des Anschnittes. In der Druckzone kann die Anschnittsneigung frei gewählt werden.

Größere Neigungen der Anschnitte sind unerheblich, wenn die zugehörigen Bretter bei der Querschnittsbemessung unberücksichtigt bleiben. Sind bei wechselnder Querschnittshöhe größere Neigungen nicht zu umgehen und soll der Gesamtquerschnitt voll in Rechnung gestellt werden, so müssen auf der Zugseite durchlaufende Bretter auf eine Gesamthöhe von mindestens 15 % der größten Trägerhöhe (Binderhöhe), jedoch mindestens 2 Brettlagen, angeordnet werden.

Bei Bauteilen, die ganz oder teilweise im Freien stehen, müssen, ungeachtet eines aufzubringenden Schutzanstriches, mindestens die in der Zug- und Druckzone im Freien außen liegenden Brettlagen durchlaufen bzw. nach dem Zuschnitt solche durchlaufenden Brettlagen angebracht werden.

11.5.6. Längsstöße

Längsstöße sind durch Schäftung mit einer Leimflächenneigung von höchstens 1/10 oder durch Keilzinkung der Form A nach DIN 68 140 auszuführen. Beim Bemessen von Keilzinkungen ist der Nachweis mit dem reduzierten Querschnitt

$$\text{red}\, F = (1 - v) \cdot F \qquad (37)$$

zu führen; mit v als Verschwächungsgrad nach DIN 68 140. Bei Trägern aus Brettschichtholz darf die Schwächung in den Keilzinkungen unberücksichtigt bleiben, wenn die Bretter einzeln gezinkt sind und die Zinkverbindung in einem besonderen Arbeitsgang vor dem endgültigen Aushobeln der einzelnen Bretter auf die Solldicke hergestellt wird. Bei biegebeanspruchten Brettschichthölzern müssen die oberen und unteren Lagen auf je mindestens 1/5 der Querschnittshöhe, jedoch mindestens bei zwei Brettlagen, aus ungestoßenen Brettern oder solchen mit geschäfteten oder keilgezinkten Längsstößen bestehen.

Stöße im Innern eines vorwiegend auf Biegung oder Druck beanspruchten Bauteiles aus Brettschichtholz dürfen stumpf sein. Diese Stöße sind in benachbarten Lagen um mindestens 50 cm gegeneinander zu versetzen.

11.5.7. Gekrümmte Bauteile

Bei gekrümmten, aus mehreren Schichten zusammengeleimten Bauteilen muß der Biegehalbmesser R_1 mindestens $200 \cdot a$ sein. Hierbei ist R_1 der Biegehalbmesser des Einzelbrettes und a dessen Dicke. Biegehalbmesser zwischen $200 \cdot a$ und $150 \cdot a$ sind zulässig, wenn die Brettdicke nach der Zahlenwertgleichung

$$a \leqq 10 + 0{,}4 \left(\frac{R_1}{a} - 150 \right) \text{ in mm} \qquad (38)$$

ist. Die durch das Krümmen der einzelnen Schichten vor dem Verleimen verursachten Biegespannungen dürfen vernachlässigt werden.

Bei einem Verhältnis $R/h < 10$ mit h als Querschnittshöhe und R als Biegehalbmesser der Trägerachse muß die maximale Biegespannung unter Berücksichtigung der Trägerkrümmung berechnet werden. Querzugspannungen sind stets nachzuweisen und dürfen $\text{zul}\, \sigma_{Z\perp} = 2{,}5\ \text{kp/cm}^2$ nicht überschreiten; sie treten dann auf, wenn das Biegemoment am inneren Querschnittsrand Längszugspannungen hervorruft.

Für Krümmungsverhältnisse $\beta = R/h \geqq 2$ können die maximale Biegerandspannung aus

$$\sigma_B = \frac{M}{W_n} \left(1 + \frac{1}{2\beta} \right) \leqq \text{zul}\, \sigma_B \qquad (39)$$

und die maximale Querzugspannung aus

$$\sigma_{Z\perp} = \frac{M}{W} \cdot \frac{1}{4\beta} \leqq \text{zul}\, \sigma_{Z\perp} \qquad (40)$$

genau genug berechnet werden. Darin sind W und W_n die auf die Achse des ungeschwächten Querschnittes bezogenen Widerstandsmomente ohne bzw. mit Abzug etwa vorhandener Querschnittsschwächungen.

11.5.8. Leime

Leime für tragende Bauteile müssen die Prüfungen nach DIN 68 141 bestanden haben. Für Bauteile, die überdacht und der Nässe nicht ausgesetzt werden, können bewährte Kasein-Leime und Kunstharzleime verwendet werden, Kasein-Leime allerdings nur dann, wenn die Leimfugen bis zum Aufbringen der Dachhaut gegen Eindringen freien Wassers geschützt sind.

Für Bauteile, die kurzzeitig, jedoch nicht öfter wiederkehrend der Nässe oder Feuchtigkeit ausgesetzt sein können, dürfen Kunstharzleime auf Basis Harnstoff-Formaldehyd oder Resorcinformaldehyd verwendet werden.

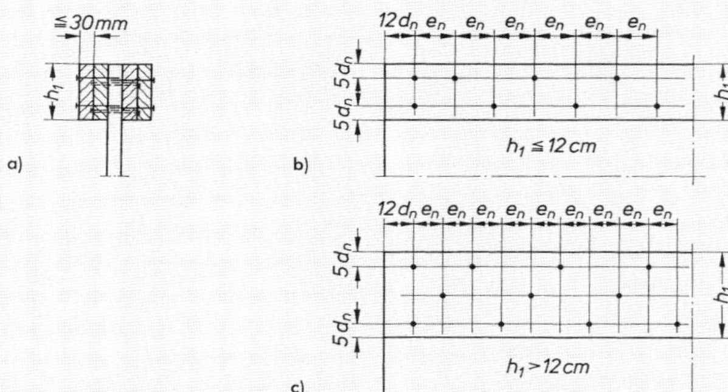

Bild 26. Nagelabstände bei der Nagel-Preßleimung

Für Bauteile, die der Nässe, sehr feuchtwarmen oder tropenähnlichen Klimabedingungen ausgesetzt sein können, dürfen nur Kunstharzleime auf Basis Resorcinformaldehyd verwendet werden.

Es sind Leime zu verwenden, die in dicken Fugen beständig sind (z. B. gefüllte Harnstoffharzleime, Leime auf Resorcin-Basis), jedoch jeweils nur für den zugelassenen Klimabereich. Zur Überwachung der Eigenschaften der verwendeten Leime sind vor jedem Bauvorhaben Probeleimungen auszuführen, besonders auch vor dem Verarbeiten jeder neuen Sendung von Leim, Härter usw., und die hergestellten Proben nach entsprechender Kennzeichnung fünf Jahre lang aufzubewahren.

11.5.9. Preßdruck

Der Preßdruck muß gleichmäßig wirken. Er wird zweckmäßig durch Spindelpressen, hydraulische Pressen o. ä. erzeugt; Schraubzwingen genügen in der Regel nicht. Zur gleichmäßigen Druckverteilung sind unter den örtlich wirkenden Pressen genügend dicke Zulagen anzuordnen. Preßnagelung, d. h. Aufbringen des Preßdruckes mit Hilfe von Drahtnägeln, ist bei Vollwandträgern für die Verbindung der aus Lamellen von höchstens 30 mm Dicke bestehenden Gurthölzer mit einem vorgefertigten mehrlagigen Steg bei Anordnung nach Bild 26a und der gleichwertig aufgebauten Stegverstärkungen mit dem Steg zulässig. Dazu sind Drahtnägel mindestens der Größe 34 × 90 nach DIN 1151 zu verwenden; sie sind als einschnittig wirkend anzusehen, obwohl sie im allgemeinen mehr als zwei Brettlagen durchdringen. Die Anordnung der Drahtnägel muß den Bildern 26a bis c entsprechen; der Abstand e_n der Drahtnägel ist in Abhängigkeit von der Gurtbreite h_1 nach Tabelle 19 zu wählen.

Beim Nageln ist darauf zu achten, daß an allen Fugen seitlich Leimperlen austreten; wo das nicht der Fall ist, müssen weitere Drahtnägel eingeschlagen werden. Die Preßnagelung darf für andere Leimbauarten nicht angewendet werden.

11.5.10. Temperatur beim Pressen

Die Raumtemperatur beim Pressen soll im Regelfall mindestens 20 °C betragen und darf 18 °C nicht unterschreiten, da sonst die Gefahr von Fehlleimungen besteht. Die Leime sowie die zum Verleimen zu verwendenden Hölzer müssen ebenfalls diese Temperaturen, auch im Innern, aufweisen, weshalb sie ausreichend lange vor Beginn der Leimung bei der genannten Temperatur zu lagern sind.

Tabelle 19. **Angaben für die Gurt-Preßnagelung**

Gurtbreite h_1 cm	Nagelabstand e_n cm	Anzahl der Nagelreihen
10	10	2
12	8,5	2
14	7	3
16	6	3
18	5,5	3

11.5.11. Oberflächenschutz

Geleimte Bauteile, die den Witterungseinflüssen ausgesetzt sind, bedürfen eines wirksamen Oberflächenschutzes, damit bei Regen das Eindringen von Wasser vermieden und bei Sonnenbestrahlung die Gefahr des Aufreißens vermindert wird.

11.5.12. Schutzmittelbehandlung

Werden Hölzer zu Bauteilen mit einem Holzschutzmittel behandelt, so muß die Verträglichkeit des zur Verwendung kommenden Leimes mit dem Holzschutzmittel amtlich nachgewiesen sein. Die Schutzmittelbehandlung von Leimbauteilen soll im allgemeinen nach dem Verleimen durchgeführt werden. Muß in Sonderfällen die Schutzmittelbehandlung vor dem Verleimen vorgenommen werden, so kommen hierfür nur wenige Mittel in Betracht.[3])

11.6. Bauklammerverbindungen

Bauklammern (siehe DIN 7961) dürfen bei Dauerbauten nur für untergeordnete Zwecke (z. B. für zusätzliche Sicherung von Pfetten und Sparren gegen Abheben) verwendet werden.

11.7. Zusammenwirken verschiedener Verbindungsmittel

Ein Zusammenwirken verschiedener Verbindungsmittel kann nur erwartet werden, wenn ihre Nachgiebigkeit etwa gleich groß ist. Bei Bolzen- und Leimverbindungen darf daher ein Zusammenwirken mit anderen Verbindungsmitteln und mit Versätzen nicht in Rechnung gestellt werden. In anderen Fällen ist das Verbindungsmittel, auf das rechnerisch der kleinere Teil der zu übertragenden Kraft entfällt, für die 1,5fache

[3]) Auskünfte hierzu nach dem neuesten Stand erteilt der Prüfausschuß für Holzschutzmittel, 2101 Meckelfeld, Höpenstraße 75

anteilige Kraft zu bemessen. Bei Versätzen oder Kontaktdruckanschlüssen dürfen Stabverbreiterungen durch aufgeleimte Beihölzer ohne Erhöhung der anteiligen Kraft bemessen werden.

12. Bauliche Durchbildung

12.1. Abbund und Richten

12.1.1. Alle Teile eines Tragwerkes sind auf unverschieblichen Unterlagen planmäßig derart zusammenzufügen, daß kein Teil unbeabsichtigte Spannungen erleidet.

12.1.2. Die Flächen von Überblattungen, Versatzungen, Stoßverbindungen und Gelenkpunkten sind passend herzurichten. Hölzer dürfen in der Regel nicht künstlich gebogen werden (Überhöhungen ausgenommen), wenn nicht die Zulässigkeit des Verfahrens besonders nachgewiesen wird. Gekrümmte Stäbe dürfen also im allgemeinen nur aus geraden Stücken größeren Querschnittes herausgeschnitten werden. Hölzer, die beim Aufstellen nicht ausreichend genau in die Verbindungen passen oder sich nachträglich windschief verzogen haben, sind auszuwechseln.

Die Bohrlöcher für die verschiedenen Holzverbindungen der Stöße und Knotenpunkte dürfen erst nach vollständigem Zusammenfügen der Tragwerke auf dem Reißboden gebohrt werden, sofern nicht die gleiche Genauigkeit mit anderen Bearbeitungsmethoden erreicht wird.

12.1.3. Alle Verbindungsmittel sind möglichst symmetrisch zur Stabachse und in Faserrichtung gegeneinander versetzt anzuordnen, damit sich bei Luftrissen nicht gleichzeitig alle Befestigungsmittel lockern und an Tragkraft einbüßen. Offene Ringdübel aus Metall sind so einzubauen, daß der Schlitz rechtwinklig zur Kraftrichtung liegt.

12.1.4. Alle Verbindungen sind mit Berücksichtigung der Überhöhung anzuzeichnen und herzustellen.

12.1.5. Schraubenbolzen sind nachzuziehen, insbesondere wenn mit einem Schwinden des Holzes gerechnet werden muß. Sie müssen daher genügende Gewindelänge aufweisen und bis zur Beendigung des Schwindens zugänglich bleiben.

12.2. Lager

12.2.1. Für Lager weitgespannter Tragwerke ist im allgemeinen Gußeisen, Stahl oder Hartholz zu verwenden. Lagerteile aus Holz sind mit einem Holzschutzmittel satt zu tränken und durch geeignete Zwischenlagen gegen aufsteigende Feuchtigkeit zu schützen. Die Lager sind gegen Verschieben zu sichern.

12.2.2. Alle Holzteile müssen dauernd ausreichenden Luftzutritt haben.

Änderung Oktober 1969:

DIN 1052 aufgeteilt in DIN 1052 Blatt 1 und Blatt 2. Vollständig neu bearbeitet, entsprechend der technischen Entwicklung ergänzt und berichtigt. Wichtige Änderungen enthalten die Bemessungsregeln für Biegeglieder (Abschnitt 5) und Druckstäbe (Abschnitt 7) sowie die Festlegungen für Nagel- und Leimverbindungen. Neu aufgenommen wurden Festlegungen über den Schubmodul (Abschnitt 3.1) und Schwindmaße (Abschnitt 3.2), Knicklängen bei Kehlbalken, Bogen, Rahmen und Bindern (Abschnitt 7.1), zulässige Spannungen für Rundholz (Abschnitt 9.1) und Furnierplatten (Abschnitt 9.2), Holzschrauben (Abschnitt 11.4). Der Inhalt des Anhanges „Bestimmungen für Dübelverbindungen besonderer Bauart" wurde nach Überarbeitung als DIN 1052 Blatt 2 herausgegeben.

DK 694.28 : 674.028.2 : 624.011.1 : 694.011.1 — Oktober 1969

Holzbauwerke

Bestimmungen für Dübelverbindungen besonderer Bauart

DIN 1052 Blatt 2

Timber structures, specifications for special dowal joints

Mit DIN 1052 Blatt 1
Ersatz für DIN 1052

1. Geltungsbereich

Diese Norm gilt in Verbindung mit DIN 1052 Blatt 1 für die Bemessung und Ausführung von Dübelverbindungen, die nach den bauaufsichtlichen Bestimmungen aufgrund durchgeführter Prüfungen als ausreichend brauchbare und zuverlässige Verbindungsmittel im Holzbau anerkannt sind. Sie gilt für die Verbindung von europäischen Nadelhölzern mindestens der Güteklasse II nach DIN 4074 Blatt 1 „Bauholz für Holzbauteile; Gütebedingungen für Bauschnittholz" sowie bei Einlaßdübeln auch für Eiche und Buche.

Die Materialgüte der Dübel nach dieser Norm muß mindestens den Bedingungen der früheren Zulassungen entsprechen.

Bei Anwendung dieser Norm ist die Schutzrechtfrage zu prüfen.

2. Formen, zulässige Belastungen und Anordnung der Dübel

2.1. Wenn in den folgenden Abschnitten nichts anderes festgelegt, gilt DIN 1052 Blatt 1 Ausgabe Oktober 1969 (und dort besonders der Abschnitt 11.1).

2.2. Soweit nicht ausdrücklich vermerkt, dürfen Dübel ohne besonderen Nachweis nicht für die Verbindung von Vollholz mit Metallaschen verwendet werden. Für Verbindungen anderer Holzarten und von Holzwerkstoffen untereinander oder mit Vollhölzern müssen die zulässigen Belastungen durch Versuche in Anlehnung an DIN 1052 Blatt 1, Ausgabe Oktober 1969, Abschnitt 11.1.9, ermittelt werden.

2.3. Für Verbindungen mit Dübeln nach Bild 1 gelten für die zulässige Belastung im Lastfall H gleichlaufend, schräg und rechtwinklig zur Faserrichtung die Werte nach Tabelle 1. Die in Tabelle 1 festgelegten Werte dürfen nur in Rechnung gestellt werden, wenn die Dübelverbindung besonders hinsichtlich Durchmesser und Anzahl der Bolzen, der Maße der Scheiben, der Dübelabstände und der Vorholzlänge mindestens den Angaben in Tabelle 1 entspricht.

Bei der Berechnung von Querschnittsschwächungen durch Dübel nach DIN 1052 Blatt 1, Abschnitt 4.3.2, sind die in Tabelle 1, Spalte 6, angegebenen Dübel-Fehlflächen ΔF zusätzlich zu der gesamten Schwächung durch die Bohrlöcher für die Bolzen zu berücksichtigen.

2.4. Bei verdübelten Balken und zusammengesetzten Druckstäben mit kontinuierlicher Verbindung gelten für die zulässige Belastung eines Dübels unabhängig von der Anzahl der hintereinander liegenden Dübel stets die Werte nach Tabelle 1, Spalte 13.

2.5. Für Verbindungen mit mehreren Dübelreihen (siehe Bild 2) gelten für die Abstände der Dübel in der Faserrichtung, für die Abstände benachbarter Dübelreihen und der äußeren Dübelreihe von der Holzkante die Festlegungen in Tabelle 2. Der Dübelendabstand in Faserrichtung (Vorholzlänge) darf, wenn der Rand unbeansprucht ist, auf $0{,}5 \cdot e_d\parallel$ herabgesetzt werden. Werden die Dübel in benachbarten Reihen gegeneinander versetzt (siehe Bild 2), so ist der Mindestabstand $e_{d1}\parallel$ der Dübel parallel der Faserrichtung (Tabelle 2, Spalte 3) vom Mindestabstand $e_d\perp$ der benachbarten Dübelreihen nach Tabelle 2, Spalte 2, abhängig.

Tabelle 2.

1	2	3	4
Anordnung der Dübel	Mindestabstand $e_d\perp$ zweier benachbarter Dübelreihen	Mindestabstand $e_{d1}\parallel$ der Dübel parallel der Faserrichtung	Mindestabstand der äußeren Dübelreihe von der Holzkante
nicht gegeneinander versetzt	$d_d + t_d$	$e_d\parallel$	$b/2$
gegeneinander versetzt	$d_d + t_d$	$e_d\parallel$	$b/2$
	d_d	$1{,}1 \cdot e_d\parallel$	
	$0{,}75 \cdot d_d$	$1{,}5 \cdot e_d\parallel$	
	$0{,}5(d_d + t_d)$	$1{,}8 \cdot e_d\parallel$	

Es bedeuten:

d_d Außendurchmesser des Dübels nach Tabelle 1, Spalte 2,

t_d Einschnittiefe des Dübels, im allgemeinen $t_d = h_d/2$ mit h_d nach Tabelle 1, Spalte 3,

$e_d\parallel$ Mindestdübelabstand und -vorholzlänge bei einer Dübelreihe nach Tabelle 1, Spalte 12,

b Mindestbreite des Holzes bei einer Dübelreihe nach Tabelle 1, Spalte 10.

2.6. Werden ausnahmsweise bei Neigung der Kraft- zur Faserrichtung von 0 bis 30° mehr als sechs Dübel hintereinander angeordnet, so sind die Werte nach Tabelle 1, Spalte 15 für 7 und 8 Dübel entsprechend dem Unterschied zu Spalte 14, für 9 und 10 Dübel entsprechend dem doppelten Unterschied zu verringern. Werden bei Neigung der Kraft- zur Faserrichtung über 30° mehr als zwei Dübel hintereinander angeordnet, so sind die Werte nach Tabelle 1, Spalte 16 und 17 für 3 und 4 Dübel im Verhältnis der Werte Spalte 14 zu Spalte 13 abzumindern. Bei 5 oder mehr Dübeln ist sinngemäß zu verfahren. Mehr als 10 hintereinander liegende Dübel dürfen bei Stößen oder Anschlüssen nicht in Rechnung gestellt werden.

Fortsetzung Seite 2 bis 7

Fachnormenausschuß Bauwesen im Deutschen Normenausschuß (DNA)
Arbeitsgruppe Einheitliche Technische Baubestimmungen (ETB)

Tabelle 1.

1	2	3	4	5	6	7	8	9	10	11	12	13	14	15	16	17
Dübelform (siehe Bild 1)	Abmessungen der Dübel					Verbolzung			Mindestabmessungen der Hölzer bei einer Dübelreihe und Neigung der Kraft- zur Faserrichtung		Mindestdübelabstand und -vorholzlänge $e_d$ll bei einer Dübelreihe	Zulässige Belastung eines Dübels im Lastfall H bei Neigung der Kraft- zur Faserrichtung				
	Außendurchmesser [1])	Höhe [2])	Dicke	Anzahl der Zähne	Dübel-Fehlfläche	Sechskantschrauben nach DIN 601 Blatt 1	Runde Scheiben Durchmesser / Dicke	Vierkantscheiben Seitenlänge / Dicke	0 bis 30°	über 30 bis 90°		0 bis 30°			über 30 bis 60°	über 60 bis 90°
												Anzahl der in der Kraftrichtung hintereinander liegenden Dübel				
	d_d	h_d	s		ΔF	d_b	d_s		b/a	b/a	$e_d$ll	1 oder 2	3 oder 4	5 oder 6	1 oder 2	1 oder 2
	mm	mm	mm		cm²	mm	mm	mm	cm	cm	cm	kp	kp	kp	kp	kp
Zwei- und einseitige [3]) Ringkeildübel sowie Rippendübel [4]) System Appel	65	30	5	—	7,8	M 12	58/6	50/6	10/4	11/4	14	1150	1050	900	1000	900
	80	30	6	—	10,1	M 12	58/6	50/6	11/5	13/5	18	1400	1250	1100	1250	1100
	95	30	6	—	12,3	M 12	58/6	50/6	12/6	15/6	22	1700	1550	1350	1450	1250
	126	30	6	—	17,0	M 12	58/6	50/6	16/6	20/6	25	2000	1800	1600	1700	1400
	128	45	8	—	25,9	M 12	58/6	50/6	16/6	20/6	30	2800	2500	2250	2350	1900
	160 [5])	45	10	—	32,2	M 16	68/6	60/6	20/10	24/10	34	3400	3050	2700	2750	2150
	190 [6])	45	10	—	39,0	M 16	68/6	60/6	23/10	28/10	43	4800	4300	3850	3850	2900
Ringdübel System Beier	108	20	4	—	9,1	M 16	68/6	60/6	15/8	18/8	22	1700	1550	1350	1500	1350
	130	26	5	—	14,7	M 16	68/6	60/6	17/8	20/10	24	2200	2000	1750	1900	1550
	153 [5])	29	6,5	—	19,8	M 16	68/6	60/6	19/8	23/10	30	3000	2700	2400	2550	2150
	173 [6])	32	6,5	—	25,0	M 16	68/6	60/6	21/10	25/10	36	4000	3600	3200	3350	2700
	196 [6])	36	8	—	31,5	M 20	80/8	70/8	24/10	29/10	38	4600	4100	3700	3700	2950
	216 [6])	40	8	—	39,0	M 20	80/8	70/8	26/10	31/10	40	5200	4700	4150	4150	3100
Tellerdübel und Stufendübel [7]) System Christoph und Unmack	60	20	4,5	—	4,7	M 12	58/6	50/6	10/4 od. 9/6	11/4	16	1250	1100	1000	1100	1000
	80	25	5	—	8,4	M 12	58/6	50/6	11/5	13/5	21	1600	1450	1300	1400	1250
	100	30	5	—	13,1	M 12	58/6	50/6	13/6	16/6	24	2000	1800	1600	1750	1500
	120	35	5	—	18,8	M 12	58/6	50/6	16/6	19/6	27	2300	2050	1850	2000	1650
	140 [5])	40	5,5	—	25,4	M 12	58/6	50/6	18/6	22/6	33	3100	2800	2450	2600	2100
	160 [5])	45	6	—	32,2	M 16	68/6	60/6	20/10	24/10	37	3600	3250	2850	3000	2350
	180 [6])	50	6	—	40,8	M 16	68/6	60/6	22/10	25/10	45	4800	4300	3850	3900	3000
	200 [6])	55	7	—	50,4	M 16	68/6	60/6	24/10	29/10	48	5400	4850	4300	4300	3250
Hartholz-Runddübel System Kübler	66	32	—	—	8,2	M 12	58/6	50/6	10/4 od. 9/6	10/4 od. 9/6	13	1100	1000	900	900	900
	100	40	—	—	16,8	M 12	58/6	50/6	13/6	16/6	20	1800	1600	1550	1550	1350
Stahlhalbdübel [8]) System Kübler	45	25	—	—	6,4	M 16	—	—	10/6	12/6	15	1000	900	800	900	800

DIN 1052 Blatt 2 Seite 3

1	2	3	4	5	6	7	8	9	10	11	12	13	14	15	16	17
Geschlitzter Ringdübel System Tuchscherer	90	20	5	—	7,7	M 12	58/6	50/6	12/6	14/6	13	1200	1100	950	1050	950
	110	26	5	—	12,6	M 12	58/6	50/6	14/6	17/6	17	1600	1450	1300	1400	1250
	130	29	5	—	16,4	M 16	68/6	60/6	17/6	20/6	20	2000	1800	1600	1700	1450
	153[5])	32	6,5	—	21,8	M 16	68/6	60/6	19/6	23/6	25	2800	2500	2250	2350	1950
	173[6])	36	6,5	—	28,1	M 16	68/6	60/6	21/8	25/8	30	3800	3400	3050	3150	2500
	196[6])	39	8	—	34,2	M 20	80/8	70/8	24/8	29/8	31	4300	3850	3450	3500	2700
	216[6])	42	8	—	41,0	M 20	80/8	70/8	26/8	31/8	33	4800	4300	3850	3850	2900
Krallenringdübel System Freers & Nilson	90	30	6,5	24	9,7	M 12	58/6	50/6	12/6	14/6	20	1450	1300	1150	1200	1000
	130	40	8	34	19,8	M 16	68/6	60/6	16/6	20/8	25	2200	2000	1800	1900	1600
	155[5])	45	10	42	27,6	M 16	68/6	60/6	20/8	20/10	32	3150	2800	2500	2650	2200
	180[6])	50	10	48	35,8	M 20	80/8	70/8	22/10	24/10	38	3850	3450	3100	3300	2700
	180[6])	60	10	48	43,8	M 20	80/8	70/8	22/10	26/10	38	4250	3800	3400	3600	3000
Krallendübel System Siemens-Bauunion	55	30	3,5	16	3,9	M 12	58/6	50/6	10/4 od. 8/6	10/4 od. 9/6	12	1000[9])	900[9])	800[9])	950[9])	900[9])
												1200[10])	1100[10])	950[10])	1150[10])	1100[10])
	80	37	5	20	7,9	M 12	58/6	50/6	11/5	12/5	15[9])	1500[9])	1350[9])	1200[9])	1350[9])	1200[9])
											14[10])	1900[10])	1750[10])	1500[10])	1750[10])	1600[10])
Zweiseitiger Verbinder System Geka	50	27	3	8	2,8	M 12	58/6	50/6	10/4 od. 8/6	10/4 od. 9/6	12	800	700	650	750	700
	65	27	3	12	3,6	M 16	68/6	60/6	10/4 od. 9/6	11/4 od. 10/6	14	1150	1000	900	1100	1000
	80	27	3	18	4,6	M 20	80/8	70/8	11/5	13/5	17	1700	1500	1350	1600	1450
	95	27	3	24	5,6	M 22[12])	92/8	80/8	12/6	14/6	20	2100	1900	1700	1950	1750
	115	27	3	32	7,0	M 24	105/8	95/8	14/6	17/6	23	2700	2400	2150	2450	2150
Einseitiger[11]) Verbinder System Geka	50	15	3	8	3,4	M 12	—	—	10/4 od. 8/6	10/4 od. 9/6	12	800	700	650	750	700
	65	15	3	14	4,5	M 16	—	—	10/4 od. 9/6	11/4 od. 10/6	14	1150	1000	900	1100	1000
	80	15	3	22	5,5	M 20	—	—	11/5	13/5	17	1700	1500	1350	1600	1450
	95	15	3	24	6,9	M 22	—	—	12/6	14/6	20	2100	1900	1700	1950	1750
	115	15	3	32	8,6	M 24	—	—	14/6	17/6	23	2700	2400	2150	2450	2150
Zahnringdübel System Alligator	55	19	1,45	11	2,0	M 12	58/6	50/6	10/4 od. 8/6	10/4 od. 9/6	12	600	550	500	550	550
	70	19	1,45	15	2,6	M 16	68/6	60/6	10/5	12/5	14	800	700	650	750	700
	95	24	1,5	17	4,5	M 20	80/8	70/8	12/6	14/6	17	1200	1100	950	1100	1000
	115	24	1,5	20	5,6	M 22[12])	92/8	80/8	15/8	18/8	20	1600	1450	1300	1450	1300
	125	29	1,65	18	7,3	M 24	105/8	95/8	16/8	19/8	23	1800	1600	1450	1550	1450
Krallenplatte System Pfrommer	90/90	25	2	18	4,3	M 16	68/6	60/6	12/5	14/5	14	1250	1100	1000	1150	1050
Runde Verbinder System Bulldog	50	10	1,3	12	0,9	M 12	58/6	50/6	10/4 od. 8/6	10/4	12	500	450	400	450	450
	62	17	1,3	12	2,0	M 12	58/6	50/6	10/4 od. 9/6	11/4	12	700	650	550	650	600
	75	19	1,3	12	2,6	M 16	68/6	60/6	10/5	12/5	14	900	800	700	850	800
	95	25	1,3	12	4,7	M 16	68/6	60/6	12/5	14/5	14	1200	1100	950	1100	1050
	117	30	1,5	12 bzw. 13	6,9	M 20	80/8	70/8	15/8	18/8	17	1600	1450	1300	1500	1400
	140	31	1,5	16	8,7	M 22[12])	92/8	80/8	17/8	20/10	20	2200	2000	1750	2000	1850
	165[5])	33	1,8	24	11,0	M 24	105/8	95/8	19/8	23/10	23	3000	2700	2400	2700	2400
Quadratische Verbinder System Bulldog	100/100[6])	15	1,4	28	2,7	M 20	80/8	70/8	13/6	16/6	17	1700	1500	1350	1550	1450
	130/130[6])	18	1,5	28	4,5	M 22[12])	92/8	80/8	16/6	19/8	20	2300	2050	1850	2100	1900

Fußnoten [1]) bis [12]) auf Seite 4

[1]) bei quadratischen Formen Seitenlänge.

[2]) bei gezahnten Dübeln einschließlich der Zähne.

[3]) einseitige Ringkeildübel für die Verbindung von Holz mit Metallaschen. Neben den Maßen nach Tabelle 1 gelten:

d_d mm	d_i mm	d_u mm	h_l mm	s_l mm
65	13	22,5	8	3
80	13	25,5	8	3
95	13	33,5	8	4
128	13	45	10	4
160	17	50	12	5
190	17	60	12	6

Die Metallaschen müssen mindestens die Dicke h_l besitzen und auf den Durchmesser d_u gebohrt sein.

[4]) für Rippendübel sind bei 90° Neigung der Kraft- zur Faserrichtung für einen Dübel folgende Belastungen zulässig: 1700 kp für d_d = 95 mm, 2800 kp für d_d = 128 mm und 3400 kp für d_d = 16 mm.

[5]) mit einem Klemmbolzen M 12 am Laschenende nach DIN 1052 Blatt 1, Abschnitt 11.1.5.

[6]) mit zwei Klemmbolzen M 12 am Laschenende nach DIN 1052 Blatt 1, Abschnitt 11.1.5.

[7]) für die zulässige Belastung von Stufendübeln mit zwei verschiedenen Durchmessern ist der nach Durchmesser und Neigung der Kraft- zur Faserrichtung sich ergebende kleinste Wert aus Spalte 13 bis 17 maßgebend.

[8]) Stahlhalbdübel für Verbindungen von Holz mit Metallaschen von mindestens 6 mm Dicke.

[9]) bei Anordnung von Holzlaschen.

[10]) bei Anordnung von Metallaschen.

[11]) einseitige Verbinder System Geka für Verbindungen von Holz mit Metallaschen. Bohrlochdurchmesser d_i im Dübel ist 0,2 mm größer als der Durchmesser der zugehörigen Sechskantschraube nach Spalte 7. Die Metallaschen sind auf den Durchmesser d_i zu bohren.

[12]) falls nicht verfügbar, ist M 24 zu verwenden.

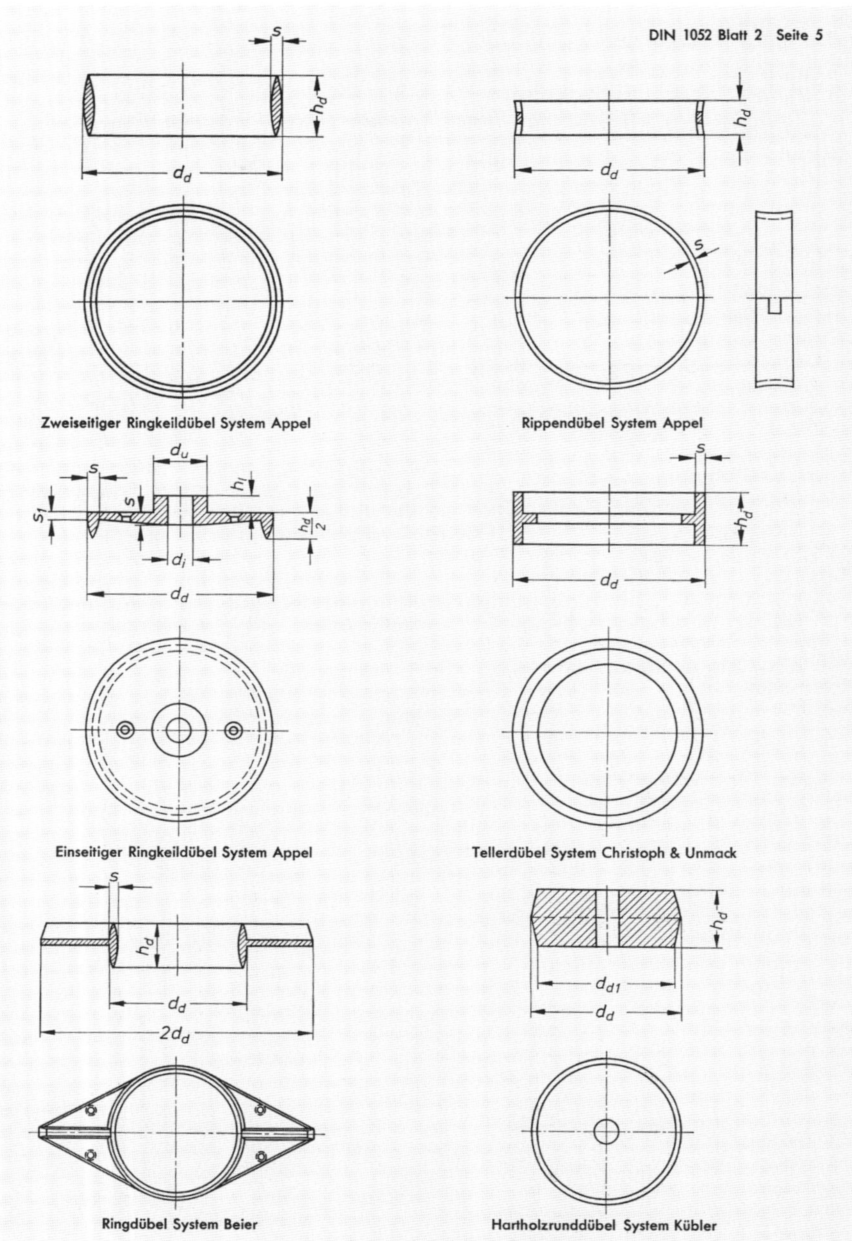
DIN 1052 Blatt 2 Seite 5
s
h_d
d_d
Zweiseitiger Ringkeildübel System Appel
Rippendübel System Appel
d_u
h_l
s_1
$\frac{h_d}{2}$
d_i
Einseitiger Ringkeildübel System Appel
Tellerdübel System Christoph & Unmack
$2d_d$
d_{d1}
Ringdübel System Beier
Hartholzrunddübel System Kübler

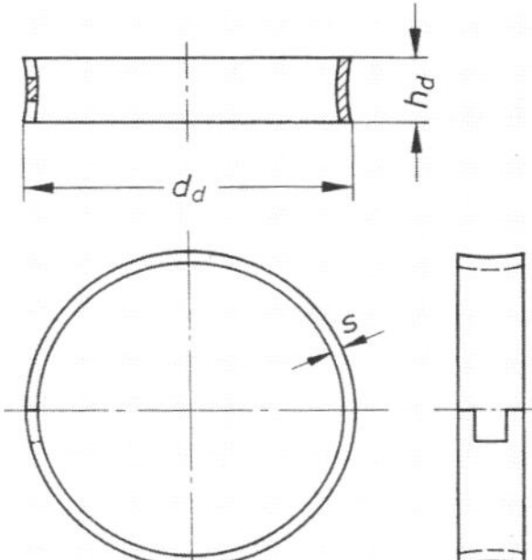

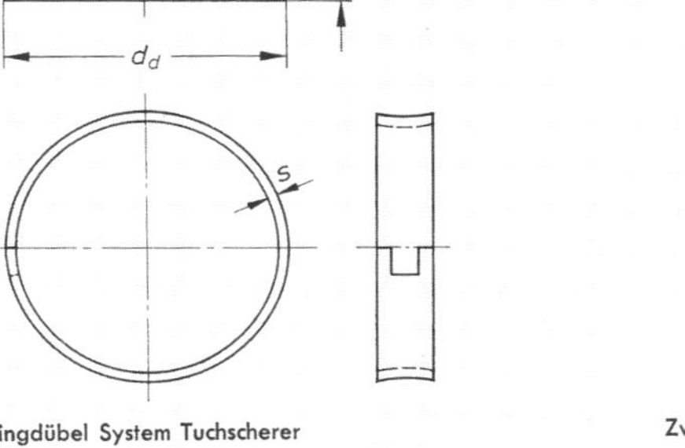

Ringdübel System Tuchscherer

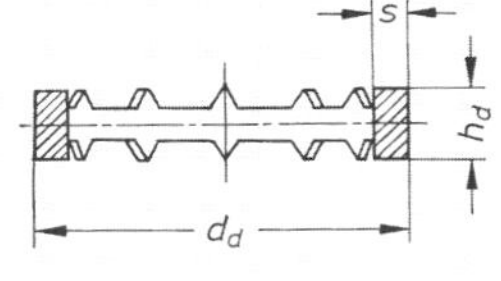

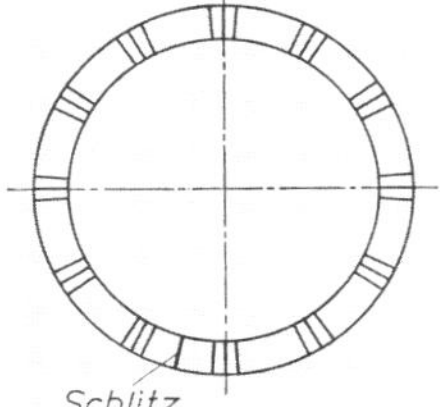

Krallenringdübel System Freers & Nilson

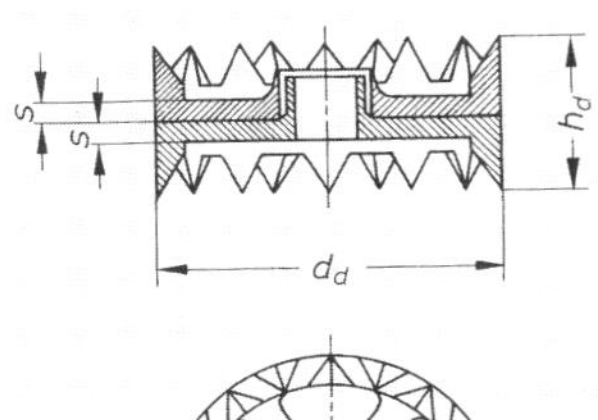

Krallendübel System Siemens-Bauunion

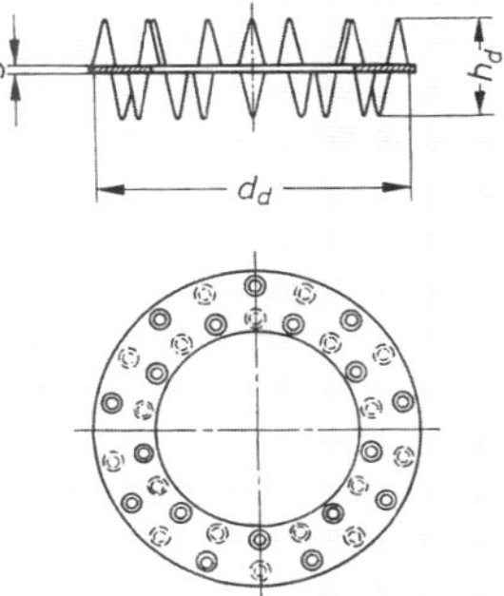

Zweiseitiger Verbinder System Geka

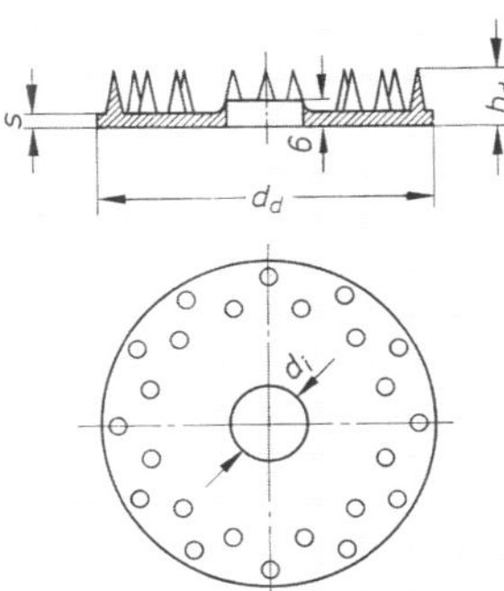

Einseitiger Verbinder System Geka

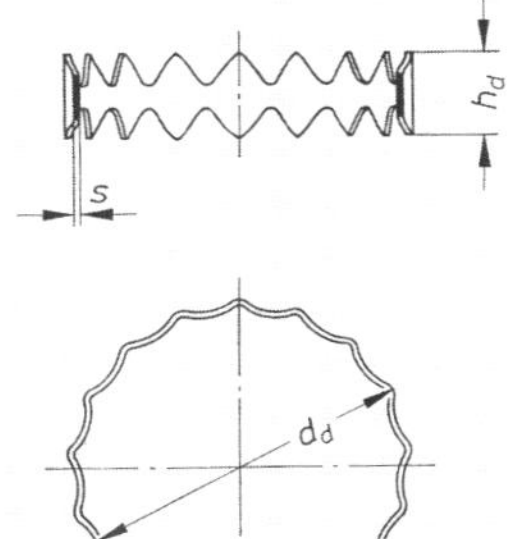

Zahnringdübel System Alligator

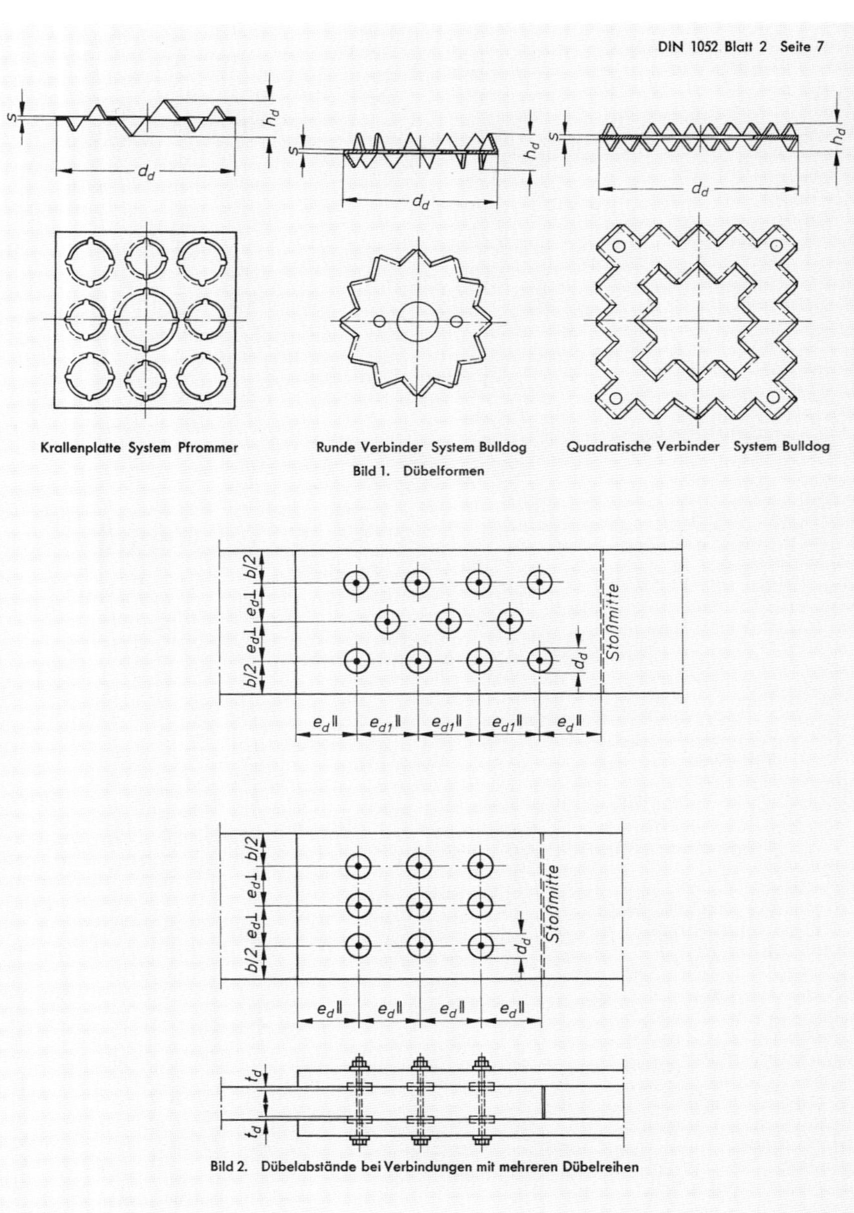

Bild 1. Dübelformen

Bild 2. Dübelabstände bei Verbindungen mit mehreren Dübelreihen

DK 694.01.001.24:624.011.1 April 1988

Holzbauwerke

Berechnung und Ausführung

DIN 1052 Teil 1

Timber structures; design and construction

Ouvrages en bois; calcul et construction

Mit DIN 1052 T 2/04.88
Ersatz für Ausgabe 10.69

Die Normen der Reihe DIN 1052 sind gegliedert in

DIN 1052 Teil 1 Holzbauwerke; Berechnung und Ausführung

DIN 1052 Teil 2 Holzbauwerke; Mechanische Verbindungen

DIN 1052 Teil 3 Holzbauwerke; Holzhäuser in Tafelbauart, Berechnung und Ausführung

Verweise in dieser Norm auf DIN 1052 Teil 2 beziehen sich auf die Ausgabe 04.88.

Inhalt

Fortsetzung Seite 2 bis 34

Normenausschuß Bauwesen (NABau) im DIN Deutsches Institut für Normung e.V.

1 Anwendungsbereich

Diese Norm gilt für die Berechnung und Ausführung von Bauwerken und von tragenden und aussteifenden Bauteilen aus Holz und Holzwerkstoffen; sie gilt auch für Fliegende Bauten (siehe DIN 4112), Bau- und Lehrgerüste, Absteifungen und Schalungsunterstützungen (siehe DIN 4420 Teil 1 und Teil 2 sowie DIN 4421) und für hölzerne Brücken (siehe DIN 1074), soweit in diesen Normen nichts anderes bestimmt ist.

Für mechanische Holzverbindungen gilt DIN 1052 Teil 2 und für Holzhäuser in Tafelbauart ergänzend DIN 1052 Teil 3.

2 Begriffe

2.1 Voll- und Brettschichtholz

2.1.1 Vollholz

Vollholz sind entrindete Rundhölzer und Bauschnitthölzer (Kanthölzer, Bohlen, Bretter und Latten) aus Nadel- und Laubholz.

2.1.2 Brettschichtholz

Brettschichtholz (BSH) besteht aus mindestens drei breitseitig faserparallel verleimten Brettern oder Brettlagen (siehe auch Abschnitt 12.6) aus Nadelholz.

2.2 Holzwerkstoffe

Holzwerkstoffe im Sinne dieser Norm sind

a) Bau-Furniersperrholz nach DIN 68 705 Teil 3 (BFU) und Teil 5 (BFU-BU) der Klasse 100 bzw. 100 G, für Holztafeln nach Abschnitt 11 und für Deckenschalungen auch Bau-Furniersperrholz nach DIN 68 705 Teil 3 (BFU) der Klasse 20.

b) Flachpreßplatten nach DIN 68 763 der Klassen 100 und 100 G, für Holztafeln nach Abschnitt 11 und für Deckenschalungen auch der Klasse 20.

c) Harte und mittelharte Holzfaserplatten nach DIN 68 754 Teil 1 (Verwendung nur für Holzhäuser in Tafelbauart, siehe DIN 1052 Teil 3).

2.3 Holztafeln, Beplankungen, Dachschalungen

2.3.1 Holztafeln

Holztafeln sind Verbundkonstruktionen unter Verwendung von Rippen aus Bauschnittholz, Brettschichtholz oder Holzwerkstoffen und mittragenden oder aussteifenden Beplankungen aus Holz oder Holzwerkstoffen, die ein- oder beidseitig angeordnet sein können. Holztafeln (im folgenden Tafeln genannt) werden als tragende Wand-, Decken- oder Dachtafeln unter Belastungen nach Bild 1 verwendet.

2.3.2 Beplankungen

Beplankungen sind

a) mittragend, wenn sie rechnerisch zur Aufnahme und Weiterleitung von Lasten bestimmt sind, oder

b) aussteifend, wenn sie nur zur Knick- oder Kippaussteifung der Rippen dienen sollen.

2.3.3 Dachschalungen

Dachschalungen sind tragende, flächenartige Bauteile aus Brettern, Bohlen oder Holzwerkstoffen, die die Dachhaut tragen und nur zu Reinigungs- und Instandsetzungsarbeiten begangen werden.

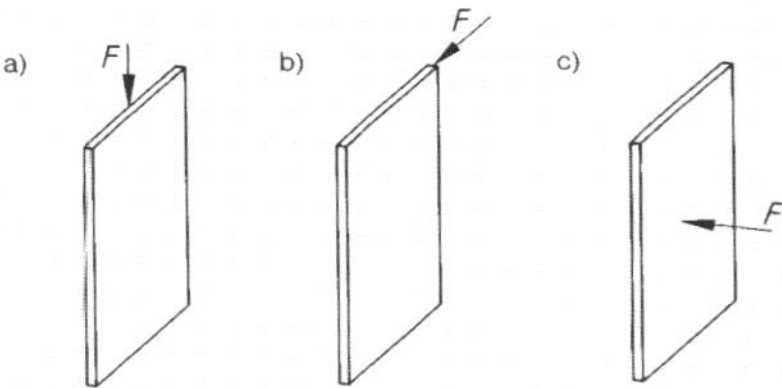

a) bis c) Wandtafeln

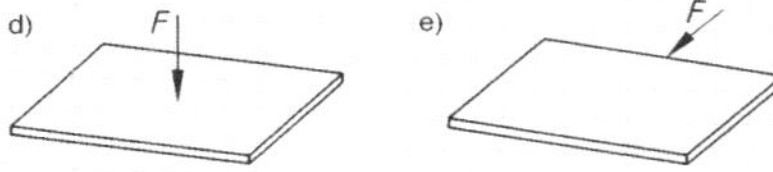

d) und e) Decken- oder Dachtafeln

Bild 1. Tragende Tafeln, Belastungsarten

3 Standsicherheitsnachweis und Zeichnungen

3.1 Statische Berechnung

3.1.1 Die statische Berechnung muß übersichtlich und leicht prüfbar sein. Insbesondere sind in ihr auch anzugeben:

a) Lastannahmen,

b) vorgesehene Baustoffe,

c) Maße der tragenden Bauteile einschließlich Formen und Maße der Querschnitte,

d) Beanspruchungen der Bauteile, Verbindungen, Anschlüsse und Stöße,

e) erforderlichenfalls Verformungen und Überhöhungen.

3.1.2 Für Bauteile und Verbindungen, die statisch offensichtlich ausreichend bemessen sind, kann auf einen rechnerischen Nachweis verzichtet werden.

3.2 Zeichnungen

3.2.1 Der statischen Berechnung sind in der Regel zeichnerische Unterlagen beizufügen, aus denen insbesondere auch die Maße der tragenden Bauteile und ihrer Querschnittswerte, ferner die Ausbildung der Anschlüsse, Stöße und Verbände, die Anzahl und Anordnung der Verbindungsmittel, erforderliche Überhöhungen und sonstige wichtige Einzelheiten hervorgehen.

3.2.2 Die Anordnung von Verbindungsmitteln in verschiedenen Ebenen, bei Nägeln ihre Kopfseite, muß erforderlichenfalls aus den Zeichnungen ersichtlich sein.

3.3 Baubeschreibung

Angaben, die für die Bauausführung (einschließlich Transport und Montage) oder für die Prüfung der statischen Berechnung und der Zeichnungen notwendig sind, aber aus den Unterlagen nach den Abschnitten 3.1 und 3.2 nicht ersichtlich sind, sind in einer Baubeschreibung zu erläutern.

3.4 Bezeichnungen

In der statischen Berechnung, auf den Zeichnungen und erforderlichenfalls in der Baubeschreibung sind alle Baustoffe und Bauteile mit der Bezeichnung nach der jeweiligen dafür maßgebenden Norm zu bezeichnen.

Die Holzarten nach Tabelle 1 sind zumindest wie folgt zu bezeichnen:

a) Holzarten nach Tabelle 1, Zeile 1, mit dem Kurzzeichen NH und der Güteklasse,

b) Brettschichtholz nach Tabelle 1, Zeile 2, mit dem Kurzzeichen BSH und der Güteklasse,

c) Holzarten nach Tabelle 1, Zeile 3, mit dem Kurzzeichen LH und dem Zeichen der Holzartgruppe (A, B oder C).

Wird bei der Verwendung von Bau-Furniersperrholz nach DIN 68 705 Teil 3 oder Teil 5 oder von Flachpreßplatten nach DIN 68 763 von größeren Rechenwerten des Elastizitäts- oder Schubmoduls nach Tabelle 2 bzw. Tabelle 3, Fußnote 1 ausgegangen, so ist dies zusätzlich zur Normbezeichnung des Holzwerkstoffes deutlich kenntlich zu machen.

Wird bei keilgezinkten Querschnitten beim Spannungsnachweis in den nach Abschnitt 12.3 erlaubten Fällen der Verschwächungsgrad v nicht berücksichtigt, so ist dies auch bei der Bauteilbezeichnung in der statischen Berechnung und auf der Zeichnung deutlich kenntlich zu machen.

Die mechanischen Verbindungsmittel sind mit den für die Berechnung und Ausführung nach DIN 1052 Teil 2 maßgebenden Angaben zu bezeichnen.

Anmerkung: Bei Verwendung von Baustoffen und Bauteilen nach allgemeiner bauaufsichtlicher Zulassung gilt für die Bezeichnung der jeweilige Zulassungsbescheid.

4 Materialkennwerte

4.1 Elastizitäts-, Schub- und Torsionsmoduln

4.1.1 Bei der Berechnung elastischer Formänderungen sind für den Elastizitäts- und Schubmodul bei Voll- und Brettschichtholz die Werte in Tabelle 1, bei Bau-Furniersperrholz nach DIN 68 705 Teil 3 und Teil 5 die Werte in Tabelle 2 und bei Flachpreßplatten nach DIN 68 763 die Werte in Tabelle 3 zugrunde zu legen.

Verdrehungen von Voll- und Brettschichtholz dürfen näherungsweise nach der Elastizitätstheorie für isotrope Werkstoffe berechnet werden. Hierbei dürfen die G_T-Werte (G_T Torsionsmodul) für Vollholz mit $2/3\ G$, für Brettschichtholz mit $G_T = G$ angenommen werden.

4.1.2 Die Werte für die Elastizitäts- und Schubmoduln sind abzumindern

a) um $1/6$:

bei Vollholz oder Brettschichtholz in Bauteilen, die der Witterung allseitig ausgesetzt sind oder bei denen mit einer vorübergehenden Durchfeuchtung zu rechnen ist,

b) um $1/4$:

bei dauernder Durchfeuchtung, z. B. dauernd im Wasser befindlichen Bauteilen.

Bei Laubholz der Holzartgruppe C braucht bezüglich der Feuchte keine Abminderung vorgenommen zu werden (siehe Tabelle 1).

Seite 4 DIN 1052 Teil 1

Bei Verwendung von Bau-Furniersperrholz BFU 100 G und von Flachpreßplatten V 100 G, in denen eine Feuchte (Feuchtegehalt nach DIN 52 183) von mehr als 18 % über eine längere Zeitspanne (mehrere Wochen) zu erwarten ist, sind die E- und G-Werte für Bau-Furniersperrholz BFU 100 G um 1/4 und für Flachpreßplatten V 100 G um 1/3 abzumindern (siehe DIN 68 800 Teil 2).

4.2 Feuchte und Schwindmaße

4.2.1 Als Gleichgewichtsfeuchte im Gebrauchszustand gilt die nach einer gewissen Zeitspanne im Mittel sich einstellende Feuchte des Holzes und der Holzwerkstoffe im fertigen Bauwerk. Als Gleichgewichtsfeuchte gelten folgende Werte der Holzfeuchte:

a) bei allseitig geschlossenen Bauwerken
 - mit Heizung (9 ± 3) %
 - ohne Heizung (12 ± 3) %

b) bei überdeckten, offenen Bauwerken (15 ± 3) %

c) bei Konstruktionen, die der Witterung allseitig ausgesetzt sind (18 ± 6) %

4.2.2 Ist die Holzfeuchte beim Einbau höher als die in Abschnitt 4.2.1 genannten Werte, so darf dieses Holz nur für solche Bauwerke verwendet werden, bei denen es nachtrocknen kann und deren Bauteile gegenüber den hierbei auftretenden Schwindverformungen nicht empfindlich sind.

Tabelle 1. **Rechenwerte für Elastizitäts- und Schubmoduln in MN/m² für Voll- und Brettschichtholz** (Holzfeuchte ≤ 20 %)

	Holzart	Elastizitätsmodul parallel der Faserrichtung $E_\parallel$	Elastizitätsmodul rechtwinklig zur Faserrichtung $E_\perp$	Schubmodul G
1	Fichte, Kiefer, Tanne, Lärche, Douglasie, Southern Pine, Western Hemlock [1])	10 000 [2]) [3])	300 [4])	500
2	Brettschichtholz aus Holzarten nach Zeile 1	11 000	300	500
3	Laubhölzer der Gruppe			
	A Eiche, Buche, Teak, Keruing (Yang)	12 500	600	1 000
	B Afzelia, Merbau, Angelique (Basralocus)	13 000	800	1 000
	C Azobé (Bongossi), Greenheart	17 000 [5])	1 200 [5])	1 000 [5])

[1]) Botanische Namen: Picea abies Karst. (Fichte), Pinus sylvestris L. (Kiefer), Abies alba Mill. (Tanne), Larix decidua Mill. (Lärche), Pseudotsuga menziesii Franco (Douglasie), Pinus palustris (Southern Pine), Tsuga heterophylla Sarg. (Western Hemlock).

[2]) Für Güteklasse III: $E_\parallel$ = 8 000 MN/m².

[3]) Für Baurundholz: $E_\parallel$ = 12 000 MN/m².

[4]) Für Güteklasse III: $E_\perp$ = 240 MN/m².

[5]) Diese Werte gelten unabhängig von der Holzfeuchte.

Tabelle 2. **Rechenwerte für Elastizitäts- und Schubmoduln in MN/m² für Bau-Furniersperrholz** nach DIN 68 705 Teil 3 und Teil 5

	Art der Beanspruchung	Elastizitätsmodul E [1]) [2]) [3]) parallel zur Faserrichtung der Deckfurniere, Lagenanzahl 3	Elastizitätsmodul parallel, Lagenanzahl ≥ 5	Elastizitätsmodul rechtwinklig zur Faserrichtung der Deckfurniere, Lagenanzahl 3	Elastizitätsmodul rechtwinklig, Lagenanzahl ≥ 5	Schubmodul G [1]) [2]) [4]) parallel und rechtwinklig zur Faserrichtung der Deckfurniere, Lagenanzahl ≥ 3
1	Biegung rechtwinklig zur Plattenebene	8 000	5 500	400	1 500	250 (400)
2	Biegung, Druck und Zug in Plattenebene	4 500		1 000	2 500	500 (700)

[1]) Größere Werte dürfen verwendet werden, wenn dies im Rahmen der Überwachung der Herstellung des Bau-Furniersperrholzes durch Prüfzeugnis der fremdüberwachenden Stelle nachgewiesen ist.

[2]) Für Bau-Furniersperrholz aus Okoumé und Pappel sind die Rechenwerte für den Elastizitätsmodul und Schubmodul um 1/5 abzumindern.

[3]) Für Bau-Furniersperrholz aus Buche nach DIN 68 705 Teil 5 gelten die im Beiblatt 1 zu DIN 68 705 Teil 5 angegebenen Werte.

[4]) Die Werte in Klammern ( ) gelten für Bau-Furniersperrholz aus Buche nach DIN 68 705 Teil 5.

Tabelle 3. **Rechenwerte für Elastizitäts- und Schubmoduln in MN/m² für Flachpreßplatten** nach DIN 68 763

	Art der Beanspruchung	Elastizitätsmodul E[1]) Plattennenndicke mm						Schubmodul G[1]) Plattennenndicke mm					
		bis 13	über 13 bis 20	über 20 bis 25	über 25 bis 32	über 32 bis 40	über 40 bis 50	bis 13	über 13 bis 20	über 20 bis 25	über 25 bis 32	über 32 bis 40	über 40 bis 50
1	Biegung rechtwinklig zur Plattenebene	3 200	2 800	2 400	2 000	1 600	1 200	200			100		
2	Biegung in Plattenebene	2 200	1 900	1 600	1 300	1 000	800	1 100	1 000	850	700	550	450
3	Druck, Zug in Plattenebene	2 200	2 000	1 700	1 400	1 100	900	–					

1) Größere Werte dürfen verwendet werden, wenn dies im Rahmen der Überwachung der Herstellung der Flachpreßplatten durch Prüfzeugnis der fremdüberwachenden Stelle nachgewiesen ist.

4.2.3 Schwind- oder Quellmaße für Holz rechtwinklig zur Faserrichtung und für Holzwerkstoffe in Plattenebene sind in Tabelle 4 angegeben.

4.2.4 Schwinden oder Quellen des Holzes in Faserrichtung braucht nur in Sonderfällen berücksichtigt zu werden (Schwind- und Quellmaß des Holzes in Faserrichtung im Durchschnitt 0,01 %). Das gleiche gilt für Holzwerkstoffe in Plattenebene. Schwinden oder Quellen darf bei Holzwerkstoffen rechtwinklig zur Plattenebene vernachlässigt werden.

4.2.5 Bei behindertem Quellen oder Schwinden dürfen die Werte in Tabelle 4 und in Abschnitt 4.2.4 mit dem halben Betrag berücksichtigt werden.

4.2.6 Holzwerkstoffklassen sind in Abhängigkeit von den zu erwartenden Feuchtebeanspruchungen nach DIN 68 800 Teil 2 zu wählen.

Tabelle 4. **Rechenwerte der Schwind- und Quellmaße in %**

	Baustoff	Schwind- und Quellmaß für Änderung der Holzfeuchte um 1 % unterhalb des Fasersättigungsbereichs
1	Fichte, Kiefer, Tanne, Lärche, Douglasie, Southern Pine, Western Hemlock, Brettschichtholz, Eiche	0,24[1])
2	Buche, Keruing, Angelique, Greenheart	0,3[1])
3	Teak, Afzelia, Merbau	0,2[1])
4	Azobé (Bongossi)	0,36[1])
6	Bau-Furniersperrholz	0,020[2])
7	Flachpreßplatten	0,035[2])

1) Mittel aus den Werten tangential und radial zum Jahrring bzw. zur Zuwachszone.

2) Werte gelten in Plattenebene.

4.3 Kriechverformungen

Beim Durchbiegungsnachweis nach Abschnitt 8.5 sowie bei Verdrehungsberechnungen ist erforderlichenfalls die Kriechverformung infolge der ständigen Last zu berücksichtigen.

Die Kriechverformung darf bei auf Biegung beanspruchten Bauteilen proportional zur elastischen Verformung angenommen werden. Sie ist nachzuweisen, wenn die ständige Last mehr als 50 % der Gesamtlast beträgt.

Für Einfeldträger mit der ständigen Last g und der Gesamtlast q darf die Kriechzahl φ nach Gleichung (1) berechnet werden.

$$\varphi = \frac{1}{\eta_k} - 1 \qquad (1)$$

Bei anderen Tragsystemen und nicht gleichmäßig verteilter Last darf sinngemäß verfahren werden.

In Gleichung (1) ist für Bauteile aus Holz und Bau-Furniersperrholz bei einer Gleichgewichtsfeuchte im Gebrauchszustand $\leq$ 18 %

$$\eta_k = \frac{3}{2} - \frac{g}{q}, \qquad (2)$$

bei einer Gleichgewichtsfeuchte $>$ 18 %

$$\eta_k = \frac{5}{3} - \frac{4}{3}\frac{g}{q} \qquad (3)$$

einzusetzen.

Für Flachpreßplatten sind für φ die 2fachen Werte in Rechnung zu stellen, sofern ihre Holzfeuchte nicht ständig unter 15 % liegt (siehe DIN 68 800 Teil 2).

Die Abminderung der Elastizitäts- und Schubmoduln nach Abschnitt 4.1.2 ist zu beachten.

Bei Dächern ist der Schneelastanteil von $0{,}5\,(s_0 - 0{,}75) \cdot s/s_0$ als ständig wirkend anzunehmen; s, s_0 bedeuten den Rechenwert der Schneelast bzw. die Regelschneelast nach DIN 1055 Teil 5 in kN/m².

Bei Wohnhausdächern, ausgenommen Flachdächer, dürfen Kriechverformungen für den Durchbiegungsnachweis vernachlässigt werden.

4.4 Einfluß von Temperaturänderungen

Der Einfluß von Temperaturänderungen darf bei Holz und Holzwerkstoffen in Holzkonstruktionen vernachlässigt werden.

Seite 6 DIN 1052 Teil 1

5 Zulässige Spannungen

5.1 Voll- und Brettschichtholz

5.1.1 In Bauteilen aus Bauholz nach DIN 4074 Teil 1 und Teil 2, aus Brettschichtholz sowie aus Laubholz mittlerer Güte sind im Lastfall H die Spannungen nach Tabelle 5 zulässig (wegen Spannungserhöhungen bzw. -ermäßigungen siehe Abschnitte 5.1.5 bis 5.1.12).

5.1.2 Bei aus einzelnen Teilen zusammengesetzten Verbundkörpern sind für die Einstufung in eine der Güteklassen nach DIN 4074 Teil 1 im allgemeinen die Eigenschaften des ganzen Bauteiles, nicht die der einzelnen Teile maßgebend.

Bei auf Biegung oder Biegung mit Normalkraft beanspruchten Bauteilen müssen die Einzelteile in der Zugzone, für sich betrachtet, der Güteklasse entsprechen, deren zulässige Spannung ausgenutzt wird. Bei Bauteilen aus Brettschichtholz gilt dies mindestens für die beiden äußeren Brettlagen im Zugbereich. Bei zusammengesetzten Zuggliedern müssen alle Einzelteile der vorgesehenen Güteklasse entsprechen.

5.1.3 Bei Sparren, Pfetten und Deckenbalken aus Kanthölzern oder Bohlen dürfen in der Regel die zulässigen Spannungen der Güteklasse I nach Tabelle 5 nicht angewendet werden, bei anderen Bauteilen nur dann, wenn die Anforderungen hinsichtlich Kennzeichnung, Auswahl usw. nach DIN 4074 Teil 1 und Teil 2 erfüllt sind und Berechnung, Durchführung und Ausbildung den strengsten Anforderungen genügen.

5.1.4 Bei Fliegenden Bauten (siehe DIN 4112) dürfen für tragende Bauteile der Haupttragwerke nur Hölzer verwendet werden, die den Bedingungen der Güteklasse I nach DIN 4074 Teil 1 und Teil 2 entsprechen.

5.1.5 Die zulässigen Druckspannungen bei Kraftrichtung schräg zur Faserrichtung (siehe Bild 2) sind nach der Gleichung

$$\text{zul}\,\sigma_{D\sphericalangle} = \text{zul}\,\sigma_{D\parallel} - (\text{zul}\,\sigma_{D\parallel} - \text{zul}\,\sigma_{D\perp}) \cdot \sin\alpha \qquad (4)$$

zu berechnen. Dabei ist α der Winkel zwischen der Kraft- und der Faserrichtung.

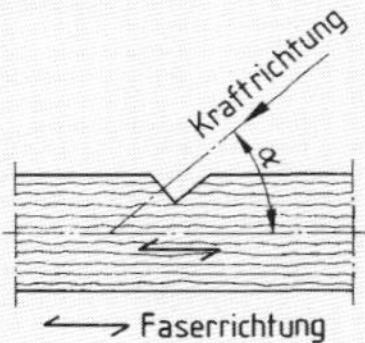

Bild 2. Kraftrichtung schräg zur Faserrichtung

5.1.6 Im Lastfall HZ (siehe Abschnitt 6.2.2) dürfen die zulässigen Spannungen nach Tabelle 5 um 25 %, bei waagerechten Stoßlasten nach DIN 1055 Teil 3 und Erdbebenlasten nach DIN 4149 Teil 1 um 100 % und für Transport- und Montagezustände um 50 % erhöht werden (für mechanische Verbindungen siehe DIN 1052 Teil 2, Abschnitt 3.2).

5.1.7 Berücksichtigung von Feuchteeinwirkungen

Die Werte für die Spannungen in Tabelle 5 sind abzumindern

a) um 1/6 :
bei Bauteilen, die der Witterung allseitig ausgesetzt sind oder bei denen mit einer Gleichgewichtsfeuchte > 18 % zu rechnen ist, nicht aber bei Gerüsten,

b) um 1/3:
- bei Bauteilen und Gerüsten, die dauernd im Wasser stehen,
- bei Gerüsten aus Hölzern, die zum Zeitpunkt der Belastung noch nicht halbtrocken sind (siehe DIN 4074 Teil 1 und Teil 2).

Tabelle 5. **Zulässige Spannungen für Voll- und Brettschichtholz in MN/m² im Lastfall H**

	Art der Beanspruchung		Vollholz (aus Holzarten nach Tabelle 1, Zeile 1) Güteklasse nach DIN 4074 Teil 1 und Teil 2			Brettschichtholz (aus Holzarten nach Tabelle 1, Zeile 1) nach Abschnitt 12.6 Güteklasse nach DIN 4074 Teil 1		Vollholz (aus Laubhölzern nach Tabelle 1) Holzartgruppe		
								A	B	C
			III	II	I	II	I	mittlere Güte [1])		
1	Biegung	zul σ_B	7	10	13	11	14	11	17	25
2	Zug	zul $\sigma_{Z\parallel}$	0	8,5	10,5	8,5	10,5	10	10	15
3	Zug	zul $\sigma_{Z\perp}$	0	0,05	0,05	0,2	0,2	0,05	0,05	0,05
4	Druck	zul $\sigma_{D\parallel}$	6	8,5	11	8,5	11	10	13	20
5a 5b	Druck	zul $\sigma_{D\perp}$	2 2,5[2])	2 2,5[2])	2 2,5[2])	2,5 3,0[2])	2,5 3,0[2])	3 4[2])	4 –	8 –
6	Abscheren	zul τ_a	0,9	0,9	0,9	0,9	0,9	1	1,4	2
7	Schub aus Querkraft	zul τ_Q	0,9	0,9	0,9	1,2	1,2	1	1,4	2
8	Torsion[3])	zul τ_T	0	1	1	1,6	1,6	1,6	1,6	2

[1]) Mindestens Güteklasse II im Sinne von DIN 4074 Teil 1 und Teil 2.
[2]) Bei Anwendung dieser Werte ist mit größeren Eindrücken zu rechnen, die erforderlichenfalls konstruktiv zu berücksichtigen sind. Bei Anschlüssen mit verschiedenen Verbindungsmitteln dürfen diese Werte nicht angewendet werden.
[3]) Für Kastenquerschnitte sind die Werte nach Zeile 7 einzuhalten.

Die Abminderungen gelten nicht für Laubhölzer der Holzartgruppe C und für Fliegende Bauten, die einen Schutzanstrich besitzen, der in Abständen von höchstens zwei Jahren zu erneuern ist.

5.1.8 Bei Durchlaufträgern ohne Gelenke darf die Biegespannung über den Innenstützen die zulässigen Werte nach Tabelle 5, Zeile 1, um 10 % überschreiten. Dies gilt nicht bei Sparren von Kehlbalkenbindern mit verschieblichen Kehlbalken.

5.1.9 Bei Rundhölzern dürfen in den Bereichen ohne Schwächung der Randzone die zulässigen Biege- und Druckspannungen in Tabelle 5, Zeilen 1 und 4, um 20 % erhöht werden.

5.1.10 Bei genagelten Zugstößen oder -anschlüssen sind die nach Tabelle 5, Zeile 2, zulässigen Zugspannungen in denjenigen Stoß- und Anschlußteilen um 20 % abzumindern, die nicht nach Abschnitt 7.3 für die 1,5fache anteilige Zugkraft zu bemessen sind.

5.1.11 Bei Druck rechtwinklig zur Faserrichtung muß der Überstand $\ddot{u}$ von Trägern und Schwellen über die Druckfläche in Faserrichtung einseitig bzw. beiderseits mindestens 100 mm bei $h > 60$ mm und mindestens 75 mm bei $h \leq 60$ mm betragen. Zwischen zwei Druckflächen ist ein Abstand von mindestens 150 mm einzuhalten.

Bei Druckflächen mit einer Länge l in Faserrichtung < 150 mm (siehe Bild 3) darf dann die zulässige Druckspannung nach Tabelle 5, Zeile 5a mit dem Faktor

$$k_{D\perp} = \sqrt[4]{\frac{150}{l}} \qquad (5)$$

vervielfacht werden (l Länge der Druckfläche in mm), höchstens jedoch mit $k_{D\perp} = 1{,}8$.

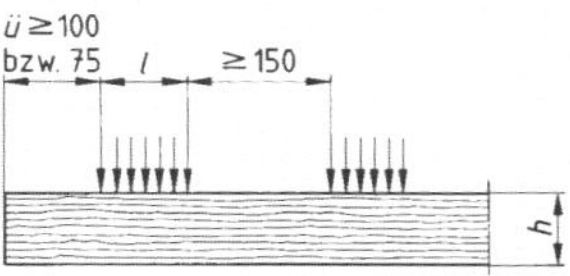

Bild 3. Belastungsanordnung für kurze Druckflächen

Sofern die im ersten Absatz genannten Überstände unterschritten werden, sind die in Tabelle 5, Zeilen 5a und 5b angegebenen zulässigen Spannungen mit $k_{D\perp} = 0{,}8$ abzumindern.

5.1.12 Bei durchlaufenden oder auskragenden Biegebalken aus Nadelholz und Laubholz der Holzartgruppe A dürfen die zulässigen Schubspannungen aus Querkraft nach Tabelle 5, Zeile 7, in Bereichen, die mindestens 1,50 m vom Stirnende entfernt liegen, auf zul $\tau_Q = 1{,}2$ MN/m^2 erhöht werden.

5.2 Holzwerkstoffe

5.2.1 In Bauteilen aus Holzwerkstoffen sind im Lastfall H die Spannungen nach Tabelle 6 zulässig.

Für Bau-Furniersperrholz nach DIN 68 705 Teil 3 betragen die zulässigen Spannungen in Plattenebene bei $30° \leq \alpha \leq 60°$ $\sigma_{Z,D} = 2$ MN/m^2. Dabei ist α der Winkel zwischen Kraft- und Faserrichtung der Deckfurniere. Für $0° \leq \alpha < 30°$ darf zwischen 8 MN/m^2 und 2 MN/m^2, für $60° < \alpha \leq 90°$ darf zwischen 2 MN/m^2 und 4 MN/m^2 geradlinig interpoliert werden.

5.2.2 Abschnitt 5.1.6 gilt sinngemäß.

5.2.3 Berücksichtigung von Feuchteeinwirkungen

Bei Verwendung von Bau-Furniersperrholz BFU 100 G und von Flachpreßplatten V 100 G, in denen eine Feuchte von mehr als 18 % über mehrere Wochen zu erwarten ist, sind die zulässigen Spannungen für Bau-Furniersperrholz BFU 100 G um 1/4 und für Flachpreßplatten V 100 G um 1/3 abzumindern.

5.3 Andere Baustoffe

5.3.1 Für andere Baustoffe gelten die entsprechenden Normen.

5.3.2 Für geschweißte Bauteile aus Stahl gilt DIN 18 800 Teil 7.

5.3.3 Bei geraden Bauteilen aus Flach- und Rundstahl, für die keine Bescheinigung DIN 50 049 – 2.1 (Werksbescheinigung) vorliegt, dürfen die Zug- und Biegespannungen im Lastfall H und HZ höchstens 110 MN/m^2, im Kernquerschnitt der Rundstähle höchstens 100 MN/m^2 betragen.

5.3.4 Bezüglich des Korrosionsschutzes von Stahlteilen sind DIN 55 928 Teil 1, Teil 2, Teil 4, Teil 5, Teil 6 und Teil 8 und von Teilen aus Aluminium DIN 4113 Teil 1 zu beachten.

6 Allgemeine Bemessungsregeln

6.1 Allgemeines

Auf die räumliche Aussteifung der Bauteile und ihre Stabilität ist besonders zu achten. Die bei Versagen oder Ausfall eines Bauteiles auftretenden Folgen für die Standsicherheit der Gesamtkonstruktion sind zu beachten und gegebenenfalls durch geeignete Maßnahmen einzugrenzen.

6.2 Lastannahmen

6.2.1 Lasten

Die Lastannahmen für den Standsicherheitsnachweis richten sich nach den entsprechenden Normen.

Die auf ein Tragwerk wirkenden Lasten werden eingeteilt in Haupt-, Zusatz- und Sonderlasten.

Hauptlasten sind:

- ständige Lasten,
- Verkehrslasten (einschließlich Schnee-, aber ohne Windlasten),
- freie Massenkräfte von Maschinen,
- Seitenlasten auf Aussteifungskonstruktionen (siehe Abschnitt 10), soweit sie aus Hauptlasten entstehen.

Zusatzlasten sind:

- Windlasten,
- Bremskräfte,
- waagerechte Seitenkräfte (z. B. von Kranen),
- Zwängungen aus Temperatur- und Feuchteänderungen,
- Seitenlasten auf Aussteifungskonstruktionen, soweit sie aus Zusatzlasten entstehen.

Sonderlasten sind:

- waagerechte Stoßlasten,
- Erdbebenlasten.

6.2.2 Lastfälle

Für den Standsicherheitsnachweis werden folgende Lastfälle unterschieden:

- Lastfall H Summe der Hauptlasten
- Lastfall HZ Summe der Haupt- und Zusatzlasten.

Wird ein Bauteil, abgesehen von seiner Eigenlast, nur durch Zusatzlasten beansprucht, so gilt die größte davon als Hauptlast.

Die Einzellast (Mannlast) nach DIN 1055 Teil 3 ist immer als Zusatzlast einzustufen.

Für die Berücksichtigung von waagerechten Stoßlasten und Erdbebenlasten gilt Abschnitt 5.1.6.

6.3 Mindestquerschnitte

6.3.1 Tragende einteilige Einzelquerschnitte von Vollholzbauteilen müssen eine Mindestdicke von 24 mm und mindestens 14 cm^2 Querschnittsfläche (11 cm^2 für Lattungen) haben, soweit nicht wegen der Verbindungsmittel größere Mindestmaße erforderlich sind.

Maße der für Brettschichtholz verwendeten Einzelbretter siehe Abschnitt 12.6.

6.3.2 Mindestdicken für Tafeln siehe Abschnitt 11.1.1.

6.3.3 Die Mindestdicke tragender Platten aus Holzwerkstoffen beträgt für Flachpreßplatten 8 mm, für Bau-Furniersperrholz 6 mm. Bau-Furniersperrholz muß, sofern es nur Aussteifungszwecken dient, aus mindestens drei Lagen, für alle sonstigen tragenden Bauteile aus mindestens fünf Lagen bestehen.

6.4 Querschnittsschwächungen

6.4.1 Baumkanten, die nicht breiter sind als in DIN 4074 Teil 1 zugelassen, brauchen nicht berücksichtigt zu werden.

6.4.2 In Zugstäben und in der Zugzone von auf Biegung beanspruchten Bauteilen sind beim Spannungsnachweis alle Querschnittsschwächungen (Bohrungen, Einschnitte durch Versatz und dergleichen) zu berücksichtigen. In Faserrichtung hintereinander liegende Schwächungen sind nur einmal in Rechnung zu stellen. Dies gilt auch für versetzt zur Faserrichtung angeordnete Schwächungen mit einem lichten Abstand > 150 mm bzw. bei stabförmigen Verbindungsmitteln $\geq 4\,d$.

Bei Keilzinkenverbindungen nach DIN 68 140 braucht die Schwächung durch den Zinkengrund nur einmal berücksichtigt zu werden (siehe Abschnitt 12.3). Querschnittsschwächungen durch Stabdübel und Paßbolzen sind mit ihrem Durchmesser d_{st} zu berücksichtigen, bei Bolzen ist der Durchmesser des Bohrloches (d_b + 1 mm) maßgebend.

Bei Dübelverbindungen mit Einlaß- und Einpreßdübeln sind außer dem Bohrloch des zugehörigen Bolzens entsprechende Fehlflächen abzuziehen (Beispiel für Querschnittsschwächung bei zweiseitigen Ringkeildübeln siehe Bild 4).

Für Dübelverbindungen besonderer Bauart sind die Fehlflächen ΔA aus DIN 1052 Teil 2, Tabellen 4, 6 und 7, zu entnehmen.

Querschnittschwächungen durch Nägel sind bei vorgebohrten Nagellöchern mit dem Nageldurchmesser zu berücksichtigen. Dies gilt für Nägel mit Durchmesser $> 4{,}2$ mm auch bei nicht vorgebohrten Nagellöchern sowie stets für Nägel in Bau-Furniersperrholz.

Tabelle 6. **Zulässige Spannungen für Holzwerkstoffe in MN/m^2 im Lastfall H**

	Art der Beanspruchung		Bau-Furniersperrholz nach DIN 68 705 Teil 3 und Teil 5[1]) – parallel zur Faserrichtung der Deckfurniere – Lagenanzahl 3	parallel, Lagenanzahl ≥ 5	rechtwinklig zur Faserrichtung der Deckfurniere – Lagenanzahl 3	rechtwinklig, Lagenanzahl ≥ 5	Flachpreßplatten nach DIN 68 763 – Plattennenndicke mm – bis 13	über 13 bis 20	über 20 bis 25	über 25 bis 32	über 32 bis 40	über 40 bis 50
1	Biegung rechtwinklig zur Plattenebene	zul σ_{Bxy}	13		5		4,5	4,0	3,5	3,0	2,5	2,0
2	Biegung in Plattenebene	zul σ_{Bxz}	9		6		3,4	3,0	2,5	2,0	1,6	1,4
3	Zug in Plattenebene	zul σ_{Zx}	8		4		2,5	2,25	2,0	1,75	1,5	1,25
4	Druck in Plattenebene	zul σ_{Dx}	8		4		3,0	2,75	2,5	2,25	2,0	1,75
5	Druck rechtwinklig zur Plattenebene	zul σ_{Dz}	3 (4,5)		3 (4,5)		2,5	2,5	2,5	2,0	1,5	1,5
6	Abscheren in Plattenebene und in Leimfugen	zul τ_{zx}[2])	0,9 (1,2)		0,9 (1,2)		0,4	0,4	0,4	0,3	0,3	0,3
7	Abscheren rechtwinklig zur Plattenebene	zul τ_{yx}[2])	1,8 (3)	3 (4)	1,8 (3)	3 (4)	1,8	1,8	1,8	1,2	1,2	1,2
8	Lochleibungsdruck[3])[4])	zul σ_l	8		4		6,0	6,0	6,0	6,0	6,0	6,0

[1]) Die Werte in Klammern ( ) gelten für Bau-Furniersperrholz nach DIN 68 705 Teil 5 und Beiblatt 1 zu DIN 68 705 Teil 5. Die übrigen Werte für die zulässigen Spannungen dürfen aus den Festigkeitswerten in DIN 68 705 Teil 5 mit dem Sicherheitsbeiwert 3 berechnet werden.

[2]) Werte gelten auch für Schub aus Querkraft.

[3]) Für Bolzen und Stabdübel.

[4]) Für Bau-Furniersperrholz nach DIN 68 705 Teil 5 aus mindestens fünf Lagen ist zul $\sigma_l = 2 \cdot$ zul σ_{Dx}.

Bild 4. Querschnittsschwächung bei Ringkeildübelverbindungen

$$\Delta A = (d_d - (d_b + 1)) \cdot \frac{h_d}{2}$$

Querschnittsschwächungen durch Schrauben sind mit dem Schaftdurchmesser zu berücksichtigen.

6.4.3 Bei Druckstäben und in der Druckzone von auf Biegung beanspruchten Bauteilen brauchen Querschnittsschwächungen für den gewöhnlichen Spannungsnachweis nur dann berücksichtigt zu werden, wenn die geschwächte Stelle nicht satt ausgefüllt ist oder der ausfüllende Baustoff einen geringeren Elastizitätsmodul als der geschwächte Baustoff aufweist (z. B. wenn die Faserrichtung von Holzeinlagen rechtwinklig oder schräg zu der des Druckstabes verläuft).

6.4.4 Wenn durch Querschnittsschwächungen wesentliche ausmittige Kraftwirkungen entstehen, sind sie statisch in Rechnung zu stellen.

6.5 Wechselbeanspruchte Bauteile

6.5.1 Stäbe, bei denen der Vorzeichenwechsel der Beanspruchung nicht allein aus Wind- und Schneelasten herrührt, sind für

$$\text{zul } \sigma' = k_w \cdot \text{zul } \sigma \qquad (6)$$

mit

$$k_w = 1 - 0{,}25 \frac{\min |\sigma|}{\max |\sigma|} \qquad (7)$$

zu bemessen, wobei für min $|\sigma|$ bzw. max $|\sigma|$ jeweils die Spannung mit dem kleinsten bzw. größten Absolutbetrag einzusetzen ist.

6.5.2 Stöße und Anschlüsse sind sinngemäß zu bemessen.

6.6 Ausmittige Anschlüsse

Spannungen, die durch ausmittige Anschlüsse entstehen, sind besonders zu berücksichtigen.

Fachwerkstäbe sind möglichst mittig anzuschließen. Spannungen, die durch Ausmittigkeiten hervorgerufen werden, brauchen bei Nagelverbindungen nach Bild 5a und bei Verbindungen mit Nagel- oder Knotenplatten nach Bild 5b in der Regel nicht nachgewiesen zu werden, wenn die Ausmittigkeit e_1 bzw. e_2 nicht größer als die halbe Gurthöhe ist.

7 Bemessungsregeln für Zugstäbe

7.1 Mittiger Zug

Für planmäßig mittig beanspruchte Zugstäbe ist der Spannungsnachweis unter Berücksichtigung der Querschnittsschwächungen nach Abschnitt 6.4 durchzuführen:

$$\frac{\frac{N}{A_n}}{\text{zul } \sigma_{Z\parallel}} \leq 1 \qquad (8)$$

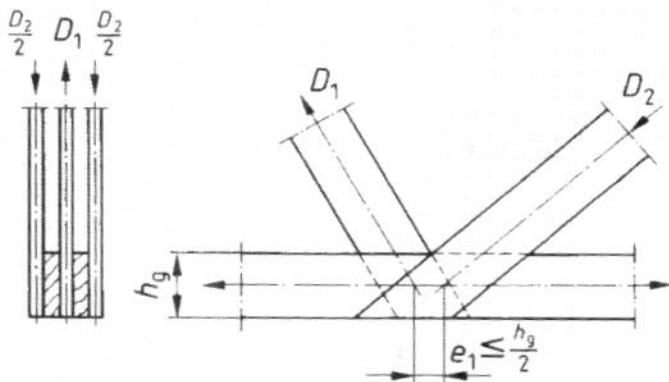

a) bei genagelten Brett- und Bohlenbindern

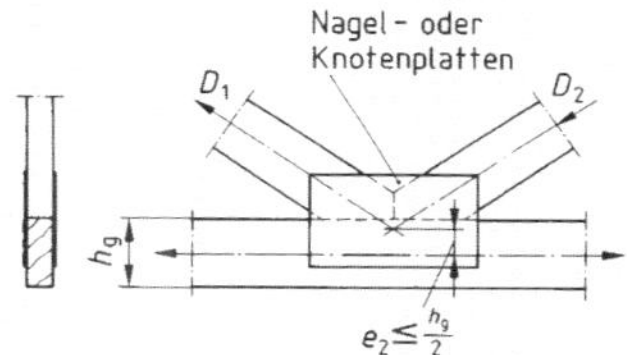

b) bei Bindern mit Nagel- oder Knotenplatten

Bild 5. Ausmittiger Stabanschluß

Hierin ist A_n die nutzbare Querschnittsfläche, für zul $\sigma_{Z\parallel}$ sind die maßgebenden Werte nach Tabelle 5 bzw. Tabelle 6 einzusetzen.

7.2 Ausmittiger Zug (Zug und Biegung)

Für Zugstäbe, die planmäßig ausmittig oder zusätzlich quer zur Stabachse beansprucht werden, ist nachzuweisen, daß die Bedingung

$$\frac{\frac{N}{A_n}}{\text{zul } \sigma_{Z\parallel}} + \frac{\frac{M}{W_n}}{\text{zul } \sigma_B} \leq 1 \qquad (9)$$

eingehalten ist.

Hierin ist W_n das nutzbare Widerstandsmoment.

Für zul $\sigma_{Z\parallel}$ bzw. zul σ_B sind die maßgebenden Werte nach Tabelle 5 bzw. Tabelle 6 einzusetzen.

7.3 Stöße und Anschlüsse

Stöße und Anschlüsse sind in der Regel symmetrisch zu der bzw. den Stabachsen auszuführen. Dabei sind einseitig beanspruchte Holz- und Holzwerkstoffteile für die 1,5fache anteilige Zugkraft zu bemessen.

8 Bemessungsregeln für biegebeanspruchte Bauglieder

8.1 Grundlagen

8.1.1 Stützweiten

8.1.1.1 Als Stützweite l ist der Abstand der Auflagermitten in Rechnung zu stellen. Bei Auflagerung auf Mauerwerk oder Beton ist als Stützweite der Abstand der Auflagermitten, bei Einfeldträgern jedoch höchstens das 1,05fache der lichten Weite, anzunehmen.

8.1.1.2 Durchlaufende Bretter, Bohlen oder Platten aus Holzwerkstoffen sind in der Regel als frei drehbar gelagerte Träger auf zwei Stützen zu berechnen.

Bei Dach- und Deckenschalungen darf die Durchlaufwirkung rechnerisch berücksichtigt werden, wenn etwaige Stöße im einzelnen planmäßig festgelegt werden.

8.1.1.3 Für Pfetten und Balken mit Kopfbändern oder Sattelhölzern gilt Abschnitt 8.2.4.

8.1.2 Auflagerkräfte

Die Auflagerkräfte von Durchlaufträgern (auch Pfetten) dürfen im allgemeinen wie für Einfeldträger berechnet werden, sofern das Verhältnis benachbarter Spannweiten zwischen ⅔ und 3⁄2 liegt. Ausgenommen davon sind Zweifeldträger.

8.1.3 Stöße

An Stoßstellen ist die Übertragung der Schnittgrößen durch Stoßdeckungsteile und Verbindungsmittel sicherzustellen. Bei Verformungsberechnungen und bei der Berechnung statisch unbestimmter Systeme ist erforderlichenfalls die Steifigkeit unter Berücksichtigung sowohl der Stoßdeckungsteile als auch der Nachgiebigkeit der Verbindungsmittel an der Stoßstelle zu bestimmen. Bei Druckgurten von Vollwandträgern ist das erforderliche Flächenmoment 2. Grades durch die Stoßdeckungsteile zu ersetzen, wobei die Verbindungsmittel bei Anordnung von Kontaktstößen für die halbe Druckkraft bemessen werden dürfen.

8.1.4 Lasteintragungsbreiten

Wird bei Platten aus Holzwerkstoffen, die miteinander durch Nut und Feder oder gleichwertige Maßnahmen verbunden sind, ein Nachweis für die Aufnahme der Einzellast von 1 kN (Mannlast, siehe DIN 1055 Teil 3) geführt, so dürfen bei Dach- und unmittelbar belasteten Deckenschalungen sowie bei oberen Dach- und Deckenbeplankungen in der Regel die jeweils größten Lasteintragungsbreiten t nach Tabelle 7 als mitwirkende Plattenbreite angesetzt werden.

Bei Dach- und Deckenschalungen aus Brettern oder Bohlen, die miteinander durch Nut und Feder oder gleichwertige Maßnahmen verbunden sind, darf unabhängig von der Breite des Einzelteiles für die Lasteintragungsbreite t = 0,35 m und bei nicht verbundenen Brettern oder Bohlen t = 0,16 m angesetzt werden.

Tabelle 7. **Lasteintragungsbreiten t für Platten aus Holzwerkstoffen**

	Plattenbreite b	Platten miteinander verbunden	Platten miteinander nicht verbunden
1	$\geq$ 0,35 m [1])	0,35 m	0,35 m
2	$\geq$ 1 m [1])	0,70 m	0,35 m
3	> Stützweite l	0,7 l	0,35 l
4	$\leq$ Stützweite l	0,7 b	0,35 b

[1]) Stützweite l beliebig

8.2 Biegeträger aus Voll- und Brettschichtholz

8.2.1 Bemessung

8.2.1.1 Bemessung für Biegung

Für auf Biegung beanspruchte Bauteile ist der Spannungsnachweis unter Berücksichtigung der Querschnittsschwächungen nach Abschnitt 6.4 durchzuführen:

$$\frac{\frac{M}{W_n}}{\text{zul } \sigma_B} \leq 1 \tag{10}$$

Hierin ist W_n das nutzbare Widerstandsmoment, für zul σ_B sind die maßgebenden Werte nach Tabelle 5, Zeile 1, einzusetzen.

Bei zusammengesetzten Biegeträgern darf außerdem die Schwerpunktsspannung in den gezogenen Gurtteilen die Werte in Tabelle 5, Zeile 2, nicht überschreiten.

Ferner ist der Nachweis gegen seitliches Ausweichen nach Abschnitt 8.6 zu führen.

8.2.1.2 Bemessung für Querkraft

Für Biegeträger mit Auflagerung am unteren Trägerrand und Lastangriff am oberen Trägerrand braucht der Nachweis der Schubspannungen und gegebenenfalls der Schubverbindungsmittel im Bereich von End- und Zwischenauflagern, wenn dort keine Ausklinkungen und Durchbrüche sind, nicht mit der vollen Querkraft geführt zu werden. Als maßgebend darf die Querkraft im Abstand von $h/2$ (h Trägerhöhe über Auflagermitte, auch bei Abschrägungen) vom Auflagerrand angenommen werden.

Für eine Einzellast im Abstand $a \geq a_o = 2\,h$ von der Auflagermitte ist der volle Wert der Querkraft der Bemessung zugrunde zu legen, für $a < 2\,h$ darf der mit a_o anstelle von a ermittelte und im Verhältnis $a/(2\,h)$ abgeminderte Anteil als maßgebende Querkraft in Rechnung gestellt werden.

Für den Nachweis der Schubspannungen sind die zulässigen Werte in Tabelle 5, Zeile 7, maßgebend.

8.2.1.3 Bemessung für Torsion und Querkraft

Ein Nachweis der Wirkungen bei Torsionsbeanspruchung braucht nicht geführt zu werden, wenn die Torsion zur Erhaltung des Gleichgewichtes nicht notwendig ist, z. B. bei Sparren, Pfetten und Balken üblicher Dach- und Deckenkonstruktionen.

Der Nachweis der Torsionsspannungen darf näherungsweise nach der Elastizitätstheorie für isotrope Werkstoffe geführt werden. Die so ermittelten Schubspannungen dürfen die Werte nach Tabelle 5, Zeile 8, nicht überschreiten.

Bei gleichzeitiger Wirkung von Schubspannungen aus Torsion und Querkraft muß die Bedingung

$$\frac{\tau_T}{\text{zul } \tau_T} + \left(\frac{\tau_Q}{\text{zul } \tau_Q}\right)^m \leq 1 \tag{11}$$

eingehalten werden, wobei für Nadelholz m = 2 und für Laubholz m = 1 zu setzen ist.

Hierin bedeuten:

- τ_T Schubspannung aus Torsion
- τ_Q Schubspannung aus Querkraft
- zul τ_Q zulässige Schubspannung aus Querkraft nach Tabelle 5, Zeile 7
- zul τ_T zulässige Schubspannung aus Torsion nach Tabelle 5, Zeile 8.

8.2.2 Ausklinkungen und Durchbrüche bei Biegeträgern mit Rechteckquerschnitt aus Nadelholz

8.2.2.1 Ausklinkungen und Zapfen

Bei rechtwinklig oder schräg ausgeklinkten Trägerenden und bei Trägern mit Zapfen nach Bild 6 ist die zulässige Querkraft nach Gleichung (12) zu berechnen:

$$\text{zul } Q = \frac{2}{3} \cdot b \cdot h_1 \cdot k_A \cdot \text{zul } \tau_Q \tag{12}$$

Hierin bedeuten:

- b Breite des Trägers
- zul τ_Q zulässige Schubspannung aus Querkraft nach Tabelle 5, Zeile 7
- k_A Abminderungsfaktor wegen gleichzeitiger Wirkung von Schub- und Querzugspannungen.

Die Ausklinkung muß die Bedingungen $\frac{a}{h} \leq 0{,}5$ und $a \leq 0{,}50$ m erfüllen. Hierin bedeuten a die Ausklinkungshöhe und h die Trägerhöhe.

Für rechtwinklige Ausklinkungen **ohne** Verstärkung (siehe Bild 6a) ist

$$k_A = 1 - 2{,}8\,\frac{a}{h} \qquad (13)$$

einzusetzen, mindestens jedoch $k_A = 0{,}3$.

Für rechtwinklige Ausklinkungen **mit** Verstärkung (siehe Bild 6b) darf $k_A = 1$ gesetzt werden. Die Verstärkung darf näherungsweise für die Zugkraft

$$Z = 1{,}3\,Q \cdot \left[3\left(\frac{a}{h}\right)^2 - 2\left(\frac{a}{h}\right)^3\right] \qquad (14)$$

bemessen werden.

Als Verstärkungen dürfen mit Resorcinharzleim aufgeleimte Laschen aus Bau-Furniersperrholz aus mindestens fünf Lagen nach DIN 68 705 Teil 5 der Klasse 100 verwendet werden. Nagelpreßleimung ist zulässig (siehe Abschnitt 12.5). Die Verstärkungslaschen sind beidseitig anzuordnen. Ihre Breite c muß der Bedingung $0{,}25\,a \leq c \leq 0{,}50\,a$ genügen.

Als zulässige Spannungen sind zul $\sigma_{Z\parallel} = 4$ MN/m^2 im Bau-Furniersperrholz und zul $\tau_a = 0{,}25$ MN/m^2 in der Leimfläche anzunehmen.

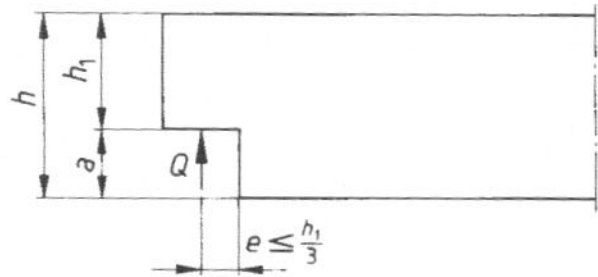

a) Rechtwinklige Ausklinkung ohne Verstärkung

b) Rechtwinklige Ausklinkung mit Verstärkung

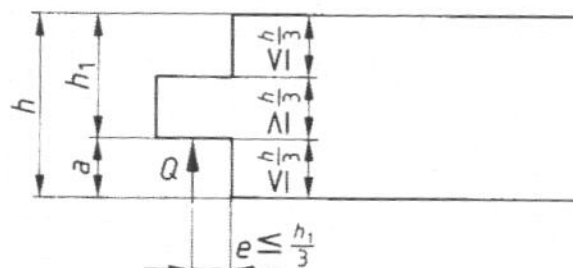

c) Zapfen

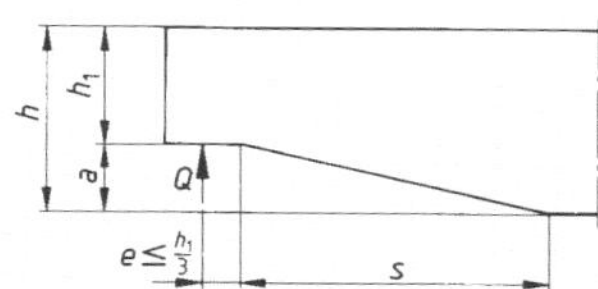

d) Schräge Ausklinkung

Bild 6. Unten ausgeklinkte Träger und Träger mit Zapfen

Träger bis zu 300 mm Höhe mit Zapfen nach Bild 6c dürfen nach den Gleichungen (12) und (13) berechnet werden, wobei $h_1 = 2/3\,h$ zu setzen ist, soweit kein genauerer Nachweis erfolgt.

Bei Ausklinkungen mit geneigtem Trägerrand (siehe Bild 6d) darf $k_A = 1$ gesetzt werden, wenn die Länge $s \geq 14\,a$ bei Güteklasse I und $\geq 10\,a$ bei Güteklasse II oder $s \geq 2{,}5 \cdot h$ beträgt. Der kleinere Wert ist maßgebend. Die Bedingung $a \leq 0{,}50$ m gilt für diese Ausklinkungen nicht.

Die Spannungskombination am geneigten Trägerrand ist zu beachten (siehe Abschnitt 8.2.3.4).

Bei oben ausgeklinkten oder abgeschrägten Trägerenden nach Bild 7 ist die zulässige Querkraft nach Gleichung (15) zu berechnen:

$$\text{zul}\ Q = \frac{2}{3}\,b \cdot \left[h - \frac{a}{h_1} \cdot e\right] \cdot \text{zul}\ \tau_Q \qquad (15)$$

Die Ausklinkung bzw. Abschrägung muß folgende Bedingungen erfüllen:

$\frac{a}{h} \leq 0{,}5$ und $e \leq h_1$ für Trägerhöhen $h > 300$ mm

$\frac{a}{h} \leq 0{,}7$ und $e \leq h_1$ für Trägerhöhen $h \leq 300$ mm

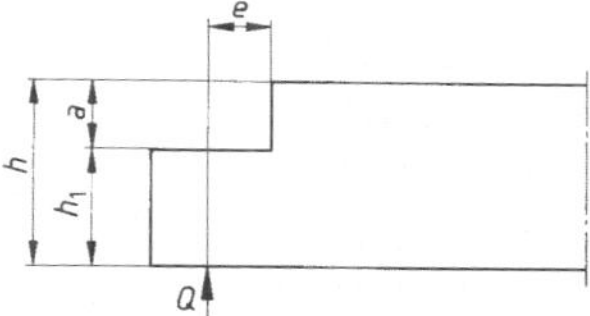

a) Rechtwinklige Ausklinkung

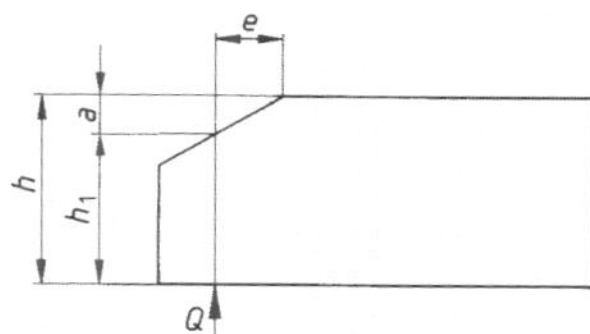

b) Abschrägung

Bild 7. Oben ausgeklinkter bzw. abgeschrägter Träger

8.2.2.2 Durchbrüche bei Biegeträgern aus Brettschichtholz

Durchbrüche im Sinne dieses Abschnittes sind Öffnungen in Brettschichtholzträgern mit den lichten Maßen $d > 50$ mm (siehe Bild 8). Durchbrüche sollen möglichst symmetrisch zur Trägerachse angeordnet werden; die Randabstände h_{ro} und h_{ru} müssen $\geq 0{,}3\,h$ sein. Der Abstand l_V vom Trägerende muß mindestens h, der Abstand l_o von der Auflagermitte und von größeren Einzellasten mindestens $h/2$ betragen. Alle Ecken sind im Brettschichtholz mit einem Radius von mindestens 15 mm auszurunden.

Durchbrüche müssen, sofern ein genauerer Nachweis nicht geführt wird, verstärkt werden, wenn in Abhängigkeit von der auf den ungeschwächten Querschnitt in Durchbruchsmitte bezogenen Schubspannung τ_Q das größte lichte Maß d die Gleichung (16) oder Gleichung (17) erfüllt.

Seite 12 DIN 1052 Teil 1

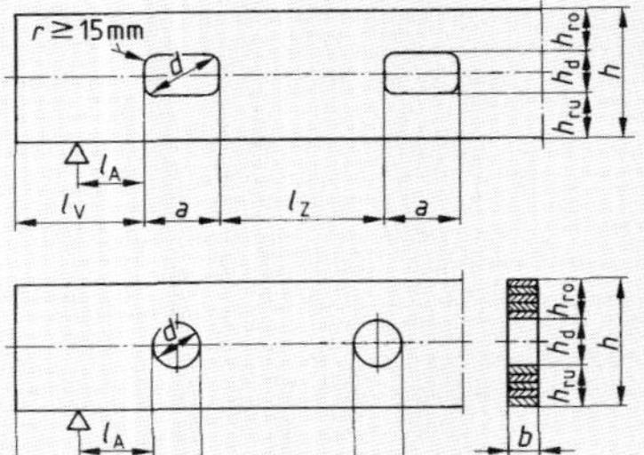

$l_A \geq \frac{h}{2}$; l_V und $l_Z \geq h$; $a \leq h$; h_{ro} und $h_{ru} \geq 0{,}3\,h$; $h_d \leq 0{,}4\,h$

Bild 8. Maße und Anordnung von Durchbrüchen

$$d > 100 - 42\,\tau_Q \quad \text{in mm} \tag{16}$$

$$d > (0{,}1 - 0{,}042\,\tau_Q) \cdot h \tag{17}$$

Hierin bedeuten:

$$\tau_Q = \frac{1{,}5\,Q}{b \cdot h} \quad \text{in MN/m}^2 \tag{18}$$

Q Querkraft in Durchbruchsmitte; eine Abminderung nach Abschnitt 8.2.1.2 ist nicht zulässig

h Höhe des Brettschichtholzträgers

b Breite des Brettschichtholzträgers.

Wenn von einem genaueren Nachweis verstärkter Durchbrüche abgesehen wird, darf eine Verstärkung durch aufgeleimtes Bau-Furniersperrholz nach DIN 68 705 Teil 5 der Klasse 100 nach Bild 9 erfolgen. Die Gesamtverstärkungsdicke t (je Seite $t/2$) muß in Abhängigkeit von der in Durchbruchsmitte vorhandenen Schubspannung τ_Q in MN/m^2 und der Trägerbreite b in mm

$$t \geq (0{,}15 + 0{,}4 \cdot \tau_Q) \cdot b \quad \text{in mm} \tag{19}$$

betragen, jedoch mindestens 20 mm.

Weitere bei der Verstärkung von Durchbrüchen mittels Bau-Furniersperrholz zu beachtende Maße ergeben sich aus Bild 9. Die Faserrichtung des Deckfurniers muß parallel zur Faserrichtung der Trägerlamellen verlaufen. Für die Verleimung, die auch als Nagelpreßleimung erfolgen darf, ist Resorcinharzleim zu verwenden. Im übrigen gilt Abschnitt 12.5.

8.2.3 Gekrümmte Träger und Satteldachträger aus Brettschichtholz

8.2.3.1 Allgemeines

Für gekrümmte Träger und Satteldachträger aus Brettschichtholz nach den Bildern 10 bis 12 sind im gekrümmten Bereich bzw. im Firstquerschnitt Quer- und Längsspannungen, außerdem bei Satteldachträgern nach den Bildern 11 und 12 Spannungskombinationen nachzuweisen.

Für Träger mit Rechteckquerschnitt dürfen die maximalen Quer- und Längsspannungen infolge Moment im gekrümmten Bereich bei Trägerformen nach Bild 10 bzw. im Firstquerschnitt bei Trägerformen nach den Bildern 11 und 12 für $\gamma \leq 20°$ nach den Abschnitten 8.2.3.2 und 8.2.3.3 berechnet werden, sofern ein genauerer Nachweis nicht geführt wird.

Für den Nachweis der Spannungskombination nach Abschnitt 8.2.3.4 ist die größte außerhalb des Firstbereiches auftretende Längsspannung zu berücksichtigen.

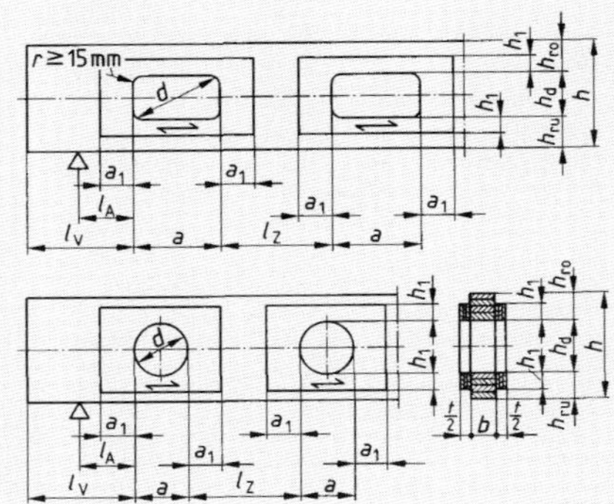

$l_A \geq \frac{h}{2}$; l_V und $l_Z \geq h$; $a \leq h$;

$a_1 \geq 0{,}25\,a$ und $\geq h_1$; h_{ro} und $h_{ru} \geq 0{,}3\,h$;

$h_d \leq 0{,}4\,h$; $h_1 \geq 0{,}25\,h_d$ und $\geq 0{,}1\,h$; $b \leq 220$ mm

Bild 9. Maße und Anordnung der Verstärkungen

8.2.3.2 Querspannungen

Die Querspannung $\sigma_\perp$ ist mit

$$\max \sigma_\perp = \varkappa_q \cdot \frac{M}{W_m} \tag{20}$$

zu bestimmen. Dabei ist

$$\varkappa_q = A_q + B_q \cdot \left[\frac{h_m}{r_m}\right] + C_q \cdot \left[\frac{h_m}{r_m}\right]^2 \tag{21}$$

mit

$$A_q = 0{,}2 \cdot \tan\gamma \tag{22}$$

$$B_q = 0{,}25 - 1{,}5 \cdot \tan\gamma + 2{,}6 \cdot \tan^2\gamma \tag{23}$$

$$C_q = 2{,}1 \cdot \tan\gamma - 4 \cdot \tan^2\gamma \tag{24}$$

Die nach Gleichung (20) ermittelten Querspannungen dürfen die Werte in Tabelle 5, Zeilen 3 bzw. 5a, nicht überschreiten.

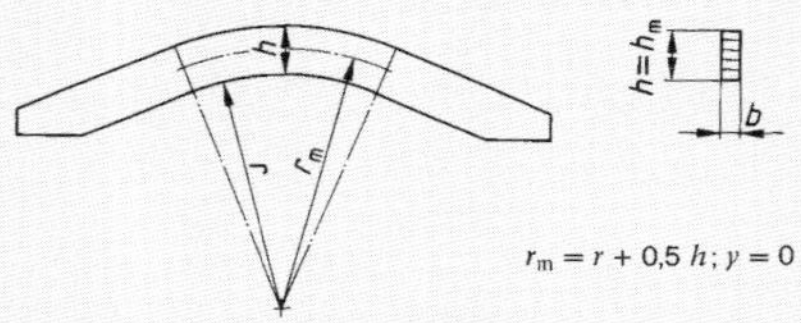

$r_m = r + 0{,}5\,h$; $\gamma = 0$

Bild 10. Gekrümmter Träger mit konstanter Trägerhöhe

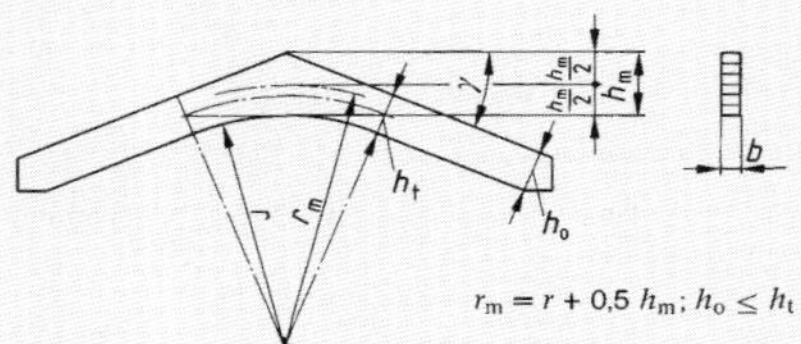

$r_m = r + 0{,}5\,h_m$; $h_o \leq h_t$

Bild 11. Satteldachträger mit gekrümmtem Untergurt

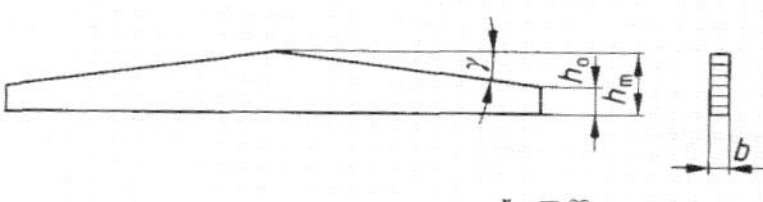

Bild 12. Satteldachträger mit geradem Untergurt

8.2.3.3 Längsspannungen am inneren bzw. am unteren Trägerrand

Die Längsspannung $\sigma_{\parallel}$ ist mit

$$\max \sigma_{\parallel} = \varkappa_l \cdot \frac{M}{W_m} \qquad (25)$$

zu bestimmen. Dabei ist

$$\varkappa_l = A_l + B_l \cdot \left[\frac{h_m}{r_m}\right] + C_l \cdot \left[\frac{h_m}{r_m}\right]^2 + D_l \cdot \left[\frac{h_m}{r_m}\right]^3 \qquad (26)$$

mit

$$A_l = 1 + 1{,}4 \cdot \tan\gamma + 5{,}4 \cdot \tan^2\gamma \qquad (27)$$

$$B_l = 0{,}35 - 8 \cdot \tan\gamma \qquad (28)$$

$$C_l = 0{,}6 + 8{,}3 \cdot \tan\gamma - 7{,}8 \cdot \tan^2\gamma \qquad (29)$$

$$D_l = 6 \cdot \tan^2\gamma \qquad (30)$$

Die Längsspannungen am äußeren bzw. oberen Trägerrand dürfen mit $\varkappa_l = 1{,}0$ berechnet werden.

Die nach Gleichung (25) ermittelten Längsspannungen dürfen die Werte in Tabelle 5, Zeile 1, nicht überschreiten.

8.2.3.4 Spannungskombination

Verläuft bei Brettschichtholzträgern die Faserrichtung nicht parallel zum Trägerrand, so daß hier zusätzlich zu den Längsspannungen $\sigma_{\parallel}$ noch Querspannungen $\sigma_{\perp}$ und Schubspannungen τ auftreten (siehe Bild 13), so ist

für den Biegezugrand

$$\left[\frac{\sigma_{\parallel}}{\text{zul}\,\sigma_B}\right]^2 + \left[\frac{\sigma_{Z\perp}}{1{,}25\ \text{zul}\,\sigma_{Z\perp}}\right]^2 + \left[\frac{\tau}{1{,}33\ \text{zul}\,\tau_a}\right]^2 \leq 1 \qquad (31)$$

für den Biegedruckrand

$$\left[\frac{\sigma_{\parallel}}{\text{zul}\,\sigma_B}\right]^2 + \left[\frac{\sigma_{D\perp}}{\text{zul}\,\sigma_{D\perp}}\right]^2 + \left[\frac{\tau}{2{,}66\ \text{zul}\,\tau_a}\right]^2 \leq 1 \qquad (32)$$

einzuhalten. Hierin sind im Nenner die entsprechenden zulässigen Spannungen für Brettschichtholz der Güteklasse I nach Tabelle 5 einzusetzen. Bei schrägen druckbeanspruchten Rändern darf auf die Berücksichtigung der Spannungskombination verzichtet werden, wenn $\alpha \leq 3°$ ist.

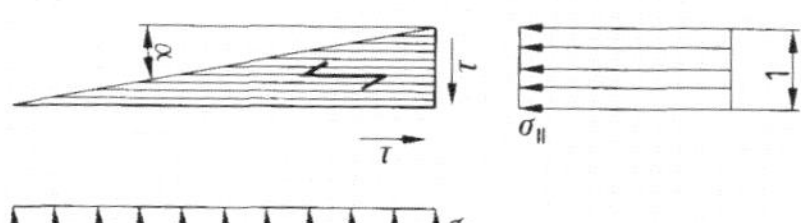

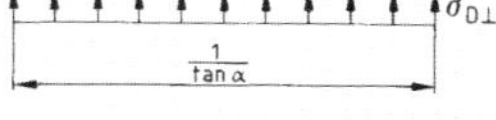

$\tau = \sigma_{\parallel} \cdot \tan\alpha$

$\sigma_{D\perp} = \sigma_{\parallel} \cdot \tan^2\alpha$

α Winkel zwischen dem Trägerrand und der Faserrichtung

Faserrichtung

Bild 13. Längs-, Quer- und Schubspannungen an einem dreiecksförmigen Element des Biegedruckrandes

8.2.4 Kopfbandbalken

Soweit Pfetten und Balken mit Kopfbändern in allen Feldern eine vorwiegend gleichmäßig verteilte Last oder gleiche, in kleineren Abständen stehende Einzellasten (Sparren) aufzunehmen haben, und benachbarte Stützenabstände l (siehe Bild 14) nicht um mehr als ⅕ voneinander abweichen, darf die größte Feldweite (l_1, l_2, l_3 oder l_4) in Rechnung gestellt werden. Für diese Feldweite ist das Bauteil als ein frei drehbar gelagerter Träger auf zwei Stützen zu berechnen. Bei Bauteilen mit feldweise auftretenden Verkehrslasten sowie bei ungleichen Stützenabständen l, die um mehr als ⅕ vom kleinsten Stützenabstand abweichen, ist eine genauere Berechnung auch der Stützen durchzuführen und die Ausführung entsprechend zu gestalten.

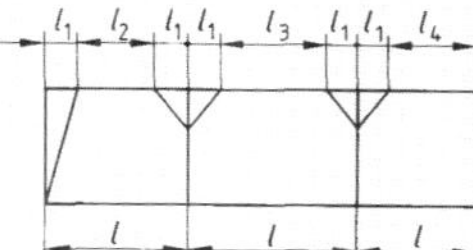

Bild 14. Feldweiten bei Kopfbandbalken

Bei Pfetten und Balken mit Sattelhölzern ohne Kopfbänder ist als Stützweite stets der Achsabstand der Unterstützungen in Rechnung zu stellen.

8.3 Biegeträger aus nachgiebig miteinander verbundenen Querschnittsteilen

8.3.1 Bei der Spannungsberechnung zusammengesetzter Biegeträger muß die Nachgiebigkeit der Verbindungsmittel gegebenenfalls berücksichtigt werden.

Für Träger mit einfach-symmetrischem Querschnitt nach Typ 5 (siehe Tabelle 8 sowie Bild 15d) sind die Spannungen wie folgt zu berechnen:

$$\sigma_{si} = \pm \frac{M}{\text{ef}\,I} \cdot \gamma_i \cdot a_i \cdot \frac{A_i}{A_{in}} \cdot n_i \qquad (33)$$

$$\sigma_{ri} = \pm \frac{M}{\text{ef}\,I} \cdot \left(\gamma_i \cdot a_i \cdot \frac{A_i}{A_{in}} + \frac{h_i}{2} \cdot \frac{I_i}{I_{in}}\right) \cdot n_i \qquad (34)$$

Hierin bedeuten:

- M Biegemoment, positiv bei Druckbeanspruchung der oberen und Zugbeanspruchung der unteren Randfaser des Trägers
- σ_{si} σ_{ri} Schwerpunktsspannungen bzw. Randspannungen in den einzelnen Querschnittsteilen (Gurte bzw. Steg), die Vorzeichen gehen aus Bild 15d hervor
- a_i Abstände der Schwerachsen der ungeschwächten Querschnittsflächen von der maßgebenden Spannungsnullebene y-y, es wird $a_2 \geq 0$ und $\leq h_2/2$ vorausgesetzt
- h_i Dicken bzw. Höhen der einzelnen Querschnittsteile
- γ_i Abminderungswerte zur Berechnung von ef I nach Gleichung (36) bzw. Gleichung (37)
- I_i I_{in} Flächenmomente 2. Grades der ungeschwächten bzw. geschwächten Querschnittsteile ($I_i = b_i \cdot h_i^3/12$)
- ef I Wirksames Flächenmoment 2. Grades des ungeschwächten Querschnittes nach Gleichung (35)
- A_i A_{in} Querschnittsflächen der ungeschwächten bzw. geschwächten Querschnittsteile ($A_i = b_i \cdot h_i$)
- b_i Querschnittsbreiten
- E_i Elastizitätsmoduln der einzelnen Querschnittsteile
- E_v beliebiger Vergleichs-Elastizitätsmodul
- n_i $= E_i/E_v$.

Seite 14 DIN 1052 Teil 1

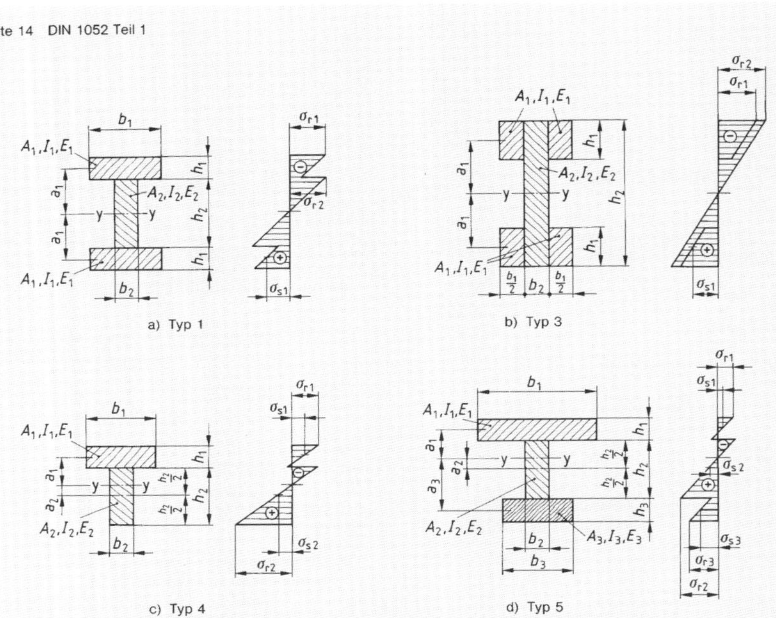

Bild 15. Verschiedene Querschnittstypen zusammengesetzter Biegeträger und Spannungsverteilung (schematisch) bei positivem Biegemoment

Tabelle 8. **Querschnittstypen und Rechenwerte für Verschiebungsmoduln C in N/mm**

Für Biegung bzw. Knickung maßgebende Schwerachse	Verbindungsmittel	Typ 1	Typ 2	Typ 3	Typ 4	Typ 5
		A_1; z; y – y; z	A_1 (für Achse y–y); z; y – y; z; A_1 (für Achse z–z)	A_1 (für Achse y–y); z; y – y; z; A_1 (für Achse z–z)	A_1; z; y – y; z; A_2	A_1; z; y – y; A_2; z; A_3
y – y	Nagel (durch eine Fuge)	600	600	900	600	600
y – y	Nagel (durch zwei Fugen)	700	700	900 je Fuge	–	700
z – z	Nagel (durch eine Fuge)	–	900	600	–	–
z – z	Nagel (durch zwei Fugen)	–	900 je Fuge	700	–	–
y – y und z – z	Dübel nach DIN 1052 Teil 2	15 000 für zulässige Belastung[1]) bis 16 kN				
		22 500 für zulässige Belastung[1]) über 16 bis 30 kN				
		30 000 für zulässige Belastung[1]) über 30 kN				
y – y und z – z	Stabdübel, Paßbolzen	0,7 · zul N je Fuge mit zul N = zulässige Belastung in N je Anschlußfuge[2])				

[1]) Als zulässige Belastung sind die Werte je Dübel für den Lastfall H (siehe DIN 1052 Teil 2, Tabellen 4, 6 und 7) maßgebend.

[2]) Für Laubholz, Holzartgruppe C: 1,0 · zul N.

Flächenmomente 2. Grades geschwächter Querschnittsteile dürfen auf die Schwerachsen der ungeschwächten Querschnittsteile bezogen werden.

Unter Beachtung von Abschnitt 8.2.1.1 dürfen die Randspannungen σ_{ri} die zulässigen Werte für Biegung nach Tabelle 5, Zeile 1, und die Schwerpunktsspannungen σ_{si} in den gezogenen Querschnittsteilen die zulässigen Werte für Zug nach Tabelle 5, Zeile 2, nicht überschreiten. Außerdem ist Abschnitt 5.1.7 zu beachten.

Das wirksame Flächenmoment 2. Grades ef I des ungeschwächten Querschnittes ist mit

$$\text{ef } I = \sum_{i=1}^{3} (n_i \cdot I_i + \gamma_i \cdot n_i \cdot A_i \cdot a_i^2) \quad (35)$$

mit

$$\gamma_{1,3} = \frac{1}{1 + k_{1,3}} \quad (36)$$

$$\gamma_2 = 1 \quad (37)$$

und

$$k_{1,3} = \frac{\pi^2 \cdot E_{1,3} \cdot A_{1,3} \cdot e'_{1,3}}{l^2 \cdot C_{1,3}} \quad (38)$$

sowie

$$a_2 = \frac{1}{2} \cdot \frac{\gamma_1 \cdot n_1 \cdot A_1 \, (h_1 + h_2) - \gamma_3 \cdot n_3 \cdot A_3 \, (h_2 + h_3)}{\sum_{i=1}^{3} \gamma_i \cdot n_i \cdot A_i} \quad (39)$$

der Berechnung zugrunde zu legen.

Hierin bedeuten insbesondere:

e'_1 e'_3 mittlere Abstände der in eine Reihe geschobenen Verbindungsmittel (siehe Bild 16), mit denen die Gurte an den Steg angeschlossen sind

C_1 C_3 Verschiebungsmoduln der Verbindungsmittel, mit denen die Gurte an den Steg angeschlossen sind, nach Tabelle 8

l maßgebende Stützweite.

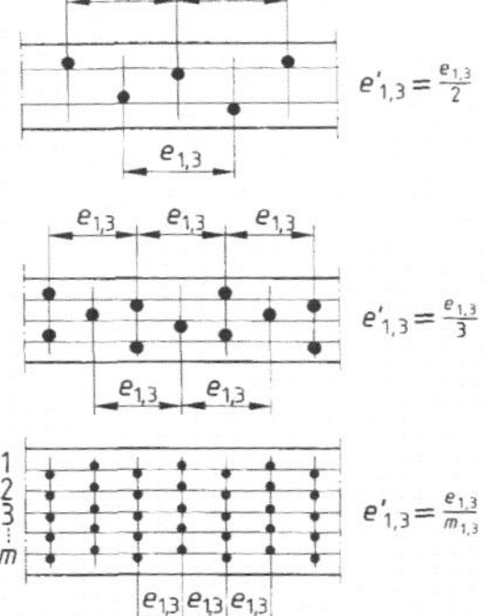

Bild 16. Maßgebender Abstand $e'_{1,3}$ bei mehrreihiger Anordnung der Verbindungsmittel

Bei der Berechnung der k-Werte nach Gleichung (38) sind für den Elastizitätsmodul und den Verschiebungsmodul Abminderungen nach Abschnitt 4.1.2 **nicht** zu berücksichtigen. Für Holzschrauben nach DIN 96, DIN 97 und DIN 571 und für Klammern nach DIN 1052 Teil 2 dürfen als Verschiebungsmoduln die Werte für Nägel nach Tabelle 8 angenommen werden.

Für Träger mit doppelt-symmetrischen Querschnitten nach Typ 1 bis Typ 3 (siehe Tabelle 8 sowie Bild 15a und Bild 15b) ist $A_3 = A_1$, $E_3 = E_1$, $n_3 = n_1$, $e'_1 = e'_3 = e'$ und $C_1 = C_3 = C$. Damit erhält man nach Gleichung (38) bzw. Gleichung (36) $k_1 = k_3 = k$ bzw. $\gamma_1 = \gamma_3 = \gamma$, ferner nach Gleichung (39) $a_2 = 0$. Nunmehr ergeben sich die Spannungen nach Gleichung (33) zu $\sigma_{s1} = \sigma_{s3}$, $\sigma_{s2} = 0$, ferner nach Gleichung (34) $\sigma_{r1} = \sigma_{r3}$.

Für Träger mit einfach-symmetrischem Querschnitt nach Typ 4 (siehe Tabelle 8 und Bild 15c) dürfen die Gleichungen (38) und (39) mit $A_3 = 0$ zugrunde gelegt werden. Die Spannungen ergeben sich sinngemäß aus den Gleichungen (33) und (34).

8.3.2 Bei Durchlaufträgern muß, wenn keine genauere Berechnung durchgeführt wird, bei der Ermittlung von k mit 4/5 der Stützweite l des betreffenden Feldes gerechnet werden, wobei für den Spannungsnachweis über den Zwischenstützen jeweils der kleinere Wert der beiden anschließenden Felder einzuführen ist.

Bei Kragträgern ist mit $l = 2 \cdot l_K$ zu rechnen; mit l_K als Kraglänge.

8.3.3 Die Verbindungsmittel sind unter Berücksichtigung des wirksamen Flächenmomentes 2. Grades ef I nach Gleichung (35) in der Regel für die größte Querkraft max Q zu berechnen. Für Träger mit einfach-symmetrischem Querschnitt nach Typ 5 berechnen sich die größten Schubflüsse ef $t_{1,3}$ in den Anschlußfugen der Gurte zu

$$\text{ef } t_{1,3} = \frac{\max Q}{\text{ef } I} \cdot \gamma_{1,3} \cdot n_{1,3} \cdot S_{1,3} \quad (40)$$

und die erforderlichen Abstände $e'_{1,3}$ der Verbindungsmittel zu

$$\text{erf } e'_{1,3} = \frac{\text{zul } N_{1,3}}{\text{ef } t_{1,3}} \quad (41)$$

Die Verbindungsmittel sind in der Regel unabhängig vom Verlauf der Querkraftlinie gleichmäßig über die Trägerlänge anzuordnen.

Werden die Verbindungsmittelabstände entsprechend der Querkraftlinie abgestuft und sind die maximalen Abstände max $e'_{1,3}$ höchstens $4 \cdot \min e'_{1,3}$, so darf für $e'_{1,3}$ der jeweilige Verbindungsmittelabstand

$$\bar{e}'_{1,3} = 0{,}75 \cdot \min e'_{1,3} + 0{,}25 \cdot \max e'_{1,3} \quad (42)$$

in Gleichung (38) eingesetzt werden.

Die Schubspannungen in neutralen Fasern sind für max Q ebenfalls unter Berücksichtigung von ef I nachzuweisen. Für Träger nach Typ 5 ergibt sich die größte Schubspannung in der maßgebenden Spannungsnullebene y – y zu

$$\max \tau = \frac{\max Q}{b_2 \cdot \text{ef } I} \cdot \sum_{i=1}^{2} \gamma_i \cdot n_i \cdot S_i \quad (43)$$

In den Gleichungen (40) bis (43) bedeuten insbesondere:

S_1 S_3 Flächenmomente 1. Grades der Gurte, bezogen auf die maßgebende Spannungsnullebene y – y ($S_{1,3} = b_{1,3} \cdot h_{1,3} \cdot a_{1,3}$)

S_2 Flächenmoment 1. Grades der oberhalb der maßgebenden Spannungsnullebene y – y liegenden Stegfläche, bezogen auf die Spannungsnullebene y – y ($S_2 = b_2 \cdot (h_2/2 - a_2)^2/2$)

zul N_1 zul N_3 zulässige Belastungen des verwendeten Verbindungsmittels.

Bei Trägern mit doppelt-symmetrischen Querschnitten nach Typ 1 bis Typ 3 (siehe Tabelle 8 sowie Bild 15a und Bild 15b) und ebenso bei Trägern mit einfach-symmetrischem Querschnitt nach Typ 4 (siehe Tabelle 8 und Bild 15c) sind die Gleichungen (40) bis (43) sinngemäß anzuwenden, siehe auch Abschnitt 8.3.1.

Ist bei Trägern nach Typ 2 und Typ 3 (siehe Tabelle 8) die Schwerachse z – z maßgebend, so ist ebenfalls sinngemäß zu verfahren.

Seite 16 DIN 1052 Teil 1

8.3.4 Der Durchbiegungsnachweis nach Abschnitt 8.5 ist mit ef I nach Gleichung (35) und E_v zu führen. Dabei darf der jeweils größere Verschiebungsmodul C, der sich aus den 1,25fachen Werten nach Tabelle 8 oder aus den Werten nach DIN 1052 Teil 2, Tabelle 13, ergibt, in Gleichung (38) eingesetzt werden.

8.4 Vollwand- und Fachwerkträger

8.4.1 Vollwandträger mit Plattenstegen

Vollwandträger nach Bild 17, deren Stege aus Bau-Furniersperrholz oder Flachpreßplatten bestehen und ungestoßen oder mit verleimten Stößen hergestellt werden, müssen unter Berücksichtigung der verschiedenen Elastizitätsmoduln der Steg- und Gurtwerkstoffe berechnet werden. Bei genagelten Stößen ist deren Nachgiebigkeit erforderlichenfalls zu berücksichtigen.

Bei nachgiebigem Anschluß der Gurte an den Steg muß der Träger nach Abschnitt 8.3 berechnet werden.

Sofern kein genauerer Beulnachweis geführt wird, ist bei annähernd gleichmäßig belasteten verleimten Vollwandträgern mit Plattenstegen (siehe Bild 17) aus Bau-Furniersperrholz aus mindestens fünf Lagen nach DIN 68 705 Teil 3 oder Teil 5

$$\frac{h_{Sl}}{b_S} \leq 35 \qquad (44)$$

und aus Flachpreßplatten nach DIN 68 763

$$\frac{h_{Sl}}{b_S} \leq 50 \qquad (45)$$

einzuhalten.

Bei genagelten Vollwandträgern mit Plattenstegen ist in den Gleichungen (44) und (45) h_{Sl} durch h_{Sg} zu ersetzen.

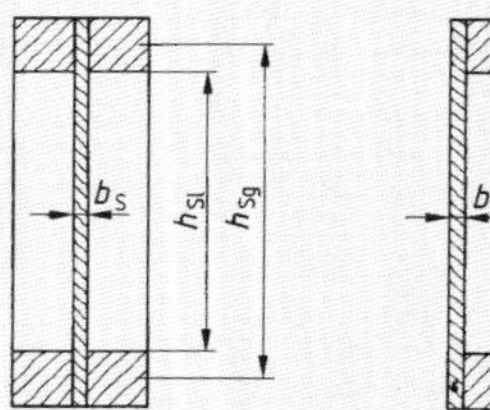

a) I-Querschnitt b) Kasten-Querschnitt

Bild 17. Vollwandträger mit Plattenstegen

Hierin bedeuten:

h_{Sl} lichte Höhe der Plattenstege

h_{Sg} Mittenabstand der Gurtquerschnittsflächen

b_S Dicke der Plattenstege.

Mindestens im Auflager- und im Einleitungsbereich von Einzellasten sind Aussteifungen erforderlich. Bei Trägerhöhen über 500 mm sollte der Steifenabstand die 3fache Trägerhöhe nicht überschreiten.

8.4.2 Vollwandträger mit Bretterstegen

8.4.2.1 Bei verbretterten I-Trägern, Kastenträgern oder I-Kastenträgern mit vernagelten, gekreuzten Brettlagen ist der Steg bei der Bestimmung des wirksamen Flächenmomentes 2. Grades nicht zu berücksichtigen. Die Stegbretter und deren Anschlüsse an den Gurten müssen für die Aufnahme der Querkräfte bemessen werden. Der Spannungsnachweis in den Gurten ist unter Berücksichtigung der Nachgiebigkeit der Verbindungsmittel zu führen. Bei abgestuftem Verbindungsmittelabstand darf Gleichung (41) sinngemäß angewendet werden.

Die Knicksicherheit der auf Druck beanspruchten Stegbretter muß ebenfalls nachgewiesen werden, soweit diese nicht mit den Zugbrettern ausreichend verbunden sind. Die Aufnahme der beim Kastenquerschnitt mit kreuzweiser Verbretterung aus den Brettkräften entstehenden Drillmomente ist nachzuweisen.

8.4.2.2 Wird der I-Träger mit kreuzweiser Verbretterung in zwei getrennten Hälften (einschnittig) hergestellt, so muß die Aufnahme der zwischen den beiden Trägerhälften auftretenden Kopplungskräfte nachgewiesen werden.

8.4.2.3 Für die Aufnahme von zusätzlichen Druck- oder Zugkräften (z. B. bei Rahmen) dürfen verbretterte Stege von Vollwandträgern nicht in Rechnung gestellt werden.

8.4.2.4 Bestehen die Gurte aus mehreren Einzelteilen (siehe Bild 18), so sind, falls kein genauerer Nachweis geführt wird, die Querschnitte der Einzelteile mit folgenden Beiwerten ζ in Rechnung zu stellen:

Teil 1: $\zeta = 1{,}0$

Teil 2: $\zeta = 0{,}8$

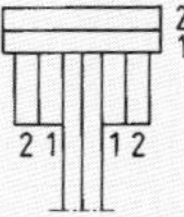

Bild 18. Zusammengesetzter Gurtquerschnitt eines genagelten Vollwandträgers

Mehr als zwei aufeinander liegende Einzelteile sind nicht zu verwenden; bei Gurten aus zusammengeleimten Einzelteilen (Brettschichtholz) ist die Anzahl der Einzelteile nicht beschränkt und eine Abminderung innerhalb der Gurtteile nicht erforderlich.

8.4.3 Fachwerkträger

Bei parallelgurtigen oder trapezförmigen Fachwerkträgern mit nachgiebigen Stabanschlüssen sind die Biegespannungen in den Gurten nachzuweisen, wenn die Gurthöhe mehr als 1/7 der Trägerhöhe beträgt.

8.5 Durchbiegungen und Überhöhungen

8.5.1 Um insbesondere die Gebrauchsfähigkeit der Konstruktion und der Bauteile zu sichern, sind Grenzwerte für die Durchbiegungen aus Verkehrslasten (einschließlich Wind- und Schneelast; ohne Schwing- und Stoßbeiwert) und aus Gesamtlast (ständige Last und Verkehrslasten einschließlich Wind- und Schneelast; ohne Schwing- und Stoßbeiwert) einzuhalten.

Wenn Bauart und Nutzung eines Bauwerkes es erfordern, können auch geringere als in Tabelle 9 oder in Abschnitt 8.5.7 und Abschnitt 8.5.8 angegebene zulässige Durchbiegungen maßgebend werden.

8.5.2 Bei der Berechnung der Durchbiegung darf der ungeschwächte Querschnitt eingesetzt werden. Bei zusammengesetzten Trägern ist der Nachweis nach Abschnitt 8.3.4 zu führen.

8.5.3 Für die rechnerisch zulässigen Durchbiegungen von Brettschichtholzträgern, zusammengesetzten Trägern, Vollwandträgern sowie von Fachwerkträgern gelten die in Tabelle 9 angegebenen Werte. Für Aussteifungskonstruktionen siehe Abschnitt 10.

Bei der Durchbiegungsermittlung von Fachwerkträgern ist zu unterscheiden zwischen einer **Näherungsberechnung**, bei der nur die elastische Verformung der Gurtstäbe berücksichtigt wird, und einer **genaueren Berechnung**, bei der die elastische Verformung sämtlicher Stäbe und die Nachgiebigkeit aller Anschlüsse und Stöße zu berücksichtigen sind. Dies gilt auch für einsinnig verbretterte Vollwandträger. Bei Flachdächern mit Spannweitenverhältnissen $l/h > 10$ ist in der Regel die genauere Berechnung durchzuführen.

8.5.4 Bei Trägern mit Vollholz- oder Plattenstegen ist der Durchsenkungsanteil aus der Schubverformung zu berücksichtigen. Bei Vollwandträgern genügt es dabei im allgemeinen, wenn kein genauerer Nachweis geführt wird, die rechnerische Durchsenkung aus der Schubverformung näherungsweise unter Annahme einer stellvertretenden, gleichmäßig verteilten Last zu ermitteln. Für Vollwandträger auf zwei Stützen mit gleichbleibendem Querschnitt darf diese Durchsenkung in Balkenmitte zu

$$\max f_\tau = \frac{q \cdot l^2}{8\,G \cdot A_{\text{Steg}}} \qquad (46)$$

angenommen werden; mit G als Schubmodul des Stegmaterials.

Bei Durchlaufträgern darf der Anteil max f_τ in gleicher Weise berechnet werden; wobei für l die gesamte Feldweite des betrachteten Feldes einzusetzen ist.

8.5.5 Bei Brettschichtholzträgern, zusammengesetzten Biegebauteilen und bei Fachwerkträgern ist in der Regel das **Gesamtsystem** parabelförmig zu überhöhen. Die Überhöhung soll mindestens der rechnerischen Durchbiegung aus Gesamtlast unter Berücksichtigung der Kriechverformungen entsprechen. Bei Konstruktionen mit nachgiebigen Verbindungsmitteln soll der Einfluß der Nachgiebigkeit berücksichtigt werden. Ohne Berechnung der Überhöhung muß mindestens um $l/300$, bei Verwendung von halbtrockenem oder frischem Holz mindestens um $l/200$, bei Kragträgern um $l/150$ überhöht werden. Bei Rahmen ist sinngemäß zu verfahren.

8.5.6 Bei auskragenden Bauteilen darf die rechnerische Durchbiegung der Kragenden die Werte in Tabelle 9, bezogen auf die Kraglänge, um 100% überschreiten.

8.5.7 Bei Decken unter und über Wohn-, Büro- und ähnlichen Räumen sowie unter Fabrik- und Werkstatträumen darf die rechnerische Durchbiegung unter der Gesamtlast im allgemeinen höchstens $l/300$ betragen. Dies gilt in der Regel auch für Pfetten, Sparren und Balken im Bereich des oberen Raumabschlusses von Wohn-, Büro- und ähnlichen Räumen.

8.5.8 Bei Pfetten und Sparren, ferner bei Balken von Stalldecken, Scheunen und dergleichen sowie im landwirtschaftlichen Bauwesen auch bei Vollwand- und Fachwerkträgern ohne Überhöhung darf die rechnerische Durchbiegung unter der Gesamtlast $l/200$ betragen. Bei der Näherungsberechnung von Fachwerkträgern muß der Wert $l/400$ eingehalten werden.

8.5.9 Bei Stützen und Riegeln in den Außenwänden geschlossener Gebäude darf die rechnerische Durchbiegung unter horizontaler Last, z. B. unter Windlast nach DIN 1055 Teil 4, in der Regel nicht mehr als 1/200 der Stützweite betragen.

8.5.10 Die rechnerische Durchbiegung von Dach- und unmittelbar belasteten Deckenschalungen sowie von oberen Dach- und Deckenbeplankungen unter Gesamtlast darf höchstens $l/200$, jedoch nicht mehr als 10 mm, unter Eigenlast und Einzellast von 1 kN (Mannlast) höchstens $l/100$, jedoch nicht mehr als 20 mm betragen. Dabei darf der Durchbiegungsanteil aus der Schubverformung vernachlässigt werden. Bei Aussteifungsscheiben aus Holzwerkstoffen ist Abschnitt 10.3.1 zu beachten.

8.6 Stabilisierung biegebeanspruchter Bauteile

8.6.1 Biegebeanspruchte Bauteile müssen gegen seitliches Ausweichen gesichert sein.

Sind Träger mit Rechteckquerschnitt der Höhe h und der Breite b im Abstand s seitlich praktisch unverschieblich festgehalten, so darf für die Biegespannung aus einem in diesem Bereich konstant angenommenen Biegemoment M der Nachweis

$$\frac{\dfrac{M}{W}}{k_B \cdot 1{,}1 \cdot \text{zul}\,\sigma_B} \leq 1 \qquad (47)$$

geführt werden, wobei für k_B einzusetzen ist:

$$k_B = \begin{cases} 1 & \text{für} \quad \lambda_B \leq 0{,}75 \qquad (48) \\ 1{,}56 - 0{,}75 \cdot \lambda_B & \text{für } 0{,}75 \leq \lambda_B \leq 1{,}4 \qquad (49) \\ 1/\lambda^2_B & \text{für} \quad \lambda_B > 1{,}4 \qquad (50) \end{cases}$$

Dabei ist λ_B der Kippschlankheitsgrad.

$$\lambda_B = \sqrt{\frac{s \cdot h \cdot \gamma_1 \cdot \text{zul}\,\sigma_B}{\pi \cdot b^2 \cdot \sqrt{E_\parallel \cdot G_T}}} \qquad (51)$$

Als Lasterhöhungsbeiwert ist für beide Lastfälle H und HZ $\gamma_1 = 2{,}0$ einzusetzen.

Ist bei Vollwandträgern mit I- oder Kastenquerschnitt der Druckgurt in einzelnen Punkten, deren Abstand s beträgt, seitlich praktisch unverschieblich festgehalten und der auf die maßgebende Schwerachse des Trägers bezogene Trägheitsradius i des Gurtquerschnittes größer als $s/40$, so darf ein weiterer Nachweis entfallen.

Ist $i < s/40$, so darf, sofern kein genauerer Nachweis geführt wird, die Schwerpunktsspannung des gedrückten Querschnittsteiles den Wert $k_S \cdot$ zul σ_k nicht überschreiten. Dabei ist zul σ_k nach Gleichung (59) zu ermitteln, wobei ω die dem Schlankheitsgrad $\lambda = s/i$ zugeordnete Knickzahl nach Tabelle 10 ist. Für k_S ist die zum Schlankheitsgrad $\lambda = 40$ zugehörige Knickzahl ω nach Tabelle 10 einzusetzen. Gegebenenfalls ist ef I nach den Gleichungen (35) bis (39) zu bestimmen (siehe auch Abschnitt 9.3.3.2).

Tabelle 9. **Zulässige Durchbiegungen von biegebeanspruchten Trägern**

Last	Ausführung mit Überhöhung nach Abschnitt 8.5.5			Ausführung ohne Überhöhung		
	BSH-Träger, zusammengesetzte Träger, Vollwandträger	Fachwerkträger [1]) Näherungsberechnung	Fachwerkträger [1]) genauere Berechnung	BSH-Träger, zusammengesetzte Träger, Vollwandträger	Fachwerkträger [1]) Näherungsberechnung	Fachwerkträger [1]) genauere Berechnung
Verkehrslast	$l/300$	$l/600$	$l/300$	–	–	–
Gesamtlast	$l/200$	$l/400$	$l/200$	$l/300$	$l/600$	$l/300$

[1]) Einschließlich einsinnig verbretterter Vollwandträger.

8.6.2 Anstelle des Nachweises nach Abschnitt 8.6.1 darf auch der Tragsicherheitsnachweis nach der Spannungstheorie II. Ordnung geführt werden. Die Nachgiebigkeit der Verbindungsmittel sowie die Kriechverformungen sind gegebenenfalls zu berücksichtigen.

Die Schnittgrößen sind für die γ_1-fachen Lasten zu ermitteln. Der Nachweis ausreichender Tragsicherheit ist erbracht, wenn an keiner Stelle des Biegeträgers die γ_1-fachen zulässigen Spannungen und die γ_1-fachen zulässigen Belastungen der Verbindungsmittel überschritten werden.

Bei im Grundriß planmäßig geraden Biegeträgern ist rechnerisch eine seitliche wahlweise sinus- oder parabelförmige Vorkrümmung der Stabachse zu berücksichtigen. Hierbei ist in Stabmitte eine rechnerische seitliche Ausmitte nach Gleichung (73) anzunehmen, wobei für s der Abstand der Kippaussteifungen einzusetzen ist. Zu den übrigen Bezeichnungen siehe Abschnitt 9.6.3.

In diesem Falle darf die Querschnittseckspannung aus nicht planmäßiger Doppelbiegung die zulässige Biegespannung nach Tabelle 5, Zeile 1, um 10 % überschreiten. Der Nachweis für die einfache Biegung ist zusätzlich zu führen.

9 Bemessungsregeln für Druckstäbe

9.1 Knicklängen

9.1.1 Ist der Druckstab an den Enden durch abstützende Bauteile (wie Verbände, Scheiben oder dergleichen) gegen seitliches Ausweichen gesichert, so ist eine gelenkige Lagerung beider Stabenden anzunehmen. Ist der Druckstab in Zwischenpunkten gegen festliegende andere Punkte abgestützt, darf als Knicklänge für das Ausknicken in der Richtung, in der die Abstützung wirksam ist, der Abstand der Abstützung in Rechnung gestellt werden. Sind diese Voraussetzungen nicht erfüllt, so sind entsprechend größere Knicklängen in Rechnung zu stellen. Für Druckgurte von Vollwandträgern siehe auch Abschnitt 8.6.

9.1.2 Als Knicklänge der Gurtstäbe von Fachwerken ist für das Knicken **in** der Fachwerkebene in der Regel die Länge der Netzlinie einzusetzen. Bei Füllstäben darf mit $s_k = 0{,}8 \cdot s$ gerechnet werden; mit s als Länge ihrer Netzlinie. Ist ein Füllstab jedoch nur mittels Versatz oder durch Dübel mit einem Bolzen oder nur durch Bolzen angeschlossen, so gilt $s_k = s$.

Für das Knicken **aus** der Fachwerkebene ist als Knicklänge bei Gurtstäben der Abstand der Queraussteifungen und bei Füllstäben stets die Länge der Netzlinie einzusetzen.

Hierzu siehe auch Abschnitt 10.5.

9.1.3 Die Knicklänge der Sparren von Kehlbalkenbindern darf für das Knicken **in** der Systemebene näherungsweise, wenn kein genauerer Nachweis geführt wird, bei verschieblichem Kehlbalken zu $s_k = 0{,}8 \cdot s$ angenommen werden, wenn die Länge s_u des unteren Sparrenabschnittes kleiner als $0{,}7 \cdot s$, aber größer als $0{,}3 \cdot s$ ist; hierin ist s die gesamte Sparrenlänge. Andernfalls ist mit $s_k = s$ zu rechnen. Bei unverschieblichem Kehlbalken darf die Knicklänge mit $s_k = s_u$ bzw. s_o angenommen werden. Dabei ist der Nachweis mit der jeweils größten Druckkraft im unteren bzw. oberen Sparrenabschnitt zu führen.

Für das Knicken **aus** der Systemebene ist der Abstand der Queraussteifungen maßgebend.

Hierzu siehe Abschnitt 10.5.

9.1.4 Bei Stützen von Rahmen mit Fachwerkriegeln nach Bild 19 ist näherungsweise, wenn kein genauerer Nachweis geführt wird, für Knicken **in** der Rahmenebene die Knicklänge mit

$$s_k = 2\,h_u \cdot \left(1 + 0{,}35\,\frac{h_o}{h_u}\right) \qquad (52)$$

einzusetzen. Dabei ist der Nachweis so zu führen, als ob die größere der beiden Stabkräfte N_o und N_u über die gesamte Länge $h = h_o + h_u$ auftreten würde.

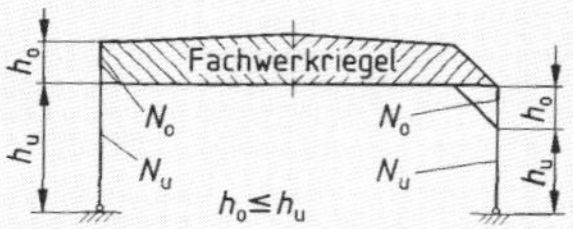

Bild 19. Zweigelenkrahmen mit Fachwerkriegel

9.1.5 Für Drei- und Zweigelenkbogen nach Bild 20 mit einem Pfeilverhältnis f/l zwischen 0,15 und 0,5 und wenig veränderlichem Querschnitt darf, wenn kein genauerer Nachweis geführt wird, für das Ausknicken **in** der Bogenebene die Knicklänge mit

$$s_k = 1{,}25 \cdot s \qquad (53)$$

eingesetzt werden; mit s als halbe Bogenlänge.

Hierbei ist für den Knicknachweis die Druckkraft im Viertelspunkt anzunehmen.

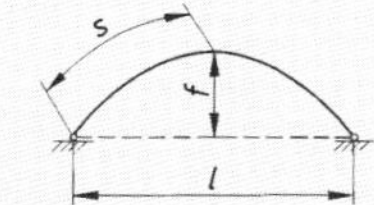

Bild 20. Bogensystem

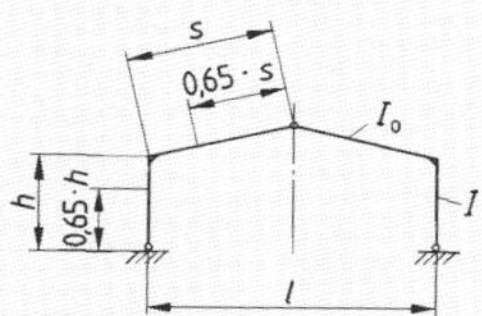

Bild 21. Rahmensystem

9.1.6 Bei symmetrischen Zwei- und Dreigelenkrahmen nach Bild 21 darf für das Knicken **in** der Binderebene, wenn kein genauerer Nachweis geführt wird, die Knicklänge des Stieles mit

$$s_k = 2\,h \cdot \sqrt{1 + 0{,}4\,c} \qquad (54)$$

angenommen werden. Dabei ist

$$c = \frac{I \cdot 2s}{I_o \cdot h} \qquad (55)$$

Hierin bedeuten:

I Flächenmoment 2. Grades des Stieles
I_o Flächenmoment 2. Grades des Riegels
h Stielhöhe
s Riegellänge.

Die Knicklänge des Riegels darf, sofern kein genauerer Nachweis geführt wird, mit

$$s_k = 2\,h \cdot \sqrt{1 + 0{,}4\,c} \cdot \sqrt{k_R} \qquad (56)$$

angenommen werden. Dabei ist

$$k_R = \frac{I_o \cdot N}{I \cdot N_o} \qquad (57)$$

Hierin bedeuten:

N mittlere Stabkraft des Stieles
N_o mittlere Stabkraft des Riegels.

Sind die Flächenmomente 2. Grades veränderlich, so darf mit den in 0,65 · h bzw. 0,65 · s vorhandenen Flächenmomenten 2. Grades gerechnet werden, aus denen auch die Trägheitsradien i mit den dort vorhandenen Querschnittsflächen zu ermitteln sind.

Beim Stabilitätsnachweis nach Gleichung (72) sind jeweils die im betrachteten Rahmenteil auftretenden Werte max N und max M einzusetzen.

9.1.7 Der Einfluß der Nachgiebigkeit der Verbindungen auf die Knicklänge ist erforderlichenfalls zu berücksichtigen.

9.1.8 Bei Fachwerkrahmen ist für das Knicken **aus** der Rahmenebene für die inneren gedrückten Stäbe der Rahmenstiele als Knicklänge der Abstand zwischen dem Fußpunkt und der Unterkante der Dachhaut anzunehmen, wenn der innere Rahmeneckpunkt seitlich nicht gehalten ist. Dabei ist zusätzlich eine Seitenkraft von 1/100 der größten, im inneren Rahmeneckpunkt einlaufenden Stabkraft an dieser Stelle zu berücksichtigen.

9.2 Schlankheitsgrad

Bei einteiligen Druckstäben sind Schlankheitsgrade bis $\lambda = 150$ zulässig, bei zusammengesetzten nicht verleimten Druckstäben bis ef $\lambda = 175$, bei Verbandsstäben sowie bei Zugstäben, die nur aus Zusatzlasten geringfügige Druckkräfte erhalten, bis $\lambda = 200$.

Bei Fliegenden Bauten (siehe DIN 4112) sind für Druckstäbe unter vorwiegend ruhender Beanspruchung Schlankheitsgrade bis $\lambda = 200$ zulässig. Zeltstangen zur Minderung des freien Durchhanges der Zeltplane dürfen Schlankheitsgrade bis $\lambda = 250$ haben.

9.3 Mittiger Druck

9.3.1 Allgemeines

Für planmäßig gerade, mittig gedrückte Stäbe ist der Knicknachweis nach den Abschnitten 9.3.2 bis 9.3.3.4 und, soweit Querschnittsschwächungen nach Abschnitt 6.4 nur im Bereich der Krafteinleitung vorhanden sind, der gewöhnliche Spannungsnachweis zu führen.

9.3.2 Knicknachweis für einteilige Stäbe

Bei einteiligen Stäben muß

$$\frac{\frac{N}{A}}{\text{zul}\,\sigma_k} \leq 1 \qquad (58)$$

sein. Hierbei ist

$$\text{zul}\,\sigma_k = \frac{\text{zul}\,\sigma_{D\parallel}}{\omega} \qquad (59)$$

Hierin bedeuten:

N größte im Stab auftretende Druckkraft

A ungeschwächter Stabquerschnitt

zul $\sigma_{D\parallel}$ zulässige Druckspannung nach Tabelle 5, Zeile 4, bzw. Tabelle 6, Zeile 4, unter Berücksichtigung der Abschnitte 5.1.6, 5.1.7 und 5.1.9 bzw. 5.2.3

ω vom Schlankheitsgrad λ abhängige Knickzahl nach Tabelle 10; Zwischenwerte dürfen geradlinig interpoliert werden

λ maßgebender Schlankheitsgrad des Stabes, d. h. der größere der beiden Verhältniswerte $\lambda_y = s_{ky}/i_y$ und $\lambda_z = s_{kz}/i_z$, dabei sind s_{ky} und s_{kz} die Knicklängen des Stabes für das Ausknicken rechtwinklig zu den jeweiligen Schwerachsen (siehe Abschnitt 9.1) und i_y bzw. i_z die zugehörigen Trägheitsradien.

9.3.3 Knicknachweis für mehrteilige Stäbe

9.3.3.1 Allgemeines

Bei mehrteiligen Stäben muß zwischen nicht gespreizten (Querschnittstypen nach Tabelle 8) und gespreizten (Bauarten nach Bild 22) zusammengesetzten Stäben unterschieden werden (Spreizung = lichter Abstand a/Einzelstabdicke h_1), ferner auch zwischen den Richtungen des Ausknickens (rechtwinklig zur y- bzw. z-Achse).

Bei nicht gespreizten Stäben mit Querschnitten nach Typ 1, Typ 4 und Typ 5 (siehe Tabelle 8) und bei gespreizten Stäben ist der mehrteilige Stab für das Ausknicken rechtwinklig zur Schwerachse z – z wie ein einteiliger Stab zu berechnen, dessen Flächenmoment 2. Grades I_z gleich der Summe der Flächenmomente 2. Grades der Einzelstäbe ist:

$$I_z = \sum_{i=1}^{n} I_{zi} \qquad (60)$$

Hierin ist I_{zi} das Flächenmoment 2. Grades des Einzelstabes, bezogen auf die Schwerachse z – z der Querschnittsfläche. Bestehen die Einzelstäbe aus unterschiedlichen Werkstoffen, gilt Abschnitt 9.3.3.2 sinngemäß.

Bei nicht gespreizten und bei gespreizten Stäben darf für das Ausknicken rechtwinklig zur Schwerachse y – y nicht in jedem Fall mit einem vollen Zusammenwirken der Einzelstäbe gerechnet werden. Der Knicknachweis ist dann mit dem wirksamen Schlankheitsgrad ef $\lambda < \lambda_{starr}$ zu führen.

Bei nicht gespreizten Stäben mit Querschnitten nach Typ 2 und Typ 3 (siehe Tabelle 8) gilt dies auch für das Ausknicken rechtwinklig zur Schwerachse z – z.

9.3.3.2 Zusammengesetzte, nicht gespreizte Stäbe mit kontinuierlicher Verbindung (Querschnittstypen nach Tabelle 8)

Bei verleimten Stäben darf $\lambda = \lambda_{starr}$ und $I = I_{starr}$ gesetzt werden. Dabei ist I_{starr} sinngemäß mit den Gleichungen (35) und (39) mit $\gamma_i = 1$ zu berechnen.

Bei nachgiebigen Verbindungsmitteln ist ef I gegebenenfalls wie bei zusammengesetzten Biegeträgern nach den Gleichungen (35) bis (39) zu bestimmen, wobei anstelle der Stützweite l die maßgebende Knicklänge s_k (siehe Abschnitt 9.1) einzuführen ist (C-Werte nach Abschnitt 8.3.1). Mit ef I wird der wirksame Schlankheitsgrad ef λ berechnet und die dem wirksamen Schlankheitsgrad ef λ zugehörige Knickzahl Tabelle 10 entnommen. Bei Verwendung unterschiedlicher Werkstoffe ist, sofern kein genauerer Nachweis geführt wird, die jeweils größte Knickzahl maßgebend.

Bei Stäben mit einfach-symmetrischem Querschnitt nach Typ 5 (siehe Tabelle 8) muß für alle Querschnittsteile

$$\frac{\frac{N}{\bar{A}} \cdot n_i}{\text{zul}\,\sigma_k} \leq 1 \qquad (61)$$

sein, mit

$$\bar{A} = \sum_{i=1}^{3} n_i \cdot A_i \qquad (62)$$

Hierbei ist zul σ_k für den jeweiligen Querschnittsteil nach Gleichung (59) zu berechnen. Bei Stäben mit Querschnitten nach Typ 1 bis Typ 4 (siehe Tabelle 8) ist sinngemäß zu verfahren.

Die Verbindungsmittel sind in der Regel für eine über die ganze Stablänge als wirksam angenommene Querkraft von

$$Q_i = \frac{\text{ef}\,\omega \cdot N}{60} \qquad (63)$$

zu bemessen. Für ef $\lambda < 60$ darf dieser Wert mit dem Faktor ef λ/60, jedoch höchstens mit 0,5 abgemindert werden.

Hierin bedeuten:

ef ω die dem wirksamen Schlankheitsgrad ef λ zugehörige Knickzahl nach Tabelle 10

N Druckkraft des Stabes.

Seite 20 DIN 1052 Teil 1

Tabelle 10. **Knickzahlen** ω

Schlank-heitsgrad	Vollholz aus Nadelhölzern nach Tabelle 1, Zeile 1	Brettschichtholz aus Nadelhölzern nach Tabelle 1, Zeile 1		Vollholz aus Laubhölzern nach Tabelle 1			Bau-Furniersperrholz nach DIN 68 705 Teil 3 und Teil 5, Druckkraft parallel zur Faserrichtung der Deckfurniere		Flachpreßplatten nach DIN 68 763	
	Güteklasse	Güteklasse		Holzartgruppe			Lagenanzahl		Plattendicke mm	
λ	I bis III	I	II	A	B	C	3	≥ 5	≤ 25	> 25
0	1,00	1,00	1,00	1,00	1,00	1,00	1,00	1,00	1,00	1,00
10	1,04	1,00	1,00	1,04	1,03	1,03	1,02	1,01	1,03	1,02
20	1,08	1,00	1,00	1,08	1,08	1,07	1,05	1,04	1,07	1,07
30	1,15	1,00	1,00	1,15	1,15	1,15	1,11	1,12	1,15	1,16
40	1,26	1,03	1,03	1,25	1,27	1,29	1,22	1,28	1,28	1,34
50	1,42	1,13	1,11	1,40	1,45	1,50	1,38	1,54	1,49	1,61
60	1,62	1,28	1,25	1,59	1,69	1,79	1,61	1,91	1,78	1,99
70	1,88	1,51	1,45	1,83	2,00	2,17	1,92	2,53	2,15	2,48
80	2,20	1,92	1,75	2,13	2,38	2,67	2,30	3,30	2,60	3,24
90	2,58	2,43	2,22	2,48	2,87	3,38	2,87	4,18	3,22	4,10
100	3,00	3,00	2,74	2,88	3,55	4,17	3,55	5,16	3,98	5,07
110	3,63	3,63	3,32	3,43	4,29	5,05	4,29	6,24	4,82	6,13
120	4,32	4,32	3,95	4,09	5,11	6,01	5,11	7,43	5,73	7,30
130	5,07	5,07	4,63	4,79	5,99	7,05	5,99	8,72	6,73	8,56
140	5,88	5,88	5,37	5,56	6,95	8,18	6,95	10,11	7,80	9,93
150	6,75	6,75	6,17	6,38	7,98	9,39	7,98	11,61	8,96	11,40
160	7,68	7,68	7,02	7,26	9,08	10,68	9,08	13,20	10,19	12,97
170	8,67	8,67	7,92	8,20	10,25	12,06	10,25	14,91	11,50	14,64
175	9,19	9,19	8,39	8,69	10,86	12,78	10,86	15,80	12,19	15,52
180	9,72	9,72	8,88	9,19	11,49	13,52	11,49	16,71	12,90	16,41
190	10,83	10,83	9,89	10,24	12,80	15,06	12,80	18,62	14,37	18,29
200	12,00	12,00	10,96	11,35	14,18	16,69	14,18	20,63	15,92	20,26
210	13,23	13,23	12,08	12,51	15,64	18,40	15,64	22,75	17,55	22,34
220	14,52	14,52	13,26	13,73	17,16	20,19	17,16	24,97	19,27	24,52
230	15,87	15,87	14,50	15,01	18,76	22,07	18,76	27,29	21,06	26,80
240	17,28	17,28	15,78	16,34	20,43	24,03	20,43	29,71	22,93	29,18
250	18,75	18,75	17,13	17,73	22,16	26,08	22,16	32,24	24,88	31,66

Die Berechnung des Schubflusses ef t und des erforderlichen Abstandes $e'_{1,3}$ der Verbindungsmittel erfolgt nach den Gleichungen (40) und (41).

9.3.3.3 Mehrteilige gespreizte Stäbe (Rahmen- und Gitterstäbe)

Für das Ausknicken rechtwinklig zur Schwerachse y – y ist bei Rahmenstäben nach Bild 22a bis Bild 22e der wirksame Schlankheitsgrad

$$\text{ef}\,\lambda = \sqrt{\lambda_y^2 + \frac{m}{2} \cdot c \cdot \lambda_1^2} \qquad (64)$$

zu berechnen.

Hierin bedeuten:

$\lambda_y = s_{ky}/i_y$ rechnerischer Schlankheitsgrad des Gesamtquerschnittes, der Trägheitsradius i_y wird dabei aus dem vollen Flächenmoment 2. Grades $I_{y,\,starr}$ des Gesamtquerschnittes, bezogen auf die Schwerachse y – y, ermittelt

m Anzahl der Einzelstäbe

c Faktor je nach Ausbildung der Querverbindung nach Tabelle 11

$\lambda_1 = s_1/i_1$ Schlankheitsgrad des Einzelstabes für die zur Schwerachse y – y parallele Schwerachse.

Als Knicklänge s_1 des Einzelstabes ist der Mittenabstand der Querverbindungen zugrunde zu legen. λ_1 darf nicht größer als 60 und s_1 höchstens ⅓ s_{ky} sein.

Für Achsabstände der Querverbindungen $s_1 < 30 \cdot i_1$ ist beim Knicknachweis $\lambda_1 = 30$ in Gleichung (64) einzusetzen.

Werden Zwischenhölzer nur mit Bolzen angeschlossen, so darf mit $c = 3{,}0$ gerechnet werden, wenn es sich um Bauteile für Fliegende Bauten nach DIN 4112 oder für Gerüste handelt. Dabei muß ein Nachziehen der Bolzen möglich sein. In allen anderen Fällen sind verbolzte mehrteilige Druckstäbe als aus nicht zusammenwirkenden Einzelstäben bestehend zu berechnen.

Bei großen Spreizungen sind Gitterstäbe nach Bild 22f und Bild 22g den Rahmenstäben mit Bindehölzern vorzuziehen. Der wirksame Schlankheitsgrad ef λ ist hierfür nach Gleichung (64) zu ermitteln, wobei statt $c \cdot \lambda_1^2$ bei Vergitterung nach Bild 22f die Hilfsgröße

$$\frac{4\,\pi^2 \cdot E \cdot A_1}{a_1 \cdot n_D \cdot C_D \cdot \sin 2\alpha} \qquad (65)$$

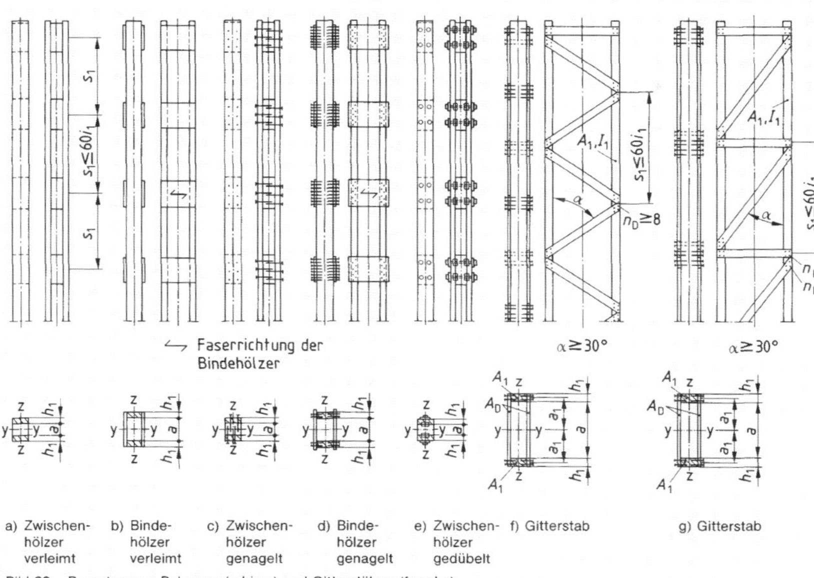

a) Zwischenhölzer verleimt b) Bindehölzer verleimt c) Zwischenhölzer genagelt d) Bindehölzer genagelt e) Zwischenhölzer gedübelt f) Gitterstab g) Gitterstab

Bild 22. Bauarten von Rahmen- (a bis e) und Gitterstäben (f und g)

und bei Vergitterung nach Bild 22g die Hilfsgröße

$$\frac{4\pi^2 \cdot E \cdot A_1}{a_1 \cdot \sin 2\alpha} \cdot \left[\frac{1}{n_D \cdot C_D} + \frac{\sin^2 \alpha}{n_p \cdot C_P}\right] \quad (66)$$

zu setzen ist.

Hierin bedeuten:

A_1 Querschnitt des Einzelstabes

C_D C_P Verschiebungsmodul der für den Anschluß der Streben bzw. Pfosten verwendeten Verbindungsmittel nach Tabelle 8

α Strebenneigungswinkel

n_D n_P Gesamtanzahl der Verbindungsmittel, mit denen die Gesamtstabkraft der Streben bzw. Pfosten angeschlossen ist.

Tabelle 11. **Faktor c für Rahmenstäbe** nach Bild 22a bis Bild 22e

Art der Querverbindung	Verbindungsmittel	Faktor c
Zwischenhölzer	Leim	1,0
	Dübel	2,5
	Nägel, Holzschrauben, Klammern und Stabdübel	3,0
Bindehölzer	Leim	3,0
	Nägel, Holzschrauben und Klammern	4,5

9.3.3.4 Bauliche Ausbildung und Berechnung der Querverbindungen

Alle Zwischen- und Bindehölzer, die Ausfachungen sowie ihre Anschlüsse sind für die in Abschnitt 9.3.3.2, Gleichung (63) angegebene Querkraft Q_i zu bemessen.

Bei Rahmenstäben mit Zwischenhölzern nach den Bildern 22a, c und e, die in der Regel bei Spreizungen $a/h_1 \leq 3$ in Frage kommen, und bei Rahmenstäben mit Bindehölzern (siehe Bilder 22b und d) bei Spreizungen > 3 bis höchstens 6 entfällt auf eine solche Querverbindung eine Schubkraft T (siehe Bild 23), deren Wert, wenn kein genauerer Nachweis geführt wird,

beim zweiteiligen Stab ($m = 2$) mit

$$T = \frac{Q_i \cdot s_1}{2a_1} \quad (67)$$

beim dreiteiligen Stab ($m = 3$) mit

$$T = \frac{0{,}5 \cdot Q_i \cdot s_1}{2a_1} \quad (68)$$

beim vierteiligen Stab ($m = 4$) mit

$$T' = \frac{0{,}4 \cdot Q_i \cdot s_1}{2a_1} \quad (69)$$

$$T'' = \frac{0{,}3 \cdot Q_i \cdot s_1}{2a_1} \quad (70)$$

angenommen werden darf.

Die Felderanzahl der Rahmenstäbe muß ≥ 3 sein, so daß die Querverbindungen zumindest in den Drittelspunkten der Stablängen anzuordnen sind. Rahmen- und Gitterstäbe müssen außerdem an den Enden Querverbindungen erhalten, wenn sie nicht durch mindestens zwei hintereinanderliegende Dübel oder vier in einer Nagelreihe hintereinanderliegende Nägel angeschlossen sind.

Jede einzelne Querverbindung ist mindestens durch zwei Dübel oder vier Nägel an jeden Einzelstab anzuschließen. Bei verleimten Zwischenhölzern soll die Länge eines Zwischenholzes mindestens doppelt so groß sein wie der lichte Abstand der Einzelstäbe. Die Aufnahme des Biegemomentes aus der Schubkraft T braucht bei Zwischenhölzern nicht nachgewiesen zu werden, solange die Spreizung $a/h_1 \leq 2$ ist.

Bei Gitterstäben nach Bild 22f und Bild 22g ist der Querverband für die mit der ideellen Querkraft Q_i nach Gleichung (63) bestimmten Gesamtstrebenkraft ($N_D = Q_i/\sin\alpha$) bzw. Gesamtpfostenkraft ($N_P = Q_i$) zu bemessen. Jeder Einzelstab des Querverbandes ist mit mindestens vier einschnittigen Nägeln anzuschließen (siehe auch DIN 1052 Teil 2, Abschnitt 6.2.1).

9.4 Ausmittiger Druck (Druck und Biegung)

Stäbe, deren Druckkraft ausmittig an einem planmäßigen Hebelarm angreift oder deren Achse schon im lastfreien Zustand eine planmäßig festgelegte Krümmung hat, oder Stäbe, die außer durch eine Druckkraft noch zusätzlich quer zur Stabachse beansprucht werden, gelten als planmäßig ausmittig gedrückte Stäbe.

Für derartige Stäbe ist zuerst die gewöhnliche Spannungsuntersuchung auf Druck und Biegung ohne Berücksichtigung des Einflusses der Ausbiegung durchzuführen:

$$\frac{\frac{N}{A_n}}{\text{zul}\,\sigma_{D\parallel}} + \frac{\frac{M}{W_n}}{\text{zul}\,\sigma_B} \leq 1 \qquad (71)$$

Hierbei sind für zul $\sigma_{D\parallel}$ bzw. zul σ_B die maßgebenden Werte in den Tabellen 5 bzw. 6 unter Berücksichtigung der Abschnitte 5.1 und 5.2 einzusetzen. Querschnittsschwächungen sind nach Abschnitt 6.4 zu berücksichtigen.

Sodann ist, falls kein genauerer Nachweis erfolgt, der Stabilitätsnachweis nach der Gleichung

$$\frac{\frac{N}{A}}{\text{zul}\,\sigma_k} + \frac{\frac{M}{W}}{k_B \cdot 1{,}1 \cdot \text{zul}\,\sigma_B} \leq 1 \qquad (72)$$

zu führen, wobei zul σ_k nach Gleichung (59) zu ermitteln ist; dabei ist für ω stets der größte Wert ohne Rücksicht auf die Richtung der Ausbiegung einzusetzen. k_B ist nach den Gleichungen (48) bis (50) zu berechnen.

Bei zusammengesetzten Stäben mit nachgiebigen Verbindungsmitteln ist der Betrag der Biegespannung nach Abschnitt 8.3 unter Berücksichtigung des wirksamen Flächenmomentes 2. Grades ef I zu berechnen. Rahmen- und Gitterstäbe nach Bild 22 sollen in der Regel nur zentrisch belastet werden. Rechtwinklig zur stofffreien Achse dürfen derartige Stäbe nur aus Wind- oder sonstigen Zusatzlasten, deren Wirkung nachzuweisen ist, beansprucht werden.

9.5 Stöße

Bei Stößen von planmäßig mittig beanspruchten Druckstäben, die als Kontaktstöße (Paßstöße) gegebenenfalls unter Anwendung geeigneter Hilfsmittel hergestellt sind, genügt es, die verbundenen Teile durch Laschen in ihrer gegenseitigen Lage zu sichern. Dies ist aber nur zulässig in den äußeren Vierteilteilen der Knicklänge. Dabei sind die Verbindungsmittel für die halbe Druckkraft (ohne Knickzahl) nachzuweisen.

In allen anderen Fällen sind die Flächenmomente 2. Grades des Druckstabes in beiden Richtungen voll durch die Stoßdeckung zu ersetzen und die ganze Druckkraft durch die Verbindungsmittel aufzunehmen. Erforderlichenfalls ist die Nachgiebigkeit der Verbindungsmittel an der Stoßstelle zu berücksichtigen.

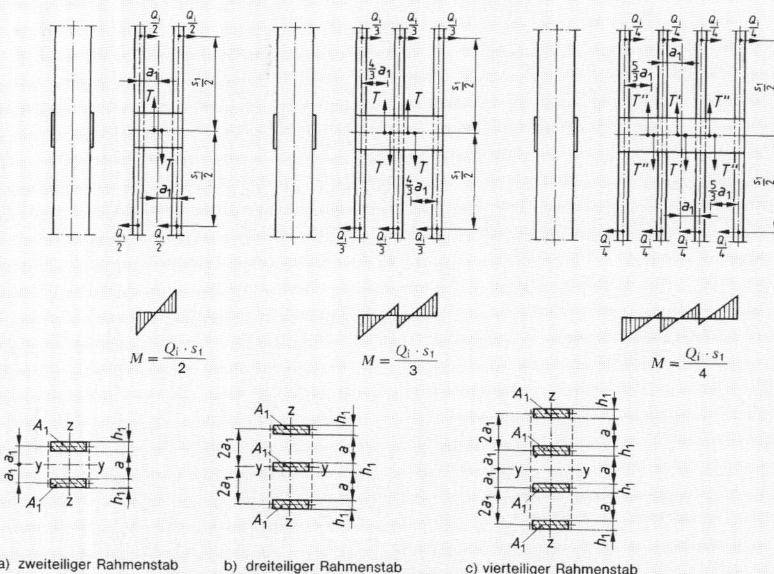

Bild 23. Annahmen über die Angriffspunkte der Quer- und Schubkräfte bei mehrteiligen Rahmenstäben (Beispiel: Rahmenstäbe mit Bindehölzern)

9.6 Tragsicherheitsnachweis nach der Spannungstheorie II. Ordnung

9.6.1 Anstelle der Knicksicherheitsnachweise nach den Abschnitten 9.1 bis 9.4 darf für Tragsysteme, die in ihrer Ebene nicht durch Verbände, Scheiben oder dergleichen ausgesteift sind, z. B. Rahmensysteme nach Bild 25, auch der Tragsicherheitsnachweis nach der Spannungstheorie II. Ordnung geführt werden. Es ist ausreichend, wenn **einer** der beiden Nachweise geführt wird.

Die Nachgiebigkeit der Verbindungsmittel sowie die Kriechverformungen sind gegebenenfalls zu berücksichtigen.

Es darf ein linearer Zusammenhang zwischen der Steifigkeit des Tragwerkes und seiner Verformung zugrunde gelegt werden.

Die Biege-, Dehn- und Schubsteifigkeiten sind mit den Elastizitäts- und Schubmoduln nach den Tabellen 1 bis 3 zu ermitteln, die Federsteifigkeiten nachgiebiger Anschlüsse mit den 0,8fachen Werten der Verschiebungsmoduln nach DIN 1052 Teil 2, Abschnitt 13.

Die Kriechzahl darf nach Abschnitt 4.3 bestimmt werden. Erforderlichenfalls ist ein angemessener Anteil der Verkehrslast als ständig wirkend anzunehmen.

9.6.2 Die Schnittgrößen nach der Theorie II. Ordnung sind für die γ_1- bzw. γ_2-fachen Lasten zu ermitteln. Dabei sind Vorverformungen nach den Abschnitten 9.6.3 bis 9.6.6 zu berücksichtigen. Die Kriechverformungen dürfen als zusätzliche Vorverformungen in Rechnung gestellt werden.

Der Nachweis ausreichender Tragsicherheit ist erbracht, wenn folgende Bedingungen eingehalten werden:

a) Unter γ_1-fachen Lasten dürfen an keiner Stelle des Stabwerkes die γ_1-fachen zulässigen Spannungen nach Abschnitt 5 und die γ_1-fachen zulässigen Belastungen der Verbindungsmittel nach DIN 1052 Teil 2 überschritten werden.

b) Unter γ_2-fachen Lasten dürfen die maßgebenden Verformungen nicht mehr als die 4,5fachen Werte der entsprechenden Verformungen unter γ_1-fachen Lasten annehmen. Als maßgebende Verformungen gelten dabei im allgemeinen die Höchstwerte von Horizontalverschiebungen und Durchbiegungen.

c) Der kleinste Trägheitsradius des Einzelstabes in Tragwerksebene muß mindestens $1/150$, bei zusammengesetzten nicht verleimten Stäben $1/175$, bei Verbandsstäben und bei Zugstäben, die nur durch Zusatzlasten geringfügige Kräfte erhalten, $1/200$ der Stablänge betragen.

Als Lasterhöhungsbeiwerte sind für beide Lastfälle H und HZ $\gamma_1 = 2{,}0$ und $\gamma_2 = 3{,}0$ einzusetzen.

9.6.3 Bei planmäßig geraden, mittig gedrückten Stäben ist im Hinblick auf baupraktisch unvermeidbare Imperfektionen rechnerisch eine wahlweise sinus- oder parabelförmige Vorkrümmung der Stabachse zu berücksichtigen. Hierbei ist in Stabmitte eine rechnerische Ausmitte

$$e = \eta \cdot k \cdot \frac{s}{i} \qquad (73)$$

anzusetzen (siehe Bild 24).

Hierin bedeuten:

- e ungewollte Ausmitte der Stabachse bei unbelastetem Stab
- s Netzlänge des Stabes
- i k Trägheitsradius bzw. Kernweite des Querschnittes, bei zusammengesetzten Stäben ohne Berücksichtigung etwaiger Nachgiebigkeiten der Verbindungsmittel
- η Vorkrümmungsbeiwert
  - $\eta = 0{,}003$ für Stäbe aus Brettschichtholz
  - $\eta = 0{,}006$ für Vollholz – Stäbe aus Nadelholz der Güteklassen I und II sowie aus Laubholz mittlerer Güte.

Für k ist bei unsymmetrischen Querschnitten der größere Wert einzusetzen.

9.6.4 Bei Rahmentragwerken ist zusätzlich eine ungewollte Schrägstellung der Stiele des unbelasteten Tragwerkes in ungünstigster Richtung zu berücksichtigen. Entsprechendes gilt auch für einzelne Stützen und Stützenreihen (siehe Bild 25).

Hierbei ist als rechnerische Abweichung von der Sollage des Stieles anzusetzen

$$\psi = \pm \frac{1}{100 \cdot \sqrt{h}} \qquad (74)$$

Darin ist h die Stiel- oder Stützenhöhe in m, bei mehrgeschossigen Rahmen die gesamte Tragwerkshöhe.

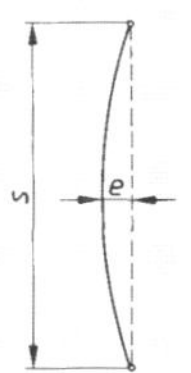

Bild 24. Stab mit ungewollter Ausmitte e im unbelasteten Zustand

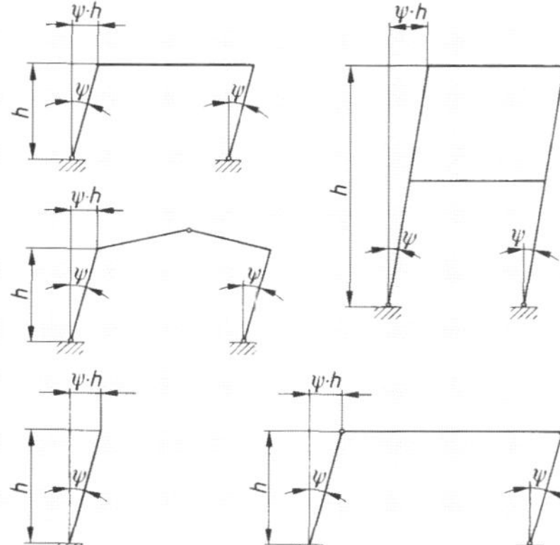

Bild 25. Rahmensysteme, Einzelstützen und Stützenreihen mit ungewollter Schrägstellung der Stiele

9.6.5 Bei planmäßig ausmittig gedrückten Stäben ist die rechnerische Ausmitte e nach Gleichung (73) zusätzlich zu berücksichtigen. Dies ist nicht erforderlich, wenn die planmäßige Ausmitte M/N, bezogen auf den maßgebenden Querschnitt – am Stabende oder in Stabmitte –, mindestens $20 \cdot e$ beträgt.

9.6.6 Bei Rahmentragwerken, deren Stiele eine planmäßige Ausmitte $\frac{M}{N}$ in m aufweisen, die $\geq \frac{1}{5} \cdot \sqrt{h}$ (h in m) ist, braucht die Schrägstellung der Stiele nach Abschnitt 9.6.4 nicht angesetzt zu werden.

Entsprechendes gilt sinngemäß auch für einzelne Stützen und Stützenreihen.

9.6.7 Die Durchbiegungsnachweise nach Abschnitt 8.5 dürfen für den Gebrauchszustand nach Theorie I. Ordnung geführt werden.

10 Verbände, Scheiben, Abstützungen

10.1 Aussteifung von Druckgurten biegebeanspruchter Bauteile

Biegeträger sowie Druckgurte von Fachwerkträgern müssen gegen seitliches Ausweichen gesichert sein.

Bei Biegeträgern ist der Nachweis gegen seitliches Ausweichen nach Abschnitt 8.6 zu führen. Bei Fachwerkträgern ist der Nachweis für den gedrückten Gurt nach Abschnitt 9.3 unter Berücksichtigung des Abschnittes 9.1.2 oder gegebenenfalls nach Abschnitt 9.4 zu führen.

10.2 Bemessungsgrundlagen

10.2.1 Allgemeines

Wenn keine Einzelabstützungen gegen feste Punkte oder durch Stäbe, Halbrahmen oder dergleichen vorgenommen werden, müssen Aussteifungsträger, -scheiben oder -verbände angeordnet werden.

10.2.2 Druckgurte von Fachwerkträgern

Zur Bemessung der Aussteifungskonstruktion für Druckgurte von Fachwerkträgern ist, wenn ein genauerer Nachweis nicht geführt wird, eine gleichmäßig verteilte Seitenlast von

$$q_s = \frac{m \cdot N_{Gurt}}{30 \cdot l} \qquad (75)$$

rechtwinklig zur Trägerebene nach beiden Richtungen wirkend anzunehmen.

Hierin bedeuten:

m Anzahl der auszusteifenden Druckgurte

N_{Gurt} mittlere Gurtkraft für den ungünstigsten Lastfall

l Stützweite der Aussteifungskonstruktion.

10.2.3 Biegeträger mit Rechteckquerschnitt

Zur Bemessung der Aussteifungskonstruktion für Biegeträger mit Rechteckquerschnitt, bei denen das Verhältnis Höhe zu Breite $\leq$ 10 ist, darf eine gleichmäßig verteilte Seitenlast von

$$q_s = \frac{m \cdot \max M}{350 \cdot l \cdot b} \qquad (76)$$

rechtwinklig zur Trägerebene nach beiden Richtungen wirkend angenommen werden, wenn ein genauerer Nachweis nicht geführt wird. Dieser ist bei einem Seitenverhältnis $>$ 10 stets zu führen.

Hierin bedeuten:

m Anzahl der auszusteifenden Träger

max M maximales Biegemoment des Einzelträgers aus lotrechter Last

b Trägerbreite

l Stützweite der Aussteifungskonstruktion.

Die Aussteifungskonstruktion muß an die Druckgurte der Träger angeschlossen sein.

10.2.4 Gleichzeitige Wirkung von Wind- und Seitenlast

Für Bauteile in Konstruktionen, die zur Aussteifung von gedrückten Fachwerkgurten oder von Biegeträgern dienen und die Windlasten aufzunehmen haben, sind die Wirkungen aus der Seitenlast mit denen aus der vollen Windlast nach DIN 1055 Teil 4 zu überlagern, wenn die Stützweite $\geq$ 40 m ist; bei einer Stützweite $\leq$ 30 m genügt die Überlagerung mit den Wirkungen aus der halben Windlast. Dabei gelten die zulässigen Spannungen im Lastfall HZ. Für Stützweiten zwischen 30 m und 40 m darf geradlinig interpoliert werden. Unter der Wind- oder Seitenlast allein sind in diesen Bauteilen die zulässigen Spannungen im Lastfall H einzuhalten.

10.2.5 Durchbiegungsbeschränkungen und konstruktive Maßnahmen

Die rechnerische horizontale Ausbiegung der Aussteifungskonstruktion darf bei Anwendung der Gleichung (75) bzw. Gleichung (76) 1/1000 der Stützweite nicht überschreiten. Der Durchbiegungsnachweis ist in der Regel entbehrlich, wenn das Verhältnis Höhe zu Spannweite der Aussteifungskonstruktion $\geq$ 1/6 ist.

Mit Rücksicht auf die Verformungen der Konstruktionsteile zwischen den Aussteifungskonstruktionen und auf die Nachgiebigkeit der dort vorhandenen Verbindungsmittel sind bei Gebäudelängen über 25 m mindestens zwei Aussteifungskonstruktionen anzuordnen; jedoch soll deren lichter Abstand in der Regel 25 m nicht überschreiten, wenn kein genauerer Nachweis erfolgt.

10.3 Scheiben

10.3.1 Allgemeines

Scheiben nach den nachstehenden Festlegungen dürfen zur Aufnahme und Weiterleitung von vorwiegend ruhenden Lasten (einschließlich Windlasten) sowie Erdbebenkräften in Scheibenebene in Rechnung gestellt werden. Sie bestehen entweder aus Platten aus Holzwerkstoffen, die durch die mit ihnen kraftschlüssig verbundene Unterkonstruktion (z. B. Träger oder Binder mit Pfetten) zu einer Scheibe zusammengeschlossen werden, oder aus Tafeln, sofern die Stützweite nicht mehr als 30 m beträgt (siehe Abschnitt 11.3). Die Oberkanten der Unterkonstruktion sollen vorzugsweise in derselben Ebene liegen.

Sind parallel zur Spannrichtung einer Scheibe aus Holzwerkstoffen mehr als zwei nicht unterstützte Stöße vorhanden (siehe Bild 26), so ist die Scheibenstützweite l_s auf 12,50 m zu beschränken.

Die rechnerische Durchbiegung der Platten aus Holzwerkstoffen infolge vertikaler Flächenlast von $(g + s)$ bzw. $(g + p)$ darf 1/400 ihrer Stützweite nicht überschreiten.

10.3.2 Scheiben mit rechnerischem Nachweis

Beim Spannungsnachweis für Platten aus Holzwerkstoffen und für die Unterkonstruktion sind die Spannungen aus allen Beanspruchungen (d. h. einschließlich Scheibenbeanspruchung) zu berücksichtigen. Die zulässige Durchbiegung der Scheibe beträgt 1/1000 der Scheibenstützweite l_s.

10.3.3 Scheiben ohne rechnerischen Nachweis

Für die Mindestdicken der Platten aus Holzwerkstoffen gilt in Abhängigkeit von der Scheibenstützweite Tabelle 12. Ihre kleinste Seitenlänge muß mindestens 1,0 m betragen.

Für Scheibensysteme mit Seitenverhältnissen $h_s/l_s \geq 0{,}25$ darf ein Durchbiegungsnachweis entfallen.

Bei Einhaltung der in Tabelle 12 und Bild 26 angegebenen Ausführungsbedingungen und unter Beachtung der konstruktiven Anforderungen nach Abschnitt 10.3.1 ist ein rechnerischer Nachweis der Scheibenwirkung und der Durchbiegung in Scheibenebene nicht erforderlich. Beim Nachweis rechtwinklig zur Scheibenebene dürfen die Spannungen aus der Scheibenwirkung in den Holzwerkstoffen und der zugehörigen Unterkonstruktion vernachlässigt werden.

Der Nagelabstand nach Tabelle 12 in der zur Aussteifung in Rechnung gestellten Scheibenfläche ist konstant einzuhalten.

Für den Nagelabstand rechtwinklig zum Plattenrand (Plattenstoß auf Unterkonstruktion) gilt Bild 26.

Die Sparrenpfetten am Scheibenrand (siehe Bild 26) sind mindestens 1,5fach so breit wie die inneren Sparrenpfetten auszuführen.

Tabelle 12. **Ausführungsbedingungen für Scheiben ohne Nachweis**

Gleichmäßig verteilte Horizontallast q_h kN/m	Scheibenstützweite l_s m	Mindestdicken der Platten		Erforderlicher Nagelabstand e für Nageldurchmesser 3,4 mm[1]) bei einer Scheibenhöhe h_s			
		Flachpreßplatten mm	Bau-Furniersperrholz mm	$\geq 0{,}25\ l_s$ mm	$\geq 0{,}50\ l_s$ mm	$\geq 0{,}75\ l_s$ mm	$1{,}0\ l_s$ mm
$\leq 2{,}5$	≤ 25	19	12	60	120	180	200
$\leq 3{,}5$	≤ 30	22	12	40	90	130	180

[1]) Bei Verwendung anderer Nageldurchmesser bis 4,2 mm ist der erforderliche Nagelabstand e im Verhältnis der zulässigen Nagelbelastungen umzurechnen; der Nagelabstand darf 200 mm nicht überschreiten.

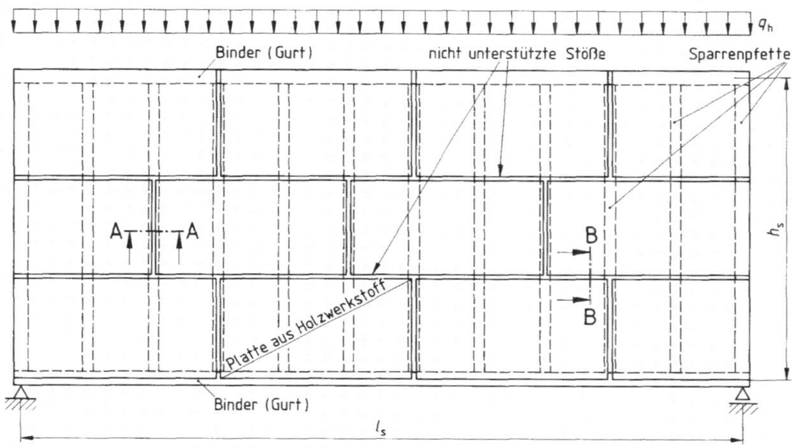

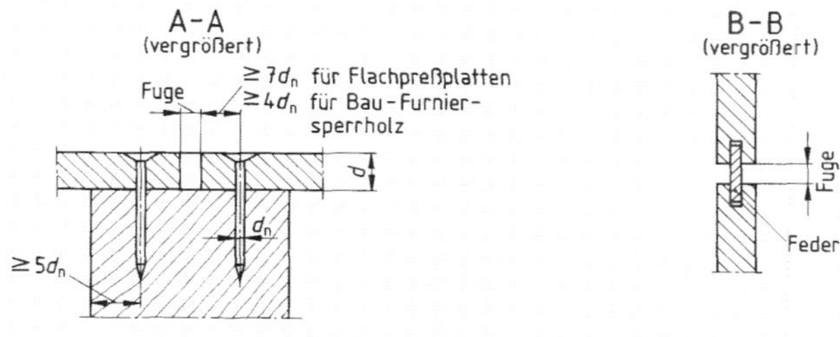

Unterstützter Plattenstoß

Nicht unterstützter Plattenstoß

Bild 26. Aussteifende Scheibe mit unterstützten Plattenstößen in Lastrichtung und nicht unterstützten Plattenstößen parallel zur Spannrichtung

Seite 26 DIN 1052 Teil 1

10.4 Abstützung durch Dachlatten und Schalung

Dachlatten dürfen für die seitliche Stützung gedrückter Gurte nicht als ausreichend angesehen werden mit Ausnahme der seitlichen Stützung von knickgefährdeten Sparren und von Fachwerk-Obergurten mit mindestens 40 mm Breite bei Dächern bis zu 15 m Spannweite und einem maximalen Sparren- bzw. Binderabstand von 1,25 m, wenn die Querschnittshöhe der Sparren nicht mehr als das Vierfache der Querschnittsbreite beträgt.

Bei Dachbindern mit mindestens 40 mm breiten Gurten, bei denen die ständige Last weniger als 50 % der Gesamtlast ausmacht, dürfen rechtwinklig zu den auszusteifenden Gurten verlaufende Dachschalungen aus Einzelbrettern zur seitlichen Abstützung herangezogen werden, wenn die Vernagelung des Einzelbrettes (Breite $b \geq 120$ mm) durch mindestens zwei Nägel mit jedem Gurt, auch an jedem Brettstoß, einwandfrei ausgeführt werden kann (siehe DIN 1052 Teil 2), der Binderabstand 1,25 m und die Binderspannweite 12,50 m nicht überschreiten und die Länge der Dachfläche mindestens das 0,8fache der Binderspannweite, aber höchstens 25 m, beträgt. Dabei sind die Brettstöße um mindestens zwei Binderabstände gegeneinander zu versetzen, und die Stoßbreite darf nicht mehr als 1,0 m betragen. Die Dachschalung ist hierbei kraftschlüssig mit den Windverbänden oder entsprechenden Konstruktionen zu verbinden.

Zur Aufnahme von parallel zur Lattung bzw. Brettrichtung wirkenden Windlasten sind gesonderte Verbände anzuordnen.

10.5 Einzelabstützungen zur Unterteilung der Knicklänge

Teile, welche ein Druckglied zur Unterteilung der Knicklänge in Zwischenpunkten nach Abschnitt 9.1.1 abstützen, sind in der Regel für eine Stützeinzellast bei Vollholz von

$$K = N/50 \quad (77)$$

und bei Brettschichtholz von

$$K = N/100 \quad (78)$$

zu bemessen. Hierin bedeutet N die größte Stabkraft (ohne Knickzahl) der an die Abstützung angrenzenden Druckstäbe.

Wird ein Teil zur Abstützung mehrerer Druckglieder herangezogen (siehe Bild 27), so müssen die entsprechenden Stützkräfte in den einzelnen Bereichen aufgenommen werden.

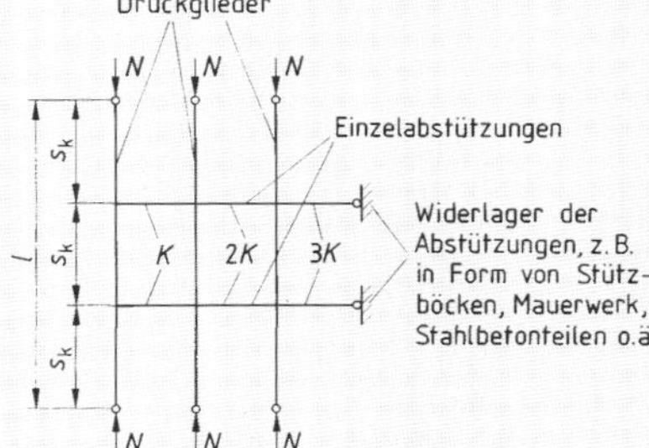

Bild 27. Einzelabstützung von Druckgliedern

Teile, welche ein Druckglied zur Unterteilung der Knicklänge nach Abschnitt 9.1.1 gegen einen Aussteifungsverband nach Abschnitt 10.2 abstützen, sind für die auf sie entfallende anteilige Seitenlast q_s, mindestens aber für **eine** Stützeinzellast nach Gleichung (77) bzw. Gleichung (78) zu bemessen und anzuschließen. Der ungünstigere Wert ist maßgebend.

11 Holztafeln

11.1 Allgemeines

11.1.1 Baustoffe, Mindestdicken und Querschnittsschwächungen

Für die Beplankung von Tafeln darf die Holzwerkstoffklasse 20 nach DIN 68 800 Teil 2 verwendet werden, sofern nicht aus Gründen des Holzschutzes andere Holzwerkstoffklassen erforderlich werden.

Bei Tafeln sind die in Tabelle 13 angegebenen Mindestdicken, örtliche Schwächungen ausgenommen, einzuhalten. Rippen aus Bauschnittholz müssen mindestens der Güteklasse II, Schnittklasse A nach DIN 4074 Teil 1 entsprechen. Sie müssen auf die Mindestdicke von 24 mm frei von Baumkanten sein. Bei Rippen unter Beplankungsstößen muß auf beiden Seiten des Stoßes die Scharfkantigkeit auf je 24 mm Dicke, bei verleimten Tafeln (ausgenommen Nagelpreßleimung) auf je 12 mm Dicke vorliegen.

Tabelle 13. **Mindestdicken bei Tafeln**

Baustoff	Mindestdicken für	
	Rippen [1]) mm	Beplankungen mm
Bauschnittholz Brettschichtholz	24	–
Bau-Furniersperrholz	15	6
Flachpreßplatten	16	8

[1]) Querschnittsfläche für Bauschnittholz mindestens 14 cm^2, bei Holzwerkstoffen mindestens 10 cm^2.

Aussparungen in mittragenden Beplankungen dürfen beim Nachweis der Spannungen vernachlässigt werden, wenn auf einer Fläche von 2,5 m^2 einer Tafel die Gesamtfläche aller Aussparungen höchstens 300 cm^2 beträgt. Dabei darf die größte Ausdehnung der einzelnen Öffnung 200 mm nicht überschreiten; dieser Höchstwert gilt auch für die Summe aller Aussparungsbreiten innerhalb des Querschnittes einer Tafel.

11.1.2 Feuchtegehalt

Der Feuchtegehalt des Holzes darf bei der Herstellung der Tafeln 18 %, für zu verleimende Teile 15 % nicht überschreiten.

11.1.3 Tragende Verbindungen

Verbindungen mit Hirnholz sowie mit Schnittflächen von Platten dürfen nicht als tragend in Rechnung gestellt werden, ausgenommen die Verleimung von Holzwerkstoff-Beplankungen mit den Schnittflächen von Holzwerkstoff-Rippen.

Bei Leimverbindungen muß die Breite der Leimfläche zwischen Rippe und Beplankung mindestens 10 mm betragen. Nagelpreßleimung zwischen Vollholzrippen und Beplankung darf angewendet werden, wenn Abschnitt 12.5 eingehalten wird.

11.2 Auf Druck oder Biegung beanspruchte Tafeln

(siehe Bilder 1a, 1c, 1d)

11.2.1 Allgemeines

Mittragende Beplankungen aus Holzwerkstoffen dürfen auch einseitig aufgebracht werden. Aussteifende Beplankungen dürfen einseitig aufgebracht werden, wenn das Seitenverhältnis Höhe zu Breite der auszusteifenden Rippe nicht größer als 4 ist.

Bei Verbundquerschnitten sind die Knickzahlen für den Rippenwerkstoff zugrunde zu legen.

Die Biegerandspannungen in den Rippen dürfen die zulässigen Werte für Biegung, die Schwerpunktsspannungen in den Beplankungen die zulässigen Werte für Druck bzw. Zug nicht überschreiten.

Die Erhöhung der zulässigen Biegespannung nach Abschnitt 5.1.8 gilt nur für Rippen aus Holz.

Der Durchsenkungsanteil aus der Schubverformung darf bei Tafeln mit Rippen aus Holz vernachlässigt werden.

Stumpfe Stöße der Beplankung sind beim Spannungsnachweis zu berücksichtigen. Die Beplankung darf in diesen Fällen bei verleimten Tafeln erst im Abstand b (lichter Abstand der Rippen) von der Stoßstelle, bei nachgiebig angeschlossenen Beplankungen erst ab der Stelle, an der die von der Beplankung aufzunehmende Längskraft eingeleitet ist, in Rechnung gestellt werden. Für den Durchbiegungs- und Knicknachweis dürfen Beplankungsstöße in der Regel vernachlässigt werden.

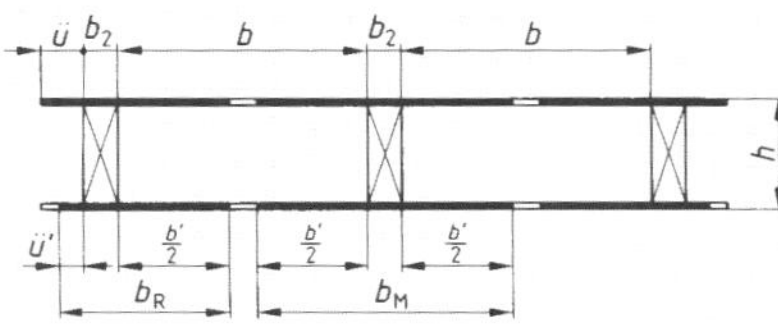

a) beidseitige Beplankung

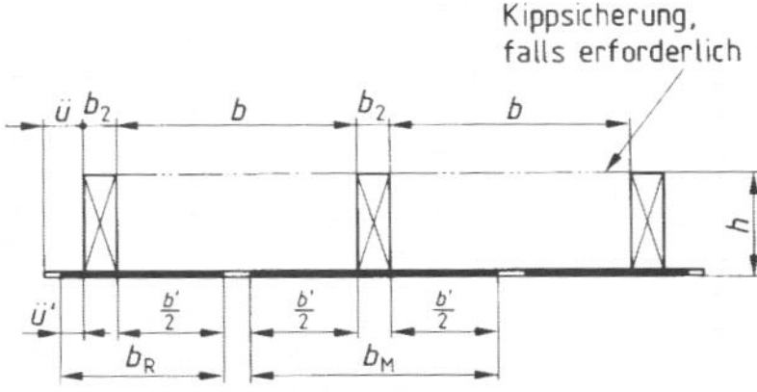

b) einseitige Beplankung

Bild 28. Mitwirkende Beplankungsbreiten

11.2.2 Mitwirkende Beplankungsbreite

Beplankungen aus Holzwerkstoffen dürfen mit den Breiten

$$b_M = b' + b_2 \quad (79)$$

bzw.

$$b_R = b'/2 + b_2 + ü' \quad (80)$$

nach Bild 28 als mitwirkend in Rechnung gestellt werden.

Hierin bedeuten:

- b_M b_R mitwirkende Beplankungsbreite je Rippe im Mittel- bzw. Randbereich
- b lichter Abstand der Rippen
- b' mitwirkende Breite zwischen den Rippen
- b_2 Rippenbreite
- $ü$ seitlicher Überstand der Beplankung
- $ü'$ mitwirkende Breite des seitlichen Überstandes
- h Gesamtquerschnittshöhe
- l Feldlänge bzw. Teilfeldlänge.

Als Feldlänge l ist bei Deckentafeln der Abstand der Biegemomentennullpunkte ohne Berücksichtigung der feldweisen Veränderung von Lasten (bei Tafeln auf zwei Stützen ohne Auskragung die Stützweite) und bei knickbeanspruchten Tafeln die maßgebende Knicklänge einzusetzen. Bei nicht vernachlässigbaren Aussparungen oder anderen Unterbrechungen der Beplankung quer zur Spannrichtung der Tafel (z. B. Beplankungsstöße) dürfen höchstens die durch die Unterbrechung begrenzten Teilfeldlängen eingesetzt werden.

Die Breiten b' und $ü'$ sind je Feldlänge l und je lichter Weite b zu ermitteln, wobei zwischen Gleichstreckenlast in Spannrichtung der Tafel und Einzellast (auch Linienlast quer zur Spannrichtung) zu unterscheiden ist.

Bei quer zur Tafelspannrichtung gleichmäßig verteilter Last oder wenn eine gleichmäßige Verteilung angenommen werden kann, z. B. bei Vorhandensein von Querrippen mit annähernd gleichen Querschnittsabmessungen wie die Längsrippen, dürfen die mitwirkenden Rand- und Mittelbereiche einer Tafel zu einem Querschnitt zusammengefaßt werden. Im anderen Falle sind alle Nachweise für jeden Bereich getrennt zu führen.

Bei Gleichstreckenlast darf, sofern kein genauerer Nachweis geführt wird, bei $b/l \leq 0{,}4$

für Bau-Furniersperrholz

$$b'/b = 1{,}06 - 1{,}4 \cdot b/l \quad (81)$$

und für Flachpreßplatten

$$b'/b = 1{,}06 - 0{,}6 \cdot b/l \quad (82)$$

angenommen werden; dabei ist stets $b' \leq b$ einzuhalten.

Die mitwirkende Breite b'_F für Einzellast ergibt sich bei $b/l \leq 0{,}4$ annähernd

für Bau-Furniersperrholz zu

$$b'_F/b = 1 - 1{,}8 \cdot b/l \qquad \text{für } l/c_F \leq 5 \quad (83)$$

$$b'_F/b = 1 - 2{,}6 \cdot b/l, \text{ jedoch } \geq 0{,}2 \qquad \text{für } 5 < l/c_F \leq 20 \quad (84)$$

und für Flachpreßplatten zu

$$b'_F/b = 1 - 0{,}9 \cdot b/l \qquad \text{für } l/c_F \leq 5 \quad (85)$$

$$b'_F/b = 1 - 1{,}4 \cdot b/l \qquad \text{für } 5 < l/c_F \leq 20 \quad (86)$$

Überstände $ü$, die nicht durch Nachbarelemente gehalten sind, dürfen höchstens mit $ü' = b_2$ angesetzt werden; im übrigen ist $ü'/ü$ wie b'/b zu berechnen, wobei b/l gleich $2 \cdot ü/l$ zu setzen ist.

c_F ist die Summe aus der Lastaufstandslänge in Spannrichtung der Tafel und der zweifachen Gesamtquerschnittshöhe h der Tafel.

Liegt die Lastwirkungslinie näher als das Maß b an einem Biegemomentennullpunkt oder ist $l/c_F > 20$, so ist $b'_F = 0$ zu setzen.

Im Bereich der Stützmomente durchlaufender oder auskragender Tafeln ist für den Spannungsnachweis immer von Einzellasten auszugehen.

Beim Durchbiegungsnachweis und bei der Ermittlung der Schnittkräfte darf stets die mitwirkende Breite für Gleichstreckenlast eingesetzt werden.

11.2.3 Querschnittswerte

Die Querschnittswerte für den Mittel- oder Randbereich von Tafeln mit ein- oder beidseitiger Beplankung sind unter Berücksichtigung der Verhältnisse $n_i = E_i/E_v$ zu ermitteln (Beispiel für einen dreiteiligen Querschnitt siehe Bild 29).

Hierin bedeuten:

- E_1 E_3 Druck- bzw. Zug-Elastizitätsmodul der Beplankung
- E_2 Elastizitätsmodul von Voll- oder Brettschichtholzrippen bzw. Biege-Elastizitätsmodul von überwiegend auf Biegung beanspruchten Rippen aus Holzwerkstoffen bzw. Druck-Elastizitätsmodul von überwiegend auf Druck beanspruchten Rippen aus Holzwerkstoffen
- E_v beliebiger Vergleichs-Elastizitätsmodul.

Die Beplankungen dürfen mit den Breiten b_M bzw. b_R nach Abschnitt 11.2.2 als mitwirkend in Rechnung gestellt werden.

Werden Beplankungen und Rippen miteinander verleimt, so darf die Verbindung als starr angesehen werden.

Bei Verwendung mechanischer Verbindungsmittel nach DIN 1052 Teil 2 ist deren Nachgiebigkeit zu berücksichtigen. Die Querschnittswerte dürfen, auch für unsymmetrische Querschnitte (siehe Bild 29), nach Abschnitt 8.3 berechnet werden.

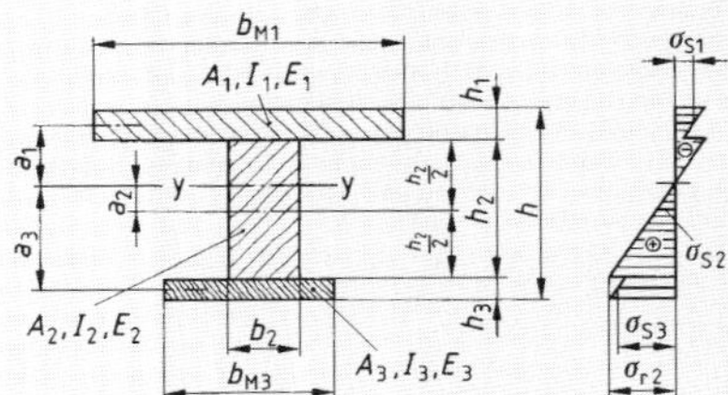

Bild 29. Unsymmetrischer Querschnitt mit beidseitiger Beplankung

11.2.4 Rippenabstände

Beplankungen aus Holzwerkstoffen sind durch Längsrippen in lichten Abständen von

$$b \leq 1{,}25 \cdot h_{1,3} \cdot \sqrt{E_{Bv}/\sigma_{Dx}} \qquad (87)$$

auszusteifen, höchstens jedoch im Abstand $b = 50 \cdot h_{1,3}$.

Hierin bedeuten:

h_1 h_3 Dicke der Beplankung

$E_{Bv} = \sqrt{E_{Bx} \cdot E_{By}}$ Vergleichsbiege-Elastizitätsmodul der Beplankung

σ_{Dx} Druckspannung in der Beplankung (ohne Knickzahl).

Bei unterschiedlicher Beplankungsdicke ist der kleinere Wert für b maßgebend.

11.3 Decken- und Dachscheiben aus Tafeln

11.3.1 Allgemeines

Decken- und Dachscheiben nach den nachstehenden Festlegungen dürfen mit Stützweiten bis 30 m für die Aufnahme und Weiterleitung von vorwiegend ruhenden Lasten (einschließlich Windlasten und Erdbebenkräften) in Scheibenebene in Rechnung gestellt werden. Sie dürfen vereinfachend als Balken berechnet werden.

Die Scheibenhöhe h_s muß mindestens ¼ der Stützweite l_s betragen (siehe Bild 30). Bei Scheiben, deren Höhe h_s größer als die Stützweite l_s ist, darf für h_s höchstens der Wert für l_s zugrunde gelegt werden.

11.3.2 Durchbiegungen

Die zulässige Durchbiegung beträgt 1/1000 der Stützweite l_s. Die Schubverformung ist zu berücksichtigen. Der Nachweis der Durchbiegung darf für Scheiben entfallen, deren Stützweite l_s höchstens gleich der zweifachen Scheibenhöhe h_s ist.

Stoßfugen in den Beplankungen der einzelnen Tafeln brauchen nicht berücksichtigt zu werden, wenn sie parallel zur Lastrichtung liegen und ihr Abstand untereinander sowie vom Scheibenauflager mindestens $l_s/4$ beträgt.

Bei Stoßabständen zwischen $l_s/4$ und $l_s/8$ ist die rechnerische Steifigkeit des Gesamtquerschnittes um ⅓ abzumindern. Stoßabstände kleiner als $l_s/8$ sind unzulässig.

11.4 Wandscheiben aus Tafeln

11.4.1 Allgemeines

Wandscheiben aus Tafeln werden durch waagerechte Lasten in Tafelebene nach Bild 1b, zusätzlich gegebenenfalls durch lotrechte Lasten nach Bild 1a oder waagerechte Lasten nach Bild 1c beansprucht.

Tafeln, die nur nach Bild 1a oder nach Bild 1c belastet werden, sind nach Abschnitt 11.2 zu bemessen.

Die Angaben nach Abschnitt 11.4 gelten für Wandscheiben ohne Öffnungen. Sofern kein genauerer Nachweis erfolgt, sind sie nach den Abschnitten 11.4.2 und 11.4.3 zu bemessen. Sollen Wandscheiben mit Öffnungen, z. B. Fenster, für die Ableitung der Lasten rechnerisch in Ansatz gebracht werden, so muß ihr Tragverhalten unter Berücksichtigung der Öffnungen ermittelt werden.

Man unterscheidet zwischen Einraster-Tafeln (siehe Bild 31a) und Mehrraster-Tafeln (siehe Bild 31b). Die Breite b eines Rasters wird begrenzt durch den Abstand der Randrippen, gegebenenfalls auch durch den Abstand der lotrechten Beplankungsstöße oder durch höchstens etwa 0,5 × Tafelhöhe.

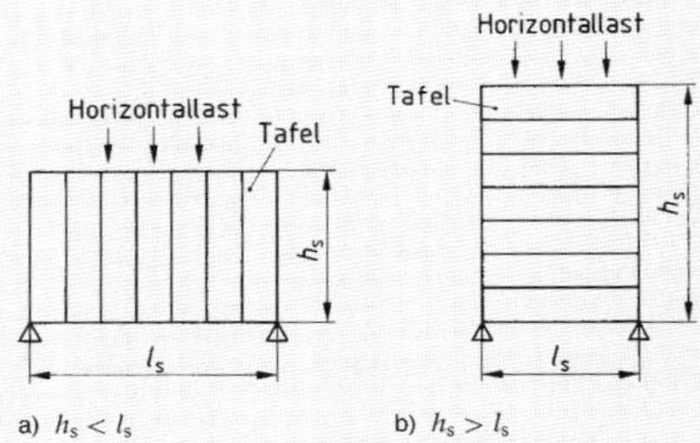

a) $h_s < l_s$ b) $h_s > l_s$

Bild 30. Beispiele für Dach- oder Deckenscheiben aus Tafeln (Draufsicht); Maße, Last

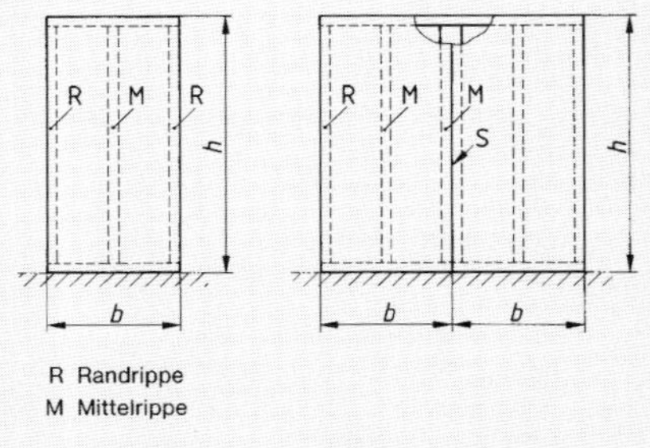

R Randrippe
M Mittelrippe

a) Einraster-Tafel b) Zweiraster-Tafel mit Beplankungsstoß S

Bild 31. Beispiele für Einraster- und Mehrraster-Tafeln

11.4.2 Bemessung von Wandscheiben für die waagerechte Last F_H in Tafelebene

11.4.2.1 Wandscheiben aus Einraster-Tafeln

Die nachstehenden Festlegungen gelten für Tafelbreiten b von mindestens 0,60 m.

Die Aufnahme und Weiterleitung folgender Kräfte sind nachzuweisen:

a) Druckkraft D_1 der Randrippe im Schwellenbereich (nach Bild 32)

$$D_1 = \alpha_1 \cdot F_H \cdot h/b_{s1}, \quad (88)$$

wobei α_1 Tabelle 14 zu entnehmen ist.

b) Anker-Zugkraft

$$Z_A = F_H \cdot h/b_{s1} \quad (89)$$

Endet die Schwelle mit der druckbeanspruchten Randrippe, so ist für die Bemessung Z_A bei Einraster-Tafeln um 10% zu vergrößern.

c) Bei einseitiger Beplankung ist die Zugkraft Z aus der gedachten Strebenwirkung in der Beplankung zu bestimmen und von dem ideellen Plattenstreifen mit der Breite b_Z nach Bild 33 aufzunehmen. Ohne weiteren Nachweis darf für mindestens 1,20 m breite Tafeln $b_Z = 0{,}50$ m angenommen werden. Die Komponenten Z_H und Z_V sind an die umlaufenden Randrippen auf den Längen b und h' anzuschließen.

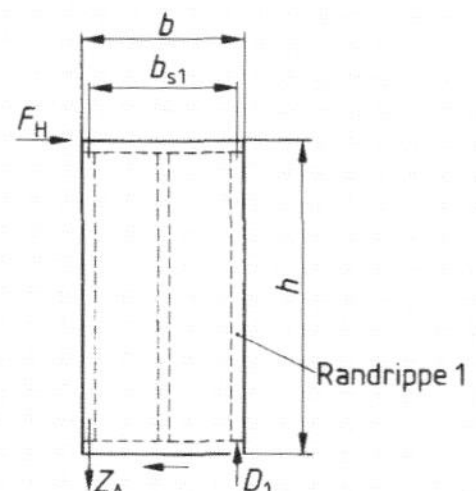

Bild 32. Anker-Zugkraft Z_A und Druckkraft D_1 im Schwellenbereich

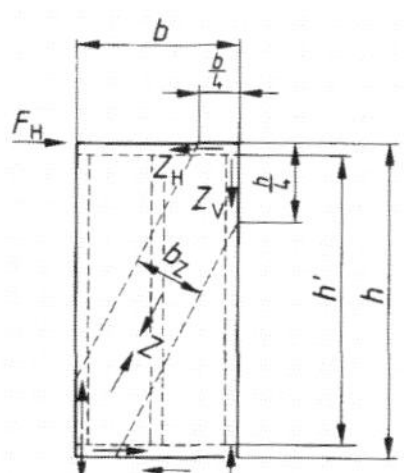

Bild 33. Verteilung und Anschluß der Streben-Zugkraft Z bei einseitiger Beplankung

Die Beplankungen sowie ihr Anschluß brauchen bei beidseitig beplankten Tafeln mit einer Breite b von mindestens 1,0 m nicht nachgewiesen zu werden. Der Höchstabstand der Verbindungsmittel ist einzuhalten.

Die zulässige Auslenkung der Tafeln im Kopfbereich beträgt 1/500 der Tafelhöhe h. Der Nachweis darf – auch bei Tafeln mit einseitiger Beplankung – entfallen, wenn das Verhältnis Höhe zu Breite der Tafeln $\leq 3{,}0$ ist.

11.4.2.2 Wandscheiben aus Mehrraster-Tafeln

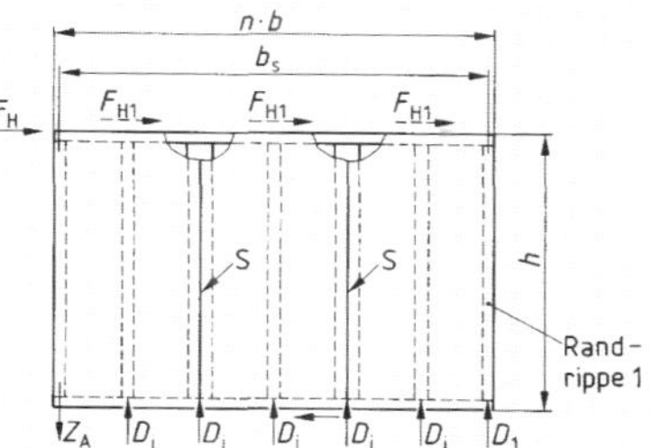

S Beplankungsstoß

a) Anker-Zugkraft Z_A und Rippen-Druckkräfte D_i im Schwellenbereich

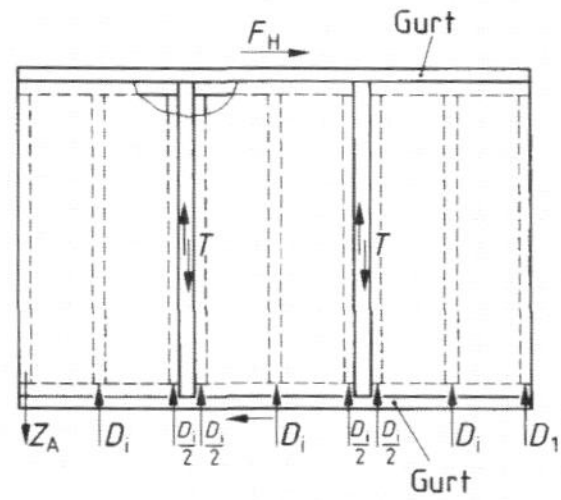

b) Aus Einraster-Tafeln zusammengefügte Tafeln; Z_A, D_i und Schnittkraft T

Bild 34. Mehrraster-Tafeln

Mehrraster-Tafeln mit n Rastern (siehe Bild 34) werden sinngemäß nach Abschnitt 11.4.2.1 bemessen.

Die Druckkräfte D_i der Rippen im Schwellenbereich ergeben sich aus

$$D_i = \alpha_i \cdot F_H \cdot h/b_s, \quad (90)$$

wobei α_i Tabelle 14 zu entnehmen ist.

Die Anker-Zugkraft $Z_A = F_H \cdot h/b_s$ braucht nur am zugbeanspruchten Rand der Gesamttafel aufgenommen zu werden.

Tabelle 14. **Faktoren α_1 und α_i für Tafeln mit einer Rasterbreite $b \geq 1{,}20$ m**

Beplankung	Anzahl n der Raster	Randrippe 1 α_1	übrige Rippen α_i
beidseitig	1	2/3 [1]	0
	2	2/3	1/5
	> 2	1/2	1/5
einseitig	1	3/4 [1]	0
	≥ 2	3/4	2/5

[1]) Für Tafelbreite $b = 0{,}60$ m ist $\alpha_1 = 1{,}0$; Zwischenwerte für Tafelbreiten von 0,60 m bis 1,20 m dürfen geradlinig interpoliert werden.

Werden Mehrraster-Tafeln durch Zusammenfügen von Einraster-Tafeln gebildet, so ist deren Verbindung schubsteif auszubilden. Sofern kein genauerer Nachweis erfolgt, sind die Verbindungsmittel für die Schubkraft $T = Z_A$ zu bemessen (siehe Bild 34b). Ferner sind im Kopf- und erforderlichenfalls auch im Fußbereich durchgehende Gurte anzuordnen, deren Anschlüsse für die Weiterleitung der waagerechten Last F_H zu bemessen sind.

11.4.3 Nachweis der Schwellenpressung bei Wandtafeln infolge lotrechter Lasten F_V

11.4.3.1 Einraster-Tafeln

An der Abtragung der lotrechten Lasten F_{Vi} in die Unterkonstruktion beteiligen sich die lotrechten Rippen über Schwellenpressung sowie die Beplankungen über ihren unmittelbaren Anschluß an die Schwelle (siehe Bild 35). Zur Ermittlung der einzelnen Rippen-Druckkräfte D_i im Schwellenbereich darf die Gesamtlast ΣF_{Vi} im Verhältnis der jeweiligen zulässigen Rippen-Druckkraft D_i zur zulässigen Gesamtlast zul $D = \Sigma$ (zul D_i) + zul D_{Bepl} aufgeteilt werden.

Die zulässige Anschlußkraft der Beplankung zul D_{Bepl} ergibt sich aus der zulässigen Belastung aller in der Schwelle angeordneten Verbindungsmittel. Bei verleimten Tafeln darf dabei die zulässige Druckspannung in der Beplankung nicht überschritten werden.

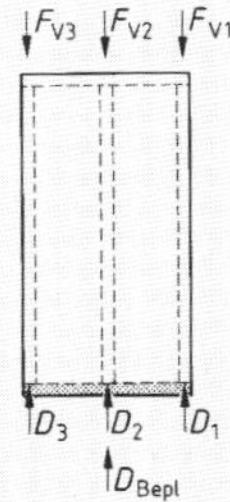

Bild 35. Einraster-Tafel unter lotrechten Lasten F_{Vi}, Rippen-Druckkräfte D_i im Schwellenbereich und Anschlußkraft D_{Bepl} der Beplankung an die Schwelle

11.4.3.2 Mehrraster-Tafeln

Mehrraster-Tafeln mit n Rastern werden rechnerisch in Einraster-Tafeln zerlegt. Die Ermittlung der Rippen-Druckkräfte D_i im Schwellenbereich erfolgt wie in Abschnitt 11.4.3.1 für jede Rasterbreite getrennt. Bei gemeinsamer Rippe zwischen zwei benachbarten Rastern werden Lasten F_{Vi} und Rippenquerschnitt rechnerisch je zur Hälfte auf beide Raster verteilt.

11.4.4 Nachweis der Schwellenpressung bei Wandscheiben infolge gleichzeitig wirkender Lasten F_H und F_V

Die Rippen-Druckkräfte infolge F_H nach Abschnitt 11.4.2 und infolge F_V nach Abschnitt 11.4.3 sind für den Nachweis der Einhaltung der zulässigen Spannungen im Schwellenbereich zu addieren.

11.4.5 Verteilung der waagerechten Lasten aus der Decken- oder Dachkonstruktion

Die waagerechten Lasten aus der Decken- oder Dachkonstruktion dürfen anteilmäßig – bei einheitlichem Tafelquerschnitt gleichmäßig – auf die einzelnen Raster verteilt werden (siehe Abschnitt 11.4.2.2). Die Decken- bzw. Dachkonstruktion ist entsprechend anzuschließen.

11.5 Ausführung von Tafeln

Stöße von Beplankungen in Richtung der Tragrippen sind immer auf Rippen aus Vollholz oder Brettschichtholz anzuordnen. Beplankungsstöße auf den Schnittflächen von Rippen aus Holzwerkstoffen sind unzulässig. Die Mindestbreite der Leimfläche zwischen Rippe und Beplankung von 10 mm ist bei Beplankungsstößen beiderseits des Stoßes einzuhalten.

An den freien Plattenrändern im Bereich von Beplankungsstößen sind unterschiedliche Durchbiegungen der Beplankungen bei Lasten rechtwinklig zur Plattenebene zu verhindern, z. B. durch Nut-Feder-Verbindung der Platten.

Im Kopf- und Fußbereich von Wandtafeln für Scheiben sind waagerechte Rippen anzuordnen.

Während der Herstellung des Bauwerkes ist dafür zu sorgen, daß die übrige Konstruktion auch vor Fertigstellung der Decken- oder Dachscheibe standsicher ist.

12 Leimverbindungen

12.1 Herstellungsnachweis

Verleimte tragende Holzbauteile dürfen nur verwendet werden, wenn sie von Betrieben hergestellt worden sind, die eine bestimmungsgemäße Herstellung nachgewiesen haben (siehe Anhang A).

Anmerkung: Ein Verzeichnis der Betriebe, die einen solchen Nachweis geführt haben, wird beim Institut für Bautechnik, Reichpietschufer 74–76, 1000 Berlin 30, geführt und in den Mitteilungen des Instituts für Bautechnik veröffentlicht.

Bei allgemein bauaufsichtlich zugelassenen Holzbauteilen sind außerdem die entsprechenden Bestimmungen der Zulassung zu beachten, gegebenenfalls auch ein zusätzlicher Überwachungsnachweis.

12.2 Holzfeuchte zum Zeitpunkt der Verleimung

Für Leimverbindungen dürfen nur Hölzer mit höchstens 15 % Feuchte verwendet werden.

12.3 Längsstöße

Längsstöße sind durch Schäftung mit einer Leimflächenneigung von höchstens 1/10 oder durch eine Keilzinkenverbindung der Beanspruchungsgruppe I nach DIN 68 140 auszuführen.

Der Spannungsnachweis für den keilgezinkten Querschnitt des Bauteiles ist mit dem reduzierten Querschnitt

$$\text{red } A = (1 - v) \cdot A \quad (91)$$

mit v als Verschwächungsgrad nach DIN 68 140 zu führen.

Abweichend davon darf bei Vollholz nach Tabelle 1, Zeile 1, und Brettschichtholz nach Tabelle 1, Zeile 2, mindestens der Güteklasse II mit Querschnittsmaßen bis 300 mm der Spannungsnachweis ohne Berücksichtigung des Verschwächungsgrades v geführt werden, wenn

a) die rechnerisch ermittelten Spannungen die zulässigen Spannungen für die Güteklasse II nicht überschreiten und

b) der die Keilzinkung ausführende Betrieb den Nachweis der bestimmungsgemäßen Herstellung der Keilzinkenverbindung im Rahmen des Nachweises nach Abschnitt 12.1 geführt hat.

Bei Bauteilen aus Brettschichtholz darf die Schwächung durch die Keilzinkungen der Einzelbretter unberücksichtigt bleiben.

12.4 Leime

Leime für tragende Bauteile müssen die Prüfungen nach DIN 68 141 bestanden haben.

Für Bauteile, die im Gebrauchszustand unmittelbar der Witterung oder in Gebäuden Klimabedingungen ausgesetzt sind, bei denen eine Gleichgewichtsfeuchte von 20% oder langfristig oder häufig wiederkehrend eine Temperatur im Bauteil von 50 °C überschritten werden kann, dürfen nur Kunstharzleime verwendet werden, die auf ihre Beständigkeit gegen alle Klimaeinflüsse geprüft sind (z. B. Resorcin- oder Melaminharzleim).

12.5 Verleimen und Preßdruck

Der Preßdruck muß möglichst gleichmäßig verteilt auf alle Leimflächen wirken.

Nagelpreßleimung, d. h. Aufbringen des Preßdruckes mit Hilfe von Nägeln, ist für das Aufleimen von Brettlamellen bis zu einer Dicke von 33 mm oder Platten aus Holzwerkstoffen bis zu einer Dicke von 50 mm zulässig. Dazu sind Nägel nach DIN 1052 Teil 2 mit Längen von etwa 2,5 × Lamellen- bzw. Plattendicke zu verwenden, wobei mindestens ein Nagel je 65 cm^2 Lamellen- bzw. Plattenfläche angeordnet werden muß und der Nagelabstand höchstens 100 mm betragen darf. Hierbei sind die Löcher im Bau-Furniersperrholz bei Plattendicken über 20 mm mit etwa 85% des Nageldurchmessers vorzubohren. Das Vorbohren darf entfallen, wenn geeignete Nageleinschlaggeräte verwendet werden.

Bei mehreren Lagen ist jede Lage für sich zu nageln, wobei die Nägel versetzt angeordnet werden müssen.

12.6 Gestaltung und Aufbau der Bauteile aus Brettschichtholz

Die Dicke der zu Brettschichtholz verwendeten Einzelbretter beträgt mindestens 6 mm und darf 33 mm nicht überschreiten. Sie darf bei geraden Bauteilen auf 40 mm erhöht werden, wenn die Bauteile keinen extremen klimatischen Wechselbeanspruchungen ausgesetzt sind.

Bei gekrümmten Bauteilen muß der Biegeradius r_1 mindestens 200 · a sein. Hierbei ist r_1 der Biegeradius des Einzelbrettes und a dessen Dicke. Biegeradien zwischen 200 · a und 150 · a sind zulässig, wenn die Brettdicke der Zahlenwertgleichung

$$a \leq 13 + 0{,}4 \left[\frac{r_1}{a} - 150\right] \quad \text{in mm} \qquad (92)$$

genügt. Die durch das Krümmen der einzelnen Schichten vor dem Verleimen verursachten Biegespannungen dürfen vernachlässigt werden.

Bei Brettschichtholzquerschnitten mit mehr als 220 mm Breite müssen die Bretter mit mindestens einer in Brettlängsrichtung durchlaufenden Entlastungsnut versehen werden. Die Nuttiefe (Schnittiefe von Säge oder Fräser) beträgt ¼ bis ⅕ der Brettdicke, die Nutbreite höchstens 4 mm. Bei Verwendung von nicht genuteten Brettern muß bei Bauteilen mit mehr als 220 mm Breite jede Brettlage aus mindestens zwei Teilen bestehen. Dabei müssen die Längsfugen übereinanderliegender Lagen mindestens um die Brettdicke, jedoch nicht unter 25 mm gegeneinander versetzt sein, sofern die Bretter innerhalb der Brettlagen nicht an den Schmalseiten miteinander verleimt sind.

Bei Bauteilen, die unmittelbar der Witterung ausgesetzt sind, müssen, ungeachtet eines aufzubringenden Schutzanstriches, mindestens die in der Zug- und Druckzone außenliegenden Brettlagen parallel zur Außenseite der Bauteile verlaufen, oder es müssen nach dem Zuschnitt entsprechende Brettlagen angebracht werden.

12.7 Transport und Montage

Beim Transport, bei der Lagerung und bei der Montage der Bauteile ist durch geeignete Maßnahmen sicherzustellen, daß sich ihre Feuchte durch länger einwirkende Einflüsse aus Bodenfeuchte, Niederschlägen sowie infolge Austrocknung nicht unzuträglich verändert (siehe auch DIN 68 800 Teil 2).

13 Ausführung

13.1 Abbund und Montage

13.1.1 Alle Teile eines Tragwerkes sind so zusammenzufügen und zu montieren, daß kein Teil durch Zwängungen oder sonstige Zustände unzulässig beansprucht wird.

13.1.2 Tragende Bolzen und Klemmbolzen von Dübelverbindungen sind nachzuziehen, wenn mit einem erheblichen Schwinden des Holzes gerechnet werden muß. Sie müssen hierzu genügend Gewindelänge aufweisen und bis zur Beendigung des Schwindens zugänglich bleiben.

13.1.3 Bei mit Paßbolzen angeschlossenen außenliegenden Metallteilen ist darauf zu achten, daß zur Aufnahme von Loch-Leibungskräften der volle Schaftquerschnitt auf der erforderlichen Länge vorhanden ist.

13.2 Dachschalungen

13.2.1 Dachschalungen unter Dachdeckungen

Für Schalungen als Träger von Dachdeckungen dürfen Holz mindestens der Güteklasse II nach DIN 4074 Teil 1 und Holzwerkstoffe der Holzwerkstoffklasse 100 bzw. 100 G (siehe DIN 68 800 Teil 2) verwendet werden.

Parallel zu den Auflagern verlaufende Stöße dürfen nur auf den unterstützenden Bauteilen (z. B. Pfetten oder Sparren) angeordnet werden. Die Auflagertiefe muß mindestens 20 mm betragen.

Die rechtwinklig zu den Auflagern verlaufenden freien Ränder von Brettern, Bohlen oder Holzwerkstoffen müssen bei einem Verhältnis lichte Weite l_w zur Plattendicke d größer als 30 miteinander durch Nut und Feder oder gleichwertige Maßnahmen verbunden werden.

13.2.2 Dachschalungen unter Dachabdichtungen

Zusätzlich zu den Festlegungen nach Abschnitt 13.2.1 sind die folgenden Anforderungen zu erfüllen:

Es sind Holzwerkstoffe der Holzwerkstoffklasse 100 G zu verwenden.

Fugen sind unter Berücksichtigung der zu erwartenden Längen- und Breitenänderungen infolge Quellens auszubilden. Diese sind in der Regel bei Flachpreßplatten mit 2 mm/m und bei Bau-Furniersperrholz mit 1 mm/m zu berücksichtigen.

Die rechtwinklig zu den Auflagern verlaufenden freien Ränder müssen stets miteinander durch Nut und Feder oder gleichwertige Maßnahmen verbunden sein.

Die Dachneigung soll mindestens 2% betragen. Kleinere Neigungen dürfen nur unter folgenden Bedingungen ausgeführt werden:

a) Die Dachabdichtung muß auch für vorübergehend stehendes Wasser dauerhaft dicht sein.

b) Bei der Bemessung der Dachschalung einschließlich Unterkonstruktion ist eine Wassersackbildung erforderlichenfalls zu berücksichtigen.

14 Kennzeichnung von Voll- und Brettschichtholz

Folgende Bauteile sind dauerhaft, eindeutig und deutlich lesbar zu kennzeichnen:

a) Bauteile aus den Holzarten nach Tabelle 1, Zeile 1, der Güteklassen I und III mit der Güteklasse, dem Zeichen des Sortierwerkes und des dort verantwortlichen Fachmannes; bei aus mehreren Einzelhölzern vorgefertigten Bauteilen darf sich die Kennzeichnung der Güteklasse I auf die Bereiche beschränken, in denen die Rechenwerte der Güteklasse I in Rechnung gestellt sind,

b) Brettschichtholz nach Tabelle 1, Zeile 2, der Güteklasse I und bei Bauteilen über 10 m Länge auch der Güteklasse II mit der Güteklasse, dem Herstelltag und dem Zeichen des Herstellwerkes,

c) Bauteile aus Laubholz nach Tabelle 1, Zeile 3, mit dem Zeichen der Holzartgruppe (A, B oder C), dem Zeichen des Sortier- bzw. Herstellwerkes und des dort verantwortlichen Fachmannes.

Als Verbundquerschnitte verleimte tragende Holzbauteile sind auch bei Verwendung von Voll- oder Brettschichtholz der Güteklasse II stets mit dem Herstelltag und dem Zeichen des Herstellwerkes zu kennzeichnen.

Anhang A

Nachweis der Eignung zum Leimen von tragenden Holzbauteilen

A.1 Der Nachweis einer bestimmungsgemäßen Herstellung nach Abschnitt 12.1 gilt als erbracht, wenn der Betrieb eine Bescheinigung nach Abschnitt A.3 über seine Eignung zum Leimen von tragenden Holzbauteilen vorlegt.

A.2 Die Bescheinigung wird von Prüfstellen, die dafür anerkannt und in einem Verzeichnis des Instituts für Bautechnik geführt werden, ausgestellt, wenn nach Überprüfung der verantwortlichen Fachkräfte und der Werkseinrichtungen die Eignung des Betriebes festgestellt ist. Die Bescheinigung wird für fünf Jahre widerruflich erteilt. Auf Antrag kann die Geltungsdauer der Bescheinigung um jeweils fünf Jahre verlängert werden. Vor jeder Verlängerung ist eine weitere Betriebsprüfung durchzuführen. Der Inhaber der Bescheinigung muß jeden Wechsel der verantwortlichen Fachkräfte sowie Änderungen wesentlicher Teile der Werkseinrichtungen oder des Leimverfahrens der Prüfstelle anzeigen.

A.3 Die Bescheinigung wird für folgende Gruppen erteilt:

a) **Bescheinigung A** für Betriebe, die den Nachweis ihrer Eignung zum Leimen tragender Holzbauteile aller Art erbracht haben.

b) **Bescheinigung B** für Betriebe, die den Nachweis ihrer Eignung zum Leimen von einfachen tragenden Holzbauteilen (z. B. Balken und Träger mit Stützweiten bis zu 12 m, Dreigelenkbinder bis zu 15 m Spannweite und einhüftige Binder mit einer Abwicklungslänge bis 12 m) erbracht haben; dabei ist anzugeben, wenn auch die Voraussetzungen der Gruppe C erfüllt sind.

c) **Bescheinigung C** für Betriebe, die ihre Eignung zum Leimen von Sonderbauarten nach den Bestimmungen der entsprechenden allgemeinen bauaufsichtlichen Zulassung erbracht haben.

d) **Bescheinigung D** für Betriebe, die nur den Nachweis ihrer Eignung zum Leimen von Holztafeln für Holzhäuser in Tafelbauart erbracht haben. Betriebe der Gruppe A und B erfüllen die Voraussetzungen der Gruppe D ohne weiteren Nachweis.

In den Bescheinigungen A, B, C oder D ist außerdem anzugeben, wenn der Betrieb auch den Nachweis für die Herstellung von Keilzinkenverbindungen nach Abschnitt 12.3 erbracht hat.

Zitierte Normen und andere Unterlagen

DIN 96	Halbrund-Holzschrauben mit Schlitz
DIN 97	Senk-Holzschrauben mit Schlitz
DIN 571	Sechskant-Holzschrauben
DIN 1052 Teil 2	Holzbauwerke; Mechanische Verbindungen
DIN 1052 Teil 3	Holzbauwerke; Holzhäuser in Tafelbauart, Berechnung und Ausführung
DIN 1055 Teil 3	Lastannahmen für Bauten; Verkehrslasten
DIN 1055 Teil 4	Lastannahmen für Bauten; Verkehrslasten, Windlasten bei nicht schwingungsanfälligen Bauwerken
DIN 1055 Teil 5	Lastannahmen für Bauten; Verkehrslasten, Schneelast und Eislast
DIN 1074	Holzbrücken; Berechnung und Ausführung
DIN 4074 Teil 1	Bauholz für Holzbauteile; Gütebedingungen für Bauschnittholz (Nadelholz)
DIN 4074 Teil 2	Bauholz für Holzbauteile; Gütebedingungen für Baurundholz (Nadelholz)
DIN 4112	Fliegende Bauten; Richtlinien für Bemessung und Ausführung
DIN 4113 Teil 1	Aluminiumkonstruktionen unter vorwiegend ruhender Belastung; Berechnung und bauliche Durchbildung
DIN 4149 Teil 1	Bauten in deutschen Erdbebengebieten; Lastannahmen, Bemessung und Ausführung üblicher Hochbauten
DIN 4420 Teil 1	Arbeits- und Schutzgerüste (ausgenommen Leitergerüste); Berechnung und bauliche Durchbildung
DIN 4420 Teil 2	Arbeits- und Schutzgerüste; Leitergerüste
DIN 4421	Traggerüste; Berechnung, Konstruktion und Ausführung
DIN 18 800 Teil 7	Stahlbauten; Herstellen, Eignungsnachweise zum Schweißen
DIN 50 049	Bescheinigungen über Materialprüfungen
DIN 52 183	Prüfung von Holz; Bestimmung des Feuchtigkeitsgehaltes
DIN 55 928 Teil 1	Korrosionsschutz von Stahlbauten durch Beschichtungen und Überzüge; Allgemeines
DIN 55 928 Teil 2	Korrosionsschutz von Stahlbauten durch Beschichtungen und Überzüge; Korrosionsschutzgerechte Gestaltung
DIN 55 928 Teil 4	Korrosionsschutz von Stahlbauten durch Beschichtungen und Überzüge; Vorbereitung und Prüfung der Oberflächen
DIN 55 928 Teil 5	Korrosionsschutz von Stahlbauten durch Beschichtungen und Überzüge; Beschichtungsstoffe und Schutzsysteme
DIN 55 928 Teil 6	Korrosionsschutz von Stahlbauten durch Beschichtungen und Überzüge; Ausführung und Überwachung der Korrosionsschutzarbeiten
DIN 55 928 Teil 8	Korrosionsschutz von Stahlbauten durch Beschichtungen und Überzüge; Korrosionsschutz von tragenden dünnwandigen Bauteilen (Stahlleichtbau)
DIN 68 140	Keilzinkenverbindung von Holz
DIN 68 141	Holzverbindungen; Prüfung von Leimen und Leimverbindungen für tragende Holzbauteile, Gütebedingungen
DIN 68 705 Teil 3	Sperrholz; Bau-Furniersperrholz
DIN 68 705 Teil 5	Sperrholz; Bau-Furniersperrholz aus Buche
Beiblatt 1 zu DIN 68 705 Teil 5	Bau-Furniersperrholz aus Buche; Zusammenhänge zwischen Plattenaufbau, elastischen Eigenschaften und Festigkeiten
DIN 68 754 Teil 1	Harte und mittelharte Holzfaserplatten für das Bauwesen; Holzwerkstoffklasse 20
DIN 68 763	Spanplatten; Flachpreßplatten für das Bauwesen, Begriffe, Eigenschaften, Prüfung, Überwachung
DIN 68 800 Teil 2	Holzschutz im Hochbau; Vorbeugende bauliche Maßnahmen
DIN 68 800 Teil 3	Holzschutz im Hochbau; Vorbeugender chemischer Schutz von Vollholz

Frühere Ausgaben

DIN 1052: 07.33, 05.38, 10.40X, 10.47, 08.65
DIN 1052 Teil 1: 10.69

Änderungen

Gegenüber der Ausgabe Oktober 1969 wurden folgende Änderungen vorgenommen:

Neben einer vollständigen Überarbeitung wurden insbesondere geändert und ergänzt:

a) Zusätzlich aufgenommen wurden einige außereuropäische Holzarten und Flachpreßplatten sowie Bestimmungen über Holztafeln, Beplankungen und Dachschalungen.
b) Angaben über Materialkennwerte entsprechend erweitert, Berücksichtigung von Kriechverformungen bei auf Biegung beanspruchten Bauteilen.
c) Erhöhung von zul σ um 25 % im Lastfall HZ, bei Stoß- und Erdbebenlasten um 100 %, bei Transport- und Montagezuständen um 50 %.

Seite 34 DIN 1052 Teil 1

d) Angabe von zulässigen Torsionsspannungen und Querzugspannungen für Voll- und Brettschichtholz (Reduzierung von 0,25 auf 0,2 MN/m^2). Bei Bau-Furniersperrholz höhere zul τ-Werte für Abscheren rechtwinklig zur Plattenebene und teilweise auch für Bau-Furniersperrholz aus Buche.

e) Bemessung von Biegeträgern mit abgeminderter Querkraft möglich; Regelungen für
- Torsion und Querkraft
- Ausklinkungen
- Trägerdurchbrüche
- gekrümmte Träger und Satteldachträger und Spannungskombination am schrägen Rand.

f) Erweiterung der Berechnungsformeln für zusammengesetzte Träger (einfach-symmetrischer Querschnitt und Teile mit verschiedenen E-Moduln).

g) C-Werte für Stabdübel.

h) Tragsicherheitsnachweis nach der Spannungstheorie II. Ordnung.

i) Die Grundgleichungen zur Bemessung von Zug-, Druck- und Biegestäben sind mit Rücksicht auf eine bessere Transparenz und Systematik formal umgestellt worden.

j) Neue Regelung für den Stabilitätsnachweis von Biegeträgern mit Rechteckquerschnitt.

k) Angabe der ω-Zahlen nunmehr gesondert für Vollholz aus verschiedenen Holzarten, für Brettschichtholz und Holzwerkstoffe zur Ermittlung der jeweils zulässigen Knickspannung.

l) Angaben zur Bemessung der Aussteifungskonstruktion für biegebeanspruchte Vollwandträger mit Rechteckquerschnitt abweichend von den Angaben für Fachwerkträger.

m) Regelungen für aussteifende Decken-, Dach- und Wandscheiben aus Holzwerkstoffen und aus Holztafeln.

Erläuterungen

Die in dieser Norm verwendeten Formelzeichen weichen teilweise von den in DIN 1080 Teil 5/03.80 festgelegten Formelzeichen ab. Es ist daher vorgesehen, DIN 1080 Teil 5 zu überarbeiten.

Internationale Patentklassifikation

B 27 N 3/00
B 27 G 11/00
B 27 M 3/00
E 04 B 1/10
E 04 B 1/26
E 04 G 1/02
E 04 G 11/48

DK 694.12:624.011.1:621.882 April 1988

Holzbauwerke
Mechanische Verbindungen

DIN 1052 Teil 2

Timber structures; mechanical joints
Ouvrages en bois; assemblages méchaniques

Ersatz für Ausgabe 10.69
und mit DIN 1052 T 1/04.88
Ersatz für DIN 1052 T 1/10.69

Die Normen der Reihe DIN 1052 sind gegliedert in
DIN 1052 Teil 1 Holzbauwerke; Berechnung und Ausführung
DIN 1052 Teil 2 Holzbauwerke; Mechanische Verbindungen
DIN 1052 Teil 3 Holzbauwerke; Holzhäuser in Tafelbauart, Berechnung und Ausführung

Verweise in dieser Norm auf DIN 1052 Teil 1 beziehen sich auf die Ausgabe 04.88.

Inhalt

Fortsetzung Seite 2 bis 27

Normenausschuß Bauwesen (NABau) im DIN Deutsches Institut für Normung e.V.

1 Anwendungsbereich

Diese Norm gilt in Verbindung mit DIN 1052 Teil 1 und Teil 3 für die Berechnung und Ausführung von tragenden mechanischen Verbindungen im Holzbau. Sie gilt für die Verbindung von Nadelhölzern, Laubhölzern und Holzwerkstoffen nach DIN 1052 Teil 1 und Teil 3 untereinander und mit Stahl, soweit nachstehend nichts anderes festgelegt ist.

2 Begriff

Mechanische Verbindungen im Holzbau sind im Gegensatz zu Leimverbindungen solche, bei denen unter Scherbelastung lastabhängige Verschiebungen der miteinander verbundenen Teile auftreten. Diese Verschiebungen werden durch Lochleibungsverformungen der verbundenen Teile im Bereich der Leibungsflächen der Verbindungsmittel und zusätzlich durch die Verformung der Verbindungsmittel verursacht.

Die hierfür verwendeten Verbindungsmittel werden als mechanische Verbindungsmittel bezeichnet. Sie können je nach Bauart auch in Axialrichtung beansprucht werden.

3 Allgemeines

3.1 Bei allen Verbindungen im Holzbau mit mechanischen Verbindungsmitteln sind die zulässigen Belastungen, wenn in den Abschnitten 4 bis 10 nichts anderes bestimmt ist, bei Feuchteeinwirkungen nach DIN 1052 Teil 1, Abschnitt 5.1.7 bzw. Abschnitt 5.2.3, abzumindern.

3.2 Im Lastfall HZ dürfen, wenn in den Abschnitten 4 bis 10 nichts anderes bestimmt ist, die zulässigen Belastungen der Verbindungsmittel um 25 %, bei waagerechten Stoßlasten nach DIN 1055 Teil 3 und Erdbebenlasten nach DIN 4149 Teil 1 um 100 % und für Transport- und Montagezustände um 25 % erhöht werden.

Bei der Berücksichtigung von Windsogspitzen nach DIN 1055 Teil 4 darf die Tragkraft der Verbindungsmittel mit dem 1,8fachen Wert der zulässigen Belastung für den Lastfall H in Rechnung gestellt werden.

3.3 Verbindungsmittel sind möglichst symmetrisch zur Stabachse anzuordnen.

Nägel, Schrauben und Stabdübel sind in der Regel in Faserrichtung um $d/2$ gegenüber der Rißlinie versetzt anzuordnen.

3.4 Mechanische Verbindungsmittel in Hirnholz dürfen mit Ausnahme der in Abschnitt 4.3.2 für Einlaßdübel des Dübeltyps A getroffenen Regelung als tragende Verbindungsmittel nicht in Rechnung gestellt werden.

3.5 In besonderen Fällen ist die zulässige Beanspruchung einer mechanischen Verbindung auch unter Berücksichtigung der im Holz auftretenden Zugspannungen rechtwinklig zur Faserrichtung zu ermitteln.

3.6 Mechanische Verbindungsmittel bedürfen je nach den Umweltbedingungen eines ausreichenden Korrosionsschutzes (siehe Tabelle 1).

Anstelle des Korrosionsschutzes nach Tabelle 1 ist auch ein anderer gleichwertiger Korrosionsschutz zulässig.

Verbindungsmittel aus korrosionsbeständigem Material dürfen in allen Anwendungsbereichen nach Tabelle 1 verwendet werden.

4 Dübelverbindungen mit Einlaß- und Einpreßdübeln

4.1 Allgemeines

4.1.1 Unter die Festlegungen für Dübelverbindungen fallen alle überwiegend auf Druck und Abscheren beanspruchten Verbindungsmittel, die in vorbereitete, passende Vertiefungen des Holzes eingelegt (Einlaßdübel) oder die in das Holz eingepreßt werden (Einpreßdübel mit oder ohne Ausfräsungen), ferner Dübel, die teils eingelassen, teils eingepreßt werden (Einlaß-Einpreßdübel).

Nicht unter diese Bestimmungen fallen Stabdübel (siehe Abschnitt 5).

4.1.2 Dübel nach Abschnitt 4.1.1 dürfen nur für die Verbindung von Vollholz und Brettschichtholz aus Nadelhölzern nach DIN 1052 Teil 1, Tabelle 1, mindestens der Güteklasse II nach DIN 4074 Teil 1, Einlaßdübel auch für die Verbindung von Laubhölzern angewendet werden. Dübel entsprechender Bauart sind für die Verbindung von Stahllaschen oder Stahlteilen mit Vollholz und Brettschichtholz geeignet.

4.1.3 Alle Dübelverbindungen müssen durch in der Regel nachziehbare Schraubenbolzen aus Stahl zusammengehalten werden, wobei jeder Dübel durch einen Bolzen gesichert sein muß (siehe Bild 1). Bei Verbindungen mit Dübeldurchmessern bzw. -seitenlängen ≥ 130 mm sind, wenn zwei oder mehr Dübel in Kraftrichtung hintereinander angeordnet sind, an den Enden der Außenhölzer oder -laschen zusätzliche Schraubenbolzen als Klemmbolzen anzuordnen (siehe Bild 1). Alle Bolzen sind so anzuziehen, daß die Scheiben geringfügig (etwa 1 mm) in das Holz eingedrückt werden.

Bezüglich des Ersatzes der Bolzen siehe Abschnitt 4.3.5.

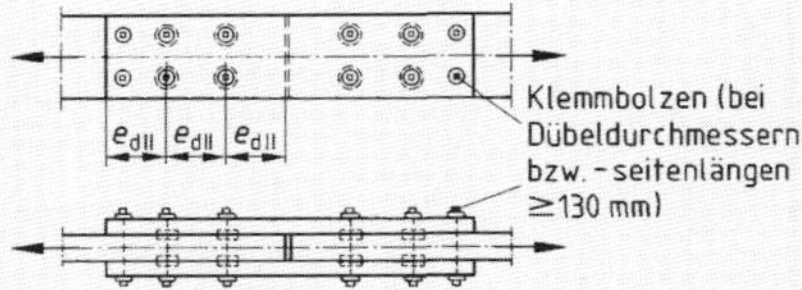

Bild 1. Anordnung der Bolzen bei Dübelverbindungen

4.2 Rechteckige Dübel

Rechteckige Dübel nach Bild 2 dürfen nur aus trockenem Hartholz oder aus Stahl hergestellt werden. Hölzerne Dübel sind so einzulegen, daß die Fasern der Dübel und der zu verbindenden Hölzer gleichgerichtet sind. Ihre zulässige Belastung ist rechnerisch zu ermitteln.

In Stabanschlüssen und Stößen dürfen höchstens vier hintereinanderliegende Rechteckdübel in Rechnung gestellt werden. Die zulässige, als gleichmäßig verteilt angenommene Leibungsspannung im Holz parallel zur Faser im Lastfall H ist Tabelle 2 zu entnehmen.

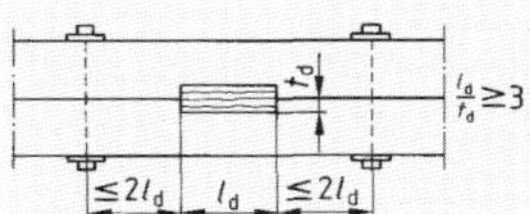

Bild 2. Anordnung eines rechteckigen Holzdübels

Es ist nachzuweisen, daß die Scherspannung in den Holzdübeln sowie in den zu verbindenden Hölzern die nach DIN 1052 Teil 1, Tabelle 5, Zeile 6, zulässigen Werte nicht überschreitet. Die Bolzen (siehe Bild 2) werden zur Aufnahme des Kippmomentes benötigt und sind beidseitig mit Unterlegscheiben aus Stahl nach Tabelle 3 einzubauen.

Tabelle 1. **Mindestanforderungen an den Korrosionsschutz für tragende Verbindungsmittel aus Stahl**

<table>
<tr><th rowspan="3" colspan="2">Art des Verbindungsmittels</th><th colspan="3">Anwendungsbereiche</th></tr>
<tr><th>In Räumen mit einer mittleren relativen Luftfeuchte ≤ 70 %, ferner bei überdachten Bauteilen, zu denen die Außenluft ständig Zugang hat, bei vergleichsweise geringer korrosiver Beanspruchung [1]</th><th>Bei überdachten Bauteilen, zu denen die Außenluft ständig Zugang hat, bei mittlerer korrosiver Beanspruchung [2]</th><th>Im Freien sowie in Räumen mit einer mittleren relativen Luftfeuchte > 70 %, ferner bei überdachten Bauteilen, zu denen die Außenluft ständig Zugang hat, bei besonders starker korrosiver Beanspruchung [3]</th></tr>
<tr><th colspan="3">mittlere Mindestzinkauflage
g/m²</th></tr>
<tr><td colspan="2">Dübel
Bolzen
Stabdübel
Nägel
Holzschrauben</td><td colspan="2">Korrosionsschutz
nicht erforderlich [4] [5]</td><td>400 [6]</td></tr>
<tr><td colspan="2">Klammern</td><td>50</td><td colspan="2">nichtrostende Stähle nach DIN 17 440</td></tr>
<tr><td rowspan="2">Stahlbleche</td><td>≤ 3 mm [7]</td><td>275 [8]</td><td>275 [8] und Beschichtung nach DIN 55 928 Teil 5 und Teil 8 oder 350 [8] und geeignete Chromatierung [9]</td><td>nichtrostende Stähle nach DIN 17 440 oder Korrosionsschutz nach DIN 55 928 Teil 8</td></tr>
<tr><td>> 3 mm bis 5 mm</td><td>100</td><td>400</td><td>nichtrostende Stähle nach DIN 17 440 oder Korrosionsschutz nach DIN 55 928 Teil 5</td></tr>
<tr><td colspan="2">Nagelplatten</td><td>275 [8]</td><td>350 [8] und geeignete Chromatierung [9]</td><td>nichtrostende Stähle nach DIN 17 440</td></tr>
</table>

1) Siehe DIN 55 928 Teil 8; entsprechend der Landatmosphäre nach DIN 55 928 Teil 1.

2) Siehe DIN 55 928 Teil 8; entsprechend der Stadtatmosphäre nach DIN 55 928 Teil 1.

3) Siehe DIN 55 928 Teil 8; entsprechend der Industrieatmosphäre nach DIN 55 928 Teil 1.

4) Bei einseitigen Dübeln Dübeltyp C (siehe Abschnitt 4.3.3) muß eine mittlere Mindestzinkauflage von 400 g/m² aufgebracht werden.

5) Bei Stahlblech-Holzverbindungen mit außenliegenden Blechen müssen die Nägel bzw. Schrauben eine mittlere Mindestzinkauflage von 50 g/m² aufweisen.

6) Bei außergewöhnlicher klimatischer Beanspruchung sind zusätzliche, auf die Beanspruchung abgestimmte Maßnahmen erforderlich.

7) Stahlbleche ≤ 3 mm dürfen auch mit geschnittenen unverzinkten Kanten eingesetzt werden.

8) Mittlere Zinkauflage beidseitig; Wert entspricht der Zinkauflagegruppe nach DIN 17 162 Teil 1.

9) Mit der gewählten Chromatierung muß eine wesentliche Verbesserung des Korrosionsschutzes erreicht werden (z. B. Farbchromatierung).

Tabelle 2. **Zulässige Leibungsspannungen in MN/m² parallel zur Faser im Lastfall H**

<table>
<tr><th rowspan="4"></th><th rowspan="4">Verhältnis der Dübellänge l_d zur Einschnittiefe t_d</th><th colspan="4">Anzahl der in Kraftrichtung hintereinanderliegenden Dübel</th></tr>
<tr><th colspan="2">1 und 2
und in verdübelten Balken</th><th colspan="2">3 und 4</th></tr>
<tr><th>Nadelhölzer</th><th>Laubhölzer</th><th>Nadelhölzer</th><th>Laubhölzer</th></tr>
<tr><th colspan="2">nach DIN 1052 Teil 1, Tabelle 1</th><th colspan="2">nach DIN 1052 Teil 1, Tabelle 1</th></tr>
<tr><td>1</td><td>$l_d/t_d \geq 5$</td><td>8,5</td><td>10,0</td><td>7,5</td><td>9,0</td></tr>
<tr><td>2</td><td>$3 \leq l_d/t_d < 5$</td><td>4,0</td><td>5,0</td><td>3,5</td><td>4,5</td></tr>
</table>

Seite 4 DIN 1052 Teil 2

Tabelle 3. **Maße der Scheiben für Dübelverbindungen und tragende Bolzenverbindungen**

Bolzendurchmesser		M 12	M 16	M 20	M 24
Dicke der Scheibe [1])	mm	6	6	8	8
Außendurchmesser bei runder Scheibe	mm	58	68	80	105
Seitenlänge bei quadratischer Scheibe	mm	50	60	70	95

[1]) Das untere Grenzabmaß für die Dicke der Scheiben darf höchstens 0,5 mm betragen.

Flachstahldübel, die auf durchgehende Stahlbleche oder -profile geschweißt (nur Flankenkehlnähte zulässig, **nicht** Stirnkehlnähte) oder aus dem vollen Material herausgearbeitet sind (z. B. Stützenverankerungen), dürfen auch bei $l_d / t_d < 5$ mit den zulässigen Leibungsspannungen nach Tabelle 2, Zeile 1, berechnet werden, wenn durch ausreichende Laschendicke (Flachstahl $\geq$ 10 mm oder U-Profil) und durch zusätzliche Sicherung mit Bolzen ein Kippen der Dübel verhindert wird. Dabei sind bei einer Dübelbreite > 180 mm die Bolzen zweireihig anzuordnen.

4.3 Dübel besonderer Bauart

4.3.1 Allgemeines

Es dürfen nur Dübel besonderer Bauart (ausgenommen Dübeltyp B) verwendet werden, deren bestimmungsgemäße Herstellung durch eine Bescheinigung DIN 50 049 – 2.1 (Werksbescheinigung) mit Angabe des Werkstoffes, gegebenenfalls des Korrosionsschutzes und der Maße nach dieser Norm sowie des Zeichens des Herstellers nachgewiesen ist. Außerdem ist die Liefereinheit mit den gleichen Angaben zu kennzeichnen.

Die Dübel dürfen auch aus einem mindestens gleichwertigen anderen Material der jeweils angegebenen Norm hergestellt werden.

4.3.2 Einlaßdübel

Als Einlaßdübel gelten zwei- und einseitige Ringkeildübel nach Bild 3 (Dübeltyp A), die aus der Leichtmetall-Gußlegierung GD-AlSi9Cu3 (Werkstoffnummer 3.2163.05) nach DIN 1725 Teil 2 bestehen, sowie Rundholzdübel aus fehlerfreiem Eichenholz nach Bild 4 (Dübeltyp B). Die Dübel werden in passende Vertiefungen der Hölzer eingelegt.

Für Verbindungen mit Einlaßdübeln gilt Tabelle 4, auch bei Laubhölzern. Einseitige Einlaßdübel des Dübeltyps A sind für die Verbindung von Holz mit Stahlbauteilen zulässig, wenn die Stahllaschen mindestens die Dicke h_1 nach Tabelle 4 besitzen und die Löcher in den Laschen höchstens auf den Durchmesser d_u + 1,0 mm (d_u nach Tabelle 4) gebohrt sind.

Einlaßdübel des Dübeltyps A mit Außendurchmesser 65, 80, 95 und 126 mm dürfen auch in rechtwinklig oder schräg ($\varphi \geq 45°$) zur Faserrichtung verlaufenden Hirnholzflächen von Brettschichtholz nach Bild 5 eingebaut und zur Übertragung von Auflagerkräften herangezogen werden. Als Schraubenbolzen nach Abschnitt 4.1.3 sind Sechskantschrauben M 12 mit Mutter und Unterlegscheibe rund 58 mm/6 mm oder vierkant 50 mm/6 mm zulässig. Anstelle der Mutter mit Unterlegscheibe darf auch ein Rundstahl mit einem Durchmesser von 24 bis 40 mm, Länge jeweils mindestens 90 mm, oder ein entsprechendes Formstück verwendet werden, der bzw. das in eine Querbohrung des Trägers 2 eingeführt wird. Der Abstand zwischen der Hirnholzfläche und der Unterlegscheibe bzw. dem Rundstahl muß mindestens 120 mm betragen. Die Dübel sind mittig in der Trägerbreite b so anzuordnen, daß der Randabstand $v_d = b/2$ und der Dübelabstand $e_{d\perp} = d_d + t_d$ nicht unterschritten wird. Die zulässigen Belastungen sind Tabelle 5 zu entnehmen.

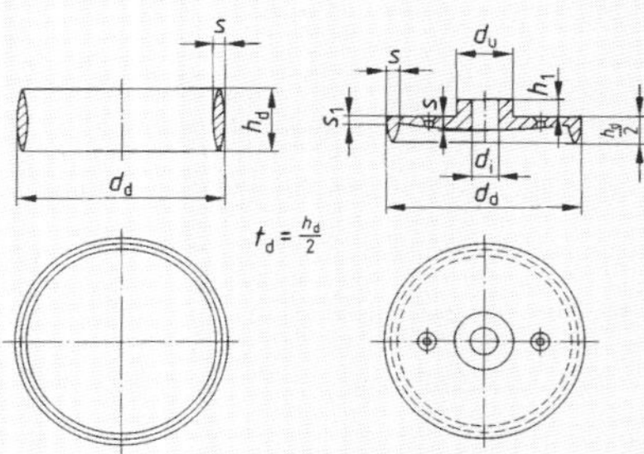

Bild 3. Zwei- und einseitiger Ringkeildübel (Dübeltyp A)

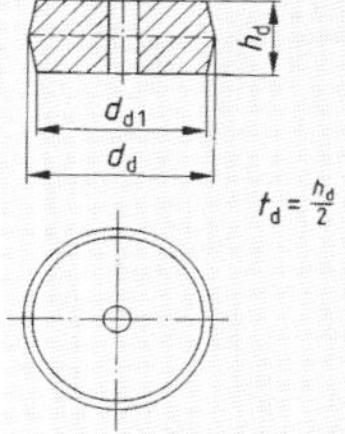

Bild 4. Rundholzdübel aus Eiche (Dübeltyp B)

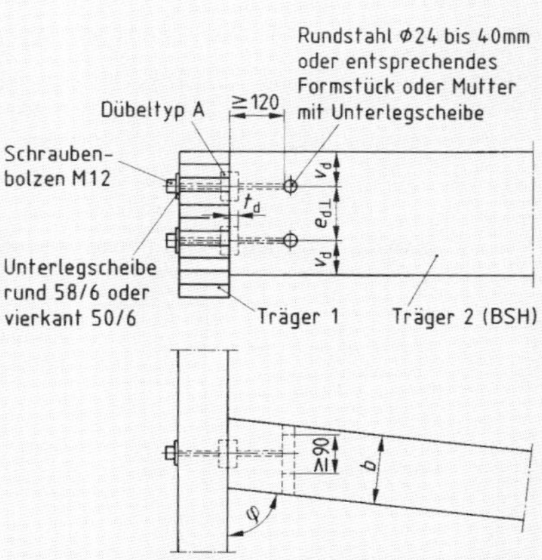

Bild 5. Ausbildung eines Hirnholzanschlusses bei Brettschichtholz (BSH)

Tabelle 4. **Mindestanforderungen an Verbindungen mit Einlaßdübeln (Dübeltypen A und B) sowie zulässige Belastungen eines Dübels im Lastfall H bei höchstens zwei in Kraftrichtung hintereinanderliegenden Dübeln**

	1	2	3	4	5	6	7	8	9	10	11	12	13	14	15
Dübeltyp	Maße der Dübel							Rechenwert für die Dübelfehlfläche	Schraubenbolzen [1]) Sechskantschrauben nach DIN 601	Mindestmaße der Hölzer [2]) bei einer Dübelreihe und Neigung der Kraft- zur Faserrichtung		Mindestdübelabstand und -vorholzlänge bei einer Dübelreihe	Zulässige Belastung eines Dübels bei Neigung der Kraft- zur Faserrichtung		
	Außendurchmesser	Höhe	Dicke	zusätzliche Maße nur für einseitige Einlaßdübel Typ A						0 bis 30°	über 30 bis 90°		0 bis 30°	über 30 bis 60°	über 60 bis 90°
	d_d	h_d	s	d_i	d_u	h_1	s_1	ΔA	d_b	b/a	b/a	$e_{d\parallel}$			
	mm	mm	mm	mm	mm	mm	mm	cm²		mm	mm	mm	kN	kN	kN
A (siehe Bild 3)	65	30	5	13	22,5	8	3	7,8	M 12	100/40	110/40	140	11,5	10,0	9,0
	80	30	6	13	22,5	8	3	10,1	M 12	110/50	130/50	180	14,0	12,5	11,0
	95	30	6	13	33,5	8	4	12,3	M 12	120/60	150/60	220	17,0	14,5	12,5
	126	30	6	–	–	–	–	17,0	M 12	160/60	200/60	250	20,0	17,0	14,0
	128	45	8	13	45	10	4	25,9	M 12	160/60	200/60	300	28,0	23,5	19,0
	160 [3])	45	10	17	50	12	5	32,2	M 16	200/100	240/100	340	34,0	27,5	21,5
	190 [4])	45	10	17	60	12	6	39,9	M 16	230/100	280/100	430	48,0	38,5	29,0
B (siehe Bild 4)	66 [5])	32	–	–	–	–	–	8,2	M 12	100/40 oder 90/60	100/40 oder 90/60	130	11,0	9,0	9,0
	100 [5])	40	–	–	–	–	–	16,8	M 12	130/60	160/60	200	18,0	15,5	13,5

[1]) Scheiben nach Tabelle 3.

[2]) Gilt für ein- und beidseitige Dübelanordnung; bei beidseitiger Dübelanordnung jedoch Mindestholzdicke $a = 60$ mm.

[3]) Mit einem Klemmbolzen am Laschenende nach Abschnitt 4.1.3.

[4]) Mit zwei Klemmbolzen am Laschenende nach Abschnitt 4.1.3.

[5]) Der Durchmesser d_{d1} beträgt etwa 90 % des Durchmessers d_d.

Seite 6 DIN 1052 Teil 2

Tabelle 5. **Zulässige Belastungen für Dübeltyp A in rechtwinklig oder schräg ($\varphi \geq 45°$) zur Faserrichtung liegenden Hirnholzflächen von Brettschichtholz und Mindestabstände im Lastfall H**

Außendurchmesser des Dübeltyps A d_d mm	Mindestbreite des Trägers 2 an der Anschlußfuge nach Bild 5 b mm	Mindestrandabstand v_d mm	zulässige Belastung eines Dübels bei 1 Dübel oder 2 Dübeln hintereinander kN	zulässige Belastung eines Dübels bei 3, 4 oder 5 Dübeln hintereinander kN
65	110	55	6,0	7,2
80	130	65	7,3	8,7
95	150	75	8,5	10,2
126	200	100	11,4	13,7

4.3.3 Einpreßdübel

Einpreßdübel nach Bild 6 (Dübeltyp C) sind aus St 2 K 40 nach DIN 1624, Einpreßdübel nach Bild 7 (Dübeltyp D) aus Temperguß GTS-35-10 oder GTW-40-05 nach DIN 1692 herzustellen.

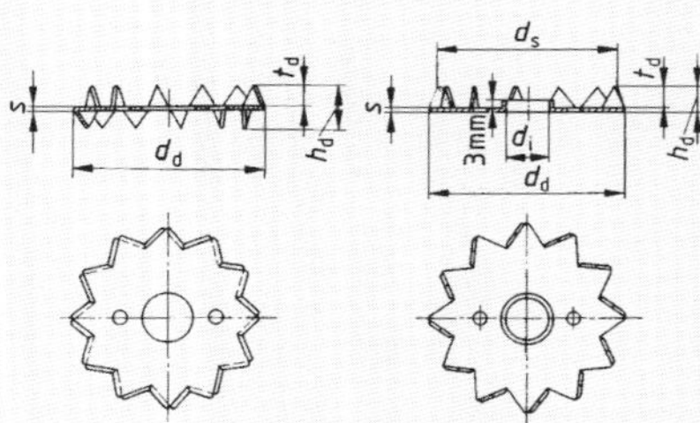

a) zweiseitiger runder Einpreßdübel b) einseitiger runder Einpreßdübel mit $d_d \leq 75$ mm

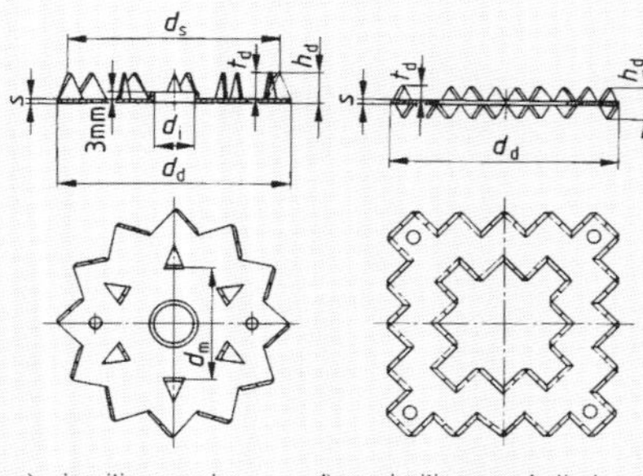

c) einseitiger runder Einpreßdübel mit $d_d = 95$ bzw. 117 mm d) zweiseitiger quadratischer Einpreßdübel

Bild 6. Einpreßdübel (Dübeltyp C)

Verbindungen mit Einpreßdübeln müssen den Anforderungen in den Tabellen 6 und 7 entsprechen. Die Grundplatten des Dübeltyps D dürfen bis zu 3 mm in das Holz eingelassen werden.

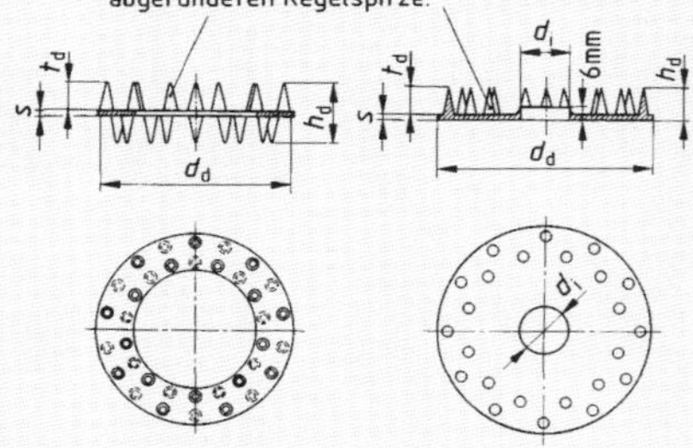

a) zweiseitiger Dübel b) einseitiger Dübel

Bild 7. Einpreßdübel (Dübeltyp D)

Für die Verbindung von Holz mit Stahlteilen sowie von Holz mit Holz sind die einseitigen Einpreßdübel der Dübeltypen C und D zulässig.

Bei Stahllaschen darf auf der Kopfseite auf die Scheiben verzichtet werden; auf der Gewindeseite dürfen Scheiben nach DIN 125 oder DIN 7989 verwendet werden.

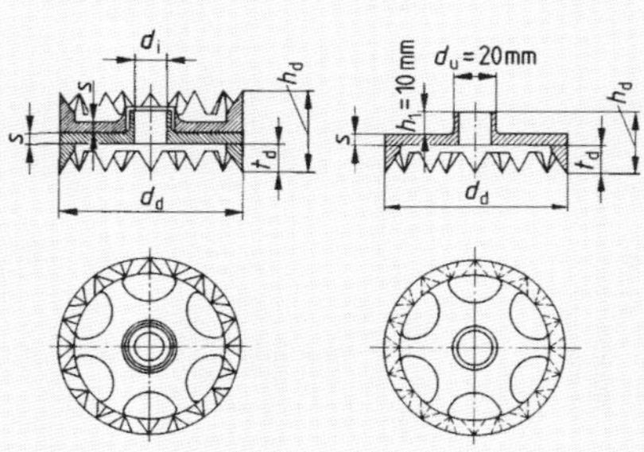

a) zweiseitiger Dübel b) einseitiger Dübel

Bild 8. Einlaß-Einpreßdübel (Dübeltyp E)

Tabelle 6. **Mindestanforderungen an Verbindungen mit Einpreßdübeln (Dübeltyp C) sowie zulässige Belastungen eines Dübels im Lastfall H bei höchstens zwei in Kraftrichtung hintereinanderliegenden Dübeln**

Dübeltyp	1	2	3	4	5	6	7	8	9	10	11	12	13	14	15
	Maße der Dübel							Rechenwert für die Dübelfehlfläche	Schraubenbolzen [1])	Mindestmaße der Hölzer [2]) bei einer Dübelreihe und Neigung der Kraft- zur Faserrichtung		Mindestdübelabstand und -vorholzlänge bei einer Dübelreihe	Zulässige Belastung eines Dübels bei Neigung der Kraft- zur Faserrichtung		
	Außendurchmesser bzw. Seitenlänge d_d	Maße für zweiseitige Einpreßdübel		Maße für einseitige runde Einpreßdübel					Sechskantschrauben nach DIN 601						
		Höhe h_d	Dicke s	Höhe h_d	Dicke s	Durchmesser d_i	Abstand d_m	ΔA	d_b	0 bis 30° b/a	über 30 bis 90° b/a	$e_{d\parallel}$	0 bis 30°	über 30 bis 60°	über 60 bis 90°
	mm	mm	mm	mm	mm	mm	mm	cm^2		mm	mm	mm	kN	kN	kN
C runde Einpreßdübel (siehe Bild 6a bis 6c)	48	12,5	1,00	6,6	1,00	12,2	–	0,9	M 12	100/40 oder 80/60	100/40	120	5,0	4,5	4,5
	62	16	1,20	8,7	1,20	12,2	–	2,0	M 12	100/40 oder 90/60	110/40	120	7,0	6,5	6,0
	75	19,5	1,25	10,3	1,25	16,2	–	2,6	M 16	100/50	120/50	140	9,0	8,5	8,0
	95	24	1,35	12,8	1,35	16,2	49	4,7	M 16	120/50	140/50	140	12,0	11,0	10,5
	117	29,5	1,50	16,0	1,50	20,2	58	6,9	M 20	150/80	180/80	170	16,0	15,0	14,0
	140 [3])	31	1,65	–	–	–	–	8,7	M 24	170/80	200/100	200	22,0	20,0	18,5
	165 [3])	32	1,80	–	–	–	–	11,0	M 24	190/80	230/100	230	30,0	27,0	24,0
C quadratische Einpreßdübel (siehe Bild 6d)	100	16	1,35	–	–	–	–	2,7	M 20	130/60	160/60	170	17,0	15,5	14,5
	130 [4])	20	1,50	–	–	–	–	4,5	M 24	160/60	190/80	200	23,0	21,0	19,0

[1]) Scheiben nach Tabelle 3.

[2]) Gilt für ein- und beidseitige Dübelanordnung; bei beidseitiger Dübelanordnung jedoch Mindestholzdicke $a = 60$ mm.

[3]) Mit einem Klemmbolzen am Laschenende nach Abschnitt 4.1.3.

[4]) Mit zwei Klemmbolzen am Laschenende nach Abschnitt 4.1.3.

Tabelle 7. **Mindestanforderungen an Verbindungen mit Einpreßdübeln (Dübeltyp D) und Einlaß-Einpreßdübeln (Dübeltyp E) sowie zulässige Belastungen eines Dübels im Lastfall H bei höchstens zwei in Kraftrichtung hintereinanderliegenden Dübeln**

	1	2	3	4	5	6	7	8	9	10	11	12	13	14	15
Dübeltyp	Maße der Dübel und Rechenwerte für die Dübelfehlflächen								Schraubenbolzen [1])	Mindestmaße der Hölzer [2]) bei einer Dübelreihe und Neigung der Kraft- zur Faserrichtung		Mindestdübelabstand und -vorholzlänge bei einer Dübelreihe	Zulässige Belastung eines Dübels bei Neigung der Kraft- zur Faserrichtung		
	Außendurchmesser	Anzahl der Zähne [3])	Zweiseitige Dübel			Einseitige Dübel			Sechskantschrauben nach DIN 601	0 bis 30°	über 30 bis 90°		0 bis 30°	über 30 bis 60°	über 60 bis 90°
			Maße		Dübelfehlfläche	Maße [4])		Dübelfehlfläche							
			Höhe	Dicke		Höhe	Durchmesser								
	d_d		h_d	s	ΔA	h_d	d_i	ΔA	d_b	b/a	b/a	$e_{d\parallel}$			
	mm		mm	mm	cm²	mm	mm	cm²		mm	mm	mm	kN	kN	kN
D (siehe Bild 7)	50	8 [5])	27	3	2,8	15	12,2	3,4	M 12	100/40 oder 80/60	100/40 oder 90/60	120	8,0	7,5	7,0
	65	12 oder 14 [6])	27	3	3,6	15	16,2	4,5	M 16	100/40 oder 90/60	110/40 oder 100/60	140	11,5	11,0	10,0
	85	22 [6])	27	3	4,6	15	20,2	5,5	M 20	110/50	130/50	170	17,0	16,0	14,5
	95	24 [6])	27	3	5,6	15	24,2	6,9	M 24	120/60	140/60	200	21,0	19,5	17,5
	115	30 oder 32 [6])	27	3	7,0	15	24,2	8,6	M 24	140/60	170/60	230	27,0	24,5	21,5
E (siehe Bild 8)	55	16	30	3,5	3,9	15	12,2	3,9	M 12	100/40 oder 80/60	100/40 oder 90/60	120	10,0 [7])	9,5 [7])	9,0 [7])
	80	20	37	5	7,9	18,5	12,2	7,9	M 12	110/50	120/50	150 [8])	15,0 [9])	13,5 [9])	12,0 [9])

[1]) Scheiben nach Tabelle 3.
[2]) Gilt für ein- und beidseitige Dübelanordnung; bei beidseitiger Dübelanordnung jedoch Mindestholzdicke $a = 60$ mm.
[3]) Bei zweiseitigen Dübeln sind die Zähne durchgehend oder gegeneinander versetzt.
[4]) Dicke s wie in Spalte 4.
[5]) Ein Zahnkreis.
[6]) Zwei Zahnkreise.
[7]) Bei Anordnung von Metallaschen (einseitiger Dübel) 1,2facher Wert zulässig.
[8]) Bei Anordnung von Metallaschen (einseitiger Dübel) auch 140 mm zulässig.
[9]) Bei Anordnung von Metallaschen (einseitiger Dübel) 1,3facher Wert zulässig.

4.3.4 Einlaß-Einpreßdübel

Einlaß-Einpreßdübel nach Bild 8 (Dübeltyp E) müssen aus GTW-40-05 nach DIN 1692 hergestellt werden. Sie sind mit der Grundplatte in genau passende Vertiefungen der Hölzer einzulegen. Anschließend sind die Zähne einzupressen. Die Verbindungen müssen den Anforderungen in Tabelle 7 entsprechen.

Für die Verbindung von Holz mit Stahlbauteilen sind einseitige Dübel nach Bild 8 b zulässig. Die Nabe muß in eine Bohrung der Stahlbauteile mit dem Durchmesser von maximal 21 mm eingreifen.

4.3.5 Zulässige Belastungen

Für die zulässigen Belastungen der Dübel im Lastfall H gelten je nach Neigung der Kraft zur Faserrichtung des Holzes die Werte nach den Tabellen 4, 6 und 7. Bei Stößen und Anschlüssen mit mehr als zwei in Kraftrichtung hintereinanderliegenden Dübeln ist die wirksame Anzahl ef n zu

$$\text{ef } n = 2 + \left(1 - \frac{n}{20}\right) \cdot (n - 2) \tag{1}$$

anzunehmen. n bedeutet die Anzahl der hintereinanderliegenden Dübel ($n > 2$). Mehr als zehn Dübel hintereinander dürfen nicht in Rechnung gestellt werden.

Bei zweiseitigen Einlaßdübeln des Dübeltyps A mit Außendurchmessern $d_d \leq 95$ mm und bei zweiseitigen, runden Einpreßdübeln des Dübeltyps C mit Außendurchmessern $d_d \leq 95$ mm dürfen für den Anschluß von Vollholz- oder Brettschichtholzquerschnitten an Brettschichtholz die zulässigen Belastungen auch dann in Rechnung gestellt werden, wenn die Bolzen M 12 bzw. M 16 durch eine Sechskant-Holzschraube gleichen Durchmessers nach DIN 571 mit einer Einschraubtiefe in das Brettschichtholz von mindestens 120 mm oder durch eine gleichwertige Verbindung mit Sondernägeln ersetzt werden.

4.3.6 Querschnittsschwächungen

Bei der Berechnung von Querschnittsschwächungen durch Dübel nach DIN 1052 Teil 1, Abschnitt 6.4.2, sind die in den Tabellen 4, 6 und 7 angegebenen Dübelfehlflächen ΔA zusätzlich zu der gesamten Schwächung durch die Bohrlöcher für die Verbolzung zu berücksichtigen.

4.3.7 Dübelabstände

Bei einer Dübelreihe gelten als Mindestdübelabstände der Dübel untereinander sowie als Mindestvorholzlänge die Werte $e_{d\parallel}$ nach den Tabellen 4, 6 und 7.

Für Verbindungen mit mehreren Dübelreihen (siehe Bild 9) gelten für die Abstände der Dübel in Faserrichtung, für die Abstände benachbarter Dübelreihen und der äußeren Dübelreihe von der Holzkante die Festlegungen in Tabelle 8. Der Dübelendabstand in Faserrichtung (Vorholzlänge) darf bei unbeanspruchtem Rand auf $0,5 \cdot e_{d\parallel}$ herabgesetzt werden.

Die Mindestabstände $e_{d\perp}$ nach Tabelle 8 gelten auch für Queranschlüsse nach Bild 10.

Erforderlichenfalls ist der Querzugnachweis für den rechtwinklig zur Faserrichtung beanspruchten Stab zu führen. Dieser erübrigt sich, wenn das querbeanspruchte Holz höchstens 300 mm hoch ist und der Anschlußschwerpunkt S in der Stabachse oder darüber liegt.

In Tabelle 8 bedeuten:

d_d Außendurchmesser des Dübels

t_d Einschnittiefe (Einlaß- bzw. Einpreßtiefe) des Dübels

$e_{d\parallel}$ Mindestwert für Dübelabstand und -vorholzlänge bei einer Dübelreihe

b Mindestbreite des Holzes bei einer Dübelreihe.

Tabelle 8. **Dübelabstände**

	1	2	3
Anordnung der Dübel	Mindestabstand $e_{d\perp}$ zweier benachbarter Dübelreihen	Mindestabstand $e_{d\parallel}$ der Dübel parallel der Faserrichtung	Mindestabstand der äußeren Dübelreihe von der Holzkante
nicht gegeneinander versetzt	$d_d + t_d$	$e_{d\parallel}$	$b/2$
gegeneinander versetzt [1])	$d_d + t_d$	$e_{d\parallel}$	$b/2$
	d_d	$1,1 \cdot e_{d\parallel}$	
	$0,5\,(d_d + t_d)$	$1,8 \cdot e_{d\parallel}$	

[1]) Zwischenwerte sind geradlinig zu interpolieren.

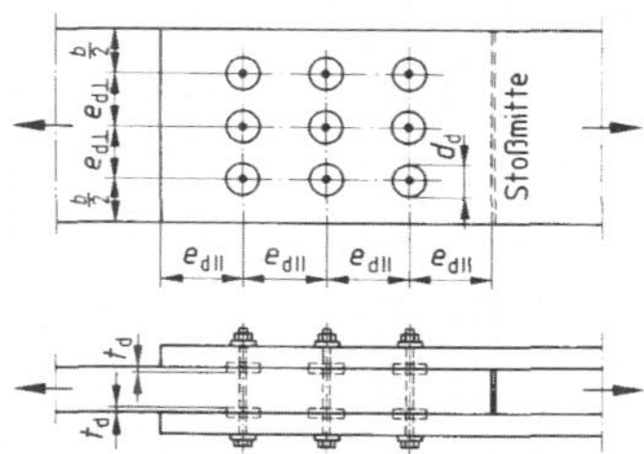

a) nicht versetzte Anordnung

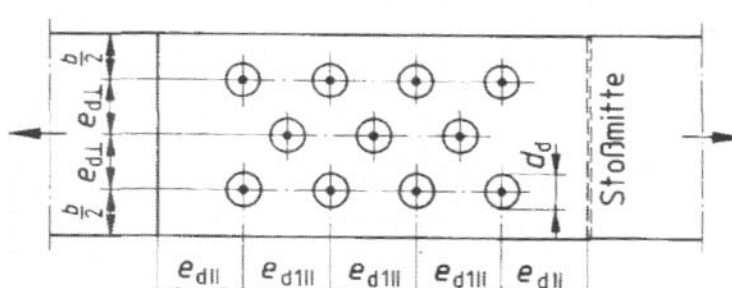

b) versetzte Anordnung

Bild 9. Mindestdübelabstände bei Verbindungen mit mehreren Dübelreihen

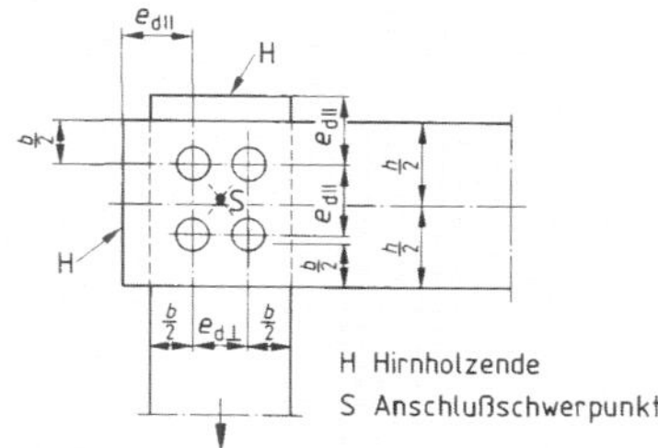

Bild 10. Mindestdübelabstände bei Queranschlüssen

Seite 10 DIN 1052 Teil 2

5 Stabdübel- und Bolzenverbindungen

5.1 Unter die Festlegungen für Stabdübel- und Bolzenverbindungen fallen alle rechtwinklig zur Scherfläche durchgehenden, überwiegend auf Biegung beanspruchten zylindrischen Verbindungsmittel aus Stahl, welche im Holz vorwiegend Lochleibungsbeanspruchungen hervorrufen. Dabei ist zwischen Stabdübeln und Bolzen zu unterscheiden. Stabdübel werden als nicht profilierte zylindrische Stäbe in vorgebohrte Löcher eingetrieben. Sie dürfen auch mit Kopf und Mutter oder beidseitig mit Muttern versehen sein (Paßbolzen). Zu den Bolzen gehören Schraubenbolzen, Rohrbolzen und Bolzen ähnlicher Bauart. Sie sind mit Kopf und Mutter versehen und werden, nach Vorbohren der Bolzenlöcher mit geringem Spiel, in der Regel mit beiderseitigen Scheiben eingebaut und anschließend fest angezogen.

5.2 Bolzen dürfen bei Beanspruchung auf Abscheren in Dauerbauten, bei denen es auf Steifigkeit und Formbeständigkeit ankommt, zur Kraftübertragung nicht herangezogen werden, wenn nicht durch besondere Maßnahmen das Eintreten eines Schlupfes verhindert wird (z. B. die zu verbindenden Hölzer beim Einbau bereits ausreichend trocken sind). Bei Fliegenden Bauten (siehe DIN 4112), bei untergeordneten Bauten und bei Gerüsten sowie bei untergeordneten Bauteilen ist die Verwendung tragender Bolzenverbindungen zulässig. Stabdübelverbindungen sind bei allen Bauten und Bauteilen anwendbar.

Die Stabdübel müssen aus Stahl der Stahlgüte St 37-2 oder einer mindestens gleichwertigen anderen Stahlgüte bestehen. Bolzen müssen mindestens den Festigkeitsklassen 3.6 bzw. 4.8 nach DIN ISO 898 Teil 1 entsprechen.

5.3 Die Löcher für Stabdübel sind im Holz mit dem Nenndurchmesser des Stabdübels zu bohren. Bei Stahl-Holz-Verbindungen dürfen die Löcher im Stahlteil bis zu 1 mm größer sein als der Nenndurchmesser. Beim gleichzeitigen Bohren der Hölzer und Stahlteile muß der Durchmesser des Bohrers dem Stabdübeldurchmesser entsprechen. Bei Stabdübelverbindungen mit außenliegenden Stahlteilen sind die Stahlteile zu sichern.

Die Löcher für Bolzen müssen, auch bei mehrschnittigen Verbindungen, gut passend gebohrt werden, so daß ein Spiel von 1 mm nicht überschritten wird.

5.4 Bei Paßbolzen und Heftbolzen genügen Scheiben mit den Maßen nach DIN 436 oder DIN 440. Bei tragenden Bolzenverbindungen müssen Scheiben nach Tabelle 3 gewählt werden, falls keine Stahllaschen verwendet werden.

5.5 Der Durchmesser muß bei Stabdübeln mindestens $d_{st} = 8$ mm, bei tragenden Bolzen mindestens $d_b = 12$ mm betragen. Stabdübel- und Bolzenverbindungen mit Durchmessern über 30 mm dürfen nicht nach den nachstehenden Regeln bemessen werden.

5.6 Tragende Verbindungen mit Stabdübeln müssen mindestens vier, solche mit Paßbolzen und Bolzen mindestens zwei Scherflächen besitzen. Dabei müssen in der Regel mindestens zwei Stabdübel, Paßbolzen oder Bolzen vorhanden sein. Bei gelenkigen Anschlüssen von Holz- mit Holz- oder mit Stahlteilen ist ein Paßbolzen oder ein Bolzen ausreichend, wenn er in seiner Lage gesichert ist und nur bis zu 50 % seiner zulässigen Belastung beansprucht wird.

In Stößen und Anschlüssen sollen in Kraftrichtung mehr als sechs Stabdübel oder Paßbolzen hintereinander vermieden werden. Anderenfalls ist die wirksame Anzahl ef n zu

$$\text{ef } n = 6 + \frac{2}{3}(n - 6) \qquad (2)$$

anzunehmen. n bedeutet die Anzahl der hintereinanderliegenden Stabdübel oder Paßbolzen ($n > 6$). Mehr als zwölf Stabdübel hintereinander dürfen nicht in Rechnung gestellt werden.

5.7 Für die Mindestabstände von Stabdübeln, Paßbolzen und Bolzen gelten die Angaben nach Tabelle 9 und Bild 11 und Bild 12. Dabei müssen in Faserrichtung des Holzes hintereinanderliegende Stabdübel und Paßbolzen um $d_{st}/2$ gegenüber der Rißlinie versetzt angeordnet werden, wenn der Abstand untereinander in Faserrichtung $< 8\, d_{st}$ ist.

Beim Anschluß von Stäben an Biegeträger oder sinngemäß ausgeführten Anschlüssen müssen in den Biegeträgern Randabstände in Faserrichtung (vom Hirnholzende) von mindestens 6 d_{st} bzw. 80 mm bei Stabdübeln oder Paßbolzen und 7 d_b bzw. 100 mm bei Bolzen eingehalten werden.

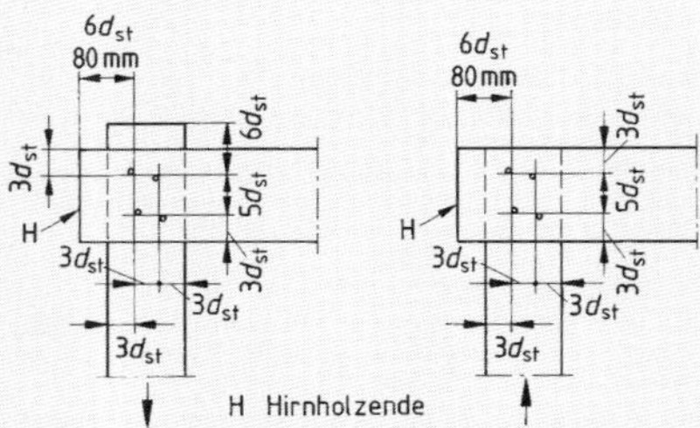

Bild 11. Mindestabstände bei Stabdübeln und Paßbolzen

Tabelle 9. **Mindestabstände von tragenden Stabdübeln, Paßbolzen und Bolzen**

		Mindestabstände ¹) parallel zur Kraftrichtung	
		bei Stabdübeln und Paßbolzen	bei Bolzen
untereinander	∥ der Faserrichtung ⊥ zur Faserrichtung	5 d_{st} 3 d_{st}	7 d_b, ≥ 100 mm 5 d_b
vom beanspruchten Rand	∥ der Faserrichtung ⊥ zur Faserrichtung	6 d_{st} 3 d_{st}	7 d_b, ≥ 100 mm 4 d_b
vom unbeanspruchten Rand	∥ der Faserrichtung ⊥ zur Faserrichtung	3 d_{st} 3 d_{st}	3 d_b 3 d_b

¹) Bei Schräganschlüssen sind Zwischenwerte geradlinig zu interpolieren.

Tabelle 10. **Werte für zul σ_l und B in MN/m² zur Berechnung der zulässigen Belastung in N von Stabdübel-, Paßbolzen- und Bolzenverbindungen nach den Gleichungen (3) und (4)**

	Holzart [1])	Stabdübel und Paßbolzen zul σ_l	Stabdübel und Paßbolzen Festwert B	Bolzen zul σ_l	Bolzen Festwert B
einschnittig	NH und BSH	4,0	23,0	4,0	17,0
	LH, Gruppe: A	5,0	27,0	5,0	20,0
	B	6,1	30,0	6,1	24,0
	C [2])	9,4	36,0	9,4	30,0
zweischnittig		Mittelholz			
	NH und BSH	8,5	51,0	8,5	38,0
	LH, Gruppe: A	10,0	60,0	10,0	45,0
	B	13,0	65,0	13,0	52,0
	C [2])	20,0	80,0	20,0	65,0
		Seitenholz			
	NH und BSH	5,5	33,0	5,5	26,0
	LH, Gruppe: A	6,5	39,0	6,5	30,0
	B	8,4	42,0	8,4	34,0
	C [2])	13,0	52,0	13,0	42,0

[1]) Bezeichungen für die Holzarten siehe DIN 1052 Teil 1, Abschnitt 3.4.

[2]) Die Abminderungen für Feuchteeinwirkungen nach DIN 1052 Teil 1, Abschnitt 5.1.7, gelten nicht für Laubhölzer der Holzartgruppe C.

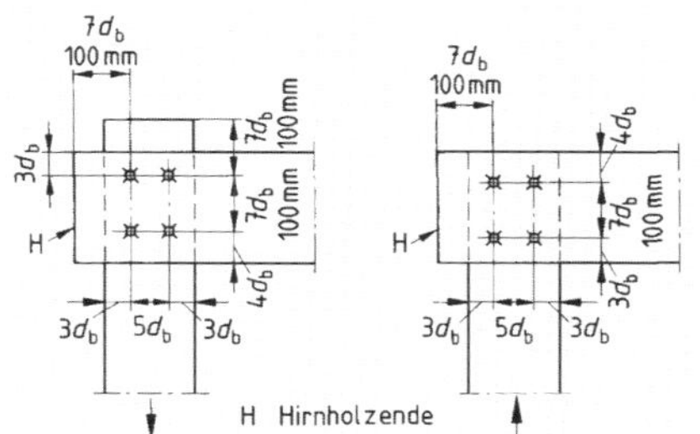

Bild 12. Mindestabstände bei tragenden Bolzen

5.8 Stabdübel- und Paßbolzenverbindungen sowie Bolzenverbindungen können ein-, zwei- oder mehrschnittig sein. Die zulässige Belastung eines Stabdübels, Paßbolzens oder Bolzens beträgt im Lastfall H für Kraftangriff in Faserrichtung, unabhängig von der Güteklasse des Holzes,

$$\text{zul } N_{st,b} = \text{zul } \sigma_l \cdot a \cdot d_{st,b} \quad \text{in N} \tag{3}$$

jedoch höchstens

$$\text{zul } N_{st,b} = B \cdot d_{st,b}^2 \quad \text{in N} \tag{4}$$

Hierin bedeuten:

zul σ_l zulässige mittlere Lochleibungsspannung des Holzes in MN/m² nach Tabelle 10 bzw. des Holzwerkstoffes in MN/m² nach DIN 1052 Teil 1, Tabelle 6, Zeile 8

a Holzdicke in mm

$d_{st,b}$ Durchmesser des Stabdübels, Paßbolzens bzw. des Bolzens in mm

B Festwert in MN/m² nach Tabelle 10.

Bei Berechnung nach den Gleichungen (3) bzw. (4) und Tabelle 10 erübrigt sich der Nachweis von Biegespannungen in den Stabdübeln, Paßbolzen oder Bolzen.

Bei mehrschnittigen Stabdübel-, Paßbolzen- oder Bolzenverbindungen ist Tabelle 10 sinngemäß anzuwenden.

5.9 Für Kraftangriff rechtwinklig und schräg zur Faserrichtung des Holzes sind die zulässigen Belastungen nach den Gleichungen (3) bzw. (4) mit dem Faktor

$$\eta_{st} = \eta_b = 1 - \alpha/360 \tag{5}$$

abzumindern. Dabei ist α der Winkel zwischen Kraft- und Faserrichtung ($\alpha \leq 90°$).

5.10 Bei Stabdübel-, Paßbolzen- oder Bolzenverbindungen von Vollholz oder Brettschichtholz mit Stahlteilen dürfen die zulässigen Belastungen nach den Gleichungen (3) bzw. (4) um 25 % erhöht werden. Die Lochleibungsbeanspruchung in den Stahlteilen darf die zulässigen Lochleibungsspannungen der verwendeten Stahlteile für Gelenkbolzen nicht überschreiten.

5.11 Bei Stabdübel-, Paßbolzen- und Bolzenverbindungen von Bau-Furniersperrholz nach DIN 68 705 Teil 3 und Teil 5 sowie Flachpreßplatten nach DIN 68 763 untereinander oder mit Nadelholz oder Laubholz sind die zulässigen Belastungen nach Gleichung (3) auch unter Berücksichtigung des zulässigen Lochleibungsdruckes nach DIN 1052 Teil 1, Tabelle 6, Zeile 8, zu ermitteln. Liegt bei Bau-Furniersperrholz der Winkel zwischen Kraftrichtung und Faserrichtung der Deckfurniere zwischen 0° und 90°, so darf geradlinig interpoliert werden.

6 Nagelverbindungen von Holz und Holzwerkstoffen

6.1 Allgemeines

Die Festlegungen für Nagelverbindungen im Holzbau gelten für die Anwendung von runden Drahtstiften der Form B nach DIN 1151 aus Stahl und von runden Maschinenstiften nach DIN 1143 Teil 1. Es dürfen auch andere als in diesen Normen angegebene Nagellängen verwendet werden. Die Zugfestigkeit des Nageldrahtes muß mindestens 600 MN/m² betragen. Zusätzlich zu den Maßen nach DIN 1151 müssen die Kopfdurchmesser mindestens das 1,8fache des Nageldurchmessers d_n betragen. Die Länge der Nagelspitze darf nicht größer als 2 d_n sein.

Runde Draht- und Maschinenstifte dürfen beharzt sein. Von DIN 1151 bzw. DIN 1143 Teil 1 abweichende Kopfformen sind zulässig, wenn die Kopffläche mindestens 2,5 d_n^2 beträgt.

Außerdem dürfen Sondernägel verwendet werden, d. h. Nägel mit profilierter Schaftausbildung (siehe z. B. Bild 13), wobei die Profilierung des Nagelschaftes über die gesamte Nagellänge oder ausgehend von der Nagelspitze über einen Teil der Nagellänge erfolgen darf. Sondernägel werden entsprechend ihrer Haftkraft in Nadelholz bei Beanspruchung in Schaftrichtung (Herausziehen) nach den Tragfähigkeitsklassen I, II und III unterschieden (siehe Abschnitt 6.3).

Es dürfen nur Sondernägel verwendet werden, deren Eignung für diese Verbindung nachgewiesen ist, die in eine der Tragfähigkeitsklassen nach Tabelle 12 eingestuft sind und deren Eigenschaften laufend überwacht sind (Eigenüberwachung). Maßgebend für den Eignungsnachweis und die Einstufung in die Tragfähigkeitsklassen ist der Einstufungsschein. Der Einstufungsschein ist von einer hierfür anerkannten Prüfstelle *) auf der Grundlage von Anhang A auszustellen. In den Einstufungsschein sind die im Anhang C enthaltenen Angaben aufzunehmen. Der Nachweis der Eignung, der Einstufung und der Eigenüberwachung der Sondernägel gilt durch eine Bescheinigung DIN 50 049 – 2.1 (Werksbescheinigung) als erbracht. Die Werksbescheinigung muß die Angaben des zugehörigen geltenden Einstufungsscheines enthalten; bei den Maßen des Sondernagels ist nur die Angabe von d_n, l_n und l_g erforderlich, beim Werkstoff nur die Werkstoffbezeichnung. Auf der Liefereinheit (z. B. Verpackung) müssen die gleichen Angaben gemacht werden.

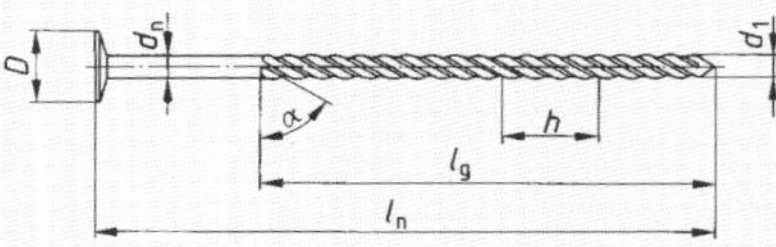

a) Schraubnagel

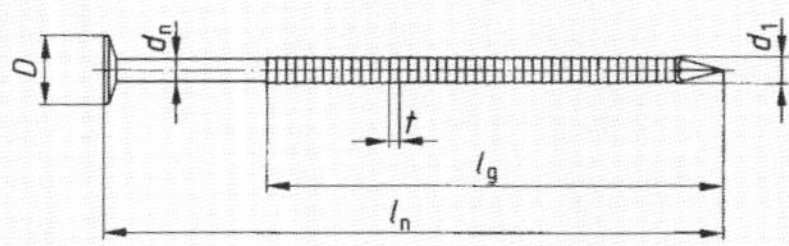

b) Rillennagel

Bild 13. Beispiele für Sondernägel

*) Eine Liste der anerkannten Prüfstellen wird beim Institut für Bautechnik, Reichpietschufer 74–76, 1000 Berlin 30, geführt.

6.2 Beanspruchung rechtwinklig zur Nagelachse

6.2.1 Im allgemeinen sind in jeder für eine Kraftübertragung herangezogenen Fuge ein- oder mehrschnittiger Nagelverbindungen mindestens vier Nagelscherflächen erforderlich.

Dies gilt nicht für die Befestigung von Schalungen, Latten (Trag- und Konterlatten) und Windrispen, auch nicht z. B. für die Befestigung von Sparren, Pfetten und dergleichen, z. B. auf Bindern und Rähmen sowie von Querriegeln an Rahmenhölzern.

6.2.2 Die zulässige Nagelbelastung im Lastfall H errechnet sich bei Nadelholz nach DIN 1052 Teil 1, Tabelle 1, unabhängig von der Güteklasse und vom Faserverlauf des Holzes, für eine Scherfläche nach folgender Zahlenwertgleichung zu

$$\text{zul } N_1 = \frac{500 \cdot d_n^2}{10 + d_n} \quad \text{in N} \qquad (6)$$

mit d_n als Nageldurchmesser in mm.

Bei Sondernägeln ist für d_n der Durchmesser des glattschaftigen Teiles bzw. des Nageldrahtes vor der Aufbringung der Schaftprofilierung (auch als Nagelnenndurchmesser bezeichnet) einzusetzen.

6.2.3 Für die Mindestholzdicke min a gilt mit Rücksicht auf die Spaltgefahr des Holzes bei Nagelverbindungen ohne Vorbohrung folgende Zahlenwertgleichung:

$$\min a = d_n (3 + 0{,}8 \cdot d_n) \quad \text{in mm,} \qquad (7)$$

jedoch mindestens 24 mm. Dabei ist d_n der Nageldurchmesser in mm.

Bei Nagelverbindungen mit vorgebohrten Nagellöchern (siehe auch Abschnitt 6.2.5) dürfen bei Nageldurchmessern ≥ 4,2 mm die Mindestholzdicken min a abweichend von Gleichung (7) auf das 6fache des Nageldurchmessers reduziert werden. Bei geringeren Holzdicken sind die zulässigen Belastungen im Verhältnis $a/(6\ d_n)$ zu mindern.

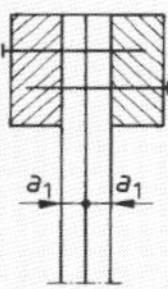

Bild 14. Zweischnittige Gurtnagelung bei Vollwandträgern

Bei genagelten Vollwandträgern mit Stegen aus zwei gekreuzten Brettlagen darf mit Rücksicht auf deren Sperrwirkung bei zweischnittiger Nagelung die Mindestholzdicke min a nach Gleichung (7) bis auf ⅔ ihres Wertes verringert werden, wenn die Einzelbretter nicht breiter als 140 mm sind ($a_1 = 2/3 \cdot \min a$ nach Gleichung (7), siehe Bild 14).

6.2.4 Ein- und mehrschnittige Nagelverbindungen dürfen mit $m \cdot \text{zul } N_1$ berechnet werden, mit m als Anzahl der Schnitte, wobei eine Scherfläche noch als voll wirksam angesehen werden darf, wenn folgende Einschlagtiefen s (siehe Bild 15) eingehalten werden:

a) **Einschnittige Verbindungen**:

$s \geq 12\ d_n$ für runde Draht- und Maschinenstifte sowie Sondernägel der Tragfähigkeitsklasse I,

$s \geq 8\ d_n$ für Sondernägel der Tragfähigkeitsklassen II und III.

Bei Einschlagtiefen s zwischen 6 d_n und 12 d_n bzw. 4 d_n und 8 d_n ist die zulässige Nagelbelastung zul N_1 im Verhältnis der Einschlagtiefe zur Solltiefe 12 d_n bzw. 8 d_n zu mindern. Ist $s < 6\ d_n$ bzw. 4 d_n, so darf die Nagelverbindung nicht zur Kraftübertragung herangezogen werden. Als Einschlagtiefe von Sondernägeln der Tragfähigkeitsklassen II und III darf nur der profilierte Schaftteil l_g (siehe Bild 13) in Rechnung gestellt werden.

b) **Zwei- und mehrschnittige Verbindungen**:

$s \geq 8\ d_n$ für alle Nägel.

Bei Einschlagtiefen s zwischen 4 d_n und 8 d_n ist für die der Nagelspitze nächstliegende Scherfläche die zulässige Nagelbelastung zul N_1 im Verhältnis der Einschlagtiefe zur Solltiefe 8 d_n zu mindern. Ist $s < 4\ d_n$, so darf die der Nagelspitze nächstliegende Scherfläche nicht mehr in Rechnung gestellt werden.

Bei runden Draht- und Maschinenstiften sowie Sondernägeln der Tragfähigkeitsklasse I sind zwei- und mehrschnittige Verbindungen von beiden Seiten zu nageln.

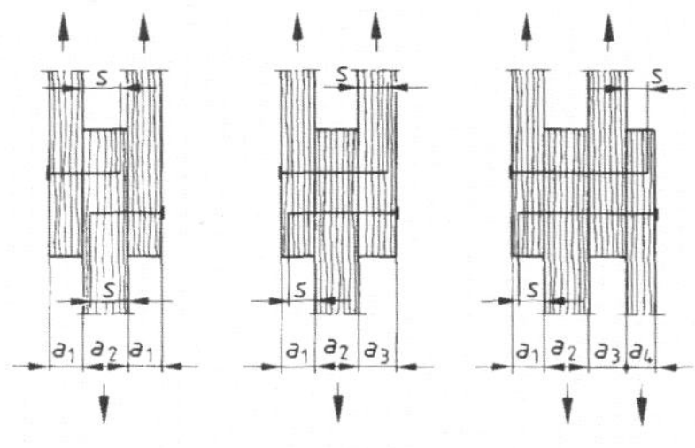

a) einschnittig b) zweischnittig c) dreischnittig

Bild 15. Holzdicken und Einschlagtiefen bei Nagelverbindungen

6.2.5 Werden Nagellöcher mit einem Bohrlochdurchmesser von etwa 0,9 d_n auf die erforderliche Nagellänge vorgebohrt, so dürfen die 1,25fachen Nagelbelastungen zugelassen werden, für Sondernägel der Tragfähigkeitsklassen II und III in einschnittigen Verbindungen jedoch nur dann, wenn wie bei runden Draht- und Maschinenstiften eine Mindesteinschlagtiefe von 12 d_n eingehalten wird.

6.2.6 Bei Nagelverbindungen von Laubhölzern der Holzartgruppen A, B und C nach DIN 1052 Teil 1, Tabelle 1, untereinander oder mit Bau-Furniersperrholz nach DIN 68 705 Teil 5 mit mindestens sieben Lagen sind die 1,5fachen Nagelbelastungen nach Gleichung (6) zulässig. Dabei müssen runde Drahtstifte mit etwa 0,9 d_n vorgebohrt werden. Die Holzdicke muß mindestens das 6fache des Nageldurchmessers betragen. Bei geringeren Holzdicken sind die zulässigen Belastungen im Verhältnis $a/(6\ d_n)$ zu mindern.

6.2.7 Die zulässige Nagelbelastung zul N_1 nach Abschnitt 6.2.2 bzw. Abschnitt 6.2.5 gilt auch für Nagelverbindungen mit Bau-Furniersperrholz nach DIN 68 705 Teil 3 und Teil 5. Sie gilt für Nagelverbindungen mit Flachpreßplatten nach DIN 68 763 und Holzfaserplatten nach DIN 68 754 Teil 1 nur dann, wenn die Nagelspitze mindestens 2 d_n in Voll- oder Brettschichtholz oder in Bau-Furniersperrholz eindringt. Die Mindestdicken für die Platten aus Holzwerkstoffen betragen hierbei:

- Bau-Furniersperrholz: min $a = 3\ d_n$ (für $d_n \leq 4{,}2$ mm)
  min $a = 4\ d_n$ (für $d_n > 4{,}2$ mm)
- Flachpreßplatten und mittelharte Holzfaserplatten: min $a = 4{,}5\ d_n$
- harte Holzfaserplatten: min $a = 2\ d_n$

Diese Mindestdicken gelten für vorgebohrte und nicht vorgebohrte Nagelverbindungen.

Bei Nagelverbindungen von Bau-Furniersperrholz nach DIN 68 705 Teil 5 mit mindestens sieben Lagen mit Nadelholz darf die zulässige Nagelbelastung nach Gleichung (6) bzw. Abschnitt 6.2.5 um 20% erhöht werden. Dabei dürfen die Mindestdicken für das Bau-Furniersperrholz um 25% abgemindert werden.

Bei Flachpreßplatten und mittelharten Holzfaserplatten sind für Nageldurchmesser ≤ 4,2 mm auch geringere Plattendicken unter 4,5 d_n bis zu 3 d_n zulässig, wenn die zulässigen Nagelbelastungen im Verhältnis $a/(4{,}5\ d_n)$ gemindert werden.

Nagelverbindungen mit Holzwerkstoffen geringerer Plattendicken dürfen, auch bei vorgebohrten Nagellöchern, rechnerisch nicht zur Kraftübertragung herangezogen werden.

Die Nägel dürfen nicht mehr als 2 mm tief versenkt werden, müssen jedoch mindestens bündig mit der Oberfläche eingeschlagen werden. Ein bündiger Abschluß des Nagelkopfes mit der Plattenoberfläche gilt als nicht versenkt. Bei versenkter Anordnung der Nägel müssen die Mindestdicken der Holzwerkstoffe um 2 mm erhöht werden. Für die Einschlagtiefen der Nägel in das Vollholz gilt Abschnitt 6.2.4.

6.2.8 Bei Anschlüssen von Brettern, Bohlen, Platten aus Holzwerkstoffen und dergleichen an Rundholz sind die zulässigen Nagelbelastungen um ⅓ abzumindern.

Nagelverbindungen von Rundhölzern sind bei tragenden Bauteilen unzulässig, sofern nicht im Anschlußbereich eine passende Bearbeitung der Berührungsflächen erfolgt.

6.2.9 Werden in Stößen und Anschlüssen mehr als 10 Nägel hintereinander angeordnet, dann ist die wirksame Anzahl ef n der Nägel zu

$$\text{ef}\ n = 10 + \frac{2}{3}\,(n - 10) \qquad (8)$$

anzunehmen. n bedeutet die Anzahl der hintereinanderliegenden Nägel. Mehr als 30 Nägel hintereinander dürfen nicht in Rechnung gestellt werden.

6.2.10 Als kleinste Nagelabstände im dünnsten Holz gelten parallel der Kraftrichtung die Abstände nach Tabelle 11 (siehe auch Bild 16a und Bild 16b).

6.2.11 Rechtwinklig zur Kraftrichtung muß der Nagelabstand sowohl untereinander als auch vom Rand rechtwinklig zur Faserrichtung mindestens 5 d_n bei nicht vorgebohrten und 3 d_n bei vorgebohrten Nagellöchern betragen, soweit nicht Bild 16b maßgebend wird.

6.2.12 Bei sich übergreifenden Nägeln (siehe Bild 17), die von zwei verschiedenen Seiten in ein Holz von der Dicke a_m eingeschlagen werden, darf nach Bild 17a genagelt werden, solange die Nagelspitze des einen Nagels um mindestens 8 d_n von der Scherfläche des anderen Nagels entfernt bleibt. Ist die Holzdicke a_m kleiner oder höchstens gleich der Einschlagtiefe s (siehe Bild 17b), so sind die Mindestabstände in Faserrichtung von 10 d_n bzw. 12 d_n maßgebend. In allen Fällen nach Bild 17c muß ein Mindestabstand von 5 d_n eingehalten werden.

6.2.13 Bei tragenden Nägeln und bei Heftnägeln soll der größte Abstand in Faserrichtung 40 d_n und rechtwinklig zur

Seite 14 DIN 1052 Teil 2

Tabelle 11. **Nagelabstände**

		Nagelabstände parallel der Kraftrichtung mindestens	
		nicht [1]) vorgebohrt	vorgebohrt
untereinander	∥ der Faserrichtung	10 d_n 12 d_n [2])	5 d_n
	⊥ zur Faserrichtung	5 d_n	5 d_n
vom beanspruchten Rand	∥ der Faserrichtung	15 d_n	10 d_n
	⊥ zur Faserrichtung	7 d_n 10 d_n [2])	5 d_n
vom unbeanspruchten Rand	∥ der Faserrichtung	7 d_n 10 d_n [2])	5 d_n
	⊥ zur Faserrichtung	5 d_n	3 d_n

[1]) Bei Douglasie ist bei $d_n \geq 3{,}1$ mm stets Vorbohrung erforderlich.
[2]) Bei $d_n > 4{,}2$ mm.

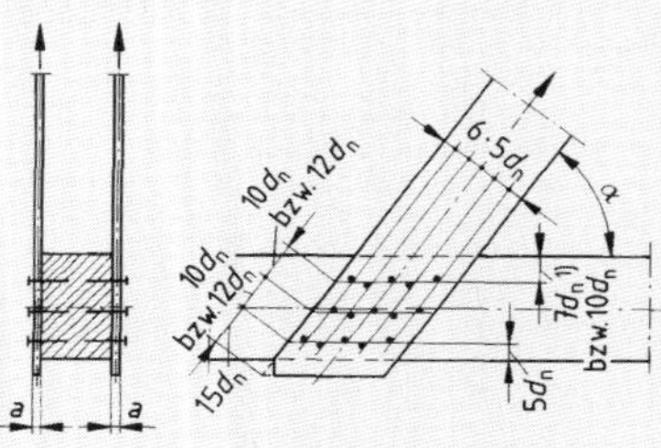

a) einschnittige Nagelung

● Nagel Vorderseite

○ Nagel Rückseite

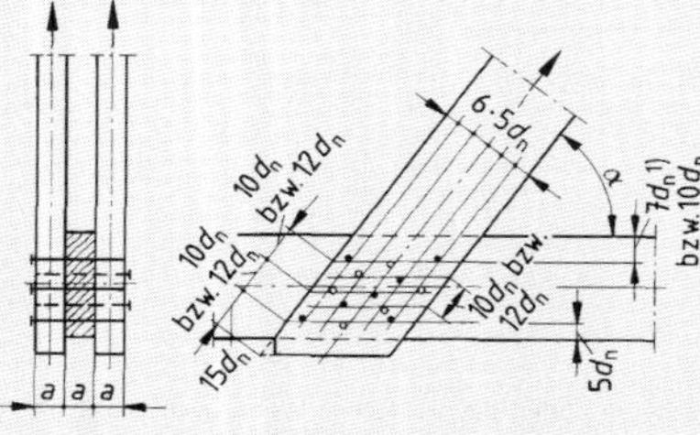

b) zweischnittige Nagelung

Bild 16. Mindestnagelabstände nicht vorgebohrter Nagelungen

[1]) Bei $\alpha < 30°$: 5 d_n bzw. 7 d_n

Faserrichtung 20 d_n nicht überschreiten. Bei Platten aus Holzwerkstoffen soll der größte Abstand in keiner Richtung 40 d_n überschreiten.

Haben die Platten nur aussteifende Funktion, so ist ein Abstand von 80 d_n zulässig. Dies gilt auch für den Anschluß mittragender Beplankungen an Mittelrippen von Wandscheiben.

6.2.14 Bei Bau-Furniersperrholz und bei Flachpreßplatten darf der Nagelabstand vom unbeanspruchten Rand auf 2,5 d_n, bei mittelharten und harten Holzfaserplatten auf 3 d_n verringert werden, soweit nicht die Nagelabstände im Holz maßgebend werden. Vom beanspruchten Plattenrand dürfen die Abstände der Nägel die Werte 4 d_n bei Bau-Furniersperrholz, 7 d_n bei Flachpreßplatten und mittelharten Holzfaserplatten sowie 7,5 d_n bei harten Holzfaserplatten jedoch nicht unterschreiten.

Der Abstand der Nägel untereinander darf bei Bau-Furniersperrholz, Flachpreßplatten sowie mittelharten und harten Holzfaserplatten auf 5 d_n verringert werden, soweit nicht die Nagelabstände im Holz maßgebend werden.

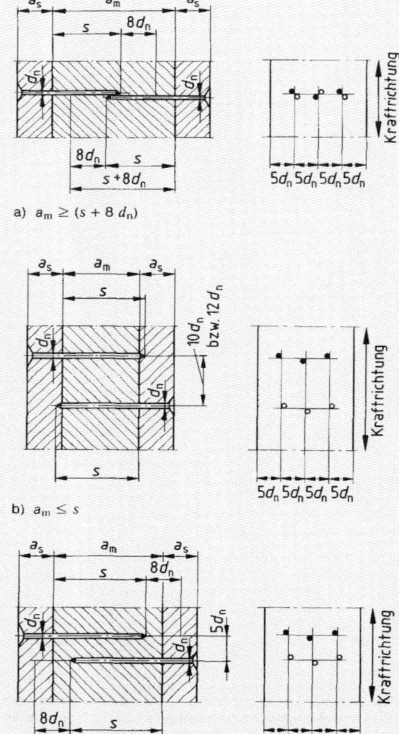

Bild 17. Abstände bei übergreifenden Nägeln

6.2.15 Bei biegesteifen Stößen und bei der Stoßdeckung von Koppelträgern gelten die Werte nach Tabelle 11, wobei diese Werte ungeachtet der Kraftrichtung nur auf die Faserrichtung des Holzes zu beziehen und alle Ränder als beansprucht zu betrachten sind.

6.2.16 Bei gekrümmten, genagelten Bauteilen aus Brettern muß der Biegeradius des Einzelbrettes mindestens 300 *a* sein. Hierbei ist *a* die Dicke des dicksten Einzelbrettes.

6.3 Beanspruchung in Schaftrichtung (Herausziehen)

6.3.1 Bei Beanspruchung auf Herausziehen ist zwischen kurzfristig und ständig wirkender Beanspruchung zu unterscheiden. Runde Draht- und Maschinenstifte sowie Sondernägel der Tragfähigkeitsklasse I (siehe Tabelle 12) dürfen nur kurzfristig (z.B. durch Windsogkräfte) auf Herausziehen beansprucht werden, wenn ihre Einschlagtiefe in das Holz mindestens 12 d_n beträgt. Sondernägel der Tragfähigkeitsklassen II und III (siehe Tabelle 12) dürfen auch durch ständige Lasten auf Herausziehen beansprucht werden, wenn ihre Einschlagtiefe in das Holz mindestens 8 d_n beträgt.

Die wirksame Einschlagtiefe wird einschließlich der Nagelspitze bestimmt und darf höchstens mit 20 d_n und bei Sondernägeln höchstens mit der Länge des profilierten Schaftteiles l_g (siehe Bild 13) in Rechnung gestellt werden.

6.3.2 Die zulässige Belastung auf Herausziehen berechnet sich für den Lastfall H zu

$$\text{zul } N_Z = B_Z \cdot d_n \cdot s_w \quad \text{in N} \tag{9}$$

mit d_n als Nageldurchmesser in mm (siehe Abschnitt 6.2.2) und s_w als wirksame Einschlagtiefe in mm.

Der Wert B_Z beträgt für runde Draht- und Maschinenstifte

$$B_Z = 1{,}3 \text{ MN/m}^2.$$

Erhalten runde Draht- und Maschinenstifte im Anschluß von Koppelpfetten infolge der Dachneigung planmäßig ständig wirkende Beanspruchungen auf Herausziehen, dann darf mit B_Z = 0,8 MN/m^2 gerechnet werden, wenn die Dachneigung $\leq 30°$ beträgt.

Für Sondernägel gelten in Abhängigkeit von den Tragfähigkeitsklassen für B_Z die Werte nach Tabelle 12. Sondernägel in vorgebohrten Nagellöchern dürfen auf Herausziehen nicht in Rechnung gestellt werden.

Tabelle 12. **Werte B_Z in MN/m^2 zur Berechnung der zulässigen Belastung zul N_Z von Sondernägeln nach Gleichung (9)**

Tragfähigkeitsklasse	Rechenwert B_Z
I	1,8
II	2,5
III	3,2

6.3.3 Werden runde Draht- und Maschinenstifte in halbtrockenes oder frisches Holz eingeschlagen, so sind die zulässigen Belastungen auf Herausziehen um ⅓ abzumindern, auch dann, wenn das Holz nachtrocknen kann. Dies gilt nicht für Laubhölzer der Holzartgruppe C.

6.3.4 Werden Sondernägel in frisches Holz eingeschlagen und bleibt die Holzfeuchte im Gebrauchszustand im Fasersättigungsbereich, so sind die zulässigen Belastungen auf Herausziehen um ⅓ abzumindern. Dies gilt nicht, wenn das Holz im Gebrauchszustand nachtrocknen kann, und nicht für Laubhölzer der Holzartgruppe C.

6.3.5 Beim Anschluß von Platten aus Holzwerkstoffen an Holz dürfen für Sondernägel der Tragfähigkeitsklassen II und III die zulässigen Belastungen auf Herausziehen nach Gleichung (9) nur dann voll in Rechnung gestellt werden, wenn die Platten aus Holzwerkstoffen mindestens 12 mm dick sind. Bei geringeren Plattendicken dürfen wegen der Kopfdurchziehgefahr die zulässigen Belastungen auf Herausziehen höchstens mit 150 N in Rechnung gestellt werden.

6.4 Kombinierte Beanspruchung

Bei gleichzeitiger Beanspruchung von Nägeln auf Abscheren nach Abschnitt 6.2 und auf Herausziehen nach Abschnitt 6.3 ist nachzuweisen:

$$\left[\frac{N_1}{\text{zul } N_1}\right]^m + \left[\frac{N_Z}{\text{zul } N_Z}\right]^m \leq 1 \tag{10}$$

Bei runden Draht- und Maschinenstiften sowie Sondernägeln der Tragfähigkeitsklasse I ist mit $m = 1$ zu rechnen, bei Sondernägeln der Tragfähigkeitsklassen II und III darf $m = 2$ angenommen werden.

Bei Koppelpfettenanschlüssen mit runden Draht- und Maschinenstiften (siehe Abschnitt 6.3.2) darf $m = 1{,}5$ angenommen werden.

7 Nagelverbindungen mit Stahlblechen und Stahlteilen

7.1 Allgemeines

Stahlbleche und Stahlblechformteile dürfen mit Vollholz und Brettschichtholz durch Nagelung verbunden werden. Die Festlegungen im Abschnitt 6 gelten sinngemäß, sofern im folgenden nichts anderes festgelegt ist. Es ist zu unterscheiden zwischen der Stahlblech-Holz-Nagelung, bei der ebene Bleche von mindestens 2 mm Dicke bezüglich der Holzquerschnitte außen- oder innenliegend angeordnet sind, und der Nagelung von Stahlblechformteilen, d.h. räumlich geformten Stahlblechteilen mit Blechdicken von mindestens 2 mm, die in der Regel durch einschnittig wirkende Nägel an die Holzteile angeschlossen werden.

Für beide Ausführungsarten dürfen Nägel nach Abschnitt 6.1 verwendet werden. Werden bei der Nagelung von Stahlblechformteilen die Nägel auch planmäßig auf Herausziehen beansprucht, dürfen nur Sondernägel verwendet werden.

Bei Verwendung von Sondernägeln gilt Abschnitt 6.1, vierter Absatz, sinngemäß.

Sondernägel dürfen nur verwendet werden, wenn die Bleche vorgelocht und bezüglich der Holzquerschnitte außenliegend angeordnet sind. Ein Vorbohren der Nagellöcher im Holz ist nicht erforderlich. Werden jedoch die Nagellöcher im Holz vorgebohrt, so darf das Vorbohren nur mit einem Bohrlochdurchmesser von höchstens 0,9 d_n erfolgen. Der erforderliche Durchmesser der Nagellöcher im Stahlblech muß den Angaben der Werksbescheinigung des Sondernagels entsprechen.

7.2 Nagelverbindungen mit ebenen Stahlblechen

7.2.1 Beim Anschluß ebener, mindestens 2 mm dicker Bleche nach den Bildern 18b, c und d unter Verwendung runder Drahtstifte sind die Nagellöcher in der Regel gleichzeitig in Holz- und Blechteilen mit einem Bohrlochdurchmesser entsprechend dem Nageldurchmesser auf die erforderliche Nagellänge vorzubohren. Bei nur außenliegenden Blechen nach Bild 18a ist in der Regel ein Vorbohren des Holzes nicht erforderlich.

7.2.2 Für die zulässigen Belastungen der Nägel auf Abscheren dürfen die 1,25fachen Werte nach Gleichung (6) angenommen werden.

7.2.3 Bei druckbeanspruchten Verbindungen ist auf Kontaktanschluß der Hölzer und gegebenenfalls auf eine ausreichende Beulsicherheit der Bleche zu achten. Bei Zuganschlüssen ist die Einhaltung der zulässigen Spannungen in

Seite 16 DIN 1052 Teil 2

den Blechen unter Berücksichtigung der Schwächung durch die Nagellöcher nachzuweisen (siehe auch DIN 1052 Teil 1, Abschnitt 5.3).

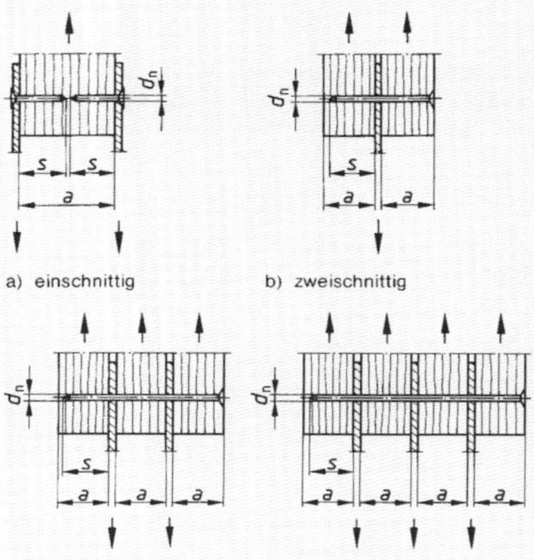

a) einschnittig b) zweischnittig

c) vierschnittig d) sechsschnittig

Bild 18. Holzdicken und Einschlagtiefen bei Stahlblech-Holzverbindungen

7.2.4 Bei Nagelung außenliegender Bleche darf auf eine versetzte Anordnung benachbarter Nägel bezüglich der Holzfaserrichtung verzichtet werden, wenn bei einseitiger Anordnung der Bleche und Nägel mit $d_n \leq 4{,}2$ mm die Holzdicke mindestens der Einschlagtiefe entspricht und nicht weniger als 10 d_n beträgt. Bei dickeren Nägeln muß die Holzdicke mindestens das 1,5fache der Einschlagtiefe betragen und darf nicht geringer als 15 d_n sein.

Werden von beiden Seiten des Holzes Nägel eingeschlagen, so dürfen sich gegenüberliegende Nägel mit $d_n \leq 4{,}2$ mm nicht übergreifen (siehe Bild 19a), während bei Nägeln mit $d_n > 4{,}2$ mm die Nagelspitzen zusätzlich um Einschlagtiefe entfernt bleiben müssen (siehe Bild 19b).

Bei sich übergreifenden Nägeln (siehe Bild 19c) müssen die Mindestabstände in Faserrichtung des Holzes 10 d_n bzw. 12 d_n betragen.

Der Abstand der Nägel vom Blechrand muß mindestens 2,5 d_n, bei nicht versetzter Anordnung mindestens 2 d_n betragen.

7.3 Nagelung von Stahlteilen

7.3.1 Diese Festlegungen gelten für Stahlprofile und kaltgeformte Stahlblechformteile mit Blechdicken von mindestens 2 mm, die zur Verbindung von Holzbauteilen dienen. Kaltverformte Bleche dürfen nicht dicker als 4 mm sein. Stahlblechformteile nach dieser Norm dürfen nur zur Verbindung von Holzbauteilen in Holzkonstruktionen mit vorwiegend ruhenden Lasten (siehe DIN 1055 Teil 3) verwendet werden.

Die Tragfähigkeit von Universalverbindern, Sparrenpfettenankern, Winkelverbindern, Gerberverbindern und ähnlichen Stahlblechformteilen ist unter Berücksichtigung aller Querschnittsschwächungen und Ausmittigkeiten rechnerisch nachzuweisen.

Anmerkung: Wenn die Tragfähigkeit von Stahlblechformteilen rechnerisch nicht eindeutig erfaßt werden kann, muß ihre Brauchbarkeit auf andere Weise, z. B. durch eine allgemeine bauaufsichtliche Zulassung, nachgewiesen werden.

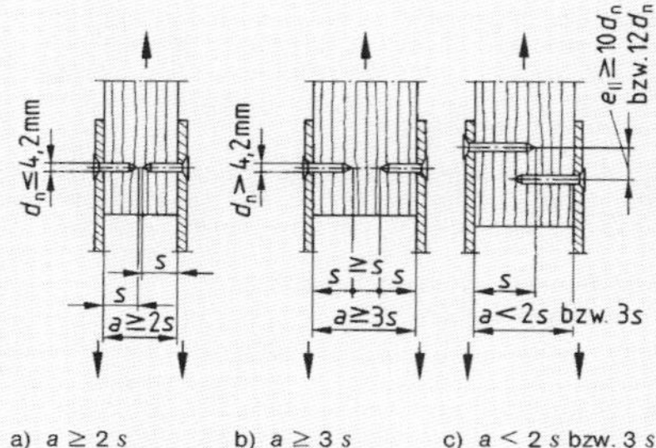

a) $a \geq 2\,s$ b) $a \geq 3\,s$ c) $a < 2\,s$ bzw. 3 s

Bild 19. Holzdicken bei Stahlblech-Holz-Nagelung ohne versetzte Anordnung benachbarter Nägel

7.3.2 Für die zulässige Belastung der Nägel auf Abscheren gilt Abschnitt 7.2.2 sinngemäß.

Die rechnerischen Spannungen in den Blechen sind unter Berücksichtigung der Nagellöcher nachzuweisen (siehe auch DIN 1052 Teil 1, Abschnitt 5.3).

8 Klammerverbindungen

8.1 Die Festlegungen für Klammerverbindungen bei Holzbauteilen aus Nadelholz nach DIN 1052 Teil 1, Tabelle 1, sowie für tragende Verbindungen von Platten aus Holzwerkstoffen mit Nadelholz gelten für Klammern aus Stahldraht nach Bild 20, die mit geeigneten Eintreibgeräten verarbeitet werden und auf eine Länge l_H von mindestens 0,5 l_n, gemessen von der Klammerspitze, mit einer geeigneten Beharzung versehen sind. Der Querschnitt der Klammern darf kreisförmig bis leicht tonnenförmig ($b \leq 1{,}2\,a$) gewalzt sein. Der Drahtdurchmesser d_n muß 1,5 bis 2,0 mm betragen, die Rückenbreite der Klammern $b_R \geq 6\,d_n$, jedoch ≤ 15 mm, und die Schaftlänge $l_n \leq 50\,d_n$.

Es dürfen nur Klammern verwendet werden, deren Eignung für diese Verbindung nachgewiesen ist und deren Eigenschaften laufend überwacht sind (Eigenüberwachung). Maßgebend für den Eignungsnachweis ist die Prüfbescheinigung. Die Prüfbescheinigung ist von einer hierfür anerkannten Prüfstelle *) auf der Grundlage von Anhang B auszustellen. In die Prüfbescheinigung sind die im Anhang D enthaltenen Angaben aufzunehmen. Der Nachweis der Eignung und der Eigenüberwachung der Klammern gilt durch eine Bescheinigung DIN 50 049 – 2.1 (Werksbescheinigung) als erbracht. Die Werksbescheinigung muß die Angaben der zugehörigen geltenden Prüfbescheinigung enthalten; bei den Maßen der Klammern ist nur die Angabe von b_R, l_n und l_H erforderlich, beim Werkstoff nur die Werkstoffbezeichnung. Auf der Liefereinheit (z. B. Verpackung) müssen die gleichen Angaben gemacht werden.

Für die Ausführung von Klammerverbindungen gilt Abschnitt 6 sinngemäß, sofern im folgenden nichts anderes festgelegt ist.

8.2 Die Klammerrücken dürfen nicht mehr als 2 mm tief versenkt sein, müssen jedoch mindestens bündig mit der Oberfläche eingeschlagen werden. Ein bündiger Abschluß des Klammerrückens mit der Oberfläche des Holzes oder des Holzwerkstoffes gilt als nicht versenkt.

8.3 Platten aus Holzwerkstoffen müssen bei bündigem Abschluß der Klammerrücken mit der Plattenoberfläche mindestens folgende Dicken aufweisen:

---

*) Siehe Seite 12

- Flachpreßplatten nach DIN 68 763 8 mm
- Bau-Furniersperrholz nach DIN 68 705 Teil 3 und Teil 5 6 mm
- Harte und mittelharte Holzfaserplatten nach DIN 68 754 Teil 1 6 mm

Bei versenkter Anordnung der Klammerrücken sind die Mindestdicken um 2 mm zu erhöhen.

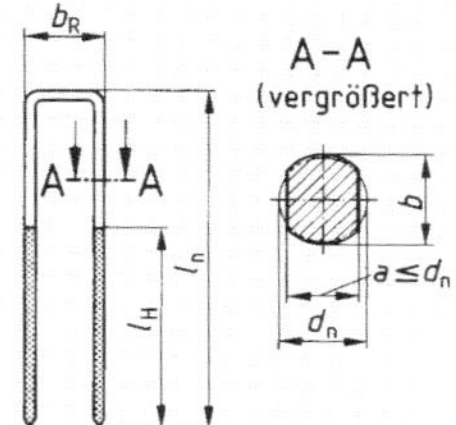

Bild 20. Tragende Klammer

8.4 Bei einem Winkel zwischen Klammerrücken und Holzfaserrichtung ≥ 30° errechnet sich die zulässige Klammerbelastung einer einschnittigen Verbindung rechtwinklig zum Klammerschaft (Abscheren) im Lastfall H bei Nadelholz und den in Abschnitt 8.3 genannten Holzwerkstoffen, unabhängig von der Güteklasse des Holzes, nach folgender Zahlenwertgleichung zu

$$\text{zul } N_1 = \frac{1000 \cdot d_n^2}{10 + d_n} \quad \text{in N} \qquad (11)$$

mit d_n als Drahtdurchmesser der Klammer in mm (siehe Bild 20).

Die Einschlagtiefe der Klammer muß mindestens 12 d_n betragen.

Beträgt der Winkel zwischen Klammerrücken und Holzfaserrichtung weniger als 30°, dann ist die zulässige Belastung nach Gleichung (11) um ⅓ abzumindern.

Zweischnittige Klammerverbindungen dürfen mit 2 · zul N_1 berechnet werden, wenn die Einschlagtiefe mindestens das 8fache des Klammerdrahtdurchmessers beträgt. Dabei sind die Klammern wechselseitig von beiden Seiten der Verbindung einzuschlagen.

Der größte Abstand der Klammern soll bei Holzwerkstoffen und bei Nadelholz in Faserrichtung 80 d_n und bei Nadelholz rechtwinklig zur Faserrichtung 40 d_n nicht überschreiten.

8.5 Die zulässige Belastung auf Herausziehen von Klammern, die die Anforderungen nach Abschnitt 8.1 und Abschnitt 8.2 erfüllen, berechnet sich bei kurzfristiger Beanspruchung für den Lastfall H und HZ nach Abschnitt 6.3.2, Gleichung (9). Die wirksame Einschlagtiefe s_w muß mindestens 20 mm bzw. 12 d_n betragen. Dabei darf nicht mehr als die beharzte Länge, höchstens jedoch 20 d_n, in Rechnung gestellt werden.

Der Wert B_Z beträgt, wenn die Holzfeuchte beim Einschlagen ≤ 20 % ist und der Winkel zwischen Klammerrücken und Holzfaserrichtung zwischen 30° und 90° liegt, B_Z =5,0 MN/m². Liegt die Holzfeuchte beim Einschlagen der Klammern zwischen 20 % und 30 % (halbtrockener Bereich), dann ist B_Z = 1,75 MN/m² anzunehmen. In frisches Holz (Holzfeuchte über 30 %) eingeschlagene Klammern dürfen nicht auf Herausziehen in Rechnung gestellt werden, auch wenn das Holz im Gebrauchszustand nachtrocknen kann.

Ist der Winkel zwischen Klammerrücken und Holzfaserrichtung geringer als 30°, dann sind die zulässigen Belastungen auf Herausziehen um ⅓ abzumindern.

Beim Anschluß von Holzwerkstoffen an Nadelholz ist Abschnitt 6.3.5 sinngemäß zu berücksichtigen.

Anmerkung: Klammern, die langfristig oder ständig auf Herausziehen beansprucht werden, bedürfen dafür eines Nachweises ihrer Brauchbarkeit, z. B. durch eine allgemeine bauaufsichtliche Zulassung.

8.6 Bei gleichzeitiger Beanspruchung von Klammern auf Abscheren nach Abschnitt 8.4 und auf Herausziehen nach Abschnitt 8.5 gilt Gleichung (10) mit $m = 1$.

9 Holzschraubenverbindungen

9.1 Die Festlegungen über Holzschraubenverbindungen gelten für die Anwendung von Holzschrauben nach DIN 96 und DIN 97 mit mindestens 4 mm Nenndurchmesser d_s sowie nach DIN 571. Tragende Holzschraubenverbindungen müssen in der Regel bei d_s < 10 mm mindestens vier, bei $d_s \geq$ 10 mm mindestens zwei Scherflächen besitzen. Das gilt nicht für die Befestigung von Einzeltragteilen, von denen mindestens vier zum Anschluß eines Bauteiles zusammenwirken (z. B. Kreuzungspunkte von Lattenrosten, Abhänger für untergehängte Decken und ähnliches).

9.2 Holzschraubenverbindungen sind in der Regel einschnittig ausgebildet. Die zulässige Belastung im Lastfall H errechnet sich bei Nadelholz und Laubholz nach DIN 1052 Teil 1, Tabelle 1 und Bau-Furniersperrholz nach DIN 68 705 Teil 3 und Teil 5 bei Beanspruchung rechtwinklig zur Schraubenachse (Abscheren) für Kraftangriff in Faserrichtung des Holzes nach folgender Zahlenwertgleichung zu

$$\text{zul } N = 4 \cdot a_1 \cdot d_s \quad \text{in N} \qquad (12)$$

und darf höchstens 17 d_s^2 betragen.

Hierin bedeuten:

a_1 Holz- bzw. Bau-Furniersperrholzdicke in mm des anzuschließenden Teiles

d_s Nenndurchmesser in mm.

Die zulässige Belastung nach Gleichung (12) darf auch in Rechnung gestellt werden, wenn Flachpreßplatten und mittelharte Holzfaserplatten von mindestens 6 mm Dicke oder harte Holzfaserplatten von mindestens 4 mm Dicke auf Holz aufgeschraubt werden. Dabei muß die Länge des glatten Schaftes mindestens der Dicke der Platten entsprechen.

Beim Aufschrauben von Stahlteilen auf Holz errechnet sich die zulässige Belastung im Lastfall H aus der Zahlenwertgleichung zu

$$\text{zul } N = 1{,}25 \cdot 17 \cdot d_s^2 \quad \text{in N} \qquad (13)$$

Für Holzschrauben mit d_s < 10 mm gilt die zulässige Belastung auch für Kraftangriff rechtwinklig oder schräg zur Faserrichtung des Holzes, während bei $d_s \geq$ 10 mm die zulässige Belastung nach Abschnitt 5.9 abzumindern ist.

Die Einschraubtiefe s (siehe Bild 21) muß mindestens 8 d_s betragen. Anderenfalls ist die zulässige Belastung im Verhältnis der Einschraubtiefe zur Solltiefe 8 d_s zu mindern. Einschraubtiefen unter 4 d_s dürfen jedoch nicht mehr in Rechnung gestellt werden.

Die zu verbindenden Teile sind auf die Tiefe des glatten Schaftes mit d_s und auf die Länge des Gewindeteiles mit 0,7 d_s vorzubohren.

9.3 Als Mindestabstände der Holzschrauben im Holz müssen wie bei Nägeln mit vorgebohrten Nagellöchern die Werte nach Tabelle 11 und Abschnitt 6.2.11 eingehalten werden.

Für die Mindestabstände der Schrauben in Holzwerkstoffen gilt Abschnitt 6.2.14 sinngemäß.

Seite 18 DIN 1052 Teil 2

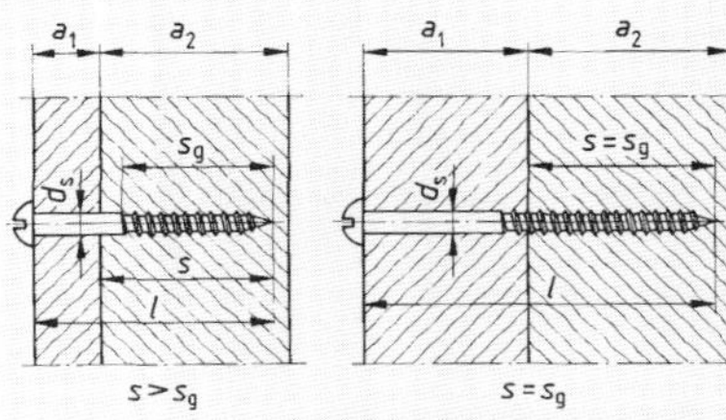

Bild 21. Holzdicken und Einschraubtiefen bei Holzschrauben

Bei tragenden Holzschrauben und bei Heftschrauben soll der größte Abstand in Faserrichtung des Holzes und bei Platten aus Holzwerkstoffen 40 d_s und rechtwinklig zur Faserrichtung des Holzes 20 d_s nicht überschreiten.

9.4 Die zulässige Belastung einer Holzschraube auf Herausziehen bei Vorbohrung nach Abschnitt 9.2 berechnet sich für trockenes Holz unabhängig von der Holzfeuchte beim Einschrauben für Lastfall H nach folgender Zahlenwertgleichung

$$\text{zul } N_Z = 3 \cdot s_g \cdot d_s \quad \text{in N.} \qquad (14)$$

Hierin bedeutet s_g die Einschraubtiefe in mm des Gewindeteiles im Holz von der Dicke a_2 (siehe Bild 21). Einschraubtiefen s_g kleiner als 4 d_s und größer als 12 d_s dürfen dabei nicht in Rechnung gestellt werden.

Beim Anschluß von Platten aus Holzwerkstoffen an Nadelholz ist Abschnitt 6.3.5 sinngemäß zu berücksichtigen.

9.5 Bei gleichzeitiger Beanspruchung von Holzschrauben auf Abscheren nach Abschnitt 9.2 und auf Herausziehen nach Abschnitt 9.4 gilt Gleichung (10) mit $m = 2$.

10 Nagelplattenverbindungen

10.1 Die Festlegungen über Nagelplattenverbindungen für Holzbauteile aus Nadelholz nach DIN 1052 Teil 1, Tabelle 1, der Güteklassen I und II nach DIN 4074 Teil 1 gelten für Platten aus verzinktem oder korrosionsbeständigem Stahlblech von mindestens 1,0 mm Nenndicke, die nagel- oder dübelartige Ausstanzungen besitzen, so daß einseitig etwa rechtwinklig zur Plattenebene abgebogene Nägel entstehen (siehe Bild 22).

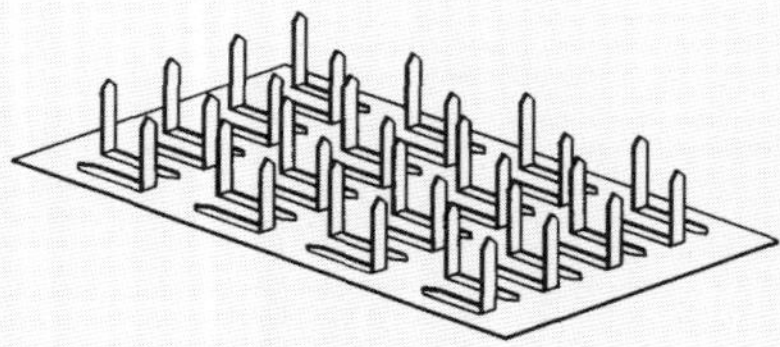

Bild 22. Nagelplatte (schematisch)

10.2 Nagelplatten bedürfen eines Nachweises ihrer Brauchbarkeit, z. B. durch eine allgemeine bauaufsichtliche Zulassung, worin Form, Materialkennwerte und die zulässigen Belastungen festgelegt sind. Bei den zulässigen Belastungen wird unterschieden:

a) Nagelbelastung F_n in N je cm² wirksamer Plattenanschlußfläche in Abhängigkeit vom Winkel α zwischen Kraft- und Plattenlängsrichtung und vom Winkel β zwischen Kraft- und Faserrichtung des Holzes,
b) Plattenbelastung $F_{Z,D}$ in N je cm Schnittlänge für Zug- und Druckbeanspruchung in Abhängigkeit vom Winkel α zwischen Kraft- und Plattenlängsrichtung,
c) Plattenbelastung F_S in N je cm Schnittlänge l_e für Scherbeanspruchung in Abhängigkeit vom Winkel α zwischen Kraft- und Plattenlängsrichtung nach Bild 23.

10.3 Nagelplattenverbindungen dürfen nur bei Bauteilen angewendet werden, die vorwiegend ruhend belastet sind (siehe DIN 1055 Teil 3).

Die maximalen Spannweiten von Bauteilen mit Nagelplattenverbindungen sind durch die allgemeinen bauaufsichtlichen Zulassungen geregelt.

10.4 Bei der Herstellung von Verbindungen mit Nagelplatten müssen die zu verbindenden Hölzer trocken sein (Holzfeuchte höchstens 20 %); bei Holzdicken über 40 mm darf die Holzfeuchte im Innern bis zu 25 % betragen. Alle Hölzer eines Bauteiles sollen gleiche Dicken haben. Die Dickenunterschiede der Hölzer im Bereich der Nagelplatten dürfen 1 mm nicht überschreiten. Die Hölzer dürfen im Bereich der Nagelplatten keine Baumkanten aufweisen.

Bei der Verbindung von Hölzern durch Nagelplatten ist auf Kontakt der Einzelteile in den Berührungsfugen zu achten. Druckstöße und Druckanschlüsse sind stets mit Kontakt der Hölzer herzustellen (Paßform).

An jedem Stoß oder Knotenpunkt darf im allgemeinen auf jeder Seite nur eine Nagelplatte verwendet werden. Die beidseitig gleichgroßen Nagelplatten sind mittels geeigneter Pressen und zugehöriger Fertigungseinrichtungen, beidseitig symmetrisch angeordnet, so einzupressen, daß die Nägel auf ihrer gesamten Länge im Holz sitzen und zwischen Platte und Holz kein Hohlraum verbleibt. Die Vorrichtungen müssen geeignet sein, die erforderliche Paßgenauigkeit, insbesondere bei Kontaktanschlüssen, Kontaktstößen und bei der Überhöhung der Bauteile sicherzustellen. Das Einschlagen von Nagelplatten mit dem Hammer oder dergleichen ist unzulässig.

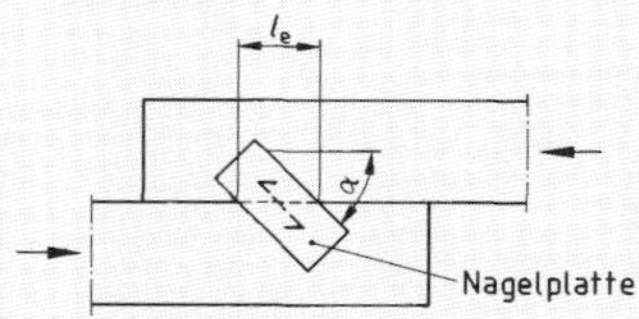

a) Zugscheren ($\alpha < 90°$)

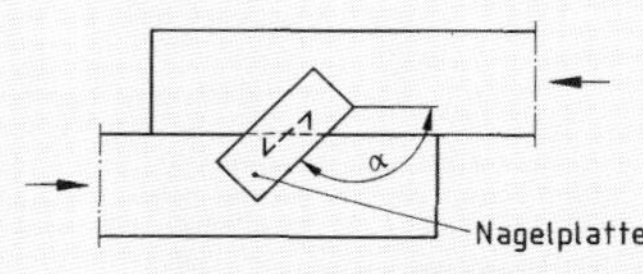

b) Druckscheren ($90° < \alpha < 180°$)

Bild 23. Plattenbelastung für Scherbeanspruchung

10.5 Bei der Bemessung der Nagelplatten ist sowohl die Nagelbelastung als auch die Plattenbelastung nachzuweisen.

10.6 Die wirksamen Anschlußflächen der Nagelplatten sind für die Aufnahme der in den Anschlüssen bzw. Stößen auftretenden Zug-, Druck- und Scherbeanspruchungen unter Einhaltung der zulässigen Nagelbelastung F_n (siehe Abschnitt 10.2) zu bemessen. Als wirksame Plattenanschlußfläche einer Nagelplatte gilt die Bruttoberührungsfläche zwischen Nagelplatte und Anschlußstab abzüglich eines Randstreifens an den Berührungsfugen und gegebenenfalls an den freien Kanten der zu verbindenden Hölzer (siehe Bild 24). Die Breite dieses Randstreifens c ist mit mindestens 10 mm anzunehmen, sofern im Brauchbarkeitsnachweis nichts anderes vorgeschrieben ist.

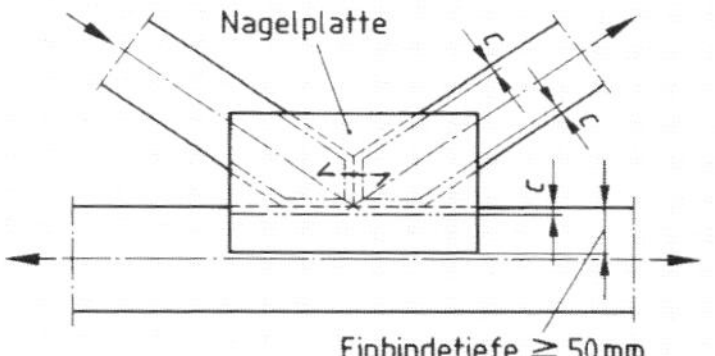

a) Beispiel eines Knotenpunktes

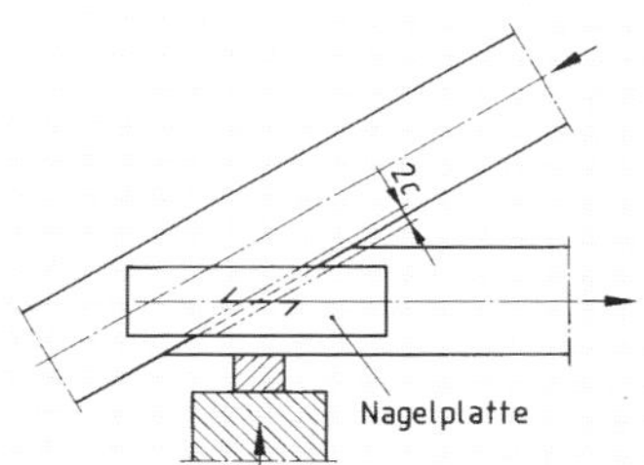

b) Beispiel eines Traufpunktes

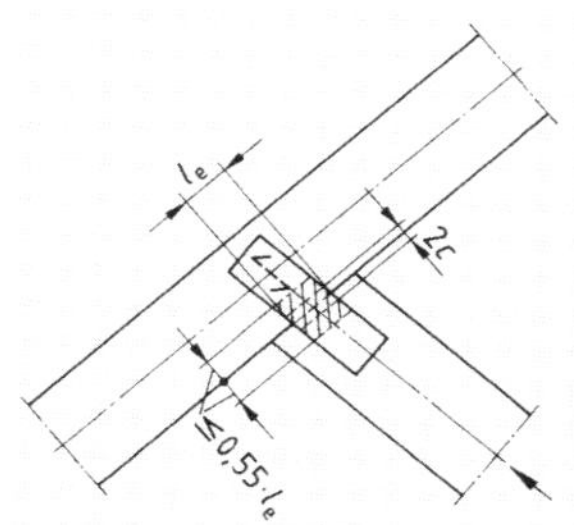

c) Beispiel eines Füllstabanschlusses

Bild 24. Randstreifen c zur Ermittlung der wirksamen Anschlußfläche von Nagelplatten

Bei Scherbeanspruchung darf, sofern ein genauerer Nachweis nicht geführt wird, die Breite der wirksamen Plattenanschlußfläche mit höchstens $0{,}55 \cdot l_e$ in Rechnung gestellt werden (siehe Bild 24 c).

Bei Druckstößen und rechtwinkligen Druckanschlüssen darf die gesamte anzuschließende Kraft auch durch Kontakt der Hölzer übertragen werden. Zur Lagesicherung sind die Nagelplatten jedoch mindestens für die halbe anzuschließende Kraft zu bemessen.

10.7 Zusätzlich zu den Nachweisen nach Abschnitt 10.6 sind die in den Platten auftretenden Plattenbelastungen $F_{Z,D}$ bei Zug- und Druckbeanspruchungen sowie F_S bei Scherbeanspruchungen (siehe Abschnitt 10.2) im ungünstigsten Schnitt, jedoch stets ohne Abzug der Stanzlöcher, für die jeweilige Kraft nachzuweisen und den zulässigen Werten gegenüberzustellen.

Für Druckstöße und rechtwinklige Druckanschlüsse gilt Abschnitt 10.6 sinngemäß.

Wird ein Schnitt gleichzeitig durch Zug oder Druck sowie durch Abscheren beansprucht, so ist dafür zusätzlich folgender Nachweis zu führen:

$$\left[\frac{F_{Z,D}}{\text{zul } F_{Z,D}}\right]^2 + \left[\frac{F_S}{\text{zul } F_S}\right]^2 \leq 1 \qquad (15)$$

10.8 Bei Traufpunkten von Dreieckbindern sind die zulässigen Nagelbelastungen abzumindern, wenn kein genauerer Nachweis erfolgt. Dabei gilt für Dachneigungen $\geq 25°$ ein Abminderungsfaktor von 0,65 und für Dachneigungen $\leq 15°$ ein Abminderungsfaktor von 0,85. Zwischenwerte dürfen geradlinig interpoliert werden.

Wegen der Ausmittigkeiten der Anschlüsse ist im übrigen DIN 1052 Teil 1, Abschnitt 6.6, zu beachten.

10.9 Zusätzliche Beanspruchungen im Holz, insbesondere durch den Nagelplattenanschluß bedingte Querzugspannungen, sind rechnerisch nachzuweisen und dürfen die zulässigen Werte nicht überschreiten. Zur Vermeidung ungünstiger Beanspruchungen des Holzes müssen die Nagelplatten bei Gurthölzern mindestens 50 mm tief einbinden (siehe Bild 24a).

11 Bauklammerverbindungen

Bauklammern dürfen bei Dauerbauten nur für untergeordnete Zwecke (z. B. für eine zusätzliche Sicherung von Pfetten und Sparren gegen Abheben) verwendet werden. Die Tragfähigkeit einer Verbindung mit Bauklammern aus Rund- oder Flachstahl hängt davon ab, ob diese Klammern nur teilweise oder voll, d. h. mit dem Rücken am Holz anliegend, eingeschlagen werden. Bauklammern aus Flachstahl müssen stets voll eingeschlagen werden, wenn sie zur Kraftübertragung herangezogen werden sollen.

Zusammengesetzte, biegebeanspruchte Bauteile oder Druckstäbe, deren Einzelteile nur durch Bauklammern verbunden werden, dürfen rechnerisch nicht als nachgiebig verbunden betrachtet werden.

12 Versätze

Bei Versätzen darf die Einschnittiefe t_v bei einem Anschlußwinkel bis zu 50° höchstens ¼ und über 60° höchstens ⅙ der Höhe des eingeschnittenen Holzes betragen. Zwischenwerte dürfen geradlinig interpoliert werden. Bei zweiseitigem Versatzeinschnitt (siehe Bild 25) darf jeder Einschnitt unabhängig vom Anschlußwinkel höchstens ⅙ der Höhe des eingeschnittenen Holzes betragen.

Seite 20 DIN 1052 Teil 2

Tabelle 13. **Rechenwerte für Verschiebungsmoduln C in N/mm sowie für die Verschiebungen v in mm bei zul N von Verbindungsmitteln in Anschlüssen und Stößen**

	Verbindungsmittel	Art der Verbindung		Verschiebungsmodul C [1]) N/mm	Verschiebung v bei zul N mm
1	Einlaß- und Einpreßdübel	Dübelverbindungen nach Abschnitt 4	–	$1{,}0 \cdot \text{zul } N$	1,0
2	Stabdübel und Paßbolzen	Verbindungen nach Abschnitt 5 in Nadelholz, auch mit Bau-Furniersperrholz und Flachpreßplatten	–	$1{,}2 \cdot \text{zul } N$	0,80
3		Verbindungen nach Abschnitt 5 in Laubholz	–	$1{,}5 \cdot \text{zul } N$	0,67
4		Verbindungen nach Abschnitt 5 von Brettschichtholz mit Stahlteilen	Löcher im Stahlteil vorgebohrt nach Abschnitt 5.3	$0{,}70 \cdot \text{zul } N$	1,4
5	Nägel	Einschnittige Verbindungen nach Abschnitt 6 in Nadelholz	Nagellöcher nicht vorgebohrt [2])	$5{,}0 \cdot \frac{\text{zul } N}{d_n}$	$0{,}20 \cdot d_n$
6			Nagellöcher vorgebohrt	$10 \cdot \frac{\text{zul } N}{d_n}$	$0{,}10 \cdot d_n$
7		Mehrschnittige Verbindungen nach Abschnitt 6 in Nadelholz	Nagellöcher nicht vorgebohrt oder vorgebohrt	$10 \cdot \frac{\text{zul } N}{d_n}$	$0{,}10 \cdot d_n$
8		Ein- und mehrschnittige Verbindungen nach Abschnitt 6 von Bau-Furniersperrholz mit Nadelholz [2])	–	$5{,}0 \cdot \frac{\text{zul } N}{d_n}$	$0{,}20 \cdot d_n$
9		Einschnittige Verbindungen nach Abschnitt 6 von Flachpreß- und Holzfaserplatten mit Nadelholz [2])	–	$6{,}7 \cdot \frac{\text{zul } N}{d_n}$	$0{,}15 \cdot d_n$
10		Einschnittige Verbindungen nach Abschnitt 7 von Stahlteilen mit Nadelholz	Nagellöcher im Holz nicht vorgebohrt [2])	$5{,}0 \cdot \frac{\text{zul } N}{d_n}$	$0{,}20 \cdot d_n$
11			Nagellöcher im Holz vorgebohrt	$10 \cdot \frac{\text{zul } N}{d_n}$	$0{,}10 \cdot d_n$
12		Mehrschnittige Verbindungen nach Abschnitt 7 von Stahlteilen mit Nadelholz	Nagellöcher im Holz vorgebohrt [2])	$20 \cdot \frac{\text{zul } N}{d_n}$	$0{,}05 \cdot d_n$
13	Klammern	Verbindungen nach Abschnitt 8 in Nadelholz	Winkel zwischen Holzfaserrichtung und Klammerrücken $\geq 30°$ [2])	$2{,}5 \cdot \frac{\text{zul } N}{d_n}$	$0{,}40 \cdot d_n$
14			Winkel zwischen Holzfaserrichtung und Klammerrücken $< 30°$	$1{,}4 \cdot \frac{\text{zul } N}{d_n}$	$0{,}70 \cdot d_n$

[1]) Für zul N ist die zulässige Belastung in N im Lastfall H einzusetzen. Dabei sind alle maßgebenden Abminderungen und Erhöhungen zu berücksichtigen, z. B. sind gegebenenfalls Feuchteeinwirkungen und der Winkel zwischen Kraft- und Faserrichtung zu beachten, ebenso die Abminderung bei mehreren in Kraftrichtung hintereinanderliegenden Verbindungsmitteln, die Erhöhung bei Vorbohren der Nagellöcher und dergleichen.

[2]) Die Werte in dieser Zeile gelten auch, wenn die Nagel- oder Klammerverbindungen bei einer Holzfeuchte von mehr als 20 % (halbtrocken oder frisch) hergestellt werden und die Gleichgewichtsfeuchte im Gebrauchszustand höchstens 18 % beträgt. Ist eine höhere Gleichgewichtsfeuchte zu erwarten, so ist bei Nagelverbindungen

$C = 10 \cdot \frac{\text{zul } N}{d_n}$ und $v = 0{,}10 \cdot d_n$ anzusetzen.

Tabelle 13. (Fortsetzung)

	Verbindungsmittel	Art der Verbindung		Verschiebungsmodul C [1]) N/mm	Verschiebung v bei zul N mm
15	Klammern	Verbindungen nach Abschnitt 8 von Holzwerkstoffen mit Nadelholz	–	$6{,}2 \cdot \frac{\text{zul } N}{d_n}$	$0{,}16 \cdot d_n$
16		Einschnittige Verbindungen nach Abschnitt 9 in Nadelholz	–	$10 \cdot \frac{\text{zul } N}{d_s}$ $\leq 1{,}25 \cdot \text{zul } N$	$0{,}10 \cdot d_s \leq 0{,}8$
17	Holzschrauben	Einschnittige Verbindungen nach Abschnitt 9 von Holzwerkstoffen mit Nadelholz	–	$12{,}5 \cdot \frac{\text{zul } N}{d_s}$ $\leq 1{,}25 \cdot \text{zul } N$	$0{,}08 \cdot d_s \leq 0{,}8$
18		Einschnittige Verbindungen nach Abschnitt 9 von Stahlteilen mit Nadelholz	Löcher im Stahlteil vorgebohrt mit $d_s + 1$ mm	$0{,}70 \cdot \text{zul } N$	1,4

[1]) Siehe Seite 20

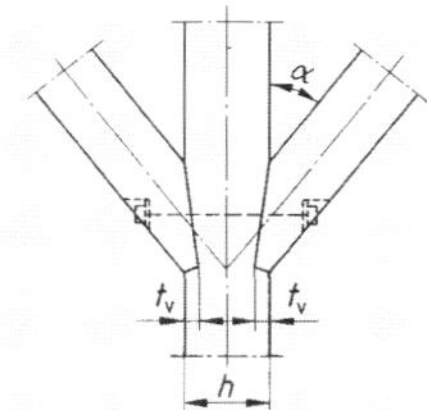

Bild 25. Zweiseitiger Versatzeinschnitt

13 Verschiebungswerte für Durchbiegungsberechnungen nach DIN 1052 Teil 1, Abschnitt 8.5

Für die Berechnung von Durchbiegungen und Überhöhungen nachgiebig zusammengesetzter biegebeanspruchter Bauteile und der Verschiebungen von Stößen und Anschlüssen mit mechanischen Verbindungsmitteln dürfen die in Tabelle 13 angegebenen Verschiebungsmoduln bzw. rechnerischen Verschiebungen unter den Lasteinwirkungen im Lastfall H und HZ zugrunde gelegt werden, mindestens jedoch die 1,25fachen Werte nach DIN 1052 Teil 1, Tabelle 8.

Für Nagelplatten bei Nadelholzverbindungen darf der Verschiebungsmodul im Bereich der zulässigen Belastungen der Verbindungen mit 300 N/mm je cm^2 wirksamer Anschlußfläche angenommen werden.

Ist die rechnerische Belastung einer Verbindung größer als die zulässige Belastung im Lastfall H (z. B. Lastfall HZ), muß die Verschiebung v nach Tabelle 13 im Verhältnis der vorhandenen zur zulässigen Belastung erhöht werden. Bei geringerer Belastung darf die Verschiebung v entsprechend abgemindert werden.

14 Zusammenwirken verschiedener Verbindungsmittel

Ein Zusammenwirken verschiedener Verbindungsmittel kann nur erwartet werden, wenn ihre Nachgiebigkeit etwa gleich groß ist. Bei Bolzenverbindungen nach Abschnitt 5 und bei Leimverbindungen nach DIN 1052 Teil 1, Abschnitt 12, darf daher ein Zusammenwirken mit anderen mechanischen Verbindungsmitteln und mit Versätzen nicht in Rechnung gestellt werden.

In anderen Fällen ist das Verbindungsmittel, auf das rechnerisch der kleinere Teil der zu übertragenden Kraft entfällt, für die 1,5fache anteilige Kraft zu bemessen, falls kein genauerer Nachweis unter Berücksichtigung der Nachgiebigkeit der einzelnen Verbindungsmittel geführt wird.

Stabverbreiterungen durch aufgeleimte Beihölzer dürfen bei Versätzen oder Kontaktdruckanschlüssen ohne Erhöhung der anteiligen Kraft bemessen werden. Die Dicke der Beihölzer aus Vollholz darf dabei 40 mm nicht überschreiten.

Seite 22 DIN 1052 Teil 2

Anhang A

Eignungsprüfung und Einstufung in Tragfähigkeitsklassen von Sondernägeln nach DIN 1052 Teil 2, Abschnitte 6 und 7

A.1 Unterlagen

Vom Antragsteller sind der Prüfstelle Unterlagen vorzulegen, insbesondere über

- den Werkstoff des Nagelrohdrahtes
- gegebenenfalls den Korrosionsschutz
- die Maße (Werkszeichnung)
- den Verwendungszweck (Sondernägel nach Abschnitt 6 oder Abschnitt 7).

In der Werkszeichnung sind neben der Form (auch Form des Kopfes und der Spitze) insbesondere folgende Maße mit deren Toleranzen anzugeben (siehe auch Bild 13):

d_n Nageldurchmesser
d_1 Außendurchmesser des profilierten Schaftteiles
l_n Nagellänge
l_g Länge des profilierten Schaftteiles
α Gewindesteigung } bei Schraubnägeln
h Ganghöhe } bei Schraubnägeln
t *Rillenteilung bei Rillennägeln.*

Außerdem sind vom Antragsteller anzugeben

- Hersteller und Herstellwerke
- Bezeichnung des Sondernagels
- gegebenenfalls Werkzeichen (Herstellerzeichen).

A.2 Eignungsprüfung

A.2.1 Allgemeines

Insbesondere folgende Eigenschaften sind zu prüfen:

- Werkstoff des Nagelrohdrahtes (Bezeichnung, Zugfestigkeit und Bruchdehnung)
- gegebenenfalls Korrosionsschutz
- Maße
- gegebenenfalls Werkzeichen (Herstellerzeichen)
- gegebenenfalls zugehöriger Durchmesser der Löcher in Stahlblechen und Stahlteilen
- Ausziehwiderstand bei Beanspruchung in Schaftrichtung.

A.2.2 Werkstoff und Korrosionsschutz

Die Werkstoffeigenschaften und der Korrosionsschutz sind nach den einschlägigen Normen zu prüfen.

A.2.3 Ausziehwiderstand bei Beanspruchung in Schaftrichtung

Die Ermittlung des Ausziehwiderstandes erfolgt an Prüfkörpern aus Fichte (Picea abies Karst.) nach Bild A.1. Das Holz muß von gleichmäßiger Qualität sein. Der Prüfbereich darf keine örtlichen Wuchsunregelmäßigkeiten und Risse aufweisen, durch die die Versuchsergebnisse beeinflußt werden können. Eine Seitenfläche des Prüfkörpers soll tangential zu den Jahrringen verlaufen. Vor dem Einschlagen der Nägel ist das Holz im Normalklima DIN 50 014 – 20/65-1 auf seine Ausgleichsfeuchte zu klimatisieren und die Normalrohdichte ϱ_N zu bestimmen. Die mittlere Normalrohdichte des Holzes soll höchstens 0,45 g/cm^3 betragen.

Die Nägel werden auf eine Einschlagtiefe s_w von mindestens 8 d_n, jedoch höchstens 20 d_n in der in Bild A.1 dargestellten Weise eingeschlagen. Die Breite b und die Höhe h des Prüfkörpers müssen mindestens der Einschlagtiefe der Nägel zuzüglich 5 d_n betragen. Die Auflagerung des Prüfkörpers in der Prüfmaschine muß vom zu prüfenden Nagel einen lichten Abstand von mindestens 6 d_n in Faserrichtung und 3 d_n rechtwinklig zur Faserrichtung besitzen.

Für jeden Nageldurchmesser sind 20 Einzelversuche durchzuführen. Die Prüfung darf frühestens 24 Stunden nach dem Einschlagen der Nägel erfolgen. Der Versuch soll mit einer konstanten Ausziehgeschwindigkeit von 2 mm/min oder einer konstanten Belastungsgeschwindigkeit von 4 kN/min bis zum Erreichen der Höchstkraft erfolgen. Die Kraft-Ausziehweg-Diagramme sind aufzuzeichnen.

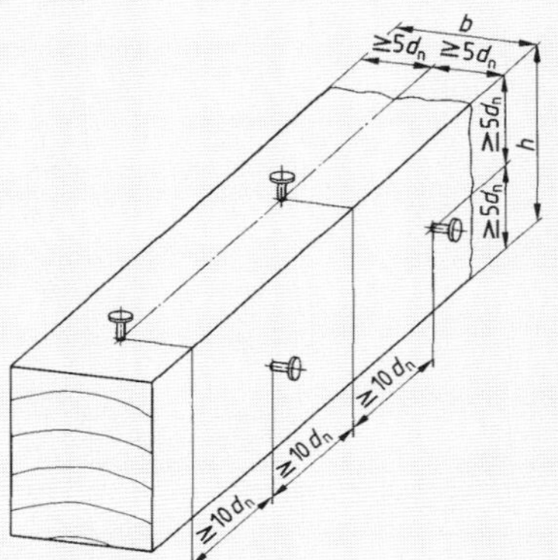

Bild A.1. Prüfkörper aus Fichte

Aus den Versuchsergebnissen sind der mittlere und der charakteristische Ausziehwiderstand zu berechnen. Der mittlere Ausziehwiderstand $\bar{F}_Z$ ist das arithmetische Mittel aus den einzelnen Ausziehwiderständen $F_{Z,i}$.

Als charakteristischer Ausziehwiderstand $F_{Z,k}$ gilt der um die zweifache Standardabweichung s bei $n = 20$ Einzelversuchen verminderte mittlere Ausziehwiderstand:

$$F_{Z,k} = \bar{F}_Z - 2 \cdot s \qquad \text{(A.1)}$$

Für $\varrho_N > 0{,}45$ g/cm^3 sind die Ausziehwiderstände $F_{Z,i}$ vor der Auswertung wie folgt abzumindern:

$$\text{red } F_{Z,i} = \left(\frac{0{,}45}{\varrho_N}\right)^2 F_{Z,i} \qquad \text{(A.2)}$$

A.3 Einstufung

Aufgrund der Prüfergebnisse der Eignungsprüfungen ist die Einstufung in eine Tragfähigkeitsklasse nach Tabelle 12 vorzunehmen und hierüber ein Einstufungsschein (Muster siehe Anhang C) mit einer Geltungsdauer von höchstens zwei Jahren auszustellen.

Der für diese Einstufung maßgebende B_Z-Wert ist aus dem mittleren und dem charakteristischen Ausziehwiderstand wie folgt zu ermitteln:

$$\bar{B}_Z = \bar{F}_Z/(d_n \cdot s_w \cdot 3{,}0) \qquad \text{(A.3)}$$

$$B_{Z,k} = F_{Z,k}/(d_n \cdot s_w \cdot 2{,}2) \qquad \text{(A.4)}$$

Der kleinere Wert ist für die Einstufung maßgebend, wobei der zur jeweiligen Tragfähigkeitsklasse gehörende Rechenwert B_Z nach Tabelle 12 mindestens erreicht werden muß.

Die Geltungsdauer des Einstufungsscheines wird auf Antrag von der Prüfstelle nur dann um jeweils drei Jahre verlängert, wenn die Aufzeichnungen des Antragstellers über die laufende Eigenüberwachung und vergleichende Identitätsprüfungen durch die Prüfstelle (mit Sondernägeln aus der Ersteinstufung und der laufenden Produktion) die Erfüllung der Anforderungen an den Sondernagel nach dem Einstufungsschein belegen.

Anhang B

Eignungsprüfung und Bewertung der Prüfergebnisse von Klammern nach DIN 1052 Teil 2, Abschnitt 8

B.1 Unterlagen

Vom Antragsteller sind der Prüfstelle Unterlagen vorzulegen, insbesondere über

- den Werkstoff des Klammerrohdrahtes
- gegebenenfalls den Korrosionsschutz
- die Beharzung
- die Maße (Werkszeichnung).

In der Werkszeichnung sind neben der Form (auch Form der Spitze) insbesondere folgende Maße mit deren Toleranzen anzugeben (siehe auch Bild 20):

d_n Durchmesser des Klammerrohdrahtes
a b Querschnittsmaße des Schaftteiles
b_R Rückenbreite
l_n Schaftlänge
l_H Länge des beharzten Schaftteiles.

Außerdem sind vom Antragsteller anzugeben

- Hersteller und Herstellwerke
- Bezeichnung der Klammer (Klammertyp)
- gegebenenfalls Werkzeichen (Herstellerzeichen).

B.2 Eignungsprüfung

B.2.1 Allgemeines

Insbesondere folgende Eigenschaften sind zu prüfen:

- Werkstoff des Klammerrohdrahtes (Bezeichnung, Zugfestigkeit und Bruchdehnung)
- gegebenenfalls Korrosionsschutz
- Maße
- gegebenenfalls Werkzeichen (Herstellerzeichen)
- Ausziehwiderstand bei Beanspruchung in Schaftrichtung.

B.2.2 Werkstoff und Korrosionsschutz

Die Werkstoffeigenschaften und der Korrosionsschutz sind nach den einschlägigen Normen zu prüfen.

B.2.3 Ausziehwiderstand bei Beanspruchung in Schaftrichtung

Die Ermittlung des Ausziehwiderstandes erfolgt an Prüfkörpern aus Fichte (Picea abies Karst.) nach Bild B.1.

Die Klammern werden auf eine Einschlagtiefe s_w von mindestens 20 mm bzw. 12 d_n, jedoch höchstens 20 d_n in der in Bild B.1 dargestellten Weise eingeschlagen.

Im übrigen gilt Anhang A, Abschnitt A.2.3 sinngemäß.

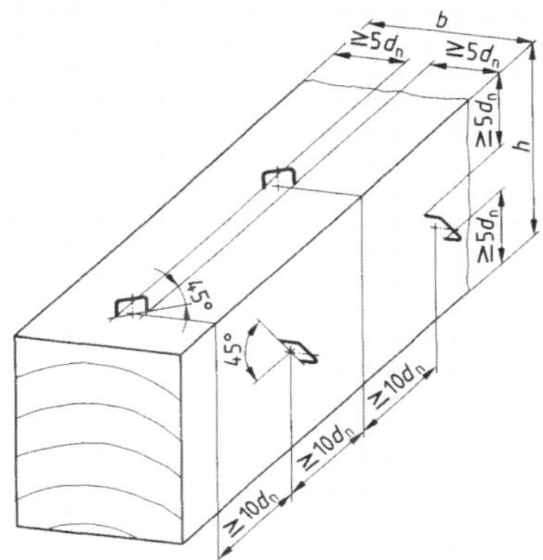

Bild B.1 Prüfkörper aus Fichte

B.3 Bewertung der Prüfergebnisse

Aufgrund der Prüfergebnisse der Eignungsprüfungen ist die Bewertung der Ergebnisse vorzunehmen und hierüber eine Prüfbescheinigung (Muster siehe Anhang D) mit einer Geltungsdauer von höchstens zwei Jahren auszustellen.

Die Ausziehwiderstände müssen folgende Bedingungen erfüllen:

$$\bar{F}_Z \geq 3{,}0 \cdot B_Z \cdot d_n \cdot s_w \quad \text{(B.1)}$$

$$F_{Z,k} \geq 2{,}2 \cdot B_Z \cdot d_n \cdot s_w \quad \text{(B.2)}$$

Hierbei ist für B_Z der Wert 5 MN/m^2 einzusetzen.

Die Geltungsdauer der Prüfbescheinigung wird auf Antrag von der Prüfstelle nur dann um jeweils drei Jahre verlängert, wenn die Aufzeichnungen des Antragstellers über die laufende Eigenüberwachung und vergleichende Identitätsprüfungen durch die Prüfstelle (mit Klammern aus der Erstprüfung und der laufenden Produktion) die Erfüllung der Anforderungen an die Klammer nach der Prüfbescheinigung belegen.

Seite 24 DIN 1052 Teil 2

Anhang C

Für den Anwender dieser Norm unterliegt der Anhang C nicht dem Vervielfältigungsrandvermerk auf der Seite 1.

Muster

Einstufungsschein Nr ____

für Sondernägel nach DIN 1052 Teil 2,

Abschnitt 6 (Nagelverbindungen von Holz und Holzwerkstoffen)/
Abschnitt 7 (Nagelverbindungen mit Stahlblechen und Stahlteilen) **)

Prüfstelle:

Antragsteller:

Herstellwerk:

Einstufung

Tragfähigkeitsklasse nach Tabelle 12: __________

Sondernagel

Bezeichnung

Werkstoff des Nagelrohdrahtes:

- Bezeichnung
- Zugfestigkeit
- Bruchdehnung

gegebenenfalls Korrosionsschutz:

Maße: nach anliegender Werkszeichnung

gegebenenfalls Werkzeichen (Herstellerzeichen):

Stahlbleche und Stahlteile

Zugehöriger Lochdurchmesser:

Dieser Einstufungsschein ist gültig bis ....

Bemerkung:

______________________ ______________________
Ort, Datum Unterschrift, Stempel

Verlängert bis	Ort, Datum	Unterschrift, Stempel

**) Nichtzutreffendes ist zu streichen.

Anhang D

Für den Anwender dieser Norm unterliegt der Anhang D nicht dem Vervielfältigungsrandvermerk auf der Seite 1.

Muster

Prüfbescheinigung Nr ______

für Klammern nach DIN 1052 Teil 2,

Abschnitt 8 (Klammerverbindungen)

Prüfstelle:

Antragsteller:

Herstellwerk:

Klammer

Bezeichnung (Klammertyp):

Werkstoff des Klammerrohdrahtes:

- Bezeichnung
- Zugfestigkeit
- Bruchdehnung

gegebenenfalls Korrosionsschutz:

Beharzung

Maße: nach anliegender Werkszeichnung

gegebenenfalls Werkzeichen (Herstellerzeichen):

Diese Prüfbescheinigung ist gültig bis ....

Bemerkung:

______________________ Ort, Datum

______________________ Unterschrift, Stempel

Verlängert bis	Ort, Datum	Unterschrift, Stempel

Seite 26 DIN 1052 Teil 2

Zitierte Normen

DIN 96	Halbrund-Holzschrauben mit Schlitz
DIN 97	Senk-Holzschrauben mit Schlitz
DIN 125	Scheiben; Ausführung mittel (bisher blank), vorzugsweise für Sechskantschrauben und -muttern
DIN 436	Scheiben; vierkant, vorwiegend für Holzkonstruktionen
DIN 440	Scheiben; vorwiegend für Holzkonstruktionen
DIN 571	Sechskant-Holzschrauben
DIN 601	Sechskantschrauben mit Schaft; Gewinde M 5 bis M 52; Produktklasse C
DIN 1052 Teil 1	Holzbauwerke; Berechnung und Ausführung
DIN 1052 Teil 3	Holzbauwerke; Holzhäuser in Tafelbauart, Berechnung und Ausführung
DIN 1055 Teil 3	Lastannahmen für Bauten; Verkehrslasten
DIN 1055 Teil 4	Lastannahmen für Bauten; Verkehrslasten, Windlasten bei nicht schwingungsanfälligen Bauwerken
DIN 1143 Teil 1	Maschinenstifte; rund, lose
DIN 1151	Drahtstifte, rund; Flachkopf, Senkkopf
DIN 1624	Flacherzeugnisse aus Stahl; Kaltgewalztes Band in Walzbreiten bis 650 mm aus weichen unlegierten Stählen; Technische Lieferbedingungen
DIN 1692	Temperguß; Begriff, Eigenschaften
DIN 1725 Teil 2	Aluminiumlegierungen, Gußlegierungen; Sandguß, Kokillenguß, Druckguß, Feinguß
DIN 4074 Teil 1	Bauholz für Holzbauteile; Gütebedingungen für Bauschnittholz (Nadelholz)
DIN 4112	Fliegende Bauten; Richtlinien für Bemessung und Ausführung
DIN 4149 Teil 1	Bauten in deutschen Erdbebengebieten; Lastannahmen, Bemessung und Ausführung üblicher Hochbauten
DIN 7989	Scheiben für Stahlkonstruktionen
DIN 17 162 Teil 1	Flachzeug aus Stahl; Feuerverzinktes Band und Blech aus weichen unlegierten Stählen; Technische Lieferbedingungen
DIN 17 440	Nichtrostende Stähle; Technische Lieferbedingungen für Blech, Warmband, Walzdraht, gezogenen Draht, Stabstahl, Schmiedestücke und Halbzeug
DIN 50 014	Klimate und ihre technische Anwendung; Normalklimate
DIN 50 049	Bescheinigungen über Materialprüfungen
DIN 55 928 Teil 1	Korrosionsschutz von Stahlbauten durch Beschichtungen und Überzüge; Allgemeines
DIN 55 928 Teil 5	Korrosionsschutz von Stahlbauten durch Beschichtungen und Überzüge; Beschichtungsstoffe und Schutzsysteme
DIN 55 928 Teil 8	Korrosionsschutz von Stahlbauten durch Beschichtungen und Überzüge; Korrosionsschutz von tragenden dünnwandigen Bauteilen (Stahlleichtbau)
DIN 68 705 Teil 3	Sperrholz; Bau-Furniersperrholz
DIN 68 705 Teil 5	Sperrholz; Bau-Furniersperrholz aus Buche
DIN 68 754 Teil 1	Harte und mittelharte Holzfaserplatten für das Bauwesen; Holzwerkstoffklasse 20
DIN 68 763	Spanplatten; Flachpreßplatten für das Bauwesen; Begriffe, Eigenschaften, Prüfung, Überwachung
DIN ISO 898 Teil 1	Mechanische Eigenschaften von Verbindungselementen; Schrauben

Frühere Ausgaben

DIN 1052: 07.33, 05.38, 10.40X, 10.47, 08.65
DIN 1052 Teil 1: 10.69
DIN 1052 Teil 2: 10.69

Änderungen

Gegenüber der Ausgabe Oktober 1969 und DIN 1052 T1/10.69 wurden folgende Änderungen vorgenommen:
Neben einer vollständigen Überarbeitung wurden insbesondere geändert und ergänzt:

a) Es wurden alle Holzverbindungen mit mechanischen Verbindungsmitteln aufgenommen. Dadurch hat sich auch der Titel von DIN 1052 Teil 2 geändert.
b) Formale Übernahme der Abschnitte 11.1 bis 11.4 sowie 11.6 und 11.7 aus DIN 1052 Teil 1, Ausgabe Oktober 1969.
c) Alle allgemeingültigen Bestimmungen wurden in dem Abschnitt 3 „Allgemeines" zusammengefaßt; unter anderem zulässige Erhöhungen der Belastbarkeiten, Anforderungen an den Korrosionsschutz.
d) Die Ausführungen über Dübelverbindungen aus DIN 1052 Teil 1, Ausgabe Oktober 1969, Abschnitt 11.1, wurden mit den Bestimmungen über Dübelverbindungen besonderer Bauart aus DIN 1052 Teil 2, Ausgabe Oktober 1969, zusammengefaßt. Von den Dübeln besonderer Bauart wurden nur diejenigen berücksichtigt, die z. Z. noch im Handel sind.
e) Für Einlaßdübel in Hirnholz sowie für den Ersatz von Klemmbolzen durch Sechskant-Holzschrauben wurden neue Bestimmungen aufgenommen.

f) Bei den Stabdübeln wurden die erforderlichen Bohrlochdurchmesser geändert und die Stabdübel-Mindestabstände präzisiert.

g) Die Werte für zulässige Belastungen von Stabdübel- und Bolzenverbindungen wurden auch auf einige außereuropäische Laubhölzer ausgedehnt.

h) Bei den Nagelverbindungen wurde der Anwendungsbereich erheblich erweitert. Schraub- und Rillennägel (sogenannte Sondernägel) sowie Maschinenstifte nach DIN 1143 Teil 1 sind neu aufgenommen. Nach ihrem Ausziehwiderstand wurden die Sondernägel in drei Tragfähigkeitsklassen eingeteilt.

i) Die Angaben über zulässige Belastungen von Nägeln bei Beanspruchung in Schaftrichtung (Herausziehen) wurden erweitert.

j) Bestimmungen über Nagelverbindungen mit Stahlblechen und Stahlteilen wurden erweitert; Aufnahme geeigneter Sondernägel für die Stahlblech-Holz-Nagelung; Regelungen über die Nagelabstände bei nicht in Holzfaserrichtung versetzt angeordneten Nägeln.

k) Klammerverbindungen neu aufgenommen.

l) Nagelplattenverbindungen neu aufgenommen.

m) Rechenwerte für die Verschiebungsmoduln C für die Berechnungen von Durchbiegungen und Überhöhungen biegebeanspruchter Bauteile mit Anschlüssen und Stößen unter Verwendung mechanischer Verbindungsmittel neu aufgenommen.

Erläuterungen

Die in dieser Norm verwendeten Formelzeichen weichen teilweise von den in DIN 1080 Teil 5/03.80 festgelegten Formelzeichen ab. Es ist daher vorgesehen, DIN 1080 Teil 5 zu überarbeiten.

Internationale Patentklassifikation

B 27 F 4/00
B 27 F 7/00
B 27 M 3/28
E 04 B 1/10
E 04 B 1/26
E 04 B 1/48
F 16 B 5/00
F 16 B 12/10

DK 694.01.001.24:624.011.1:691.11-41 April 1988

Holzbauwerke

Holzhäuser in Tafelbauart
Berechnung und Ausführung

DIN 1052 Teil 3

Timber structures; buildings constructed from timber panels, design and construction

Ouvrages en bois; bâtiments en panneaux de bois, calcul et construction

Die Normen der Reihe DIN 1052 sind gegliedert in

DIN 1052 Teil 1 Holzbauwerke; Berechnung und Ausführung

DIN 1052 Teil 2 Holzbauwerke; Mechanische Verbindungen

DIN 1052 Teil 3 Holzbauwerke; Holzhäuser in Tafelbauart, Berechnung und Ausführung

Verweise in dieser Norm auf DIN 1052 Teil 1 und Teil 2 beziehen sich auf die Ausgabe 04.88.

Inhalt

1 Anwendungsbereich

In dieser Norm werden für die Berechnung und Ausführung von tragenden Tafeln für Holzhäuser in Tafelbauart ergänzende, in der Regel vereinfachende Festlegungen zu DIN 1052 Teil 1 und Teil 2 getroffen.

Diese Norm gilt nur für Holzhäuser mit höchstens drei Vollgeschossen sowie mit vorwiegend ruhenden Lasten einschließlich Windlasten und mit Erdbebenlasten.

Soweit in dieser Norm nichts anderes bestimmt ist, gilt DIN 1052 Teil 1 und Teil 2.

Wandtafeln, die nur durch ihre Eigenlast und gegebenenfalls noch durch leichte Konsollasten oder waagerechte Lasten (z. B. aus Stoß oder Menschengedränge) im Sinne von DIN 4103 Teil 1 beansprucht werden, gelten nicht als tragend.

Bei der Berechnung und Ausführung sind gegebenenfalls auch Anforderungen hinsichtlich des Wärme- und Feuchteschutzes, Brandschutzes und Schallschutzes zu beachten; für Holzschutzmaßnahmen gilt DIN 68 800 Teil 2 und Teil 3.

2 Begriff

Holzhäuser in Tafelbauart sind Gebäude, deren Wände, Decken und Dächer aus Holzbauteilen bestehen, wobei zumindest die tragenden Wände oder Decken in Tafelbauart hergestellt sind.

3 Baustoffe

3.1 Allgemeines

Für die statisch wirksamen Rippen und die Beplankungen der Tafeln dürfen außer den in DIN 1052 Teil 1 genannten Baustoffen auch Baustoffe nach den Abschnitten 3.2 bzw. 3.3 und 3.4 verwendet werden. Mindestdicken der Beplankungen siehe Abschnitt 7.1. Holzwerkstoffklassen sind in Abhängigkeit von den zu erwartenden Feuchtebeanspruchungen nach DIN 68 800 Teil 2 zu wählen.

3.2 Rippen von Wandtafeln

Bauschnittholz auch der Güteklasse III, mindestens Schnittklasse A, nach DIN 4074 Teil 1, jedoch mit folgenden Einschränkungen:

a) die Rippen müssen mindestens einseitig mit Holzwerkstoffen beplankt sein,

b) Drehwuchs muß auf die Werte der Güteklasse II nach DIN 4074 Teil 1 beschränkt sein,

c) die Verwendung ist unzulässig für Tafeln als Stürze (siehe Abschnitt 6.1) und für Scheiben.

3.3 Mittragende Beplankungen

3.3.1 Harte Holzfaserplatten nach DIN 68 754 Teil 1, Rohdichte jedoch mindestens 950 kg/m^3; mittelharte Holzfaser-

Fortsetzung Seite 2 bis 6

Normenausschuß Bauwesen (NABau) im DIN Deutsches Institut für Normung e.V.

platten nach DIN 68 754 Teil 1, Rohdichte jedoch mindestens 650 kg/m^3; nicht jedoch hinsichtlich der Scheibenwirkung von Decken- und Dachtafeln.

3.3.2 Beplankte Strangpreßplatten nach DIN 68 764 Teil 2, jedoch nicht hinsichtlich der Scheibenwirkung von Decken- und Dachtafeln; Beplankung aus mindestens 2,0 mm dicken, harten Holzfaserplatten nach Abschnitt 3.3.1.

3.3.3 Bretter (Schalung) nur hinsichtlich der Scheibenwirkung bei Wandtafeln nach Abschnitt 6.5.

3.3.4 Asbestzement-Tafeln nach DIN 274 Teil 4, Tafelklassen 2 und 3, mit bearbeiteter Kante, nur hinsichtlich der Scheibenwirkung bei Wandtafeln.

3.3.5 Hinsichtlich der Scheibenwirkung bei Decken- und Dachscheiben dürfen nur Flachpreßplatten nach DIN 68 763 und Bau-Furniersperrholz nach DIN 68 705 Teil 3 und Teil 5 verwendet werden.

3.3.6 Für Beplankungen darf auch Bau-Furniersperrholz aus drei Lagen verwendet werden, jedoch nicht bezüglich der Scheibenwirkung bei Decken- und Dachscheiben.

3.4 Aussteifende Beplankungen

3.4.1 Baustoffe nach Abschnitt 3.3.

3.4.2 Beplankte Strangpreßplatten nach DIN 68 764 Teil 1 und Teil 2.

3.4.3 Gipskarton-Bauplatten nach DIN 18 180. Die Platten dürfen nur im Anwendungsbereich der Holzwerkstoffklasse 20 nach DIN 68 800 Teil 2 eingesetzt werden.

4 Tragende Verbindungen

Für die Verbindung der Beplankungen nach den Abschnitten 3.3 und 3.4 mit den Rippen dürfen nur die Verbindungen nach DIN 1052 Teil 1 und Teil 2 verwendet werden; Gipskarton-Bauplatten dürfen nur mit Nägeln oder Holzschrauben, Asbestzement-Tafeln nur mit Holzschrauben nach DIN 96 oder DIN 97 angeschlossen werden.

Bei Wandscheiben mit mindestens 10 mm dicken Beplankungen darf der Abstand der Verbindungsmittel höchstens 150 mm betragen.

Für Bolzenverbindungen von Wand- und Deckentafeln dürfen abweichend von DIN 1052 Teil 2, Tabelle 3, auch andere Scheibenformen verwendet werden, sofern die Nettofläche mindestens gleich groß ist.

5 Berechnungsgrundlagen

5.1 Allgemeines

5.1.1 Windlasten

Die Exzentrizität des Windlast-Angriffs nach DIN 1055 Teil 4/08.86, Abschnitt 6.2.1, braucht beim Nachweis der Standsicherheit von Gebäuden bis zu zwei Vollgeschossen nicht berücksichtigt zu werden. Das gilt bei diesen Gebäuden auch für die Exzentrizität der Windlastresultierenden bezüglich des ideellen Schwerpunktes der windaussteifenden Wandscheiben, solange Wandscheiben in mindestens vier umlaufenden Wänden des Gebäudes angeordnet sind.

5.1.2 Stützkräfte von Deckenscheiben

Die Stützkräfte von Decken- und Dachscheiben dürfen wie für einen starr gestützten Balken bestimmt werden, bei durchlaufenden Scheiben näherungsweise ohne Berücksichtigung einer Durchlaufwirkung wie für einen Balken, der über den Innenstützen gelenkig gestoßen und frei drehbar gelagert ist.

5.2 Materialkennwerte und zulässige Spannungen

5.2.1 Holzwerkstoffe

Für Holzwerkstoffe nach den Abschnitten 3.3.1 und 3.3.2 sind die zulässigen Spannungen im Lastfall H sowie die Elastizitätsmoduln E und Schubmoduln G nach Tabelle 1 maßgebend. Für diese Holzwerkstoffe dürfen die zulässigen Spannungen im Lastfall HZ, bei Erdbebenlasten nach DIN 4149 Teil 1 und für Transport- und Montagezustände nach DIN 1052 Teil 1, Abschnitt 5.1.6, erhöht werden.

5.2.2 Asbestzement-Tafeln

Die zulässige Zugspannung in Plattenebene beträgt parallel zur Faserrichtung der Tafeln 3,2 MN/m^2, rechtwinklig dazu 2,2 MN/m^2. Bei Kraftrichtung schräg zur Faserrichtung darf entsprechend dem Winkel zwischen Kraft- und Faserrichtung zwischen diesen beiden Werten geradlinig interpoliert werden.

Die zulässige Biegespannung für Biegung rechtwinklig zur Plattenebene beträgt 9,0 MN/m^2 bei Beanspruchung parallel zur Faser und 6,5 MN/m^2 bei Beanspruchung rechtwinklig zur Faser.

5.2.3 Gipskarton-Bauplatten

Die zulässige Druckspannung rechtwinklig zur Plattenebene beträgt für Gipskarton-Bauplatten B nach DIN 18 180 2,0 MN/m^2, für Gipskarton-Bauplatten F nach DIN 18 180 2,5 MN/m^2.

5.3 Zulässige Belastung und Anordnung der tragenden Verbindungsmittel

5.3.1 Bolzen und Stabdübel

Für Holzwerkstoffe nach den Abschnitten 3.3.1 und 3.3.2 sind die zulässigen Lochleibungsdruckspannungen in Tabelle 1, Zeile 8, angegeben.

5.3.2 Holzschrauben

Für auf Abscheren beanspruchte Verbindungen von Asbestzement-Tafeln mit Vollholz dürfen die Werte nach DIN 1052 Teil 2, Abschnitt 9.2, verwendet werden.

Die zulässige Belastung von Holzschrauben nach DIN 96 und DIN 97 auf Herausziehen aus Nadelholz nach DIN 1052 Teil 2 darf beim Anschluß von Plattenwerkstoffen an Vollholz voll in Rechnung gestellt werden, wenn die Holzwerkstoffe mindestens 12 mm, die Asbestzement-Tafeln mindestens 8 mm dick sind und bei Holzwerkstoffen der Schraubendurchmesser höchstens gleich der halben Plattendicke ist.

Bei Asbestzement-Tafeln muß der Schraubenabstand vom Plattenrand mindestens 15 mm betragen.

Bei versenkter Anordnung der Holzschrauben sind die Mindestdicken der Beplankungen nach Tabelle 3 um die tatsächliche Versenkungstiefe, mindestens aber um 2 mm, zu vergrößern. Ein bündiger Abschluß des Kopfes von Holzschrauben nach DIN 97 mit der Plattenoberfläche gilt als nicht versenkt.

Der Verschiebungsmodul C für Schraubenverbindungen von Asbestzement-Tafeln mit Vollholz darf mit $C = 800$ N/mm angenommen werden.

5.3.3 Nägel

Die zulässige Nagelbelastung nach DIN 1052 Teil 2 gilt auch für beplankte Strangpreßplatten nach Abschnitt 3.3.2, wenn die Dicke der Platten mindestens 4,5 d_n beträgt, wobei d_n der Nageldurchmesser in mm ist.

Abweichend von DIN 1052 Teil 2 sind für den kleinsten Nagelabstand vom unbeanspruchten Rand von Vollholzrippen rechtwinklig zur Faserrichtung (nicht vorgebohrt) folgende Werte einzuhalten:

5 d_n + 5 mm bei Handnagelung mit Druckluftnagler,

4 d_n bei Handnagelung mit Lehren oder maschinelle Nagelung (z. B. stationäre Nagelbrücken).

DIN 1052 Teil 3 Seite 3

Tabelle 1. **Zulässige Spannungen im Lastfall H sowie Rechenwerte für den Elastizitätsmodul E und den Schubmodul G in MN/m² für Holzwerkstoffe nach den Abschnitten 3.3.1 und 3.3.2**

	Art der Beanspruchung		Harte Holzfaserplatten nach DIN 68 754 Teil 1		Mittelharte Holzfaserplatten nach DIN 68 754 Teil 1	Beplankte Strangpreßplatten nach DIN 68 764 Teil 2	
			Plattennenndicke mm				
			bis 4	über 4	5 bis 16	Rohplatte 12	Rohplatte 16
1	Biegung rechtwinklig zur Plattenebene	zul σ_{Bxy}	8,0	6,0	2,5	5,0	3,5
2	Biegung in Plattenebene	zul σ_{Bxz}	5,5	4,0	2,0	–	
3	Zug in Plattenebene	zul σ_{Zx}	4,0		2,0	2,0	1,5
4	Druck in Plattenebene	zul σ_{Dx}	4,0		2,0	2,0	1,5
5	Druck rechtwinklig zur Plattenebene	zul σ_{Dz}	3,0		2,0	2,5	
6	Abscheren und Schub in Plattenebene [1])	zul τ_{zx}	0,4		0,3	0,5	
7	Abscheren rechtwinklig zur Plattenebene	zul τ_{yx}	1,5		0,8	1,2	
8	Lochleibungsdruck [2])	zul σ_l	6,0		3,0	3,0	
9	Biegung rechtwinklig zur Plattenebene	E_{Bxy}	4000	3500	1500	3500	2800
10	Biegung in Plattenebene	E_{Bxz}	2500	2000	1000	–	
11	Druck, Zug in Plattenebene	E_{Dx}, E_{Zx}	2500	2000	1000	1600	1400
12	Biegung rechtwinklig zur Plattenebene	G_{zx}	200		100	100	
13	Biegung in Plattenebene	G_{yx}	1250	1000	500	800	700

[1]) Werte gelten auch für Abscheren in Leimfugen zwischen Rippen und Beplankungen.
[2]) Für Bolzen und Stabdübel.

6 Berechnung

6.1 Allgemeines

Mittragende Beplankungen nach den Abschnitten 3.3.1 und 3.3.2 sind auch einseitig zulässig. Beplankungen aus Asbestzement-Tafeln und Bretterschalungen dürfen nur dann als mittragend berücksichtigt werden, wenn die Tafeln beidseitig mittragende Beplankungen aufweisen.

Bei der Bemessung von Wandscheiben für waagerechte Lasten in Tafelebene dürfen beidseitig beplankte Tafeln mit einer Beplankung aus Holzwerkstoffen nach DIN 1052 Teil 1 oder nach den Abschnitten 3.3.1 und 3.3.2 auf der einen und aus Asbestzement-Tafeln auf der anderen Seite wie Tafeln mit zwei einseitigen Beplankungen nach DIN 1052 Teil 1, Abschnitt 11.4.2.1, Aufzählung c, behandelt werden.

Aussteifende Beplankungen nach Abschnitt 3.4 sind auch einseitig zulässig, wenn das Seitenverhältnis Höhe zu Breite der auszusteifenden Rippe nicht größer als 4 ist.

Für Stürze über Öffnungen mit lichten Weiten bis 2,50 m dürfen auch Beplankungen nach den Abschnitten 3.3.1 und 3.3.2 verwendet werden.

6.2 Rippenabstände

Für Beplankungen ist im Hinblick auf klimatisch bedingte Verformungen ohne anderen Nachweis $b \leq 50 \cdot h_{1,3}$ einzuhalten. Bei Asbestzement-Tafeln, die nicht der Witterung unmittelbar ausgesetzt sind, muß $b \leq 70 \cdot h_{1,3}$ sein. Bei unterschiedlichen Beplankungen ist der kleinere Wert für b maßgebend.

Hierin bedeuten (siehe DIN 1052 Teil 1, Bilder 28 und 29):

b lichter Abstand der Rippen

h_1 h_3 Dicke der Beplankung.

6.3 Mitwirkende Beplankungsbreite

Für Beplankungen aus Holzwerkstoffen nach den Abschnitten 3.3.1 und 3.3.2 gilt DIN 1052 Teil 1. Abweichend davon darf bei gleichmäßig verteilter Last vereinfachend mit den Werten nach Tabelle 2 gerechnet werden, sofern der Achsabstand der Rippen 0,625 m nicht überschreitet.

Tabelle 2. **Höchstwerte für vereinfachende Ermittlung der mitwirkenden Breite b' zwischen den Rippen**

Beplankungen	b'/b Feld-Bereich	b'/b Stützen-Bereich
Flachpreßplatten, Holzfaserplatten	0,9	0,8
Bau-Furniersperrholz	0,7	0,55

6.4 Auf Druck oder auf Druck und Biegung beanspruchte Tafeln

Bei Rippen aus Vollholz und Beplankungen aus Holzwerkstoffen nach den Abschnitten 3.3.1 und 3.3.2 sind die Knickzahlen für Vollholz nach DIN 1052 Teil 1 zugrunde zu legen.

6.5 Wandtafeln mit diagonaler Bretterschalung

Das Verhältnis Höhe zu Breite der Tafeln darf 2,5 nicht überschreiten. Die Bretter müssen parallel zu einer Diagonalen der Tafel, jedoch in einem Winkelbereich zwischen 30° und 70° zur Waagerechten, verlaufen (siehe Bild 1). Die Schalung ist durch mindestens eine waagerechte oder lotrechte Zwischenrippe zu unterstützen. Jedes Brett ist mit mindestens zwei Nägeln oder zwei Schrauben an jeder Rippe anzuschließen.

Der Spannungs- bzw. Knicknachweis für die Bretterschalung ist mit der Diagonalkraft $F/\cos\,\alpha$ sowie mit einer ideellen Breite $b_i = 0{,}2 \cdot b_s$, jedoch höchstens $0{,}2 \cdot h_s$, zu führen, wobei Schlankheitsgrade bis $\lambda = 200$ zulässig sind. Als Knicklänge s_k ist die Länge der Diagonalen zwischen den stützenden Rippen einzusetzen. Die für den Anschluß der Diagonalkraft erforderliche Nagel- oder Schraubenanzahl darf bei Einraster-Tafeln auf die Länge $b_{s1}/2 + h_s/2$, bei Mehrraster-Tafeln auf die Länge $b_s/2 + h_s/2$ gleichmäßig verteilt werden.

Falls die Auflast im Punkt A geringer ist als die Anker-Zugkraft Z_A, ist die erforderliche Eckverbindung der Randrippen nachzuweisen.

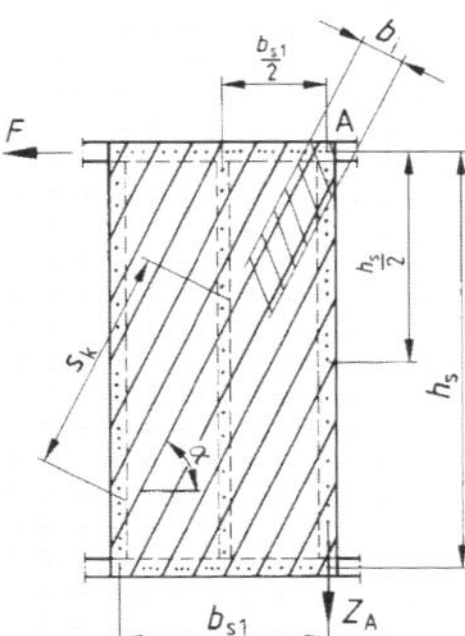

Bild 1. Wandtafeln mit diagonaler Bretterschalung (Einraster-Tafel)

7 Ausführung

7.1 Mindestdicken der Beplankungen

Die Angaben in Tabelle 3 gelten unter der Voraussetzung, daß die Verbindungsmittel nicht größere Maße erfordern.

Tabelle 3. **Mindestdicken der Beplankungen**

Baustoff	Mindestdicke mm
Beplankte Strangpreßplatten	14
Harte Holzfaserplatten	4
Mittelharte Holzfaserplatten	6
Gipskarton-Bauplatten	12,5
Asbestzement-Tafeln	6

7.2 Dachneigung

Bezüglich der Neigung von Flachdächern aus Holztafeln gilt DIN 1052 Teil 1, Abschnitt 13.2.2, sinngemäß. Eine Berücksichtigung der Wassersackbildung ist nicht erforderlich bei Einfeldtafeln mit einer Stützweite bis zu 6,25 m und bei Durchlauftafeln mit einer Stützweite bis zu 7,50 m, wenn die Tafeln auf wenig nachgiebiger Unterkonstruktion aufliegen, z. B. auf Wandtafeln oder auf Unterzügen mit einer Stützweite bis zu 4 m.

8 Ausführungsbeispiele für Wandtafeln ohne Nachweis der Aufnahme der Horizontallast F_H

8.1 Einraster-Tafeln

Einraster-Tafeln, die in ihrer Ebene sowohl lotrecht als auch waagerecht belastet werden, brauchen nur für die Aufnahme der lotrechten Gesamtlast F_V bemessen zu werden, wenn folgende Voraussetzungen erfüllt sind:

a) Maße, Konstruktion und Werkstoffe entsprechen mindestens den Angaben in Bild 2; die Querschnittsfläche jeder Rippe beträgt mindestens 40 cm^2; die Dicke der Beplankung $h_{1,3}$ ist $\geq b/50$; bei Verwendung anderer Nageldurchmesser oder von Klammern ist max e im Verhältnis der zulässigen Belastungen der Verbindungsmittel umzurechnen; die Tafeln dürfen auch verleimt sein,

b) die Höchstwerte der Horizontallast F_H betragen für:
 – einseitige Beplankung $F_H = 4{,}0$ kN
 – beidseitige Beplankung $F_H = 5{,}0$ kN

c) der Anschluß der Anker-Zugkraft Z_A infolge F_H an die Randrippe nach DIN 1052 Teil 1, Abschnitt 11.4.2.1 sowie der Anschluß von F_H im Wandfußpunkt werden nachgewiesen,

d) die Beplankungen werden für die anteilige Aufnahme der Lasten F_V nicht berücksichtigt,

e) beim Nachweis der Flächenpressung im Schwellenbereich der lotrechten Rippen infolge F_V wird $k_{D\perp}$ nach DIN 1052 Teil 1, Abschnitt 5.1.11, mit 1,0 angenommen,

f) die Angaben unter den Aufzählungen a bis e gelten auch für Tafeln, bei denen die Schwelle mit der druckbeanspruchten Randrippe endet, wenn die Tafel an dieser Stelle mit einer Querwand oder einem gleichwertigen Bauteil kraftschlüssig verbunden ist.

8.2 Mehrraster-Tafeln

Für Mehrraster-Tafeln nach DIN 1052 Teil 1, Abschnitt 11.4.2.2, und der Ausführung nach Bild 2 gilt in Ergänzung zu Abschnitt 8.1 folgendes:

a) für die anteilige Horizontallast je Raster gelten die Höchstwerte nach Abschnitt 8.1, Aufzählung b,

b) die Anker-Zugkraft Z_A braucht nur am zugbeanspruchten Rand der Gesamttafel aufgenommen zu werden.

DIN 1052 Teil 3 Seite 5

Maße in mm

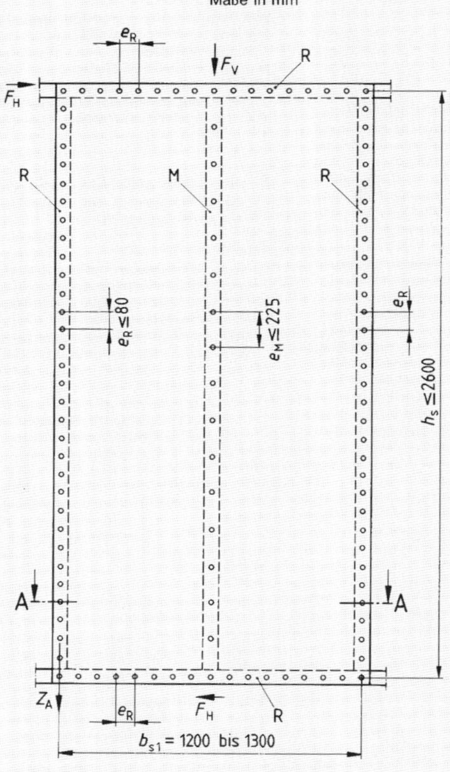

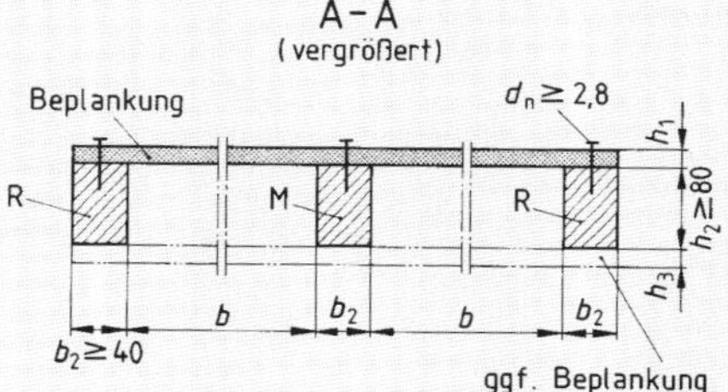

Rippen M und R: Vollholz, Güteklasse II, Schnittklasse S oder A nach DIN 4074 Teil 1

Beplankungen: Flachpreßplatten nach DIN 68 763

Bild 2. Einraster-Tafeln

Zitierte Normen

DIN 96	Halbrund-Holzschrauben mit Schlitz
DIN 97	Senk-Holzschrauben mit Schlitz
DIN 274 Teil 4	Asbestzementplatten; Ebene Tafeln; Maße, Anforderungen, Prüfungen
DIN 1052 Teil 1	Holzbauwerke; Berechnung und Ausführung
DIN 1052 Teil 2	Holzbauwerke; Mechanische Verbindungen
DIN 1055 Teil 4	Lastannahmen für Bauten; Verkehrslasten, Windlasten bei nicht schwingungsanfälligen Bauwerken
DIN 4074 Teil 1	Bauholz für Holzbauteile; Gütebedingungen für Bauschnittholz (Nadelholz)
DIN 4103 Teil 1	Nichttragende innere Trennwände; Anforderungen, Nachweise
DIN 4149 Teil 1	Bauten in deutschen Erdbebengebieten; Lastannahmen, Bemessung und Ausführung üblicher Hochbauten
DIN 18 180	Gipskartonplatten; Arten, Anforderungen, Prüfung
DIN 68 705 Teil 3	Sperrholz; Bau-Furniersperrholz
DIN 68 705 Teil 5	Sperrholz; Bau-Furniersperrholz aus Buche
DIN 68 754 Teil 1	Harte und mittelharte Holzfaserplatten für das Bauwesen; Holzwerkstoffklasse 20
DIN 68 763	Spanplatten; Flachpreßplatten für das Bauwesen; Begriffe, Eigenschaften, Prüfung, Überwachung
DIN 68 764 Teil 1	Spanplatten; Strangpreßplatten für das Bauwesen; Begriffe, Eigenschaften, Prüfung, Überwachung
DIN 68 764 Teil 2	Spanplatten; Strangpreßplatten für das Bauwesen; Beplankte Strangpreßplatten für die Tafelbauart
DIN 68 800 Teil 2	Holzschutz im Hochbau; Vorbeugende bauliche Maßnahmen
DIN 68 800 Teil 3	Holzschutz im Hochbau; Vorbeugender chemischer Schutz von Vollholz

Erläuterungen

Die in dieser Norm verwendeten Formelzeichen weichen teilweise von den in DIN 1080 Teil 5/03.80 festgelegten Formelzeichen ab. Es ist daher vorgesehen, DIN 1080 Teil 5 zu überarbeiten.

Internationale Patentklassifikation

B 27 N 3/00
E 04 B 1/10

DK 674.032-41/-42:691.11 September 1989

Sortierung von Nadelholz nach der Tragfähigkeit
Nadelschnittholz

DIN 4074 Teil 1

Strength grading of coniferous wood; Coniferous sawn timber

Ersatz für Ausgabe 12.58

Zusammenhang mit einer beim Europäischen Komitee für Normung (CEN) in Vorbereitung befindlichen Norm, siehe Erläuterungen.

Maße in mm

1 Anwendungsbereich und Zweck

Diese Norm gilt für Nadelschnitthölzer, deren Querschnitte nach der Tragfähigkeit zu bemessen sind.

Sie legt Sortiermerkmale und -klassen als Voraussetzung für die Anwendung von Rechenwerten für den Standsicherheitsnachweis nach z.B. DIN 1052 Teil 1 oder DIN 1074 fest. Nach zwei Verfahren kann sortiert werden:

- *visuell* (nach Abschnitt 5)
- maschinell (nach Abschnitt 6).

Für bestimmte Verwendungszwecke des Holzes gelten spezielle Normen bezüglich der Sortierung nach der Tragfähigkeit: DIN 68 362 und DIN 4568 Teil 2 für Holzleitern, DIN 15 147 für Flachpaletten.

2 Begriffe

2.1 Schnittholz

Holzerzeugnis von mindestens 6 mm Dicke, das durch Sägen oder Spanen von Rundholz parallel zur Stammachse hergestellt wird. Dabei wird nach Tabelle 1 unterschieden:

Tabelle 1. **Schnittholzeinteilung**

	Dicke d bzw. Höhe h	Breite b
2.1.1 Latte	$d \leq 40$	$b < 80$
2.1.2 Brett[1])	$d \leq 40$	$b \geq 80$
2.1.3 Bohle[1])	$d > 40$	$b > 3\,d$
2.1.4 Kantholz einschließlich Kreuzholz (Rahmen) und Balken	$b \leq h \leq 3\,b$	$b > 40$

[1]) Vorwiegend hochkant biegebeanspruchte Bretter und Bohlen sind wie Kantholz zu sortieren.

Anmerkung: Die Definitionen der Schnitthölzer in DIN 68 252 Teil 1 und DIN 68 365 sind nicht einheitlich und decken nicht alle Querschnitte ab.

2.2 Holzfeuchte

2.2.1 Mittlere Holzfeuchte bedeutet nach dieser Norm Mittelwert der Feuchte eines Holzquerschnitts.

Anmerkung: Holzfeuchte in %, bezogen auf die Darrmasse, Bestimmung nach DIN 52 183.

2.2.2 Schnittholz gilt als

a) **frisch,** wenn es eine mittlere Holzfeuchte von über 30 % hat (bei Querschnitten über 200 cm² über 35 %),

b) **halbtrocken,** wenn es eine mittlere Holzfeuchte von über 20 % und von höchstens 30 % hat (bei Querschnitten über 200 cm² höchstens 35 %),

c) **trocken**, wenn es eine mittlere Holzfeuchte bis 20 % hat.

Anmerkung: *Eine mittlere Holzfeuchte bis 20 % kann kurzfristig nur durch technische Trocknung erreicht werden. Eine mittlere Holzfeuchte unter 15 % ist in der Regel nur durch technische Trocknung zu erreichen.*

2.3 Sollquerschnitt

Der Sollquerschnitt bezieht sich auf eine mittlere Holzfeuchte von 30 %.

Anmerkung: Als mittleres Schwind-/Quellmaß für die Querschnittsmaße Breite und Dicke bzw. Höhe ist ein Rechenwert von 0,24 % je 1 % Holzfeuchteänderung anzunehmen.

3 Bezeichnung

Bezeichnung eines Kantholzes Sortierklasse S 10, aus Fichte (FI):

Kantholz DIN 4074 – S 10 – FI

4 Sortiermerkmale

4.1 Baumkante

Die Breite k der Baumkante wird schräg gemessen und als Bruchteil K der größeren Querschnittsseite angegeben (siehe Bild 1).

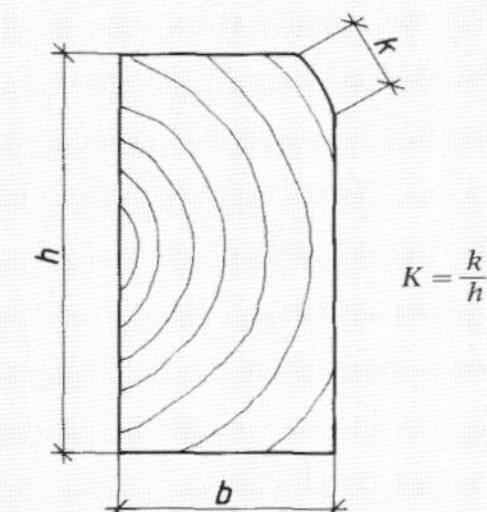

Bild 1. Messung und Berechnung der Baumkante

Fortsetzung Seite 2 bis 7

Normenausschuß Holzwirtschaft und Möbel (NHM) im DIN Deutsches Institut für Normung e.V.
Normenausschuß Bauwesen (NABau) im DIN
Normenausschuß Maschinenbau (NAM) im DIN

4.2 Äste

4.2.1 Allgemeines

Zwischen verwachsenen und nicht verwachsenen Ästen wird nicht unterschieden. Astlöcher werden im Sinne dieser Norm mit Ästen gleichgesetzt. Astrinde wird dem Ast hinzugerechnet.

4.2.2 Äste in Kanthölzern

4.2.2.1 Maßgebend ist der kleinste sichtbare Durchmesser d der Äste. Bei angeschnittenen Ästen gilt die Bogenhöhe (siehe d_1 in Bild 2), wenn diese kleiner als der Durchmesser ist.

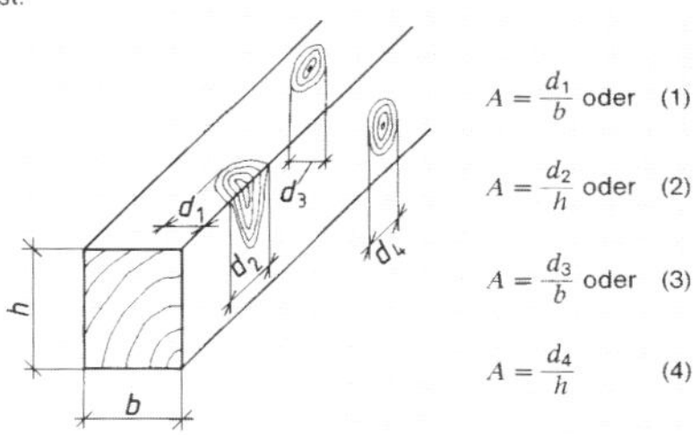

$$A = \frac{d_1}{b} \text{ oder} \quad (1)$$

$$A = \frac{d_2}{h} \text{ oder} \quad (2)$$

$$A = \frac{d_3}{b} \text{ oder} \quad (3)$$

$$A = \frac{d_4}{h} \quad (4)$$

Bild 2. Messung und Berechnung der Ästigkeit in Kanthölzern

4.2.2.2 Die Ästigkeit A berechnet sich aus dem nach Abschnitt 4.2.2.1 bestimmten Durchmesser d geteilt durch das Maß b bzw. h der zugehörigen Querschnittsseite (siehe Bild 2). Maßgebend ist der größte Ast.

4.2.3 Äste in Brettern, Bohlen und Latten[1])

4.2.3.1 Äste werden kantenparallel und dort gemessen, wo der Astquerschnitt zutage tritt. Der auf einer inneren (rechten) Seite sichtbare Teil eines Kantenastes (a_2 in Bild 3) bleibt unberücksichtigt, wenn das auf der Schmalseite vorhandene Astmaß (a_3), auf die Schmalseite bezogen, die in Ziffer 2.1 der Tabelle 3 angegebenen Werte nicht überschreitet.

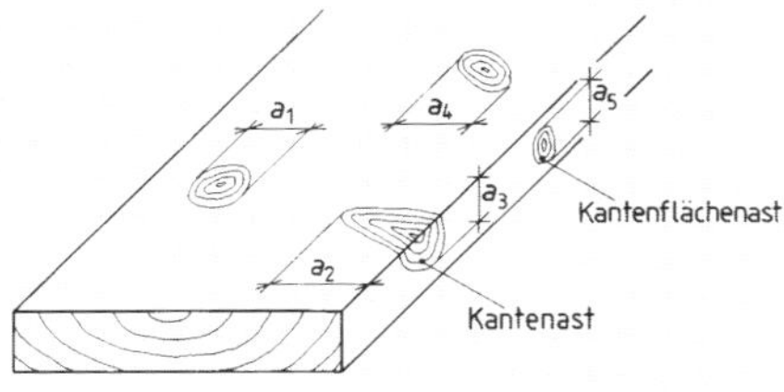

Bild 3. Messung der Äste in Brettern, Bohlen und Latten

4.2.3.2 Als Sortiermerkmale sind zwei Kriterien zu berücksichtigen

- Einzelast: Die Ästigkeit A berechnet sich aus der Summe der nach Abschnitt 4.2.3.1 bestimmten Astmaße a auf allen Schnittflächen, auf denen der Ast auftritt, geteilt durch das doppelte Maß der Breite b (siehe Bild 4).
- Astansammlung: Die Ästigkeit A berechnet sich aus der Summe der nach Abschnitt 4.2.3.1 bestimmten Astmaße a aller Astschnittflächen, die sich überwiegend innerhalb einer Meßlänge von 150 mm befinden, geteilt durch das doppelte Maß der Breite b (siehe Bild 5). Astmaße, die sich überlappen, werden nur einfach berücksichtigt. Äste, deren kleinster Durchmesser an keiner Schnittfläche 5 mm übersteigt, bleiben unberücksichtigt.

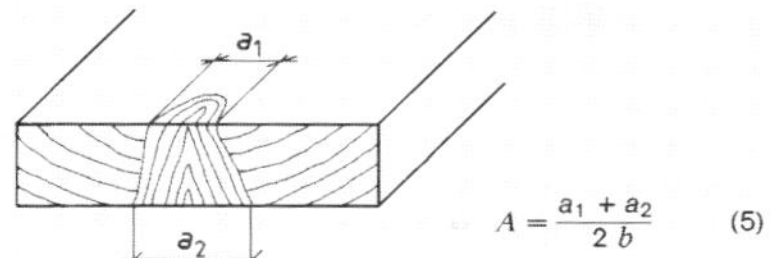

$$A = \frac{a_1 + a_2}{2\,b} \quad (5)$$

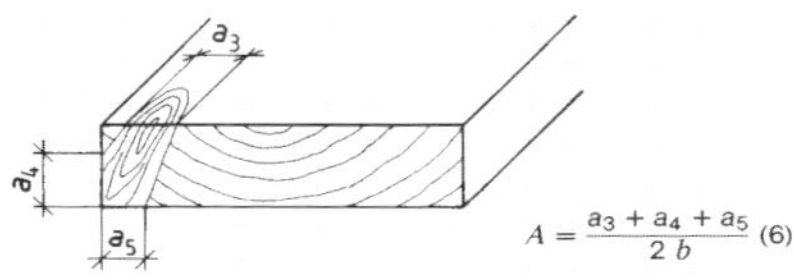

$$A = \frac{a_3 + a_4 + a_5}{2\,b} \quad (6)$$

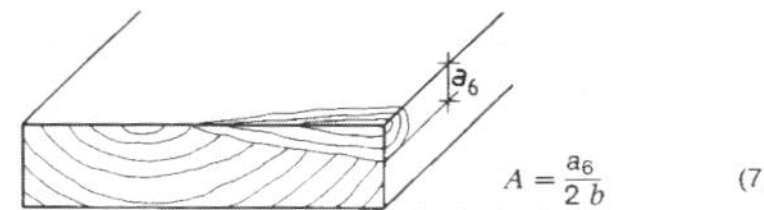

$$A = \frac{a_6}{2\,b} \quad (7)$$

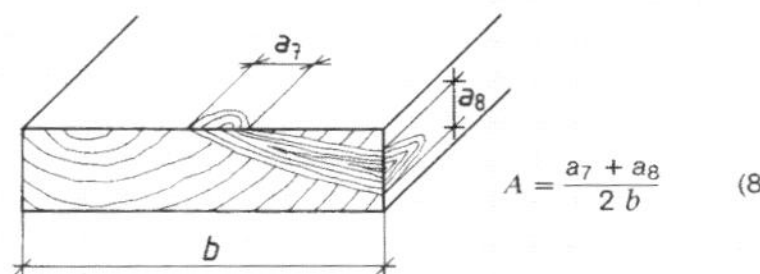

$$A = \frac{a_7 + a_8}{2\,b} \quad (8)$$

Bild 4. Berechnung der Ästigkeit A beim Einzelast

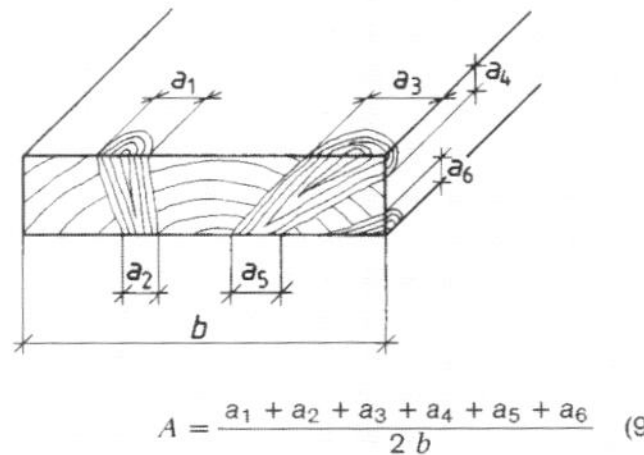

$$A = \frac{a_1 + a_2 + a_3 + a_4 + a_5 + a_6}{2\,b} \quad (9)$$

Bild 5. Berechnung der Ästigkeit A bei Astansammlung

4.3 Jahrringbreite

Die Jahrringbreite wird in radialer Richtung in mm gemessen. Bei Schnitthölzern, die Mark enthalten, bleibt ein Bereich von 25 mm, ausgehend von der Markröhre, außer Betracht.

Es gilt die mittlere Jahrringbreite nach DIN 52 181.

---

[1]) Vorwiegend hochkant biegebeanspruchte Bretter und Bohlen sind wie Kantholz zu sortieren.

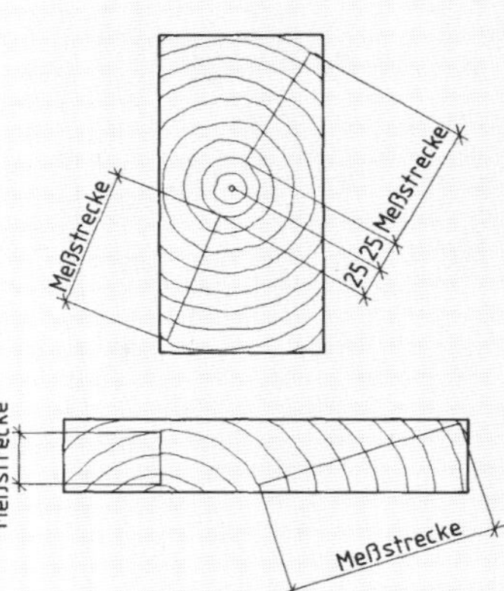

Bild 6. Maßgebender Bereich für die Bestimmung der Jahrringbreite

4.4 Faserneigung

Die Faserneigung wird berechnet als Abweichung „e" der Fasern auf 1000 mm Länge. Örtliche Faserabweichungen, wie sie z. B. von Ästen hervorgerufen werden, bleiben unberücksichtigt. Die Faserneigung wird nach Augenschein, Schwindrissen, dem Jahrringverlauf oder mit Hilfe eines geeigneten Ritzgerätes (siehe DIN 52 181) gemessen.

Anmerkung: Drehwuchs ist in frischem Zustand schwer zu erkennen.

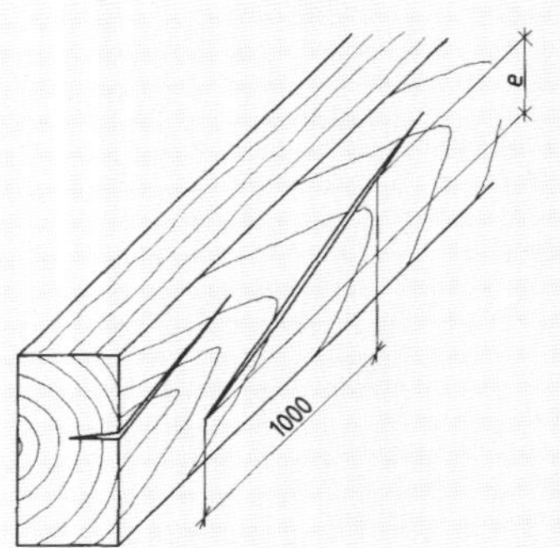

Bild 7. Bestimmung der Faserneigung nach Schwindrissen

4.5 Risse

4.5.1 Unterschieden wird zwischen Blitz- und Frostrissen, Ringschäle sowie Schwindrissen (Trockenrissen).

4.5.2 Blitz- und Frostrisse sind radial gerichte Risse, die am stehenden Baum entstehen. Sie sind an einer Nachdunkelung des angrenzenden Holzes und Frostrisse zusätzlich an einer örtlichen Krümmung der Jahrringe zu erkennen.

4.5.3 Unter Ringschäle wird ein Riß verstanden, der den Jahrringen folgt.

Bild 8. Frostriß

Bild 9. Blitzriß

4.5.4 Schwindrisse (Trockenrisse) sind radial gerichtete Risse, die als Folge der Holztrocknung am gefällten Stamm bzw. am Schnittholz entstehen.

Anmerkung: Übliche Schwindrisse beeinträchtigen die Tragfähigkeit nicht.

4.6 Verfärbungen

Als Verfärbung gilt die Veränderung der natürlichen Holzfarbe.

4.6.1 Bläue entsteht durch Befall mit Bläuepilzen. Bläuepilze leben von Inhaltsstoffen. Sie greifen die Zellwände nicht an und sind daher ohne Einfluß auf die Festigkeitseigenschaften.

4.6.2 Braune und rote Streifen werden durch Pilzbefall hervorgerufen. Eine Festigkeitsminderung liegt in der Regel noch nicht vor, solange sie nagelfest sind, also die Härte des Holzes nicht erkennbar vermindert ist. Bei trockenem Holz ist eine weitere Ausdehnung des Befalls nicht möglich.

4.6.3 Rot- und Weißfäule stellen einen fortgeschrittenen Befall durch holzzerstörende Pilze dar. Sie sind an einer fleckigen Verfärbung und reduzierter Oberflächenhärte zu erkennen.

4.7 Druckholz

Druckholz wird im lebenden Baum als Reaktion auf äußere Beanspruchungen gebildet und ist durch eine vom üblichen Holz verschiedene Struktur gekennzeichnet. In mäßigem Umfang ist Druckholz ohne wesentlichen Einfluß auf die Festigkeitseigenschaften, kann aber wegen des ausgeprägten Längsschwindverhaltens eine erhebliche Krümmung des Schnittholzes verursachen.

4.8 Insektenfraß

Stehende Bäume und frisches Rundholz können von sogenannten Frischholzinsekten befallen werden. Der Befall ist auf der Holzoberfläche an den Fraßgängen (Bohrlöchern) zu erkennen. Bohrlöcher mit einem Durchmesser bis 2 mm rühren vom holzbrütenden Borkenkäfer (Trypodendron lineatum; Synonym: Xyloterus lineatus) her. Sie sind in dem bisher festgestellten Ausmaß ohne praktischen Einfluß auf die Festigkeitseigenschaften. Eine Ausdehnung des Befalls ist in trockenem Holz nicht möglich.

4.9 Mistelbefall

Mistel (Viscum album) ist eine auf Bäumen wachsende Halbschmarotzerpflanze, deren Senkerwurzeln im Holz des Wirtsbaumes Löcher hinterlassen. Senkerlöcher (etwa 5 mm Durchmesser) liegen in den betroffenen Schnitthölzern meist dicht beisammen und verursachen dann eine enge Durchlöcherung.

4.10 Krümmung

4.10.1 Das in radialer und tangentialer Richtung unterschiedliche Schwindmaß kann zu einer Querkrümmung (Schüsselung), Drehwuchs und Druckholz können zu einer Längskrümmung und Verdrehung des Schnittholzes führen. Die Krümmung hängt wesentlich von der Holzfeuchte ab. Sie ist bei frischem Schnittholz in der Regel noch nicht zu erkennen und erreicht ihr größtes Ausmaß erst, wenn das Holz getrocknet ist.

4.10.2 Verdrehung und Längskrümmung werden berechnet als Pfeilhöhe h an der Stelle der größten Verformung, bezogen auf 2000 mm Meßlänge.

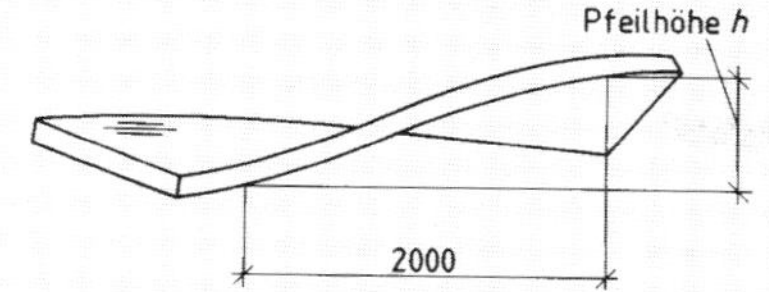

Bild 10. Verdrehung von Schnittholz

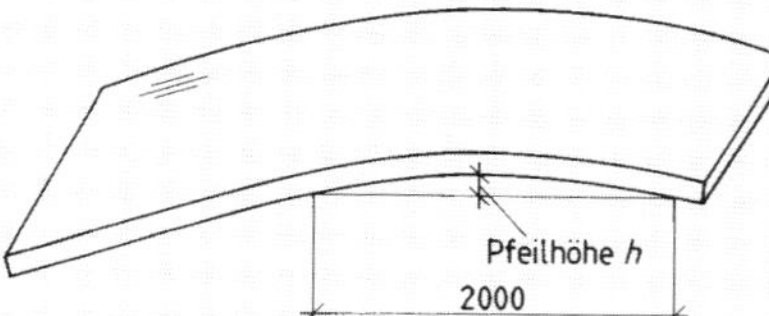

Bild 11. Längskrümmung von Schnittholz-Krümmung in Richtung der Dicke

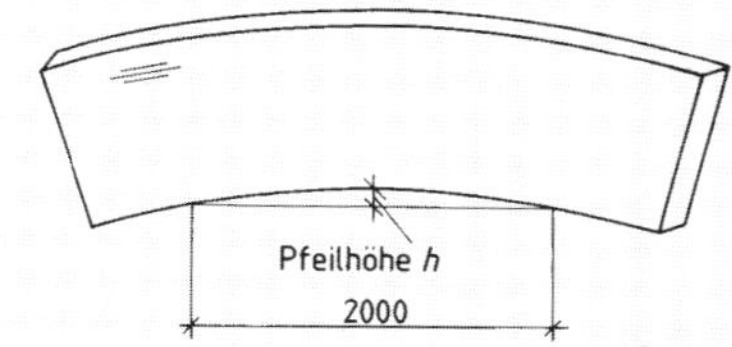

Bild 13. Längskrümmung von Schnittholz-Krümmung in Richtung der Breite

4.10.3 Querkrümmung wird berechnet als Pfeilhöhe h bezogen auf die Breite des Schnittholzes

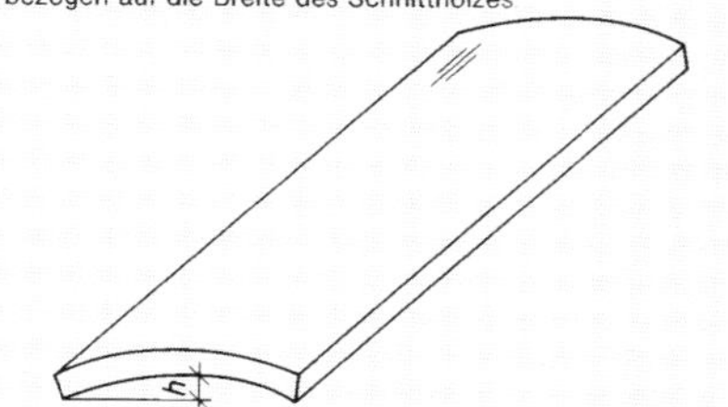

Bild 12. Querkrümmung (Schüsselung) von Schnittholz

4.11 Markröhre

Die Markröhre ist die zentrale Röhre im Stamm innerhalb des ersten Jahrringes.

5 Visuelle Sortierung

5.1 Sortierklassen (S)

Nach visuell feststellbaren Merkmalen werden drei Klassen unterschieden

- Klasse S 7: Schnittholz mit geringer Tragfähigkeit
- Klasse S 10: Schnittholz mit üblicher Tragfähigkeit
- Klasse S 13: Schnittholz mit überdurchschnittlicher Tragfähigkeit

5.2 Anforderungen

5.2.1 Sortierkriterien

Die Anforderungen an Kantholz sind aus Tabelle 2, die Anforderungen an Bretter, Bohlen und Latten aus Tabelle 3 zu entnehmen.

Anmerkung: Sonstige Schäden, wie z. B. mechanische Schädigung oder extremer Rindeneinschluß, sind sinngemäß zu berücksichtigen.

5.2.2 Maßhaltigkeit

Abweichungen von den vorgesehenen Querschnittsmaßen nach unten sind, bezogen auf eine mittlere Holzfeuchte von 30 %, zulässig bis 3 % bei 10 % der Menge.

5.2.3 Toleranzen

Bei nachträglicher Inspektion einer Lieferung sortierten Holzes sind ungünstige Abweichungen von den geforderten Grenzwerten zulässig bis 10 % bei 10 % der Menge.

5.3 Kennzeichnung

Schnitthölzer der Sortierklasse S 13 sind dauerhaft, eindeutig und deutlich zu kennzeichnen. Hierbei muß die Kennzeichnung angeben

- Sortierklasse
- Name des Betriebes, in dem sortiert wurde
- Name des ausführenden Sortierers

Tabelle 2. **Sortierkriterien für Kanthölzer bei der visuellen Sortierung**

Sortiermerkmale (siehe Abschnitt 4)	Sortierklassen S 7	S 10	S 13
1. Baumkante	alle vier Seiten müssen durchlaufend vom Schneidwerkzeug gestreift sein	bis 1/3, in jedem Querschnitt muß mindestens 1/3 jeder Querschnittsseite von Baumkante frei sein	bis 1/8, in jedem Querschnitt muß mindestens 2/3 jeder Querschnittsseite von Baumkante frei sein
2. Äste	bis 3/5	bis 2/5 nicht über 70	bis 1/5 nicht über 50
3. Jahrringbreite – im allgemeinen – bei Douglasie	 – –	 bis 6 bis 8	 bis 4 bis 6
4. Faserneigung	bis 200 mm/m	bis 120 mm/m	bis 70 mm/m
5. Risse – radiale Schwindrisse (= Trockenrisse) – Blitzrisse Frostrisse Ringschäle	 zulässig nicht zulässig	 zulässig nicht zulässig	 zulässig nicht zulässig
6. Verfärbungen – Bläue – nagelfeste braune und rote Streifen – Rotfäule Weißfäule	 zulässig bis zu 3/5 des Querschnitts oder der Oberfläche zulässig nicht zulässig	 zulässig bis zu 2/5 des Querschnitts oder der Oberfläche zulässig nicht zulässig	 zulässig bis zu 1/5 des Querschnitts oder der Oberfläche zulässig nicht zulässig
7. Druckholz	bis zu 3/5 des Querschnitts oder der Oberfläche zulässig	bis zu 2/5 des Querschnitts oder der Oberfläche zulässig	bis zu 1/5 des Querschnitts oder der Oberfläche zulässig
8. Insektenfraß	Fraßgänge bis 2 mm Durchmesser von Frischholzinsekten zulässig		
9. Mistelbefall	nicht zulässig	nicht zulässig	nicht zulässig
10. Krümmung – Längskrümmung, Verdrehung	 bis 15 mm/2 m	 bis 8 mm/2 m	 bis 5 mm/2 m

Tabelle 3. **Sortierkriterien für Bohlen, Bretter und Latten bei der visuellen Sortierung**[1]

Sortiermerkmale (siehe Abschnitt 4)	Sortierklassen S 7	S 10	S 13
1. Baumkante	alle vier Seiten müssen durchlaufend vom Schneidwerkzeug gestreift sein	bis 1/3, in jedem Querschnitt muß mindestens 1/3 jeder Querschnittsseite von Baumkante frei sein	bis 1/8, in jedem Querschnitt muß mindestens 2/3 jeder Querschnittsseite von Baumkante frei sein
2. Äste 2.1 Einzellast	 bis 1/2	 bis 1/3 *Kantenflächenäste nach DIN 68 256, die sich über 1/3 der Breite erstrecken, sind nicht zulässig*	 bis 1/5
2.2 Astansammlung	bis 2/3	bis 1/2	bis 1/3
3. Jahrringbreite – im allgemeinen – bei Douglasie	 – –	 bis 6 bis 8	 bis 4 bis 6
4. Faserneigung	bis 200 mm/m	bis 120 mm/m	bis 70 mm/m
5. Risse – radiale Schwindrisse (= Trockenrisse) – Blitzrisse Frostrisse Ringschäle	 zulässig nicht zulässig	 zulässig nicht zulässig	 zulässig nicht zulässig
6. Verfärbungen – Bläue – nagelfeste braune und rote Streifen – Rotfäule Weißfäule	 zulässig bis zu 3/5 des Querschnitts oder der Oberfläche zulässig nicht zulässig	 zulässig bis zu 2/5 des Querschnitts oder der Oberfläche zulässig nicht zulässig	 zulässig bis zu 1/5 des Querschnitts oder der Oberfläche zulässig nicht zulässig
7. Druckholz	bis zu 3/5 des Querschnitts oder der Oberfläche zulässig	bis zu 2/5 des Querschnitts oder der Oberfläche zulässig	bis zu 1/5 des Querschnitts oder der Oberfläche zulässig
8. Insektenfraß	Fraßgänge bis 2 mm Durchmesser von Frischholzinsekten zulässig		
9. Mistelbefall	nicht zulässig	nicht zulässig	nicht zulässig
10. Krümmung – Längskrümmung, Verdrehung – Querkrümmung	 bis 15 mm/2 m bis 1/20	 bis 8 mm/2 m bis 1/30	 bis 5 mm/2 m bis 1/50
11. Markröhre	zulässig	zulässig	nicht zulässig

[1]) *Vorwiegend hochkant biegebeanspruchte Bretter und Bohlen sind wie Kantholz zu sortieren.*

6 Maschinelle Sortierung

6.1 Allgemeines

Schnittholz nach dieser Norm darf maschinell nur mit einer nach DIN 4074 Teil 3 geprüften und registrierten Sortiermaschine sortiert werden. Die Registrierung wird durch die Berechtigung zum Führen des DIN-Prüf- und Überwachungszeichens in Verbindung mit der zugehörigen Registernummer nachgewiesen (siehe DIN 4074 Teil 3).

Betriebe, die Schnittholz nach dieser Norm maschinell sortieren, müssen den Nachweis erbringen, daß ihre Werkseinrichtung und ihr Fachpersonal nach DIN 4074 Teil 4 überprüft wurden. Der Nachweis gilt als erbracht, wenn eine Eignungsbescheinigung nach DIN 4074 Teil 4 ausgestellt ist.

6.2 Sortierklassen (MS)

Nach maschinell zu ermittelnden Eigenschaften und zusätzlichen visuellen Sortiermerkmalen (siehe Tabelle 4) werden vier Klassen unterschieden

- Klasse MS 7: Schnittholz mit geringer Tragfähigkeit
- Klasse MS 10: Schnittholz mit üblicher Tragfähigkeit
- Klasse MS 13: Schnittholz mit überdurchschnittlicher Tragfähigkeit
- Klasse MS 17: Schnittholz mit besonders hoher Tragfähigkeit

6.3 Anforderungen

6.3.1 Sortierkriterien

Für die Anforderungen an Nadelschnittholz der jeweiligen Klasse gelten Abschnitt 6.4 und Tabelle 4.

6.3.2 Maßhaltigkeit

Abweichungen von den vorgesehenen Querschnittsmaßen nach unten sind, bezogen auf eine Holzfeuchte von 30 %, zulässig bis 1,5 %. Größere Einzelabweichungen nach unten sind in den Klassen MS 17 und MS 13 unzulässig, in den Klassen MS 10 und MS 7 zulässig bis 3 % bei 10 % der Menge.

6.3.3 Toleranzen

Bei nachträglicher Inspektion einer Lieferung sortierten Holzes sind ungünstige Abweichungen von den geforderten, visuell festzustellenden Grenzwerten zulässig bis 10 % bei 10 % der Menge.

6.4 Sortiermaschine

Für die Anforderungen an die Prüfergebnisse der Sortiermaschinen nach Abschnitt 6.1 und die gegebenenfalls verlangten, maschinenspezifisch erforderlichen, visuellen Zusatzkontrollen gelten die in deren Registrierbescheiden in Abhängigkeit von den Sortierklassen angegebenen Werte.

6.5 Kennzeichnung maschinell sortierten Schnittholzes

Schnitthölzer der Sortierklassen MS 7 bis MS 17 sind dauerhaft, eindeutig und deutlich zu kennzeichnen. Hierbei muß die Kennzeichnung angeben

- Sortierklasse
- Name des Betriebes, in dem sortiert wurde
- Typ der Maschine, mit der sortiert wurde
- Name des ausführenden Sortierers.

Tabelle 4. **Zusätzliche Sortierkriterien für Schnittholz bei der maschinellen Sortierung**

Sortiermerkmale (siehe Abschnitt 4)	Sortierklassen MS 7	MS 10	MS 13	MS 17
1. Baumkante	alle vier Seiten müssen durchlaufend vom Schneidwerkzeug gestreift sein	bis 1/3, in jedem Querschnitt muß mindestens 1/3 jeder Querschnittsseite von Baumkante frei sein	bis 1/8, in jedem Querschnitt muß mindestens 2/3 jeder Querschnittsseite von Baumkante frei sein	bis 1/8, in jedem Querschnitt muß mindestens 2/3 jeder Querschnittsseite von Baumkante frei sein
5. Risse				
– radiale Schwindrisse (= Trockenrisse)	zulässig	zulässig	zulässig	zulässig
– Blitzrisse Frostrisse Ringschäle	nicht zulässig	nicht zulässig	nicht zulässig	nicht zulässig
6. Verfärbungen				
– Bläue	zulässig	zulässig	zulässig	zulässig
– nagelfeste braune und rote Streifen	bis 3/5 des Querschnitts oder der Oberfläche	bis 2/5 des Querschnitts oder der Oberfläche	bis 1/5 des Querschnitts oder der Oberfläche	bis 1/5 des Querschnitts oder der Oberfläche
– Rotfäule Weißfäule	nicht zulässig	nicht zulässig	nicht zulässig	nicht zulässig
8. Insektenfraß	Fraßgänge bis 2 mm Durchmesser von Frischholzinsekten zulässig			
9. Mistelbefall	nicht zulässig	nicht zulässig	nicht zulässig	nicht zulässig
10. Krümmung				
– Längskrümmung, Verdrehung	bis 15 mm/2 m	bis 8 mm/2 m	bis 5 mm/2 m	bis 5 mm/2 m

Zitierte Normen

DIN 1052 Teil 1	Holzbauwerke; Berechnung und Ausführung
DIN 1074	Holzbrücken; Berechnung und Ausführung
DIN 4074 Teil 3	Sortierung von Nadelholz nach der Tragfähigkeit; Sortiermaschinen, Anforderungen und Prüfung
DIN 4074 Teil 4	Sortierung von Nadelholz nach der Tragfähigkeit; Nachweis der Eignung zur maschinellen Schnittholzsortierung
DIN 4568 Teil 2	Leitern; Anforderungen, Prüfung
DIN 15 147	Flachpaletten aus Holz; Gütebedingungen
DIN 52 181	Bestimmung der Wuchseigenschaften von Nadelschnittholz
DIN 52 183	Prüfung von Holz; Bestimmung des Feuchtigkeitsgehaltes
DIN 68 252 Teil 1	Begriffe für Schnittholz; Form und Maße
DIN 68 256	Gütemerkmale von Schnittholz; Begriffe
DIN 68 362	Holz für Leitern; Gütebedingungen
DIN 68 365	Bauholz für Zimmerarbeiten; Gütebedingungen

Frühere Ausgaben

DIN 4074: 03.39
DIN 4074 Teil 1: 12.58

Änderungen

Gegenüber der Ausgabe Dezember 1958 wurden folgende Änderungen vorgenommen:

a) Die Norm wurde vollständig überarbeitet.
b) Statt der bisherigen „Güteklassen" wird jetzt in „Sortierklassen" eingeteilt; Bezeichnung entsprechend geändert.
c) Zusätzlich zu der visuellen Sortierung wurde die maschinelle Sortierung aufgenommen.
d) Für maschinell zu sortierendes Holz wurde die Sortierklasse MS 17 aufgenommen.

Erläuterungen

Diese Norm wurde erarbeitet vom Arbeitsausschuß NHM-1.7 „Bauholz, Güte".

Die Überarbeitung und Anpassung an den Stand der Technik war u.a. auch aus sicherheitsrelevanten Gründen dringend erforderlich. Die Neuausgabe der Norm stimmt in allen wesentlichen Punkten mit der z. Z. von CEN/TC 124 erarbeiteten EN-Norm überein. Ihre Veröffentlichung erfolgt in Übereinstimmung mit Abschnitt 6.2.3 der Geschäftsordnung, Teil 2, des CEN/CENELEC.

Die Klassen S 7, S 10, S 13 bzw. MS 7, MS 10, MS 13 entsprechen den früheren und in DIN 1052 Teil 1 bis Teil 3, Ausgabe 04.88, aufgeführten Güteklassen III, II, I.

Internationale Patentklassifikation

B 07 B 5/00
G 01 N 33/46
G 01 B

DK 624.21-035.3 Mai 1991

Holzbrücken

DIN 1074

Wooden bridges
Ponts en bois

Ersatz für Ausgabe 08.41x

Inhalt

1 Anwendungsbereich

(1) Diese Norm gilt für hölzerne Brücken unter Straßen, Rad- und Gehwegen.[1]) Sie gilt auch für Brücken zu vorübergehenden Zwecken sowie für hölzerne Bauteile bei Brücken in Mischbauweise; sie gilt ebenfalls für Dachtragwerke, die Teile des Haupttragwerkes der Brücke sind.

(2) Diese Norm gilt nur in Verbindung mit DIN 1052 Teil 1 und Teil 2, Ausgaben April 1988 (alle entsprechenden Verweise beziehen sich auf diese Ausgabe). Es sind hier nur davon abweichende oder zusätzlich zu beachtende Regelungen aufgeführt.

2 Baustoffe

2.1 Bauholz

Nadelschnittholz der Sortierklasse S 7 nach DIN 4074 Teil 1 sowie Baurundholz aus Nadelholz der Güteklasse III nach DIN 4074 Teil 2 dürfen für tragende Bauteile nicht verwendet werden.

2.2 Holzwerkstoffe

Im allgemeinen darf nur Bau-Furniersperrholz BFU 100 G nach DIN 68 705 Teil 3 und BFU-BU 100 G nach DIN 68 705 Teil 5 verwendet werden.

2.3 Metalle

(1) Für tragende Konstruktionsteile aus Stahl gilt bei Straßen- und Wegbrücken grundsätzlich DIN 18 809.

(2) Tragende Konstruktionsteile aus Stahl sind grundsätzlich so auszubilden, daß sie bei den in DIN 1076 festgelegten Brückenprüfungen geprüft werden können. Andernfalls ist eine ausreichende Korrosionsbeständigkeit oder ein ausreichender Korrosionsschutz nachzuweisen. Hierbei sind die auftretenden mechanischen und chemischen Beanspruchungen zu berücksichtigen.

(3) Der Nachweis einer ausreichenden Korrosionsbeständigkeit gilt als erbracht,

- wenn molybdänlegierte Chrom-Nickel-Stähle, z.B. Stahl DIN 17 440 — 1.4571, für nichtgeschweißte Bauteile auch Stahl DIN 17 440 — 1.4401, verwendet werden oder
- wenn Stahlteile 4 mm dicker als statisch erforderlich ausgeführt werden und als Korrosionsschutz eine Zinkauflage von mindestens 610 g/m^2 mit einer geeigneten Chromatierung (z.B. Farbchromatierung) vorgesehen wird.

(4) Bei der Verwendung anderer korrosionsbeständiger Metalle ist deren Eignung nachzuweisen. Werden verschiedene Metalle verwendet, z.B. in einer Verbindung, darf keine oder nur eine geringfügige Kontaktkorrosion auftreten.

[1]) Bei Brücken unter schienengebundenem Verkehr sind auch die Bau- und Betriebsvorschriften für die betreffende Schienenbahn zu beachten.

Fortsetzung Seite 2 bis 6

Normenausschuß Bauwesen (NABau) im DIN Deutsches Institut für Normung e.V.

Seite 2 DIN 1074

(5) Bei Brücken, die vorübergehenden Zwecken dienen (temporäre Brücken), soll sich der Korrosionsschutz an der zu erwartenden Nutzungsdauer orientieren.

(6) Für den Korrosionsschutz von mechanischen Verbindungsmitteln in Verbindungen nach DIN 1052 Teil 2 gilt Abschnitt 5.3.

3 Durchbiegungen und Überhöhungen

(1) Bei der Berechnung der Durchbiegung muß neben der elastischen Formänderung des Holzes erforderlichenfalls auch die Nachgiebigkeit der Verbindungen, das Quellen und Schwinden sowie das Kriechen des Holzes und des Bau-Furniersperrholzes berücksichtigt werden (siehe DIN 1052 Teil 1).

(2) Hierbei ist die Verkehrslast ohne Schwingbeiwert anzunehmen. Zusatzlasten (siehe DIN 1072 und DS 804) brauchen in der Regel nur bei Verbänden berücksichtigt zu werden.

(3) Kriechverformungen sind sinngemäß nach DIN 1052 Teil 1, Abschnitt 4.3, zu berücksichtigen. Abweichend davon ist die Kriechverformung nachzuweisen, wenn die ständige Last g mehr als ⅓ der Gesamtlast q beträgt. Hierbei ist η_k für Bauteile aus Holz und Bau-Furniersperrholz bei einer Gleichgewichtsfeuchte im Gebrauchszustand ≤ 18 % mit

$$\eta_k = \frac{5}{4} - \frac{3}{4} \cdot \frac{g}{q} \quad (1)$$

und bei einer Gleichgewichtsfeuchte > 18 % mit

$$\eta_k = \frac{4}{3} - \frac{g}{q} \quad (2)$$

anzusetzen.

(4) Für die rechnerisch zulässigen Durchbiegungen gelten die in Tabelle 1 angegebenen Werte.

(5) Die Hauptträger von Brücken sind in der Regel derart zu überhöhen, daß sie unter der ständigen Last und der halben Verkehrslast (ohne Schwingbeiwert) die dem Standsicherheitsnachweis zugrunde gelegte Form annehmen. Hiervon ausgenommen sind Träger aus Vollholz mit einteiligem Querschnitt.

4 Bemessungsregeln

4.1 Lastannahmen

Für Lastannahmen zum Standsicherheitsnachweis von Straßen- und Wegbrücken gilt DIN 1072. Bei überdachten Brücken gilt die Schneelast als Hauptlast.

4.2 Nachweis der Dauerschwingbeanspruchung

(1) Für Bauteile aus Holz und Bau-Furniersperrholz ist ein Nachweis der Dauerschwingbeanspruchung nicht erforderlich. DIN 1052 Teil 1, Abschnitt 6.5, ist gegebenenfalls zu beachten.

(2) Für Stahlbauteile und Verbindungsmittel von Straßenbrücken, die durch Verkehrsregellasten nach DIN 1072/12.85, Tabelle 1, beansprucht werden, ist ein Nachweis der Dauerschwingbeanspruchung zu erbringen. Beim Nachweis mechanischer Verbindungen nach DIN 1052 Teil 2 ist Abschnitt 5.2 zu beachten.

4.3 Mindestmaße

(1) Tragende einteilige Einzelquerschnitte aus Holz müssen mindestens die in Tabelle 2 angegebenen Maße haben.

(2) Stahlbleche und Formteile aus Stahlblech in Holzverbindungen dürfen nur dann als tragend in Rechnung gestellt werden, wenn sie mindestens 5 mm dick sind.

(3) Bei Geh- und Radwegbrücken beträgt die Mindestdicke für tragende Bleche und Blechformteile aus nichtrostenden Stählen der in Abschnitt 2.3 genannten Werkstoffe 3 mm.

Tabelle 1. **Zulässige Durchbiegungen**

		Last	Träger aus Kantholz und Brettschichtholz, Vollwandträger	Fachwerkträger[1]) Näherungsberechnung[2]),[3])	Fachwerkträger[1]) genauere Berechnung[2])
			zulässige Durchbiegung		
1	Hauptträger, Querträger, Längsträger	Verkehrslast	$l/400$	$l/1200$	$l/400$
2	Tragbohlen	Gesamtlast	$l/400$		
3	Aussteifungsverbände, Aussteifungs- und Windverbände	Gesamtlast	Bei Berechnung nach DIN 1052 Teil 1, Abschnitt 10 $l/1000$ Bei genauerer Berechnung des Gesamtsystems nach DIN 1052 Teil 1/04.88, Abschnitt 9.6 (Spannungstheorie II. Ordnung) $l/300$		
4	Windverbände, Windträger	Windlast	$l/300$	$l/600$	$l/300$

[1]) Einschließlich einsinnig verbretterter Vollwandträger.
[2]) Nach DIN 1052 Teil 1, Abschnitt 8.5.3.
[3]) Nur zulässig für Brücken mit Spannweiten bis 12 m.

Tabelle 2. **Mindestmaße für tragende einteilige Einzelquerschnitte aus Holz und Bau-Furniersperrholz**

	Bauteil	Kleinste Querschnittsseite mm	Mindestquerschnittsfläche cm^2
1	Hauptträger aus Bauschnittholz oder Brettschichtholz (ausgenommen Fachwerkträger und verbretterte Träger)	120	240
2	Einteilige Stäbe von Fachwerkträgern	40	48
3	Einzelne Querschnittsteile von zusammengesetzten Stäben und von verbretterten Trägern mit mindestens zweilagigem Steg	30	36
4	Knotenplatten und Laschen sowie Stege aus Bau-Furniersperrholz (mindestens 5lagig)	12	—[1])
5	Tragbelag aus Bauschnittholz, einlagig	50[2])	—
6	Tragbelag aus Bauschnittholz, zweilagig, je Lage	40[2])	—
7	Tragbelag aus Bau-Furniersperrholz	20	—

[1]) Mindestbreite für Knotenplatten und Laschen 120 mm.
[2]) Für Geh- und Radwegbrücken 30 mm. Eine etwaige Verschleißschicht ist hinzuzurechnen, siehe Abschnitt 4.4.3.

4.4 Bemessungsregeln für einzelne Bauteile

4.4.1 Allgemeines

Die folgenden vereinfachten Bemessungsregeln dürfen angewendet werden, sofern ein genauerer Nachweis nicht geführt wird.

4.4.2 Fahrbahn

(1) Bei der Berechnung der Fahrbahn darf die Belastung aus der Aufstandsfläche des Rades (Aufstandsbreite $b \times 200$ mm) unter einem Winkel von 45° bis zur Schwerachse der tragenden Teile des Fahrbahnbelages bzw. der Längs- bzw. Querträger verteilt werden. Die Fugen zwischen den Bohlen des Fahrbahnbelages sind hierbei zu beachten. Beispiele zur Lastverteilung siehe Bilder 1 bis 3.

(2) Werden die Bohlenlagen bei doppeltem Belag jeweils unter einem Winkel $\alpha_B = 60° \pm 5°$ zur Fahrtrichtung angeordnet, darf die Lastverteilung nach Bild 3 angenommen werden.

4.4.3 Tragbohlen

(1) Tragbohlen ohne Deckschicht, die unmittelbar begangen oder befahren werden, sind mit Rücksicht auf die Abnutzung dicker auszuführen als die Berechnung es erfordert. Die Dicke d_V dieser Verschleißschicht muß unter Fahrbahnen bei Bohlen aus Nadelholz mindestens 20 mm betragen, bei Bohlen aus Laubholz mindestens 10 mm, unter Geh- und Radwegen bei Bohlen aus Nadelholz mindestens 10 mm und bei Bohlen aus Laubholz mindestens 5 mm.

(2) Durchlaufende Bohlen dürfen im allgemeinen als frei drehbar gelagerte Träger auf zwei Stützen berechnet werden. Die Bohlen sind erforderlichenfalls gegen Abheben durch konstruktive Maßnahmen zu sichern. Sie dürfen als Durchlaufträger berechnet werden, wenn die Nachgiebigkeit der Unterstützung berücksichtigt wird.

(3) Als Stützweite l der Tragbohlen gilt in der Regel der lichte Abstand ihrer Unterstützungen zuzüglich 10 cm, höchstens jedoch deren Achsabstand (Maße jeweils in Längsrichtung der Bohlen). Erforderlichenfalls ist das Zusammenwirken mit den Unterstützungen (Trägerrostwirkung) zu beachten.

4.4.4 Tragbelag aus Bau-Furniersperrholz

Tragbeläge aus Bau-Furniersperrholz dürfen in der Regel nur bei Geh- und Radwegbrücken verwendet werden. Es ist stets eine Verschleißschicht aufzubringen.

4.4.5 Längs-, Quer- und Hauptträger, Verbände

(1) Für die Berechnung der Längs- und Querträger gilt Abschnitt 4.4.3 sinngemäß.

(2) Sind Träger gleichzeitig Stäbe eines Verbandes oder erhalten Träger oder Verbände Zusatzbeanspruchungen aus der Haupttragwirkung der Brücke, so brauchen die Beanspruchungen hieraus bei Brücken mit weniger als 12 m Spannweite in der Regel nicht berücksichtigt zu werden.

(3) Die Wirkung der waagerechten Geländer-Lasten nach DIN 1072 auf die Verbände braucht nicht verfolgt zu werden.

4.4.6 Lager, Pfeiler, Widerlager

(1) Für die Berechnung von Lagern gelten die Normen der Reihe DIN 4141. Für die Bemessung von massiven Pfeilern und Widerlagern gilt DIN 1075.

(2) Für stählerne Auflagerjoche gilt grundsätzlich DIN 18 809.

5 Mechanische Verbindungen

5.1 Allgemeines

Für tragende Verbindungen mit Dübeln besonderer Bauart (siehe DIN 1052 Teil 2) in Straßenbrücken dürfen im allgemeinen nur zweiseitige Ringkeildübel (Dübeltyp A), Rundholzdübel aus Eiche (Dübeltyp B) sowie zweiseitige Einpreß- und Einlaß-Einpreßdübel (Dübeltyp D bzw. E) verwendet werden. In Geh- und Radwegbrücken dürfen auch einseitige Einpreß- und Einlaß-Einpreßdübel (Dübeltyp D bzw. E) verwendet werden. Klammer- und Nagelplattenverbindungen (siehe DIN 1052 Teil 2) dürfen in Holzbrücken nicht als tragend in Rechnung gestellt werden. Auf Abschnitt 2.3, Absatz (4), wird hingewiesen.

Seite 4 DIN 1074

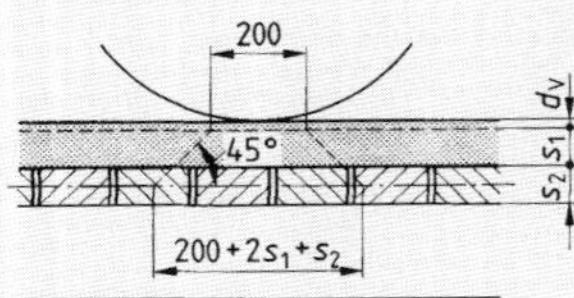

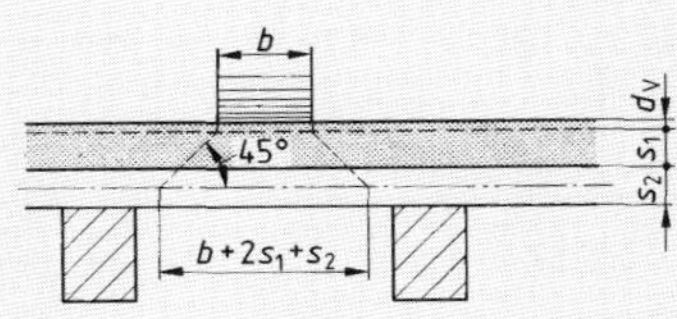

a) Schnitt parallel zur Fahrtrichtung

b) Schnitt rechtwinklig zur Fahrtrichtung

Bild 1. Lastverteilung bei Fahrbahnen mit Deckschicht

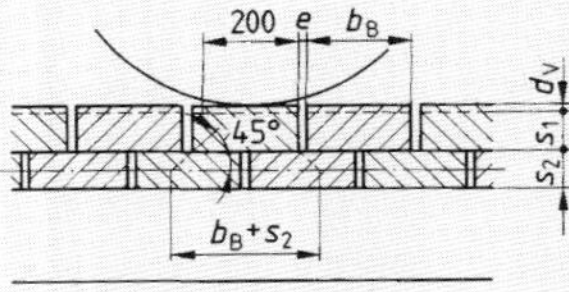

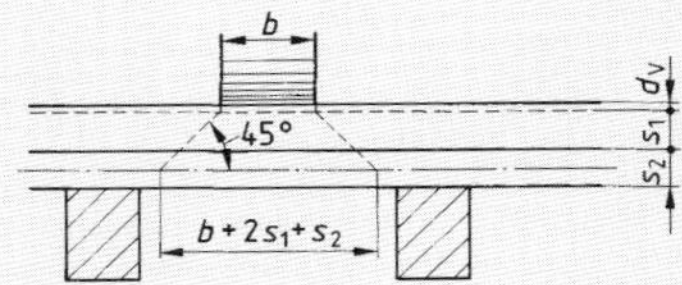

a) Schnitt parallel zur Fahrtrichtung

b) Schnitt rechtwinklig zur Fahrtrichtung

Bild 2. Lastverteilung bei doppeltem Bohlenbelag

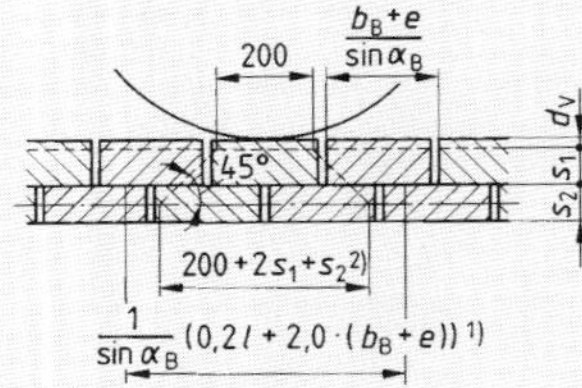

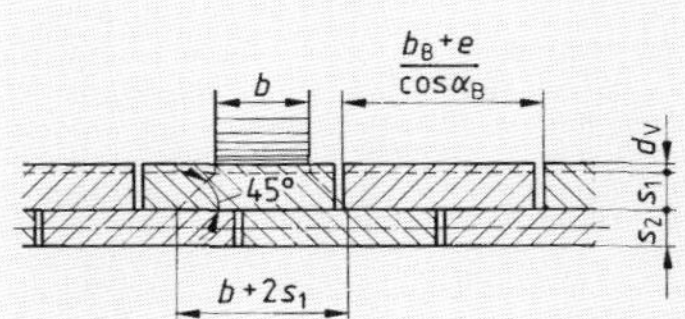

a) Schnitt parallel zur Fahrtrichtung

b) Schnitt rechtwinklig zur Fahrtrichtung

Bild 3. Lastverteilung bei Bohlenlagen unter einem Winkel α_B = 60° ± 5° zur Fahrtrichtung

Legende zu den Bildern 1 bis 3:

b Aufstandsbreite
b_B Breite einer Bohle
e lichter Bohlenabstand
l Stützweite in Längsrichtung der Bohle
d_v Dicke der Verschleißschicht
s_1 rechnerische Dicke der oberen Bohle
s_2 Dicke der unteren Bohle

[1]) Zur Berechnung der Biegebeanspruchung
[2]) Zur Berechnung der Schubbeanspruchung

5.2 Nachweis der Dauerschwingbeanspruchung

(1) Verbindungen in Straßenbrücken sind mit abgeminderten zulässigen Belastungen zu bemessen.

(2) Die Abminderung erfolgt zu:

$$\text{zul. } N' = k_{s\,w} \cdot \text{zul. } N \qquad (3)$$

mit

$$k_{s\,w} = 0{,}75 \pm 0{,}25 \cdot \frac{\text{min. } |N|}{\text{max. } |N|} \qquad (4)$$

Bei Schwellbeanspruchung gilt das positive, bei Wechselbeanspruchung das negative Vorzeichen.

(3) Für N sind in Gleichung (4) folgende Grenzwerte einzusetzen:

$$N = N_g + \alpha \cdot \text{min. } N_p \qquad (5)$$

$$N = N_g + \alpha \cdot \text{max. } N_p \qquad (6)$$

In den Gleichungen (5) und (6) bedeuten:

N_g Belastung des Verbindungsmittels aus ständigen Lasten

N_p Belastung des Verbindungsmittels aus den Verkehrsregellasten nach DIN 1072

α Beiwert nach DIN 1072

(4) In den Gleichungen (5) und (6) sind die Belastungen N_g, min. N_p und max. N_p unter Beachtung ihres Vorzeichens einzusetzen, wobei für das Verbindungsmittel e i n e (im allgemeinen diejenige von max. $|N|$) Beanspruchungsrichtung als positive Richtung anzunehmen ist.

5.3 Korrosionsschutz

(1) Für den Korrosionsschutz von Stahlteilen in Verbindungen, die bei den in DIN 1076 vorgeschriebenen Brückenprüfungen (auch durch Stichprobenprüfungen) nicht überprüft werden können, ist Tabelle 3 zu beachten.

(2) Bei Brücken, die vorübergehenden Zwecken dienen (temporäre Brücken), soll sich der Korrosionsschutz an der zu erwartenden Nutzungsdauer orientieren.

6 Holzschutz

Für den baulichen und chemischen Holzschutz von Dauerbrücken gelten die Normen DIN 68 800 Teil 1 bis Teil 3 und Teil 5 sinngemäß. Bei temporären Brücken sollen sich die zu treffenden Maßnahmen an der zu erwartenden Nutzungsdauer orientieren.

Tabelle 3. **Mindestanforderungen an den Korrosionsschutz für tragende Verbindungsmittel**

	Art des Verbindungsmittels (siehe DIN 1052 Teil 2)		Korrosionsschutz[1])
1	Klemmbolzen für rechteckige Dübel aus Hartholz oder Stahl, zweiseitige Ringkeildübel Rundholzdübel aus Eiche zweiseitige Einpreßdübel zwei- und einseitige Einlaß-Einpreßdübel	 (Dübeltyp A), (Dübeltyp B), (Dübeltyp D), (Dübeltyp E)	A[2])
2	Rechteckige Dübel aus Stahl		A[2])
3	Bolzen für einseitige Einpreßdübel	 (Dübeltyp D)	B
4	Stabdübel, Paßbolzen, Bolzen, Nägel, Holzschrauben bei Holz-Holz-Verbindungen		A[2])
5	Stabdübel, Paßbolzen, Bolzen, Nägel, Holzschrauben in Verbindungen mit innenliegenden Stahlblechen		B

[1]) A Korrosionsschutz nach DIN 1052 Teil 2, Abschnitt 3.6.
B Verbindungsmittel aus nichtrostendem Stahl der in Abschnitt 2.3 genannten Werkstoffe oder aus vergleichbaren Werkstoffen, z.B. A 4 nach DIN 267 Teil 11; auf Abschnitt 2.3, Absatz (4), wird hingewiesen.

[2]) Nur wenn wirksam verhindert wird, daß Wasser (z.B. Regen, Spritzwasser) in die Fuge zwischen den zu verbindenden Hölzern eindringt, andernfalls Korrosionsschutz B.

Zitierte Normen und andere Unterlagen

DIN 267 Teil 11	Mechanische Verbindungselemente; Technische Lieferbedingungen mit Ergänzungen zu ISO 3506, Teile aus rost- und säurebeständigen Stählen
DIN 1052 Teil 1	Holzbauwerke; Berechnung und Ausführung
DIN 1052 Teil 2	Holzbauwerke; Mechanische Verbindungen
DIN 1072	Straßen- und Wegbrücken; Lastannahmen
DIN 1075	Betonbrücken; Bemessung und Ausführung
DIN 1076	Ingenieurbauwerke im Zuge von Straßen und Wegen; Überwachung und Prüfung
DIN 4074 Teil 1	Sortierung von Nadelholz nach der Tragfähigkeit; Nadelschnittholz
DIN 4074 Teil 2	Bauholz für Holzbauteile; Gütebedingungen für Baurundholz (Nadelholz)
DIN 4141 Teil 1	Lager im Bauwesen; Allgemeine Regelungen
DIN 4141 Teil 2	Lager im Bauwesen; Lagerung für Ingenieurbauwerke im Zuge von Verkehrswegen
DIN 4141 Teil 3	Lager im Bauwesen; Lagerung für Hochbauten
DIN 4141 Teil 4	Lager im Bauwesen; Transport, Zwischenlagerung und Einbau
DIN 4141 Teil 14	Lager im Bauwesen; Bewehrte Elastomerlager; Bauliche Durchbildung und Bemessung
DIN 4141 Teil 15	Lager im Bauwesen; Unbewehrte Elastomerlager; Bauliche Durchbildung und Bemessung
DIN 4141 Teil 140	Lager im Bauwesen; Bewehrte Elastomerlager; Baustoffe, Anforderungen, Prüfungen und Überwachung
DIN 4141 Teil 150	Lager im Bauwesen; Unbewehrte Elastomerlager; Baustoffe, Anforderungen, Prüfungen und Überwachung
DIN 17440	Nichtrostende Stähle; Technische Lieferbedingungen für Blech, Warmband, Walzdraht, gezogenen Draht, Stabstahl, Schmiedestücke und Halbzeug
DIN 18800 Teil 1	Stahlbauten; Bemessung und Konstruktion
DIN 18809	Stählerne Straßen- und Wegbrücken; Bemessung, Konstruktion, Herstellung
DIN 68705 Teil 3	Sperrholz; Bau-Furniersperrholz
DIN 68705 Teil 5	Sperrholz; Bau-Furniersperrholz aus Buche
DIN 68800 Teil 1	Holzschutz im Hochbau; Allgemeines
DIN 68800 Teil 2	Holzschutz im Hochbau; Vorbeugende bauliche Maßnahmen
DIN 68800 Teil 3	Holzschutz; Vorbeugender chemischer Holzschutz
DIN 68800 Teil 5	Holzschutz im Hochbau; Vorbeugender chemischer Schutz von Holzwerkstoffen
DS 804	Vorschrift für Eisenbahnbrücken und sonstige Ingenieurbauwerke (VEI)[2])

Frühere Ausgaben

DIN 1074: 08.30, 08.41x

Änderungen

Gegenüber Ausgabe August 1941x wurden folgende Änderungen vorgenommen:
— Inhalt vollständig überarbeitet und dem Stand der Technik angepaßt.

Internationale Patentklassifikation

B 27 K
E 01 D 5/00
F 16 B 13/00
G 01 B 21/00
G 01 N 33/46

[2]) Zu beziehen durch: Drucksachenverwaltung der Bundesbahndirektion Karlsruhe, Stuttgarter Straße 61, 7500 Karlsruhe.

Oktober 1996

Holzbauwerke
Teil 1: Berechnung und Ausführung
Änderung 1

DIN 1052-1/A1

ICS 91.080.20

Änderung von
DIN 1052-1 : 1988-04

Deskriptoren: Holzbauwerk, Berechnung, Ausführung, Bauwesen

Timber structures – Part 1: Design and construction; Amendment 1

Ouvrages en bois – Partie 1: Calcul et construction; Amendement 1

Vorwort

Diese Änderung wurde vom Normenausschuß Bauwesen, Fachbereich 04 "Holzbau", Arbeitsausschuß 04.03.00 "Holzbauwerke" erarbeitet.

Die Anhänge A und B sind normativ.

1 Anwendungsbereich

Diese Norm enthält Änderungen und Ergänzungen zu DIN 1052-1 aufgrund der erforderlichen Anpassung an die technische Entwicklung in DIN 4074-1 : 1989-09 (insbesondere wegen der in DIN 1052-1 noch nicht enthaltenen maschinellen Sortierung des Bauholzes nach der Festigkeit). Die Materialkennwerte und zulässigen Spannungen berücksichtigen die vorliegenden Prüfergebnisse und sind – soweit möglich – an DIN EN 338 und E DIN EN 1194 orientiert. Ferner ist in dieser Norm die bisher vorliegende Druckfehlerberichtigung zu DIN 1052-1 enthalten.

2 Normative Verweisungen

Diese Norm enthält durch datierte oder undatierte Verweisungen Festlegungen aus anderen Publikationen. Diese normativen Verweisungen sind an den jeweiligen Stellen im Text zitiert, und die Publikationen sind nachstehend aufgeführt. Bei datierten Verweisungen gehören spätere Änderungen oder Überarbeitungen dieser Publikationen nur zu dieser Norm, falls sie durch Änderung oder Überarbeitung eingearbeitet sind. Bei undatierten Verweisungen gilt die letzte Ausgabe der in Bezug genommenen Publikation.

DIN 1052-1
Holzbauwerke – Berechnung und Ausführung

DIN 4074-1 : 1989-09
Sortierung von Nadelholz nach der Tragfähigkeit – Nadelschnittholz

DIN 4074-2
Bauholz für Holzbauteile – Gütebedingungen für Baurundholz (Nadelholz)

DIN 4076-1
Benennungen und Kurzzeichen auf dem Holzgebiet – Holzarten

DIN EN 338
Bauholz für tragende Zwecke – Festigkeitsklassen; Deutsche Fassung EN 338 : 1995

E DIN EN 1194
Holzbauwerke – Brettschichtholz – Festigkeitsklassen und Bestimmung charakteristischer Werte; Deutsche Fassung prEN 1194 : 1993

3 Änderungen

Im gesamten Text werden die bisherigen "Güteklassen I, II, III" durch die "Sortierklassen S 7, S 10, S 13, MS 7, MS 10, MS 13, MS 17 nach DIN 4074-1" ersetzt. Dieses erfordert Änderungen in den folgenden Abschnitten:

– Zu 3.4: In den Aufzählungen a) und b) des 2. Absatzes wird "Güteklasse" durch "Sortierklasse" ersetzt.

– Zu 5.1.2: Im 1. Satz werden "Güteklassen" durch "Sortierklassen", im 2. und 4. Satz wird "Güteklasse" durch "Sortierklasse" ersetzt.

Der Abschnitt wird durch **einen dritten Absatz** wie folgt ergänzt:

"Werden Biegeträger aus Lamellen aus mehr als zwei Sortierklassen nach DIN 4074-1 hergestellt, ist ein genauerer Spannungs- und Durchbiegungsnachweis unter Berücksichtigung der jeweiligen Elastizitätsmoduln nach Tabelle 1 zu führen. Die Lamellen einer Sortierklasse sind hierbei über einen Bereich von jeweils 1/6 der Trägerhöhe anzuordnen, jeder Bereich muß aus mindestens zwei Lamellen bestehen. Den Nachweisen darf die linear-elastische Balkentheorie zugrunde gelegt werden. Der Spannungsnachweis ist an allen maßgeblichen Querschnittsstellen zu führen. Bei Trägern mit Rechteckquerschnitt mit unsymmetrischem Lamellenaufbau braucht der Biegespannungsnachweis nur für den zugbeanspruchten Trägerbereich geführt zu werden, sofern sich die Sortierklassen der Lamellen am Druck- und Zugrand nur um eine Klasse unterscheiden."

– Zu 5.1.3: "Güteklasse I" wird durch "Sortierklasse S 13" ersetzt.

– Zu 5.1.4: Der Text "den Bedingungen der Güteklasse I nach DIN 4074-1 und 4074-2" wird durch "mindestens den Bedingungen der Sortierklasse S 13 nach DIN 4074-1 bzw. der Güteklasse I nach DIN 4074-2" ersetzt.

– Zu 8.2.2.1: Im viertletzten Absatz werden "Güteklasse I" durch "Sortierklasse S 13, MS 13 sowie MS 17" und "Güteklasse II" durch "Sortierklasse S 10 sowie MS 10" ersetzt.

Fortsetzung Seite 2 bis 5

Normenausschuß Bauwesen (NABau) im DIN Deutsches Institut für Normung e.V.

Seite 2
DIN 1052-1/A1:1996-10

– Zu 8.2.3.4: Im vorletzten Satz wird "Güteklasse I nach Tabelle 5" durch "jeweils verwendeten Sortierklasse, mindestens jedoch der Sortierklasse S 13 nach Tabelle 16" ersetzt.

– Zu Tabelle 10: In der 2. Spalte werden "Güteklasse I bis III" durch "Sortierklasse S 7 bzw. MS 7 bis MS 17", in der 3. Spalte "Güteklasse I" durch "Sortierklasse S 13 bis MS 17", außerdem "Güteklasse II" durch "Sortierklasse S 10 bzw. MS 10" ersetzt.

– Zu 9.3.3.1: Im letzten Satz des vorletzten Absatzes ist "$<$" durch "$>$" zu ersetzen, so daß dieser Satz wie folgt lautet: "Der Knicknachweis ist dann mit dem wirksamen Schlankheitsgrad ef$\lambda > \lambda_{\text{starr}}$ zu führen."

– Zu 9.6.3: Im vorletzten Absatz werden "Güteklassen I und II" durch "Sortierklassen S 10 bzw. MS 10 bis MS 17" ersetzt.

– Zu 11.1.1: Im 2. Satz des 2. Absatzes wird "mindestens der Güteklasse II, Schnittklasse A" durch "mindestens der Sortierklasse S 10 bzw. MS 10, jedoch bezüglich der Baumkante Sortierklasse S 13," ersetzt.

– Zu 12.3: In der 3. Zeile des 3. Absatzes sowie in der Aufzählung a) wird "Güteklasse II" durch "Sortierklasse S 10 bzw. MS 10" ersetzt.

– Zu 12.6: Im 2. Satz wird der Wert "40 mm" auf "42 mm" erhöht.

– Zu 13.2.1: Im 1. Absatz wird "Güteklasse II" durch "Sortierklasse S 10 bzw. MS 10" ersetzt.

– Zu Abschnitt 14:
In der Aufzählung a) werden "Güteklassen I und III mit der Güteklasse" durch "Sortierklassen S 13 und S 7 sowie aus maschinell sortiertem Holz der Sortierklassen MS 7 bis MS 17 mit der Sortierklasse" sowie "Güteklasse I" durch "Sortierklasse S 13" ersetzt.

Die Aufzählung b) erhält folgende Fassung:

"Brettschichtholz aus Lamellen der Sortierklassen S 13, MS 10 bis MS 17, bei **Bauteilen** über 10 m Länge auch aus Lamellen der Sortierklasse S 10, und zwar insbesondere Träger mit Rechteckquerschnitt mit unsymmetrischem Trägeraufbau nach 5.1.2 zweiter Absatz und mit symmetrischem Trägeraufbau nach Tabelle 2, Fußnote [1]), mit der Brettschichtholzklasse (Festigkeitsklasse), dem Herstellernamen und dem Jahr der Herstellung, bei Brettschichtholz-Trägern mit unsymmetrischem Aufbau nach 5.1.2 dritter Absatz müssen die Bereiche unterschiedlicher Sortierklassen erkennbar sein."

Im letzten Absatz wird "Güteklasse II" durch "Sortierklasse S 10 bzw. MS 10" ersetzt.

– Zu Tabelle 1: Rechenwerte für Elastizitäts- und Schubmoduln in MN/m² für Voll- und Brettschichtholz (Holzfeuchte $\leq$ 20 %)

Die Elastizitäts- und Schubmoduln für Voll- und Brettschichtholz werden in Abhängigkeit von den Sortierklassen nach DIN 4074-1 sowie teilweise zusätzlich auch noch von der Holzfeuchte ($\leq$ 15 %) angegeben. Ferner wird in Zeile 1 noch Yellow Cedar als weitere Holzart aufgenommen.

Tabelle 1 erhält somit folgende Fassung:

Tabelle 1: Rechenwerte für Elastizitäts- und Schubmoduln in MN/m² für Voll- und Brettschichtholz (Holzfeuchte $\leq$ 20 %)

	Holzart	Sortierklasse nach DIN 4074-1 [2])	Elastizitätsmodul		Schubmodul G
			parallel zur Faserrichtung $E_{\parallel}$	rechtwinklig zur Faserrichtung $E_{\perp}$	
1	Fichte, Kiefer, Tanne, Lärche, Douglasie, Southern Pine, Western Hemlock, Yellow Cedar [1])	S 7 bzw. MS 7	8 000	250	500
		S 10 bzw. MS 10	10 000 [3]) [4])	300	500
		S 13	10 500 [3]) [4])	350	500
		MS 13	11 500 [3])	350	550
		MS 17	12 500 [3])	400	600
2	Holzarten nach Zeile 1 bei Verwendung als Lamellen für Brettschichtholz	S 10 bzw. MS 10	11 000	350	550
		S 13	12 000	400	600
		MS 13	13 000	400	650
		MS 17	14 000	450	700
	A Eiche, Buche, Teak, Keruing (Yang)	mittlere Güte [5])	12 500	600	1 000
	B Afzelia, Merbau, Angelique (Basralocus)	mittlere Güte [5])	13 000	800	1 000
	C Azobé (Bongossi), Greenheart	mittlere Güte [5])	17 000 [6])	1 200 [6])	1 000 [6])

[1]) Botanische Namen siehe DIN 4076-1.

[2]) Den Sortierklassen S 7, S 10 und S 13 entsprechen die Güteklassen III, II bzw. I von DIN 4074-2.

[3]) Für Holz, das mit einer Holzfeuchte $\leq$ 15 % eingebaut wird, dürfen die Werte um 10 % für Durchbiegungsberechnungen erhöht werden.

[4]) Für Baurundholz: $E_{\parallel}$ = 12 000 MN/m²

[5]) Mindestens Sortierklasse S 10 im Sinne von DIN 4074-1 bzw. Güteklasse II im Sinne von DIN 4074-2.

[6]) Diese Werte gelten unabhängig von der Holzfeuchte.

Die folgende Tabelle 15 wird neu aufgenommen:

Tabelle 15: Rechenwerte für Elastizitäts- und Schubmoduln in MN/m² für Bauteile aus Brettschichtholz

	Modul	Brettschichtholz – Bauteile (aus Holzarten nach Tabelle 1 Zeile 1) Brettschichtholzklasse			
		BS 11	BS 14	BS 16	BS 18
		Sortierklassen der Lamellen nach DIN 4074-1			
		S 10/MS 10	S 13	MS 13	MS 17
1	Biegung $E_{\parallel}$	11 000	11 000 [1])	12 000 [1])	13 000 [1])
2	Zug und Druck $E_{\parallel}$	11 000	12 000	13 000	14 000
3	Zug und Druck $E_{\perp}$	350	400	400	450
4	Schubmodul G	550	600	650	700

[1]) Wenn abweichend von 5.1.2 zweiter Absatz bei Biegeträgern die Lamellen in den äußeren Sechsteln der **Zug- und Druckzone** die zugehörige Sortierklasse, im übrigen Bereich mindestens die nächstniedrigere Sortierklasse verwendet wird, darf ein um 1 000 MN/m² erhöhter E-Modul für den Träger insgesamt in Rechnung gestellt werden.

– Zu Tabelle 5: Zulässige Spannungen für Voll- und Brettschichtholz in MN/m² im Lastfall H

Es werden die Sortierklassen nach DIN 4074-1 berücksichtigt. Die Werte für zul $\sigma_{Z\parallel}$ für Vollholz aus Holzarten nach Tabelle 1, Zeile 1 werden aufgrund neuer Erkenntnisse geändert. Aus Gründen der Übersichtlichkeit wird Tabelle 5 auf Vollholz beschränkt und für Brettschichtholz Tabelle 16 neu aufgenommen.

Die Tabellen 5 und 16 erhalten folgende Fassung:

Tabelle 5: Zulässige Spannungen für Vollholz in MN/m² im Lastfall H

	Art der Beanspruchung		Vollholz (aus Holzarten nach Tabelle 1, Zeile 1) Sortierklasse nach DIN 4074-1 [1])					Vollholz (aus Laubhölzern nach Tabelle 1) Holzartgruppe		
			S 7 bzw. MS 7	S 10 bzw. MS 10	S 13	MS 13	MS 17	A	B	C
								mittlere Güte [2])		
1	Biegung	zul σ_B	7	10	13	15	17	11	17	25
2	Zug	zul $\sigma_{Z\parallel}$	0 [3])	7	9	10	12	10	10	15
3	Zug	zul $\sigma_{Z\perp}$	0 [3])	0,05	0,05	0,05	0,05	0,0 5	0,0 5	0,0 5
4	Druck	zul $\sigma_{D\parallel}$	6	8,5	11	11	12	10	13	20
5a 5b	Druck	zul $\sigma_{D\perp}$	2 2,5 [4])	2 2,5 [4])	2 2,5 [4])	2,5 3 [4])	2,5 3 [4])	3 4 [4])	4 –	8 –
6	Abscheren	zul τ_a	0,9	0,9	0,9	1	1	1	1,4	2
7	Schub aus Querkraft	zul τ_Q	0,9	0,9	0,9	1	1	1	1,4	2
8	Torsion [5])	zul τ_T	0	1	1	1	1	1,6	1,6	2

[1]) Den Sortierklassen S 7, S 10 und S 13 entsprechen die Güteklassen III, II bzw. I von DIN 4074-2.

[2]) Mindestens Sortierklasse S 10 nach DIN 4074-1 bzw. Güteklasse II nach DIN 4074-2.

[3]) Für MS 7 gilt: zul $\sigma_{Z\parallel}$ = 4 MN/m²
zul $\sigma_{Z\perp}$ = 0,05 MN/m²

[4]) Bei Anwendung dieser Werte ist mit größeren Eindrückungen zu rechnen, die erforderlichenfalls konstruktiv zu berücksichtigen sind. Bei Anschlüssen mit verschiedenen Verbindungsmitteln dürfen diese Werte nicht angewendet werden.

[5]) Für Kastenquerschnitte sind die Werte nach Zeile 7 einzuhalten.

Seite 4
DIN 1052-1/A1:1996-10

Tabelle 16: Zulässige Spannungen für Brettschichtholz nach 12.6 in MN/m² im Lastfall H

	Art der Beanspruchung		Brettschichtholz (aus Holzarten nach Tabelle 1 Zeile 1) Brettschichtholzklasse			
			BS 11	BS 14	BS 16	BS 18
			Sortierklassen der Lamellen nach DIN 4074-1			
			S 10 bzw. MS 10	S 13	MS 13	MS 17
1	Biegung	zul σ_B	11	14	16	18
2	Zug	zul $\sigma_{Z\parallel}$	8,5	10,5	11	13
3	Zug	zul $z_\perp$	0,2	0,2	0,2	0,2
4	Druck	zul $\sigma_{D\parallel}$	8,5	11	11,5	13
5a 5b	Druck	zul $\sigma_{D\perp}$	2,5 3 [1])	2,5 3 [1])	2,5 3 [1])	2,5 3 [1])
6	Abscheren	zul τ_a	0,9	0,9	1	1
7	Schub aus Querkraft	zul τ_Q	1,2	1,2	1,3	1,3
8	Torsion [2])	zul τ_T	1,6	1,6	1,6	1,6

[1]) Bei Anwendung dieser Werte ist mit größeren Eindrückungen zu rechnen, die erforderlichenfalls konstruktiv zu berücksichtigen sind. Bei Anschlüssen mit verschiedenen Verbindungsmitteln dürfen diese Werte nicht angewendet werden.

[2]) Für Kastenquerschnitte sind die Werte nach Zeile 7 einzuhalten.

Aufgrund der Aufteilung der bisherigen Tabelle 5 in Tabelle 5 für Vollholz und Tabelle 16 für Brettschichtholz ergeben sich noch folgende redaktionelle Änderungen im Normtext:

a) In den folgenden Abschnitten ist stets "Tabelle 5" durch "Tabelle 5 bzw. Tabelle 16" zu ersetzen: 5.1.1, 5.1.6, 5.1.7, 5.1.8, 5.1.10, 5.1.11, 7.1, 7.2, 8.2.1.1, 8.2.1.2, 8.2.1.3, 8.2.2.1, 8.3.1, 8.6.2, 9.3.2, 9.4.

b) In den folgenden Abschnitten ist stets "Tabelle 5" durch "Tabelle 16" zu ersetzen: 8.2.3.2, 8.2.3.3.

– Zu Anhang A (normativ) Nachweis der Eignung zum Leimen von tragenden Holzbauteilen

In A.1 wird als zweiter Absatz folgender Text aufgenommen:

"Betriebe, die Brettschichtholz der Festigkeitsklassen BS 14, BS 16 oder BS 18 aus Lamellen der Sortierklassen S 13, MS 13 oder MS 17 herstellen, haben die Überwachung der Herstellung der entsprechenden Keilzinkenverbindungen nach Anhang B nachzuweisen."

Zusätzlich wird ein neuer Anhang B mit folgendem Text aufgenommen:

Anhang B (normativ)

Überwachung der Herstellung von Keilzinkenverbindungen an Lamellen aus Brettern der Sortierklassen S 13, MS 13 und MS 17 nach DIN 4074-1 für die Herstellung von Brettschichtholz der Festigkeitsklassen BS 14, BS 16 oder BS 18

B.1 Werkseigene Produktionskontrolle

B.1.1 Probenahme

In jeder Arbeitsschicht sind je Sortierklasse mindestens zwei Probekörper in etwa gleichmäßigen Zeitabständen zu entnehmen.

Die Länge der Probekörper muß der 17fachen Lamellendicke entsprechen. Die Keilzinkung muß in der Mitte liegen.

B.1.2 Anforderungen

Die charakteristische Biegefestigkeit $f_{m,k}$ (5 %-Quantile) der geprüften Probekörper muß betragen:

a) für Lamellen aus Brettern der Sortierklasse S 13: $f_{m,k} \geq 35\ N/mm^2$

b) für Lamellen aus Brettern der Sortierklasse MS 13: $f_{m,k} \geq 40\ N/mm^2$

c) für Lamellen aus Brettern der Sortierklasse MS 17: $f_{m,k} \geq 45\ N/mm^2$

Von 100 Proben in Folge dürfen nicht mehr als fünf Proben den jeweiligen charakteristischen Wert unterschreiten. Keine Probe darf den charakteristischen Wert um mehr als 10 % unterschreiten.

B.1.3 Prüfung

Die Probekörper sind mit vollem Querschnitt zu prüfen. Die Prüfung ist innerhalb von 72 h nach der Herstellung durchzuführen.

Die Probekörper sind im Biegeversuch flachkant bei einer Spannweite vom 15fachen der Lamellendicke zu prüfen.

Die Last muß durch zwei gleich große Einzellasten in den Drittelspunkten der Spannweite entweder gleichmäßig oder in Stufen unter Vermeidung von Stößen bis zum Erreichen der Höchstlast aufgebracht werden. Die Belastungsvorrichtung muß es ermöglichen, die auf den Probekörper aufgebrachte Last auf 1 % zu messen. Der Bruch sollte innerhalb von (60 ± 15) s erreicht werden.

B.2 Fremdüberwachung

B.2.1 Häufigkeit

Es sind mindestens zwei Überwachungen je Jahr durchzuführen. Diese sind unangekündigt vorzunehmen, es sei denn, besondere Bedingungen erfordern eine Ankündigung.

B.2.2 Probenahme

Je Überwachung sind mindestens 20 Probekörper je Sortierklasse nach Zufallsgesichtspunkten zur Prüfung zu entnehmen.

B.2.3 Prüfung

Die Prüfung ist nach B.1.3 durchzuführen.

B.2.4 Anforderungen

Die charakteristische Biegefestigkeit $f_{m,k}$ (5 %-Quantile) der 20 geprüften Probekörper muß die Anforderungen nach B.1.2 erfüllen.

Oktober 1996

	Holzbauwerke Teil 2: Mechanische Verbindungen Änderung 1	DIN 1052-2/A1

ICS 91.080.20

Änderung von
DIN 1052-2 : 1988-04

Deskriptoren: Holzbauwerk, mechanische Verbindungen, Bauwesen

Timber structures – Part 2: Mechanical joints; Amendment 1

Ouvrages en bois – Partie 2: Assemblages mécaniques; Amendement 1

Vorwort

Diese Änderung wurde vom Normenausschuß Bauwesen, Fachbereich 04 "Holzbau", Arbeitsausschuß 04.04.00 "Mechanische Verbindungen" erarbeitet.

1 Anwendungsbereich

Diese Norm enthält Änderungen und Ergänzungen zu DIN 1052-2 aufgrund der erforderlichen Anpassung an die technische Entwicklung in DIN 4074-1 : 1989-09 (insbesondere wegen der in DIN 1052-2 noch nicht enthaltenen maschinellen Sortierung des Bauholzes nach der Festigkeit). Ferner ist in dieser Norm die bisher vorliegende Druckfehlerberichtigung zu DIN 1052-2 enthalten.

2 Normative Verweisungen

Diese Norm enthält durch datierte oder undatierte Verweisungen Festlegungen aus anderen Publikationen. Diese normativen Verweisungen sind an den jeweiligen Stellen im Text zitiert, und die Publikationen sind nachstehend aufgeführt. Bei datierten Verweisungen gehören spätere Änderungen oder Überarbeitungen dieser Publikationen nur zu dieser Norm, falls sie durch Änderung oder Überarbeitung eingearbeitet sind. Bei undatierten Verweisungen gilt die letzte Ausgabe der in Bezug genommenen Publikation.

DIN 1052-1/A1 : 1996-10
 Holzbauwerke – Teil 1: Berechnung und Ausführung; Änderung 1

DIN 1052-2
 Holzbauwerke – Mechanische Verbindungen

DIN 4074-1 : 1989-09
 Sortierung von Nadelholz nach der Tragfähigkeit – Nadelschnittholz

3 Änderungen

Im gesamten Text werden die bisherigen "Güteklassen I, II, III" durch die "Sortierklassen S 7, S 10, S 13, MS 7, MS 10, MS 13, MS 17 nach DIN 4074-1" ersetzt. Dieses erfordert redaktionelle Änderungen in den folgenden Abschnitten:

– Zu 4.1.2: Im 1. Satz wird "Güteklasse II" durch "Sortierklasse S 10 bzw. MS 10" ersetzt.

– Zu 5.8: Im 2. Satz wird "Güteklasse" durch "Sortierklasse" ersetzt.

– Zu 6.2.2: Im 1. Satz wird "Güteklasse" durch "Sortierklasse" ersetzt.

– Zu 8.4: Im 1. Satz wird "Güteklasse" durch "Sortierklasse" ersetzt.

– Zu 10.1: Es werden "Güteklassen I und II" durch "Sortierklassen S 10 bzw. MS 10 bis MS 17" ersetzt.

– Zu 4.2: "Tabelle 5 Zeile 6" wird im 1. Satz des 3. Absatzes durch "Tabelle 5 Zeile 6 bzw. Tabelle 16 Zeile 6 von DIN 1052-1/A1 : 1996-10" ersetzt.

– Zu Tabelle 4: Mindestanforderungen an Verbindungen mit Einlaßdübeln (Dübeltypen A und B) sowie zulässige Belastungen eines Dübels im Lastfall H bei höchstens zwei in Kraftrichtung hintereinanderliegenden Dübeln

Beim Dübeltyp A mit dem Außendurchmesser $d_d = 80$ mm ist die Angabe von d_u in der Spalte 5 der Tabelle 4 von "22,5" in "22,5 oder 25,5" zu ändern.

Fortsetzung Seite 2

Normenausschuß Bauwesen (NABau) im DIN Deutsches Institut für Normung e. V.

– Zur Fußnote [2]) der

Tabelle 4: Mindestanforderungen an Verbindungen mit Einlaßdübeln (Dübeltypen A und B) sowie zulässige Belastungen eines Dübels im Lastfall H bei höchstens zwei in Kraftrichtung hintereinanderliegenden Dübeln

Tabelle 6: Mindestanforderungen an Verbindungen mit Einlaßdübeln (Dübeltyp C) sowie zulässige Belastungen eines Dübels im Lastfall H bei höchstens zwei in Kraftrichtung hintereinanderliegenden Dübeln

Tabelle 7: Mindestanforderungen an Verbindungen mit Einlaßdübeln (Dübeltyp D) und Einlaß-Einpreßdübeln (Dübeltyp E) sowie zulässige Belastungen eines Dübels im Lastfall H bei höchstens zwei in Kraftrichtung hintereinanderliegenden Dübeln

In der Fußnote [2]) dieser Tabellen wird die Regelung bezüglich der Mindestholzdicke geändert.

Die Fußnote [2]) der Tabellen 4 und 7 erhält folgende Fassung:

"[2]) Gilt für ein- und beidseitige Dübelanordnung; bei beidseitiger Dübelanordnung jedoch Mindestholzdicke a = 60 mm für Dübel mit Außendurchmesser d_d < 80 mm, a = 80 mm für Dübel mit Außendurchmesser $d_d \geq$ 80 mm."

Die Fußnote [2]) der Tabelle 6 erhält folgende Fassung:

"[2]) Gilt für ein- und beidseitige Dübelanordnung; bei beidseitiger Dübelanordnung jedoch Mindestholzdicke a = 60 mm für Dübel mit Außendurchmesser d_d < 80 mm, a = 80 mm für Dübel mit Außendurchmesser bzw. Seitenlänge $d_d \geq$ 80 mm."

– Zu 5.5: Im ersten Satz wird der Wert "D_{st} = 8 mm" in "D_{st} = 6 mm" geändert.

– Zu Bild 7: Einpreßdübel (Dübeltyp D)

In den Bildern a) und b) wird noch aufgenommen, daß der Durchmesser der Zähne am Zahngrund für alle Dübeltypen D = 6 mm beträgt.

– Zu 6.1: Allgemeines

Aufgrund der geänderten Benennung des Instituts für Bautechnik wird die Fußnote *) zu diesem Abschnitt wie folgt geändert:

"Eine Liste der anerkannten Prüfstellen wird beim Deutschen Institut für Bautechnik (DIBt), Kolonnenstraße 30, 10829 Berlin, geführt."

Oktober 1996

	Holzbauwerke Teil 3: Holzhäuser in Tafelbauart Berechnung und Ausführung Änderung 1	DIN 1052-3/A1

ICS 91.080.20

Änderung von
DIN 1052-3 : 1988-04

Deskriptoren: Holzbauwerk, Holzhaus, Tafelbauart, Berechnung, Ausführung

Timber structures – Part 3: Buildings constructed from timber panels, Design and construction; Amendment 1

Ouvrages en bois – Partie 3: Bâtiments en panneaux de bois, Calcul et construction; Amendement 1

Vorwort

Diese Änderung wurde vom Normenausschuß Bauwesen, Fachbereich 04 "Holzbau", Arbeitsausschuß 04.05.00 "Holzhäuser" erarbeitet.

1 Anwendungsbereich

Diese Norm enthält Änderungen und Ergänzungen zu DIN 1052-3 aufgrund der erforderlichen Anpassung an die technische Entwicklung in DIN 4074-1 : 1989-09 (insbesondere wegen der in DIN 1052-3 noch nicht enthaltenen maschinellen Sortierung des Bauholzes nach der Festigkeit).

2 Normative Verweisungen

Diese Norm enthält durch datierte oder undatierte Verweisungen Festlegungen aus anderen Publikationen. Diese normativen Verweisungen sind an den jeweiligen Stellen im Text zitiert, und die Publikationen sind nachstehend aufgeführt. Bei datierten Verweisungen gehören spätere Änderungen oder Überarbeitungen dieser Publikationen nur zu dieser Norm, falls sie durch Änderung oder Überarbeitung eingearbeitet sind. Bei undatierten Verweisungen gilt die letzte Ausgabe der in Bezug genommenen Publikation.

DIN 1052-3
: Holzbauwerke – Holzhäuser in Tafelbauart, Berechnung und Ausführung

DIN 4074-1 : 1989-09
: Sortierung von Nadelholz nach der Tragfähigkeit – Nadelschnittholz

3 Änderungen

Im gesamten Text werden die bisherigen "Güteklassen I, II, III" durch die "Sortierklassen S 7, S 10, S 13, MS 7, MS 10, MS 13, MS 17 nach DIN 4074-1" ersetzt. Dieses erfordert redaktionelle Änderungen in den folgenden Abschnitten:

– Zu 3.2: In der 1. und 2. Zeile werden "der Güteklasse III, mindestens Schnittklasse A" durch "der Sortierklasse S 7 bzw. MS 7, jedoch bezüglich der Baumkante Sortierklasse S 13" und "jedoch" durch "außerdem" und in der Aufzählung b) "Güteklasse II" durch "Sortierklasse S 10" ersetzt.

– Zu Bild 2: Es wird in der Bildunterschrift "Güteklasse II, Schnittklasse S oder A" durch "mindestens Sortierklasse S 10 bzw. MS 10, jedoch bezüglich der Baumkante Sortierklasse S 13 oder ohne Baumkante," ersetzt.

Normenausschuß Bauwesen (NABau) im DIN Deutsches Institut für Normung e.V.

Juni 2003

	Sortierung von Holz nach der Tragfähigkeit Teil 1: Nadelschnittholz	DIN 4074-1

ICS 79.040

Ersatz für
DIN 4074-1:1989-09

Strength grading of wood —
Part 1: Coniferous sawn timber

Classement des bois suivant leur resistance —
Partie 1: Bois de sciage de coniferes

Inhalt

Seite

Fortsetzung Seite 2 bis 22

Normenausschuss Holzwirtschaft und Möbel (NHM) im DIN Deutsches Institut für Normung e.V.
Normenausschuss Bauwesen (NABau) im DIN

DIN 4074-1:2003-06

Vorwort

Diese Norm wurde vom Arbeitsausschuss NHM AA 1.7 „Bauholz, Güte“ erarbeitet.

DIN 4074 „Sortierung von Holz nach der Tragfähigkeit“ besteht aus:

— Teil 1: Nadelschnittholz

— Teil 2: Nadelrundholz

— Teil 3: Sortiermaschinen für Schnittholz, Anforderungen und Prüfung

— Teil 4: Nachweis der Eignung zur maschinellen Schnittholzsortierung

— Teil 5: Laubschnittholz

Änderungen

Gegenüber DIN 4074-1:1989-09 wurden folgende Änderungen vorgenommen:

a) Titel geändert;

b) Anpassung an EN 14081-1;

c) Neue Bezeichnung der Sortierklassen für vorwiegend hochkant biegebeanspruchte Bretter und Bohlen;

d) Neue Bezeichnung für trockensortiertes Schnittholz;

e) Neue Bezeichnung der Sortierklassen für maschinell sortiertes Schnittholz;

f) Festlegung der Messbezugsfeuchte für die Sortierkriterien auf 20 %;

g) Begrenzung der Schwindrisse in Kanthölzern;

h) Festlegung spezieller Sortierkriterien für Latten;

i) Bezeichnung Kantenflächenast wurde durch Schmalseitenast ersetzt;

j) Der Schmalseitenast wurde besser erläutert und Grenzwerte neu festgelegt;

k) Definition der Baumkante an DIN EN 1310 angepasst;

l) Definition der Ausdehnung von Verfärbungen und Druckholz präzisiert;

m) Die Anforderungen an die Kennzeichnung und den Übereinstimmungsnachweis wurden an die Übereinstimmungszeichen-Verordnungen der Länder und an DIN 18200 angepasst, Schnittholz ist zu kennzeichnen mit Angabe des Herstellers und der Sortierklasse.

Frühere Ausgaben

DIN 4074: 1939-03
DIN 4074-1: 1958-12, 1989-09

2

DIN 4074-1:2003-06

1 Anwendungsbereich

Diese Norm gilt für Nadelschnitthölzer für Bauteile, die nach der Tragfähigkeit zu bemessen sind.

Sie legt Sortiermerkmale und -klassen als Voraussetzung für die Festlegung und Anwendung von Rechenwerten für die Nachweise der Grenzzustände der Tragfähigkeit und Gebrauchstauglichkeit nach z. B. DIN 1052 oder DIN 1074 fest. Nach zwei Verfahren kann sortiert werden:

— visuell in Sortierklassen (nach Abschnitt 6),

— maschinell in Festigkeitsklassen (nach Abschnitt 7).

Diese Norm erfüllt die Mindestanforderungen der DIN EN 14081-1.

Für bestimmte Verwendungszwecke des Holzes gelten spezielle Normen bezüglich der Sortierung nach der Tragfähigkeit: DIN 68362 und DIN EN 131-2 für Holzleitern, DIN 15147 für Flachpaletten.

2 Normative Verweisungen

Diese Norm enthält durch datierte oder undatierte Verweisungen Festlegungen aus anderen Publikationen. Diese normativen Verweisungen sind an den jeweiligen Stellen im Text zitiert, und die Publikationen sind nachstehend aufgeführt. Bei datierten Verweisungen gehören spätere Änderungen oder Überarbeitungen dieser Publikationen nur zu dieser Norm, falls sie durch Änderung oder Überarbeitung eingearbeitet sind. Bei undatierten Verweisungen gilt die letzte Ausgabe der in Bezug genommenen Publikation (einschließlich Änderungen).

DIN 1052 (alle Teile), *Holzbauwerke.*

DIN 1074, *Holzbrücken.*

DIN 4074-3, *Sortierung von Holz nach der Tragfähigkeit — Teil 3: Sortiermaschinen für Schnittholz, Anforderungen und Prüfung.*

DIN 4074-4, *Sortierung von Holz nach der Tragfähigkeit — Teil 4: Nachweis der Eignung zur maschinellen Schnittholzsortierung.*

DIN 4076-5, *Benennungen und Kurzzeichen auf dem Holzgebiet — Teil 5: Übersicht über die genormten Kurzzeichen.*

DIN 15147, *Flachpaletten aus Holz — Gütebedingungen.*

DIN 18200, *Übereinstimmungsnachweis für Bauprodukte; Werkseigene Produktionskontrolle, Fremdüberwachung und Zertifizierung von Produkten.*

DIN 68362, *Holz für Leitern und Tritte — Gütebedingungen.*

DIN EN 131-2, *Leitern — Anforderungen, Prüfung, Kennzeichnung; Deutsche Fassung EN 131-2:1993.*

DIN EN 336:1996-04, *Bauholz für tragende Zwecke — Nadelholz und Pappelholz — Maße, zulässige Abweichungen; Deutsche Fassung EN 336:1996.*

DIN EN 338, *Bauholz für tragende Zwecke — Festigkeitsklassen; Deutsche Fassung EN 338:1995.*

DIN EN 844-6, *Rund- und Schnittholz — Terminologie — Teil 6: Begriffe zu Maßen von Schnittholz; Deutsche Fassung EN 844-6:1997.*

DIN EN 1310, *Rund- und Schnittholz — Messung der Merkmale; Deutsche Fassung EN 1310:1997.*

DIN EN 14081-1, *Holzbauwerke — Nach Festigkeit sortiertes Bauholz für tragende Zwecke mit rechteckigem Querschnitt — Teil 1: Allgemeine Anforderungen; Deutsche Fassung EN 14081-1:2000.*

3 Begriffe

Für die Anwendung dieser Norm gelten folgende Begriffe.

3.1
Schnittholz
Holzerzeugnis von mindestens 6 mm Dicke, das durch Sägen oder Spanen von Rundholz parallel zur Stammachse hergestellt wird. Im Sinne dieser Norm werden Schnittholzarten nach Tabelle 1 unterschieden:

Tabelle 1 — Schnittholzeinteilung

Schnittholzart	Dicke d bzw. Höhe h	Breite b
Latte	$d \leq 40$ mm	$b < 80$ mm
Brett[a]	$d \leq 40$[b] mm	$b \geq 80$ mm
Bohle[a]	$d > 40$ mm	$b > 3\,d$
Kantholz	$b \leq h \leq 3\,b$	$b > 40$ mm

[a] Vorwiegend hochkant biegebeanspruchte Bretter und Bohlen sind wie Kantholz zu sortieren und entsprechend zu kennzeichnen (siehe Abschnitt 4).

[b] Dieser Grenzwert gilt nicht für Bretter für BS-Holz.

3.2
Holzfeuchte
mittlere Holzfeuchte bedeutet nach dieser Norm Mittelwert der Feuchte eines Holzquerschnitts

ANMERKUNG 1 Die Sortierkriterien sind auf eine mittlere Holzfeuchte von 20 % bezogen (Messbezugsfeuchte).

ANMERKUNG 2 Holzfeuchte in %, bezogen auf die Darrmasse, Bestimmung nach DIN EN 13183-1.

ANMERKUNG 3 Eine mittlere Holzfeuchte von 20 % ist kurzfristig in der Regel nur durch technische Trocknung zu erreichen.

ANMERKUNG 4 Als mittleres Schwind- oder Quellmaß in radialer/tangentialer Richtung ist für europäische Nadelhölzer ein Rechenwert von 0,24 % je 1 % Holzfeuchteänderung anzunehmen.

3.3
trockensortiertes Holz (TS)
Schnittholz, das bei einer mittleren Holzfeuchte von höchstens 20 % sortiert wurde

3.4
Faserneigung
die Abweichung der Faserrichtung von der Längsachse des Schnittholzes

ANMERKUNG Faserneigung kann z. B. durch Drehwuchs, Stammkrümmung oder durch Wuchsstörungen, z. B. durch Wipfelbruch, entstehen.

3.5
Risse
Trennungen der Fasern in Faserlängsrichtung infolge von Beanspruchungen, die im stehenden Baum (z. B. Blitzrisse), beim Fällen oder bei der Trocknung (Schwindrisse) entstehen können. Blitzrisse sind radial gerichtete Risse, die in der Regel an einer Nachdunkelung des angrenzenden Holzes zu erkennen sind. Unter Ringschäle wird ein Riss verstanden, der dem Verlauf eines Jahrrings folgt.

DIN 4074-1:2003-06

3.6
Verfärbungen
die Veränderung der natürlichen Holzfarbe

ANMERKUNG Bläue entsteht durch Befall mit Bläuepilzen. Bläuepilze leben von Inhaltsstoffen. Sie greifen die Zellwände nicht an und sind daher ohne Einfluss auf die Festigkeitseigenschaften.

Braune und rote Streifen werden durch Pilzbefall hervorgerufen. Eine Festigkeitsminderung liegt in der Regel noch nicht vor, so lange sie nagelfest sind, also die Härte des Holzes nicht erkennbar vermindert ist. Bei trockenem Holz ist eine weitere Ausdehnung des Befalls nicht möglich.

Braun- und Weißfäule stellen einen fortgeschrittenen Befall durch holzzerstörende Pilze dar. Sie sind an einer fleckigen Verfärbung und reduzierter Oberflächenhärte zu erkennen.

3.7
Druckholz
im lebenden Baum als Reaktion auf äußere Beanspruchungen gebildet und durch eine vom üblichen Holz abweichende Struktur gekennzeichnet

ANMERKUNG In mäßigem Umfang ist Druckholz ohne wesentlichen Einfluss auf die Festigkeitseigenschaften. Druckholz kann aber wegen des ausgeprägten Längsschwindverhaltens eine erhebliche Krümmung des Schnittholzes verursachen.

3.8
Insektenfraß durch Frischholzinsekten
Befall stehender Bäume und frischen Rundholzes von so genannten Frischholzinsekten

ANMERKUNG Der Befall ist auf der Holzoberfläche an den Fraßgängen (Bohrlöchern) zu erkennen. Bohrlöcher mit einem Durchmesser bis 2 mm rühren vom holzbrütenden Borkenkäfer (Trypodendron lineatum; Synonym: Xyloterus lineatus) her. Sie sind in dem bisher festgestellten Ausmaß ohne praktischen Einfluss auf die Festigkeitseigenschaften.

Größere Durchmesser, in der Regel bis 5 mm, sind hauptsächlich auf Befall durch Holzwespen, teilweise Scheibenböcke zurückzuführen. Bohrlöcher dieser Größe kommen in der Regel nur vereinzelt vor und haben dann keinen Einfluss auf die Festigkeitseigenschaften.

Eine Ausdehnung des Befalls ist in trockenem Holz nicht möglich.

4 Bezeichnung

Zur Bezeichnung sind folgende Angaben notwendig:

Schnittholzart — DIN 4074 — Sortierklasse — trockensortiert (soweit zutreffend) — Holzart (Kurzzeichen nach DIN 4076-5)

Die Sortierklasse von Brettern und Bohlen, die wie Kantholz sortiert sind, ist zusätzlich mit K zu bezeichnen.

BEISPIELE
Bezeichnung eines visuell sortierten Kantholzes Sortierklasse S 10, trockensortiert (TS), aus Fichte (FI):

Kantholz DIN 4074 — S 10TS — FI

Bezeichnung einer visuell sortierten Bohle, als Kantholz sortiert (K) Sortierklasse S 13, aus Kiefer (KI):

Bohle DIN 4074 — S 13K — KI

Bezeichnung eines maschinell (M) sortierten Brettes der Festigkeitsklasse C 40, aus Lärche (LA):

Brett DIN 4074 — C 40 M — LA

DIN 4074-1:2003-06

5 Sortiermerkmale

5.1 Äste

5.1.1 Allgemeines

Zwischen verwachsenen und nicht verwachsenen Ästen wird nicht unterschieden. Astlöcher werden im Sinne dieser Norm mit Ästen gleichgesetzt. Astrinde wird dem Ast hinzugerechnet.

5.1.2 Äste in Kanthölzern

5.1.2.1 Maßgebend ist der kleinste sichtbare Durchmesser d der Äste. Bei Kantenästen gilt die Bogenhöhe (siehe d_1 in Bild 1), wenn diese kleiner als der Durchmesser ist.

5.1.2.2 Die Ästigkeit A berechnet sich aus dem nach 5.1.2.1 bestimmten Durchmesser d, geteilt durch das Maß b bzw. h der zugehörigen Querschnittsseite (siehe Bild 1). Maßgebend ist die größte Ästigkeit.

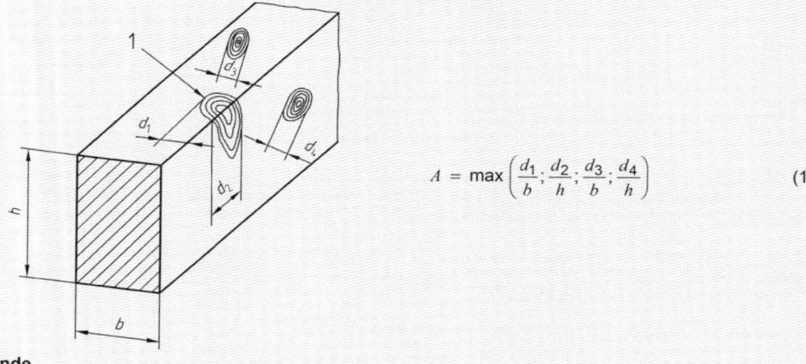

$$A = \max\left(\frac{d_1}{b}; \frac{d_2}{h}; \frac{d_3}{b}; \frac{d_4}{h}\right) \quad (1)$$

Legende
1 Kantenast

Bild 1 — Astmaße und Berechnung der Ästigkeit in Kanthölzern

5.1.3 Äste in Brettern und Bohlen

5.1.3.1 Äste werden kantenparallel und dort gemessen, wo der Astquerschnitt zutage tritt.

Dabei sind zwei Sonderfälle zu beachten:

- Kantenast: Der auf einer inneren, dem Mark zugewandten Seite sichtbare Teil eines Kantenastes (a_1 in Bild 2) bleibt unberücksichtigt, wenn das auf der Schmalseite vorhandene Astmaß (a_2), auf die Schmalseite bezogen, die in Tabelle 3 für den Einzelast angegebenen Werte nicht überschreitet.
- Schmalseitenast: Bei Ästen, die auf der Schmalseite zutage treten, ist zusätzlich zu ermitteln, über welchen Anteil der Brettbreite sie sich erstrecken (siehe Bild 5 und Bild 6).

6

DIN 4074-1:2003-06

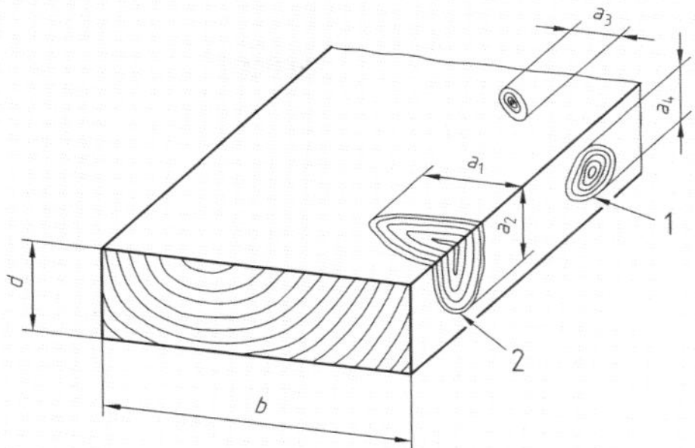

Legende

1 Schmalseitenast

2 Kantenast

Bild 2 — Astmaße in Brettern und Bohlen

5.1.3.2 Als Sortiermerkmale sind drei Kriterien zu berücksichtigen

— Einzelast: Die Ästigkeit A berechnet sich aus der Summe der nach 5.1.3.1 bestimmten Astmaße a auf allen Schnittflächen, auf denen der Ast auftritt, geteilt durch das doppelte Maß der Breite b (siehe Bild 3).

— Astansammlung: Die Ästigkeit A berechnet sich aus der Summe der nach 5.1.3.1 bestimmten Astmaße a aller Astschnittflächen, die sich überwiegend innerhalb einer Messlänge von 150 mm befinden, geteilt durch das doppelte Maß der Breite b (siehe Bild 4). Astmaße, die sich überlappen, werden nur einfach berücksichtigt. Astmaße unter 5 mm bleiben unberücksichtigt.

— Schmalseitenast: Bei Schmalseitenästen ist die Summe der auf die Breitseite projizierten Längen der Äste bezogen auf die Breite (siehe Bild 5 und Bild 6) ein zusätzliches Sortiermerkmal.

DIN 4074-1:2003-06

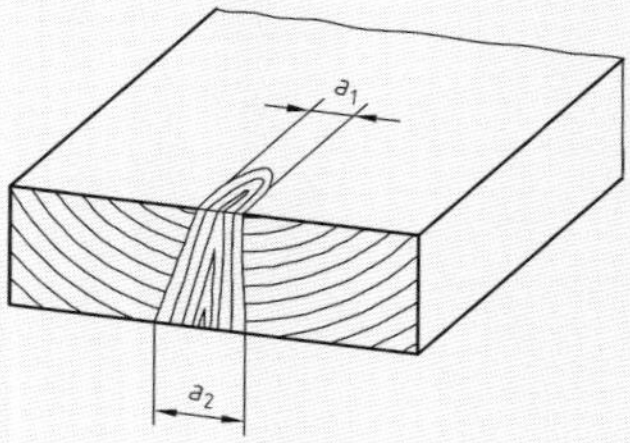

$$A = \frac{a_1 + a_2}{2b} \quad (2)$$

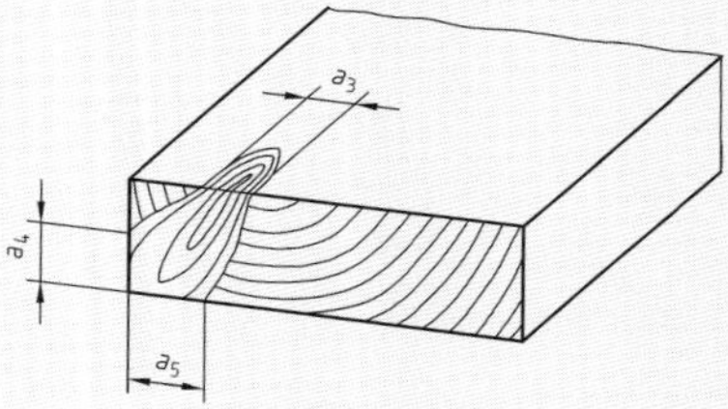

$$A = \frac{a_3 + a_4 + a_5}{2b} \quad (3)$$

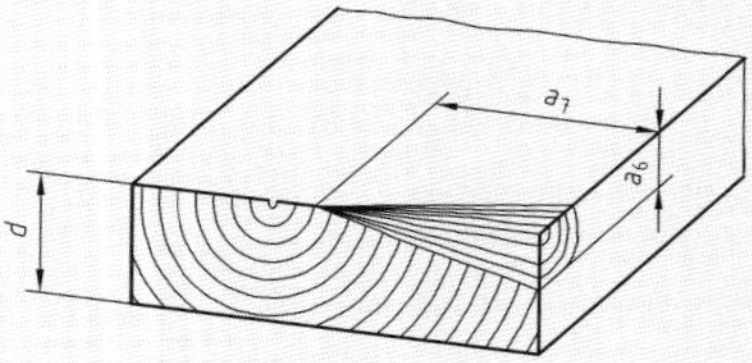

$$A = \frac{a_6 + a_7}{2b} \quad (4.1)$$

falls $a_6/d \leq$ Grenzwert 5.1.3.1:

$$A = \frac{a_6}{2b} \quad (4.2)$$

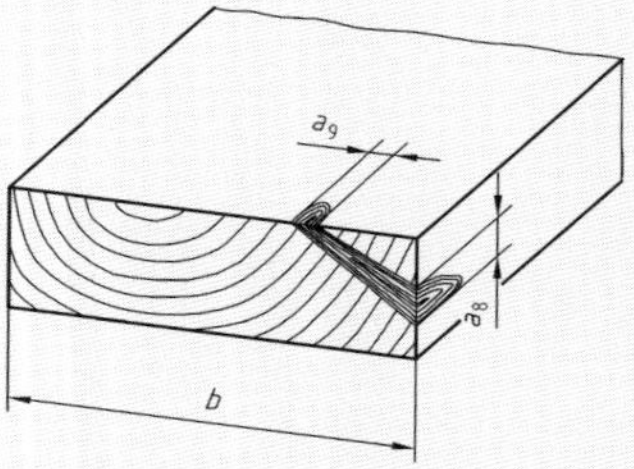

$$A = \frac{a_8 + a_9}{2b} \quad (5)$$

Bild 3 — Astmaße und Berechnung der Ästigkeit A beim Einzelast

8

DIN 4074-1:2003-06

Maße in Millimeter

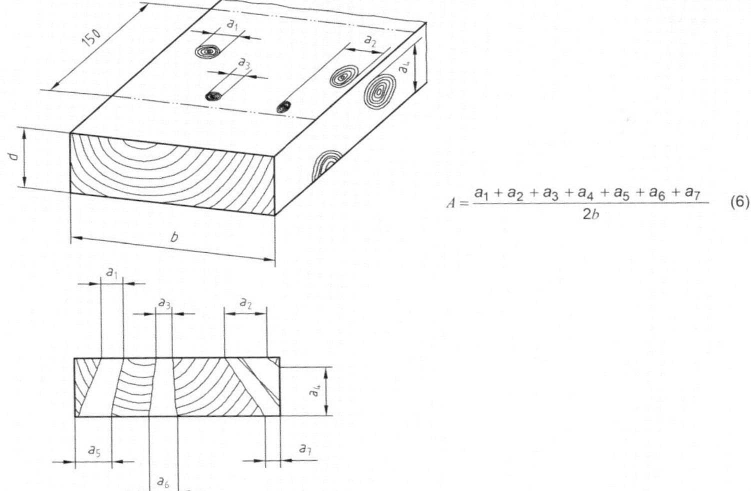

$$A = \frac{a_1 + a_2 + a_3 + a_4 + a_5 + a_6 + a_7}{2b} \quad (6)$$

Bild 4 — Astmaße und Berechnung der Ästigkeit A bei Astansammlung

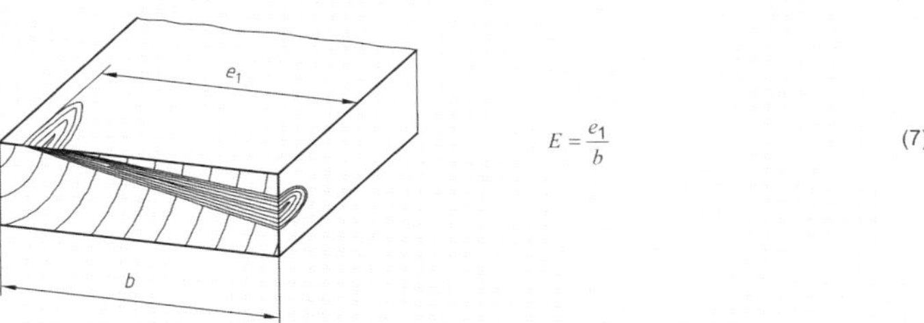

$$E = \frac{e_1}{b} \quad (7)$$

Bild 5 — Bestimmung der projizierten Astlänge e_1 bei einem Schmalseitenast

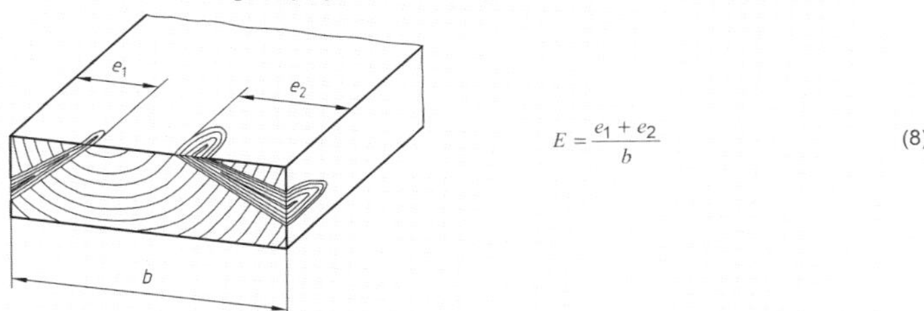

$$E = \frac{e_1 + e_2}{b} \quad (8)$$

Bild 6 — Bestimmung der projizierten Astlängen e_i bei mehreren Schmalseitenästen

5.1.4 Äste in Latten

5.1.4.1 Äste werden nur auf den Breitseiten und dort kantenparallel gemessen. Bei Kanten- und Schmalseitenästen ist zu prüfen, ob sie von einer Schmalseite zur anderen durchlaufen. Bei Latten mit Markröhre gelten beidseitig erscheinende Kanten- und Schmalseitenäste als ein durchlaufender Ast.

5.1.4.2 Die Ästigkeit A berechnet sich aus der Summe der nach 5.1.4.1 bestimmten Astmaße a_i auf einer Breitseite innerhalb einer Messlänge von 50 mm, geteilt durch das Maß der Breite b (siehe Bild 7). Maßgebend ist die größte Ästigkeit.

Maße in Millimeter

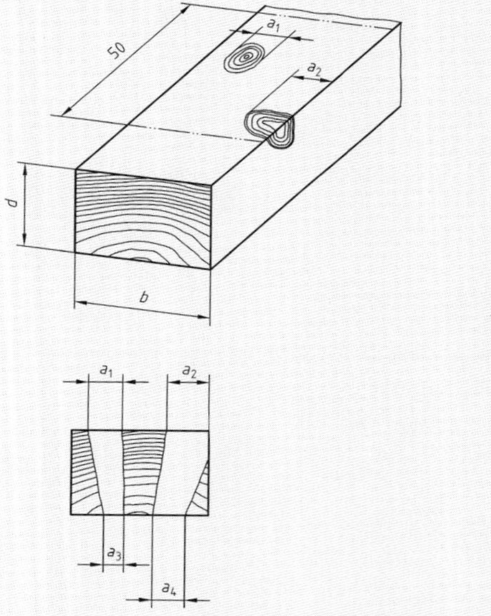

$$A = \max\left(\frac{a_1 + a_2}{b}; \frac{a_3 + a_4}{b}\right) \quad (9)$$

Bild 7 — Messung der Äste und Berechnung der Ästigkeit A bei Latten

5.2 Faserneigung

Die Faserneigung F wird berechnet als Abweichung x der Fasern bezogen auf die Messlänge y und als Prozentsatz angegeben. Örtliche Faserabweichungen, die von Ästen hervorgerufen werden, bleiben unberücksichtigt. Die Faserneigung wird nach den Schwindrissen oder nach DIN EN 1310 nach dem Jahrringverlauf gemessen.

ANMERKUNG Drehwuchs ist in frischem Zustand schwer zu erkennen.

DIN 4074-1:2003-06

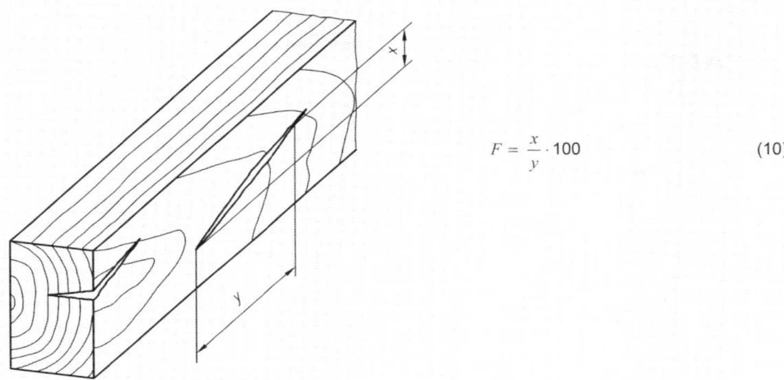

$$F = \frac{x}{y} \cdot 100 \qquad (10)$$

Bild 8 — Bestimmung der Faserneigung nach Schwindrissen

5.3 Markröhre

Unterschieden wird zwischen Schnittholz mit und ohne Markröhre. Die Markröhre gilt als vorhanden, auch wenn sie nur teilweise im Schnittholz verläuft.

5.4 Jahrringbreite

Es gilt die mittlere Jahrringbreite nach DIN EN 1310 in Millimeter. Bei Schnitthölzern mit Markröhre bleibt ein Bereich von 25 mm, ausgehend von der Markröhre, außer Betracht (siehe Bild 9).

Die Messstrecke l verläuft im rechten Winkel zu den Jahrringen, ausgehend vom marknächsten Jahrring bis zum Jahrring in der von der Markröhre am weitesten entfernten Ecke des Querschnitts.

Maße in Millimeter

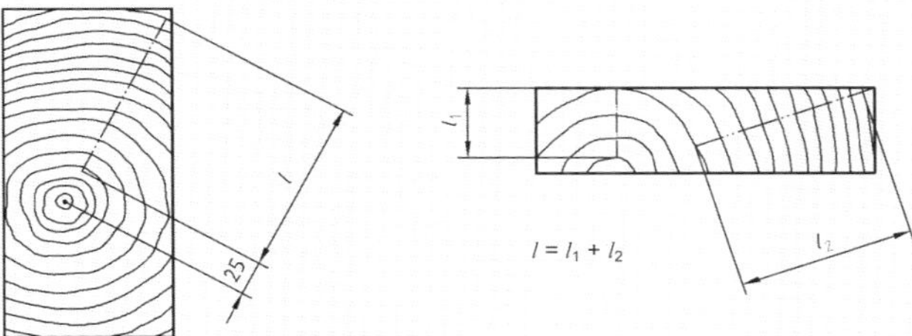

Bild 9 — Maßgebende Messstrecke für die Bestimmung der Jahrringbreite

DIN 4074-1:2003-06

5.5 Risse

5.5.1 Allgemeines

Unterschieden wird zwischen Blitzrissen, Ringschäle und Schwindrissen.

5.5.2 Schwindrisse in Kanthölzern

5.5.2.1 Als Sortierkriterium sind die auf die Querschnittsseiten projizierten Risstiefen zu bestimmen. Diese sind an den drei Viertelpunkten der Risslänge mit einer 0,1 mm dicken Fühlerlehre zu messen (siehe Bild 10). Als Risstiefe r eines Risses gilt der Mittelwert aus den drei Messungen t_1, t_2, t_3. Risse mit einer Länge bis ¼ der Schnittholzlänge, maximal 1 m, bleiben unberücksichtigt.

5.5.2.2 Das Sortiermerkmal R berechnet sich aus der Summe der in einem Querschnitt vorhandenen nach 5.5.2.1 bestimmten Risstiefen r_i geteilt durch das Maß der betreffenden Querschnittsseite. Rissmaße, die sich in der Projektion überlappen, werden nur einfach berücksichtigt (siehe Bild 11).

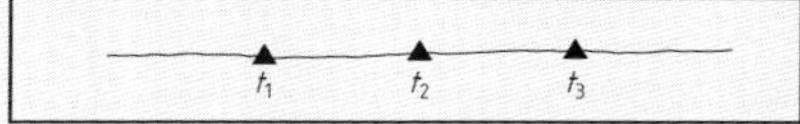

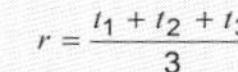

$$r = \frac{t_1 + t_2 + t_3}{3}$$

Legende
t_1, t_2, t_3 = Messpunkte für die Bestimmung der Risstiefe

Bild 10 — Bestimmung der Risstiefe r an den Viertelpunkten der Risslänge

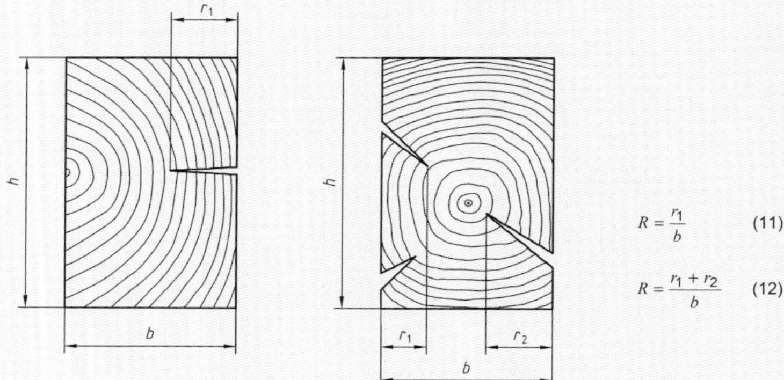

$$R = \frac{r_1}{b} \quad (11)$$

$$R = \frac{r_1 + r_2}{b} \quad (12)$$

Bild 11 — Bestimmung der projizierten Risstiefen r in einem Kantholz

5.5.3 Schwindrisse in Brettern, Bohlen und Latten

Schwindrisse brauchen nicht berücksichtigt zu werden.

12

DIN 4074-1:2003-06

5.6 Baumkante

Die Breite der Baumkante $h - h_1$ bzw. $b - b_1$ wird auf die jeweilige Querschnittsseite projiziert gemessen und als Bruchteil K der zugehörigen Querschnittsseite angegeben (siehe Bild 12).

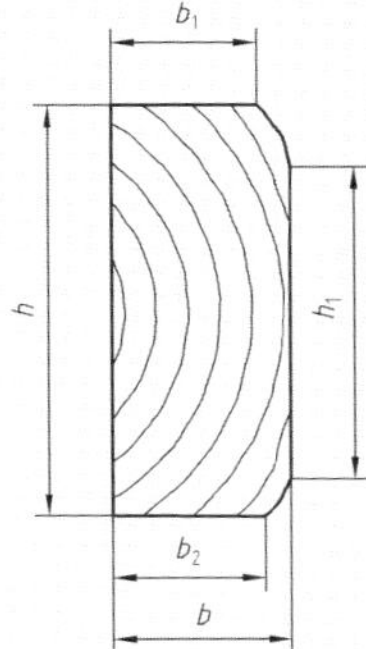

$$K = \max\left(\frac{h-h_1}{h}; \frac{b-b_1}{b}; \frac{b-b_2}{b}\right) \quad (13)$$

Bild 12 — Bestimmung und Berechnung der Baumkante

5.7 Krümmung

5.7.1 Das in radialer und tangentialer Richtung unterschiedliche Schwindmaß kann zu einer Querkrümmung (Schüsselung), Drehwuchs und Druckholz können zu einer Verdrehung und Längskrümmung des Schnittholzes führen. Die Krümmung hängt wesentlich von der Holzfeuchte ab. Sie ist bei frischem Schnittholz in der Regel noch nicht zu erkennen und erreicht ihr größtes Ausmaß erst, wenn das Holz getrocknet ist.

5.7.2 Verdrehung und Längskrümmung werden berechnet als Pfeilhöhe h an der Stelle der größten Verformung, bezogen auf 2 000 mm Messlänge (siehe Bilder 13 bis 15).

Maße in Millimeter

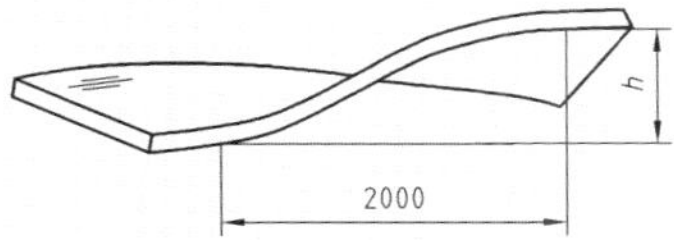

Legende
h Pfeilhöhe

Bild 13 — Verdrehung von Schnittholz

Maße in Millimeter

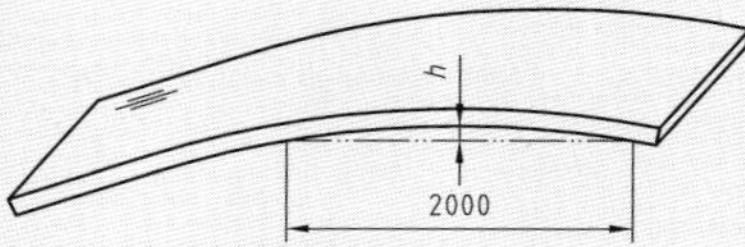

Legende
h Pfeilhöhe

Bild 14 — Längskrümmung von Schnittholz-Krümmung in Richtung der Dicke

Maße in Millimeter

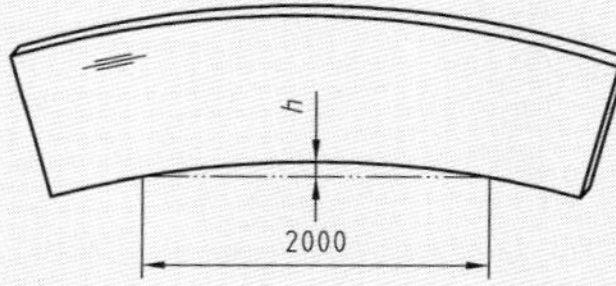

Legende
h Pfeilhöhe

Bild 15 — Längskrümmung von Schnittholz-Krümmung in Richtung der Breite

5.7.3 Querkrümmung wird berechnet als Pfeilhöhe h bezogen auf die Breite des Schnittholzes (siehe Bild 16).

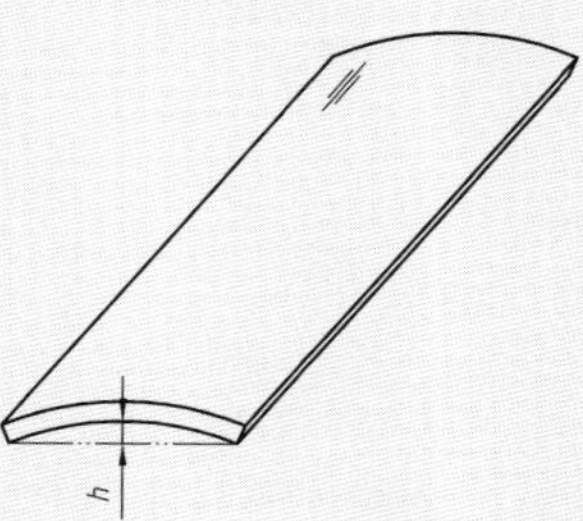

Legende
h Pfeilhöhe

Bild 16 — Querkrümmung (Schüsselung) von Schnittholz

DIN 4074-1:2003-06

5.8 Verfärbungen, Fäule

Verfärbungen können in Längsrichtung des Holzes unterschiedliche Ausdehnungen haben. Maßgebend ist die Stelle der maximalen Ausdehnung.

Verfärbungen werden an der Oberfläche des Schnittholzes an der Stelle der maximalen Ausdehnung rechtwinklig zur Längsachse gemessen. Die Summe der Breiten v_i aller verfärbten Streifen wird als Bruchteil V, bezogen auf den Umfang des Querschnittes, angegeben (siehe Bild 17).

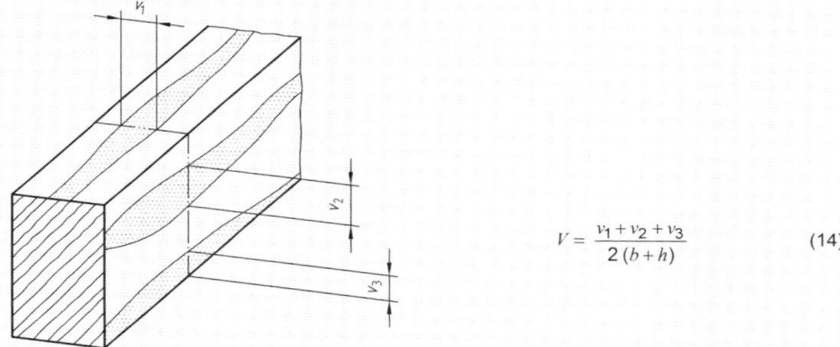

$$V = \frac{v_1 + v_2 + v_3}{2\,(b+h)} \qquad (14)$$

Bild 17 — Messung und Berechnung von Verfärbungen oder Druckholz

5.9 Druckholz

Druckholz kann in Längsrichtung des Holzes unterschiedliche Ausdehnungen haben. Maßgebend ist die Stelle der maximalen Ausdehnung.

Druckholz wird an der Oberfläche des Schnittholzes an der Stelle der maximalen Ausdehnung rechtwinklig zur Längsachse gemessen. Die Summe der Breiten aller verfärbten Streifen werden als Bruchteil V, bezogen auf den Umfang des Querschnittes, angegeben (siehe Bild 17).

5.10 Insektenfraß durch Frischholzinsekten

Maßgebend ist die Größe der an der Oberfläche erkennbaren Fraßgänge (Bohrlöcher).

5.11 Sonstige Sortiermerkmale

Sonstige Sortiermerkmale wie z. B.

- mechanische Schäden
- Mistelbefall
- Rindeneinschluss
- überwallte Stammverletzungen
- Wipfelbruch

sind in Anlehnung an die übrigen Sortiermerkmale sinngemäß zu bestimmen.

6 Visuelle Sortierung

6.1 Allgemeines

Schnittholz nach dieser Norm darf nur von einer dafür geschulten Fachkraft visuell sortiert werden. Die Schulung ist auf Nachfrage gegenüber den Bauaufsichtsbehörden nachzuweisen.

6.2 Sortierklassen (S)

Nach visuell feststellbaren Merkmalen werden drei Klassen unterschieden:

— Schnittholz der Klasse S 7

— Schnittholz der Klasse S 10

— Schnittholz der Klasse S 13

6.3 Anforderungen

6.3.1 Sortierkriterien

Die Sortierkriterien sind auf eine mittlere Holzfeuchte von 20 % bezogen. Die Sortiermerkmale sind an der für das Sortiermerkmal ungünstigsten Stelle im Schnittholz zu ermitteln. Für verschiedene Sortiermerkmale können dies unterschiedliche Stellen im Schnittholz sein.

Die Anforderungen an Kantholz und vorwiegend hochkant biegebeanspruchte Bretter und Bohlen sind aus Tabelle 2, die Anforderungen an sonstige Bretter und Bohlen aus Tabelle 3 und die Anforderungen an Latten aus Tabelle 4 zu entnehmen. Bei nicht trockensortierten Hölzern bleiben die Sortiermerkmale Schwindrisse und Krümmung unberücksichtigt.

6.3.2 Toleranzen

Bei nachträglicher Inspektion einer Lieferung sortierten Holzes sind ungünstige Abweichungen von den geforderten Grenzwerten der Sortierkriterien zulässig bis 10 % bei 10 % der Menge.

6.3.3 Maßhaltigkeit

Für die Maßhaltigkeit gilt DIN EN 336.

6.3.4 Weitere Bearbeitung

Für Schnittholz, dessen Querschnittsmaße bei der weiteren Bearbeitung um nicht mehr als 5 mm bei Querschnittsmaßen bis 100 mm bzw. 10 mm bei Querschnittsmaßen über 100 mm reduziert werden, gilt die vor der Bearbeitung bestimmte Sortierklasse. Bei größerer Reduzierung der Querschnittmaße ist eine erneute Sortierung erforderlich.

DIN 4074-1:2003-06

Tabelle 2 — Sortierkriterien für Kanthölzer und vorwiegend hochkant (K) biegebeanspruchte Bretter und Bohlen bei der visuellen Sortierung

Sortiermerkmale	Sortierklasse		
	S 7, S7K	S 10, S10K	S 13, S13K
1. Äste	bis 3/5	bis 2/5	bis 1/5
2. Faserneigung	bis 16 %	bis 12 %	bis 7 %
3. Markröhre	zulässig	zulässig	nicht zulässig[a]
4. Jahrringbreite			
— im Allgemeinen	bis 6 mm	bis 6 mm	bis 4 mm
— bei Douglasie	bis 8 mm	bis 8 mm	bis 6 mm
5. Risse			
— Schwindrisse[b]	bis 3/5	bis 1/2	bis 2/5
— Blitzrisse Ringschäle	nicht zulässig	nicht zulässig	nicht zulässig
6. Baumkante	bis 1/3	bis 1/3	bis 1/4
7. Krümmung[b]			
— Längskrümmung	bis 12 mm	bis 8 mm	bis 8 mm
— Verdrehung	2 mm / 25 mm Breite	1 mm / 25 mm Breite	1 mm / 25 mm Breite
8. Verfärbungen, Fäule			
— Bläue	zulässig	zulässig	zulässig
— nagelfeste braune und rote Streifen	bis 3/5	bis 2/5	bis 1/5
— Braunfäule Weißfäule	nicht zulässig	nicht zulässig	nicht zulässig
9. Druckholz	bis 3/5	bis 2/5	bis 1/5
10. Insektenfraß durch Frischholzinsekten	Fraßgänge bis 2 mm Durchmesser: zulässig		
11. sonstige Merkmale	sind in Anlehnung an die übrigen Sortiermerkmale sinngemäß zu berücksichtigen		

[a] Bei Kantholz mit einer Breite > 120 mm zulässig.

[b] Diese Sortiermerkmale bleiben bei nicht trockensortierten Hölzern unberücksichtigt.

DIN 4074-1:2003-06

Tabelle 3 — Sortierkriterien für Bretter und Bohlen bei der visuellen Sortierung (vorwiegend hochkant biegebeanspruchte Bretter und Bohlen sind wie Kantholz zu sortieren)

Sortiermerkmale	Sortierklassen		
	S 7	S 10	S 13
1. Äste			
— Einzelast	bis 1/2	bis 1/3	bis 1/5
— Astansammlung	bis 2/3	bis 1/2	bis 1/3
— Schmalseitenast[a]	—	bis 2/3	bis 1/3
2. Faserneigung	bis 16 %	bis 12 %	bis 7 %
3. Markröhre	zulässig	zulässig	nicht zulässig
4. Jahrringbreite			
— im Allgemeinen	bis 6 mm	bis 6 mm	bis 4 mm
— bei Douglasie	bis 8 mm	bis 8 mm	bis 6 mm
5. Risse			
— Schwindrisse[b]	zulässig	zulässig	zulässig
— Blitzrisse Ringschäle	nicht zulässig	nicht zulässig	nicht zulässig
6. Baumkante	bis 1/3	bis 1/3	bis 1/4
7. Krümmung[b]			
— Längskrümmung	bis 12 mm	bis 8 mm	bis 8 mm
— Verdrehung	2 mm / 25 mm Breite	1 mm / 25 mm Breite	1 mm / 25 mm Breite
— Querkrümmung	bis 1/20	bis 1/30	bis 1/50
8. Verfärbungen, Fäule			
— Bläue	zulässig	zulässig	zulässig
— nagelfeste braune und rote Streifen	bis 3/5	bis 2/5	bis 1/5
— Braunfäule Weißfäule	nicht zulässig	nicht zulässig	nicht zulässig
9. Druckholz	bis 3/5	bis 2/5	bis 1/5
10. Insektenfraß durch Frischholzinsekten	Fraßgänge bis 2 mm Durchmesser: zulässig		
11. sonstige Merkmale	sind in Anlehnung an die übrigen Sortiermerkmale sinngemäß zu berücksichtigen		

[a] Dieses Sortiermerkmal gilt nicht für Bretter für BS-Holz.

[b] Diese Sortiermerkmale bleiben bei nicht trockensortierten Hölzern unberücksichtigt.

18

DIN 4074-1:2003-06

Tabelle 4 — Sortierkriterien für Latten bei der visuellen Sortierung

Sortiermerkmale	Sortierklassen	
	S 10	S 13
1. Äste[a] — im Allgemeinen — bei Kiefer	 bis 1/2 bis 2/5	 bis 1/3 bis 1/5
2. Faserneigung	bis 12 %	bis 7 %
3. Markröhre	nicht zulässig[b]	nicht zulässig
4. Jahrringbreite — im Allgemeinen — bei Douglasie	 bis 6 mm bis 8 mm	 bis 6 mm bis 8 mm
5. Risse — Schwindrisse[c] — Blitzrisse Ringschäle	 zulässig nicht zulässig	 zulässig nicht zulässig
6. Baumkante	bis 1/3	bis 1/4
7. Krümmung[c] — Längskrümmung — Verdrehung	 bis 12 mm 1 mm / 25 mm Breite	 bis 8 mm 1 mm / 25 mm Breite
8. Verfärbungen, Fäule — Bläue — nagelfeste braune und rote Streifen — Braunfäule Weißfäule	 zulässig bis 3/5 nicht zulässig	 zulässig bis 2/5 nicht zulässig
9. Druckholz	bis 3/5	bis 2/5
10. Insektenfraß durch Frischholzinsekten	Fraßgänge bis 2 mm Durchmesser: zulässig	
11. sonstige Merkmale	sind in Anlehnung an die übrigen Sortiermerkmale sinngemäß zu berücksichtigen	

[a] Kanten- und Schmalseitenäste, die von einer Schmalseite zur anderen durchlaufen, sind nicht zulässig.

[b] Bei Fichte zulässig.

[c] Diese Sortiermerkmale bleiben bei nicht trockensortierten Hölzern unberücksichtigt.

7 Maschinelle Sortierung

7.1 Allgemeines

Schnittholz nach dieser Norm darf maschinell nur von geeigneten Betrieben und nur mit einer Sortiermaschine sortiert werden, die von einer dafür anerkannten Stelle nach DIN 4074-3 geprüft worden ist.

Der Nachweis der Eignung zur maschinellen Sortierung gilt als erbracht, wenn von einer dafür anerkannten Prüfstelle eine Eignungsbescheinigung nach DIN 4074-4 ausgestellt ist.

7.2 Sortierklassen (M)

Nach maschinell zu ermittelnden Eigenschaften und zusätzlichen visuellen Sortiermerkmalen (siehe 7.3.1) wird Schnittholz in Festigkeitsklassen z. B. nach DIN EN 338 sortiert. Festigkeitsklassen werden durch die charakteristischen Festigkeits-, Steifigkeits- und Rohdichtekennwerte beschrieben. Die Sortierklassen werden durch die Angaben der Festigkeitsklassen mit dem Zusatz M gekennzeichnet.

7.3 Anforderungen

7.3.1 Sortierkriterien

Sortierkriterien sind die nach DIN 4074-3 für jede Sortiermaschine festgelegten Einstellwerte und maschinenspezifisch festgelegten Zusatzkontrollen. Zusätzlich gelten die Sortierkriterien nach Tabelle 5.

Bei nicht trockensortierten Hölzern bleiben die Sortiermerkmale Schwindrisse und Krümmung unberücksichtigt.

Tabelle 5 — Zusätzliche visuelle Sortierkriterien für Schnittholz bei der maschinellen Sortierung

Sortiermerkmale	Festigkeitsklassen		
	unter C 24	C 24 bis C 35	über C 35
Risse — Schwindrisse[a b] — Blitzrisse Ringschäle	 bis 1/2 nicht zulässig	 bis 2/5 nicht zulässig	 bis 1/5 nicht zulässig
Baumkante	bis 1/4	bis 1/8	nicht zulässig
Krümmung[b] — Längskrümmung — Verdrehung — Querkrümmung	 bis 12 mm 2 mm / 25 mm Breite bis 1/20	 bis 8 mm 1 mm / 25 mm Breite bis 1/30	 bis 8 mm 1 mm / 25 mm Breite bis 1/50
Verfärbungen, Fäule — Bläue — nagelfeste braune und rote Streifen — Braunfäule Weißfäule	 zulässig bis 3/5 nicht zulässig	 zulässig bis 2/5 nicht zulässig	 zulässig bis 1/5 nicht zulässig
— Insektenfraß durch Frischholzinsekten	Fraßgänge bis 2 mm Durchmesser: zulässig		
sonstige Merkmale	sind in Anlehnung an die übrigen Sortiermerkmale sinngemäß zu berücksichtigen		

[a] Schwindrisse in Brettern und Bohlen, sofern nicht überwiegend hochkant biegebeansprucht, sind zulässig.

[b] Diese Sortiermerkmale bleiben bei nicht trockensortierten Hölzern unberücksichtigt.

7.3.2 Toleranzen

Bei nachträglicher Inspektion einer Lieferung sortierten Holzes sind ungünstige Abweichungen von den geforderten, visuell festzustellenden Grenzwerten zulässig bis 10 % bei 10 % der Menge.

7.3.3 Maßhaltigkeit

Für die Maßhaltigkeit gilt DIN EN 336.

7.3.4 Weitere Bearbeitung

Für Schnittholz, dessen Querschnittsmaße bei der weiteren Bearbeitung um nicht mehr als 5 mm bei Querschnittsmaßen bis 100 mm bzw. 10 mm bei Querschnittsmaßen über 100 mm reduziert werden, gilt die vor der Bearbeitung bestimmte Sortierklasse. Bei größerer Reduzierung der Querschnittmaße ist eine erneute Sortierung erforderlich.

8 Kennzeichnung

8.1 Bauprodukte nach dieser Norm oder deren Lieferscheine müssen vom Hersteller mit dem Übereinstimmungszeichen (Ü-Zeichen) nach den Übereinstimmungszeichen-Verordnungen der Länder gekennzeichnet werden. Die Kennzeichnung darf nur erfolgen, wenn die Voraussetzungen nach Anhang A erfüllt sind. Darüber hinaus sind die Bauprodukte wie folgt zu kennzeichnen:

— Hersteller (verschlüsselt)

— Sortierklasse

8.2 Werden Bauprodukte nach dieser Norm über den Handel an den Verwender geliefert und die gelieferten Bauprodukte beim Händler geteilt, so sind die Teile durch Beipackzettel, Farbauftrag, Anhängeschilder oder Ähnliches unverwechselbar zu kennzeichnen.

Alle Teilungen sind zu dokumentieren.

DIN 4074-1:2003-06

Anhang A
(normativ)

Übereinstimmungsnachweis

A.1 Allgemeines

Die Bestätigung der Übereinstimmung von Nadelschnittholz mit den Bestimmungen dieser Norm muss für jedes Herstellwerk nach den Vorgaben der Abschnitte A.2 und A.3 erfolgen.

Für die Durchführung des Übereinstimmungsnachweises gilt DIN 18200.

A.2 Visuell sortiertes Nadelschnittholz

Die Bestätigung der Übereinstimmung von visuell sortiertem Nadelschnittholz mit den Bestimmungen dieser Norm muss für jedes Herstellwerk durch eine Übereinstimmungserklärung des Herstellers auf der Grundlage einer werkseigenen Produktionskontrolle erfolgen.

Im Rahmen der werkseigenen Produktionskontrolle ist täglich zu dokumentieren, welche Fachkraft die Sortierung durchgeführt hat.

A.3 Maschinell sortiertes Nadelschnittholz

Die Bestätigung der Übereinstimmung von maschinell sortiertem Nadelschnittholz mit den Bestimmungen dieser Norm muss für jedes Herstellwerk mit einem Übereinstimmungszertifikat auf der Grundlage einer werkseigenen Produktionskontrolle und einer regelmäßigen Fremdüberwachung einschließlich einer Erstprüfung nach Maßgabe der folgenden Bestimmungen erfolgen.

Für die Erteilung des Übereinstimmungszertifikates und die Fremdüberwachung einschließlich der dabei durchzuführenden Produktprüfungen hat der Hersteller eine hierfür anerkannte Überwachungsstelle einzuschalten.

Im Rahmen der werkseigenen Produktionskontrolle ist täglich zu dokumentieren, welche Fachkraft die gegebenenfalls erforderliche zusätzliche visuelle Sortierung durchgeführt hat.

Darüber hinaus ist täglich die Einhaltung der Anforderungen an den Betrieb der Sortiermaschine nach DIN 4074-3 und DIN 4074-4 zu dokumentieren.

Literaturhinweise

DIN EN 13183-1, *Feuchtegehalt eines Stückes Schnittholz — Teil 1: Darrverfahren; Deutsche Fassung EN 13183-1:2002.*

Juni 2003

Sortierung von Holz nach der Tragfähigkeit

Teil 5: Laubschnittholz

DIN 4074-5

ICS 79.040

Strength grading of wood —
Part 5: Sawn hard wood

Classement des bois suivant leur resistance —
Partie 5: Bois de sciage de feuillu

Inhalt

Fortsetzung Seite 2 bis 20

Normenausschuss Holzwirtschaft und Möbel (NHM) im DIN Deutsches Institut für Normung e.V.
Normenausschuss Bauwesen (NABau) im DIN

Vorwort

Diese Norm wurde vom Arbeitsausschuss NHM AA 1.7 „Bauholz, Güte“ erarbeitet.

DIN 4074 Sortierung von Holz nach der Tragfähigkeit besteht aus:

— Teil 1: Nadelschnittholz

— Teil 2: Nadelrundholz

— Teil 3: Sortiermaschinen für Schnittholz, Anforderungen und Prüfung

— Teil 4: Nachweis der Eignung zur maschinellen Schnittholzsortierung

— Teil 5: Laubschnittholz

1 Anwendungsbereich

Diese Norm gilt für Laubschnitthölzer für Bauteile, die nach der Tragfähigkeit zu bemessen sind.

Sie legt Sortiermerkmale und -klassen als Voraussetzung für die Festlegung und Anwendung von Rechenwerten für die Nachweise der Grenzzustände der Tragfähigkeit und Gebrauchstauglichkeit nach z. B. DIN 1052 oder DIN 1074 fest. Nach zwei Verfahren kann sortiert werden:

— visuell in Sortierklassen (nach Abschnitt 6);

— maschinell in Festigkeitsklassen (nach Abschnitt 7).

Diese Norm erfüllt die Mindestanforderungen der DIN EN 14081-1.

Für bestimmte Verwendungszwecke des Holzes gelten spezielle Normen bezüglich der Sortierung nach der Tragfähigkeit: DIN 68362 und DIN EN 131-2 für Holzleitern, DIN 15147 für Flachpaletten.

2 Normative Verweisungen

Diese Norm enthält durch datierte oder undatierte Verweisungen Festlegungen aus anderen Publikationen. Diese normativen Verweisungen sind an den jeweiligen Stellen im Text zitiert, und die Publikationen sind nachstehend aufgeführt. Bei datierten Verweisungen gehören spätere Änderungen oder Überarbeitungen dieser Publikationen nur zu dieser Norm, falls sie durch Änderung oder Überarbeitung eingearbeitet sind. Bei undatierten Verweisungen gilt die letzte Ausgabe der in Bezug genommenen Publikation (einschließlich Änderungen).

DIN 1052, (alle Teile), *Holzbauwerke.*

DIN 1074, *Holzbrücken.*

DIN 4074-3, *Sortierung von Holz nach der Tragfähigkeit — Teil 3: Sortiermaschinen für Schnittholz, Anforderungen und Prüfung.*

DIN 4074-4, *Sortierung von Holz nach der Tragfähigkeit — Teil 4: Nachweis der Eignung zur maschinellen Schnittholzsortierung.*

DIN 4076-5, *Benennungen und Kurzzeichen auf dem Holzgebiet — Teil 5: Übersicht über die genormten Kurzzeichen.*

DIN 15147, *Flachpaletten aus Holz — Gütebedingungen.*

DIN 18200, *Übereinstimmungsnachweis für Bauprodukte; Werkseigene Produktionskontrolle, Fremdüberwachung und Zertifizierung von Produkten.*

DIN 68362, *Holz für Leitern und Tritte — Gütebedingungen.*

DIN EN 131-2, *Leitern — Anforderungen, Prüfung, Kennzeichnung; Deutsche Fassung EN 131-2:1993.*

DIN EN 336:1996-04, *Bauholz für tragende Zwecke — Nadelholz und Pappelholz — Maße, zulässige Abweichungen; Deutsche Fassung EN 336:1996.*

DIN EN 338, *Bauholz für tragende Zwecke — Festigkeitsklassen; Deutsche Fassung EN 338:1995.*

DIN EN 844-10, *Rund- und Schnittholz — Terminologie — Teil 10: Begriffe zu Verfärbung und Pilzbefall; Deutsche Fassung EN 844-10:1998.*

DIN EN 1310, *Rund- und Schnittholz — Messung der Merkmale; Deutsche Fassung EN 1310:1997.*

DIN EN 14081-1, *Holzbauwerke — Nach Festigkeit sortiertes Bauholz für tragende Zwecke mit rechteckigem Querschnitt — Teil 1: Allgemeine Anforderungen, Deutsche Fassung EN 14081-1:2000.*

3 Begriffe

Für die Anwendung dieser Norm gelten folgende Begriffe.

3.1
Schnittholz
Holzerzeugnis von mindestens 6 mm Dicke, das durch Sägen oder Spanen von Rundholz parallel zur Stammachse hergestellt wird. Im Sinne dieser Norm werden Schnittholzarten nach Tabelle 1 unterschieden:

Tabelle 1 — Schnittholzeinteilung

Schnittholzart	Dicke d bzw. Höhe h	Breite b
Brett[a]	$d \leq 40$ mm	$b \geq 80$ mm
Bohle[a]	$d > 40$ mm	$b > 3\,d$
Kantholz	$b \leq h \leq 3\,b$	$b > 40$ mm

[a] Vorwiegend hochkant biegebeanspruchte Bretter und Bohlen sind wie Kantholz zu sortieren und entsprechend zu kennzeichnen (siehe Abschnitt 4).

3.2
Holzfeuchte
mittlere Holzfeuchte bedeutet nach dieser Norm Mittelwert der Feuchte eines Holzquerschnitts

ANMERKUNG 1 Die Sortierkriterien sind auf eine mittlere Holzfeuchte von 20 % bezogen (Messbezugsfeuchte).

ANMERKUNG 2 Holzfeuchte in %, bezogen auf die Darrmasse, Bestimmung nach DIN EN 13183-1.

ANMERKUNG 3 Eine mittlere Holzfeuchte von 20 % ist kurzfristig in der Regel nur durch technische Trocknung zu erreichen.

ANMERKUNG 4 Als mittleres Schwind- oder Quellmaß in radialer/tangentialer Richtung ist bei Eiche ein Rechenwert von 0,24 % je 1 % Holzfeuchteänderung anzunehmen. Für Buche gilt ein Rechenwert von 0,30 % je 1 % Holzfeuchteänderung.

DIN 4074-5:2003-06

3.3
trockensortiertes Holz (TS)
Schnittholz, das bei einer mittleren Holzfeuchte von höchstens 20 % sortiert wurde

3.4
Faserneigung
die Abweichung der Faserrichtung von der Längsachse des Schnittholzes

ANMERKUNG Faserneigung kann z. B. durch Drehwuchs, Stammkrümmung oder durch Wuchsstörungen entstehen.

3.5
Risse
Trennungen der Fasern in Faserlängsrichtung infolge von Beanspruchungen, die im stehenden Baum (z. B. Blitz- und Frostrisse), beim Fällen oder bei der Trocknung (Schwindrisse) entstehen können. Blitz- und Frostrisse sind radial gerichtete Risse, die in der Regel an einer Nachdunkelung des angrenzenden Holzes und Frostrisse zusätzlich an einer örtlichen Krümmung der Jahrringe zu erkennen sind. Unter Ringschäle wird ein Riss verstanden, der dem Verlauf eines Jahrrings folgt.

3.6
Verfärbungen
die Veränderung der natürlichen Holzfarbe

ANMERKUNG Verfärbungen können in Längsrichtung des Holzes unterschiedliche Ausdehnungen haben. Maßgebend ist die Stelle der maximalen Ausdehnung.

Verfärbungen werden entweder durch Kerninhaltsstoffe und Tüllenbildung oder durch Pilzbefall hervorgerufen. Verfärbungen durch Kerninhaltsstoffe und Tüllenbildung beeinflussen die Festigkeit nicht und sind daher kein Sortierkriterium. Bei Verfärbungen durch Pilzbefall liegt eine Festigkeitsminderung in der Regel noch nicht vor, solange das Holz nagelfest ist, also die Härte des Holzes nicht erkennbar vermindert ist. Bei trockenem Holz ist eine weitere Ausdehnung des Befalls nicht möglich.

Fäule stellt einen fortgeschrittenen Befall durch holzzerstörende Pilze dar. Sie sind an einer fleckigen Verfärbung und reduzierter Oberflächenhärte zu erkennen.

3.7
Insektenfraß durch Frischholzinsekten
Befall stehender Bäume und frischen Rundholzes von so genannten Frischholzinsekten

ANMERKUNG Der Befall ist auf der Holzoberfläche an den Fraßgängen (Bohrlöchern) zu erkennen.

Eine Ausdehnung des Befalls ist in trockenem Holz nicht möglich.

4 Bezeichnung

Zur Bezeichnung sind folgende Angaben notwendig:

Schnittholzart — DIN 4074 — Sortierklasse — trockensortiert (soweit zutreffend) — Holzart (Kurzzeichen nach DIN 4076-5)

Die Sortierklasse von Brettern und Bohlen, die wie Kantholz sortiert sind, ist zusätzlich mit K zu bezeichnen.

BEISPIEL
Bezeichnung eines visuell sortierten Kantholzes Sortierklasse LS 13, trockensortiert (TS), aus Buche (BU):

Kantholz DIN 4074 — LS 13TS — BU

Bezeichnung einer Bohle, als Kantholz sortiert (K), Sortierklasse S 10, aus Eiche (EI):

Bohle DIN 4074 — LS 10K — EI

Bezeichnung eines maschinell (M) sortierten Brettes Festigkeitsklasse D 50 M, aus Buche (BU):

Brett DIN 4074 — D 50 M — BU

4

DIN 4074-5:2003-06

5 Sortiermerkmale

5.1 Äste

5.1.1 Allgemeines

Zwischen verwachsenen und nicht verwachsenen Ästen wird nicht unterschieden. Astlöcher werden im Sinne dieser Norm mit Ästen gleichgesetzt. Astrinde wird dem Ast hinzugerechnet.

5.1.2 Äste in Kanthölzern

5.1.2.1 Maßgebend ist der kleinste sichtbare Durchmesser d der Äste. Bei Kantenästen gilt die Bogenhöhe (siehe d_1 in Bild 1), wenn diese kleiner als der Durchmesser ist.

5.1.2.2 Die Ästigkeit A berechnet sich aus dem nach 5.1.2.1 bestimmten Durchmesser d, geteilt durch das Maß b bzw. h der zugehörigen Querschnittsseite (siehe Bild 1). Maßgebend ist die größte Ästigkeit.

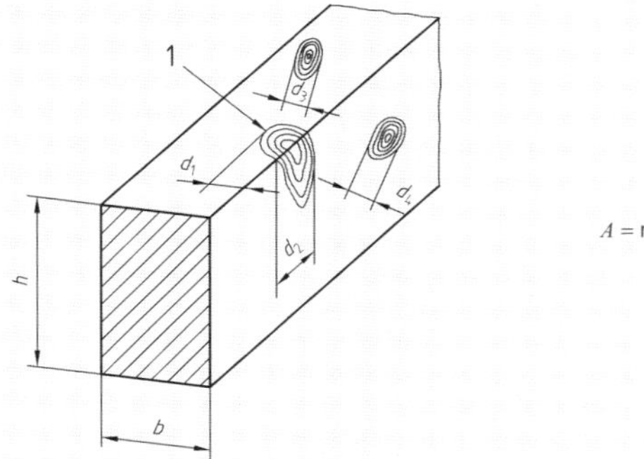

$$A = \max\left(\frac{d_1}{b}; \frac{d_2}{h}; \frac{d_3}{b}; \frac{d_4}{h}\right) \qquad (1)$$

Legende
1 Kantenast

Bild 1 — Astmaße und Berechnung der Ästigkeit in Kanthölzern

5.1.3 Äste in Brettern und Bohlen

5.1.3.1 Äste werden kantenparallel und dort gemessen, wo der Astquerschnitt zutage tritt.

Dabei sind zwei Sonderfälle zu beachten:

— Kantenast: Der auf einer inneren, dem Mark zugewandten Seite sichtbare Teil eines Kantenastes (a_1 in Bild 2) bleibt unberücksichtigt, wenn das auf der Schmalseite vorhandene Astmaß (a_2), auf die Schmalseite bezogen, die in Tabelle 3 für den Einzelast angegebenen Werte nicht überschreitet.

— Schmalseitenast: Bei Ästen, die auf der Schmalseite zutage treten, ist zusätzlich zu ermitteln, über welchen Anteil der Brettbreite sie sich erstrecken (siehe Bild 5 und Bild 6).

DIN 4074-5:2003-06

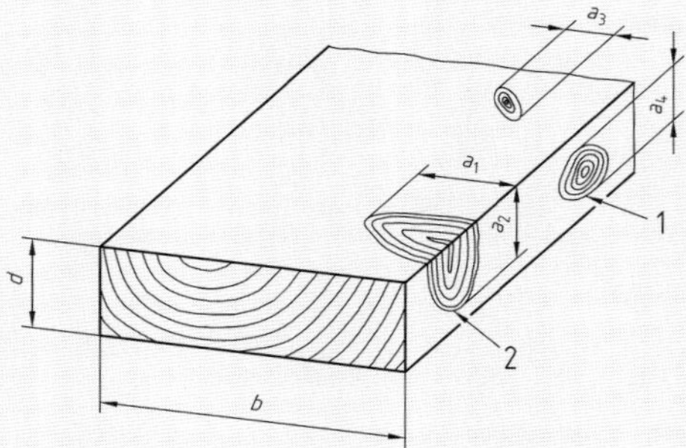

Legende
1 Schmalseitenast
2 Kantenast

Bild 2 — Astmaße in Brettern und Bohlen

5.1.3.2 Als Sortiermerkmale sind drei Kriterien zu berücksichtigen:

— Einzelast: Die Ästigkeit A berechnet sich aus der Summe der nach 5.1.3.1 bestimmten Astmaße a auf allen Schnittflächen, auf denen der Ast auftritt, geteilt durch das doppelte Maß der Breite b (siehe Bild 3).

— Astansammlung: Die Ästigkeit A berechnet sich aus der Summe der nach 5.1.3.1 bestimmten Astmaße a aller Astschnittflächen, die sich überwiegend innerhalb einer Messlänge von 150 mm befinden, geteilt durch das doppelte Maß der Breite b (siehe Bild 4). Astmaße, die sich überlappen, werden nur einfach berücksichtigt. Astmaße unter 5 mm bleiben unberücksichtigt.

— Schmalseitenast: Bei Schmalseitenästen ist die Summe der auf die Breitseite projizierten Längen der Äste bezogen auf die Breite (siehe Bild 5 und Bild 6) ein zusätzliches Sortiermerkmal.

DIN 4074-5:2003-06

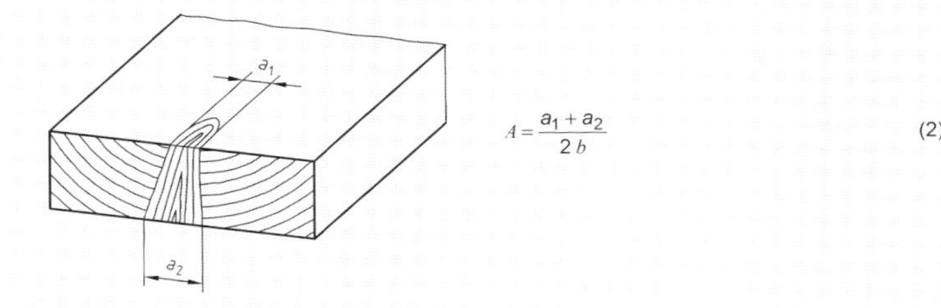

$$A = \frac{a_1 + a_2}{2\,b} \qquad (2)$$

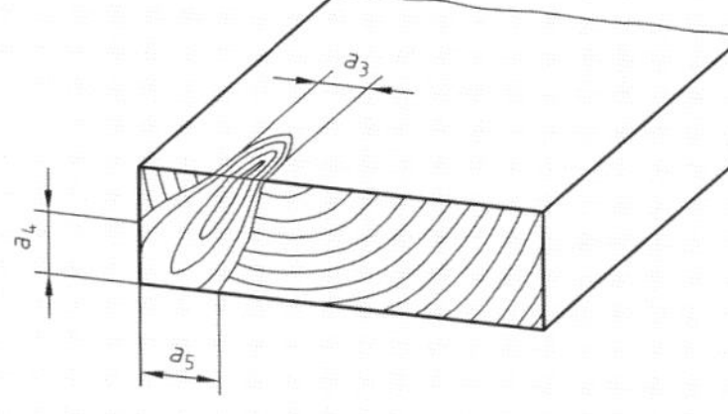

$$A = \frac{a_3 + a_4 + a_5}{2\,b} \qquad (3)$$

$$A = \frac{a_6 + a_7}{2\,b} \qquad (4.1)$$

falls a_6/d < Grenzwert Abschnitt 5.1.3.1:

$$A = \frac{a_6}{2\,b} \qquad (4.2)$$

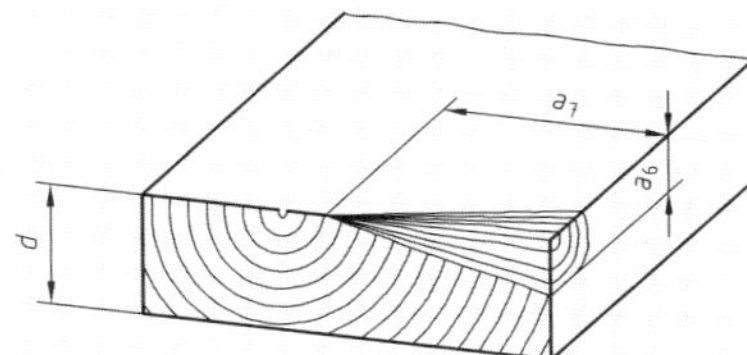

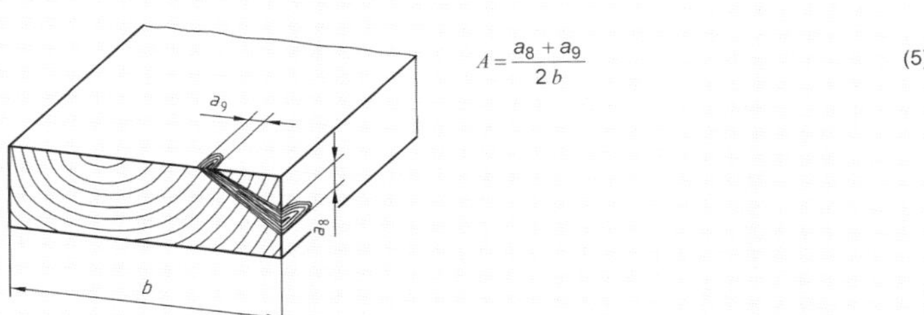

$$A = \frac{a_8 + a_9}{2\,b} \qquad (5)$$

Bild 3 — Astmaße und Berechnung der Ästigkeit A beim Einzelast

DIN 4074-5:2003-06

Maße in Millimeter

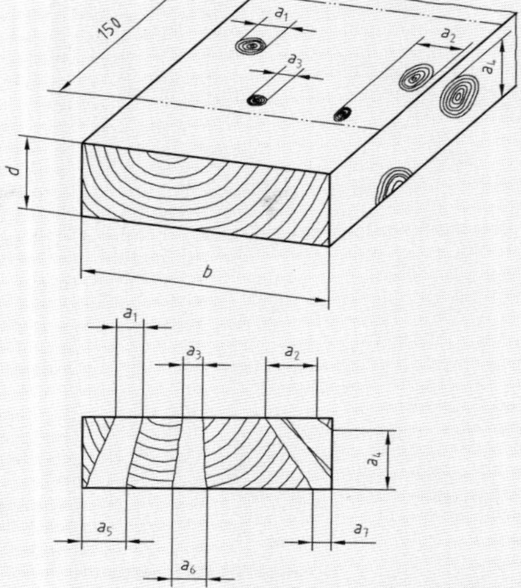

$$A = \frac{a_1 + a_2 + a_3 + a_4 + a_5 + a_6 + a_7}{2\,b} \quad (6)$$

Bild 4 — Messung der Äste und Berechnung der Ästigkeit A bei Astansammlung

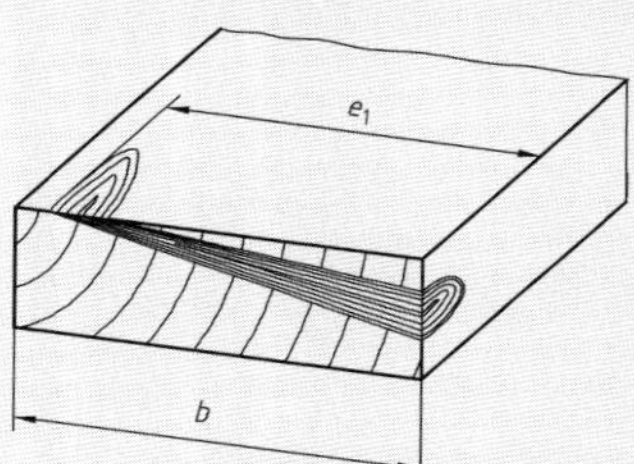

$$E = \frac{e_1}{b} \quad (7)$$

Bild 5 — Bestimmung der projizierten Astlänge e_1 bei einem Schmalseitenast

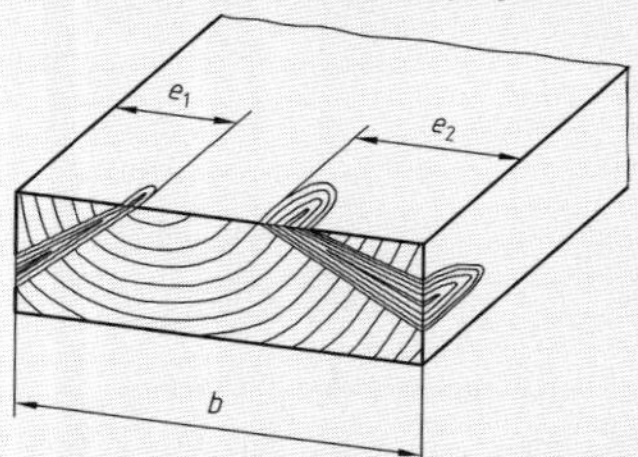

$$E = \frac{e_1 + e_2}{b} \quad (8)$$

Bild 6 — Bestimmung der projizierten Astlängen e_i bei mehreren Schmalseitenästen

8

DIN 4074-5:2003-06

5.2 Faserneigung

Die Faserneigung F wird berechnet als Abweichung x der Fasern bezogen auf die Messlänge y und als Prozentsatz angegeben. Örtliche Faserabweichungen, die von Ästen hervorgerufen werden, bleiben unberücksichtigt. Die Faserneigung wird nach den Schwindrissen oder nach DIN EN 1310 nach dem Jahrringverlauf gemessen.

ANMERKUNG Drehwuchs ist in frischem Zustand schwer zu erkennen.

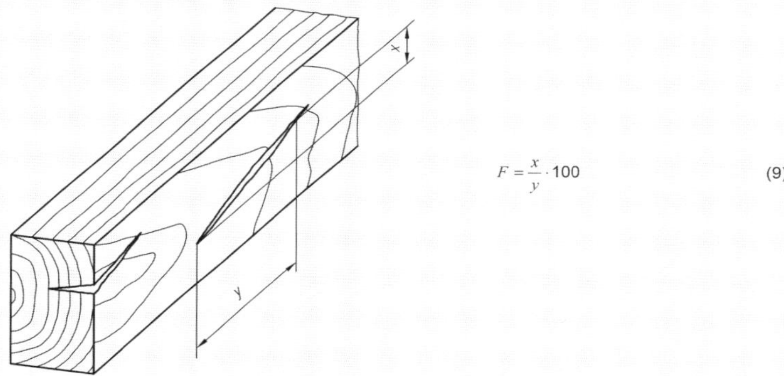

$$F = \frac{x}{y} \cdot 100 \qquad (9)$$

Bild 7 — Bestimmung der Faserneigung nach Schwindrissen

5.3 Markröhre

Unterschieden wird zwischen Schnittholz mit und ohne Markröhre. Die Markröhre gilt als vorhanden, auch wenn sie nur teilweise im Schnittholz verläuft.

5.4 Jahrringbreite

Keine Begrenzung.

5.5 Risse

5.5.1 Allgemeines

Unterschieden wird zwischen Blitz- und Frostrissen, Ringschäle und Schwindrissen.

5.5.2 Schwindrisse in Kanthölzern

5.5.2.1 Als Sortierkriterium sind die auf die Querschnittsseiten projizierten Risstiefen zu bestimmen. Diese sind an den drei Viertelpunkten der Risslänge mit einer 0,1 mm dicken Fühlerlehre zu messen (siehe Bild 8). Als Risstiefe r eines Risses gilt der Mittelwert aus den drei Messungen t_1, t_2, t_3.

Risse mit einer Länge bis ¼ der Schnittholzlänge, maximal 1 m, bleiben unberücksichtigt.

DIN 4074-5:2003-06

5.5.2.2 Das Sortiermerkmal R berechnet sich aus der Summe der in einem Querschnitt vorhandenen nach 5.5.2.1 bestimmten Risstiefen r_i geteilt durch das Maß der betreffenden Querschnittsseite. Rissmaße, die sich in der Projektion überlappen, werden nur einfach berücksichtigt (siehe Bild 9).

$$r = \frac{t_1 + t_2 + t_3}{3}$$

Legende

t_1, t_2, t_3 = Messpunkte für die Bestimmung der Risstiefe

Bild 8 — Bestimmung der Risstiefe r an den Viertelpunkten der Risslänge

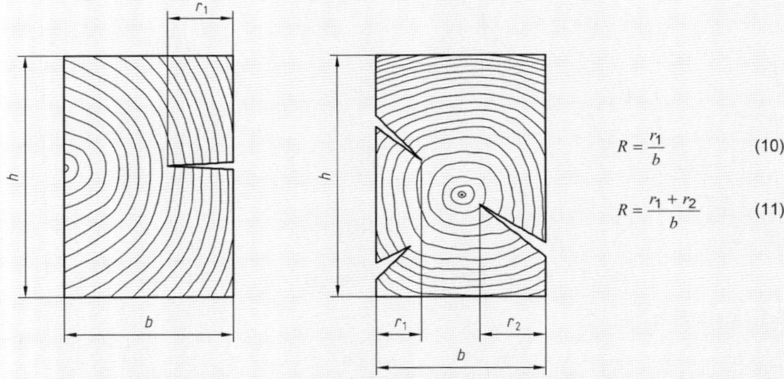

$$R = \frac{r_1}{b} \qquad (10)$$

$$R = \frac{r_1 + r_2}{b} \qquad (11)$$

Bild 9 — Bestimmung der projizierten Risstiefen r in einem Kantholz

5.5.3 Schwindrisse in Brettern, Bohlen und Latten

Schwindrisse brauchen nicht berücksichtigt zu werden.

5.6 Baumkante

Die Breite der Baumkante $h - h_1$ bzw. $b - b_1$ wird auf die jeweilige Querschnittsseite projiziert gemessen und als Bruchteil K der zugehörigen Querschnittsseite angegeben (siehe Bild 10).

10

DIN 4074-5:2003-06

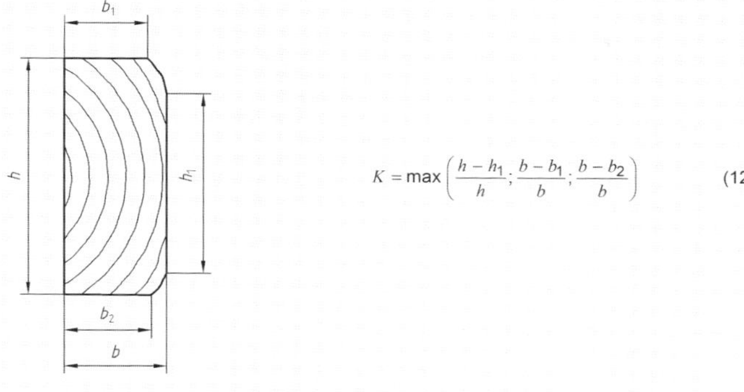

$$K = \max\left(\frac{h-h_1}{h};\frac{b-b_1}{b};\frac{b-b_2}{b}\right) \quad (12)$$

Bild 10 — Bestimmung und Berechnung der Baumkante

5.7 Krümmung

5.7.1 Das in radialer und tangentialer Richtung unterschiedliche Schwindmaß kann zu einer Querkrümmung (Schüsselung), Drehwuchs und Zugholz können zu einer Verdrehung und Längskrümmung des Schnittholzes führen. Die Krümmung hängt wesentlich von der Holzfeuchte ab. Sie ist bei frischem Schnittholz in der Regel noch nicht zu erkennen und erreicht ihr größtes Ausmaß erst, wenn das Holz getrocknet ist.

5.7.2 Verdrehung und Längskrümmung werden berechnet als Pfeilhöhe h an der Stelle der größten Verformung, bezogen auf 2 000 mm Messlänge (siehe Bilder 11 bis 13).

Maße in Millimeter

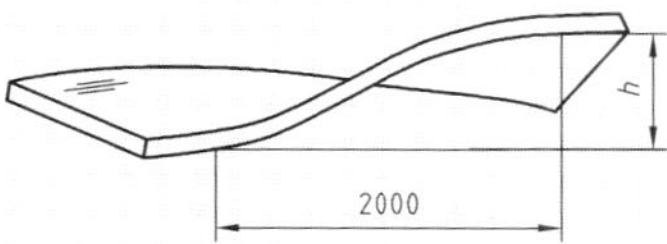

Legende
h Pfeilhöhe

Bild 11 — Verdrehung von Schnittholz

DIN 4074-5:2003-06

Maße in Millimeter

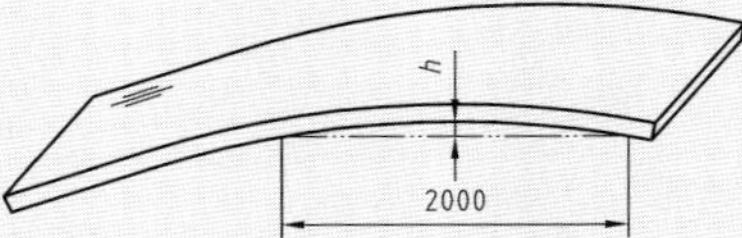

Legende
h Pfeilhöhe

Bild 12 — Längskrümmung von Schnittholz-Krümmung in Richtung der Dicke

Maße in Millimeter

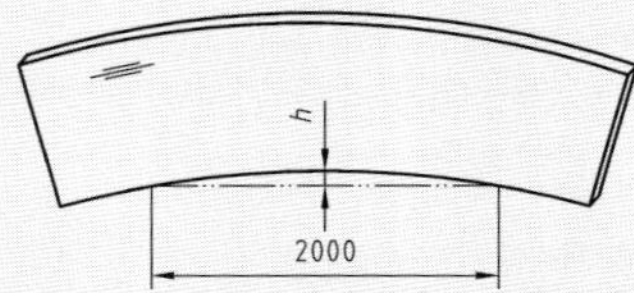

Legende
h Pfeilhöhe

Bild 13 — Längskrümmung von Schnittholz-Krümmung in Richtung der Breite

5.7.3 Querkrümmung wird berechnet als Pfeilhöhe h, bezogen auf die Breite des Schnittholzes (siehe Bild 14).

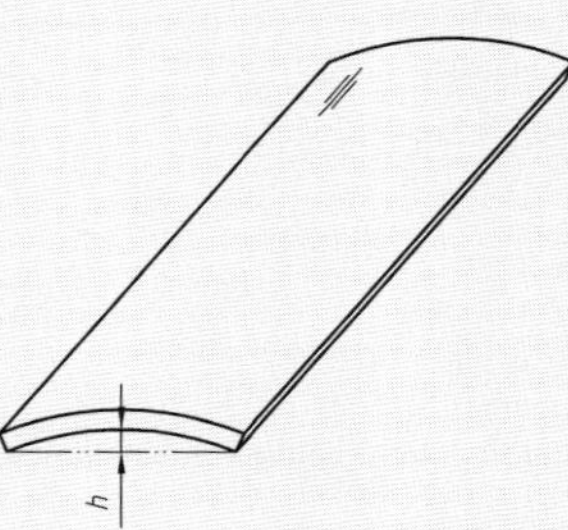

Legende
h Pfeilhöhe

Bild 14 — Querkrümmung (Schüsselung) von Schnittholz

12

DIN 4074-5:2003-06

5.8 Verfärbungen, Fäule

Verfärbungen können in Längsrichtung des Holzes unterschiedliche Ausdehnungen haben. Maßgebend ist die Stelle der maximalen Ausdehnung.

Verfärbungen werden an der Oberfläche des Schnittholzes an der Stelle der maximalen Ausdehnung rechtwinklig zur Längsachse gemessen. Die Summe der Breiten v_i aller verfärbten Streifen wird als Bruchteil V, bezogen auf den Umfang des Querschnittes angegeben (siehe Bild 15).

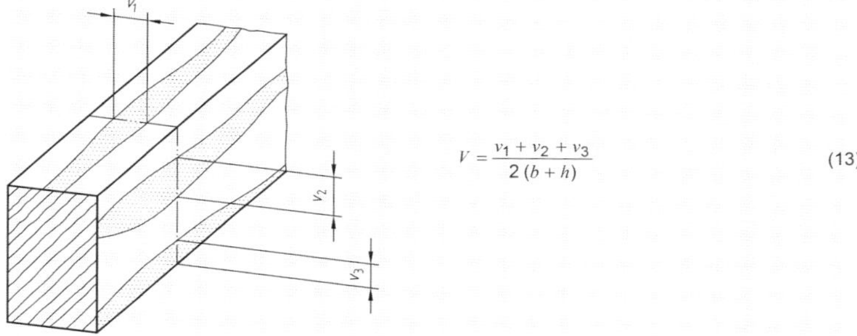

$$V = \frac{v_1 + v_2 + v_3}{2\,(b + h)} \qquad (13)$$

Bild 15 — Messung und Berechnung von Verfärbungen

5.9 Insektenfraß von Frischholzinsekten

Maßgebend ist die Größe der an der Oberfläche erkennbaren Fraßgänge (Bohrlöcher).

5.10 Sonstige Sortiermerkmale

Sonstige Sortiermerkmale, wie z. B.

— mechanische Schäden,

— Mistelbefall,

— Rindeneinschluss,

— überwallte Stammverletzungen,

— Wuchsstörungen,

sind in Anlehnung an die Grenzwerte der übrigen Sortiermerkmale sinngemäß zu berücksichtigen.

6 Visuelle Sortierung

6.1 Allgemeines

Schnittholz nach dieser Norm darf nur von einer dafür geschulten Fachkraft visuell sortiert werden. Die Schulung ist auf Nachfrage gegenüber den Bauaufsichtsbehörden nachzuweisen.

6.2 Sortierklassen (LS)

Nach visuell feststellbaren Merkmalen werden drei Klassen unterschieden:

— Schnittholz der Klasse LS 7

— Schnittholz der Klasse LS 10

— Schnittholz der Klasse LS 13

6.3 Anforderungen

6.3.1 Sortierkriterien

Die Sortierkriterien sind auf eine mittlere Holzfeuchte von 20 % bezogen. Die Sortiermerkmale sind an der für das Sortiermerkmal ungünstigsten Stelle im Schnittholz zu ermitteln. Für verschiedene Sortiermerkmale können dies unterschiedliche Stellen im Schnittholz sein.

Die Anforderungen an Kantholz und vorwiegend hochkant biegebeanspruchte Bretter und Bohlen sind aus Tabelle 2 und die Anforderungen an sonstige Bretter und Bohlen aus Tabelle 3 zu entnehmen. Bei nicht trockensortiertem Holz bleiben die Sortiermerkmale Schwindrisse und Krümmung unberücksichtigt.

6.3.2 Toleranzen

Bei nachträglicher Inspektion einer Lieferung sortierten Holzes sind ungünstige Abweichungen von den geforderten Grenzwerten der Sortierkriterien zulässig bis 10 % bei 10 % der Menge.

6.3.3 Maßhaltigkeit

Für die Maßhaltigkeit gilt DIN EN 336.

6.3.4 Weitere Bearbeitung

Für Schnittholz, dessen Querschnittsmaße bei der weiteren Bearbeitung um nicht mehr als 5 mm bei Querschnittsmaßen bis 100 mm bzw. 10 mm bei Querschnittsmaßen über 100 mm reduziert werden, gilt die vor der Bearbeitung bestimmte Sortierklasse. Bei größerer Reduzierung der Querschnittmaße ist eine erneute Sortierung erforderlich.

DIN 4074-5:2003-06

Tabelle 2 — Sortierkriterien für Kanthölzer und vorwiegend hochkant (K) biegebeanspruchte Bretter und Bohlen bei der visuellen Sortierung

Sortiermerkmale	Sortierklassen		
	LS 7, LS7K	LS 10, LS10K	LS 13, LS13K
1. Äste			
— im Allgemeinen	bis 3/5	bis 2/5	bis 1/5
— bei Eiche	bis 3/5	bis 2/5	bis 1/6
2. Faserneigung[a]	bis 16 %	bis 12 %	bis 7 %
3. Markröhre	nicht zulässig[b]	nicht zulässig[b]	nicht zulässig
4. Jahrringbreite	—	—	—
5. Risse — Schwindrisse[c]	bis 3/5	bis 1/2	bis 2/5
— Blitzrisse Frostrisse Ringschäle	nicht zulässig	nicht zulässig	nicht zulässig
6. Baumkante	bis 1/3	bis 1/3	bis 1/4
7. Krümmung[c]			
— Längskrümmung	bis 12 mm	bis 8 mm	bis 8 mm
— Verdrehung	2 mm/25 mm Breite	1 mm/25 mm Breite	1 mm/25 mm Breite
8. Verfärbungen, Fäule			
— nagelfeste braune und rote Streifen	bis 3/5	bis 2/5	bis 1/5
— Fäule	nicht zulässig	nicht zulässig	nicht zulässig
9. Insektenfraß durch Frischholzinsekten	nicht zulässig		
10. Sonstige Merkmale	sind in Anlehnung an die übrigen Sortiermerkmale sinngemäß zu berücksichtigen		

[a] Dieses Sortiermerkmal bleibt bei Buche unberücksichtigt.
[b] Bei Eichenkantholz mit einer Breite > 100 mm zulässig.
[c] Diese Sortiermerkmale bleiben bei nicht trocken sortiertem Holz unberücksichtigt.

Tabelle 3 — Sortierkriterien für Bretter und Bohlen bei der visuellen Sortierung (vorwiegend hochkant biegebeanspruchte Bretter und Bohlen sind wie Kantholz zu sortieren)

Sortiermerkmale	Sortierklassen		
	LS 7	LS 10	LS 13
1. Äste			
— Einzelast	bis 1/2	bis 1/3	bis 1/5
— Astansammlung	bis 2/3	bis 1/2	bis 1/3
— Schmalseitenast[a]	—	bis 2/3	bis 1/3
2. Faserneigung[b]	bis 16 %	bis 12 %	bis 7 %
3. Markröhre	nicht zulässig[c]	nicht zulässig[c]	nicht zulässig
4. Jahrringbreite	—	—	—
5. Risse			
— Schwindrisse	zulässig	zulässig	zulässig
— Blitzrisse Frostrisse Ringschäle	nicht zulässig	nicht zulässig	nicht zulässig
6. Baumkante	bis 1/3	bis 1/4	bis 1/8
7. Krümmung[d]			
— Längskrümmung	bis 12 mm	bis 8 mm	bis 8 mm
— Verdrehung	2 mm/25 mm Breite	1 mm/25 mm Breite	1 mm/25 mm Breite
— Querkrümmung	bis 1/20	bis 1/30	bis 1/50
8. Verfärbungen, Fäule			
— nagelfeste braune und rote Streifen	bis 3/5	bis 2/5	bis 1/5
— Fäule	nicht zulässig	nicht zulässig	nicht zulässig
9. Insektenfraß durch Frischholzinsekten	nicht zulässig		
10. Sonstige Merkmale	sind in Anlehnung an die übrigen Sortiermerkmale sinngemäß zu berücksichtigen		

[a] Gilt nicht für Bretter für BS-Holz.

[b] Dieses Sortiermerkmal bleibt bei Buche unberücksichtigt.

[c] Ist bei Eiche zulässig.

[d] Diese Sortiermerkmale bleiben bei nicht trocken sortiertem Holz unberücksichtigt.

7 Maschinelle Sortierung

7.1 Allgemeines

Schnittholz nach dieser Norm darf maschinell nur von geeigneten Betrieben und nur mit einer Sortiermaschine sortiert werden, die von einer dafür anerkannten Stelle nach DIN 4074-3 geprüft worden ist.

Der Nachweis der Eignung zu maschinellen Sortierung gilt als erbracht, wenn von einer dafür anerkannten Prüfstelle eine Eignungsbescheinigung nach DIN 4074-4 ausgestellt ist.

7.2 Sortierklassen (M)

Nach maschinell zu ermittelnden Eigenschaften und zusätzlichen visuellen Sortiermerkmalen (siehe 7.3.1) wird Schnittholz in Festigkeitsklassen z. B. nach DIN EN 338 sortiert. Festigkeitsklassen werden durch die charakteristischen Festigkeits-, Steifigkeits- und Rohdichtekennwerte beschrieben. Die Sortierklassen werden durch die Angaben der Festigkeitsklassen mit dem Zusatz M gekennzeichnet.

7.3 Anforderungen

7.3.1 Sortierkriterien

Sortierkriterien sind die nach DIN 4074-3 für jede Sortiermaschine festgelegten Einstellwerte und maschinenspezifisch festgelegten Zusatzkontrollen. Zusätzlich gelten die Sortierkriterien nach Tabelle 4.

Bei nicht trocken sortiertem Holz bleiben die Sortiermerkmale Schwindrisse und Krümmung unberücksichtigt.

Tabelle 4 — Zusätzliche visuelle Sortierkriterien für Schnittholz bei der maschinellen Sortierung

Sortiermerkmale	Festigkeitsklassen		
	bis D 30	D 35 bis D 40	über D 40
Risse			
— Schwindrisse[a, b]	bis 1/2	bis 2/5	bis 1/5
— Blitzrisse Frostrisse Ringschäle	nicht zulässig	nicht zulässig	nicht zulässig
Baumkante	bis 1/4	bis 1/8	nicht zulässig
Krümmung[b]			
— Längskrümmung	bis 8 mm	bis 8 mm	bis 8 mm
— Verdrehung	1 mm/25 mm Breite	1 mm/25 mm Breite	1 mm/25 mm Breite
— Querkrümmung	bis 1/20	bis 1/30	bis 1/50
Verfärbungen, Fäule			
— Bläue	zulässig	zulässig	zulässig
— nagelfeste braune und rote Streifen	bis 3/5	bis 2/5	bis 1/5
— Fäule	nicht zulässig	nicht zulässig	nicht zulässig
Insektenfraß durch Frischholzinsekten	nicht zulässig		
Sonstige Merkmale	sind in Anlehnung an die übrigen Sortiermerkmale sinngemäß zu berücksichtigen		

[a] Schwindrisse in Brettern und Bohlen, sofern nicht überwiegend hochkant biegebeansprucht, sind zulässig.

[b] Diese Sortiermerkmale bleiben bei nicht trocken sortiertem Holz unberücksichtigt.

7.3.2 Toleranzen

Bei nachträglicher Inspektion einer Lieferung sortierten Holzes sind ungünstige Abweichungen von den geforderten, visuell festzustellenden Grenzwerten zulässig bis 10 % bei 10 % der Menge.

7.3.3 Maßhaltigkeit

Für die Maßhaltigkeit gilt DIN EN 336.

7.3.4 Weitere Bearbeitung

Für Schnittholz, dessen Querschnittsmaße bei der weiteren Bearbeitung um nicht mehr als 5 mm bei Querschnittsmaßen bis 100 mm bzw. 10 mm bei Querschnittsmaßen über 100 mm reduziert werden, gilt die vor der Bearbeitung bestimmte Sortierklasse. Bei größerer Reduzierung der Querschnittmaße ist eine erneute Sortierung erforderlich.

DIN 4074-5:2003-06

8 Kennzeichnung

8.1 Bauprodukte nach dieser Norm oder deren Lieferscheine müssen vom Hersteller mit dem Übereinstimmungszeichen (Ü-Zeichen) nach den Übereinstimmungszeichen-Verordnungen der Länder gekennzeichnet werden. Die Kennzeichnung darf nur erfolgen, wenn die Voraussetzungen nach Anhang A erfüllt sind. Darüber hinaus sind die Bauprodukte wie folgt zu kennzeichnen:

— Hersteller (verschlüsselt)

— Sortierklasse

8.2 Werden Bauprodukte nach dieser Norm über den Handel an den Verwender geliefert und die gelieferten Bauprodukte beim Händler geteilt, so sind die Teile durch Beipackzettel, Farbauftrag, Anhängeschilder oder Ähnliches unverwechselbar zu kennzeichnen.

Alle Teilungen sind zu dokumentieren.

Anhang A
(normativ)

Übereinstimmungsnachweis

A.1 Allgemeines

Die Bestätigung der Übereinstimmung von Laubschnittholz mit den Bestimmungen dieser Norm muss für jedes Herstellwerk nach den Vorgaben der Abschnitte A.2 und A.3 erfolgen.

Für die Durchführung des Übereinstimmungsnachweises gilt DIN 18200.

A.2 Visuell sortiertes Laubschnittholz

Die Bestätigung der Übereinstimmung von visuell sortiertem Laubschnittholz mit den Bestimmungen dieser Norm muss für jedes Herstellwerk durch eine Übereinstimmungserklärung des Herstellers auf der Grundlage einer werkseigenen Produktionskontrolle erfolgen.

Im Rahmen der werkseigenen Produktionskontrolle ist täglich zu dokumentieren, welche Fachkraft die Sortierung durchgeführt hat.

A.3 Maschinell sortiertes Laubschnittholz

Die Bestätigung der Übereinstimmung von maschinell sortiertem Laubschnittholz mit den Bestimmungen dieser Norm muss für jedes Herstellwerk mit einem Übereinstimmungszertifikat auf der Grundlage einer werkseigenen Produktionskontrolle und einer regelmäßigen Fremdüberwachung einschließlich einer Erstprüfung nach Maßgabe der folgenden Bestimmungen erfolgen.

Für die Erteilung des Übereinstimmungszertifikates und die Fremdüberwachung einschließlich der dabei durchzuführenden Produktprüfungen hat der Hersteller eine hierfür anerkannte Überwachungsstelle einzuschalten.

Im Rahmen der werkseigenen Produktionskontrolle ist täglich zu dokumentieren, welche Fachkraft die gegebenenfalls erforderliche zusätzliche visuelle Sortierung durchgeführt hat.

Darüber hinaus ist täglich die Einhaltung der Anforderungen an den Betrieb der Sortiermaschine gemäß DIN 4074-3 und DIN 4074-4 zu dokumentieren.

Literaturhinweise

DIN EN 13183-1, *Feuchtegehalt eines Stückes Schnittholz — Teil 1: Darrverfahren; Deutsche Fassung EN 13183-1:2002.*

4 Die Holzbaunormung in der DDR 1949–1991

Mit Gründung der DDR im Jahre 1949 wurden ab 1950 ausgewählte DIN-Normen per Beschluss des zuständigen Ministeriums für Aufbau als verbindliche Normen übernommen, so z. B. DIN 1052 im Jahre 1953, DIN 104 im Jahre 1954. Mit dem Erlass einer Verordnung über Staatliche Standards im Jahre 1954 begann die Entwicklung eigener Berechnungs- und Konstruktionsnormen, bezeichnet als TGL (Technische Güte- und Lieferbedingungen). Soweit weitere DIN-Normen angewendet werden sollten, wurden sie als TGL-Nummer und einer vorgestellten 0 vor der Nummer gekennzeichnet.

Die erste eigenständige Bemessungsnorm für den Holzbau entstand mit der TGL 112-0730 „Tragwerke aus Holz; Projektierung" Ausgabe 1963. Schon im Dezember 1962 erschien die TGL 117-0728, die die Spezialdübel für Tragwerke aus Holz regelte.

Die Norm TGL 112-0730 wurde dann im Jahre 1984 durch die TGL 33135 Teil 1 abgelöst.

Als Ersatz für DIN 4074-1 wurde im Jahre 1963 die TGL 117-0767 herausgegeben, wobei im Vergleich zur DIN 4074 die Regelungen für die Güteklassen nicht verändert wurden. Die Brückenbaunorm DIN 1074 wurde ebenfalls 1963 durch die TGL 173-42 Blatt 1 „Holzbrücken, Berechnungsgrundlagen" ersetzt.

Mit dem Aufbau einer Produktion von Brettschichtholz war es auch in der DDR notwendig, die Anforderungen an die Herstellung zu regeln. Dies erfolgte 1978 mit der Herausgabe der TGL 33136/02 „Holzbau, Bauteile aus Brettschichten geklebt, Qualitätssicherung bei der Herstellung". Im Vergleich zu den bescheidenen Kapazitäten für die Herstellung von Brettschichtholz nahm bis 1990 die Produktion von genagelten Brettbinderkonstruktionen für landwirtschaftliche Gebäude eine dominierende Stellung im DDR-Holzbau ein. Mit der 1979 erschienenen TGL 33137/01 „Holzbau, Bauelemente für Tragwerke, genagelt, Technische Lieferbedingungen, Prüfung" sollten in diesem Bereich die technischen Anforderungen einheitlich genormt werden.

Die TGL 33135/01 „Holzbau, Tragwerke, Berechnung, Bauliche Durchbildung" ersetzte 1984 die Berechnungsnorm TGL 112-0730 aus den Jahren 1963 und passte sie an den Entwicklungsstand im Holzbau an. Wesentlich waren folgende Änderungen:

- Einführung der Grenzlastfälle H, HZ,
- Aufnahme von zulässigen Spannungen für Brettschichtholz,
- Stabilitätsnachweis für mehrteilige Druckstäbe,
- Abstützung von Druckstäben und Biegeträgern durch Verbände,

- Kopplung von Biegeträgern,
- Regeln zum Holzschutz.

Ergänzend zu Blatt 1 wurden in TGL 33135/02 die technischen Anforderungen an die Verbindungsmittel geregelt. Diese Norm ersetzte die im Jahre 1963 erschienene Norm TGL 117-0728. Infolge dieser Normen wurden außerdem die technischen Anforderungen an die Herstellung von Brettschichtholzteilen den internationale Anforderungen entsprechend durch die 1987 überarbeitete TGL 33136/01 neu geregelt.

Wahrscheinlich aus Gründen des innerdeutschen Holzhandels vollzog man im DDR-Holzbau den im osteuropäischen Rat für Gegenseitigen Wirtschaftshilfe (RGW) geplanten Wechsel zur Bemessung nach Grenzzuständen nur zögerlich und achtete zwischen 1961 und 1985 darauf, dass die jeweils gültige Holzbaunorm (TGL 112-0730:1963, TGL 33135/01:1984) im Wesentlichen der DIN 1052 entsprach. Durch Vorschriften der obersten Bauaufsichtsbehörde wurden bei Bedarf die gültigen Normen aktuellen Erkenntnissen oder internationalen Trends angepasst; so geschehen bei der Vorschrift 174/85, mit der die 1985 gültige TGL 33135 dem Mitte der 80er-Jahre des 20. Jahrhunderts vorliegenden internationalen Kenntnisstand bei den Feuchtigkeitsklassen und der Höhenabhängigkeit bei Biegebeanspruchung für Brettschichtholz angenähert wurde.

Anfang der 80er-Jahre des 20. Jahrhunderts beschloss man dann auch für den Holzbau die Umstellung des Bemessungskonzeptes von der Methode der zulässigen Spannungen zur Methode der Grenzzustände. Vorreiter bei der Umstellung auf das neue Sicherheitskonzept war in der DDR der Betonbau, gefolgt vom Stahlbau. Allerdings konnte die Erarbeitung einer völlig neuen Normengeneration für den Holzbau, die sich weitestgehend am Eurocode 5 orientierte, nicht mehr vollendet werden. Durch die Vereinigung beider deutscher Staaten war eine Beendigung der zwischen 1980 und 1990 durchgeführten umfangreichen Arbeiten nur teilweise (siehe Vorschrift der Staatlichen Bauaufsicht 174/89) möglich.

> „Mit der Vereinigung der beiden deutschen Staaten und der damit verbundenen Herstellung einer Normenunion kann das in Bild 7 (gemeint ist die in Bild 7 in [12] dargestellte Übersicht zu den bis zum Jahre 2000 geplanten Holzbaunormen in der DDR – der Verf.) vorgestellte Konzept nicht realisiert werden, sondern der Holzbau muß sich kurzfristig auf die Einführung der DIN-Normen einstellen“ [12].

Auf dem Gebiet des Holzschutzes existierten verschiedene Gesetze und Verordnungen zum Schutz von Rohholz oder zur Weiterbildung zum Sachverständigen für Holzschutz. In den 80er-Jahren des 20. Jahrhunderts regelten alleine über 20 TGL-Normen einzelne Fragen des Holzschutzes; z. B. spezielle Holzschutzverfahren, Nachweis bestimmter Verfahren, Bestimmung der Holzschutzmittelaufnahme oder Tränkverfahren. Ein vergleichbares Normenwerk zur DIN 68800 existierte nicht. Aus diesem Grund wurde auf einen Nachdruck der zahlreichen TGL-Normen zum Holzschutz in diesem Buch verzichtet.

Tabelle 3: Die Holzbaunormung in der DDR 1949–1991

Norm/ Vorschrift	Ausgabe-datum	Titel	Seiten-zahl
TGL 117-0728	1962-12	Spezialdübel für Tragwerke aus Holz	3
TGL 117-0767	1963-02	Bauschnittholz; Gütebedingungen	4
TGL 112-0730	1963-02	Tragwerke aus Holz; Projektierung	25
TGL 173-42 Blatt 1	1963-09	Holzbrücken; Berechnungsgrundlagen	7
TGL 33136/02	1978-11	Holzbau; Bauteile aus Brettschichtholz, geklebt; Qualitätssicherung bei der Herstellung	5
TGL 33137/01	1979-01	Holzbau; Bauelemente für Tragwerke, genagelt; Technische Lieferbedingungen, Prüfung	4
TGL 33135/01	1984-01	Holzbau; Tragwerke; Berechnung, Bauliche Durchbildung	30
TGL 33135/01, 1. Änderung	1986-06	Holzbau; Tragwerke; Berechnung, Bauliche Durchbildung	3
TGL 33135/01, 2. Änderung	1988-06	Holzbau; Tragwerke; Berechnung, Bauliche Durchbildung	1
TGL 33135/02	1984-01	Holzbau; Tragwerke; Technische Forderungen an Verbindungsmittel	4
TGL 33136/01	1987-01	Holzbau; Bauteile aus Brettschichten, geklebt; Technische Bedingungen	7
TGL 33136/02, 2. Änderung	1989-10	Holzbau; Bauteile aus Brettschichten, geklebt; Qualitätssicherung bei der Herstellung	1

Norm/ Vorschrift	Ausgabe-datum	Titel	Seiten-zahl
Vorschrift 174/89 der Staatlichen Bauaufsicht, Ergänzung zur TGL 33135/01	1989 Nr. 10	Holzbau; Tragwerke; Berechnung nach Grenzzuständen (Ergänzung zur TGL 33135/01, Ausg. 1.84)	8

KB 754.9 : 762.9

Fachbereich-Standard

Dezember 1962

Fachbereich **FSB** Bauwesen	*Spezialdübel* *für Tragwerke aus Holz*	TGL 117-0728

Verbindlich ab 1. 4. 1963

Maße in mm

FORMEN UND ABMESSUNGEN

A Ringkeildübel *B Ringkeil-Rippendübel* *C Hartholz-Runddübel*

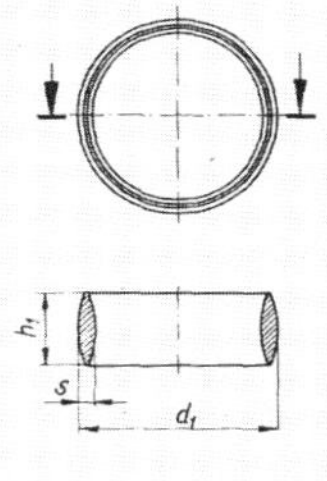
h1
s
d1

Bild 1

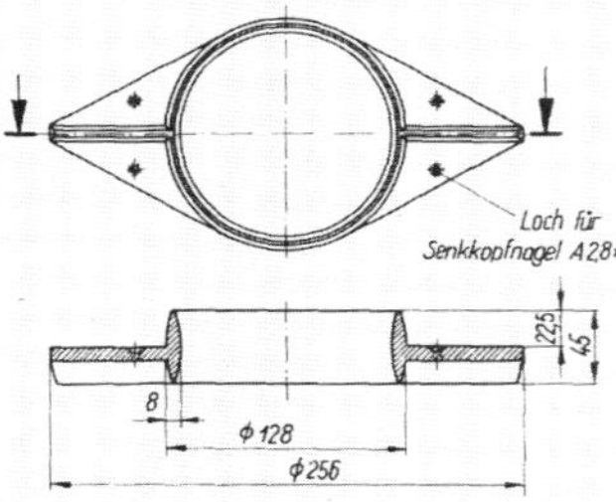
Loch für
Senkkopfnagel A 2,8×65 TGL 0-1151
22,5
45
8
ϕ 128
ϕ 256

Bild 2

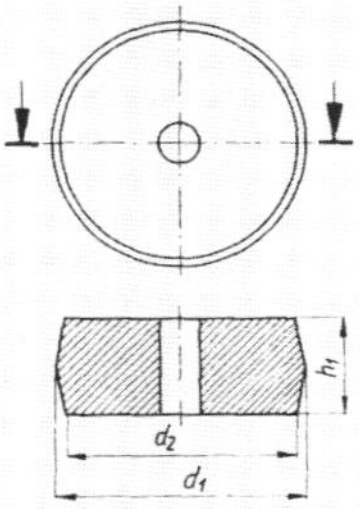
h1
d2
d1

Bild 3

Tabelle 1

Dübel	d_1	d_2	h_1	s
A Ringkeildübel	65	-	30	5
	80			6
	95			
	126			
	160		45	10
	190			
C Hartholz-Runddübel	66	59,5	32	-
	100	92	40	

BEZEICHNUNG

Bezeichnung eines Spezialdübels für Tragwerke aus Holz A Ringkeildübel von Außendurchmesser d_1 = 65 mm aus Aluminium-Gußlegierung GK -Al Si 7 Cu 1 x):

Ringkeildübel A 65 TGL 117 - 0728 GK - Al Si 7 Cu 1

Bezeichnung eines Spezialdübels für Tragwerke aus Holz C Hartholz-Runddübel von Außendurchmesser d_1 = 100 mm aus Eiche x):

Hartholz-Runddübel C 100 TGL 117 - 0728 Eiche

Fortsetzung Seite 2 und 3

Bestätigt am 11. Januar 1963, Ministerium für Bauwesen, Berlin

Seite 2 TGL 117 - 0728

TECHNISCHE FORDERUNGEN

Tabelle 2 Werkstoffe

Dübel	Werkstoff x)		
A Ringkeildübel	Aluminium-Gußlegierung	GK - Al Si 7 Cu 1	TGL 6556
B Ringkeil-Rippendübel		GK - Al Si 10 Mg	
C Hartholz-Runddübel	Eiche Buche 2)	Güteklasse I	nach den geltenden Vorschriften für Bauholz

Tabelle 3

Dübel	d_1	Schraubendurchmesser	Scheiben Lochdurchmesser	Neigung der Kraftrichtung zur Faserrichtung: bis 30° — Querschnitthöhe der Hölzer bei einer Dübelreihe h_2 mindestens	Neigung der Kraftrichtung zur Faserrichtung: über 30° bis 90° — Querschnitthöhe der Hölzer bei einer Dübelreihe h_2 mindestens	Abstand der Dübel untereinander und vom Stabende in Kraftrichtung bei einer Dübelreihe e_1 mindestens	Neigung der Kraftrichtung zur Faserrichtung: bis 30° — Anzahl der in Kraftrichtung hintereinander liegenden Dübel: 1 und 2	bis 30° — 3 und 4	bis 30° — 5 und 6	über 30° bis 60° — 1 und mehr	über 60° bis 90° — 1 und mehr
							Zulässige Tragkraft eines Dübels				
A Ringkeildübel	65			100	110	140	1150	1050	900	1000	900
	80			110	130	180	1400	1250	1100	1250	1100
	95			120	150	220	1700	1550	1350	1450	1250
	126			160	200	250	2000	1800	1600	1700	1400
	160 xx)			200	240	340	3400	3050	2700	2750	2150
	190 xxx)			230	280	430	4800	4300	3850		2900
B Ringkeil-Rippendübel	128 xxxx)	M 12	14	160	200	300	2800	2500	2250	2350	2800
C Hartholz-Runddübel	66			90	100	130	1100	1000	900		
	100			130	160	200	1800	1600	1450	1550	1350

Tabelle 4 Mindestabstände mehrreihiger Dübelverbindungen

Anordnung der Dübel	e_2	e_3	e_4	e_5
nicht versetzt siehe Bild 4	e_1	-	$\frac{h_2}{2}$	$d_3 + t$
versetzt siehe Bild 5	-	e_1		
		$e_1 \cdot 1,1$		d_3
		$e_1 \cdot 1,5$		$0,75\ d_3$
		$e_1 \cdot 1,8$		$\frac{d_3 + t}{2}$

Es bedeuten:

d_3 = größter Durchmesser der Dübel

t = Einschnittiefe der Dübel

h_2 = Mindesthöhe des Holzquerschnittes nach Tabelle 3

e_1 = Mindestabstand der Dübel untereinander und vom Stabende in Kraftrichtung bei einer Dübelreihe nach Tabelle 3

e_2 = Mindestabstand der Dübel untereinander und vom Stabende in Kraftrichtung bei nicht versetzten Dübelreihen

e_3 = Mindestabstand der Dübel untereinander und vom Stabende in Kraftrichtung bei versetzten Dübelreihen

e_4 = Abstand vom belasteten und unbelasteten Rand

e_5 = Abstand der Dübelreihen untereinander

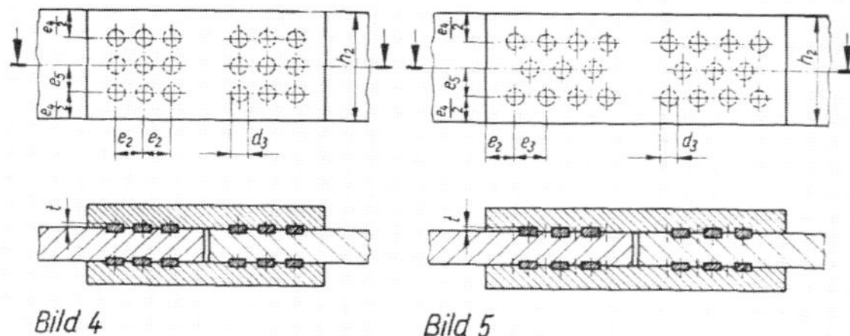

Bild 4 Bild 5

x) Werkstoff bei Bestellung angeben

2) bei Verstockungsgefahr nicht zulässig

xx) mit 1 Spannschraube von 12 mm Durchmesser am Laschenende

xxx) mit 2 Spannschrauben von 12 mm Durchmesser am Laschenende

xxxx) Rippe des Dübels parallel zur Faser in quer oder schräg zur Faser beanspruchten Stab legen

Hinweise:

Am 1.8.1962 lag kein vergleichbarer Standard der UdSSR beim Amt für Standardisierung vor.

Tragwerke aus Holz, Projektierung — siehe TGL 12008 (in Vorbereitung)

KB 762.2 **Fachbereich-Standard** Februar 1963

Fachbereich **FSB** Bauwesen	*Bauschnittholz* *Gütebedingungen*	TGL 117-0767

Verbindlich ab 1.8. 1963

Dieser Standard gilt für vierseitig und parallel geschnittene Nadelhölzer, deren Querschnitte nach TGL 112-0730 statisch bemessen werden.

SCHNITTKLASSEN

Tabelle 1

Schnittklasse		Größte zulässige Breite der Baumkante als Bruchteil der größten Querschnittsabmessung schräg gemessen
S	scharfkantig	Fehlkanten nicht zulässig
A	vollkantig	1/8, wobei in jedem Querschnitt mindestens 2/3 jeder Querschnittsseite von Baumkante frei sein müssen
B	fehlkantig	1/3, wobei in jedem Querschnitt mindestens 1/3 jeder Querschnittsseite von Baumkante frei sein muß
C	sägegestreift	Muß an allen vier Seiten durchlaufend von der Säge gestreift sein

Die Fehlkanten der Hölzer müssen von Rinde und Bast befreit sein.

GÜTEKLASSEN

Güteklasse I Bauschnittholz mit besonders hoher Tragfähigkeit

Güteklasse II Bauschnittholz mit gewöhnlicher Tragfähigkeit

Güteklasse III Bauschnittholz mit geringer Tragfähigkeit

Zulässige Spannungen für die Hölzer der Güteklassen I bis III nach TGL 112-0730 "Tragwerke aus Holz, Projektierung"

Tabelle 2

	Güteklasse			Bemessungsbeispiele
	I	II	III	
Zulässige Holzfehler	Bläue, nagelfeste braune und rote Streifen[1)]	Bläue, Insektenfraß an der Oberfläche, nagelfeste braune und rote Streifen[1)]	Bläue, Blitzrisse[2)], Frostrisse[2)], Insektenfraß (Bohrlöcher), Mistelbefall, Ringschäle, nagelfeste braune und rote Streifen[1)]	-

---

[1)] In der Breite nicht größer als die für die betreffende Güteklasse zulässigen Einzeläste

[2)] Die Querschnittsminderung darf nicht größer sein als die für diese Güteklasse zugelassenen Astabmessungen

Fortsetzung Seite 2 bis 4

Bestätigt am 22. Februar 1963, Ministerium für Bauwesen, Berlin

Fortsetzung Tabelle 2

	Güteklasse I	Güteklasse II	Güteklasse III	Bemessungsbeispiele
Schnittklasse mindestens	Schnitt-klasse A	Schnitt-klasse B	Schnitt-klasse C	
Zulässige Maß-abweichungen	- 1,5 %	- 3 %		
Dichte bei einem Feuchtigkeits-gehalt von 20 % kg/dm³	Fichte und Tanne 0,38 bis 0,40 Kiefer und Lärche 0,42 bis 0,45	keine Forderungen		–
Jahrringbreite	Ringbreiten über 4 mm höchstens bei der Hälfte des Querschnitts zulässig	keine Forderungen		
Einzeläste in Kantholz und Balken Durchmesser[3] des einzelnen Astes im Verhältnis zur Breite der Querschnittsseite, an der der Ast sitzt	bis 1/5, aber nicht über 50 mm	bis 1/3, aber nicht über 70 mm	bis 1/2	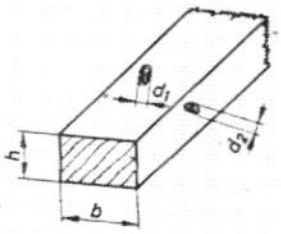 Verhältniszahlen: $\frac{d_1}{b}$ oder $\frac{d_2}{h}$
Einzeläste in Brettern, Bohlen, Latten Summe der senkrecht zur Brettlängsachse ermittelten Maße des einzelnen Astes an allen Schnittflächen, an denen der Ast auftritt, im Verhältnis zum doppelten Maß der Brettbreite[4]	bis 1/5	bis 1/3	bis 1/2	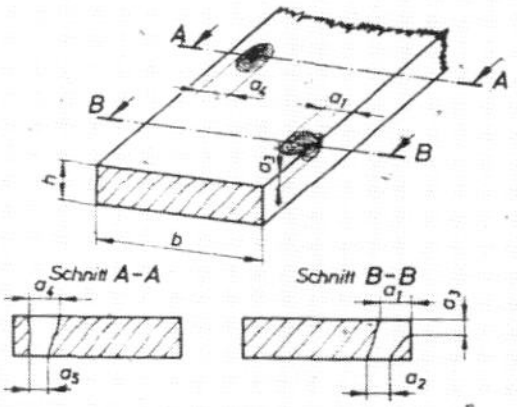 Schnitt A-A, Schnitt B-B Verhältniszahl: $\frac{a_4 + a_5}{2b}$ Verhältniszahl: $\frac{a_1 + a_2 + a_3}{2b}$

3) Maßgebend ist hier stets der kleinste sichtbare Durchmesser

4) Bei Ästen, die von einer Schmalseite zur anderen Schmalseite durchlaufen, ohne an einer Breitseite in Erscheinung zu treten, wird auf das doppelte Maß der Brettdicke bezogen

TGL 117-0767 Seite 3

Fortsetzung Tabelle 2

	Güteklasse I	II	III	Bemessungsbeispiele
Astansammlung[5)] in Kantholz und Balken Summe der Astdurchmesser[3)] auf 150 mm Länge auf jeder Fläche im Verhältnis zu ihrer Breite	bis 2/5	bis 2/3	bis 3/4	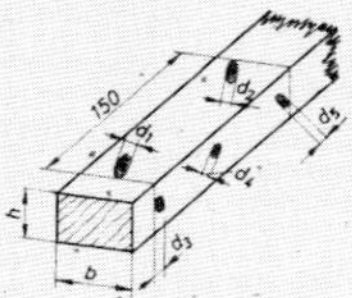 Verhältniszahlen: $\frac{d_1 + d_2}{b}$ oder $\frac{d_3 + d_4 + d_5}{h}$
Astansammlung[5)] in Brettern, Bohlen, Latten Summe der senkrecht zur Brettlängsachse ermittelten Maße der auf 150 mm Länge vorhandenen Äste an allen Schnittflächen, an denen Äste auftreten, im Verhältnis zum doppelten Maß der Brettbreite[4)]	bis 1/3	bis 1/2	bis 2/3	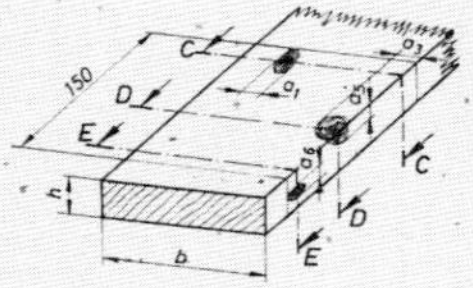 Schnitt C-C, D-D, E-E in einem Schnittbild 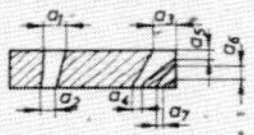 Verhältniszahl: $\frac{a_1 + a_2 + a_3 + a_4 + a_5 + a_6 + a_7}{2b}$
Drehwuchs gemessen nach den Schwindrissen[5)]	Abweichung a der Fasern auf 1 m Länge mm 100	200	330	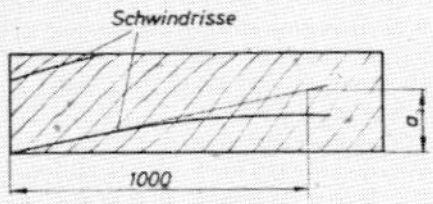 Schwindrisse; 1000
Faserabweichung beim Fehlen von Schwindrissen gemessen nach den angeschnittenen Jahrringen[5)]	Abweichung a der Jahrringe auf 1 m Länge mm 70	120	200	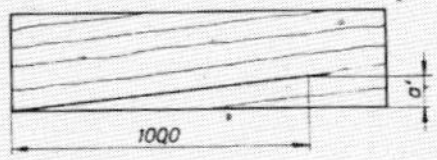 1000
Krümmung t auf 2 m Meßlänge an der Stelle der größten Krümmung	5	8	15	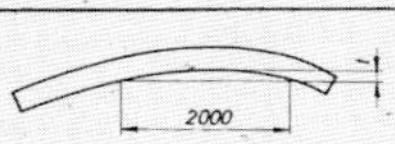 2000
bezogen auf die Gesamtlänge 1	1/400	1/250	-	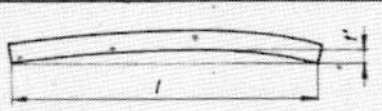 l

5) Jeweils an der ungünstigsten Stelle gemessen

KENNZEICHNUNG

Bauschnittholz der Güteklasse I ist an nach dem Einbau sichtbar bleibender Stelle dauerhaft und nicht verwischbar nach den gesetzlichen Vorschriften sowie mit dem Namen des für die Holzauswahl Verantwortlichen zu kennzeichnen.

Hinweise:

Entstanden unter Berücksichtigung von DIN 4074 Ausg. 12.58

Technische Vorschriften für Bauleistungen; Zimmererarbeiten siehe TGL 118-0141

KB 263 Fachbereich-Standard Februar 1963

Fachbereich **FSB** Bauwesen	*Tragwerke aus Holz* *Projektierung*	TGL *112-0730*

Verbindlich ab 1. 7. 1963

Inhaltsverzeichnis

Maße in mm

1. BESONDERE GRUNDSÄTZE FÜR STATISCHE BERECHNUNG, KONSTRUKTION UND AUSFÜHRUNGSUNTERLAGEN

1.1. Statische Berechnungen

In diesen sind auch die Größe der Durchbiegung und die erforderliche Überhöhung anzugeben sowie der Nachweis der Standsicherheit gegen Kippen und Abheben zu führen.

Bei den Verbindungsmitteln genügt der Nachweis der erforderlichen Anzahl, wenn die zulässige Belastung je Stück in den nachstehenden Vorschriften festliegt oder wenn sie nach diesen vorher errechnet werden kann.

Der Einfluß von Temperaturänderungen darf vernachlässigt werden.

Ein statischer Nachweis erübrigt sich bei Anwendung von standardisierten und bestätigten Typen-Tragwerken oder -Traggliedern, für deren Anwendungsbereiche bereits die erforderlichen Nachweise vorliegen.

Fortsetzung Seite 2 bis 25

Bestätigt am 22. Februar 1963, Ministerium für Bauwesen, Berlin

1.2. Konstruktion

Beim Konstruieren sind die maximalen Quell- und Schwindmaße des Holzes zu beachten.

Tabelle 1

Holzart	Maximale Quell- und Schwindmaße % in Faserrichtung	radial	tangential
Fichte	0,1	2,0	4,5
Kiefer		3,3	6,1
Tanne		2,2	4,4
Eiche	0,3	4,3	6,5
Buche		5,0	9,3

Die Werte beziehen sich auf die Änderung des Feuchtigkeitsgehaltes von 6% auf 20% der Darrmasse.

Holz der Güteklassen I und III nach TGL 117-0767 "Bauschnittholz, Gütebedingungen" unterliegt der Kennzeichnungspflicht in den Ausführungsunterlagen.

Bauschnittholz der Güteklasse I darf nur im Ausnahmefall innerhalb eines eng begrenzten Teilabschnittes, jedoch in keinem Fall für eine Serienproduktion eingesetzt werden.

Bei Einsatz der Güteklasse I ist der Abschnitt im Tragwerk oder Tragglied mit einem Sicherheitszuschlag gleich dem 1,5fachen des größten Querschnittmaßes auf jedem Ende in der Ausführungszeichnung anzugeben.

Bei teilweiser Verwendung von Holz der Güteklasse III ist der Abschnitt derselben an jedem Ende um das 1,5fache der größten Querschnitts-Abmessung verkürzt in der Ausführungszeichnung anzugeben.

Bei geklebten Traggliedern, welche Normalkräfte erhalten, ist die festgelegte Güteanforderung auf den ganzen Verbundkörper, nicht jedoch auf die einzelnen Teile bezogen, zu erfüllen.

Bei Beanspruchung auf Biegung ist die Güte der einzelnen Teile dem Spannungsverlauf anzupassen.

Druckstäbe der Güteklasse I brauchen für Schlankheitsgrade $\lambda \leqq 100$ nur auf den mittleren 3/4 der Knicklänge, für $\lambda > 100$ nur auf der mittleren Hälfte den Gütebedingungen nach TGL 117 - 0767 zu entsprechen.

1.3. Ausführungsunterlagen

Die Ausführungsunterlagen müssen die Forderungen der statischen Berechnung sowie alle sonstigen für die Ausführung notwendigen Angaben enthalten.

Bei Nagelverbindungen sind außer den Stückzahlangaben stets die Nagelbilder zu zeichnen, wobei die Nägel auf die Schnittpunkte der Nagellinien zu setzen sind

2. FESTIGKEITSWERTE, ZULÄSSIGE BEANSPRUCHUNG DES HOLZES

2.1. Elastizitätsmodul

Tabelle 2

Holzart		Elastizitätsmodul E kp/cm^2 parallel zur Faserrichtung	senkrecht zur Faserrichtung
Schnittholz	Nadelholz	100000	3000
	Eiche und Buche	125000	6000
Rundholz	Nadelholz	120000	3000

2.2. Zulässige Spannungen in den Hauptrichtungen

Tabelle 3

Art der Beanspruchung	Güteklasse III: Nadelschnittholz	Güteklasse III: Eiche und Buche	Güteklasse II: Nadelholz, rund- holz	Güteklasse II: Nadelholz, schnitt- holz	Güteklasse II: Eiche und Buche	Güteklasse I: Nadelschnittholz	Güteklasse I: Eiche und Buche
	Zulässige Beanspruchung kp/cm^2						
Biegung σ_b	70	75	120	100 110 x)	110	130 140 x)	140
Biegung bei Durchlaufwirkung σ_b	75	80	120	110 115 x)	120	140 145 x)	155
Zug in der Faserrichtung σ_z	0	0	85	85	100	105	110
Druck in der Faserrichtung $\sigma_{d\parallel}$	60	70	100	85 90 x)	100	110 115 x)	120
Druck rechtwinklig zur Faserrichtung $\sigma_{d\perp}$	20 16 xx)	30 24 xx)	20 16 xx)	20 16 xx)	30 24 xx)	20 16 xx)	30 24 xx)
Druck rechtwinklig zur Faserrichtung, wenn Eindrückungen unbedenklich sind $\sigma_{d\perp}$	25 20 xx)	40 32 xx)	25 20 xx)	25 20 xx)	40 32 xx)	25 20 xx)	40 32 xx)
Abscheren in der Faserrichtung τ	9	10	9	9	10	9	12

2.3. Zulässige Druckspannungen schräg zur Faser

(1) $\sigma_{d\alpha\,zul.} = \sigma_{d\parallel\,zul.} - (\sigma_{d\parallel\,zul.} - \sigma_{d\perp\,zul.}) \cdot \sin\alpha \; [kp/cm^2]$

2.4. Abminderung der zulässigen Spannungen

Die zulässigen Spannungen der Abschnitte 2.2. und 2.3. sind abzumindern:

auf 65% bei Gerüsten wenn frisch gefälltes Holz verwendet wird,
bei Traggliedern die dauernd in Wasser stehen oder ohne baulichen Schutz dem Wetter ausgesetzt sind, mit Ausnahme von fliegenden Bauten;

auf 85% bei Traggliedern die ohne baulichen Schutz dem Wetter ausgesetzt sind, jedoch eine regelmäßige Nachbehandlung mit einem Holzschutzmittel erfahren oder
die in Räumen eingebaut werden, in denen mit einer ständigen Holzfeuchtigkeit von über 20% zu rechnen ist.

3. BEMESSUNG DER TRAGGLIEDER UND TRAGWERKE

Holzquerschnitte

Der Stabquerschnitt muß mindestens 24 mm x 48 mm betragen. Bei mehrteiligen Stäben gilt der Mindest-Querschnitt für das Einzelteil.

Querschnitts-Schwächungen durch Fehlkanten:
Den Güteklassen entsprechende Fehlkanten brauchen nicht abgezogen zu werden;
in Zug- und Biegestäben:
Beim Nachweis der maximalen Spannungen sind alle Schwächungen zu berücksichtigen;
durch Verbindungsmittel:
Als Schwächungen durch Verbindungsmittel gelten:

x) Lärchenholz

xx) bei einem Überstand des gedrückten Holzes kleiner als 1,5 h

Bei allen Einfräs- und Einpreßdübeln runder und rechteckiger Form die Fläche d · t, wobei d den Durchmesser oder die Dübelbreite und t die größte Eindringtiefe bedeutet, bei Nägeln darf anstelle des genauen Nachweises eine Schwächung von 10% der Querschnittsfläche angenommen werden, jedoch sind vorgebohrte Nagellöcher voll abzuziehen.

Der kleinste lichte Abstand zweier Schwächungen nach Bild 2, die nicht gleichzeitig in einem Querschnitt abzuziehen sind, muß allgemein betragen 5 d, zwischen zwei Ausplattungen 10 t.

Bei unterschiedlichen Größen der Schwächungen ist d_{max} oder t_{max} maßgebend.

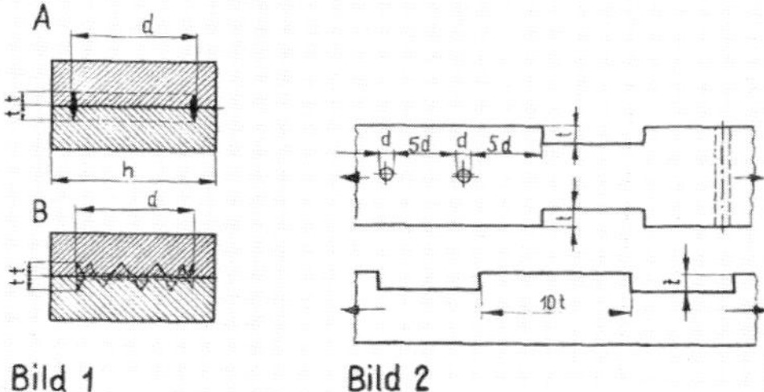

Bild 1 Bild 2

in Druckstäben:

Bei Druckstäben, die nicht zusätzlich auf Biegung beansprucht werden, dürfen Querschnitts-Schwächungen unberücksichtigt bleiben, wenn sie mit einem Baustoff mindestens gleicher Festigkeit satt ausgefüllt sind.

Bei zusätzlich auf Biegung beanspruchten mehrteiligen Druckstäben dürfen Querschnitts-Schwächungen, die von den Querverbindungen herrühren, außer Ansatz bleiben.

3.1. Druckstäbe

3.1.1. Knicklängen

Bei Druckstäben, die an den Enden der in Rechnung gestellten Knicklänge durch Verbände, Scheiben oder durch Abstützungen nach Abschnitt 3.1.4. gegen seitliches Ausweichen gesichert sind, ist eine gelenkige Führung beider Stabenden anzunehmen.

Bei Fachwerkstäben ist als freie Knicklänge s_k die Länge der Stabachse einzusetzen. Für das Ausknicken aus der Trägerebene ist dies nur zulässig, wenn die Knotenpunkte, die der Stab verbindet, gegen seitliches Ausweichen gesichert sind.

Bei Stützen, die an einem Ende eingespannt und am anderen Ende frei beweglich sind, ist die Knicklänge gleich der doppelten Stablänge einzusetzen.

Bei Abstützungen von Zwischenpunkten gedrückter Tragglieder darf die Knicklänge für das Ausknicken in der Richtung, in der die Abstützung wirksam ist, entsprechend verringert werden.

Die Knicklänge der Sparren von Kehlbalkendächern darf wie folgt angenommen werden:

bei verschieblichen Kehlbalken, wenn $l_1 = 0{,}7 \cdot l_3$

(2) $s_k = (0{,}75 + 0{,}25 \dfrac{N_2}{N_1}) \cdot l_3$ [cm,m]

wobei $N_2 : N_1$ das Verhältnis der Sparrenlängskräfte im oberen und unteren Sparrenabschnitt bedeutet;
der Spannungsnachweis ist für die Kraft N_1 zu führen.

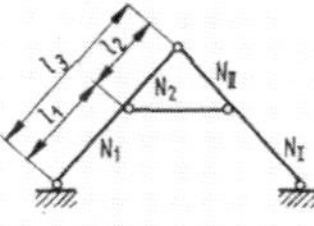

Bild 3

TGL 112 - 0730 Seite 5

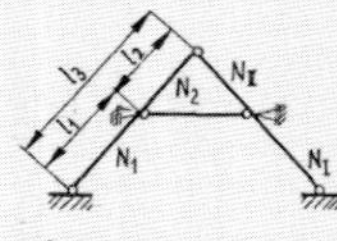

Bild 4

bei unverschieblichen Kehlbalken, wenn $l_1 = 0{,}5 \cdot l_3$

(3) $s_k = l_1 = 0{,}5 \cdot l_3$ [cm, m]

wenn $l_1 > 0{,}5 \cdot l_3$

(4) $s_k = 0{,}55 \cdot l_3$ [cm, m]

3.1.2. Schlankheitsgrade, ω-Werte

Zulässiger Schlankheitsgrad $\lambda \leqq 150$,
für fliegende Bauten nach TGL 10727 jedoch $\lambda \leqq 250$

Tabelle 4

λ	ω -Werte									
	0	1	2	3	4	5	6	7	8	9
0	1,00	1,01	1,01	1,01	1,02	1,02	1,02	1,03	1,03	1,03
10	1,04	1,04	1,04	1,05	1,05	1,06	1,06	1,07	1,07	1,08
20	1,08	1,09	1,09	1,10	1,11	1,11	1,12	1,13	1,14	1,14
30	1,15	1,16	1,17	1,18	1,19	1,20	1,21	1,22	1,23	1,25
40	1,26	1,27	1,29	1,30	1,31	1,33	1,34	1,36	1,38	1,39
50	1,42	1,43	1,45	1,47	1,49	1,51	1,53	1,55	1,57	1,60
60	1,62	1,64	1,67	1,69	1,72	1,74	1,77	1,80	1,82	1,85
70	1,88	1,91	1,94	1,97	2,00	2,03	2,07	2,10	2,13	2,17
80	2,20	2,24	2,27	2,31	2,34	2,38	2,42	2,46	2,50	2,54
90	2,58	2,62	2,66	2,70	2,75	2,79	2,83	2,88	2,92	2,97
100	3,04	3,11	3,17	3,23	3,29	3,36	3,42	3,49	3,55	3,62
110	3,68	3,75	3,82	3,89	3,96	4,03	4,10	4,17	4,24	4,31
120	4,38	4,46	4,53	4,61	4,68	4,76	4,83	4,91	4,99	5,07
130	5,15	5,23	5,31	5,39	5,47	5,55	5,63	5,71	5,80	5,88
140	5,97	6,05	6,14	6,23	6,31	6,40	6,49	6,58	6,67	6,76
150	6,85	6,94	7,03	7,13	7,22	7,32	7,41	7,51	7,60	7,70
160	7,80	7,89	7,99	8,09	8,19	8,29	8,39	8,49	8,59	8,70
170	8,80	8,90	9,00	9,11	9,22	9,32	9,43	9,54	9,65	9,76
180	9,86	9,97	10,09	10,20	10,31	10,42	10,53	10,65	10,76	10,88
190	10,99	11,11	11,22	11,34	11,46	11,58	11,70	11,82	11,94	12,06
200	12,18	12,30	12,42	12,55	12,67	12,80	12,92	13,05	13,17	13,30
210	13,42	13,56	13,68	13,81	13,94	14,07	14,21	14,34	14,47	14,60
220	14,74	14,87	15,00	15,14	15,28	15,41	15,55	15,69	15,83	15,97
230	16,11	16,25	16,39	16,53	16,67	16,81	16,96	17,10	17,25	17,39
240	17,54	17,68	17,83	17,98	18,13	18,28	18,43	18,58	18,73	18,88
250	19,03	-	-	-	-	-	-	-	-	-

3.1.3. Gerade, planmäßig mittig gedrückte Stäbe

3.1.3.1. Einteilige Druckstäbe

Bei mittigem Kraftangriff ist die ermittelte Stabkraft S mit der dem Schlankheitsgrad $\lambda = \frac{s_k}{i_{min.}}$ entsprechenden Knickzahl ω nach Tabelle 4 zu vervielfachen.

Der Stab darf dann wie ein dem Knicken nicht ausgesetzter Druckstab behandelt werden. Die mit ω vervielfachte Schwerpunkt-Spannung darf höchstens den Wert $\sigma_{d\parallel zul.}$ erreichen:

(5) $\sigma_\omega = \frac{\omega \cdot S}{F} \leqq \sigma_{d\parallel\, zul.}$ [kp/cm^2]

$\sigma_{d\parallel\, zul.}$ nach Tabelle 3

3.1.3.2. Mehrteilige Druckstäbe

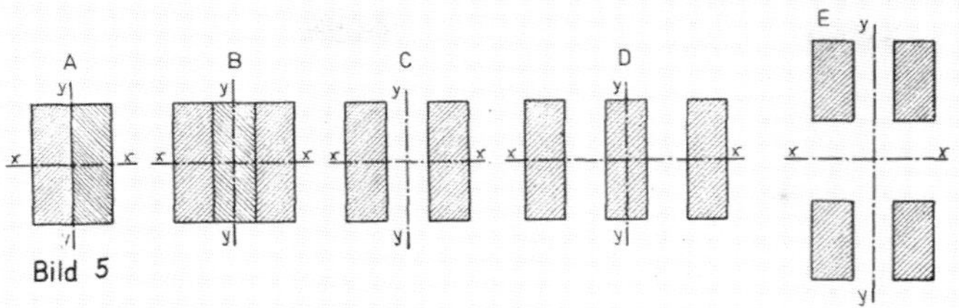

Bild 5

Für das Ausknicken senkrecht zur Achse x - x (Stoffachse) von Stäben nach Bild 5 Form A bis D sowie nach Bild 6 bis 9 darf ein mehrteiliger Stab wie ein einteiliger Stab berechnet werden, dessen Gesamtbreite gleich der Summe der Breiten der Einzelstäbe ist.

Für das Ausknicken senkrecht zur Achse y - y nach Bild 5 Form A bis E und senkrecht zur Achse x - x nach Bild 5 Form E ist das wirksame Trägheitsmoment in Abhängigkeit von der Bauart, der Spreizung und den Verbindungsmitteln nach den Absätzen "Mehrteilige Druckstäbe ohne Spreizung" und "Mehrteilige Druckstäbe mit Spreizung" zu berechnen.

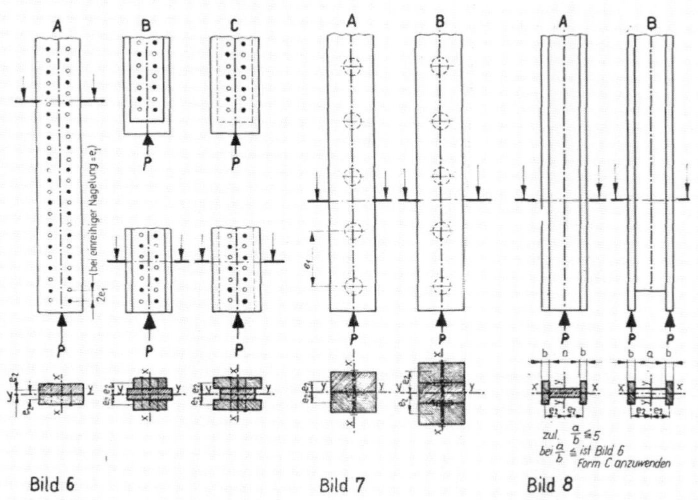

Bild 6 Bild 7 Bild 8

Für die Berechnung der Querverbindungen aller mehrteiligen Druckstäbe ist eine über die ganze Stablänge gleichmäßig verteilt wirkende ideelle Querkraft

$$Q_i = \frac{\omega_w \cdot S}{80} \quad [p, Mp] \tag{6}$$

in Rechnung zu stellen. ω_w = wirksamer ω-Wert

Mehrteilige Druckstäbe ohne Spreizung:

Das wirksame Trägheitsmoment J_w in Bezug auf die y-Achse ist bei mehrteiligen Stäben mit starrem Verbindungsmittel, wie Klebstoff, gleich dem rechnerischen Trägheitsmoment J_y.

Bei nachgiebigen Verbindungsmitteln, wie Nägeln und Dübeln, ist das wirksame Trägheitsmoment nach folgender Formel zu bestimmen:

(7) $$J_w = \Sigma J_1 + \Sigma \gamma_1 \cdot F_1 \cdot e_2^2 \qquad [cm^4]$$

(8) $$\gamma_1 = \frac{1}{1 + \frac{\pi^2 \cdot E_\parallel}{l^2} \cdot \frac{F_1 \cdot e_1}{C}}$$

Es bedeuten:

J_1 = Trägheitsmoment des Einzelteiles in cm^4
γ_1 = Abminderungsfaktor, bezogen auf die Nachgiebigkeit einer Scherfuge
F_1 = Querschnittsfläche des Einzelteiles in cm^2
e_1 = Abstand der in eine Reihe geschoben gedachten Verbindungsmittel in cm
e_2 = Schwerpunktabstand des Einzelstabes in cm
C = Verschiebungsmodul des Verbindungsmittels in kp/cm nach Tabelle 5
l = Stablänge in cm
$E_\parallel$ = Elastizitätsmodul parallel zur Faser

Mit den Formeln (7) und (8) dürfen außer den Druckstäben nach Bild 6 bis 8 auch solche berechnet werden, die aus mehr als drei Teilen bestehen.

Bei allen Stäben mit durchgehender Aussteifung darf im Spannungsnachweis das volle F eingesetzt werden.

Wird die Kraft am Stabende nur in einzelne Teile des Stabes eingeleitet, siehe Bilder 6 bis 8, so ist an diesen Stellen der Nachweis

(9) $$\sigma_d = \frac{P}{F} \leq \sigma_{d\parallel\, zul.}$$

zu führen.

Verschiebungsmodul C
Tabelle 5

Verbindungsmittel		Ausführung nach Bild 6	Bild 7	Bild 8
		Verschiebungsmodul C kp/cm		
Nägel	einschnittig	1400	-	1400 $\frac{b}{a}$
	zweischnittig	2800		-
Dübel		-	22500	-
Klebstoffe		∞	∞	∞

Mehrteilige Druckstäbe mit Spreizung nach Bild 9 Form A bis D

Der wirksame Schlankheitsgrad ist nach Formel

(10) $$\lambda_w = \sqrt{\lambda_y^2 + c \cdot \lambda_1^2}$$

zu ermitteln.

Darin ist:

λ_y = Schlankheitsgrad des Gesamtstabes, bezogen auf die jeweilige stoffreie Achse
λ_1 = Schlankheitsgrad des Einzelstabes, bezogen auf den Achsabstand zweier benachbarter Querverbindungen
c = Faktor zur Berücksichtigung der Art der Querverbindungen

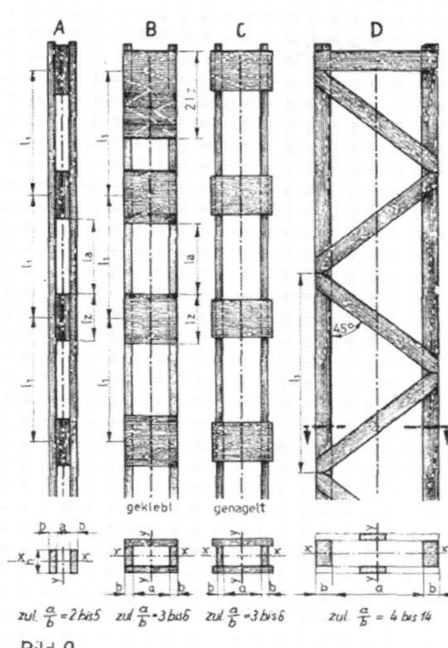

Bild 9

c-Werte für die Stäbe nach Bild 9 Form A, B und C bei

geklebten Zwischenhölzern	1,0
geklebten Bindehölzern	3,0
genagelten Zwischenhölzern	3,0
genagelten Bindehölzern	4,5
gedübelten Zwischenhölzern	2,5

Für fachwerkartig vergitterte Stäbe mit genagelten, 45° geneigten Streben nach Bild 9 Form D wird

(11) $$\lambda_1^2 = \pi^2 \cdot \frac{30\ F_1}{F_D}$$

Hierin bedeuten:

F_1 = Einzelstabquerschnitt

F_D = Diagonalstabquerschnitt

Der c-Faktor entfällt bei fachwerkartig vergitterten Stäben.

Der Schlankheitsgrad λ_1 des Einzelstabes, bezogen auf den Achsabstand zweier benachbarter Querverbindungen, darf bei allen gespreizten Druckstäben nicht größer als der des Gesamtstabes und nicht größer als 60 sein:

$$\lambda_1 = \frac{l_1}{i_1} \leqq 60 \leqq \lambda_w$$

Bei der Bemessung der Querverbindungen sind folgende Forderungen einzuhalten:
Es sind zumindest an den Drittelpunkten und den Stabenden Querverbindungen anzuordnen, l_2 geklebter Zwischen- und Bindehölzer muß mindestens gleich der Querschnittshöhe des Stabes sein:

$$l_2 \geqq a + 2\ b$$

An den Stabenden sind geklebte Zwischen- und Bindehölzer in der Abmessung $2 \cdot l_2$ einzubauen. Bei geklebten Bindehölzern ist außerdem an den Stabenden ein Zwischenholz in gleicher Länge, Faserrichtung parallel zur Stabachse, einzusetzen.
Bindehölzer aus Furnierplatten müssen mindestens 10 mm dick sein.
Bei Verwendung von Schrauben als Verbindungsmittel nach Abschnitt 4.5. darf ein Zusammenwirken der Einzelstäbe nicht in Rechnung gestellt werden, eine Ausnahme bilden Gerüste. Bei diesen darf als wirksames Trägheitsmoment eingesetzt werden:

(12) $$J_w = 0{,}75\ J_o + 0{,}25\ J \qquad [cm^4]$$

Es bedeuten:

J_o = Trägheitsmoment der zu einem Querschnitt zusammengeschoben gedachten Querschnittsteile

J = Trägheitsmoment des gespreizten Stabes

Spreizungen a größer als 2 b dürfen nicht in Rechnung gestellt werden.
Das kleinste Trägheitsmoment des Einzelstabes muß mindestens sein:

(13) $$J_1 = \frac{10\ S \cdot s_k^2}{n} \qquad [cm^4]$$

Hierbei sind:

S = die größte Stabkraft des Gesamtstabes in Mp

s_k = die Knicklänge des Gesamtstabes in m

n = die Anzahl der Einzelstäbe

3.1.4. Gerade, planmäßig außermittig gedrückte Stäbe und gerade, planmäßig mittig gedrückte Stäbe mit zusätzlicher Biegung

Der Spannungsnachweis ist mit der Formel

(14) $$\sigma_\omega = \frac{\omega \cdot S}{F} + \frac{\sigma_{d\parallel\,zul.}}{\sigma_{b\,zul.}} \cdot \frac{M}{W} \leq \sigma_{d\parallel\,zul.} \quad [kp/cm^2]$$

zu führen. Die Summe dieser gedachten Randspannungen ist mit dem größten ω-Wert ohne Rücksicht auf die Richtung der Biegebeanspruchungen zu bilden.

Wenn bei außermittig gedrückten Stäben der Kraftangriff nicht auf einer der beiden Hauptachsen (x oder y) erfolgt, ist mit Doppelbiegung zu rechnen.

Bei geraden, planmäßig mittig gedrückten Stäben, die zusätzlich durch ein Biegemoment beansprucht werden, das längs der Stabachse veränderlich ist, muß der Spannungsnachweis mit M_{max} geführt werden. Tritt M_{max} an einem der beiden Stabenden auf, darf an Stelle von M_{max} das arithmetische Mittel der beiden Endbiegemomente, jedoch nicht weniger als 0,5 M_{max} eingesetzt werden.

Die erhöhten Beanspruchungen der Querverbindungen mehrteiliger Stäbe aus außermittigem Kraftangriff oder zusätzlicher Biegung sind bei der Berechnung derselben zu berücksichtigen.

3.1.5. Druckstäbe mit federnder Querstützung

Hilfsstäbe für die Querstützung

Abstützungen von Druckstäben zur Verkürzung der Knicklänge sind nur dann als wirksam anzusehen, wenn die dazu erforderlichen Hilfsstäbe oder Verbände und ihre Anschlüsse nachgewiesen werden.

Der Nachweis darf unter der Annahme einer Seitenkraft gleich 1/100 der größten, am abzustützenden Punkt oder Knoten wirkenden Stabkraft geführt werden.

Ist bei aneinandergereihten Fachwerkträgern die Anzahl der Träger gleich oder größer als die Anzahl der Knoten des Druckgurtes einer Trägerhälfte, so darf für die Trägerhälfte 1/100 ihrer größten Druckgurt-Stabkraft als Seitenkraft angenommen werden.

Diese Seitenkraft ist zu gleichen Teilen an jedem Druckgurtknoten anzusetzen:

(15) $$\text{Seitenkraft eines Knotens} = \frac{S_{max}}{100 \cdot n}$$

Es bedeuten:

S_{max} = maximale Druckkraft des Gurtes einer Trägerhälfte

n = Anzahl der Knoten des Druckgurtes einer Trägerhälfte, die Knoten am Auflager und in Trägermitte mit je 0,5 eingesetzt.

Bei Vollwandträgern gilt an Stelle der Anzahl der Knoten die Anzahl der seitlich ausgesteiften Punkte des Druckgurtes einer Trägerhälfte.

Für die abstützenden Stäbe oder Verbände ist, unabhängig von ihrer Anordnung und Verteilung auf das Gesamttragwerk, die Summe der Seitenkräfte aus der Anzahl der aneinandergereihten Tragwerke in Rechnung zu stellen.

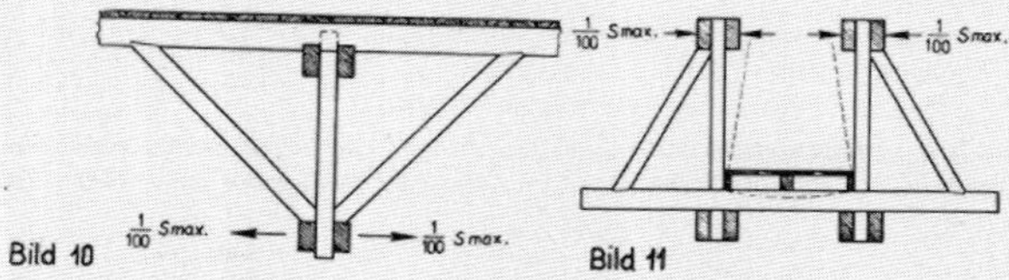

Bild 10 Bild 11

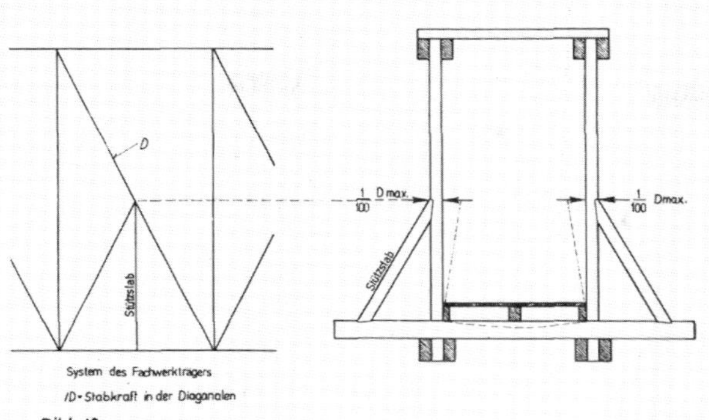

Bild 12

3.2. Biegeträger

3.2.1. Stützweiten

Bei frei auflagernden Einfeld- und Durchlaufträgern gilt die Entfernung der Auflagermitten als Stützweite. Liegen die Träger direkt auf Mauerwerk auf, so dürfen als Stützweite angenommen werden:

bei Einfeldträgern 1,05 l_w

bei Durchlaufträgern im Endfeld 1,025 l_w + 0,5 der Auflagerlänge auf der Zwischenstütze

Für Kopfbandträger gelten die Festlegungen des Abschnittes 3.2.3.4.

3.2.2. Zulässige Durchbiegung

ohne Berücksichtigung der Nachgiebigkeit der Verbindungsmittel

Tabelle 6

Trägerart, Verwendung	Belastung	Durchbiegung f	
		im Feld	am Kragende
Fachwerkträger	ruhende Verkehrslast einschließlich Schnee- und Windlast	$\frac{1}{700}$	$\frac{1}{500}$
Vollwandträger		$\frac{1}{400}$	$\frac{1}{300}$
Vollholzträger unter Wohn-, Büro-, Dienst- und Produktionsräumen	ständige Last und Verkehrslast	$\frac{1}{300}$	$\frac{1}{250}$
Sparren, Pfetten, Deckenträger unter Stalldecken, in Scheunen und dergleichen aus Vollholz	ruhende Verkehrslast einschließlich Schnee- und Windlast oder ständige Last und Verkehrslast	$\frac{1}{200}$	$\frac{1}{150}$

Werden die Nachgiebigkeit der Verbindungsmittel und bei Fachwerkträgern auch die Formänderungen der Stäbe berücksichtigt, so sind für Fachwerk- und Vollwandträger die Werte $\frac{1}{300}$ im Feld und $\frac{1}{250}$ am Kragende einzusetzen.

TGL 112 - 0750 Seite 11

3.2.3. Berechnung, Bemessung, Spannungsnachweis, konstruktive Forderungen

3.2.3.1. Fachwerkträger

Außermittigkeiten von Stabanschlüssen sind auf ein Minimum zu beschränken. Falls erforderlich, ist ihr Einfluß im Spannungsnachweis zu berücksichtigen.

Kontakt-Druckstöße senkrecht zur Faser sind nur dann zulässig, wenn die Garantie für die Verwendung zumindest lufttrockenen Holzes gegeben ist. Sie sind in ihrer Lage zu sichern.

Wo keine besonderen Erfordernisse für einen genauen Nachweis der Durchbiegung vorliegen, darf diese mit

(16) $$J_x = 2\, F_G \cdot e_G^2 \quad [cm^4]$$

bei asymmetrischen Gurtquerschnitten mit der entsprechenden Formel errechnet werden.

Hierin bedeuten:

F_G = Querschnitt eines Gurtes

e_G = Schwerpunktabstand eines Gurtes von der x-Achse des Trägers

Bei trapez-, dreieck- und mansarddachförmigen Fachwerkträgern ist e_G auf die gemittelte Bauhöhe zu beziehen.

3.2.3.2. Vollwandträger (Träger mit mehrteiligem Querschnitt)

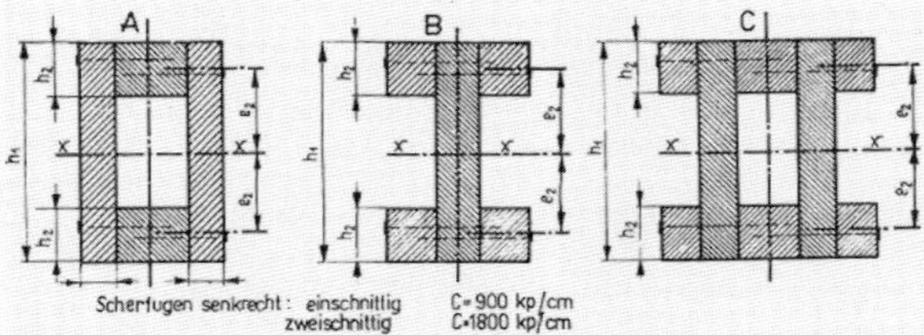

Bild 13

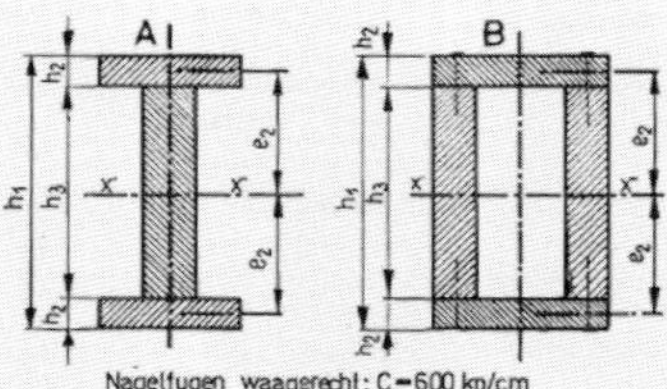

Bild 14

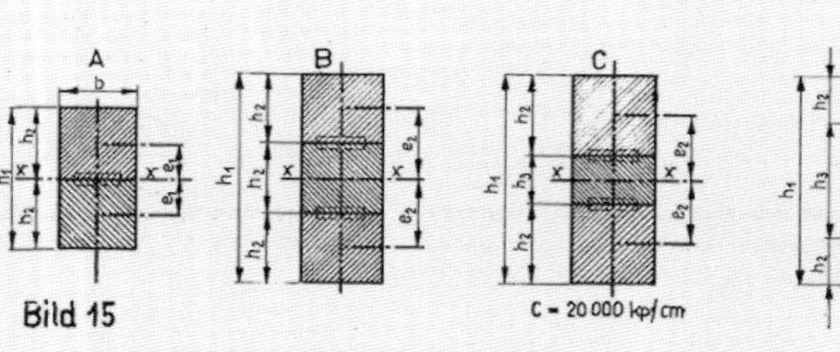

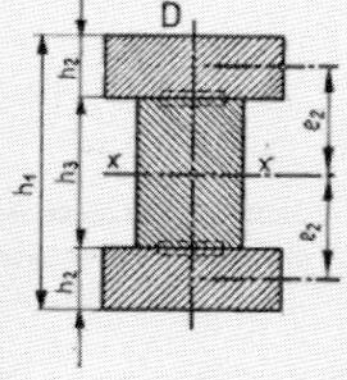

Bild 15

Für den Durchbiegungs-Nachweis ist bei gedübelten und genagelten Trägern J_w einzusetzen.
Für die Berechnung und Bemessung von Trägern mit mehrteiligem Querschnitt in genagelter oder gedübelter Ausführung ist das wirksame Trägheitsmoment J_w nach den Formeln (7) und (8) zu ermitteln. wobei die C-Werte der Bilder 13 bis 15 einzusetzen sind. Ausgenommen hiervon sind Träger mit Stegen aus 2 diagonal gleichgerichteten Brettlagen.
Bei genagelten Vollwandträgern mit senkrechten und waagerechten Scherfugen gelten die C-Werte der Bilder 13 und 14. Die γ-Faktoren sind mit diesen C-Werten für jedes Querschnittsteil gesondert zu ermitteln. Das gesamte J_w ist aus den errechneten Teilbeträgen der Querschnittsteile zusammenzusetzen.
Stege aus diagonal liegenden gekreuzten Brettern bleiben bei der Ermittlung von J_w außer Ansatz.
Der Spannungsnachweis mehrteiliger symmetrischer Trägerquerschnitte mit nachgiebigen Verbindungsmitteln ist mit der Formel

(17) $$\sigma_{bmax} = \frac{M \cdot 0,5\ h_1}{J_w}$$

zu führen.
In mehrteiligen Querschnitten darf die Randspannung die zulässige Biegespannung und die Schwerpunktspannung die zulässige Zug- und Druckspannung der Tabelle 3 nicht überschreiten. Die Schwerpunktspannung ist für Träger maßgeblich, deren Gurtteilhöhe h_2 bei Holz der Güteklasse II 0,15 h_1 und bei Güteklasse I 0,20 h_1 nicht übersteigt.
Der Nachweis der Schubspannung im Steg ist unter der Annahme zu führen, daß dieser allein die gesamte Querkraft aufzunehmen hat.
Stege aus zwei diagonal liegenden gekreuzten Brettlagen sind für die aus den Querkräften entstehenden Diagonalkräfte zu berechnen und an die Gurte anzuschließen.

Bei Berechnung der Verbindungsmittel für den Anschluß der Gurte an den Steg ist zur Ermittlung der Schubkraft T_1 das unabgeminderte, rechnerische Trägheitsmoment J_x in die Formel

(18) $$T_1 = \frac{Q \cdot S_1}{J_x} \quad [\text{kp}]$$

einzusetzen.
Es bedeuten:
S_1 = statisches Moment des anzuschließenden Querschnitteiles
T_1 = auf 1 cm Trägerlänge anzuschließende Schubkraft
Die Verteilung der Verbindungsmittel ist proportional der Schubkraft vorzunehmen, wobei die vorgeschriebenen Abstände einzuhalten sind.
Dünnwandige Stege sind zur Übertragung der Querkräfte und zur Sicherung gegen Beulen durch vertikale Pfosten zu verstärken.
Unter Einzellasten sind stets Pfosten anzuordnen. Die Pfosten sind mit den Stegen zu verbinden.
Wenn die Auflasten infolge Schwindens der Gurte oder aus anderen Gründen nicht einwandfrei auf die Pfosten übertragen werden können, müssen sie direkt auf die Stege abgesetzt werden.
Vollwandträger mit zwei diagonal liegenden gleichgerichteten Brettlagen als Stege sind wie Fachwerkträger zu berechnen. Die auftretende zusätzliche Biegung in den Gurten aus den verbreiterten Diagonalen ist im Spannungsnachweis zu berücksichtigen.
Die Druckgurte von Vollwandträgern sind auf Knicken gegen die y-Achse nach Abschnitt 3.1. nachzuweisen.

TGL 112 - 0730 Seite 13

Bei Anschluß der Gurte mit Dübeln, Stabdübeln, Stahlstiften und anderen Verbindungsmitteln ohne Bindekraft außer Nägeln und Klebstoff, sind Bindeschrauben anzuordnen. Diese müssen gewährleisten, daß die Bedingung

$$\lambda_w \geqq \lambda_1 \leqq 60$$

erfüllt wird.
Dabei ist λ_w aus J_w auf die y-Achse zu beziehen.

3.2.3.3. Vollholzträger

Vollholzträger mit einem Querschnitt $\frac{h}{b}$ gleich oder größer als 2,5 sind über den Stützen und an den Drittelpunkten der Stützweite gegen Kippen auszusteifen.
Bohlenbeläge, Dachschalung brettweise und in Tafeln verlegt, Dachlatten und ähnliche Tragglieder sind auch dann als Einfeldträger zu berechnen, wenn sie über mehrere Felder durchlaufen.

3.2.3.4. Kopfbandträger

Kopfbandträger sind Träger, die durch Streben oder Kopfbänder zusätzlich unterstützt sind. Ihre Berechnung darf als Einfeldträger mit der Stützweite l_o unter der Annahme frei drehbarer Lagerung erfolgen, wenn folgende Bedingungen erfüllt sind:

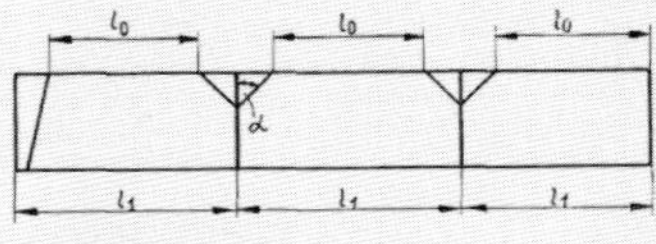

Bild 16

Anschlußwinkel der Kopfbänder an der Stütze $\alpha \leqq 45^\circ$
Stützweite $l_o \geqq 0{,}5\ l_1$

Die Kopfbänder müssen in allen Innenfeldern gleich ausgeführt werden.
An den Endauflagern eines Trägerstranges sind Streben nach Bild 16 anzuordnen oder das Endfeld ist auf die gleiche Stützweite des anschließenden Innenfeldes zu kürzen.
Zulässiges Stützweiten-Verhältnis in einem Trägerstrang: $l_{o\,min.} \geqq 0{,}85\ l_{o\,max.}$
Die Schwächung der Stiele darf je Versatzung höchstens 1/6 der Querschnittshöhe betragen.
Zapfenschluß ist nur für die vertikalen Stützen zulässig.
Die Stöße der Kopfbandträger sind entsprechend den Horizontal-Kräften der Kopfbänder oder Streben zu verbinden.
Kopfbandträger mit Sattelhölzern sind auf die gleiche Art zu behandeln. Bei Sattelhölzern ohne Kopfbänder oder Streben ist die volle Stützweite in Rechnung zu stellen.

4. BEMESSUNG UND ZULÄSSIGE BELASTUNGEN FÜR VERBINDUNGEN

4.1. Klebeverbindungen

Klebeverbindungen dürfen durch die Hauptkräfte nur auf Abscheren beansprucht werden.
Konstruktive Forderungen:
Klebeflächen von Teilen, deren Faserrichtungen unter einem größeren Winkel als 15° übereinanderliegen, dürfen 36 cm^2 nicht überschreiten. Ausgenommen hiervon sind Verbindungen von Furnierplatten mit Kanthölzern, Brettern und Bohlen.
Bei gekrümmten, aus mehreren Teilen zusammengeklebten Bauteilen muß der Biegehalbmesser mindestens das 200fache des dicksten Einzelteiles betragen.
Die Brettdicken von Lamellenträgern dürfen 40 mm nicht überschreiten.

4.2. Dübelverbindungen

4.2.1. Dübelarten

Dübel, deren Tragkraft rechnerisch ermittelt werden kann,
z.B. Rechteckdübel aus Metall und Hartholz, T-förmige Dübel aus Metall,
Stabdübel aus Hartholz, Schichtpreßholz, Metall und sonstigen Werkstoffen;

Dübel, deren zulässige Tragkraft infolge ihrer Bauart durch Reihenversuche ermittelt wurde, nach TGL 117 - 0728 "Spezialdübel für Tragwerke aus Holz"

4.2.2. Konstruktive Forderungen

Die Mindestholzdicke muß betragen:

für das Mittelholz zweischnittiger Anschlüsse $b_2 \geqq 2\ t + 25\ mm \geqq 40\ mm$

für die Seitenhölzer ein- und zweischnittiger Anschlüsse $b_1 \geqq 3\ t \geqq 40\ mm$

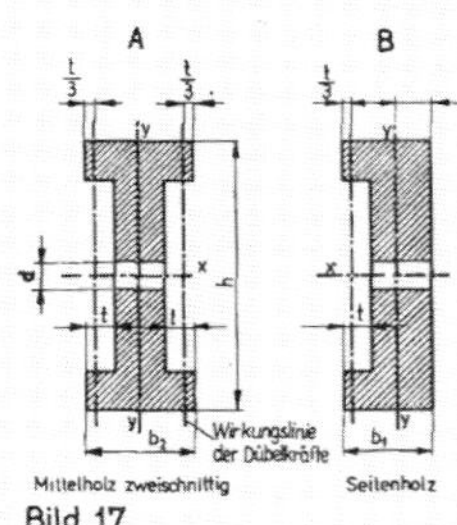

Bild 17

Eindringtiefen t kleiner als 15 mm sind bei Holzdübeln unzulässig.

Rechteckdübel hochkant zur Scherfuge gestellt sind unzulässig.

Alle Dübelverbindungen müssen durch Schrauben nach TGL 0 - 601 mit Sechskantmuttern nach TGL 0 - 555 und Scheiben nach TGL 0-436 zusammengehalten werden.

Zu jedem Dübel ist eine Schraube Mindestdurchmesser M 10 anzuordnen.

Bei Stabdübelverbindungen sind Anzahl und Durchmesser der Schrauben entsprechend den jeweiligen Erfordernissen zu bestimmen.

Bei Dübeln mit einer Tragkraft größer als 2800 kp und einer Neigung der Kraftrichtung zur Faser von 0° bis 30° sind an den Enden der Außenhölzer oder -laschen zusätzliche Schrauben vorzusehen.

Für Spezialdübel gilt TGL 117 - 0728

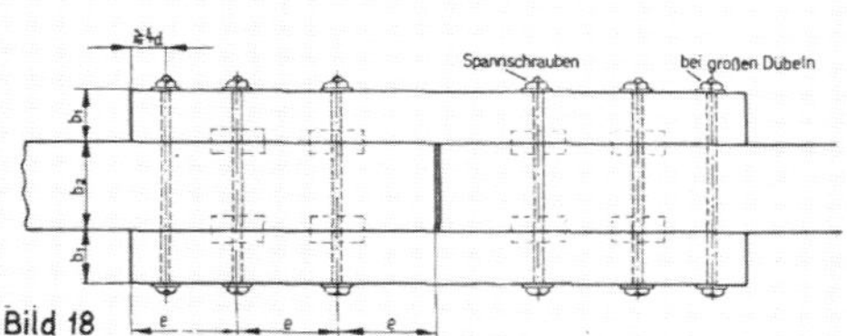

Bild 18

4.2.3. Berechnung

Für Dübel, deren Tragkraft rechnerisch ermittelt wird, gilt zulässiger, gleichmäßig verteilt angenommener Leibungsdruck parallel zur Faser bei einem Verhältnis

$\frac{l}{t} \geqq 5$: $\sigma_{l\ zul.} = 85\ kp/cm^2$ siehe Bild 19 Form A und B

$\frac{l}{t} < 5$: $\sigma_{l\ zul.} = 40\ kp/cm^2$ siehe Bild 19 Form C

Bei an Stahllaschen angeschweißten Stahldübeln dürfen die zulässigen Leibungsdrücke parallel zur Faser auf das 1,3fache erhöht werden, wenn Holz der Güteklasse I verwendet wird.

In den in Abschnitt 2.4. angeführten Fällen ist bei allen Dübeln die zulässige Tragkraft auf 65% oder 85% abzumindern.

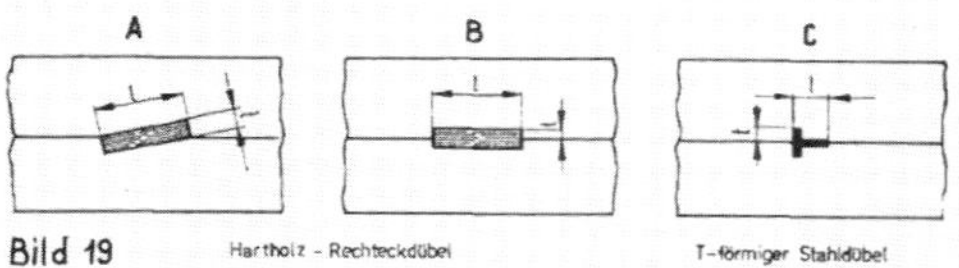

Bild 19 Hartholz - Rechteckdübel T-förmiger Stahldübel

TGL 112 - 0730 Seite 15

Bei runden Stabdübeln aus Hartholz, Metall und sonstigen Werkstoffen, die nicht auf Biegung nachgewiesen werden, ist die Eindringtiefe in den Seitenhölzern auf das Maß ihres Durchmessers zu beschränken, siehe Bild 20 Form A.

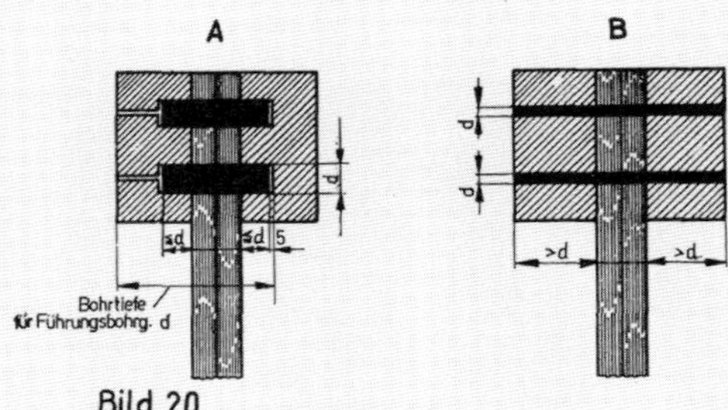

Bild 20

4.2.4. Mindestabstände

Der Mindest-Dübelabstand in der Kraftrichtung ist für alle Dübel aus der zulässigen Scherspannung parallel zur Faser der zu verbindenden Teile zu ermitteln. Bei Stabdübeln gelten nur die seitlichen Scherebenen als Scherfläche.

Mindestabstände der Stabdübel senkrecht zur Kraftrichtung:

1,5 d vom unbelasteten Rande

2 d vom belasteten Rande und nebeneinander.

Für Spezialdübel gilt TGL 117 - 0728.

4.3. Nagelverbindungen

Für Nagelverbindungen sind Senkkopfnägel A TGL 0 - 1151 zu verwenden.

In Tragwerken, welche dauernd hoher Luftfeuchtigkeit oder aggressiven chemischen Einwirkungen ausgesetzt sind, müssen die Nägel einen Korrosionsschutz erhalten.

Mindestanzahl der Nägel für statisch wirksame Verbindungen

einschnittig:	4 Nägel
mehrschnittig:	2 Nägel

4.3.1. Zulässige Tragkraft der Nägel

Für die zulässige Tragkraft der Nägel auf Biegung und Lochleibungsdruck, unabhängig von der Neigung der Kraftrichtung zur Faserrichtung, gilt Tabelle 7, wenn die Eindringtiefe t nach Bild 21 gleich oder größer als $b_{min.}$ ist und wenn zu den Nägeln die in Tabelle 7 zugeordneten Holzdicken verwendet werden.

Ist die Eindringtiefe t kleiner als $b_{min.}$, so muß die zulässige Tragkraft mit $\frac{t}{b_{min.}}$ abgemindert werden.

Bei Anordnung von mehr als 10 Nägeln hintereinander ist die zulässige Tragkraft um 10%, von mehr als 20 Nägeln um 20% herabzusetzen.

Bei Nageldurchmessern größer als 4,6 mm ist mit 0,85 d vorzubohren.

Nagelverbindungen in Hartholz sind so vorzubohren, daß die Nägel straff sitzen, jedoch kein Spalten einleiten. Unter diesen Voraussetzungen ist eine Erhöhung der Tragkraft der Nägel um 20% zulässig.

Für Anschlüsse von Brettern und Bohlen an Rundhölzer ist die zulässige Tragkraft um 1/3 herabzusetzen.

Die Nägel müssen auf der Berührungslinie oder -fläche der Hölzer angeordnet sein. Außerhalb derselben gelten Nagelverbindungen nicht als statisch wirksam. Nagelverbindungen zweier Rundhölzer sind als tragende Verbindungen unzulässig.

Zulässige Tragkraft einschnittig beanspruchter Nägel in jeder Neigung zur Faserrichtung
Tabelle 7

Holzdicke $b_{min.}$ mm	Holzdicke $b_{min.}$ Zoll	Nagel-abmessungen mm	zulässige Tragkraft je Scherfuge kp	Holzdicke $b_{min.}$ mm	Holzdicke $b_{min.}$ Zoll	Nagel-abmessungen mm	zulässige Tragkraft je Scherfuge kp
20	3/4	2,8 x 65	30	40	—	3,8 x 100	52,5
		2,8 x 70	30			4,2 x 110	62,5
		3,1 x 70	37,5			4,2 x 120	62,5
		3,1 x 80	37,5			4,6 x 130	72,5
		3,4 x 90	45			4,6 x 140	72,5
						5,5 x 160	95
22	7/8	2,8 x 65	30	45	—	4,2 x 110	62,5
		2,8 x 70	30			4,2 x 120	62,5
		3,1 x 70	37,5			4,6 x 130	72,5
		3,1 x 80	37,5			4,6 x 140	72,5
		3,4 x 90	45			5,5 x 160	95
24	—	3,1 x 70	37,5	50	2	4,6 x 130	72,5
		3,1 x 80	37,5			4,6 x 140	72,5
		3,4 x 90	45			5,5 x 160	95
		3,8 x 100	52,5			6 x 180	110
26	1	3,1 x 80	37,5	55	—		
		3,4 x 90	45			4,6 x 140	72,5
		3,8 x 100	52,5			5,5 x 160	95
		4,2 x 110	62,5			6 x 180	110
		4,2 x 120	62,5				
28	9/8	3,1 x 80	37,5	60			
		3,4 x 90	45		5/2	5,5 x 160	95
		3,8 x 100	52,5			6 x 180	110
		4,2 x 110	62,5			7 x 210	145
		4,2 x 120	62,5			8 x 230	175
30	5/4	3,4 x 90	45	70	—		
		3,8 x 100	52,5			6 x 180	110
		4,2 x 110	62,5			7 x 210	145
		4,2 x 120	62,5			8 x 230	175
		4,6 x 130	72,5			8 x 260	175
35	3/2	3,8 x 100	52,5	80			
		4,2 x 110	62,5		3	7 x 210	145
		4,2 x 120	62,5			8 x 230	175
		4,6 x 130	72,5			8 x 260	175
		4,6 x 140	72,5				

Die zulässige Tragkraft mehrschnittig beanspruchter Nägel ergibt sich aus der Multiplikation der Tabellenwerte mit der Anzahl der Scherfugen.

4.3.2. Mindestabstände der Nägel

Abstände innerhalb der Reihe:

10 d untereinander in Faserrichtung aller Stäbe einer Verbindung

15 d in Kraftrichtung vom belasteten Stabende

7 d in Kraftrichtung vom unbelasteten Stabende

Abstände der Reihen:

7 d quer zur Faserrichtung vom belasteten Rande

5 d quer zur Faserrichtung vom unbelasteten Rande

3,5 d Reihenabstand quer zur Faserrichtung

5 d Reihenabstand bei Stabanschlüssen im Winkel von 180°

3,5 d Reihenabstand bei Stabanschlüssen im Winkel von 180° in versetzter Anordnung

Gegenüberliegende einschnittige Nagelverbindungen:

Bei Überschneidung der Nägel im Mittelholz

von höchstens $\frac{b_2}{3}$ sind gleiche Nagelbilder auf beiden Seiten zulässig, siehe Bild 21 Beispiel F;

mehr als $\frac{b_2}{3}$ müssen die Nagelbilder versetzt sein, siehe Bild 21, Beispiel G

Mehrschnittige Nagelverbindungen:

Die Nägel sind etwa je zur Hälfte von beiden Seiten einzuschlagen.

Nägel mit durchstehenden Spitzen sind aus Gründen des Unfallschutzes, umgeschlagene Spitzen wegen der Zerstörung der Holzfasern zu vermeiden.

4.3.3. Nagelverbindungen bei Knotenblechen und Laschen aus Stahl

Nagelverbindungen, bei denen dünne Stahlbleche als Knotenbleche oder Zuglaschen dienen, siehe Bild 22, dürfen wie Nagelverbindungen in Holz berechnet werden.

Eine Erhöhung der Tragkraft ist zulässig, wenn sie durch Versuche beim Deutschen Amt für Material- und Warenprüfung nachgewiesen wird.

Mindestabstand der Nägel von den Rändern der Bleche = 5 d, sonstige Mindestabstände nach Abschnitt 4.3.2.

Bei Blechen, die sich nicht durchnageln lassen, sind die Nagellöcher in beiden Werkstoffen gleichzeitig mit dem vollen Nageldurchmesser vorzubohren.

Blechdicken unter 1,0 mm sind unzulässig.

Die Bleche müssen einen wirksamen Korrosionsschutz erhalten. In Tragwerken, die ständig hoher Luftfeuchtigkeit oder chemischen Einwirkungen ausgesetzt sind, dürfen Knotenbleche und Laschen aus Stahl unter 4 mm Dicke nicht angewendet werden.

4.3.4. Zulässige Tragkraft der Nägel auf Haften

Für Nägel, die zur Befestigung von Sparren, Pfetten, Deckentraghölzern ohne Verkehrslast und Schalungen dienen und die in ihrer Längsachse auf Zug beansprucht werden, gilt als zulässige Tragkraft

(19) $$P_{zul.} = 10 \cdot d \cdot t \quad [kp]$$

Eindringtiefe t nach Bild 23 und Nageldurchmesser d sind in cm einzusetzen.

Stichnägel dürfen mit der gleichen zulässigen Tragkraft belastet werden, wenn sie mindestens mit 1/3 ihrer Länge das festzunagelnde Holz fassen und mit einer Neigung von 40° bis 50° eingeschlagen sind.

In Hirnholz eingeschlagene Nägel dürfen nicht auf Zug beansprucht werden.

4.3.5. Zulässiger Krümmungsradius gebogener Tragglieder

Gebogene Stäbe oder Tragglieder, die aus übereinandergenagelten Brettern hergestellt werden, müssen einen Biegehalbmesser von mindestens 400 b aufweisen, wobei b die größte im Querschnitt verwendete Brettdicke ist.

Die kleinste zulässige Brettdicke beträgt 20 mm.

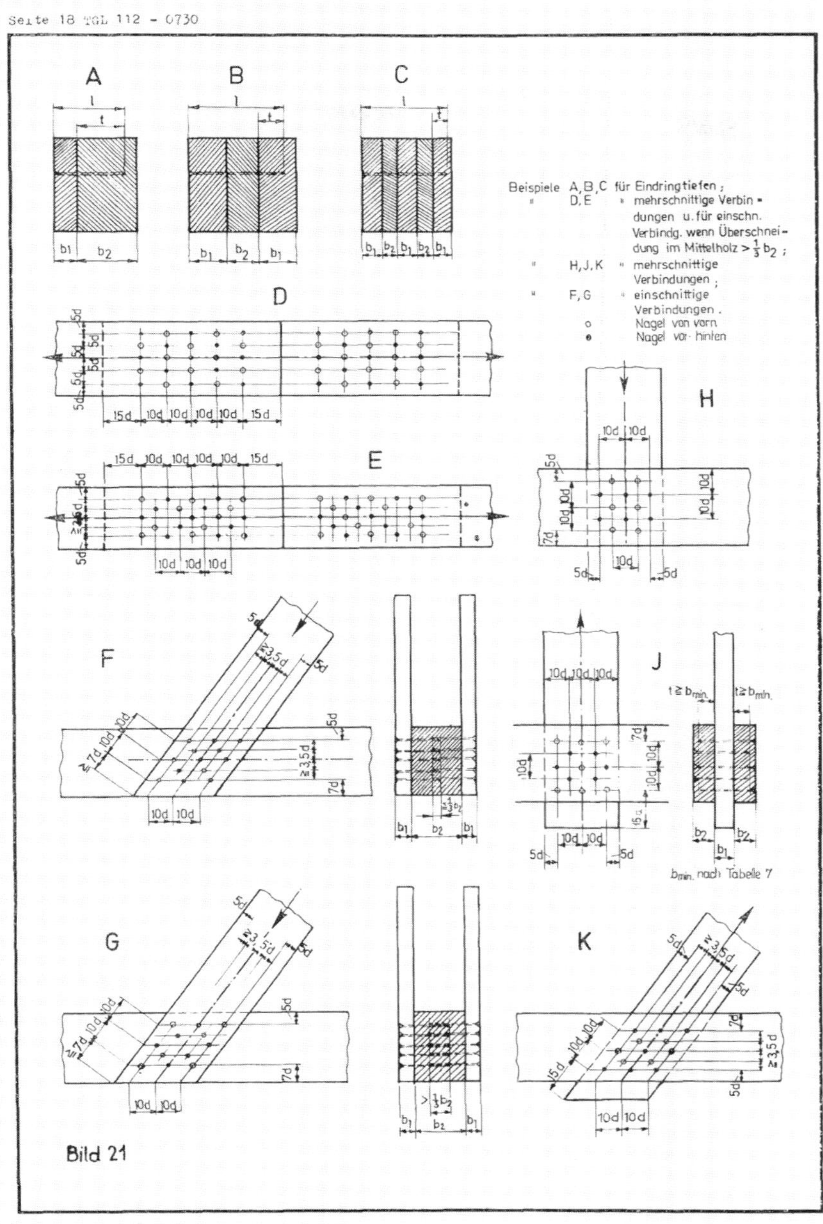
A
B
C
l
t
b_1
b_2
Beispiele A, B, C für Eindringtiefen ;
" D, E " mehrschnittige Verbindungen u. für einschn. Verbindg. wenn Überschneidung im Mittelholz > $\frac{1}{3}$ b_2 ;
" H, J, K " mehrschnittige Verbindungen ;
" F, G " einschnittige Verbindungen .
o Nagel von vorn
● Nagel von hinten
D
E
F
G
H
J
K
5d
7d
10d
15d
≧3,5d
≧7d
t ≧ $b_{min.}$
$b_{min.}$ nach Tabelle 7

Bild 21

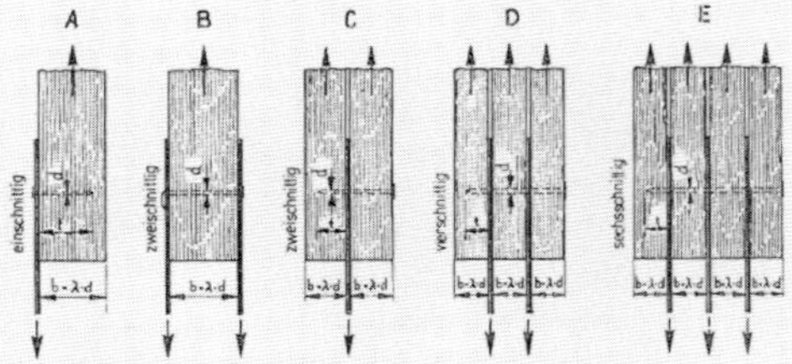

TGL 112 - 0730 Seite 19

Bild 22

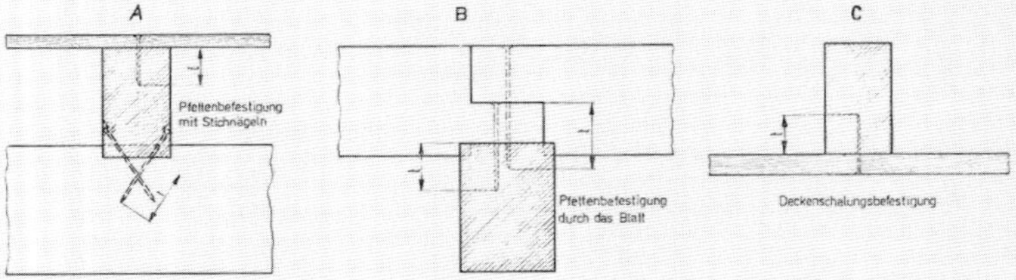

Bild 23

4.4. Stahlstiftverbindungen

Runde Stahlstifte sind für Verbindungen zulässig, wenn sie aus gleichwertigem Werkstoff wie Nägel nach TGL 0 - 1151 bestehen und das Holz mit 0,85 d vorgebohrt wird. Die Eindringtiefe muß in jedem Holz gleich oder größer als 8 d sein.
Der Schlankheitsgrad λ darf betragen:

$$\lambda = \frac{b_{min}}{d} \geqq 3 + 8\,d \geqq 6$$

d = Stiftdurchmesser in cm
b_{min} = geringste Holzdicke einer Verbindung in cm

4.4.1. Zulässige Tragkraft

Die zulässige Tragkraft eines Stahlstiftes ist wie folgt zu bestimmen:

(20) $$P_{1\ zul.} = \frac{500 \cdot d^2}{1 + d} \quad [kp] \text{ für einschnittige Verbindungen}$$

(21) $$P_{n\ zul.} = n\ \frac{500 \cdot d^2}{1 + d} \quad [kp] \text{ für mehrschnittige Verbindungen}$$

d = Stiftdurchmesser in cm

Bei geringerer Eindringtiefe t als 8 d ist die zulässige Tragkraft in dem Holz, in welchem sie unterschritten wird, mit $\frac{t}{8\,d}$ abzumindern.

Als Mindestabstände der Stahlstifte sind die Mindestabstände der Schraubenverbindungen nach Abschnitt 4.5.4. einzusetzen.

Es sind Bindeschrauben in ausreichender Anzahl anzuordnen.

4.5. Schraubenverbindungen

4.5.1. Schraubenverbindungen sind Verbindungen mit vorwiegend auf Biegung beanspruchten Sechskantschrauben nach TGL 0 - 601 mit Sechskantmuttern nach TGL 0 - 555 und Scheiben nach TGL 0 - 440 oder anderen gleichwertigen Stahlunterlagen.

Sie dürfen nur in Behelfsbauten, umsetzbaren Bauten, fliegenden Bauten, Feldscheunen, Schal- und Lehrgerüsten und Absteifungen als tragende Verbindungen verwendet werden.

4.5.2. Mindestabmessungen

Mindestschraubendurchmesser d

für Hölzer $\leqq$ 80 mm Dicke: M 10

für Hölzer $>$ 80 mm Dicke: M 12

Geringste Holzdicke 40 mm

4.5.3. Zulässige Tragkraft

Die zulässige Tragkraft der Schrauben ist für den Kraftangriff parallel zur Faser nach den Formeln der Tabelle 8 zu ermitteln. Der kleinste Wert ist maßgebend.

Bei Verwendung von Stahllaschen darf die zulässige Tragkraft in den Hölzern um 25% erhöht werden.

Für Kraftangriffe senkrecht zur Faser ist die mit den Formeln 22, 23, 26, 27, 30, 31, 34 und 35 der Tabelle 8 errechnete zulässige Tragkraft auf 75% abzumindern.

Für Kraftangriffe schräg zur Faser sind Zwischenwerte geradlinig einzuschalten.

In den in Abschnitt 2.4. angeführten Fällen sind die Ergebnisse der Formeln 22, 23, 26, 27, 30, 31, 34 und 35 der Tabelle 8 auf 65% oder auf 85% herabzusetzen.

Tabelle 8

Ausführung nach Bild 24 Form A bis D	Holzart Nadelholz einschließlich Lärche	 Eiche und Buche
A einschnittig	(22) $P \leqq 40 \cdot b_1 \cdot d$ (24) $P \leqq 170 \cdot d^2$	(23) $P \leqq 50 \cdot b_1 \cdot d$ (25) $P \leqq 200 \cdot d^2$
B zweischnittig	im Mittelholz b_2: (26) $P \leqq 85 \cdot b_2 \cdot d$ (28) $P \leqq 380 \cdot d^2$	im Mittelholz b_2: (27) $P \leqq 100 \cdot b_2 \cdot d$ (29) $P \leqq 450 \cdot d^2$
C vierschnittig	in jedem Seitenholz b_1: (30) $P \leqq 55 \cdot b_1 \cdot d$ (32) $P \leqq 260 \cdot d^2$	in jedem Seitenholz b_1: (31) $P \leqq 65 \cdot b_1 \cdot d$ (33) $P \leqq 300 \cdot d^2$

TGL 112 - 0730 Seite 21

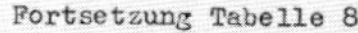

Fortsetzung Tabelle 8

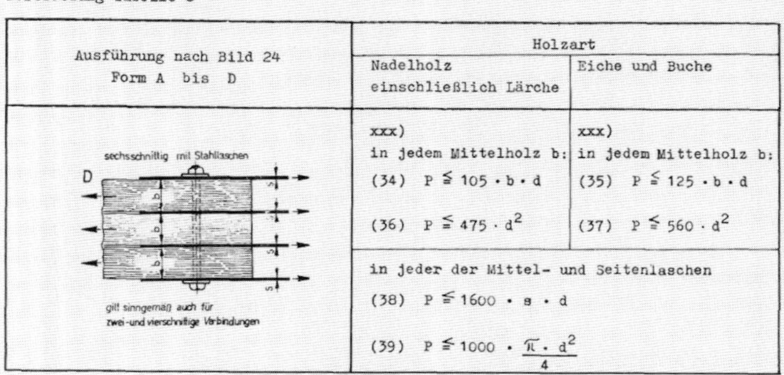

Ausführung nach Bild 24 Form A bis D	Holzart: Nadelholz einschließlich Lärche	Holzart: Eiche und Buche
D sechsschnittig mit Stahllaschen; gilt sinngemäß auch für zwei- und vierschnittige Verbindungen	xxx) in jedem Mittelholz b: (34) $P \leqq 105 \cdot b \cdot d$ (36) $P \leqq 475 \cdot d^2$	xxx) in jedem Mittelholz b: (35) $P \leqq 125 \cdot b \cdot d$ (37) $P \leqq 560 \cdot d^2$
	in jeder der Mittel- und Seitenlaschen (38) $P \leqq 1600 \cdot s \cdot d$ (39) $P \leqq 1000 \cdot \frac{\pi \cdot d^2}{4}$	

xxx) Die Angaben gelten sinngemäß auch für zwei- und vierschnittige Verbindungen mit Stahllaschen. Formeln 34 und 35 enthalten bereits die bei Stahllaschen zulässige 25%ige Erhöhung der Tragkraft.

4.5.4. Mindestabstände der Schrauben

Quer zur Kraftrichtung:

2,5 d ≧ 30 mm vom unbelasteten Rande

4 d vom belasteten Rand und nebeneinander

In der Kraftrichtung:

4 d vom unbelasteten Ende

7 d ≧ 100 mm vom belasteten Ende

7 d hintereinander

A

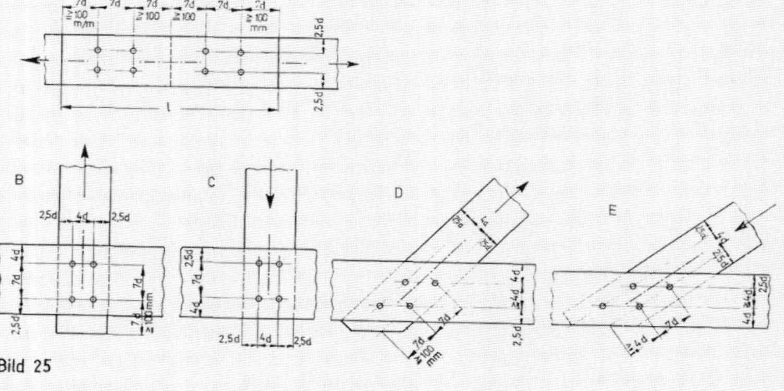

Bild 25

4.6. Klammerverbindungen

Klammerverbindungen dürfen nur bei Gerüsten und Absteifungen zur Kraftübertragung verwendet werden.

Für Kraftübertragungen dürfen die in Tabelle 9 angegebenen Werte für ganze und halbe Einschlagtiefe bei Einhaltung der Klammerabmessungen angenommen werden.

Werkstoff: Schmiedbarer Stahl

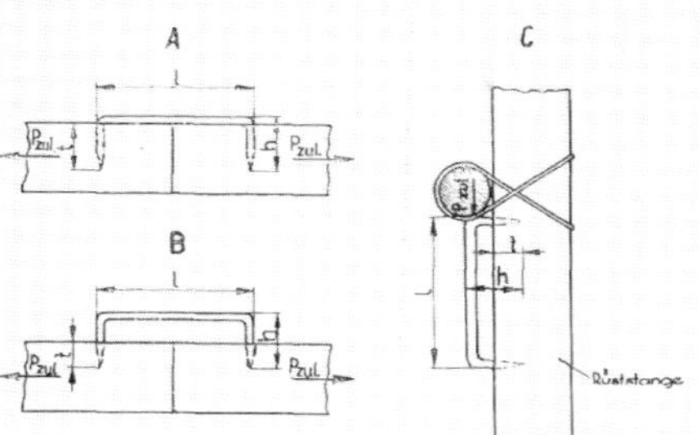

Bild 26

Zulässige Tragkraft von Klammern
Tabelle 9

Querschnitt	l ± 5%	h ± 5%	t	$P_{zul.}$ kp	Beanspruchung
Ø 16 oder 16x16	300	105	90	450	Auf Zug beansprucht nach Bild 26 Form A und B
			45	200	
Ø 20 oder 20x20	400	130	110	450	
			55	350	
Ø 16 oder 16x16	300	105	35	300	Beanspruchung nach Bild 26 Form C. Spitzen verschieden tief eingeschlagen
			45	500	
			55	750	

4.7. Versätze

4.7.1. Für Druckstab-Anschlüsse mit direkter Kraftübertragung durch Versätze, bei denen ein Kraftangriff schräg zur Faser vorliegt, gelten die zulässigen Spannungen nach Abschnitt 2.3.

4.7.2. Die anzuschließende Kraft ist der Versatzstirn zuzuweisen. Der Versatzrücken darf für eine Beanspruchung auf Reibung nicht in Rechnung gestellt werden.
Dagegen ist das Heranziehen der Reibung in der Versatzstirn für die Aufnahme von Teilkräften zulässig.
Reicht bei steiler Strebenneigung oder einem zusätzlichen Kraftangriff senkrecht zur Strebenneigung die Reibung in der Versatzstirn zur Kraftaufnahme nicht aus, so darf der Versatzrücken mit 1/3 seiner Länge für eine Druckbeanspruchung eingesetzt werden.
Mit Versatz angeschlossene Stäbe sind in ihrer Lage zu sichern.
Dazu benützte Verbindungsmittel dürfen nur dann gleichzeitig zur Kraftübertragung herangezogen werden, wenn ihre Anordnung und Berechnung nach Abschnitt 4. unter besonderer Beachtung des Abschnittes 4.8. erfolgt.

4.7.3. Werden zur Ermittlung der erforderlichen Einschnittiefe t_v die Näherungsformeln

(40) $t_v = \frac{S}{70\,b}$ [cm] für Versätze mit winkelhalbierender Stirn

(41) $t_v = \frac{S}{55\,b}$ [cm] für Versätze mit rechtwinkliger Stirn

und bei Versätzen im Rundholz

(42) $t_v = \frac{S}{40\,d}$ [cm]

TGL 112 - 0730 Seite 23

benutzt, so ist der Spannungsnachweis zu führen. Bei Rundholz ist die Stirnfläche als Ellipsenabschnitt anzunehmen.

In den Formeln 40 bis 42 sind S in kp und b in cm einzusetzen.
Die zulässige Einschnittiefe beträgt für Schnitt- und Rundhölzer:

für $\alpha \leqq 50^\circ$: $t_v \geqq 15 \text{ mm} \leqq \frac{1}{4} h$

für $\alpha > 50^\circ$: $t_v \geqq 15 \text{ mm} \leqq \frac{1}{5} h$

für $\alpha > 55^\circ$: $t_v \geqq 15 \text{ mm} \leqq \frac{1}{6} h$

A Stirnversatz

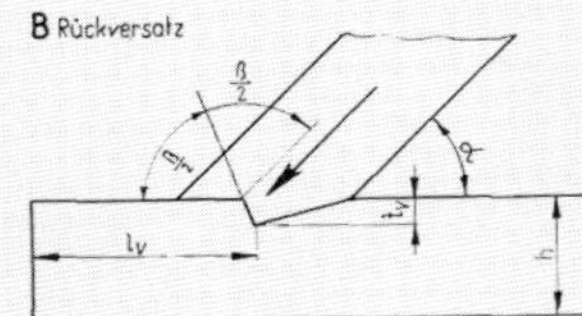

C Fersenversatz

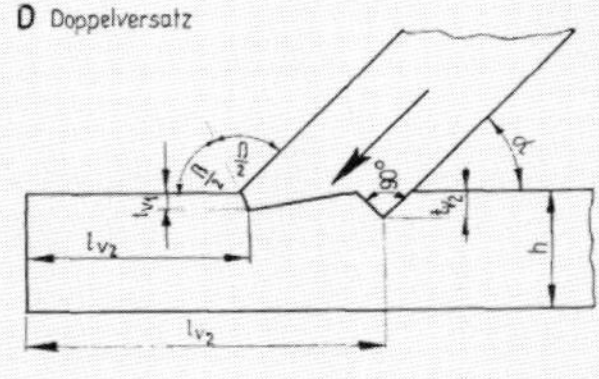

Bild 27

4.7.4. Die Scherspannung im Vorholz ist nachzuweisen. Dabei darf als größte Vorholzlänge $8\,t_v$ eingesetzt werden. Mit Rücksicht auf eine Trockenrißbildung muß jedoch

$$l_v \geqq 120 \text{ mm}$$

sein.

4.8. Zusammenwirken verschiedener Verbindungsmittel

Als annähernd zusammenwirkende Verbindungsmittel dürfen eingesetzt werden:

- Dübel verschiedener Art
- Dübel und Nägel oder Stahlstifte
- Versätze und Dübel
- Versätze und Nägel oder Stahlstifte

Verschiebungswege unter Gebrauchslast:

für Dübel	0,6 mm
für Nägel und Stahlstifte	0,5 mm
für Versätze	1,0 mm

Erhält in einem Anschluß mit zwei verschiedenen Verbindungsmitteln das weichere Verbindungsmittel einen Lastanteil kleiner als 30% der anzuschließenden Kraft, so ist es für den 1,5fachen Lastanteil zu bemessen.

Bei Kontakt-Druckstößen, bei denen der Druckstab zur Vergrößerung der Aufstandsfläche Beihölzer erhält, sind die Verbindungsmittel stets für den 1,5fachen Lastanteil zu bemessen.

5. KONSTRUKTIVE DURCHBILDUNG

5.1. Druckstöße

Stöße von Druckstäben sind an abgestützte Stellen des Stabes, zumindest so nahe wie möglich, an diese zu legen.

Die Stöße sind entweder als Kontaktstöße mit einwandfreiem Paßsitz oder als kontaktlose Stöße mit voller Kraftübertragung durch Laschen und Verbindungsmittel in symmetrischer Anordnung auszubilden.

Bei Kontaktstößen sind die gestoßenen Stabenden in ihrer Lage zu sichern.

Stöße von Druckstäben, deren Abstand vom Stabende oder Haltepunkt größer als 1/4 s_k ist, müssen eine volle Stoßdeckung, das heißt eine das vorhandene Trägheitsmoment deckende Verlaschung erhalten.

Bei der Berechnung der Verbindungsmittel ist die Querkraft Q_i nach Abschnitt 3.1.3.2. zu ermitteln und in Rechnung zu stellen.

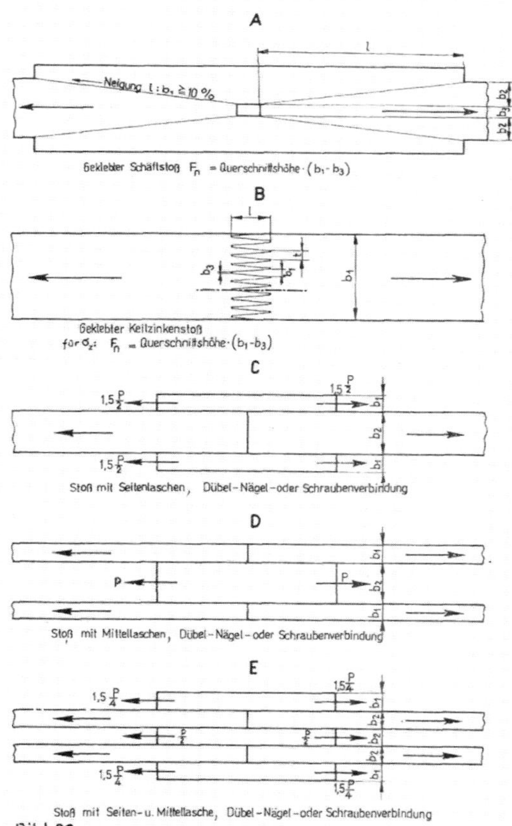

Bild 28

5.2. Zugstöße

Zugstöße sind dort anzuordnen, wo keine maximalen Beanspruchungen und keine Schwächungen des Querschnittes vorliegen. Die stoßdeckenden Teile sind symmetrisch anzuordnen, siehe Bild 28. Die Querschnitte hölzerner Außenlaschen müssen für die 1,5fache anteilige Zugkraft bemessen werden.

Für die drei gebräuchlichsten Zugstoßanordnungen gelten die in Bild 28 angegebenen Lastanteile für die Querschnittsbemessung.

5.3. Biegestöße

Biegestöße sind möglichst außerhalb des maximalen Biegemomentes, bei Durchlaufträgern oder -Traggliedern in den Momenten-Null-Punkten anzuordnen.

Die Stoßdeckungen müssen mindestens das erforderliche Widerstandsmoment, wenn die Durchbiegung ausschlaggebend ist, das erforderliche Trägheitsmoment der betreffenden Stelle aufweisen.

Die Übertragung der Querkräfte ist zu gewährleisten.

5.4. Wechselstäbe

Anschlüsse und Stöße von Wechselstäben sind für die c-fache größte Zug- und Druckkraft zu bemessen, wenn die Kräfte nicht allein aus Wind- und Schneebelastung herrühren.

(43) $$c = v \cdot 0{,}3 + 1{,}0$$

Darin ist $v = \dfrac{\text{kleinste Stabkraft}}{\text{größte Stabkraft}}$

In Zähler und Nenner sind Absolutbeträge ohne Berücksichtigung der Vorzeichen einzusetzen. Stäbe, die eine Stabkraft nahe Null aufweisen, sind für eine Zugkraft von mindestens 0,1 S_{max} anzuschließen, wenn sie Druck erhalten.

Erhalten solche Stäbe Zug, so muß der Schlankheitsgrad $\lambda \leqq 150$ sein.

5.5. Anschlüsse

Versetzen der Verbindungsmittel

Die Verbindungsmittel sind je nach Art und Möglichkeit aus der Reihe zu versetzen, oder ihre Einschnittiefe ist zu variieren. Dabei ist die symmetrische Anordnung zu wahren.

Versetzmaße müssen in den Ausführungszeichnungen angegeben werden.

Das Versetzen der Nägel von der Nagellinie ist ohne zeichnerische Angaben vom Ausführenden vorzunehmen.

Dübel- und Schraubenverbindungen müssen im Bauwerk zugänglich bleiben.

5.6. Aussteifungen

Knick- und Windaussteifungen sowie ihre Anschlüsse sind nach Abschnitt 3.1.5. und 4. zu berechnen und zu bemessen.

5.7. Überhöhungen von Biegeträgern

Vollwand- und Fachwerkträger sind entsprechend der zu erwartenden Durchbiegung zu überhöhen. Wenn keine genaue Berechnung erfolgt, darf die Überhöhung mit $\frac{1}{200}\,l$ angenommen werden.

Hinweise:

Am 1.9.1962 lag beim Amt für Standardisierung noch kein vergleichbarer GOST oder Fachbereichstandard der UdSSR vor.

Stahlbau; Stahltragwerke
Berechnung und bauliche Durchbildung — siehe TGL 13500

DK 624.21.011.1 **Fachbereich-Standard** HA September 1963

Verkehrswesen	**Holzbrücken** Berechnungsgrundlagen	**TGL 173-42** Blatt 1 Gruppe 716

Деревянные мосты Основы вычисления	Wooden Bridges Principles of Compulation

Verbindlichkeit aufgehoben ab 1.4.87 ohne Ersatz - ersetzt durch 42 704, Ausg. 7.86 ... 1073

Für Straßenbrücken verbindlich ab 1. 3. 1964
für Eisenbahnbrücken zur Anwendung empfohlen

Inhaltsverzeichnis

1. Begriffe

1.1. Hölzerne Dauerbrücke = Holztragkonstruktion für Straßenbrücken mit einer Nutzungsdauer größer als 3 Jahre.

1.2. Hölzerne Behelfsbrücke = Holztragkonstruktion mit einer Nutzungsdauer kleiner als 3 Jahre und Geschwindigkeitsbeschränkung

für Straßenbrücken $V\ max = 30$ km/h
für Eisenbahnbrücken $V\ max = 10$ km/h

2. Verteilung der Radlasten

Die Verteilungsbreite für den Fahrbahnbelag sowie der Längs- und Querträger ist nach Tabelle 1 und den Bildern 1 a, b bis 6 a, b zu berechnen, dabei ist bei den Verschleißbohlen und bei den Tragbohlen ohne Belag eine Abnutzung von 20 mm berücksichtigt. Die in Zeile 5 und 7 der Tabelle 1 angegebene Lage der Trag- und Verschleißbohlen darf bei Neubauten nicht angewendet werden. Bei Straßenbrücken sind die Radaufstandslänge mit 200 mm und die Radbreite b nach TGL 0–1072, „Verkehrsbau, Lastannahmen, Straßenbrücken", Tabelle 1 anzunehmen.

Für Eisenbahnbrücken gelten die Vorschriften der Deutschen Reichsbahn.

Zuständiger Fachbereich: 173, Verkehrsbau

Bestätigt: 31. 10. 1963, Ministerium für Verkehrswesen

Fortsetzung Seite 2 bis 6

Seite 2 TGL 173–42 Blatt 1

Tabelle 1 Verteilung der Radlasten Maße in cm

Fahrtrichtung ↔			Lastverteilung der Radlasten					
			Tragbohlen				Längs- oder Querträger	
			Längsrichtung		Querrichtung		Längsrichtung	Querrichtung
Nr.	Lage der Tragbohlen	Lage der Verschleiß-bohlen	nach Bild	b_l (B)	nach Bild	b_q (B)	b_l (T)	b_q (T)
1	↕	Keine Verschleiß-bohlen	1 a	20	1 b	b+h—2	20	b+2(h—2)
2	↔		—	18+h	—	b	16+2h	b
3	↕	Asphalt-belag	2 a	20+2s+h	2 b	b+2s+h	20+2(s+h)	b+2(s+h)
4	↔		—		—			
5	↕	↕	3 a	20	3 b	b+2s+h—4	20	b+2(s+h)—4
6	↕	↔	4 a	16+2s+h	4 b	b+h	16+2(s+h)	b+2h
7	↔	↔	5 a		5 b	b		b
8	↔	↕	6 a	20+h	6 b	b+2s+h—4	20+2h	b+2(s+h)—4
9	↕ / ↔	30 bis 70g	—	16+2s+h	—		16	

3. Schwingbeiwerte

Die von der Verkehrslast hervorgerufenen Schnittkräfte der einzelnen Bauteile sind mit einem Schwingbeiwert der Tabelle 2 zu multiplizieren. Die Bodenpressungen der Widerlager, der Pfeiler und die Erddruckbelastungen der Widerlager sind ohne Schwingbeiwerte zu ermitteln.

Tabelle 2 Schwingbeiwerte

Bauglied und Belastungsart	Straßenbrücken		Eisenbahn-brücken
	Dauer-brücke	Behelfs-brücke	
Fahrbahntafeln, Fahrbahnträger und unmittelbar belastete Hauptträger	1,4	1,2	1,5
Mittelbar, durch Querträger belastete Hauptträger, Lager und Stützen	1,2	1,1	1,2

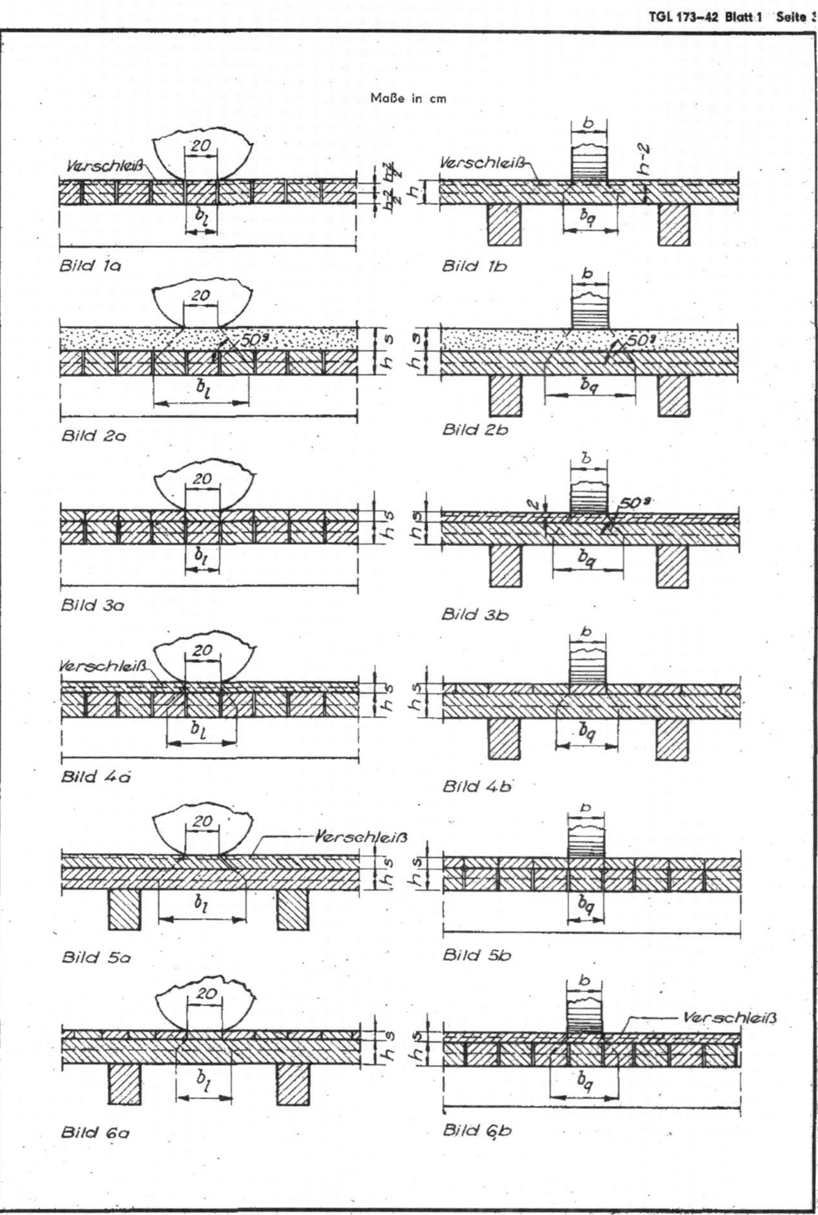

Bild 1a Bild 1b

Bild 2a Bild 2b

Bild 3a Bild 3b

Bild 4a Bild 4b

Bild 5a Bild 5b

Bild 6a Bild 6b

3.1. Bei Straßenbrücken sind nach TGL 0–1072 nur die Schnittkräfte aus den Verkehrslasten der Hauptspur, bei Brücken mit Schienenbahnen außerdem die eines Gleises, mit einem Schwingbeiwert zu multiplizieren.

Werden bei Straßen-Behelfsbrücken Stahlprofile als Längsträger verwendet, so dürfen die maßgebenden Schwingbeiwerte der TGL 13 460, Blatt 1 „Stahlbau, stählerne Straßenbrücken, Berechnungsgrundlagen" nach Formel 1 abgemindert werden.

$$\varphi_{red} = 0{,}5 \cdot (\varphi + 1) \qquad \text{Formel 1}$$

3.2. Bei Eisenbahnbrücken sind die Schnittkräfte aus Verkehrslasten auf sämtlichen Gleisen mit dem Schwingbeiwert zu multiplizieren.

4. Schnittkräfteermittlung

Die Stabkräfte, Auflagerkräfte, Momente und Querkräfte sind getrennt für ständige Last, für Verkehrslast gegebenenfalls unter Berücksichtigung von Seitenstößen und Fliehkräften, für Windlast und bei überdachten Brücken für Schneelast nachzuweisen. Der Einfluß von Temperaturschwankungen braucht nicht berücksichtigt werden.

4.1. Bei doppeltem Belag ist der Verschleißbelag als nichttragend anzunehmen. Der untere Belag ist nur mit 90 % in die Berechnung einzusetzen. Durchlaufende Bohlen sind als Träger auf 2 Stützen frei aufliegend zu berechnen. Als Stützweite der Tragbohlen ist der lichte Abstand ihrer Unterstützungen zuzüglich 100 mm anzunehmen, höchstens jedoch der Achsabstand der Unterstützungen in Richtung der Tragbohlen.

4.2. Längs-, Quer- und Hauptträger sind als Träger auf zwei Stützen zu berechnen mit der Stützweite der Auflagermitten oder der Auflagerunterstützungen.

Bei Brücken mit einer Stützweite gleich oder größer 10 000 mm mit mehr als 2 Hauptträgern ist für Dauerkonstruktionen die lastverteilende Wirkung der Querträger zu berücksichtigen, für Behelfskonstruktionen darf sie berücksichtigt werden.

Bei Sattelhölzern und Kopfbändern ist die volle Stützweite in die Berechnung einzusetzen.

5. Festigkeitsberechnung

muß enthalten:

a) die im Entwurf vorgesehenen Baustoffe und Güteklassen,

b) die Eigenlasten,

c) die der Berechnung zugrundegelegten Verkehrslasten,

d) die Schwingbeiwerte,

e) die Querschnittsformen und Querschnittswerte,

f) die zulässigen und rechnerischen Spannungen der einzelnen Bauglieder, Verbindungen, Anschlüsse und Stöße,

g) die rechnerische Durchbiegung unter der ständigen Last, den Verkehrslasten und die erforderliche Überhöhung,

h) den Stabilitätsnachweis und den Nachweis der Sicherheit gegen Abheben und Abkippen.

6. Bemessungsregeln

6.1. Bei verdübelten Balken ist das Widerstandsmoment nach TGL 112–0730 zu berechnen.

6.2. Nagelverbindungen bei tragenden Bauteilen sind nur mit Zustimmung der Staatlichen Bauaufsicht des Straßenwesens zulässig. Einzelheiten der Berechnung nach TGL 112–0730.

6.3. Auflagerbänke sind nach TGL 173–4, massive Pfeiler und Widerlager nach TGL 0–1075 „Verkehrsbau, massive Brücken, Berechnung und Ausführung" zu bemessen.

6.4. Pfahljoche sind so zu bemessen, daß die Pfähle nur die lotrechten Lasten des Bauwerkes auf den Baugrund übertragen. Sie müssen ausreichend tief im tragfähigen Erdstoff stehen, z. B. bei festgelagertem Kies und Sand etwa 3,0 m.

Die Berechnung der Tragfähigkeit von Pfählen darf nach den Formeln 2 und 3 vorgenommen werden.

$$P_{zul} = \frac{F \cdot q_s + U \cdot L \cdot q_r}{2} \text{ [kp]} \qquad \text{Formel 2}$$

Wenn bei Behelfsbrücken die größten Pfahllasten aus den ungünstigsten Lastfällen ermittelt und alle Lasteinflüsse, z. B. die negative Mantelreibung, größenmäßig erfaßt wurden, darf eine 1,5fache Sicherheit nach Formel 3 angenommen werden.

$$P_{zul} = 2 \cdot \frac{F \cdot q_s + U \cdot L \cdot q_r}{3} \text{ [kp]} \qquad \text{Formel 3}$$

F = Querschnitt des Pfahlfußes in cm^2
U = Umfang des Pfahles in cm
L = tragende Pfahlmantellänge in cm
q_s = Spitzenwiderstand in kp/cm^2
q_r = Mantelreibung in kp/cm^2

6.5. Die Anzahl der Sohlschwellen der Schwelljoche ist nach ihrer Grundfläche, der Belastung des Schwelljoches und der zulässigen Bodenpressung zu bestimmen.

7. Zulässige Spannungen

7.1. Zulässige Spannungen für Bauholz und Abminderungsfaktoren nach TGL 112–0730.

Das Holz der tragenden Bauteile muß der Güteklasse I oder II entsprechen und darf bei Behelfsbrücken höchstens 30 % Feuchtigkeit besitzen; bei Dauerbrücken Rundholz 25 % und Schnittholz 20 %.

Bei Straßen-Behelfsbrücken, deren Zustand überwacht wird, darf bei Traggliedern, die der Feuchtigkeit ausgesetzt sind, der Abminderungsfaktor entfallen. Für Bauteile von Behelfsbrücken, die dauernd im Wasser stehen, sind die zulässigen Spannungen auf 80 % abzumindern.

Abweichend von der TGL 112–0730 wird empfohlen, die Längsschubspannungen infolge Biegung bei Nadelholz, GKl I mit 20 kp/cm^2 und GKl II mit 17 kp/cm^2 bei Eiche und Buche, GKl I mit 26 kp/cm^2 und GKl II mit 22 kp/cm^2 zu begrenzen.

7.2. Bei Stahlteilen sind für Straßenbrücken die zulässigen Spannungen nach TGL 13460, Blatt 1 und für Eisenbahnbrücken nach den Vorschriften der Deutschen Reichsbahn einzuhalten. Für alle übrigen Stahlteile dürfen die Zug- und Biegespannungen höchstens

1200 kp/cm² und die Zugspannungen im Gewindekernquerschnitt höchstens 1000 kp/cm² betragen.

7.3. Die zulässigen Spannungen für Mauerwerk sind nach TGL 0–1053, die für Beton und Stahlbeton nach TGL 0–1075 und für Auflagerbänke aus Beton und Stahlbeton nach TGL 173–4 einzuhalten.

8. Durchbiegung und Überhöhung

8.1. Bei der Berechnung der Durchbiegung ist die Verkehrslast ohne Schwingbeiwert anzunehmen und der ungeschwächte Querschnitt der Tragteile in die Berechnung einzusetzen. Die Berücksichtigung der Zugkräfte (Einflüsse aus Temperaturschwankungen, Windlast, Schneelast, Bremskraft, Fliehkräfte, Reibungswiderstände) darf entfallen.

Bei vollwandigen Trägern auf zwei Stützen mit gleichbleibendem Querschnitt ist die Durchbiegung in Trägermitte nach der Formel 4, bei veränderlichem, dem Momentenverlauf angepaßten Querschnitt nach der Formel 5, zu ermitteln.

$$\max f = \frac{5 \cdot M_{max} \cdot l^2}{48 \cdot E \cdot J} \text{ [cm]} \qquad \text{Formel 4}$$

$$\max f = \frac{5{,}5 \cdot M_{max} \cdot l^2}{48 \cdot E \cdot J_{max}} \text{ [cm]} \qquad \text{Formel 5}$$

M = Moment in kp/cm
E = Elastizitätsmodul in kp/cm²
J = Trägheitsmoment in cm⁴
l = Stützweite in cm

Die Trägheitsmomente sind bei Verdübelten und genagelten Balken und bei Fachwerkträgern nach TGL 112–0730 zu berechnen.

Tabelle 3 Zulässige Durchbiegung

Tragteile	Straßen- und Fußgängerbrücken		Eisenbahnbrücken
	Dauerkonstruktionen	Behelfskonstruktionen	
Fachwerkträger, Hänge- und Sprengwerke	$\frac{l}{500}$	$\frac{l}{200}$	$\frac{l}{700}$
einfache Träger (genagelt, verdübelt)	$\frac{l}{300}$	$\frac{l}{200}$	$\frac{l}{500}$
Tragbohlen, einfach oder mit Verschleißbohlen	$\frac{l}{200}$	$\frac{l}{120}$	entfällt
Tragbohlen mit einer Asphaltdeckschicht	$\frac{l}{250}$		entfällt

8.2. Die Hauptträger von Brücken mit Stützweiten über 10 000 mm sind so zu überhöhen, daß sie unter der ständigen Last und der halben Verkehrslast ohne Schwingbeiwert die der Festigkeitsberechnung zugrundegelegte Form annehmen. Hierbei ist die Nachgiebigkeit der Verbindungen und das Schwinden des Holzes quer zur Faser zu berücksichtigen.

Die Überhöhung darf parabelförmig ausgerundet werden.

Hinweise:

1. Dieser Standard ist entstanden unter Berücksichtigung von

GOST 2482-44	*(UdSSR) Holzkonstruktionen von Autostraßen und Durchlässen, Projektierungsnormen (März 1944).*
	Abweichungen von GOST 2482-44:
	Die Nutzungsdauer für Behelfskonstruktionen ist nicht nach GOST mit 4 Jahren, sondern nur mit 3 Jahren festgelegt.
	Die höheren Spannungen nach GOST sind nicht berücksichtigt.
	Zugrundegelegt sind die Spannungen nach TGL 112-0730.
	Die zusätzlichen Biegungswerte für Fachwerkträger und Sprengwerke der Baukonstruktionen wurden nicht in voller Höhe übernommen, da kleinere Werte zulässig sind. Die Werte sind etwa gemittelt.
SN 200-62	*GOST bei Dübel- und Nagelverbindungen wurden nicht berücksichtig, da hierfür die Festlegungen nach TGL 112-0730 verbindlich sind und entgegenstehen.*
ÖNORM B 4102	*(Österreich) Straßenbrücken-Holzbau Berechnung und Ausführung der Tragwerke (Juni 1958).*
ÖNORM B 4100 2. Teil	*Holztragwerke – Holzbau Berechnung und Ausführung der Tragwerke (März 1958).*

Seite 6 TGL 173-42 Blatt 1

STAS 1483-50 (Rumänien) Holzbrücken, Vorschriften für die Ausführung (April 1951).
STAS 1349-50 (Rumänien) Holzbrücken, Vorschriften für die Projektierung (April 1951).
BDS 1052-52 (Bulgarien) Holzbrücken für Straßen — Ausführungsbestimmungen (1952).
BDS 1051-52 (Bulgarien) Holzbrücken für Straßen — Projektierungsbestimmungen (1952).
TGL 112-0730 Tragwerke aus Holz — Projektierung, Ausg. 2.63.
DIN 1074 Holzbrücken, Berechnung und Ausführung, Ausg. 8.41.

2. Weitere nationale Standards und Standardentwürfe

Verkehrsbau, Lastannahmen, Straßenbrücken siehe TGL 0-1072
Stahlbau, stählerne Straßenbrücken, Berechnungsgrundlagen siehe TGL 13 460 Blatt 1
Verkehrsbau, massive Brücken, Berechnung und Ausführung siehe TGL 0-1075
Auflagerbänke für Platten- und Balkenbrücken siehe TGL 173-4
Gummilager, Gummischichtenlager siehe TGL 18 204 (in Vorbereitung)
Mauerwerk, Berechnung und Ausführung siehe TGL 0-1053

3. Weitere Quellenangaben

Vorläufige Bestimmungen für Holztragwerke (BH), siehe DV 815 der DR, Ausg. 12.26.
Berechnungsgrundlagen für stählerne Eisenbahnbrücken (BE), siehe DV 804 I und II, Ausg. 1962, Zentrale Drucksachenleitstelle der DR Dresden.
Richtlinien — für die bauliche Durchbildung und den Einbau von Gleisaufhängungen, Eisenbahnbehelfs- und Hilfsbrücken, bis 30 m Stützweite für Normalspur sowie deren Stützkonstruktionen — des Ministeriums für Verkehrswesen, Hv-Bahnanlagen (in Vorbereitung).
„Sparsame Brückenfahrbahnen aus Holz" siehe Gaber „Die Bautechnik" 1943, S. 180—188.
„Neue Berechnungsgrundlagen für hölzerne Brücken" siehe Wedler „Die Bautechnik" 1941, S. 503—508.

4. Erläuterungen zum Abschnitt 6.4.

Tabelle Kennwerte zur Berechnung der Tragfähigkeit von Rammpfählen aus Holz, zur Anwendung empfohlen

Erdstoff	Rammtiefe mm	q_r kp/cm²	q_s kp/cm²
Torf, Moor	entfällt	0,07 bis 0,10	entfällt
weicher Ton weicher Lehm weicher Klei		0,15 bis 0,25	
steifer Ton		0,30 bis 0,45	
sandiger Klei		bis 0,50	
halbfester Mergel		0,50 bis 0,55	
Feinsand, Mittelsand Grobsand bis Kies	3000 bis 4000	0,40 bis 0,60	45 bis 65
	über 4000	0,60 bis [1,10]	70 bis [100]

Zahlen in Klammer bedeuten: In Einzelfällen gemessen

Bei Anwendung der Tabellenwerte ist folgendes zu beachten:
Bei der näherungsweisen Berechnung der Tragfähigkeit von Pfählen nach den Tabellenwerten muß eine zweifache Sicherung nach Formel 2 vorgesehen werden.
Die Mantelreibungswerte sind als Mittelwerte über die Pfahllängen bei natürlich geschichteten Erdstoffen ermittelt. Bei nichtbindigen Erdstoffen sind bei lockerer Lagerung die kleineren, bei fester Lagerung die größeren Werte der Tabelle zu wählen.
Bei bindigen Erdstoffen sind je nach Zustandsform (natürlicher Wassergehalt) die kleineren oder größeren Werte zu wählen. Liegen die tragfähigen Schichten sehr tief, so dürfen ebenfalls die größeren Werte zugrunde gelegt werden.
Bei Pfählen, die mit Spülhilfe eingebracht werden, dürfen die Tabellenwerte unverändert übernommen werden, sofern bei Behelfsbrücken der letzte Meter und bei Dauerbrücken die letzten zwei Meter ohne Spülhilfe gerammt werden.
Eine ausreichende Tragfähigkeit, die nach den Formeln 2 und 3 näherungsweise ermittelt werden darf, ist dann erreicht, wenn der Pfahl bei einer langsam schlagenden Ramme unter Schlagarbeit von 1,5 Mpm im Mittel der letzten 3 Hitzen von je 10 Schlägen nicht mehr als 40 mm je Hitze zieht.
Für eine schnellschlagende Ramme (mehr als 60 Schläge in der Minute) darf der Richtwert von 60 mm zugrunde gelegt werden. Bei großer Streuung der Erdstoffkennwerte und ungleichmäßigem Baugrund wird empfohlen, Probepfähle zu rammen.

Folgende Ergänzungen oder Berichtigungen sind in TGL 173-42 Blatt 1 "Holzbrücken, Berechnungsgrundlagen" vorzunehmen:

im Abschnitt 4.1. muß der dritte Satz wie folgt lauten: Durchlaufende Bohlen sind als Träger auf 2 Stützen frei aufliegend zu berechnen.

im Abschnitt 7.2. letzter Satz ist 100 Kp/cm^2 in 1000 Kp/cm^2 zu berichtigen.

Die Hinweise sind wie folgt zu ergänzen:

5. Erläuterungen zum Abschnitt 4.1.

Der untere Belag ist nur mit 90 % in die Berechnung einzusetzen, weil diese Tragbohlen mit einem entsprechenden lichten Abstand verlegt werden sollen.

DK 624.07:620.162/.163 **Fachbereichstandard** November 1978*

Holzbau
Bauteile aus Brettschichten, geklebt
Qualitätssicherung bei der Herstellung

TGL 33 136/02
Gruppe 154 62

Деревянное строительство; строительные элементы из дощатых слоёв, клееные; Обеспечение качества при изготовлении

Wood construction; Building units of board layers, Glued; Securing Quality at Production

Deskriptoren: Bauteile; Lagenholz; Klebeverbindungen; **Innerbetriebliche Kontrolle**

Umfang 5 Seiten

+ berichtigte Nachauflage 6. 86 in der Fassung der 1. Änderung

Verantwortlich/bestätigt: 20. 11. 1978 VVB Bauelemente und Faserstoffe, Leipzig

Verbindlich ab 1. 8. 1979

Maße in mm

1. ALLGEMEINE FORDERUNGEN
nach TGL 29 513 und DAMW-VW 1017/01 bis /03
Für alle Arbeitsbereiche sind Arbeitsplatzanweisungen in Form von Werkstandards zu erarbeiten.
Es müssen Laborräume und Einrichtungen vorhanden sein, die den geltenden Vorschriften entsprechen. Die Laborräume müssen eine Raumtemperatur von 19 °C ± 3 K haben und mit Prüfmitteln nach TGL 33 136/01 ausgestattet sein.
Die genannten Prüfungen sind Mindestforderungen. Eine Erhöhung der Prüfdichte und/oder die Durchführung zusätzlicher Prüfungen ist je nach Qualitätssituation vorzunehmen.
Bauteile aus Brettschichten, geklebt, dürfen nur von Betrieben hergestellt werden, die dafür vom ASMW zugelassen sind.

Die Fertigungszeichnungen müssen mit dem Vermerk: „Für die Fertigung/Ausführung freigegeben" gemäß § 4 (2) der Anordnung vom 7. 8. 1972 über die Durchsetzung der Qualitätssicherung in den Kombinaten und Betrieben der Bauwirtschaft (GBl. II, Seite 567) versehen sein.

2. EINGANGSPRÜFUNG DER WERKSTOFFE
Aus allen eingehenden Lieferungen ist vor der Verarbeitung die Probenahme und Prüfung zu sichern, auch wenn bei Eingang der Lieferung das Labor nicht besetzt ist.

Tabelle 1

	1	2	3	4	5	6
	Benennung der Werkstoffe und der zu kontrollierenden Parameter	Forderung	Prüfverfahren	Prüfmittel	Prüfdichte	Verantwortlicher für die Prüfung
1	Schnittholz Abmessungen	nach TGL 18 981/02	nach TGL 18 981/05		je Lieferung 0,5 %	Leiter Schnittholz
	Holzfehler	nach TGL 18 981/06				
2	Klebstoff Viskosität	nach Angaben des Klebstoffherstellers	nach Höppler	Viskosimeter, Zeitmeßgerät	je Lieferung und Charge 3 Proben	Leiter Materiallager
	pH-Wert		pH-Test	pH-Testpapier MV 84		
3	Holzschutzmittel Sorte	nach den geltenden Vorschriften	Kontrolle der Kennzeichnung	–	jede Lieferung	

TKO-Kontrolle: monatlich

3. PRÜFUNG WÄHREND DER HERSTELLUNG

3.1.

Tabelle 2

	1	2	3	4	5	6	7	8
	Benennung der zu kontrollierenden Parameter	Forderung	Prüfverfahren	Prüfmittel	Prüfdichte	Probeentnahmestelle	Verantwortlicher für die Prüfung	TKO-Kontrolle
1	Technische Holztrocknung Anfangsfeuchtesatz u_a	–	nach den geltenden Vorschriften	Trockenschrank oder elektrisches Feuchtesatz Meßgerät	je Trockenkammerwagen 2 Proben	Mitte der 10. und 20. Schicht	Trockenkammerwart	monatlich
	Endfeuchtesatz u_e	12 % ± 3 %	nach TGL 21 504		4 Proben	nach TGL 21 504		
2	Brettschichten Dicke	nach Fertigungszeichnung max. 40 mm	Messen	Meßschieber	täglich 3 Proben	nach den geltenden Vorschriften	Schichtleiter	
	Breite	nach TGL 33 136/01						
	Versatzmaß	Abschnitt 3.3.						
	Güteklasse	nach TGL 33 136/01	visuell, Messen	Meßschieber, Gliedermaßstab				
	Klebfläche	geebnet, Schritt e ≦ 3 mm	Messen	Stahllineal, Stahlwinkel				
3	Klebstoff Viskosität	nach Angaben des Klebstoffherstellers	nach Höppler	Viskosimeter, Zeitmeßgerät	je Behälter 2 Proben	Behälter		
	offene und geschlossene Wartezeit			Zeitmeßgerät				
	Festigkeit		nach Abschnitt 3.2.		12 Proben			
	Eignung		nach TGL 7 448		vierteljährlich 10 Proben	Auftragsmaschine	Prüf-Ingenieur	vierteljährlich
	Auftrag	nach den geltenden Vorschriften			jede Schicht	–	Schichtleiter	monatlich
4	Keilzinkenverbindung Beanspruchungsgruppe	I, nach TGL 34 198	Messen	Meßschieber	je Werkzeugwechsel und Schicht 5 Proben	nach der Keilzinkenanlage	Schichtleiter	
	Zugfestigkeit	nach TGL 33 136/01			monatlich 10 Proben		Prüf-Ingenieur	
5	Brettschichtholz Aufbau	nach Abschnitt 3.3.	Messen	Gliedermaßstab	jedes Stück	vor der Presse	Schichtleiter	
	Klebung	nach TGL 33 136/01			je Schicht 1 Probe	an der Presse		
	Preßdruck	0,5 MPa ≦ p ≦ 0,8 MPa*[1)]	Messen	Druckmeßgerät	jedes Stück			
	Versatz der Keilzinkenverbindung	nach TGL 33 136/01				nach der Presse		
	Wartezeit bis zur Endbearbeitung	mindestens 24 h nach Schließen der Presse	Messen	Zeitmeßgerät				
6	Holzschutz	nach TGL 22 856, frühestens 24 h nach Schließen der Presse	nach den geltenden Vorschriften		je Schicht 5 % mindestens 3 Proben	nach der Tränkanlage		

*[1)] Für die Umrechnung der bisher gebräuchlichen Einheiten gilt folgende Beziehung:

$1\ kp/cm^2 \approx 0{,}1\ MPa \approx 0{,}1\ N/mm^2$
$1\ kp/s \approx 10\ N/s$
$1\ kp \approx 10\ N$

3.2. Bestimmung der Festigkeit des Klebstoffes
Vor dem Klebstoffansatz für die Produktion ist durch Zugscherprüfung die Festigkeit des Klebstoffes zu prüfen. Dazu sind 6 Stück astfreie Brettschichten, die mindestens 97 mm breit und mindestens 200 mm lang sind, aus der Produktion zu entnehmen. Die Probestücke nach Bild 1 sind bei Normalklima zu lagern. 24 Stunden nach dem Klebprozeß sind aus jedem Probestück 4 Prüfkörper mit dünner Klebfuge nach TGL 7448, jedoch 200 mm lang, herzustellen und fortlaufend zu numerieren.

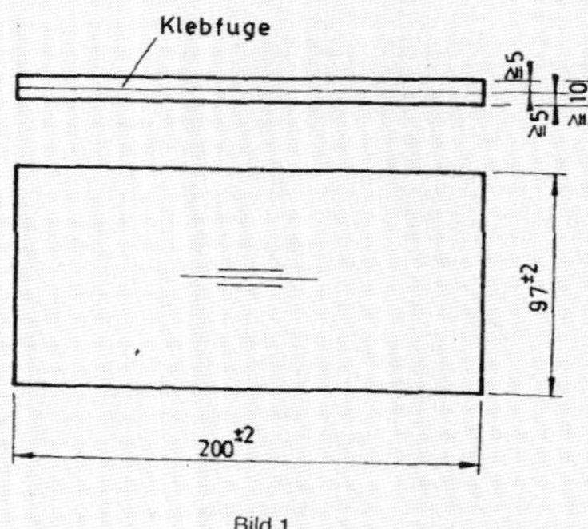

Bild 1

Die Prüfbreite und -länge sind mit Meßschieber nach TGL 9252 zu messen und auf 0,1 mm anzugeben. Spätestens 30 Stunden nach dem Klebprozeß sind die Prüfkörper so in die Einspannbacken einzulegen, daß die Längsachse der Prüfkörper und die der Einspannbacken in einer gedachten Verbindungsgeraden durch die Befestigungspunkte der Einspannbacken am Prüfgerät liegen, siehe Bild 2. Die Einspannbacken sind so anzuziehen, daß ein Rutschen oder Zerstören der Prüfkörper an den Einspannstellen ausgeschlossen ist
Der Abstand der Einspannbacken muß 120 mm betragen. Der Prüfkörper ist mit einer gleichmäßigen und stetigen Kraftzunahme von 6,6 N/s *1) bis zum Bruch zu belasten.

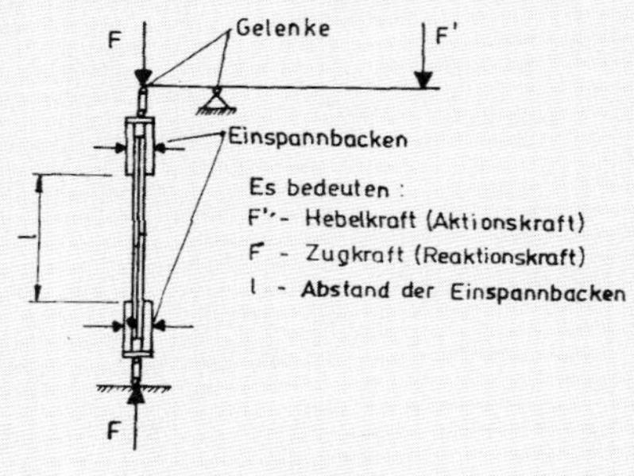

Bild 2

Die Scherfestigkeit ist nach der Formel

$$\tau_B = \frac{F}{A} \quad \text{in N/mm}^{2*1)}$$

zu ermitteln.
Hierin bedeuten:

τ_B = Scherspannung der Probe beim Bruch
F = Scherkraft beim Bruch in N*1)
A = Scherfläche der Probe in mm²

Das Ergebnis ist mit einer Genauigkeit von 0,1 N/mm²*1) anzugeben.
Im Prüfprotokoll sind unter Hinweis auf diesen Standard anzugeben:

Kenndaten des Klebvorganges
Prüfkörper-Nr.
Scherfläche A der Probe in mm²
Scherkraft F beim Bruch in N*1)
Scherfestigkeit τ_B in N/mm²*1)
arithmetischer Mittelwert $\bar{\tau}_B$
Feuchtesatz ú in %
Angabe des Anteiles Holzfaserbelag, Klebstoff- oder Holzbruch in %

3.3. Brettschichtholz
Die Brettschichten sind so übereinander zu legen, daß ihre breiten Seiten eine Klebfuge bilden. In der Fertigungszeichnung enthaltene Forderungen an die Güteklasse der Brettschichten müssen eingehalten werden.
Forderungen an Bauteile der Sorte 1; 2 und 3 nach Tabelle 2 und 3

*1) siehe Seite 2

Tabelle 3

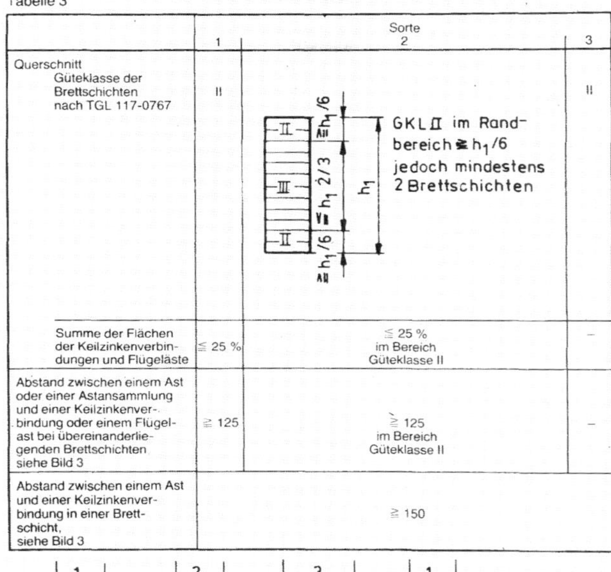

	Sorte 1	2	3
Querschnitt Güteklasse der Brettschichten nach TGL 117-0767	II	GKL II im Randbereich ≧ $h_1/6$ jedoch mindestens 2 Brettschichten	II
Summe der Flächen der Keilzinkenverbindungen und Flügeläste	≦ 25 %	≦ 25 % im Bereich Güteklasse II	–
Abstand zwischen einem Ast oder einer Astansammlung und einer Keilzinkenverbindung oder einem Flügelast bei übereinanderliegenden Brettschichten siehe Bild 3	≧ 125	≧ 125 im Bereich Güteklasse II	–
Abstand zwischen einem Ast und einer Keilzinkenverbindung in einer Brettschicht, siehe Bild 3	≧ 150		

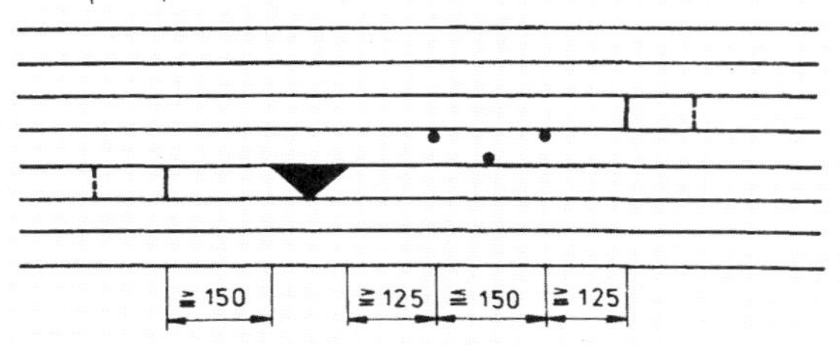

Es bedeuten:
1 | – Keilzinkenverbindung
2 | – Ast oder Flügelast
3 | – Ast oder Astansammlung

Bild 3

Wird eine Brettschicht aus zwei Brettern gebildet, so sind diese in der Fuge miteinander zu verkleben. Das Versatzmaß der Fuge zweier übereinander liegender Brettschichten muß ≧ 2a betragen, siehe Bild 4.

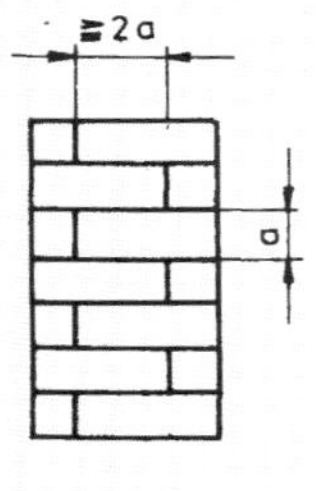

Bild 4

4. PRÜFUNG NACH DER HERSTELLUNG

Tabelle 4

	1	2	3	4	5	6	7	8
	Benennung der zu kontrollierenden Parameter	Forderung	Prüfverfahren	Prüfmittel	Prüfdichte	Probeentnahmestelle	Verantwortlicher für die Prüfung	TKO-Kontrolle
1	Erzeugnis Geometrische Genauigkeit	nach TGL 33 136/01			täglich je Erzeugnis 1 Probe	Lagerplatz	Schichtleiter	vierteljährlich
	Biegefestigkeit und Elastizitätsmodul				zweimonatlich 1 Probe		Prüf-Ingenieur	
	Äußere Beschaffenheit				je Schicht 5 %, mindestens 3 Stück		Schichtleiter	monatlich
	Technische Lieferangaben		visuell	–	je Lieferung 1 Probe			
	Kennzeichnung		nach den geltenden Vorschriften		je Schicht 5 %, mindestens 3 Stück			

5. ERFASSUNG DER PRÜFERGEBNISSE

5.1.

Alle Ergebnisse der Prüfungen beim Eingang der Werkstoffe, während und nach der Herstellung sind für jedes Erzeugnis getrennt nach Sortimenten und Sorten in Laborbüchern oder Formblättern dokumentenecht zu erfassen und aufzubewahren.

Werden Teilprüfungen nicht im Werk, sondern in einem vom ASMW zugelassenen Labor durchgeführt, so sind vom Herstellerbetrieb die einzelnen Prüfergebnisse in übersichtlicher, tabellarischer Form zusammenzustellen.

6. AUSWERTUNG

6.1. Eingangsprüfung

nach den geltenden Vorschriften

6.2. Prüfung während der Herstellung

Es ist festzustellen, ob die zu kontrollierenden Parameter qualitätsgerecht oder mangelhaft sind.

6.3. Prüfung nach der Herstellung

Die Prüfergebnisse sind nach erzeugnisgruppenspezifischen Formblättern auszuwerten.

6.4.

Die ausgewerteten Ergebnisse sind dem Betriebs- bzw. Werkdirektor zur Kenntnis und zur weiteren Veranlassung zu übergeben. Formblätter, Kontrollkarten, Qualitätsanalysen und andere Auswertungsunterlagen sind nach Abzeichnung durch den Betriebs- bzw. Werkdirektor und TKO-Leiter turnusmäßig und auf Verlangen in einem Exemplar dem Leiter der Staatlichen Qualitätsinspektion im VEB Kombinat Bauelemente und Faserbaustoffe oder dem übergeordneten Organ bei jeder staatlichen Prüfung und bei Betriebskontrollen zu übergeben oder vorzulegen.

Bei Nichteinhaltung der Forderungen sind die verantwortlichen Leiter sofort zu benachrichtigen.

Hinweise

Im vorliegenden Standard ist auf folgende Standards Bezug genommen:
TGL 7448; TGL 9252; TGL 18981/02; TGL 18981/05; TGL 18981/06; TGL 21504; TGL 22856; TGL 29513; TGL 33136/01; TGL 34198; TGL 117-0767

Mit dem vorliegenden Standard stehen im Zusammenhang:
Qualitätssicherung von Baustoffen und Bauelementen;
Übersicht, allgemeine Forderungen siehe DAMW-VW 1017/01
–; Aufgaben der Betriebe siehe DAMW-VW 1017/02
–; Forderungen an die TKO siehe DAMW-VW 1017/03

DK 624.07

Fachbereichstandard

Januar 1979

Deutsche Demokratische Republik	Holzbau BAUELEMENTE FÜR TRAGWERKE, GENAGELT Technische Lieferbedingungen, Prüfung	TGL 33137/01 Gruppe 15462

Деревянное строительство СТРОИТЕЛЬНЫЕ ЭЛЕМЕНТЫ ДЛЯ НЕСУЩИХ КОНСТРУКЦИЙ, НАГЕЛЬНЫЕ Технические условия поставки , испытания	Wood construction BUILDING ELEMENTS FOR SUPPORTING STRUCTURES, NAILED Technical Delivery Conditions, Tests

Deskriptoren: Holz; Tragwerk; Nagelverbindung; Pruefung

Verbindlich ab 1. 9. 1979

Maße in mm

1. SORTIMENT

1.1. Bauelemente für Dachtragwerke [1)]

Tabelle 1

Kennbuchstabe	Grundform	h höchstens mm	l höchstens mm	Dachneigung %
A		1500	12000	0
B		1800	15000	10
				25
C		4500		10
				25
D		6000	24000	10
				25
				78
E		3000	12000	10
				25
F		6000	15000	10
				25
				78
				119

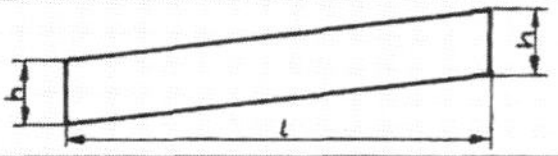

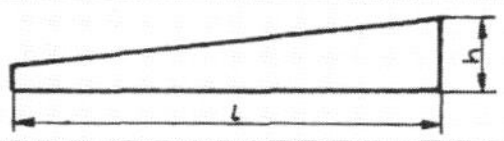

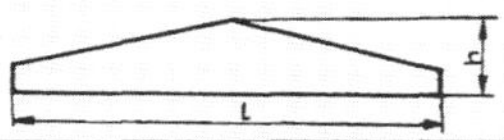

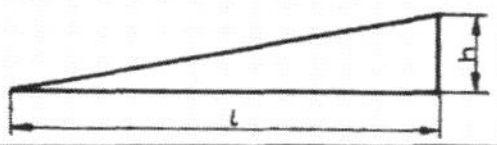

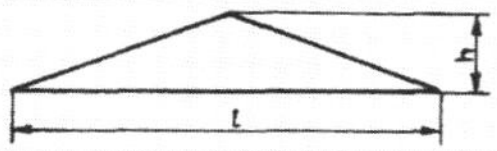

Für Bauelemente für Dachtragwerke, die bei Rekonstruktionsmaßnahmen und bei Fertigteilbauten verwendet werden sollen, gelten diese Festlegungen als Empfehlung.

1.2. Bauelemente für sonstige Tragwerke

Formen und Abmessungen nach Vereinbarung

---

1) Konstruktionsmaße innerhalb der angegebenen Bereiche nach Vereinbarung

Fortsetzung Seite 2 bis 4

Verantwortlich/bestätigt: 20. 1. 1979, VVB Bauelemente und Faserbaustoffe, Leipzig

Seite 2 TGL 33137/01

2. BEZEICHNUNG

Bezeichnung eines Bauelementes für Dachtragwerke, genagelt, der Form C von Höhe h = 900 mm, von Länge l = 7500 mm:

BAUELEMENT C 900 x 7500 TGL 33137

3. TECHNISCHE FORDERUNGEN

3.1. Werkstoffe

Nadelschnittholz nach TGL 18981/06

Verbindungsmittel nach den geltenden Vorschriften

Holzschutzmittel für das Erzeugnis geeignet, vom ASMW anerkannt [2)]

3.2. Erzeugnis

3.2.1. Geometrische Genauigkeit

GK 7 nach TGL 7255/01

3.2.2. Stoffliche Eigenschaften

nach TGL 117-0767

3.2.3. Verbindungsmittel

Abmessungen, Anordnung und Anzahl nach den Fertigungszeichnungen

3.2.4. Äußere Beschaffenheit

Tabelle 2

Überstand der Nagelspitzen		nicht zulässig
Eindringtiefe der Nagelköpfe	höchstens mm	2
Überstand der Nagelköpfe	höchstens mm	1
Abstand zwischen einander angrenzenden Teilen	höchstens mm	1
Länge der Holzrisse infolge Nagelung	höchstens	dreifacher Nageldurchmesser
Färbung durch Holzschutzmittel		zulässig

3.2.5. Holzschutz

nach den geltenden Vorschriften

4. PRÜFUNG

Qualitätssicherung bei der Herstellung nach TGL 33137/02

4.1. Werkstoffe

nach den geltenden Vorschriften

2) Zur Zeit der Bestätigung dieses Standards entsprach dieser Forderung z. B. Dohnalit Ull-Salz des VEB Chemiewerk Nünchritz, Betriebsteil Dohna

4.2. Erzeugnis

4.2.1. Probenahme

nach den Forderungen des ASMW, mindestens 3 Erzeugnisse je Prüfung.
Die Proben sind so zu entnehmen, daß sie dem Durchschnitt der zu beurteilenden Gesamtmenge entsprechen.

4.2.2. Prüfmittel

Gliedermaßstab C 1 - 6 TGL 6164-H
Meßband B 2 - mm - TGL 13621 Kapsel geschlossen
Meßband C 20 - cm - TGL 13621 Rahmen mit Kurbel
Stahlmaßstab D 500 TGL 3515
Meßschieber A 300 TGL 9252
Tiefenmeßschieber B 135 TGL 9252

4.2.3. Bestimmung der geometrischen Genauigkeit

Die Proben sind zu messen und die gemessenen Werte mit den Angaben in den Fertigungszeichnungen zu vergleichen.

4.2.4. Beurteilung der stofflichen Eigenschaften

Visuell mit normalsichtigen oder entsprechend korrigierten Augen bei Tageslicht oder gleichwertiger Lichtquelle aus 1000 mm Sichtabstand. In Grenzfällen ist zu messen.
Die festgestellten Fehler sind mit den für die entsprechende Güteklasse zulässigen Fehlern nach TGL 117-0767 zu vergleichen.

4.2.5. Bestimmung der Anordnung und Anzahl der Verbindungsmittel

Das Ergebnis ist mit den Angaben in den Fertigungszeichnungen zu vergleichen.

4.2.6. Beurteilung der äußeren Beschaffenheit

Visuell mit normalsichtigen oder entsprechend korrigierten Augen bei Tageslicht oder gleichwertiger Lichtquelle aus 1000 mm Sichtabstand. In Grenzfällen ist zu messen.
Die Beschaffenheitsmerkmale sind festzustellen und mit den Forderungen nach Tabelle 2 zu vergleichen.

4.2.7. Bestimmung des Holzschutzes

nach den geltenden Vorschriften

5. KENNZEICHNUNG

mit folgenden Angaben

am Erzeugnis wetterbeständig, nach dem Einbau sichtbar:

Hersteller
Herstellungsdatum
Standardnummer
Kennziffer nach den Fertigungsunterlagen, Kurzzeichen des Holzschutzmittels

an Lagerungs- und Versandeinheiten von Einzelstücken und Zubehörteilen wetterbeständig an deren Verpackung:

Kennziffer nach den Fertigungsunterlagen

6. VERPACKUNG

zu Versandeinheiten je nach Größe und Beschaffenheit von Einzelstücken und Zubehörteilen in entsprechenden Verpackungen oder mit Verpackungshilfsmitteln.

7. LAGERUNG

auf Unterbau mit einer Bodenfreiheit bei befestigtem Boden von mindestens 300 mm und bei unbefestigtem Boden von mindestens 400 mm, vorzugsweise in Einbaulage.

Das Verhältnis zwischen Höhe und Breite des Stapels darf höchstens 2 : 1 betragen. Die Stapel sind in Breite und Länge aus Bauelementen gleicher Größe zu errichten. Es sind die Standsicherheit sowie die Einhaltung der zulässigen Tragfähigkeit des verwendeten Unterbaues zu gewährleisten. Die Stapel sind gegen Feuchte und andere Witterungseinflüsse zu schützen. Sie dürfen nur von oben abgetragen werden.

8. TRANSPORT

Transport und Umschlag müssen so erfolgen, daß keine Verformung und Qualitätsminderung der Erzeugnisse eintreten können. Sie sind gegen Kippen und Verschieben zu sichern. Sind am Erzeugnis Anschlagstellen markiert, so darf nur an diesen Stellen angehoben werden. Als Lastaufnahmemittel sind gummierte Lade- und Hebebänder, mindestens 50 mm breit, oder Seile und Ketten bei Kantenschutz der Anschlagstellen zu verwenden.

9. MONTAGE
nach den Montagerichtlinien des Herstellers oder Montageprojekten

Hinweise

Gemeinsam mit TGL 33136/01
Ersatz für TGL 12877/03 Ausg. 12.70, TGL 22979/01 Ausg. 12.72, TGL 22979/02 Ausg. 7.69

Änderungen gegenüber
TGL 12877/03: Genauigkeitsklasse neu festgelegt
TGL 22979/01 und /02: Vollständig überarbeitet

Im vorliegenden Standard ist auf folgende Standards Bezug genommen:
TGL 3515; TGL 6164; TGL 7255/01; TGL 9252; TGL 13621; TGL 18981/06; TGL 33137/02; TGL 117-0767

Mit dem vorliegenden Standard stehen im Zusammenhang:

Holzschutz; Begriffe	siehe TGL 18979
Sollaufnahme an Holzschutzmitteln für die Tränkung von Holz im Kesseldruck-, Trogtränk- und Trogsaugverfahren	siehe TGL 22856
Tragwerke aus Holz; Projektierung	siehe TGL 112-0730

Katalog H 7430 PEB Dachbinder, Holz-Nagelbinder DN 25% BA = 0,80 - 1,50 m
Katalog H 7431 PEB Dachbinder, Holz-Nagelbinder 25 % DN BA = 3,0 + 4,5 m
zu beziehen von: Bauakademie der DDR
Bauinformation
102 Berlin
Wallstr. 27

Montagerichtlinien
zu beziehen von: dem jeweiligen Hersteller

Verzeichnis der vom ASMW anerkannten Holzschutzmittel, holzschützenden Anstrichstoffe und holzpflegenden Anstrichstoffe (Holzschutzmittelverzeichnis); erscheint jährlich in den Zeitschriften "Holzindustrie", "Bauzeitung", "Farbe und Raum".

DK 624.011.1:624.041

Fachbereichstandard +1. Änd.

Januar 1984

Deutsche Demokratische Republik	Holzbau + 2. Änd. **Tragwerke** Berechnung — Bauliche Durchbildung	**TGL** **33 135/01** Gruppe 15 462

Деревянные сооружения, **несущие конструкции;** расчет, отработанные детали конструкции

Timber construction; **Loadbearing Structures;** Calculation, Structural Design

Deskriptoren: **Holzbauweise; Tragwerk; Berechnung**

Umfang: 30 Seiten

Verantwortlich/bestätigt: 18. 1. 1984, VEB Kombinat Bauelemente und Faserbaustoffe, Leipzig

Für neu auszuarbeitende Projektlösungen und Angebotsprojekte
verbindlich ab 1. 1. 1985

Für bestehende Angebotsprojekte und wiederverwendungsfähige Projektlösungen
verbindlich ab deren planmäßiger Überarbeitung, spätestens jedoch ab 1. 10. 1987

Dieser Standard gilt für Tragwerke aus Holz und deren Teile, sofern nicht in speziellen Standards abweichende oder weitergehende Festlegungen enthalten sind.

Abweichungen von diesem Standard sind zulässig, wenn sie durch Theorie oder Versuche ausreichend begründet und von der Staatlichen Bauaufsicht genehmigt sind.

Maße in mm

Inhaltsverzeichnis — Seite

1. ALLGEMEINE FORDERUNGEN

1.1. Allgemeines

Die Berechnung muß die erforderlichen Nachweise für alle tragenden Teile, deren Anschlüsse und Stöße in prüfbarer Form sowie die eindeutigen Bezeichnungen und Werkstoffangaben für die Verbindungsmittel enthalten. Für die Berechnung sind die in den geltenden Vorschriften festgelegten Formelzeichen oder die speziellen Formelzeichen dieses Standards anzuwenden.

Bauteile und Anschlüsse einschließlich Verbindungselemente, für die Standards oder Zulassungen bestehen, müssen nicht nachgewiesen werden. Das Tragwerk und seine Teile, seine Lage und der vorgesehene Einsatzbereich sind in der Berechnung darzustellen. Die erforderlichen Maße sind anzugeben. Andere Bauteile, die zur Tragwirkung herangezogen werden, z. B. Decken, Dachplatten, Wandscheiben, müssen so weit dargestellt werden, wie es für die Berechnung notwendig ist. Bei der Verwendung nicht allgemein bekannter Formeln ist die Literaturquelle anzugeben, sofern diese allgemein zugänglich ist. Sonst sind diese Formeln prüffähig abzuleiten.

Jede Berechnung muß im Zusammenhang überschaubar sein und ist soweit wie notwendig zu erläutern. Sie muß ein selbständiges Ganzes darstellen. Die Übernahme von Werten aus einer vorhandenen Berechnung ist nur zulässig, wenn die neue Berechnung die vorhandene ergänzt.

In den Zahlenendergebnissen ist eine größere Genauigkeit als auf drei geltende Ziffern nicht erforderlich.

1.2. Ausarbeitung von Projekten

Bei der Ausarbeitung von Projekten sind zu berücksichtigen:

a) Mit der Projektierung von Konstruktionen dürfen nur Fachkräfte betraut werden, die über die erforderlichen Kenntnisse auf diesem Gebiet verfügen.
b) Die konstruktive Lösung ist unter Beachtung funktioneller, bautechnischer, bautechnologischer, gestalterischer und ökonomischer Gesichtspunkte und unter Einbeziehung des vorgesehenen Nutzungszeitraumes so zu wählen, daß ein Optimum an Material- und Arbeitszeitaufwand, an Bauzeit sowie an Bau-, Instandhaltungs- und Betriebskosten erreicht wird.
c) die Herstellungs-, Transport- und Montagebedingungen der Tragwerke und Tragwerksteile
d) Zugänglichkeit für Wartung und Instandhaltung zur Gewährleistung der Gebrauchsfähigkeit des Tragwerkes.
e) Für die Herstellung gilt grundsätzlich die Genauigkeitsklasse 7 nach TGL 12 860/02 und für Bauteile aus Brettschichten, geklebt, die Genauigkeitsklasse 6.

Seite 2 TGL 33 135/01

1.3. Umfang der Projektunterlagen
Zur Berechnung gehören Projektunterlagen, die folgendes enthalten müssen:

a) Lage und Anordnung der Tragwerke und ihrer Teile im Bauwerk sowie ihre Abstände zu den Bauwerks-Hauptachsen
b) Tragwerksformen und Maße
c) Querschnittsmaße, Anschlüsse und Stöße des Tragwerkes und seiner Teile
d) Art, Anzahl und Anordnung der Verbindungsmittel
e) Verankerungen und Auflagerausbildungen
f) Materialien
g) Güte und äußere Beschaffenheit von Bauholz
h) Holzfeuchtesatz für die Herstellung und Nutzung
i) Art der Holzschutzmaßnahmen
k) Hinweise für Herstellung, Transport und Montage
l) Maßnahmen zum Schutz vor Feuchtigkeit, Klimaeinwirkungen, Korrosion und anderen wertmindernden Einflüssen
m) Maßnahmen zum bautechnischen Brandschutz
n) Berücksichtigung des Schwind- und Quellverhaltens des Holzes
o) Länge des Einsatzbereiches von Holz der Güteklasse I oder III
p) Vermerk über die Freigabe zur Ausführung nach den geltenden Rechtsvorschriften[1]

sowie weitere, mit der Berechnung in Beziehung stehende Festlegungen in zeichnerischer und schriftlicher Form.

2. MATERIALIEN

2.1. Bauholz

2.1.1. Arten

Tabelle 1

Holzart	Benennung nach TGL 11 419
Nadelholz (NH)	Fichte (FI)
	Kiefer (KI)
	Lärche (LA)
Laubholz (LH)	Stieleiche (SEI)
	Traubeneiche (TEI)
	Rotbuche (BU)

2.1.2. Güteforderungen

Tabelle 2

Bauholz	Forderung
Schnittholz	
Nadelholz	Güteklassen I bis III nach TGL 117-0767
Laubholz	mindestens wie Güteklasse II für Nadelholz
Rundholz	gesund, und gerade gewachsen, Drehwuchs entsprechend Güteklasse II nach TGL 117-0767 zulässig, wobei die Abweichung a auf der Mantelfläche zu messen ist
Bauteile aus Brettschichten, geklebt	nach TGL 33 136/01

2.1.3. Kennwerte

2.1.3.1. Elastizitäts- und Schubmodule

Tabelle 3

Holzart, Bauteile	Elastizitätsmodul (E) parallel zur Faserrichtung N/mm²	Elastizitätsmodul (E) rechtwinklig zur Faserrichtung N/mm²	Schubmodul (G) N/mm²
Nadelschnittholz	10 000	300	500
Nadelrundholz	12 000		
Bauteile aus Brettschichten, geklebt, Bauteilhöhe h_1 nach TGL 33 136/01 bis 100	13 400		
über 100 bis 200	11 700		
über 200 bis 300	10 800		
über 300 bis 400	10 700		
über 400 bis 500	10 600		
über 500 bis 600	10 500		
über 600 bis 800	10 400		
über 800 bis 1000	10 300		
über 1000 bis 1300	10 100		
über 1300 bis 1500	10 000		
Laubholz	12 500	600	1000

Die Werte gelten für einen Gleichgewichtsfeuchtesatz von $u \leq 12\,\%$. Bei davon abweichendem Gleichgewichtsfeuchtesatz sind die Werte mit dem Korrekturfaktor k_u nach Tabelle 6 zu multiplizieren.

Bei ständiger Last oder langzeitiger Last von mehr als 50 % der Gesamtlast sind bei der Ermittlung der Durchbiegung der Elastizitätsmodul und der Schubmodul auf 75 % der Werte nach Tabelle 3 abzumindern.

[1] Zur Zeit der Bestätigung dieses Standards galten die Verordnung vom 17. April 1980 über die Entwicklung und Sicherung der Qualität der Erzeugnisse (GBl. I Nr. 14, Seite 117) und die Verfügung über die Entwicklung und Sicherung der Qualität der Erzeugnisse in der Bauwirtschaft (Verfügungen und Mitteilungen des Ministeriums für Bauwesen, 1980, Nr. 6, Seite 44).

2.1.3.2. Quell- und Schwindsatz
Begriffe nach TGL 25 106/04
Für eine Änderung des Feuchtesatzes um 1 % unterhalb des bei etwa 30 % liegenden Fasersättigungsfeuchtesatzes gelten die in Tabelle 4 angegebenen mittleren Quell- und Schwindfaktoren.
Bei Kanthölzern und Balken sowie bei anderem nicht aus dem Kern geschnittenem Vollholz darf der Quell- oder Schwindfaktor ermittelt werden aus:

$$k_m = 0{,}5\,(k_r + k_t) \qquad (1)$$

Quellen und Schwinden parallel zur Faserrichtung brauchen nur berücksichtigt zu werden, wenn bei größeren Holzlängen oder zu erwartenden größeren Feuchtigkeitsänderungen Schäden an der Konstruktion des Tragteiles, seinen Auflagern oder anschließenden Bauteilen eintreten können.

Tabelle 4

Holzart	Quell- und Schwindfaktoren rechtwinklig zur Faserrichtung radial zu den Jahresringen k_r	tangential zu den Jahresringen k_t	parallel zur Faserrichtung k_l
Nadelholz	0,0012	0,0026	0,0001
Laubholz Eiche	0,0020	0,0038	
Buche	0,0018	0,0036	

2.1.3.3. Gleichgewichtsfeuchtesatz
Begriff siehe TGL 25 106/02
Der Gleichgewichtsfeuchtesatz (u) für den Nutzungszustand darf für die jeweilige Bauwerkskategorie nach Tabelle 5 angenommen werden, wenn nicht durch Klimaeinwirkungen eine andere Einstufung erforderlich ist.

Tabelle 5

Bauwerkskategorie		Gleichgewichtsfeuchtesatz in % bezogen auf das Darrgewicht
geschlossene Bauten	mit Heizung	9 ± 3
	ohne Heizung	12 ± 3
geschlossene belüftete Stallbauten ohne Heizung		15 ± 3
offene und teilweise offene Bauten mit Überdachungen		
freistehende Tragwerke ohne Schutz gegen Klimaeinwirkung		≥ 18

Korrekturfaktoren zur Berücksichtigung des Gleichgewichtsfeuchtesatzes im Nutzungszustand nach Tabelle 6. Zwischenwerte dürfen geradlinig interpoliert werden.

Tabelle 6

Gleichgewichtsfeuchtesatz (u) %	Korrekturfaktoren k_u allgemein	Bauteile aus Brettschichten, geklebt, mit Biegebeanspruchung
≤ 12	1,00	1,00
15		0,92
18		0,83
30	0,67 [2)]	0,50 [2)]
> 30	0,64 [2)]	0,40 [2)]

2.2. Verbindungsmittel
nach TGL 33 135/02

2.3. Holzschutz- und Holzpflegemittel
Für die Durchführung von chemischen Holzschutzmaßnahmen[3] dürfen nur die vom Amt für Standardisierung, Meßwesen und Warenprüfung (ASMW) anerkannte und für den jeweiligen Anwendungsbereich zugelassene Holzschutzmittel, holzschützende und holzpflegende Anstrichstoffe verwendet werden.

3. LASTANNAHMEN

3.1. Allgemeines
Die Normwerte für Belastungen und sonstige Einwirkungen sind den jeweiligen Standards für Lastannahmen zu entnehmen. Schnittgrößen sind für die einzelnen Belastungen getrennt zu ermitteln. Gemeinsam auftretende Lasten dürfen bei der Ermittlung der Schnittgrößen zusammengefaßt werden. Der Einfluß von Temperaturveränderungen darf vernachlässigt werden.

3.2. Grenzlastfälle[4]
Für die Berechnung sind die Schnittgrößen aus den einzelnen Belastungen so in den Grenzlastfällen H und HZ zusammenzufassen, daß aus jedem dieser Fälle die maßgebenden Werte für die zu führenden Nachweise erhalten werden. Dabei sind die Lasten in den betriebsmäßig möglichen ungünstigsten Stellungen und Kombinationen anzuordnen. Auf die Bildung eines Grenzlastfalles darf verzichtet werden, wenn er zweifelsfrei für die zu führenden Nachweise nicht maßgebend ist.

3.2.1. Grenzlastfall H
Der Grenzlastfall H ist aus allen ständigen Lasten sowie denjenigen langzeitigen und einer kurzzeitigen Verkehrslast zu bilden, die für die Beanspruchung des betrachteten Schnittes den ungünstigsten Wert ergeben. Bremskräfte oder kurzzeitig wirkende Seitenkräfte sind nur dann zu berücksichtigen, wenn neben diesen nur die Eigenlast des Bauteiles wirkt.
Die Windlast ist beim Grenzlastfall HZ zu berücksichtigen.

3.2.2. Grenzlastfall HZ
Der Grenzlastfall HZ ist aus Grenzlastfall H und weiteren kurzzeitigen Verkehrslasten zu bilden, die für die Beanspruchung des betrachteten Schnittes den ungünstigsten Wert ergeben.
Der Montagezustand ist als Grenzlastfall HZ zu berechnen. Wandriegel und Wandstiele brauchen hinsichtlich Windlast, unabhängig von Montagezuständen, nur für den endgültigen Zustand bemessen zu werden.

---

2) Zustimmung der zuständigen Staatlichen Bauaufsicht erforderlich

3 Zur Zeit der Bestätigung dieses Standards galt die Verordnung vom 10. 11. 1983 Über den Schutz von Rohholz, Werkstoffen und Erzeugnissen aus Holz sowie holzhaltigen Werkstoffen – Holzschutzordnung – (GBl. I 1983 Nr. 38, Seite 421).

4 Die Bezeichnung „Grenzlastfälle" ist nicht identisch mit den „Grenzzuständen" bei der Berechnungsmethode nach Grenzzuständen.

Seite 4 TGL 33 135/01

4. NACHWEISE

4.1. Allgemeines

Mit den Grenzlastfällen nach Abschnitt 3.2. sind folgende Nachweise zu führen:

- Spannungsnachweis
- Stabilitätsnachweis
- Formänderungsnachweis
- Standsicherheitsnachweis
- sonstige Nachweise.

Aus Erfahrung und Kenntnis zweifelsfrei nicht maßgebende Nachweise dürfen entfallen.

4.2. Spannungsnachweis

Durch den Spannungsnachweis ist nachzuweisen, daß die größten rechnerischen Beanspruchungen die zulässigen Spannungen für Bauteile und Verbindungsmittel nicht überschreiten.

Der Spannungsnachweis darf durch den Nachweis ersetzt werden, daß zulässige Belastungen nicht überschritten werden, z. B. bei Verbindungsmitteln.

4.3. Stabilitätsnachweis

Durch den Stabilitätsnachweis ist nachzuweisen, daß durch Druck beanspruchte Bauteile ausreichende Sicherheit gegen Knicken und Kippen aufweisen.

4.4. Formänderungsnachweis

Durch den Formänderungsnachweis ist nachzuweisen, daß durch die Verformung Funktion oder Nutzung der Bauteile oder des gesamten Tragwerkes nicht beeinträchtigt werden. Zulässige Formänderungsgrenzwerte dürfen nicht überschritten werden. In Sonderfällen sind Schwingungsuntersuchungen durchzuführen, z. B. bei auftretender periodischer Erregung.

4.5. Standsicherheitsnachweis

Durch den Standsicherheitsnachweis ist die ausreichende Sicherheit gegen Abheben von Lagern und gegen Umkippen nachzuweisen.

Es sind folgende Bedingungen einzuhalten beim Nachweis der Sicherheit gegen

– Abheben: $C \geq 1,15\,C_G + 1,3\,C_p$ (2)

– Umkippen: $M \geq 1,33\,M_G + 1,5\,M_p$ (3)

Es bedeutet:

C = Auflagerkraft aus allen dem Abheben entgegenwirkenden ständigen Lasten und die Tragkraft der Verankerungen; hierbei ist für die Tragkraft von Ankerschrauben die 1,3fache zulässige Spannung nach TGL 13 500/01 zugrunde zu legen.

C_G = Auflagerkraft aus allen das Abheben fördernden ständigen Lasten

C_p = Auflagerkraft aus allen das Abheben fördernden lang- und kurzzeitigen Verkehrslasten

M = Moment aus allen dem Umkippen entgegenwirkenden ständigen Lasten und aus der Tragkraft der Verankerungen um die Kippkante; hierbei ist für die Tragkraft von Ankerschrauben die 1,5fache zulässige Spannung nach TGL 13 500/01 zugrunde zu legen.

M_G = Moment aus allen das Umkippen fördernden ständigen Lasten um die Kippkante

M_p = Moment aus allen das Umkippen fördernden lang- und kurzzeitigen Verkehrslasten um die Kippkante

4.6. Sonstige Nachweise

Die vom Tragwerk auf andere Tragteile, z. B. Außenwände und Fundamente, übertragenen Auflagerkräfte und Schnittgrößen sind getrennt für die einzelnen Lasten nach Größe, Richtung und Angriffspunkt anzugeben. Soweit andere Bauteile für die Ableitung der Kräfte innerhalb des Tragwerkes mit benutzt werden, z. B. Wände oder Decken als Ersatz für Verbände oder zur Sicherung gegen Ausknicken, muß der rechnerische Nachweis hierfür erbracht werden, wenn nicht zweifelsfrei feststeht, daß diese Bauteile und ihre Anschlüsse für die dabei auftretenden Belastungen ausreichend tragfähig sind. Dies gilt auch für bauliche Zwischenzustände.

5. ZULÄSSIGE SPANNUNGEN FÜR BAUHOLZ

Tabelle 7, siehe Seite 5

Die zulässigen Spannungen gelten allgemein bis zu einem Gleichgewichtsfeuchtesatz von u = 18 %. Bei biegebeanspruchten Bauteilen aus Brettschichten, geklebt, jedoch nur bis zu u = 12 %. Bei größerem Gleichgewichtsfeuchtesatz sind die Werte mit dem Korrekturfaktor k_u nach Tabelle 6 abzumindern.

Zwischenwerte der zulässigen Spannung für Druck schräg zur Faserrichtung dürfen geradlinig interpoliert werden.

6. ZULÄSSIGE FORMÄNDERUNGEN

6.1. Allgemeines

Formänderungsgrenzwerte gelten für die Abweichungen von den Systemlinien. Die Nachgiebigkeit der Verbindungsmittel darf bei Näherungsberechnungen und sofern keine genaue Ermittlung der Formänderung erforderlich ist vernachlässigt werden.

6.2. Formänderungsgrenzwerte

Für die rechnerische Durchbiegung von Vollwandträgern aus Vollholz, Vollholz genagelt oder gedübelt und von Fachwerkträgern einschließlich einsinnig verbretterter Vollwandträger gelten die Formänderungsgrenzwerte nach Tabelle 9, sofern nicht Bauart, Funktion oder Nutzung eines Bauwerkes geringere Werte erfordern.

Tabelle 8

Belastungsrichtung	zulässige Spannungen in N/mm² für Bauteile aus Brettschichten, geklebt — allgemein, für Grenzlastfälle H	HZ	bei statisch unbestimmten Mehrfeldträgern, für Grenzlastfälle H	HZ
Belastung rechtwinklig zur Klebfuge zul σ_b bei Bauteilhöhe h_1 nach TGL 33 136/01 bis 100	19,7	22,8	21,7	25,1
über 100 bis 200	17,2	19,9	18,9	21,9
über 200 bis 300	15,5	17,9	17,1	19,8
über 300 bis 400	14,0	16,2	15,4	17,8
über 400 bis 500	13,0	15,0	14,8	17,1
über 500 bis 600	12,5	14,5	13,8	16,0
über 600 bis 800	12,0	13,9	13,2	15,3
über 800 bis 1000	11,2	13,0	12,3	14,2
über 1000 bis 1300	10,9	12,6	12,0	13,9
über 1300 bis 1500	10,5	12,1	11,6	13,4
Belastung parallel zur Klebfuge zul σ_b	13,0	15,0	14,3	16,5

Tabelle 7

Beanspruchung		zulässige Spannungen in N/mm² für Nadelholz: Bauschnittholz Güteklasse I		II		III		Bauteile aus Brettschichten, geklebt		Rundholz		Laubholz	
		für Grenzlastfälle H	HZ	H	HZ	H	HZ	H	HZ	H	HZ	H	HZ
Biegung allgemein	zul σ_b	13,0	15,0	10,0	11,5	7,0	8,0	nach Tabelle 8		12,0[5)]	14,0[5)]	10,0	11,5
bei statisch unbestimmten Mehrfeldträgern[6]	zul σ_b	14,3	16,5	11,0	12,7	7,7	8,8			13,2[5)]	15,4[5)]	11,0	12,7
Zug parallel zur Faserrichtung	zul $\sigma_{z\parallel}$	10,5	12,0	8,5	10,0	–		10,5	12,0	8,5	10,0	10,0	11,5
rechtwinklig zur Faserrichtung	zul $\sigma_{z\perp}$	0,25	0,30	0,25	0,30			0,25	0,30	0,25	0,30	0,20	
Druck parallel zur Faserrichtung	zul $\sigma_{d\parallel}$	11,0	12,5	8,5	10,0	6,0	7,0	11,0	12,5	10,0[5)]	11,5[5)]	10,0	11,5
rechtwinklig zur Faserrichtung allgemein	zul $\sigma_{d\perp}$	2,0	2,3	2,0	2,3	2,0	2,3	2,0	2,3	2,0	2,3	3,0	3,5
Eindrückung unbedenklich[7]	zul $\sigma_{d\perp}$	2,5	2,9	2,5	2,9	2,5	2,9	2,5	2,9	2,5	2,9	4,0	4,6
unter Scheiben von Holzverbindungen	zul $\sigma_{d\perp}$	4,0	4,5	4,0	4,5	4,0	4,5	4,0	4,5	4,0	4,5	5,0	6,0
Überstand des gedrückten Holzes in Faserrichtung < 100 mm	zul $\sigma_{d\perp}$	1,6	1,8	1,6	1,8	1,6	1,8	2,0	2,3	1,6	1,8	2,4	2,8
schräg zur Faserrichtung im Winkel α – allgemein zul $\sigma_{d\alpha}$	10°	9,4	10,7	7,4	8,7	5,3	6,8	9,4	10,7	7,4	8,7	8,8	10,1
	20°	7,9	9,0	6,3	7,4	4,6	5,4	7,9	9,0	6,3	7,4	7,6	8,8
	30°	6,5	7,4	5,2	6,0	4,0	4,7	6,5	7,4	5,2	6,0	6,5	7,5
	40°	5,2	5,9	4,3	4,9	3,4	4,0	5,2	5,9	4,3	4,9	5,5	6,3
	50°	4,1	4,7	3,5	4,0	2,9	3,4	4,1	4,7	3,5	4,0	4,6	5,3
	60°	3,2	3,7	2,9	3,3	2,5	2,9	3,2	3,7	2,9	3,3	3,9	4,5
	70°	2,5	2,9	2,4	2,8	2,2	2,6	2,5	2,9	2,4	2,8	3,4	3,9
	80°	2,1	2,5	2,1	2,4	2,1	2,4	2,1	2,5	2,1	2,4	3,1	3,5
Eindrückung unbedenklich[7] zul $\sigma_{d\alpha}$	10°	9,5	10,8	7,5	8,8	5,4	6,2	9,5	10,8	7,5	8,8	9,0	10,3
	20°	8,1	9,2	6,4	7,6	4,8	5,6	8,1	9,2	6,4	7,6	7,9	9,1
	30°	6,8	7,7	5,5	6,3	4,3	5,0	6,8	7,7	5,5	6,3	7,0	8,0
	40°	5,5	6,3	4,6	5,3	3,8	4,4	5,5	6,3	4,6	5,3	6,1	7,0
	50°	4,5	5,1	3,9	4,5	3,3	3,9	4,5	5,1	3,9	4,5	5,4	6,2
	60°	3,6	4,2	3,3	3,8	3,0	3,4	3,6	4,2	3,3	3,8	4,8	5,5
	70°	3,0	3,5	2,9	3,3	2,7	3,1	3,0	3,5	2,9	3,3	4,4	5,1
	80°	2,6	3,0	2,6	3,0	2,6	3,0	2,6	3,0	2,6	3,0	4,1	4,7
Abscheren parallel zur Faserrichtung	zul τ	0,9	1,1	0,9	1,1	0,9	1,1	0,9	1,1	0,9	1,1	1,0	1,2
Schub aus Querkraft	zul τ	1,2	1,4	1,2	1,4	1,2	1,4	1,2	1,4	1,2	1,4	1,0	1,2

[5),6] und [7] siehe Seite 6

Seite 6 TGL 33 135/01

Tabelle 9

Bauteile, Bauwerksteile	zulässige Formänderungsgrenzwerte bei ständigen und langzeitigen Lasten	kurzzeitigen Lasten ohne Stoßzuschlag	Gesamtlast
Vollwandträger, Träger aus Brettschichten, geklebt, Träger mit mehrteiligen Querschnitten	–	l/300	l/200
Fachwerkträger Näherungsberechnung		l/600	l/400
Fachwerkträger genaue Berechnung		l/300	
Decken im allgemeinen	l/300		l/200
Decken von landwirtschaftlichen Produktions-, Tierhaltungs- und Lagerbauten		–	
Pfetten und Sparren	–		
Kragträger			l/150

Es bedeutet l = Stützweite, bei Kragträgern die Kraglänge

7. FORDERUNGEN FÜR ALLE BAUTEILE

7.1. Abmessungen

Tabelle 10

Bauteile	Forderung	
Einzelstäbe, auch von mehrteiligen Stäben	Querschnitt mindestens	48 × 24
Dachschalung	Querschnitt mindestens	90 × 18
Brettschichten für geklebte Bauteile allgemein	Dicke höchstens	40
bei ständigem oder häufigem Wechsel von Luftfeuchte oder Temperatur		30
Bauteile mit Stahlstift- und Schraubenverbindungen	Dicke mindestens	40
Nägel allgemein	Durchmesser mindestens	3,1
bei untergeordneter Bedeutung für die Tragfähigkeit		2,8
Stahlstifte	Durchmesser mindestens	10
Stiftschrauben		8
Holzschrauben mit Querschlitz		4
Sechskantholzschrauben		6
Sechskantschrauben allgemein		M 12
bei untergeordneter Bedeutung für die Tragfähigkeit		M 8
Knotenbleche	Dicke mindestens	2

7.2. Querschnittsschwächungen

Bei der Ermittlung der Querschnittswerte sind Querschnittsschwächungen nach Tabelle 11 und 12 zu berücksichtigen.

Tabelle 11

Bauteile	Querschnittsschwächung
Zugstäbe, Biegeträger und außermittig belastete Druckstäbe in der Zugzone[7]	Bohrungen, Einschnitte, Ausfräsungen, Aussparungen, Nagellöcher mit Durchmesser d ≥ 4,2 mm nach Tabelle 12
Druckstäbe, Biegeträger in der Druckzone	wie vor, jedoch nur, wenn Schwächungen nicht durch Werkstoffe mindestens gleicher Festigkeit und gleichem E-Modul, bezogen auf die Kraftrichtung, satt ausgefüllt sind

Tabelle 12

Verbindungsmittel	Querschnittsschwächung
Nägel, Holzschrauben, Stahlstifte, Sechskantholzschrauben	Durchmesser d × Holzdicke oder Eindringtiefe
Sechskantschrauben	(Durchmesser d + 1 mm) × Holzdicke
Flachdübel	Einschnittiefe t × Holz- oder Einschnittbreite b
Spezialdübel	nach Tabelle 30, zuzüglich Bohrung für Spannschraube

In Faserrichtung versetzte Querschnittsschwächungen sind zu addieren, wenn die Mindestabstände nach Bild 1 unterschritten werden.

5) Im Bereich von Schwächungen in der Randzone sind die Werte um 20 % zu verringern.

6 Für Sparren von verschieblichen Kehlbalken-Dachbindern ist die Spannungserhöhung bei gleichen Vorzeichen der Momente in den Sparrenfeldern und am Kehlbalkenstützpunkt nicht zulässig.

7 Nur zulässig, wenn geringe Eindrückungen konstruktiv berücksichtigt werden können und ihr Einfluß auf die Funktion des Tragwerkes unbedenklich ist. Bei Anschlüssen mit verschiedenen Verbindungsmitteln und bei Kontaktanschlüssen oder -stößen dürfen diese Werte nicht angewendet werden.

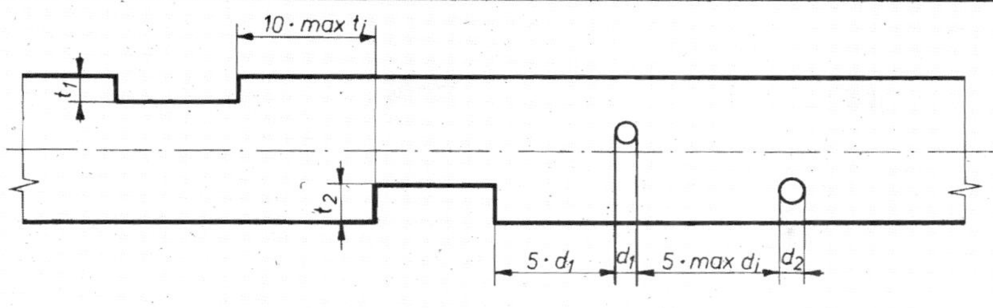

Bild 1

Durch Querschnittsschwächungen entstehende außermittige Kraftwirkungen sind zu berücksichtigen. Für die näherungsweise Berechnung von Formänderungen dürfen Querschnittsschwächungen durch Verbindungsmittel vernachlässigt werden.

7.3. Anschlüsse und Stöße
7.3.1. Anschlüsse und Stöße mit Kontaktwirkung
Voraussetzung für die Ausführung von Anschlüssen oder Stößen quer oder parallel zur Faserrichtung ist die Gewährleistung einer hohen Paßgenauigkeit.
Eine Druckkraftübertragung mit Kontaktwirkung (Paßstoßanschluß) quer zur Faserrichtung ist nur dann zulässig, wenn das Schwindmaß bei sich im Bauwerk einstellendem Gleichgewichtsfeuchtesatz zu keinen über das zulässige Maß hinausgehenden Durchbiegungen und Verformungen des Tragwerkes führt oder dies durch Überhöhung ausgeglichen werden kann.

7.3.2. Anschlüsse und Stöße mit Verbindungsmitteln
Die Verbindungsmittel sind möglichst gleichmäßig verteilt und symmetrisch zur Stabachse des anzuschließenden Stabes oder der zu stoßenden Stäbe anzuordnen. Laschen von Anschlüssen und Stößen sind symmetrisch zur Stabachse anzuordnen, sofern Abweichungen nicht nachgewiesen werden.

7.4. Wechselstäbe
Wechselstäbe, (deren Beanspruchung zwischen Zug und Druck wechselt), sowie ihre Anschlüsse und Stöße sind für die c-fache größte Zug- und Druckkraft nachzuweisen, sofern die wechselnden Belastungen nicht allein aus Wind- oder Schneelasten herrühren.
Es bedeutet:

$$c = 1{,}0 + 0{,}3\,\frac{\min N}{\max N} \qquad (4)$$

In Formel (4) sind die Stabkräfte (N) ohne Berücksichtigung der Vorzeichen (+ oder −) einzusetzen. Bei Zugstäben, die im Montagezustand eine Zugkraft nahe Null oder eine Druckkraft aufweisen, darf die zulässige Schlankheitszahl λ für Druckstäbe nach Tabelle 17 nicht überschritten werden. Bei Druckstäben, die bei einer möglichen Kombination von Lastfällen eine Stabkraft nahe Null aufweisen, müssen die Anschlüsse auch für eine Zugkraft von 10% der für die Bemessung des Stabes maßgebenden Druckkraft nachgewiesen werden.

7.5. Überhöhung von geraden Biege- und Fachwerkträgern

Tabelle 13

Bauteil		Überhöhung	
Fachwerkträger und Vollwandträger mit mehrteiligen Querschnitten bei einem Gleichgewichtsfeuchtesatz von u	$\leq$ 18 %	parabelförmig, bei Fachwerkträgern auch polygonartig in den Gurtstößen	$\geq l/300$
	> 18 %		$\geq l/200$
Bauteile aus Brettschichten, geklebt		mindestens gleich der rechnerischen Durchbiegung	

7.6. Einsatz von Bauschnittholz der Güteklasse I oder III nach TGL 117-0767
Bei Einsatz von Bauschnittholz der Güteklasse I innerhalb eines begrenzten Abschnittes in einem Tragglied, z. B. Gurt eines Biegeträgers, muß die rechnerisch erforderliche Abschnittslänge um das 1,5fache des größten Querschnittmaßes vergrößert werden.
Bei Einsatz der Güteklasse III muß die vorgesehene Abschnittslänge um das gleiche Maß verkürzt sein.

8. BIEGEBEANSPRUCHTE BAUTEILE

8.1. Stützweiten

Tabelle 14

Bauteil	Stützweite
Einfeldträger allgemein	Abstand der Auflagermitten, mindestens 1,05 l_w
Schalungen und Beläge aus Brettern	Abstand der Auflagermitten, höchstens l_w + 100 mm
Mehrfeldträger allgemein	Abstand der Auflagermitten
Randfelder	mindestens 1,025 l_w + 0,5 · Auflagerlänge über den Zwischenauflagern
Kopfbandträger	l_2 nach Bild 6

Es bedeutet:
l_w = lichte Weite zwischen zwei Auflagern
Schalungen und Beläge aus Brettern sind als frei drehbar auf zwei Stützen gelagert zu berechnen, auch wenn sie über mehrere Felder durchlaufen.

Seite 8 TGL 33 135/01

8.2. Biegeträger

8.2.1. Biegeträger mit einteiligem Querschnitt

Beim Spannungsnachweis für einachsige Biegung muß sein:

$$\sigma = \frac{M}{W} \leqq \text{zul } \sigma_b \quad (5)$$

Wird ein Bauteil durch Biegemomente M_x und M_y belastet, so muß beim Spannungsnachweis sein:

$$\sigma = \frac{M_x}{W_x} + \frac{M_y}{W_y} \leqq \text{zul } \sigma_b \quad (6)$$

Beim Nachweis der Schubspannungen muß sein:

$$\tau = \frac{Q \cdot S}{I \cdot b} \leqq \text{zul } \tau \quad (7)$$

8.2.2. Biegeträger mit mehrteiligem Querschnitt

Querschnittsformen nach Bild 2

Bezeichnung der Maßbuchstaben nach Bild 3

Analoge Querschnittsformen sind zulässig, sofern sie den Formen A bis D zugeordnet werden können.

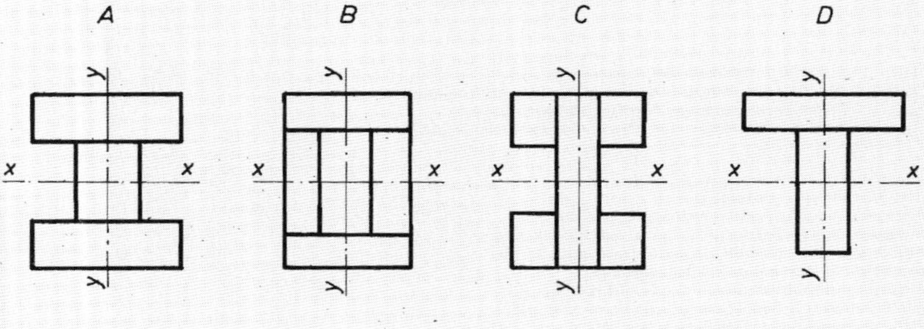

Bild 2

Anforderungen an Gurt- und Stegabmessungen nach Tabelle 15

Tabelle 15

Trägerteil		Forderung
Gurt Überstand bei Form A, C, D	höchstens	$2 h_1, 2 h_2$
Steg Höhe bei Form D von Biegeträgern	höchstens	$5 b_3$
von Druckstäben	höchstens	$3 b_3$

Der Nachweis der Rand- und Schwerpunktspannungen sowie der Schubspannung ist bei diesen Trägern wegen der Nachgiebigkeit der Verbindungsmittel unter Berücksichtigung des wirksamen Trägheitsmomentes zu führen. Klebverbindungen gelten als starre Verbindungen. Bauteile aus Brettschichten, geklebt, sind deshalb wie einteilige Querschnitte zu behandeln.

Das wirksame Trägheitsmoment (I_w) des ungeschwächten Querschnittes ist für alle Querschnittsformen zu ermitteln aus:

$$I_w = \sum_{i=1}^{n} (I_i + \gamma_i \cdot A_i \cdot e_i^2) \quad (8)$$

$$\gamma_i = \frac{1}{1 + k_i} \quad (9)$$

Die k-Werte betragen

– für symmetrische Querschnittsformen A, B und C:

$$k_i = \frac{\pi^2 \cdot E \cdot A_i \cdot e_n}{l^2 \cdot C} \quad (10)$$

– für die Form D:

$$k_1 = \frac{\pi^2 \cdot E \cdot A_1 \cdot A_3 \cdot e_n}{l^2 (A_1 + A_3)\, C} \quad (11)$$

Es bedeutet:

I_i = Trägheitsmomente der Einzelquerschnitte

E = Elastizitätsmodul des Holzes parallel zur Faserrichtung

e_i = Schwerpunktabstand der Einzelquerschnitte

e_n = e/n_R

e = Abstand der Verbindungsmittel in einer Reihe

n_R = Anzahl der Reihen der Verbindungsmittel

C = Verschiebungsmodul der Verbindungsmittel nach Tabelle 16

l = maßgebende Stützweite

A_i = Fläche der Einzelquerschnitte; bei Form B ist beim Steg die Gesamtfläche der Stege und bei Form C die Gesamtfläche der Teile des jeweiligen Gurtes einzusetzen

γ_i = Abminderungswert zur Berücksichtigung der Nachgiebigkeit der Verbindungsmittel bei der Berechnung von I_w

Tabelle 16

Verbindungsmittel			Schwerachse	Verschiebungsmodule C in N/mm			
				Form A	Form B	Form C	Form D
Nägel, Holzschrauben, Sechskantschrauben		einschnittig	x – x	600	600	900	600
		zweischnittig		1400	–	1800	–
		einschnittig	y – y	–	900	600	–
		zweischnittig			1800	1400	
Dübel	bei zulässiger Belastung	bis 16 kN	x – x und y – y	15 000			
		über 16 bis 30 kN		22 500			
		über 30 kN		30 000			

Bei Mehrfeldträgern ist bei der Ermittlung der k-Werte mit der Stützweite l des betreffenden Feldes zu rechnen, wobei für den Spannungsnachweis über den Zwischenstützen jeweils der kleinere Wert der beiden anschließenden Felder einzusetzen ist.

Beim Spannungsnachweis muß für alle Querschnittsformen

$$\sigma_i = \frac{M}{I_w} \cdot e_{wi} \leq \text{zul } \sigma_b \qquad (12)$$

$$\sigma_{ei} = \frac{M}{I_w} \cdot e_{ewi} \leq \text{zul } \sigma_d \text{ bzw. zul } \sigma_z \qquad (13)$$

und beim Nachweis der Schubspannung muß

$$\text{für Form A bis C} \quad \tau = \frac{Q\,(\gamma_i \cdot S_i + S_3)}{I_w \cdot b_3} \leq \text{zul } \tau \qquad (14)$$

$$\text{und für Form D} \quad \tau = \frac{Q \cdot S_w}{I_w \cdot b_3} \leq \text{zul } \tau \qquad (15)$$

sein, siehe Bild 3.

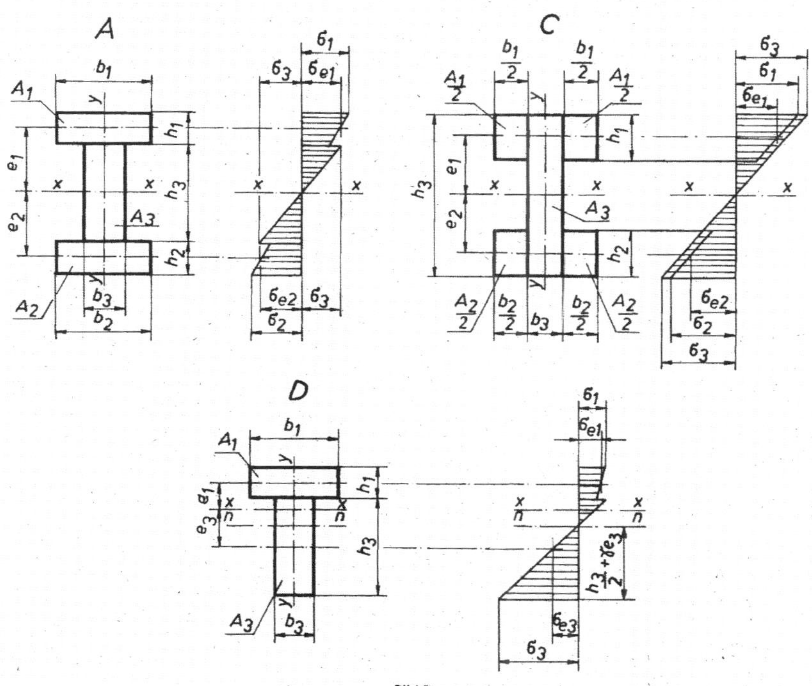

Bild 3

Seite 10 TGL 33 135/01

Es bedeutet:

σ_i = Randspannung des Gurtes oder des Steges
σ_{ei} = Schwerpunktspannung des Gurtes
τ = Schubspannung in der neutralen Faser
M, Q = Schnittgrößen im betrachteten Querschnitt
I_w = wirksames Trägheitsmoment des ungeschwächten Trägerquerschnittes nach Formel (8)
e_{wi} = wirksamer Randabstand der Einzelquerschnitte, bezogen auf die Schwerachse des Gesamtquerschnittes. Es sind

für Formen A bis D

$$\text{für } \sigma_1, \sigma_2\text{:} \quad e_{wi} = \gamma_i \cdot e_i \cdot \frac{A_i}{A_{in}} \pm \frac{h_i}{2} \cdot \frac{I_i}{I_{in}} \quad \text{und} \qquad (16)$$

für Formen A bis C

$$\text{für } \sigma_3\text{:} \quad e_{wi} = e_i \pm \frac{h_i}{2} \cdot \frac{I_3}{I_{3n}} \qquad (17)$$

und für Form D

$$\text{für } \sigma_3\text{:} \quad e_{wi} = \gamma \cdot e_3 + \frac{h_3}{2} \cdot \frac{I_3}{I_{3n}} \quad \text{einzusetzen.} \qquad (18)$$

e_{ewi} = wirksamer Schwerpunktabstand der Gurte bezogen auf die Schwerachse des Gesamtquerschnittes. Es ist

$$\text{für } \sigma_{ei}\text{:} \quad e_{ewi} = \gamma_i \cdot e_i \cdot \frac{A_i}{A_{in}} \quad \text{einzusetzen.} \qquad (19)$$

S_i = statisches Moment der Einzelquerschnitte ($A_i \cdot e_i$), bezogen auf die Schwerachse (x – x) des Gesamtquerschnittes
S_w = wirksames statisches Moment des unterhalb der neutralen Achse n – n liegenden Teiles von A_3, bezogen auf die neutrale Achse n – n

$$S_w = \frac{b_3}{2}\left(\frac{h_3}{2} + \gamma_1 \cdot e_3\right)^2 \qquad (20)$$

A_{in} = A_i unter Abzug der Querschnittsschwächungen
I_{in} = Trägheitsmoment der geschwächten Einzelquerschnitte, bezogen auf die Schwerachse des ungeschwächten Gesamtquerschnittes
h_i = Höhen der Einzelquerschnitte
b_i = Breiten der Einzelquerschnitte; bei Form B ist beim Steg die Gesamtbreite der Stege und bei Form C die Gesamtbreite der Teile des jeweiligen Gurtes einzusetzen

8.2.3. Verbindungsmittel

Der Nachweis der Verbindungsmittel ist unter Zugrundelegung der maximalen Querkraft (max Q) und des wirksamen Trägheitsmomentes (I_w) für die maximale Schubkraft zu führen. Die maximale Schubkraft (max t_w) ist zu ermitteln aus:

$$\max t_w = \frac{\max Q \cdot \gamma_i \cdot S_i}{I_w} \qquad (21)$$

Die Verteilung der Verbindungsmittel muß unabhängig von der Form der Querkraftfläche über die ganze Trägerlänge mit gleichen Abständen erfolgen.

8.2.4. Kippung

Für Biegeträger mit einem Seitenverhältnis von Höhe (h) zu Breite (b) > 4 ist die Sicherheit gegen Kippen nachzuweisen.

Werden Druckgurte von Biegeträgern mit einem Seitenverhältnis von $4 < h/b \leq 10$ in einzelnen Punkten mit einem Abstand e seitlich unverschieblich abgestützt und ist der auf die Stegachse des Trägerquerschnittes bezogene Trägheitsradius des Gurtquerschnittes $i_{yG} \geq e/40$, so darf der Nachweis der Kippsicherheit entfallen.

Ist $i_{yG} < e/40$, und wird kein genauer Nachweis geführt, so muß die Schwerpunktspannung des Druckgurtes

$$\sigma_e \leq \frac{1{,}26}{\omega} \cdot \text{zul } \sigma_{d\parallel} \qquad (22)$$

sein.

Bei Biegeträgern mit einem Seitenverhältnis $h/b > 10$ ist stets ein genauer Kippnachweis zu führen.

Es bedeutet:

ω = Knickzahl für die Schlankheitszahl $\lambda = e/i_{yG}$
Bei Biegeträgern nach Form C ist für i_{yG} der wirksame Trägheitsradius $i_{wG} = \sqrt{I_{wG}/A_G}$ des Druckgurtes einzusetzen.
I_{wG} = wirksames Trägheitsmoment I_w des Gurtes nach Formel (8)
A_G = Querschnittsfläche des Druckgurtes oberhalb Schwerachse x – x

8.3. Fachwerkträger

Abweichungen der Stabanschlüsse von den Systemlinien des Fachwerkträgers sind möglichst zu vermeiden, andernfalls sind die durch sie entstehenden Zusatzspannungen beim Spannungsnachweis zu berücksichtigen. Dabei ist der Anschluß der Füllstäbe gelenkig anzunehmen.

Bei genagelten Stabanschlüssen darf der Einfluß der Außermittigkeit von Stabanschlüssen beim Spannungsnachweis vernachlässigt werden, wenn der Schnittpunkt der Systemlinien der Füllstäbe innerhalb der Höhe h_1 der durchgehenden Gurte liegt, siehe Bild 4.

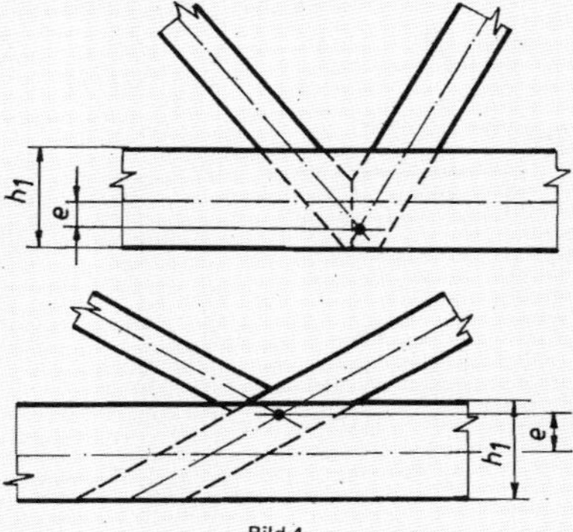

Bild 4

Bei parallelgurtigen Fachwerkträgern mit nachgiebigen Knotenpunktverbindungen ist beim Spannungsnachweis die Schwerpunktspannung maßgebend, wenn die Gurthöhen h_1 und h_2 jeweils höchstens $\frac{e_1 + e_2}{7}$ sind, andernfalls sind daraus entstehende Zusatzspannungen in den Gurten nachzuweisen, siehe Bild 5.

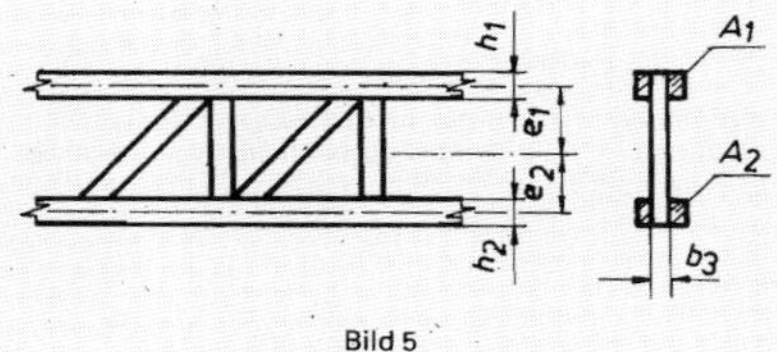

Bild 5

8.4. Kopfbandträger

Kopfbandträger sind Träger, die über mindestens zwei Felder durchlaufen, über den Stützen zugfest gestoßen sind und durch Kopfbänder oder Streben unterstützt werden, siehe Bild 6. Sie dürfen vereinfacht als frei drehbar gelagerte Träger auf zwei Stützen berechnet werden, sofern folgende Bedingungen erfüllt sind:

- Belastung in allen Feldern vorwiegend gleichmäßig verteilt
- max l_2/min $l_2 \leq 1{,}2$
- $l_2/l_3 \geq 0{,}5$ in jedem Feld
- Anschlußwinkel der Kopfbänder an die Träger $\alpha \geq 45°$
- Ausführung der Kopfbänder in allen Innenfeldern gleich

Als Stützweite ist max l_2 des ganzen Trägerstranges einzusetzen.

Für den Trägerstrang sind auch seine Stöße sowie Kopfbänder, Streben und ihre Anschlüsse nachzuweisen. Anschlüsse von Kopfbändern und Streben müssen auch für eine Zugkraft von 10 % der Druckkraft nachgewiesen werden.

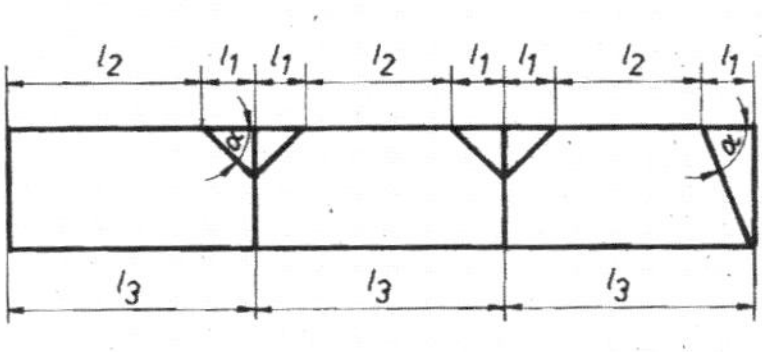

Bild 6

8.5. Stöße

Biegestöße sind möglichst außerhalb des Bereiches des maximalen Biegemomentes anzuordnen.

Stöße sind so auszubilden, daß im Stoß vorhandene Querkräfte und Biegemomente unter Einhaltung der zulässigen Spannungen nach Tabelle 7 übertragen werden. Für die Bemessung der Stoßdeckungsteile und ihrer Verbindungsmittel ist das vorhandene Biegemoment, mindestens jedoch 50 % des größten Feld- oder Stützmomentes anzusetzen. Die Aufnahme von Zugspannungen rechtwinklig zur Faserrichtung ist nachzuweisen. Bei Nagelverbindungen darf bei einem Nagelabstand größer als 15 d vom Stabende der Nachweis der Aufnahme von Zugspannungen rechtwinklig zur Faserrichtung entfallen. Werden durch Stoßdeckungsteile die Querschnittsfläche und das Trägheitsmoment des Trägers oder einzelner Teile eines Querschnittes nicht voll gedeckt, ist die Veränderung des Trägheitsmomentes zu beachten und die dadurch bedingte Spannungsumlagerung nachzuweisen.

8.6. Trägerauflager

Träger sind im Auflagerbereich so auszubilden, daß die Auflagerkräfte durch den Träger aufgenommen werden. Werden Träger im Auflagerbereich geschwächt, z. B. durch Einschnitte, so ist der Einfluß auf das Tragverhalten nachzuweisen. Auftretende Zugspannungen rechtwinklig zur Faserrichtung sind durch konstruktive Maßnahmen aufzunehmen.

Bei T- und I-Trägern darf als Auflagerbreite die Stegdicke zuzüglich jeweils 2/3 der Höhe von überstehenden Gurtteilen, jedoch nicht mehr als die Gurtbreite, in Ansatz gebracht werden.

8.7. Formänderungen

Bei der Berechnung der Durchbiegung ist der ungeschwächte Querschnitt einzusetzen.

Bei Biegeträgern ist zusätzlich zum Biegeverformungsanteil der Schubverformungsanteil zu berücksichtigen.

Bei Biegeträgern mit einteiligem Rechteckquerschnitt darf der Schubverformungsanteil bei einem Verhältnis von Länge / Höhe > 10 näherungsweise ermittelt werden aus

$$f_\tau = \frac{1{,}2 \cdot \max M}{G \cdot A} \qquad (23)$$

Bei Biegeträgern mit mehrteiligem Querschnitt ist das wirksame Trägheitsmoment (I_w) nach Formel (8) maßgebend. Der Schubverformungsanteil darf näherungsweise ermittelt werden aus

$$f_\tau = \frac{\max M}{G \cdot A_s} \qquad (24)$$

Eine veränderliche Querschnittshöhe ist durch den Einsatz von min A in Formel (23) und (24) zu berücksichtigen, sofern kein genauerer Nachweis erfolgt. Bei Mehrfeldträgern mit gleichbleibenden I_x sind im betrachteten Feld max $= q \cdot l^2/8$ in die Formeln (23) und (24) einzusetzen.

Bei parallelgurtigen Fachwerkträgern darf die Durchbiegung näherungsweise mit dem Trägheitsmoment

$$I = \Sigma (A \cdot e^2) \qquad (25)$$

ermittelt werden, siehe Bild 5.

Bei Fachwerkträgern in Trapez-, Mansard- und Dreiecksform darf die Durchbiegung näherungsweise ermittelt werden aus

$$f = E \cdot \sum \frac{N \cdot \bar{N} \cdot s}{A} \qquad (26)$$

Es bedeutet:

- A = Fläche des ungeschwächten Trägerquerschnittes
- A_s = Fläche des ungeschwächten Stegquerschnittes
- e = Abstände der Schwerachsen der Gurte von der Schwerachse des Fachwerksystems
- N = Stabkraft der Gurte aus der äußeren Belastung
- $\bar{N}$ = Stabkraft aus einer virtuellen Last „1"
- s = Längen der Netzlinien der Stäbe

9. ZUGSTÄBE

Beim Spannungsnachweis muß sein

– bei Zug: $$\sigma = \frac{N}{A_n} \leq \text{zul}\,\sigma_{z\parallel} \qquad (27)$$

– bei Zug mit Biegung: $$\sigma = \frac{N}{A_n} + \frac{\text{zul}\,\sigma_{z\parallel}}{\text{zul}\,\sigma_b} \cdot \frac{M}{W_n} \leq \text{zul}\,\sigma_{z\parallel} \qquad (28)$$

Es bedeutet:

- A_n = Querschnittsfläche mit Abzug der Querschnittsschwächungen nach Tabelle 12
- W_n = Widerstandsmoment mit Abzug der Querschnittsschwächungen nach Tabelle 12

Bei Fachwerkträgern sind die Zugstöße in den Gurten möglichst außerhalb des Bereiches der maximalen Gurtkraft zu legen.

Außenliegende Laschen und Fachwerkstäbe aus Holz sind für die 1,5fache anteilige Kraft nachzuweisen, siehe Bild 7.

Bild 7, siehe Seite 12

Seite 12 TGL 33 135/01

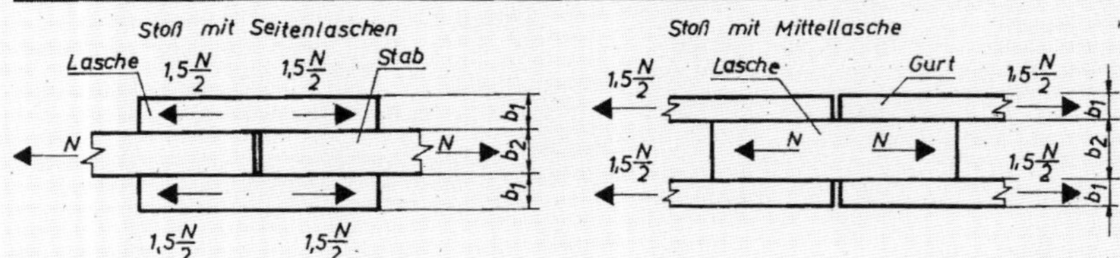

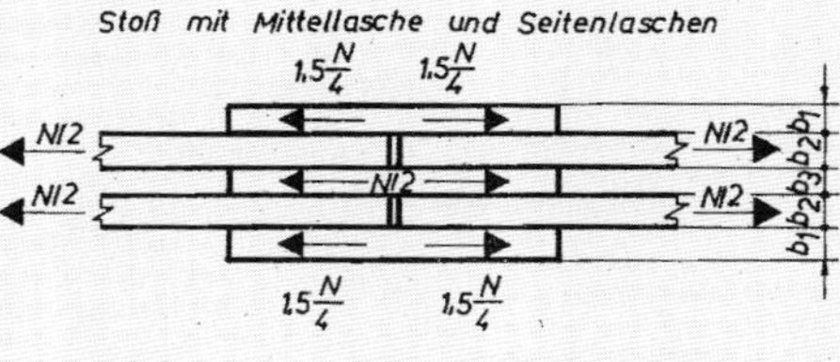

Bild 7

10. DRUCKSTÄBE

10.1. Knicklängen

10.1.1. Allgemeines

Die Knicklänge von Druckstäben, die an ihren Enden gegen seitliches Ausweichen gesichert sind, z. B. durch Verbände, Scheiben, Zugglieder oder Querstützung, ist gleich der Stablänge s.

Erfolgen zusätzlich Abstützungen an Zwischenpunkten, so gilt in der abgestützten Richtung der Abstand zwischen den Abstützungen als Knicklänge s_k. Das gilt auch für die Druckgurte von Fachwerken, die an Knotenpunkten oder an anderen dazwischenliegenden Punkten durch abstützende Verbände gegen seitliches Ausweichen gesichert sind. Für Druckstäbe, die an einem Ende eingespannt und am anderen Ende frei beweglich sind, beträgt $s_k = 2\,s$.

10.1.2. Fachwerkstäbe

Für Fachwerkstäbe mit punktförmigen, gelenkigen Knotenpunktverbindungen ist für das Knicken in der Fachwerkebene und rechtwinklig zur Fachwerkebene die Länge der Systemlinie s als Knicklänge s_k einzusetzen.

Sind die Knotenpunkte A und B von Fachwerk-Gurtstäben in beiden Fachwerkebenen seitlich unverschieblich festgehalten, wirken aber in den beiden Hälften der Stablänge s verschieden große Druckkräfte N_1 und $N_2 < N_1$, so ist mit der Knicklänge

$$s_k = s\,(0{,}75 + 0{,}25 \cdot N_2/N_1) \qquad (29)$$

zu rechnen, siehe Bild 8.

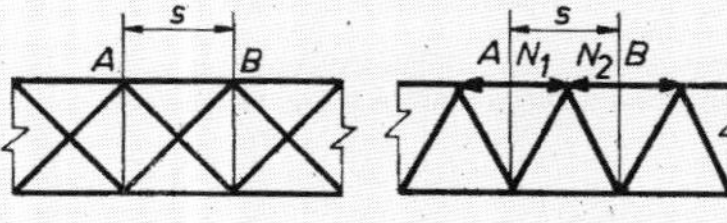

Bild 8

10.1.3. Sparren von Kehlbalkenbindern

Für Sparren von Kehlbalkenbindern darf, wenn kein genauer Nachweis geführt wird, die Knicklänge in der Binderebene wie folgt angenommen werden, siehe Bild 9

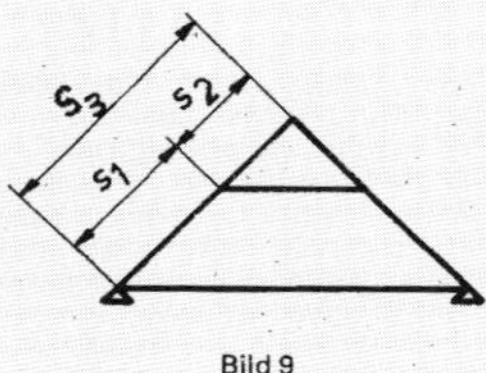

Bild 9

- bei verschieblichen Kehlbalkenbindern
  $s_k = 0{,}8\,s_3$ wenn $s_1 < 0{,}7\,s_3$
  $s_k = s_3$ wenn $s_1 \geq 0{,}7\,s_3$
- bei unverschieblichen Kehlbalkenbindern
  $s_k = s_1$ bzw. s_2

Der Spannungsnachweis ist mit der jeweils größten Druckkraft im unteren Sparrenabschnitt bei verschieblichen und im unteren oder oberen Sparrenabschnitt bei unverschieblichen Kehlbalkenbindern zu führen.

Für das Knicken rechtwinklig zur Binderebene ist der Abstand der seitlichen Aussteifungen maßgebend.

10.1.4. Symmetrische Zwei- und Dreigelenkrahmen
Bei symmetrischen Zwei- und Dreigelenkrahmen darf für das Knicken in der Rahmenebene die Knicklänge näherungsweise mit

$$s_k = h \cdot \sqrt{4 + 1{,}6 \cdot c} \qquad (30)$$

ermittelt werden, siehe Bild 10.

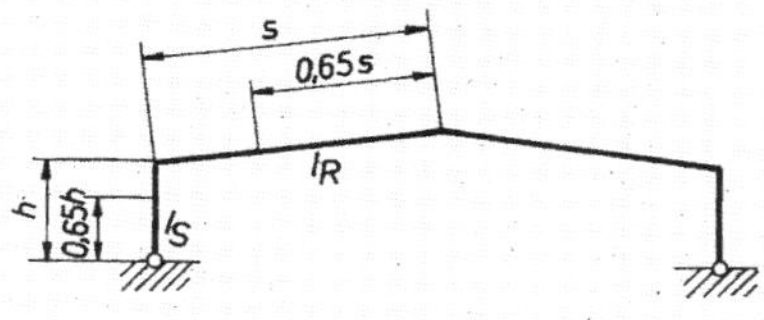

Bild 10

Dabei ist

$$c = \frac{I_S}{I_R} \cdot \frac{2\,s}{h} \qquad (31)$$

Sind die Trägheitsmomente veränderlich, so ist mit den in 0,65 h und 0,65 s vorhandenen Querschnittsabmessungen zu rechnen.

10.1.5. Stützen von Rahmen mit Fachwerkriegel
Für die Stützen von Rahmen mit Fachwerkriegel nach Bild 11 darf für das Knicken in der Rahmenebene die Knicklänge näherungsweise mit

$$s_k = 2\,h_1 + 0{,}7\,h_2 \qquad (32)$$

ermittelt werden, sofern $h_2 \leq h_1$ ist.

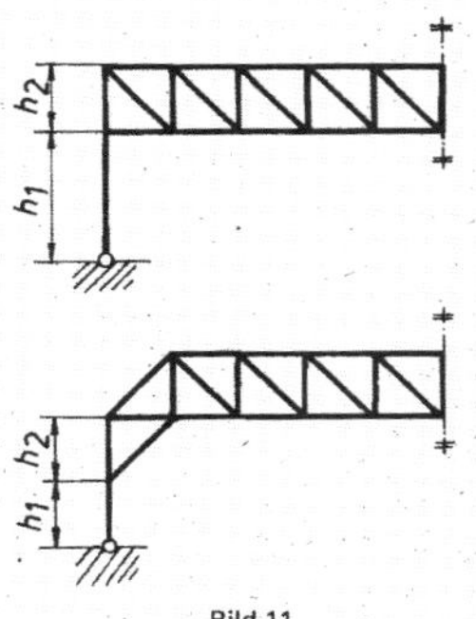

Bild 11

10.1.6. Gurte von Rahmen
Für Gurte von Fachwerk- und Vollwandrahmenstielen gelten für das Knicken rechtwinklig zur Rahmenebene folgende Knicklängen:
- bei seitlich abgestützter innerer Rahmenecke:
  $s_{k1} = l_1$
  $s_{k2} = l_2$
- bei seitlich nicht abgestützter Rahmenecke:
  $s_k = l_1 + l_2$

siehe Bild 12.

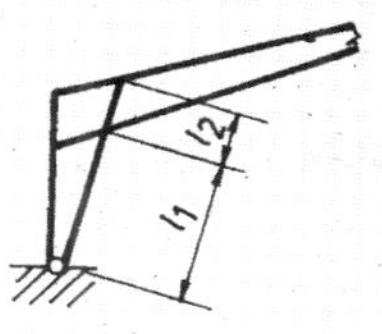

Bild 12

10.1.7. Symmetrische Zwei- und Dreigelenkbogen
Bei symmetrischen Zwei- und Dreigelenkbogen mit einer Pfeilhöhe von $0{,}15\,l \leq f \leq 0{,}5\,l$ und annähernd konstanter Querschnittshöhe darf für das Knicken in der Bogenebene die Knicklänge näherungsweise mit $s_k = 1{,}25\,s$ ermittelt werden, siehe Bild 13.

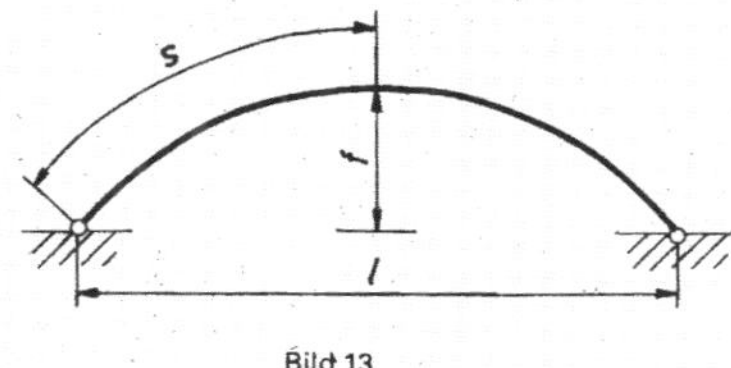

Bild 13

10.2. Schlankheitszahlen
Die maßgebende Schlankheitszahl (λ) eines einteiligen Druckstabes ist die größere der beiden Schlankheitszahlen $\lambda_x = s_{kx}/i_x$ oder $\lambda_y = s_{ky}/i_y$. Hierbei sind s_{kx} und s_{ky} die Knicklängen des Druckstabes für das Ausknicken rechtwinklig zu den Querschnittshauptachsen x – x und y – y sowie i_x und i_y die zugeordneten Hauptträgheitshalbmesser. Bei mehrteiligen Druckstäben ist als maßgebende Schlankheitszahl die wirksame Schlankheitszahl λ_w und für das Ausknicken rechtwinklig zur Stoffachse die vorhandene Schlankheitszahl λ den Nachweisen zugrunde zu legen.
Höchstzulässige Schlankheitszahl λ und λ_w von Druckstäben nach Tabelle 17.

Tabelle 17

Art der Stäbe		λ höchstens	λ_w höchstens
einteilige Stäbe und mehrteilige Stäbe in Bezug auf die Stoffachse		150	–
mehrteilige Stäbe in Bezug auf die stofffreie Achse	unnachgiebig verbunden	–	175
	nachgiebig verbunden		
Stäbe von Aussteifungsverbänden		200	
Zugstäbe, die nur durch Zusatz- oder Sonderlasten kurzzeitig Druckkräfte erhalten			

Seite 14 TGL 33 135/01

10.3. Knickzahlen
Tabelle 18

λ, λ_w	0	1	2	3	4	5	6	7	8	9
0	–	1,00	1,01		1,02			1,03		1,04
10	1,04		1,05		1,06			1,07		1,08
20	1,08	1,09		1,10	1,11		1,12	1,13		1,14
30	1,15	1,16	1,17	1,18	1,19	1,20	1,21	1,22	1,24	1,25
40	1,26	1,27	1,29	1,30	1,32	1,33	1,35	1,36	1,38	1,40
50	1,42	1,44	1,46	1,48	1,50	1,52	1,54	1,56	1,58	1,60
60	1,62	1,64	1,67	1,69	1,72	1,74	1,77	1,80	1,82	1,85
70	1,88	1,91	1,94	1,97	2,00	2,03	2,06	2,10	2,13	2,16
80	2,20	2,23	2,27	2,31	2,35	2,38	2,42	2,46	2,50	2,54
90	2,58	2,62	2,66	2,70	2,74	2,78	2,82	2,87	2,91	2,95
100	3,00	3,06	3,12	3,18	3,24	3,31	3,37	3,44	3,50	3,57
110	3,63	3,70	3,76	3,83	3,90	3,97	4,04	4,11	4,18	4,25
120	4,32	4,39	4,46	4,54	4,61	4,68	4,76	4,84	4,92	4,99
130	5,07	5,15	5,23	5,31	5,39	5,47	5,55	5,63	5,71	5,80
140	5,88	5,96	6,05	6,13	6,22	6,31	6,39	6,48	6,57	6,66
150	6,75	6,84	6,93	7,02	7,11	7,21	7,30	7,39	7,49	7,58
160	7,68	7,78	7,87	7,97	8,07	8,17	8,27	8,37	8,47	8,57
170	8,67	8,77	8,88	8,98	9,08	9,19	9,29	9,40	9,51	9,61
180	9,72	9,83	9,94	10,05	10,16	10,27	10,38	10,49	10,60	10,72
190	10,83	10,94	11,06	11,17	11,29	11,41	11,52	11,64	11,76	11,88
200	12,00	12,12	12,24	12,36	12,48	12,61	12,73	12,85	12,98	13,10
210	13,23	13,36	13,48	13,61	13,74	13,87	14,00	14,13	14,26	14,39
220	14,52	14,65	14,79	14,92	15,05	15,19	15,32	15,46	15,60	15,73
230	15,87	16,01	16,15	16,29	16,43	16,57	16,71	16,85	16,99	17,14
240	17,28	17,42	17,57	17,71	17,86	18,01	18,15	18,30	18,45	18,60
250	18,75	–								

10.4. Gerade, mittig belastete Druckstäbe

10.4.1. Allgemeines

Als gerade, mittig belastete Druckstäbe gelten nur Stäbe, bei denen eine mittige Krafteinleitung planmäßig vorgesehen und konstruktiv gesichert ist und die Stabachse planmäßig gerade ist.

Es sind folgende zusätzliche Nachweise zu führen:

- Spannungsnachweis für die Stoßfläche bei Kontaktstoß und bei Querschnittsschwächungen im Anschluß für den Druckstab
- Biegebeanspruchung und Anschluß von Querverbindungen bei mehrteiligen Druckstäben.

10.4.2. Einteilige Druckstäbe

Beim Stabilitätsnachweis muß sein:

$$\sigma = \omega \frac{N}{A} \leq \text{zul}\ \sigma_{d\parallel} \qquad (33)$$

Beim Spannungsnachweis für Anschlüsse durch Kontaktstoß und für Druckstäbe mit Querschnittsschwächungen im Anschluß muß sein:

$$\sigma = \frac{N}{A_n} \leq \text{zul}\ \sigma_{d\parallel}\ \text{bzw. zul}\ \sigma_{d\perp} \qquad (34)$$

Es bedeutet:

N = Stabkraft

A = Querschnittsfläche des Stabes ohne Abzug der Querschnittsschwächungen infolge Verbindungsmittel in den Anschlüssen

A_n = Querschnittsfläche des Stabes mit Abzug der Querschnittsschwächungen

ω = Knickzahl für die maßgebende Schlankheitszahl

10.4.3. Mehrteilige Druckstäbe

10.4.3.1. Mehrteilige Druckstäbe ohne Spreizung

Querschnittsformen siehe Bild 2

Druckstäbe, deren Einzelstäbe unnachgiebig miteinander verbunden sind, z. B. geklebt, sind wie einteilige Stäbe zu berechnen.

Druckstäbe, deren Einzelstäbe nachgiebig miteinander verbunden sind, sind bei Form A bis D für das Ausknicken rechtwinklig zur Schwerachse x – x und bei Form B und C für das Ausknicken rechtwinklig zur Schwerachse y – y wie ein einteiliger Druckstab mit

$$\lambda_w = \frac{s_k}{i_w} \qquad (35)$$

zu berechnen.

Druckstäbe der Formen A und D sind für das Ausknicken rechtwinklig zur Schwerachse y – y wie ein einteiliger Stab zu berechnen, dessen Trägheitsmoment I_y gleich der Summe der Trägheitsmomente der Einzelstäbe ist.

Die Einzelteile der Stäbe müssen über die ganze Stablänge durchgehend in gleichen Abständen miteinander verbunden sein. Die Krafteinleitung in Einzelteile der Formen A bis C muß zu den Querschnittshauptachsen symmetrisch sein.

Es bedeutet:

$i_w = \sqrt{I_w/A}$

I_w = wirksames Trägheitsmoment nach Formel (8)

A = Querschnittsfläche des Stabes ohne Abzug der Querschnittsschwächungen in den Anschlüssen

10.4.3.2. Mehrteilige Druckstäbe mit Spreizung
Querschnittsformen und Maßbuchstaben nach Bild 14.

Mehrteilige Druckstäbe mit Spreizung sind für das Ausknicken rechtwinklig zur Schwerachse x – x wie ein einteiliger Druckstab zu berechnen, dessen Trägheitsmoment I_x gleich der Summe der Trägheitsmomente der Einzelstäbe ist.

Rahmenstäbe sind für das Ausknicken rechtwinklig zur Schwerachse y–y (stofffreie Achse) wie ein einteiliger Druckstab mit

$$\lambda_w = \sqrt{\lambda_y^2 + \frac{m}{2} \cdot c \cdot \lambda_1^2} \qquad (36)$$

zu berechnen.

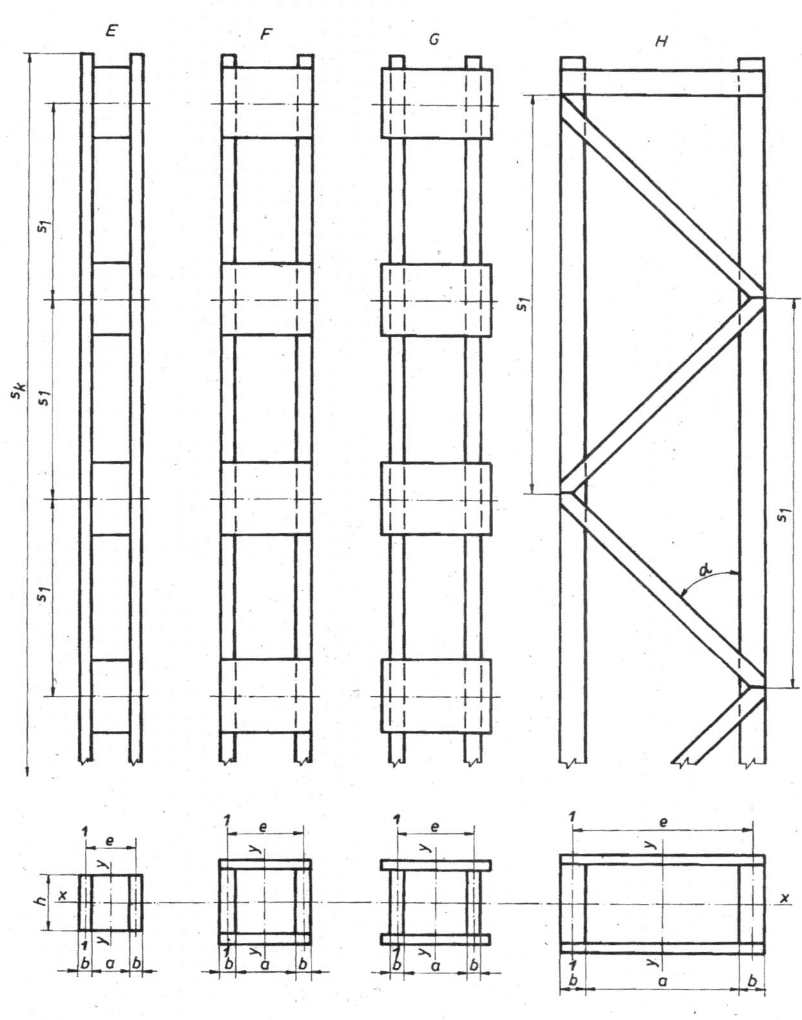

Bild 14

Der Mittenabstand s_1 der Querverbindungen darf höchstens 1/3 der Stablänge und die Schlankheitszahl λ_1 höchstens 60 sein.
Bei vorh $\lambda_1 < 30$ ist in die Formel (36) $\lambda_1 = 30$ einzusetzen.
Es bedeutet:
$\lambda_1 = s_1/i_1$
i_1 = Trägheitsradius des Einzelstabes bezogen auf seine zur Schwerachse y – y parallele Schwerachse 1 – 1
c = Beiwert zur Berücksichtigung der Art der Querverbindung nach Tabelle 19
m = Anzahl der Einzelstäbe
Gitterstäbe sind für das Ausknicken rechtwinklig zur Schwerachse y – y (stofffreie Achse) wie ein einteiliger Druckstab mit

$$\lambda_w = \sqrt{\lambda_y^2 + \frac{4\pi^2 \cdot E \cdot A_1 \cdot m}{e \cdot n \cdot C \cdot \sin 2\alpha}} \qquad (37)$$

zu berechnen.
Die Schlankheitszahl λ_1 darf höchstens 60 sein.
Es bedeutet:
E = Elastizitätsmodul des Holzes parallel zur Faserrichtung
A_1 = Querschnittsfläche des einzelnen Druckstabes
e = Abstand der Schwerachsen der Einzelstäbe
n = Anzahl der Verbindungsmittel, mit welcher die Gesamt-Diagonalstabkraft anzuschließen ist
C = Verschiebungsmodul der Verbindungsmittel nach Tabelle 16
α = Winkel zwischen Diagonale und Einzelstab nach Bild 14; $30° < \alpha < 60°$

10.4.3.3. Querverbindungen
Querverbindungen sind für eine über die ganze Stablänge gleichmäßig wirkende ideelle Querkraft

$$Q_i = \omega \frac{N}{60} \qquad (38)$$

nachzuweisen.

Bei mehrteiligen Druckstäben ohne Spreizung darf Q_i für $\lambda_w < 60$ mit $\lambda_w/60$ abgemindert werden, höchstens jedoch auf $0{,}5\,Q_i$.
Es bedeutet:
ω = Knickzahl für die wirksame Schlankheitszahl λ_w

Bei mehrteiligen Druckstäben mit Spreizung ist bei Querverbindungen mit Zwischen- oder Bindehölzern die auf eine Querverbindung entfallende Schubkraft (T) zu ermitteln aus:

$$T = \frac{Q_i \cdot s_1}{e} \qquad (39)$$

beim zweiteiligen Stab (m = 2)

$$T = 0{,}5 \cdot \frac{Q_i \cdot s_1}{e} \qquad (40)$$

beim dreiteiligen Stab (m = 3)

$$T_1 = 0{,}4 \cdot \frac{Q_i \cdot s_1}{e_1} \qquad (41)$$

beim vierteiligen Stab (m = 4)
zwischen den mittleren Einzelstäben

$$T_2 = 0{,}3 \cdot \frac{Q_i \cdot s_1}{e_2} \qquad (42)$$

beim vierteiligen Stab (m = 4)
außerhalb dieser Einzelstäbe

Biegemomente infolge der Schubkräfte in den Querverbindungen und Lage der Momentennullpunkte nach Bild 15.

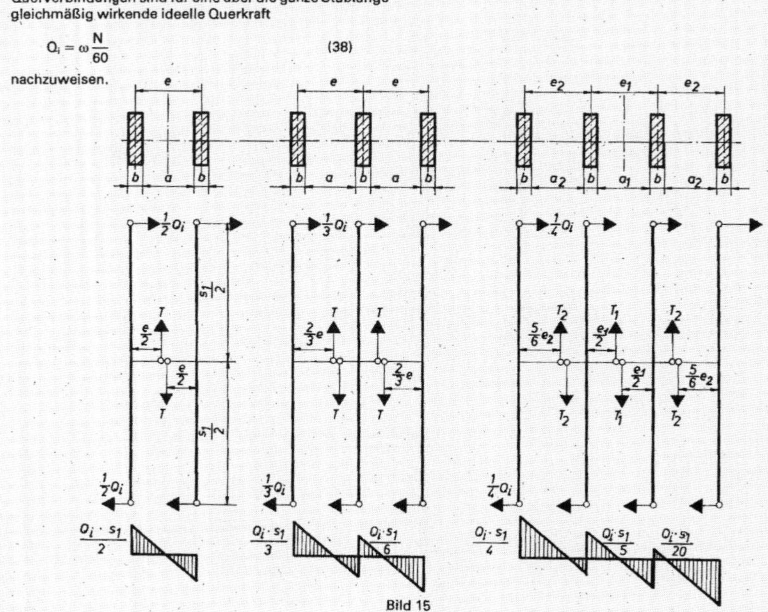

Bild 15

Diagonalen und ihre Anschlüsse sind für die Gesamt-Diagonalkraft

$$D = \frac{Q_i}{\sin \alpha} \quad (43)$$

nachzuweisen.

Anforderungen an Spreizungen (a) der Einzelstäbe und Beiwerte (c) für Querverbindungen nach Tabelle 19

Tabelle 19

Benennung	Querverbindung von Rahmenstäben, Form E, durch Zwischenhölzer: Dübel	Form E, Zwischenhölzer: Nägel	Form E, Zwischenhölzer: Klebstoff	Form F, G, durch Bindehölzer: Nägel	Form F, G, Bindehölzer: Klebstoff	Gitterstäben Form H, Diagonalen Nägel, Dübel
Spreizung (a) der Einzelstäbe höchstens		3b		6b		10b
Beiwert c	2,5	3,0	1,0	4,5	3,0	–

Querverbindungen müssen bei mehrteiligen Druckstäben mit Spreizung an den Stabenden und mindestens in den Drittelpunkten der Stablänge angeordnet sein. Eine gesonderte Bemessung der Querverbindungen an den Stabenden darf entfallen, wenn die Schubkräfte im Stabanschluß mit aufgenommen werden.

Die Länge von Zwischenhölzern mit geklebten Anschlüssen muß mindestens 2 · a betragen.

Der Nachweis der Biegebeanspruchung der Zwischenhölzer infolge der Schubkraft (T) darf bei Spreizung $a \leq 2\,b$ entfallen.

Diagonalen sind mit mindestens 4 Nägeln oder 1 Dübel je Scherfuge anzuschließen. Die Querschnittsbreite b der Einzelstäbe darf bei Ausführung mit geklebten Anschlüssen der Bindehölzer höchstens 40 mm sein.

Bei Baugerüsten und fliegenden Bauten dürfen Zwischenhölzer auch mit Sechskantschrauben angeschlossen werden, wenn die Muttern entsprechend dem Schwinden der Hölzer nachgezogen werden.

In Formel (36) ist in diesem Fall c = 3,0 einzusetzen.

10.5. Außermittig belastete Druckstäbe

10.5.1. Allgemeines

Als außermittig belastete Druckstäbe gelten

- gerade Stäbe mit planmäßig außermittigem Kraftangriff
- gerade Stäbe mit mittigem Kraftangriff und zusätzlicher Biegebeanspruchung
- Stäbe mit planmäßiger Krümmung ihrer Achse im lastfreien Zustand
- Stäbe mit außermittiger Kraftwirkung infolge Querschnittsschwächung

Es sind folgende zusätzliche Nachweise zu führen:

- Spannungsnachweis für die Stoßfläche bei Kontaktstoß und bei Querschnittsschwächungen im Anschluß für den Druckstab
- Biegebeanspruchung und Anschluß von Querverbindungen bei mehrteiligen Druckstäben.

10.5.2. Einteilige Druckstäbe

Beim Stabilitätsnachweis muß sein:

$$\sigma = \omega \frac{N}{A} + \frac{\mathrm{zul}\,\sigma_{d\parallel}}{\mathrm{zul}\,\sigma_b} \cdot \frac{M}{W} \leq \mathrm{zul}\,\sigma_{d\parallel} \quad (44)$$

Beim Spannungsnachweis für Anschlüsse und für Druckstäbe mit Querschnittsschwächungen im Anschluß muß sein:

$$\sigma = \frac{N}{A_n} + \frac{\mathrm{zul}\,\sigma_{d\parallel}}{\mathrm{zul}\,\sigma_b} \cdot \frac{M}{W_n} \leq \mathrm{zul}\,\sigma_{d\parallel} \quad (45)$$

Es bedeutet:

ω = Knickzahl für die größere der beiden Schlankheitszahlen λ_x oder λ_y

10.5.3. Mehrteilige Druckstäbe

10.5.3.1. Mehrteilige Druckstäbe ohne Spreizung

Querschnittsformen siehe Bild 2

Druckstäbe, deren Einzelstäbe unnachgiebig miteinander verbunden sind, z. B. geklebt, sind wie einteilige Stäbe zu berechnen.

Druckstäbe, deren Einzelstäbe nachgiebig miteinander verbunden sind, sind bei Form A bis D nach den Formeln (46) bis (49) zu berechnen.

Druckstäbe der Formen A und D sind für das Ausknicken in der Momentenebene rechtwinklig zur Schwerachse y – y wie ein einteiliger Stab zu berechnen, dessen Trägheitsmoment I_y gleich der Summe der Trägheitsmomente der Einzelstäbe ist.

Beim Spannungsnachweis muß für alle Querschnittsformen sein

$$\sigma_i = \frac{N}{A_n} + \frac{\mathrm{zul}\,\sigma_{d\parallel}}{\mathrm{zul}\,\sigma_b} \cdot \frac{M}{I_w} \cdot e_{wi} \leq \mathrm{zul}\,\sigma_{d\parallel} \quad (46)$$

$$\sigma_{ei} = \frac{N}{A_n} + \frac{\mathrm{zul}\,\sigma_{d\parallel}}{\mathrm{zul}\,\sigma_b} \cdot \frac{M}{I_w} \cdot e_{ewi} \leq \mathrm{zul}\,\sigma_{d\parallel} \quad (47)$$

Beim Stabilitätsnachweis muß für alle Querschnittsformen sein

$$\sigma_i = \omega \frac{N}{A} + \frac{\mathrm{zul}\,\sigma_{d\parallel}}{\mathrm{zul}\,\sigma_b} \cdot \frac{M}{I_w} \cdot e_{wi} \leq \mathrm{zul}\,\sigma_{d\parallel} \quad (48)$$

$$\sigma_{ei} = \omega \cdot \frac{N}{A} + \frac{\mathrm{zul}\,\sigma_{d\parallel}}{\mathrm{zul}\,\sigma_b} \cdot \frac{M}{I_w} \cdot e_{ewi} \leq \mathrm{zul}\,\sigma_{d\parallel} \quad (49)$$

Der Schubspannungsnachweis ist nach Formel (14) oder (15) zu führen.

Wird ein Druckstab durch Biegemomente M_x und M_y belastet, so sind bei den Spannungs- und Stabilitätsnachweisen σ_{bx} und σ_{by} zu überlagern.

Es bedeutet:

e_{wi} = wirksamer Randabstand nach Formel (16) bis (18)

e_{ewi} = wirksamer Schwerpunktabstand nach Formel (19)

ω = Knickzahl für die maximale Schlankheitszahl

10.5.3.2. Mehrteilige Druckstäbe mit Spreizung
Querschnittsformen und Maßbuchstaben nach Bild 14.
Mehrteilige Druckstäbe mit Spreizung dürfen rechtwinklig zur stofffreien Schwerachse y – y nur durch kurzzeitige Belastungen, z. B. Windlast oder sonstige Zusatzlasten, belastet werden.
In diesem Falle muß in der Momentenebene beim Spannungsnachweis

$$\sigma = \frac{N}{A_n} + \frac{\text{zul}\,\sigma_{d\parallel}}{\text{zul}\,\sigma_b} \cdot \frac{M}{I_w} \cdot e_{wi} \leq \text{zul}\,\sigma_{d\parallel} \qquad (50)$$

beim Stabilitätsnachweis

$$\sigma = \omega \frac{N}{A} + \frac{\text{zul}\,\sigma_{d\parallel}}{\text{zul}\,\sigma_b} \cdot \frac{M}{I_w} \cdot e_{wi} \leq \text{zul}\,\sigma_{d\parallel} \qquad (51)$$

sein.
Druckstäbe sind für das Ausknicken in der Momentenebene rechtwinklig zur Schwerachse x – x wie ein einteiliger Stab zu berechnen, dessen Trägheitsmoment I_x gleich der Summe der Trägheitsmomente der Einzelstäbe ist.
Es bedeutet:

$I_w = i_w^2 \cdot A$ mit
$i_w = s_{ky} / \lambda_w$, wobei
λ_w für Rahmenstäbe nach Formel (36) und für Gitterstäbe nach Formel (37) zu errechnen ist

$$e_{wi} = \frac{e}{2} \cdot \gamma \cdot \frac{A_1}{A_{in}} + \frac{b}{2} \cdot \frac{l_1}{l_{1n}} \text{ mit} \qquad (52)$$

$$\gamma = \frac{12 \cdot i_w^2 - b^2}{3 \cdot e^2} \text{ für den Spannungsnachweis}$$

Beim Stabilitätsnachweis darf der Einfluß der Querschnittsschwächungen entfallen.

10.5.3.3. Querverbindungen sind wie bei geraden, mittig belasteten Druckstäben zu berechnen und auszubilden. Bei der Ermittlung der auf eine Querverbindung entfallenden Schubkraft (T) ist zusätzlich zur ideellen Querkraft (Q_i) nach Formel (38) die Querkraft aus der äußeren Belastung (Q_a) zu berücksichtigen. In den Formeln (39) bis (42) ist anstelle von Q_i die Gesamtquerkraft

$$Q = Q_a + Q_i \qquad (53)$$

einzusetzen.

10.6. Stöße
Stöße sind so nahe wie möglich an abgestützte Stellen zu legen. Bei Kontaktanschlüssen dürfen die Verbindungsmittel für die halbe Druckkraft bemessen werden. Bei Stößen, die mehr als 0,25 s vom Stabende entfernt sind, müssen durch die Stoßdeckungsteile die Querschnittsfläche und das Trägheitsmoment des Druckstabes voll gedeckt werden. Sind zusätzlich Biegemomente vorhanden, gelten die Festlegungen für Biegestöße.

11. VERBÄNDE UND ABSTÜTZUNGEN

11.1. Allgemeines
Druckstäbe und Druckgurte von Fachwerk- und Biegeträgern sind, soweit es zur Gewährleistung ihrer Tragsicherheit erforderlich ist, durch Verbände oder Abstützungen zu sichern.

11.2. Verbände von Fachwerk- und Biegeträgern
Verbände, die Druckgurte von Fachwerkträgern und Druckgurte von Biegeträgern zu stabilisieren haben, dürfen zusätzlich zu den planmäßigen Belastungen, z. B. Windbelastung, zur Berücksichtigung der Stabilisierungswirkung mit einer verteilt angenommenen Seitenkraft von

$$q = \pm \frac{m \cdot N}{30 \cdot l} \qquad (54)$$

berechnet werden, sofern keine genaue Ermittlung der Seitenkraft erfolgt.
Die nach Formel (54) ermittelte Seitenkraft stellt keine äußere Belastung dar.
Es bedeutet:

m = Anzahl der abzustützenden Druckgurte von Fachwerk- oder Biegeträgern
N = Mittelwert der Längskraft des Druckgurtes; bei Rechteckquerschnitten, die auf Biegung beansprucht werden, ist max M/h einzusetzen
l = Gesamtlänge des abzustützenden Bereiches des Druckgurtes

11.3. Abstützung von Druckstäben
Stützstäbe zur Unterteilung der Knicklänge von Druckstäben und ihre Anschlüsse sind für eine Kraft von

$$N' = N/60 \qquad (55)$$

bei Druckstäben aus Rundholz für eine Kraft von

$$N' = N/40 \qquad (56)$$

nachzuweisen.
Werden mehrere in einer Ebene angeordnete Druckstäbe zur Unterteilung ihrer Knicklänge an Zwischenpunkten abgestützt, so muß die Summe der Stützkräfte im zugehörigen Stützbereich vom Stützstab aufgenommen werden, siehe Bild 16.

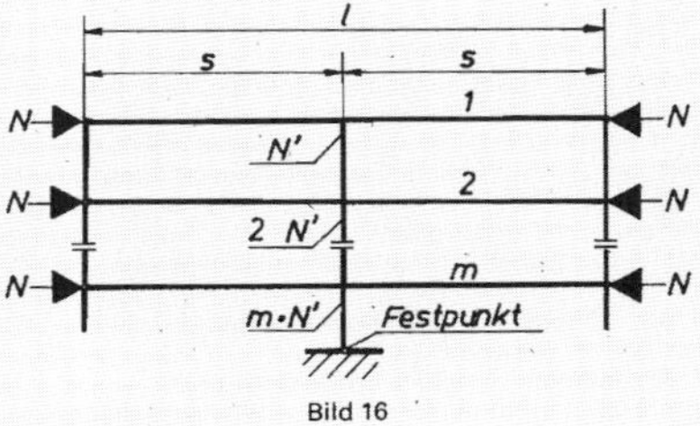

Bild 16

11.4. Abstützungen von Dachbindern
11.4.1. Allgemeines
Druckgurte von Dachbindern sind wie Druckgurte von Fachwerkbindern oder Biegeträgern durch Verbände gegen seitliches Ausweichen abzustützen, sofern die Bedingungen für Abstützungen durch Dachlatten oder Dachschalung nicht gegeben sind.
Bei Gebäudelängen über 12,00 m sind mindestens zwei Verbände anzuordnen. Der Mittenabstand der Verbände darf in der Regel 25,00 m nicht überschreiten.

11.4.2. Abstützung von Dachbindern durch Dachlatten
Dachlatten dürfen für die seitliche Abstützung der Sparren von Sparren- und Kehlbalkendächern herangezogen werden, wenn

– der Sparrenquerschnitt ein Seitenverhältnis von $h/b \leq 3$ aufweist
– die Sparren an Verbände angeschlossen sind
– die Binderspannweite $l \leq 15{,}00$ m beträgt
– die Dachlatten in jedem Auflager mit mindestens 1 Verbindungsmittel, z. B. Nagel, angeschlossen sind.

11.4.3. Abstützung von Dachbindern durch Dachschalung
Dachschalung aus Brettern darf für die seitliche Abstützung von Sparren und Dachbindern herangezogen werden, wenn

- die ständige Belastung der Sparren höchstens 50 % der Gesamtlast beträgt
- die Binderspannweite höchstens 15,00 m beträgt
- die Binderabstände höchstens 1,50 m betragen
- die Brettquerschnitte bei einem
  - Binderabstand bis 1,25 m mindestens 90 mm x 18 mm
  - Binderabstand über 1,25 m bis 1,50 m, mindestens 90 mm x 24 mm

  betragen
- die Dachlänge mindestens 80 % der Binderspannweite beträgt
- die Dachschalung unmittelbar auf den Sparren oder Dachbindern aufliegt
- die Bretter mindestens über drei Binderfelder reichen, ausgenommen Ausgleichslängen in den ersten zwei Randfeldern an den Giebeln
- die Stöße um je 1,00 m Deckbreite versetzt sind
- jedes Brett, auch bei Einsatz von Tafeln, an jedem Auflager mit mindestens 2 Nägeln und einer Mindesteindringtiefe von 2/3 der Nagellänge angeschlossen ist.

Verbände dürfen durch Scheiben, z. B. aus Brettern oder Spanplatten, ersetzt werden, wenn deren Tragfähigkeit und Mitwirkung zweifelsfrei feststehen oder nachgewiesen sind.

12. ZUSÄTZLICHE FESTLEGUNGEN FÜR BAUTEILE AUS BRETTSCHICHTEN, GEKLEBT

12.1. Allgemeines
Begriff, Sortiment siehe TGL 33 136/01

12.2. Bauteile mit veränderlicher Querschnittshöhe
Die Veränderung der Querschnittshöhe durch schräges Anschneiden, siehe Bild 17, ist zulässig wenn

- die Bauteile vorwiegend auf Biegung beansprucht werden
- auf der Zugseite mindestens 15 % der größten Trägerhöhe aus durchlaufenden Brettschichten besteht
- mindestens 2 Brettschichten durchlaufend vorhanden sind

Durchlaufende Brettschichten sind nicht erforderlich, wenn

- die Neigung des Schrägschnittes höchstens 10 % beträgt oder
- die angeschnittenen Brettschichten bei der Querschnittsbemessung unberücksichtigt bleiben.

Schrägschnitte in der Zugzone von Biegeträgern müssen mindestens 2 aufgeklebte Brettschichten aufweisen, wenn die Bauteile

- in offenen oder teilweise offenen Bauten mit Überdachung
- für freistehende Tragwerke ohne Schutz gegen Klimaeinwirkungen
- im Inneren von Gebäuden mit gleichbedeutenden klimatischen Einflüssen

eingesetzt werden.

12.3. Gekrümmte Bauteile
Biegeradius (R) nach Tabelle 20

Tabelle 20

d in mm	10	20	25	30	35	40
R mindestens	150 d	200 d	250 d	300 d	350 d	400 d

Zwischenwerte dürfen geradlinig interpoliert werden

Für gekrümmte Bauteile mit einem Verhältnis von Biegeradius (R) zu Querschnittshöhe (h) < 10 muß die maximale Biegespannung unter Berücksichtigung der nichtlinearen Spannungsverteilung ermittelt werden.
Bei einem Verhältnis $2 < R/h < 10$ muß sein:

$$\sigma = \frac{M}{W_n}\left(1 + \frac{h}{2\,R}\right) \leq \text{zul}\ \sigma_b \qquad (57)$$

Die Querzugspannung muß unabhängig vom Verhältnis R/h sein:

$$\sigma = \frac{M}{W} \cdot \frac{h}{4\,R} \leq \text{zul}\ \sigma_{z\perp} \qquad (58)$$

Es bedeutet:
R = Biegeradius der Achse des gebogenen Bauteiles
d = max Dicke der Brettschichten
W_n = Widerstandsmoment mit Abzug von Querschnittsschwächungen

13. HOLZVERBINDUNGEN

13.1. Allgemeines
Verbindungsmittel an Bauteilen, bei denen infolge eines hohen Gleichgewichtsfeuchtesatzes oder aggressiver chemischer Einwirkungen mit einer Minderung der Tragfähigkeit durch Korrosion zu rechnen ist, müssen gegen diese Einwirkungen wirksam geschützt sein.

13.2. Klebverbindungen
Für den Nachweis von Klebverbindungen sind die zulässigen Spannungen für Bauholz nach Tabelle 7 für

- Zug rechtwinklig zur Faserrichtung (zul $\sigma_{z\perp}$) und
- Abscheren parallel zur Faserrichtung (zul τ)

maßgebend.

13.3. Nagelverbindungen
13.3.1. Allgemeines
Nagelverbindungen gelten als wirksam, wenn bei

- Scherbeanspruchung in jeder Scherfuge
  - bei einschnittigen Verbindungen mindestens 3 Nagelscherflächen und
  - bei mehrschnittigen Verbindungen mindestens 2 Nagelscherflächen

  vorhanden sind
- Zugbeanspruchung nur Windlasten und/oder ständige Lasten einwirken

Nagelverbindungen sind nicht zulässig bei

- dynamischer Belastung
- Anschlüssen an Hirnholz
- einseitigen Anschlüssen an Rundhölzer
- Verbindung von zwei Rundhölzern

Bild 17

13.3.2. Zulässige Belastung bei Scherbeanspruchung
Mindesteindringtiefen (min t)
- für einschnittige Verbindungen: 6 d, siehe Bild 18
- für mehrschnittige Verbindungen: 4 d, siehe Bild 19

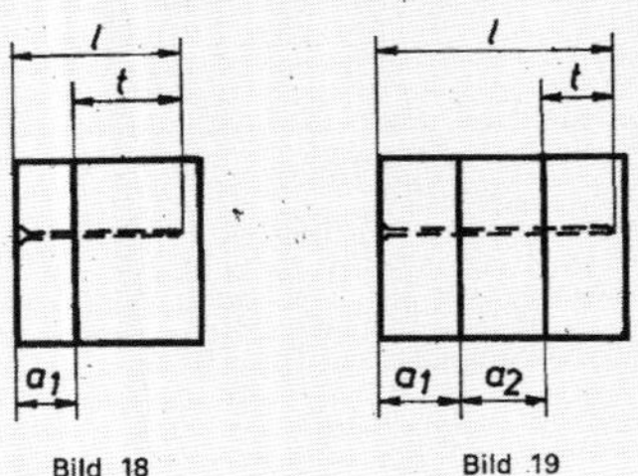

Bild 18 Bild 19

Für vorh t > min t beträgt die zulässige Belastung

$$F = \frac{\text{vorh } t}{\text{min } t} \cdot \text{zul } F \leq 2 \text{ zul } F.$$

Bei Anschlüssen mit mehr als 10, höchstens jedoch 20 in Belastungsrichtung hintereinander angeordneten Nägeln beträgt die zulässige Belastung 0,9 · zul F.
Bei Anschlüssen an Rundholz beträgt die zulässige Belastung 0,65 · zul F, sofern nicht durch Abblatten die vorgeschriebenen Mindestnagelabstände eingehalten werden.

Tabelle 21

Nagel-durch-messer (d)	zulässige Belastung (zul F) je Nagelscherfläche in N für Nadelschnittholz allgemein	Nadelschnittholz vorgebohrte Nagellöcher und Knotenblechanschluß	Laubschnittholz	Mindest-holzdicke a_1 und a_2	Eindringtiefen bei einschnittig min t = 6 d	einschnittig 2 t = 12 d	mehrschnittig min t = 4 d	mehrschnittig 2 t = 8 d
	bei Mindesteindringtiefen (min t)							
3,1	185	230	550		19	38	13	25
3,4	215	270	650	24	21	41	14	27
3,8	260	325	780		23	46	15	30
4,2	310	390	930	26	25	51	17	34
4,6		450	1090	28	28	56	19	37
5,5		610	1460	35	33	66	22	44
6,0		700	1680		36	72	24	48
7,0	–	900	2160	45	42	84	28	56
7,5		1000	2400		45	90	30	60
8,0		1110	2670	50	48	96	32	64
9,0		1300	3200	55	54	108	36	72

13.3.3. Zulässige Belastung bei Zugbeanspruchung
Mindesteindringtiefen
- für Nagelung nach Bild 20 und 21: 2 · a_1
- für Nagelung nach Bild 22: 3 · a_1

Für Nägel, die in Richtung ihrer Längsachse durch Zugkräfte belastet werden, beträgt

$$\text{zul } F = d \cdot t \tag{59}$$

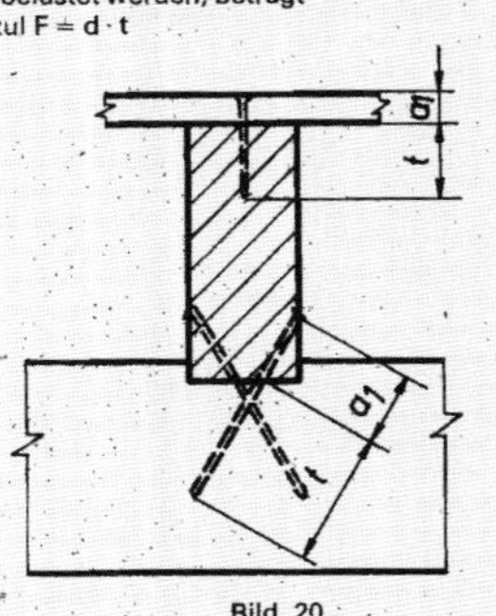

Bild 20

Die zulässige Belastung beträgt 0,65 · zul F wenn
- die Belastung durch ständige oder langzeitige Lasten erfolgt
- der Holzfeuchtesatz u > 18 % ist, auch wenn das Holz nachträglich austrocknen kann.

Treten beide Einflüsse gleichzeitig auf, beträgt die zulässige Belastung 0,5 · zul F.

Es bedeutet:
zul F = zulässige Belastung in N
d = Nageldurchmesser in mm, Mindestdurchmesser 3,4 mm
t = vorhandene Eindringtiefe in mm

Bild 21

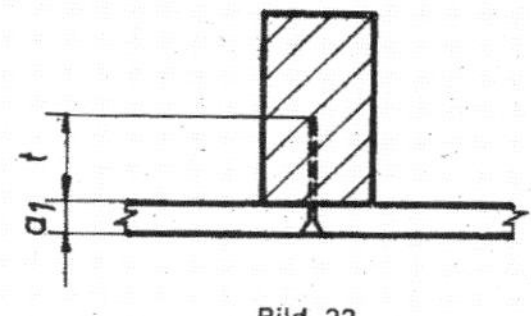

Bild 22

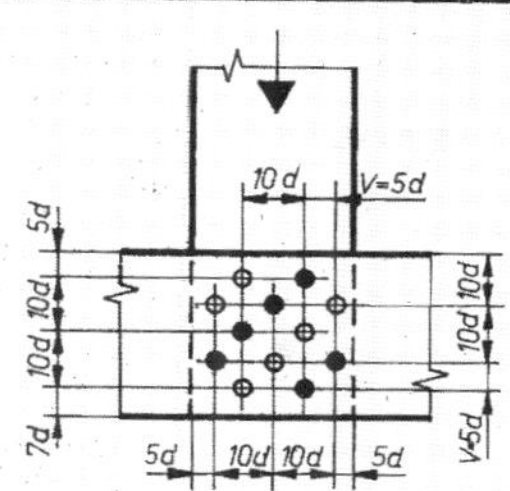

Bild 25

13.3.4. Konstruktive Forderungen

13.3.4.1. Nagelabstände

Tabelle 22

Abstände	Nagelabstände allgemein		Nagellöcher vorgebohrt	
	Nagellöcher parallel	rechtwinklig zur Faserrichtung	parallel	rechtwinklig
untereinander mindestens	10 d	3,5 d [8] 5 d	5 d	3,5 d
höchstens	40 d	20 d	40 d	20 d
vom belasteten Rand mindestens	15 d	5 d [9] 7 d	10 d	5 d
vom unbelasteten Rand mindestens	7 d	3,5 d [10] 5 d	5 d	3,5 d

Die Mindestnagelabstände gelten für einen Holzfeuchtesatz u < 25 % bei der Herstellung. Bei einem Holzfeuchtesatz u > 25 % sind die Nagelabstände auf das 1,5fache zu vergrößern. Nagellöcher in Laubholz und für Nageldurchmesser d > 4,2 mm sind mit etwa 0,85 d und bei Knotenblechen mit 1,0 d vorzubohren.

Beispiele siehe Bilder 23 bis 30

● Nägel auf Vorderseite eingeschlagen

o Nägel auf Rückseite eingeschlagen

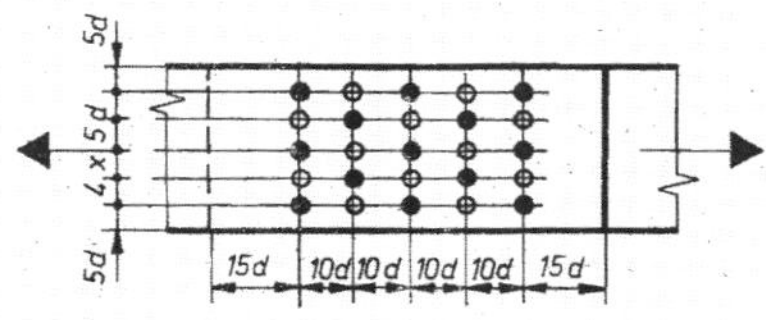

Bild 23

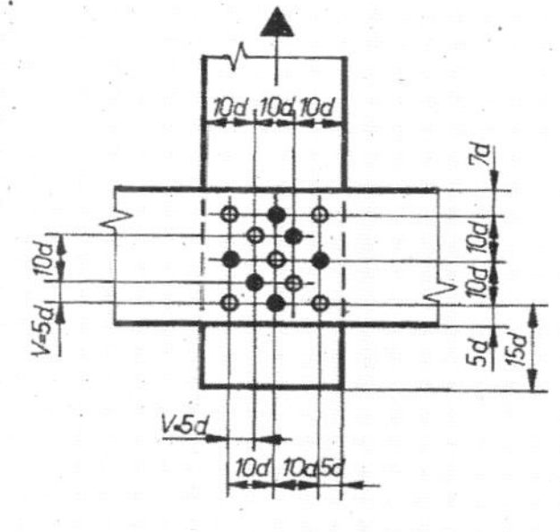

Bild 26

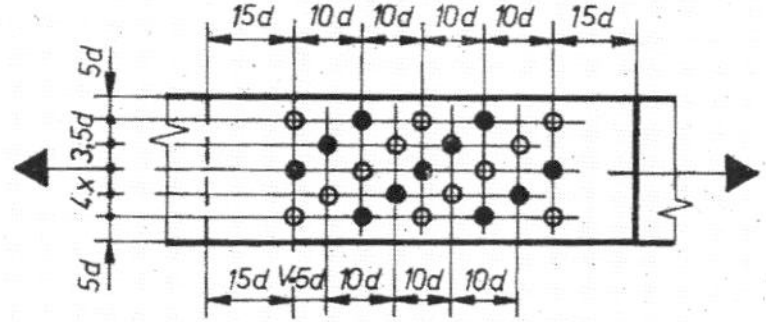

Bild 24

[8] Nägel in nebeneinanderliegenden Reihen um mindestens v = 5 d versetzt, siehe Bilder 24, 27, 28, 30

[9] für Anschlußwinkel ≤ 15°

[10] bei stationärer maschineller Nagelung im Steg von Deckenträgern

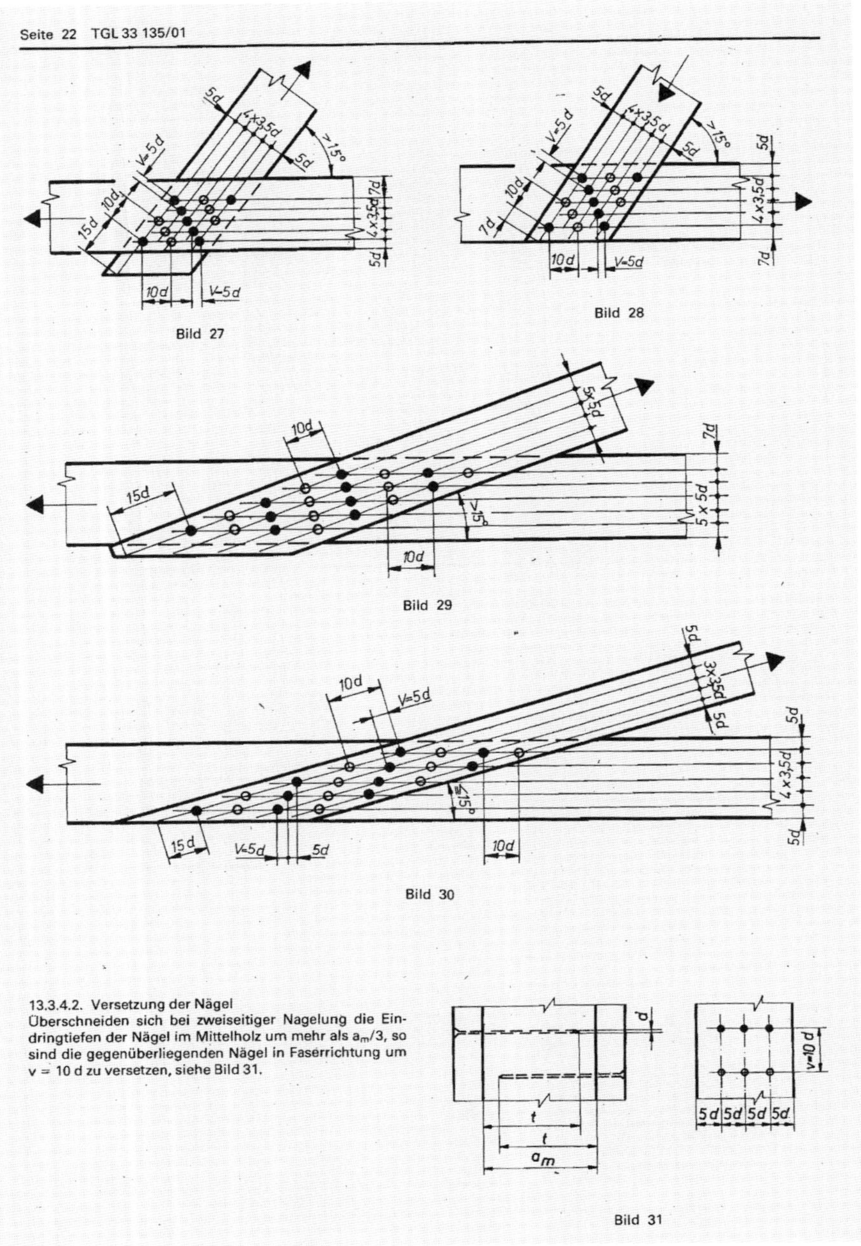
Seite 22 TGL 33 135/01

Bild 27

Bild 28

Bild 29

Bild 30

13.3.4.2. Versetzung der Nägel

Überschneiden sich bei zweiseitiger Nagelung die Eindringtiefen der Nägel im Mittelholz um mehr als $a_m/3$, so sind die gegenüberliegenden Nägel in Faserrichtung um v = 10 d zu versetzen, siehe Bild 31.

Bild 31

13.3.4.3. Anschlüsse mit Knotenblechen

Werden genagelte Anschlüsse und Stöße mit außenliegenden oder eingeschlitzten oder zwischengelegten Knotenblechen hergestellt, so gelten folgende zusätzliche Festlegungen, siehe Bild 32:

- Nagellöcher brauchen bei außen liegenden Knotenblechen für Nageldurchmesser ≤ 4,2 mm nur im Blech gebohrt zu werden.
- Knotenbleche, die auf Druck beansprucht werden, müssen beulsicher sein.

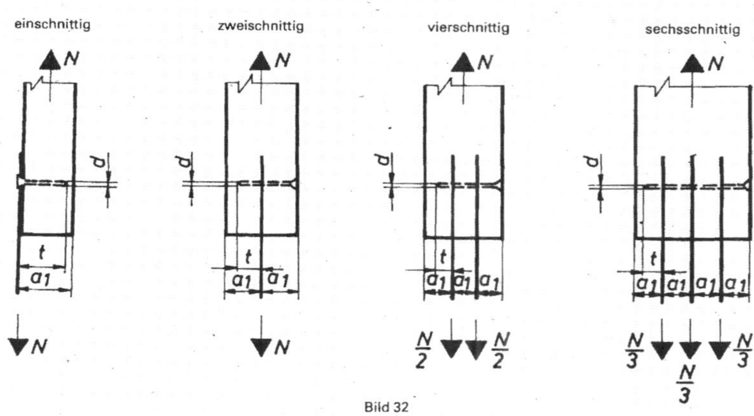

Bild 32

13.3.4.4. Anschlüsse an Rundholz

Es gelten folgende zusätzliche Festlegungen:

- Die Nägel müssen auf der Berührungslinie oder Berührungsfläche der Rundhölzer angeordnet sein, siehe Bild 33.
- Bei Stößen muß das Rundholz im Bereich der Laschen Anschlußflächen aufweisen, siehe Bild 34.

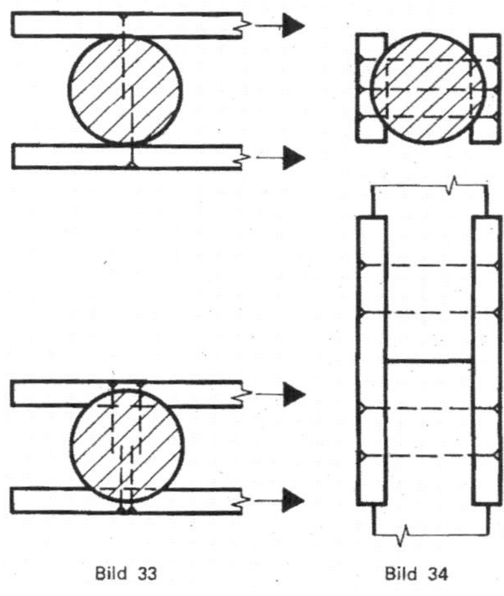

Bild 33 Bild 34

13.4. Holzschraubenverbindungen

13.4.1. Allgemeines

Schraubenverbindungen gelten als wirksam, wenn bei

- Scherbeanspruchung in jeder Scherfuge
  - bei einschnittigen Verbindungen mindestens 3 Schraubenscherflächen und
  - bei mehrschnittigen Verbindungen mindestens 2 Schraubenscherflächen

  vorhanden sind
- Zugbeanspruchung nur Windlasten und/oder ständige Lasten einwirken

Schraubenverbindungen sind nicht zulässig bei

- dynamischer Belastung
- Anschlüssen an Hirnholz
- einseitigen Anschlüssen an Rundhölzer
- Verbindung von zwei Rundhölzern

13.4.2. Zulässige Belastung bei Scherbeanspruchung
Mindesteindringtiefe min $t = 4\,d_1$

Tabelle 23

Durchmesser (d_1)	Winkel zwischen Kraft- und Faserrichtung	zulässige Belastung (zul F) je Schraubenscherfläche in N bei Mindesteindringtiefe und anzuschließender Holzdicke a_1 höchstens									min t $= 4\,d_1$
		24	28	30	35	38	40	45	50	60	
4	0 bis 90°	135									16
5	0 bis 90°	210									20
6	0 bis 90°	300	305								24
8	0 bis 90°	400	450	480	545						32
10	0°	500	560	600	700	760	800	850			40
10	90°	375	420	450	525	570	600	640			40
12	0°	600	670	720	840	910	960	1080	1200	1220	48
12	90°	450	500	540	630	680	720	810	900	915	48

Für Durchmesser $d_1 = 10$ mm und $d_1 = 12$ mm darf die zulässige Belastung zwischen 0 und 90° geradlinig interpoliert werden.
Für vorh $t >$ min t beträgt die zulässige Belastung

$$F = \frac{\text{vorh } t}{\text{min } t} \cdot \text{zul } F \leq 2 \text{ zul } F.$$

Bei Verbindungen zwischen Bauteilen aus Holz und aus Stahl, z. B. Anschlüssen mit Stahllaschen, beträgt die zulässige Belastung 1,25 · zul F.
Bei Anschlüssen mit mehr als 10, höchstens jedoch 20 in Belastungsrichtung hintereinander angeordneten Schrauben beträgt die zulässige Belastung 0,9 · zul F.
Bei Anschlüssen an Rundholz beträgt die zulässige Belastung 0,65 · zul F, sofern nicht in den Anschlußflächen die vorgeschriebenen Mindestschraubenabstände eingehalten werden.

13.4.3. Zulässige Belastung bei Zugbeanspruchung
Mindesteindringtiefe min $t = 4\,d_1$
Die zulässige Belastung F in Richtung der Längsachse beträgt bei einem Holzfeuchtesatz $12\,\% < u \leq 18\,\%$:
– für Schrauben nach TGL 0-95, TGL 0-96 und TGL 0-97
$$\text{zul } F = 3 \cdot t_g \cdot d_1 \qquad (60)$$
– für Schrauben nach TGL 0-571
$$\text{zul } F = 4{,}5 \cdot t_g \cdot d_1 \qquad (61)$$
Es bedeutet:
zul F = zulässige Belastung in N
t_g = Eindringtiefe des Gewindeteiles in die tragende Holzdicke in mm, siehe Bild 35
d_1 = äußerer Gewindedurchmesser der Schraube in mm

Die zulässige Belastung beträgt 0,65 · zul F, wenn
– die Belastung durch ständige Eigenlasten von Baustoffen oder Bauteilen erfolgt
– der Holzfeuchtesatz $u > 18\,\%$ ist, auch wenn das Holz nachträglich austrocknen kann.
Treten beide Einflüsse gleichzeitig auf, beträgt die zulässige Belastung 0,5 · zul F.

13.4.4. Konstruktive Forderungen
Für Schraubenabstände gelten die Festlegungen nach Tabelle 22 für Nägel mit vorgebohrten Nagellöchern. Die Schraubenlöcher sind auf die Länge des Schaftes mit d_1 und auf die Gewindelänge mit d_2, entsprechend Erzeugnisstandard, zu bohren.

13.5. Stahlstift-, Sechskantschrauben- und Stiftschraubenverbindungen
13.5.1. Allgemeines
Stahlstiftverbindungen gelten als wirksam, wenn bei Scherbeanspruchung in jeder Scherfuge
– bei einschnittigen Verbindungen mindestens 4 Stahlstiftscherflächen und
– bei mehrschnittigen Verbindungen mindestens 2 Stahlstiftscherflächen
vorhanden sind.
Stahlstiftverbindungen sind nicht zulässig bei
– dynamischer Belastung
– Anschlüssen an Hirnholz

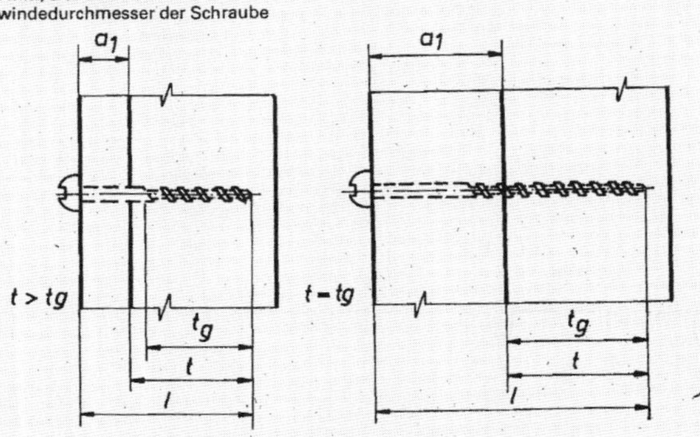

Bild 35

Verbindungen mit Sechskantschrauben und Stiftschrauben, nachfolgend Schrauben genannt, gelten als wirksam, wenn mindestens 2 Schraubenscherflächen vorhanden sind.

Schraubenverbindungen sind zulässig, wenn

- die infolge der größeren Nachgiebigkeit der Schrauben zu erwartenden größeren Verformungen für die Trag- und Nutzungsfähigkeit keine Einschränkungen ergeben
- der Einfluß der Verformungen berücksichtigt wird und die Lösbarkeit der Verbindungsmittel gefordert ist
- die Muttern von Schraubenverbindungen nachgespannt oder gegen unbeabsichtigtes Lockern gesichert werden.

13.5.2. Zulässige Belastung

Die zulässige Belastung bei Scherbeanspruchung von Stahlstiften oder Schrauben beträgt bei Kraftrichtung parallel zur Faserrichtung

$$\text{zul } F \leq \text{zul } \sigma_l \cdot a \cdot d \qquad (62)$$

jedoch höchstens

$$\text{zul } F = k \cdot d^2 \qquad (63)$$

Bei Kraftrichtung rechtwinklig zur Faserrichtung beträgt die zulässige Belastung 0,75 · zul F.

Für Winkel zwischen 0 und 90° Kraftrichtung und Faserrichtung darf die zulässige Belastung geradlinig interpoliert werden.

Bei Verbindungen zwischen Bauteilen aus Holz und aus Stahl, z. B. Anschlüsse mit Stahllaschen, beträgt die zulässige Belastung 1,25 · zul F.

Es bedeutet:

zul F = zulässige Belastung in N

σ_l = zulässige mittlere Lochleibungsspannung des Holzes parallel zur Faser nach Tabelle 24

a = kleinste Holzdicke in mm oder bei Stahlstiften die Länge im angeschlossenen Holzteil

d = Durchmesser des Verbindungsmittels in mm

k = Beiwert nach Tabelle 24

13.5.3. Konstruktive Forderungen

Abstände der Verbindungsmittel nach Tabelle 25

Beispiele siehe Bild 36

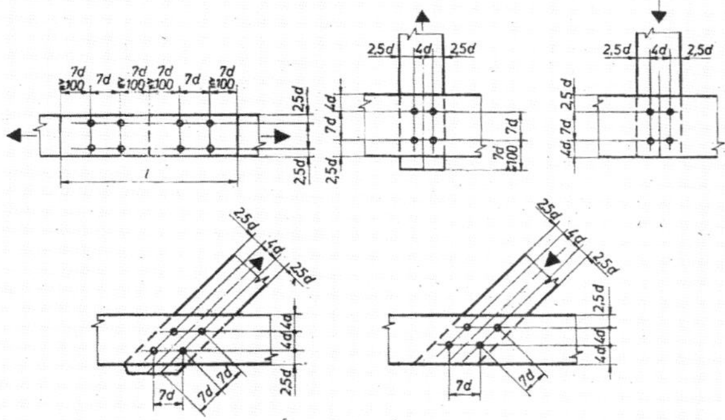

Bild 36

Tabelle 24

Verbindungsform	Holzart	zul σ_l in N/mm²	k Stahlstifte	k Schrauben
	NH	4	23	17
	LH	5	27	20
	Seitenholz			
	NH	5,5	33	26
	LH	6,5	39	30
	Mittelholz			
	NH	8,5	51	38
	LH	10	60	45

Seite 26 TGL 33 135/01

Tabelle 25

Abstände	Abstände für Stahlstifte parallel zur Faserrichtung mindestens	Stahlstifte rechtwinklig zur Faserrichtung mindestens	Schrauben parallel zur Faserrichtung mindestens	Schrauben rechtwinklig zur Faserrichtung mindestens
untereinander	5 d	3 d	7 d	4 d[11]
vom belasteten Rand	6 d		7 d, jedoch ≥ 100 mm	
vom unbelasteten Rand	4 d	2,5 d	4 d	2,5 d

Richtwerte für Bohrlöcher bei Stahlstift- und Schraubenverbindungen nach Tabelle 26

Tabelle 26

Durchmesser d mm	Lochdurchmesser bei Stahlstiften mm	Schrauben mm
12	d – 0,5	d + 1,0
13 bis 16	d – 0,4	
17 bis 20	d – 0,3	
21 bis 24	d – 0,2	
über 24	d	

Für Schraubenverbindungen sind Scheiben nach TGL 33 135/02, Bild 3, unter Kopf und Mutter anzuordnen. Für Montageverbindungen sind Scheiben nach TGL 0-436 und TGL 0-440 zulässig, sofern Eindrückungen unbedenklich sind.
Das Gewinde der Schraube darf nicht im Holzteil liegen.
Es bedeutet:
d = größter Durchmesser für Stahlstifte oder äußerer Gewindedurchmesser für Schrauben

13.6. Flachdübelverbindungen
13.6.1. Allgemeines
Flachdübelverbindungen gelten als wirksam, wenn die Belastung der Bauteile parallel zur Faserrichtung erfolgt. Es dürfen je Anschluß höchstens 4 Flachdübel angeordnet werden, ausgenommen sind verdübelte Balken.

13.6.2. Zulässige Belastung
Mindesteindringtiefe min t = 15 mm, siehe Bild 37
Es sind folgende Nachweise zu führen:
– Druckspannung in den Leibungsflächen zwischen Dübel und Bauteilen
– Scherspannung im Dübel und im Vorholz; Vorholzlängen $l_v > 8$ t dürfen nicht berücksichtigt werden
– Zugspannung in den Spannschrauben

Zulässige Spannungen parallel zur Faserrichtung nach Tabelle 27

13.6.3. Konstruktive Forderungen
Die Faserrichtung der Holzdübel muß parallel zur Kraftrichtung liegen.
Alle Flachdübelverbindungen müssen durch Spannschrauben mit Scheiben nach TGL 33 135/02, Bild 3, unter Kopf und Mutter gegen Kippen gesichert werden. Die Spannschrauben sind für die aus dem Kippmoment der Dübel resultierenden Zugkräfte nachzuweisen.
Auf einen Nachweis der Spannschrauben darf verzichtet werden, wenn für jeden Dübel je 120 mm Holzbreite 1 Spannschraube M 12 angeordnet wird.
Die Spannschrauben sind zwischen den Dübeln und an den Enden der Außen- und Mittelhölzer nach Bild 38 anzuordnen. Die Muttern der Spannschrauben müssen bis zum Erreichen des Gleichgewichtsfeuchtesatzes der Bauteile nachgezogen werden.

Tabelle 27

Dübelanzahl in Kraftrichtung	zulässige Druckspannung zul σ_d in den Leibungsflächen N/mm²	zulässige Scherspannung zul τ parallel zur Faserrichtung NH N/mm²	LH
1 und 2[12]	8,5	0,9	1,0
3 und 4	7,5		

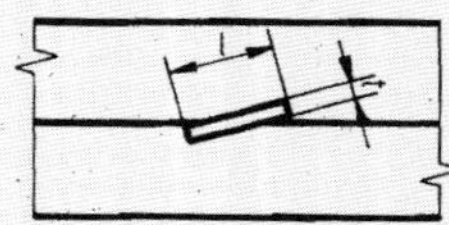
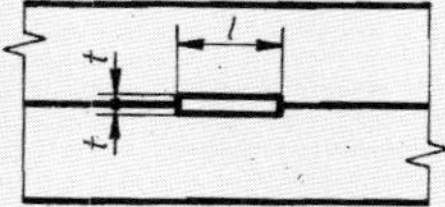
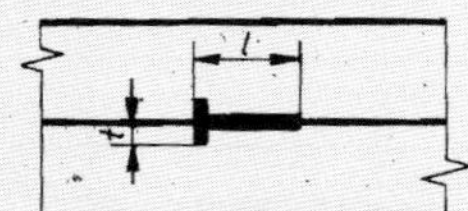

Bild 37

[11] gilt beim rechtwinkligen Anschluß für den durchgehenden Stab für Abstände untereinander
[12] gilt auch für verdübelte Balken

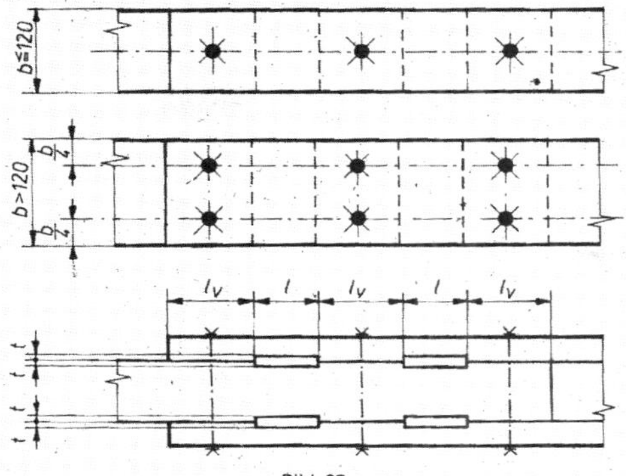

Bild 38

13.7. Spezialdübelverbindungen

13.7.1. Allgemeines

Die Spezialdübelverbindungen werden unterschieden in Einlaßdübel und Einpreßdübel. Einlaßdübel werden in paßgenau hergestellte Vertiefungen in den Holzteilen eingelegt. Einpreßdübel werden eingepreßt, wobei die Grundplatte der Einpreßdübel wie bei Einlaßdübeln in Vertiefungen in den Holzteilen eingelegt werden. Die Anwendung von Spezialdübeln bei Bauholz der Güteklasse III nach TGL 117-0767 ist nicht zulässig. Einpreßdübel dürfen nicht für Verbindungen von Laubhölzern eingesetzt werden.

Der Holzfeuchtesatz darf beim Zusammenbau der Verbindungen höchstens 18 % betragen. Metallaschen oder andere Metallteile dürfen nur mit Keilringdübeln der Form B oder Dornringdübeln der Form B angeschlossen werden. Metallaschen müssen bei Anschlüssen mit Keilringdübeln mindestens die Dicke h_2 nach TGL 33 135/02 aufweisen und die Löcher den Durchmesser d_3 + 0,5 mm. Runddübel sind mit ihrer Faserrichtung parallel zur Hauptbelastungsrichtung einzubauen.

13.7.2. Zulässige Belastung

Tabelle 29

Dübel	zulässige Belastung (zul F) eines Dübels in kN bei Winkel zwischen Belastungs- und Faserrichtung von 0 bis 30°			über 30° bis 60°	über 60° bis 90° Hirnholzanschluß
Kurzzeichen nach TGL 33 135/02	Dübelanzahl in Belastungsrichtung 1 und 2	3 und 4	5 und 6	1 und 2	1 und 2
Runddübel					
66	11,0	10,0		9,0	
100	18,0	16,0	15,5		13,5
Keilringdübel					
A 65; B 65	11,5	10,5	9,0	10,0	9,0
A 80; B 80	14,0	12,5	11,0	12,5	11,0
A 95; B 95	17,0	14,5	13,5	14,5	12,5
A 126; B 126	20,0	18,0	16,0	17,0	14,0
A 160; B 160	34,0	30,5	27,0	27,5	21,5
A 190; B 190	48,0	43,0	38,5	38,5	29,0
Dornringdübel					
A 50; B 50	8,0	7,0	6,5	7,5	7,0
A 65; B 65	11,5	10,0	9,0	11,0	10,0
A 80; B 80	17,0	15,0	13,5	16,0	14,5
A 95; B 95	21,0	19,0	17,0	19,5	17,5
A 115; B 115	27,0	24,0	21,5	24,5	21,5

Bei mehrteiligen Biegeträgern mit durchgehendem Steg und bei mehrteiligen Druckstäben ohne Spreizung gelten für die zulässige Belastung unabhängig von der Dübelanzahl die jeweils angegebenen Größtwerte.

Seite 28 TGL 33 135/01

13.7.3. Konstruktive Forderungen

Tabelle 30

Dübel	Querschnitt der zu verbindenden Teile bei einreihiger Dübelanordnung und Winkel zwischen Belastungs- und Faserrichtung von 0° bis 30° mindestens	über 30° bis 90° mindestens	Querschnittsschwächung für einen Dübel im anzuschließenden Teil mm^2	Spannschraubendurchmesser d	Dübelabstände einreihig a_1 mindestens	Dübelabstände mehrreihig parallel zur Faserrichtung mindestens	Dübelabstände mehrreihig rechtwinklig zur Faserrichtung mindestens
Runddübel							
66	100 x 40		1008	12 oder 16	130	untereinander und vom belasteten Rand a_1 vom unbelasteten Rand $a_2 = 0{,}5 \cdot a_1$	untereinander $a_3 = d_1 + t$ vom belasteten und unbelasteten Rand $a_4 = 0{,}5 \cdot b$
	90 x 60						
100	130 x 60	160 x 60	1920		200		
Keilringdübel							
A 65; B 65	100 x 40		938	12	140		
A 80; B 80	110 x 50	130 x 50	1153		180		
A 95; B 95	120 x 60	150 x 60	1380		220		
A 126; B 126	160 x 60	200 x 60	2768		250		
A 160; B 160	200 x 100	240 x 100	3488	16	340		
A 190; B 190	230 x 100	280 x 100	4163		430		
Dornringdübel							
A 50; B 50	100 x 40		375	12	120		
	80 x 60	90 x 60					
A 65; B 65	100 x 40	110 x 40	488	16	140		
	90 x 60	100 x 60					
A 80; B 80	110 x 50	130 x 50	600	20	170		
A 95; B 95	120 x 60	140 x 60	713	22	200		
A 115; B 115	140 x 60	170 x 60	863	24	230		

Bei einreihiger Dübelanordnung darf der Dübelabstand vom unbelasteten Rand parallel zur Faserrichtung $0{,}5 \cdot a_1$ betragen.
Bei nebeneinanderliegenden Dübelreihen, die um den halben Dübelabstand versetzt sind, dürfen anstelle der Mindestdübelabstände nach Tabelle 30 die Dübelabstände a_1 und a_3 nach Tabelle 31 angewendet werden, siehe Bild 40.

Tabelle 31

vorh. a_1 mindestens	vorh. a_3
$1{,}1 \cdot a_1$	$1{,}0\ d_1$
$1{,}5 \cdot a_1$	$0{,}75\ d_1$
$1{,}8 \cdot a_1$	$0{,}5\ (d_1 + t)$

Beispiele für Dübelabstände, siehe Bild 39 und 40

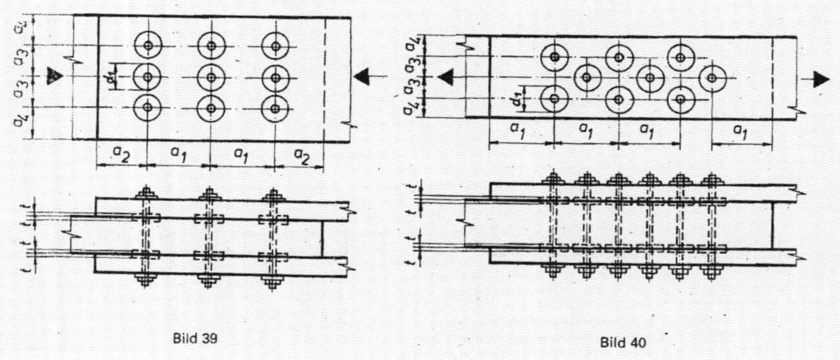

Bild 39

Bild 40

Bei Spezialdübelverbindungen muß jeder Dübel in seinem Mittelpunkt durch eine Spannschraube, mit Scheiben unter Kopf und Mutter, gegen Kippen gesichert werden. Außenliegende Laschen und Stäbe sind bei Dübeldurchmesser ≥ 130 mm am Laschen- oder Stabende zusätzlich durch eine Spannschraube mindestens M 12 je Dübelseite zu sichern.
Abstand der zusätzlichen Spannschrauben am Stabende mindestens 4 d, siehe Bild 41.

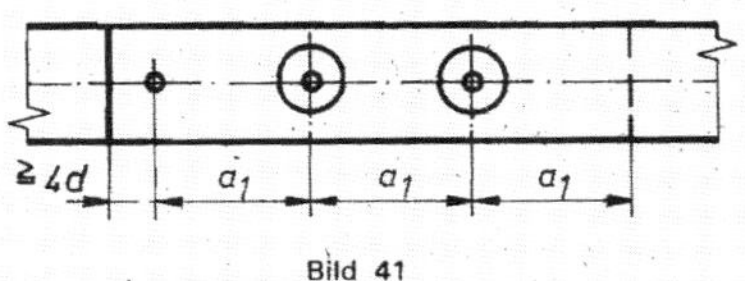

Bild 41

Als Spannschrauben sind
Sechskantschrauben nach TGL 0-601 und Scheiben nach TGL 0-436 oder TGL 0-440
Stiftschrauben und Scheiben Form A oder B nach TGL 33 135/02
zu verwenden.
Es bedeutet:

d_1 = Außendurchmesser des Dübels
t = Einlaß- bzw. Einpreßtiefe des Dübels
b = Mindestbreite der zu verbindenden Teile bei einreihiger Dübelanordnung und Winkel zwischen Belastungs- und Faserrichtung von 0° bis 30° und über 30° nach Tabelle 30.

13.8. Kontaktanschlüsse

13.8.1. Allgemeines

Kontaktanschlüsse sind so auszubilden, daß die Druckkraft rechtwinklig zur Stoßfläche übertragen wird. Der Anschluß von Querkraft über Reibung ist unzulässig.
Die anzuschließenden Stäbe sind in ihrer Lage zu sichern, z. B. durch Laschen.
Bei Winkel $\alpha \leq 60°$ zwischen Kraftrichtung und Faserrichtung sind nur Versätze zulässig.

13.8.2. Versätze

Bei Versätzen ist die anzuschließende Stabkraft der Versatzstirn zuzuweisen. Als zulässige Spannung gilt zul $\sigma_{d\alpha}$.
Für den Anschluß einer zusätzlichen Kraft rechtwinklig zum Stab dürfen der Reibungswiderstand in der Stirnfläche und zusätzlich der Versatzrücken mit 1/3 seiner Länge berücksichtigt werden.
Bei Doppelversätzen ist $t_{v1} < t_{v2}$ auszuführen. Die Differenz zwischen t_{v1} und t_{v2} muß mindestens 5 mm betragen.

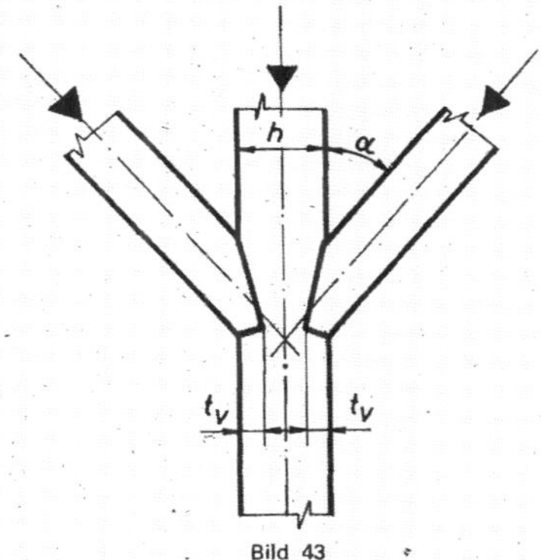

Bild 43

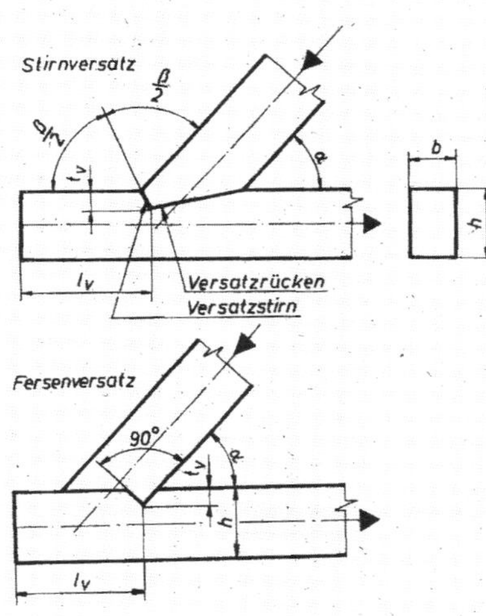

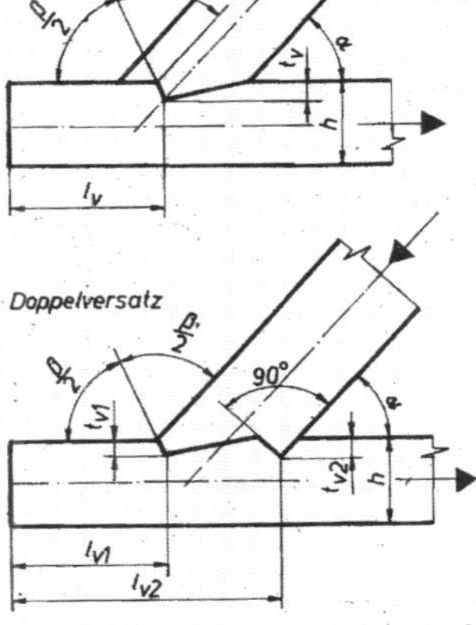

Bild 42

Tabelle 32

Merkmal	Forderung
Versatztiefe (t_v) mindestens	15 mm
höchstens bei einseitigem Anschluß, siehe Bild 42 Winkel α bis 50°	h/4
über 50° bis 55°	h/5
über 55° gegenüberliegenden Anschlüssen, siehe Bild 43	h/6
Vorholzlänge (l_v) mindestens	120 mm
für den rechnerischen Nachweis höchstens	8 t_v

13.9. Zusammenwirken verschiedener Verbindungsmittel
Bei Einsatz verschiedener Verbindungsmittel im gleichen Anschluß dürfen beim rechnerischen Nachweis nur Verbindungsmittel gleichzeitig wirkend berücksichtigt werden, wenn sie gleiche rechnerische Verschiebungswege nach Tabelle 33 aufweisen.
Für den Anschluß von Stabverbreiterungen dürfen nachgiebige Verbindungsmittel eingesetzt werden, sofern auf die Stabverbreiterungen insgesamt ein Lastanteil von höchstens 30 % der Stabkraft entfällt und die Anschlüsse für die 1,5fache anteilige Anschlußkraft bemessen werden.

Tabelle 33

Verbindungsmittel	rechnerischer Verschiebungsweg mm
Klebstoff	0
Nägel, Holzschrauben, Stahlstifte mit vorgebohrten Löchern	0,2
Nägel, Spezialdübel	0,6
Flachdübel, Versätze	1,0
Schrauben	2,0

14. HOLZSCHUTZ

14.1. Bautechnischer Holzschutz
Bauteile aus Holz sind durch zweckmäßige Konstruktion und fachgerechte Ausführung vorbeugend vor holzschädigenden Einflüssen so zu schützen, daß deren Gefährdung gering und eine Schadensentstehung weitgehend ausgeschlossen ist. Insbesondere ist hierbei durch konstruktive und bauphysikalische Maßnahmen

- eine unzulässige Veränderung des Holzfeuchtesatzes
- der Luftabschluß von Hohlräumen
- der Zutritt von Schadstoffen, z. B. Salze oder Industrieabgase

auszuschließen.

14.2. Chemischer Holzschutz
nach den geltenden Vorschriften
Bauteile aus Holz sind unter Berücksichtigung der Einbau- und Nutzungsbedingungen durch chemische Holzschutzmaßnahmen gegen vorzeitige Minderung der Trag- und Nutzungsfähigkeit infolge holzschädigender Einflüsse zu schützen.
Holzschutzverfahren und Holzschutzmittel sowie erforderlicher Nachschutz sind auf die Nutzungsdauer und die Gefährdung der Bauteile abzustimmen.
Für den jeweiligen Anwendungsbereich ist das effektivste Holzschutzmittel anzugeben.

15. HERSTELLUNG UND MONTAGE

Herstellung und Montage dürfen nur nach einem für die Ausführung freigegebenen Projekt erfolgen.
Abweichungen vom Projekt sind nur mit Zustimmung des Projektanten und bei durch die Staatliche Bauaufsicht genehmigten Projekten mit deren Zustimmung zulässig.
Bauteile oder Bauelemente eines Tragwerkes sind auf unverschieblichen Unterlagen zusammenzufügen. Unbeabsichtigte Spannungen dürfen dabei nicht auftreten. Die Löcher für Verbindungsmittel dürfen erst nach vollständigem Zusammenfügen der Tragwerke gebohrt werden. Andere Herstellungsmethoden mit gleicher Genauigkeit sind zulässig.
Bauteile oder Bauelemente, die bei der Montage nicht ausreichend genau in die Verbindungen passen oder sich nach der Herstellung so deformiert haben, daß sie nicht mehr projektgerecht verwendet werden können, dürfen nicht eingebaut werden.
Verbindungen sind mit Berücksichtigung der angegebenen Überhöhung herzustellen.

Hinweise

Ersatz für TGL 112-0730 Ausg. 2.63
Änderung gegenüber TGL 112-0730:
Inhalt vollständig überarbeitet;
Grenzlastfälle H und HZ eingeführt;
zulässige Spannungen für Bauteile aus Brettschichten, geklebt, aufgenommen;
Stabilitätsnachweis für mehrteilige Druckstäbe und Abstützen von Druckstäben und Biegeträgern durch Verbände, Kippung für Biegeträger, Abstützung von Dachbindern neu aufgenommen;
Abschnitt Holzverbindungen mit verschiedenen neuen Festlegungen;
Abschnitt Holzschutz neu aufgenommen.
Im vorliegenden Standard ist auf folgende Standards Bezug genommen:
TGL 11 419; TGL 12 860/02; TGL 13 500/01; TGL 25 106/02; TGL 25 106/04; TGL 33 135/02; TGL 33 136/01; TGL 0-95; TGL 0-96; TGL 0-97; TGL 0-436; TGL 0-440; TGL 0-571; TGL 0-601; TGL 117-0767

Fliegende Bauten; Bemessung, Ausführung	siehe TGL 10 727
Örtliche Stabilität ebener Flächentragwerke, Berechnungsgrundlagen	siehe TGL 19 347
Sollaufnahme an Holzschutzmitteln für die Tränkung von Holz im Kesseldruck-, Trogtränk- und Trogsaugverfahren	siehe TGL 22 856
Holzbau; Bauelemente für Tragwerke, genagelt; Technische Lieferbedingungen, Prüfung	siehe TGL 33 137/01
Holzbrücken; Berechnungsgrundlagen	siehe TGL 173-42/01
Elektrotechnische Anlagen; Freileitungen; Errichten von Starkstrom-Freileitungen; Maste aus Holz; Berechnung und bauliche Durchbildung	siehe TGL 200-0614/06

Vorschrift der Staatlichen Bauaufsicht des Ministeriums für Bauwesen Nr. 78/79 vom 28. 12. 1979 – Baugerüste; Arbeits- und Schutzgerüste; Berechnung, bauliche Durchbildung – veröffentlicht in den Mitteilungen der Staatlichen Bauaufsicht Nr. 3, 1980
Zuständige Staatliche Bauaufsicht für Zustimmung gemäß Fußnote[2]: Ministerium für Bauwesen, Staatliche Bauaufsicht, Abt. Bausicherheit, 1026 Berlin, Scharrenstraße 2/3 oder Ministerium für Bauwesen, Staatliche Bauaufsicht, Prüfgruppe Metallbau 3, 7010 Leipzig, Lessingstraße 10

DK 624.011.1:624.041

Fachbereichstandard

1. Änderung

Deutsche Demokratische Republik	Holzbau **Tragwerke** Berechnung — Bauliche Durchbildung	**TGL** **33 135/01** Gruppe 15462

Umfang 3 Seiten

Verantwortlich/bestätigt: 24. 6. 1986 VEB Kombinat Bauelemente und Faserbaustoffe, Leipzig

Für neu auszuarbeitende Projektlösungen und Angebotsprojekte verbindlich ab 1. 5. 1987
Für bestehende Angebotsprojekte und wiederverwendungsfähige Projektlösungen verbindlich ab deren planmäßiger Überarbeitung, spätestens jedoch ab 1. 1. 1992

In TGL 33135/01 Ausg. 1.84 wurden die Seiten 2 bis 5 geändert.

Seite 2 Abschnitt 2.1.3.1. Tabelle 3 und 1. Satz unter der Tabelle erhalten folgende Fassung:

Tabelle 3

Holzart, Bauteil	Elastizitätsmodul (E) parallel zur Faserrichtung N/mm²	Elastizitätsmodul (E) rechtwinklig zur Faserrichtung N/mm²	Schubmodul (G) N/mm²
Nadelschnittholz	10000	300	500
Nadelrundholz	12000		
Bauteile aus Brettschichten, geklebt, nach TGL 33136/01	11000		
Laubholz	12500	600	1000

Die Werte gelten für einen Gleichgewichtsfeuchtesatz von u ≦ 18%.

Seite 3 Abschnitt 2.1.3.3. Tabelle 5 und 6 erhalten folgende Fassung:

Tabelle 5

Bauwerkskategorie	Gleichgewichtsfeuchtesatz in %, bezogen auf das Darrgewicht
geschlossene Bauten mit und ohne Heizung, geschlossene, belüftete Stallbauten ohne Heizung, offene und teilweise offene Bauten mit Überdachung	≦ 18
freistehende Tragwerke ohne Schutz gegen Klimaeinwirkung	> 18

Tabelle 6

Gleichgewichtsfeuchtesatz (u) %	Korrekturfaktor k_u allgemein	Korrekturfaktor k_u Bauteile aus Brettschichten, geklebt, mit Biegebeanspruchung
≦ 18	1,00	
> 18 bis 24	0,83	
> 24	0,67[2)]	0,50[2)]

[2)] Zustimmung der zuständigen Staatlichen Bauaufsicht erforderlich

Seite 2 TGL 33135/01 1. Änderung

Seite 4 Abschnitt 5 erhält folgende Fassung:

5. ZULÄSSIGE SPANNUNGEN FÜR BAUHOLZ

Tabelle 7, siehe Seite 5

Die Spalte „Bauteile aus Brettschichten, geklebt" in Tabelle 7 wird in Tabelle 7a neu festgelegt und erhält folgende Fassung:

Tabelle 7a

Beanspruchung		zulässige Spannungen in N/mm² für Bauteile aus Brettschichten, geklebt Sorten					
		1		2		3	
		für Grenzlastfälle					
		H	HZ	H	HZ	H	HZ
Biegung							
allgemein	zul σ_b	nach Tabelle 8					
bei statisch unbestimmten Mehrfeldträgern[6]	zul σ_b	nach Tabelle 8					
Zug							
parallel zur Faserrichtung	zul $\sigma_{z\parallel}$	10,5	12,0	–		5,5	6,3
rechtwinklig zur Faserrichtung	zul $\sigma_{z\perp}$	0,25	0,30			0,25	0,30
Druck							
parallel zur Faserrichtung	zul $\sigma_{d\parallel}$	11,0	12,5	9,5	11,0	11,0	12,5
rechtwinklig zur Faserrichtung							
allgemein	zul $\sigma_{d\perp}$	2,0	2,3	2,0	2,3	2,0	2,3
Eindrückung unbedenklich[7]	zul $\sigma_{d\perp}$	2,5	2,9	2,5	2,9	2,5	2,9
unter Scheiben von Holzverbindungen	zul $\sigma_{d\perp}$	4,0	4,5	4,0	4,5	4,0	4,5
Überstand des gedrückten Holzes in Faserrichtung < 100 mm	zul $\sigma_{d\perp}$	1,6	1,8	1,6	1,8	1,6	1,8
schräg zur Faserrichtung im Winkel α							
allgemein zul $\sigma_{d\alpha}$	10°	9,4	10,7	8,2	9,5	9,4	10,7
	20°	7,9	9,0	6,9	8,0	7,9	9,0
	30°	6,5	7,4	5,8	6,6	6,5	7,4
	40°	5,2	5,9	4,7	5,4	5,2	5,9
	50°	4,1	4,7	3,8	4,3	4,1	4,7
	60°	3,2	3,7	3,0	3,5	3,2	3,7
	70°	2,5	2,9	2,5	2,8	2,5	2,9
	80°	2,1	2,5	2,1	2,4	2,1	2,5
Eindrückung unbedenklich[7] zul $\sigma_{d\alpha}$	10°	9,5	10,8	8,3	9,6	9,5	10,8
	20°	8,1	9,2	7,1	8,2	8,1	9,2
	30°	6,8	7,7	6,0	7,0	6,8	7,7
	40°	5,5	6,3	5,0	5,8	5,5	6,3
	50°	4,5	5,1	4,1	4,8	4,5	5,1
	60°	3,6	4,2	3,4	4,0	3,6	4,2
	70°	3,0	3,5	2,9	3,4	3,0	3,5
	80°	2,6	3,0	2,6	3,0	2,6	3,0
Abscheren							
parallel zur Faserrichtung	zul τ	0,9	1,1	0,9	1,1	0,9	1,1
Schub aus Querkraft	zul τ	1,2	1,4	1,2	1,4	1,2	1,4

Die zulässigen Spannungen gelten allgemein bis zu einem Gleichgewichtsfeuchtesatz von u = 18 %. Bei größerem Gleichgewichtsfeuchtesatz sind die Werte mit dem Korrekturfaktor k_u nach Tabelle 6 abzumindern.
Zwischenwerte der zulässigen Spannung für Druck schräg zur Faserrichtung dürfen geradlinig interpoliert werden.

6 und 7 siehe Seite 6

Seite 4 Tabelle 8 erhält folgende Fassung:

Tabelle 8

Belastungsrichtung	zulässige Spannungen in N/mm² für Bauteile aus Brettschichten, geklebt															
	allgemein								bei statisch unbestimmten Mehrfeldträgern							
	Sorten															
	1		2		3				1		2		3			
	für Grenzlastfälle															
	H	HZ	H	HZ	H	HZ	H	HZ	H	HZ	H	HZ	H	HZ	H	HZ
Belastung rechtwinklig zur Klebfuge bei Bauteilhöhe h_1 nach TGL 33 136/01	zul σ_b				zul σ_{bd}		zul σ_{bz}		zul σ_b				zul σ_{bd}		zul σ_{bz}	
bis 300	15,5	17.9	12,0	13,9	12,0	13,9	7,0	8,0	17,1	19,8	13,2	15,2	13,2	15,2	7,7	8.8
über 300 bis 400	15,0	17.3	11,6	13,5	11,6	13,5	6,8	7,7	16,6	19,2	12,8	14,7	12,8	14,7	7,5	8,5
über 400 bis 500	14,6	16.9	11,3	13,1	11,3	13.1	6,6	7,6	16,2	18,7	12,5	14,4	12,5	14,4	7,3	8,3
über 500 bis 600	14,4	16,6	11,1	12,9	11,1	12,9	6,5	7,4	15,8	18,3	12,2	14,0	12,2	14,0	7,1	8,1
über 600 bis 800	13,9	16,0	10,8	12,5	10,8	12,5	6,3	7,2	15,3	17,8	11,8	13,6	11,8	13,6	6,9	7.9
über 800 bis 1000	13,6	15,7	10,5	12,2	10,5	12,2	6,1	7,0	15,0	17,3	11,6	13,3	11,6	13,3	6,7	7,7
über 1000 bis 1300	13,2	15.2	10,2	11,8	10,2	11,8	6,0	6,8	14,5	16,8	11,2	12,9	11,2	12,9	6,5	7,5
über 1300 bis 1500	13,0	15,0	10,0	11,5	10,0	11,5	5,9	6,7	14,3	16,5	11,0	12,6	11,0	12,6	6,4	7,4
Belastung parallel zur Klebfuge	zul b															
	13,0	15,0	10,0	11,5	10,0	11,5	–		14,3	16,5	11,0	12,6	11,0	12,6	–	

Es bedeuten:
zul σ_{bd} = zulässige Spannung am Biegedruckrand
zul σ_{bz} = zulässige Spannung am Biegezugrand

DK 624.011.1;624.041 **Fachbereichstandard** 2.Änderung

	Holzbau TRAGWERKE Berechnung Bauliche Durchbildung	TGL 33 135/01 Gruppe 154 62

21.2.89 [illegible]

Umfang 1 Seite
Verantwortlich/bestätigt: 20.6.1988, VEB Kombinat Bauelemente und Faserbaustoffe, Leipzig
Verbindlich ab 1.3.1989

In TGL 33 135/01 Ausg. 1.84 wurde die Seite 6 geändert
Seite 6 Abschnitt 7.1 Tabelle 10 erhielt folgende Fassung:

Tabelle 10

Bauteile	Forderung	
Einzelstäbe, auch von mehrteiligen Stäben	Querschnitt mindestens	48 x 24
Dachschalung		90 x 18
Brettschichten für geklebte Bauteile allgemein	Dicke höchstens	43
bei ständigem oder häufigem Wechsel von Luftfeuchte und/oder Temperatur aus der Nutzung		32
Bauteile mit Stahlstift- und Schraubenverbindungen	Dicke mindestens	40
Nägel allgemein	Durchmesser mindestens	3,1
bei untergeordneter Bedeutung für die Tragfähigkeit		2,8
Stahlstifte		10
Stiftschrauben		8
Holzschrauben mit Querschlitz		4
Sechskantholzschrauben		6
Sechskantschrauben allgemein		M 12
bei untergeordneter Bedeutung für die Tragfähigkeit		M 8
Knotenbleche	Dicke mindestens	2

DK 624.011.1:624.078

Fachbereichstandard

Januar 1984

Holzbau

Tragwerke

Technische Forderungen an Verbindungsmittel

TGL 33 135/02

Gruppe 15 462

Деревянное строительство; **Несущие конструкции;** Технические требования к соединительным средствам

Timber construction; **Loadbearing Structures;** Technical Requirements to means of connection

Deskriptoren: **Holzbauweise; Tragwerk;** Qualitätsvorschrift; Verbindung

Umfang: 4 Seiten

Verantwortlich/bestätigt: 18. 1. 1984, VEB Kombinat Bauelemente und Faserbaustoffe, Leipzig

Verbindlich ab 1. 1. 1985

Abweichungen von diesem Standard sind zulässig, wenn sie durch Theorie oder Versuche ausreichend begründet und von der Staatlichen Bauaufsicht genehmigt sind.

Maße in mm

Tabelle 1

<table>
<tr><th>Verbindungsmittel</th><th>Forderung nach</th><th>Form</th><th colspan="2">Festigkeitsklasse oder Werkstoff</th></tr>
<tr><td>Nägel</td><td>TGL 36 433</td><td>SA, SB, SG, FB, St</td><td colspan="2">nach TGL 9737</td></tr>
<tr><td>Linsensenkholzschrauben mit Querschlitz</td><td>TGL 0-95</td><td rowspan="3">A</td><td colspan="2" rowspan="5">4.6 nach TGL 10 826/02</td></tr>
<tr><td>Halbrundholzschrauben mit Querschlitz</td><td>TGL 0-96</td></tr>
<tr><td>Senkholzschrauben mit Querschlitz</td><td>TGL 0-97</td></tr>
<tr><td>Sechskantholzschrauben</td><td>TGL 0-571</td><td>Dickschaftausführung</td></tr>
<tr><td>Sechskantschrauben</td><td>TGL 0-601, TGL 0-931</td><td rowspan="3">–</td></tr>
<tr><td>Scheiben</td><td>TGL 0-125</td><td colspan="2" rowspan="3">St 33 nach TGL 7960</td></tr>
<tr><td>Vierkantscheiben für Holzverbindungen</td><td>TGL 0-436</td></tr>
<tr><td>Scheiben für Holzverbindungen</td><td>TGL 0-440</td><td>A</td></tr>
<tr><td>Muttern</td><td>TGL 0-555</td><td rowspan="4">–</td><td colspan="2">nach TGL 10 826/03</td></tr>
<tr><td>Klebstoff</td><td>nach den geltenden Vorschriften</td><td colspan="2">nach den geltenden Vorschriften</td></tr>
<tr><td>Stahlstifte</td><td>Bild 1</td><td colspan="2" rowspan="2">Rundstahl St 38 TGL 7960</td></tr>
<tr><td>Stiftschrauben</td><td>Bild 2 und Tabelle 2</td></tr>
<tr><td>Scheiben</td><td>Bild 3 und Tabelle 3</td><td>A, B</td><td colspan="2" rowspan="2">St 33 nach TGL 7960</td></tr>
<tr><td rowspan="2">Flachdübel</td><td rowspan="2">Bild 4</td><td>A</td></tr>
<tr><td>B</td><td rowspan="2">Rotbuche
Stieleiche
Traubeneiche</td><td rowspan="2">Ast- und rißfrei, Feuchtesatz (u) höchstens 15 %</td></tr>
<tr><td>Runddübel</td><td>Bild 5 und Tabelle 4</td><td>–</td></tr>
<tr><td>Keilringdübel</td><td>Bild 6 und Tabelle 5</td><td>A, B</td><td colspan="2">Aluminium-Gußlegierung GK-Al Si 7 Cu 1</td></tr>
<tr><td>Dornringdübel</td><td>Bild 7 und Tabelle 6</td><td>A, B</td><td colspan="2">Temperguß TGL 10 327</td></tr>
</table>

Seite 2 TGL 33 135/02

Stahlstifte

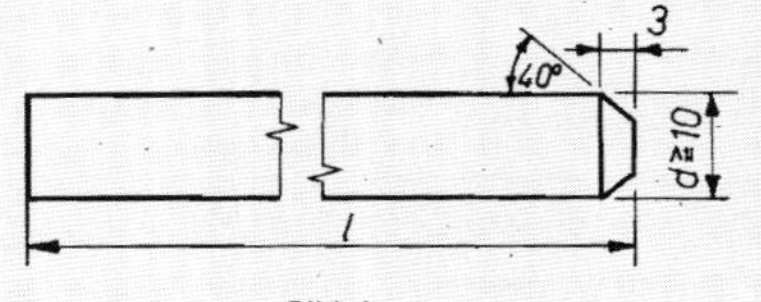

Bild 1

Bezeichnung eines Stahlstiftes von Durchmesser d = 10 mm und Länge l = 200 mm:
Stahlstift 10 x 200 TGL 33 135/02

Stiftschrauben

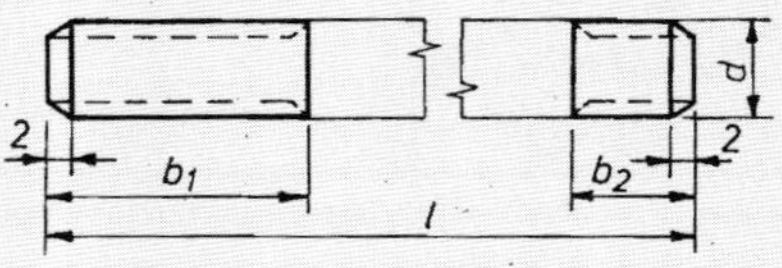

Bild 2

Tabelle 2

d	M 8	M 10	M 12	M 16	M 20
b_1	22	30		40	
b_2	8	10	12	16	20

Ausführung g nach TGL 10 826/01

Bezeichnung einer Stiftschraube mit Gewinde d = M 12 und Länge l = 200 mm:
Stiftschraube M 12 x 200 TGL 33 135/02

Scheiben

Form A

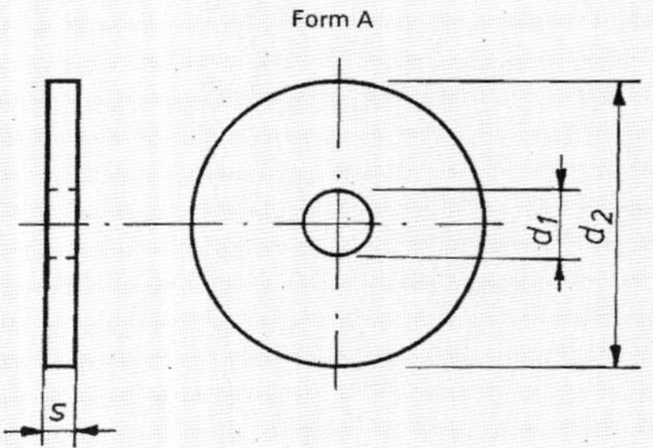

Form B

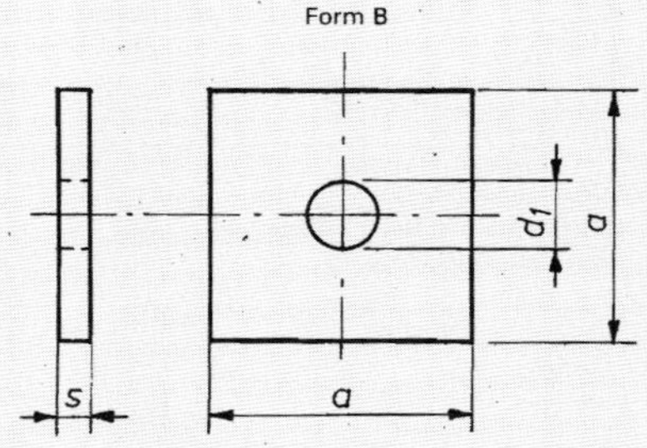

Bild 3

Tabelle 3

d_1	d_2	a	s	Anzahlbezogene Masse kg/1000 Stück ≈ (7,85 kg/dm³) Form A	Form B	für Schraube
14	58	50	6	117	110	M 12
18	68	60	6	159	158	M 16
22	88	80	8	358	378	M 20
26	108	100	10	677	743	M 24
33	138	120	12	1328	1275	M 30

Ausführung g nach TGL 10 826/01 zulässige Abweichung nach TGL 7371

Bezeichnung einer Scheibe der Form A mit Lochdurchmesser d_1 = 14 mm:
Scheibe A 14 TGL 33 135/02

Flachdübel

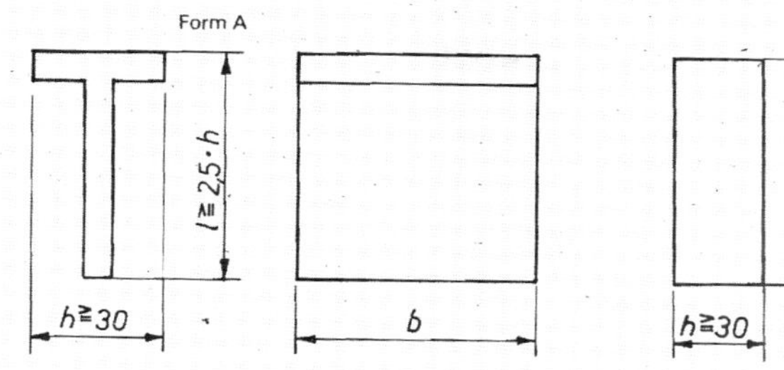

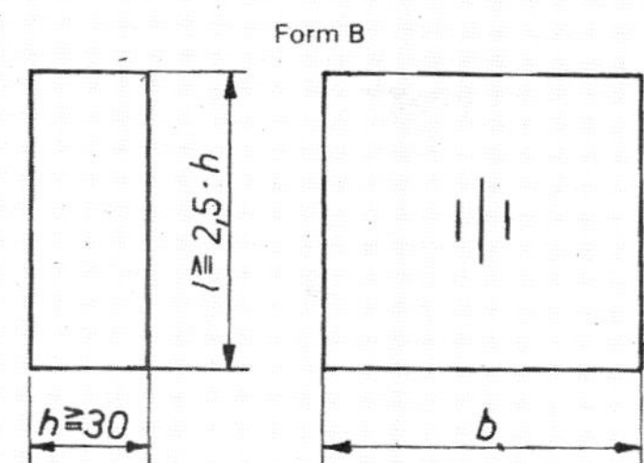

Bild 4

Bezeichnung eines Flachdübels der Form A mit Höhe h = 30 mm, Breite b = 100 mm und Länge l = 80 mm:
Flachdübel A 30 x 100 x 80 TGL 33 135/02

Runddübel

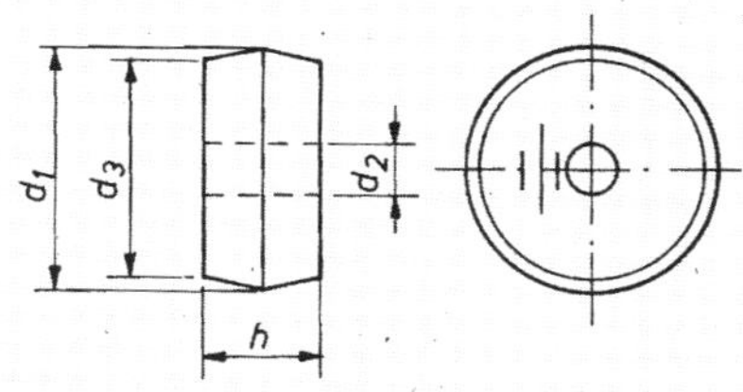

Bild 5

Tabelle 4

d_1	h	d_3	d_2
66	32	60	13
100	40	92	17

Ausführung: Oberfläche glatt

Bezeichnung eines Runddübels von Außendurchmesser d_1 = 66 mm und Innendurchmesser d_2 = 17 mm aus Rotbuche:
Runddübel 66 x 17 TGL 33 135/02 BU

Keilringdübel

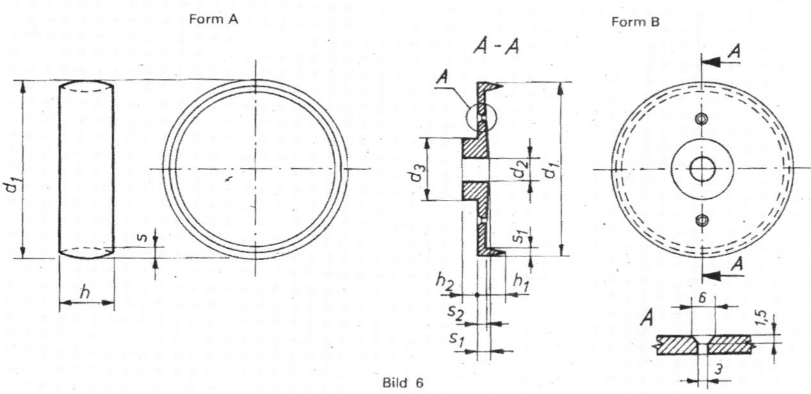

Bild 6

Seite 4 TGL 33 135/02

Tabelle 5

d_1	Form A h	Form A s	Form B d_2	Form B d_3	Form B h_1	Form B h_2	Form B s_1	Form B s_2	für Schraube
65	30	5	13	22,5	15	8	5	3	M 12
80		6		25,5			6		
95				33,5				4	
126	45			45	22,5	10	8		
160		10	17	50		12	10	5	M 16
190				60				6	

Ausführung: Oberfläche lunkerfrei, geputzt

Bezeichnung eines Keilringdübels der Form A von Außendurchmesser d_1 = 80 mm:

Keilringdübel A 80 TGL 33 135/02

Dornringdübel

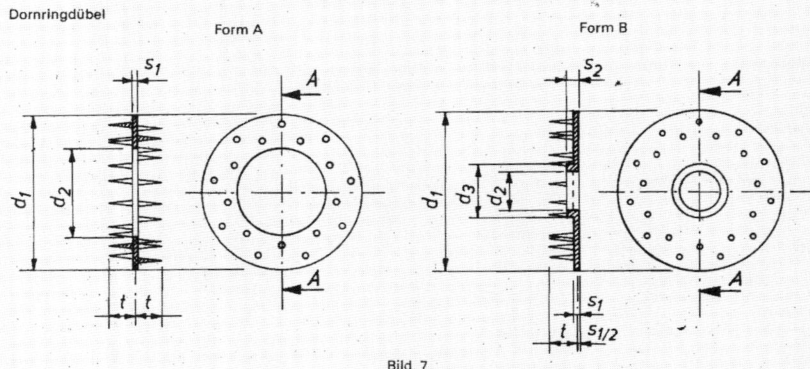

Bild 7

Tabelle 6

d_1	t	s_1	Form A d_2	Form A Anzahl der Dorne	Form B d_2	Form B d_3	Form B s_2	Form B Anzahl der Dorne	für Schraube
50	13,5	3	28	8	12,2	20	6	8	M 12
65			38	12	16,2	24		14	M 16
80			45	18	20,2	28		22	M 20
95			60	24	22,2	30		24	M 22
115				32	24,2	32		32	M 24

Ausführung: Oberfläche lunkerfrei

Bezeichnung eines Dornringdübels der Form A von Außendurchmesser d_1= 80 mm:

Dornringdübel A 80 TGL 33 135/02

Hinweise

Ersatz für TGL 117-0728 Ausg. 12.62
Änderung gegenüber TGL 117-0728:
Inhalt vollständig überarbeitet;
Stahlstifte, Stiftschrauben, Scheiben, Flachdübel sowie Keilringdübel und Dornringdübel der Formen B neu aufgenommen

Im vorliegenden Standard ist auf folgende Standards Bezug genommen:
TGL 7371; TGL 7960; TGL 9737; TGL 10 327; TGL 10 826/01; TGL 10 826/02; TGL 10 826/03; TGL 36 433; TGL 0-95; TGL 0-96; TGL 0-97; TGL 0-125; TGL 0-436; TGL 0-440; TGL 0-555; TGL 0-571; TGL 0-601; TGL 0-931

DK 624.07:620.162/.163

Fachbereichstandard

Januar 1987

Deutsche Demokratische Republik	Holzbau **Bauteile aus Brettschichten, geklebt** Technische Bedingungen	TGL 33136/01 Gruppe 15462

Деревянное строительство; строительные элементы из Дощатых слоев, клееные; Технические условия

Wood construction; Building units of board layers, Glued; Technical Spezification

Deskriptoren: Bauteil; Lagenholz; Klebverbindung

Umfang 7 Seiten

Verantwortlich/bestätigt: 30. 1. 1987, VEB Kombinat Bauelemente und Faserbaustoffe, Leipzig

Verbindlich ab 1. 11. 1987

Maße in mm

1. TERMINUS UND DEFINITION

Bauteile aus Brettschichten, geklebt, bestehen aus geschichteten, ganzflächig unter Preßdruck geklebten Brettern.

2. SORTIMENT[1]

Tabelle 1

Kennbuchstabe	Grundform	h_1	b	l_1	h_2	äußere Beschaffenheit unbearbeitet u	geschlichtet v	gehobelt w
			höchstens					
A	l_1, h_1, b	≦ 1600	175	22000	–	×	–	
		≦ 1200		28000			×	
		> 1200 bis 1400					–	
B	h_1, l_1, h_2, b	≦ 1200	125	28000	1400	×	×	

Fortsetzung der Tabelle Seite 2

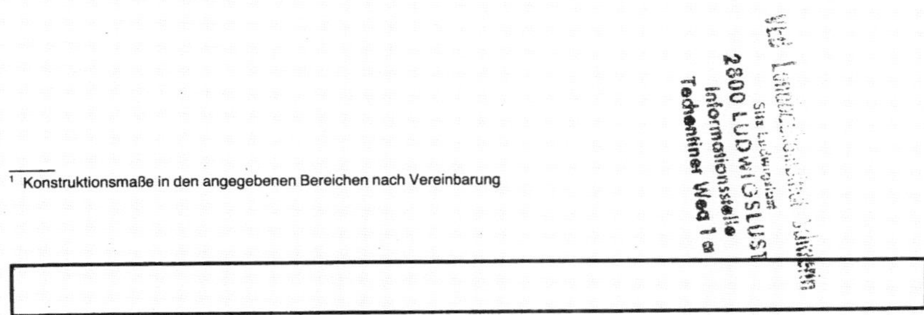

[1] Konstruktionsmaße in den angegebenen Bereichen nach Vereinbarung

Seite 2 TGL 33136/01

Fortsetzung der Tabelle 1

Kennbuchstabe	Grundform	h_1	b (höchstens)	l_1 (höchstens)	h_2 (höchstens)	äußere Beschaffenheit: unbearbeitet u	geschlichtet v	gehobelt w
C		> 1200 bis 1600	175	22000	–	×	–	
		≦ 1200	175	28000	–	×	×	
		> 1200 bis 1400	175	28000	–	×	–	
D		> 1200 bis 1600	175	22000	–	×	–	
		≦ 1200	175	28000	–	×	×	
		> 1200 bis 1400	175	28000	–	×	–	
E		≦ 1200	175	28000	1400	×	×	
F		≦ 1000	125	22500	3400	×	×	
G		≦ 1000	125	22500	3400	×	×	

Für Kennbuchstaben B, E, F und G nur Sorte 1, für A, C und D Sorte 1; 2 und 3 zulässig.

3. BEZEICHNUNG

Bezeichnung eines Bauteiles aus Brettschichten, geklebt, Kennbuchstabe A Sorte 1 von Breite b = 90 mm, Höhe h_1 = 200 mm, Länge l_1 = 5000 mm mit gehobelter Oberfläche (w):

BAUTEIL A1-90×200×5000 TGL 33136/01 w

4. TECHNISCHE FORDERUNGEN

4.1. Werkstoffe

4.1.1. Holz
Nadelschnittholz nach TGL 18981/06

4.1.2. Klebstoff
Die Eignung muß nachgewiesen sein[2]

4.1.3. Holzschutzmittel
geeignet, vom ASMW zugelassen[3]

4.2. Erzeugnis

4.2.1. Geometrische Genauigkeit
GK 6 nach TGL 12860/02

[2] zur Zeit der Bestätigung diese Standards entsprachen dieser Forderung z. B. Plastasol L 47 des VEB Plasta Erkner und p-Toluolsulfonsäure des VEB Fahlberg-List, Magdeburg

[3] zur Zeit der Bestätigung dieses Standards entsprach dieser Forderung z. B. Dohnalit-Ull-Salz des VEB Chemiewerk Nünchritz, Betriebsteil Dohna

4.2.2. Stoffliche Eigenschaften

Tabelle 2

<table>
<tr><th colspan="2" rowspan="2">Eigenschaften</th><th colspan="3">Forderungen
Sorte</th></tr>
<tr><th>1</th><th>2</th><th>3</th></tr>
<tr><td>Güteklasse nach TGL 117-0767 | mindestens</td><td></td><td>II</td><td>$II \geqq h_1/3$[4]
$III \leqq h_1\ 2/3$</td><td>II</td></tr>
<tr><td>Klebung der Schichten</td><td></td><td colspan="3">vollflächig</td></tr>
<tr><td>auf 1000 mm Klebfuge zulässige Fehler</td><td>cm²</td><td colspan="3">30</td></tr>
<tr><td>| höchstens</td><td>% der Brettbreite</td><td colspan="3">50</td></tr>
<tr><td>Versatz der Keilzinkenverbindung mindestens</td><td>mm</td><td>250</td><td>im Bereich Güteklasse II 250</td><td>–</td></tr>
<tr><td>Zugfestigkeit der Keilzinkenverbindung
Einzelwert | mindestens</td><td>N/mm²</td><td colspan="3">24</td></tr>
<tr><td>Biegefestigkeit σ_{bB}
Einzelwert | mindestens
bei h_1</td><td>N/mm²
bis 300</td><td>34</td><td colspan="2">26</td></tr>
<tr><td></td><td>über 300 bis 400</td><td>33</td><td colspan="2" rowspan="2">25</td></tr>
<tr><td></td><td>über 400 bis 500</td><td rowspan="2">32</td></tr>
<tr><td></td><td>über 500 bis 600</td><td colspan="2">24</td></tr>
<tr><td></td><td>über 600 bis 800</td><td>31</td><td colspan="2" rowspan="2">23</td></tr>
<tr><td></td><td>über 800 bis 1000</td><td>30</td></tr>
<tr><td></td><td>über 1000 bis 1300</td><td>29</td><td colspan="2" rowspan="2">22</td></tr>
<tr><td></td><td>über 1300 bis 1500</td><td>28</td></tr>
<tr><td>Elastizitätsmodul E_b
Einzelwert | mindestens | bei h_1</td><td>N/mm²
bis 1500</td><td colspan="3">11000</td></tr>
</table>

Die Festigkeiten beziehen sich auf einen Feuchtesatz von $8\% \leqq u \leqq 18\%$.
Der Elastizitätsmodul bezieht sich auf einen Schlankheitsgrad $l_1/h_1 = 15$.

4.2.3. Äußere Beschaffenheit

Tabelle 3

Oberfläche	äußere Beschaffenheit
unbearbeitet	vor- oder zurückstehende Brettschichten höchstens 5 mm und mit Klebstoff behaftete Sichtflächen zulässig
geschlichtet	Flächen geebnet mit Schritt e höchstens 6 mm, bis 1 mm vor oder zurückstehende Brettschichten und Klebstoffreste zulässig
gehobelt	Flächen geebnet mit Schritt e höchstens 3 mm

Schritt e ist der Abstand zweier Wellenberge auf der bearbeiteten Fläche

4.2.4. Holzschutz
nach TGL 22856

5. PRÜFUNG

5.1. Werkstoffe
nach Festlegung des jeweiligen Herstellers

5.2. Erzeugnis

5.2.1. Prüfdichte
nach den Forderungen des ASMW, mindestens 3 Erzeugnisse für eine Prüfung. Die Proben sind so zu entnehmen, daß sie dem Durchschnitt der Produktion oder Lieferung entsprechen.

5.2.2. Prüfmittel
Meßschieber nach TGL 9252/01
Meßband nach TGL 13621/01 Kapsel mit Kurbel
Gliedermaßstab nach TGL 6164
Strichmaßstab nach TGL 3515
Fühlerlehre 100 mm lang, 0,05 mm dick
Zug-Druck- und Biegefestigkeitsprüfmaschine nach TGL 22711/01
Nivelliergerät oder elektronischer Wegaufnehmer nach den geltenden Vorschriften

[4] Forderung an den Querschnitt des Brettschichtholzes nach TGL 33136/02

5.2.3. Bestimmung der geometrischen Genauigkeit
Messen der Bauteile mit Meßband oder Gliedermaßstab

5.2.4. Prüfung der stofflichen Eigenschaften
5.2.4.1. Bestimmung der Güteklasse
visuell mit normalsichtigen oder entsprechend korrigierten Augen bei Tageslicht oder gleichwertiger Lichtquelle und 1000 mm Sichtabstand. Bei Grenzfällen ist zu messen.
5.2.4.2. Bestimmung der Klebung der Schichten
durch Messen der Länge und Tiefe der Klebefugenfehler mit Strichmaßstab und Fühlerlehre.
5.2.4.3. Bestimmung des Versatzes der Keilzinkenverbindung
visuell mit normalsichtigen oder entsprechend korrigierten Augen bei Tageslicht oder gleichwertiger Lichtquelle und 1000 mm Sichtabstand. Bei Grenzfällen ist zu messen.
5.2.4.4. Bestimmung der Zugfestigkeit der Keilzinkenverbindung
5.2.4.4.1. Herstellen der Prüfkörper
Es sind je 3 Probestücke nach Bild 1 und daraus je 2 gehobelte Prüfkörper nach Bild 2 herzustellen. Die Keilzinkenverbindung muß rechtwinklig zur Breite und bei $l_4/2$ des Prüfkörpers liegen. Die Prüfkörper sind fortlaufend zu numerieren. Die aus einem Probestück hergestellten zwei Prüfkörper sind mit der gleichen Nummer und zusätzlich mit a oder b zu bezeichnen. Breite und Dicke jedes Prüfkörpers sind mittels Meßschieber bei $l_4/2$ auf 0,1 mm genau zu ermitteln.
Die Prüfkörper sind bei 20 °C ± 3 K und 65 % ± 5 % relativer Luftfeuchte mindestens 24 Stunden zu lagern und unmittelbar danach zu prüfen.

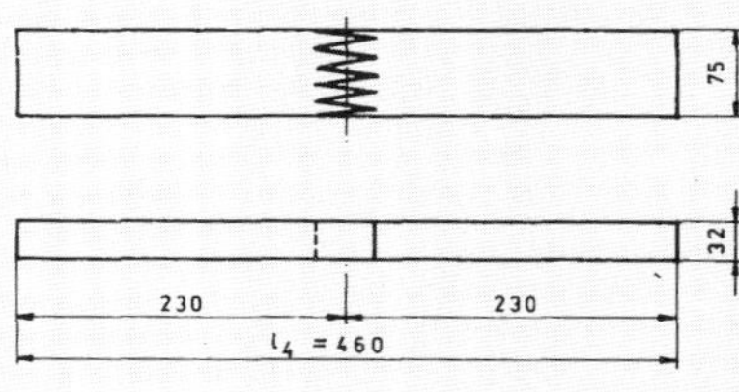

Bild 1 Probestück

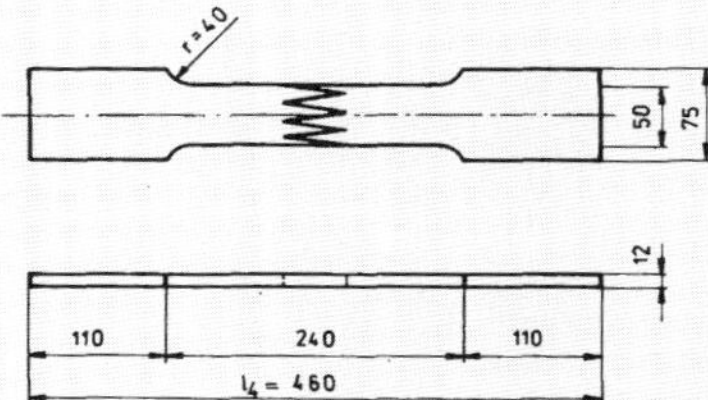

Bild 2 Prüfstück

5.2.4.4.2. Durchführung der Prüfung
Die Längsachse des Prüfkörpers und die der Einspannbacken muß als verlängerte gerade Linie durch die Befestigungspunkte der Prüfmaschine verlaufen.
Die Einspannbacken sind gleichmäßig fest anzuziehen. Eine Zerstörung der Prüfkörper an den Einspannstellen darf nicht eintreten. Die freie Einspannlänge muß 390 mm betragen.
Die Kraftzunahme muß (350 ± 100) N/s betragen. Die Prüfkörper müssen einzeln mit der Werkstoffprüfmaschine bei einem Lastbereich von 0 bis 100 kN gleichmäßig und stetig bis zum Bruch belastet werden. Nach Beendigung der Prüfung einer Prüfserie ist der Feuchtesatz nach TGL 25106/02 oder mittels elektrischen Feuchtesatzmeßgerätes zu bestimmen.
5.2.4.4.3. Auswertung der Prüfung
Die Zugfestigkeit der Prüfkörper ist nach der Formel

$$\sigma_{zB} = \frac{F}{A} \text{ in N/mm}^2$$

zu ermitteln.
Hierin bedeuten:
σ_{zB} = Zugspannung
F = Prüfkraft beim Bruch in N
A = Prüfkörperquerschnitt bei $l_4/2$ in mm²
(ohne Abzug des Keilzinkengrundes)
5.2.4.4.4. Prüfprotokoll
Im Prüfprotokoll sind unter Hinweise auf die Einhaltung dieses Standards anzugeben:
- Prüfkörper-Nummer
- Prüfkraft F beim Bruch in N
- Fläche A des Prüfkörperquerschnittes in mm²
- Zugfestigkeit σ_{zB} Einzelwert in N/mm²
- Feuchtesatz u in %
- Bruchcharakteristik (z. B. Keilzinkenbruch, Holzbruch, 80 % Fehlklebung, Ast über ⅔ des Prüfquerschnittes, Kurzfasrigkeit, Faserverlauf)
- Proben mit einer Bruchfestigkeit < 24 N/mm² und einem Holzbruchanteil $\geqq 75\%$ sind von der Auswertung auszuschließen

5.2.4.5. Bestimmung der Biegefestigkeit und der Elastizitätsmodule
5.2.4.5.1. Herstellen der Prüfkörper
Es sind Prüfkörper mit den Abmessungen nach Bild 3 herzustellen. Die Breite und Dicke der Prüfkörper sind mittels Strichmaßstab bei $l_s/2$ auf 1,0 mm genau zu ermitteln.
Die Prüfköper sind bei 20 °C ± 3 K mindestens 7 Tage zu lagern und anschließend zu prüfen.
Der Feuchtesatz u muß im Bereich von 8 bis 18 % liegen.
5.2.4.5.2. Durchführung der Prüfung
mit dem Prüfaufbau nach Bild 3 entweder
- Belasten in Stufen $\sigma_b = 5$ N/mm² bis zum Bruch, wobei bei jeder Laststufe die Durchbiegung f zu messen ist.

oder bei Vorhandensein eines x-y-Schreibers
- kontinuierliches, stoßfreies Belasten bis zum Bruch bei gleichzeitiger Aufnahme eines Kraft-Durchbiege-Diagramms.

Der Prüfkörper ist mit einer stetigen Kraftzunahme von (250 ± 100) N/s zu belasten.
Die Durchbiegung f ist mit einer Genauigkeit von 0,1 mm zu ermitteln. Anschließend ist der Feuchtesatz u nach TGL 25105/02 oder mittels elektrischen Feuchtesatzmeßgerätes, Genauigkeit ± 0,5 % Feuchte, zu bestimmen.
Für andere Bauteilhöhen als (256 ± 1) mm ist die Bestimmung der Biegefestigkeit und des Elastizitätsmoduls sinngemäß durchzuführen.
5.2.4.5.3. Auswertung der Prüfung
Die Biegefestigkeit des Bauteiles ist nach der Formel

$$\sigma_{bB} = \frac{4224 \cdot F_B}{b \cdot h^2} \quad \text{in N/mm}^2$$

zu ermitteln.

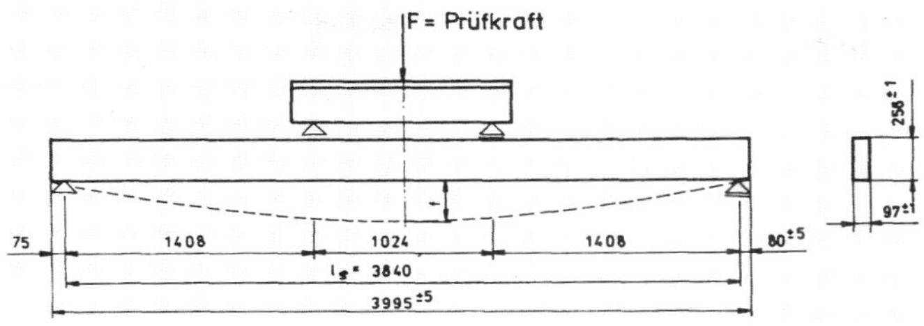

Bild 3

Hierin bedeuten:
σ_{bB} = Biegebruchspannung
F_B = Prüfkraft beim Bruch in N
b = Breite des Prüfkörpers in mm
h = Höhe des Prüfkörpers in mm

Der Elastizitätsmodul E_{bi} aus der Prüfung auf Biegung ist bei den einzelnen Laststufen nach der Formel

$$E_{bi} = \frac{1{,}278 \cdot 10^{10}}{bh^3} \cdot \frac{F_i}{f_i} = \frac{3{,}026 \cdot 10^6\ \sigma_{bi}}{h \cdot f_i} \quad \text{in N/mm}^2$$

zu ermitteln.

Hierin bedeuten:
F_i = Prüfkraft bei der Laststufe i in N
f_i = Durchbiegung in $l_s/2$ bei der Laststufe i in mm
σ_{bi} = Biegespannung bei der Laststufe i in N/mm²

Der Elastizitätsmodul E_b des Bauteiles ist als Mittelwert aus den Laststufen σ_{b1} = 5 N/mm², σ_{b2} = 10 N/mm², σ_{b3} = 15 N/mm² und σ_{b4} = 20 N/mm² auszuweisen.

5.2.4.5.4. Prüfprotokoll
Im Prüfprotokoll sind unter Hinweis auf die Einhaltung dieses Standards anzugeben:
Prüfkörper – Datum der Klebung
Prüfkörperhöhe h in mm
Prüfkörperbreite b in mm
Prüfkraft F_B beim Bruch in N
Biegespannung σ_{bi} in allen Belastungsstufen in N/mm²
Biegespannung σ_{bB} beim Bruch in N/mm²
Durchbiegung f_i in allen Belastungsstufen in mm
Elastizitätsmodul E_b in N/mm²
Feuchtesatz u in %
Bruchcharakteristik (z. B. splittrig, zackig oder glatt, Bruch durch Äste mit Angabe ihres Anteiles von Querschnitt, schräger Faserverlauf oder andere Holzfehler)
Skizze und/oder Foto des Bruchbildes

5.2.5. Äußere Beschaffenheit
visuell mit normalsichtigen oder entsprechend korrigierten Augen bei Tageslicht oder gleichwertiger Lichtquelle und 1000 mm Sichtabstand. Die vor- oder zurückstehenden Brettschichten sind in Abständen von 1000 mm und der Schritt e bei bearbeiteter Oberfläche an beliebiger Stelle mit dem Strichmaßstab zu messen.

5.2.6. Holzschutz
nach Festlegung des Herstellers

5.2.7. Gesamtprüfprotokoll
Im Gesamtprüfprotokoll sind für die Bestimmung
der geometrischen Genauigkeit
der Sorte
der Klebung der Schichten
des Versatzes der Keilzinkenverbindung
der äußeren Beschaffenheit und des Holzschutzes
Aussagen über die Erfüllung oder Nichterfüllung der Forderungen nach Abschnitt 4.2. zu treffen. Die Prüfprotokolle für die Zugfestigkeit der Keilzinkenverbindung, für die Biegefestigkeit und die Elastizitätsmodule sind beizufügen.

6. KENNZEICHNUNG

mit folgenden Angaben:
am Erzeugnis
wetterbeständig, nach dem Einbau sichtbar:
Bauteilkennziffer nach den Fertigungsunterlagen
Datum des Tages, an dem die Klebung erfolgte
Hersteller
Sorte
Standardnummer
auf der Verpackung:
Bauteilkennziffer nach den Fertigungsunterlagen

7. VERPACKUNG

gegen Feuchte und andere Witterungseinflüsse geschützt; bei Verpackung, z. B. mit bituminöser Pappe, ist diese nach spätestens 30 Tagen zu lösen. Zubehörteile z. B. Verbindungsmittel, Beschläge, nach Vereinbarung. Hydrophobierung für Holzteile ist zulässig.

8. TRANSPORT, UMSCHLAG, LAGERUNG

8.1. *Die Bauteile dürfen beim Verladen und Transportieren nicht geworfen, gestoßen und gestaucht werden. Sie sind gegen Kippen und Verschub zu sichern. Für den Transport ist das Fahrzeug so zu wählen, daß die Ladefläche eine einwandfreie Lagerung und Befestigung der Bauteile zuläßt. Die Auflagerung muß Tabelle 4 Lageform 1 oder 2 entsprechen.*

Seite 6 TGL 33136/01

Tabelle 4

Lagerform	l_2 höchstens bei Vertikalmaß der Bauteile													
	über 60 bis 69	über 69 bis 79	über 79 bis 89	über 89 bis 99	über 99 bis 119	über 119 bis 149	über 149 bis 199	über 199 bis 249	über 249 bis 299	über 299 bis 399	über 399 bis 599	über 599 bis 799	über 799 bis 1000	über 1000
1	4600	5000	5600	6000	6400	7300	8500	10300	12000	13500	16300	21400	25700	29950
2 bei Bauteillänge l_1 bis 12400	7000													
über 12400 bis 13700	–	7700												
über 13700 bis 15300	–		8400											
über 15300 bis 16300	–			9100										
über 16300 bis 17400	–				9800									
über 17400 bis 19600	–					11000								
über 19600 bis 22800	–						12800							
über 22800 bis 27500	–							15500						
über 27500 bis 30000	–								18000					

8.2. Als Lastaufnahmemittel sind zulässig:
gummierte Lade- und Hebebänder, mindestens 50 mm breit
Seile und Ketten unter Verwendung von Kantenschutz an den Anschlagteilen durch winkelförmige Beilagen aus Holz oder Metall.

8.3. Das Anschlagen der Bauteile muß an mindestens 2 Stellen erfolgen. Abstand der Anschlagstellen nach Tabelle 5, Anschlagform 1 oder 2; Abhängigkeit vom Vertikalmaß und der Länge des Bauteiles. Der Einsatz von Traversen wird empfohlen.
Anschlagform 1 stellt die Grundform dar. Bauteile, die mit dem gegebenen Vertikalmaß länger als das dazugehörige Maß l_2 sind, müssen nach Anschlagsform 2 angeschlagen werden. Ist l_1 des Bauteiles größer als $l_2 + 2 \cdot l_3$ so ist unter Einhaltung von l_3 das Maß l_2 zu vergrößern.

Tabelle 5

Anschlagsform		Vertikalmaß der Bauteile										
		über 60 bis 69	über 69 bis 79	über 79 bis 89	über 89 bis 99	über 99 bis 119	über 119 bis 149	über 149 bis 199	über 199 bis 249	über 249 bis 299	über 299 bis 349	über 349
1	l_2 höchstens	12600	13700	14600	15500	16400	17900	20000	23200	25800	28000	29950
2	l_3 höchstens	6200	6700	7200	7700	8100	8900	10000	11500	12900	14200	14950

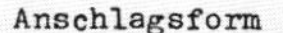

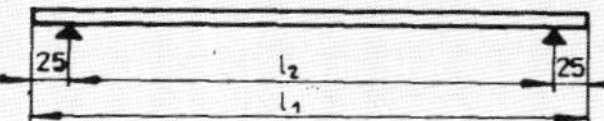

Anschlagsform 2

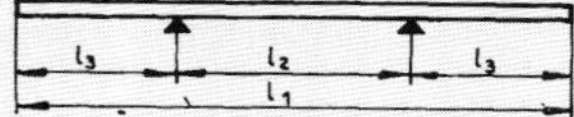

8.4. Lagerung auf Unterbau mit einer Bodenfreiheit bei befestigtem Boden, mindestens 300 mm und bei unbefestigtem Boden mindestens 400 mm. Abstand l_2 der Auflager nach Tabelle 4. Lagerform 1 oder 2 in Abhängigkeit von Vertikalmaß[5] und der Länge des Bauteiles.
Stapelung der Bauteile nach Lösen der Verpackung als Block- oder Kastenstapel. Das Verhältnis zwischen Höhe und Breite des Stapels darf höchstens 2:1 betragen. Die Stapel sind in Breite und Länge aus Bauteilen gleicher Größe zu errichten. Es sind die Standsicherheit, die verwendeten Lagerausrüstungen sowie die Einhaltung der zulässigen Tragkraft zu gewährleisten. Die Stapel sind gegen Feuchte und andere Witterungseinflüsse zu schützen. Sie dürfen nur von oben abgetragen werden.

9. MONTAGE

nach Festlegung des Herstellers

[5] Das Vertikalmaß ist je nach Lagerung: liegend = b; stehend = h_1

Hinweise

Ersatz für TGL 33136/01 Ausg. 3.78
Änderungen: Sorte 1; 2 und 3 aufgenommen; Zugfestigkeit der Keilzinkenverbindung, Biegefestigkeit, Elastizitätsmodul, Prüfkörperform und Prüfdurchführung geändert; redaktionell überarbeitet.
Im vorliegenden Standard ist auf folgende Standards Bezug genommen:
TGL 3515; TGL 6164; TGL 9252/01; TGL 12860/02; TGL 13621/01; TGL 18981/06; TGL 22711/01; TGL 22856; TGL 25106/02; TGL 33136/02; TGL 117-0767
Mit dem vorliegenden Standard stehen im Zusammenhang:
Schnittholz; Begriffe für Fehler, Flächen und Abmessungen siehe TGL 18981/01
Holzbau; Tragwerke; Berechnung; Bauliche Durchbildung siehe TGL 33135/01 und 1. Änderung 6.86.
Vorschrift der Staatlichen Bauaufsicht des Ministeriums für Bauwesen Nr. 9/84 vom 1. 1. 85
– Bautechnischer Brandschutz – Staatliche Bauaufsicht Heft Nr. 11 (1984)
Montageunterlagen für Bauteile aus Brettschichten, geklebt unter Angabe der Typenbezeichnung zu beziehen von:
VEB Fertighausbau Neuruppin, PSF 88, Neuruppin, 1950
VEB Bauelementewerke Erfurt, Werk Hermsdorf, Rodaer Straße 43, Hermsdorf, 6530
VEB Bauelementewerke Stralsund, Werk Löcknitz, Kamp-Schulzen-Straße
Löcknitz, 2103
Katalog des Katalogwerkes Bauwesen – Klebebinder – zu beziehen von:
Bauakademie der DDR, Bauinformation, Wallstraße 27, Berlin, 1020

2. Änderung

Deutsche Demokratische Republik	Holzbau **Bauteile aus Brettschichten, geklebt** Qualitätssicherung bei der Herstellung	TGL **33136/02** Gruppe 15462

Umfang 1 Seite

Verantwortlich/bestätigt: 3. 10. 1989, VEB Kombinat Bauelemente und Faserbaustoffe, Leipzig

Verbindlich ab 1. 8. 1990

In TGL 33136/02 Ausg. 11.78* wurde die Seite 2 geändert.
Seite 2 Tabelle 2 Spalte 2 Zeile 2 Brettschichten Dicke erhält folgende Fassung:

nach Fertigungszeichnung, max. 43 mm

Inhalt

Ministerrat der DDR
Ministerium für Bauwesen
Staatliche Bauaufsicht

Vorschrift 174/89

Verbindlich für die Bemessung nach Grenzzuständen
ab: 1. Januar 1990
Gültig bis auf Widerruf

Holzbauweise
Grenzzustände
Bezeichnungen
Kennwerte
Nachweise
Vorschrift

Holzbau; Tragwerke; Berechnung nach Grenzzuständen (Ergänzung zur TGL 33 135/01, Ausg. 1.84)

Ausgearbeitet: Bauakademie der DDR
Institut für Industriebau
WB Rekonstruktion
WA Holzkonstruktionen
Plauener Straße 163 - 165
Berlin
1092

Bestätigt: Berlin, den 5. Oktober 1989

Dr.-Ing. e. h. Schütze
Der Leiter

Inhalt

1. Geltungsbereich

Diese Vorschrift gilt für Tragwerke aus Holz.

Sie beinhaltet die erforderlichen Nachweise für einteilige Biegeträger, einteilige Zug- und Druckstäbe nach der Methode der Grenzzustände.

Die Nachweise anderer tragender Teile sowie von Anschlüssen, Stößen und Verbindungsmitteln sind weiterhin nach TGL 33 135/01 zu führen.

Abweichungen von dieser Vorschrift sind zulässig, wenn sie durch Theorie oder Versuche ausreichend begründet und von der zuständigen Staatlichen Bauaufsicht genehmigt sind.

2. Allgemeine Forderungen

Wenn im folgenden nichts anderes festgelegt, gelten die Forderungen nach TGL 33 135/01.

3. Berechnungsmethode nach Grenzzuständen

3.1. Grenzzustände

Grenzzustände sind definierte Beanspruchungszustände, die den Bereich ausreichender Tragfähigkeit oder projektmäßiger Nutzungsfähigkeit gegen den Bereich des Versagens oder den der eingeschränkten Nutzungsfähigkeit eines Tragwerks abgrenzen.

Werden die Grenzzustände überschritten, kann das Tragwerk die gestellten Anforderunger nicht mehr erfüllen. Man unterscheidet zwei Gruppen der Grenzzustände:

- Grenzzustände der Tragfähigkeit (GZT)

  Ihr Erreichen führt zum Verlust der Tragfähigkeit oder zur völligen Unbrauchbarkeit in Bezug auf die weitere Nutzung eines Tragwerks, wie Bruch, Verlust der Stabilität, Übergang in ein labiles System, Verlust der Lagesicherheit u. a.
- Grenzzustände der Nutzungsfähigkeit (GZN)

  Ihr Erreichen führt zu einer Einschränkung der projektgemäßen Nutzung eines Tragwerks, wie unzulässige Verformungen, unzulässige Schwingungen, unzulässige Lageveränderungen u. a.

3.2. Berechnung

3.2.1. Nachweise

Die Nachweisbedingung für die GZT lautet:

Wahrend der gesamten Nutzungszeit eines Tragwerks darf die größte zu erwartende Beaspruchung seiner Tragglieder nicht größer sein als die kleinste zu erwartende Beanspruchungsfähigkeit (Rechentragfähigkeit) des Materials.

Die Nachweise sind für die Festigkeit und Stabilität der Bauteile zu führen.

Die Nachweise im GZT für Lasten oder Lastkombinationen lauten:

$$\gamma_n \cdot F \leqq F(R) \quad (1)$$

für Schnittgrößen

$$M;\ N;\ Q \leqq M(R);\ N(R);\ Q(R) \quad (2)$$

für Spannungen

$$\sigma, \tau \leqq R_i \quad (3)$$

Dabei sind die Schnittgrößen und Spannungen aus den γ_n-fachen Rechenwerten der Lasten oder Lastkombinationen zu ermitteln.

Es bedeuten:

γ_n Wertigkeitsfaktor nach Vorschrift 207/88 der Staatlichen Bauaufsicht im Ministerium für Bauwesen (StBA)
Er berücksichtigt im GZT das beim Versagen des Tragwerks und seiner Bauteile eintretende Schadensmaß.

$F(R)$; $M(R)$, $N(R)$, $Q(R)$ Rechentragfähigkeit (Rechenlast; Rechentragmoment, Rechentragkraft)

R_i Rechenfestigkeit

Die Nachweisbedingung für die GZN lautet:

Während der gesamten Nutzungszeit eines Tragwerks dürfen die zu erwartenden Verformungen des Tragwerks infolge der Normlasten nicht größer sein als ihr projektgemäßer Grenzwert. In Sonderfällen sind Schwingungsuntersuchungen durchzuführen.

Der Nachweis im GZN lautet:

$$u \leqq u_1 \quad (4)$$

3.2.2. Rechenwert der Lastkombination F

Dieser wird aus den Normwerten der Lasten F_i^n, F_j^n, multipliziert mit den Lastfaktoren γ_{fi}, γ_{fj}, und den Kombinationsfaktoren ψ_j gebildet.

$$F = \sum_{i=1}^{n} F_i^n \cdot \gamma_{fi} + \sum_{j=1}^{m} \psi_j \cdot F_j^n \cdot \gamma_{fj} \quad (5)$$

mit

i = 1...n Index für ständige und langzeitige Lasten
j = 1...m Index für kurzzeitige und plötzliche Lasten

Es bedeuten:

F_i^n, F_j^n Normwerte der Lasten nach TGL 32 274/01 bis /03, /05, /07, /09

γ_{fi}, γ_{fj} Lastfaktoren nach TGL 32 274/01 bis /03, /05, /07, /09

$F_i^n \cdot \gamma_{fi}$, $F_j^n \cdot \gamma_{fj}$ Rechenwerte der Lasten

ψ_j Kombinationsfaktoren nach TGL 32 274/01

3.2.3. Rechenwert der Festigkeit

Dieser wird aus dem Grundwert der Rechenfestigkeit R_i^o, multipliziert mit den Anpassungsfaktoren $\gamma_{d,j}$, gebildet.

$$R_i = R_i^o \cdot \prod_{j=1}^{4} \gamma_{d,j} \quad (6)$$

R_i wird beim Nachweis im GZT verwendet.

Es bedeuten:

R_i^o Grundwert der Rechenfestigkeit

Festgelegter Festigkeitswert, der nur in maximal 1 % aller Fälle unterschritten wird (maximal 1-%-Quantil). Er entspricht einer Belastungsdauer von drei Monaten.

R_i^o wird beim Nachweis im GZT verwendet und ist Tabelle 1 zu entnehmen.

$\gamma_{d,j}$ Anpassungsfaktoren

Sie erfassen die unter realen Beanspruchungsbedingungen auftretenden systematischen Abweichungen im Festigkeits- und Formänderungsverhalten des Bauholzes (BH) und Brettschichtholzes (BSH), der Verbindungsmittel und Tragwerke.

Folgende Einflüsse werden durch Anpassungsfaktoren erfaßt:

$\gamma_{d,1}$ Langzeitverhalten GZT (komplexer Einfluß von Belastungshöhe, Belastungsdauer, Holzfeuchte, Temperatur)

$\gamma_{d,2}$ Querschnittshöhe

$\gamma_{d,3}$ Holzkrümmung

$\gamma_{d,4}$ aggressive Medien

Die Anpassungsfaktoren sind den Tabellen 5 bis 9 zu entnehmen, die dazu erforderliche Einstufung in Feuchte- und Zeitklassen ist nach den Tabellen 2 bis 4 vorzunehmen.

3.2.4. Rechenwert des Elastizitäts-(E) oder Gleitmoduls (G)

Dieser wird aus dem Grundwert des Elastizitäts- oder Gleitmoduls E^o oder G^o, multipliziert mit den Anpassungsfaktoren $\gamma_{d,j}$, gebildet.

$$E = E^o \cdot \prod_{j=1}^{4} \gamma_{d,j} \quad (7)$$

$$G = G^o \cdot \prod_{j=1}^{4} \gamma_{d,j} \quad (8)$$

E, G werden beim Nachweis im GZT, Stabilität der Tragwerke und Bauteile, verwendet.

Es bedeuten:

E^o Grundwert des Elastizitätsmoduls
G^o Grundwert des Gleitmoduls

Festgelegte Modulwerte, die nur in maximal 1 % aller Fälle unterschritten werden (maximal 1-%-Quantil).
Sie entsprechen einer Belastungsdauer von drei Monaten und sind Tabelle 1 zu entnehmen.

3.2.5. Rechenwert der Verformung u

Dieser wird aus den Normwerten der Lasten F_i^n, F_j^n und den Anpassungsfaktoren $\gamma_{d,4}$, $\gamma_{d,5}$ berechnet. Es sind die Normwerte der Elastizitäts- und Gleitmodule E_o^n, E_{90}^n, G_o^n zu verwenden.

$$u = \left(\sum_{i=1}^{n} u_i^n\right) \cdot \frac{1}{\gamma_{d,4} \cdot \gamma_{d,5}} \qquad (9)$$

Es bedeuten:

u_i^n Verformung infolge des Normwerts einer ständigen, langzeitigen oder kurzzeitigen Last

$\gamma_{d,4}$ Anpassungsfaktor "Aggressive Medien" nach Tabelle 8

$\gamma_{d,5}$ Anpassungsfaktor "Langzeitverhalten GZN" nach Tabelle 9

u wird beim Nachweis im GZN verwendet

E_0^n, E_{90}^n, G_0^n sind Tabelle 1 zu entnehmen.

3.2.6. Grenzwert der Verformung u_1

Dieser berücksichtigt technische und ästhetische Forderungen. Als Grenzwerte gelten die zulässigen Formänderungsgrenzwerte nach TGL 33 135/01.

4. Materialien und Kennwerte

In Tabelle 1 werden die Grundwerte der Rechenfestigkeit (R^o), die Grund- und Normwerte der E- und G-Module (E^o, E^n, G^o, G^n) für BH und BSH angegeben.
Bei Durchlaufträgern ohne Gelenke darf der Grundwert der Biegefestigkeit R_m^o nach Tabelle 1 um 10 % erhöht werden. Dies gilt nicht bei Sparren von verschieblichen Kehlbalkendächern. Die Grundwerte der Druckfestigkeit schräg zur Faser sind zu ermitteln aus:

$$R_{c,\alpha}^o \leq R_{c,o}^o - \left(R_{c,o}^o - R_{c,90}^o\right) \cdot \sin\alpha \qquad (10)$$

5. Bauteilforderungen

5.1. Biegeträger mit einteiligem Querschnitt

Beim Festigkeitsnachweis für einachsige Biegung im GZT muß sein:

$$\sigma = \frac{M}{W_n} \leq R_m \qquad (11)$$

Wird ein Bauteil durch Biegemomente M_x, M_y belastet, dann muß beim Festigkeitsnachweis im GZT sein (Bild 1):

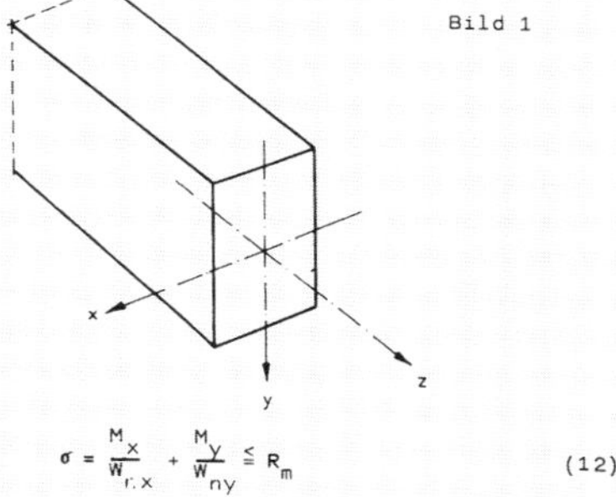

Bild 1

$$\sigma = \frac{M_x}{W_{nx}} + \frac{M_y}{W_{ny}} \leq R_m \qquad (12)$$

Beim Festigkeitsnachweis für Schubbeanspruchung im GZT muß sein:

$$\tau = \frac{Q \cdot S}{J \cdot b} \leq R_\tau \qquad (13)$$

Kippnachweis

Für Biegeträger mit einem Seitenverhältnis von Höhe zu Breite h/b > 4 ist der Kippnachweis zu führen.

Werden Druckgurte von Biegeträgern mit einem Seitenverhältnis von $4 < h/b \leq 10$ in einzelnen Punkten mit einem Abstand a seitlich unverschieblich abgestützt und ist der auf die Stegachse des Trägerquerschnitts bezogene Trägheitsradius des Gurtquerschnitts

$i_{zG} \geq \frac{a}{40}$, so darf der Kippnachweis entfallen.
Ist $i_{zG} < \frac{a}{40}$ und wird kein genauer Nachweis geführt, so muß der Kippnachweis im GZT mit der Schwerpunktspannung des Druckgurts σ_a sein:

$$\frac{1}{1{,}26 \cdot \varphi_c} \cdot \sigma_a \leq R_{c,o} \qquad (14)$$

Für Biegeträger mit einem Seitenverhältnis h/b > 10 ist stets ein genauer Kippnachweis zu führen.

φ_c ist für $\lambda_{zG} = \frac{a}{i_{zG}}$ Tabelle 10 zu entnehmen.

5.2. Zugstäbe

Der Festigkeitsnachweis im GZT lautet:

- bei Zug

$$\sigma = \frac{N}{A_n} \leq R_{t,o} \qquad (15)$$

- bei Zug mit Biegung

$$\sigma = \frac{N}{A_n} + \frac{R_{t,o}}{R_m} \cdot \frac{M}{W_n} \leq R_{t,o} \qquad (16)$$

Es bedeuten:

A_n Querschnittsfläche mit Abzug der Querschnittsschwächungen nach Tabelle "Verbindungsmittel/Querschnittsschwächung" der TGL 33 135/01

W_n Widerstandsmoment mit Abzug der Querschnittsschwächungen nach Tabelle "Verbindungsmittel/Querschnittsschwächung" der TGL 33 135/01

5.3. Druckstäbe

5.3.1. Knickbeiwerte und Knickfaktoren

Der Knickbeiwert φ_c ist Tabelle 10 zu entnehmen.

$$\varphi_m = 1 - \left(\frac{\lambda}{56}\right)^2 \frac{|N|}{A \cdot R_{c,o}} \varphi_c \qquad (17)$$

5.3.2. Gerade mittig belastete einteilige Druckstäbe

Beim Stabilitätsnachweis im GZT muß sein:

$$\sigma = \frac{1}{\varphi_c} \cdot \frac{|N|}{A} \leq R_{c,o} \qquad (18)$$

Beim Festigkeitsnachweis im GZT für Anschlüsse durch Kontaktstoß und für Druckstäbe mit Querschnittsschwächungen im Anschluß muß sein:

$$\sigma = \frac{|N|}{A_n} \leq R_{c,o} \text{ bzw. } R_{c,90} \qquad (19)$$

Es bedeuten:

A Querschnittsfläche des Stabes ohne Abzug der Querschnittsschwächungen infolge Verbindungsmittel in den Anschlüssen

A_n Querschnittsfläche des Stabes mit Abzug der Querschnittsschwächungen

5.3.3. Außermittig belastete einteilige Druckstäbe

Beim Stabilitätsnachweis im GZT muß sein:

$$\sigma = \frac{1}{\varphi_c} \cdot \frac{|N|}{A} + \frac{1}{\varphi_m} \cdot \frac{R_{c,o}}{R_m} \cdot \frac{M}{W} \leq R_{c,o} \qquad (20)$$

Beim Festigkeitsnachweis im GZT für Anschlüsse durch Kontaktstoß und für Druckstäbe mit Querschnittsschwächungen im Anschluß muß sein:

$$\sigma = \frac{|N|}{A_n} + \frac{R_{c,o}}{R_m} \cdot \frac{M}{W_n} \leq R_{c,o} \qquad (21)$$

Es bedeuten:

A und W — Querschnittsfläche und Widerstandsmoment des Stabes ohne Abzug der Querschnittsschwächungen infolge Verbindungsmittel in den Anschlüssen

A_n und W_n — Querschnittsfläche und Widerstandsmoment mit Abzug der Querschnittsschwächungen

φ_c, φ_m — Knickbeiwerte für die größere der beiden Schlankheitszahlen λ_x, λ_y

Tabelle 1 Grundwerte der Rechenfestigkeit, Norm- und Grundwerte der E- und G-Module in N/mm²

Beanspruchung	Nadelholz							Laubholz
	Bauschnittholz Güteklasse			Brettschichtholz Sorte			Rundholz	
	I	II	III	1	2	3		
Biegung allgemein R^o_m	16,7	14,1	11,1	16,7	14,1	12,6[4)]	15,4[1)]	14,1
bei statisch unbestimmten Mehrfeldträgern[2)] R^o_m	18,4	15,5	12,2	18,4	15,5	13,9	16,9[1)]	15,5
Zug parallel zur Faserrichtung $R^o_{t,o}$	10,7	9,1	4,5	9,1	3,0	9,1	10,0	11,5
rechtwinklig zur Faserrichtung $R^o_{t,90}$	0,3	0,3	0,2	0,3	0,3	0,3	0,3	0,2
Druck parallel zur Faserrichtung $R^o_{c,o}$	14,6	13,1	10,6	14,6	13,5	14,6	13,8[1)]	15,4
rechtwinklig zur Faserrichtung, allgemein $R^o_{c,90}$	3,2	3,0	2,8	3,0	2,8	3,0	3,2	4,5
Eindrückung[3)] unbedenklich $R^o_{c,90}$	4,0	3,8	3,5	3,8	3,8	3,8	4,0	6,0
unter Scheiben von Holzverbindg. $R^o_{c,90}$	6,4	6,0	5,6	6,0	6,0	6,0	6,4	7,5
Überstand des Holzes in Faserrichtung < 100 mm $R^o_{c,90}$	2,6	2,4	2,2	2,4	2,2	2,4	2,6	3,6
Abscheren parallel zur Faserrichtung $R^o_{a,o}$	0,7	0,6	0,5	0,6	0,5	0,6	0,7	0,9
Schub aus Querkraft R^o_τ	1,4	1,2	1,1	1,2	1,1	1,2	1,3	1,4
Elastizitätsmodul parallel zur Faserrichtung E^n_o	10000			11000			12000	12500
E^o_o	5000	4300	3600	5000	4600	5000	4700	5300
senkrecht zur Faserrichtung E^n_{90}	350						400	600
Schubmodul G^n	650						750	800
G^o	300	270	210	300	270	240	300	320

1) Im Bereich von Schwächungen in der Randzone sind die Werte um 20 % zu verringern.

2) Für Sparren von verschieblichen Kehlbalken-Dachbindern ist die Festigkeitserhöhung bei gleichen Vorzeichen der Momente in den Sparrenfeldern und am Kehlbalkenstützpunkt nicht zulässig.

3) Nur zulässig, wenn geringe Eindrückungen konstruktiv berücksichtigt werden können und ihr Einfluß auf die Funktion des Tragwerks unbedenklich ist. Bei Anschlüssen mit verschiedenen Verbindungsmitteln und bei Kontaktanschlüssen oder -stößen dürfen diese Werte nicht angewendet werden.

4) $R^o_{m,c} = 14{,}1$ N/mm²

5.4. Gekrümmte Bauteile aus Brettschichten, geklebt

Für gekrümmte Bauteile mit einem Verhältnis von Biegeradius (r) zur Querschnittshöhe (h) < 10 muß die maximale Biegespannung unter Berücksichtigung der nichtlinearen Spannungsverteilung ermittelt werden.
Bei einem Verhaltnis von 2 < r/h < 10 muß sein:

$$\sigma = \frac{M}{W_n} \left(1 + \frac{h}{2r}\right) \leqq R_m \qquad (22)$$

Für die Querzugsspannung muß unabhängig vom r/h-Bereich sein:

$$\sigma = \frac{M}{W} \cdot \frac{h}{4r} \leqq R_{t,90} \qquad (23)$$

Es bedeuten:

r Biegeradius der Achse des gebogenen Bauteils
t maximale Dicke der Brettschichten
W_n Widerstandsmoment mit Abzug von Querschnittsschwächungen

Tabelle 2 Feuchteklassen

Feuchteklasse		Anwendungsfall	
Bezeichnung	Zugehöriger Gleichgewichtsfeuchtesatz μ %	Bauwerkskategorie	Luftfeuchtebereich φ %
FK 1	≦ 12	geschlossene Bauten mit und ohne Heizung	≦ 65
FK 2	≦ 18	geschlossene und belüftete Stallbauten ohne Heizung, offene und teilweise offene Bauten mit Überdachung	65 < φ ≦ 80
FK 3	> 18	freistehende Tragwerke ohne Schutz gegen Klimaeinwirkung oder geschlossene Bauten unter entsprechenden Verhaltnissen, Konstruktionen unter unmittelbarem Wassereinfluß	> 80

Tabelle 3 Zeitklassen der Lasten

Zeitklasse	Dauer der Lasteinwirkung
ZK A	ständig und/oder langzeitig (z. B. Eigenlast, Verkehrslast)
ZK B	kurzzeitig (z. B. Verkehrslast, Schnee)
ZK C	Wind
ZK D	plotzlich (z. B. Stoß, Erdbeben)

Tabelle 4 Lastkombinationen, Einstufung in Zeitklassen

Zeitklassen der zu kombinierenden Lasten	Zeitklasse der Lastkombination ZK A	ZK B	ZK C	ZK D
ZK A + ZK B	LA ≧ 85 %	LA < 85 %		
ZK A + ZK C	LA ≧ 85 %		LA < 85 %	
ZK A + ZK B + ZK C	LA ≧ 85 %	LC ≦ 15 % LA < 85 %	LC > 15 %	
ZK A + ZK B + ZK C + ZK D	LA ≧ 85 %	LC+LD ≦ 15 % LA < 85 %	LD ≦ 15 % LA < 85 %	LD > 15 %

LA, LC, LD Lastanteile der Zeitklasse A, C oder D von der Gesamtlast.

Bei unterschiedlichen Belastungsformen, z. B. Querlasten und Längskräften, hat die Einstufung nach den Spannungsanteilen zu erfolgen.

Tabelle 5 Anpassungsfaktor $\gamma_{d,1}$ "Langzeitverhalten GZT"

Zeitklasse der Lastkombination	Anpassungsfaktor $\gamma_{d,1}$ bei Feuchteklasse FK 1 und 2 BH	BSH	FK 3 BH	BSH
ZK A	0,85	0,8	0,65	0,4
ZK B	1	1	0,75	0,5
ZK C	1,2	1,2	0,9	0,6
ZK D	1,3	1,3	1,0	0,65

Für ständige Lufttemperaturen 35 °C ≦ T ≦ 50 °C ist $\gamma_{d,1}$ mit 0,85 zu multiplizieren.

Tabelle 6 Anpassungsfaktor $\gamma_{d,2}$ "Querschnittshöhe" im GZT zur Berechnung von R_m

Querschnittshöhe h mm	Anpassungsfaktor $\gamma_{d,2}$ Bauholz	Brettschichtholz
< 200	1	1
200 ≦ h < 300	0,95	1
300 ≦ h < 500	-	0,95
500 ≦ h < 800	-	0,9
800 ≦ h < 1500	-	0,85
≧ 1500	-	0,8

Tabelle 7 Anpassungsfaktor $\gamma_{d,3}$ "Holzkrümmung" im GZT

$\frac{t}{r}$	0	$2 \cdot 10^{-3}$	$4 \cdot 10^{-3}$	$6 \cdot 10^{-3}$	$8 \cdot 10^{-3}$	10^{-2}
$\gamma_{d,3}$	1	0,92	0,83	0,76	0,68	0,6

r Krümmungsradius des gekrümmten Holzes
t Dicke des gekrümmten Holzes bzw. bei BSH Dicke einer gekrümmten Lage

Tabelle 8 Anpassungsfaktor $\gamma_{d,4}$ "Aggressive Medien" im GZT und GZN von BH und BSH

Die Art der Medien wird gegliedert in Gase, Lösungen und feste Stoffe. Mit den Kriterien Konzentration des Mediums und Feuchteklasse ergeben sich die Beanspruchungsgrade I, II, III.

Beanspruchungsgrad	Erläuterung
BG I	nicht oder schwach aggressiv
BG II	mittel aggressiv
BG III	stark aggressiv

Nach der Einordnung des Mediums in Aggressivitätsbereiche ist der Beanspruchungsgrad mit Hilfe nachfolgender Tabellen zu ermitteln. Mit den BG ist in Abhängigkeit von der Querschnittsgröße der Holzbauteile der Anpassungs faktor $\gamma_{d,4}$ für aggressive Medien der Tabelle 8d zu entnehmen.

Tabelle 8a/1 Aggressivitätsbereiche für Gase

Gas-Aggressivität steigend	Gasgruppe bei Konzentration mg/m³ A 1	A 2	A 3
1. CH_2O (Formaldehyd)	1 bis 200	-	-
2. NH_3 (Ammoniak)	0,5 bis 20	-	-
3. SO_2 (Schwefeldioxid)	0,2 bis 10	10 bis 200	-
4. NO_2 (Stickstoffoxid)	0,1 bis 5	5 bis 25	über 25
5. HCl (Chlorwasserstoff)	0,05 bis 1	1 bis 10	über 10
6. Cl_2 (Chlor)	0,02 bis 1	1 bis 5	über 5

Tabelle 8a/2 Beanspruchungsgrade für Gase

Aggressivitäts-bereich	Beanspruchungsgrad bei Feuchteklasse FK 1	FK 2	FK 3
A 1	I	I	I
A 2	I	II	II
A 3	II	II	II

Tabelle 8a Aggressivitätsbereiche und Beanspruchungsgrade für Gase

Tabelle 8b Beanspruchungsgrade von Lösungen

Gruppe	Lösung	pH-Wert	Konzentration der Lösung Vol.-%	Dissoziationsgrad bei 1-normalen Lösung	Beanspruchungsgrad
Säuren	Salpetersäure HNO_3	unter 2	bis 5 über 5	hoch	III III
	Salzsäure HCl		bis 5 über 5	hoch	III III
	Schwefelsäure H_2SO_4		bis 5 über 5/über 15	mittel	I II/III
	Essigsäure CH_3COOH	4	über 15	niedrig	I
Basen	Natronlauge NaOH		bis 2 über 2	hoch	II III
	Kalilauge KOH	über 13	bis 2 über 2	hoch	II III
	Ammoniumhydroxid NH_4OH		bis 5 über 5	niedrig	I II
Salzlösungen	Chloridlösungen KCl, NaCl	7	bis 10/über 10	mittel	I/II
	Sulfatlösungen Na_2SO_4 (Glaubersalz)		bis 10/über 10	mittel	I/II
	$(NH_4)_2SO_4$ (Ammonsulfat)	5	bis 40		I
(organische Verbindung)	Harnstoff $CO(NH_2)_2$	2	bis 40		II

Tabelle 8c Beanspruchungsgrade von festen Medien

Festes Medium	pH-Wert	Loslichkeit im Wasser	Hygroskopizitat	Beanspruchungsgrad bei FK I	FK 2	FK 3
Kalidunger	8	gut (bis 20 %)	gut	I	II	II
Harnstoff	9	gut (bis 40 %)	stark	I	II	II
Superphosphat	3	(bis 5 %)	gut	I	I	II
Natriumchlorid	7	gut	gut	I	I	II
Ammon.sulfat	5	gut (bis 40 %)	gering	I	I	I

Tabelle 8d Anpassungsfaktoren $\gamma_{d,4}$ für aggressive Medien in Abhängigkeit von der Holzquerschnittsgröße

Beanspruchungsgrad	Querschnittsgroße mm^2	Anpassungsfaktor $\gamma_{d,4}$
BG I		1,0
BG II	< 9000	0,75
	< 30000	0,85
	≧ 30000	0,95
BG III	< 9000	0,65
	< 30000	0,75
	≧ 30000	0,85

Hinweise: Mindestabmessung des Holzbauteils bei BG II und BG III: 40 mm, Mindestquerschnittsfläche: 4000 mm^2; $\gamma_{d,4}$ ist auf die Fläche des ungeschwachten Querschnitts bezogen.
Zugelassene Holzschutzmittel haben auf das Holz keine aggressive Wirkung.
Bei Verwendung wirksamer Bekleidungen oder Beschichtungen ist $\gamma_{d,4} = 1$.

Tabelle 9 Anpassungsfaktor $\gamma_{d,5}$ "Langzeitverhalten GZN" von BH und BSH

Zeitklasse der Lasten	Anpassungsfaktor $\gamma_{d,5}$ bei Feuchteklasse FK 1	FK 2	FK 3
ZK A	0,65	0,55	0,35
ZK B	0,85	0,75	0,5
ZKC, ZKD	1	0,9	0,65

Tabelle 10 Knickbeiwerte φ_c

λ	0	1	2	3	4	5	6	7	8	9
10	1,0	1,0	1,0	1,0	1,0	1,0	1,0	1,0	1,0	,9929
20	,9855	,9781	,9705	,9628	,9550	,9470	,9388	,9304	,9219	,9132
30	,9044	,8953	,8861	,8766	,8670	,8572	,8471	,8369	,8265	,8160
40	,8052	,7944	,7833	,7721	,7608	,7494	,7379	,7263	,7146	,7029
50	,6911	,6794	,6676	,6559	,6442	,6326	,6210	,6096	,5982	,5870
60	,5758	,5649	,5540	,5433	,5328	,5225	,5123	,5023	,4925	,4829
70	,4735	,4642	,4552	,4463	,4377	,4292	,4209	,4128	,4049	,3972
80	,3896	,3822	,3750	,3680	,3611	,3544	,3479	,3415	,3353	,3292
90	,3232	,3174	,3118	,3062	,3008	,2956	,2904	,2854	,2805	,2757
100	,2711	,2665	,2620	,2577	,2534	,2493	,2452	,2413	,2374	,2336
110	,2299	,2263	,2227	,2193	,2159	,2126	,2093	,2062	,2031	,2000
120	,1971	,1942	,1913	,1886	,1858	,1832	,1806	,1780	,1755	,1730
130	,1706	,1683	,1660	,1637	,1615	,1593	,1572	,1551	,1530	,1510
140	,1491	,1471	,1452	,1434	,1415	,1397	,1380	,1363	,1346	,1329
150	,1313	,1297	,1281	,1265	,1250	,1235	,1221	,1206	,1192	,1178
160	,1164	,1151	,1138	,1125	,1112	,1099	,1087	,1075	,1063	,1051
170	,1040	,1028	,1017	,1006	,0995	,0984	,0974	,0964	,0953	,0943
180	,0934	,0924	,0914	,0905	,0896	,0887	,0878	,0869	,0860	,0851
190	,0843	,0835	,0826	,0818	,0810	,0803	,0795	,0787	,0780	,0772
200	,0765	,0758	,0751	,0744	,0737	,0730	,0723	,0716	,0710	,0703
210	,0698	,0691	,0685	,0678	,0672	,0666	,0661	,0655	,0649	,0643
220	,0638	,0632	,0627	,0622	,0616	,0611	,0606	,0601	,0596	,0591
230	,0586	,0581	,0576	,0571	,0567	,0562	,0558	,0553	,0549	,0544
240	,0540	,0536	,0531	,0527	,0523	,0519	,0515	,0511	,0507	,0503
250	,0499									

Anmerkung zur Einführung der Vorschrift 174/89 der Staatlichen Bauaufsicht

Die gegenwärtige Entwicklung der Entwurfsstandards und Vorschriften für Tragkonstruktionen ist durch die Einführung von Bemessungsmethoden auf der Grundlage von Teilsicherheitsfaktoren geprägt. Auf dem Gebiet des Holzbaus wird dieser Entwicklung durch die Erarbeitung der TGL 33 135/04 "Holzbau; Tragwerke; Berechnung nach Grenzzuständen" Rechnung getragen.
Die Vorschrift 174/89 der Staatlichen Bauaufsicht repräsentiert den erreichten, praktisch anwendbaren Stand für die Bemessung nach Grenzzuständen im Holzbau. Sie wendet sich vorwiegend an profilierte Holzbauprojektanten sowie an die Entwicklung von Serienerzeugnissen, insbesondere das Kombinat Bauelemente und Faserbaustoffe (Baufa).

Die TGL 33 135/01 "Holzbau; Tragwerke; Berechnung und bauliche Durchbildung" behält weiterhin ihre Gültigkeit. Auf dieser Grundlage ist auch die Behandlung der in Vorschrift 174/89 noch nicht berücksichtigten Tragglieder (mehrteilige Stäbe u. ä.) sichergestellt. Für die Berechnung von Holztragwerken ist damit grundsätzlich die Bemessung mit zulässigen Spannungen sowie im Geltungsbereich der Vorschrift 174/89 mit Teilsicherheitsfaktoren möglich. Die Anwendung der Berechnungsmethode nach Grenzzuständen ist mit der zuständigen Staatlichen Bauaufsicht abzustimmen.
Bei der Einführung der Vorschrift gesammelte Erfahrungen sollen in die weitere Bearbeitung der TGL 33 135/04 einfließen.

Vorschläge und Anfragen von Projektanten und Forschungseinrichtungen sind an den Bearbeiter der Vorschrift sowie an die Redaktion des Mitteilungsblattes der Staatlichen Bauaufsicht zu richten.

Ministerium für Bauwesen
Staatliche Bauaufsicht

5 Konstruktionsnormen für einen dauerhaften Holzschutz

Als der Reichsarbeitsminister 1939 ein „Merkblatt über baulichen Holzschutz" herausgab, begann man in Deutschland mit der Einführung von staatlichen Regelungen zum Holzschutz, die dann 1957 zur ersten Fassung der DIN-Normenreihe DIN 68800 führten.

Bis der bauliche Holzschutz zum bevorzugten Bestandteil der Holzschutzregeln wurde, war es jedoch ein weiter Weg. Und erst der Nachweis der gesundheitsgefährdenden Wirkung der bis in die 70er-Jahre des 20. Jahrhunderts verwendeten Holzschutzmittel auf der Basis von Pentachlorphenol und DDT und den daraus entstandenen Holzschutzmittelprozessen führte zur bevorzugten Schwerpunktbildung auf den baulichen Holzschutz.

Maßgeblich geprägt wurde dieser Prozess durch den Fachausschuss für Holzschutz der am 25. November 1942 gegründeten Deutschen Gesellschaft für Holzforschung, abzulesen an den bis 1989 durchgeführten 18 Holzschutztagungen (s. [30]).

Die aus den chemischen Holzschutzbehandlungen entstehenden Umweltbelastungen wurden 1972 erstmals diskutiert und führten dann sieben Jahre später zu wesentlichen Erkenntnissen hinsichtlich des gesundheitlichen Risikos bei der Anwendung von Holzschutzmitteln und der Frage der Entsorgung von holzschutzmittelbehandelten Hölzern im Rahmen der steigenden Bedeutung des Umweltschutzes.

Noch 1959 formulierte Franz Kollmann (1906–1987):

> „Es kann aber keinen Zweifel unterliegen, daß die chemischen Schutzmaßnahmen, wirtschaftlich betrachtet, die größte Bedeutung haben. Ein Verzicht auf sie ist in vielen Fällen überhaupt nicht möglich, in anderen bringt er die Gefahr wesentlich höherer Instandsetzungskosten mit sich" [29].

Die Entwicklung in der Holzschutznormung von 1956–1990 charakterisiert H. Willeitner im Jahre 1992 in [31]:

> „Seit Erscheinen der Erstausgabe von DIN 68800 im September 1956 ist im Bereich des Holzschutzes ein deutlicher Bewußtseinswandel eingetreten, der durch eine kritische, z. T. ablehnende Stellung gegenüber dem Einsatz chemischer Holzschutzmittel gekennzeichnet ist. Es sei jedoch darauf hingewiesen, daß bereits in der Ausgabe 1956 der vorbeugende bauliche Holzschutz als Abschnitt 2 besonders herausgestellt wurde. Dagegen war

> der Begriff „Umweltschutz“, der heute einen sehr hohen Stellenwert einnimmt, 1956 noch unbekannt. Anläßlich der ersten Überarbeitung wurde die Norm 1974 in mehrere Teile aufgegliedert, wobei Teil 2 dem baulichen und Teil 3 dem vorbeugenden chemischen Holzschutz galt. Beide Teile wurden bereits damals bauaufsichtlich eingeführt. Für Teil 3 erfolgte im Mai 1981 eine Neuausgabe im Kurzverfahren. Gleichzeitig wurde eine grundlegende Neubearbeitung begonnen, an der erstmalig auch Bundesgesundheitsamt, Bundesumweltamt und DIN-Verbraucherrat beteiligt waren. Das Ergebnis dieser umfangreichen Arbeiten ist die Neuausgabe April 1990.“

Dagegen enthält heute Abschnitt 8.1.3 in DIN 68800-1:2011 die Regel:

> „Grundsätzliche bauliche Holzschutzmaßnahmen nach DIN 68800-2 sind bei der Planung und Ausführung stets zu berücksichtigen.“

Für den vorbeugenden baulichen Holzschutz gelten heute die bauaufsichtlich eingeführten Normen DIN 68800-1:2011 und DIN 68800-2:2012. Neu einzubauendes Holz kann gegen Feuchtigkeit dauerhaft durch eine entsprechende baulich-konstruktive Gestaltung und bauphysikalische Maßnahmen geschützt werden. Im Wesentlichen geht es um das Fernhalten von Feuchtigkeit und die Vermeidung einer langdauernden Feuchteeinwirkung bzw. -entstehung (z.B. infolge Tauwasser).

Die DIN 68800-2:2012, Abschnitt 3 spricht in diesem Zusammenhang immer dann von einer unzuträglichen Veränderung des Feuchtegehaltes, wenn die Voraussetzung für einen Pilzbefall geschaffen und die Brauchbarkeit der Konstruktion durch Quell- und Schwindvorgänge (z.B. infolge Rissbildung) beeinträchtigt wird. Die Möglichkeit eines Insektenbefalls wird unter bestimmten Voraussetzungen toleriert, wenn dadurch keine Gefahr für die Standsicherheit des Bauteiles besteht. Zum vorbeugenden Holzschutz gehört neben der Einhaltung bewährter konstruktiver Grundsätze auch die Auswahl des Holzes (s. auch DIN EN 350-2). Nach Abschnitt 6.8.2.2 der DIN 68800-1:2011 kann auf chemischen Holzschutz verzichtet werden, wenn resistente Holzarten verbaut werden. Prinzipiell ist es dadurch möglich, mit einheimischen Hölzern und der richtigen Holzart bis zur Gebrauchsklasse 3.2 ohne chemischen Holzschutz zu bauen, was aus ökologischen Gründen sehr zu begrüßen ist. Das Holz muss dann aber splintfrei (Kernholz) sein.

Bekämpfende Holzschutzmaßnahmen sind bei aktivem Befall des verbauten Holzes durch Schädlinge zu ergreifen. Diese Maßnahmen sind in DIN 68800-4:2012 geregelt. Die Teile 3 und 4 der Norm sind heute nicht bauaufsichtlich eingeführt. Voraussetzung für Bekämpfungsmaßnahmen ist gemäß Abschnitt 2.3 der

DIN 68800-4:2012 die eindeutige Feststellung der Art der Schadorganismen und des Befallsumfanges durch dafür qualifizierte Fachleute oder Sachverständige.

Die vorgenannten Normteile DIN 68800-1 bis -3 ergänzen DIN EN 1995-1-1 und DIN EN 1995-1-1/NA in Bezug auf die Standsicherheit und Gebrauchstauglichkeit, so dass diese Normen nicht in diesem Buch enthalten sind. Die dort zitierten wichtigen Regeln finden sich auch in den Grundsätzen der vorhergehenden Fassungen aus den Jahren 1990/1996, die in diesem Buch enthalten sind.

Tabelle 4: Konstruktionsnormen für einen dauerhaften Holzschutz

Norm/ Vorschrift	Ausgabe-datum	Titel	Seiten-zahl
DIN 52175	1954-06	Holzschutz; Grundlagen, Begriffe	2
DIN 68800	1956-09	Holzschutz im Hochbau	7
DIN 68800 Blatt 1	1974-05	Holzschutz im Hochbau; Allgemeines	2
DIN 68800 Blatt 2	1974-05	Holzschutz im Hochbau; Vorbeugende bauliche Maßnahmen	5
DIN 68800 Blatt 3	1974-05	Holzschutz im Hochbau; Vorbeugender chemischer Schutz von Vollholz	6
DIN 68800 Blatt 4	1974-05	Holzschutz im Hochbau; Bekämpfungsmaßnahmen gegen Pilz- und Insektenbefall	3
DIN 52175	1975-01	Holzschutz; Begriff, Grundlagen	3
DIN 68800-3	1981-05	Holzschutz im Hochbau; Vorbeugender chemischer Schutz von Vollholz	8
DIN 68800-2	1984-01	Holzschutz im Hochbau; Vorbeugende bauliche Maßnahmen	4
DIN 68800-3	1990-04	Holzschutz; Vorbeugender chemischer Holzschutz	9
DIN 68800-4	1992-11	Holzschutz; Bekämpfungsmaßnahmen gegen holzzerstörende Pilze und Insekten	7
DIN 68800-2	1996-05	Holzschutz; Teil 2: Vorbeugende bauliche Maßnahmen im Hochbau	9

DK 674.04:001.4 Juni 1954 ×

Holzschutz

Grundlagen, Begriffe

DIN 52175

Diese Norm legt eine Reihe von Begriffen und Bezeichnungen fest und soll damit eine einwandfreie Verständigung ermöglichen. Weiterhin soll sie für den Holzschutz, der ein Grenzgebiet von Biologie, Chemie und Technologie ist, einen Überblick über Bedeutung und Beziehungen der Einzelvoraussetzungen geben. Sie ist keine Arbeitsanweisung oder Durchführungsvorschrift.

1 Begriff „Holzschutz"

Holzschutz soll die Güteeigenschaften des Werkstoffes Holz erhalten, indem er dessen Wertminderung oder Zerstörung durch die in Abschnitt 2.1 genannten Einflüsse verhütet.

2 Gefährdung

2.1 Art

2.11 Holzverfärbung (besonders Bläue)

2.12 Holzzerstörung durch Pilze

2.13 Holzzerstörung durch Tiere (Insekten, Holzschädlinge im Meerwasser)

2.14 Feuer

2.2 Ausmaß

Man unterscheidet

2.21 nach Gefahrenstufen:
keine ... geringe ... mäßige ... starke ... Gefährdung

2.22 nach räumlicher Ausdehnung:
Gefährdung im ganzen ... an Gefahrenstellen

Gefahrenstellen sind begrenzte Holzbereiche, an denen das Ausmaß der Gefährdung wesentlich stärker ist als im benachbarten Holz und von deren Erhaltung die Brauchbarkeit des ganzen Holzteiles oder des gesamten Bauwerkes abhängt.

2.3 Ursachen für Art und Ausmaß

2.31 Das Holz (z. B. Art, Beschaffenheit, Abmessungen, Abstände ...)

2.32 Die Angreifer (z. B. Art, Anzahl, Zustand, Dauer des Angriffs, Vorbefall ...)

2.33 Die Umgebung (z. B. Feuchtigkeit, Temperatur ...)

2.4 Unterschiede je nach der Verwendungsweise

2.41 Holz unter Dach, nicht den Niederschlägen ausgesetzt: Holz normalerweise trocken; längere Zeit anhaltende Feuchtigkeit nur infolge von Fehlern oder höherer Gewalt

2.42 Holz in hoher Luftfeuchtigkeit, jedoch nicht den Niederschlägen ausgesetzt: Holz fast dauernd feucht

2.43 Holz im Freien über der Erde, den Niederschlägen ausgesetzt: Holzfeuchtigkeit stark wechselnd

2.44 Holz in der Erde-Luft- oder Wasser-Luft-Zone: Holzfeuchtigkeit fast dauernd groß

2.45 Holz in der Erde im Bereich des Grundwassers oder im Wasser: Holzfeuchtigkeit dauernd sehr groß

2.46 Holz im Meerwasser

3 Schutzmaßnahmen

3.1 Allgemeines

3.11 Eine Holzschutzausführung bildet eine Einheit aus meist mehreren sich ergänzenden Schutzmaßnahmen.

3.12 Die Schutzmaßnahmen müssen sich nach Art (entsprechend Abschnitt 2.1) und Ausmaß (entsprechend Abschnitt 2.2) der Gefährdung sowie nach der Verwendungsweise (entsprechend Abschnitt 2.4) richten.

3.13 Je nachdem, ob sich die Schutzausführung gegen erst zu erwartende oder bereits eingetretene Schäden richtet, unterscheidet man:

a) vorbeugenden Schutz (Vorbeugung)

b) Bekämpfung

3.14 Zu unterscheiden sind:

3.141 nichtchemische, besonders bauliche Holzschutzmaßnahmen

3.142 chemische Holzschutzmaßnahmen (außer 3.143)

3.143 Bekämpfung von Holzschädlingen mit Gasen

3.2 Nichtchemische, besonders bauliche Holzschutzmaßnahmen

Die Gefährdung läßt sich in ihrem Ausmaß herabsetzen oder beseitigen

3.21 durch Maßnahmen, die das Holz betreffen:

Wahl der geeigneten Holzart

Beachtung und Beeinflussung der Holzbeschaffenheit

Beachtung der Abmessungen, Abstände und Zurichtung der Holzteile

3.22 durch Beeinflussen oder Fernhalten der Angreifer oder der angreifenden Einflüsse:

Abschluß der Holzoberflächen

Fernhalten vom Bauwerk durch Ausbreitungssperren (z. B. Brandwände, Gazefenster) oder vom Lagerplatz (z. B. kein pilz- und insektenbefallenes Holz, Rauchverbot gegen Feuer)

Fortschaffen des Holzes aus dem Bereich der Angreifer (z. B. rechtzeitige Abfuhr und Verarbeitung)

3.23 durch Beeinflussen der Umgebung

Beeinflussen des Feuchtigkeitszustandes (Trocknen, Trockenhalten, Naßhalten)

Beeinflussen der Temperatur (Kälte, Hitze)

Vermeiden von schädlingsfördernden Einflüssen chemischer (z. B. stickstoffhaltige Deckenschüttung) oder biologischer Art (z. B. Unkraut auf Lagerplätzen)

Fortsetzung Seite 2

Fachnormenausschuß Holz im Deutschen Normenausschuß (DNA)
Fachnormenausschuß Materialprüfung im DNA

3.3 Chemische Holzschutzmaßnahmen

Behandeln mit chemischen Schutzmitteln in flüssiger oder fester Form

3.31 Holzschutzmittel

3.311 Nach der Art der Gefährdung sind zu unterscheiden:

Schutzmittel gegen Verfärbung
Schutzmittel gegen holzzerstörende Pilze
Schutzmittel gegen tierische Holzzerstörer
  Schutzmittel gegen Insekten
  Schutzmittel gegen Meerwasserschädlinge
Schutzmittel gegen leichte Entflammbarkeit
Schutzmittel gegen mehrere Arten der Gefährdung

3.312 Nach der Beschaffenheit der Mittel unterscheidet man unabhängig von der Handelsform folgende Schutzmittelgruppen:

wasserlösliche Schutzmittel
ölige Schutzmittel
in organischen Lösungsmitteln zu lösende Schutzmittel
Öl-Salz-Gemische
Emulsionen
Schutzmittel anderer Beschaffenheit

3.32 Einbringverfahren

Die Schutzmittel können dem Holz nach folgenden Einbringverfahren zugeführt werden:

3.321 Streichen, Sprühen (Spritzen)

3.322 Kurztauchen

Die Hölzer werden kurze Zeit (Sekunden bis Minuten) in die Schutzflüssigkeit eingetaucht.

3.323 Tauchen

Die Hölzer werden längere Zeit (30 Minuten bis mehrere Stunden) in die Schutzflüssigkeit eingetaucht, in der sie schwimmen können.

3.324 Trogtränkung, im Sonderfall Einstelltränkung

Die Hölzer werden in offenen Trögen lange Zeit (mehrere Stunden bis Tage) in der Schutzflüssigkeit untergetaucht gehalten, bei der Einstelltränkung mit den gefährdeten Enden eingestellt.

Verschiedene Ausführungsformen:
Trogtränkung ohne Erwärmen
Trogtränkung, unterstützt durch Erwärmen

3.325 Kesseldrucktränkung

Die Hölzer werden in einen festschließenden Kessel gebracht, in dem mit Hilfe von Druckunterschieden Schutzflüssigkeit in die Hohlräume des Holzes gedrückt wird.

Verschiedene Ausführungsformen:

Volltränkung
Die Behandlung beginnt mit Unterdruck; es folgt entweder Überdruck oder normaler Luftdruck; sämtliche zugänglichen Hohlräume des Holzes werden mit Schutzflüssigkeit gefüllt.

Spartränkung
Die Behandlung beginnt mit Überdruck; ein Teil der Schutzflüssigkeit wird anschließend durch Unterdruck aus den Hohlräumen des Holzes wieder entfernt.

3.326 Diffusionstränkung

Die Hölzer, saftfrisch oder so durchnäßt, daß sie hinsichtlich Wassergehalt und -verteilung saftfrischem Holz entsprechen, werden mit Schutzpaste bestrichen, von der aus während des mehrere Wochen bis Monate dauernden Feuchtlagerns die wasserlöslichen Schutzstoffe durch Diffusion in das Holz einwandern.

3.327 Saftverdrängung

In die saftfrischen Stämme wird unter Verdrängung des Baumsaftes Schutzsalzlösung eingepreßt oder eingesogen.

3.328 Andere Verfahren
(z. B. Lebendtränkung)

3.329 Verfahren zur Sonderbehandlung von Gefahrenstellen

Dem Holz wird an den Gefahrenstellen reichlich und nachhaltig Schutzstoff zugeführt.

Das kann auf verschiedene Weise geschehen:

Der Schutzstoff bleibt während längerer Zeit an der Holzoberfläche haften oder wird daran festgehalten, was durch Vermischen mit haftenden Stoffen ermöglicht wird oder durch wasserdurchlässige oder -undurchlässige Binden, Kissen oder Kragen (vor allem für Fuß- und Kopfschutz von Masten und Pfählen) zu bewerkstelligen ist.

Der Schutzstoff wird in die vorhandenen Fugen oder Risse eingebracht, gegebenenfalls nach stellenweisem Erweitern der Fugen.

Der Schutzstoff wird in eigens zu diesem Zweck hergestellte größere oder kleinere Löcher (Bohrlöcher, Impfstiche) mit oder ohne Druck eingefüllt.

3.33 Schutzmittelverteilung

Je nach der Verteilung der Schutzmittel im Holz unterscheidet man:

3.331 Deckschutz
Eindringtiefe wird nicht angestrebt

3.332 Randschutz
Die Eindringtiefe liegt in der Größenordnung von Millimetern

3.333 Tiefschutz
Die Eindringtiefe liegt in der Größenordnung von Zentimetern (keinesfalls unter 1 cm)

3.334 Vollschutz
Dies bedeutet völlige Durchsetzung

3.335 Teilschutz
Teilschutz ist ein auf Gefahrenstellen beschränkter Tiefschutz

3.34 Beurteilung einer chemischen Schutzbehandlung

Maßgeblich sind Eigenschaften und Menge des Schutzmittels und seine Verteilung im Holz unter Berücksichtigung von dessen Abmessungen. Im übrigen gilt Abschnitt 3.12.

3.4 Zeit der Schutzausführung

3.41 Schutzmaßnahmen für das Holz können durchgeführt werden:

vor dem Verarbeiten (im Walde, beim Lagern, auf der Baustelle)
während des Verarbeitens (beim Einbau)
nach dem Verarbeiten

3.42 Es folgen bei einer Schutzausführung aufeinander:

3.421 die Schutzplanung
Rechtzeitiges Festlegen von Art und Umfang der Schutzmaßnahmen

3.422 der Grundschutz
Erstmaliges grundlegendes Durchführen von Schutzmaßnahmen

3.423 das Überwachen
Feststellen etwa eingetretener Schäden und des Erhaltungszustandes des Schutzes

3.424 der Nachschutz
Durchführen der jeweils erforderlichen Nachschutz-Maßnahmen

DK 624:351.78:674.048 September 1956

ZURÜCKGEZOGEN

Holzschutz im Hochbau

DIN 68 800

Inhalt

1. Allgemeines

1.1 Bei der Verarbeitung und Verwendung von Bauholz muß dafür gesorgt werden, daß es nicht durch die Lebenstätigkeit holzzerstörender Pilze und Insekten vorzeitig unbrauchbar oder durch Feuer zerstört wird. Zur Vermeidung von Schäden muß das Holz daher sachgemäß eingebaut (baulich geschützt) und, soweit erforderlich, auch chemisch geschützt werden [1]).

1.2 Bauliche und chemische Schutzmaßnahmen sind bereits bei der Planung zu berücksichtigen.

1.3 Die Lebenstätigkeit holzzerstörender Pilze ist die Ursache der „Fäulnis" von Holz. Im Innern von Gebäuden ist der „Echte Hausschwamm" besonders gefährlich. Die übrigen, gemeinsam als „Naßfäule-Pilze" [2]) bezeichneten Schwammarten richten jedoch oft ebenfalls großen Schaden an, in Neubauten besonders der „Keller- oder Warzenschwamm".

Da erhöhte Feuchtigkeit — infolge ungenügender Trocknung oder nachträglicher Befeuchtung — die wichtigste Voraussetzung für das Gedeihen holzzerstörender Pilze ist, liegt beim Holzschutz gegen Pilze im Hochbau der Nachdruck auf Maßnahmen zur Vermeidung von Holzfeuchtigkeitsgehalten über 20% [3]).

1) Über Grundlagen und Begriffe des Holzschutzes vgl. DIN 52 175.
2) fälschlich oft als „Trockenfäule" bezeichnet und unterschätzt.
3) In DIN 4074 „Bauholz, Gütebedingungen" wird unterschieden:
„frisches Bauholz" ohne Begrenzung der Feuchtigkeit
„halbtrockenes Bauholz" mit höchstens 30% der Feuchtigkeit } bezogen auf das Darrgewicht
„trockenes Bauholz" mit höchstens 20% Feuchtigkeit } bezogen auf das Darrgewicht

Fortsetzung Seite 2 bis 7

Arbeitsgruppe Einheitliche technische Baubestimmungen des Fachnormenausschusses Bauwesen
im Deutschen Normenausschuß (DNA)
Fachnormenausschuß Holz im DNA

1.4 Unter den holzzerstörenden Insekten ist der „Hausbockkäfer" am schädlichsten. Die Larven des Hausbockkäfers zerstören nur Nadelholz (bei Kiefer und Lärche nur den Splint). Sie gedeihen auch in trockenem und halbtrockenem Holz. Wärme ist für ihre Entwicklung günstig. Sie sind daher im Holzwerk der Dachstühle und auch in den Balkendecken unter Dachgeschossen anzutreffen, dagegen in der Regel nicht in den anderen Geschoßdecken. Auch das Holz von Fachwerkwänden, besonders an der Südseite, und andere freistehende Holzteile werden befallen.

Die Larven der „Anobien" (Nagekäfer, Pochkäfer, Klopfkäfer) zerstören wie die des Hausbockkäfers trockenes und halbtrockenes Holz, und zwar aller einheimischen Nadel- und Laubholzarten. Sie brauchen jedoch höhere Luftfeuchtigkeit und entwickeln sich auch bei niedrigerer Temperatur. Sie kommen in allen Stockwerken vor, treten aber besonders im feuchteren und kühleren Keller- und Erdgeschoß auf.

Beim Schutz gegen diese Insekten, besonders den Hausbockkäfer, stehen chemische Maßnahmen im Vordergrund.

2. Vorbeugender baulicher Holzschutz gegen Pilze und Insekten

2.1 Das Bauholz und sein Feuchtigkeitsgehalt

2.11 Alle Bauhölzer, auch Bretter und Schwarten, müssen vor dem Einbau von Rinde und Bast gesäubert sein.

2.12 Das Holz soll möglichst trocken [3]) eingebaut werden. Feuchtes Holz darf nur unter Bedingungen eingebaut werden, die sicherstellen, daß es bald austrocknet. Während der Lagerung von Bauholz auf der Baustelle und während des Bauvorganges ist Feuchtigkeit aller Art vom Bauholz möglichst fernzuhalten. Das Trocknen des Bauholzes ist während des Bauens und im fertigen Bauwerk zu erleichtern. Die Austrocknung darf nicht durch zu frühzeitiges Aufbringen eines Lack- oder Ölfarbenanstriches behindert werden. Linoleum und andere dichte Beläge dürfen auf Holzfußböden in der Regel erst nach 2 Jahren verlegt werden.

2.2 Schutz gegen Zutritt von Feuchtigkeit

2.21 Holzbauteile dürfen auf Mauerwerk und Beton nur aufgelegt werden, wenn diese gegen aufsteigende Feuchtigkeit nach DIN 4117 „Abdichtung von Hochbauten gegen Erdfeuchtigkeit" geschützt sind.

2.22 Bei Fachwerkwänden ist zwischen massiven Sockel und Schwelle eine Sperrschicht zu legen. Die Unterkante der Schwelle muß bei Bauten zum dauernden Aufenthalt von Menschen mindestens 50 cm über Gelände liegen. Liegt bei anderen Bauwerken die Schwelle tiefer, so sind chemische Schutzmaßnahmen anzuwenden (vgl. Abschnitt 3.5115).

2.23 Die Außenflächen von Fachwerk und anderen an der Außenseite liegenden Holzteilen sind so auszubilden, daß das Wasser ablaufen, sich also nicht sammeln und in die Holzverbindungen eindringen kann. Z. B. muß der massive Sockel hinter die Außenkante des Fachwerks zurücktreten.

2.24 Besteht die Gefahr, daß sich an oder in der Nähe von Holzwerk Tauwasser bilden kann, z. B. in nicht ausgebauten Dachräumen mit sehr dichter Dachhaut oder in Räumen mit starker Wasserdampfentwicklung, so ist für eine ausreichende Entlüftung zu sorgen.

2.25 Im Freien sind hölzerne Tragteile durch geeignete Ausbildung der Holzverbindungen, möglichst auch durch Überdachung des ganzen Bauwerks, durch geeignete Seitenverschalungen und wasserdichte Abdeckungen von Einzelteilen gegen Niederschläge zu schützen. Namentlich muß dafür gesorgt werden, daß möglichst kein Wasser in Verbindungsstellen und Berührungsflächen von Hölzern eindringen kann. Die Luft muß freien Zutritt zum Holz haben.

2.3 Bauliche Schutzmaßnahmen bei Holzbalkendecken und Holzfußböden

2.31 Für Kellerdecken und für Decken unter Bädern, Aborten, Küchen und anderen der Feuchtigkeit ausgesetzen Räumen sollen möglichst keine Holzbalken verwendet werden. In Bädern, Aborten und in der Umgebung der Wasserzapfstellen in Küchen ist nach Möglichkeit massiver Fußboden auf Massivdecken auszuführen.

2.32 Bei nicht unterkellerten Fußböden müssen zwischen allen Holzteilen und ihren massiven Auflagern Sperrschichten angeordnet werden. Hohlräume unter nicht unterkellerten Fußböden sind zu entlüften.

2.33 Zwischen Deckenbalken und ihren massiven Auflagern ist eine Sperrschicht anzuordnen. Das Umhüllen der Balkenköpfe ist nicht zulässig. Sie sind so einzubauen, daß vor ihrer Stirnseite ein Luftwechsel möglich ist. Die Mauersteine sind seitlich und über den Balken trocken gegen das Holz zu stoßen. Mörtel darf mit den Balken nicht in Berührung kommen. Wenn das Mauerwerk vor den Balkenköpfen weniger als 11,5 cm dick ist, müssen vor jedem Balkenkopf ausreichende fäulnisbeständige Wärmedämmschichten eingebaut werden, um die Bildung von Tauwasser zu verhindern.

2.34 Die Füllstoffe für die Auffüllung von Holzbalkendecken dürfen erst nach regensicherer Eindeckung des Gebäudes und genügender Trocknung des Holzes eingebracht werden. Sie müssen trocken sein und dürfen keinen Mörtel, Bauschutt und keine verwesenden oder fäulnisfähigen Bestandteile enthalten. Lehmglattstrich als Grundlage der Deckenauffüllung muß ausreichend ausgetrocknet sein, bevor die anderen Füllstoffe eingebracht werden.

3. Vorbeugender chemischer Holzschutz gegen Pilze und Insekten

3.1 Grundsätzliches

Der Erfolg der Schutzbehandlung hängt davon ab, ob das Schutzmittel und Einbringverfahren geeignet und der Aufnahmefähigkeit des Holzes entsprechend ausgewählt sind, die erforderliche Menge des Schutzmittels tatsächlich in das Holz eingebracht wird und das Mittel ausreichend tief eindringt und sich dabei möglichst gleichmäßig verteilt.

3.2 Holzschutzmittel

3.21 Es dürfen nur Mittel verwendet werden, die ein Prüfzeichen [4]) erhalten haben. Bei der Wahl und Anwendung der Mittel sind neben dieser Norm die Bestimmungen des Prüfbescheides — namentlich auch hinsichtlich der Verwendbarkeit in Aufenthaltsräumen und in Lagerräumen für Lebens- und Futtermittel — und die Gebrauchsanweisung des Herstellers zu beachten.

3.22 Holzschutzmittel sind so aufzubewahren, daß sie dem Zugriff Unbefugter und dem Zugang von Tieren entzogen sind, da die meisten von ihnen Giftstoffe enthalten. Bei ihrer Anwendung ist daher vorsichtig zu verfahren [5]).

3.23 Farbige Schutzmittel können bei Mauern und Putz durchschlagen. Wasserlösliche fluorhaltige Mittel können bei der Berührung mit Mörtel in ihrer Wirksamkeit geschwächt oder ganz unwirksam werden.

4) Das Prüfzeichen erteilt der Prüfausschuß für Holzschutzmittel, Hamburg bzw. das Deutsche Amt für Material- und Warenprüfung Magdeburg. Der Prüfausschuß gibt ein Verzeichnis der zugelassenen Holzschutzmittel heraus und hält es auf dem Laufenden. Die in der DDR anerkannten Holzschutzmittel werden im Gesetzblatt Teil II der DDR veröffentlicht.

5) Vgl. das Holzschutzmittelverzeichnis des Prüfausschusses für Holzschutzmittel Hamburg.

3.24 Für Holzteile, die nachträglich einen Farbanstrich erhalten sollen, ist ein Mittel zu wählen, das sich mit dem Farbanstrich verträgt.

3.25 Soll verleimtes Holz chemisch geschützt werden oder soll mit Schutzmitteln behandeltes Holz verleimt werden, so muß nachgewiesen sein, daß das Mittel die Haltbarkeit der Leimverbindung nicht beeinträchtigt.

3.26 In der Regel werden im Hochbau wasserlösliche oder ölige Schutzmittel verwendet.

3.261 Wasserlösliche Schutzmittel sind für trockenes und halbtrockenes, unter bestimmten Voraussetzungen auch für frisches Holz verwendbar, vgl. Abschnitt 3.31, 3.32, 3.33 und 3.34. In halbtrockenem und frischem Bauholz breiten sich wasserlösliche Schutzmittel allmählich weiter aus. Dabei verteilt sich das Schutzmittel gleichmäßiger und dringt tiefer in das Holz ein, kann sich aber auch bei ungenügender Menge dabei so stark verdünnen, daß es unwirksam wird.

3.262 Ölige Mittel sind für trockenes und halbtrockenes, jedoch nicht für frisches Holz geeignet. Holz, das durch Regen oder unsachgemäße Lagerung wieder naß geworden ist, darf mit öligen Mitteln erst behandelt werden, wenn es wieder abgetrocknet ist.

3.3 Einbringverfahren und Schutzmittelverteilung [1])

Um einen möglichst wirksamen und dauerhaften Holzschutz zu erreichen, ist, soweit die technischen Einrichtungen zur Verfügung stehen, demjenigen Einbringverfahren der Vorzug zu geben, bei dem das Holzschutzmittel tief eindringt, gleichmäßig verteilt wird und die eingebrachte Schutzmittelmenge gemessen werden kann.

Fichten- und Tannenholz nehmen bei einer Reihe von Einbringverfahren die Schutzstoffe schwer auf (vgl. Abschnitt 3.31 und 3.32). Auch das Kernholz von Kiefer und Lärche ist wenig aufnahmefähig. Bei Hölzern, bei denen der Kern außen liegt, z. B. bei Kreuzhölzern, wird deshalb die unten angegebene Eindringtiefe nicht immer erreicht werden. Kernholz ist aber von Natur aus widerstandsfähiger als Splintholz. Beim Tauchen, Kurztauchen, Streichen oder Sprühen nehmen rauhe Oberflächen mehr Flüssigkeit auf als glatte, Schnittflächen quer zur Holzfaser, Durchbohrungen, Nuten usw. mehr als die Längsflächen, beim Streichen oder Sprühen waagerecht liegende Flächen mehr als schräg oder senkrecht stehende.

3.31 Kesseldrucktränkung

Durch Kesseldrucktränkung kann ein tiefes und gleichmäßiges Eindringen des Schutzmittels erreicht werden. Das Holz muß aber bei öligen und wasserlöslichen Schutzmitteln trocken oder halbtrocken [3]) sein. Bei kernbildenden Hölzern (z. B. Kiefer, Lärche, Eiche) soll der gesamte Splint durchtränkt werden. Bei Fichte und Tanne soll die Eindringtiefe mindestens 1 cm betragen (Tiefschutz [6]). Die eingebrachte Menge muß festgestellt werden.

3.32 Trog- und Einstelltränkung

Durch Trog- und Einstelltränkung kann ebenfalls ein tiefes und gleichmäßiges Eindringen des Schutzmittels erreicht werden.

Bei öligen Schutzmitteln muß das Holz trocken oder halbtrocken [3]), bei wasserlöslichen darf es auch frisch sein.

Bei Kiefer, Lärche und Eiche soll möglichst der ganze Splint durchtränkt, mindestens aber eine Eindringtiefe von 1 cm (Tiefschutz) erreicht werden. Auch bei Fichte und Tanne soll das Schutzmittel nach Möglichkeit 1 cm tief eindringen. Die eingebrachte Menge muß festgestellt werden.

[6]) Nach DIN 52 175 liegt Tiefschutz vor, wenn die Eindringtiefe die Größenordnung von Zentimetern (keinesfalls unter 1 cm), Randschutz, wenn sie die Größenordnung von Millimetern hat.

3.33 Tauchen

Durch Tauchen kann eine etwas gründlichere Behandlung als beim Kurztauchen nach Abschnitt 3.34 erreicht werden. Im allgemeinen wird nur Randschutz [6]) und nur in Sonderfällen Tiefschutz erreicht. Das Holz muß bei öligen und wasserlöslichen Schutzmitteln trocken oder halbtrocken sein.

Für Holz, das der Erdfeuchtigkeit ausgesetzt ist, ist Tauchen unzulässig.

Holz, das Niederschlägen ausgesetzt ist, darf durch Tauchen nur behandelt werden, wenn die Holzdicken $\leqq$ 4 cm sind.

Wird ausnahmsweise abweichend von der Norm DIN 4074 frisches Holz verwendet, dann ist das Tauchverfahren nur zulässig, wenn das Holz unter Dach eingebaut wird und wasserlösliche Schutzmittel in mindestens 20%iger Lösung verwendet werden. Die Oberflächen der Hölzer müssen vor dem Tauchen abgetrocknet sein. Die Tauchzeit ist zu messen.

Die eingebrachte Schutzmittelmenge ist nur bedingt meßbar.

3.34 Kurztauchen, Streichen und Sprühen

Durch Kurztauchen, Streichen oder Sprühen läßt sich im allgemeinen nur Randschutz und nur in Sonderfällen Tiefschutz erreichen. Das Holz muß bei öligen und wasserlöslichen Schutzmitteln trocken oder halbtrocken sein.

Für Holz, das der Erdfeuchtigkeit ausgesetzt ist, sind diese Verfahren unzulässig.

Holz, das Niederschlägen ausgesetzt ist, darf mit diesem Verfahren nur behandelt werden, wenn die Holzdicken $\leqq$ 4 cm sind oder wenn es sich um die Nachbehandlung von nicht überdachten Bauwerken nach Abschnitt 3.523 u. ä. Fälle handelt, bei denen kein anderes Einbringverfahren als Streichen oder Sprühen möglich ist.

Wird ausnahmsweise abweichend von der Norm DIN 4074 frisches Holz verwendet, so sind diese Verfahren nur zulässig, wenn das Holz unter Dach eingebaut wird und wasserlösliche Schutzmittel in mindestens 20%iger Lösung verwendet werden. Die Oberflächen der Hölzer müssen vor der Behandlung abgetrocknet sein.

Die eingebrachte Schutzmittelmenge ist nur bedingt meßbar.

3.35 Verfahren zur Behandlung von besonders gefährdeten Stellen.

Pasten, Binden und Bohrlochbehandlung mit größerer Menge von Holzschutzmittel eignen sich zur Schaffung der erforderlichen Schutzmitteldichte in stärker gefährdeten Zonen, z. B. an Holzverbindungsstellen (vgl. auch Abschnitt 3.71) namentlich im Freien. Verfahren dieser Art sind auch für frisches Holz und Holz, das der Erdfeuchtigkeit ausgesetzt ist, geeignet.

3.4 Holzschutzmittel-Kennzeichnung, Schutzmittelmengen und Arbeitsgänge

3.41 Kennzeichnung der Holzschutzmittel

Die geprüften Holzschutzmittel (vgl. Abschnitt 3.21) tragen auf der Verpackung und der Gebrauchsanweisung neben dem Namen des Schutzmittels und des Herstellers bzw. der Lieferfirma, Kennzeichen, die anzeigen, gegen welche Art der Gefährdung des Holzes, mit welchen Einbringverfahren und bei welcher Verwendungsweise des Holzes sie benutzt werden dürfen. Diese Kennzeichen müssen mit dem Prüfbescheid übereinstimmen.

Es bedeuten:

P = wirksam gegen **P**ilze
Iv = wirksam gegen **I**nsekten beim **v**orbeugenden Schutz
Ib = wirksam gegen **I**nsekten zur **B**ekämpfung vgl. Abschn. 4.24
S = geeignet auch zum **S**treichen, **S**prühen, Kurztauchen und Tauchen.
W = geeignet auch für Holz, das der **W**itterung ausgesetzt ist.
F = geeignete Mittel zur Schwerentflammbarmachung des Holzes.

Tabelle 1. Kennzeichnen der Holzschutzmittel für vorbeugenden Schutz gegen Pilze und Insekten

Spalte	1	2	3	4
Zeile	Gefährdung des Holzes	Einbringverfahren	Ist das Holz Niederschlägen oder der Erdfeuchtigkeit ausgesetzt?	mindestens erforderliche Kennzeichen (Kurzzeichen)
1	Pilze	Kesseldruck-, Trog- und Einstelltränkung	nein 1)	P
2			ja 2)	PW
3		Tauchen, Kurztauchen Streichen, Sprühen	nein 1)	PS 3)
4			ja 2)	PSW 3) 4)
5	Insekten	Kesseldruck-, Trog- und Einstelltränkung	nein 1)	Iv
6			ja 2)	IvW
7		Tauchen, Kurztauchen Streichen, Sprühen	nein 1)	IvS 3)
8			ja 2)	IvSW 3) 4)

1) Vgl. Abschnitt 3.51, 3.531 u. 3.61

2) Vgl. Abschnitt 3.52, 3.532, 3.62 u. 3.63

3) Es empfiehlt sich, bei diesen Verfahren Schutzmittel zu verwenden, die gleichzeitig pilz- und insektenwidrig sind.

4) Anwendung eingeschränkt, vgl. Abschnitt 3.33 u. 3.34

Tabelle 1 gibt in Spalte 4 an, welche Kennzeichen ein Holzschutzmittel für vorbeugenden Schutz mindestens tragen muß, wenn es für die in Spalte 1 bis 3 genannten Fälle angewandt werden soll. Die Kennzeichen, die die Mittel für die Bekämpfung von Pilzen und Insekten und für den vorbeugenden Schutz gegen Feuer tragen müssen, sind in den Abschnitten 4.134, 4.24, 5.22 und 6.2 angegeben.

3.42 Schutzmittelmengen

3.421 In Tabelle 2 ist für den vorbeugenden Schutz gegen Pilze und Insekten für die einzelnen Einbringverfahren (Spalte 1), Umweltbedingungen und Schutzmittelarten (Spalte 2 bis 5) angegeben, welche Schutzmittelmengen mindestens einzubringen sind. Die Mindestmengen beziehen sich bei den wasserlöslichen Mitteln auf die Salzmengen, nicht auf das Gewicht der Lösung, bei Ölen auf das gebrauchsfertig angelieferte Mittel.

Bei wasserlöslichen Mitteln müssen beim Tauchen, Kurztauchen, Streichen und Sprühen mindestens 10%ige Lösungen verwendet werden, vgl. jedoch Abschnitt 3.33 und 3.34.

Beim Kurztauchen, Streichen und Sprühen (Zeile 6 und 7) sind zu den Mindestmengen der Tabelle 2 ausreichende Zuschläge für Ablaufen, Streich- und Sprühverluste zu machen.

Wenn andere als in Tabelle 2 angegebene Mittel verwendet werden, so ist die im Prüfbescheid angegebene Menge, mit der der gleiche Schutz ereicht wird, maßgebend.

3.422 Es empfiehlt sich, mit wasserlöslichen Schutzmitteln durch Tauchen, Kurztauchen, Streichen oder Sprühen behandelte Hölzer zur Vergrößerung der Eindringtiefe und zur Verhinderung des Auslaugens bis zum Einbau dicht gestapelt und vor Erdfeuchtigkeit, Niederschlägen und Sonne geschützt zu lagern.

Tabelle 2. Mindestmengen in kg/m³ bzw. g/m² für den vorbeugenden chemischen Schutz gegen Pilze und Insekten 1)

Spalte	1			2	3	4	5
Zeile	Einbringverfahren			Holz, das Niederschlägen oder der Erdfeuchtigkeit nicht ausgesetzt ist 2)		ausgesetzt ist 3)	
				Wasserlösliche Mittel auf der Grundlage von Fluorverbindungen	Ölige Mittel	Wasserlösliche Mittel auf der Grundlage von Fluorverbindungen	Ölige Mittel
				Mindestmengen in kg/m³ Holz			
1	Kesseldrucktränkung			2,5	40	5	60
2	Trog- und Einstelltränkung			2,5	20	5	30
				Mindestmengen in g/m² Holz			
3	Tauchen	bei Holzdicken	> 6 cm	50	300	Anwendung der Einbringverfahren eingeschränkt; vgl. Abschnitt 3.33 und 3.34. Für die dort zugelassenen Fälle gelten die nebenstehenden Mindestmengen	
4			$\leqq 6$ cm	40	250		
5	Kurztauchen		$\leqq 4$ cm	30	200		
6	Streichen und Sprühen 4)		> 6 cm	50	300		
7			$\leqq 6$ cm	40	250		
8	Verfahren zur Behandlung von besonders gefährdeten Stellen			Besondere Sorgfalt bei der Ausführung und Beachtung der Bedingungen des Prüfbescheides und der Gebrauchsanweisung sind erforderlich			

1) Die angegebenen Mindestmengen gelten für Kiefer, Fichte, Tanne und ähnliche Hölzer. Bei kernreichen Hölzern, z. B. Eiche und Lärche, sind Unterschreitungen zulässig.

2) Vgl. Abschnitt 3.51, 3.531 u. 3.61

3) Vgl. Abschnitt 3.52, 3.532, 3.62 u. 3.63

4) Grundsätzlich mindestens 2 Arbeitsgänge.

3.423 Beim Streichen und Sprühen sind grundsätzlich mindestens 2 Arbeitsgänge notwendig. Das Holz muß bei jedem Arbeitsgang so lange behandelt werden, bis das Mittel abzulaufen beginnt. Mit dem nächsten Arbeitsgang ist erst dann zu beginnen, wenn das Mittel eingezogen ist und die Holzoberfläche wieder aufnahmefähig ist.

3.5 Gegen Pilzbefall vorbeugend zu schützende Hölzer

Chemische Schutzmaßnahmen werden nur für tragende Hölzer und für Holz, das mit tragenden Holzteilen in Berührung kommt, gefordert.

3.51 Bei geschlossenen Bauwerken (vgl. Tabelle 2, Spalten 2 und 3).

3.511 Es müssen behandelt werden:

3.5111 In Geschoßdecken alle Holzteile, die mit Mauerwerk oder Beton in Berührung kommen, namentlich alle Seiten der Balkenköpfe bis mindestens 20 cm außerhalb der Wand (vgl. auch Abschnitt 2.33),

alle anderen Hölzer, die unmittelbar auf Mauerwerk oder Beton aufliegen, z. B. Schwellen in Dachgeschossen usw.

3.5112 Hölzer an Stellen, wo mit starker Tauwasserbildung zu rechnen ist, z. B. unter einer sehr dichten, wenig wärmedämmenden Dachhaut, z. B. Zinkdeckung (vgl. auch Abschnitt 2.24).

3.5113 Bei nicht unterkellerten Räumen die den Fußboden tragenden Holzteile (Lagerhölzer oder Balken) allseitig, die Fußbodenbretter an der Unterseite und den Kanten und die Scheuerleisten an der Rückseite.

Bei Lagerhölzern und Balken von nicht unterkellerten Räumen reichen Streichen, Sprühen und Kurztauchen nicht aus.

3.5114 Bei Kellerdecken und Decken unter Bädern, Aborten und Küchen oder anderen der Durchfeuchtungsgefahr ausgesetzten Decken, wenn entgegen der Empfehlung im Abschnitt 2.31 mit baupolizeilicher Genehmigung Holzbalkendecken verwendet oder Holzfußböden eingebaut werden und in allen Räumen mit Waschbecken, wenn unmittelbar unter den Waschbecken Holzfußboden verwendet wird:

die Balken oder Lagerhölzer allseitig,
die Fußbodenbretter an der Unterseite einschließlich der Kanten.

Bei Lagerhölzern und Balken reichen Streichen, Sprühen und Kurztauchen nicht aus.

3.5115 Alle hölzernen Bauteile in Außenwänden, die entgegen der Empfehlung in Abschnitt 2.22 tiefer als 50 cm über Gelände liegen (Spritzwasserzone).

Streichen, Sprühen, Kurztauchen und Tauchen reichen nicht aus.

3.5116 In Außenwänden von nicht verkleideten Fachwerkwänden die Zapfenlöcher und Zapfen. Behandlung nach Abschnitt 3.35 (vgl. Tabelle 2, Zeile 8).

3.5117 Leichte beiderseits verkleidete Holzgerippe in Außenwänden von Fertighäusern.

3.5118 Hölzerne Kellertreppen, soweit sie baupolizeilich gestattet sind.

3.512 Empfohlen wird zu behandeln:

3.5121 Bei massiven Geschoßdecken mit Lagerhölzern und Holzfußböden:

die Lagerhölzer allseitig,
die Fußbodenbretter an der Unterseite einschl. der Kanten.

3.5122 Hölzerne Kellerverschläge oder -wände.

Behandlung mit einem pilzwidrigen Mittel, das gleichzeitig gegen Insektenbefall wirkt, Kennzeichen mindestens Plv (vgl. Abschnitt 3.41).

3.5123 Türfutter und -bekleidungen an der Rückseite, Fußbodenbretter an der Unterseite und den Kanten, Tür- und Scheuerleistendübel und Türüberlagsbohlen allseitig.

3.52 Bei nicht überdachten Bauwerken (freistehende Tragwerke) (vgl. Tabelle 2, Spalten 4 und 5).

3.521 Alle Holzteile müssen behandelt werden. Streichen, Sprühen, Kurztauchen und Tauchen reichen nicht aus, mit Ausnahme von nichttragenden Hölzern mit Dicken $\leq$ 4 cm (vgl. Abschnitt 3.33 u. 3.34).

3.522 Es wird empfohlen, alle quer zur Faser verlaufenden Schnitte (Hirnflächen, Bohrlöcher, Nuten usw.) und alle Holzteile an ihren Verbindungsstellen und Berührungsflächen nach Abschnitt 3.35 zu behandeln (vgl. auch Tabelle 2, Zeile 8).

3.523 Es wird empfohlen, sämtliche Holzteile in bestimmten Zeitabständen zu überprüfen und nötigenfalls nachzubehandeln.

3.53 Bei überdachten, aber nicht allseitig geschlossenen Bauwerken

Es müssen behandelt werden:

3.531 Alle in Abschnitt 3.51 genannten Holzteile (vgl. Tabelle 2, Spalten 2 und 3).

3.532 Alle Holzteile, soweit sie durch das Dach nicht sicher gegen Niederschläge (z. B. Schlagregen) geschützt sind. Behandlung wie Abschnitt 3.52.

3.6 Gegen Insektenbefall vorbeugend zu schützende Hölzer

In Befallsgebieten [7]) müssen behandelt werden:

3.61 Bei geschlossenen Bauwerken (auch bei Hallen) (vgl. Tabelle 2, Spalten 2 und 3):

Alle Holzteile des Daches,

alle Holzteile im nicht ausgebauten Dachraum, namentlich die Fußbodenbretter (allseitig) und die Holzverschläge, Balken und Einschub der Decke unter dem ganzen Dachraum, auch unter ausgebauten Teilen.

3.62 Bei nicht überdachten Bauwerken (freistehende Tragwerke) (vgl. Tabelle 2, Spalten 4 und 5).

Alle tragenden Hölzer und alle übrigen Holzteile über 4 cm Dicke.

Streichen, Sprühen, Kurztauchen und Tauchen reichen nicht aus.

3.63 Bei überdachten, aber nicht allseitig geschlossenen Bauwerken

Alle tragenden Holzteile.

3.7 Zeitpunkt der Schutzmittelanwendung

3.71 Bauholz soll erst nach dem Abbinden und Bearbeiten und nach Möglichkeit vor dem Einbau mit Holzschutzmitteln behandelt werden. Müssen chemisch geschützte Hölzer nachträglich noch bearbeitet werden, so sind die neuen Schnittflächen nachzubehandeln. Wird das Holz erst nach dem Einbau chemisch behandelt, müssen sämtliche Berührungsflächen schon beim Zusammenbau nach Abschnitt 3.35 geschützt werden.

Waren mit wasserlöslichen Mitteln behandelte Hölzer starkem oder längerem Regen o. ä. Einflüssen ausgesetzt, so müssen sie nachbehandelt werden, so daß der entstandene Verlust an Schutzmitteln ausgeglichen wird.

---

7) Befallsgebiete werden durch die obersten Baubehörden der Länder ausgewiesen.

3.72 Soweit die Hölzer noch zugänglich sind, soll die Schutzbehandlung in Neubauten, namentlich beim vorbeugenden Schutz gegen Insekten nach 1 oder 2 Jahren, wenn sich die endgültigen Trockenrisse gebildet haben. wiederholt werden. Besonders sorgfältig sind die Risse zu behandeln.

Es genügt ein Arbeitsgang. Das zu verwendende und das bereits eingebrachte Mittel dürfen sich in ihrer Wirksamkeit nicht beeinträchtigen.

Die Nachbehandlung ist bei vorbeugendem Schutz gegen Hausbockbefall vor Ende Juni, der Flugzeit der Hausbockkäfer, durchzuführen. Auf eine Nachbehandlung kann verzichtet werden, wenn nach der 1. Behandlung keine neuen Trockenrisse aufgetreten sind.

4. Bauliche und chemische Bekämpfungsmaßnahmen gegen Pilze und Insekten

4.1 Gegen Pilzbefall (Schwammschäden)

4.11 Beseitigung der Schäden

Die Ursache der Befeuchtung ist zu beseitigen. Alle Schwammgebilde sind zu vernichten. Durchwachsene Schüttung und befallene Holzteile sind zu entfernen, beim „Echten Hausschwamm" ein ausreichendes Stück über den offensichtlichen Befall hinaus (in Längsrichtung der Hölzer mindestens 1 m).

Putz, Mauerwerk und Fugenmörtel sind sorgfältig auf Durchwachsungen zu untersuchen. Alle locker gewordenen Baustoffe sind zu entfernen.

Es ist dafür zu sorgen, daß die entfernten Teile nicht zum Ausgangspunkt neuen Befalls werden können. Holz ist daher sofort zu verbrennen; es darf nicht als Brennholz gelagert werden. Sollten ausgebaute Mauersteine wieder verwendet werden, so müssen sie vorher mit einem geeigneten pilzwidrigen Mittel (vgl. Abschnitt 4.123) behandelt werden.

4.12 Behandlung von Mauerwerk und Putz

4.121 Das befallene Mauerwerk, namentlich im Bereich etwa neu einzubauenden Holzwerkes muß mit einem für Mauerwerk geeigneten Schutzmittel behandelt werden, das die Schwammreste abtötet. Zusätzlich wird im Bereich des größten Befalls eine Bohrlochtränkung des Mauerwerkes empfohlen, namentlich im Bereich der Balkenköpfe.

4.122 Es wird empfohlen, das Mauerwerk im Bereich des Schwammbefalls nach der Reinigung mit einem dichten Zementputz zu versehen, dessen Anmachwasser möglichst ein für diesen Zweck geeignetes Schutzmittel zuzusetzen ist.

4.123 Bekämpfende Maßnahmen bei Mauerwerk und Putz nach Abschnitt 4.121 und 4.122 dürfen nur mit Schutzmitteln durchgeführt werden, die ein Prüfzeichen erhalten haben [4]).

4.13 Schutz des Holzes

4.131 Wird wieder Holz eingebaut, so sind die baulichen Schutzmaßnahmen des Abschnittes 2 sinngemäß anzuwenden. Für Austrocknung der Bauteile ist zu sorgen.

4.132 Kann die Baufeuchtigkeit in hinreichend kurzer Zeit nicht beseitigt werden, so muß neu einzubauendes Holz im Kesseldruck- oder Trogtränkungsverfahren nach Abschnitt 3.31 und 3.32 mit den in Tabelle 2 Spalte 4 und 5 angegebenen Mengen oder mit einem Verfahren nach Abschnitt 3.35 chemisch geschützt werden.

4.133 Kann schnelle Austrocknung sichergestellt werden, dann können auch andere Einbringverfahren angewendet werden. Wegen der erhöhten Gefährdung des Holzes sind aber bei den Einbringverfahren Tauchen, Kurztauchen, Streichen und Sprühen die in Tabelle 2 für den vorbeugenden Schutz angegebenen Mindestmengen zu verdoppeln.

Der Schutz besonderer Gefahrenstellen durch Sonderverfahren nach Abschnitt 3.35 wird jedoch auch hierbei dringend empfohlen.

4.134 Die Kennzeichen der Holzschutzmittel müssen Tabelle 1, Zeile 1 bis 4 entsprechen.

4.2 Gegen Insektenbefall

4.21 Wird Insektenbefall festgestellt, so ist die Standsicherheit der Bauteile zu prüfen.

4.22 Von den befallenen Hölzern sind die zerstörten Teile abzubeilen, wenn das statisch zulässig ist. Sonst sind sie zu ersetzen. Das ausgebaute Holz und die Späne sind sofort zu verbrennen.

4.23 Nach kräftigem Ausbürsten der angeschnittenen Fraßgänge auf dem abgebeilten Holz ist das gesamte Bauholz mit Schutzmitteln zu streichen oder zu besprühen.

4.24 Für die befallenen Stellen sind Bekämpfungsmittel mit dem Kennzeichen IbS zu benutzen; für die Teile des Bauwerkes, bei denen einwandfrei festgestellt ist, daß sie nicht befallen sind, können vorbeugende Mittel mit dem Kennzeichen IvS verwendet werden (vgl. Tabelle 1). Es empfiehlt sich jedoch, auch hier Bekämpfungsmittel anzuwenden. Waren die Hölzer bereits chemisch behandelt, so ist darauf zu achten, daß sich die alten und neuen Schutzmittel in ihrer Wirksamkeit nicht beeinträchtigen.

4.25 Die für den bekämpfenden Schutz gegen Insekten einzubringende Menge [8]), die auch von der Befallstärke und den Holzabmessungen abhängig ist, beträgt:

bei öligen Mitteln je nach der Qualität
300 bis 500 g/m² Holz bei mind. 2 Arbeitsgängen

bei wasserlöslichen Mitteln auf der Grundlage von Bifluoriden etwa
100 g/m² Holz bei mind. 3 Arbeitsgängen

Die Salzlösung muß mindestens 20%ig sein.

4.26 Der Erfolg der Bekämpfungsmaßnahmen ist in den nächsten Sommern nachzuprüfen; bei neu eingebauten Hölzern ist die Schutzbehandlung zu wiederholen (vgl. auch Abschnitt 3.72).

4.27 Für die Insektenbekämpfung kann auch ein zugelassenes Heißluft- oder Durchgasungsverfahren [9]) mit einer anschließenden vorbeugenden chemischen Behandlung angewendet werden.

4.3 Wiederverwendung von Holz aus Abbrüchen

4.31 Befallenes Holz aus Abbrüchen darf nicht wieder verwendet werden. Es ist sofort ohne Lagerung zu verbrennen.

4.32 Völlig gesundes Abbruchholz darf wie neues Holz verwendet werden. Besteht jedoch der Verdacht, daß das Holz vor oder nach dem Abbruch feucht geworden ist, muß es bei Wiederverwendung einen vorbeugenden chemischen Schutz erhalten (vgl. Tabelle 1 und 2).

---

8) Maßgebend ist der Prüfbescheid.

9) Die Zulassung wird von den in Fußnote 4) genannten Stellen erteilt.

5. Vorbeugender baulicher und chemischer Holzschutz gegen Feuer

5.1 Vorbeugender baulicher Holzschutz gegen Feuer

Welche Holzbauteile einen vorbeugenden baulichen Schutz gegen Feuer erhalten müssen, ist in den Bauordnungen und anderen baurechtlichen Vorschriften geregelt. Für die Ausführung dieses Schutzes ist DIN 4102 „Widerstandsfähigkeit von Baustoffen und Bauteilen gegen Feuer und Wärme" maßgebend.

5.2 Vorbeugender chemischer Holzschutz gegen Feuer

5.21 Die chemische Behandlung ist bei Neubauten erst durchzuführen, wenn das Dach eingedeckt ist. Holz, welches Niederschlägen oder Erdfeuchtigkeit ausgesetzt ist, kann, solange es keine wetterbeständigen Schutzmittel gegen Feuer gibt, mit chemischen Mitteln nicht schwer entflammbar gemacht werden. Holzteile, die nach der chemischen Schutzbehandlung gegen Feuer unvorgesehenen Niederschlägen ausgesetzt worden sind (z. B. bei undichter Dachhaut), müssen nochmals behandelt werden.

5.22 Soll Holz schwer entflammbar gemacht werden, so dürfen nur Mittel verwendet werden, die das Kennzeichen FS tragen (vgl. Abschnitt 3.41). Die durch Streichen oder Sprühen in 2 bis 3 Arbeitsgängen aufzubringende Schutzstoffmenge muß bei den Schutzmitteln auf Phosphatbasis mindestens 120 g/m² bei den schaumschichtbildenden Schutzmitteln mit vorwiegend organischen Bestandteilen mindestens 250 g/m² betragen (vgl. auch Abschnitt 3.423).

6. Mehrzweckbehandlung bei chemischen Schutzmaßnahmen

6.1 Sollen Holzteile gegen Pilze, Insekten und Feuer chemisch geschützt werden und soll das getrennt geschehen, so ist die Behandlung gegen Feuer stets zuletzt durchzuführen. Dabei sind solche Mittel und Mengen zu verwenden, die sich gegenseitig ergänzen und nicht etwa in ihrer Wirkung aufheben. Dies gilt auch, wenn chemisch gegen Feuer geschützte Holzteile zu einem späteren Zeitpunkt zusätzlich gegen Pilz- oder Insektenbefall vorbeugend oder bekämpfend behandelt werden sollen.

6.2 Soll Holz gegen Pilze, Insekten und Feuer gleichzeitig geschützt werden, so dürfen nur Mittel verwendet werden, die die Kennzeichnung FPIvS tragen. Durch Streichen oder Sprühen sind in 3 bis 4 Arbeitsgängen mindestens 150 g Salz/m² aufzubringen (vgl. auch Abschnitt 3.423).

7. Anforderungen an den Ausführenden

7.1 Die bauliche und chemische Schutzbehandlung von Holz erfordert eine gründliche Kenntnis und Erfahrung. Der Bauherr darf daher nur solche Personen und Unternehmen damit betrauen, die diese Kenntnis nachweisen können, eine sorgfältige Ausführung gewährleisten und über die erforderlichen Geräte verfügen.

7.2 Der Unternehmer hat bei chemischer Behandlung von Dachstühlen und bei Holzschutzarbeiten ähnlichen Umfangs an mehreren sichtbar bleibenden Stellen des Bauwerks in einer dauerhaften Schrift anzugehen:

Namen des Unternehmers mit Anschrift,
verwendete Mittel mit Prüfzeichen und Prüfnummer,
angewandtes Einbringverfahren,
eingebrachte Menge in g/m² bzw. kg/m³ Holz,
Jahr und Monat der Behandlung.

DK 674.048 : 691.11 : 624.9 : 699.8 Mai 1974

Holzschutz im Hochbau
Allgemeines

DIN 68 800 Blatt 1

Protection of timber used in buildings; general specifications

Mit DIN 68 800 Blatt 2 bis Blatt 4
Ersatz für DIN 68 800

1. Geltungsbereich

Diese Norm gilt allgemein für den Schutz von Holz und Holzwerkstoffen im Hochbau zur Verhütung zerstörender Einflüsse durch Pilze, Insekten oder Feuer.

2. Bedeutung des Holzschutzes

2.1. Nichtchemische — besonders bauliche — und chemische Holzschutzmaßnahmen sollen die Güteeigenschaften von Holz und Holzwerkstoffen erhalten, indem sie deren Zerstörung durch die in Abschnitt 1 genannten Einflüsse verhüten. Diese Maßnahmen dienen der Dauerhaftigkeit und Sicherheit der baulichen Anlagen und ihrer Teile.

2.2. Die Gebrauchsdauer des im Hochbau innen und außen (einschließlich Fenster) verwendeten Holzes und der Holzwerkstoffe kann ohne besondere Holzschutzmaßnahmen durch holzzerstörende Pilze und Insekten sowie durch Feuer gefährdet sein.

2.3. Holzzerstörende sowie holzverfärbende Pilze können sich bei anhaltender Holzfeuchtigkeit von mehr als 20 % (bezogen auf das Darrgewicht) entwickeln. Holzfäulnis kann von befallenen Holzteilen mit direktem oder ohne direkten Kontakt mit gesundem Holz ausgehen.

2.4. Als holzzerstörende Insekten treten überwiegend Hausbockkäfer (Hylotrupes bajulus L.), Poch- oder Nagekäfer (Anobien) und Splintholzkäfer (Lyctus-Arten) auf. Ihre Larven leben im Holz, verringern durch ihre Fraßtätigkeit den Holzquerschnitt und können dadurch gegebenenfalls die Standsicherheit gefährden.
Die Larven des Hausbockkäfers leben nur im Nadelholz, wo sie das Splintholz bevorzugen. Das Kernholz von Kiefer und Lärche wird weitgehend gemieden. Anobienlarven dagegen leben auch in Laubhölzern; Lyctus-Arten befallen nur den Splint von Laubholz, insbesondere tropischer Laubholzarten.

2.5. Holz als organischer Baustoff ist brennbar. Aus Holz und Holzwerkstoffen lassen sich jedoch Bauteile mit einer Feuerwiderstandsdauer von 30 Minuten und länger herstellen.

3. Holzschutzmaßnahmen

3.1. Holz und Holzwerkstoffe können durch geeignete vorbeugende Maßnahmen wirkungsvoll vor Zerstörung durch Pilze, Insekten und Feuer geschützt werden. Pilze und Insekten, die Holz befallen haben, können durch entsprechende Bekämpfungsmaßnahmen abgetötet werden.

3.2. Vorbeugende Holzschutzmaßnahmen sind baulicher sowie chemischer Art.

3.2.1. Bauliche Holzschutzmaßnahmen gegen holzzerstörende Pilze haben das Ziel, Feuchtigkeit von Holz und Holzwerkstoffen fernzuhalten. Sie sind entsprechend den Regeln der Technik auszuführen. Hinweise gibt Blatt 2 dieser Norm.
Gegen holzzerstörende Insekten sind bauliche Holzschutzmaßnahmen im allgemeinen ohne Wirkung.
Zur Erhöhung des Feuerwiderstandes von Holzbauteilen können geeignete Querschnittformate oder Verkleidungen entsprechend DIN 4102 eingesetzt werden.

3.2.2. Für die chemischen Holzschutzmaßnahmen (Art, Umfang und Durchführung [Holzschutzleistung]) gilt Blatt 3 dieser Norm.
Anmerkung: Eine weitere Norm ist für den vorbeugenden chemischen Schutz von Holzwerkstoffen in Vorbereitung.

3.3. Zur Bekämpfung von holzzerstörenden Pilzen und Insekten sind im allgemeinen spezielle bauliche und chemische Maßnahmen entsprechend Blatt 4 dieser Norm erforderlich.

4. Planung von Holzschutzmaßnahmen

Bauliche und chemische Holzschutzmaßnahmen müssen rechtzeitig und sorgfältig geplant werden, um den Schutzerfolg zu sichern.
Dies ist sowohl bei vorbeugenden als auch gegebenenfalls bei bekämpfenden Maßnahmen erforderlich.
Die Planung hat sich sowohl auf die Auswahl der Holzschutzmaßnahmen als auch auf ihre zeitliche Abstimmung im Rahmen des Baufortschrittes zu erstrecken. Im einzelnen sind dabei u. a. zu berücksichtigen:

4.1. Dem Verwendungszweck entsprechende Auswahl des Holzes sowie seine sachgemäße Lagerung und Vorbereitung, z. B. Entfernen von Rinde einschließlich Bast, Trocknung.

4.2. Art und Grad der Gefährdung, z. B. Feuchtigkeitseinflüsse, Brandrisiko.

4.3. Etwaige Vorbehandlungen, z. B. vorangegangene Schutzbehandlungen, Farbanstriche.

4.4. Mögliche Nebenwirkungen bei Einsatz chemischer Mittel, z. B. Kalkverträglichkeit, Verträglichkeit mit späteren Anstrichen, Verleimung, hygienische Gesichtspunkte.

4.5. Zeitpunkt der Holzschutzausführung, z. B. zügige Fortführung des Baues, Behinderung der geplanten Maßnahmen, rechtzeitiger Abbund, Nachbehandlung von Trockenrissen.

Fortsetzung Seite 2
Erläuterungen Seite 2

Fachnormenausschuß Bauwesen (FNBau) im Deutschen Normenausschuß (DNA)
Arbeitsgruppe Einheitliche Technische Baubestimmungen (ETB) des FNBau
Fachnormenausschuß Holz (FNHOLZ) im DNA

4.6. Ort der Holzschutzausführung, z. B. Imprägnieranlage, Abbundplatz, eingedeckte Baustelle.

4.7. Nachschutz, z. B. spätere Zugänglichkeit der behandelten Teile.

4.8. Überprüfung der geforderten Holzschutzmaßnahmen.

5. Anforderungen an den Ausführenden

5.1. Die Durchführung von baulichen und chemischen Holzschutzmaßnahmen erfordert eine ausreichende Erfahrung über den Baustoff Holz, die bestehenden Schadensmöglichkeiten sowie die einzusetzenden Holzschutzmittel und Holzschutzverfahren.

5.2. Der Unternehmer hat bei einer chemischen Behandlung von Bauteilen an mindestens einer sichtbar bleibenden Stelle des Bauwerks in einer dauerhaften Form anzugeben:

Name und Anschrift des Unternehmens

Angewandte Holzschutzmittel mit Prüfzeichen und Prüfprädikaten

Eingebrachte Holzschutzmittelmenge g/m² gesamte Holzoberfläche
ml/m² gesamte Holzoberfläche
bzw. kg/m³ Holzvolumen,

einschließlich der berücksichtigten Holzschutzmittelverluste

Jahr und Monat der Behandlung

Hinweise auf weitere Normen

DIN 4076 Blatt 4 Benennungen und Kurzzeichen auf dem Holzgebiet; Holzschutzmittel (z. Z. noch Entwurf)

Ergänzende Bestimmungen zu DIN 4102 – Brandverhalten von Baustoffen und Bauteilen (Februar 1970)

DIN 52 160 Prüfung von Holzschutzmitteln; Grundlagen für die Durchführung von Prüfungen

DIN 52 161 Blatt 1 –; Nachweis von Holzschutzmitteln im Holz, Probenahme aus Bauholz

DIN 52 161 Blatt 3 –; –, Bestimmung der Eindringtiefe von fluoridhaltigen Holzschutzmitteln

DIN 52 161 Blatt 4 –; –, Bestimmung der Menge von fluorhaltigen Holzschutzmitteln

DIN 52 161 Blatt 5 –; –, Qualitativer Nachweis von insektiziden und fungiziden Wirkstoffen öliger Holzschutzmittel

DIN 52 163 Blatt 1 –; Bestimmung der vorbeugenden Wirkung von Holzschutzmitteln gegen holzzerstörende Insekten, Eilarven des Hausbockkäfers (Hylotrupes bajulus L.)

DIN 52 164 Blatt 1 –; Prüfung der bekämpfenden Wirkung von Holzschutzmitteln gegen holzzerstörende Insekten, Larven des Hausbockkäfers (Hylotrupes bajulus L.)

DIN 52 164 Blatt 2 –; –, Larven des Gewöhnlichen Nagekäfers (Anobium punctatum De Geer)

DIN 52 165 Blatt 1 –; Bestimmung von Giftwerten von Holzschutzmitteln gegen holzzerstörende Insekten, Larven des Hausbockkäfers (Hylotrupes bajulus L.)

DIN 52 172 Blatt 1 –; Beschleunigte Alterung von geschütztem Holz, Auswaschbeanspruchung vor biologischen Prüfungen

DIN 52 172 Blatt 2 –; –, Auswaschbeanspruchung für die Bestimmung der ausgewaschenen Wirkstoffmenge

DIN 52 172 Blatt 3 –; –, Verdunstungsbeanspruchung vor biologischen Prüfungen (z. Z. noch Entwurf)

DIN 52 175 Holzschutz; Begriff, Grundlagen

DIN 52 176 Prüfung von Holzschutzmitteln; Bestimmung der vorbeugenden Wirkung von Holzschutzmitteln, Prüfung mit holzzerstörenden Basidiomyceten nach dem Klötzchen-Verfahren in Kolleschalen

DIN 52 179 –; Verleimbarkeit von ölbehandeltem Holz (z. Z. noch Entwurf)

DIN 68 800 Blatt 2 Holzschutz im Hochbau; Vorbeugende bauliche Maßnahmen

DIN 68 800 Blatt 3 –; Vorbeugender chemischer Schutz von Vollholz

DIN 68 800 Blatt 4 –; Bekämpfungsmaßnahmen gegen Pilz- und Insektenbefall

Erläuterungen

Die Ausgabe September 1956 von DIN 68 800 wurde vom Arbeitsausschuß „Holzschutz im Hochbau" unter Geschäftsführung des FNHOLZ dem heutigen Stand der Technik entsprechend nach eingehenden Vorarbeiten der Deutschen Gesellschaft für Holzforschung (DGfH), München, vollständig neu bearbeitet und in ihrem Gesamtumfang wesentlich erweitert. Die Norm ist zur leichteren Bearbeitung und Anwendung in mehrere Blätter gegliedert.

Blatt 1 wurde vom Unterausschuß „Allgemeine Voraussetzungen für den Holzschutz im Hochbau" aufgestellt. Es regelt die allgemein für den Holzschutz geltenden Fragen und ist eine notwendige Ergänzung für die Benutzung der anderen Blätter von DIN 68 800. Die Bedeutung des Holzschutzes und die möglichen Schutzmaßnahmen werden allgemein charakterisiert. Neu ist die ausführliche Darstellung der bei der Planung von Holzschutzmaßnahmen zu berücksichtigenden Punkte, deren Befolgung von besonderer Bedeutung für die wirkungsvolle Durchführung der Holzschutzmaßnahmen ist.

Im Vergleich zur früheren Fassung der DIN 68 800, Ausgabe September 1956, enthält

das vorliegende Blatt 1 die früheren Abschnitte 1 und 7

Blatt 2 „Vorbeugende bauliche Maßnahmen" den früheren Abschnitt 2

Blatt 3 „Vorbeugender chemischer Schutz von Vollholz" die früheren Abschnitte 3, 5 und 6

Blatt 4 „Bekämpfungsmaßnahmen gegen Pilz- und Insektenbefall" den früheren Abschnitt 4.

Der FNHOLZ bereitet zur Zeit weitere Blätter für den vorbeugenden chemischen Schutz von Holzwerkstoffen und für Holzschutzmaßnahmen in Verbindung mit Oberflächenanstrichen vor.

DK 674.048 : 691.11 : 624.9 : 699.8 Mai 1974

Holzschutz im Hochbau
Vorbeugende bauliche Maßnahmen

DIN 68 800 Blatt 2

Protection of timber used in buildings; preventive constructional measures

Mit DIN 68 800 Blatt 1, Blatt 3 und Blatt 4 Ersatz für DIN 68 800

Inhalt

1. Geltungsbereich

Diese Norm gibt Hinweise für vorbeugende bauliche und bauphysikalische Maßnahmen zur Erhaltung von Holz und Holzwerkstoffen und der Brauchbarkeit der Konstruktion. Zusätzlich werden für tragende und aussteifende Holzwerkstoffe die erforderlichen Holzwerkstoffklassen in Abhängigkeit vom Anwendungsbereich festgelegt.

2. Begriff

Vorbeugende bauliche Maßnahmen sind alle konstruktiven und bauphysikalischen Maßnahmen, die eine unzuträgliche Veränderung des Feuchtigkeitsgehaltes von Holz und Holzwerkstoffen verhindern sollen.

Anmerkung: Eine unzuträgliche Veränderung des Feuchtigkeitsgehaltes liegt insbesondere dann vor, wenn hierdurch Voraussetzungen für Pilzbefall geschaffen werden oder durch übermäßige Verformungen (Schwinden und Quellen) die Brauchbarkeit der Konstruktion beeinträchtigt wird.

Die Feuchtigkeit kann einwirken:

unmittelbar (als Wasser):

von außen (z. B. durch Niederschläge), aus dem Gebäudeinnern (z. B. durch Spritzwasser), aus angrenzenden feuchten Stoffen (z. B. Kapillarleitung);

indirekt (aus Wasserdampf):

durch Tauwasserbildung, infolge Hygroskopizität des Holzes.

3. Feuchtigkeitsgehalt während der Bauzustände

Holz und Holzwerkstoffe sind mit möglichst dem Feuchtigkeitsgehalt einzubauen, der während der Nutzung als Mittelwert zu erwarten ist (siehe DIN 1052).

Andere Bau- und Dämmstoffe sind möglichst trocken einzubauen.

3.1. Herstellung

Wenn nichts anderes vorgeschrieben ist, sind bei der Herstellung von Holzteilen für deren Feuchtigkeitsgehalt in Abhängigkeit von der Nutzung DIN 1052, DIN 18 334 und DIN 18 355 zu beachten.

Fortsetzung Seite 2 bis 5
Erläuterungen Seite 5

Fachnormenausschuß Bauwesen (FNBau) im Deutschen Normenausschuß (DNA)
Arbeitsgruppe Einheitliche Technische Baubestimmungen (ETB) des FNBau
Fachnormenausschuß Holz (FNHOLZ) im DNA

Seite 2 DIN 68 800 Blatt 2

3.2. Transport und Lagerung
Beim Transport und bei der Lagerung der Bauteile an der Baustelle ist durch geeignete Maßnahmen sicherzustellen, daß sich der Feuchtigkeitsgehalt der Bauteile durch nachteilige Einflüsse aus Bodenfeuchtigkeit, Niederschlägen sowie infolge Austrocknung nicht unzuträglich verändert.

3.3. Einbau oder Montage
3.3.1. Während und nach dem Einbau oder der Montage sind Bauteile, die einen Feuchtigkeitsgehalt von höchstens 15 % (siehe auch DIN 1052) haben dürfen, unverzüglich vor Niederschlägen zu schützen. Ebenso ist eine unzuträgliche Feuchtigkeitseinwirkung im Innern massiver Neubauten als Folge hoher Baufeuchtigkeit zu verhindern.

3.3.2. Hat sich trotz aller Vorsichtsmaßnahmen der Feuchtigkeitsgehalt einzelner Teile während des Transportes, der Lagerung oder Montage wesentlich erhöht (Kontrolle durch elektrische Holzfeuchtigkeitsmessung oder besser durch Darrprobe), so muß sichergestellt werden, daß die überschüssige Feuchtigkeit rechtzeitig ohne Beeinträchtigung der gesamten Konstruktion entweichen kann.

4. Feuchtigkeitseinwirkung im Gebrauchszustand

4.1. Niederschläge
Durch bauliche Maßnahmen sollen Niederschläge vom Holz entweder ferngehalten oder schnell abgeleitet werden; ist dies aus gestalterischen oder konstruktiven Gründen nicht möglich, sind gegebenenfalls vorbeugende chemische Holzschutzmaßnahmen erforderlich (siehe DIN 68 800 Blatt 3).

Anmerkung: Die Feuchtigkeitseinwirkung auf außenliegende Holzteile kann u. a. vermindert werden durch:
ausreichend große Dachüberstände
hinter die Fassade zurückspringende Einbauten
einwandfreie Dachentwässerung
Ausschaltung von Spritzwasser durch mindestens 30 cm Abstand zwischen Oberkante Erdboden und Unterkante Holzteil.

Niederschlägen ausgesetzte Holzteile einschließlich ihrer Verbindungen und Anschlüsse sind so auszubilden und anzuordnen, daß Wasser abgeleitet wird, ohne dahinterliegende und angrenzende Konstruktionen zu erreichen. Verbindungen, bei denen die Gefahr von Feuchtigkeitsansammlungen besteht, sind zusätzlich abzudecken.

4.2. Feuchträume
Feucht- bzw. Naßräume sollen geeignete Lüftungsmöglichkeiten haben, damit die durchschnittliche relative Feuchte möglichst niedrig ist.

4.3. Feuchtigkeitsübertragung aus angrenzenden Stoffen
Das Eindringen von Feuchtigkeit in die Holzteile aus benachbarten Stoffen oder Bauteilen ist zu verhindern.

Anmerkung: Hierfür sind Sperrschichten geeignet, die fugenlos oder mit verklebten Stößen auszuführen sind. Sie sind z. B. anzuordnen
unter dem Auflager von Holzbalken, -schwellen, -stielen auf Mauerwerk und Beton sowie
zwischen massiver Rohdecke und Fußboden aus Holz oder Holzwerkstoffen,
wobei die für die Auflagerung der Holzkonstruktion bestimmten Bauteile nach DIN 4117 gegen aufsteigende Bodenfeuchtigkeit abgedichtet sein müssen.

4.4. Tauwasserbildung
Tauwasser kann sich bilden bei Bauteilen
a) an der Oberfläche, wenn durch ungenügenden Wärmeschutz (siehe DIN 4108) die Oberflächentemperatur des Bauteils unter die Taupunkt-Temperatur der angrenzenden Luft absinkt
b) im Innern, wenn der Diffusionswiderstand der einzelnen Schichten in Richtung des Dampfdruckgefälles nicht ausreichend abnimmt.

4.4.1. Schichtenfolge (Dampfdiffusion)
Bei Außenbauteilen sowie bei Bauteilen zwischen Räumen, die infolge unterschiedlicher Nutzung über einen längeren Zeitraum unterschiedliches Klima aufweisen können, muß die Schichtenfolge sowohl im Gefachbereich als auch im Rippenbereich so gewählt sein, daß Schäden infolge Tauwasserbildung innerhalb der Konstruktion vermieden werden. Die rechnerische Abschätzung ist für die maßgebenden Klimaverhältnisse nach dem Verfahren von Glaser*) durchzuführen. Dabei müssen bezüglich der Tauwassermenge während der Wintermonate folgende Anforderungen erfüllt werden:
a) rechnerischer Feuchtigkeitsgehalt in Vollholzquerschnitten an keiner Stelle größer als 18 Gew.-%
b) Tauwassermenge in Holzwerkstoffen nicht größer als 3 Gew.-%
c) die Tauwassermenge muß während der Sommermonate durch Dampfdiffusion wieder vollständig entweichen.

Bei Fußböden aus Holz oder Holzwerkstoffen muß an der Oberseite massiver Rohdecken zur Vermeidung von Kondensation der ausdiffundierenden Baufeuchtigkeit in jedem Fall eine vollflächige Dampfsperre beschädigungsfrei verlegt werden.

4.4.2. Wärmebrücken
Eine schädliche Tauwasserbildung an Wärmebrücken ist durch Vergrößerung des Wärmeschutzes an diesen Stellen zu vermeiden.

5. Holzwerkstoffklassen, Anforderungen

Die Feuchtigkeitsbeständigkeit der Holzwerkstoffe wird gekennzeichnet durch die Holzwerkstoff-Klassen 20, 100, 100 G. Die zugehörenden Plattentypen der Holzwerkstoffe gehen aus Tabelle 1 hervor.

In Abhängigkeit von der Beanspruchung durch Feuchtigkeit und holzzerstörende Pilze werden die nachstehenden Anwendungsbereiche unterschieden. Für einige Anwendungsfälle werden in Tabelle 2 die zugehörenden, mindestens einzuhaltenden Holzwerkstoffklassen angegeben.

Die übrigen Abschnitte dieser Norm gelten sinngemäß.

5.1. Anwendungsbereich der Holzwerkstoffklasse 20
Die Holzwerkstoffklasse 20 darf nur angewendet werden, wenn eine direkte oder indirekte (bauphysikalische) Befeuchtung der Platten nicht oder nur in solchem Maße auftreten kann, daß eine Erhöhung ihres Feuchtigkeitsgehaltes lediglich kurzfristig eintritt und der Feuchtigkeitsgehalt von 15 Gew.-% an keiner Stelle überschritten wird. Eine ungehinderte Abgabe evtl. eindringender Feuchtigkeit muß möglich sein. Siehe auch Tabelle 2.

---

*) H. Glaser: Graphisches Verfahren zur Untersuchung von Diffusionsvorgängen. Kältetechnik 11 (1959) Nr 10, Seite 345

5.2. Anwendungsbereich der Holzwerkstoffklasse 100
Die Holzwerkstoffklasse 100 darf auch angewendet werden, wenn aufgrund der klimatischen Bedingungen langfristig ein höherer Gleichgewichtsfeuchtigkeitsgehalt bzw. eine kurzfristige Befeuchtung der Platten möglich ist, unter der Voraussetzung, daß die Plattenfeuchtigkeit an keiner Stelle 18 Gew.-% überschreitet und die zusätzlich eingedrungene Feuchtigkeit entweichen kann. Siehe auch Tabelle 2.

5.3. Anwendungsbereich der Holzwerkstoffklasse 100 G
Die Holzwerkstoffklasse 100 G darf auch angewendet werden, wenn aufgrund der klimatischen Bedingungen langfristig ein höherer Gleichgewichtsfeuchtigkeitsgehalt bzw. eine Befeuchtung der Platten möglich ist und die eingedrungene Feuchtigkeit nur über einen längeren Zeitraum entweichen kann. Siehe auch Tabelle 2.

Tabelle 1. **Zuordnung der Plattentypen zu den Holzwerkstoffklassen**

Holzwerkstoff	Norm	Plattentypen für Holzwerkstoffklasse		
		20	100	100 G
Bau-Furnierplatte	DIN 68 705 Blatt 3	BFU IF 20	BFU AW 100	BFU AW 100 G
Bau-Tischlerplatte	DIN 68 705 Blatt 4	BTI IF 20	BTI AW 100	BTI AW 100 G
Flachpreßplatte	DIN 68 763	V 20	V 100	V 100 G
Beplankte Strangpreßplatte	DIN 68 764 Blatt 1	SV1; SR1	SV2; SR2	–
	DIN 68 764 Blatt 2 *)	TSV 1	TSV 2	–
Harte Holzfaserplatte	DIN 68 750	HFH	–	–
Kunststoffbeschichtete dekorative Holzfaserplatte	DIN 68 751	KH	–	–

*) Zur Zeit noch Entwurf

Tabelle 2. **Beispiele für die Anwendung der Holzwerkstoffklassen nach Abschnitt 5.1 bis Abschnitt 5.3**

	Anwendungsbereich	Holzwerkstoffklasse
1.	**Raumseitige Beplankung von Wänden und Decken**	
1.1.	Naßräume (z. B. Schwimmbäder; Ställe; belüftete Hohlräume über Erdreich 1)), wie Kriechkeller)	100 G
1.2.	Küche, Bad, WC in Wohngebäuden; WC in öffentlichen Gebäuden	
1.2.1.	allgemein, außer 1.2.2 und 1.2.3	20
1.2.2.	in Bereichen mit starker direkter Feuchtigkeitsbeanspruchung der Oberfläche (z. B. in Duschen)	100 G
1.2.3.	in Neubauten mit Baufeuchtigkeit	100 G
1.3.	Wohn- und Schlafräume in Wohngebäuden, Räume mit vergleichbaren klimatischen Verhältnissen	20
2.	**Außenbeplankung von Außenwänden mit zusätzlichem, dauerhaft wirksamen Wetterschutz**	
2.1.	Hohlraum zwischen Außenbeplankung und Wetterschutz	
2.1.1.	ausreichend belüftet 2))	100
2.1.2.	nicht ausreichend belüftet 2))	100 G
2.2.	Wetterschutz direkt auf Außenbeplankung aufgebracht	100 G
3.	**Obere Beplankung von Deckenelementen** (nach der ETB-Richtlinie für die Bemessung und Ausführung von Holzhäusern in Tafelbauart, Ergänzung zu DIN 1052, hergestellt)	
3.1.	Unter nicht ausgebauten Dachgeschossen	
3.1.1.	allgemein	100
3.1.2.	ausreichend belüftete Elemente 2)), Schutz vor Niederschlägen während der Montage sichergestellt	20

Seite 4 DIN 68 800 Blatt 2

Fortsetzung Tabelle 2.

Anwendungsbereich	Holzwerkstoff-klasse
3.2. Unter ausgebauten Dachgeschossen	
3.2.1. nicht ausreichend belüftete Elemente 2) (Tauwasserbildung durch Dampfdiffusion darf in der Beplankung nicht auftreten)	
3.2.1.1. allgemein	100 G
3.2.1.2. bei Wohn- und Schlafräumen, wenn Schutz vor Niederschlägen während der Montage gewährleistet ist	20
3.2.2. ausreichend belüftete Elemente 2)	
3.2.2.1. allgemein	100
3.2.2.2. Schutz vor Niederschlägen während der Montage gewährleistet	20
4. Obere Beplankung von Dach- bzw. Dachdecken-Elementen, Dachschalung	100 G

1) Für nicht ausreichend belüftete Hohlräume über Erdreich sind Holzwerkstoffe nicht zulässig.
2) Hohlräume im Sinne dieser Norm gelten als ausreichend belüftet, wenn die Größe der Zu- und Abluftöffnungen mindestens je 2 ‰ der zu belüftenden Fläche beträgt.

Hinweise auf weitere Normen

DIN 1052 Blatt 1 Holzbauwerke; Berechnung und Ausführung
DIN 4076 Blatt 4 Benennungen und Kurzzeichen auf dem Holzgebiet; Holzschutzmittel (z. Z. noch Entwurf)
Ergänzende Bestimmungen zu DIN 4102 — Brandverhalten von Baustoffen und Bauteilen (Februar 1970)
DIN 4108 Wärmeschutz im Hochbau
DIN 4117 Abdichtung von Bauwerken gegen Bodenfeuchtigkeit; Richtlinien für die Ausführung
DIN 18 215 Schalungsplatten aus Holz für Beton- und Stahlbetonbauten; Standardmaße 0,50 m x 1,50 m, Dicke 21 mm
DIN 18 334 VOB Verdingungsordnung für Bauleistungen; Teil C: Allgemeine Technische Vorschriften, Zimmerarbeiten
DIN 18 355 —; —, Tischlerarbeiten
DIN 52 160 Prüfung von Holzschutzmitteln; Grundlagen für die Durchführung von Prüfungen
DIN 52 161 Blatt 1 —; Nachweis von Holzschutzmitteln im Holz, Probenahme aus Bauholz
DIN 52 161 Blatt 3 —; —, Bestimmung der Eindringtiefe von fluoridhaltigen Holzschutzmitteln
DIN 52 161 Blatt 4 —; —, Bestimmung der Menge von fluorhaltigen Holzschutzmitteln
DIN 52 161 Blatt 5 —; —, Qualitativer Nachweis von insektiziden und fungiziden Wirkstoffen öliger Holzschutzmittel
DIN 52 163 Blatt 1 —; Bestimmung der vorbeugenden Wirkung von Holzschutzmitteln gegen holzzerstörende Insekten, Eilarven des Hausbockkäfers (Hylotrupes bajulus L.)
DIN 52 164 Blatt 1 —; Prüfung der bekämpfenden Wirkung von Holzschutzmitteln gegen holzzerstörende Insekten, Larven des Hausbockkäfers (Hylotrupes bajulus L.)
DIN 52 164 Blatt 2 —; —, Larven des Gewöhnlichen Nagekäfers (Anobium punctatum De Geer)
DIN 52 165 Blatt 1 —; Bestimmung von Giftwerten von Holzschutzmitteln gegen holzzerstörende Insekten, Larven des Hausbockkäfers (Hylotrupes bajulus L.)
DIN 52 172 Blatt 1 —; Beschleunigte Alterung von geschütztem Holz, Auswaschbeanspruchung vor biologischen Prüfungen
DIN 52 172 Blatt 2 —; —, Auswaschbeanspruchung für die Bestimmung der ausgewaschenen Wirkstoffmenge
DIN 52 172 Blatt 3 —; —, Verdunstungsbeanspruchung vor biologischen Prüfungen (z. Z. noch Entwurf)
DIN 52 175 Holzschutz; Begriff, Grundlagen
DIN 52 176 Prüfung von Holzschutzmitteln; Bestimmung der vorbeugenden Wirkung von Holzschutzmitteln, Prüfung mit holzzerstörenden Basidiomyceten nach dem Klötzchen-Verfahren in Kolleschalen
DIN 52 179 —; Verleimbarkeit von ölbehandeltem Holz (z. Z. noch Entwurf)
DIN 68 705 Blatt 3 Sperrholz; Bau-Furnierplatten, Gütebedingungen
DIN 68 705 Blatt 4 —; Bau-Tischlerplatten, Gütebedingungen

DIN 68 751 Kunststoffbeschichtete dekorative Holzfaserplatten; Begriff, Anforderungen
DIN 68 763 Spanplatten; Flachpreßplatten für das Bauwesen; Begriffe, Eigenschaften, Prüfung, Überwachung
DIN 68 764 Blatt 1 —; Strangpreßplatten für das Bauwesen; Begriffe; Eigenschaften, Prüfung, Überwachung
DIN 68 764 Blatt 2 —; —, Beplankte Strangpreßplatten für die Tafelbauart (z. Z. noch Entwurf)
DIN 68 771 Unterböden aus Holzspanplatten
DIN 68 800 Blatt 1 Holzschutz im Hochbau; Allgemeines
DIN 68 800 Blatt 3 —; Vorbeugender chemischer Schutz von Vollholz
DIN 68 800 Blatt 4 —; Bekämpfungsmaßnahmen gegen Pilz- und Insektenbefall

Vorschriften

Richtlinien für die Bemessung und Ausführung von Holzhäusern in Tafelbauart, Ergänzung zu DIN 1052

Erläuterungen

Die Ausgabe September 1956 von DIN 68 800 wurde vom Arbeitsausschuß „Holzschutz im Hochbau" unter Geschäftsführung des FNHOLZ dem heutigen Stand der Technik entsprechend nach eingehenden Vorarbeiten der Deutschen Gesellschaft für Holzforschung (DGfH), München, vollständig neu bearbeitet und in ihrem Gesamtumfang wesentlich erweitert. Die Neufassung der Norm ist zur leichteren Bearbeitung und Anwendung in mehrere Blätter gegliedert.

Das vorliegende Blatt 2 wurde vom Unterausschuß „Konstruktiver Holzschutz" aufgestellt.

Aus dem Abschnitt 2 der Ausgabe September 1956 von DIN 68 800 wurden nur wenige Punkte übernommen. Neu sind insbesondere die gesamte Gliederung und Aufteilung der Norm, die Definition des Begriffes „Baulicher Holzschutz" (siehe Abschnitt 2), die Einführung von Holzwerkstoffklassen hinsichtlich der Feuchtigkeitsbeständigkeit und die Festlegung ihrer Anwendungsbereiche, die Berücksichtigung der Holztafelbauart sowie Maßnahmen zur Verhinderung der Tauwasserbildung. Holzwerkstoffe für die untere Beplankung von Bodenelementen über ausreichend belüfteten Hohlräumen über Erdreich wurden in Tabelle 2 nicht aufgenommen, da ihre Anwendung problematisch sein kann. Beispiele richtiger baulicher Holzschutzmaßnahmen sollen in einem Beiblatt (z. Z. in Vorbereitung) gegeben werden.

Im Vergleich zur früheren Fassung der DIN 68 800, Ausgabe September 1956, enthält

Blatt 1 „Allgemeines" die früheren Abschnitte 1 und 7

das vorliegende Blatt 2 den früheren Abschnitt 2

Blatt 3 „Vorbeugender chemischer Schutz von Vollholz" die früheren Abschnitte 3, 5 und 6

Blatt 4 „Bekämpfungsmaßnahmen gegen Pilz- und Insektenbefall" den früheren Abschnitt 4.

Der FNHOLZ bereitet zur Zeit weitere Blätter für den vorbeugenden chemischen Schutz von Holzwerkstoffen und für Holzschutzmaßnahmen in Verbindung mit Oberflächenanstrichen vor.

DK 674.048 : 691.11 : 624.9 : 699.8 Mai 1974

Holzschutz im Hochbau

Vorbeugender chemischer Schutz von Vollholz

DIN 68 800 Blatt 3

Protection of timber used in buildings; preventive chemical protection for timber

Mit DIN 68 800 Blatt 1, Blatt 2 und Blatt 4 Ersatz für DIN 68 800

Diese Norm enthält sicherheitstechnische Festlegungen im Rahmen des Gesetzes über technische Arbeitsmittel, (siehe Erläuterungen).

Inhalt

1. Geltungsbereich

Diese Norm regelt die vorbeugenden chemischen Maßnahmen zum Schutz von Holz.

2. Grundsätzliches

Zu den baulichen Maßnahmen nach Blatt 2 ist für die in den Abschnitten 5 und 6 dieses Blattes 3 aufgeführten Holzteile zusätzlich chemischer Holzschutz erforderlich.

Chemische Holzschutzmaßnahmen sind dem jeweiligen Gefährdungsgrad des zu verbauenden Holzes anzupassen. Erfolg und Wirkungsdauer einer Holzschutzbehandlung sind abhängig von dem angewandten Holzschutzmittel, von der ein- bzw. aufgebrachten Menge und der Verteilung im Holz bzw. auf der Holzoberfläche.

Die chemische Holzschutzbehandlung erfordert eine gründliche Kenntnis und Erfahrung. Der Bauherr darf deshalb nur solche Personen und Unternehmen damit betrauen, die diese Kenntnis besitzen, eine sorgfältige Ausführung gewährleisten und über die erforderlichen Geräte verfügen.

3. Holzschutzmittel

3.1. Es dürfen nur Holzschutzmittel verwendet werden, die ein gültiges Prüfzeichen [1]) haben. Bei der Wahl und Anwendung der Holzschutzmittel sind neben dieser Norm die Bestimmungen des Prüfbescheides — namentlich auch hinsichtlich Verwendbarkeit in Aufenthaltsräumen und in Lagerräumen für Lebens- und Futtermittel — und die Gebrauchsanweisung des Herstellers zu beachten.

3.2. Viele Holzschutzmittel enthalten Stoffe, die in den Länderverordnungen über den Verkehr mit Giften bzw. Anhang I, Abschnitt 2.1 zur Verordnung über gefährliche Arbeitsstoffe des Bundesministers für Arbeit und Sozialordnung aufgeführt sind. Diese Holzschutzmittel dürfen nur in Verbindung mit einer eingehenden schriftlichen Gebrauchsanweisung und Belehrung über die mit einem unvorsichtigen Gebrauch verknüpften Gefahren abgegeben werden.

1) Das Prüfzeichen erteilt das Institut für Bautechnik, 1 Berlin 30, Reichpietschufer 72-76. Entsprechende Präparate werden in den Mitteilungen des Instituts für Bautechnik, Verlag Wilhelm Ernst & Sohn, veröffentlicht. Das Institut für Bautechnik gibt ein Verzeichnis der Holzschutzmittel mit Prüfzeichen, Verlag E. Schmidt (Holzschutzmittelverzeichnis) heraus und hält es auf dem laufenden.

Fortsetzung Seite 2 bis 6
Erläuterungen Seite 6

Fachnormenausschuß Bauwesen (FNBau) im Deutschen Normenausschuß (DNA)
Arbeitsgruppe Einheitliche Technische Baubestimmungen (ETB) des FNBau
Fachnormenausschuß Holz (FNHOLZ) im DNA

Holzschutzmittel sind grundsätzlich so aufzubewahren, daß sie Unbefugten, insbesondere Kindern, nicht zugänglich sind. Sie dürfen auch für Haustiere nicht zu erreichen sein.

Anmerkung: Hinweise auf Sicherheitsvorkehrungen bringt das Merkblatt über den Umgang mit Holzschutzmitteln. Das Merkblatt ist im Verzeichnis der Prüfzeichen für Holzschutzmittel abgedruckt.

3.3. Im Hochbau werden wasserlösliche oder ölige Holzschutzmittel und schaumschichtbildende Feuerschutzmittel verwendet. Für Sonderfälle werden u. a. Salzpasten und -patronen, Öl-Salzpasten und Holzschutzmittelbandagen eingesetzt.

3.3.1. Wasserlösliche Holzschutzmittel sind für trockenes [2]) (mindestens 12 % Holzfeuchtigkeit) und halbtrockenes [2]) — unter bestimmten Voraussetzungen auch für frisches [2]) — Holz verwendbar (siehe Abschnitte 4.2.1 bis 4.2.4).

In halbtrockenem und frischem Bauholz breiten sich wasserlösliche Holzschutzmittel, soweit sie nicht ausschließlich fixierende Bestandteile enthalten, allmählich aus. Dabei verteilt sich das Holzschutzmittel und dringt tief in das Holz ein, kann sich aber bei ungenügender Einbringmenge so stark verdünnen, daß es unwirksam wird.

3.3.2. Ölige Holzschutzmittel sind für trockenes und halbtrockenes, jedoch nicht für frisches Holz geeignet. Holz, das durch Regen oder unsachgemäße Lagerung wieder naß geworden ist, darf mit öligen Holzschutzmitteln erst behandelt werden, wenn es wieder abgetrocknet ist.

3.3.3. Schaumschichtbildende Feuerschutzmittel (organische Bestandteile vorwiegend) sind Präparate, die bei der Einwirkung von Feuer oder hohen Temperaturen auf der geschützten Fläche eine Schaumschicht bilden.

3.3.4. Salzpasten und -patronen, Öl-Salzpasten, Holzschutzmittelbandagen und dgl. eignen sich besonders für frisches und halbtrockenes Bauholz oder für Holz mit ständiger Erdberührung.

3.4. Alle Holzschutzmittel mit Prüfzeichen (siehe auch Abschnitt 3.1) tragen auf der Verpackung und der Gebrauchsanweisung als Kennzeichen neben dem Namen des Holzschutzmittels und des Prüfbescheidinhabers das Prüfzeichen und Prüfprädikate. Die Prüfprädikate geben in Kurzform die wichtigsten Eigenschaften der Holzschutzmittel an.

Die Prüfprädikate bedeuten:

P = gegen Pilze wirksam (Fäulnisschutz)

Iv = gegen Insekten vorbeugend wirksam

(Iv) = nur bei Tiefschutz gegen Insekten vorbeugend wirksam

Anmerkung: Tiefschutz gilt nach DIN 52 175 als erfüllt, wenn das Holzschutzmittel mindestens 10 mm in das Holz eingedrungen oder bei Farbkernhölzern mit einer Splintholzbreite unter 10 mm mindestens das Splintholz durchsetzt ist. Mit Holzschutzmitteln der Kennzeichnung (Iv) kann der Tiefschutz allgemein nur im Kesseldruckverfahren oder durch Trogtränkung erreicht werden.

Ib = gegen Insekten bekämpfend wirksam

F = geeignet zum Schwerentflammbarmachen des Holzes (Feuerschutz)

S = auch zum Spritzen, Streichen oder Tauchen geeignet

W = geeignet auch für Holz, das der Witterung ausgesetzt ist.

3.5. Bei der Auswahl der Holzschutzmittel ist von der Gefährdung und Beanspruchung des Holzes und von der Art des Einbringverfahrens auszugehen.

3.6. Holzschutzmittel können unter ungünstigen Voraussetzungen zu Schäden an anderen Baustoffen führen, z. B. können sie Putz und Mauerwerk durchdringen und Verfärbungen sowie Ausblühungen verursachen.

Wasserlösliche Holzschutzmittel können die Korrosion von Metallteilen fördern.

Fluorhaltige Holzschutzmittel greifen keramische Baustoffe und insbesondere Glas an.

Ölige Holzschutzmittel können lösend auf Kunststoffe wie z. B. Dämmstoffe und elektrische Isolierungen einwirken.

3.7. Sofern Holzteile einen Anstrich erhalten sollen, muß die Verträglichkeit zwischen Holzschutzmittel und Anstrichstoff gegeben, bei schaumschichtbildenden Feuerschutzmitteln nachgewiesen sein. Diesbezügliche Angaben im Prüfbescheid und in den Gebrauchsanweisungen der Hersteller sind zu beachten.

3.8. Soll verleimtes Holz chemisch geschützt werden oder soll mit Holzschutzmitteln behandeltes Holz verleimt werden, muß nachgewiesen sein, daß die Holzschutzwirkung und insbesondere die Haltbarkeit der Leimverbindung nicht beeinträchtigt werden (siehe DIN 1052 und DIN 52 179 z. Z. noch Entwurf).

4. Verfahren

4.1. Allgemeines

Um einen möglichst wirksamen und dauerhaften Holzschutz zu erreichen, ist demjenigen Einbringverfahren der Vorzug zu geben, bei dem das Holzschutzmittel tief eindringt, gleichmäßig in der Tränkzone verteilt ist und die eingebrachte Menge Holzschutzmittel gemessen werden kann.

Anmerkung: Ausgenommen sind schaumschichtbildende Feuerschutzmittel, mit denen ein Oberflächenschutz nach DIN 52 175 angestrebt wird.

Kernholz ist weniger aufnahmefähig als Splintholz. Bei Hölzern mit außenliegendem Kern, wie z. B. Kreuzhölzern, werden deshalb geringere Aufnahmemengen und Eindringtiefen erzielt als bei Splintholz. Fichten- und Douglasienholz nehmen die Holzschutzmittel meistens schwer auf.

4.2. Einbringverfahren

Für das Einbringen der Holzschutzmittel werden Kesseldrucktränkung, Trogtränkung [3]), Tauchen [3]), Streichen [3]) und Spritzen [3]) angewendet.

Beim Streichen, Spritzen und Tauchen dürfen nur Holzschutzmittel mit dem Prüfprädikat „S" verwendet werden. Bei wasserlöslichen Holzschutzmitteln sind mindestens 10 %ige Lösungen zu verwenden. Bei diesen Präparaten kann eine Erhöhung der Eindringtiefe erzielt werden,

---

[2]) Nach DIN 4074 Gütebedingungen für Bauholz hat „trockenes Bauholz" einen Feuchtigkeitsgehalt von höchstens 20 %, „halbtrockenes Bauholz" von höchstens 30 % und „frisches Bauholz" von mehr als 30 %, bezogen auf das Darrgewicht.

[3]) Bezüglich der Durchführung dieser Verfahren vgl. das Merkheft 10 der Deutschen Gesellschaft für Holzforschung „Handwerkliche Holzschutzverfahren". Hinweise geben auch die Gebrauchsanweisungen der Schutzmittelhersteller.

wenn die Hölzer ausreichend lange dicht gestapelt und vor Erdfeuchtigkeit, Niederschlägen und Sonne geschützt lagern. Dies gilt insbesondere für die Gruppe der bor- und fluorhaltigen Holzschutzmittel.

Durch eine mechanische Vorbehandlung [4]) können auch schwertränkbare Hölzer aufnahmefähiger gemacht und die Schutzbehandlung verbessert werden.

4.2.1. Kesseldruck-Tränkung

Bei der Kesseldruck-Tränkung werden die Holzschutzmittel mit Hilfe von Druckunterschieden in das Holz eingebracht. Es bestehen verschiedene Ausführungsformen.

Die eingebrachte Menge muß durch Wägen festgestellt werden.

Durch die Kesseldruck-Tränkung wird das bestmögliche Eindringen der Holzschutzmittelbestandteile erreicht. Das Holz darf beim Einbringen sowohl der öligen als auch der wasserlöslichen Holzschutzmittel nicht mehr als 30 % Feuchtigkeitsgehalt (halbtrocken nach DIN 4074 Blatt 1) haben. Eine Ausnahme bildet die Wechseldrucktränkung, bei der die Hölzer frisch sein müssen.

Bei mehrmaliger Verwendung der wäßrigen Holzschutzmittellösung muß die Lösungskonzentration regelmäßig kontrolliert werden.

4.2.2. Trogtränkung

Bei der Trogtränkung, im Sonderfall Einstelltränkung, werden die Hölzer in Trögen in der Holzschutzflüssigkeit untergetaucht gehalten (bei der Einstelltränkung mit den gefährdeten Enden eingestellt). Durch entsprechende Tränkdauer [3]) kann unter bestimmten Voraussetzungen ein tiefes Eindringen des Holzschutzmittels erreicht werden. Bei öligen Holzschutzmitteln muß das Holz trocken [2]) oder halbtrocken [2]), bei wasserlöslichen darf es auch frisch sein.

Bei mehrmaliger Verwendung einer wäßrigen Holzschutzmittellösung sowie bei Tränkung von frischem Holz über lange Tränkzeiten muß die Lösungskonzentration regelmäßig kontrolliert und ggf. durch Zugabe von Holzschutzsalz korrigiert werden.

Die Heiß-Kalt-Trogtränkung (Eintrog- oder Doppeltrogverfahren) ist eine Variante der Trog- bzw. Einstelltränkung, die insbesondere bei öligen Holzschutzmitteln eine Verkürzung der Tränkzeit erlaubt.

Die eingebrachte Holzschutzmittelmenge kann bei trockenem und halbtrockenem Holz festgestellt werden; bei frischem und durchnäßtem Holz ist sie im Imprägnierbetrieb nur bedingt meßbar, sie kann nach Abschnitt 9 analytisch bestimmt werden.

4.2.3. Tauchen

Beim Tauchen ist das Holz allseitig zu benetzen.

Das Holz muß bei öligen und wasserlöslichen Holzschutzmitteln trocken [2]) oder halbtrocken [2]) sein. Bei frischem [2]) oder durchnäßtem Holz ist dieses Verfahren nur zulässig, wenn das Holz unter Dach eingebaut wird und wasserlösliche Holzschutzmittel in mindestens 20 %iger Lösung verwendet werden. Die Oberfläche des Holzes muß vor der Behandlung abgetrocknet sein.

Bei häufiger Verwendung von wäßrigen Holzschutzmittellösungen muß die Lösungskonzentration regelmäßig kontrolliert und ggf. durch Zugabe des verwendeten Holzschutzmittels korrigiert werden.

Die eingebrachte Holzschutzmittelmenge ist während der Ausführung nur bedingt meßbar, läßt sich jedoch nach Abschnitt 9 analytisch bestimmen.

Bei öligen Holzschutzmitteln und Salzlösungen werden gleichermaßen durch Tauchzeiten von Sekunden bis Minuten

von sägerauhem Holz etwa 200 ml/m^2

von gehobeltem Holz etwa 80 bis 120 ml/m^2

aufgenommen.

Höhere Aufnahmen erfordern eine entsprechende Anzahl von Arbeitsgängen mit zwischengeschalteten Abtrocknungszeiten (in der Regel von mindestens 6 Stunden).

4.2.4. Spritzen und Streichen

Beim Spritzen und Streichen ist darauf zu achten, daß die Mittel gleichmäßig verteilt aufgebracht werden. Bei salzartigen und öligen Holzschutzmitteln sind grundsätzlich mindestens zwei Arbeitsvorgänge erforderlich.

Das Holz muß bei öligen und wasserlöslichen Holzschutzmitteln trocken [2]) oder halbtrocken [2]) sein. Bei frischem [2]) oder durchnäßtem Holz sind diese Verfahren nur zulässig, wenn das Holz unter Dach eingebaut wird und wasserlösliche Holzschutzmittel in mindestens 20 %iger Lösung verwendet werden. Die Oberfläche des Holzes muß vor der Behandlung abgetrocknet sein.

Hinsichtlich der einbringbaren Holzschutzmittelmengen und ihrer Bestimmung gilt Abschnitt 4.2.3 sinngemäß.

Bei Spritzanlagen mit regelbarem, automatischem Vorschub ist eine gleichmäßige Behandlung möglich. Wenn dabei die im Prüfbescheid vorgeschriebenen Mengen in einem Arbeitsvorgang aufgebracht werden, kann abweichend vom ersten Absatz dieses Abschnittes der zweite Arbeitsvorgang entfallen.

4.2.5. Sonderbehandlung

Verfahren zur Sonderbehandlung von Gefahrenstellen bezwecken, bestimmten Holzzonen größere Holzschutzmittelmengen zuzuführen, als dies durch andere Methoden möglich ist. Die Sonderbehandlung kommt auch für den Nachschutz in Betracht. Die Zufuhr großer Holzschutzmittelmengen kann durch Aufstreichen oder Aufspachteln von Sonderpräparaten nach Abschnitt 3.3.4 mit oder ohne Abdeckung, durch Anlegen von Holzschutzmittelbandagen oder mit Hilfe von Bohrlöchern vorgenommen werden.

5. Vorbeugende Holzschutzmaßnahmen gegen Pilze und Insekten

5.1. Chemische Holzschutzmaßnahmen sind erforderlich für Bauholz, das der Gefahr eines Angriffs durch holzzerstörende Pilze und/oder Insekten ausgesetzt ist.

5.2. Alles für die Standsicherheit des Bauwerks wirksame Holz muß vorbeugend geschützt werden.

5.3. Für alles übrige Bauholz ist ein vorbeugender chemischer Holzschutz zweckmäßig.

5.4. Kesseldruck-Tränkung ist für Bauholz erforderlich, das Erdreich ständig berührt. Rechtzeitiger Nachschutz ist erforderlich.

Bei wasserlöslichen Holzschutzmitteln ist darauf zu achten, daß vor Ausfixieren der Holzschutzmittel keine Feuchtigkeit auf die behandelten Hölzer einwirkt.

---

[2]) Siehe Seite 2

[3]) Siehe Seite 2

[4]) Die statische Festigkeit des Holzes darf durch die Anordnung der Einbringstellen nicht unzulässig beeinträchtigt werden.

5.5. Kesseldruck- oder Trogtränkung ist für Bauholz erforderlich, das

a) mit einem Feuchtigkeitsgehalt von mehr als 18 % in geschlossenen Bauwerken eingebaut wird und bei dem eine Nachbehandlung nicht vorgesehen oder nicht möglich ist,
b) in Bereichen eingebaut wird, in denen mit Pilzbefall infolge von Feuchtigkeit einschließlich Tauwasser zu rechnen ist,
c) in Dicken über 4 cm im eingebauten Zustand Niederschlägen ausgesetzt ist. Rechtzeitiger Nachschutz ist erforderlich.

   Sofern ein ausreichend wirksamer Oberflächenschutz durch ein Anstrichsystem sichergestellt ist, gilt Abschnitt 5.6.

5.6. Für alles übrige Bauholz ist die Wahl des Einbringverfahrens freigestellt. Gleiches gilt für die Nachbehandlung von eingebautem Holz, bei dem nur Spritzen, Streichen und Sonderbehandlungen möglich sind.

5.7. Für tragende verleimte Bauteile reichen allgemein als Einbringverfahren Spritzen und Streichen aus. Dies gilt für Bauteile, die im eingebauten Zustand der Bewitterung frei ausgesetzt sind, nur dann, wenn der Zustand der Flächen, die der Witterung ausgesetzt sind, in ausreichenden Zeitabständen kontrolliert und die Flächen rechtzeitig nachbehandelt werden können. Für die Durchbildung dieser Bauteile ist der bauliche Holzschutz auch im Blick auf schädliche Tauwasserbildung besonders wichtig.

5.8. Das Einbringen größerer Holzschutzmittelmengen (Sonderverfahren) bzw. Verwendung stärkerer Konzentrationen oder von Sonderpräparaten ist erforderlich für Bauholz oder Teilstücke von diesem, das allseitig im Mauerwerk, Beton oder Stahl einbindet.

5.9. Holz soll grundsätzlich erst nach dem letzten Bearbeitungsgang mit Holzschutzmitteln behandelt werden. Ist bei bereits geschützten Hölzern eine nachträgliche Bearbeitung unumgänglich, so sind die neuen Schnittflächen, Bohrstellen und dgl. sorgfältig erneut zu schützen.
Wird Holz erst nach dem Einbau chemisch behandelt, müssen sämtliche Berührungsflächen schon vor dem Zusammenbau geschützt werden.
Es ist sicherzustellen, daß Holz, das unter Dach verwendet wird und nach dem Einbau nicht mehr allseitig zugängig ist, rechtzeitig behandelt wird.

5.10. Waren mit wasserlöslichen nicht fixierten Mitteln behandelte Hölzer Regen oder ähnlichen Einflüssen ausgesetzt, so ist die Holzschutzbehandlung zu wiederholen.

5.11. Nachträglich auftretende Trockenrisse können die Wirksamkeit einer Holzschutzmaßnahme beeinträchtigen. Trockenrisse sollen daher nachbehandelt werden (vgl. jedoch Abschnitt 5.5. a)).
Für diese Nachbehandlung ist sicherheitshalber ein insektenbekämpfendes Mittel zu verwenden, das in seiner Wirksamkeit nicht durch das vorweg benutzte Holzschutzmittel beeinträchtigt wird.

6. Vorbeugender chemischer Holzschutz gegen Feuer

6.1. Durch chemische Feuerschutzmittel kann Holz schwerentflammbar nach DIN 4102 gemacht werden.

6.2. Für die Schutzbehandlung können wasserlösliche Feuerschutzmittel im Kesseldruckverfahren bzw. schaumschichtbildende Feuerschutzmittel im Streich-, Spritz- oder Gießverfahren angewandt werden.
Mit wasserlöslichen Feuerschutzmitteln ist deshalb nur die Behandlung von Schnittholz nach der Bearbeitung möglich; schaumschichtbildende Feuerschutzmittel können auch für eingebautes Holz verwendet werden.

6.3. Teilweise besitzen wasserlösliche Feuerschutzmittel gleichzeitig vorbeugende Schutzwirkung gegen holzzerstörende Pilze und Insekten (Prüfprädikate P, Iv, F). Schaumschichtbildende Feuerschutzmittel haben keine Nebenwirksamkeit (Prüfprädikate F, S). Wenn Holzbauteile, die mit schaumschichtbildenden Feuerschutzmitteln behandelt werden sollen, gleichzeitig vorbeugend gegen Pilze und Insekten zu schützen sind, muß die Holzschutzbehandlung gegen Organismen mit einem geeigneten Holzschutzmittel vor der Feuerschutzbehandlung ausgeführt werden. Die Verträglichkeit der Holzschutzmittel untereinander ist nachzuweisen. Eine vorbeugende Holzschutzbehandlung gegen Pilz- und Insektenbefall ist nicht möglich im Anschluß an eine Feuerschutzbehandlung mit schaumschichtbildenden Mitteln.
Feuerschutzmittel sind nicht witterungsbeständig. Ein vorbeugender chemischer Feuerschutz ist daher nur bei Holzbauteilen möglich, die vor Witterungseinwirkung und ähnlicher Feuchtigkeitsbeanspruchung geschützt sind.

7. Holzschutzmittelmengen

7.1. Die zu verwendenden Holzschutzmittelmengen richten sich nach der vorgesehenen Verwendung des Holzes, der Art des Holzschutzmittels und dem Einbringverfahren. Maßgebend sind bei Anwendung von Kesseldruck- oder Trogtränkung die im Prüfbescheid genannten Mengen [5]) in kg/m^3 Holzvolumen bzw. Konzentrationen [6]).
Bei Anwendung durch Streichen, Spritzen oder Tauchen gelten die in der Tabelle angegebenen Mindestmengen in g bzw. ml/m^2 Holzoberfläche.

7.2. Die Holzschutzmittelmengen beziehen sich bei Holzschutzmitteln, die ungelöst in fester Form angeliefert werden, auf die reinen Salzmengen und nicht auf das Gewicht der gebrauchsfertigen Lösung, bei gebrauchsfertig angelieferten Holzschutzmitteln auf das Volumen des fertigen Mittels und bei Holzschutzmittelkonzentraten auf die Mengen an unverdünntem Konzentrat.

7.3. Bei der Errechnung der zu verwendenden Holzschutzmittelmengen sind die bei den einzelnen Verfahren und den besonderen Anwendungsbedingungen unterschiedlichen Holzschutzmittelverluste in ausreichendem Maße zu berücksichtigen [3]).

3) Siehe Seite 2

5) Für kernreiche Holzarten wie Eiche und Lärche sind Unterschreitungen zulässig.

6) Bei Trogtränkung von frischem und durchnäßtem Holz ist eine Mindestkonzentration von 10 % erforderlich.

Tabelle. **Mindest-Einbringmengen**[7]**) bei Anwendung durch Streichen, Spritzen oder Tauchen**[8]**)**

Beanspruchung	kleinste Querschnitt-seite (Holzdicke)	Einbringmengen[5])	
		wasser-lösliche Mittel g/m²	ölige Mittel ml/m²
Niederschlägen nicht ausgesetzt	≦4 cm	50	250
	≦8 cm	60	250
	>8 cm	60	300
Niederschlägen ausgesetzt	≦4 cm	75	300
	>4 cm	90	350
dauerndem Kontakt mit Erdfeuchtigkeit ausgesetzt	nur Kesseldruck- und Trogtränkung zulässig		

7.4. Bei Bohrlochtränkung, Salzpatronen und Bohrlochdrucktränkung wird die notwendige Holzschutzmittelmenge im Holz nur durch eine zweckmäßige Anordnung der Einbringstellen erreicht[4]).

7.5. Die Einbringmengen für Holzschutzmittel gegen Feuer sind stets dem Prüfbescheid zu entnehmen.

8. Kennzeichnung von Holzschutzmaßnahmen

Der Unternehmer hat die ausgeführte Holzschutzbehandlung nach DIN 68 800 Blatt 1, Ausgabe Mai 1974, Abschnitt 5.2 zu kennzeichnen.

9. Prüfung

9.1. Bei der Prüfung von Holzschutzarbeiten ist zwischen einer qualitativen Prüfung der durchgeführten Arbeiten und einer quantitativen Prüfung der eingebrachten Holzschutzmittelmengen zu unterscheiden.

9.2. Die qualitative Prüfung von vorbeugenden Holzschutzbehandlungen erstreckt sich auf eine Beurteilung der vorgenommenen Arbeiten (z. B. anhand der Tränkprotokolle oder des äußeren Zustandes der imprägnierten Hölzer, wie Entfernen von Rinde und Bast) sowie auf eine Bestimmung der Holzschutzmitteleindringtiefe[9]) nach den einschlägigen Normen[10]).

9.3. Bei Anwendung von Spritzen, Streichen, Tauchen oder Trogtränkung ist eine quantitative Bestimmung der eingebrachten Holzschutzmittelmengen nur in hierfür eingerichtete Laboratorien möglich. Die einschlägigen Normen sind zu beachten.

9.4. Bei der Anwendung der Kesseldrucktränkung müssen die einzelnen Tränkvorgänge (Über- und Unterdruck, Temperaturen) im zeitlichen Ablauf auf Diagrammen selbsttätig aufgezeichnet werden. Die Gewichte der Hölzer vor und nach der Tränkung sind auf Wiegekarten festzuhalten.

9.4.1. Bei der Anwendung von wasserlöslichen Holzschutzmitteln im Kesseldruckverfahren muß die Holzschutzmittelkonzentration der Tränklösung nach der Gebrauchsanweisung des Holzschutzmittelherstellers ermittelt und schriftlich festgehalten werden, da aus Lösungskonzentration und Lösungsaufnahme die Holzschutzmittelaufnahme errechnet werden kann. Eine stichprobenweise Prüfung der Tränkflüssigkeit hinsichtlich ihrer quantitativen Zusammensetzung ist erforderlich.

9.4.2. Die für eine Beurteilung von durchgeführten Arbeiten erforderlichen Unterlagen sind dem Auftraggeber auf Wunsch vorzulegen bzw. auszuhändigen.

---

4) Siehe Seite 3

5) Siehe Seite 4

7) Die angeführten Werte gelten für die überwiegende Mehrzahl aller Holzschutzmittel, für welche zur Zeit Prüfbescheide erteilt sind. Die Mindesteinbringmengen nach der Tabelle dürfen nur bei solchen Holzschutzmitteln unterschritten werden, für die abweichende Regelungen im Prüfbescheid getroffen sind.

8) Hinsichtlich der notwendigen Mindestkonzentration und evtl. Einschränkungen siehe Abschnitte 4.2.3 und 4.2.4.

9) Bei Beurteilung der festgestellten Eindringtiefe ist zu beachten, daß diese sehr stark von der Art des Holzschutzmittels, der Holzart, der Oberflächenbeschaffenheit, der Holzfeuchtigkeit und ggf. von der Lage der Hölzer im Raum abhängig sind. Ein Rückschluß von der Eindringtiefe auf die eingebrachte Holzschutzmittelmenge ist nicht möglich.

10) DIN 52 161 Blatt 1 Prüfung von Holzschutzmitteln; Nachweis von Holzschutzmitteln im Holz, Probenahme aus Bauholz
DIN 52 161 Blatt 3 —; —, Bestimmung der Eindringtiefe von fluoridhaltigen Holzschutzmitteln
DIN 52 161 Blatt 5 —; —, Qualitativer Nachweis von insektiziden und fungiziden Wirkstoffen öliger Holzschutzmittel

Hinweise auf weitere Normen

DIN 1052 Blatt 1 Holzbauwerke; Berechnung und Ausführung
DIN 1052 Blatt 2 —; Bestimmungen der Dübelverbindungen besonderer Bauart
DIN 4074 Blatt 1 Bauholz für Holzbauteile; Gütebedingungen für Bauschnittholz (Nadelholz)
DIN 4074 Blatt 2 —; Gütebedingungen für Baurundholz (Nadelholz)
Ergänzende Bestimmungen zu DIN 4102 — Brandverhalten von Baustoffen und Bauteilen (Februar 1970)
DIN 4076 Blatt 4 Benennungen und Kurzzeichen auf dem Holzgebiet; Holzschutzmittel (z. Z. noch Entwurf)
DIN 52 160 Prüfung von Holzschutzmitteln; Grundlagen für die Durchführung von Prüfungen
DIN 52 161 Blatt 1 —; Nachweis von Holzschutzmitteln im Holz, Probenahme aus Bauholz
DIN 52 161 Blatt 3 —; —, Bestimmung der Eindringtiefe von fluoridhaltigen Holzschutzmitteln
DIN 52 161 Blatt 4 —; —, Bestimmung der Menge von fluorhaltigen Holzschutzmitteln
DIN 52 161 Blatt 5 —; —, Qualitativer Nachweis von insektiziden und fungiziden Wirkstoffen öliger Holzschutzmittel

DIN 52 163 Blatt 1 —; Bestimmung der vorbeugenden Wirkung von Holzschutzmitteln gegen holzzerstörende Insekten, Eilarven des Hausbockkäfers (Hylotrupes bajulus L.)
DIN 52 164 Blatt 1 —; Prüfung der bekämpfenden Wirkung von Holzschutzmitteln gegen holzzerstörende Insekten, Larven des Hausbockkäfers (Hylotrupes bajulus L.)
DIN 52 164 Blatt 2 —; —, Larven des Gewöhnlichen Nagekäfers (Anobium punctatum De Geer)
DIN 52 165 Blatt 1 —; Bestimmung von Giftwerten von Holzschutzmitteln gegen holzzerstörende Insekten, Larven des Hausbockkäfers (Hylotrupes bajulus L.)
DIN 52 172 Blatt 1 —; Beschleunigte Alterung von geschütztem Holz, Auswaschbeanspruchung vor biologischen Prüfungen
DIN 52 172 Blatt 2 —; —, Auswaschbeanspruchung für die Bestimmung der ausgewaschenen Wirkstoffmenge
DIN 52 172 Blatt 3 —; —, Verdunstungsbeanspruchung vor biologischen Prüfungen (z. Z. noch Entwurf)
DIN 52 175 Holzschutz; Begriff, Grundlagen
DIN 52 176 Prüfung von Holzschutzmitteln; Bestimmung der vorbeugenden Wirkung von Holzschutzmitteln; Prüfung mit holzzerstörenden Basidiomyceten nach dem Klötzchen-Verfahren in Kolleschalen
DIN 52 179 —; Verleimbarkeit von ölbehandeltem Holz (z. Z. noch Entwurf)
DIN 68 800 Blatt 1 Holzschutz im Hochbau; Allgemeines
DIN 68 800 Blatt 2 —; Vorbeugende bauliche Maßnahmen
DIN 68 800 Blatt 4 —; Bekämpfungsmaßnahmen gegen Pilz- und Insektenbefall

Erläuterungen

Die Ausgabe September 1956 von DIN 68 800 wurde vom Arbeitsausschuß „Holzschutz im Hochbau" unter Geschäftsführung des FNHOLZ dem heutigen Stand der Technik entsprechend nach eingehenden Vorarbeiten der Deutschen Gesellschaft für Holzforschung (DGfH), München, vollständig neu bearbeitet und in ihrem Gesamtumfang wesentlich erweitert.

Die Norm ist zur leichteren Bearbeitung in mehrere Blätter gegliedert.

Im Vergleich zur früheren Fassung der DIN 68 800, Ausgabe September 1956, enthält

Blatt 1 „Allgemeines" die früheren Abschnitte 1 und 7

Blatt 2 „Vorbeugende bauliche Maßnahmen" den früheren Abschnitt 2 das vorliegende Blatt 3 die früheren Abschnitte 3, 5 und 6

Blatt 4 „Bekämpfungsmaßnahmen gegen Pilz- und Insektenbefall" den früheren Abschnitt 4.

Der FNHOLZ bereitet zur Zeit weitere Blätter für den vorbeugenden chemischen Schutz von Holzwerkstoffen und für Holzschutzmaßnahmen in Verbindung mit Oberflächenanstrichen vor.

Das vorliegende Blatt 3 folgt in seinen Grundzügen der bisherigen Fassung. Aber nur wenige, teilweise umgestellte Abschnitte wurden wörtlich übernommen. Folgende Änderungen und Ergänzungen sind besonders zu beachten:

Die Charakteristik der Holzschutzmittel (Abschnitt 3) wird eingehender dargestellt. Unter anderem wurden die schaumschichtbildenden Feuerschutzmittel (Abschnitt 3.3.3) sowie Salzpasten, -patronen und dgl. (Abschnitt 3.3.4) aufgenommen. Unter den Nebenwirkungen von Holzschutzmitteln (Abschnitt 3.6) wird auch die Korrosionswirkung von fluorhaltigen Präparaten sowie der Einfluß von öligen Präparaten auf Kunststoffe erwähnt. Die bisherige Tabelle 1 ist weggefallen.

Auch der Abschnitt über die Holzschutzverfahren (Abschnitt 4) wurde erweitert. U.a. werden für die einzelnen Verfahren kurze Hinweise auf die Möglichkeit zur Bestimmung der Holzschutzmittelaufnahme gegeben. Unter Kesseldrucktränkung (Abschnitt 4.2.1) wird auf die Möglichkeit verschiedener Ausführungsformen hingewiesen. Unter Trogtränkung (Abschnitt 4.2.2) wird auch die Heiß-Kalt-Trogtränkung erwähnt. Der Begriff „Tauchen" (Abschnitt 4.2.3) entspricht der Norm DIN 52 175 „Holzschutz; Begriff, Grundlagen".

Für die durch Tauchen, Spritzen und Streichen erzielbaren Holzschutzmittelaufnahmen werden Richtwerte angegeben (Abschnitte 4.2.3 und 4.2.4). Der Begriff „Kurztauchen" ist weggefallen. Unter „Spritzen und Streichen" (Abschnitt 4.2.4) wird auch auf stationäre Spritzanlagen hingewiesen.

Die Abschnitte über „Vorbeugende Holzschutzmaßnahmen gegen Organismen" (Abschnitt 5) und „Vorbeugender chemischer Holzschutz gegen Feuer" (Abschnitt 6) wurden neu gegliedert. Es erfolgt keine Aufzählung einzelner Bauelemente mehr, sondern eine genaue Charakterisierung der Bedingungen, unter denen bestimmte Holzschutzmaßnahmen erforderlich sind. Zum Schutz gegen Organismen wird zwischen „muß" und „soll" unterschieden.

Für bestimmte Einsatzgebiete, in denen Bauholz stark gefährdet ist, werden Kesseldruck- oder Trogtränkung (Abschnitte 5.4 und 5.5) bzw. größere Holzschutzmittelmengen (Sonderverfahren) (Abschnitt 5.8) vorgeschrieben. Für den Holzleimbau erfolgt eine Sonderregelung (Abschnitt 5.7). Für den Fall eines Abregnens von wasserlöslichen Holzschutzmitteln wird generell eine Wiederholung der Holzschutzbehandlung gefordert (Abschnitt 5.10). Zur Nachbehandlung von Trockenrissen, die im Hinblick auf den Einbau von trockenem Holz in Fertigbauelementen neu geregelt wurde, wird ein Insekten bekämpfend wirksames Holzschutzmittel vorgeschrieben (Abschnitt 5.11).

Eine wichtige Änderung betrifft die anzuwendenden Holzschutzmittelmengen (Abschnitt 7). Hierbei wird für die Kesseldruck- und Trogtränkung auf die im Prüfbescheid genannten Mengen verwiesen. Für Streichen, Spritzen und Tauchen werden die Einbringmengen in einer Tabelle angegeben. Sie wurden gegenüber den Werten in der bisherigen Tabelle 2 erhöht. Für ölige Holzschutzmittel erfolgt ferner, entsprechend dem neuen Eichgesetz, die Mengenangabe in Volumeneinheiten und nicht mehr in Gewichtseinheiten. Besondere Hinweise gelten der Bohrlochtränkung (Abschnitt 7.4).

Neu aufgenommen wurde ein Abschnitt für die Prüfung von Holzschutzarbeiten (Abschnitt 9), in dem die bestehenden Möglichkeiten und Forderungen charakterisiert werden.

Alle Festlegungen dieser Norm enthalten sicherheitstechnische Festlegungen.

DK 674.048.3/.4 : 691.11
: 624.9 : 699.874/.878

Mai 1974

Holzschutz im Hochbau

Bekämpfungsmaßnahmen gegen Pilz- und Insektenbefall

DIN 68 800 Blatt 4

Protection of timber used in buildings; control measures against fungal decay and insect attack

Mit DIN 68 800 Blatt 1, Blatt 2 und Blatt 3 Ersatz für DIN 68 800

Inhalt

1. Geltungsbereich

Diese Norm gilt für Maßnahmen zur Bekämpfung eines vorhandenen Befalls durch holzzerstörende Pilze oder Insekten.

2. Grundsätzliches

2.1. Wenn verbautes Holz oder Holzwerkstoffe von Pilzen oder Insekten befallen sind und diese die Baustoffe gefährden, so müssen die Holzschädlinge bekämpft werden.

2.2. Die Bekämpfung kann durch Behandlung mit einem Holzschutzmittel oder — bei Insektenbefall — auch durch Heißluft- oder Durchgasungsverfahren vorgenommen werden. Durch ein Heißluft- oder Durchgasungsverfahren wird kein vorbeugender Holzschutz erzielt.

2.3. Im Zuge von Bekämpfungsmaßnahmen ist die Standsicherheit der baulichen Anlage und ihrer Teile sicherzustellen.

2.4. Für vorbeugende Holzschutzmaßnahmen ist Blatt 3[1]) dieser Norm, insbesondere Abschnitte 5.2 und 5.3, zu beachten.

[1]) DIN 68 800 Blatt 3, Ausgabe Mai 1974

3. Holzschutzmittel und Verfahren

3.1. Es dürfen nur Holzschutzmittel bzw. Verfahren verwendet werden, die ein gültiges Prüfzeichen und die erforderlichen Prüfprädikate haben (siehe Blatt 3[1]), Abschnitte 3.1 und 3.4).

3.2. Bei der Wahl und Anwendung der Holzschutzmittel bzw. Verfahren sind neben Blatt 3[1]), Abschnitte 3 und 4, dieser Norm die Bestimmungen des Prüfbescheides und die Gebrauchsanweisung des Herstellers zu beachten.

4. Bekämpfung eines Pilzbefalls

4.1. Vorarbeiten und bauliche Maßnahmen

4.1.1. Liegt Befall durch holzzerstörende Pilze vor, sind die Schwammgebilde zu vernichten. Durchwachsene Schüttung und befallene Holzteile sind ein ausreichendes Stück über den offensichtlichen Befall hinaus zu entfernen, beim „Echten Hausschwamm" um mindestens 1 m in Längsrichtung der Hölzer. Im Zweifelsfall ist so zu verfahren, als ob Befall durch den „Echten Hausschwamm" vorläge.

4.1.2. Putz, Mauerwerk und Fugenmörtel sind sorgfältig auf Pilzdurchwachsungen zu untersuchen. Dabei müssen auch angrenzende Räume untersucht werden. Schadhaft gewordene Baustoffe sind — auch über den durchwachsenen Bereich hinaus — zu entfernen, soweit sie nicht für die Standsicherheit des Gebäudes unmittelbar erforderlich sind. Gegebenenfalls sind sie zu ersetzen.

Fortsetzung Seite 2 und 3
Erläuterungen Seite 3

Fachnormenausschuß Bauwesen (FNBau) im Deutschen Normenausschuß (DNA)
Arbeitsgruppe Einheitliche Technische Baubestimmungen (ETB) des FNBau
Fachnormenausschuß Holz (FNHOLZ) im DNA

4.1.3. Die Ursache erhöhter Feuchtigkeit von Holz und Mauerwerk muß festgestellt und beseitigt werden.

4.1.4. Die entfernten Holzteile dürfen nicht zum Ausgangspunkt neuen Befalls werden. Sie sind sofort zu verbrennen. Entfernte andere Baustoffe wie Schüttung, Putz, Mauersteine und Fugenmörtel sind unverzüglich abzufahren.

4.1.5. Bei Neueinbau von Holz und Holzwerkstoffen muß DIN 68 800 Blatt 2 beachtet werden. Gegebenenfalls sind geeignetere Werkstoffe zu wählen.

4.1.6. Für die Austrocknung der sanierten Bauteile ist zu sorgen.

4.2. Chemische Maßnahmen

4.2.1. Das Mauerwerk im Bereich der Schadstellen muß mit einem dafür zugelassenen kalkunempfindlichen Holzschutzmittel behandelt werden. Das gilt besonders für die Stellen, in deren Nähe Holz neu eingebaut werden soll.

Zusätzlich wird, besonders in der Umgebung der Balkenköpfe, eine Bohrlochtränkung des Mauerwerks empfohlen.

4.2.2. Das neu einzubauende Holz ist der Gefährdung entsprechend zu schützen. Besondere Gefährdungsstellen sind zusätzlich durch Sonderverfahren (siehe Blatt 3[1]), Abschnitt 4.2.5) zu behandeln.

5. Bekämpfung eines Insektenbefalls

5.1. Vorarbeiten

5.1.1. Wird Insektenbefall festgestellt, so ist dessen Ausbreitung zu ermitteln. Dazu sind alle Vollhölzer, ausgenommen solche mit kleinem Querschnitt (wie z. B. Dachlatten), an den zugänglichen Kanten im Splintholzbereich mit zwei Kontrollschlägen je lfd. m versetzt anzubeilen. Holzwerkstoffe sind nur auf Fluglöcher und Nagestellen abzusuchen und kräftig abzuklopfen.

Darüber hinaus ist die Dielung soweit aufzunehmen, daß an gefährdeten Stellen auch die Deckenbalken oder Lagerhölzer untersucht werden können. Liegt dort Befall vor, so ist die Dielung weiter aufzunehmen. Schwer zugängliche Bereiche (z. B. Ausbauten, Abseiten, Dachüberstände) sollen in die Untersuchung einbezogen werden. Gegebenenfalls ist hierzu das Dach zu öffnen.

5.1.2. Von den befallenen Vollhölzern sind die vermulmten Teile zu entfernen. Wo der Querschnitt dadurch stärker als statisch zulässig vermindert wird, sind die Teile durch vorbeugend chemisch geschützte zu verstärken oder zu ersetzen. Die angeschnittenen Fraßgänge sind gründlich auszubürsten. Befallene Holzwerkstoffe sind zu ersetzen. Das ausgebaute Holz und die Späne sind zu verbrennen. Die Oberfläche des Holzes ist zu säubern.

5.1.3. Bei Anwendung eines Heißluft- oder Durchgasungsverfahrens kann sich das Entfernen der vermulmten Teile auf die Bestimmung des Restquerschnitts zur Überprüfung der Standsicherheit beschränken. Vor einer vorbeugenden Behandlung ist durch geeignete mechanische Maßnahmen dafür zu sorgen, daß das anzuwendende chemische Holzschutzmittel voll wirksam wird und bleibt.

5.1.4. Waren die Hölzer bereits früher chemisch behandelt, muß sichergestellt sein, daß die Wirksamkeit der einzusetzenden Holzschutzmittel nicht beeinträchtigt wird. Alte Farbanstriche, Feuerschutzanstriche auf Wasserglasbasis und Kalkanstriche müssen soweit entfernt werden, daß der Bekämpfungserfolg sichergestellt ist (siehe auch Abschnitt 5.2.3).

5.2. Chemische Maßnahmen

5.2.1. Die Behandlung mit einem bekämpfend wirkenden Holzschutzmittel hat sich auf alle, d. h. auch auf die augenscheinlich gesunden Teile der Konstruktion, zu erstrecken (mit Ausnahme der neu eingebauten Hölzer und Holzwerkstoffe, siehe Abschnitt 5.1.2).

5.2.2. Für die zur Bekämpfung eines Insektenbefalls einzubringende Holzschutzmittelmenge sind der Prüfbescheid und die Gebrauchsanweisung maßgebend.

Richtwerte sind

bei öligen Holzschutzmitteln 300 bis 500 ml je m^2 Holzoberfläche

bei wasserlöslichen Holzschutzmitteln 100 bis 150 g Salz je m^2 Holzoberfläche

(siehe außerdem Blatt 3[1]), Abschnitte 7.2 und 7.3).

5.2.3. Bei Anwendung wasserlöslicher Holzschutzmittel muß ein Kalkanstrich entfernt werden. Die Aufbringmenge ist nach Entfernen des Kalkanstriches (siehe Abschnitt 5.1.4) um 50 g/m^2 Holzoberfläche zu vergrößern.

Bei Anwendung öliger Holzschutzmittel darf ein festhaftender Kalkanstrich am Holz belassen werden, wenn die Aufbringmenge um mindestens 25 % erhöht wird.

5.2.4. Um die geforderten Holzschutzmittelmengen durch Spritzen oder Streichen einbringen zu können, sind

bei öligen Holzschutzmitteln mindestens 2 Arbeitsvorgänge,

bei Salzlösungen, die mindestens 20 %ig sein müssen, 3 Arbeitsvorgänge

notwendig (siehe Blatt 3[1]), Abschnitt 4.2.4).

5.2.5. Ist ein mechanisches Entfernen vermulmter Teile und die allseitige Behandlung des Holzes nicht möglich, z. B. bei Fachwerkhölzern, Fußpfetten oder Balkenlagen, so ist zusätzlich Bohrlochtränkung anzuwenden (siehe auch Blatt 3[1]), Abschnitte 4.2.5 und 7.4).

6. Prüfung

6.1. Bei einer Beurteilung der Bekämpfungsmaßnahmen sind die chemische Holzschutzbehandlung und die Vor- und Nebenarbeiten (siehe Abschnitte 4.1 und 5.1) zu berücksichtigen.

Bei der Prüfung von Holzschutzarbeiten ist zwischen einer qualitativen Prüfung der durchgeführten Arbeiten und einer quantitativen Prüfung der eingebrachten Holzschutzmittelmengen zu unterscheiden.

6.2. Zur qualitativen Prüfung gehören der Nachweis charakteristischer Stoffe (z. B. Wirkstoffe) und die Bestimmung der Eindringtiefe des Holzschutzmittels; mit der quantitativen Prüfung wird die eingebrachte Holzschutzmittelmenge erfaßt.

6.3. Art und Zeit der Probenahme sowie Anzahl der zu entnehmenden Proben siehe DIN 52 161 Blatt 1.

Für die Bestimmung von Eindringtiefen und für die Durchführung von qualitativen und quantitativen Analysen gelten die weiteren Blätter von DIN 52 161 (siehe auch Blatt 3[1]), Abschnitt 9.2).

---

1) Siehe Seite 1

Hinweise auf weitere Normen

DIN 4076 Blatt 4 Benennungen und Kurzzeichen auf dem Holzgebiet; Holzschutzmittel (z. Z. noch Entwurf)

Ergänzende Bestimmungen zu DIN 4102 – Brandverhalten von Baustoffen und Bauteilen (Februar 1970)

DIN 52 160 Prüfung von Holzschutzmitteln; Grundlagen für die Durchführung von Prüfungen

DIN 52 161 Blatt 1 –; Nachweis von Holzschutzmitteln im Holz, Probenahme aus Bauholz

DIN 52 161 Blatt 3 –; –, Bestimmung der Eindringtiefe von fluoridhaltigen Holzschutzmitteln

DIN 52 161 Blatt 4 –; –, Bestimmung der Menge von fluorhaltigen Holzschutzmitteln

DIN 52 161 Blatt 5 –; –, Qualitativer Nachweis von insektiziden und fungiziden Wirkstoffen öliger Holzschutzmittel

DIN 52 163 Blatt 1 –; Bestimmung der vorbeugenden Wirkung von Holzschutzmitteln gegen holzzerstörende Insekten, Eilarven des Hausbockkäfers (Hylotrupes bajulus L.)

DIN 52 164 Blatt 1 –; Prüfung der bekämpfenden Wirkung von Holzschutzmitteln gegen holzzerstörende Insekten, Larven des Hausbockkäfers (Hylotrupes bajulus L.)

DIN 52 164 Blatt 2 –; –, Larven des Gewöhnlichen Nagekäfers (Anobium punctatum De Geer)

DIN 52 165 Blatt 1 –; Bestimmung von Giftwerten von Holzschutzmitteln gegen holzzerstörende Insekten, Larven des Hausbockkäfers (Hylotrupes bajulus L.)

DIN 52 172 Blatt 1 –; Beschleunigte Alterung von geschütztem Holz, Auswaschbeanspruchung vor biologischen Prüfungen

DIN 52 172 Blatt 2 –; –, Auswaschbeanspruchung für die Bestimmung der ausgewaschenen Wirkstoffmenge

DIN 52 172 Blatt 3 –; –, Verdunstungsbeanspruchung vor biologischen Prüfungen (z. Z. noch Entwurf)

DIN 52 175 Holzschutz; Begriff, Grundlagen

DIN 52 176 Prüfung von Holzschutzmitteln; Bestimmung der vorbeugenden Wirkung von Holzschutzmitteln, Prüfung mit holzzerstörenden Basidiomyceten nach dem Klötzchen-Verfahren in Kolleschalen

DIN 52 179 –; Verleimbarkeit von ölbehandeltem Holz (z. Z. noch Entwurf)

DIN 68 800 Blatt 1 Holzschutz im Hochbau; Allgemeines

DIN 68 800 Blatt 2 –; Vorbeugende bauliche Maßnahmen

DIN 68 800 Blatt 3 –; Vorbeugender chemischer Schutz von Vollholz

Erläuterungen

Die Ausgabe September 1956 von DIN 68 800 wurde vom Arbeitsausschuß „Holzschutz im Hochbau" unter Geschäftsführung des FNHOLZ dem heutigen Stand der Technik entsprechend nach eingehenden Vorarbeiten der Deutschen Gesellschaft für Holzforschung (DGfH), München, vollständig neu bearbeitet und in ihrem Gesamtumfang wesentlich erweitert. Die vorliegende Neufassung der Norm ist zur leichteren Bearbeitung und Anwendung in mehrere Blätter gegliedert.

Blatt 4 wurde vom Unterausschuß „Bekämpfungsmaßnahmen gegen Pilz- und Insektenbefall" aufgestellt. Es enthält Richtlinien für die Bekämpfung holzzerstörender Pilze und Insekten im Hochbau sowie Grundlagen für die Beurteilung solcher Arbeiten, soll aber keine vollständige Arbeitsanleitung sein. Weitere Einzelheiten sind z. B. dem Merkheft 10 der Deutschen Gesellschaft für Holzforschung zu entnehmen. Wo Hinweise ausführlicher sind, ist vor allem an den Auftraggeber, der meist keine Fachkenntnisse besitzt, gedacht.

Im Vergleich zur früheren Fassung der DIN 68 800, Ausgabe September 1956, enthält

Blatt 1 „Allgemeines" die früheren Abschnitte 1 und 7

Blatt 2 „Vorbeugende bauliche Maßnahmen" den früheren Abschnitt 2

Blatt 3 „Vorbeugender chemischer Schutz von Vollholz" die früheren Abschnitte 3, 5 und 6

das vorliegende Blatt 4 den früheren Abschnitt 4.

Der FNHOLZ bereitet zur Zeit weitere Blätter für den vorbeugenden chemischen Schutz von Holzwerkstoffen und für Holzschutzmaßnahmen in Verbindung mit Oberflächenanstrichen vor.

DK 674.04 : 001.4 Januar 1975

Holzschutz

Begriff Grundlagen

DIN 52 175

Wood preservation; term, fundamentals

Diese Norm soll für den Holzschutz einen Überblick über Bedeutung und Beziehungen der Einzelvoraussetzungen geben und Bezeichnungen festlegen, die eine eindeutige Verständigung ermöglichen. Diese Norm ist keine Arbeits- oder Durchführungsanweisung. Für den Hochbau siehe hierzu DIN 68 800 „Holzschutz im Hochbau" Blatt 1 bis Blatt 4.

1. Begriff

Holzschutz bedeutet die Anwendung von Maßnahmen, die eine Wertminderung oder Zerstörung von Holz und Holzwerkstoffen — besonders durch Pilze, Insekten oder Meerestiere — verhüten sollen und damit eine lange Gebrauchsdauer sicherstellen.

2. Gefährdung

2.1. Art

2.1.1. Verfärbung (besonders Bläue)

2.1.2. Zerstörung durch

Pilze, Bakterien, Insekten, Holzschädlinge im Meerwasser, Feuer und Chemikalien.

2.2. Ausmaß

2.2.1. Gefährdungsstufen

nicht gefährdet, wenig gefährdet, gefährdet und stark gefährdet.

2.2.2. Gefährdungsumfang

Gefährdung im ganzen oder an besonders gefährdeten Stellen.

Anmerkung: Besonders gefährdete Stellen sind begrenzte Bereiche eines Holzteiles oder Bauwerkes, in denen das Ausmaß der Gefährdung wesentlich größer ist als in benachbarten Bereichen und von deren Erhaltung die Brauchbarkeit des Holzteiles oder des gesamten Bauwerkes abhängt.

2.3. Einfluß auf Art und Ausmaß der Gefährdung.

2.3.1. Das Holz (z. B. Art, Beschaffenheit, Abmessungen und Abstände).

2.3.2. Die Angreifer (z. B. Art, Anzahl, Zustand, Dauer des Angriffs und Vorbefall).

2.3.3. Die Umgebung (z. B. Feuchtigkeit, Temperatur, chemische und biotische Faktoren).

2.3.3.1. Holz oder Holzwerkstoffe in trockenen Räumen; Holzfeuchtigkeit meist unter 20 %[1]); längere Zeit anhaltende Feuchtigkeit nur infolge von Baufehlern oder höherer Gewalt.

2.3.3.2. Holz oder Holzwerkstoffe in Räumen mit hoher Luftfeuchtigkeit oder im Freien unter Dach, jedoch nicht den Niederschlägen ausgesetzt: Holzfeuchtigkeit im allgemeinen zwischen 20 und 30 %.

2.3.3.3. Holz oder Holzwerkstoffe im Freien über der Erde, den Niederschlägen ausgesetzt: Holzfeuchtigkeit stark wechselnd unter und über 30 %.

2.3.3.4. Holz in der Erde-Luft- oder Wasser-Luft-Zone: Holzfeuchtigkeit überwiegend über 30 %.

2.3.3.5. Holz in der Erde im Bereich des Grundwassers oder im Wasser: Holzfeuchtigkeit dauernd bei Maximalwert.

2.3.3.6. Meerwasser

2.3.3.7. Temperatur

2.3.3.8. chemische Faktoren

2.3.3.9. biotische Faktoren

3. Holzschutzmaßnahmen

3.1. Allgemeines

3.1.1. Eine Holzschutzausführung bildet eine Einheit aus meist mehreren sich ergänzenden Holzschutzmaßnahmen.

3.1.2. Die Holzschutzmaßnahmen müssen sich nach Art (entsprechend Abschnitt 2.1) und Ausmaß (entsprechend Abschnitt 2.2) der Gefährdung sowie nach den Umgebungsbedingungen (entsprechend Abschnitt 2.3) richten.

3.1.3. Je nachdem, ob sich eine Holzschutzausführung gegen erst zu erwartende oder bereits eingetretene Schäden richten, unterscheidet man:

3.1.3.1. vorbeugenden Holzschutz (Vorbeugung)

3.1.3.2. Bekämpfung

3.1.4. Zu unterscheiden sind

3.1.4.1. nichtchemische, besonders bauliche Holzschutzmaßnahmen.

3.1.4.2. chemische Holzschutzmaßnahmen (außer Abschnitt 3.1.4.3.)

3.1.4.3. Bekämpfung von Holzschädlingen mit Heißluft und Gasen (ergibt keinen Schutz gegen Neubefall)

---

1) Nach DIN 4074 Gütebedingungen für Bauholz hat „trockenes Bauholz" einen Feuchtigkeitsgehalt von höchstens 20 %, „halbtrockenes Bauholz" von höchstens 30 % und „frisches Bauholz" von mehr als 30 %, bezogen auf das Darrgewicht.

Fortsetzung Seite 2 und 3

Fachnormenausschuß Holz (FNHOLZ) im Deutschen Normenausschuß (DNA)
Fachnormenausschuß Bauwesen (FNBau) im DNA
Fachnormenausschuß Materialprüfung (FNM) im DNA

Seite 2 DIN 52175

3.2. Nichtchemische, besonders bauliche Holzschutzmaßnahmen

Die Gefährdung läßt sich in ihrem Ausmaß herabsetzen oder beseitigen

3.2.1. durch Maßnahmen, die das Holz einschließlich der Holzwerkstoffe betreffen

3.2.1.1. Wahl einer geeigneten Holzart

3.2.1.2. Beachtung und Beeinflussung der Holzbeschaffenheit, insbesondere der Holzfeuchtigkeit

3.2.1.3. sachgemäße Konstruktion unter besonderer Beachtung von Abmessungen, Abständen und Zurichtung der Holzteile

3.2.2. durch Fernhalten holzzerstörender Einflüsse

3.2.2.1. Abschluß der Holzoberflächen

3.2.2.2. Fernhalten vom Bauwerk durch Ausbreitungssperren (z. B. Brandwände, Gazefenster) oder vom Lagerplatz (z. B. kein pilz- und insektenbefallenes Holz, Rauchverbot gegen Feuer)

3.2.2.3. Fortschaffen des Holzes aus dem Bereich der Holzzerstörer (z. B. rechtzeitige Abfuhr und Verarbeitung)

3.2.3. durch Beeinflussen der Umgebung

3.2.3.1. Beeinflussen des Feuchtigkeitszustandes (Lüften, Trocknen, Trockenhalten, Naßhalten)

3.2.3.2. Beeinflussen der Temperatur (Kälte, Hitze)

3.2.3.3. Vermeiden von schädlingsfördernden Einflüssen chemischer (z. B. stickstoffhaltige Deckenschüttung) oder biotischer Art (z. B. Unkraut auf Lagerplätzen)

3.3. Chemische Holzschutzmaßnahmen

Behandeln des Holzes mit Holzschutzmitteln in flüssigem, pastenartigem, festem oder gasförmigem Zustand

3.3.1. Holzschutzmittel

3.3.1.1. Nach der auf die Art der Gefährdung ausgerichteten Wirkung sind zu unterscheiden

3.3.1.1.1. Holzschutzmittel gegen holzverfärbende Pilze

3.3.1.1.2. Holzschutzmittel gegen holzzerstörende Pilze

Moderfäulepilze, Braun- und Weißfäulepilze

3.3.1.1.3. Holzschutzmittel gegen tierische Holzzerstörer

Insekten, im Meerwasser lebende Holzschädlinge

3.3.1.1.4. Holzschutzmittel zur Herabsetzung der Entflammbarkeit

3.3.1.1.5. Holzschutzmittel gegen Zerstörung durch Chemikalien

3.3.1.1.6. Holzschutzmittel gegen mehrere Arten der Gefährdung

3.3.1.2. Nach der Beschaffenheit der Holzschutzmittel unterscheidet man (unabhängig von der Handelsform) folgende Holzschutzmittelgruppen:

wasserlösliche Holzschutzmittel

ölige Holzschutzmittel

Öl-Salz-Gemische

Emulsionen

Holzschutzmittel anderer Beschaffenheit

3.3.1.3. Nach den Einbringverfahren unterscheidet man Holzschutzmittel

für Kesseldrucktränkung und Saftverdrängung

für andere gebräuchliche Anwendungsverfahren

für die Einarbeitung in Holzwerkstoffe

3.3.2. Einbringverfahren

Die Holzschutzmittel können dem Holz nach folgenden Einbringverfahren zugeführt werden

3.3.2.1. Kesseldrucktränkung

Entrindetes Holz wird in einem verschließbaren druckdichten Kessel getränkt, in dem Holzschutzflüssigkeit mit Hilfe von Druckunterschieden in die Hohlräume des Holzes eingebracht wird.

Es bestehen verschiedene Ausführungsformen:

3.3.2.1.1. Volltränkung

Trockenes[1]) oder halbtrockenes[1]) Holz wird einem Unterdruck ausgesetzt; der Kessel wird mit Holzschutzflüssigkeit gefüllt, durch Überdruck wird die Holzschutzflüssigkeit in die zugänglichen Hohlräume des Holzes gebracht.

3.3.2.1.2. Spartränkung

In trockenes oder halbtrockenes Holz wird Holzschutzflüssigkeit nach vorangegangenem Überdruck oder nach normalem Luftdruck durch erhöhten Überdruck in die zugänglichen Hohlräume des Holzes eingebracht. Ein Teil der Holzschutzflüssigkeit wird durch Unterdruck wieder aus dem Holz entfernt.

3.3.2.1.3. Wechseldrucktränkung

Frisches[1]) Holz wird in Holzschutzflüssigkeit abwechselnd Unterdruck und Überdruck ausgesetzt, wobei Baumsaft durch Holzschutzflüssigkeit ausgetauscht wird.

3.3.2.1.4. Vakuumtränkung

Trockenes oder halbtrockenes Holz wird Unterdruck ausgesetzt; bei Druckausgleich tritt Holzschutzflüssigkeit in das Holz ein.

3.3.2.2. Saftverdrängung

In saftfrische Stämme wird unter Verdrängen des Baumsaftes Holzschutzsalzlösung eingepreßt oder eingesaugt.

Es bestehen verschiedene Ausführungsformen:

3.3.2.2.1. Druck- und Drucksaugtränkung

Holzschutzsalzlösung wird an einem Ende der berindeten Stämme eingedrückt; der Baumsaft kann am anderen Ende austreten oder abgesaugt werden.

3.3.2.2.2. Trogsaug- und Trogdrucksaugtränkung

Aus entrindeten in Holzschutzlösung liegenden Stämmen wird Baumsaft an einem Ende abgesaugt; Holzschutzlösung tritt — beim Trogdrucksaugverfahren am anderen Ende zusätzlich unter Druck — in die Stämme ein.

3.3.2.3. Diffusionstränkung

Die Hölzer, saftfrisch oder so durchnäßt, daß sie hinsichtlich Wassergehalt und -verteilung saftfrischem Holz entsprechen, werden mit Holzschutzpaste bestrichen, von der aus während des mehrere Wochen bis Monate dauernden Feuchtlagerns die wasserlöslichen Holzschutzstoffe durch Diffusion in das Holz einwandern.

3.3.2.4. Trogtränkung, im Sonderfall Einstelltränkung

Die Hölzer werden in Trögen (mehrere Stunden bis Tage) in der Holzschutzflüssigkeit untergetaucht gehalten, bei der Einstelltränkung mit den gefährdeten Enden eingestellt.

Es bestehen verschiedene Ausführungsformen:

Trogtränkung ohne Erwärmen

Trogtränkung unterstützt durch Erwärmen.

3.3.2.5. Tauchen

Die Hölzer werden in die Holzschutzflüssigkeit eingetaucht und verbleiben dort schwimmend Sekunden bis Minuten.

[1]) Siehe Seite 1

3.3.2.6. Streichen, Spritzen

3.3.2.7. Verfahren zum Einarbeiten von Holzschutzmitteln in Holzwerkstoffe während des Herstellungsvorganges

3.3.2.8. Andere Verfahren

3.3.2.9. Verfahren zur Sonderbehandlung von gefährdeten Stellen

Dem Holz wird an gefährdeten Stellen reichlich und nachhaltig Holzschutzstoff zugeführt.

Das kann z. B. geschehen durch Aufstreichen von Pasten, Anbringen von Bandagen, Bohrlochtränken mit und ohne Druck, Fußtränkung, Impfstichverfahren und Perforationen.

3.3.3. **Holzschutzmittelverteilung**

Je nach der Verteilung der Holzschutzmittel im Holz unterscheidet man

3.3.3.1. Oberflächenschutz

Eindringtiefe wird nicht angestrebt

3.3.3.2. Randschutz

Die Eindringtiefe liegt in der Größenordnung von Millimetern

3.3.3.3. Tiefschutz

Die Eindringtiefe liegt in der Größenordnung von Zentimetern (nicht unter 1 cm). Bei Farbkernhölzern mit einer Splintholzbreite unter 10 mm mindestens Durchsetzung des Splintholzes.

3.3.3.4. Teilschutz

Teilschutz ist ein auf die gefährdeten Stellen beschränkter Tiefschutz.

3.3.4. **Beurteilung einer chemischen Holzschutzbehandlung**

Maßgebend sind Eigenschaften und Menge des Holzschutzmittels und seine Verteilung im Holz unter Berücksichtigung der Abmessungen. Bei Bekämpfungsmaßnahmen sind die für die Wirkung notwendigen Vorarbeiten in die Beurteilung einzubeziehen. Im übrigen gilt Abschnitt 3.1.2.

4. Zeit der Holzschutzbehandlung

4.1. Schutzmaßnahmen für das Holz können durchgeführt werden:

vor dem Bearbeiten (im Wald, beim Lagern)

vor dem Verarbeiten (im Werk, auf der Baustelle)

während des Verarbeitens (bei der Herstellung von Holzwerkstoffen, beim Einbau)

nach dem Verarbeiten

nach dem Eintreten eines Befalls.

4.2. Bei einer Holzschutzbehandlung folgen aufeinander

4.2.1. Holzschutzplanung

Rechtzeitiges Festlegen von Art und Umfang der Holzschutzmaßnahmen.

4.2.2. **Grundschutz**

Erstmaliges grundlegendes Durchführen von Holzschutzmaßnahmen

4.2.3. **Prüfung**

Prüfen der ausgeführten Holzschutzbehandlung und Feststellen etwa eingetretener Holzschäden.

4.2.4. **Nachschutz**

Durchführen der jeweils erforderlichen Nachschutz-Maßnahmen.

Hinweise auf weitere Normen

DIN 4076 Blatt 4 Benennungen und Kurzzeichen auf dem Holzgebiet; Holzschutzmittel (z. Z. noch Entwurf)
DIN 52 160 Prüfung von Holzschutzmitteln; Grundlagen für die Durchführung von Prüfungen
DIN 52 161 Blatt 1 —; Nachweis von Holzschutzmitteln im Holz, Probenahme aus Bauholz
DIN 52 161 Blatt 3 —; —, Bestimmung der Eindringtiefe von fluoridhaltigen Holzschutzmitteln
DIN 52 161 Blatt 4 —; —, Bestimmung der Menge von fluorhaltigen Holzschutzmitteln
DIN 52 161 Blatt 5 —; —, Qualitativer Nachweis von insektiziden und fungiziden Wirkstoffen öliger Holzschutzmittel
DIN 52 163 Blatt 1 —; Bestimmung der vorbeugenden Wirkung von Holzschutzmitteln gegen holzzerstörende Insekten, Eilarven des Hausbockkäfers (Hylotrupes bajulus L.)
DIN 52 164 Blatt 1 —; Prüfung der bekämpfenden Wirkung von Holzschutzmitteln gegen holzzerstörende Insekten, Larven des Hausbockkäfers (Hylotrupes bajulus L.)
DIN 52 164 Blatt 2 —; —, Larven des Gewöhnlichen Nagekäfers (Anobium punctatum De Geer)
DIN 52 165 Blatt 1 —; Bestimmung von Giftwerten von Holzschutzmitteln gegen holzzerstörende Insekten, Larven des Hausbockkäfers (Hylotrupes bajulus L.)
DIN 52 172 Blatt 1 —; Beschleunigte Alterung von geschütztem Holz, Auswaschbeanspruchung vor biologischen Prüfungen
DIN 52 172 Blatt 2 —; —, Auswaschbeanspruchung für die Bestimmung der ausgewaschenen Wirkstoffmenge
DIN 52 172 Blatt 3 —; —, Verdunstungsbeanspruchung vor biologischen Prüfungen (z. Z. noch Entwurf)
DIN 52 176 Prüfung von Holzschutzmitteln; Bestimmung der vorbeugenden Wirkung von Holzschutzmitteln, Prüfung mit holzzerstörenden Basidiomyceten nach dem Klötzchen-Verfahren in Kolleschalen
DIN 52 179 —; Verleimbarkeit von ölbehandeltem Holz (z. Z. noch Entwurf)
DIN 68 800 Blatt 1 Holzschutz im Hochbau; Allgemeines
DIN 68 800 Blatt 2 —; Vorbeugende bauliche Maßnahmen
DIN 68 800 Blatt 3 —; Vorbeugender chemischer Schutz von Vollholz
DIN 68 800 Blatt 4 —; Bekämpfungsmaßnahmen gegen Pilz- und Insektenbefall

DK 674.048/.049 : 691.11 : 624.9 : 699.8 Mai 1981

Holzschutz im Hochbau

Vorbeugender chemischer Schutz von Vollholz

68 800 Teil 3

Protection of timber in buildings; preventive chemical protection for timber

Diese Norm ist den obersten Bauaufsichtsbehörden vom Institut für Bautechnik, Berlin, zur bauaufsichtlichen Einführung empfohlen worden.

Inhalt

Fortsetzung Seite 2 bis 7
Erläuterungen Seite 8

Normenausschuß Bauwesen (NABau) im DIN Deutsches Institut für Normung e. V.
Normenausschuß Holz (NAHOLZ) im DIN

1 Geltungsbereich

Diese Norm regelt die vorbeugenden chemischen Maßnahmen zum Schutz von Holz.

2 Mitgeltende Normen

DIN 4102 Teil 1	Brandverhalten von Baustoffen und Bauteilen; Baustoffe, Begriffe, Anforderungen und Prüfungen
DIN 52 161 Teil 1	Prüfung von Holzschutzmitteln; Nachweis von Holzschutzmitteln im Holz, Probenahme aus Bauholz
DIN 52 161 Teil 3	Prüfung von Holzschutzmitteln; Nachweis von Holzschutzmitteln im Holz, Bestimmung der Eindringtiefe von fluoridhaltigen Holzschutzmitteln
DIN 52 161 Teil 5	Prüfung von Holzschutzmitteln; Nachweis von Holzschutzmitteln im Holz, Qualitativer Nachweis von insektiziden und fungiziden Wirkstoffen öliger Holzschutzmittel
DIN 52 175	Holzschutz; Begriff, Grundlagen
DIN 68 800 Teil 1	Holzschutz im Hochbau; Allgemeines
DIN 68 800 Teil 2	Holzschutz im Hochbau; Vorbeugende bauliche Maßnahmen

3 Grundsätzliches

Zu den baulichen Maßnahmen nach DIN 68 800 Teil 2 ist für die in den Abschnitten 6 und 7 vorliegender Norm aufgeführten Holzteile zusätzlich chemischer Holzschutz erforderlich. Chemische Holzschutzmaßnahmen sind dem jeweiligen Gefährdungsgrad des zu verbauenden Holzes anzupassen. Erfolg und Wirkungsdauer einer Holzschutzbehandlung sind abhängig von dem angewandten Holzschutzmittel, von der ein- bzw. aufgebrachten Menge und der Verteilung im Holz bzw. auf der Holzoberfläche.

Die chemische Holzschutzbehandlung erfordert eine gründliche Kenntnis und Erfahrung. Der Bauherr darf deshalb nur solche Personen und Unternehmen damit betrauen, die diese Kenntnis besitzen, eine sorgfältige Ausführung gewährleisten und über die erforderlichen Geräte verfügen.

4 Holzschutzmittel

4.1 Es dürfen nur Holzschutzmittel verwendet werden, die ein gültiges Prüfzeichen [1]) haben. Bei der Wahl und Anwendung der Holzschutzmittel sind neben dieser Norm die Bestimmungen des Prüfbescheides – namentlich auch hinsichtlich Verwendbarkeit in Aufenthaltsräumen und in Lagerräumen für Lebens- und Futtermittel – und die Gebrauchsanleitung des Herstellers zu beachten.

4.2 Viele Holzschutzmittel enthalten Stoffe, die in den Länderverordnungen über den Verkehr mit Giften bzw. Anhang I, Abschnitt 2.1 zur Verordnung über gefährliche Arbeitsstoffe des Bundesministers für Arbeit und Sozialordnung aufgeführt sind. Diese Holzschutzmittel dürfen nur in Verbindung mit einer eingehenden schriftlichen Gebrauchsanweisung und Belehrung über die mit einem unvorsichtigen Gebrauch verknüpften Gefahren abgegeben werden.

Holzschutzmittel sind grundsätzlich so aufzubewahren, daß sie Unbefugten, insbesondere Kindern, nicht zugänglich sind. Sie dürfen auch für Haustiere nicht zu erreichen sein.

A n m e r k u n g : *Hinweise auf Sicherheitsvorkehrungen bringt das Merkblatt über den Umgang mit Holzschutzmitteln. Das Merkblatt ist im Verzeichnis der Prüfzeichen für Holzschutzmittel abgedruckt.*

4.3 Im Hochbau werden wasserlösliche oder ölige Holzschutzmittel und schaumschichtbildende Feuerschutzmittel verwendet. Für Sonderfälle werden u. a. Salzpasten und -patronen, Öl-Salzpasten und Holzschutzmittelbandagen eingesetzt.

4.3.1 Wasserlösliche Holzschutzmittel sind für trockenes [2]) (mindestens 12 % Holzfeuchtigkeit) und halbtrockenes [2]) – unter bestimmten Voraussetzungen auch für frisches [2]) – Holz verwendbar (siehe Abschnitte 5.2.1 bis 5.2.4).

In halbtrockenem und frischem Bauholz breiten sich wasserlösliche Holzschutzmittel, soweit sie nicht ausschließlich fixierende Bestandteile enthalten, allmählich aus. Dabei verteilt sich das Holzschutzmittel und dringt tief in das Holz ein, kann sich aber bei ungenügender Einbringmenge so stark verdünnen, daß es unwirksam wird.

4.3.2 Ölige Holzschutzmittel sind für trockenes und halbtrockenes, jedoch nicht für frisches Holz geeignet. Holz, das durch Regen oder unsachgemäße Lagerung wieder naß geworden ist, darf mit öligen Holzschutzmitteln erst behandelt werden, wenn es wieder abgetrocknet ist.

4.3.3 Schaumschichtbildende Feuerschutzmittel (organische Bestandteile vorwiegend) sind Präparate, die bei der Einwirkung von Feuer oder hohen Temperaturen auf der geschützten Fläche eine Schaumschicht bilden.

4.3.4 Salzpasten und -patronen, Öl-Salzpasten, Holzschutzmittelbandagen und dergleichen eignen sich besonders für frisches und halbtrockenes Bauholz oder für Holz mit ständiger Erdberührung.

4.4 Alle Holzschutzmittel mit Prüfzeichen (siehe auch Abschnitt 4.1) tragen auf der Verpackung und der Gebrauchsanweisung als Kennzeichen neben dem Namen des Holzschutzmittels und des Prüfbescheidinhabers das Prüfzeichen und Prüfprädikate. Die Prüfprädikate geben in Kurzform die wichtigsten Eigenschaften der Holzschutzmittel an.

Die Prüfprädikate bedeuten:

P wirksam gegen Pilze (Fäulnisschutz)

Iv gegen Insekten vorbeugend wirksam

(Iv) nur bei Tiefschutz ist die vorbeugende Wirksamkeit gegen Insekten gewährleistet.

---

[1]) Das Prüfzeichen erteilt das Institut für Bautechnik, Reichpietschufer 72–76, 1000 Berlin 30.

Entsprechende Präparate werden in den Mitteilungen des Instituts für Bautechnik, Verlag Wilhelm Ernst & Sohn, veröffentlicht. Das Institut für Bautechnik gibt ein Verzeichnis der Holzschutzmittel mit Prüfzeichen, Verlag E. Schmidt, (Holzschutzmittelverzeichnis) heraus und hält es auf dem laufenden.

[2]) Nach DIN 4074 Teil 1 und DIN 4074 Teil 2 Gütebedingungen für Bauholz hat „trockenes Bauholz" einen Feuchtigkeitsgehalt von höchstens 20 %, „halbtrockenes Bauholz" von höchstens 30 % und „frisches Bauholz" von mehr als 30 %, bezogen auf das Darrgewicht.

A n m e r k u n g : Tiefschutz gilt nach DIN 52 175 als erfüllt, wenn das Holzschutzmittel mindestens 10 mm in das Holz eingedrungen oder bei Farbkernhölzern mit einer Splintholzbreite unter 10 mm mindestens das Splintholz durchsetzt ist. Mit Holzschutzmitteln der Kennzeichnung (Iv) kann der Tiefschutz allgemein nur im Kesseldruckverfahren oder durch Trogtränkung erreicht werden.

- Ib gegen Insekten bekämpfend wirksam
- F wirksam zur Brandschutzausrüstung von Holz und Holzwerkstoffen (Feuerschutzbehandlung)
- S zum Streichen, Spritzen (Sprühen) und Tauchen von Bauholz geeignet
- (S) zum Spritzen sowie Tauchen von Bauholz in stationären Anlagen geeignet, nicht zum Streichen
- St zum Streichen und Tauchen von Bauholz geeignet sowie zum Spritzen in stationären Anlagen
- W auch für Holz, das der Witterung ausgesetzt ist, **jedoch nicht in Erdkontakt oder Gewässern**
- E auch für Holz, das extremer Beanspruchung ausgesetzt ist (Erdkontakt, fließendes Wasser o. ä.)
- K_1 behandeltes Holz führt bei Chrom-Nickel-Stählen nicht zu Lochkorrosion
- L Verträglichkeit mit bestimmten Klebstoffen (Leimen) entsprechend den Angaben im Prüfbescheid nachgewiesen
- M geeignet zur Bekämpfung von Schwamm im Mauerwerk

4.5 Bei der Auswahl der Holzschutzmittel ist von der Gefährdung und Beanspruchung des Holzes und von der Art des Einbringverfahrens auszugehen.

4.6 Holzschutzmittel können unter ungünstigen Voraussetzungen zu Schäden an anderen Baustoffen führen, z. B. können sie Putz und Mauerwerk durchdringen und Verfärbungen sowie Ausblühungen verursachen.

Wasserlösliche Holzschutzmittel können die Korrosion von Metallteilen fördern.

Fluorhaltige Holzschutzmittel greifen keramische Baustoffe und insbesondere Glas an.

Ölige Holzschutzmittel können lösend auf Kunststoffe wie z. B. Dämmstoffe und elektrische Isolierungen einwirken.

4.7 Sofern Holzteile einen Anstrich erhalten sollen, muß die Verträglichkeit zwischen Holzschutzmittel und Anstrichstoff gegeben, bei schaumschichtbildenden Feuerschutzmitteln nachgewiesen sein. Diesbezügliche Angaben im Prüfbescheid und in den Gebrauchsanweisungen der Hersteller sind zu beachten.

4.8 Soll verleimtes Holz chemisch geschützt werden oder soll mit Holzschutzmitteln behandeltes Holz verleimt werden, muß nachgewiesen sein, daß die Holzschutzwirkung und insbesondere die Haltbarkeit der Leimverbindung nicht beeinträchtigt werden (siehe DIN 1052 Teil 1 und DIN 52 179).

5 Verfahren

5.1 Allgemeines

Um einen möglichst wirksamen und dauerhaften Holzschutz zu erreichen, ist demjenigen Einbringverfahren der Vorzug zu geben, bei dem das Holzschutzmittel tief eindringt, gleichmäßig in der Tränkzone verteilt ist und die eingebrachte Menge Holzschutzmittel gemessen werden kann.

A n m e r k u n g : Ausgenommen sind schaumschichtbildende Feuerschutzmittel, mit denen ein Oberflächenschutz nach DIN 52 175 angestrebt wird.

Kernholz ist weniger aufnahmefähig als Splintholz. Bei Hölzern mit außenliegendem Kern, wie z. B. Kreuzhölzern, werden deshalb geringere Aufnahmemengen und Eindringtiefen erzielt als bei Splintholz. Fichten- und Douglasienholz nehmen die Holzschutzmittel meistens schwer auf.

5.2 Einbringverfahren

Für das Einbringen der Holzschutzmittel werden Kesseldrucktränkung, Trogtränkung [3], Tauchen [3], Streichen [3] und Spritzen [3] angewendet.

Beim Streichen, Spritzen (Sprühen) und Tauchen dürfen nur Holzschutzmittel mit dem Prüfprädikat S verwendet werden. Bei wasserlöslichen Holzschutzmitteln sind mindestens 10 %ige Lösungen zu verwenden. Bei diesen Präparaten kann eine Erhöhung der Eindringtiefe erzielt werden, wenn die Hölzer ausreichend lange dicht gestapelt und vor Erdfeuchtigkeit, Niederschlägen und Sonne geschützt lagern. Dies gilt insbesondere für die Gruppe der bor- und fluorhaltigen Holzschutzmittel.

Durch eine mechanische Vorbehandlung [4] können auch schwertränkbare Hölzer aufnahmefähiger gemacht und die Schutzbehandlung verbessert werden.

5.2.1 Kesseldrucktränkung

Bei der Kesseldrucktränkung werden die Holzschutzmittel mit Hilfe von Druckunterschieden in das Holz eingebracht. Es bestehen verschiedene Ausführungsformen.

Die eingebrachte Menge muß durch Wägen festgestellt werden.

Durch die Kesseldrucktränkung wird das bestmögliche Eindringen der Holzschutzmittelbestandteile erreicht. Das Holz darf beim Einbringen sowohl der öligen als auch der wasserlöslichen Holzschutzmittel nicht mehr als 30 % Feuchtigkeitsgehalt (halbtrocken nach DIN 4074 Teil 1 [2]) haben. Eine Ausnahme bildet die Wechseldrucktränkung, bei der die Hölzer frisch sein müssen.

Bei mehrmaliger Verwendung der wäßrigen Holzschutzmittellösung muß die Lösungskonzentration regelmäßig kontrolliert werden.

5.2.2 Trogtränkung

Bei der Trogtränkung, im Sonderfall Einstelltränkung, werden die Hölzer in Trögen in der Holzschutzflüssigkeit untergetaucht gehalten (bei der Einstelltränkung mit den gefährdeten Enden eingestellt). Durch entsprechende Tränkdauer [3] kann unter bestimmten Voraussetzungen ein tiefes Eindringen des Holzschutzmittels erreicht werden. Bei öligen Holzschutzmitteln muß das Holz trokken [2] oder halbtrocken [2], bei wasserlöslichen darf es frisch sein.

---

[2] Siehe Seite 2

[3] Bezüglich der Durchführung dieser Verfahren siehe das Merkheft 10 der Deutschen Gesellschaft für Holzforschung über Holzschutzverfahren. Hinweise geben auch die Gebrauchsanleitung der Schutzmittelhersteller.

[4] Die statische Festigkeit des Holzes darf durch die Anordnung der Einbringstellen nicht unzulässig beeinträchtigt werden.

Bei mehrmaliger Verwendung einer wäßrigen Holzschutzmittellösung sowie bei Tränkung von frischem Holz über lange Tränkzeiten muß die Lösungskonzentration regelmäßig kontrolliert und gegebenenfalls durch Zugabe von Holzschutzsalz korrigiert werden.

Die Heiß-Kalt-Trogtränkung (Eintrog- oder Doppeltrogverfahren) ist eine Variante der Trog- bzw. Einstelltränkung, die insbesondere bei öligen Holzschutzmitteln eine Verkürzung der Tränkzeit erlaubt.

Die eingebrachte Holzschutzmittelmenge kann bei trokkenem und halbtrockenem Holz festgestellt werden; bei frischem oder durchnäßtem Holz ist sie im Imprägnierbetrieb nur bedingt meßbar, sie kann nach Abschnitt 10 analytisch bestimmt werden.

5.2.3 Tauchen

Beim Tauchen ist das Holz allseitig zu benetzen. Das Holz muß bei öligen und wasserlöslichen Holzschutzmitteln trocken [2]) oder halbtrocken [2]) sein. Bei frischem [2]) oder durchnäßtem Holz ist dieses Verfahren nur zulässig, wenn das Holz unter Dach eingebaut wird und wasserlösliche Holzschutzmittel in mindestens 20 %iger Lösung verwendet werden. Die Oberfläche des Holzes muß vor der Behandlung abgetrocknet sein.

Bei häufiger Verwendung von wäßrigen Holzschutzmittellösungen muß die Lösungskonzentration regelmäßig kontrolliert und gegebenenfalls durch Zugabe des verwendeten Holzschutzmittels korrigiert werden.

Die eingebrachte Holzschutzmittelmenge ist während der Ausführung nur bedingt meßbar, läßt sich jedoch nach Abschnitt 10 analytisch bestimmen.

Bei öligen Holzschutzmitteln und Salzlösungen werden gleichermaßen durch Tauchzeiten von Sekunden bis Minuten

– von sägerauhem Holz etwa 200 ml/m²
– von gehobeltem Holz etwa 80 bis 120 ml/m²

aufgenommen.

Höhere Aufnahmen erfordern eine entsprechende Anzahl von Arbeitsvorgängen mit zwischengeschalteten Abtrocknungszeiten (in der Regel von mindestens 6 Stunden).

5.2.4 Spritzen (Sprühen) und Streichen

Beim Spritzen (Sprühen) und Streichen ist darauf zu achten, daß die Mittel gleichmäßig verteilt aufgebracht werden. Bei salzartigen und öligen Holzschutzmitteln sind grundsätzlich mindestens zwei Arbeitsvorgänge erforderlich.

Das Holz muß bei öligen und wasserlöslichen Holzschutzmitteln trocken [2]) oder halbtrocken [2]) sein. Bei frischem [2]) oder durchnäßtem Holz sind diese Verfahren nur zulässig, wenn das Holz unter Dach eingebaut wird und wasserlösliche Holzschutzmittel in mindestens 20 %iger Lösung verwendet werden. Die Oberfläche des Holzes muß vor der Behandlung abgetrocknet sein.

Hinsichtlich der einbringbaren Holzschutzmittelmengen und ihrer Bestimmung gilt Abschnitt 5.2.3 sinngemäß.

Bei Spritzanlagen mit regelbarem, automatischem Vorschub ist eine gleichmäßige Behandlung möglich. Wenn dabei die im Prüfbescheid vorgeschriebenen Mengen in einem Arbeitsvorgang aufgebracht werden, kann abweichend vom ersten Absatz dieses Abschnittes der zweite Arbeitsvorgang entfallen.

5.2.5 Sonderbehandlung

Verfahren zur Sonderbehandlung von Gefahrenstellen bezwecken, bestimmten Holzzonen größere Holzschutzmittelmengen zuzuführen, als dies durch andere Methoden möglich ist. Die Sonderbehandlung kommt auch für den Nachschutz in Betracht. Die Zufuhr großer Holzschutzmittelmengen kann durch Aufstreichen oder Aufspachteln von Sonderpräparaten nach Abschnitt 4.3.4 mit oder ohne Abdeckung, durch Anlegen von Holzschutzmittelbandagen oder mit Hilfe von Bohrlöchern vorgenommen werden.

6 Vorbeugende Holzschutzmaßnahmen gegen Pilze und Insekten

6.1 Für die Wahl der Holzschutzmittel ist die Schutzklasse des zu behandelnden Holzes entsprechend seiner Gefährdung nach Tabelle 1 maßgebend. Für die jeweiligen Schutzklassen müssen die anzuwendenden Holzschutzmittel hinsichtlich Wirksamkeit und Witterungsbeständigkeit mindestens die in der Tabelle aufgeführten Prüfprädikate (siehe Abschnitt 4.4) besitzen.

6.2 Alles für die Standsicherheit des Bauwerks wirksame Holz muß vorbeugend geschützt werden.

6.3 Für alles übrige Bauholz ist ein vorbeugender chemischer Holzschutz zweckmäßig.

6.4 Kesseldrucktränkung ist für Bauholz erforderlich, das Erdreich ständig berührt. Rechtzeitiger Nachschutz ist erforderlich.

Bei wasserlöslichen Holzschutzmitteln ist darauf zu achten, daß vor Ausfixieren der Holzschutzmittel keine Feuchtigkeit auf die behandelten Hölzer einwirkt.

6.5 Kesseldruck- oder Trogtränkung ist für Bauholz erforderlich, das

a) mit einem Feuchtigkeitsgehalt von mehr als 18 % in geschlossenen Bauwerken eingebaut wird und bei dem eine Nachbehandlung nicht vorgesehen oder nicht möglich ist,

b) in Bereichen eingebaut wird, in denen mit Pilzbefall infolge von Feuchtigkeit einschließlich Tauwasser zu rechnen ist,

c) in Dicken über 4 cm im eingebauten Zustand Niederschlägen ausgesetzt ist. Rechtzeitiger Nachschutz ist erforderlich.

   Sofern ein ausreichend wirksamer Oberflächenschutz durch Anstrichsystem sichergestellt ist, gilt Abschnitt 6.6.

6.6 Für alles übrige Bauholz ist die Wahl des Einbringverfahrens freigestellt. Gleiches gilt für die Nachbehandlung von eingebautem Holz, bei dem nur Spritzen, Streichen und Sonderbehandlungen möglich sind.

6.7 Für tragende, verleimte Bauteile reichen allgemein als Einbringverfahren Spritzen und Streichen aus. Dies gilt für Bauteile, die im eingebauten Zustand der Bewitterung frei ausgesetzt sind nur dann, wenn der Zustand der Flächen, die der Witterung ausgesetzt sind, in ausreichenden Zeitabständen kontrolliert und die Flächen rechtzeitig nachbehandelt werden können. Für die Durchbildung dieser Bauteile ist der bauliche Holzschutz auch im Blick auf schädliche Tauwasserbildung besonders wichtig.

---

[2]) Siehe Seite 2

Tabelle 1. **Schutzklassen und Anwendungsbereiche**

1	2	3	4	5	6	7	8
	Bedingungen				Anwendungsbereiche 2)		
Schutzklasse	allgemeine Gefährdung durch Pilze	Auswaschbeanspruchung	Gefährdung durch Moderfäule	Insektenbefall möglich	allgemeiner Bau	Hallentragwerke	Mindestens erforderliche Prüfprädikate
1	keine (maximale Holzfeuchtigkeit 18 % 1))	–	–	X	Innenwände sowie Geschoßdecken in Wohnhäusern 3)	Bei mittlerer relativer Feuchte der umgebenden Luft bis 70 %; Oberfläche kommt mit Niederschlägen nicht in Berührung	Iv
2	wenig	–	–	X	Außenwände mit Wetterschutz, Dächer belüftet oder nicht belüftet, Innen- und Außenbauteile von Schwimmbädern, Duschräumen, Ställen und vergleichbaren Naßräumen mit wasserabweisender Abdeckung der Holzteile, jeweils ohne Erdkontakt	Bei mittlerer relativer Feuchte der umgebenden Luft über 70 %; Oberfläche kommt mit Niederschlägen nicht in Berührung	Iv, P
3	gefährdet	X	–	X	Außenbauteile, Innen- und Außenbauteile von Schwimmbädern, Duschräumen, Ställen und vergleichbaren Naßräumen, ohne wasserabweisende Abdeckung der Holzteile, jeweils ohne Erdkontakt	Hallentragwerke oder Teile davon, deren Oberfläche mit den Niederschlägen in Berührung kommt	Iv, P, W
4	stark	X	X	X	Bauteile mit Erdkontakt oder in ständiger Berührung mit fließendem Wasser, z. B. Kühltürme	–	(Iv), P, E

1) Eine kurzfristige Überschreitung ist zulässig; bei Einwirkung von Niederschlagsfeuchtigkeit gilt jedoch Abschnitt 6.10.

2) Nicht angeführte Bereiche sind sinngemäß einzustufen.

3) Soweit bei Bädern, Küchen sowie unter nicht ausgebauten Dachgeschossen eine unzulässige Feuchtigkeitseinwirkung nicht ausgeschlossen wird, gilt Schutzklasse 2.

6.8 Das Einbringen größerer Holzschutzmittelmengen (Sonderverfahren) bzw. Verwendung stärkerer Konzentrationen oder von Sonderpräparaten ist erforderlich für Bauholz oder Teilstücke von diesem, das allseitig im Mauerwerk, Beton oder Stahl einbindet.

6.9 Holz soll grundsätzlich erst nach dem letzten Bearbeitungsvorgang mit Holzschutzmitteln behandelt werden. Ist bei bereits geschützten Hölzern eine nachträgliche Bearbeitung umgänglich, so sind die neuen Schnittflächen, Bohrstellen und dergleichen sorgfältig erneut zu schützen.

Wird Holz erst nach dem Einbau chemisch behandelt, müssen sämtliche Berührungsflächen schon vor dem Zusammenbau geschützt werden.

Es ist sicherzustellen, daß Holz, das unter Dach verwendet wird und nach dem Einbau nicht mehr allseitig zugänglich ist, rechtzeitig behandelt wird.

6.10 Waren mit wasserlöslichen nicht fixierten Mitteln behandelte Hölzer Regen oder ähnlichen Einflüssen ausgesetzt, so ist die Holzschutzbehandlung zu wiederholen.

6.11 Nachträglich auftretende Trockenrisse können die Wirksamkeit einer Holzschutzmaßnahme beeinträchtigen. Trockenrisse sollen daher nachbehandelt werden (siehe jedoch Abschnitt 6.5 a).

Für diese Nachbehandlung ist sicherheitshalber ein insektenbekämpfendes Mittel zu verwenden, das in seiner

Wirksamkeit nicht durch das vorweg benutzte Holzschutzmittel beeinträchtigt wird.

7 Vorbeugender chemischer Holzschutz gegen Feuer

7.1 Durch chemische Feuerschutzmittel kann Holz schwerentflammbar nach DIN 4102 Teil 1 gemacht werden.

7.2 Für die Schutzbehandlung können wasserlösliche Feuerschutzmittel im Kesseldruckverfahren bzw. schaumschichtbildende Feuerschutzmittel im Streich-, Spritz- oder Gießverfahren angewandt werden.

Mit wasserlöslichen Feuerschutzmitteln ist deshalb nur die Behandlung von Schnittholz nach der Bearbeitung möglich; schaumschichtbildende Feuerschutzmittel können auch für eingebautes Holz verwendet werden.

7.3 Teilweise besitzen wasserlösliche Feuerschutzmittel gleichzeitig vorbeugende Schutzwirkung gegen holzzerstörende Pilze und Insekten (Prüfprädikate P, Iv, F).

Schaumschichtbildende Feuerschutzmittel haben keine Nebenwirksamkeit (Prüfprädikate F, S). Wenn Holzbauteile, die mit schaumschichtbildenden Feuerschutzmitteln behandelt werden sollen, gleichzeitig vorbeugend gegen Pilze und Insekten zu schützen sind, muß die Holzschutzbehandlung gegen Organismen mit einem geeigneten Holzschutzmittel vor der Feuerschutzbehandlung ausgeführt werden. Die Verträglichkeit der Holzschutzmittel untereinander ist nachzuweisen. Eine vorbeugende Holzschutzbehandlung gegen Pilz- und Insektenbefall ist nicht möglich im Anschluß an eine Feuerschutzbehandlung mit schaumschichtbildenden Mitteln.

Feuerschutzmittel sind nicht witterungsbeständig. Ein vorbeugender chemischer Feuerschutz ist daher nur bei Holzbauteilen möglich, die vor Witterungseinwirkung und ähnlicher Feuchtigkeitsbeanspruchung geschützt sind.

8 Holzschutzmittelmengen

8.1 Die zu verwendenden Holzschutzmittelmengen richten sich nach der vorgesehenen Verwendung des Holzes, der Art des Holzschutzmittels und dem Einbringverfahren. Maßgebend sind bei Anwendung von Kesseldruck- oder Trogtränkung die im Prüfbescheid genannten Mengen [5] in kg/m^3 Holzvolumen bzw. Konzentrationen [6]. Bei Anwendung durch Streichen, Spritzen oder Tauchen gelten die in Tabelle 2 angegebenen Mindestmengen in g bzw. ml/m^2 Holzoberfläche.

Als Mindest-Einbringmengen für Holz der Schutzklasse 1 gelten unabhängig von der Holzdicke die für Holzdicken ≦4 cm festgelegten Werte.

8.2 Die Holzschutzmittelmengen beziehen sich bei Holzschutzmitteln, die ungelöst in fester Form angeliefert werden, auf die reinen Salzmengen und nicht auf das Gewicht der gebrauchsfertigen Lösung, bei gebrauchsfertig angelieferten Holzschutzmitteln auf das Volumen des fertigen Mittels und bei Holzschutzmittelkonzentraten auf die Mengen an unverdünntem Konzentrat.

8.3 Bei der Errechnung der zu verwendenden Holzschutzmittelmengen sind die bei den einzelnen Verfahren und den besonderen Anwendungsbedingungen unterschiedlichen Holzschutzmittelverluste in ausreichendem Maße zu berücksichtigen [3].

8.4 Bei Bohrlochtränkung, Salzpatronen und Bohrlochdrucktränkung wird die notwendige Holzschutzmittelmenge im Holz durch eine zweckmäßige Anordnung der Einbringstellen erreicht [4].

8.5 Die Einbringmengen für Holzschutzmittel gegen Feuer sind stets dem Prüfbescheid zu entnehmen.

Tabelle 2. **Mindest-Einbringmengen [7] bei Anwendung durch Streichen, Spritzen oder Tauchen [8]**

Beanspruchung	kleinste Querschnittseite (Holzdicke) cm	Einbringmengen [5] wasserlösliche Mittel g/m²	Einbringmengen [5] ölige Mittel ml/m²
Niederschlägen nicht ausgesetzt	≦ 4	50	250
	≦ 8	60	250
	> 8	60	300
Niederschlägen ausgesetzt	≦ 4	75	300
	> 4	90	350
dauerndem Kontakt mit Erdfeuchtigkeit ausgesetzt	nur Kesseldruck- und Trogtränkung zulässig		

9 Kennzeichnung von Holzschutzmaßnahmen

Der Unternehmer hat die ausgeführte Holzschutzbehandlung nach DIN 68 800 Teil 1, Ausgabe Mai 1974, Abschnitt 5.2 zu kennzeichnen.

10 Prüfung

10.1 Bei der Prüfung von Holzschutzarbeiten ist zwischen einer qualitativen Prüfung der durchgeführten Arbeiten und einer quantitativen Prüfung der eingebrachten Holzschutzmittelmengen zu unterscheiden.

10.2 Die qualitative Prüfung von vorbeugenden Holzschutzbehandlungen erstreckt sich auf eine Beurteilung der vorgenommenen Arbeiten (z. B. anhand der Tränkprotokolle oder des äußeren Zustandes der imprägnierten Hölzer, wie Entfernen von Rinde und Bast) sowie auf eine Bestimmung der Holzschutzmitteleindringtiefe [9] nach den einschlägigen Normen [10].

---

3) Siehe Seite 3

4) Siehe Seite 3

5) Für kernreiche Holzarten wie Eiche und Lärche sind Unterschreitungen zulässig.

6) Bei Trogtränkung von frischem und durchnäßtem Holz ist eine Mindestkonzentration von 10 % erforderlich.

7) Die angeführten Werte gelten für die überwiegende Mehrzahl aller Holzschutzmittel, für welche zur Zeit Prüfbescheide erteilt sind. Die Mindesteinbringmengen nach der Tabelle dürfen nur bei solchen Holzschutzmitteln unterschritten werden, für die abweichende Regelungen im Prüfbescheid getroffen sind.

8) Hinsichtlich der notwendigen Mindestkonzentration und eventuellen Einschränkungen siehe Abschnitte 5.2.3 und 5.2.4.

9) Bei Beurteilung der festgestellten Eindringtiefe ist zu beachten, daß diese sehr stark von der Art des Holzschutzmittels, der Holzart, der Oberflächenbeschaffenheit, der Holzfeuchtigkeit und gegebenenfalls von der Lage der Hölzer im Raum abhängig sind. Ein Rückschluß von der Eindringtiefe auf die eingebrachte Holzschutzmittelmenge ist nicht möglich.

10) DIN 52 161 Teil 1, Teil 3, Teil 5

10.3 Bei Anwendung von Spritzen, Streichen, Tauchen und Trogtränkung ist eine quantitative Bestimmung der eingebrachten Holzschutzmittelmengen nur in hierfür eingerichteten Laboratorien möglich. Die einschlägigen Normen sind zu beachten.

10.4 Bei der Anwendung der Kesseldrucktränkung müssen die einzelnen Tränkvorgänge (Über- und Unterdruck, Temperaturen) im zeitlichen Ablauf auf Diagrammen selbsttätig aufgezeichnet werden. Die Gewichte der Hölzer vor und nach der Tränkung sind auf Wägekarten festzuhalten.

10.4.1 Bei der Anwendung von wasserlöslichen Holzschutzmitteln im Kesseldruckverfahren muß die Holzschutzmittelkonzentration der Tränklösung nach der Gebrauchsanleitung des Holzschutzmittelherstellers ermittelt und schriftlich festgehalten werden, da aus Lösungskonzentration und Lösungsaufnahme die Holzschutzmittelaufnahme errechnet werden kann. Eine stichprobenweise Prüfung der Tränkflüssigkeit hinsichtlich ihrer quantitativen Zusammensetzung ist erforderlich.

10.4.2 Die für eine Beurteilung von durchgeführten Arbeiten erforderlichen Unterlagen sind dem Auftraggeber auf Wunsch vorzulegen bzw. auszuhändigen.

Weitere Normen

DIN 1052 Teil 1	Holzbauwerke; Berechnung und Ausführung
DIN 1052 Teil 1	Holzbauwerke; Bestimmungen der Dübelverbindungen besonderer Bauart
DIN 4074 Teil 1	Bauholz für Holzbauteile; Gütebedingungen für Bauschnittholz (Nadelholz)
DIN 4074 Teil 2	Bauholz für Holzbauteile; Gütebedingungen für Baurundholz (Nadelholz)
DIN 52 160	Prüfung von Holzschutzmitteln; Grundlagen für die Durchführung von Prüfungen
DIN 52 161 Teil 4	Prüfung von Holzschutzmitteln; Nachweis von Holzschutzmitteln im Holz, Bestimmung der Menge von fluorhaltigen Holzschutzmitteln
DIN 52 172 Teil 2	Prüfung von Holzschutzmitteln; Beschleunigte Alterung von geschütztem Holz, Auswaschbeanspruchung für die Bestimmung der ausgewaschenen Wirkstoffmenge
DIN 52 176	Prüfung von Holzschutzmitteln; Bestimmung der vorbeugenden Wirkung von Holzschutzmitteln; Prüfung mit holzzerstörenden Basidiomyceten nach dem Klötzchen-Verfahren in Kolleschalen
DIN 52 179	Prüfung von Holzschutzmitteln; Einfluß öliger Holzschutzmittel auf die Verleimbarkeit von behandeltem Holz
DIN 68 800 Teil 4	Holzschutz im Hochbau; Bekämpfungsmaßnahmen gegen Pilz- und Insektenbefall
DIN 68 800 Teil 5	Holzschutz im Hochbau; Vorbeugender chemischer Schutz von Holzwerkstoffen
DIN EN 20	Holzschutzmittel; Bestimmung der vorbeugenden Wirkung gegenüber Lyctus brunneus (Stephens) (Laboratoriumsverfahren)
DIN EN 21	Holzschutzmittel; Bestimmung des Giftwertes gegenüber Anobium punctatum (De Geer) durch Umsetzen von Larven (Laboratoriumsverfahren)
DIN EN 22	Holzschutzmittel; Bestimmung der bekämpfenden Wirkung gegenüber Larven von Hylotrupes bajulus (Linnaeus) (Laboratoriumsverfahren)
DIN EN 46	Holzschutzmittel; Bestimmung der vorbeugenden Wirkung gegenüber Eilarven von Hylotrupes bajulus (Linnaeus) (Laboratoriumsverfahren)
DIN EN 47	Holzschutzmittel; Bestimmung der Giftwerte gegenüber Larven von Hylotrupes bajulus (Linnaeus) (Laboratoriumsverfahren)
DIN EN 48	Holzschutzmittel; Bestimmung der bekämpfenden Wirkung gegenüber Larven von Anobium punctatum (De Geer) (Laboratoriumsverfahren)
DIN EN 49	Holzschutzmittel; Bestimmung der Grenze der Wirksamkeit gegenüber Anobium punctatum (De Geer) durch Beobachten der Eiablage und des Überlebens von Larven (Laboratoriumsverfahren)
DIN EN 73	Holzschutzmittel; Beschleunigte Alterung von behandeltem Holz vor biologischen Prüfungen; Verdunstungsbeanspruchung
DIN EN 84	Holzschutzmittel; Beschleunigte Alterung von behandeltem Holz vor biologischen Prüfungen, Auswaschbeanspruchung,
DIN EN 113	(z. Z. noch Entwurf) Holzschutzmittel; Bestimmung des Grenzwertes gegenüber holzzerstörenden Basidiomyceten, die auf Agar gezüchtet werden
DIN EN 117	(z. Z. noch Entwurf) Prüfung von Holzschutzmitteln; Bestimmung der Grenze der Wirksamkeit gegenüber Reticulitermes santonensis (de Feytaud) (Laboratoriumsverfahren)
DIN EN 118	(z. Z. noch Entwurf) Prüfung von Holzschutzmitteln; Bestimmung der vorbeugenden Wirkung gegenüber Reticulitermes santonensis (de Feytaud) (Laboratoriumsverfahren)

Erläuterungen

Die Ausgabe Mai 1974 von DIN 68 800 Teil 3 wurde vom Arbeitsausschuß „Holzschutz im Hochbau" unter Geschäftsführung des NAHOLZ überarbeitet und unter Beibehaltung der bisherigen Gliederung und Konzeption wie folgt geändert und ergänzt:

Abschnitt 2 Mitgeltende Normen wurde aufgenommen und die folgenden Abschnittsnummern gegenüber der Ausgabe Mai 1974 entsprechend geändert.

In Abschnitt 4.4 (bisher 3.4) werden die neuen Prüfprädikate für Holzschutzmittel aufgeführt. Der Text der Norm stimmt nun wieder mit dem Holzschutzmittelverzeichnis überein. Hierbei ist besonders zu beachten, daß das bisherige Prüfprädikat „W" nicht für Holzschutzmittel gilt, die für Holz in dauerndem Erdkontakt geeignet sind. Für diese Präparate wird das neue Prüfprädikat „E" eingeführt.

In Abschnitt 6.1 (bisher 5.1) werden die verschiedenen Anwendungsbereiche des Holzes Holzschutzklassen zugeordnet und für diese die anzuwendenden Holzschutzmittel durch Angabe der mindestens erforderlichen Prüfprädikate festgelegt. In der neuen Tabelle 1 werden die Schutzklassen erläutert und die wichtigsten Anwendungsbereiche aufgeführt. Die bisherige Formulierung, wonach chemische Holzschutzmaßnahmen bei Gefahr eines Angriffes durch holzzerstörende Pilze „ und/oder" Insekten notwendig sind, wird damit präzisiert. Für Hölzer der Schutzklasse 1 werden bei Behandlung durch Streichen, Spritzen und Tauchen im Abschnitt 8.1 (bisher 7.1) unabhängig von der Holzdicke die Einbringmengen für die kleinste Holzdicke ≦ 4 cm festgelegt. Die Mindest-Einbringmengen für Streichen, Spritzen und Tauchen enthält Tabelle 2.

Die Hinweise auf weitere Normen wurden auf den neuesten Stand gebracht.

Der übrige Inhalt der Norm ist nicht geändert.

DK 674.048 : 691.11 : 624.9 : 699.8 Januar 1984

Holzschutz im Hochbau

Vorbeugende bauliche Maßnahmen

DIN 68 800 Teil 2

Protection of timber used in buildings; preventive constructional measures

Ersatz für Ausgabe 05.74

Diese Norm ist den obersten Bauaufsichtsbehörden vom Institut für Bautechnik, Berlin, zur bauaufsichtlichen Einführung empfohlen worden.

1 Anwendungsbereich

Diese Norm gilt für tragende oder aussteifende Teile aus Holz oder Holzwerkstoffen.

Sie gibt Hinweise für vorbeugende bauliche Maßnahmen zur Erhaltung von Holz und Holzwerkstoffen und der Brauchbarkeit der Konstruktionen.

Zusätzlich werden für tragende oder aussteifende Holzwerkstoffe die erforderlichen Holzwerkstoffklassen in Abhängigkeit vom Anwendungsbereich festgelegt.

Diese Norm gilt nicht für Teile mit Erdkontakt oder ständiger Berührung mit Wasser.

Anmerkung: Für nicht tragende und nicht aussteifende Teile wird die Anwendung dieser Norm empfohlen.

2 Begriff

Vorbeugende bauliche Maßnahmen im Sinne dieser Norm sind alle konstruktiven und bauphysikalischen Maßnahmen, die eine unzuträgliche Veränderung des Feuchtegehaltes von Holz und Holzwerkstoffen (Feuchtigkeitsgehalt nach DIN 52 183) verhindern sollen.

Anmerkung: Eine unzuträgliche Veränderung des Feuchtegehaltes liegt insbesondere dann vor, wenn hierdurch Voraussetzungen für Pilzbefall geschaffen werden oder durch übermäßige Verformungen (Schwinden oder Quellen) die Brauchbarkeit der Konstruktion beeinträchtigt wird.

3 Feuchte während Transport, Lagerung und Einbau

3.1 Transport und Lagerung

Beim Transport und bei der Lagerung von Holz, Holzwerkstoffen und Holzbauteilen ist durch geeignete Maßnahmen sicherzustellen, daß sich ihr Feuchtegehalt durch nachteilige Einflüsse, z. B. aus Bodenfeuchte, Niederschlägen sowie infolge Austrocknung, nicht unzuträglich verändert.

3.2 Einbau

3.2.1 Holz und Holzwerkstoffe sind mit möglichst dem Feuchtegehalt einzubauen, der während der Nutzung als Mittelwert zu erwarten ist (Gleichgewichtsholzfeuchte). Für die Gleichgewichtsholzfeuchte gelten die in DIN 1052 Teil 1 angegebenen Werte. Diese Werte dürfen vereinfacht auch für Sperrholz und Spanplatten zugrunde gelegt werden; bei Holzfaserplatten liegen die Werte um etwa 3 %, bezogen auf das Darrgewicht der Platten, niedriger.

Werden Holz und Holzwerkstoffe mit einem höheren Feuchtegehalt als der o. g. Gleichgewichtsholzfeuchte eingebaut, so ist folgendes zu beachten:

- Wird Holz mit mehr als 20 % Holzfeuchte eingebaut, dann muß sichergestellt werden, daß die überschüssige Feuchte bald und ohne Beeinträchtigung der gesamten Konstruktion entweichen kann.
- Bei Holzwerkstoffen sind die Bedingungen der Tabelle 1 einzuhalten.

Andere Bau- und Dämmstoffe sind so trocken einzubauen, daß daraus keine Gefährdung für die angrenzenden Teile aus Holz und Holzwerkstoffen entsteht.

3.2.2 Während und nach Einbau sind Holzwerkstoffe unverzüglich vor Niederschlägen zu schützen.

Ebenso ist eine unzuträgliche Feuchteerhöhung von Holz und Holzwerkstoffen als Folge hoher Baufeuchte (direkte Feuchteeinwirkung oder indirekte, z. B. aus hoher relativer Luftfeuchte) zu verhindern, z. B. in massiven Neubauten, wie Mauerwerksbauten mit Ortbetondecken.

4 Feuchte im Gebrauchszustand

4.1 Niederschläge

Durch bauliche Maßnahmen sollen Niederschläge vom Holz entweder ferngehalten (erforderliche Schutzklasse 2 nach DIN 68 800 Teil 3) oder schnell abgeleitet werden (erforderliche Schutzklasse 3).

Holzwerkstoffe sind mit einem dauerhaft wirksamen Wetterschutz zu versehen.

4.2 Nutzungsfeuchte

In Bereichen mit starker direkter Feuchtebeanspruchung der Oberflächen (z. B. durch Spritzwasser in Duschen) ist das Eindringen von Feuchte in die Bauteile zu verhindern. Holzwerkstoffe sind in diesen Fällen unter besonderer Beachtung der Schnittflächen mit einem dauerhaft wirksamen Schutz (z. B. Beschichtungen, Bekleidungen) zu versehen.

4.3 Angrenzende Stoffe oder Bauteile

Das Eindringen von Feuchte in die Bauteile aus angrenzenden Bau- und Dämmstoffen oder Bauteilen ist zu verhindern.

4.4 Tauwasser

Für den Tauwasserschutz, sowohl für die raumseitige Oberfläche als auch für den Querschnitt von Bauteilen, gilt DIN 4108 Teil 3.

Fortsetzung Seite 2 bis 4

Normenausschuß Bauwesen (NABau) im DIN Deutsches Institut für Normung e. V.
Normenausschuß Holz (NAHOLZ) im DIN

4.5 Ständig hohe relative Luftfeuchte

Sind Holzwerkstoffe ständig einer hohen relativen Luftfeuchte ausgesetzt, so sind die Holzwerkstoffklasse 100 G sowie ein entsprechender, dauerhaft wirksamer Oberflächenschutz erforderlich. Der Einsatz von Holzwerkstoffen als untere Beplankung von Decken über nicht belüfteten Hohlräumen über Erdreich (Kriechkeller) ist unzulässig.

5 Tragende oder aussteifende Holzwerkstoffe; Holzwerkstoffklassen

Hinsichtlich der Feuchtebeständigkeit der Holzwerkstoffe wird zwischen den Holzwerkstoffklassen 20, 100 und 100 G unterschieden.

In Tabelle 1 werden für die einzelnen Holzwerkstoffklassen die Höchstwerte der Feuchte angegeben, die während des Gebrauchszustandes nicht überschritten werden dürfen.

Tabelle 1. **Höchstwerte der Feuchte von Holzwerkstoffen max. u_{gl} in %, bezogen auf das Darrgewicht, im Gebrauchszustand**

Holzwerkstoffklasse	max. u_{gl} (%)
20	15 [1)]
100	18
100 G	21

1) Für Holzfaserplatten beträgt der Höchstwert u_{gl} 12 %

Für die häufigsten Anwendungsfälle in der Praxis sind in Tabelle 2 die erforderlichen Holzwerkstoffklassen aufgeführt. Nicht genannte Fälle sind für die Bestimmung der erforderlichen Holzwerkstoffklasse sinngemäß einzuordnen.

Tabelle 2. **Erforderliche Holzwerkstoffklassen**

Nr	Anwendungsbereich	Holzwerkstoffklasse
1	**Raumseitige Beplankung von Wänden, Decken und Dächern**	
1.1	In Wohngebäuden sowie in Gebäuden mit vergleichbarer Nutzung [1)]	
1.1.1	Allgemein, außer Nr 1.1.2 bis Nr 1.1.4	20
1.1.2	Obere Beplankung von nicht belüfteten [2)] Decken unter nicht ausgebauten Dachgeschossen	
	ohne ausreichende Dämmschichtauflage	100 G
	mit ausreichender Dämmschichtauflage ($1/\Lambda \geq 0{,}75$ m² K/W) [4)]	20
1.1.3	In Bereichen mit starker direkter Feuchtebeanspruchung der Oberfläche (z. B. in Duschen)	100 G
1.1.4	In Neubauten mit sehr hoher Baufeuchte (z. B. Massivbau mit sehr hoher Feuchteabgabe)	100 G [3)]
1.2	In Räumen mit langfristig sehr hoher relativer Luftfeuchte (z. B. Ställe)	100 G
2	**Außenbeplankung von Außenwänden**	
	Hohlraum zwischen Außenbeplankung und Wetterschutz	
2.1	ausreichend belüftet [2)]	100
2.2	nicht oder nicht ausreichend belüftet [2)]	100 G
2.3	nicht vorhanden	100 G
3	**Obere Beplankung von Dächern, tragende oder aussteifende Dachschalungen**	100 G

1) Dazu zählen auch nicht ausgebaute Dachräume von Wohngebäuden. Für obere Beplankungen von Dächern sowie für tragende oder aussteifende Dachschalungen ist – auch wenn sie mit der Raumluft in Verbindung stehen – die Anforderung nach Zeile 3 maßgebend.

2) Hohlräume gelten im Sinne dieser Norm als ausreichend belüftet, wenn die Größe der Zu- und Abluftöffnungen mindestens je 2 ‰ der zu belüftenden Fläche, bei Decken unter nicht ausgebauten Dachgeschossen mindestens jedoch 200 cm² je m Deckenbreite beträgt.

3) Bei Bau-Furniersperrholz ist auch die Holzwerkstoffklasse 100 zulässig.

4) Wärmedurchlaßwiderstand $1/\Lambda$; Berechnung nach DIN 4108 Teil 5

6 Zuordnung der Plattentypen

Tabelle 3. **Zuordnung der Bauplatten-Typen zu den Holzwerkstoffklassen**

Holzwerkstoff	Norm	Plattentyp für die Holzwerkstoffklasse [1)]		
		20	100	100 G
Sperrholz				
Bau-Furniersperrholz	DIN 68 705 Teil 3	BFU 20	BFU 100	BFU 100 G
Bau-Furniersperrholz aus Buche	DIN 68 705 Teil 5	–	BFU-BU 100	BFU-BU 100 G
Bau-Stabsperrholz	DIN 68 705 Teil 4	BST 20	BST 100	BST 100 G
Bau-Stäbchensperrholz	DIN 68 705 Teil 4	BSTAE 20	BSTAE 100	BSTAE 100 G
Spanplatten				
Flachpreßplatten für das Bauwesen	DIN 68 763	V 20	V 100	V 100 G
Beplankte Strangpreßplatten für das Bauwesen	DIN 68 764 Teil 1	SV 1, SR 1	SV 2, SR 2 [2)]	–
Beplankte Strangpreßplatten für die Tafelbauart	DIN 68 764 Teil 2	TSV 1	TSV 2 [2)]	–
Holzfaserplatten				
Harte Holzfaserplatten für das Bauwesen	DIN 68 754 Teil 1	HFH 20	–	–
Mittelharte Holzfaserplatten für das Bauwesen	DIN 68 754 Teil 1	HFM 20	–	–

1) Das Zeichen „–" bedeutet, daß hierfür keine Norm besteht.

2) Werden Strangpreßplatten für den Bereich der Holzwerkstoffklasse 100 nicht in den Abmessungen, wie sie das Werk verlassen, angewendet, sondern ausnahmsweise auf der Verwendungsstelle geschnitten oder gefräst, so ist an den Rändern ein mindestens 15 mm breiter Vollholzeinleimer oder ein gleichwertiger Feuchteschutz anzuordnen.

Zitierte Normen

DIN 1052 Teil 1	Holzbauwerke; Berechnung und Ausführung
DIN 4108 Teil 3	Wärmeschutz im Hochbau; Klimabedingter Feuchteschutz; Anforderungen und Hinweise für Planung und Ausführung
DIN 4108 Teil 5	Wärmeschutz im Hochbau; Berechnungsverfahren
DIN 52 183	Prüfung von Holz; Bestimmung des Feuchtigkeitsgehaltes
DIN 68 705 Teil 3	Sperrholz; Bau-Furniersperrholz
DIN 68 705 Teil 4	Sperrholz; Bau-Stabsperrholz, Bau-Stäbchensperrholz
DIN 68 705 Teil 5	Sperrholz; Bau-Furniersperrholz aus Buche
DIN 68 754 Teil 1	Harte und mittelharte Holzfaserplatten für das Bauwesen; Holzwerkstoffklasse 20
DIN 68 763	Spanplatten; Flachpreßplatten für das Bauwesen; Begriffe, Eigenschaften, Prüfung, Überwachung
DIN 68 764 Teil 1	Spanplatten; Strangpreßplatten für das Bauwesen; Begriffe, Eigenschaften, Prüfung, Überwachung
DIN 68 764 Teil 2	Spanplatten; Strangpreßplatten für das Bauwesen; Beplankte Strangpreßplatten für die Tafelbauart
DIN 68 800 Teil 3	Holzschutz im Hochbau; Vorbeugender chemischer Schutz von Vollholz

Weitere Normen

DIN 4074 Teil 1	Bauholz für Holzbauteile; Gütebedingungen für Bauschnittholz (Nadelholz)
DIN 52 175	Holzschutz; Begriff, Grundlagen
DIN 68 800 Teil 1	Holzschutz im Hochbau; Allgemeines
DIN 68 800 Teil 4	Holzschutz im Hochbau; Bekämpfungsmaßnahmen gegen Pilz- und Insektenbefall
DIN 68 800 Teil 5	Holzschutz im Hochbau; Vorbeugender chemischer Schutz von Holzwerkstoffen

Frühere Ausgaben

DIN 68 800: 09.56; DIN 68 800 Teil 2: 05.74

Änderungen

Gegenüber der Ausgabe Mai 1974 wurden folgende Änderungen vorgenommen:

Inhalt vollständig überarbeitet und wesentlich gestrafft, da alle konstruktiven Details in einem zusätzlichen Kommentar beschrieben werden sollen und z. B. der Tauwasserschutz in DIN 4108 Teil 3 „Wärmeschutz im Hochbau; Klimabedingter Feuchteschutz; Anforderungen und Hinweise für Planung und Ausführung" geregelt ist.

Zur Vermeidung von Schäden sind Holzwerkstoffe in Zukunft stets mit einem dauerhaft wirksamen Wetterschutz zu versehen. Für die Holzwerkstoffklasse 100 G wird die zulässige Feuchtebeanspruchung begrenzt.

Die Tabelle 2 enthält im Gegensatz zur Tabelle 2 der Ausgabe Mai 1974 nicht mehr Beispiele für die Anwendungsbereiche der Holzwerkstoffklassen, sondern Anforderungen.

Erläuterungen

Die Ausgabe Mai 1974 von DIN 68 800 Teil 2 wurde vom NAHOLZ-Arbeitsausschuß 3.3 „Holzschutz im Hochbau", UA 3.3.2 „Konstruktiver Holzschutz" unter Geschäftsführung des NAHOLZ überarbeitet.

Werden für tragende oder aussteifende Holzwerkstoffe nicht allgemein gebräuchliche und nicht allgemein bewährte Schutzmaßnahmen vorgesehen (siehe Abschnitte 4.1, 4.2 und 4.5), so kann der Nachweis ihrer dauerhaften Wirksamkeit durch ein Prüfzeugnis einer dafür sachkundigen Prüfstelle geführt werden. Als solche Stellen sind insbesondere für den Nachweis der dauerhaften Wirksamkeit des Wetterschutzes z. Z. bekannt:

Forschungs- und Materialprüfungsanstalt Baden-Württemberg FMPA — Otto-Graf-Institut —, Stuttgart,

Fraunhofer-Institut für Holzforschung WKI, Braunschweig.

DK 674.048.3/.4 : 691.11 : 624.9 : 699.8 April 1990

Holzschutz
Vorbeugender chemischer Holzschutz

DIN 68 800 Teil 3

Protection of timber; preventive chemical protection

Ersatz für Ausgabe 05.81 und für DIN 68 805/10.83

Inhalt

1 Anwendungsbereich

Diese Norm regelt die Maßnahmen für einen vorbeugenden chemischen Schutz von Holz. Sie enthält

a) in den Abschnitten 2 bis 10 Anforderungen an den Schutz von tragenden und/oder aussteifenden Holzbauteilen,

Anmerkung: Unter tragenden und/oder aussteifenden Bauteilen sind solche zu verstehen, die z. B. nach DIN 1052 Teil 1 und Teil 3, DIN 1074 oder DIN 18 900 berechnet werden müssen oder eine statische Funktion ausüben.

b) in Abschnitt 11 Hinweise für den Schutz von nichttragenden, nicht maßhaltigen Hölzern,

c) in Abschnitt 12 Hinweise für den Schutz von nichttragenden, maßhaltigen Hölzern für Außenfenster und Außentüren.

Anmerkung: Der vorbeugende chemische Schutz von Holzwerkstoffen wird in DIN 68 800 Teil 5 geregelt.

2 Schutzmaßnahmen

2.1 Notwendigkeit

Holz, das der Gefahr von Bauschäden durch Insekten und/oder der Gefährdung durch Pilze entsprechend der Zuordnung zu einer Gefährdungsklasse (siehe Tabellen 1 und 2) ausgesetzt ist, muß zusätzlich zu den baulichen Maßnahmen nach DIN 68 800 Teil 2 durch chemische Maßnahmen geschützt werden.

2.2 Fehlende Notwendigkeit

Chemische Holzschutzmaßnahmen sind nicht erforderlich im Bereich der Gefährdungsklasse 0. Die Gefährdungsklasse 0 liegt vor, wenn

2.2.1 im Bereich der Gefährdungsklasse 1

2.2.1.1 Farbkernhölzer verwendet werden, die einen Splintholzanteil unter 10% aufweisen oder

2.2.1.2 Holz in Räumen mit üblichem Wohnklima oder vergleichbaren Räumen verbaut ist und

a) gegen Insektenbefall allseitig durch eine geschlossene Bekleidung abgedeckt ist oder

b) Holz zum Raum hin so offen angeordnet ist, daß es kontrollierbar bleibt

2.2.2 im Bereich der Gefährdungsklasse 2

splintfreie Farbkernhölzer der Resistenzklassen 1, 2 oder 3 nach DIN 68 364 verwendet werden,

2.2.3 im Bereich der Gefährdungsklasse 3

splintfreie Farbkernhölzer der Resistenzklassen 1 oder 2 nach DIN 68 364 verwendet werden,

2.2.4 im Bereich der Gefährdungsklasse 4

splintfreie Farbkernhölzer der Resistenzklasse 1 nach DIN 68 364 verwendet werden.

Fortsetzung Seite 2 bis 9

Normenausschuß Holzwirtschaft und Möbel (NHM) im DIN Deutsches Institut für Normung e.V.

Tabelle 1. **Gefährdungsklassen**

Gefährdungs-klasse	Beanspruchung	Gefährdung durch			
		Insekten	Pilze	Auswaschung	Moderfäule
0	Innen verbautes Holz, ständig trocken	nein [1])	nein	nein	nein
1		ja	nein	nein	nein
2	Holz, das weder dem Erdkontakt noch direkt der Witterung oder Auswaschung ausgesetzt ist, vorübergehende Befeuchtung möglich	ja	ja	nein	nein
3	Holz der Witterung oder Kondensation ausgesetzt, aber nicht in Erdkontakt	ja	ja	ja	nein
4	Holz in dauerndem Erdkontakt oder ständiger starker Befeuchtung ausgesetzt [2])	ja	ja	ja	ja

[1]) Vergleiche Abschnitt 2.2.1
[2]) Besondere Bedingungen gelten für Kühltürme sowie für Holz im Meerwasser

Tabelle 2. **Zuordnung von Holzbauteilen zu Gefährdungsklassen**

Gefährdungsklasse	Anwendungsbereiche
Holzteile, die durch Niederschläge, Spritzwasser oder dergleichen nicht beansprucht werden	
0	Wie Gefährdungsklasse 1 unter Berücksichtigung von Abschnitt 2.2.1
1 [1])	Innenbauteile bei einer mittleren relativen Luftfeuchte bis 70% und gleichartig beanspruchte Bauteile
2	Innenbauteile bei einer mittleren relativen Luftfeuchte über 70% und gleichartig beanspruchte Bauteile
	Innenbauteile in Naßbereichen, Holzteile wasserabweisend abgedeckt
	Außenbauteile ohne unmittelbare Wetterbeanspruchung
Holzteile, die durch Niederschläge, Spritzwasser und dergleichen beansprucht werden	
3	Außenbauteile mit Wetterbeanspruchung ohne ständigen Erd- und/oder Wasserkontakt
	Innenbauteile in Naßräumen
4	Holzteile mit ständigem Erd- und/oder Süßwasserkontakt [2]), auch bei Ummantelung

[1]) Holzfeuchte $u < 20\%$ sichergestellt
[2]) Besondere Bedingungen gelten für Kühltürme sowie für Holz im Meerwasser

2.3 Bestehende Gefährdung

2.3.1 Eine Gefahr von Bauschäden durch Insekten liegt im allgemeinen vor, wenn die Bedingungen von Abschnitt 2.2.1 nicht erfüllt sind.

2.3.2 Eine Gefahr durch den Befall holzzerstörender Pilze liegt vor, wenn die Holzfeuchte 20% langfristig übersteigt.

Für Holzbauteile, die in eingebautem Zustand unmittelbar durch Niederschläge und andere Feuchteeinwirkungen beansprucht werden, ist ein Oberflächenanstrich (Beschichtung) keine ausreichende Schutzmaßnahme, um das Ansteigen der Holzfeuchte über 20 % langfristig zu verhindern.

Bei Anstrichen (Beschichtungen) mit dampfsperrender Wirkung ist zu beachten, daß die Gefährdung des Holzes durch Feuchteanreicherungen unterhalb des Anstrichs (der Beschichtung) erhöht werden kann.

2.3.3 Eine Auswaschbeanspruchung ist gegeben, wenn Holz durch Niederschläge, Spritzwasser und dergleichen beansprucht wird. Dies gilt nicht, wenn sich auf der Holzoberfläche vorübergehend Tauwasser oder Reif bildet.

2.3.4 Eine Gefährdung des Holzes durch Moderfäule ist allgemein gegeben, wenn

a) ein ständiger Erd- und/oder Wasserkontakt besteht,
b) bei Außenbauteilen erhöhte Schmutzablagerungen in Rissen und Fugen auftreten.

2.4 Zuordnung zu Gefährdungsklassen

2.4.1 Tabelle 2 enthält die Zuordnung von Holzbauteilen zu den Gefährdungsklassen. Für andere Anwendungsbereiche, oder wenn hiervon abgewichen werden soll, ist ein besonderer Nachweis zu führen (siehe auch Erläuterungen).

2.4.2 Ist ein Holzbauteil bestimmungsgemäß mehreren Gefährdungsklassen zuzuordnen, so ist für die Auswahl des Holzschutzmittels und des Einbringverfahrens jeweils die höchste in Betracht kommende Gefährdungsklasse maßgebend, es sei denn, es ist eine unterschiedliche Schutzbehandlung für einzelne Hölzer bzw. Holzbereiche bei ein- und demselben Bauteil möglich.

2.5 Planung bei der Ausschreibung

2.5.1 Chemische Holzschutzmaßnahmen müssen nach vorrangiger Ausschöpfung der baulichen Maßnahmen nach DIN 68 800 Teil 2 rechtzeitig und sorgfältig geplant werden.

Die Abschnitte 2.1 und 2.2 sind zu beachten.

2.5.2 Die Planung hat sich sowohl auf die Auswahl der Holzschutzmaßnahmen (Holzschutzmittel, Einbringverfahren, Einbringmengen, Fixierungszeit, Nachweis) als auch auf ihre zeitliche Abstimmung im Rahmen des Baufortschritts zu erstrecken.

3 Vorbedingungen für die Schutzbehandlung

3.1 Bearbeitung des Holzes

3.1.1 Rinde und Bast müssen vor der Schutzbehandlung des Holzes vollständig entfernt werden.

3.1.2 Holz soll erst nach der letzten Bearbeitung (Abbund, Kürzen, Hobeln, Fräsen usw.) mit Holzschutzmitteln behandelt werden. Ist dies nicht sicherzustellen, so sind die Bearbeitungsflächen nach Abschnitt 8.5 nachzubehandeln.

3.2 Holzfeuchte

3.2.1 Die zu Beginn der Schutzbehandlung gegebene Holzfeuchte beeinflußt in Verbindung mit dem angewendeten Einbringverfahren die Wahl der anzuwendenden Holzschutzmittel.

3.2.2 Ölige Holzschutzmittel sind allgemein anwendbar bei trockenem Holz (Feuchte bis zu 20 % nach DIN 4074 Teil 1 und Teil 2). Soweit es die Eigenschaften des Holzschutzmittels erlauben, ist die Anwendung auch bei halbtrockenem Holz (Feuchte über 20 % bis 30 % nach DIN 4074 Teil 1 und Teil 2) möglich.

3.2.3 Wassergelöste Holzschutzmittel sind für trockenes und halbtrockenes Holz geeignet, d. h. bis zu einer Holzfeuchte von etwa 30 %; sie dürfen bei Anwendung geeigneter Einbringverfahren und Anwendungskonzentrationen auch bei höherer Feuchte eingesetzt werden.

Anmerkung: Einen Überblick über Einbringverfahren gibt DIN 68 800 Teil 1.

3.2.4 Für Emulsionen gelten die Festlegungen im Prüfbescheid (siehe Abschnitt 4.2).

3.3 Mechanische Vorbehandlung

3.3.1 Bei schwer imprägnierbaren Holzarten[1]) sowie bei Schnitthölzern im Bereich des freigelegten Kern- und Reifholzes führt eine mechanische Vorbehandlung (Perforation) zu einer größeren Schutzmittelaufnahme (Einbringmenge), gleichmäßigeren Schutzmittelverteilung und größeren Eindringtiefe des Holzschutzmittels.

3.3.2 Wenn bei tragenden Bauteilen mechanische Vorbehandlungsverfahren mit mehr als 3 mm Einwirkungstiefe angewendet werden, ist der Einfluß auf die Tragfähigkeit erforderlichenfalls zu berücksichtigen.

3.4 Festlegung der Schutzbedingungen durch den Imprägnierer

Vor Beginn der Schutzbehandlung sind die Bedingungen hinsichtlich Holzart, Oberfläche (in m^2) bzw. Volumen (in m^3), Gefährdungsklasse, Einbringverfahren, Holzschutzmittel, Lösungskonzentration und dergleichen festzulegen (Siehe auch Abschnitt 9.1).

---

[1]) Von den in DIN 1052 Teil 1 angeführten Holzarten fallen hierunter z. B. Fichte und Douglasie.

4 Holzschutzmittel

4.1 Holzschutzmittel enthalten biozide Wirkstoffe zum Schutz des Holzes gegen tierische und pflanzliche Schädlinge. Sie sind nur dort zu verwenden, wo der Schutz des Holzes erforderlich ist. Die Warnhinweise und Sicherheitsratschläge auf den Gebinden sowie die einschlägigen Vorschriften der Gefahrstoffverordnung und ähnliche sind zusätzlich zu Abschnitt 4.4 zu beachten.

Anmerkung: Hinzuweisen ist ferner auf das „Merkblatt für den Umgang mit Holzschutzmitteln" *)

4.2 Es dürfen nur Holzschutzmittel mit Prüfzeichen verwendet werden [2]).

4.3 Die Auswahl des Holzschutzmittels erfolgt auf der Grundlage der erteilten Prüfprädikate nach Prüfbescheid unter Berücksichtigung des Anwendungsbereiches des Holzes (siehe Tabelle 2) und der sich hieraus ergebenden Gefährdungsklasse (siehe Tabelle 3), der Holzfeuchte (siehe Abschnitt 3.2) sowie des vorgesehenen Einbringverfahrens (siehe Abschnitt 5).

Tabelle 3. **Anforderungen an anzuwendende Holzschutzmittel in Abhängigkeit von der Gefährdungsklasse**

Gefährdungsklasse	Anforderungen an das Holzschutzmittel	erforderliche Prüfprädikate für tragende Bauteile
0	keine Holzschutzmittel erforderlich	
1	insektenvorbeugend	Iv
2	insektenvorbeugend pilzwidrig	Iv, P
3	insektenvorbeugend pilzwidrig witterungsbeständig	Iv, P, W
4	insektenvorbeugend pilzwidrig witterungsbeständig moderfäulewidrig	Iv, P, W, E

Folgende Prüfprädikate werden unterschieden:

Iv gegen Insekten vorbeugend wirksam

P gegen Pilze vorbeugend wirksam (Fäulnisschutz)

W auch für Holz, das der Witterung ausgesetzt ist, jedoch nicht im ständigen Erdkontakt und nicht im ständigen Kontakt mit Wasser

E auch für Holz, das extremer Beanspruchung ausgesetzt ist (im ständigen Erdkontakt und/oder im ständigen Kontakt mit Wasser sowie bei Schmutzablagerungen in Rissen und Fugen)

---

*) Zu beziehen durch: Industrieverband Bauchemie und Holzschutzmittel e. V., Karlstraße 21, 6000 Frankfurt

[2]) Das Prüfzeichen mit Prüfprädikaten erteilt das Institut für Bautechnik, Reichpietschufer 72–76, 1000 Berlin 30, in einem Prüfbescheid. Voraussetzung für die Erteilung des Prüfzeichens ist der Nachweis der Wirksamkeit durch eine anerkannte Prüfstelle sowie der gesundheitlichen Unbedenklichkeit bei bestimmungsgemäßer Anwendung, der durch das Bundesgesundheitsamt erfolgt.

4.4 Zu beachten sind zusätzlich zu Abschnitt 4.1 mögliche Anwendungseinschränkungen in den „Besonderen Bestimmungen" des Prüfbescheides (z. B. Anwendbarkeit in Aufenthaltsräumen).

Anmerkung: Zu berücksichtigen sind ferner die Hinweise im Technischen Merkblatt des Holzschutzmittelherstellers, z. B. auch zur Verträglichkeit mit anderen Baustoffen.

4.5 Sofern geschützte Holzteile nachträglich einen Anstrich (Beschichtung) erhalten sollen, muß das Anstrich- (Beschichtungs-)mittel mit dem Holzschutzmittel verträglich sein und darf dessen Wirksamkeit nicht beeinträchtigen.

4.6 Sofern geschützte Holzteile nachträglich verleimt werden sollen, muß die Leimverträglichkeit des Holzschutzmittels durch eine amtliche Prüfstelle nachgewiesen sein.

5 Einbringverfahren

5.1 Die Anwendung von Holzschutzmitteln erfordert ausreichende Kenntnisse über biozide Wirkstoffe (siehe Abschnitt 4.1) sowie Erfahrung mit dem Baustoff Holz, den bestehenden Schadensmöglichkeiten und den einzusetzenden Holzschutzmitteln und -verfahren.

5.2 Die Wahl des Einbringverfahrens erfolgt in Abhängigkeit von der Gefährdungsklasse (siehe Abschnitt 7), der Holzfeuchte (siehe Abschnitt 3.2) und dem vorgesehenen Holzschutzmittel (siehe Abschnitt 4); bei der Auswahl ist einem geeigneten Verfahren mit geringer Umweltbelastung der Vorzug zu geben (siehe auch Anmerkung zu Abschnitt 3.2.3).

5.3 Spritzen außerhalb stationärer Anlagen darf nicht erfolgen. Das gilt nicht für unerläßlich nachträglich durchzuführende Schutzmaßnahmen – soweit ein Streichen nicht möglich ist – mit hierfür ausgewiesenen Präparaten durch Fachbetriebe, z. B. an bestehenden Dachkonstruktionen (vergleiche Abschnitte 8.4 und 8.6 sowie Bekämpfungsmaßnahmen nach DIN 68 800 Teil 4 (z. Z. Entwurf)).

5.4 Bei manuellen Einbringverfahren (Streichen, Fluten, gegebenenfalls Spritzen) sind unabhängig von der einbringbaren Holzschutzmittelmenge im allgemeinen mindestens 2 Arbeitsgänge erforderlich. Zwischen den Arbeitsgängen sind ausreichende Wartezeiten einzuhalten, um die erneute Aufnahmefähigkeit des Holzes sicherzustellen.

5.5 Um einen möglichst wirksamen und dauerhaften chemischen Holzschutz zu erreichen, sollte unter den anwendbaren Verfahren demjenigen der Vorzug gegeben werden, bei dem das Holzschutzmittel tief eindringt, gleichmäßig in der durchtränkten Zone verteilt ist und die eingebrachte Menge gemessen werden kann.

6 Einbringmengen

6.1 Es gelten die im Prüfbescheid genannten Einbringmengen. Sie sind abhängig von der Gefährdungsklasse des Holzes, dem anzuwendenden Einbringverfahren, der Art des Holzschutzmittels und der Querschnittsabmessung des Holzes.

Bei Druckverfahren (Vakuum- und Kesseldrucktränkungen) gelten zusätzlich die in Tabelle 4 genannten Multiplikatoren.

6.2 Die im Prüfbescheid angegebenen Einbringmengen beziehen sich auf das Holzschutzmittel und nicht auf eventuell zur Tränkung daraus hergestellte Verdünnungen oder Lösungen.

Tabelle 4. **Multiplikatoren für die Einbringmengen nach Prüfbescheid in kg/m³ Holzvolumen bei Anwendung durch Druckverfahren in den Gefährdungsklassen 1 bis 4**

Schnittholzdicke cm	Rundholzdurchmesser cm	Multiplikator
< 4	< 7	1,50
4 bis 8	7 bis 10	1,25
> 8	> 10	1,00

6.3 Die für Vakuum- und Kesseldrucktränkung geforderten Einbringmengen in kg/m³ Holzvolumen gelten für die jeweils in das Tränkgefäß eingebrachte Holzmenge. Für einzelne Hölzer gelten Abschnitte 9.3.3 und 9.3.4.

6.4 Werden Hölzer im Trogtränk- oder Tauchverfahren behandelt, gelten die Einbringmengen in g/m² bzw. ml/m² als Mittelwert der gesamten in das Tränkgefäß eingebrachten Holzmenge. Für einzelne Hölzer gelten die Abschnitte 9.2.1, 9.2.2 und 9.3.2.

6.5 Soweit Hölzer im Streich-, Spritz-, Sprühtunnel- oder Flutverfahren behandelt werden, sind die geforderten Einbringmengen in g/m² bzw. ml/m² bei Farbkernhölzern im Splintbereich zu erreichen. Für einzelne Hölzer gilt Abschnitt 9.3.2.

7 Durchführung der Schutzbehandlung

7.1 Schutzbehandlung im Bereich der Gefährdungsklasse 1

7.1.1 Zur Verhinderung eines möglichen Befalls durch Insekten ist ein Holzschutzmittel ausreichend, das ausschließlich das Prüfprädikat Iv besitzt (siehe Abschnitte 4.3 und 4.4).

7.1.2 Die Wahl des Einbringverfahrens ist freigestellt, soweit im Prüfbescheid für das betreffende Schutzmittel keine Einschränkung enthalten ist; die Abschnitte 5, 6, 8.1, 8.2, 8.4 und 8.5 sind zu beachten.

7.2 Schutzbehandlung im Bereich der Gefährdungsklasse 2

7.2.1 Zur Verhinderung eines möglichen Befalls sowohl durch holzzerstörende Pilze als auch durch Insekten ist ein Holzschutzmittel einzusetzen, das mindestens die Prüfprädikate Iv und P besitzt (siehe Abschnitte 4.3 und 4.4).

7.2.2 Die Wahl des Einbringverfahrens ist freigestellt, soweit im Prüfbescheid für das betreffende Schutzmittel keine Einschränkung enthalten ist. Abschnitte 5, 6, 8.1, 8.2, 8.4 und 8.5 sind zu beachten.

7.3 Schutzbehandlung im Bereich der Gefährdungsklasse 3

7.3.1 Zur Verhinderung eines möglichen Befalls sowohl durch holzzerstörende Pilze als auch durch Insekten ist unter Berücksichtigung der gegebenen Beanspruchung durch Auswaschung ein Holzschutzmittel einzusetzen, das mindestens die Prüfprädikate Iv, P und W besitzt (siehe Abschnitte 4.3 und 4.4).

7.3.2 Für die anwendbaren Einbringverfahren gilt Tabelle 5, die Abschnitte 5, 6 sowie 8.2, 8.4 und 8.5 sind zu beachten.

7.3.3 Für verleimte Bauteile (z. B. Brettschichtholz) sind auch Streich- und Sprühtunnelverfahren sowie Tauchen zulässig, wenn die frei bewitterten Bauteile kontrolliert und die Oberflächen einschließlich der nachträglich gebildeten Schwindrisse nachgeschützt werden.

Der erste Nachschutz von Schwindrissen ist im ersten Spätsommer durchzuführen, weitere Kontrollen und hiernach erforderliche Nachschutzmaßnahmen sind in Abständen von rund zwei Jahren vorzunehmen.

7.3.4 Bei ein- und zweigeschossigen Wohnhäusern und vergleichbaren Gebäuden gilt für die Behandlung von Einzelteilen aus Schnittholz (z. B. Balken, Stützen) mit einer Querschnittfläche von höchstens 300 cm^2 und einer Einbaufeuchte von höchstens 20% Abschnitt 7.3.3 sinngemäß.

Tabelle 5. **Anwendbare Einbringverfahren in Gefährdungsklasse 3, soweit auch im Prüfbescheid angegeben**

Holz	Holzfeuchte zu Beginn der Schutzbehandlung		
	bis 30%	über 30% bis 50%	über 80% im Splint
Brettschichtholz [1])	Kesseldrucktränkung	–	–
Schnittholz [2])	Vakuumtränkung Trogtränkung	Trogtränkung [3])	–
Rundholz	Kesseldrucktränkung Vakuumtränkung	–	Wechseldruckverfahren

[1]) siehe Abschnitt 7.3.3

[2]) Für den Grundschutz sollen Kesseldruck- und Vakuumverfahren angewendet werden. Tauchen ist nur zulässig, wenn das Holz abweichend von DIN 52 175 für Stunden untergetaucht gehalten wird und die Anwendbarkeit des Präparates hierfür ausgewiesen ist, siehe auch Abschnitt 7.3.4.

[3]) Wenn die Anwendbarkeit im Prüfbescheid ausgewiesen ist; das Holz ist abweichend von DIN 52 175 für Tage untergetaucht zu halten.

7.4 Schutzbehandlung im Bereich der Gefährdungsklasse 4

7.4.1 Wegen der besonderen Beanspruchung kommen ausschließlich Holzschutzmittel mit den Prüfprädikaten Iv, P, W, E in Betracht. Steinkohlenteer-Imprägnieröl kann angewendet werden, wenn es der Bundespost-Vorschrift oder den Spezifikationen A bzw. B des Westeuropäischen Instituts für Holzimprägnierung entspricht.

7.4.2 Anzuwenden sind ausschließlich Kesseldruckverfahren; und zwar

a) für Rund- und Schnitthölzer bis zu 30% Holzfeuchte

- Volltränkung bei wassergelösten Holzschutzmitteln oder
- ein Sparverfahren bei Steinkohlenteer-Imprägnieröl;

b) für Rundholz mit über 80% Splintholzfeuchte das Wechseldruckverfahren mit wassergelösten Holzschutzmitteln

7.4.3 Rundholz

7.4.3.1 Im Bereich der Erde-(Wasser-)Luft-Zone ist vorzugsweise Rundholz zu verwenden. Die Erde-(Wasser-)Luft-Zone ist anzusetzen von 50 cm unterhalb bis 40 cm oberhalb der Erdgleiche bzw. des Wasserspiegels.

In diesem Bereich soll bei Rundholz leicht tränkbarer Holzarten (z. B. Kiefer) 20 mm Splintbreite nicht unterschritten sein; der Splint ist vollständig zu durchtränken.

7.4.3.2 Bei Verwendung schwer tränkbarer Holzarten (z. B. Fichte, Douglasie) ist entsprechend DIN 18 900 eine mechanische Vorbehandlung (siehe Abschnitt 3.3) für eine Mindesteindringtiefe von 30 mm in der Erde-(Wasser-)Luft-Zone anzuwenden.

7.4.3.3 Können die geforderte Splintbreite bzw. Mindesteindringtiefen nicht erreicht werden, ist auf eine Verwendung in der Erde-(Wasser-)Luft-Zone zu verzichten.

7.4.4 Schnittholz

Für Bauteile aus Schnittholz gelten die Forderungen hinsichtlich der Mindesteindringtiefe nach Abschnitt 7.4.3 sinngemäß. Eine mechanische Vorbehandlung muß die gesamte Oberfläche der schwer tränkbaren Holzarten bzw. der Holzbereiche umfassen; Anzahl und Anordnung der Einstiche sind so zu wählen, daß eine möglichst gleichmäßig durchtränkte Zone erzielt wird. Die Einstichtiefe bei jeder zu perforierenden Fläche ist in Abhängigkeit von der Holzdimension zu wählen. Richtwerte nach Tabelle 6.

Tabelle 6. **Perforationstiefe zur mechanischen Vorbehandlung**

Holzdicke/bzw. -breite mm	Perforationstiefe mm
bis 25	5
über 25 bis 30	8
über 30	10

Anmerkung: Zur Tragfestigkeit perforierter Hölzer vergleiche Abschnitt 3.3.2. Freiliegendes Kernholz ohne mechanische Perforation soll in der Erde-(Wasser-)Luft-Zone nicht verwendet werden.

8 Behandlung des Holzes nach der Schutzbehandlung

8.1 Bei Verwendung nicht fixierender Holzschutzsalze (d. h. ohne Prüfprädikat W) ist eine regengeschützte Lagerung und Verarbeitung bis zum endgültigen Einbau unter Dach sicherzustellen. Waren die Hölzer zwischenzeitlich einer Auswaschbeanspruchung ausgesetzt, so ist eine Nachbehandlung entsprechend Abschnitt 8.5 erforderlich.

8.2 Bei Verwendung fixierender Salze (d. h. mit Prüfprädikat W) ist das Holz so lange regengeschützt beim Imprägnierer zu lagern, bis die Oberfläche abgetrocknet und die Fixierung soweit fortgeschritten ist, daß bei kurzzeitiger Beregnung keine Auswaschung von Schutzmittelbestandteilen erfolgt.

8.3 Hölzer der Gefährdungsklassen 3 und 4 dürfen erst nach abgeschlossener Fixierung des Schutzmittels ausgeliefert werden.

8.4 Nachträglich auftretende Trockenrisse können die Wirksamkeit einer Holzschutzbehandlung beeinträchtigen. Sie sollen daher nach Abschnitt 8.5 nachbehandelt werden.

Auf eine derartige Nachbehandlung kann verzichtet werden, wenn sichergestellt ist, daß die durch Risse freigelegten Holzteile bei der Erstbehandlung vollständig erfaßt sind.

8.5 Bei einer Nachbehandlung sind Holzschutzmittel in den Mengen anzuwenden, die für sich allein die Schutzbehandlung sicherstellen. Sie müssen mit dem Schutzmittel der Erstbehandlung verträglich sein.

8.6 Ist bei geschützten Hölzern eine nachträgliche Bearbeitung unumgänglich (siehe Abschnitt 3.1.2), so sind die neuen Bearbeitungsflächen entsprechend den Angaben nach Abschnitt 8.5 nachzubehandeln.

9 Prüfung der Schutzbehandlung

9.1 Bedingungen vor der Schutzbehandlung

9.1.1 Feststellen der Holzart und Oberflächenbeschaffenheit sowie der zu Beginn der Schutzbehandlung gegebenen Holzfeuchte. Ermitteln der zu behandelnden Oberfläche (m^2) bzw. des Holzvolumens (m^3).

9.1.2 Feststellen der Gefährdungsklasse, des Einbringverfahrens und des zu verwendenden Holzschutzmittels. Bei Holzschutzsalzen sind die angewandte Lösungskonzentration, Dichte und Lösungstemperatur auszuweisen.

9.1.3 Schutzsalzlösungen von Tauch-, Trog-, Vakuum-, Kesseldruck- und Wechseldruckanlagen sind hinsichtlich ihres Gehaltes an Wirkstoffen durch stichprobenweise und analytische Untersuchungen zu prüfen. Gegebenenfalls ist die Zusammensetzung entsprechend der Originalrezeptur zu korrigieren.

9.2 Ermitteln der Einbringmengen durch den Imprägnierer

9.2.1 Beim Streichen, Spritzen (vergleiche Abschnitt 5.3), Fluten, Tauchen ist die Einbringmenge in g/m^2 bzw. ml/m^2 abgewickelter Holzoberfläche anhand des Schutzmittelverbrauchs unter Berücksichtigung der Schutzmittelverluste und der behandelten Holzoberflächen zu ermitteln. Bei Einzelverwiegung sind bei eingehaltenem Mittelwert Abweichungen bis maximal 20 % zulässig.

9.2.2 Bei der Trogtränkung wird die Einbringmenge in g/m^2 bzw. ml/m^2 abgewickelte Holzoberfläche entweder durch Verwiegen des Holzes oder aus Flüssigkeitsständen vor und nach der Schutzbehandlung ermittelt. Bei Einzelverwiegung sind bei eingehaltenem Mittelwert Abweichungen bis maximal 20 % zulässig.

Wurden nasse Hölzer mit über 30 % Holzfeuchte behandelt, ist eine mögliche Absenkung der Lösungskonzentration als zusätzlicher Holzschutzsalzverbrauch einzubeziehen (siehe Abschnitt 9.2.4).

9.2.3 Bei der Kesseldruck- und Vakuumtränkung wird die Menge der eingebrachten Tränkflüssigkeiten entweder durch Verwiegen des Holzes vor und nach der Tränkung oder mittels geeigneter Meßeinrichtungen (Flüssigkeitsmessung) erfaßt und unter Einbeziehen des Holzvolumens die eingebrachte Schutzmittelmenge in kg/m^3 ermittelt. Bei wasserlöslichen Holzschutzmitteln ist zusätzlich die angewendete Lösungskonzentration einzubeziehen.

9.2.4 Bei der Wechseldrucktränkung wird die eingebrachte Schutzsalzmenge aus der Absenkung der Lösungskonzentration zuzüglich des festgestellten Lösungsverbrauches ermittelt und in kg/m^3 Holzvolumen ausgewiesen.

9.3 Quantitative Bestimmungen der Einbringmengen durch Prüfstellen

9.3.1 Eine quantitative Bestimmung der in das Holz eingebrachten Schutzmittelmenge ist durch eine sachkundige Prüfstelle, welche mit den einschlägigen Normen und Analyseverfahren vertraut ist, durchzuführen [3]).

9.3.2 Soweit Hölzer im Trogtränk-, Tauch-, Streich-, Spritz-, Sprühtunnel- oder Flutverfahren behandelt wurden, sind je nach Gefährdungsklasse die in den Abschnitten 6.4 und 6.5 geforderten Einbringmengen im Mittel nachzuweisen. Bei einzelnen Proben ist eine Unterschreitung bis zu 20 % im Splintbereich zulässig. Im Bereich von Oberflächen aus Kern/Reifholz müssen mindestens 50 % der geforderten Einbringmengen vorhanden sein. Die Probenahme erfolgt nach DIN 52 161 Teil 1.

9.3.3 Soweit Hölzer im Kesseldruck- oder Vakuumverfahren behandelt wurden, sind in den Gefährdungsklassen 1 bis 3

a) bei Rundholz im Mittel für 5 Einzelproben von den in den Abschnitten 6.1 bis 6.4 geforderten Einbringmengen bis zu 20 % Unterschreitungen zulässig;

b) bei Schnittholz in Abhängigkeit vom Kern-/Reifholzanteil der vorgelegten Querschnittsproben die im Prüfbescheid geforderten Einbringmengen in folgender Höhe nach Tabelle 7 nachzuweisen:

Tabelle 7. **Nachzuweisende Einbringmengen**

Kern-/Reifholzanteil %	Einbringmenge %
60	100
70	80
80	60
90	40
100	20

9.3.4 Bei Hölzern der Gefährdungsklasse 4 sind im Bereich der Erde-(Wasser-)Luft-Zone die in den Abschnitten 6.1 und 6.3 geforderten Einbringmengen nachzuweisen. Je angefangene 5 m^3 Holz sind fünf Proben zu entnehmen. Für diese Proben sind Unterschreitungen bis max. 20 % zulässig. Kann die Erde-(Wasser-)Luft-Zone im vorhinein nicht bestimmt werden, müssen die Einbringmengen in der gesamten Probe vorliegen. Für die Berücksichtigung von Kern-/Reifholzanteilen gilt Abschnitt 9.3.3.

10 Bescheinigung und Kennzeichnung

10.1 Bescheinigung

Zur Bescheinigung der ausgeführten Holzschutzbehandlung hat der Auftragnehmer in den Begleitpapieren anzugeben, gegebenenfalls getrennt für Grundschutz und Nachbehandlung:

- Name und Anschrift des ausführenden Betriebes
- Bezug auf die vorliegende Norm und Angabe, ob die Erfüllung der Anforderungen für tragendes oder für nichttragendes Holz erfolgte
- Angewendete Holzschutzmittel mit Prüfzeichen und Prüfprädikaten, Auslobung [4])

---

[3]) Einschlägige Prüfstellen nennt der Verband Deutscher Materialprüfanstalten (VDMP) auf Anfrage; die jeweilige Verbandsadresse ist zu erfragen beim NHM im DIN, Kamekestraße 8, 5000 Köln 1.

[4]) Angabe der Anwendungsbereiche durch den Hersteller bzw. die Lieferfirma.

- Wirkstoffe
- Angewendetes Einbringverfahren
- Bei wasserlöslichen Holzschutzmitteln die angewendete Lösungskonzentration,
- Berücksichtigte Gefährdungsklasse
- erzielte Einbringmenge – ohne Schutzmittelverluste – in g/m², ml/m² bzw. kg/m³.
- Jahr und Monat der Behandlung

10.2 Kennzeichnung

Für schutzbehandeltes verbautes Holz ist durch den Auftragnehmer an mindestens einer möglichst sichtbar bleibenden Stelle des behandelten Bereiches in dauerhafter Form anzugeben:
- Name und Anschrift des ausführenden Betriebes
- Name und Prüfzeichen des angewendeten Holzschutzmittels
- Prüfprädikate
- Wirkstoffe
- erzielte Einbringmenge, ohne Schutzmittelverluste in g/m², ml/m² bzw. kg/m³
- Jahr und Monat der Behandlung

10.3 Unterlagen

Die zur Beurteilung einer durchgeführten Arbeit erforderlichen Unterlagen, z. B. Tränkdiagramme, sind dem Auftraggeber nach vorheriger Vereinbarung auszuhändigen.

11 Hinweise für den Schutz von nichttragendem, nicht maßhaltigen Holz ohne statische Funktion

11.1 Notwendigkeit

11.1.1 Es ist im Einzelfall zu vereinbaren, ob chemische Schutzmaßnahmen vorgenommen werden sollen. Maßgebend hierfür sind im wesentlichen
- Ausmaß der Gefährdung
- Wert oder Bedeutung der Holzbauteile und deren Werterhaltung
- Gewichtung von gesundheitlichen/umweltbezogenen Gesichtspunkten chemischer Holzschutzmaßnahmen durch den Auftraggeber

11.1.2 Für die Zuordnung des Holzes bzw. von Holzbauteilen zu Gefährdungsklassen gilt Abschnitt 2.

11.1.3 Vor Anwendung von Holzschutzmitteln ist zu überprüfen, inwieweit dies durch konstruktive Holzschutzmaßnahmen vermieden werden kann.

11.1.4 Im Innenbau sollte auf eine großflächige Anwendung von Holzschutzmitteln (Fläche: Raumverhältnis $> 0{,}2$) grundsätzlich verzichtet werden.

11.1.5 In Räumen mit üblichem Wohnklima oder vergleichbaren Räumen ist nur für stärkereiche Laubhölzer (z. B. Abachi, Limba, Eichensplintholz) eine Gefahr von Schäden durch Lyctusbefall gegeben, der durch ein insektizides Mittel begegnet werden kann. Alle anderen Holzarten bedürfen keines chemischen Holzschutzes.

11.2 Durchführung

11.2.1 Wurde nach Abschnitt 11.1.1 chemischer Holzschutz vereinbart, so gelten die folgenden Regelungen.

11.2.2 Für die Vorbedingungen für eine Schutzbehandlung gilt Abschnitt 3. Eine mechanische Vorbehandlung nach Abschnitt 3.3 ist jedoch in der Regel nicht erforderlich, wenn eine geringere Schutzmittelmenge und Eindringtiefe toleriert werden kann. Hieraus ergibt sich eine geringere Schutzdauer, der durch regelmäßige Nachbehandlung begegnet werden kann (siehe jedoch Abschnitt 11.2.10).

11.2.3 Es sind nur Holzschutzmittel anzuwenden, deren Wirksamkeit eine anerkannte Prüfstelle [3]) und deren gesundheitliche Unbedenklichkeit bei bestimmungsgemäßer Anwendung das Bundesgesundheitsamt festgestellt hat. Abschnitt 4 gilt sinngemäß.

Anmerkung: Holzschutzmittel sind ausschließlich Präparate mit sichergestellter Wirksamkeit gegen holzschädigende oder holzzerstörende Organismen. Abschnitt 4.1 ist zu beachten.

11.2.4 Für die anzuwendenden Einbringverfahren gilt Abschnitt 5 sinngemäß.

11.2.5 Für die einzubringenden Schutzmittelmengen gilt Abschnitt 6 sinngemäß, soweit nicht abweichende Regelungen für solche Präparate vorliegen, die besonders für den Schutz nichttragender Bauteile vorgesehen sind. Für diese Präparate müssen die einzubringenden Schutzmittelmengen auf den Gebinden angegeben sein.

11.2.6 Für die Durchführung einer Schutzbehandlung in den verschiedenen Gefährdungsklassen gilt Abschnitt 7. Die Abschnitte 11.1.3, 11.1.4 sowie 11.2.7 bis 11.2.10 sind besonders zu beachten.

11.2.7 Für Hölzer in den Gefährdungsklassen 2 und 3, bei denen auch ein Befall durch holzverfärbende Pilze vermieden werden soll, ist ein Holzschutzmittel mit nachgewiesener bläuewidriger Wirksamkeit zu verwenden.

11.2.8 Für Hölzer der Gefährdungsklasse 3 ist abweichend von Tabelle 5 das Einbringverfahren freigestellt; das Schutzmittel muß im gewählten Verfahren anwendbar sein. Beim Streichverfahren ist auf eine ausreichende Schutzmittelaufnahme der Stirnflächen zu achten.

11.2.9 Allseits bewitterte Hölzer (z. B. im Garten- und Landschaftsbau) sind zur Erreichung eines ausreichenden Grundschutzes vorzugsweise im Kesseldruckverfahren zu schützen.

11.2.10 In Gefährdungsklasse 4 sind in Anbetracht der starken Gefährdung des Holzes und der Schwierigkeit, während des Gebrauchs eine Wiederholung der Schutzbehandlung vorzunehmen, grundsätzlich die gleichen Maßnahmen wie für tragendes Holz erforderlich, mit der Maßgabe, daß Kiefernholz im gesamten Splintbereich durchtränkt sein muß und bei Fichtenholz allseitig 6 mm Eindringtiefe mindestens erreicht werden muß (erforderlichenfalls durch mechanische Vorbehandlung). Andernfalls gilt Abschnitt 7.4.3.3 und Abschnitt 7.4.4.

Hölzer, die die Anforderungen auf der Grundlage eines Gütezeichens erfüllen [5]), müssen mit dem vorgeschriebenen Gütezeichen gekennzeichnet sein.

---

3) Siehe Seite 6

5) Imprägnierte Rund- und Schnitthölzer mit dem RAL-Gütezeichen RG 411 „Kesseldruckimprägnierte Palisaden und Holzbauelemente für Garten-, Landschafts- und Spielplatzbau" erfüllen die Anforderungen der Gefährdungsklasse 4 nach Abschnitt 11.2.10.

Pfähle, die eine Schutzbehandlung nach den Güte- und Prüfbestimmungen der Gütegemeinschaft Holzpfähle erfahren haben, erfüllen die Anforderungen der Gefährdungsklasse 4.

11.2.11 Für die Behandlung des Holzes nach der Tränkung gilt Abschnitt 8 sinngemäß.

11.2.12 Für die Prüfung der Schutzbehandlung gilt Abschnitt 9.

11.2.13 Für die Bescheinigung und Kennzeichnung der durchgeführten Schutzmaßnahmen gilt Abschnitt 10 [6]).

12 Hinweise für den Schutz von nichttragendem maßhaltigen Holz (Außenfenster und Außentüren)

12.1 Außenfenster und Außentüren gehören der Gefährdungsklasse 3 an.

12.1.1 Wenn nachträglich ein dauerhaft wirksamer Oberflächenschutz, z. B. durch Instandhaltung und rechtzeitige Instandsetzung, gewährleistet ist, können Außenfenster und Außentüren in die Gefährdungsklasse 2 eingestuft werden. Ein ausreichender Oberflächenschutz des Holzes wird jedoch erst durch ein komplettes Anstrichsystem erreicht. Es dürfen keine auswaschbaren Präparate eingesetzt werden.

12.1.2 Eine Gefahr von Schäden durch Insekten ist im allgemeinen nicht gegeben. Auf einen besonderen insektiziden Schutz sollte verzichtet werden.

12.2 Erforderlich ist ein chemischer Holzschutz gegen Bläue und holzzerstörende Pilze; es sei denn, es wird das Kernholz von Holzarten der Resistenzklassen 1 und 2 nach DIN 68 364 verwendet. Soll bei Splintholz sowie bei Kernholz von Holzarten der Resistenzklassen 3 bis 5 (nach DIN 68 364) auf einen chemischen Holzschutz verzichtet werden, so ist dies schriftlich zu vereinbaren.

Anmerkung: Für die richtige konstruktive Ausbildung sind die Empfehlungen einschlägiger Institutionen, z. B. des Instituts für Fenstertechnik e. V., Theodor-Gietl-Straße 9, 8200 Rosenheim, zu beachten.

12.3 Es sind Holzschutzmittel anzuwenden, deren Wirksamkeit und deren gesundheitliche Unbedenklichkeit bei bestimmungsgemäßer Anwendung festgestellt ist.

Das Einbringverfahren ist freigestellt; Abschnitt 5 gilt sinngemäß.

Anmerkung: Entsprechende Prüfstellen nennt der Normenausschuß Holzwirtschaft und Möbel, im DIN, Kamekestraße 8, 5000 Köln 1, auf Anfrage.

12.4 Die einzubringenden Schutzmittelmengen müssen die festgestellte Wirksamkeit sicherstellen. Sie sind auf dem Gebinde anzugeben.

12.5 Die Bauteile müssen allseitig behandelt werden. Vor dem Einbau müssen die Fenster und Außentüren zusätzlich zu der Schutzbehandlung mindestens einen Grundanstrich und einen Zwischenanstrich erhalten.

Eine mechanische Vorbehandlung nach Abschnitt 3.3 entfällt.

Anmerkung: Bei Anwendung entsprechender Präparate können gegebenenfalls Holzschutzbehandlung und Grundanstrich in einem Arbeitsgang erfolgen.

Die Anstrichsysteme sind vom Hersteller z. B. entsprechend der Tabelle des Instituts für Fenstertechnik e. V., Rosenheim, „Anstrichgruppen für Holz in der Außenanwendung" eigenverantwortlich einzuordnen. Das gesamte Anstrichsystem muß innerhalb des vom Anstrichstoffhersteller vorgegebenen Zeitraumes ab Anlieferung an die Baustelle fertiggestellt sein.

12.6 Für die Bescheinigung der durchgeführten Holzschutzarbeiten gilt Abschnitt 10.

---

[6]) Zur Bescheinigung sind auch die Unterlagen von Gütegemeinschaften und gleichwertigen Institutionen möglich, wenn die Hölzer entsprechend gekennzeichnet sind.

Zitierte Normen und andere Unterlagen

DIN 1052 Teil 1 Holzbauwerke; Berechnung und Ausführung
DIN 1052 Teil 3 Holzbauwerke; Holzhäuser in Tafelbauart; Berechnung und Ausführung
DIN 1074 Holzbrücken; Berechnung und Ausführung
DIN 4074 Teil 1 Sortierung von Nadelholz nach der Tragfähigkeit; Nadelschnittholz
DIN 4074 Teil 2 Bauholz für Holzbauteile; Gütebedingungen für Baurundholz (Nadelholz)
DIN 18 900 Holzmastenbauart; Berechnung und Ausführung
DIN 52 161 Teil 1 Prüfung von Holzschutzmitteln; Nachweis von Holzschutzmitteln im Holz; Probenahme aus Bauholz
DIN 52 175 Holzschutz; Begriff, Grundlagen
DIN 68 364 Kennwerte von Holzarten; Festigkeit, Elastizität, Resistenz
DIN 68 800 Teil 1 Holzschutz im Hochbau; Allgemeines
DIN 68 800 Teil 2 Holzschutz im Hochbau; Vorbeugende bauliche Maßnahmen
DIN 68 800 Teil 4 (z. Z. Entwurf) Holzschutz; Bekämpfungsmaßnahmen gegen Pilz- und Insektenbefall
DIN 68 800 Teil 5 Holzschutz im Hochbau; Vorbeugender chemischer Schutz von Holzwerkstoffen
Merkblatt für den Umgang mit Holzschutzmitteln *)
RAL-RG 411 Güte- und Prüfbedingungen für kesseldruckimprägnierte Palisaden und Holzbauelemente für Garten-, Landschafts- und Spielplatzbau **)

Frühere Ausgaben

DIN 68 805: 10.83
DIN 68 800: 09.56
DIN 68 800 Teil 3: 05.74, 05.81

Änderungen

Gegenüber der Ausgabe Mai 1981 und DIN 68 805/10.83 wurden folgende Änderungen vorgenommen:

a) Der Anwendungsbereich der Norm wurde ausgeweitet auf den Gesamtbereich des Holzschutzes. Der Titel der Norm wurde entsprechend verallgemeinert.

b) Der Inhalt ist grundsätzlich neu gegliedert und völlig überarbeitet worden bei gleichzeitiger Straffung des Textes sowie Wegfall aller verfahrensbeschreibender Hinweise. In der Intention verstärkte Berücksichtigung hygienischer Überlegungen.

c) Die Anforderungen an den Schutz von tragenden Holzbauteilen wurden klar getrennt von den Hinweisen und Empfehlungen für den Schutz nichttragender Teile, wobei für den nichttragenden Bereich der Schutz des Holzes von Fenstern und Außentüren (bisher DIN 68 805) eingearbeitet wurde.

d) Die bisherigen „Schutzklassen" wurden durch „Gefährdungsklassen" ersetzt. Hierbei wurde das Grundprinzip beibehalten, jedoch wurde die Gefährdungsklasse 0 neu aufgenommen, für die nähere Bedingungen festgelegt wurden. Die Definition der Gefährdungsklassen und ihre Anwendungsbereiche wurden in 2 Tabellen gesplittet.

e) Die Trogtränkung wurde als „Nicht-Druckverfahren" eingeordnet (bisher gemeinsame Behandlung mit den Druckverfahren). Für die Einbringmengen bei den Druckverfahren wurde eine Faktorentabelle eingeführt zur Berücksichtigung der verschiedenen Dimensionen; dagegen Wegfall der Dimensionsabhängigkeit bei Nicht-Druckverfahren.

f) Die durchzuführende Schutzbehandlung wird nicht mehr nach Einbringverfahren und Bauteilen gegliedert, sondern nach Gefährdungsklassen unter Vorschrift differenzierter Einbringmengen und -verfahren entsprechend der bisherigen Praxis, jedoch mit teilweisen Änderungen. Für Holzteile in Erd- bzw. Wasserkontakt wurden besondere Vorschriften definiert.

g) Die Angaben zur Prüfung von Holzschutzmaßnahmen sowie die Festlegungen zu tolerierbaren Mindermengen wurden erweitert.

h) Angaben zur Bescheinigung durchgeführter Arbeiten (bisher in DIN 68 800 Teil 1 enthalten) wurden aufgenommen.

Erläuterungen

Eine Zusammenstellung der Standardbeispiele von „Zuordnung zu Gefährdungsklassen" (siehe Abschnitt 2.4.1) ist z. Z. in Vorbereitung und wird im Beuth Verlag erscheinen.

Diese Norm wurde vom Arbeitsausschuß NHM-3.3 erstellt.

Internationale Patentklassifikation

B 27 K
C 09 C 15/00
C 09 D 5/14

---

*) Siehe Seite 3

**) Zu beziehen beim RAL, Bornheimer Straße 180, 5300 Bonn 1

DK 674.048.3/.4 : 691.11 : 699.8 November 1992

Holzschutz

Bekämpfungsmaßnahmen gegen holzzerstörende Pilze und Insekten

DIN 68 800 Teil 4

Wood preservation; measures for the eradication of fungi and insects

Ersatz für Ausgabe 05.74

Inhalt

1 Anwendungsbereich

Diese Norm gilt für Maßnahmen zur Bekämpfung eines vorhandenen Befalls durch holzzerstörende Pilze und Insekten. Sie gilt nicht für den Tief- und Wasserbau.

2 Allgemeines

2.1 Wenn verbautes Holz oder Holzwerkstoffe von Pilzen befallen sind oder Lebendbefall durch holzzerstörende Insekten aufweisen und der Befall tragende und/oder aussteifende Bauteile gefährdet, müssen geeignete Maßnahmen zu deren Bekämpfung ergriffen werden. Bei nicht verbauten Hölzern ist im Einzelfall die Notwendigkeit von Bekämpfungsmaßnahmen sorgfältig zu prüfen.

2.2 Die Bekämpfung kann durch Behandlung mit einem chemischen bekämpfend wirkenden Schutzmittel (im folgenden kurz Bekämpfungsmittel genannt) oder — bei Insektenbefall — auch durch das Heißluftverfahren oder ein chemisches Begasungsverfahren vorgenommen werden. Durch Heißluft- und Begasungsverfahren wird jedoch kein vorbeugender Holzschutz erzielt.

Der Einsatz von Bekämpfungsmitteln soll soweit wie möglich beschränkt werden.

2.3 Voraussetzung für Bekämpfungsmaßnahmen ist die eindeutige Feststellung der Art der Schadorganismen und des Befallsumfanges durch dafür qualifizierte Fachleute oder Sachverständige. Die Ergebnisse sind dem Auftraggeber in einem Untersuchungsbericht vorzulegen.

2.4 Werden Bekämpfungsmaßnahmen durchgeführt, ist zunächst die Standsicherheit der tragenden und aussteifenden Konstruktionshölzer sicherzustellen.

2.5 Die Bekämpfungsmaßnahmen erfordern grundlegende Kenntnisse und Erfahrungen. Sie dürfen daher nur von qualifizierten Fachfirmen bzw. Fachleuten durchgeführt werden, die über die erforderliche Ausrüstung verfügen.

3 Chemische Schutzmittel

3.1 Es sind nur chemische Schutzmittel anzuwenden, deren Wirksamkeit eine anerkannte Prüfstelle und deren gesundheitliche Unbedenklichkeit und Umweltverträglichkeit bei bestimmungsgemäßer Anwendung das Bundesgesundheitsamt bzw. das Umweltbundesamt festgestellt haben. Entsprechende Produktunterlagen sind dem Auftraggeber auszuhändigen.

Fortsetzung Seite 2 bis 7

Normenausschuß Holzwirtschaft und Möbel (NHM) im DIN Deutsches Institut für Normung e.V.
Normenausschuß Bauwesen (NABau) im DIN

Seite 2 DIN 68 800 Teil 4

Nach dieser Norm kommen folgende chemische Schutzmittel in Betracht:

a) als **Bekämpfungs**mittel [1])

— Präparate zur Bekämpfung von Schwamm im Mauerwerk (siehe Abschnitt 4.3.2)

— Präparate mit bekämpfender (und zugleich vorbeugender) Wirksamkeit gegen holzzerstörende Insekten und gegebenenfalls gleichzeitiger vorbeugender Wirksamkeit gegen Pilze (siehe Abschnitt 5.2.1)

b) als **vorbeugend** wirkende Schutzmittel [2]) (ohne bekämpfende Wirkung)

— Präparate mit vorbeugender Wirksamkeit gegen holzzerstörende Pilze (siehe Abschnitt 4.3.1); die angebotenen Schutzmittel sind in der Regel zugleich vorbeugend wirksam gegen Insekten (außer Mittel für nichttragendes, maßhaltiges Holz, wie z. B. Fenster)

— Präparate mit vorbeugender Wirksamkeit gegen holzzerstörende Insekten (siehe Abschnitte 5.1.2, 5.2.1, 5.3.1 und 5.4.1); die angebotenen Schutzmittel sind zumeist gleichzeitig vorbeugend wirksam gegen Pilze.

3.2 Bei Anwendung der chemischen Schutzmittel sind die Anwendungseinschränkungen, Warnhinweise und Sicherheitsvorschläge auf den Gebinden, die einschlägigen Vorschriften des Chemikaliengesetzes und der Gefahrstoffverordnung, umweltschutzrechtliche und naturschutzrechtliche Vorschriften und ähnliches zu beachten.

Zu berücksichtigen sind ferner die Hinweise der Technischen Merkblätter der Hersteller, z. B. auch zur Verträglichkeit mit anderen Baustoffen und der Sicherheitsdatenblätter.

ANMERKUNG: Hinzuweisen ist ferner auf das „Merkblatt für den Umgang mit Holzschutzmitteln".

3.3 Bei der Wahl vorbeugend wirkender Schutzmittel (siehe Abschnitte 4.3.1, 5.1.2, 5.2.1, 5.3.1, 5.4.1) ist DIN 68 800 Teil 3 zu beachten.

4 Bekämpfungsmaßnahmen gegen Pilzbefall

4.1 Allgemeines

Die Bekämpfung eines Pilzbefalls im verbauten Holz ist in der Regel nur durch Entfernen der betreffenden Holzteile möglich (siehe Abschnitt 4.2.1). Zur Bekämpfung eines Pilzbefalls im Mauerwerk sind ausschließlich chemische Schutzmittel geeignet (siehe Abschnitte 2.2 und 3.1).

4.2 Vorarbeiten und bauliche Maßnahmen

4.2.1 Liegt Befall durch holzzerstörende Pilze vor, sind Oberflächenmyzel (Pilzgeflecht einschließlich Stränge) und Fruchtkörper zu entfernen (siehe Abschnitt 4.2.4). Alle befallenen Holzteile sind ein ausreichendes Stück über den sichtbaren Befall hinaus zu entfernen [3]), und zwar mindestens um 0,3 m, bei Echtem Hausschwamm und verwandten Hausschwammarten um mindestens 1 m in Längsrichtung der Hölzer [4]). Durchwachsene Schüttungen sind einschließlich eines ausreichenden Sicherheitsabstandes über den erkennbar durchwachsenen Bereich hinaus zu entfernen, beim Hausschwamm um mindestens 1,5 m in alle Richtungen.

Im Zweifelsfall ist so zu verfahren, als ob Befall durch den Echten Hausschwamm vorliegt.

4.2.2 Putz, Fugenmörtel, Mauerwerk (auch zweischaliges) und Hohlräume sind sorgfältig auf Pilzdurchwachsungen zu untersuchen. Dabei müssen auch angrenzende Räume, Geschosse und gegebenenfalls Gebäude einbezogen werden. Verdeckt eingebaute Holzbauteile einschließlich der Balkenauflagerbereiche sind freizulegen, wenn durch die Einbausituation oder den Zustand angrenzender Bauteile ein Befall zu vermuten ist, auch wenn keine sichtbaren Anzeichen dafür erkennbar sind.

4.2.3 Die Ursache erhöhter Feuchte von Holz und Mauerwerk muß festgestellt und beseitigt werden.

4.2.4 Die entfernten Myzelien, Fruchtkörper und Holzteile dürfen nicht zum Ausgangspunkt eines neuen Befalls werden. Sie sind daher unverzüglich zu sichern und geordnet zu entsorgen. Gleiches gilt für andere Baustoffe, wie Schüttung, Putz, Fugenmörtel und Mauersteine.

Ein Übersprühen des Bauschutts mit Schutzmitteln hat zu unterbleiben.

4.2.5 Bei Neueinbau von Holz und Holzwerkstoffen müssen DIN 68 800 Teil 2, Teil 3 und Teil 5 [*]) beachtet werden.

Gegebenenfalls sind andere Baustoffe und/oder Bauteile zu wählen.

4.2.6 Für die Austrocknung der sanierten Bauteile ist zu sorgen.

4.3 Chemische Maßnahmen

4.3.1 Die verbleibenden nicht befallenen Hölzer sowie die neu einzubauenden Hölzer und Holzwerkstoffe sind mit einem geprüften chemischen Schutzmittel nach Abschnitt 3.1 vorbeugend zu schützen, sofern hierfür nach DIN 68 800 Teil 3 entsprechend ihrer Gefährdung eine Notwendigkeit [5]) besteht.

---

*) Z. Z. Entwurf

[1]) Die Anforderungen des ersten Absatzes erfüllen zur Zeit Bekämpfungsmittel mit RAL-Gütezeichen der Gütegemeinschaft Holzschutzmittel e.V., Frankfurt a. M., Karlstraße 21. Die nach RAL-GZ 830 gütegesicherten Bekämpfungsmittel sind im nichtamtlichen Teil B des Verzeichnisses der Prüfzeichen für Holzschutzmittel (Holzschutzmittelverzeichnis) des Instituts für Bautechnik (IfBt), Berlin, aufgelistet.

[2]) Für tragende und aussteifende Holzbauteile dürfen nach DIN 68 800 Teil 3 nur Schutzmittel mit Prüfzeichen des Instituts für Bautechnik (IfBt), Berlin, verwendet werden.

Für nichttragendes, nichtmaßhaltiges Holz ohne statische Funktion und nichttragendes, maßhaltiges Holz sind bei der Wahl der Schutzmittel DIN 68 800 Teil 3/04.90, Abschnitte 11.2.3 bzw. 12.3 maßgebend.

[3]) Entfernen bedeutet bei Balken, Dielen usw. in der Regel ein Abschneiden der betreffenden Holzteile.

[4]) Die Anforderung eines Sicherheitsabstandes von 1 m in Längsrichtung der Hölzer kann bei Balkenkonstruktionen zu statischen Problemen bei Anlaschungen führen. In diesen Fällen ist ein Sicherheitsabstand von 0,5 m zulässig, sofern im Abstand von 0,5 m des sichtbaren Befalls das Holz frei von Substratmyzel ist.

Von der Anforderung des Entfernens befallener Holzteile sind gegebenenfalls wertvolle, unersetzbare Kunstobjekte auszuschließen, wenn sich durch geeignete Maßnahmen das Myzel abtöten und ein Wiederaufleben ausschließen läßt.

[5]) Ein vorbeugender chemischer Holzschutz ist nicht erforderlich im Bereich der Gefährdungsklasse 0 nach DIN 68 800 Teil 3.

Besondere Gefährdungsstellen des verbleibenden Holzes (z. B. Balkenköpfe, Fußpfetten) sind zusätzlich durch Sonderverfahren (z. B. Bohrlochtränkung oder Verpressen durch Druckinjektion) zu behandeln.

4.3.2 Das Mauerwerk ist im Bereich der Schadstellen mit einem nach Abschnitt 3.1 geeigneten chemischen Schutzmittel zur Bekämpfung von Schwamm im Mauerwerk zu behandeln.

Zusätzlich sollte, besonders in der Umgebung der Balkenköpfe, eine Bohrlochtränkung oder durch Druckinjektion ein Verpressen des Mauerwerks mit Schutzmitteln vorgenommen werden.

4.3.3 Ist das Mauerwerk von Myzel durchwachsen, ist grundsätzlich eine Bohrlochtränkung oder durch Druckinjektion ein Verpressen mit einem chemischen Schutzmittel nach Abschnitt 3.1 zur Bekämpfung von Schwamm im Mauerwerk vorzunehmen. Bei Mauerwerk aus Hohlkammersteinen und bei zweischaligem Mauerwerk sind die Hohlräume ausreichend auszuspritzen.

Der Sanierungsbereich — einschließlich eventueller Putzentfernung — soll sich auf 1,5 m in alle Richtungen vom letzten erkennbaren Pilzmyzel erstrecken.

4.3.4 Auf die Durchführung chemischer Maßnahmen kann verzichtet werden, wenn im Befallsbereich sämtliche Hölzer entfernt und durch nicht befallbare Baustoffe und/oder Bauteile (z. B. Beton, Stahlbeton, Stahl) ersetzt werden, auch anderweitig kein Holz und/oder Holzwerkstoffe neu eingebaut werden und die nach Abschnitt 4.2.6 geforderte Austrocknung der sanierten Bauteile nachhaltig sichergestellt ist. Dabei ist zu beachten, daß ein eventuelles Übergreifen auf angrenzende Gebäudeteile und/oder Gebäude auszuschließen ist.

In Abhängigkeit vom Befallsumfang ist auch zu prüfen, inwieweit bei befallenen Mauerwerksteilen auf chemische Maßnahmen verzichtet werden kann, indem sie herausgebrochen und erneuert werden.

4.3.5 In besonders gefährdeten Bereichen (z. B. in nicht unterkellerten Räumen im Erdgeschoß) soll auf einen erneuten Einbau von Holz und Holzwerkstoffen verzichtet werden.

5 Bekämpfungsmaßnahmen gegen Insektenbefall

5.1 Vorarbeiten

5.1.1 Wird lebender Befall durch Trockenholzinsekten (z. B. Hausbock, Anobiiden, Splintholzkäfer) festgestellt, so ist dessen Ausbreitung zu ermitteln. Dazu sind alle Vollhölzer, ausgenommen solche mit kleinem Querschnitt (wie z. B. Dachlatten), an den zugänglichen Kanten im Splintholzbereich an zwei versetzten Stellen je m zu prüfen (z. B. durch Anbeilen). Holzwerkstoffe sind nur auf Fluglöcher und Nagestellen abzusuchen und kräftig abzuklopfen. Darüber hinaus sind die Dielung und gegebenenfalls Bekleidungen soweit aufzunehmen, daß an gefährdeten Stellen auch die Deckenbalken oder Lagerhölzer untersucht werden können. Liegt dort Befall vor, so ist die Dielung weiter aufzunehmen. Schwer zugängliche Bereiche (z. B. Ausbauten, Abseiten, Dachüberstände) sind in die Untersuchung einzubeziehen. Erforderlichenfalls ist hierzu das Dach zu öffnen.

5.1.2 Von den befallenen Vollhölzern sind die vermulmten Teile zu entfernen und die verbleibenden Querschnitte bezüglich der Standsicherheit zu prüfen. Wo der Querschnitt mehr als statisch zulässig vermindert ist, sind die Teile durch neue, erforderlichenfalls vorbeugend chemisch geschützte Hölzer (siehe Abschnitt 5.2.1) oder durch andere geeignete Baustoffe bzw. Bauteile zu verstärken oder zu ersetzen. Die angeschnittenen Fraßgänge sind gründlich auszubürsten, die Oberflächen der sonstigen Holzteile zu säubern. Befallene Holzwerkstoffe sind zu ersetzen.

Das ausgebaute Holz und die Späne sind unverzüglich zu sichern und geordnet zu entsorgen.

5.1.3 Bei Anwendung des Heißluftverfahrens oder eines Begasungsverfahrens sind die vermulmten Teile zumindest soweit zu entfernen, daß eine Bestimmung des Restquerschnitts zur Prüfung der Standsicherheit möglich ist.

Ist eine nachfolgende vorbeugende Behandlung mit einem chemischen Schutzmittel vorgesehen, ist nach Abschnitt 5.1.2 vorzugehen und dafür zu sorgen, daß das anzuwendende chemische Schutzmittel voll wirksam wird und bleibt. Für wasserlösliche chemische Schutzmittel ist unter anderem auch auf eine ausreichende Holzfeuchte zu achten.

5.1.4 Waren die Hölzer bereits früher chemisch behandelt, muß sichergestellt sein, daß die Wirksamkeit der einzusetzenden chemischen Schutzmittel nicht beeinträchtigt wird. Alte Farbanstriche, Feuerschutzanstriche auf Wasserglasbasis und Kalkanstriche müssen soweit entfernt werden, daß der Bekämpfungserfolg sichergestellt ist (siehe auch Abschnitt 5.2.4).

Sollen alte Farbanstriche erhalten bleiben (z. B. durch Auflagen der Denkmalschutzbehörden), bietet sich unter Umständen als alternative Bekämpfungsmaßnahme ein Begasungsverfahren an (siehe Abschnitt 5.4).

5.2 Chemische Maßnahmen

5.2.1 Die Behandlung mit einem Bekämpfungsmittel nach Abschnitt 3.1 hat sich auf alle, d. h. auch auf die augenscheinlich nicht befallenen Teile der Konstruktion zu erstrecken, sofern nicht die Bedingungen des Abschnitts 5.2.2 gegeben sind. Bei hölzernen Deckenkonstruktionen sind vor Anwendung von Bekämpfungsmitteln die befallenen Hölzer freizulegen. Bei denkmalgeschützten Objekten können Sonderregelungen notwendig werden.

Neu eingebaute Hölzer und Holzwerkstoffe sind mit einem geprüften chemischen Schutzmittel nach Abschnitt 3.1 vorbeugend zu schützen, sofern hierfür in DIN 68 800 Teil 3 entsprechend ihrer Gefährdung eine Notwendigkeit[5]) ausgewiesen ist.

5.2.2 Liegt Hausbockbefall vor und sind nur vereinzelt Holzbauteile befallen, kann bei mehr als 60 Jahre eingebautem Holz auf eine Behandlung der nicht befallenen Holzteile der Konstruktion mit einem Bekämpfungsmittel verzichtet werden, da verbautes Holz ab diesem Alter kaum noch vom Hausbock befallen wird.

Bei Befall durch Nagekäfer (Anobiiden) ist in Abhängigkeit vom Befallsumfang zu prüfen, ob auf eine Behandlung der nicht befallenen Teile nach Abschnitt 5.2.1 verzichtet werden kann.

Bleiben nicht befallene Holzteile unbehandelt, ist der Auftraggeber darauf hinzuweisen, daß die Holzteile regelmäßig zu überprüfen sind.

5.2.3 Für die zur Bekämpfung eines Insektenbefalls einzubringende Bekämpfungsmittelmenge ist die Gebrauchsanleitung des Herstellers maßgebend.

[5]) Siehe Seite 2

5.2.4 Bei Anwendung wasserlöslicher Bekämpfungsmittel muß ein eventuell vorhandener Kalkanstrich entfernt werden. Die Aufbringmenge ist nach Entfernen des Kalkanstriches (vergleiche Abschnitt 5.1.4) um etwa 25 % zu erhöhen.

Bei Anwendung öliger Bekämpfungsmittel darf ein festhaftender Kalkanstrich am Holz belassen werden, wenn die Aufbringmenge um mindestens 25 % erhöht wird.

5.2.5 Um die geforderten Bekämpfungsmittelmengen durch Spritzen oder Streichen einbringen zu können, sind mindestens erforderlich:

- bei öligen Bekämpfungsmitteln: 2 Arbeitsgänge
- bei Salzlösungen, die mindestens 20%ig sein müssen: 3 Arbeitsgänge.

5.2.6 Sind ein mechanisches Entfernen vermulmter Teile und die allseitige Behandlung des Holzes nicht möglich, z.B. bei Fachwerkhölzern, Fußpfetten oder Balkenlagen, so ist zusätzlich eine Bohrlochtränkung, ein Verpressen durch Druckinjektion oder eine sonstige geeignete Sonderbehandlung anzuwenden.

5.2.7 Es ist darauf zu achten, daß die dem behandelten Holz anliegenden Materialien möglichst keine Bekämpfungsmittel aufnehmen.

Ferner ist sicherzustellen, daß Bekämpfungsmittel nicht in angrenzende Räume dringen, die dem Aufenthalt von Menschen, Tieren oder der Lagerung von Lebens- oder Futtermitteln dienen.

Die zu Schutzzwecken während der Bekämpfungsmaßnahmen verwendeten Abdeckmaterialien sind geordnet zu entsorgen.

5.2.8 Eine großflächige[6]) Anwendung von Bekämpfungsmitteln in Räumen, die dem Aufenthalt von Menschen, Tieren oder der Lagerung von Lebens- oder Futtermitteln dienen, darf nicht erfolgen, wenn nicht sichergestellt ist, daß die behandelte Fläche bei der Nutzung der Räume hinreichend luftabgeschlossen bekleidet ist und eine Entlüftung nicht in diese Räume erfolgt.

5.2.9 Bei Holzbauteilen, Dachstühlen usw. mit schützenswerten Tieren (z.B. Fledermäusen, Eulen, Turmfalken) sind nur solche Bekämpfungsmittel anzuwenden, die von einer geeigneten Prüfstelle als hierfür verträglich und geeignet befunden wurden. Die Bekämpfungsmaßnahmen sind erst dann durchzuführen, wenn — jahreszeitlich bedingt — kein Besatz besteht.

5.3 Heißluftverfahren

5.3.1 Die Bekämpfung holzzerstörender Insekten kann auch durch das Heißluftverfahren erfolgen (vergleiche Abschnitt 2.2). Es bewirkt jedoch für das behandelte Holz keinen vorbeugenden Schutz. Im Anschluß an die Heißluftbehandlung ist daher eine vorbeugende Behandlung mit einem chemischen Schutzmittel durchzuführen, sofern die Holzteile nach DIN 68 800 Teil 3 nicht der Gefährdungsklasse 0 zugeordnet sind[5]). Auch kann auf vorbeugende Maßnahmen verzichtet werden, wenn die Bedingungen der Abschnitte 5.3.9 oder 5.3.10 gegeben sind.

5.3.2 Vor der Heißluftbehandlung ist zu prüfen, ob hitzeempfindliche Materialien durch das Heißluftverfahren beeinträchtigt werden können. Hiervon ist der Auftraggeber schriftlich in Kenntnis zu setzen.

[5]) Siehe Seite 2

[6]) Richtwert: $\frac{\text{Fläche}}{\text{Rauminhalt}} > 0{,}2\ \text{m}^{-1}$

5.3.3 Vorab ist ferner zu prüfen, ob schützenswerte Tiere (z.B. Fledermäuse, Eulen, Turmfalken) vorhanden sind. Die Bekämpfungsmaßnahmen sind erst dann durchzuführen, wenn — jahreszeitlich bedingt — kein Besatz besteht.

5.3.4 Heizgeräte mit Ölbrenner müssen DIN 4787 Teil 1 und DIN EN 230, solche mit Gasbrenner DIN 4788 Teil 1, Teil 2 und Teil 3 entsprechen.

5.3.5 An allen Stellen des zu behandelnden Holzes muß eine Mindesttemperatur von 55 °C für die Dauer von mindestens 60 min erreicht werden. Hierzu ist in der Querschnittsmitte der wärmetechnisch am ungünstigsten liegenden Holzteile und jeweils an mindestens zwei Stellen die Temperatur zu messen. In einem Meßprotokoll sind in höchstens 60minütigen Intervallen Zeitpunkt und Meßwerte für alle Meßstellen zu registrieren. Die Meßstellen sind dauerhaft zu bezeichnen sowie zusätzlich in eine Meßskizze einzutragen, so daß ihre Lage rekonstruiert werden kann. Meßprotokoll und Meßskizze sind mindestens 5 Jahre aufzubewahren.

5.3.6 Die Temperatur der Heißluft darf an den Oberflächen der beheizten Bauteile aus Feuersicherheitsgründen 120 °C nicht überschreiten. Die Austrittsöffnung muß mindestens 1 m von leichtentflammbaren Stoffen (Baustoffklasse B3 nach DIN 4102 Teil 1) (Papier, Pappe und dergleichen) entfernt sein.

Die Raumtemperatur ist in Bereichen der zu erwartenden Höchsttemperatur zu messen und ebenfalls im Meßprotokoll zu registrieren. Die Lage der Meßstellen sowie die Anordnung der Heißlufteinführung ist in die Meßskizze (siehe Abschnitt 5.3.5) aufzunehmen.

5.3.7 Sind nur einzelne Holzbauteile und diese nur schwach befallen, sollten diese lokal mit Heißluft behandelt werden.

5.3.8 Diejenigen Stellen des Gebälks bzw. des Holzwerks, die der Heißluftbehandlung nicht zugänglich sind, müssen mit Bekämpfungsmitteln gegen holzzerstörende Insekten im verbauten Holz nach dieser Norm behandelt werden.

5.3.9 Liegt außer Hausbockbefall kein sonstiger die Bausubstanz gefährdender Insektenbefall vor, und ist das zu behandelnde Holz vor mehr als 60 Jahren eingebaut worden, kann auf eine nachfolgende chemische vorbeugende Schutzmaßnahme verzichtet werden, da verbautes Holz ab diesem Alter dem Hausbock keine günstigen Entwicklungsbedingungen mehr bietet und kaum noch befallen wird.

5.3.10 Auf eine nachfolgende chemische vorbeugende Schutzmaßnahme kann auch verzichtet werden, wenn besondere hygienische oder lebensmittelrechtliche Bedenken, z.B. in Räumen, die für Wohn- oder Arbeitszwecke oder für die Lagerung von Lebens- oder Futtermitteln bestimmt sind, bestehen. Gleiches gilt bei begründeten umwelt- und naturschutzbezogenen Bedenken.

5.3.11 Wird nach Abschnitt 5.3.1, Abschnitt 5.3.9 oder Abschnitt 5.3.10 auf eine nachfolgende chemische vorbeugende Schutzmaßnahme verzichtet, ist der Auftraggeber darauf hinzuweisen, daß ein erneuter Insektenbefall die Standsicherheit der baulichen Anlage gefährden kann und die Holzbauteile daher regelmäßig zu überprüfen sind.

5.4 Begasungsverfahren

5.4.1 Die Bekämpfung holzzerstörender Insekten kann auch durch das Begasungsverfahren erfolgen (vergleiche Abschnitt 2.2). Es bewirkt jedoch für das behandelte Holz keinen vorbeugenden Schutz. Im Anschluß an die Begasung ist daher eine vorbeugende Behandlung mit einem chemischen Schutzmittel durchzuführen, sofern die Holzteile nach DIN 68 800 Teil 3 nicht der Gefährdungsklasse 0 zugeordnet sind[5]). Auch kann auf vorbeugende Maßnahmen verzichtet werden, wenn die Bedingungen der Abschnitte 5.3.9 oder 5.3.10 gegeben sind.

5.4.2 Die Anwendung von Begasungsmitteln ist nach Gefahrstoffverordnung nur entsprechend befähigten Personen (Befähigungsinhaber) bzw. speziell konzessionierten Firmen (Erlaubnisscheininhaber) gestattet.

5.4.3 Begasungsmittel zur Bekämpfung holzzerstörender Insekten dürfen nur in geschlossenen Räumen, unter gasdichten Planen oder in einer Begasungsanlage verwendet werden.

Zulässige Begasungsmittel für die Bekämpfung von Holzschädlingen sind Brommethan (Methylbromid), Hydrogencyanid (Blausäure) bzw. Stoffe, die zum Entwickeln oder Verdampfen von Hydrogencyanid oder leicht flüchtigen Hydrogencyanidverbindungen dienen, sowie Phosphortrihydrid (Phosphorwasserstoff) bzw. Phosphortrihydrid entwickelnde Stoffe.

Die besonderen Bestimmungen der Gefahrstoffverordnung zu den verwendeten Stoffen sind zu beachten. Die „Technischen Regeln für Gefahrstoffe: Begasungen (TRGS 512)" sind zu berücksichtigen.

5.4.4 Vor der Begasung ist zu prüfen, ob andere Materialien (z. B. Kunstleder, Metalle, Anstrichstoffe) durch das Begasungsmittel beeinträchtigt werden können. Hiervon ist der Auftraggeber schriftlich in Kenntnis zu setzen.

5.4.5 Vorab ist ferner zu prüfen, ob schützenswerte Tiere (z. B. Fledermäuse, Eulen, Turmfalken) vorhanden sind. Die Bekämpfungsmaßnahmen sind erst dann durchzuführen, wenn — jahreszeitlich bedingt — kein Besatz besteht.

5.4.6 Es ist bei natürlichen oder technisch bewirkten Temperaturen zu begasen, die sicherstellen, daß das eingesetzte Begasungsmittel voll wirksam wird.

Über Konzentration, Dosierung, Einwirkungsdauer, Ausbringtechnik, herrschende Raumtemperatur, Entwicklungsdauer und Gasrest-Nachweise sowie Freigabe der behandelten Räume durch den Begasungsleiter ist ein Protokoll zu führen. Das Protokoll ist mindestens 5 Jahre aufzubewahren.

5.4.7 Sind nur einzelne Holzbauteile oder Objekte befallen, sollten diese unter gasdichten Planen lokal begast werden. Bewegliche, kleine Objekte können in Begasungsanlagen behandelt werden.

5.4.8 Wird nach Abschnitt 5.4.1, Abschnitt 5.3.9 oder Abschnitt 5.3.10 auf eine nachfolgende chemische vorbeugende Schutzmaßnahme verzichtet, ist der Auftraggeber darauf hinzuweisen, daß ein erneuter Insektenbefall die Standsicherheit der baulichen Anlage gefährden kann und die Holzbauteile daher regelmäßig zu überprüfen sind.

6 Prüfung

6.1 Allgemeines

6.1.1 Bei einer Beurteilung der Bekämpfungsmaßnahmen sind die Begutachtung (siehe Abschnitt 2.3), die Vor- und Nebenarbeiten (siehe Abschnitte 4.2 und 5.1) und die durchgeführten bekämpfenden Maßnahmen zu berücksichtigen.

6.1.2 Die zur Beurteilung einer durchgeführten Bekämpfungsmaßnahme erforderlichen Unterlagen sind dem Auftraggeber auszuhändigen.

6.2 Chemische Maßnahmen

6.2.1 Bei der Prüfung der chemischen Maßnahmen ist zwischen einer Beurteilung der durchgeführten Holzschutzarbeiten und einem qualitativen sowie quantitativen Nachweis der angewendeten chemischen Schutzmittel zu unterscheiden.

6.2.2 Die Beurteilung der Holzschutzarbeiten bezieht sich auf die erforderlichen Vorarbeiten. Mit der qualitativen Prüfung der chemischen Schutzmittel werden die charakteristischen Stoffe (z. B. Wirkstoffe) und deren Eindringtiefe nachgewiesen; mit der quantitativen Prüfung der chemischen Schutzmittel wird die eingebrachte Schutzmittelmenge erfaßt.

6.2.3 Art und Zeit der Probenahme sowie Anzahl der zu entnehmenden Proben sind in DIN 52 161 Teil 1 festgelegt.

Die qualitativen und quantitativen Prüfungen sind durch eine sachkundige Prüfstelle, die mit den einschlägigen Normen und Analysenverfahren vertraut ist, durchzuführen.

6.3 Heißluftverfahren, Begasungsverfahren

Es sind die Holzbauteile bzw. Hölzer auf Lebendbefall zu untersuchen, die Begutachtung (siehe Abschnitt 2.3) sowie anhand der erstellten Protokolle die sachgerechte Durchführung zu prüfen.

7 Kennzeichnung

7.1 Nach chemischen Maßnahmen

Der Unternehmer hat bei einer chemischen Behandlung von Bauteilen an mindestens einer sichtbar bleibenden Stelle des Bauwerks in einer dauerhaften Form anzugeben:

- Name und Anschrift des Unternehmens
- Angewendetes Bekämpfungsmittel einschließlich der enthaltenen Wirkstoffe und des Nachweises seiner Wirksamkeit durch eine anerkannte Prüfstelle und gesundheitlichen Unbedenklichkeit und Umweltverträglichkeit bei bestimmungsgemäßer Anwendung (z. B. durch ein Gütezeichen)
- Erforderlichenfalls angewendete vorbeugend wirkende chemische Schutzmittel; bei prüfzeichenpflichtigen Mitteln mit Prüfzeichen und Prüfprädikaten, bei nicht prüfzeichenpflichtigen Mitteln mit Angabe der Wirkstoffe und mit Nachweis der Wirksamkeit durch eine anerkannte Prüfstelle und der gesundheitlichen Unbedenklichkeit und Umweltverträglichkeit bei bestimmungsgemäßer Anwendung (z. B. durch ein Gütezeichen)
- Eingebrachte Schutzmittelmenge
  g/m^2 Holzoberfläche
  ml/m^2 Holzoberfläche bzw.
  kg/m^3 Holzvolumen
  abzüglich der Schutzmittelverluste
- Jahr und Monat der Behandlung

Ist die Kennzeichnung nicht unmittelbar im behandelten Bereich (z. B. in ausgebauten Dachböden) möglich, ist an anderer sichtbarer Stelle anzugeben, welche Bereiche des Bauwerks behandelt worden sind.

Bei Anwendung lösemittelhaltiger chemischer Schutzmittel ist für einen ausreichend langen Zeitraum ein Warnschild mit Hinweisen auf mögliche Gesundheitsgefährdung und Feuergefährlichkeit anzubringen.

---

[5]) Siehe Seite 2

Seite 6 DIN 68 800 Teil 4

7.2 Nach Heißluftbehandlung

— Name und Anschrift des Unternehmens

— Endtemperatur an den Meßstellen nach Abschalten der Heißluftgeräte

— Erforderlichenfalls angewendete bekämpfende und/oder vorbeugend wirkende chemische Schutzmittel nach Abschnitt 7.1

— Jahr und Monat der Behandlung

7.3 Nach Begasung

— Name und Anschrift des Unternehmens

— Angewendetes Gas, Menge in g/m^3

— Einwirkungsdauer

— Temperatur bei der Begasung

— Erforderlichenfalls angewendete vorbeugend wirkende chemische Schutzmittel nach Abschnitt 7.1

— Jahr und Monat der Behandlung

Zitierte Normen und andere Unterlagen

DIN 4102 Teil 1	Brandverhalten von Baustoffen und Bauteilen; Baustoffe, Begriffe, Anforderungen und Prüfungen
DIN 4787 Teil 1	Ölzerstäubungsbrenner; Begriffe, Sicherheitstechnische Anforderungen, Prüfung, Kennzeichnung
DIN 4788 Teil 1	Gasbrenner; Gasbrenner ohne Gebläse
DIN 4788 Teil 2	Gasbrenner; Gasbrenner mit Gebläse, Begriffe, Sicherheitstechnische Anforderungen, Prüfung, Kennzeichnung
DIN 4788 Teil 3	Gasbrenner; Flammenüberwachungseinrichtungen, Flammenwächter, Steuergeräte und Feuerungsautomaten, Begriffe, Sicherheitstechnische Anforderungen, Prüfung, Kennzeichnung
DIN 52 161 Teil 1	Prüfung von Holzschutzmitteln; Nachweis von Holzschutzmitteln im Holz; Probenahme aus Bauholz
DIN 68 800 Teil 2	Holzschutz im Hochbau; Vorbeugende bauliche Maßnahmen
DIN 68 800 Teil 3	Holzschutz; Vorbeugender chemischer Holzschutz
DIN 68 800 Teil 5	(z. Z. Entwurf) Holzschutz; Vorbeugender chemischer Schutz von Holzwerkstoffen
DIN EN 230	Ölzerstäubungsbrenner in Monoblockausführung; Einrichtungen für die Sicherheit, die Überwachung und die Regelung sowie Sicherheitszeiten; Deutsche Fassung EN 230 : 1990

Holzschutzmittelverzeichnis. Schriften des Instituts für Bautechnik (IfBt), Berlin, Reihe A, Heft 3; jährlich erscheinend.
Zu beziehen durch: E. Schmidt Verlag GmbH & Co, Genthiner Straße 30 G, 1000 Berlin 30

Merkblatt für den Umgang mit Holzschutzmitteln. Herausgeber: Industrieverband Bauchemie und Holzschutzmittel e.V. (ibh).
Zu beziehen durch: ibh, Karlstraße 21, 6000 Frankfurt am Main 1 (auch im nichtamtlichen Teil B des Holzschutzmittelverzeichnisses abgedruckt)

Chemikaliengesetz (ChemG) — Gesetz zum Schutz vor gefährlichen Stoffen. Deutscher Bundes-Verlag GmbH, Bonn

Gefahrstoffverordnung (GefStoffV) — Verordnung über gefährliche Stoffe. Deutscher Bundes-Verlag GmbH, Bonn

Technische Regeln für Gefahrstoffe (TRGS 512); Begasungen. Bundesarbeitsblatt 1/1987: 57 - 65

RAL-GZ 830. Holzschutzmittel Gütesicherung. Herausgeber RAL Deutsches Institut für Gütesicherung und Kennzeichnung e.V., Bonn.
Zu beziehen durch: Beuth Verlag GmbH, Postfach 11 45, 1000 Berlin 30

Weitere Unterlagen

WTA-Merkblatt 1-87. Das Heißluftverfahren zur Bekämpfung tierischer Holzzerstörer in Bauwerken. Herausgeber: Wissenschaftlich-Technischer Arbeitskreis für Denkmalpflege und Bauwerksanierung e.V., Referat Holzschutz

WTA-Merkblatt 1-2-91. Der Echte Hausschwamm — Erkennung, Lebensbedingungen, vorbeugende und bekämpfende Maßnahmen, Leistungsverzeichnis. Herausgeber: Wissenschaftlich-Technischer Arbeitskreis für Denkmalpflege und Bauwerksanierung e.V., Referat Holzschutz

Frühere Ausgaben

DIN 68 800: 09.56
DIN 68 800 Teil 4: 05.74

Änderungen

Gegenüber der Ausgabe Mai 1974 wurden folgende Änderungen vorgenommen:

a) Der Inhalt ist grundlegend überarbeitet worden. Besondere Berücksichtigung fanden hygienische, umweltschutz- und naturschutzrelevante Gesichtspunkte mit der Intention, auch bei bekämpfenden Holzschutzmaßnahmen den Einsatz chemischer Schutzmittel soweit wie möglich zu beschränken.

b) Die Forderung der Feststellung der Art der Schadorganismen und des Befallsumfanges in einem Untersuchungsbericht als Voraussetzung für Bekämpfungsmaßnahmen wurde aufgenommen.

c) Anforderungen an ausführende Personen und Unternehmen wurden aufgenommen.

d) Regelungen zum Heißluft- und Begasungsverfahren wurden erweitert.

e) Kennzeichnung der durchgeführten Maßnahmen wurden aufgenommen.

f) Haupttitel geändert.

Erläuterungen

Diese Norm wurde vom Arbeitsausschuß NHM-3.3 erstellt.

Internationale Patentklassifikation

A 01 N 25/00
A 01 N 29/00
A 01 N 57/00
A 01 N 59/24
A 01 N 59/26
B 27 K 31/00
G 01 N 33/46

Mai 1996

Holzschutz

Teil 2: Vorbeugende bauliche Maßnahmen im Hochbau

DIN 68800-2

ICS 91.080.20

Ersatz für Ausgabe 1984-01

Deskriptoren: Holzschutz, Hochbau, Holzwirtschaft, Bauwesen

Protection of timber —
Part 2: Preventive constructional measures in buildings

Protection du bois —
Partie 2: Mesures de construction préventives en bâtiments

Inhalt

Vorwort

Die vorliegende Norm wurde vom Arbeitsausschuß NHM 3.2 "Baulicher Holzschutz" erarbeitet.

Die anderen Teile der DIN 68800 sind im Abschnitt 2 und im Anhang A aufgeführt.

Änderungen

Gegenüber der Ausgabe Januar 1984 wurden folgende Änderungen vorgenommen:

a) Hauptelement geändert.

b) Der Inhalt wurde vollständig überarbeitet und neu gegliedert.

c) Die vorbeugenden baulichen Maßnahmen wurden erweitert durch den Schutz der Hölzer vor unkontrollierbarem Insektenbefall.

d) Neu ist der Begriff und sind die Bedingungen für "besondere bauliche Maßnahmen", bei deren Einhaltung die Voraussetzungen für die Einstufung eines Holzbauteils in die Gefährdungsklasse 0 nach DIN 68800-3 gegeben sind.

e) Es werden Ausführungen von Wänden, Decken und Dächern in Holzbauart genannt und dargestellt, die die Bedingungen für die Einstufung in die Gefährdungsklasse 0 erfüllen.

f) Bezüglich der tragenden oder aussteifenden Holzwerkstoffe wurden folgende Änderungen vorgenommen:

— Straffung der Holzwerkstoffklassen auf Grund der zwischenzeitlichen Entwicklung von DIN 1052-1

— geänderte Anforderungen an die Holzwerkstoffklassen für die einzelnen Anwendungsbereiche auf Grund neuer wissenschaftlicher Erkenntnisse sowie im Hinblick auf eine weitestgehende Reduzierung der Anwendung der Klasse 100 G allgemein sowie auf ihre Eliminierung im Innenbereich von Aufenthaltsräumen

— Angabe kritischer Anwendungsbereiche, in denen Holzwerkstoffe nicht für tragende Zwecke eingesetzt werden dürfen.

Frühere Ausgaben

DIN 68800: 1956-09
DIN 68800-2: 1974-05, 1984-01

Fortsetzung Seite 2 bis 9

Normenausschuß Holzwirtschaft und Möbel (NHM) im DIN Deutsches Institut für Normung e.V.
Normenausschuß Bauwesen (NABau) im DIN

1 Anwendungsbereich

Diese Norm gilt für tragende oder aussteifende Bauteile aus Holz (Vollholz oder Brettschichtholz) oder Holzwerkstoffen für die Errichtung von Neubauten sowie für bauliche Maßnahmen zur Modernisierung oder Rekonstruktion von Bauwerken. Für nicht tragende oder nicht aussteifende Holzbauteile wird die Anwendung dieser Norm empfohlen. Sie gilt nicht für Holzbauteile mit Erdkontakt, z. B. Masten, oder mit ständiger Berührung mit Wasser. Die Norm enthält ferner keine Aussagen über Sanierungsmaßnahmen.

Bauliche Maßnahmen sind eine wesentliche Voraussetzung für die dauerhafte Funktionstüchtigkeit einer Konstruktion. Diese Norm gibt allgemeine Hinweise für vorbeugende bauliche Maßnahmen zur Erhaltung von Holz und Holzwerkstoffen und der Brauchbarkeit der Konstruktionen. Durch bauliche Maßnahmen kann auch die Einstufung in eine niedrigere Gefährdungsklasse nach DIN 68800-3 erreicht werden.

Ferner werden für einige Holzbauteile die baulichen Maßnahmen genannt (nachfolgend als besondere bauliche Maßnahmen bezeichnet), bei deren Anwendung ein vorbeugender chemischer Holzschutz nicht erforderlich ist (Gefährdungsklasse 0 nach DIN 68800-3).

ANMERKUNG: Auf einen vorbeugenden chemischen Holzschutz kann auch bei anderen Gefährdungsklassen verzichtet werden, wenn Hölzer entsprechender Dauerhaftigkeitsklassen verwendet werden, siehe DIN EN 350-2 in Verbindung mit DIN EN 460 und DIN 68364 (dort als Resistenzklassen bezeichnet).

Für tragende oder aussteifende Holzwerkstoffe werden die erforderlichen Holzwerkstoffklassen für den vorgesehenen Verwendungszweck festgelegt.

2 Normative Verweisungen

Diese Norm enthält durch datierte oder undatierte Verweisungen Festlegungen aus anderen Publikationen. Diese normativen Verweisungen sind an den jeweiligen Stellen im Text zitiert, und die Publikationen sind nachstehend aufgeführt. Bei datierten Verweisungen gehören spätere Änderungen oder Überarbeitungen dieser Publikationen nur zu dieser Norm, falls sie durch Änderung oder Überarbeitung eingearbeitet sind. Bei undatierten Verweisungen gilt die letzte Ausgabe der in Bezug genommenen Publikation.

DIN 1052-1
Holzbauwerke — Berechnung und Ausführung

DIN 1053-1
Mauerwerk — Rezeptmauerwerk — Berechnung und Ausführung

DIN 1101
Holzwolle-Leichtbauplatten und Mehrschicht-Leichtbauplatten als Dämmstoffe für das Bauwesen — Anforderungen, Prüfung

DIN 4074-1
Sortierung von Nadelholz nach der Tragfähigkeit — Nadelschnittholz

DIN 4108-3
Wärmeschutz im Hochbau — Klimabedingter Feuchteschutz — Anforderungen und Hinweise für Planung und Ausführung

DIN 4108-5
Wärmeschutz im Hochbau — Berechnungsverfahren

DIN 18164-1
Schaumkunststoffe als Dämmstoffe für das Bauwesen — Dämmstoffe für die Wärmedämmung

DIN 18165-1
Faserdämmstoffe für das Bauwesen — Dämmstoffe für die Wärmedämmung

DIN 18550-1
Putz — Begriffe und Anforderungen

DIN 68364
Kennwerte von Holzarten — Festigkeit, Elastizität, Resistenz

DIN 68705-3
Sperrholz — Bau-Furniersperrholz

DIN 68705-5
Sperrholz — Bau-Furniersperrholz aus Buche

DIN 68754-1
Harte und mittelharte Holzfaserplatten für das Bauwesen — Holzwerkstoffklasse 20

DIN 68763
Spanplatten — Flachpreßplatten für das Bauwesen — Begriffe, Eigenschaften, Prüfung, Überwachung

DIN 68800-1
Holzschutz im Hochbau — Allgemeines

DIN 68800-3
Holzschutz im Hochbau — Vorbeugender chemischer Holzschutz

DIN EN 350-2
Dauerhaftigkeit von Holz und Holzprodukten — Natürliche Dauerhaftigkeit von Vollholz — Teil 2: Leitfaden für die natürliche Dauerhaftigkeit und Tränkbarkeit von ausgewählten Holzarten von besonderer Bedeutung in Europa; Deutsche Fassung EN 350-2 : 1994

DIN EN 460
Dauerhaftigkeit von Holz und Holzprodukten — Natürliche Dauerhaftigkeit von Vollholz — Leitfaden für die Anforderungen an die Dauerhaftigkeit von Holz für die Anwendung in den Gefährdungsklassen; Deutsche Fassung EN 460 : 1994

3 Definitionen

Für die Anwendung dieser Norm gelten die folgenden Definitionen:

3.1 Vorbeugende bauliche Maßnahmen: Alle konstruktiven und bauphysikalischen Maßnahmen, die eine unzuträgliche Veränderung des Feuchtegehaltes von Holz und Holzwerkstoffen oder den Zutritt von holzzerstörenden Insekten (Trockenholzinsekten) zu verdeckt angeordnetem Holz verhindern sollen.

3.2 Unzuträgliche Veränderung des Feuchtegehaltes: Sie liegt insbesondere dann vor, wenn hierdurch Voraussetzungen für holzzerstörenden Pilzbefall geschaffen werden oder wenn durch übermäßige Verformungen (Schwinden oder Quellen) die Brauchbarkeit der Konstruktion beeinträchtigt werden kann.

4 Allgemeines

Baulicher Holzschutz ist bei der Planung und Ausführung stets zu berücksichtigen, auch dann, wenn sich dadurch die Zuordnung zu einer Gefährdungsklasse nach DIN 68800-3 nicht ändert. Er muß rechtzeitig und sorgfältig geplant werden, um den Schutzerfolg zu sichern, siehe DIN 68800-1. Dabei ist auch DIN 4108-3 zu berücksichtigen.

Ausführungen ohne chemischen Holzschutz sollten gegenüber jenen bevorzugt werden, bei denen ein vorbeugender chemischer Holzschutz erforderlich ist.

Auf einen vorbeugenden chemischen Schutz sollte jedoch dann nicht verzichtet werden, wenn Bedenken bestehen, daß die besonderen baulichen Maßnahmen nach dieser Norm nicht eingehalten werden können.

5 Feuchte während Transport, Lagerung und Einbau

5.1 Transport und Lagerung

Beim Transport und bei der Lagerung von Holz, Holzwerkstoffen und Holzbauteilen ist durch geeignete Maßnahmen sicherzustellen, daß sich ihr Feuchtegehalt durch nachteilige Einflüsse, z. B. aus Bodenfeuchte, Niederschlägen sowie infolge Austrocknung, nicht unzuträglich verändert.

5.2 Einbau

Holz und Holzwerkstoffe sind mit möglichst dem Feuchtegehalt einzubauen, der während der Nutzung als Mittelwert zu erwarten ist. Die für Holz genannten Richtwerte nach DIN 1052-1 dürfen vereinfacht auch für Sperrholz und Spanplatten zugrunde gelegt werden; bei Holzfaserplatten nach DIN 68754-1 liegen die Werte um etwa 3 % niedriger.

Wird Holz ohne chemischen Holzschutz mit einer Holzfeuchte $u_1 > 20\,\%$ (z. B. halbtrocken nach DIN 4074-1) eingebaut (u_1: gemessener Einzelwert), dann muß sichergestellt werden, daß die Holzfeuchte $u_1 \leq 20\,\%$ innerhalb einer Zeitspanne von höchstens 6 Monaten und ohne Beeinträchtigung der gesamten Konstruktion erreicht wird, z. B. durch Wahl eines ausreichend diffusionsoffenen Bauteilquerschnitts; im Sinne dieser Norm gilt ein Bauteilquerschnitt dann als ausreichend diffusionsoffen, wenn die Abdeckung an mindestens einer Bauteiloberfläche eine diffusionsäquivalente Luftschichtdicke $s_d \leq 0{,}2$ m aufweist (siehe auch Abschnitt 8). Ist das nicht sichergestellt, ist das Holz der Gefährdungsklasse 2 zuzuordnen. Aber auch in solchen Fällen sollten diffusionsoffene Querschnitte bevorzugt werden.

Andere Bau- und Dämmstoffe innerhalb des Bauteilquerschnitts sind so einzubauen, daß daraus keine Gefährdung für die angrenzenden Hölzer oder Holzwerkstoffe entsteht.

Während des Einbaus und danach sind Holzwerkstoffe unverzüglich vor Niederschlägen zu schützen.

Eine unzuträgliche Feuchteerhöhung von Holz und Holzwerkstoffen als Folge hoher Baufeuchte (direkte Feuchteeinwirkung oder indirekte aus hoher relativer Luftfeuchte) ist zu verhindern. Aus diesem Grunde sind Räume mit hoher Baufeuchte und daraus resultierender hoher Raumluftfeuchte solange intensiv zu lüften, bis die höhere Baufeuchte abgeklungen ist.

6 Feuchte im Gebrauchszustand

6.1 Niederschläge

Durch bauliche Maßnahmen sollen Niederschläge vom Holz entweder ferngehalten oder schnell abgeleitet werden. Niederschlägen ausgesetzte Holzwerkstoffe sind mit einem dauerhaft wirksamen Wetterschutz zu versehen.

6.2 Nutzungsfeuchte

In Bereichen mit starker direkter Feuchtebeanspruchung der Oberfläche (z. B. Spritzwasser in Duschen) ist das Eindringen von Feuchte in die Holzbauteile zu verhindern.

6.3 Feuchte aus angrenzenden Stoffen oder Bauteilen

Das Eindringen von Feuchte in die Holzbauteile aus Bau- und Dämmstoffen angrenzender Bauteile ist zu verhindern.

6.4 Tauwasser

Für den Tauwasserschutz, sowohl für die raumseitige Oberfläche als auch für den Querschnitt von Bauteilen, gilt DIN 4108-3. Für Holzbauteile gilt auch dann eine rechnerische Tauwassermasse $W_T = 1{,}0\ \text{kg/m}^2$ als zulässig, wenn Tauwasser an Berührungsflächen von kapillar nicht wasseraufnahmefähigen Schichten auftritt, sofern die rechnerische Verdunstungsmasse W_V mindestens das 5fache der auftretenden Tauwassermasse beträgt.

7 Besondere bauliche Maßnahmen als Voraussetzung für die Zuordnung von Holzbauteilen zur Gefährdungsklasse 0

7.1 Besondere bauliche Maßnahmen

Nach DIN 68800-3 sind Außenbauteile in Holzbauart ohne unmittelbare Wetterbeanspruchung (z. B. Dachkonstruktionen, Außenwände mit zusätzlichem Wetterschutz) sowie Innenbauteile mit wasserabweisender Abdeckung in Naßbereichen (z. B. Duschen) grundsätzlich entsprechend der Gefährdungsklasse 2 vorbeugend chemisch zu schützen, sofern kein besonderer Nachweis erfolgt. Ein solcher Nachweis ist auf der Grundlage dieser Norm zu führen.

Durch bauliche Maßnahmen im allgemeinen kann die Einstufung von Holzbauteilen in eine niedrigere Gefährdungsklasse erreicht werden; bei Holzbauteilen ohne unmittelbare Feuchtebeanspruchung ist es möglich, die Zuordnung von der Gefährdungsklasse 2 in die Gefährdungsklasse 1 abzuändern, z. B. bei geneigten belüfteten Dächern mit Dacheindeckung.

Besondere bauliche Maßnahmen gegen holzzerstörende Pilze im Sinne dieser Norm sollen sicherstellen, daß Holzbauteile

a) gegen das Auftreten oder Eindringen auch ungewollter Feuchte ausreichend geschützt sind, z. B. durch raumseitige luftdichte Bauteilschichten gegenüber Wasserdampf-Konvektion oder durch Vermeidung von Undichtheiten im Wetterschutz, z. B. der äußeren Abdeckung, und

b) in der Lage sind, gegebenenfalls eine solche ungewollte, unzulässig große Holzfeuchte dermaßen schnell wieder abzugeben, daß auch nicht vorbeugend chemisch behandeltes Holz keiner Schädigung durch Pilzbefall ausgesetzt ist.

Besondere bauliche Maßnahmen gegen Insektenbefall bestehen im Sinne dieser Norm darin, den Zutritt von Insekten zu verdeckt angeordnetem Holz zu verhindern.

7.2 Bedingungen für die Zuordnung zur Gefährdungsklasse 0

Die Bedingungen der Gefährdungsklasse 0 gelten als erfüllt, wenn — über die Anforderungen nach DIN 4108-3 hinaus — besondere bauliche Maßnahmen getroffen werden. Zu diesen Maßnahmen gehören insbesondere:

1) Zur Vermeidung eines Insektenbefalls

Eine allseitig insektenundurchlässige Abdeckung[1]) des zu schützenden Holzes; bei Außenbauteilen sind nicht belüftete Querschnitte Voraussetzung.

---

[1]) Beispiele für insektenundurchlässige (geschlossene) Bekleidungen und Hinweise zur Kontrollierbarkeit siehe Beuth-Kommentar "Holzschutz — Vorbeugender chemischer Holzschutz — Eine ausführliche Erläuterung zu DIN 68800 Teil 3", Abschnitt 2.4.1

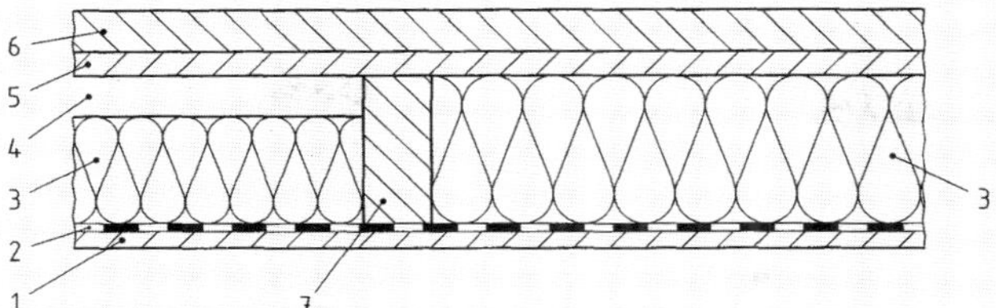

1 Bekleidung oder Beplankung
2 Dampfsperrschicht, erforderlichenfalls
3 mineralischer Faserdämmstoff nach DIN 18165-1 oder Dämmstoff, dessen Verwendbarkeit für diesen Anwendungsfall besonders nachgewiesen ist, z. B. durch eine allgemeine bauaufsichtliche Zulassung für diesen Anwendungsfall
4 Hohlraum, nicht belüftet, insektenunzugänglich
5 äußere Bekleidung oder Beplankung
6 Wetterschutz
7 Holzquerschnitt

Bild 1: Außenwand-Querschnitt (Prinzip)

2) Zur Vermeidung von Schäden durch Insektenbefall

Schäden an Holz, zu dem Insekten Zutritt haben, z. B. in nicht ausgebauten Dachräumen, gelten als vermeidbar, wenn das Holz in solchen Gebäudebereichen kontrollierbar[1]) ist.

3) Zur Vermeidung von Schäden durch Pilzbefall

a) Bei Außenwänden eine dauerhaft sichere Ausbildung des Wetterschutzes gegenüber Niederschlägen, einschließlich der Anschlüsse an andere Bauteile, z. B. Fenster und Türen. Das gilt sinngemäß auch für Innenwände in Naßbereichen, z. B. Duschenwände.

b) Bei Dächern die Sicherstellung einer größeren Verdunstungsmöglichkeit für den Bauteilquerschnitt gegenüber eventuell ungewollt vorhandener Feuchte, erreichbar durch eine weitgehend diffusionsoffene Abdeckung, siehe Abschnitt 8:

— bei geneigten Dächern (mit Dachdeckung) an der Oberseite, möglichst zusätzlich auch an der Unterseite,

— bei Flachdächern (mit Dachabdichtung) an der Unterseite.

8 Konstruktionen für Außenbauteile, bei denen die Bedingungen für die Gefährdungsklasse 0 erfüllt sind

8.1 Allgemeines

Für die nachstehend aufgeführten Konstruktionen sind ohne weiteren Nachweis die Bedingungen für die Einstufung in die Gefährdungsklasse 0 erfüllt. Voraussetzung ist, daß die Bauteile raumseitig nicht nur in ihrer Fläche, sondern auch im Bereich der Anschlüsse an andere Bauteile sowie an Durchdringungen luftdicht ausgebildet sind[2]). Werden die genannten konstruktiven Bedingungen nicht eingehalten, gilt die Zuordnung zu den Gefährdungsklassen nach DIN 68800-3.

Luftdichte Ausbildungen der raumseitigen Bauteilflächen sollen im Sinne dieser Norm eine unzulässige Tauwasserbildung im Bauteilquerschnitt infolge Wasserdampf-Konvektion verhindern helfen.

Andere Konstruktionen dürfen in die Gefährdungsklasse 0 eingestuft werden, wenn hierfür ein entsprechender Eignungsnachweis geführt wurde.

8.2 Außenwände

Nicht belüftete Wandquerschnitte nach Bild 1 dürfen der Gefährdungsklasse 0 zugeordnet werden, wenn eine der nachstehend genannten Ausbildungen des Wetterschutzes vorliegt. Das gilt nicht für Schwellen oder Rippen, die auf folgenden Bauteilen aufliegen: Decken, die unmittelbar an das Erdreich grenzen (Bodenplatten), Decken im Bereich von Terrassen, Massivdecken im Bereich von Balkonen.

Erforderlicher Wetterschutz:

a) Vorgehängte Bekleidung oder dergleichen auf lotrechter Lattung oder auf waagerechter mit Konterlattung, Hohlraum zwischen Wand und Bekleidung belüftet.

b) Vorgehängte Bekleidung oder dergleichen auf waagerechter Lattung, Hohlraum nicht belüftet, wasserableitende Schicht mit diffusionsäquivalenter Luftschichtdicke $s_d \leq 0{,}2$ m auf der äußeren Wandbekleidung oder -beplankung.

c) Wärmedämm-Verbundsystem aus Hartschaumplatten nach DIN 18164-1 und Kunstharzputz oder Putz mit nachgewiesenem, dauerhaft wirksamem Wetterschutz (siehe auch 6.1).

d) Holzwolleleichtbauplatten nach DIN 1101, erforderlichenfalls mit raumseitig angeordneter wasserableitender Schicht, und wasserabweisendem Außenputz nach DIN 18550-1, ohne zusätzliche äußere Bekleidung/Beplankung.

e) Mauerwerk-Vorsatzschale mit mindestens 40 mm dicker Luftschicht und Lüftungsöffnungen nach DIN 1053-1; auf der äußeren Wandbekleidung oder -beplankung:

— Wasserableitende Schicht oder

— Hartschaumplatten nach DIN 18164-1 oder

— Mineralischer Faserdämmstoff nach DIN 18165-1 mit außenliegender wasserableitender Schicht mit $s_d \leq 0{,}2$ m

Im Fall a) des erforderlichen Wetterschutzes sowie im Fall b) mit luftdurchlässiger Bekleidung (z. B. Brettschalung) darf die Lattung der Gefährdungsklasse 0 zugeordnet werden.

---

[1]) Siehe Seite 3.

[2]) Konstruktive Details siehe Schulze, H.; Informationsdienst Holz "Baulicher Holzschutz". 1991.

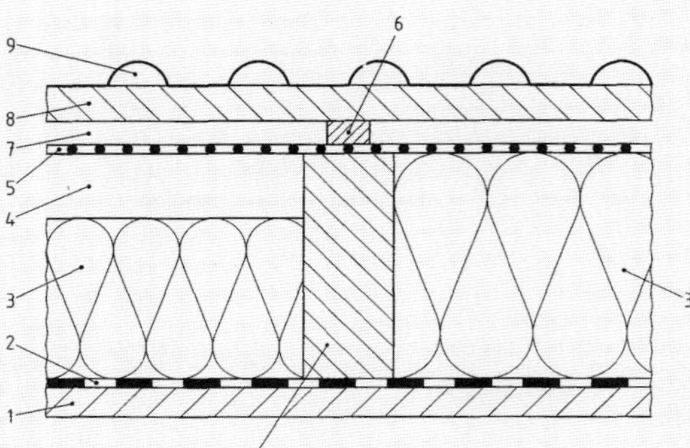

1 Bekleidungen ohne oder mit Lattung
2 Dampfsperrschicht, erforderlichenfalls
3 mineralischer Faserdämmstoff nach DIN 18165-1 oder Dämmstoff, dessen Verwendbarkeit für diesen Anwendungsfall besonders nachgewiesen ist, z. B. durch eine allgemeine bauaufsichtliche Zulassung für diesen Anwendungsfall
4 Hohlraum, nicht belüftet, insektenunzugänglich
5 obere Abdeckung (z. B. Unterspannbahn, Schalung mit Vordeckung)
6 Konterlattung, sofern der belüftete Hohlraum nicht durch andere Maßnahmen erreicht wird (z. B. Unterspannbahn mit ausreichendem Durchhang)
7 belüfteter Hohlraum
8 Traglattung
9 Dachdeckung
10 Sparren

Bild 2: Querschnitt des geneigten, nicht belüfteten Daches (Prinzip)

An der Raumseite sind zusätzliche Bekleidungen, Vorhang- oder Vorsatzschalen zulässig, sofern der Tauwasserschutz nach DIN 4108-3 für den Gesamtquerschnitt gegeben ist.

8.3 Geneigte, nicht belüftete Dächer

Nicht belüftete Dachquerschnitte nach Bild 2 dürfen der Gefährdungsklasse 0 zugeordnet werden, wenn eine der nachstehend genannten Ausbildungen für die obere Abdeckung der Sparren vorliegt:

a) Obere Abdeckung (z. B. Unterspannbahn) mit diffusionsäquivalenter Luftschichtdicke $s_d \leq 0{,}2$ m.

b) Obere Abdeckung mit $s_d \leq 0{,}02$ m; auf die Dampfsperrschicht kann verzichtet werden, wenn ein entsprechender Nachweis nach DIN 4108-3 geführt wird.

c) Obere Abdeckung mit offener Brettschalung, Brettbreite ≤ 100 mm, Fugenbreite ≥ 5 mm, und aufliegender wasserableitender Schicht mit $s_d \leq 0{,}02$ m.

d) Obere Abdeckung mit $s_d \leq 0{,}2$ m, Dachdeckung oberhalb der Konterlattung und des belüfteten Hohlraumes: Brettschalung mit Zwischenlage und Sonderdeckung, z. B. Blech oder Schiefer.

e) Wie d), jedoch obere Abdeckung mit $s_d \leq 0{,}02$ m; auf die Dampfsperrschicht kann verzichtet werden, wenn ein entsprechender Nachweis nach DIN 4108-3 geführt wird.

An der Raumseite sind zusätzliche Bekleidungen oder Vorhangschalen zulässig, sofern der Tauwasserschutz nach DIN 4108-3 für den Gesamtquerschnitt gegeben ist.

Die Dachunterseite ist vollflächig luftdicht auszubilden, auch im Bereich von Durchdringungen und Anschlüssen, entweder durch die unterseitige Bekleidung oder durch eine zusätzliche Schicht (z. B. Dampfsperrschicht). Luftdurchlässige Bekleidungen, z. B. aus Profilbrettern, sind im allgemeinen unter einer luftdichten Schicht aus plattenförmigen Werkstoffen anzuordnen, wenn die Luftdichtheit mit Folien oder dergleichen nicht sicher zu erreichen ist.

Dach- und Konterlattung sowie Traufbohlen, ferner die Dachschalungen bei den genannten Konstruktionen dürfen der Gefährdungsklasse 0 zugeordnet werden.

8.4 Flachdächer

Die in Bild 3 dargestellte Konstruktion darf der Gefährdungsklasse 0 zugeordnet werden.

An der Raumseite sind zusätzliche Bekleidungen oder Vorhangschalen zulässig, sofern der Tauwasserschutz nach DIN 4108-3 für den Gesamtquerschnitt gegeben ist.

8.5 Dachkonstruktion in nicht ausgebauten Dachräumen

Dachkonstruktionen in nicht ausgebauten Dachräumen von Wohngebäuden oder dergleichen dürfen der Gefährdungsklasse 0 zugeordnet werden, wenn:

a) die Dachräume zugänglich sind und die Holzkonstruktion einsehbar und kontrollierbar ist oder

b) ein Insektenbefall ausgeschlossen werden kann, z. B. durch allseitig insektenundurchlässige Ausbildung der äußeren Umfassungsbauteile des Dachraumes.

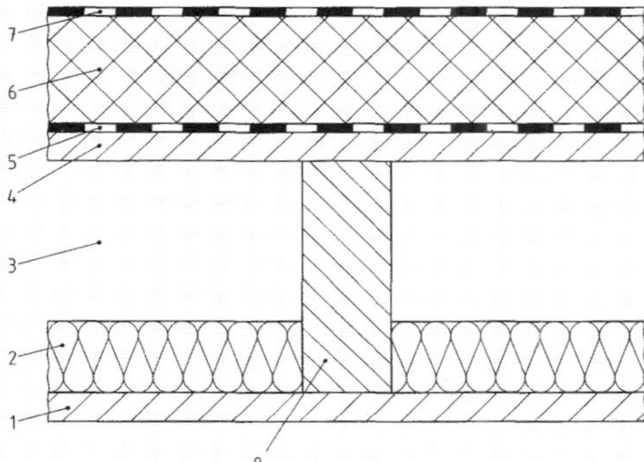

1 Bekleidung ohne oder mit Lattung oder Beplankung
2 mineralischer Faserdämmstoff nach DIN 18165-1 (gegebenenfalls) oder Dämmstoff, dessen Verwendbarkeit für diesen Anwendungsfall besonders nachgewiesen ist, z. B. durch eine allgemeine bauaufsichtliche Zulassung für diesen Anwendungsfall
3 Hohlraum, nicht belüftet, insektenunzugänglich
4 Schalung oder Beplankung
5 Dampfsperrschicht
6 Wärmedämmschicht
7 Dachabdichtung
8 Balken oder dergleichen

Bild 3: Querschnitt des Flachdaches (Prinzip)

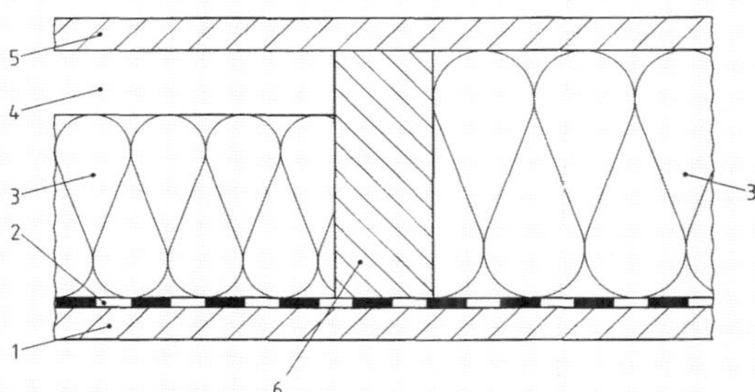

1 Unterseitige Bekleidung ohne oder mit Lattung, vollflächig luftdicht ausgebildet, auch im Bereich von Durchdringungen und Anschlüssen
2 Dampfsperrschicht
3 mineralischer Faserdämmstoff nach DIN 18165-1 oder Dämmstoff, dessen Verwendbarkeit für diesen Anwendungsfall besonders nachgewiesen ist, z. B. durch eine allgemeine bauaufsichtliche Zulassung für diesen Anwendungsfall
4 Hohlraum, nicht belüftet, insektenunzugänglich
5 obere Schalung oder Beplankung
6 Balken oder dergleichen

Bild 4: Decke unter nicht ausgebautem Dachgeschoß (Prinzip)

Tabelle 1: Zuordnung der Plattentypen zu den Holzwerkstoffklassen

Holzwerkstoff	Norm	Plattentyp für die Holzwerkstoffklasse 20	100	100 G
Sperrholz				
Bau-Furniersperrholz	DIN 68705-3	BFU 20	BFU 100	BFU 100 G
Bau-Furniersperrholz aus Buche	DIN 68705-5	—[1])	BFU-BU 100	BFU-BU 100 G
Spanplatten				
Flachpreßplatten für das Bauwesen	DIN 68763	V 20	V 100	V 100 G
Holzfaserplatten				
Harte Holzfaserplatten für das Bauwesen	DIN 68754-1	HFH 20	—[1])	—[1])
Mittelharte Holzfaserplatten für das Bauwesen	DIN 68754-1	HFM 20	—[1])	—[1])

[1]) Hierfür besteht keine Norm.

9 Decken unter nicht ausgebauten Dachgeschossen

Nicht belüftete Deckenquerschnitte nach Bild 4 dürfen der Gefährdungsklasse 0 zugeordnet werden, wenn eine der nachstehend genannten Ausbildungen vorliegt:

a) Auf der oberen Schalung oder Beplankung aufliegende zusätzliche Wärmedämmschicht mit einem Wärmedurchlaßwiderstand $1/\Lambda \geq 1{,}0\ m^2\ K/W$.

b) Unter der unterseitigen, luftdichten Bekleidung oder Beplankung gesonderte Installationsebene (Hohlraum), gebildet durch eine zusätzliche, beliebige Bekleidung auf Lattung.

c) Decke wie b), jedoch anstelle der luftdichten Bekleidung oder Beplankung eine vollflächige, dauerhaft luftdichte Schicht, auch im Bereich von Anschlüssen und Durchdringungen, unter Verwendung von Folien oder dergleichen[2]).

An der Raumseite sind zusätzliche Bekleidungen oder Vorhangschalen zulässig, solange der Tauwasserschutz nach DIN 4108-3 für den Gesamtquerschnitt gegeben ist.

10 Weitere Holzbauteile

10.1 Holzbauteile in Naßbereichen

Holzbauteile in Naßbereichen von Räumen mit üblichem Wohnklima oder vergleichbaren Räumen (z. B. Duschenwände in privaten Bädern) dürfen der Gefährdungsklasse 0 zugeordnet werden, wenn eine unzuträgliche Feuchtebeanspruchung der Holzteile dauerhaft verhindert wird, z. B. durch wasserdichte Oberflächen, auch im Bereich von Durchdringungen und Anschlüssen[3]) sowie durch eine ausreichende Wärmedämmung für kaltwasserführende Leitungen innerhalb des Querschnitts.

10.2 Auflagerung der Balkenköpfe von Holzbalkendecken in massiven Außenwänden

Auch der Kopfbereich solcher Deckenbalken darf der Gefährdungsklasse 0 zugeordnet werden, wenn über die in 6.3 genannten Bedingungen hinaus durch bauliche Maßnahmen dafür gesorgt wird, daß im Bereich der Balkenköpfe keine unzulässige Tauwaserbildung auftreten kann, z. B. in Massivwänden mit zusätzlicher außenliegender Wärmedämmschicht.

11 Holzwerkstoffklassen für tragende oder aussteifende Holzwerkstoffe

11.1 Vorhandene Holzwerkstoffklassen

Hinsichtlich der Feuchtebeständigkeit der Holzwerkstoffe wird zwischen den Holzwerkstoffklassen 20, 100 und 100 G unterschieden. Tabelle 1 enthält die Zuordnung der Plattentypen zu den Holzwerkstoffklassen.

11.2 Erforderliche Holzwerkstoffklassen

In Tabelle 2 werden für die einzelnen Holzwerkstoffklassen die Höchstwerte der Feuchte angegeben, die während des Gebrauchszustandes nicht überschritten werden dürfen.

Tabelle 2: Höchstwerte der Feuchte von Holzwerkstoffen max. u in %, bezogen auf das Darrgewicht, im Gebrauchszustand

Holzwerkstoffklasse	Feuchte max. u %
20	15[1])
100	18
100 G	21

[1]) Für Holzfaserplatten beträgt der Höchstwert max. u = 12 %

Für die häufigsten Anwendungsfälle in der Praxis sind in Tabelle 3 die erforderlichen Holzwerkstoffklassen aufgeführt. Nicht genannte Fälle sind für die Bestimmung der erforderlichen Holzwerkstoffklasse sinngemäß, erforderlichenfalls unter Beachtung der Tabelle 2, einzuordnen. In keinem Fall dürfen solchermaßen ermittelte Klassen 20 oder 100 durch die Klasse 100 G ersetzt werden.

[3]) Konstruktionsdetails siehe z.B. Schulze, H.; Informationsdienst Holz "Holzbauteile in Naßbereichen". 1987.

Tabelle 3: Erforderliche Holzwerkstoffklassen

Zeile	Anwendungsbereich	Holzwerkstoffklasse
1	Raumseitige Bekleidung von Wänden, Decken und Dächern in Wohngebäuden sowie in Gebäuden mit vergleichbarer Nutzung¹)	
1.1	Allgemein	20
1.2	Obere Beplankung sowie tragende oder aussteifende Schalung von Decken unter nicht ausgebauten Dachgeschossen	
	a) belüftete Decken²)	20
	b) nicht belüftete Decken	
	— ohne ausreichende Dämmschichtauflage³)	100
	— mit ausreichender Dämmschichtauflage ($1/\Lambda \geq 0{,}75\ m^2K/W$)⁴)	20
2	Außenbeplankung von Außenwänden	
2.1	Hohlraum zwischen Außenbeplankung und Vorhangschale (Wetterschutz) belüftet	100
2.2	Vorhangschale als Wetterschutz, Hohlraum nicht ausreichend belüftet, diffusionsoffene, wasserableitende Abdeckung der Beplankung	100
2.3	Auf der Beplankung direkt aufliegendes Wärmedämm-Verbundsystem	100
2.4	Mauerwerk-Vorsatzschale, Hohlraum nicht ausreichend belüftet, Abdeckung der Beplankung mit:	
	a) wasserableitender Schicht mit $s_d \geq 1$ m	100
	b) Hartschaumplatte, mindestens 30 mm dick	
3	Obere Beplankung von Dächern, tragende oder aussteifende Dachschalung	
3.1	Beplankung oder Schalung steht mit der Raumluft in Verbindung	
3.1.1	Mit aufliegender Wärmedämmschicht (z. B. in Wohngebäuden, beheizten Hallen)	20
3.1.2	Ohne aufliegende Wärmedämmschicht (z. B. Flachdächer über unbeheizten Hallen)	100 G
3.2	Dachquerschnitt unterhalb der Beplankung oder Schalung belüftet (siehe Bild 5 a)	
3.2.1	Geneigtes Dach mit Dachdeckung	100
3.2.2	Flachdach mit Dachabdichtung³)	100 G
3.3	Dachquerschnitt unterhalb der Beplankung oder Schalung nicht belüftet (siehe Bild 5 b)	
3.3.1	Belüfteter Hohlraum oberhalb der Beplankung oder Schalung, Holzwerkstoff oberseitig mit wasserabweisender Folie oder dergleichen abgedeckt³)	100 G
3.3.2	Keine dampfsperrenden Schichten (z. B. Folien) unterhalb der Beplankung oder Schalung, Wärmeschutz überwiegend oberhalb der Beplankung oder Schalung	100

¹) Dazu zählen auch nicht ausgebaute Dachräume von Wohngebäuden.

²) Hohlräume gelten im Sinne dieser Norm als ausreichend belüftet, wenn die Größe der Zu- und Abluftöffnungen mindestens je 2‰ der zu belüftenden Fläche, bei Decken unter nicht ausgebauten Dachgeschossen mindestens jedoch 200 cm² je m Deckenbreite beträgt.

³) Von solchen Konstruktionen wird wegen der Möglichkeit ungewollt auftretender Feuchte, z. B. Tauwasserbildung infolge Wasserdampf-Konvektion, im allgemeinen abgeraten; vergleiche jedoch Abschnitt 9, Ausbildungen b) und c).

⁴) Wärmedurchlaßwiderstand $1/\Lambda$; Berechnung nach DIN 4108-5

Seite 9
DIN 68800-2 : 1996-05

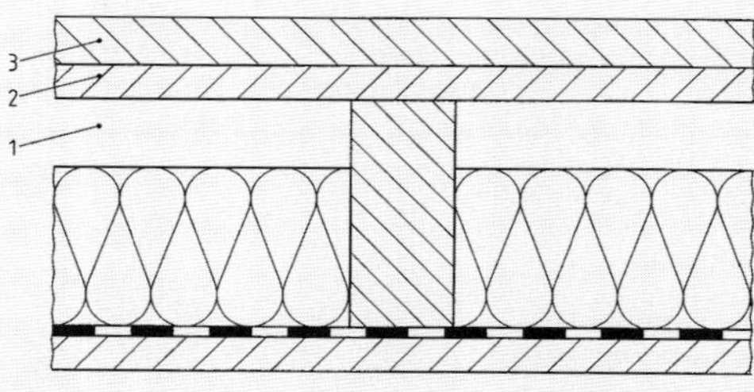

a) unterhalb der Abdeckung belüftet

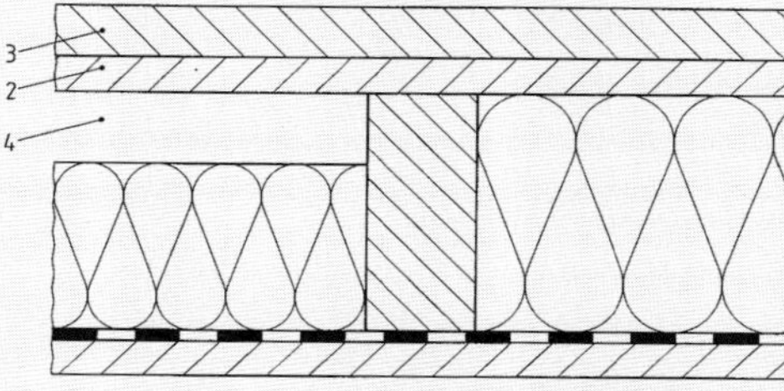

b) unterhalb der Abdeckung nicht belüftet

1 belüfteter Hohlraum
2 Beplankung oder Schalung aus Holzwerkstoffen
3 Dachdeckung oder Dachabdichtung, gegebenenfalls zusätzliche Wärmedämmschicht
4 nicht belüfteter Hohlraum

Bild 5: Dachquerschnitt mit oberer Abdeckung (Beplankung oder Schalung)

11.3 Kritische Anwendungsbereiche für Holzwerkstoffe

In den nachstehend genannten sowie in vergleichbaren, nicht aufgeführten Anwendungsbereichen dürfen Holzwerkstoffe nach Tabelle 1 nicht als tragend oder aussteifend in Rechnung gestellt werden:

a) Beschichtete, den Niederschlägen ausgesetzte Spanplatten nach DIN 68763; ausgenommen hiervon ist die Anwendung bei werksseitig vorgefertigten Außenwänden für Fertighäuser

b) Holzwerkstoffe mit direkt aufgebrachtem wasserabweisendem Belag (z. B. Fliesen) in Bereichen mit starker direkter Feuchtebeanspruchung der Oberflächen (z. B. Duschen)

c) Holzwerkstoffe in Neubauten mit sehr hoher Baufeuchte (z. B. Massivbau mit sehr hoher Feuchteabgabe), sofern die ständige Einhaltung einer Holzfeuchte $u \leq 18\,\%$ nicht sichergestellt ist

d) Holzwerkstoffe in Räumen, in denen eine längerfristig wirkende relative Luftfeuchte von 80% oder mehr nicht ausgeschlossen werden kann (z. B. im Stallbau).

Anhang A (informativ)

Literaturhinweise

DIN 68800-4
Holzschutz — Bekämpfungsmaßnahmen gegen holzzerstörende Pilze und Insekten

DIN 68800-5
Holzschutz im Hochbau — Vorbeugender chemischer Schutz von Holzwerkstoffen

Beuth-Kommentar "Holzschutz — Vorbeugender chemischer Holzschutz — Eine ausführliche Erläuterung zu DIN 68800-3 — Ausgabe April 1990", 1. Auflage 1992*)

Informationsdienst Holz "Baulicher Holzschutz"**), 1991

Informationsdienst Holz "Holzbauteile in Naßbereichen"**), 1987

*) Zu beziehen beim Beuth Verlag, 10772 Berlin.

**) Zu beziehen beim Fachverlag Holz der Arbeitsgemeinschaft Holz e. V., Postfach 30 01 41, 40401 Düsseldorf.

6 Bemessung nach der Methode der zulässigen Spannungen – ein deterministisches Sicherheitskonzept über 150 Jahre Bautechnikentwicklung

Seitdem tragende Baukonstruktionen berechnet werden, beschäftigen sich Wissenschaftler und Praktiker mit der Frage der erforderlichen Sicherheit. Eine klare Analyse und Feststellung der äußeren Einflüsse, die auf Baukonstruktionen einwirken, war bisher nicht möglich. Es gab keinen anderen Ausweg als die Zusammenfassung aller dieser Bedingungen in einem einzigen Faktor, dem Sicherheitsfaktor. Mit dem Sicherheitsfaktor werden für die verschiedenen Baustoffe und die Arten ihrer Beanspruchungen zulässige Spannungen festgelegt.

Der Sicherheitsfaktor definiert einen globalen Sicherheitsabstand zwischen höchstmöglicher und zulässiger Beanspruchbarkeit. In diesen Sicherheitsabstand fließen allenfalls aus der Erfahrung gewonnene Erkenntnisse ein. Die zulässige Spannung wird aus dem Verhältnis der Bruchgrenze oder Fließgrenze und dem entsprechenden Sicherheitsfaktor ermittelt.

Zu Beginn der wissenschaftlichen Durchdringung der Bautechnik waren die Erkenntnisse über die Festigkeitseigenschaften der Baustoffe, über die Verteilung der Spannung im Querschnitt, über die Lasteinwirkungen und andere, die Sicherheit charakterisierende Komponenten sowie die großen Schwankungen in der Qualität der Baustoffe noch sehr unvollständig. Deshalb wurden hohe Sicherheitsfaktoren, d. h. eine große Spanne zwischen zulässigen Spannungen und der Bruchspannung des Baustoffes, gewählt. Sowohl die Verbesserung der Qualität der Baustoffe, deren Normung und Typung sowie neue Erkenntnisse auf dem Gebiet der Festigkeitsberechnung, aber auch die Verbesserung der Eigenschaften der Baustoffe gestatteten schließlich eine schrittweise Erhöhung der Spannungen und eine gewisse Differenzierung.

In den letzten 150 Jahren ist die zulässige Biegespannung für Holz von 6 N/mm^2, festgelegt von Navier (1785–1836), stetig angehoben worden. Bei der Berechnung nach zulässigen Spannungen handelt es sich um einen stark vereinfachten Sicherheitsnachweis. Eine theoretische Begründung des Sicherheitskonzeptes gibt es nicht. „Die zulässigen Spannungen werden nicht theoretisch hergeleitet, sondern im wesentlichen aus der Erfahrung, daß bei der Anwendung der zulässigen Spannungen gute und lang brauchbare Holzbauten entstehen, festgelegt.“, formulierte Otto Graf (1887–1956) im Jahre 1938 in [13]. Weiter bemerkte er:

> „Eine Aussage über die tatsächliche Sicherheit der Baukonstruktionen ist nicht möglich. Bei der Benutzung des aus der Erfahrung festgelegten Sicherheitswertes, kann man nicht angeben, welcher Anteil davon auf die Baustoffqualität oder auf andere Einflüsse zurückzuführen ist“ [13].

Obwohl sich das Verfahren nach zulässigen Spannungen über sehr lange Zeit praktisch bewährt hat, ist es mit der sich dynamisch entwickelnden Bautechnik nicht mehr möglich, aus der Erfahrung heraus eine Steigerung der zulässigen Spannungen festzulegen. Gleichzeitig wurden auf Grund der deterministischen Betrachtung, die dem Berechnungsverfahren zu Grunde liegt, die Lasten und Festigkeitswerte als eindeutig angenommen. In Wirklichkeit handelt es sich aber um streuende Größen.

Ein weiterer Mangel besteht darin, dass das Verfahren strenggenommen nur auf lineare Zusammenhänge anwendbar ist. Wegen der vorgenannten Nachteile ist es verständlich, dass die Bauforschung nach einer Methode zur Bestimmung der Sicherheit der Tragkonstruktionen suchte, die den wirklichen Verhältnissen näherkommt.

7 Entwicklung eines neuen Sicherheitskonzeptes – eine internationale Angelegenheit

7.1 Die Entwicklung in den westeuropäischen Ländern

In den westlichen Ländern Europas wurde seit Mitte der 70er-Jahre des 20. Jahrhunderts eine Harmonisierung der Holzbaunormen angestrebt (s. Larsen in [24]).

Die Harmonisierung der Holzbaunormen wurde innerhalb der Europäischen Union seit Mitte der 80er-Jahre des 20. Jahrhunderts aus Gründen des Abbaus technischer Handelshemmnisse vorangetrieben und inhaltlich maßgeblich von der CIB-Arbeitsgruppe W18 beeinflusst.

Der schon im Jahre 1973 begonnenen Arbeit der CIB-W18-Gruppe lag die Erkenntnis zugrunde: „... daß das fachliche Wissen in vielen Bereichen zu gering war, und daß es für die einzelnen Mitgliedsländer allein zu viel wäre, wenn man selbst die noch fehlenden Kenntnisse herbeischaffen und bearbeiten sollte. Dies wäre nur durch eine internationale Zusammenarbeit möglich“ [24].

Aus der Sicht der Europäischen Union behinderten nationale Bemessungsnormen den freien Handel:

> „Ein wesentlicher Anlaß war, die Funktionsfähigkeit des Gemeinsamen Marktes zu fördern, die Wettbewerbsfähigkeiten der europäischen Bauindustrie zu stärken – auch in Ländern außerhalb der Europäischen Gemeinschaft – und eine harmonisierte Grundlage für allgemeine Reglementierungen für Bauprodukte zu schaffen“ [34].

Die Aufgaben zur Erarbeitung von europäischen vereinheitlichten Bemessungsnormen wurden ab 1990 dem Europäischen Komitee für Normung (CEN) übertragen. Eine erste Grundlage für den Eurocode 5 „Entwurf, Berechnung und Bemessung von Holztragwerken“ bildete der von der CIB-Arbeitsgruppe W18 erarbeitete und 1983 veröffentlichte CIB-Timber Design Code [36], aus dem dann 1987 die erste Fassung des Eurocodes 5 [37] entstand.

Nach einer intensiven Diskussion innerhalb der Mitgliedsländer in der Europäischen Union konnte dann im Jahre 1992 die vom CEN autorisierte Fassung des Eurocodes 5 erscheinen.

Die 1946 gegründete Internationale Organisation für Normung (ISO) versteht sich als weltweite Normungsorganisation. Die ISO-Arbeit an einem Vorschlag für einen weltweiten Holzbaustandard begann im Jahre 1976.

Auf den Normvorschlägen der CIB-Arbeitsgruppe W18 bauten dann auch weitere Normvorschläge, so zum Beispiel zu den Prüfverfahren, ausgearbeitet durch das CEN oder der ISO, auf (zu den Ergebnissen der breitgefächerten Arbeit der CIB-Arbeitsgruppe W18 im Zeitraum von 1973–2013 siehe [25]; die Arbeit wird seit 2014 von der Gruppe International Network on Timber Engineering Research fortgeführt).

Charakteristisch für die Mitte der 70er-Jahre des 20. Jahrhunderts vorliegenden überregionalen „ost- und westeuropäischen Normen [26], [36] und die ab Mitte der 80er-Jahre des 20. Jahrhunderts vorliegende“ EC- oder ISO-Norm [27], [37] war eine Angleichung der Berechnungsalgorithmen und bestimmter konstruktiver Festlegungen entsprechend dem neuesten wissenschaftlich-technischen Stand. Festlegungen zu den Materialfestigkeiten enthielten die überregionalen Normen in der Regel nicht, da hier national aufgrund der zur Verfügung stehenden Materialien noch zu große Unterschiede bestanden.

Bei den Prüfstandards für Holz, Verbindungen und Holzwerkstoffen wurde aufgrund der Initiative der CIB-W18-Arbeitsgruppe in enger Zusammenarbeit mit der RILEM (Réunion Internationale des Laboratoires d’Essais et de Recherches sur les Materiaux et les Constructions) eine Vereinheitlichung angestrebt und in einzelnen Fällen auch erreicht.

Da der Eurocode 5 bis zum Jahr 2012 noch nicht endgültig in eine Europäischen Norm überführt werden konnte, galt in Deutschland die im Jahre 2008 eingeführte letzte Fassung der DIN 1052 mit ihrer inhaltlichen Ausrichtung auf den künftigen Eurocode 5 als zeitgemäßer Schritt in Richtung der europäischen Vereinheitlichung der Normen. Diese Norm wurde dann mit der endgültigen Einführung der Eurocodes in die deutsche Baupraxis ab 01.07.2012 außer Kraft gesetzt.

7.2 Die Entwicklung in den osteuropäischen Ländern

Vorschläge für eine probabilistische Betrachtung des Sicherheitsproblems der Baukonstruktionen wurden 1926 erstmals von dem deutschen Ingenieur Max Mayer erarbeitet [14]. Im Vorwort zu seinem Buch [14] bemerkt er zur Sicherheit der Bauwerke:

> „Durch die summarische Sicherheit, welche leider für die ‚zulässigen Spannungen‘ im bisherigen Sinne Voraussetzung ist, haben wir uns in eine Sackgasse gebracht und die weitere Entwicklung versperrt. Um das dringend nötige (kürzlich sogar im Reichstag verlangte) bessere Urteil über Sicherheit und Einsturzgefahr bei Bauwerken zu gewinnen, muß man dem Sicherheitsbegriff auf den Grund gehen“.

Unabhängig davon wurden von polnischen, französischen, aber vor allem von sowjetischen Wissenschaftlern in den 30er-Jahren des 20. Jahrhunderts die generellen Grundlagen für die Anwendung probabilistischer Methoden zur Abschätzung der Sicherheit von Baukonstruktionen ausgearbeitet [15], [39].

Intensive Forschungen in der Sowjetunion in den 30er-Jahren des 20. Jahrhunderts führten zum Wechsel von der Methode der Bemessung nach zulässigen Spannungen zur Methode der Bemessung nach Grenzzuständen (mit Teilsicherheitsfaktoren). 1938 wurde diese Methode erstmals bei Stahlbetonkonstruktionen in der Sowjetunion angewandt. Ab 1944 arbeitete dort eine Kommission an der Vereinheitlichung der Berechnungsmethoden für Baukonstruktionen. Im Ergebnis dieser Arbeit wurden für Stahlbeton-, Stahl-, Stein- und Holzkonstruktionen Berechnungsnormen nach der Methode der Grenzzustände herausgegeben, die seit 1955 verbindlich in die Projektierungspraxis eingeführt wurden.

Die Zusammenarbeit im osteuropäischen RGW (Rat für Gegenseitige Wirtschaftshilfe) orientierte sich ab 1949 auf die Schaffung eines baustoffübergreifenden Grundlagenstandards für die Berechnung von Baukonstruktionen nach der Methode der Grenzzustände in den angeschlossenen Ländern, der dann auch 1976 im RGW offiziell eingeführt wurde und der seit 1980 in der DDR als Norm (TGL 38792) verbindlich war [16], [17].

Der vorgenannte Standard bildete die Grundlage für die Vereinheitlichung aller Bemessungsnormen in den RGW-Ländern auf der Basis der Methode der Grenzzustände.

> „Der RGW-Standard ST RGW 384-76 ‚Baukonstruktionen und Gründungen; Grundsätze für die Berechnung‘ sieht für sämtliche Bauweisen eine Bemessung nach der Methode der Grenzzustände vor. Im Betonbau der DDR wurde diese Methode bereits in das einheitliche Vorschriftenwerk aufgenommen. Im Holzbau der DDR war ein Übergang von der Bemessung der Holzkonstruktionen auf der Grundlage der zulässigen Spannungen zur Bemessung nach der Methode der Grenzzustände ebenfalls vorgesehen“ [18].

Mit der Bearbeitung der notwendigen ingenieurtheoretischen Grundlagen für den Holzbau begann man schon Ende der 70er-Jahre des 20. Jahrhunderts an der TU Dresden im Zusammenhang mit dem Ausbau der Lehre im Fachgebiet Holzbau [18], [19], [22].

Anfang der 80er-Jahre des 20. Jahrhunderts beschloss das zuständige Ministerium für Bauwesen für den DDR-Holzbau die Umstellung des Bemessungskonzeptes von der Methode der zulässigen Spannungen zur Methode der Grenzzustände und bewilligte die hierfür notwendigen Forschungsmittel. Gleichzeitig wurden in der Ingenieurorganisation der DDR, der Kammer der Technik, entsprechende Arbeitsausschüsse gegründet. Der Umfang der anstehenden Arbeiten war nur durch eine enge Zusammenarbeit aller verfügbaren Forschungskapazitäten zu erreichen. In der für diese Aufgabe gegründeten Forschungsgemeinschaft aus Hochschulen, der Bauakademie und dem Forschungsinstitut des Kombinates Bauelemente und Faserbaustoffe in Leipzig wurde 1984 festgelegt, dass zunächst drei Teile der neuen Norm bearbeitet werden [20], [21], [23]. Blatt 1 sollte analog dem CIB-W18-Code, dem ISO-TC-165-Code bzw. Eurocode 5 gestaltet werden, damit eine allgemeine Abkopplung vom internationalen Trend verhindert wird. Die zukünftigen Forschungsaufgaben orientierten sich an dieser Zielstellung. In einem gesonderten Teil der Norm sollten die Forschungsergebnisse zur Berechnung und Instandsetzung von historischen Konstruktionen zusammengefasst werden. Der dritte Teil blieb den Regeln für Bauteile in Tafelbauart und Holzwerkstoffkonstruktionen vorbehalten. Für die Herausgabe der drei grundlegenden Normen war das Jahr 1990 vorgesehen. Anschließend sollten bis zur Jahrtausendwende alle Begleitnormen, wie zum Beispiel die Norm zur Holzsortierung oder die technischen Bedingungen für die Herstellung und Überwachung von Brettschichtholz überarbeitet werden. Neben der Sortierung nach visuellen Kriterien war die Einführung der maschinellen Sortierung geplant.

1989 gelang es, die CIB-W-18-Gruppe und die osteuropäischen Holzbauforscher zu ihrem 22. Meeting nach Ostberlin vom 25.–28.09.1989 einzuladen, und die bis dahin erreichten Ergebnisse konnten vorgestellt und diskutiert werden.

Als 14 Tage später allerdings der Zerfall der DDR begann, war dies zunächst das Ende aller diesbezüglichen Forschungsbemühungen. Es mussten alle Arbeiten eingestellt werden, da die Forschungsmittel nicht mehr zur Verfügung standen und die beteiligten Kollegen gezwungen waren, sich beruflich neu zu orientieren. Eine Integration der DDR-Forschungskapazitäten in die bestehende Holzbau-Forschungslandschaft der Bundesrepublik gelang nicht.

Allerdings gelang es doch noch kurz vor der gesellschaftlichen Wende durch eine Vorschrift der Obersten Bauaufsichtsbehörde der DDR (mit der Nr. 174/89 der Staatlichen Bauaufsicht), den neuen Holzbaustandard TGL 33135/01 als Ergänzung zur bisherigen Norm einzuführen. Der Neuentwurf, der in starker Anlehnung an den EC 5 entstand, war damit praktisch durch die Oberste Bauaufsicht der DDR zur Anwendung zugelassen. Diese Regelung entfiel mit der vollständigen Ablösung der TGL-Normen durch die DIN-Normen.

8 Literatur

[1] Ohne Autor: Die deutschen Gütevorschriften für Holzhäuser, in: Der Deutsche Zimmermeister (1928), H. 44, S. 525–528

[2] Ohne Autor: Die Gütebedingungen für Bauholz nach DIN 4074, in: Der Deutsche Zimmermeister (1939), H. 20, S. 242

[3] Heidrich, K.-D. Historische Betrachtungen über die Baunormung in Deutschland, Teil 1, in: Bauzeitung (1991), H. 5, S. 354–356, Teil 2: (1991), H. 6, S. 422–424

[4] Kersten, C. Wird der freitragende Holzbau wettbewerbsfähig bleiben?, in: Der Deutsche Zimmermeister (1927), H. 18, S. 151–152

[5] Schaechterle, K. Die Vorläufigen Bestimmungen für Holztragwerke (BH) der Deutschen Reichsbahn-Gesellschaft, in: Die Bautechnik 5 (1927), H. 2, S. 21–23, und H. 7, S. 84, 87

[6] Faust, W. Aus der Praxis des Holzbaues, in: Die Bautechnik (1927), H. 32, S. 457–459

[7] Stoy, W. Holzbau-Grundlagen der Festigkeitsberechnung, Taschenbuch der Bauingenieure, Berlin 1949

[8] Ernst. Berechnungs- und Entwurfsgrundlagen für hölzerne Brücken (DIN 1074), in: Die Bautechnik (1930), H. 47, S. 706–707

[9] Wedler, B. Neue Berechnungsgrundlagen für Holzbauwerke, in: Zentralblatt der Bauverwaltung (1941), S. 29–37

[10] Durst. Holzbauwerke, Berechnung und Ausführung (DIN 1052), in: Der Deutsche Zimmermeister (1941), H. 8, S. 124–125

[11] Möhler, K. Holzforschung und Holzbauvorschriften, in: bauen mit holz (1968), H. 2, S. 53–59

[12] Rug, W. Stand und Entwicklung der Normung im Holzbau, Bauplanung-Bautechnik (1991), H. 1, S. 31–37

[13] Graf, O. Tragfähigkeit der Bauhölzer und der Holzverbindungen, Mitteilungen des Fachausschusses für Holzfragen, Heft 20, Berlin 1938

[14] Mayer, M. Die Sicherheit der Bauwerke und ihre Berechnung nach Grenzkräften anstatt nach zulässigen Spannungen, Berlin 1926

[15] Murzewski, J. Sicherheit der Baukonstruktionen, Berlin 1974

[16] RGW-Standard 384–76 Grundsätze für die Berechnung von Baukonstruktionen und Gründungen

[17] TGL 38792 Baukonstruktionen und Grundlagen, Grundsätze für die Berechnung, Mai 1981

[18] Zimmer, K. Zur Bemessung von Holzkonstruktionen nach Grenzzuständen, in: Holztechnologie. Leipzig 23 (1982), H. 4

[19] Zimmer, K. Bemessung von Holzkonstruktionen nach der Methode der Grenzzustände, Universität Zagreb 1988

[20] Rug, W., Kreißig, W. Die Weiterentwicklung des Ingenieurholzbaus in der DDR, in: bauen mit holz, 90 (1988), H. 11, S. 758–762

[21] Rug, W.; Kofent, W. Stand und Entwicklungstendenzen des Holzbaus in der DDR, in: Bauplanung – Bautechnik (1986), H. 12, S. 531–535

[22] Zimmer, K.; Lißner, K. Zum Stand der Anwendung des Eurocode 5 in Deutschland, in: Bauingenieur 72 (1997), S. 457–461, Springer-VDI-Verlag

[23] Rug, W., Badstube, M., Kofent, W. Zum Holzbaustandard, in: Bauforschung Baupraxis, Heft 279, Holzbau, 22. Jahrestagung der Arbeitsgruppe „Timber Structures", Teil 1, Berlin 1990

[24] Larsen, H. J. Internationale Holznormenarbeit, in: bauen mit holz (1983), H. 7, S. 448–450

[25] International Council for Research and Innovation in Building and Construction: Working Commission W18 – Timber Structures (CIB-W18), Proceedings the Annually Meetings, Lehrstuhl für Ingenieurholzbau und Baukonstruktionen, Universität Karlsruhe, 1973–2013

[26] ST RGW. RGW-Standard „Sicherheit von Baukonstruktionen und Gründungen, Holzkonstruktionen, Berechnungsgrundlagen", Moskau August 1974

[27] ISO-Norm. ISO-Norm 165-N, 1983-05-11, 1 at Timber Structures Design Working Draft, April 1983

[28] Wedler, B. Neuere Berechnungsgrundlagen für Holzbauwerke, Zentralblatt der Bauverwaltung (1941), S. 29–37

[29] Kollmann, F. Die wirtschaftliche Bedeutung neuzeitlichen Holzschutzes, Holz im Roh- und Werkstoff (1959), H. 7, S. 22–37

[30] Liese, W. 50 Jahre Holzschutzforschung in der DGfH, Holz im Roh- und Werkstoff (1989), H. 12, S. 501–507

[31] Bellmann, H. et al. Holzschutz, eine ausführliche Erläuterung zu DIN 68800, Teil 3, Ausgabe April 1940, Beuth Kommentare, DIN 1992, Berlin

[32] Fachkommission Bautechnik der Bauminister-Konferenz (ARGEBAU). Hinweise und Beispiele zum Vorgehen beim Nachweis der Standsicherheit beim Bauen im Bestand (Stand: 07.04.2008) (s. www.is-argebau.de)

[33] Der Reichsarbeitsminister. Betr.: Holzbauwerke, Berechnung und Ausführung DIN 1052, in: Reichsarbeitsblatt, Teil 1, Nr. 3, 1944, S. 24–31

[34] Ehlbeck, J.; Larsen, H.-J. Grundlagen der Bemessung von Verbindungen im Holzbau nach Eurocode 5, Teil 1, in: bauen mit holz (1993) H. 8, S. 667–677

[35] Schächterle, K. Versuche der Deutschen Reichsbahn mit Bauhölzern verschiedener Herkunft, in: Die Bautechnik (1929), H. 13, S. 203–207

[36] CIB-Structural Timber Design Code, CIB Report 1983, Veröffentlichung Nr. 66, Rotterdam Niederlande (in engl. Sprache)

[37] Crubile, P.; Ehlbeck, L. et al. Eurocode 5; Common unified rules for timber structures, Bericht für die Europäische Union, August 1987

[38] ENV 1995-1-1 Eurocode 5: Bemessung und Konstruktion von Holzbauten – Teil 1-1: Allgemeine Bemessungsregeln und Regeln für den Hochbau, Ausgabe November 19992, CEN Brüssel 1992

[39] Keldysch, W.-M. Berechnung von Baukonstruktionen nach den Grenzbeanspruchungen, Verlag der Technik, Berlin 1953

[40] Stoy, W. Tragfähigkeit von Nagelverbindungen im Holzbau; in: Schweizer Bauzeitung vom 17.08.1935, Band 106, (1935), Nr. 7, S. 75–76

[41] Möhler, K. Vorschläge und Erläuterungen für die Neufassung der Holzbauvorschriften; in: Deutscher Zimmermeister (1960), H. 3, S. 50–62

[42] Möhler, K. Zur Berechnung von Brettschichtholzkonstruktionen; in: Holzbau-Statik – Aktuell, Folge 1. Hrsg.: Arbeitsgemeinschaft Holz e.V., Düsseldorf, Mai 1976

[43] Blaß, H. J. et al. Lehre, Forschung und Materialprüfung am Lehrstuhl für Ingenieurholzbau und Baukonstruktionen, Universität Karlsruhe; in: Karlsruher Holzbauforschung 1981–1995, Bruderverlag 1995; bauen mit holz 9-90